PREFACE

Tree Doctor

머리말

KB073647

나무의사란 응시자격을 갖춘 자가 양성기관에서 교육을 이수한 후 한국임업진흥원에서 시행하는 나무의사 시험에 합격하여 그 자격을 취득한 자를 말합니다. 응시자는 필기형인 1차 시험과 논술형·실기형인 2차 시험을 통과해야 합니다.

현재 나무병원 2종의 경우 2023년 6월 28일부터는 폐지되며 나무병원 유지를 위해서는 나무의사 자격이 필요합니다. 또한 많은 사람들이 취업준비, 인생 2막을 위한 준비, 나무가 좋아서 등 많은 이유로 나무의사 시험을 준비하고 있습니다.

사회 전반적으로 환경 및 산림에 대한 관심이 커지면서 많은 분들이 양성과정을 거쳐 시험에 직면했을 때 시험 범위는 넓고 시간은 부족하여 어려움을 겪고 있습니다.

최소한의 시간으로 최대의 결과를 얻기 위해서는 문제출제 범위에 꼭 맞는 준비를 해야 할 것입니다. 하여 이 도서는 임업진흥원에서 발표한 출제 범위에 맞춰 핵심적인 내용을 준비하고 최신 기출문제 풀이를 통해 실전감각을 익히도록 집필했습니다. 부족한 부분은 계속 보완하면서 노력해 나가겠습니다.

끝으로 본 도서가 출간되기까지 도움을 주신 주경야독과 예문에듀 관계자 분들께 깊이 감사드립니다.

나무의사 정숙자

Tree Doctor

나무의사 가이드

🍃 나무의사 자격정보

- 자격명 : 나무의사
- 자격의 종류 : 국가전문자격
- 자격발급기관 : 한국임업진흥원(KOFPI)
- 검정수수료 : 1차 20,000원, 2차 47,000원
- 관련근거 : 산림보호법 및 같은 법 시행령, 시행규칙

🍃 나무의사 제도 및 수목진료 체계

- 나무의사 제도 : 전문자격을 가진 나무의사가 수목의 상태를 정확히 진단하고 올바른 수목치료 방법을 제시(처방전 발급)하거나 치료하는 제도
- 수목진료 체계
  - 나무의사가 있는 나무병원을 통해서만 수목진료가 가능함
  - 농작물을 제외하고 산림과 산림이 아닌 지역의 수목, 즉 모든 나무를 대상으로 함
  - 본인 소유의 수목을 직접 진료하는 경우, 국가 또는 지방자치단체가 실행하는 산림병해충 방제사업의 경우 제외
  - 기존 나무병원 등록자는 유예기간(~2023년) 내에 자격을 취득하여야 함

🍃 시험과목

구분	시험과목	시험방법	배점	문항수
1차 시험	1. 수목병리학	객관식 5지택일형	100점	25
	2. 수목해충학		100점	25
	3. 수목생리학		100점	25
	4. 산림토양학		100점	25
	5. 수목관리학(가~다 포함) 가. 비생물적 피해(기상 · 산불 · 대기 오염 등에 의한 피해) 나. 농약관리 다. 「산림보호법」 등 관계 법령		100점	25
※ 시험과 관련하여 법률 · 규정 등을 적용하여 정답을 구해야 하는 문제는 시험시행일 기준으로 시행 중인 법률 · 기준 등을 적용하여 그 정답을 구해야 함				
2차 시험	서술형 필기시험 – 수목피해 진단 및 처방	논술형 및 단답형	100점	–
	실기시험 – 수목 및 병충해의 분류, 약제처리와 외과수술		100점	–

※ 1차 시험 : 각 과목 40점 이상, 전과목 60점 이상 합격
  2차 시험 : 각 과목 40점 이상, 전과목 평균 60점 이상 합격

나무의사
필기
5주 합격 백서

정숙자 편저

예문에듀
EDU

PROFILE
저자 약력

정숙자

- 주경야독 나무의사 전임교수
- 주경야독 문화재수리기술자(식물보호) 전임교수
- 국가행정직공무원 및 교원그룹 근무
- 나무의사
- 문화재수리기술자(식물보호)
- 산림기사
- 식물보호기사

https://blog.naver.com/jeongfred

🍃 5주 합격 SELF 학습 플랜

주차	과목	챕터	페이지	날짜	부족	완료
1주차	PART 01 수목병리학	01			☐	☐
		02			☐	☐
		03			☐	☐
		04			☐	☐
		05			☐	☐
		06			☐	☐
		07			☐	☐
2주차	PART 02 수목해충학	01			☐	☐
		02			☐	☐
		03			☐	☐
		04			☐	☐
		05			☐	☐
		06			☐	☐
		07			☐	☐
3주차	PART 03 수목생리학	01			☐	☐
		02			☐	☐
		03			☐	☐
		04			☐	☐
		05			☐	☐
		06			☐	☐
		07			☐	☐
		08			☐	☐
		09			☐	☐
		10			☐	☐
		12			☐	☐
		13			☐	☐
		14			☐	☐
		15			☐	☐
4주차	PART 04 산림토양학	01			☐	☐
		02			☐	☐
		03			☐	☐
		04			☐	☐
		05			☐	☐
		06			☐	☐
		07			☐	☐
		08			☐	☐
5주차	PART 05 수목관리학	01			☐	☐
		02			☐	☐
		03			☐	☐
		04			☐	☐
	PART 06 최신기출문제	8회			☐	☐
		7회			☐	☐

Tree Doctor

구성과 특징

1 시험에 나오는 것만! 빠르고 정확한 핵심 이론 수록

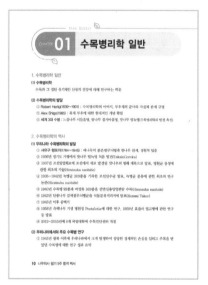
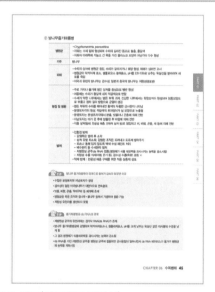

※ 2021년 5회, 6회 기출문제 및 해설 PDF 무료 제공(예문에듀 자료실)

2 누구나 이해 가능! 정리된 도표와 그림 다수 수록

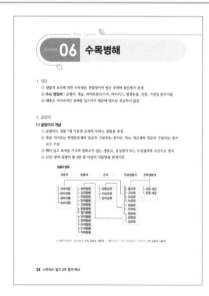

FEATURE

2022년 기출문제 및 해설 수록

Part 01 수목병리학

CHAPTER 01 수목병리학 일반 ·············· 10

CHAPTER 02 수목병의 원인 ·············· 13

CHAPTER 03 수목병해의 발생 ·············· 15

CHAPTER 04 수목병해의 진단 ·············· 19

CHAPTER 05 수목병의 관리 ·············· 24

CHAPTER 06 수목병해 ·············· 34

CHAPTER 07 비생물적 요인에 의한 수목병해
·············· 93

Part 02 수목해충학

CHAPTER 01 곤충의 이해 ·············· 100

CHAPTER 02 곤충의 구조와 기능 ·············· 113

CHAPTER 03 곤충의 생식과 성장 ·············· 127

CHAPTER 04 수목해충의 분류 ·············· 137

CHAPTER 05 수목해충의 예찰 및 진단 ······ 145

CHAPTER 06 수목해충의 방제 ·············· 152

CHAPTER 07 가해 형태에 따른 해충 ·············· 167

Part 03 수목생리학

CHAPTER 01 수목생리학 정의 ·············· 236

CHAPTER 02 수목의 구조 ·············· 240

CHAPTER 03 수목의 생장 ·············· 255

CHAPTER 04 햇빛과 광합성 ·············· 265

CHAPTER 05 호흡 ·············· 275

CHAPTER 06 탄수화물 대사와 운반 ·········· 279

CHAPTER 07 단백질과 질소대사 ·············· 286

CHAPTER 08 지질대사 ·············· 292

CHAPTER 09 무기영양 ·············· 297

CHAPTER 10 수분생리와 증산작용 ·········· 304

CHAPTER 11 유성생식과 개화 생리 ·········· 316

CHAPTER 12 종자생리 ·············· 323

CHAPTER 13 식물호르몬 ·············· 328

CHAPTER 14 조림과 무육생리 ·············· 334

CHAPTER 15 스트레스 생리 ·············· 337

Part 04 산림토양학

CHAPTER 01 산림토양의 개념 ·············· 352

CHAPTER 02 토양분류 및 토양조사 ·········· 363

CHAPTER 03 토양의 물리적 성질 ·············· 374

CHAPTER 04 토양의 화학적 성질 ·············· 394

CHAPTER 05 토양물과 유기물 ·············· 410

CHAPTER 06 식물영양과 비배관리 ·········· 418

CHAPTER 07 특수지 토양 개량 및 관리 ···· 433

CHAPTER 08 토양의 침식 및 오염 ·············· 437

Part 05 수목관리학

CHAPTER 01 수목관리학 ·············· 446

CHAPTER 02 비생물적 피해론 ·············· 519

CHAPTER 03 농약학 ·············· 543

CHAPTER 04 「산림보호법」 등 관계법령 ···· 582

Part 06 2022년 기출문제

2022년 8회 기출문제 ·············· 622

2022년 7회 기출문제 ·············· 644

2022년 8회 기출문제 정답 및 해설 ·············· 670

2022년 7회 기출문제 정답 및 해설 ·············· 693

PART 01

수목병리학

CHAPTER 01   수목병리학 일반
CHAPTER 02   수목병의 원인
CHAPTER 03   수목병해의 발생
CHAPTER 04   수목병해의 진단
CHAPTER 05   수목병의 관리
CHAPTER 06   수목병해
CHAPTER 07   비생물적 요인에 의한 수목병해

CHAPTER 01 수목병리학 일반

1. 수목병리학 일반

(1) 수목병리학

수목과 그 집단 유기체인 산림의 건강에 대해 연구하는 학문

(2) 수목병리학의 발달

① Robert Hertig(1839~1901) : 수목병리학의 아버지, 부후재의 균사와 자실체 관계 규명
② Alex Shigo(1985) : 목재 부후에 대한 현대적인 개념 확립
③ 세계 3대 수병 : 느릅나무 시들음병, 밤나무 줄기마름병, 잣나무 털녹병(수목병리학의 발전 촉진)

2. 수목병리학의 역사

(1) 우리나라 수목병리학의 발달

① 서유구 행포지(1764~1845) : 배나무의 붉은별무늬병과 향나무 관계, 경험적 입증
② 1936년 경기도 가평에서 잣나무 털녹병 처음 발견(Takaki Goroku)
③ 1937년 조선임업회보에 조선에서 새로 발견된 잣나무의 병해 제목으로 발표, 병원균 동정에 관한 최초의 기술(Hiratsuka naohide)
④ 1935~1942년 녹병균 203종을 기록한 조선산수균 발표, 녹병균 분류에 관한 최초의 연구 논문(Hiratsuka naohide)
⑤ 1940년 수목병 92종과 버섯류 163종을 선만실용임업편람 수록(Hiratsuka naohide)
⑥ 1943년 단풍나무 갈색점무늬병균을 식물분류지리지에 발표(Hemmi Takeo)
⑦ 1945년 이후 공백기
⑧ 1958년 측백나무 기생 병원성 Pestalotia에 대한 연구, 1959년 포플러 엽고병에 관한 연구 등 발표
⑨ 2012~2015년에 8개 국립대학에 수목진단센터 개설

(2) 우리나라에서의 주요 수목병 연구

① 1945년 광복 이후에 우리나라에서 크게 발생하여 상당한 경제적인 손실을 입히고 주목을 받았던 수목병에 대한 연구 성과 요약

② 포플러류 잎녹병(1956)

  ㉠ 1956년부터 잎녹병이 크게 발생, 조기낙엽으로 생장 장해 등의 피해

  ㉡ 낙엽송을 중간기주로 하는 *Melampsora larici-populina*와 현호색류를 중간기주로 하는 *M. magnusiana*가 분포한다는 것과 포플러 잎에서 월동한 여름포자가 직접 제1차 전염원이 될 수 있다는 것을 규명함

  ㉢ 잎녹병 저항성 클론인 이태리포플러 1호(Eco 28)와 2호(Lux)를 개발 보급

③ 잣나무 털녹병(1936)

  ㉠ 1936년 가평에서 처음 발견

  ㉡ 우리나라에서 발생하는 잣나무 털녹병균의 중간기주가 송이풀(*Pedicularis resupinata*)이라는 것을 최초로 밝힘

  ㉢ 송이풀 제거작업의 지속적 실시로 잣나무 털녹병 방지에 기여

  ㉣ 스트로브잣나무는 잣나무보다 더 감수성이고 섬잣나무는 털녹병에 걸리지 않음

④ 대추나무 빗자루병

  ㉠ 광복 이전에도 충북 보은 지역에서 발생, 1950년경부터 보은, 옥천, 봉화를 비롯한 대추 주산지로 확산

  ㉡ 1973년 병의 원인(파이토플라스마), 1980년 매개충(마름무늬매미충), 1976년 병의 치료책(옥시테트라사이클린의 수간주입)을 밝힘

⑤ 오동나무 빗자루병

  ㉠ 1970년대 빗자루병의 창궐로 조림이 중단

  ㉡ 1967년에 담배장님노린재의 매개 전염이 밝혀지고, 그 후에 썩덩나무노린재와 오동나무애매미충도 밝혀짐

  ㉢ 1980년에 옥시테트라사이클린 수간주사로 치료할 수 있음이 밝혀짐

⑥ 소나무재선충병(1988)

  ㉠ 1988년 10월에 부산 동래구 금정산에서 처음 발견. 현재 제주도를 포함하여 전 지역에서 발생하고 있음

  ㉡ 소나무재선충병(*Bursaphelenchus xylophilus*)의 매개충이 솔수염하늘소(*Monochamus alternatus*)와 북방수염하늘소(*Monochamus alternatus*)임을 밝힘

  ㉢ 소나무와 곰솔, 잣나무에서 발생함이 확인됨

⑦ 소나무류 푸사리움가지마름병(1996)

  ㉠ 1996년 인천지역의 리기다소나무림에서 처음으로 발견, 제주도를 포함한 전국 각지에서 큰 피해

  ㉡ 곰솔, 리기테다소나무, 테다소나무, 버지니아소나무, 구주소나무, 방크스소나무에서도 발생

  ㉢ 병원균은 *Fusarium circinatum*임이 확인됨

  ㉣ 테부코나졸 유탁제의 수간주사가 효과적임이 밝혀짐

⑧ 참나무시들음병(2004)

　　㉠ 2004년에 경기도 성남시의 신갈나무에서 처음 발견, 전국적으로 확산

　　㉡ 주로 신갈나무에 피해를 주며 떡갈나무, 졸참나무, 갈참나무, 상수리나무 등에도 발생

　　㉢ 병원균은 최근에 *Raffaelea querqus-mongolicae*로 명명, 광릉긴나무좀(*Platypus koryoensis*)이 매개충임을 밝힘

(3) 우리나라 주요 수목병 발생연도

① 잣나무 털녹병(1936)

② 대추나무 빗자루병(광복 전 발생, 1950년 확산)

③ 포플러 잎녹병(1956)

④ 리지나뿌리썩음병(1981)

⑤ 소나무재선충병(1988)

⑥ 소나무류 피목가지마름병(1989)

⑦ 푸사리움가지마름병(1996)

⑧ 참나무 시들음병(2004)

CHAPTER 02 수목병의 원인

1. 비생물적 원인

① 수목의 생장에 부적당한 모든 환경요인

② 온도, 수분, 토양, 오염물질 등이 수목의 정상적인 생장을 방해하면 넓은 의미의 병원체가 될 수 있음

③ 도시지역에서는 공사, 사람이나 자동차에 의한 답압, 오염물질의 증가, 과도한 영양상태 등 어떤 요인이라도 인간압력병(사람의 활동에 의한 생장 장해)이 될 수 있음

④ 대부분 여러 요인이 복합적이면서도 만성적으로 작용하며 미생물에 의한 질병의 소인으로 작용하기도 함

구분	수목의 생장에 부적당한 모든 환경 요인
온도 스트레스	과도한 고온 및 저온
수분 스트레스	대기의 과건 및 과습, 토양의 과건 및 과습
토양 스트레스	토양습도의 과부족, 양분의 불균형, 토양경화, 산소부족 및 유해가스의 과다, 염류 집적, 중금속 오염, pH 부적당
대기오염	아황산가스, 탄화수소, 아질산, PAN, 오존, 산성비
화학물질	제초제, 제설제

2. 생물적 원인

① 수목은 다양한 요인들에 의해 생장이 저해를 받는데, 그중에서 생물적 요인인 병원체와 해충에 의한 피해가 차지하는 비중이 거의 65%에 이르고 있음

② 병의 원인은 크게 생물적 원인과 비생물적 원인으로 나눌 수 있으며 생물적 원인을 병원체라고 함. 좁은 의미의 병이란 생물적 원인에 의한 것을 말함

③ 생물적 원인으로는 곰팡이, 세균, 바이러스, 파이토플라스마, 선충, 원생동물, 기생성 종자식물 등

④ 파이토플라스마와 원생동물에 의한 수목병은 열대와 아열대 지방에서 흔하고, 세균과 바이러스에 의한 병은 목본식물보다 초본식물에서 더 흔함

⑤ 대부분의 수목병은 곰팡이에 의해 발생함

구분	병원체
곰팡이	점무늬병, 탄저병, 흰가루병, 그을음병, 떡병, 가지마름병, 시들음병, 뿌리썩음병, 녹병 등 대부분의 수목병
세균	뿌리혹병, 세균성 궤양병, 불마름병 등
바이러스	모자이크병 등
파이토 플라스마	빗자루병, 오갈병 등
원생동물	코코넛야자 hartrot병 등
선충	소나무 시들음병(소나무재선충병) 등
기생성 종자식물	새삼, 겨우살이 등

Tree Doctor

CHAPTER 03 수목병해의 발생

1. 수목병의 성립

(1) 정의

수목에 병이 발생하기 위해서는 병원체, 수목, 환경의 세 가지 요소가 필요함

(2) 병삼각형

① 발병관계 3대 요소 : 병원체(주인), 수목(소인), 환경(유인)

　㉠ 병원체(주인) : 병원력과 밀도

　㉡ 기주(소인) : 수목의 감수성, 저항성 정도

　㉢ 환경(유인) : 발병 조장 조건의 총합
　　※ 세 가지 요인 중 어느 하나라도 수치가 0이 되면 병은 발생하지 않음

② 병삼각형의 활용

　㉠ 농약 살포 : 병원체 배제

　㉡ 저항성 품종 이용 : 기주 배제

　㉢ 환경 조절 : 발병 환경 배제

2. 수목병해의 병환

(1) 병환

① 정의

　㉠ 기주에서 병원체에 의해 발생하는 병의 진전 및 반복 과정

　㉡ 병환은 병원체의 생활사와 밀접한 관련이 있지만, 병원체 그 자체가 아니라 병원체의 작용에 의하여 발병하여 발달되는 일련의 연속 과정을 의미함

　㉢ 병원체에서의 변화뿐만 아니라 기주식물에서의 변화와 병징의 변화 등을 포함, 당해 연도의 생육기간뿐만 아니라 이듬해 생육기간까지 연장되기도 함

② 병환의 주요 단계 : 접종 → 접촉 → 침입 → 기주 인식 → 감염 → 침투 → 정착 → 병원체 생장 및 증식 → 병징 발현 → 병원체의 전반 또는 월동 → 재접종

③ 생활사 : 병원체가 유성 또는 무성 증식에 의하여 동일한 유형의 병원체를 만드는 과정(병원체에서의 변화)

PART 01 | PART 02 | PART 03 | PART 04 | PART 05 | PART 06

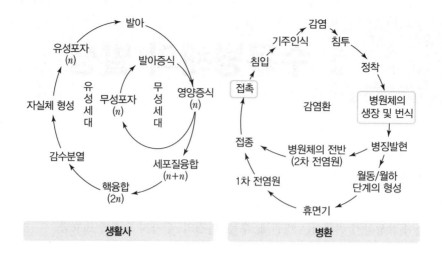

생활사 / 병환

3. 병환 구성요소 및 단계별 특성

(1) 접종

병원체가 기주 수목과 접촉하게 되는 것

(2) 전염원

① 수목에 도달하거나 수목과 접촉한 상태의 병원체 자체 또는 기주 수목을 감염시킬 수 있는 병원체의 특정 세포

② 병의 전반에 중요한 것은 전염원의 양과 질

③ 1차 전염원 : 월동·휴면 상태로 생존하였다가 봄이나 가을에 감염을 일으키는 전염원

④ 2차 전염원 : 1차 감염으로부터 형성되는 전염원

(3) 곰팡이 병원균의 침입

① 직접 침입(흡기, 각피 침입, 부착기, 침입관) : 표피세포를 뚫고 직접 침입 → 균류

 부착

병원균은 식물체 표면에 부착하여 식물체와 병원체의 상호인식으로 침입 또는 저지를 결정(포자 발아 → 발아관 → 부착기 → 침입관 → 세포 내 균사로 감염)

② 자연개구부 침입(기공, 수공, 피목, 밀선) : 균류, 세균

③ 상처 침입(상처, 측근균열 부위, 붕괴조직) : 균류, 세균, 바이러스

(4) 곰팡이에 의한 수목병의 발생

① 수목은 침입 부위에 방어벽을 설치하고 구획화시킴

② 잎이나 수피 : 점무늬, 마름 증상 → 광합성 저해

③ 목질부 : 수분 통도관을 막아 시들음 증상 → 수분 및 양분의 이동 저해

④ 줄기나 뿌리 조직 : 부후나 썩음병

⑤ 곰팡이병 발생 조건

ㄱ 어둡고 습기가 많은 곳

ㄴ 최적 온도 : 20~30℃

ㄷ 햇빛과 바람은 곰팡이에 의한 기주 수목의 감염 가능성을 감소시킴

(5) 세균에 의한 병의 발생

① 침입 : 상처나 자연 개구부

② 전반 : 바람, 빗물, 곤충, 관개 또는 범람, 오염된 종자, 동물, 각종 농기계, 작업도구 등

(6) 선충에 의한 수목병

① 선충은 유근을 가해

② 뿌리썩음병균 등의 침입을 용이하게 해주는 역할을 함

③ 구침을 통하여 바이러스를 매개

④ 수목의 쇠락을 유발하는 복합병해의 부분적인 원인

(7) 바이러스에 의한 병의 발생

① 바이러스는 기주세포나 조직에서 양분을 취하지는 않고 유일하게 증식(복제)

② 핵산과 단백질만으로 구성되고 유전정보를 가짐

③ 절대 기생체이며 기주특이성

④ 돌연변이가 계속 발생하여 항바이러스 개발이 어려움

⑤ 바이러스 입자는 기주 수목이 엽록소 생성, 즉 필수적인 대사기능을 하지 못하게 함

⑥ 감염된 기주세포는 빠르게 생장하여 분열하거나 아주 느리게 생장하여 분열할 수 없음

⑦ 전신적 병원체이고 감염 수목은 상당히 오랜 기간 생존

⑧ 전반 : 곤충 매개(진딧물과 매미충), 상처(영양 번식), 접목, 즙액, 선충, 종자, 꽃가루, 경란 전염

(8) 파이토플라스마에 의한 병의 발생

① 전신적 병해, 유관속 조직을 효과적으로 이동, 세균처럼 제한적으로 이동

② 체관부에 존재, 당의 이동 방해

③ 병해 : 잎에서 뿌리로 당의 이동을 방해하여 수목의 급속 쇠락 및 고사

④ 병징 : 유관속 막힘, 에너지 소실과 비정상적인 생장(황화, 총생, 엽화)

⑤ 전반

ㄱ 영양번식체, 매개충, 뿌리 접목(경란전염과 종자, 즙액, 토양전염은 안 됨)

ㄴ 보독기간 : 매개충에서 10~45일 간의 잠복 후 구침을 통해 전염(바이러스는 잠복 없음)

ㄷ 전반 과정 : 감염된 기주 흡즙 시 감염 → 체내 잠복 → 새로운 기주 흡즙 시 전염

⑥ 기주와 매개충

    ㉠ 대추나무 빗자루병, 뽕나무 오갈병 : 마름무늬매미충

    ㉡ 오동나무 빗자루병 : 썩덩나무노린재, 담배장님노린재, 오동나무애매미충

⑦ 제주 담팔수 등 피해 증가

    ㉠ 이상기후와 생육공간 협소로 수세 쇠약된 수목에 피해

    ㉡ 옥시테트라사이클린 수간주입하여 치료

    ㉢ 대체 나무 식재 : 후박나무, 먼나무

Tree Doctor

PART 01

PART 02

PART 03

PART 04

PART 05

PART 06

CHAPTER 04 수목병해의 진단

1. 진단의 중요성과 절차

(1) 진단의 중요성

① 진단 : 병의 원인을 찾아내고 정확한 병명을 결정하는 것

② 진단의 중요성

㉠ 진단은 병에 의한 경제적인 손실을 방지하거나 방제하는 과정에서 중요하기 때문에 정확하고 신속하게 이루어져야 함

㉡ 효율적인 진단에는 병원균의 구체적인 조사가 반드시 필요함

㉢ 진단은 발병 초기에는 효과적이나, 지연되면 적절한 방제전략을 수립할 수 없고 경제적으로 큰 손실을 초래함

(2) 생물적 요인에 의한 수목병의 진단

① 점무늬, 모자이크, 뿌리혹, 무름증상 등과 같은 병징이 서서히 나타나는 특징

② 원인은 대부분 진균, 세균, 바이러스 등

(3) 비생물적 요인에 의한 수목병의 진단

① 균일한 증상이 급작스럽게 나타나는 특징을 갖고 있음

② 비기생성 원인에 의한 것이라는 사실을 증명하려면 병원체가 존재하지 않는다는 사실을 밝혀내야 함

(4) 진단 절차

① 정상과 비정상의 판별

② 나무의 생육 및 재배 환경과 이력 조사

③ 기생성과 비기생성의 구분

특징	기생성 병	비기생성 병
발병 부위	식물체 일부	식물체 전체
발생 면적	제한적	넓음
병 진전도	다양함	비슷함
종 특이성	높음	매우 낮음
병원체 존재	병환부에 있음	없음

※ 비기생성 병을 진단하는 가장 좋은 기준은 병징 정도의 균일함과 생물성 병원체의 존재 여부

④ 병징과 표징 관찰

⑤ 원인의 검출

⑥ 조사 및 검출 자료의 분석과 최종 판단

(5) 병징

① 정의 : 식물체 기능에 이상이 발생하여 증상이 나타나는 것

② 종류

    ㉠ 생육장애 : 왜화(발육 정도 낮음), 쇠퇴(세포 분화 정지), 위축(작아짐), 억제(기관 미완), 웃자람, 분열조직 활성화, 이상증식, 상편생장, 이층형성, 퇴색, 얼룩, 잎맥투명화

    ㉡ 저장물질의 수송장애(광합성 산물이 잘 이동하지 못함)

    ㉢ 수분과 무기염류의 장애

    ㉣ 수분수송장애(유관속시들음병 유발)

    ㉤ 물질이동장애

    ㉥ 기능장애(황화, 수화작용, 괴저증상, 고무질, 수지즙액분비 등)

    ㉦ 2차 대사의 장애(안토시아닌 발달 지연으로 식물체 색깔 변화)

    ㉧ 재생능력의 장애(개화 및 착과 장애 등)

(6) 표징

① 정의 : 병원체의 일부 또는 전체가 눈에 보이도록 외부로 드러나 있는 것

② 종류

    ㉠ 영양기관 : 균사체, 균사매트, 뿌리꼴균사다발, 자좌, 균핵, 흡기 등

    ㉡ 생식기관 : 포자, 분생포자경, 포나장, 유주포자낭, 분생포자반, 분생포자좌, 분생자각, 자낭반, 자낭, 자낭각, 자낭구, 담자기, 버섯 등

2. 진단법의 종류

(1) 육안관찰

① 가장 쉬우면서도 가장 어려운 진단법

② 초급자들에게는 가장 어렵고 오진 확률도 높음. 서로 다른 원인들이 비슷한 병징을 나타내기 때문임

③ 표징은 일반적으로 병반에 나타나지만 바이러스나 파이토플라스마 같은 병원체는 기생성 병원체임에도 불구하고 표징을 만들지 않음

(2) 배양적 진단

① 여과지 습실처리법

ㄱ 병징이나 표징이 나타나지 않을 때 사용하는 방법

ㄴ 수입종자를 검역할 때 가장 많이 사용

ㄷ 멸균된 패트리접시에 여과지를 넣고 멸균수로 적신 후 항온기에 배양하여 동정

② 영양배지법

ㄱ 습실처리 안 될 때 사용

ㄴ 병든 식물체를 차아염소산나트륨으로 소독한 다음, 물한천배지나 영양배지에 치상하여 병원균이 생장하면서 만든 포자와 균총을 관찰하여 균을 동정

(3) 생리·생화학적 진단

① 화학적 성질을 이용하여 병을 진단하는 것

② **황산구리법** : 바이러스병에 걸린 감자 진단

③ Biolog : 세균 동정

④ **Gram 염색** : 세균의 속과 종 결정

⑤ 가스트로마토그래피 : 세균의 세포막 및 세포벽의 지방산 조성을 분석

(4) 해부학적 진단

① 현미경이나 육안으로 조직 내·외부에 존재하는 병원균의 형태 또는 조직 내부의 변색, 식물 세포 내의 X-체 등을 관찰하여 진단에 이용하는 방법

② ooze테스트 : 시들음 증상이 곰팡이에 의한 것인지 세균에 의한 것인지를 구별(단면에서 우윳빛이 누출되면 세균병, 누출 안 되면 곰팡이병)

③ 자실체를 만드는 병원균을 진단할 때에는 미세절편기를 이용(자실체의 원형유지를 위함)

④ 식물의 조직 및 조직 내의 병원체를 관찰하기 위해 고정, 탈수 및 염색작업이 필요

⑤ 파이토플라스마에 의한 수목병은 식물 조직의 단편을 DAPI, berberine sulfate, bisbenzimid, acridine orange 등의 형광색소로 염색하여 형광현미경으로 관찰

⑥ Dienes 염색약을 사용하여 광학현미경으로 관찰함으로써 파이토플라스마의 감염 여부 확인

(5) 현미경적 진단

① **해부현미경** : 빛 투과가 안 되지만 곰팡이 존재 여부 확인

② **광학현미경** : 빛이 투과되며 곰팡이 동정 이병 여부 확인

③ **전자현미경** : SEM(녹병균 표면 정보), TEM(세포 내부, 세균의 부속사, 바이러스 입자 등)

④ 균류 또는 선충은 해부현미경이나 광학현미경으로 전체적인 특징 확인 가능

⑤ 세균과 파이토플라스마의 존재 여부는 광학현미경과 형광현미경으로 가능하나 자세한 형태적 정보를 얻기 위하여는 SEM 또는 TEM 이용

⑥ 바이러스는 크기가 매우 작아 중금속을 이용하여 음성염색을 하고 TEM으로 입자를 관찰

(6) 면역학적 관찰

① 항혈청을 이용하여 진단하는 방법으로 항원과 항체 간의 특이적인 응집반응의 기작을 수목병 진단에 활용
② 바이러스, 진균, 세균 진단에 폭넓게 이용
③ **장점** : 특이성과 신속성
④ 응집과 침강반응, 면역확산법, IF법, dot-blot assay, ISEM법, 면역효소항체법(ELISA법)
→ 가장 많이 이용

(7) 분자생물학적 진단

① 진단과 동정에 DNA를 이용하는 방법
② 병원균 분리 → DNA 추출 → PCR로 증폭 → 증폭된 염기 서열과 DNA 데이터베이스와 비교하여 병원균 동정
③ 파이토플라스마, 세균, 균류 이외에 선충병의 진단에도 폭넓게 이용
④ 병원균 분리와 배양이 어려운 경우와 잠복기 병원균 동정에 유용
⑤ 데이터베이스에 등록되어 있지 않은 신종 병원균의 진단과 동정에는 현미경 진단법 등의 추가적 방법이 병행되어야 함

(8) 지표식물 및 포착목

① 특정 병에 대하여 감수성이며 특이적인 병징을 나타내는 식물을 이용하여 수목병을 진단할 때 사용되는 식물
② 바이러스를 진단할 때에는 담배, 명아주, 콩 등의 초본류를 지표식물로 많이 이용
③ **포착법** : 리지나뿌리썩음병의 경우 토양의 감염 여부는 진단하려는 토양에 소나무 가지를 묻고 일정 기간 지난 후에 회수하여 소나무 가지에 형성된 병징 및 표징을 확인함으로써 판단

3. 진단법의 특징 및 적용

(1) 진단법의 적용(병원성 검정)

① **개요** : 병든 식물에서 병원체가 발견되면 병원체를 동정하고 이 병원체가 병을 일으킨 원인이라는 사실을 증명하기 위하여 다음과 같은 단계를 수행해야 함
② **코흐의 원칙**
㉠ 병환부에 병원체가 존재해야 함
㉡ 분리되고 순수배양되어 특성을 알아낼 수 있어야 함
㉢ 동일종 접종 시 동일 증상이 나타나야 함

② 재분리 배양할 수 있어야 하고 특성은 ⓛ과 같아야 함

(2) 병원체의 특징

① 바이러스, 파이토플라스마, 물관부국재성 세균, 원생동물 등의 병원체는 배양이나 순화, 재접종이 불가능한 경우도 있음
② 코흐의 원칙이 언제나 적용되는 것은 아님

PART 01

PART 02

PART 03

PART 04

PART 05

PART 06

CHAPTER 05 수목병의 관리

1. 수목병의 치료

(1) 개요

① 내과적 치료 방법 : 수간주사

② 외과적 치료 방법 : 가지치기, 상처 치료, 외과수술

(2) 약제의 수간주입

① 정의 : 나무줄기에 구멍을 뚫고 약액을 직접 주입하는 것

② 대상

  ㉠ 가치수 : 천연기념물, 보호수, 정원수, 관상수 등

  ㉡ 병해 : 대추나무 빗자루병, 소나무재선충병 등

  ㉢ 충해 : 솔잎혹파리, 솔껍질깍지벌레, 버즘나무방패벌레 등

  ㉣ 미량원소 결핍증

③ 나무주사의 장점

  ㉠ 나무 내부로만 약액을 전달하여 환경오염에 안전

  ㉡ 1회 소량 주입으로 장기간 약효 지속

  ㉢ 예방과 치료 모두 가능

④ 나무주사의 단점 : 나무 약제 주입공에 의한 상처 피해(나무 변색과 썩음)

⑤ 사용 방법

  ㉠ 4~10월까지 생육기간에 실시하는 것이 효과적

  ㉡ 10cm 이하 수목 수간주사 주입하지 않음, 줄기 밑둥 근처에 주입, 주입공은 최대한 작게
    (5mm 정도), 각도는 30~45°, 깊이는 수피를 지나 목질부로부터 약 2cm

  ㉢ 수간주사 후 상처도포제(티오파네이트메틸)를 바름

  ※ 참고 : 티오파네이트메틸(유효성분), 지오판도포제(품목명), 톱신페이스트(상품명)

⑥ 나무주사의 종류

구분	장점	단점	대상
중력식 수간주사법	저농도약액 다량 주입	오래 걸림	대추나무 빗자루병
유입식 수간주사법	경제적임	송진 유출 시기 곤란 주입공 상처 생김	

구분	장점	단점	대상
압력식 수간주사법	• 단시간, 연중 가능 • 송진 유출 시기 가능	비쌈	• 소나무 재선충병 • 버즘나무 방패벌레
삽입식 수간주사법	영양제, 미량원소 공급	주입공 상처 생김	

(3) 올바른 가지치기

① 인명과 재산의 안전을 위한 가지치기 : 가장 먼저 제거

② 나무의 건강을 위한 가지치기 : 죽은 가지, 가지터기, 병든 가지 등 건강에 해로운 가지 제거

③ 나무의 미관을 위한 가지치기 : 균형있는 수형을 유지(도장지, 교차지, 과밀 가지, 내향지, 쇠약지)

④ 가지 치는 시기 : 휴면기가 적기

    ㉠ 활엽수 → 휴면기

    ㉡ 침엽수 → 연중(수액과 송진이 적게 나오는 겨울철이나 이른 봄)

⑤ 올바른 가지치기 방법

    ㉠ NTP : 지피융기선 바깥쪽에서 시작하여 지륭을 향해 절단 → 줄기 조직이 상하지 않고 병원균이 침입하는 것을 저지

    ㉡ Precut(선행절단) : 수피가 찢어지지 않도록 무게 제거

    ㉢ 상처도포제 도포 : 병원균 침입 방지, 유합조직 형성 촉진

⑥ 가지치기의 위치

    ㉠ 줄기와 가지의 결합 부위 및 가지와 가지의 결합 부위

    ㉡ 가지의 마디 사이에서 자르면 안 됨

    ㉢ 가지치기는 위쪽 가지부터 아래쪽으로 해 내려옴

지륭이 뚜렷한 가지 자르기	지피융기선 바깥쪽에서 지륭이 끝나는 부분을 향해 자름
지륭이 뚜렷하지 않은 가지 자르기	지피융기선에서 수직선을 가상하여 지피융기선의 각도만큼 바깥쪽으로 각도를 주어 자름(가지가 줄기에 바짝 붙어 있는 경우 추켜올려 자름)
죽은 가지 자르기	지피융기선을 표적으로 하지 말고 지륭의 끝에서 자름
줄기 자르기	지피융기선에서 수직선을 가상하여 지피융기선의 각도만큼 안쪽으로 각도를 주고 자름
굵은 가지 자르기 (3단계 절단법)	• 첫 번째 : 20cm가량 위쪽의 가지 밑에서 위를 향해 직경의 30~40%를 자름 • 두 번째 : 2~3cm 위쪽에서 완전히 잘라 가지의 무게를 제거 • 세 번째 : 지피융기선 바로 바깥쪽에서 지륭의 끝을 향해 잘라 손톱으로 매끈하게 마무리

(4) 수목의 상처 치료

① 수세가 좋으면 작은 상처는 그대로 두어도 스스로 아물지만, 큰 상처는 방치할 경우 생장 위축 및 병원균 침입으로 공동 진행

② 수세가 약한 나무는 상처 유합재 발달 미약으로 잘 아물지 않고 병원균의 침입을 받음

③ 수피 상처의 원인

    ㉠ 인위적 원인 : 차량, 중장비, 예초기

    ㉡ 기상적 원인 : 볕뎀(피소), 상렬, 강풍, 적설, 낙뢰

    ㉢ 생물적 원인 : 노루, 멧돼지, 토끼, 들쥐 등의 식해

④ 나무의 상처가 아무는 과정

    ㉠ 미분화된 유합조직이 상처를 감쌈

    ㉡ 수피조직과 목질부 조직을 갖춘 상처유합재가 목질부를 완전히 감싸 상처가 아묾

    ㉢ 생장기에 상처가 나면 곧 상처가 아물지만, 휴면기에 상처가 나면 봄에 유합조직이 형성되기 시작

⑤ 상처도포제

    ㉠ 상처를 통해 병원균 침입 방지

    ㉡ 락발삼, 티오파네이트메틸 도포제, 테부코나졸 도포제

⑥ 갓 생긴 나무 상처의 응급치료

    ㉠ 부서진 조각이나 이물질을 제거

    ㉡ 상처가 마르기 전에 벗겨진 수피를 밀착시키고 고정

⑦ 어린 상처의 치료

    ㉠ 상처를 다듬음(유합조직이 균일하게 자라나와 빨리 아묾)

    ㉡ 상처도포제를 바름

⑧ 상렬, 볕뎀(피소), 낙뢰로 인한 상처의 치료

    ㉠ 상렬 : 벗겨진 수피 제거, 상처도포제 바르기

    ㉡ 볕뎀(피소) : 수피 제거, 유합조직 노출, 상처도포제(마대를 싸거나 석회유를 발라 피해 반복 방지)

    ㉢ 낙뢰 : 상처도포제를 바르고 부서진 수피는 약 1년 정도 두었다가 유합조직 형성 후 제거

⑨ 오래된 상처의 치료

    ㉠ 상처유합재가 드러나 있을 때 : 목질부의 이물질을 씻어내고 소독 후 상처도포제 바름

    ㉡ 상처유합재가 드러나 있지 않을 때 : 들뜬 수피나 지저깨비 제거 후 목질부가 썩지 않았으면 상처도포제를 발라줌. 썩었으면 조직을 제거하고 외과수술을 해야 함

⑩ 수피이식

    ㉠ 상처 크기가 줄기 둘레의 25% 미만이면 상처 극복, 50% 이상이면 쇠약 및 고사로 이어짐

    ㉡ 들뜬 수피 제거 → 상처 위아래 높이 2cm가량 수피 벗겨내기 → 신선한 수피이식(위아래 방향 맞추기, 5cm 길이로 연속적으로 밀착, 못으로 고정) → 젖은 천으로 덮어 건조와 이탈 방지

    ㉢ 형성층 세포분열이 왕성한 늦은 봄에 실시

(5) 수목의 외과수술

① **정의** : 외과수술은 공동이 더 이상 부패, 확대되는 것을 막고 나무를 보호하기 위해 필요한 조치
② **필요성** : 나무는 자라는 동안 상처를 입게 되는데, 상처가 작을 경우에는 자기방어기능에 의해 자연적으로 치유가 되나 상처가 크면 목질부가 썩으면서 공동으로 진전되므로 외과수술이 필요
③ **장단점** : 외과수술은 제대로 실시하면 나무의 건강, 미관, 안전을 증진시키지만 부실하게 하면 공동 내부로 물이 들어가 더 습해져서 오히려 부패를 조장하여 나무의 건강을 크게 악화시킴
④ **외과수술의 역사**
  ㉠ 혁신 : 우레탄 폼의 등장과 CODIT 모델의 등장
  ㉡ 우레탄폼

장점	접착성과 유연성 월등, 흡습성과 보수성 낮음, 높은 발포성(팽창력)
단점	강도가 낮고 직사광선에 약하여 표면처리를 해야 함

  ㉢ CODIT 모델의 등장과 새로운 수목외과수술 : 1977년 미국의 Shigo 박사가 제시. 수목은 자기방어기작에 의해 부후외측의 변색재와 건전재의 경계에 방어벽을 형성하여 부후균의 침입에 저항하기 때문에 외과수술 시에 방어벽이 형성된 변색재나 건전재에 상처를 내면 안 된다는 것
⑤ **올바른 외과수술의 개념-CODIT모델(Compartmentalization Of Decay In Trees)** : "나무는 상처를 입게 되면 부후균의 침입을 봉쇄하고 감염된 조직의 확대를 최소화하기 위해 상처 주위에 여러 방향으로 화학적, 물리적 방어벽을 만들어 저항한다."

방어벽	진전 방향 → 봉쇄	방어벽
Wall 1	세로축 방향 → 상처의 상하 봉쇄	도관 가도관 폐쇄
Wall 2	방사 방향 → 상처의 안쪽 봉쇄	나이테 종축유세포
Wall 3	접선 방향 → 상처의 좌우 봉쇄	방사단면
Wall 4	상처의 외측 → 상처의 바깥쪽 봉쇄	신생세포로 된 방어벽

※ 방어벽 강도 Wall 4 → Wall 3 → Wall 2 → Wall 1 : 가장 강력한 4번 방어벽은 상처가 난 이후에 형성된 조직에 부후균 침범을 방어

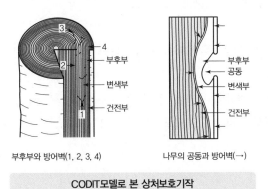

부후부와 방어벽(1, 2, 3, 4)   나무의 공동과 방어벽(→)

CODIT모델로 본 상처보호기작

⑥ 외과수술 시기 : 이른 봄에 실행해서 유합조직 생장 극대화

(6) 외과수술의 실제 ※ 산림청 수목진료 표준품셈 참조

① 부후부 제거

㉠ 목재부후균에 감염된 부후부는 건전 및 방어조직을 제외하고 깨끗이 제거

㉡ 방어층의 파괴는 다음 부후의 진전을 초래하므로 방어조직을 다치지 않도록 주의

㉢ 공기압축기나 동력송풍기를 이용하여 제거

② 살균처리

㉠ 부후부 제거 후 남아있는 균사나 포자를 완전히 제거하기 위하여 70% 에틸알코올로 반복하여 분무 처리

㉡ 살균처리 후 처리 부 표면은 장비를 이용하여 충분히 건조

③ 살충처리

㉠ 침투성이 강한 살충제와 훈증효과 살충제를 혼합 처리

㉡ 처리 및 건조과정은 살균처리에 준하여 실시

④ 방부처리

㉠ 추가적인 부후균 침입 또는 균사의 발육을 억제하고 부후를 방지하기 위하여 목재에 침투력이 좋은 방부제 사용

㉡ 처리 방법은 살균처리에 준하여 실시함

⑤ 건조 및 보호막 처리

㉠ 건조가 충분하지 않으면 충전 후 수액이나 물이 스며들어 실패의 원인이 됨

㉡ 완전건조 되면 상처도포제를 발라 공동충전 시 우레탄폼이 목질부와 맞닿는 것을 차단

㉢ 도포 후 1일 정도면 건조, 동력송풍기 사용 시 1~2시간 걸림

⑥ 형성층 노출

㉠ 형성층의 사활 여부와 활력도를 확인 후 형성층의 노출 위치와 노출 범위를 결정

㉡ 공동 가장자리에 살아 있는 형성층을 노출하여 가장자리를 감쌀 수 있게 함

㉢ 목질부 층에서 위쪽으로 약 5mm 정도 위치에서 형성층 노출

㉣ 상처도포제를 발라서 형성층이 마르지 않도록 함

⑦ 공동충전

㉠ 공동을 고르게 채울 수 있으며 목질부와의 이격이 적고 접착력이 좋은 발포성 수지 등을 사용

㉡ 지지력 확보를 위하여 시멘트, 철근 등 보조자재를 사용 가능

㉢ 유합조직 형성에 지장이 없도록 형성층보다 2~3cm 낮게 처리

작은 공동의 경우	• 공동의 크기가 작고 깊지 않을 때에는 이미 형성된 상처유합재의 성장을 촉진시켜 아물도록 유도 • 부후부 제거 → 건조 처리 → 상처도포제 처리 • 공동을 메울 필요가 있으면 형성층 노출까지의 과정 처리 후 실리콘 실란트에 코르크 가루를 섞어 공동을 메움
큰 공동의 경우	공동이 크고 깊을 때에는 1액형 발포성 우레탄폼으로 공동 충전

📋 **TIP** 합성수지의 종류

종류		비고
발포성 수지	폴리우레탄 폼	• 발포성, 접착성, 유연성 월등 • 흡습성과 보수성 낮음, 경제적임 • 강도 낮고 직사광선에 약함
비발포성 수지	에폭시수지, 실리콘수지, 우레탄고무, 불포화 폴리에스테르수지	• 목질부와의 접착력이 강하고 빗물, 습기가 조직 속에 침입하지 않음 • 직사광선에 산화되거나 변질되고 고가임

⑧ 매트처리
  ㉠ 공동의 입구가 큰 경우에는 충전물의 외부 충격 방지를 위해 견고한 재료로 형성층보다 낮게 처리
  ㉡ 충전층 표면을 2~3cm 낮게 다듬은 다음 실리콘실란트 재료를 형성층보다 0.5cm 정도 낮게 피복처리

⑨ 방수처리
  ㉠ 표면, 목질부 내에 빗물, 습기 등이 스며들지 않도록 처리
  ㉡ 수지 또는 실리콘을 이용하여 방수처리
  ㉢ 유합조직이 형성되는 가장자리에 틈이 생기지 않도록 처리

⑩ 인공수피처리
  ㉠ 외과수술 후 직사광선이나 빗물 등의 피해를 예방하기 위하여 수지와 콜크분말을 사용하여 인공수피처리
  ㉡ 형성층 노출 시에는 형성층보다 낮게 처리하고, 기존 유합조직이 형성 시에는 기존 유합조직보다 높이를 낮추도록 함

⑪ 산화방지처리
  ㉠ 인공수피에 수지, 실리콘 등을 처리하여 직사광선을 차단하고 방수 및 산화방지 기능을 높이며 수피 고유의 색과 질감에 조화
  ㉡ 절개된 형성층 부위 이물질 제거하여 유합조직 형성 지장 방지

⑫ 토양습기 차단처리
  ㉠ 외과수술 부위로 토양수분 유입 차단을 위해 석회나 콜타르 등으로 처리

PART 01
PART 02
PART 03
PART 04
PART 05
PART 06

ⓛ 목질부와 접하는 부위는 틈이 발생하지 않도록 처리

⑬ 외과수술 후의 관리

　　㉠ 수술 후 수세 증진으로 수목의 자기방어 시스템 강화

　　㉡ 엽면시비, 영양제의 수간주사, 토양관주, 토양개량 등으로 생육환경을 개선하고 정기적으로 활력도 조사

(7) 뿌리의 외과수술

① 뿌리의 진단 : 수목의 지상부에 피해가 발생하면 뿌리의 이상현상을 확인

② 뿌리의 수술 방법

표토 제거	• 표토를 제거하고 뿌리의 상태 조사 • 복토가 되어 있지 않다면 표토에서 15~30cm 범위에 수평근과 잔뿌리가 있어야 함 • 잔뿌리가 없거나 뿌리가 고사해 있으면 살아 있는 뿌리가 나타날 때까지 팜
뿌리 절단 및 도포제 처리	• 유합조직의 형성이 가능한 살아 있는 뿌리 부분까지 절단 • 환상박피 또는 부분박피를 하여 기존의 뿌리에 수분과 영양분 공급 • 발근촉진제와 도포제 처리
토양소독	살균제와 살충제를 살포하여 토양 소독
흙 채우기	지표면의 높이를 원래의 높이와 같이 해 줌
지상부 수목 처리	• 수분과 영양분을 공급하여 수세 회복 • 엽면시비와 지상부와 균형을 맞추는 가지치기 실시

2. 수목병의 방제

(1) 병의 방제 목표

① 산림 : 병에 의한 손실을 경제적 피해허용수준 이하로 억제

② 소나무재선충과 같은 유행병 : 경제적 피해허용수준과 관계없이 철저한 방제 필요

(2) 수목병의 방제수단

전염원의 제거, 발병환경의 개선, 내병성 품종의 이용, 약제방제 등 종합적인 방제

(3) 식물검역

① 병원체가 외국으로부터 국내에 유입되어 전파되는 것을 식물검역제도에 의해 예방

② 외래병 : 소나무재선충병

③ 풍토병 : 밤나무 줄기마름병

(4) 수목병의 발생예찰

① 목적 : 사전에 병의 적절한 예방책을 강구

② 중요 수병과 돌발수목병

(5) 내병성 품종의 이용

① 가장 확실하고 경제적인 친환경적 방제방법
② 내병성 육종 성공사례 : 잎녹병에 저항성인 이태리포플러 1호와 2호

(6) 전염경로의 차단

① 전염원 제거
  ㉠ 병든 낙엽, 가지, 묘목 등 소각·매립
  ㉡ 칠엽수 얼룩무늬병(위자낭각 월동 후 1차 감염) : 병든 낙엽 늦가을에 소각·매립
  ㉢ 반송 잎떨림병(자낭포자가 장마철에 전파) : 장마 전에 병든 낙엽 제거
② 중간기주의 제거
  ㉠ 잣나무 털녹병 : 송이풀, 까치밥나무 제거
  ㉡ 포플러 잎녹병 : 낙엽송을 근처에 심지 않기
  ㉢ 붉은별무늬병 : 장미과 식물 근처에 향나무 심지 않기
③ 토양소독
  ㉠ 토양전염성 병을 예방하는 가장 직접적이고 효과적인 방법
  ㉡ 물리적 방법 : 토양에 열을 가함(소토법, 열탕소독법, 전기가열법, 증기소독법)
  ㉢ 약제에 의한 방법

토양 관주	메탈락실, 하이멕사졸, 프로파모카브
토양 훈증	메탐소듐 액제, 다조멧 입제

④ **작업기구류 및 작업자의 위생관리** : 70% 에틸알코올 등으로 자주 소독하여 바이러스, 세균 등에 의한 접촉 전염 방지

(7) 발병환경의 개선

① 생태적 방제법, 임업적 방제법이라고도 부름
② 건전묘의 식재
③ **조림 시기와 식재 방법** : 휴면기에 옮겨 심는 것이 원칙
④ **토양환경의 개선**
  ㉠ *Rhizoctonia, Pythium*에 의한 모잘록병 : 습도가 높을 때 피해 크므로 과습을 피해야 함
  ㉡ *Fusarium* 균에 의한 모잘록병 : 건조한 토양에서 잘 발생하므로 토양의 습도 조정
  ㉢ 자주날개무늬병 : 미분해 유기물 다량 함유 임지에서 발생하므로 석회를 많이 주어 유기물을 빨리 분해
⑤ **비배관리**
  ㉠ 질소질 비료를 과용하면 동해나 냉해 증가, 병 저항성 감소
  ㉡ 황산암모니아의 과용은 토양을 산성화해서 토양전염병 피해 증가

ⓒ 인산질 비료와 칼리질 비료는 전염병의 발생을 감소

⑥ 돌려짓기

　ㄱ 오리나무 갈색무늬병균, 오동나무 탄저병균 : 짧은 윤작 연한으로 방제 효과 있음

　ㄴ 침엽수 모잘록병균, 자주날개무늬병균 : 윤작 효과 없음

⑦ 임지무육(숲가꾸기, 위생간벌), 포플러와 오동나무 숲에서 심한 간벌은 줄기마름병이 발생

　ㄱ 방제 효과는 서서히 나타나지만 장기간에 걸쳐 큰 효과

　ㄴ 각종 병해를 조기에 발견할 수 있는 좋은 기회 제공

　ㄷ 풀베기와 덩굴치기 : 소나무류 잎녹병이나 소나무 혹병은 겨울포자가 형성되기 이전에 하예작업으로 중간기주의 병원균을 제거

　ㄹ 가지치기 : 소나무 잎떨림병, 낙엽송 잎떨림병, 편백잎마름병, 삼나무 균핵병 등은 아래가지에서 많이 발병, 삼나무 붉은마름병은 생가지에 병원균이 침입하여 줄기로 옮겨짐

　ㅁ 제벌과 간벌 : 소나무류 잎떨림병, 피목가지 마름병

(8) 생물학적 방제

① 식물체에는 해를 주지 않지만 식물병원체에는 길항작용을 나타내는 미생물을 이용하여 병해를 방제하는 것

② 생물학적 방제에 이용되는 미생물

　ㄱ 모잘록병 : *Trichoderma spp.*

　ㄴ 잣나무 털녹병 : *Tuberculina maxima*

　ㄷ 안노섬뿌리썩음병 : *Peniophora gigantea*

　ㄹ 참나무 시들음병 : *Streptomyces blastmyceticus*

　ㅁ 밤나무 줄기마름병 : dsRNA 바이러스에 감염된 *Cryphonectria parasitica*

　ㅂ 뿌리혹병 : *Agrobacterium radiobactor*

TIP

- *Trichoderma* : 토양, 낙엽, 썩은 나무에 나는 곰팡이의 속. 세균이나 곰팡이에 대한 항생물질을 생산하기 때문에 식물의 병원균 퇴치에 이용
- *Trichoderma viride*(푸른점버섯균) : 감귤의 부패, 곡물(밀, 쌀, 보리 따위)과 땅콩의 변질을 일으킴. 모잘록병 방제에 이용
- *Trichoderma harzianum*(트리코데르마 하지아눔)
  - 감귤과 곡물(옥수수, 쌀과 밀)을 변질, 목재부후균의 방제에 이용, 현재 수많은 농작물 증산 프로그램에 인공적으로 첨가되는 미생물
  - 식물체 뿌리 부분에 흡수 촉진 작용, 근권에서 수분을 보유하면서 보수력 유지, 토양에 들어 있는 주요 유기물질을 분해하고 식물체로 이동시킴. 병원성 미생물과의 양분 흡수 경쟁, 토양에 잔류하는 살진균제, 살충제 같은 독성 유기화합물 분해

(9) 화학적 방제

① 농약을 사용해서 병을 방제하는 것

② **보호살균제** : 병 발생 이전 살포, 예방이 목적, 보르도액, 수산화구리제

③ **직접살균제** : 예방과 치료에 모두 사용, 테부코나졸, 티오파네이트메틸, 베노밀 등의 침투성 약제

3. 종합적 관리

① 수목의 병을 효과적으로 방제하기 위해서는 여러 방제 수단을 종합적으로 검토해서 목적하는 병에 가장 적합한 방제 수단을 선택하는 것이 중요함

② 최근에는 방제효과를 높이기 위해 여러 방제 수단을 적절히 조합해서 실시하는 종합적 방제가 일반화되어 있음

4. 병해 관리의 실행 요소

① 수목병의 방제 수단에는 전염원의 제거, 발병환경의 개선, 내병성 품종의 이용, 약제 방제 등 여러 가지가 있음

② 산림 수목병 관리의 기본은 합리적인 육묘, 조림, 임지관리에 의해 모든 생물적 스트레스와 비생물적 스트레스를 견디어 낼 수 있는 건강한 수목을 육성하여 건강한 산림생태계를 보전하는 데 있음

PART 01

PART 02

PART 03

PART 04

PART 05

PART 06

Tree Doctor

CHAPTER 06 수목병해

1. 개요

① 생물적 요인에 의한 수목병은 전염성이며 병든 부위에 원인체가 존재

② **주요 병원체** : 곰팡이, 세균, 파이토플라스마, 바이러스, 원생동물, 선충, 기생성 종자식물

③ 해충은 비지속적인 장해를 일으키기 때문에 병으로 취급하지 않음

2. 곰팡이

(1) 곰팡이의 개념

① 곰팡이는 생물 7계 가운데 균계에 속하는 생물을 총칭

② 좁은 의미로는 원생동물계의 점균과 구분되는 용어로, 또는 세균계의 세균과 구분되는 용어로도 쓰임

③ 핵이 있고 포자를 가지며 엽록소가 없는 생물로, 유성생식 또는 무성생식의 수단으로 번식

④ 10만 종의 곰팡이 중 3만 종 이상이 식물병을 발생시킴

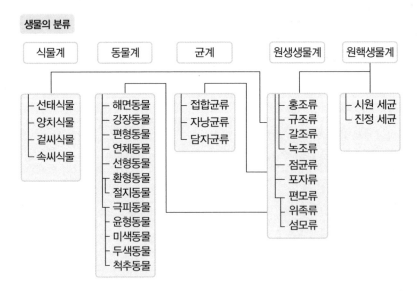

생물의 분류

식물계	동물계	균계	원생생물계	원핵생물계
├ 선태식물 ├ 양치식물 ├ 겉씨식물 └ 속씨식물	├ 해면동물 ├ 강장동물 ├ 편형동물 ├ 연체동물 ├ 선형동물 ├ 환형동물 ├ 절지동물 ├ 극피동물 ├ 윤형동물 ├ 미색동물 ├ 두색동물 └ 척추동물	├ 접합균류 ├ 자낭균류 └ 담자균류	├ 홍조류 ├ 규조류 ├ 갈조류 ├ 녹조류 ├ 점균류 ├ 포자류 ├ 편모류 ├ 위족류 └ 섬모류	├ 시원 세균 └ 진정 세균

※ 5계(원핵생물계, 원생생물계, 균계, 동물계, 식물계) → 7계(세균계, 고균계, 원생동물계, 색조류계, 균계, 동물계, 식물계)

(2) 곰팡이의 형태

① 수목에 병을 일으키는 곰팡이는 모두 사상균

② 균사는 세포벽이 있으나 격벽이 없는 것과 있는 것이 있음

③ **무격벽균사(하등균류)** : 병꼴균문, 글로메로균문(세포 내에 여러 개의 핵)

④ **유격벽균사(고등균류)** : 자낭균문, 담자균문(세포에 1개 또는 2개의 핵)

(3) 곰팡이의 번식과 생활환

① 균사(영양기관)+포자(생식기관)

② 곰팡이는 주로 포자로 번식

③ **무성포자** : 균사 내 하나의 핵이 무성생식으로 분열(분생포자, 분열포자, 분아포자, 후벽포자, 유주포자)

④ **유성포자** : 원형질 융합, 핵융합, 감수분열을 거쳐서 형성(난포자, 접합포자, 자낭포자, 담자포자)

⑤ 유성포자를 만들지 않거나 유성세대를 발견하지 못한 균류는 불완전균류로 대부분 자낭균에 속함

⑥ **균사로 번식** : 균핵, 자좌, 뿌리꼴균사다발 등

⑦ 곰팡이의 생활환은 무성세대와 유성세대를 포함

⑧ 식물을 가해하는 시기는 대부분 무성세대이며 유성세대는 대개 월동이나 휴면 또는 유전적 변이를 통한 환경적응의 기작

(4) 곰팡이 분류의 개요

① 생물을 7계로 나누며, 오랫동안 균계에 속했던 점균은 원생동물계에, 난균은 색조류계에 포함되었음

② 곰팡이의 명명법은 2013년부터 1균 1명 체계를 채택

③ **원핵생물계(세균계, 고균계)**

　㉠ 세균계 : 세균, 방선균, 남조류 등

　㉡ 남조류 : 세포내에 핵 또는 색소체를 갖지 않는 하등조류, 광합성을 함

　㉡ 색조류계 : 엽록체를 가진 조류를 포함하여 식물병원균인 난균문이 포함됨

④ **균류** : 크게 유사균류와 진정균류로 나누며 유사균류에는 원생동물계와 색조류계로 분류

⑤ **진정균류(균계)** : 병꼴균문, 접합균문, 자낭균문, 담자균문으로 분류

⑥ **원생동물계** : 점균(끈적균문), 무사마귀병균문

⑦ **크로미스타계(색조류계)** : 조류, 난균문

(5) 곰팡이의 분류

① 난균문

　㉠ 균사가 잘 발달되어 있고 격벽이 없는 다핵균사임

ⓛ 세포벽은 글루칸과 섬유소로 되어 있음(키틴 ×)

ⓒ 유성생식 → 난포자, 무성생식 → 유주포자

ⓔ 700종이 있으며 대부분 부생성이지만 식물병원균도 포함됨

ⓜ 뿌리썩음병(Pythium), 역병(Phytophthora), 노균병(Bremia), 참나무 급사병, 밤나무 잉크병 등

ⓗ 조류(algae)와 유사성을 가짐(라이신 생합성 경로, 스테롤 대사)

② **병꼴균문**

ⓖ 병꼴균류로 통칭되며, 유주포자를 형성하는 호기성 균류

ⓛ 수환경과 토양에 서식하는 부생균 또는 병원균

ⓒ 균사는 발달이 미약하며 격벽이 없는 다핵균사

ⓔ 영양체의 전부가 유주포자낭으로 변하는 전실성이 많고 일부는 분실성

ⓜ 격벽이 없는 다핵균사, 세포벽은 키틴

ⓗ 무성포자인 유주포자는 후단에 1개의 민꼬리형 편모를 가짐

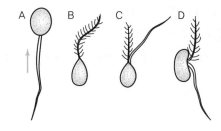

- A : 민꼬리형 편모를 가진 유주포자
- B : 털꼬리형 편모를 가진 유주포자
- C : 전단에 민꼬리형과 털꼬리형 편모를 가진 유주포자
- D : 측방에 민꼬리형과 털꼬리형 편모를 가진 유주포자

③ **접합균류**

ⓖ 격벽이 없으나 노화, 생식기관 형성에 따라 격벽 형성

ⓛ 900여 종이 있으며 대부분 부생생활

ⓒ 유성생식에서 모양과 크기가 비슷한 배우자낭이 합쳐져 접합포자(zygospore)를 형성

ⓔ *Endogone* 속, *Choanephora*, *Rhizopus*, *Mucor* 속

④ **자낭균문**

ⓖ 곰팡이 중에서 가장 큰 분류균으로 64,000여 종 이상이 알려져 곰팡이의 약 70%가 여기에 속함

ⓛ 격벽이 있으며, 균사의 세포벽은 키틴으로 되어 있음

ⓒ 균사의 격벽에는 물질 이동통로인 단순격벽공이 있음

ⓔ 균사조직으로는 균핵·자좌 등을 형성함

ⓜ 자낭균류의 생활사는 무성세대(불완전세대 또는 분생포자세대라고도 함)와 유성세대(완전세대 또는 자낭포자세대라고도 함)를 이룸

ⓗ 자낭에는 8개의 포자를 형성함

ⓢ 자낭균류는 계통학적으로 3아문으로 분류 : 진정자낭균아문, 당효모아문, 나출자낭균아문

ⓞ 과거의 분류체계

• 자낭과를 구성하는 벽의 구조(단일벽·이중벽), 자낭과의 종류(자낭구·자낭각·자낭반), 자낭과 안쪽의 자낭 배열상태 등에 따라 5개의 강으로 인식되어 왔음

• 이런 분류학적 개념은 더 이상 쓰이지 않지만, 수목병리학을 비롯한 응용과학에서는 여전히 사용되고 있음

ⓩ 과거의 그룹

구분	특징	종류
반자낭균강	• 자낭과를 형성하지 않음 • 병반 위에 나출 • 자낭은 단일벽	*Saccharomyces, Taprina*속
부정자낭균강	• 자낭과는 자낭구, 머릿구멍 없음 • 단일벽의 자낭이 불규칙적 산재	*Penicillium, Aspergillus*속
각균강	• 자낭과는 자낭각, 머릿구멍은 있거나 없음 • 단일벽의 자낭이 자낭각 내의 자실층에 배열	흰가루병, 탄저병균, 일부 그을음병균, 맥각병균 등
반균강	• 자낭과는 자낭반, 내벽은 자실층으로 되어 있음 • 자실층에는 자낭이 나출	*Rhytisma, Lophoderium, Scletotinia*속 등
소방자낭균강	자낭과는 자낭자좌, 자낭은 2중벽	*Elsinoe, Venturia, Mycosphaerella, Guignardia*속, 각종 그을음병

※ 흰가루병은 자낭구로 월동하지만 각균강에 속함(자낭의 배열이 규칙적이기 때문)

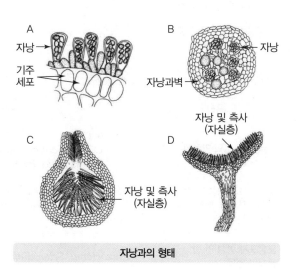

자낭과의 형태

⑤ 담자균문

　㉠ 31,000여 종이 알려져 있고 가장 진화도 높은 고등 균류임

　㉡ 녹병균 및 깜부기병균, 대부분의 버섯류, 목재부후균

　㉢ 균사 잘 발달, 유격벽, 유연공격벽

　㉣ 담자포자는 1핵 단상체이며 원형질융합, 핵융합, 감수분열

　㉤ 핵융합과 감수분열은 담자기 내에서 이루어지며, 각 담자기 위에 대개 4개의 담자포자가 형성됨

　㉥ 담자균문은 녹병균아문, 깜부기병균아문, 버섯균아문으로 대별됨

| 담자기 위의 담자포자 | | 녹병정자기 안의 정자 | 녹포자기 안의 녹포자 | 여름포자퇴 안의 여름포자 | 겨울포자퇴 안의 겨울포자 |

담자균류의 형태

⑥ 불완전균류

　㉠ 불완균류는 다른 분류군의 균류와 달리 계통학적으로 분류된 생물군이 아님

　㉡ 유성세대가 상실되었거나 발견되지 않아 무성세대만 알려진 균류를 통칭함

　㉢ 흰가루병균이나 녹병균과 같이 분류학적 위치가 명백한 경우에는 무성세대만으로도 유성세대의 해당 분류군에 소속시켜 왔음

　㉣ 균사에 격벽이 없는 하등균류는 불완전균류에 소속시키지 않음

　㉤ 현재의 분류체계로는 불완전균문 또는 불완전균류라는 분류균은 인정되지 않으며, 이들은 실제 모두 자낭균문에 소속시킴

　㉥ 무성생식기관의 형태적 특징 및 분생포자의 형성양식은 특정 분류군이나 종을 결정하고 동정하는 중요한 특성임

　㉦ 과거의 분류체계에는 분아균류, 유각균류, 총생균류, 무포자균류로 나뉨

구분	특징	종류
유각균류	분생포자과의 안쪽에 형성	• 각 : Septoria • 반 : *Colletotrichum, Entomosporium, Marssonina, Pestalotiopsis*
총생균류	• 분생포자과 형성 안 함 • 분생포자좌나 분생포자경다발 위에서 분생포자 형성	*Alternaria, Aspergillus, Botrytis, Fusarium, Cercospora, Corynespora, Cladosporium, Verticillium*
무포자균류	• 분생포자 형성 안 함 • 균사만 있음	*Rhizoctonia, Sclerotium*

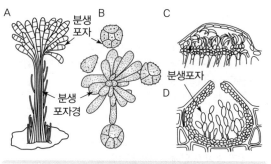

분생포자 형성기관의 형태

(6) 곰팡이의 역할

① 개요

　ㄱ 수목과의 관계에서 부생, 기생, 공생의 관계

　ㄴ 기생의 경우에 수목에 병을 일으킴

② 부생성 곰팡이 : 섬유소와 리그닌을 분해함으로써 산림생태계의 분해자 역할을 함

③ 기생성 곰팡이

　ㄱ 수목에 피해를 입히며 병원균의 대부분을 차지함

　ㄴ 궤양병균, 점무늬병균, 시들음병균, 가지마름병균, 뿌리썩음 병균 등

④ 공생성 곰팡이

　ㄱ 지의류 : 곰팡이(대부분 자낭균류)와 조류가 공생함, 생물천이의 개척자, 대기오염을 알려주는 지표생물

　ㄴ 균근균 : 수목의 뿌리에 공생하는 균근을 형성하는 곰팡이

⑤ 균근

　ㄱ mycos(곰팡이)+rhizome(뿌리)

　ㄴ 1842년 Vittadini가 처음 관찰

　ㄷ 생태적 기능

　　• 대부분의 공생곰팡이는 살아있는 순수배지에는 배양하지 않음

　　• 현화식물의 95% 정도에서 나타나며, 난초과, 철쭉과, 침엽수종에서 중요

　　• 200여 개 식물의 과 중에서 14개 과에 속하는 식물만 비균근성 식물

　ㄹ 역할 : 뿌리의 양분 흡수 증가, 인의 순환에 관여, 병원성 또는 부생성 미생물에 의한 침입으로부터 수목을 보호

　ㅁ 형태

　　• 2차 생장하지 않음, 근관 없음, 침엽수종은 총뿌리의 90~95% 차지

　　• 잔뿌리가 원칙적으로 균근 형성에 관여

　　• 균근 침입하면 침엽수 뿌리는 부풀고 분지되며, 피자식물 뿌리는 부풀거나 분지되지 않음

PART 01

PART 02

PART 03

PART 04

PART 05

PART 06

ⓑ 분류

외생균근	• 기주 : 소나무과, 피나무류, 버드나무류, 참나무과, 자작나무과 • 균사가 뿌리 속으로 들어와 세포 간극 사이에만 존재함(균사가 피층조직에 풍부함) • 균투와 하티그망을 형성함 • 주로 담자균과 자낭균 : 그물버섯류, 젖버섯류, 무당버섯류, 광대버섯류, 송이버섯, Cenococcum Tuber
내생균근	• 기주식물 : 대부분의 식물과 외생균근을 형성하는 목본식물을 제외한 모든 목본식물 • 뿌리 속 세포 안에 들어가 균사를 뻗음 • 소낭과 가지모양 균사를 만듦(VA균근은 합성배지 배양 ×, *Pezizella ericae*는 유일하게 인위적 균근 형성) • 관련 곰팡이 : 접합자균이 대부분(하등균류), *Glomus, Scutellospora*
내외생균근	• 소나무류의 어린 묘목에서 주로 발견 • 외생균근의 변칙적인 형태 • 외생균근 곰팡이 균사가 세포 안으로 침투하여 자라는 형태 • 관련 곰팡이 : 자낭균문

3. 곰팡이에 의한 수목병해

(1) 뿌리에 발생하는 병해의 특징

① 수목의 수세는 뿌리의 건강 상태와 밀접하게 관련

② 토양 20~30cm 이내에 세근이 80~90% 이상 분포

③ 기주에서는 임의기생체, 토양에는 부생체로 생존

④ 병징 : 소엽, 황화, 시들음, 가지고사, 심재 부후, 지제부 부후

⑤ 모잘록병, 뿌리 변색 및 괴사, 뿌리썩음, 잔뿌리 탈락

⑥ 방제 : 예방 차원에서의 생육 환경 관리가 필요

⑦ 병든 묘목 등을 통한 전염원 유입 차단이 최선의 방법

⑧ 국부적 발병 시는 토양살균제 처리나 외과수술, 심하면 나무 전체 제거

(2) 병원균 우점병

① 개요

ㄱ 모잘록병(*Rhizoctonia solani, Fusarium, Pythium*), 파이토푸토라뿌리썩음병, 리지나뿌리썩음병

ㄴ 미성숙조직 침입, 어릴 때 병을 일으키거나 뿌리의 노화 촉진, 조기에 고사

ㄷ 조직을 연화시키는 병원균

② 모잘록병

ㄱ 병원균우점병, 토양전염성병, 연화성병

ㄴ 전 세계적으로 묘포에서 수종에 관계없이 발생

ㄷ 당년 묘목에서 심하게 발생

② 밀식, 습하거나 그늘, 활력 약한 종자, 깊이 파종 시 발병

병징	• 출아 후 모잘록 : 출아 후 지제부가 흑갈색으로 변하고 잘록해지며 쓰러짐 • 출아 전 모잘록 : 발아 전이나 발아 직후 부패함

병원균 및 병환	• *Pythium spp., Rhizoctonia solani, Fusarium spp.* 등
	• *Pythium spp.*
	  – 뿌리에서 지제부까지 위로 병이 진전되며(↑) 병든 유묘의 뿌리에 병원균이 잘 부착되어 있지 않음
	  – 대부분 병원성이 있으나 비병원성 균도 있음
	  – 난포자로 휴면, 조건 적합 시 난포자, 포낭유주포자, 포자낭이 발아하여 어리고 연약한 조직을 침입, 2차 세포벽 형성 후에는 저항성 생겨 잔뿌리에 국한 발생
	  – 조직을 연화시키는 화학적 방법으로 침입(물리적 침입도 관찰됨)
	• *Rhizoctonia solani*
	  – 지제부 줄기가 감염된 후 아래로 병이 진전되며(↓) 병든 유묘의 뿌리에 병원균이 잘 부착되어 있음
	  – 다양한 형태로 서식, 기주범위 다양, 습한 토양과 비교적 건조한 토양에서도 발생
	  – 토양 내에서 유성세대는 관찰되지 않음, 뿌리 또는 토양에서 균핵 또는 균사로 월동

방제법	• 토양소독, 묘포의 살균제 처리 • 종자소독, 건전한 종자 파종 • 배수관리, 시비관리(질소질 비료 과용 금지, 퇴비 사용) • 병든 유묘 제거 소각

③ 파이토프토라뿌리썩음병

㉠ 병원균 우점형, 조직 비특이적, 연화성 병해

㉡ 뿌리, 줄기, 과실 거의 모든 부위 침입

㉢ 묘목의 모잘록병부터 큰 나무의 뿌리썩음병까지 일으킴

㉣ *Pythium*과 달리 모두 병원균임

병징	• 초기 잔뿌리 고사, 점차 큰 뿌리에 흑갈색의 병반 • 병반이 지주근까지 확대 진전, 잔뿌리에 국한되는 경우도 있음 • 지상부에는 쇠락증상이 일어남 • 침엽수 : 당년 잎 작아지고 녹색 옅어지며 이듬해 황화되고 꼬부라져 타래처럼 보임 • 활엽수 : 초기에 잎 작아지고 퇴색, 조기낙엽, 심해지면 뒤틀리면서 잎이 마름
병원균과 기주	• *Phytophtora cactorum, P. cinnamomi* • 전 세계적으로 분포하며 기주범위 넓음(열대, 아열대 지역) • 습하고 배수가 불량한 토양에서 심하게 발생 • 우리나라에서는 사과줄기 밑동썩음병을 일으킴
병환	• 포자낭을 형성하는 무성생식, 난포자를 형성하는 유성생식으로 증식 • 감염뿌리 조직, 식물잔해에서 난포자, 후벽포자, 균사 상태로 월동, 봄에 포자 발아하여 작은 뿌리 침입, 상처를 통해 침입 • 습한 토양에서는 유주포자 대량 형성, 겨울철이나 건조기에는 휴면포자 형성 • 균근이 형성되면 병원균 침입 차단 효과
방제법	• 건강한 나무 유지, 적절한 배수와 시비관리, 병든 수목의 잔뿌리 제거 • 토양훈증, 침투성 살균제로 토양소독이나 종자소독 실시

④ 리지나뿌리썩음병

    ㉠ 병원균우점병, 토양전염성병, 연화성병

    ㉡ 온대·아한대지역, 침엽수에서 발생(소나무, 전나무, 가문비무)

    ㉢ 국내에는 1982년 경주에서 처음 발견된 이후 공원 지역, 휴양지, 대형 산불 지역에서 발생

    ㉣ 소나무의 경우 묘목이나 산지에서 집단으로 말라 죽는 특징 있음

병징	• 초기에 잔뿌리 흑갈색, 점차 굵은 뿌리로 확대, 뿌리 전체 갈변 • 습할 시 뿌리가 균사로 덮이고 밑동 부위에 자실체 형성 • 땅속에서는 수지 분비로 딱딱한 덩어리, 뿌리 표면은 감염 흔적 • 지상부에서는 황화, 수세쇠약, 고사
병원균 및 병환	• 자낭균문 반균강 주발버섯목 파상땅해파리버섯(*Rhizina undulata*) • 자실체인 자낭반은 대가 없고 적갈색이며 가장자리는 백색 • 뿌리 근처 온도 35~45℃에서 발아 • 뿌리의 피층이나 체관부를 침입, 균사가 갈변화하면서 목질화
방제법	• 모닥불, 취사행위 금지, 피해목은 벌채하고 다른 곳에서 소각 • 석회로 토양 중화(2.5톤/ha)하여 병원균 생장 억제 • 산불 발생 지역 동일 수종 식재 금지, 토양미생물 복원되는 시점에서 재조림(3~5년)

(3) 기주우점병

① 개요

    ㉠ 병원균보다 기주나 환경 영향이 더 큼

    ㉡ 만성적인 병으로 생장 지연, 결실률 저하됨

② 아밀라리아뿌리썩음병

    ㉠ 기주우점병, 한대·온대·열대, 침엽수·활엽수·초본

    ㉡ 곤충의 피해, 가뭄, 기후변화에 따른 환경적 요소로 피해 증가

    ㉢ 극도로 건조하거나 배수가 잘 안 되는 다습한 땅에서 잘 발생

병원균	• 담자균문 주름버섯목 *Amillaria* • *A. mellea* : 주로 활엽수에 피해, 침엽수 피해도 있음(천마와 공생하여 내생균근 형성) • *A. solidipes(=A. ostoyae)* : 잣나무림에 주로 피해, 침엽수와 활엽수 모두 피해를 줌
표징 및 병징	• 뿌리꼴균사다발 : 검은 구두끈 모양, 뿌리와 유사하여 식별 어려움 • 부채꼴균사판 : 수피와 목질부 사이에 하얀 부채 모양으로 나타나는 균사조직으로 버섯 냄새가 남 • 뽕나무버섯 : 매년 발생하지 않고 8~10월 육안 관찰 • 줄기 밑동 부분에 송진이 흘러내려 굳어 있음 • 백색부후 곰팡이며 부후된 부분에서 대선을 볼 수 있음 • 수간쇠퇴, 황화현상, 조기낙엽, 생장감소, 나무고사
병환	• 죽은 나무뿌리에서 수년간 생존 • 국소적 감염으로 병원균이 주로 뿌리를 따라 감염, 드물게 뽕나무버섯 담자포자로 감염
방제법	• 건강한 임분관리로 예방이 최선(수분관리, 간벌, 비배관리, 해충방제 등) • 병든 나무 제거 소각(그루터기, 병든 뿌리, 자실체) • 토양소독 • 석회처리로 산성화 방지 주변에 깊은 도랑을 파서 균사확산저지대를 만듦 • 저항성 수종 식재

③ 안노섬뿌리썩음병

  ㉠ 적송과 가문비나무가 감수성

  ㉡ 밀집지역에서 발생

병징	• 영양결핍증상, 황화, 병든 뿌리 부패, 섬유질 모양 • 자실체는 표면이 갈색이고 아랫부분은 흰색으로 다공성 • 죽은 나무의 밑동 또는 뿌리에 발생
병원균	*Heterobasidion annosum*(담자균문 민주름버섯목 구멍장이버섯과 말굽버섯속)
방제법	• 치료법이 없으므로 건강한 임분관리로 예방이 최선 • 발병지 근처에 감수성 수목 식재 금지

④ 자주날개무늬병 : 초본, 농작물, 활엽수, 침엽수 다범성 병해

병징	• 지상부 : 수세 약화, 새가지 불량, 황화, 조기낙엽, 시들음, 위조 • 지하부 : 뿌리 표면에 자갈색 균사, 끈 모양 균사다발, 균핵 형성 • 땅가 부근에 균사망 발달, 자갈색의 헝겊 같은 피막 형성 • 6~7월 균사층 표면에 담자포자 형성되어 흰 가루처럼 보임
병원균	*Heterobasidium mompa*(담자균문)
방제법	• 예방이 최선, 석회 살포하여 산도 조절 • 외과수술로 병든 부위 제거하고 살균제 도포

⑤ 기타 뿌리썩음병

흰날개무늬병	• 10년 이상된 과수원에서 발생 • 나무뿌리는 흰색의 균사막으로 싸여 있음 • 목질부에 부채 모양 균사막과 실 모양 균사다발 • *Rosellinia necatrix*(자낭균문 꼬투리버섯목) • 방제는 자주날개무늬병에 준함
구멍장이버섯속	• 담자균, 목재부후균, 백색 부후 • 자실체 갓은 원형~깔때기형, 갓의 이면은 관공 • 방제는 아밀라리아 뿌리썩음병에 준함
아까시 흰구멍버섯	• 근주심재부후병(줄기밑둥썩음병), 담자균, 백색부후균 • 활엽수 성목과 오래된 나무에 주로 발생 • 아까시나무, 느티나무, 벚나무 피해가 큼, 드물게 침엽수 발생 • 심재가 먼저 썩기 시작해서 나중에는 변재도 썩음 • 자실체는 대가 없고 표면은 적갈색~흑갈색, 가장자리는 난황색, 아랫면은 관공, 회백색 • 담자포자는 무색이며 단세포의 달걀 모양 • 버섯 발생 시 빨리 벌채하여 인명과 재산의 피해를 막아야 함
영지버섯속 뿌리썩음병	• 활엽수(물푸레나무 느릅나무 등)와 일부 침엽수에 피해, 특히 단풍나무, 참나무 등이 감수성 • 황화, 시들음, 소엽, 가지 고사, 수목 활력 감소 • 담자포자는 호두살 모양이며 여름철 습할 때 비산, 상처를 통해 침입 • 버섯 확인 즉시 수목 제거

구분	자주날개무늬병	흰날개무늬병
균의 종류	담자균	자낭균
토양 중 분포	피층, 심층	피층
발생되기 쉬운 토양	개간지	숙답
펙틴분해력	강함	약함
셀룰로오스 분해력	약함	강함

(4) 줄기에 발생하는 병해

① 개요
  ㉠ 줄기와 가지의 수피와 형성층 조직상에 병반을 형성
  ㉡ 자낭균이 가장 많으며 큰 줄기에는 담자균도 병을 발생시킴

② 궤양의 발달 과정
  ㉠ 병원균이 상처를 통하여 들어간 후 휴면기 동안 수피 침입
  ㉡ 수목은 유합조직을 형성하여 병원균 침입 억제
  ㉢ 병원균은 다음 휴면기 동안 유합조직 침입
  ㉣ 수목은 새로운 유합조직 형성

③ 궤양의 그룹
  ㉠ 윤문형 : 수목의 부피생장과 궤양의 생장이 비슷함. 유합조직이 많고 둥근 궤양이 형성됨.
    병원균의 이동이 느림. 호두나무, 단풍나무, 사과나무 등에 병을 발생시킴
  ㉡ 확산형 : 수목의 부피생장보다 궤양의 생장이 더 빠름. 유합조직이 거의 없고 길쭉한 타원형
    모양의 궤양. 감염 후 몇 년 내 환상박피가 일어남
  ㉢ 궤양마름 : 궤양의 생장이 급속히 발달함. 유합조직이 전혀 없거나 거의 없음. 1~2년 내에
    죽기도 함

④ 줄기 병원균의 생활사
  ㉠ 감염조건 : 기주의 자기방어능력이 떨어지거나 휴면기일 때 감염
  ㉡ 감염경로 : 임의기생체 병권균이 줄기의 상처를 통해 침입 → 궤양형성 → 자실체 → 공기
    전염성 포자와 누출포자로 전염

(5) 줄기 병해의 처치

① 개요
  ㉠ 상처를 생기지 않도록 하여 피해 최소화
  ㉡ 감염조직 제거를 위해 외과적 수술치료
  ㉢ 규칙적인 관수와 균형된 시비로 수세 회복

② 밤나무줄기마름병

병원균	• *Cryphonectria parasitica* • 자좌는 수피 밑에 형성되며 수피의 갈라진 틈으로 돌출, 황갈색 • 자좌의 아래쪽에 가늘고 긴 목을 가진 플라스크 모양의 자낭각이 다수 형성
기주	밤나무
피해	• 수피의 상처에 병원균 침입, 수피가 갈라지거나 궤양 형성, 피해가 심하면 고사 • 병원균이 락카아제 효소, 셀룰로오스 분해효소, pH를 2.8 이하로 낮추는 옥살산을 분비하여 세포를 죽임 • 미국과 유럽의 밤나무는 감수성, 일본과 중국의 밤나무는 저항성(풍토병)
병징 및 병환	• 주로 가지나 줄기에 생긴 상처를 중심으로 병반 형성 • 처음에는 수피가 황갈색 내지 적갈색으로 변함 • 수세가 약한 나무에서는 병든 부위 괴저, 건강한 나무에서는 유합조직이 형성되어 암종모양으로 부풀고 점차 길이 방향으로 균열이 생김 • 병든 부위의 수피를 떼어내면 황색의 두툼한 균사판이 나타남 • 분생포자각이 형성, 적갈색의 포자덩이가 실 모양으로 누출됨 • 분생포자는 분생포자각에서 분출, 빗물이나 곤충에 의해 전반 • 자낭포자는 비가 온 후에 방출된 후 바람에 의해 전반 • 각종 상처(동해, 천공성 해충, 인위적 상처 등)로 침입하고 비, 바람, 곤충, 새 등에 의해 전반

방제	• 친환경 방제
	  – 감염목은 벌채 후 소각
	  – 상처 유발 최소화, 감염된 조직은 도려내고 도포제 발라주기
	  – 피소나 동해 입지 않도록 백색 수성 페인트 처리
	  – 배수관리 등 수세관리 철저
	  – 저병원성 균주(ds RNA) 접종.(병원체가 식물 세포벽을 괴사시키는 능력을 감소시킴)
	  – 저항성 수종 식재(이평, 은기 등), 감수성 수종(옥광) 조림 ×
	• 약제 방제 : 천공성 해충 구제를 위한 적용 살충제 살포

 밤나무 줄기마름병이 미국으로 들어가 급속히 퍼졌던 이유

• 수많은 분생포자와 자낭포자가 생성
• 감수성이 많은 미국밤나무가 대면적으로 연속분포
• 빗물, 바람, 곤충, 딱따구리 등 매개체 존재
• 병원균은 죽은 조직과 참나무·붉나무 등에서 기생하여 생존 가능
• 저항성 유전자를 생산하지 못함

 줄기마름병과 ds RNA의 관계

• 저병원성 균주의 유전자에는 겹가닥 RNA(ds RNA)가 존재
• 밤나무 줄기마름병균에 감염하여 락카아제효소나, 셀룰라제효소, pH를 크게 낮추는 옥살산 같은 대사물의 수준을 낮게 함
• 그 결과 병원체가 식물세포벽을 괴사시키는 능력이 감소됨
• ds RNA를 가진 저병원성 균주를 병원성 균주에 접종하면 균사융합이 일어나면서 ds RNA 바이러스가 옮겨가 병원균의 능력을 저하시킴

③ 밤나무 잉크병

병원균	*Phytophthora katsure*(한국, 일본), *P. chinnamomi*, *P. cambivora*(미국, 유럽)
기주	밤나무
피해	• 병의 진전 속도가 빨라 감염된 밤나무는 1~2년 사이에 고사 • 어린 나무에 발생 시 배수가 불량한 토양조건에서 많이 발생 • 병원균이 수년간 생존하며 우리나라도 2007년에 발견되었고 특히 미국, 유럽 밤나무에 막대한 피해
병징 및 병환	• 깃 부위에 괴저 증상이 나타나고 검은색의 액체가 흘러나옴 • 수피 제거 시 건전부와 변색부가 구별 • 병반이 확대되어 줄기를 한 바퀴 돌면 고사
방제	• 피해목 즉시 제거 • 배수관리 철저 • 토양 소독(병이 발생된 곳) • 저항성 품종 식재

④ 밤나무 가지마름병

병원균	Botryospaeria dothidea
기주	밤나무 등의 유실수와 과수(다범성)
피해	• 뿌리가 암갈색에서 검은색으로 변하면서 자낭각이 형성 • 열매가 감염되면 흑색썩음병을 일으킴 • 과실이 썩어 검은색으로 변하면서 특유의 술냄새가 남
병징 및 병환	• 감염된 줄기의 수피 내외가 갈색 → 검은색으로 변함 • 6~8월에 감염된 부위에서 분생포자각과 자낭각이 형성 • 뿌리가 감염되면 황화 → 적갈색 → 고사
방제	• 감염된 가지는 잘라서 소각 • 햇빛이 부족하지 않도록 가지치기 • 비배 및 배수관리 • 주요 전염원이 되는 아까시나무를 제거

TIP 밤나무 줄기마름병과 밤나무 가지마름병

구분	밤나무 줄기마름병	밤나무 가지마름병
병원균	*Cryphonectria parasitica*	*Botryosphaeria dothidea*
기주	밤나무, 참나무류, 붉나무, 단풍나무	20과 100여 속 다범성(유실수, 과실수)
특징	• 아시아 → 북미 → 유럽 • 일본 중국 밤나무 저항성 • 미국 유럽 밤나무 감수성 • 3대 수목병	• 유실수를 포함한 각종 수목의 줄기와 가지에서 발생 • 밤나무와 사과나무에서는 과실을 썩히기도 함
병징	• 가지와 줄기에 발생 • 황갈색 내지 적갈색(수피) • 괴저, 유합조직 형성(줄기) • 길이 방향 균열(줄기) • 황색의 두툼한 균사판(줄기)	• 가지, 줄기, 과실, 뿌리에 발생 • 갈색에서 검은색(수피) • 암갈색(뿌리) • 흑색썩음병(열매) • 특유의 술냄새(과육)

⑤ 줄기마름병(병원균 : *Valsa*)

병원균	•포플러 줄기마름병 : *Valsa sordida* •오동나무 줄기마름병 : *Valsa paulowniae* •잣나무 수지동고병 : *Valsa abieties*
기주	포플러류, 오동나무류, 잣나무
피해	•줄기에 상처, 수세 약화, 추운 지방에서 피해가 심함 •병든 부위는 변색됨 •궤양이 형성되고 말라 죽음
병징 및 병환	•수피 밑에 분생포자각이 생기고 그 후 자낭각 형성 •적갈색의 포자덩이(분생포자)가 분출 •함몰된 갈색 병반이 생기고, 확대되어 한 바퀴 돌면 말라 죽음
방제	•병든 부위 도려내고 도포제를 발라줌 •늦가을 식재를 피함 •시비 및 배수 관리를 철저히 하여 수세 강화 •백색 페인트 도포 •임지무육(내병성 품종, 혼식)

⑥ 호두나무 검은돌기가지마름병

병원균	*Melanconis juglandis*
기주	호두나무, 가래나무
병징 및 병환	•분생포자반은 수피 밑에 형성, 분생포자는 암갈색 내지 올리브색의 타원형 단세포 •병든 가지는 회갈색 내지 회백색으로 죽고 약간 함몰 •죽은 가지는 세로로 주름이 잡히고 성숙하면 수피 내 분생포자반에서 포자가 다량 누출됨 •포자가 빗물에 흘러내리면 잉크를 뿌린 듯이 눈에 잘 띔
방제	•병든 가지 제거 소각, 자른 부분은 도포제 처리 •비배 및 배수 관리, 이른 봄과 8~10월에 보르도액 살포

⑦ Nectria 궤양병

병원균	*Nectria galligena Bres.*
기주	호두나무, 단풍나무, 자작나무, 느릅나무, 사과나무 등 활엽수
병징 및 병환	•감염 후 병원균은 형성층 파괴, 수목은 봄에 유합조직 형성 •병원균은 늦은 여름부터 다시 다른 형성층 침입하여 윤문 궤양 •궤양가장자리에 자낭각 형성, 불완전세대는 *Cylindrocarpon*
방제	감염된 수목은 목재로서의 가치가 떨어지므로 간벌 시에 벌채

⑧ Hypoxylon 궤양병

병원균	*Hypoxylon mammatum*
기주	백양나무
병징 및 병환	•감염된 수피 내에 형성되는 검은색과 흰색의 전형적인 얼룩 •궤양의 가장자리는 오렌지색으로 검게 변하고 균열이 생김 •무성세대 : 수피 바깥층이 털 모양으로 벗겨짐 •유성세대 : 자좌에 파묻힌 자낭각(흰색 → 검은색)
방제	저항성 개체 선발하여 이용

⑨ Scleroderris 궤양병

병원균	*Gremmeniella abietina*
기주	소나무, 방크스소나무
병징 및 병환	• 분생포자와 자낭반 형성 • 침엽의 기부가 노랗게 변하고 형성층과 목재조직이 연두색을 띠고 심하면 고사 • 병원균은 저온에서 생장 양호하고 발병 지역도 추운 곳임 • 병원성은 유럽 군주가 북아메리카 군주보다 강함
방제	전염원 밀도 감소를 위해 아래 가지 전정이 필요

⑩ 소나무류(푸사리움)가지마름병

병원균	*Fusarium circinatum*
기주	• 감수성 : 리기다소나무, 곰솔, 테다소나무, 버지니아소나무, 구주적송, 방크스소나무 등 • 저항성 : 잣나무, 소나무
피해	• 병원성이 강하고 아열대성 병원균, 지구온난화로 피해 확산 • 여러 생육 단계에서 여러 부위가 감염되어 다양한 병징이 나타나고, 수지가 흘러내리는 궤양이 발생 • 많은 양의 송진이 흐르면서 어린 가지에서 굵은 가지로 병원균이 확산되면서 나무 전체가 고사 • 병원균은 해충, 비, 바람, 태풍 등으로 발생한 상처로 침입 • 1996년 인천지역 리기다소나무림에서 처음 보고, 곰솔과 외래 수종에서 주로 발생
병징 및 병환	• 신초, 가지, 줄기, 구과의 감염 부위로터 송진 흘러 하얗게 굳음 • 주로 1~2년생의 가지 말라 죽고 수관 상부부터 시작해 전체 고사 • 감염된 가지에서 분생포자좌로 월동 • 바람과 우박 등에 의한 상처, 나무좀 바구미 등 해충에 의한 상처, 기계적인 상처 등을 통해 침입

방제	• 약제방제
	  – 테부코나졸 25% 유탁제를 수간주사
	  – 고사율이 소나무재선충 다음으로 높아 살균제 수간주사로 치료하는 것은 한계
	• 친환경방제
	  – 상처 원인의 이해가 방제의 포인트
	  – 병든 가지 제거 소각
	  – 종자소독, 과밀 임분 간벌 실시
	  – 저항성 품종 육성, 조림 수종 갱신 및 다양화

⑪ 소나무류 피목가지마름병

병원균	*Cenangium ferruginosum* 자낭균문 자낭반균강
기주	소나무, 곰솔, 잣나무
피해	• 내생균, 수세가 쇠약해질 때 나타나는 2차 병원균 • 해충피해, 이상건조, 뿌리장애, 밀식 등 환경요인에 의하여 피해가 심해지면 집단적으로 발생 • 2~3년생 가지의 분기점을 중심으로 어린 가지에서 굵은 가지로 확산되어 나무 전체가 적갈색으로 고사 • 특히 이식 후 밀식 등으로 뿌리 불량 시에 많이 발생 • 가을건조와 겨울 이상 기온일 때 집단 고사하기도 함
병징 및 병환	• 건전부위와 병든 부위의 경계 뚜렷, 병든 부위는 송진이 없음 • 가지의 분기점을 중심으로 고사 • 균사로 월동하고 감염성 무성포자는 형성하지 않음 • 4월경 자낭반을 형성하고 장마철 이후에 자낭포자가 비산

방제	• 약제 방제 : 테부코나졸 유탁제 수간주사로 예방
	• 친환경 방제
	  – 고사한 나무와 병든 가지 제거 소각
	  – 배수 및 비배관리, 토양 건조 방지하고 육림작업 철저

⑫ 소나무 가지끝마름병

병원균	*Sphaeropsis sapinea(Diplodia pinea)*
기주	소나무, 잣나무, 스트로브잣나무, 백송, 리기다소나무(주로 10~30년생)
피해	새순과 어린 침엽이 말라 죽으며 어린 나무는 나무전체가 말라 죽기도 함
병징 및 병환	• 검은 분생포자각이 형성되고 분생포자는 단세포로 타원형~장타원형, 암갈색 • 새 가지 침엽은 짧아지면서 회갈색으로 변하고 어린 가지는 말라 죽어 밑으로 처짐 • 감염 부위에는 송진이 흘러나오고 송진이 굳으면 쉽게 부러짐 • 병원균은 임의기생균으로 월동, 빗물이나 바람에 의해 기공이나 상처를 통해 침입 • 봄에 비가 많이 내릴 때 심하게 발생, 감염된 2년생 솔방울은 다량의 분생포자 방출

방제	• 약제 방제 : 수화제 등을 2주 간격으로 2~3회 살포
	• 친환경 방제
	  – 병든 낙엽 소각·매립, 풀베기, 가지치기로 통풍관리
	  – 조경 수목은 답압 보호시설 설치

⑬ 낙엽송 가지끝마름병

병원균	*Guignardia laricina*
기주	주로 10년생 내외의 일본잎갈나무
피해	고온다습하고 강한 바람이 마주치는 임지 피해 심함
병징 및 병환	• 새로 나온 잎이나 가지 감염(6~7월 : 가지 끝 처짐, 8~9월 : 가지가 꼿꼿이 선 채로 말라 죽음) • 어린 묘목은 감염 위쪽 마름, 이식묘는 빗자루 모양의 무정묘 • 7월경 검은 분생포자각 형성, 9월 자낭각 형성하여 월동, 이듬해 5~6월 자낭포자 비산

방제	• 약제 방제 : 적용약제를 2주 간격으로 3~4회 살포
	• 친환경 방제
	  – 병든 묘목 제거 소각, 방풍림 조성
	  – 방제 어려우므로 예방 관리

⑭ 편백 · 화백 가지마름병

병원균	• *seiridium unicorne* • 불완전균류, 분생포자층 형성 • 분생포자는 방추형, 6개의 세포, 양끝 세포는 무색, 각각 1개의 부속사, 중앙의 4개는 암갈색
기주	측백나무과 수목
피해	감염 부위가 가지를 한 바퀴 돌면 적갈색 변화 및 고사
병징 및 병환	• 이식묘 또는 10년생 이하의 어린 나무에서 주로 발생 • 수피가 세로로 찢어지면서 수지 흘러내리고 분생포자층에서 분생포자 분출 • 얼룩 반점이 남아 목재로서의 가치 저하
방제	• 감염된 가지 제거 소각 • 생육기에 보르도액 살포하여 예방

⑮ 참나무급사병

병원균	*Phytophthora ramorum*
기주	참나무류, 철쭉류, 단풍나무, 칠엽수 등
피해	• 도토리가 단단하고 상록성인 탄오크에 피해 심함(치사율 63~100%) • 감염 부위가 가지를 한 바퀴 돌면 고사
병징 및 병환	• 초기에는 시들고 가지가 늘어짐 • 후기에는 적갈색으로 변하고 점액누출궤양 발생, 1~2년 내 고사 • 점무늬 병징 위에는 포자를 형성하지만, 궤양 위에서는 포자를 형성하지 않음
방제	수분과 영양결핍 스트레스를 줄여 감염 예방

⑯ 고약병, 갈색고약병

병원균	*Septobasidium bogoriense*
기주	느티나무, 벚나무, 포플러 등 다수의 활엽수
피해	• 그늘지고 통풍 불량 시 잘 발생 • 고약을 붙인 것처럼 보여 미관 손상 • 수세 쇠약
병징 및 병환	• 균사층은 초기 원형, 불규칙한 모양으로 확대 • 6~7월경 담자포자인 흰 가루로 덮이면서 회백색이 됨 • 고약병균은 깍지벌레와 공생, 초기에는 분비물에서 영양 섭취, 차츰 균사를 통해 수피 영양분 흡수 • 대신 깍지벌레는 균사층에 의해 외부로부터 보호를 받음
방제	• 겨울철에 석회황합제 살포, 통풍과 채광이 잘되도록 가지치기 • 균사층 긁어내고 도포제 처리, 병든 가지나 줄기 제거 소각

⑰ 벚나무 빗자루병

병원균	• *Taphrina wiesnery* • 자낭포자와 분생포자(출아포자)를 형성 • 나출된 자낭 내에 8개의 자낭포자 형성 • 자낭 내에서 출아를 반복하여 자낭이 출아포자로 가득 차게 됨
기주	벚나무류(특히 왕벚나무)
피해	• 벚나무에서 가장 중요한 병, 전국적으로 발생하며 피해도 큼 • 병든 가지는 매년 잎만 피다가 4~5년 후 고사
병징 및 병환	• 잎 : 뒷면은 회백색 가루(나출자낭)로 뒤덮이고, 가장자리는 흑갈색으로 고사함 • 가지 : 혹처럼 부풀고 잔가지는 빗자루 모양으로 총생 • 꽃 : 엽화 현상으로 개화하지 않음 • 월동 : 균사는 가지와 눈의 조직 내에서, 포자는 표면에서 월동 • 자낭포자는 1차 전염원, 분생포자는 2차 전염원
방제	• 감염된 가지는 제거 소각(감염 부위에서 10cm 이상) • 자르기 전후에 사용기구를 소독(에틸알코올 70%) • 상처 부위에 도포제 발라 부후균 방지, 유합조직 형성 촉진 • 적절히 시비하여 수세 회복

(6) 잎에 발생하는 병해

① 개요

㉠ 잎은 수목의 건강 상태를 나타내는 지표, 수목의 어느 부위보다도 병이 많이 발생

㉡ 광합성 방해, 조기낙엽, 영양탈취 등으로 수목의 생장 위축

㉢ 자낭균류와 불완전균류 그리고 담자균류의 녹병균이 대부분임

② 점무늬병

㉠ 병원균이 각피 또는 개구조직을 통하여 엽육조직 내에 침입한 후 세포의 괴사를 동반하여 발병

㉡ 점무늬병, 갈색무늬병, 둥근무늬병, 흰무늬병, 탄저병, 잎마름병 등 다양한 병명으로 불리고 있음

㉢ 총생균류와 유각균류는 불완전균아문의 총생균강과 유각균강의 균류를 이르는 용어였으나 이제는 분류학적 용어가 아니라 실무적 면에서 유사한 형태의 균류를 묶어서 부르는 이름임

③ 총생균강(Hypomycetes)에 의한 병

㉠ Cercospora에 의한 병

• 과거에는 대부분 Cercospora 1속이었으나 최근에는 분생포자의 색깔, 형태, 포자흔, 자좌의 발달 정도 등에 따라 여러 속으로 세분되었음

• 대부분 잎의 병원체이며 어린 줄기도 침해

• 분생포자경과 분생포자가 밀생, 긴 막대형으로 융단같이 보임

• 자좌 형성 시 검은 돌기 모양이 나타남

• 바람이 적고 습하면 분생포자가 다량 형성되어 흰색 내지 갈색의 포자덩이가 관찰됨

• 소나무잎마름병

병원균	*Pseudocercospora pini-densiflorae*
기주	곰솔과 적송의 묘목
병징 및 병환	• 봄에 침엽의 윗부분에 누런 띠 모양으로 누런 점무늬가 생김 • 검은색 작은 점 융기(자좌) • 분생포자경 및 분생포자 형성, 분생포자가 1차 전염원
방제	예방 위주 약제 살포, 병든 묘목 제거 소각, 통풍, 과습 관리

• 삼나무 붉은마름병

병원균	*Passalora sequoiae*
기주	삼나무와 낙우송의 묘목
병징 및 병환	• 병든 부위의 잎과 어린 줄기가 빨갛게 말라 죽음 • 검은색 자좌, 회색의 분생포자덩이 돌출, 분생포자가 1차 전염원
방제	예방 소각 위주 약제 살포, 병든 묘목 제거, 통풍·과습 관리, 질소비료 과용 삼가

- 포플러 갈색무늬병

병원균	*pseudocercospora salicina*
기주	이태리포플러, 은백양, 황철나무 등에 발생
병징 및 병환	• 묘목과 성목 모두 조기낙엽, 수세 약화 • 병든 낙엽 월동 후 자낭각 형성, 자낭포자가 1차 전염원
방제	병든 낙엽 제거 · 소각, 7~10월에 살균제 살포

- 느티나무 흰무늬병(느티나무 갈색무늬병)

병원균	*Pseudocercospora zelkowae*
기주	느티나무 묘목에 주로 발생, 집단식재지 성목에서도 발생, 독립수에서는 거의 발생하지 않음
병징 및 병환	• 황색 점무늬, 확대융합, 조기낙엽, 분생포자경 및 분생포자 밀생, 솜털같은 균체 • 병든 낙엽 월동, 봄에 분생포자 형성, 분생포자가 1차 전염원
방제	이른 봄에 병든 묘목 소각 · 매립, 5월부터 살균제 살포

- 벚나무 갈색무늬구멍병

병원균	*Mycosphaerella cerasella*
기주	벚나무류
병징 및 병환	• 작은 점무늬 → 동심원상 확대 → 이층 → 구멍 • 세균성 구멍병과의 차이점 : 병반 다소 부정형, 옅은 동심윤문, 병반 안쪽에 검은색 작은 돌기(분생포자퇴 또는 자낭각) 생김, 대부분 장마철 이후 발생 • 자낭각 형태로 월동, 자낭포자가 1차 전염원
방제	• 병든 잎 제거 소각하여 1차 전염원 줄이기 • 예방 위주로 5월과 장마 이후에 살균제 3~4회 살포

- 배롱나무 갈색무늬병 : 흰가루병과 그을음병이 복합적으로 나타나 피해 심해짐
- 모과나무 점무늬병

병원균	*Sphaerulina chaenomelis*
기주	모과나무
병징 및 병환	• 점무늬병은 8~9월에, 붉은별무늬병은 5~6월에 주로 발생 • 위자낭각 월동, 자낭포자 1차 전염원
방제	• 병든 잎 소각 · 매립(늦가을 이전), 발병 초기 적용 • 약제 살포하여 초기발병 감소

- 기타 : 명자꽃 점무늬병, 무궁화 점무늬병, 족제비싸리 점무늬병, 때죽나무 점무늬병, 두릅나무 뒷면모무늬병, 쥐똥나무 둥근무늬병, 멀구슬나무 갈색무늬병
- ㉡ Corynespora에 의한 병
  - 주로 잎의 병원체이며 어린 줄기도 침해
  - 분생포자경이 길고 분생포자도 커서 짧은 털 밀생으로 보임

• 무궁화점무늬병

병원균	*Corynespora cassiicola*
기주	그늘지고 습한 곳에 자라는 무궁화
병징 및 병환	• 장마철 이후부터 발생, 수관 아래 잎부터 시작되어 위쪽으로 진전 • 1차 전염원 : 분생포자
방제	• 습한 곳에만 발생하므로 식재 위치 주의 • 병든 낙엽 소각·매립

• 기타 병 : 가중나무, 순비기나무, 황매화

ⓒ 기타 총생균류에 의한 잎의 병

• 소나무류 갈색무늬잎마름병

병원균	*Lecanosticta acicola*
기주	소나무류, 우리나라는주로 곰솔 묘목이나 분재 피해
병징 및 병환	• 가을부터 황색~회록색 반점, 황갈색 띠 형성 • 까만 점(분생포자층)이 생기고 회백색 분생포자덩이 돌출 • 분생포자(격막 3~4개)가 1차 전염원
방제	• 병든 잎 소각·매립 • 새잎이 자라는 시기에 봄비가 오면 적용약제 살포

• 소나무류 디플로디아순마름병

병원균	*Sphaeropsis sapinea(=Diplodia pinea)*
기주	소나무, 곰솔, 잣나무, 백송, 리기다소나무
병징 및 병환	• 새순과 어린 침엽이 회갈색으로 변하면서 급격히 말라 죽음 • 어린 새순에는 송진이 흘러나와 굳으면 쉽게 부러짐 • 밑에 표피를 뚫고 나온 까만 점(분생포자각)이 진단 단서임 • 2년생 솔방울 인편 위에도 분생포자각 형성 • 분생포자(격막 있거나 없고 단세포)가 1차 전염원
방제	• 죽은 가지는 가을에 소각·매립 • 봄비 오면 적용약제 살포

④ 유각균류에 의한 병

㉠ Marssonina에 의한 병

• 약 70종이 알려져 있고 모두 잎에 점무늬병을 일으킴

• 분생포자반 형성, 흰색의 분생포자덩이가 쌓여 흰색 내지 담갈색을 나타냄

• 분생포자는 무색의 두 세포(위 세포와 아래 세포가 크기와 모양이 다른 경우가 많음)

• 포플러류 점무늬잎떨림병

병원균	*Drepanopezizza brunnea(=Marssonina brunnea)*
기주	• 이태리계 개량 포플러는 감수성 • 은백양과 일본사시나무 등은 저항성

PART 01

PART 02

PART 03

PART 04

PART 05

PART 06

병징 및 병환	• 장마철에 심해지고 수관 아래에서 위로 진전 • 월동한 분생포자반에 분생포자가 1차 전염원이 됨
방제	병든 낙엽 소각·매립, 6월부터 살균제 2주 간격 살포, 저항성 수종 대체 식재

- 참나무 갈색둥근무늬병

병원균	*Marssonina martinii*
기주	참나무류
병징 및 병환	• 둥글고 작은 회갈색 점무늬, 합쳐져서 불규칙한 모양 • 건전부위와 병든 부위 경계가 뚜렷하여 잎 앞면은 적갈색, 뒷면은 담갈색
방제	병든 잎 제거 소각, 통풍관리

- 장미 검은무늬병

병원균	*Diplocarpon rosae(=Marssonina rosae)*
기주	*Rosa*속 식물
병징 및 병환	• 전 생육기를 통해 묘목과 성목에서 발생, 봄비와 장마 이후 피해 심각, 황색 병반 위에 작고 검은 점 형성 • 분생포자반에서 분생포자 형성, 자낭반으로 월동하고 자낭포자가 1차 전염원
방제	병든 낙엽 소각·매립, 5월경부터 10일 간격으로 살균제 3~4회 살포

- 기타 병 : 호두나무 갈색무늬병, 화살나무, 노박덩굴에서도 병이 발생

ⓒ Entomosporium류에 의한 병
- 여러 수목류에 점무늬병을 일으킴
- Entomo(곤충)+Sporium(포자)의 합성어
- 분생포자는 곤충을 연상시키는 모양
- 홍가시나무 점무늬병

병원균	*Diplocarpon mespili(=Entomosporium mespili)*
기주	홍가시나무
병징 및 병환	• 미관 해침, 조기낙엽, 수세 약화 • 붉은색의 작은 점, 회갈색 둥근 병반으로 진전, 주변은 홍자색으로 변함 • 까만 분생포자층이 융기되고 분생포자 덩이가 올라옴, 분생포자가 1차 전염원
방제	식물체 잔재 제거, 살균제 살포로 초기 발병 감소

- 채진목 점무늬병
  - 정원에 심은 독립수에는 발병이 전혀 없는 개체도 있고, 매년 심한 피해를 보는 개체도 있음. 일단 발병하면 정원수로서의 가치가 없어지므로 피해가 큼
  - 작은 병반 주변이 적자색으로 변하며, 어린 가지에도 병반이 형성됨
- 기타 병 : 다정큼나무, 비파나무에서도 흔히 볼 수 있음

ⓒ Pestalotiopsis에 의한 병

- *Pestalotiopsis*속은 대부분 잎을 침해
- 잎의 가장자리를 포함하여 큰 병반 형성, 잎마름 증상을 나타냄
- 병반 위의 검은 점은 분생포자반에 암갈색의 분생포자덩이가 집단적으로 나타나기 때문임
- 분생포자반에 병렬된 짧은 분생포자경 위에 분생포자 형성
- 분생포자반은 표피 밑에 형성, 대개 표피는 찢어지지 않는데, 다습하거나 비가 오면 표피 조직이 찢어지면서 포자덩이뿔로 분출
- 분생포자는 중앙 세세포는 착색, 양쪽의 세포는 무색, 부속사를 가짐
- 은행나무 잎마름병

병원균	*Pestalotia ginkgo*
기주	은행나무
병징 및 병환	• 잎가장자리를 포함하며 갈색 또는 회갈색의 불규칙한 형태, 병반 주변은 황녹색 • 검은색의 작은 점(분생포자퇴), 포자덩이뿔 솟아남, 분생포자가 1차 전염원
방제	비배관리, 병든 낙엽 소각·매립, 살균제 살포 예방

- 삼나무 잎마름병

병원균	*Pestalotiopsis glandicola*
기주	삼나무
병징 및 병환	• 잎과 줄기에 갈색, 적갈색 병반이 점차 회갈색으로 변함 • 분생포자반, 분생포자가 뿔 모양으로 분출, 분생포자가 1차 전염원
방제	• 적절한 배식과 가지치기로 통풍 관리, 병든 가지 제거로 전염원 줄이기 • 상처가 나지 않도록 관리하고 살균제 살포로 예방

- 철쭉류 잎마름병

병원균	*Pestalotiopsis spp.*
기주	진달래, 참꽃나무, 철쭉, 산철쭉 등
병징 및 병환	• 처음에는 작은 점무늬, 바로 잎끝 또는 잎 가장자리를 포함하는 큰 병반 형성, 병든 잎은 갈변되면서 뒤틀리고 쉽게 떨어짐 • 옅은 겹둥근무늬가 형성되고 작고 검은 점이 동심원상으로 형성됨 • 분생포자가 1차 전염원
방제	병든 잎 제거 소각, 장마철 직전과 가을비가 온 후에 살균제 2~3회 살포

- 동백나무 겹둥근무늬병

병원균	*Pestalotiopsis guepini*
기주	동백나무
병징 및 병환	• 겹둥근무늬가 차츰 회색의 띠 모양으로 변함, 병든 잎 뒤틀리고 병반 탈락 • 검은 돌기(분생포자반), 포자덩이뿔 분생포자, 분생포자가 1차 전염원
방제	상처 부위나 노화된 잎 관리 유의, 병든 잎 소각·매립, 살균제를 예방 위주로 3~4회 살포

PART 01

PART 02

PART 03

PART 04

PART 05

PART 06

ⓒ Colletotrichum 및 근연 병원균류에 의한 탄저병

- 불완전균문 유각균강 분생포자반균목(포자가 1개 세포로 된 난형~장타원형)
- 거의 모든 과수류(사과나무, 배나무, 감귤나무, 감나무, 포도나무, 복숭아나무, 대추나무 등)에서 문제가 되고, 수목에서는 호두나무, 사철나무, 오동나무 등에서 많이 발생함
- 분생포자반은 표피 밑에 형성, 표피조직을 찢고 쉽게 노출
- 짧고 무색인 분생포자경 병렬, 그 위에 무색의 분생포자 형성
- 잎, 어린 줄기, 과실의 병원균이며 기주에서 움푹 들어가고 흑갈색의 병반을 형성
- 습할 경우 분생포자경과 분생포자가 밀생 흰색, 담홍색을 띠지만 대개 병반은 흑갈색을 띰
- 오동나무 탄저병

병원균	*Colletotrichum kawakamii*
병징 및 병환	• 5~6월부터 발생하여 장마철에 극심함, 잎맥과 잎자루에 발병하고 기형, 함몰됨 • 새눈무늬병은 융기되고 탄저병은 함몰, 분생포자반으로 월동하고 분생포자가 1차 전염원
방제	토양소독 실시, 빗물이 흙에 튀지 않도록 관리, 탄저병약 살포, 병든 잎과 가지 제거 소각

- 동백나무 탄저병

병원균	*Colletotrichum sp.*
병징 및 병환	• 잎, 과실, 어린가지 발병, 병반 앞쪽에 검은 돌기(분생포자반)가 생기고 겹둥근무늬 형성 • 분생포자반으로 월동하고 분생포자가 1차 전염원
방제	병든 치과 과실 제거 소각, 예방 위주로 살균제 살포

- 사철나무 탄저병

병원균	*Gloeosporium euonymicola Hemmi*
병징 및 병환	• 바깥쪽은 짙은 갈색의 경계 띠 형성, 안쪽은 회백색이며 드문드문 검은 돌기 형성 • 분생포자반에 분생포자경과 분생포자 밀생, 사이사이 강모 있음. • 병든 낙엽에서 월동한 병원균은 이듬해 봄에 분생포자 형성, 1차 전염원
방제	• 거름주기와 가지치기 등 관리 철저, 병든 잎 소각·매립 • 6월경부터 살균제 3~4회 살포

- 호두나무 탄저병

병원균	*Ophiognomonia Ieptostyla(=Gloeosporium juglandis)*
병징 및 병환	• 따뜻하고 다습한 지역 발생. 5~6월부터 잎과 줄기에 발생. • 특히 잎자루와 잎맥에 흑갈색, 움푹 들어가는 병반 형성, 잎은 기형으로 변하면서 고사 • 습할 때는 담황색의 분생포자 덩이가 형성되며, 주로 빗물에 의해 전염 • 이듬해 봄에 병든 낙엽에서 자낭각 형성, 자낭포자가 1차 전염원
방제	• 이른 봄에 병든 줄기 제거 소각, 봄·여름의 습한 시기에 살균제 살포 • 묘포에서는 정기적으로 약제를 살포하여 방제

• 개암나무 탄저병

병원균	*Piggotia coryli(=Gloeosporium coryli, Monstichella coryli)*
병징 및 병환	잎, 열매에 갈색 점무늬, 옅은 겹둥근무늬, 분생포자반으로 월동하고 분생포자가 1차 전염원
방제	병든 낙엽 제거 소각, 발병 초기에 살균제 살포

• 버즘나무 탄저병

병원균	*Apiognomonia veneta*
병징 및 병환	• 초봄 발생 시 어린 싹 까맣게 말라 죽고 잎 전개 이후 발생 시 잎맥을 중심으로 번개 모양의 갈색 병반 형성, 조기낙엽 • 병든 낙엽이나 가지에서 분생포자반(검은 점)으로 월동하여 분생포자가 1차 전염원
방제	• 병든 낙엽 소각·매립 • 새싹이 나오는 시기에는 예방 위주로 • 일평균기온이 15℃ 이하에 강우가 있으면 반드시 살균제 살포

ⓑ Elsinoe에 의한 병
  • 수목류와 초본류에 더뎅이병을 일으킴
  • *Elsinoe fawcettii*가 가장 잘 알려져 있음.
  • 두릅나무, 산수유, 으름에 피해를 줌
  • 두릅나무 더뎅이병

병원균	*Elsinoe araliae(=Sphaceloma araliae)*
병징 및 병환	• 어린 가지와 잎에 흔히 발생, 코르크화되면서 부스럼딱지 • 균사 상태 월동, 봄비가 내린 후에 분생포자 빗물로 감염
방제	병든 식물체 제거하여 전염원 차단, 발병 초기에 살균제를 살포하여 초기 발병 감소

• 오동나무 새눈무늬병

병원균	*Sphaceloma tsujii*
병징 및 병환	• 묘목에서 주로 발생, 탄저병보다 일찍 발생, 봄비가 잦을 때 심하게 발생 • 갈색 점무늬, 부스럼 딱지 병반, 어린 잎의 잎맥과 잎자루, 어린 줄기 심함 • 습할 때 분생포자 다량 형성, 흰 가루 모양의 포자덩이 관찰
방제	병든 잎 소각·매립, 봄비가 잦으면 적용 약제 살포

ⓗ Septoria류 및 Sphaerulina류에 의한 병
  • 주로 잎에 작은 점무늬 형성, 잎자루나 줄기는 거의 침해하지 않음
  • 분생포자각은 병반의 조직에 묻어 있고 분생포자는 긴 방추형 내지 막대기 모양, 보통 2~10개의 격벽이 있고 무색임
  • 균사 상태 또는 분생포자각으로 월동, 분생포자가 1차 전염원
  • Septoria류 및 Sphaerulina류는 형태적으로 구분하기 어려우나 분자적으로 두 그룹으로 나눔

- 자작나무 갈색무늬병

병원균	Sphaerulina betulae(=Septoria betulae)
병징 및 병환	• 묘목과 어린나무에 흔히 발생, 6월 초순부터 작은 적갈색 점무늬 발생, 다각형, 부정형으로 진전 • 분생포자각(잎 뒷면 검은 점)에서 분생포자(흰깃)가 뿔 모양으로 돌출
방제	• 병든 낙엽 제거 소각·매립 • 6월 초순부터 2~3회 살균제를 살포하여 발생 초기에 억제

- 오리나무 갈색무늬병

병원균	Septoria alni
병징 및 병환	• 갈색 점무늬 확대융합, 다각형 내지 부정형 병반 형성, 병반 위에 작은 점무늬(분생포자각)가 생김 • 6월부터 발생하여 장마철에 심하고 늦가을까지 발생
방제	• 병든 낙엽 제거 소각 • 묘포에서는 종자소독 및 적용약제 2주 간격으로 수회 살포

- 느티나무 흰별무늬병

병원균	Sphaerulina abeliceae(=Septoria abeliceae)
병징 및 병환	• 묘포에서 흔히 발생, 맹아지, 건물에 근접하거나 그늘에 심은 나무에서 발생 • 조기낙엽을 일으키지는 않으나 생장 위축, 관상가치 하락 초래 • 갈색 점무늬, 확대 융합되어 다각형 내지 부정형 병반 • 병반 가운데는 회백색, 바깥쪽은 적갈색, 위에는 흑갈색의 분생포자각 형성
방제	• 병든 낙엽 소각·매립 • 밀식 금지, 비배관리 철저, 5월 초순 봄비 오면 적용약제 살포

- 밤나무 갈색점무늬병

병원균	Septoria querqus
병징 및 병환	• 유묘와 성목에 흔히 발생, 잎 표면에 흑갈색 작은 점무늬 점차 확대되어 적갈색 원형 병반 • 건전부와의 경계에 황색 띠 형성, 뒷면에 분생포자각 형성
방제	병든 잎 소각·매립, 발병초기에 적용약제 살포

- 가중나무 갈색무늬병

병원균	Septoria sp.
병징 및 병환	• 장마철에 심한 때에는 조기낙엽으로 수세 약화 • 성숙 잎에 갈색 반점, 희미한 겹둥근무늬로 확대되고 불규칙한 둥근 구멍 있어 겹둥근무늬병과 혼동
방제	병든 잎 소각·매립

• 말채나무 점무늬병

병원균	Sphaerulina cornicola(=Septoria cornicola)
병징 및 병환	• 장마철 이후 시작 9월부터 심해짐, 처음 자갈색 모난 병반 • 병반 안쪽은 회갈색(분생포자각), 월동 후 분생포자 출출
방제	병든 잎 가지 소각·매립, 장마철 직전부터 적용 약제 살포로 초기발병 억제

• 가래나무 점무늬병

병원균	Sphaerulina juglandis
병징 및 병환	• 주로 장마철 작은 점무늬, 점차 원형·부정형 병반으로 확대 • 병반은 갈색·흑갈색, 그 위에 흰색의 분생포자 덩이 형성
방제	병든 잎 소각·매립, 장마철 직전부터 적용약제 살포

⑤ 기타 점무늬병

㉠ 가중나무 겹둥근무늬병

병원균	Ascochyta sp.
병징 및 병환	• 갈색 점무늬가 점차 흑갈색의 겹둥근무늬로 확대 • 건조한 날씨에 병반이 쉽게 찢어지며 때로 작은 병반이 탈락하면 갈색무늬병과 혼동 • 병반 위에 형성된 분생포자각은 겹둥근무늬에 따라 배열되어 무늬 뚜렷 • 가중나무 갈색무늬병은 병반 안쪽에 분생포자각이 형성되고 가중나무 겹둥근무늬병은 병반 위에 분생포자각이 형성됨
방제	병든 잎 소각·매립, 장마철 직전에 살균제 살포

㉡ 다릅나무 회색무늬병

병원균	Stagonospora maackiae
병징 및 병환	• 장마철부터 발생, 조기낙엽, 수세 약화 • 갈색 점무늬, 갈색 띠 형성, 가운데는 회갈색, 병반에 검은 돌기(분생포자각)
방제	병든 잎 소각·매립, 장마철 직전에 살균제 살포

㉢ 회양목 잎마름병

병원균	Hyponectria buxi(Dothiorella candollei)
병징 및 병환	• 병든 잎 마르고 조기낙엽, 회갈색 점무늬, 짙은 갈색 띠 형성, 건전부와의 경계는 뚜렷하지 않음. 결국 가지만 남은 앙상한 모습 • 잎 뒷면에 검은 돌기(분생포자각) 생김
방제	비배관리 철저로 수세 강화, 병든 낙엽 소각·매립, 발병 초기에 살균제 살포

㉣ 참나무 둥근별무늬병

병원균	Macrophoma quercicola
병징 및 병환	• 신갈나무 등 대부분의 참나무류에서 흔히 발생 • 5월부터 작은 점무늬, 7월경 병반 안쪽에 검은 돌기(분생포자각) 형성
방제	병든 잎 소각·매립

ⓜ 참나무 갈색무늬병(수목병리학)/참나무류 튜바키아 점무늬병(병해도감)

병원균	*Tubakia japonica*
병징 및 병환	• 신갈나무 등의 참나무류에 흔히 발생, 적갈색 점무늬, 부정형·원형으로 확대, 황화, 조기낙엽 • 병든 부분과 건전한 부분의 경계는 뚜렷하지 않으며 표면에 검은색 돌기 형성(쉽게 떨어짐) • 병원균은 자실체에서 월동, 분생포자에 의해 감염 • 자실체는 잎의 양면에 형성, 방사상 조직과 주상조직으로 구성 • 방사상 조직은 흑갈색~흑색, 분생포자는 무색~담갈색의 광타원형 단포자
방제	병든 잎 소각·매립, 채광과 통풍 관리, 발병초기에 살균제 살포(보르도혼합액)

ⓗ 소나무류 잎떨림병

병원균	*Lophodermium spp.*
기주	소나무, 곰솔, 잣나무, 스트로브잣나무, 특히 15년생 이하의 어린 잣나무
병징 및 병환	• 봄에 잎이 적갈색으로 변하므로 마치 죽은 나무처럼 보임 • 부생균이나 *L. seditiosum*만 유일하게 소나무류의 당년생 잎을 감염시킴 • 3~5월 : 묵은 잎 1/3 이상이 적갈색으로 변하며 조기낙엽 • 6~7월 : 병든 낙엽에 자낭반 형성 • 7~9월 : 비를 맞으면 자낭포자 비산, 새로 침입한 잎에 노란 점무늬 갈색 띠 모양으로 진전 • 월동 : 잎에서 균사 상태로 월동 후 이른 봄 조기 낙엽
방제	• 늦봄부터 초여름 사이, 자낭포자 비산 전에 병든 잎 소각·매립 • 묘포 비배관리 철저, 풀 깎기와 가지치기로 통풍관리 • 7~9월 자낭포자 비산 시기 살균제 살포

ⓢ 포플러 잎마름병

병원균	*Septotis populiperda*
병징 및 병환	• 조기낙엽 주원인, 생장 저하, 관상가치 하락 • 갈색 점무늬, 겹둥근무늬 형성, 균핵으로 월동 후 3~4월에 자낭반이 형성되고 자낭포자 비산
방제	병든 낙엽 소각·매립, 자낭포자 비산 시기에 적용약제 살포

ⓞ 칠엽수 잎마름병(얼룩무늬병)

병원균	*Phyllosticta paviae(=Guignardia aesculi)*
병징 및 병환	• 봄부터 장마철까지 발생이 지속되나 주로 8~9월에 병세가 심함, 생장 저하, 관상가치 하락 • 작은 점무늬가 차츰 적갈색 얼룩무늬를 형성, 병반 위에 분생 포자각인 까만 점 발생 • 위자낭각 상태로 월동 후 자낭포자 방출되어 1차 전염원, 여름부터는 분생포자가 2차 전염원
방제	• 병든 잎 소각·매립하여 전염원 월동 방지 • 밀식 방지 및 통풍관리 • 자낭포자 비산 시기인 잎눈이 틀 무렵에 적용약제 3~4회 살포

⑥ 철쭉류의 떡병

떡병

민떡병

㉠ 철쭉류 떡병

병원균	*Exobasidium japonicum*
병징 및 병환	• 철쭉류와 진달래류에서 흔히 발생하고 봄비 잦은 해에 많이 발생 • 4월 말 잎과 꽃눈이 국부적으로 비후, 흰색 덩어리로 변함 • 흰색(담자기와 담자포자) → 핑크빛(안토시아닌 색소 발달) → 흑회색(*Cladosporium* 곰팡이 부생) • 병든 부분의 줄기나 눈의 세포 간극에서 균사 상태로 월동 • 이듬해 봄에 담자포자 형성하여 1차 전염원이 됨
방제	• 병든 부분 소각·매립 • 봄비 잦은 해에는 4월 중순부터 적용약제 살포

㉡ 철쭉류 민떡병

병원균	*Exobasidium yoshinaga*
병징 및 병환	• 병환부가 부풀어 오르지 않고 밋밋함 • 5~6월 상순에 어린 잎의 앞면에 황록색의 둥근 반점, 뒷면에는 흰 가루의 분생포자가 생성 • 6월경에는 병반이 적갈색으로 뚜렷하게 보이며, 잎의 조직이 괴사함 • 건조하면 거의 발생하지 않음
방제	심하면 부위를 잘라내고, 봄에 습하면 만코지수화제 등 살균제를 10일 간격으로 3~4회 살포

⑦ 타르점무늬병

병원균	• *Rhytisma acerinum*(단풍나무 대형 자좌 형성) • *R. punctatum*(단풍나무 소형 자좌 형성) • *R. salicinum*(버드나무류 대형 자좌 형성) • *R. lonicericola*(인동덩굴)
병징 및 병환	• 경관 해침, 아황산가스에 민감 • 처음에는 잎에 황색 점무늬, 여름 이후 타르점 형성(자좌), 안쪽은 분생포자각에 분생포자 형성 • 이듬해 5~6월경 자낭반 형성, 1차 전염원인 자낭포자 비산
방제	병든 낙엽 소각·매립, 봄비가 온 후 적용살균제 살포

⑧ 흰가루병

㉠ 치명적인 병은 아니지만 생육이 위축되고 외관을 해침

㉡ 침엽수에는 감염되지 않으며 초본식물과 활엽수에서 발병

㉢ 대체로 잎에 발생, 수종에 따라 어린 줄기와 열매에도 발생

병원균	• 자낭균문 각균강 흰가루병균목, 모두 식물병원균이며 절대기생체 • *Erysiphe, Phyllactinia, Podosphaera, Sawadaea, Cystotheca*
병징 및 병환	• 여름 초기 분생포자를 형성하여 흰 가루로 덮어 광합성 방해 • 균사 일부는 표피를 뚫고 흡기를 형성하여 양분 탈취 • 늦가을이 되면 자낭구를 형성하여 월동하는 완전활물기생균(무성세대로 월동하는 경우도 있음) • 1차 전염원 : 자낭포자, 2차 전염원 : 분생포자
방제	• 병든 낙엽 소각·매립, 늦가을이나 이른 봄에 자낭과가 붙은 어린 가지 제거 • 통기 불량, 일조 부족, 질소 과다는 발병 유인이 되므로 주의 • 발병 초기 적용약제 수회 살포

② 주요 수목의 흰가루병

구분	수목명
Erysiphe	사철나무, 목련, 쥐똥나무, 인동, 꽃댕강나무, 양버즘나무, 단풍나무류, 배롱나무, 물푸레나무류, 꽃개오동, 아까시나무, 호두나무, 매자나무, 오리나무류, 개암나무류, 밤나무, 참나무류, 옻나무류
Podosphaera	조팝나무, 벚나무류, 장미
Phyllactinia	물푸레나무, 오리나무, 가중나무, 오동나무
Sawadaea	모감주나무, 단풍나무류
Pseudoidium	수국

⑩ 흰가루병의 식별

- 자낭구의 부속사와 형태 및 내부에 있는 자낭의 수로 6개의 속을 결정할 수 있음
- 흰가루병은 한 균종이 여러 수목을 감염하기도 하고, 한 수목이 여러 종의 흰가루병 병원체에 감염되기도 함
- 한 개의 잎에서도 여러 속의 자낭구가 형성될 수 있음

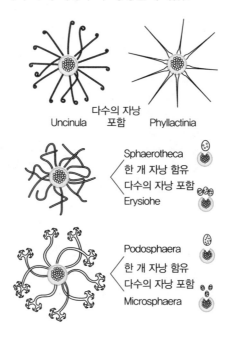

ⓑ 흰가루병의 종류 및 특징

사철나무 흰가루병	그늘이나 바람이 통하지 않는 곳에 흔히 발생, 줄사철나무에는 피해 경미
모감주나무 흰가루병	수세가 불량한 나무에서만 발생
목련 흰가루병	자목련 피해 심함
쥐똥나무 흰가루병	쥐똥나무와 왕쥐똥나무에 발생, 광나무에는 발생하지 않음
인동 흰가루병	붉은 인동 대발생
장미 흰가루병	해당화, 생열귀 발생 심함
꽃댕강나무 흰가루병	밀식하더라도 햇빛이 들면 발생하지 않음
양버즘나무 흰가루병	가로수 중 유일하게 흰가루병을 일으킴, 주로 어린 잎 발생
단풍나무 흰가루병	중국단풍나무는 햇빛 잘 들고 바람이 잘 통하는 곳에서도 발생
배롱나무 흰가루병	7~9월 개화기에 흔히 발생, 거의 유일한 방제법은 농약 살포
조팝나무류 흰가루병	5월부터 발생, 다른 수종에 비해 일찍 발견됨
꽃개오동 흰가루병	상업재배하는 곳은 주기적으로 농약을 살포하여 예방
수국 흰가루병	화분에 심어 그늘에 둔 경우 발생 심함

ⓢ 흰가루병과 그을음병의 비교

구분	흰가루병	그을음병
병명	*Erysiphe, Podosphaera, Phyllactinia, Sawadaea, Pseudoidium, Cystotheca*	*Meliolaceae, Capnodiaceae*
특징	자낭균, 절대기생체 흡기, 기주특이성	자낭균, 부생성외부착생균, 흡기 극히 드묾
설명	자낭구로 월동	균사 또는 자낭각의 상태로 월동

⑨ 그을음병

병원균	*Meliolaceae* 및 *Capnodiaceae*과
기주	사철나무, 쥐똥나무, 배롱나무, 수수꽃다리, 무궁화 대나무류 등
병징 및 병환	• 주로 잎 앞면에(잎, 가지, 열매 등) 검은 그을음이 낀 것처럼 보임 • 진딧물, 깍지벌레 등 흡즙성 곤충의 분비물을 영양원으로 번성하는 부생성 외부착생균(흡기 형성, 양분 취득하는 기생성 외부착생균은 극히 드묾) • 광합성 방해, 관상가치 하락, 장마철 이후에 많이 발병, 기주특이성 없음 • 대부분 포자가 바람에 날려 전파(진딧물, 깍지벌레, 가루이, 개미, 파리, 벌) • 월동 : 균사 또는 자낭각 • 1차 전염원 : 자낭포자
방제	• 살충제 살포 및 수간주사로 진딧물, 깍지벌레, 가루이 등 방제 • 통풍과 채광 관리

- 불완전균문 총생균강(PVC CF) : *Penicillium, Verticillium, Cercospora, Corynespora, Fusarium*
- 불완전균문 유각균강(CEMPS)
  - 분생포자반목 : *Colletotrichum, Entomosporium, Marssonina, Pestalotiopsis*
  - 분생포자각균목 : *Septoria*류 및 *sphaerulina*류
- 유성세대의 자낭각 형성
  - 벚나무 갈색무늬구멍병, 포플러 갈색무늬병, 호두나무 탄저병, 낙엽송 잎떨림병, 그을음병
  - 밤나무 줄기마름병, 낙엽송 가지끝마름병
- 유성세대의 자낭반 형성
  - 잎 : 소나무류 잎떨림병, 포플러 잎마름병, 단풍나무 타르점무늬병
  - 잎과 가지 : 측백나무 검은돌기잎마름병, 편백나무 검은돌기잎마름병
  - 줄기 : 소나무류 피목가지마름병, *Scleroderris* 궤양병
  - 뿌리 : 소나무류 리지나뿌리썩음병
- 유성세대의 자낭구 형성 : 흰가루병
- 유성세대의 위자낭각 : 모과나무 점무늬병, 칠엽수 잎마름병(얼룩무늬병)

(7) 녹병

① 녹병균

　ⓐ 담자균류에 속하며 전 세계 150속 6,000여 종이 알려져 있음

　ⓑ 대부분 이종기생균으로 기주교대를 하며 경제적인 측면에서 중요하면 기주, 그렇지 않으면 중간기주라고 함

　ⓒ 일부 녹병균은 기주교대를 하지 않는 동종기생균임(회화나무 녹병, 후박나무 녹병 등)

　ⓓ 녹병균은 순활물기생체 또는 절대기생체이지만 최근의 몇 종은 펩톤이나 효모추출물 등이 첨가된 인공배지에서 배양됨

　ⓔ 순활물기생균은 순수배양이 꼭 필요하지는 않음

　ⓕ 복잡한 생활상, 기주의 형성층과 체관부의 세포간극 침입 후 흡기로 세포막을 뚫고 들어감

　ⓖ 생육 시기에 대량 낙엽, 경관적 가치 하락, 병든 부위가 가지 및 줄기를 일주하면 말라 죽음

　ⓗ 방제 : 기주 또는 중간기주를 제거하여 생활사 고리 차단, 병든 나무 발견 즉시 소각·매립, 포자 비산 전 살균제 살포, 저항성 수종 대체 등

　ⓘ 주요 수목의 이종기생성 녹병균

녹병균	병명	기주식물	
		녹병정자, 녹포자세대	여름포자, 겨울포자세대
Cronartium ribicola	잣나무 털녹병	잣나무	송이풀, 까치밥나무
C. quercuum	소나무 혹병	소나무, 곰솔	졸참나무, 신갈나무
C. flaccidum	소나무 줄기녹병	소나무	모란, 작약
Gymnosporangium asiaticum	향나무 녹병	배나무	향나무 (겨울포자만 형성)

녹병균	병명	기주식물	
		녹병정자, 녹포자세대	여름포자, 겨울포자세대
Melampsora larici-populina	포플러 잎녹병	낙엽송	포플러류
Uredinopsis komagatakensis	전나무 잎녹병	전나무	뱀고사리
Chrysomyxa rhododendri	철쭉류 잎녹병	가문비나무	산철쭉

② 녹병균의 생활사

녹병정자	• 표면에 돌기가 없이 평활하고 극히 작은 단세포 • 녹병정자는 담자포자에서 형성, 핵상은 n, 기주식물의 표피 또는 각피 아래에 형성 • 녹병정자 곤충을 유인하는 독특한 향 있어 곤충 및 빗물에 의해 전파
녹포자	• 녹포자기 내에서 연쇄상으로 형성, 구형 내지 난형의 단세포 • 녹포자는 담자포자와 같이 기주교대성 포자
여름포자	• 녹포자와 같이 무늬돌기 존재, 구형 내지 난형의 단세포 • 반복전염성 포자이며 온도와 습도의 변화에 민감하지 않고 녹병의 전파 및 피해 확산에 역할
겨울포자	• 세포벽이 두꺼운 월동포자로서 갈색 내지 검은 갈색의 단세포 또는 다세포 • 감수분열을 하여 격벽이 있는 4개의 담자기를 만듦
담자포자	• 소생자라고도 하며 작고 무색의 단핵포자 • 다른 기주에 침입하여 기주교대

③ 녹병의 생활환

세대	핵상	생활환	특징
녹병정자	n	원형질 융합을 하여 녹포자 형성	유성생식
녹포자	n+n	녹포자의 발아로 n+n 균사 형성	기주교대
여름포자	n+n	여름포자 발아로 n+n 균사 형성	반복감염
겨울포자	n+n → 2n	핵융합으로 2n이 되고 발아할 때 감수분열을 하여 담자포자 형성	겨울월동
담자포자	n	담자포자의 발아로 n균사 형성	기주교대

④ 녹병의 종류

㉠ 잣나무 털녹병

• 담자균으로 이종기생균, 기주특이성, 절대기생체
• 고산지대, 5~20년 잣나무에서 많이 발생되는데, 지구온난화 등에 의해 감소 추세

병원균	*Cronatium ribicola*
기주	• 감수성 : 잣나무, 스트로브 잣나무 • 저항성 : 섬잣나무, 눈잣나무
피해	• 줄기를 일주하면 형성층이 파괴되어 고사됨 • 엉성하게 보이고 침엽은 황갈색으로 말라 죽음 • 송이풀류와 까치밥나무도 피해를 받음

병징 및 병환	• 병든 가지와 줄기는 노란색으로 변하고, 방추형으로 부풀며 수피가 거칠어지고 수지가 흐름 • 기공을 통해 담자포자 침입(8월, 황색 작은 반점 → 가지로 확산) • 1~2년 후 녹병정자 형성, 10개월 후 녹포자기 돌출(이듬해 4월) • 녹포자 비산 후 죽은 형성층이 일주하면 나무는 말라 죽음 • 녹포자는 중간기주인 송이풀류에 침입, 송이풀류 뒷면에 여름포자 형성, 반복 전염 • 겨울포자퇴 형성, 겨울포자가 발아하여 담자포자를 형성, 잣나무잎으로 침입
방제	• 병든 나무와 중간기주를 지속적으로 제거 • 수고의 1/3까지 가지치기하여 감염경로를 차단 • 녹포자기 발생목은 비닐로 감싸고 8월 이후 병든 나무 제거, 피해 지역의 묘목 반출 금지 • 보르도액 살포(담자포자의 잣나무 침입 방지) • 저항성 수종 개발 식재

ⓒ 소나무 줄기녹병

병원균	*Cronartium flaccidum*
기주	2엽송류
중간기주	백작약, 참작약, 모란 등
병징 및 병환	• 소나무류 묘목이나 조림목의 줄기 또는 가지에 발생 • 병든 부위는 약간 방추형으로 부풀고 수피가 거칠어짐 • 봄에 수피를 뚫고 황색의 녹포자가 돌출, 중간기주 이동 • 중간기주에서 녹포자퇴 형성, 나중에 갈색의 겨울포자퇴 • 생활사가 잣나무 털녹병균과 비슷함
방제	• 소나무류 묘포 부근에 모란 또는 작약을 재배하지 않음 • 병든 나무 즉시 소각·매립

ⓒ 소나무류 잎녹병

병원균	기주(0, I)	중간기주(II, III)
Coleosporium asterum	소나무, 잣나무	참취, 개미취, 개쑥부쟁이, 까실쑥부쟁이
C. eupatorii	잣나무	골등골나물, 서양등골나물
C. campanulae	소나무	금강초롱꽃, 넓은잔대
C. phellodendri	소나무	넓은잎황벽나무, 황벽나무
C. zanthoxyli	곰솔	산초나무
C. plectranthi	–	소엽(차조기, 차즈기), 들깨, 들깨풀, 산박하

병징 및 병환	• 4월부터 침엽에 녹병정자기와 녹포자기 형성, 녹포자 비산, 중간기주에 여름포자 겨울포자 형성 • 발아하여 담자포자 형성, 비산한 담자포자는 소나무 잎에 침입(유효거리 : 3~10m), 균사 월동
방제	• 풀베기를 하여 중간기주 제거 • 겨울포자 발아 전인 9~10월에 적용약제 살포

ⓒ 소나무 혹병

병원균	*Cronartium quercuum*
기주	소나무, 곰솔, 구주소나무

중간기주	졸참나무, 상수리나무, 떡갈나무 등 참나무속
병징 및 병환	• 혹의 표면은 거칠고 조직 연약하여 바람에 부러지기 쉬움 • 〈4~5월〉 소나무류에서 녹병정자, 녹포자기 돌출, 녹포자 비산, 〈5~6월〉 참나무류 잎 뒷면에 여름포자퇴 형성, 〈7월 이후〉 겨울포자퇴 형성, 〈9~10월〉 겨울포자 발아하여 담자포자 형성, 소나무류의 어린가지 침입 후 10개월의 잠복기간을 거쳐 이듬해 혹을 형성 • 발병 정도는 전염기인 9~10월의 강우량에 따라 차이가 있음
방제	• 병든 부분 제거 소각, 소나무와 곰솔 임지에 참나무류 수목을 제거하거나 식재하지 않음 • 9월 상순부터 적용약제 살포 • 병든 나무에서 종자 채취 금지

ⓜ 전나무 잎녹병

병원균	*Uredinopsis komagatakensis*
기주	전나무
중간기주	뱀고사리
병징 및 병환	• 1986년 횡성에서 처음 보고, 병원성은 높으나 나무를 죽이지는 않음, 주로 계곡에 발생 • 5~7월 전나무 당년생 침엽에 작은 반점, 뒷면 녹병정자 점액 • 이후 침엽의 뒷면에 녹포자기가 2줄로 형성, 6월 중순 녹포자가 비산하여 뱀고사리로 침입 • 10월에 월동성 여름포자퇴 형성, 겨울포자퇴는 병든 조직의 표피 밑에 형성되어 월동 • 겨울포자 발아하여 담자포자가 형성되며 전나무로 침입
방제	• 중간기주 분포 계곡습지에 한정, 대면적 발생 안 함 • 전나무 임지 부근 뱀고사리 제거

ⓗ 향나무 녹병
- 담자균으로 이종기생균, 기주특이성, 절대기생체
- 여름포자세대를 형성하지 않는 중세대종
- 최근 기후변화로 분포 범위가 넓어짐에 따라 피해 증가 추세

병원균	기주	
	겨울포자	녹병정자, 녹포자
Gymnosporangium asiaticum	향나무류(잎)	배나무류, 명자나무 산당화, 모과나무, 산사나무, 야광나무
G. yamadae	향나무류(잎)	사과나무, 꽃사과
G. japonicum	향나무류(줄기, 가지)	윤노리나무
G. cornutum	노간주나무(가지, 줄기)	팥배나무

- 병원균 및 병징

병원균	*Gymnosporangium* 속
피해	• 향나무 : 잎, 줄기에서 발생하여 수관 엉성, 미관 해침, 심하면 고사 • 장미과 식물 : 미관적 가치 ↓, 조기낙엽, 수확량 및 상품 가치 ↓
병징	• 향나무 : 노란색 젤리 모양(겨울포자퇴), 돌기, 혹 등 병징 다양 • 장미과 : 잎 앞면(붉은 반점, 녹병정자기), 잎 뒷면(긴 털 모양, 녹포자퇴), 병징 비슷

- 병환

포자명	핵상	시기	특징
겨울포자	n+n → 2n	4~5월	• 향나무에서 균사로 월동, 겨울포자 발아 • 담자포자 형성
담자포자	n	5월 초순	기주교대(향나무 → 장미과)
녹병정자	n	6~7월	잎 앞면에 녹병정자기 형성, 원형질 융합, 유성생식
녹포자	n+n	6~7월	• 잎 뒷면에 녹포자 형성 • 기주교대(장미과 → 향나무)

- 방제
  - 향나무 부근에는 장미과 식물을 심지 않도록 하며 향나무와는 서로 2km 이격 식재
  - 향나무에는 3~4월과 7월에, 중간기주인 장미과 식물에는 4월 중순부터 6월까지 배일 간격으로 적용약제를 살포

Ⓐ 버드나무 잎녹병

병원균	*Melampsora* 속
기주	호랑버들, 육지꽃버들, 키버들 등
중간기주	일본잎갈나무
병징 및 병환	• 병든 잎 조기낙엽, 미관 해침 • 6월부터 여름포자 반복 전염, 초가을에 겨울포자 형성, 병든 낙엽에서 월동 후 일본잎갈나무에 침입하거나 버드나무류 잎에 곧바로 전염
방제	병든 잎 소각, 적용약제 10일 간격으로 3~4회 살포

◎ 포플러 잎녹병

병원균	*Melampsora* 속
병징 및 병환	• 4~5월 일본잎갈나무 잎 표면에 황색 병반, 뒷면에 녹포자기 형성, 녹포자는 포플러 새잎으로 침입 • 여름포자퇴 형성, 반복 감염, 가을에 겨울포자 형성하여 월동, 이듬해 3월 겨울포자 발아 • 담자포자가 중간기주 침해, 따뜻한 지역에서는 겨울포자가 형성되지 않고 여름포자 상태로 월동하여 1차 전염원
방제	병든 낙엽 소각, 중간기주 분포지 피하여 식재, 개량 포플러 식재, 적용약제 6~9월 2주 간격 살포

병원균	기주(2, 3)	중간기주(0, 1)
Melampsora larici-populina	포플러류, 사시나무	일본잎갈나무(낙엽송), 댓잎현호색
M. magnusiana	포플러류, 사시나무	일본잎갈나무, 현호색

ⓩ 오리나무 잎녹병

병원균	*Melampsoridium alni*
기주	오리나무, 두메오리나무
중간기주	일본잎갈나무
병징 및 병환	• 6~7월경 잎 표면에 황색 반점, 잎 뒷면에 여름포자 형성, 가을에 겨울포자 형성하여 월동 • 봄에 겨울포자 발아, 담자포자로 일본잎갈나무잎에 침입, 일본잎갈나무에서 형성된 녹포자는 오리나무 잎에 침입, 감염 유효거리가 상당히 멀어 보이지 않는 곳에서도 발병
방제	• 병든 낙엽 소각, 잎이 필 때부터 적용약제 2주 간격 살포 • 오리나무 주변 일본잎갈나무 식재 금지

ⓩ 회화나무 녹병
- 녹병정자, 녹포자 형성하지 않음
- 회화나무 녹병은 담자균으로 기주특이성 절대기생체
- 기주교대를 하지 않는 동종기생균

병원균	*Uromyces truncicola*
기주	회화나무
피해	• 가지와 줄기에 혹을 만들기 때문에 혹병이라고도 부름 • 가로수, 공원수, 정원수 등에서 많이 발생 • 회화나무의 조경적 가치로 인해 묘목과 어린 나무가 감염 상태로 이동하고 있어 피해가 크게 증가 • 혹이 생긴 나무는 생육이 나빠지고 기형이 되며 혹 부위가 썩어서 가지가 부러지기도 함
병징 및 병환	• 잎, 가지 및 줄기에서 발생 • 겨울포자의 상태로 겨울을 나고 봄에 발아하여 담자포자 형성 • 담자포자는 새 잎과 어린 잎을 감염 • 여름포자는 빗물이나 바람에 의해 반복 감염
방제	• 병든 낙엽 소각·매립 • 가지에 생긴 혹 발견 즉시 제거 소각·매립 • 혹이 나 있는 묘목은 심지 않음 • 적용약제를 10일 간격으로 3~4회 살포

ⓚ 이팝나무 잎녹병

병원균	*Puccinia sp.*
기주	• 기주 : 이팝나무 • 중간기주 : 대나무
피해	• 2018년 7월 전라남도 강진군의 가로수 전체 이팝나무에 심각한 녹병 증상이 발견됨 • 현재 남부 지방을 중심으로 많은 피해가 보고되고 있음
병징 및 병환	• 이팝나무 잎 앞면에서 황색 및 갈색의 병반 형성 • 잎 뒷면에서 녹포자기 및 녹포자와 여름포자 확인됨 • 2019년 이팝나무 주변에 식재된 대나무에서도 녹병 병징 확인, 잎 뒷면에서 겨울포자퇴와 겨울포자를 확인 • 이팝나무 잎 앞면에 오렌지색 원형 병반을 형성, 병반 위에는 작은 흑갈색 점(녹병정자기) 형성, 잎 뒷면에는 털 모양 돌기(녹포자기)가 나타나고, 성숙하면 옅은 오렌지색 가루(녹포자)가 터져 나옴

방제	• 병든 낙엽 소각·매립 • 적용약제 살포

Ⓔ 기타 녹병

구분	병원균	중간기주
두릅나무 녹병	*Aecidiumn araliae*	밝혀지지 않음. 일본에서는 사초속 식물
후박나무 녹병	*Endophyllum machili*	기주교대를 하지 않음

※ 동종기주 : 참죽나무 녹병, 후박나무 녹병, 회화나무 녹병

(8) 시들음 병해

① 개요

Ⓐ 병원균이 물관에서 수분의 이동을 막아 나무를 급작스럽게 시들어 죽게 하는 치명적인 병

Ⓑ 병원체로는 곰팡이, 세균, 선충 등이 있음

Ⓒ 균류 : *Ceratocystis, Fusarium, Ophiostoma, Verticillium*(자낭균에 속함)

Ⓓ 방제 : 매개충을 구제하고 병든 나무 제거·소각

② 주요 유관속시들음병(자낭균)

병명/병원균	매개충/전반	특징
느릅나무 시들음병 *Ophiostoma ulmi*	유럽느릅나무좀 미국느릅나무좀	• 목부 형성층 및 물관을 가해 • 수목의 아래 방향으로 증식 이동 • 뿌리접목을 통해 인접 수목 이동 • 미국느릅나무는 감수성 • 중국느릅나무는 저항성
참나무 시들음병 *Raffaelea* *quercus-mongolicae*	광릉긴나무좀 (*Platypus koryoensis*)	• 2004년 성남시에서 발견 • 주로 신갈나무에서 발견 • 페르몬을 발산하여 암컷을 유인하고 목재 내부에 산란 • 침입공은 수간하부에서부터 지상 2m 이내에 주로 분포
참나무 시들음병 *Ceratocysis fagacearum*	nitidulid 나무이	• 루브라참나무, 큰떡갈나무 • 나무이와 뿌리접목에 의해 전반 • 나무이는 곰팡이 균사매트의 달콤한 냄새로 유인
Verticillium 시들음병 *Verticillium dahlia* *V. albo-atrum*	*Verticillium*에 의한 토양전염	• 토양전염원과 뿌리접촉을 통하여 감염 • 단풍나무와 느릅나무 감염 시 목부에 녹색이나 갈색 줄무늬가 생김

③ 참나무시들음병

Ⓐ 2004년 경기도 성남에서 발견, 직경 25cm 이상인 신갈나무에서 주로 발생

Ⓑ 매개충의 침입 부위는 수간하부에서부터 지상 2m 이내에 주로 분포하지만 그 이상에서도 발견됨

병원균	• *Raffaelea quercus-mongolicae* • 매개충 : 광릉긴나무좀(*Platytypus koryoensis*)
기주	참나무류(신갈나무, 갈참나무, 서어나무 등이 감수성)
병징 및 병환	• 5월 말부터 나타나 수컷이 먼저 구멍 뚫고 집합페로몬 발산(목설 : 원통형, 실형)하여 암컷 유인하여 교미 • 암컷이 구멍 뚫고(목설 : 구형) 산란, 유충이 분지공 뚫음(목설 : 분말형, 가루형) • 매개충 균낭에 있는 포자가 통로에 묻어서 생장한 암브로시아균을 유충이 먹으며 생장 • 월동한 후 5월경 빠져나와 새로운 나무 가해 • 암브로시아균이 물관을 막아 시들면서 빨갛게 고사, 갈변 잎이 죽은 나무에 달린 채로 남아 있음, 술 냄새가 남 • 주요 병징 : 침입공, 목재 부스러기, 시들음, 고사, 갈변 잎, 목재 변색(변재부위 병원균 증식으로 갈변) • 발병 원인 : 생물적 원인(균류, 세균, 곤충, 바이러스 등), 비생물적 원인(동해, 영양 결핍, 수분스트레스 등)
방제	• 끈끈이롤트랩을 수간하부에서부터 2m 이상 감싸 매개충의 탈출과 침입 방지 • 유인목 설치, 페로몬 트랩을 설치하여 매개충 밀도를 감소 • 벌목한 피해목 비닐(타포린)로 감싸고 메탐소듐으로 훈증

④ 참나무급사병(난균)

 ㉠ *Phytophthora ramorum*

 ㉡ 포자낭, 유주포자, 후막포자, 균사 상태로 침입

 ㉢ 방석꼬뚜리버섯이 발생

 ㉣ 뿌리와는 관련 없이 주로 잎, 가지, 줄기에만 병을 일으킴(잎에 갈색 반점, 줄기에는 궤양병)

 ㉤ 피해목 조기 발견 시, 격리 박멸하는 것이 유일한 방제 방법

⑤ 밤나무 잉크병(난균)

 ㉠ *Phytophthora katsurae*

 ㉡ 뿌리로 침투하여 줄기에까지 궤양병을 일으킴

(9) 목재부후 및 변색

① 목재부후

 ㉠ 나무, 목재, 목조 건축물 또는 목 가공품 등의 목재조직이 여러 원인에 의해 열화되는 현상으로 목재부후균이 대표적 원인으로 알려짐

 ㉡ 목재부후균은 사물기생균으로, 목재를 썩혀서 질을 떨어뜨리거나 양을 감소시켜 경제적 손실 발생

 ㉢ 살아 있는 나무는 심재, 죽은 나무는 변재에 침입하며 지제부에 잘 번성하고 장마기에 특히 번성

 ㉣ 살아 있는 나무의 뿌리에 병을 일으키는 아까시흰구멍버섯, 뽕나무버섯, 해면버섯은 세포를 죽인 후 목질을 부후시킴

 ㉤ 목재부후의 부위별 가해 : 뿌리썩음, 뿌리 및 그루터기 썩음, 줄기썩음

ⓗ 목재부후의 탐색 : 파괴적 방법과 비파괴적 방법이 있으며 주로 비파괴적 기술을 사용

탐색 도구 및 방법	생장추, 컴퓨터 단층 X선 촬영, 이온조사, 열, 전자파, 초음파, 핵자기공명 중성자, 화상기법, 분자생물학적 방법 등
광학현미경하에서 염색기법 이용	건전목재는 붉은색, 부후 부위는 푸른색으로 염색됨
프라이머 및 PCR 탐색	전기연동 시 변이가 생기면 잘리지 않고 길어져 다른 종임을 확인
목재보존재	• creosotes, pentachlorophenol, copper-chrome arsenate가 있으며, 인체에 유해하고 환경오염을 유발하는 독성물질임 • 인체저독성 목재보존제 : ACQ(알칼리성 구리화합물)를 많이 사용하나 어류 피해 부작용이 있음 • 생물적 방제나 친환경적 방제 연구가 수행되고 있음

ⓢ 세포벽의 구조

세포간엽(중엽층)	펙틴
1차 세포벽	펙틴, 섬유소
2차 세포벽	리그닌, 섬유소, 헤미셀룰로오스

ⓞ 구획화
- Robert Hartig : 19세기 초 수목이 상처가 난 후 곰팡이가 침입하여 목재부후가 진전된다는 것을 기술
- Alex Shigo
  - 1985년 목재부후에 대한 현대적인 개념 확립
  - 수목에 상처가 나면 방어벽을 형성하여 구획화하고 부후의 진전을 방어함
  - 정확한 진단에 의한 벌채 여부가 확인됨에 따라 사람과 재산의 피해를 사전에 방지하는 것이 가능해짐
- Wall 1<Wall 2<Wall 3<Wall 4

방어벽	방향	조직
Wall 1	상처의 상하 봉쇄	도관, 가도관(전충체 형성)
Wall 2	상처의 안쪽 봉쇄	나이테의 종축유세포(세포벽 두꺼워짐)
Wall 3	상처의 좌우 봉쇄	방사단면(조직괴사를 동반하는 과민성 반응)
Wall 4	상처의 바깥쪽 봉쇄	형성층 세포(페놀물질, 2차 대사물, 전충체 등을 세포에 축적한 후 나이테로 전달하여 방어)

ⓩ 목재부후 종류

갈색부후	• 헤미셀룰로오스와 셀룰로오스를 분해하고 리그닌을 남김 • 목부가 갈색의 작은 벽돌 모양으로 쪼개짐 • 주로 침엽수에 나타나지만 활엽수에도 나타남 • 자낭균이나 담자균 • 덕다리버섯, 해면버섯, 미로버섯, 덕다리버섯, 꽃구름버섯, 잔나비버섯, 잣버섯, 조개버섯, 개떡버섯, 버짐버섯, 전나무조개버섯, 구멍버섯, 실버섯

백색부후	• 헤미셀룰로오스, 셀룰로오스, 리그닌까지 분해 • 흰색의 스펀지처럼 쉽게 부서짐 • 주로 활엽수에 나타나지만 침엽수에도 나타남 • 주로 담자균 • 민주름버섯, 한입버섯(선채로 고사한 소나무에 발생함), 아까시흰구멍버섯, 말굽버섯, 표고버섯, 치마버섯, 거북꽃구름버섯, 영지버섯, 느타리버섯, 흰구름버섯, 송편구름버섯, 잎새버섯, 조개껍질버섯, 간버섯, 벌집버섯.
연부후	• 목재의 함수율이 높은 상태(수침 상태)에서 발생, 내부 건전 상태 유지, 할렬 길이 방향(표면에 국한적) • 자낭균류와 불완전균 • 콩버섯, 콩꼬투리버섯, *Alternaria*, *Diplodia* 등

② **목재의 변색** : 목재의 질을 저하시키지만 목재의 강도에는 영향을 미치지 않음

오염균	• 목재의 표면에 주로 서식 • *Penicillium*(녹색), *Aspergillus*(검은색), *Fusarium*(붉은색), *Rhizopus*(회색)
청변균	• 함유한 균사가 침엽수 목재의 방사유조직에 침입·생장하면서 푸른색으로 변색시킴 • 멜라닌 색소 : 목재 변색의 원인이 되고 4가지 경로에 의해 합성(*Ophiostoma*속 곰팡이는 DHN 경로) • 원인균 : *Ceratocystis*, *Ophiostoma*, *Graphium*, *Leptographium* • 매개충 : 소나무좀과 소나무줄나무좀, 이동 시 청변균 전반
방제	• 물리적 방제 : 물로 포화시킴 • 화학적 방제 : 살균제나 화학물질 처리(환경독성) • 생물적 방제 : 변색균에서 무색균주 선발 → Cartapip 선발(목재 변색 방지, 목재 추출물 분해, 생물 펄프 공정, 수지 제거)

4. 세균 병해

(1) 세포의 분류

① 원핵세포

⊙ 하등 미생물

ⓛ 핵막이 없음

ⓒ 진핵세포에 비해 구조 단순

ⓔ 무성생식

ⓜ 세균, 방선균, 남조류

② 진핵세포

⊙ 고등 미생물

ⓛ 핵막이 있음

ⓒ 핵분열 시 유사분열

ⓔ 곰팡이, 효모, 조류, 버섯, 원생동물

③ 원핵생물의 분류

⊙ *Agrobacterium*속, *Streptomyces*속, *Xylella*속

ⓛ *Corynebacterium*(→ 5속/*Arthrobacter, Clavibacter, Curtobacterium, athayibacter, Rhodococcus*)

ⓒ *Pseudomonas*(→ 5속/*Acidovorax, Herbaspirium, Pseudomonas, Burkholderia, Ralstonia*)

ⓔ *Erwinia*(→ 2속/*Erwina, Pantoea*)

ⓜ *Xanthomonas*(→ 2속/*Xanthomonas, Xylophilus*)

※ 그람양성균 : *Streptomyces, Clostridium, Bacillus, Corynebacterium*계열의 5개 속 등

(2) 세균의 형태와 증식

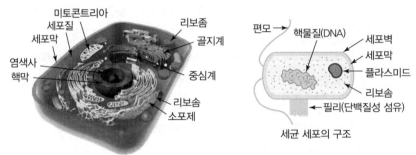

출처 : 방송통신대학교 식물의학

① 세균은 DNA가 막으로 둘러싸여 있지 않은 원핵생물

② DNA와 작은 리보솜(70s)이 있는 세포질로 구성

③ 염색체가 세포질 중에 노출, 세포질 내에는 미토콘드리아나 소포체 등이 없으며, 2분법으로 증식

④ 구형, 타원형, 막대형, 나선형이 있으나 대부분의 식물 병원 세균은 단세포이고 방선균을 제외하면 짧은 막대 모양

⑤ 폭 0.5~1.0, 길이 1~5μm이고 균체에는 0~수 개의 편모가 존재

⑥ Streptomyces는 균사 형성, 공중 균사 선단에 포자 형성(방선균)

⑦ 점질층 또는 협막으로 싸여 있음

⑧ 세균은 하나 또는 그 이상의 플라스미드를 가지고 있음

⑨ 플라스미드는 병원성과 약제저항성 등 중요한 병 관련 유전정보가 들어 있음

⑩ 내생포자는 세균이 생존하기 힘든 환경에서 살아남는 특수한 물체의 하나로 주로 그람양성균에서 발생함

(3) 생태 및 전반

① 현재 1,600종의 세균 중 식물병원세균은 180여 종

② **임의 부생체** : 대부분 기주식물 내에서 기생생활을 하지만 기주를 감염하기 이전에는 잔재물이나 토양 속에서 부생생활을 함

③ 물, 곤충, 동물 또는 인간에 의해 전반

(4) 침입
① **자연개구부** : 기공, 피목, 수공, 밀선
② **상처** : 세균 감염의 주된 원인

(5) 병징
① 점무늬, 마름, 무름과 시들음, 더뎅이, 썩음, 과대생장 등
② *Agrobacterium* 속은 혹을 만들고 이외에 일부 *Rhodococcus*나 *Pseudomonas* 속 세균에 의해서도 혹이 만들어짐
③ 유조직병, 유관속병, 증생병

(6) 진단 및 방제
① 진단
㉠ 세균의 존재 여부는 광학현미경으로 확인 가능(균총)
㉡ 세균의 형태적 특성은 주사전자현미경 및 투과현미경으로 관찰 가능
㉢ ooze테스트 : 시들음 증상 줄기를 잘라 컵 속의 물에 담가 우윳빛 누출 여부 확인
㉣ 항원 항체 간의 응집반응을 이용한 면역학적 진단
㉤ 분자생물학적 진단
㉥ Gram 염색법에 의한 양성세균과 음성세균
② 방제
㉠ 저항성품종을 사용하는 것이 효과적
㉡ 오염토양(온실)은 증기나 포름알데히드 등으로 처리
㉢ 오염된 종자는 차아염소산나트륨과 염산용액으로 소독하거나 아세트산 용액에 침지
㉣ 항생제는 스트렙토마이신 제제와 옥시테트라사이크린 살포 또는 침지
㉤ 종자를 52℃에서 20분 정도 고온처리
㉥ 구리를 함유한 농약의 경엽 처리

(7) 세균에 의한 수목병
① 혹병(근두암종병)

병원균	*Agrobacterium tumefaciens*
기주	과수, 유실수, 녹음수 등 많은 목본식물과 초본식물에 발생, 묘목은 큰 피해
병징 및 병환	• 일반적으로 지제부에 혹이 생김(우윳빛, 점차 암갈색) • 막대모양, 그람음성세균 • 기주식물이 없어도 오랫동안 부생생활, 상처를 통해 침입 • 고온다습한 알칼리성 토양에서 주로 발생
방제	• 병든 묘목 제거, 병이 없는 건전한 묘목 식재 • 석회 시용량을 줄이고 유기물 충분히 사용하여 수세 강화 • 위생 및 재배관리, 상처 방지, 70% 알코올 소독, 도포제

② 불마름병 : 2015년 경기도 안성에서 시작하여 확산 추세

병원균	• *Erwinia amylovora* • 짧은 막대 모양, 4~6개의 주생 편모, 생육온도(3~30℃)
기주	주로 장미과 수목, 감나무, 호두나무 등
병징 및 병환	• 늦은 봄에 잎, 꽃, 가지가 갑자기 시들고 초기에는 물이 스며든 듯한 모양을 띰 • 빠른 속도로 갈색, 검은색으로 변하여 불에 타 죽은 것처럼 보임 • 과실도 수침상 반점이 나타나며 점차 검은색으로 변함, 수확량에 큰 피해 • 궤양 주변에서 월동 → 세균점액으로 곤충 유인 → 곤충에 의해 상처나 개구부를 통해 침입 → 세포간극에서 증식 → 잎으로 전반되거나 가지 전체로 이동하여 말라 죽게 함

방제	• 약제 방제
	  – 발아 전 : 석회보르도액 처리
	  – 개화기나 생육기 : 스트렙토마이신
	  – 마이신 살포, 매개곤충구제(정기적으로 살충제 살포)
	• 친환경 방제
	  – 인산, 칼리질 비료를 충분히 주어 수세강화
	  – 감염된 가지 30cm 이상 잘라내기
	  – 감염목 발견 즉시 소각·매립(치료약이 없고 전염력이 강해 병에 걸린 나무는 매몰 폐기)
	  – 감염지역에서 폐원 후 3년 정도 재배 금지(방제 관리 구역을 지정해 이동을 금지하고 선제방제
	    에 총력)

③ 잎가마름병

병원균	*Xylella fastidiosa*
기주	양버즘나무 등 조경수, 녹음수, 포도나무 등 과수
병징 및 병환	• 잎 가장자리가 갈색으로 변하고 주변 조직과의 경계에 노란색 물결무늬가 나타나며 수분을 공 급하여 잎마름 증상이 진전됨 • 매미충류 곤충과의 접촉으로 전반, 잎맥에서 잎맥으로 전염 • 배양에 필요한 조건이 까다로워 물관부 국재성 세균으로 불림
방제	• 규칙적인 비료 사용으로 활력 유지, 충분한 관수로 가뭄 방지 • 감염목 제거, 항생제를 소량 주입

④ 세균성구멍병

병원균	*Xandomonas arboricola*
기주	복숭아, 자두, 살구, 매실나무 등 핵과류
병징 및 병환	• 백색 병반 → 갈색 → 구멍 → 조기낙엽 • 봄형 가지병반(이른 봄)과 여름형 가지병반(6·8월) • 열매가지 및 새 가지에 흑갈색의 부풀어 오른 병반이 확대되어 균열 • 과실 표면에 암갈색 병반 및 수지 유출 • 병반크기 : 1mm~수 mm까지 다양 • 병든 가지 및 눈에서 월동하며 봄에 빗물과 곤충에 의해서 전반됨 • 바람이 심하고 높은 습도가 지속되거나 강우가 많은 해에 심하게 나타남 • 태풍이 발생한 후 발병이 현저하게 증가함
방제	• 과실 감염 감소를 위해 봉지를 씌워 재배 • 농용신 수화제를 사용하면 효과적(연용 시 약제 내성)

⑤ 감귤궤양병

병원균	*Xandomonas axonopodis*
병징 및 병환	• 잎 가지 과실에 발생하여 조기낙엽, 낙과 • 반점 → 확대되어 중앙부 표피 파괴 → 황색, 회갈색 → 코르코화(주위 : 녹색, 바깥쪽 : 황색) • 병반은 보통 원형이나 귤굴나방 식흔과 비슷 • 늦여름에 형성된 병반이 월동 전염원으로 중요하고 기공, 상처를 통해 침입 • 오렌지나 하귤 : 감수성, 온주밀감 : 저항성
방제	• 방풍림 조성, 귤굴나방 방제, 질소시용 줄이기 • 병든 잎이나 가지는 제거·소각하여 전염원을 제거

5. 선충에 의한 수목병해

(1) 개요

① 선충문(Nematoda), 무척추 하등동물

② 식물성 기생선충은 대부분 토양선충

(2) 선충의 형태

① 1mm 내외로 육안 식별이 어려워 현미경으로 관찰함

② 일반적으로 암수 형태는 비슷하며 실 또는 방추형으로 길고 가는 형태를 띰

③ 일부 선충은 자웅이형(암컷 성숙 시 배 모양, 콩팥 모양, 콩 모양)

④ 구침은 식도형 구침, 구강형 구침으로 구분

⑤ 부드럽고 투명한 막의 큐티클 각피

⑥ 수컷은 교접자가 있고 교접낭으로 싸여 있음

⑦ 암컷은 항문과 떨어져 앞부분에 음문 위치

(3) 생활사

① 알 → 유충 → 성충

② 한세대의 길이 : 약 2주~2달

③ 유충의 성장은 탈피를 통해 이루어지며 생식기관을 제외하고는 세포수는 증가하지 않고 크기가 증가함

④ 탈피 : 낡은 각피가 진피와 분리되며 새로운 각피가 진피로부터 생겨나는 것

⑤ 탈피 시 각피뿐만 아니라 구침 일부 탈락, 소화기관이나 감각기관의 일부가 대체

⑥ **식물선충의 생활주기** : 1번의 알 단계, 4번의 탈피, 4번의 유충기, 1번의 성충 단계(1:4:4:1)

⑦ 알에서 부화된 유충은(알 속에서 1차 탈피) 2령 유충이며 침입기에 해당

⑧ 유충 말기에 생식기관이 완전히 발달하여 생식이 이루어짐

⑨ **생식 방법** : 양성생식, 단위생식, 처녀생식, 무성생식

PART 01
PART 02
PART 03
PART 04
PART 05
PART 06

⑩ 소나무재선충은 매개충의 몸속에서 나온 분산기 4기 유충이 침입기에 해당, 뿌리썩이선충은 전발육기가 침입기에 해당

(4) 선충의 기생 형태와 생태

① 식물선충은 절대활물기생체로 대부분 식물뿌리에 기생, 지상부 가해는 제한적
② 기생 방법에 따른 분류 : 외부기생선충, 내부기생선충, 반내부기생선충
③ 암컷 성충의 운동성에 따른 구분 : 이주성, 고착성
④ 선충은 깊이 30cm 내외 토양에 주로 분포
⑤ 뿌리분비물이나 성유인물 등에 유인되고 짧은 거리 이동 가능
⑥ 전반 : 물, 바람, 사람, 농기계, 감염된 식물체

(5) 발병과 병징

① 발병
　㉠ 구침을 통해 영양분 탈취
　㉡ 탐사 과정, 이동 과정, 성장에 의해 세포 파괴, 조직 괴사
　㉢ 선충의 침과 분비물에 의한 식물의 생리적 변화가 더 큰 발병 요인
　㉣ 고착성 선충 : 양육세포, 합포체, 거대세포 형성하여 통도 기능 지장 초래
　㉤ 선충이 곰팡이나 세균과 복합감염 시 피해가 더 크며 병원체·소인·요인으로 작용
　㉥ 병원체 전염 매개체이기도 함(곰팡이, 세균, 바이러스 운반)
② 병징
　㉠ 지상 : 성장 저해, 위축, 황화, 시들음, 고사, 쇠락 증상
　㉡ 뿌리 : 괴저병반, 뿌리혹, 토막뿌리

(6) 선충병의 진단과 선충의 분리

① 지상부 증상만으로 진단하기는 어려우며, 뿌리의 병징을 관찰하고 선충의 종류와 밀도를 조사하는 등 종합적인 진단이 필요
② Baermann funnel법(선충을 분리하는 방법) : 깔때기 밑에 모인 선충을 물과 함께 패트리 접시에 받아 광학현미경 관찰

(7) 선충의 동정과 분류

① 형태적 특성 : 구침, 식도, 두부 및 꼬리, 난소수, 생식기 모양과 위치에 의해 분류, 동정
② 분류 : 식물선충은 선충문(Nematoda)의 Dorylaimida목과 Tylenchida목에 포함되어 있음
　㉠ Dorylaimida(창선충목) : 두 부분으로 나뉜 Dorylaimoid형의 식도와 식도 및 구침을 갖고 있으며 몸이 큼

Xiphinema(창선충속), *Longidorus*	*Nepovirus* 매개
Trichodorus(궁침선충속), *Paratrichodorus*	*Tobravirus* 매개

ⓛ Tylenchida목(참선충목)

Aphelenchina 아목	•중부식도구가 체폭의 2/3 이상 •주요 속 : 지상부 가해 선충인 *Aphelenchoides*, *Bursaphelenchus* 등 •식균선충 : *Aphelenchus*(꼬리 끝이 둥글어 다른 Aphelenchina 선충과 구별됨)
Tylenchina 아목	•가장 많은 종의 식물 선충 포함 •Criconematidea상과 : 두 개의 식도구 　- Criconematidae(주름선충과) : 방추형, 각피의 환문이 강하게 발달한 이주성 외부 　　기생성 　- Paratylenchidae(침선충과) : 실 모양, 각피가 부드러운 이주성 외부기생성 　- Tylenchulidae(감귤선충과) : 성숙한 암컷은 자루모양으로 변하는 고착성 반내부 　　기생성 •Tylenchoidea상과 　- 내부·외부 기생성, 이주성·고착성 등 다양한 기생성, 전부·중부·후부 식도구로 　　잘 나뉘어짐 　- 대부분은 가는 실 모양이나 간혹 암컷이 부풀어 비대함 　- Anguinidae(참선충과) : 실 모양의 선충, 성숙한 암컷은 여러 겹의 난소로 다소 부 　　풀어 있음, 두부골격이 매우 약함, 구침도 작고 약함, 난소는 1개, 암수 모두 꼬리 　　가 원뿔 모양 또는 가는 모양 　- Tylenchorhynchidae(위축선충류) : 암수 모두 실 모양의 선충, 두부골격은 약하거 　　나 중 정도로 발달, 난소 2개, 음문은 몸의 중앙부에 위치 　- Belonolaimidae(위축선충류) : 암수 모두 실 모양의 선충, 두부골격 잘 발달, 구침 　　은 가늘고 깊, 난소는 2개, 꼬리는 둥글고 체폭의 2배 이상 　- Pratylenchidae(썩이선충과) : 내부기생성 선충, 암수 모두 실 모양이거나 성숙한 　　암컷은 콩팥이나 자루 모양, pratylenchinae아과는 암수 모두 실 모양의 이주성 　　선충이고 Nacobbinae아과는 성숙한 암컷이 비대해지는 고착성 선충 　- Hoplolaimidae(나선선충과) : 내외부 기생성 및 이주성·고착성 선충, 암수모 　　두 실 모양이거나 성숙한 암컷은 콩팥 또는 자루 모양, 암컷이 실 모양인 이주 　　성 Hoplolaiminae아과와 암컷이 콩팥 모양으로 비대해지는 내부기생성 고착성 　　Rotylenchulinae아과로 구분됨 　- Dolichodoridae : 암수가 실 모양의 몸이 큰 외부기생성 이주성 선충 　- Heteroderidae : 고착성 내부기생성 선충, 유충과 수컷은 실 모양이나 암컷은 공 　　모양·배모양 또는 레몬 모양으로 비대해짐, 구침은 강하고 큰 중부식도구, 수컷의 　　교접낭은 없음, 시스트선충과 뿌리혹선충이 대표적임

(8) 선충에 의한 수목병

① 지상부 선충병

ⓐ 소나무 시들음병(소나무재선충병)

• 소나무재선충병은 솔수염하늘소와 북방수염하늘소가 매개하는 소나무재선충에 의해 소
나무, 곰솔, 잣나무 등에 발생하는 시들음병

• 1988년 부산에서 최초 발생 이후 전국에 걸쳐 많은 피해를 주고 있음

병원균	•*Bursaphelenchus xylophilus* •북미대륙원산, 0.6~1mm 길이의 실 모양 •25℃ 조건에서 1세대 기간은 약 5일, 1쌍의 소나무재선충이 20일 후 20여만 마리 이상 　증식
매개충	•솔수염하늘소(*Monochamus alternatus*) •북방수염하늘소(*Monochamus saltuarius*)
기주	•감수성 : 소나무, 곰솔, 잣나무 •저항성 수종 : 리기다소나무, 테다소나무

피해	• 외형 특징 : 나무 전체가 동시에 붉게 변하며 수관 상부부터 고사 • 잎의 모양 : 우산살처럼 아래로 처짐 • 송지 : 수간천공 시 미유출 • 피해 발생 소요 기간 : 1년 내 고사(감염 후 3주 정도 되면 나무가 쇠락 증상) • 피해 발생 시기 : 주로 9〜11월
형태	• 소나무재선충 : 1.0mm 내외의 실 모양 • 솔수염하늘소 : 날개에 흰색, 황갈색, 암갈색 무늬 산재 • 북방수염하늘소 : 날개에 비스듬하게 검정 띠가 있음

생활사	• 매개충의 산란 및 월동
	  − 매개충이 고사목에 산란
	  − 매개충이 유충 상태로 월동
	• 매개충의 우화 및 재선충의 기문 침입
	  − 노숙유충이 번데기방을 만들고 재선충이 모여듦(분산 3기)
	  − 성충 우화 시 재선충이 매개충 기문에 올라탐(분산 4기)
	• 매개충 후식 및 재선충 전파
	  − 매개충이 고사목 탈출 후 신초 후식
	  − 소나무재선충 전파, 소나무 고사

방제	• 방제 시기
	  − 12월〜이듬해 2월 : 나무주사
	  − 5〜8월 : 항공 및 지상방제
	  − 9월〜이듬해 4월 : 훈증, 소각, 파쇄
	• 임업적 방제 : 피해목 제거(재선충 구제와 매개충 서식지 제거), 위생간벌(피해 확산 우려 지역의 매개충 서식지 제거)
	• 법적·행정적 방제법 : 소나무재선충병특별법에 따라 소나무류 입목 및 원목·이동 제한
	• 물리적 방제 : 열처리(56℃에서 30분 이상), 전자파 이용(60℃에서 1분 이상), 함수율 19% 이하
	• 기계적 방제 : 소각, 파쇄·제재(두께 1.5cm 이하), 매몰(50cm 이상), 산란유인목 설치(우화전 소각)
	• 생물적 방제 : 천적 이용(개미침벌, 가시고치벌), 딱따구리 등 조류 보호
	• 화학적 방제
	  − 항공 및 지상 방제 : 매개충 우화 시기에 티아클로프리드 10% 액상수화제
	  − 벌채훈증(메탐소듐 25% 액제 1m³당 1L 처리, 2cm 이상 잔가지 수거 철저)
	  − 나무주사(감염 우려 지역의 소나무재선충병 예방) : 에마멕틴 벤조에이트 2.15% 유제, 아바멕틴 1.8% 유제(흉고직경 1cm당 1ml 주입)

 **TIP** 소나무재선충병의 특성

• 기주·매개충·병원체 등 3가지 요인 간의 밀접한 상호작용
  − 기주(소나무류)의 매우 높은 감수성 : 단일 수종대면적 식재, 관리되지 않은 천연림
  − 토착 매개충의 자연분포
  − 소나무재선충의 매우 강한 병원성
• 소나무재선충병 감염의심목의 조기 발견을 통한 확산 저지
  − 인위적 확산(소나무류 무단이동 및 사용 등) → 64%
  − 매개충에 의한 자연확산 → 36%

ⓒ 야자나무 시들음병

병원균	*Bursaphelenchus cocophilus*
병징	• 죽은 잎이 꺾여져 매달려 있고 잎 끝부분부터 황화 • 줄기를 횡단하면 적황색~갈색의 윤문 형성 • 어린나무는 수개월 안에 죽고 20년 이상 나무는 수년 내에 죽음

병환	야자바구미, 사탕수수바구미 등 매개충에 의해 전염, 선충의 생활사는 9~10일 소요
방제	• 방제하기 매우 어려움 • 침투성 살충제나 살선충제를 처리하여 매개충이나 선충을 방제 • 병든 나무 제거

② 내부기생성 선충에 의한 뿌리병

㉠ 뿌리혹선충

병원균	*Meloidogyn* 속, 고착성 내부기생성 선충, 자웅이형(암컷은 서양 배 모양, 수컷은 실 모양), 주로 암컷에 의한 피해
피해	따뜻한 지역 또는 온실에서 피해가 심함
기주	침엽수, 활엽수(밤나무, 아까시나무, 오동나무)
병징	뿌리혹(혹 표면 : 흰색 → 갈색, 검은색), 알집 표징
병환	알이나 유충 상태로 토양 속에서 월동 → 부화한 2령 유충이 뿌리에 침입 → 암컷유충은 둥근 모양이 되어 탈피 후 성충이 되고 수컷은 뿌리 밖으로 나옴 → 감염세포는 핵분열을 촉진하여 거대세포, 혹 형성 → 거대세포는 양육세포 역할을 하며 식물은 통도 기능에 지장을 받음
방제	살선충제로 토양소독, 돌려짓기

㉡ 감귤선충

병원균	• *Tylenchulus semipenetrans* • 제주도 감귤재배지 발견, 반내부기생성선충
기주	감귤, 감, 포도, 올리브
병징	쇠락, 결실 불량, 황화, 조기낙엽
병환	2기 유충 뿌리 침입(성충이 되면 내초까지 들어감), 검게 변색되고 괴사
방제	무병묘목, 살선충제 처리 묘목 식재, 토양에 살선충제 처리

㉢ 뿌리썩이선충

병원균	• *Pratylenchus* : 난소 1개, 전 세계 분포, 삼나무 묘목에 피해 큼, 잔뿌리 피해, 검게 변함 • *Radopholus* : 난소 2개, 열대, 아열대지역 온실 발생, 아보카도 · 바나나 · 코코넛 · 귤나무 피해, 뿌리 부풀어 오르고 표피 갈라짐
병환	뿌리 내에 산란, 뿌리의 속과 겉을 자유롭게 이동, Fusarium 등 뿌리썩음 증상이 심해짐
방제	식재 전 살선충제로 토양소독, 무병묘목, Pratylenchus(휴한 효과 있음, 윤작 효과 없음)

③ 외부기생성 선충에 의한 뿌리병

㉠ 토막(코르크) 뿌리병

병원균	Dorylaimida목의 창선충속(*Xiphinema*)과 궁침선충속(*Trichodorus, Paratrichodorus*)
병징 및 병환	• 식물선충보다 크고 바이러스 매개, 침엽수 묘목 가해 • 지상부는 생장이 지연되고 잎이 누렇게 됨 • 잔뿌리가 없어져 뿌리 끝이 뭉툭해지고 색깔이 검어짐, 뿌리 정단부 가해
방제	무병묘목, 토양소독

ⓛ 참선충목의 외부기생성 선충

병원균	참선충과(Anguinidae)의 *Tylenchus*와 *Ditylenchus*
나선선충류	뿌리에 상흔 및 발육 저해
위축선충류	표피세포와 뿌리털 흡즙, 뿌리발육 저해, 지상부 위축
주름선충	뿌리혹을 형성, 식물 생장 저해
방제	토양훈증제나 살선충제로 토양소독, 돌려짓기는 효과 없음

　　ⓒ 균근과 관련된 뿌리병
- 식균성 선충은 곰팡이 병원균을 가해하여 발병을 억제하는 생물적 방제제 역할
- 균근균과 공생관계에 있는 수목에서는 균근균을 가해하여 피해를 줌
- 이미 형성된 균근에는 피해를 주지 않지만 근권의 곰팡이 균사를 섭식하여 균근의 형성을 저해
- 비옥도가 낮거나 건조한 토양에서 피해 뚜렷
- 균근의 방어기능이 약화되고 뿌리가 병원체에 직접 노출되어 병에 걸리기 쉬움

토양 식균 선충	*Tylenchus, Ditylenchus, Aphelenchoides, Aphelenchus* 등
균근 관련 선충	*Aphelenchoides spp, Aphelenchus avenae*

6. 파이토플라스마 병해

(1) 파이토플라스마의 특성 및 진단

① 특성
　　㉠ 바이러스와 세균의 중간 정도에 위치한 미생물
　　ⓛ 원핵생물계 몰리큐트강
　　ⓒ 세포벽이 없는 다형성 미생물로 원형질막에 둘러싸인 세포질, 리보솜, 핵물질 가닥이 존재
　　ⓔ 감염된 수목의 체관부(사부)에 다량 존재
　　ⓜ 인공배양되지 않으며 테트라사이클린계의 항생물질로 치료

② 진단
　　㉠ 전자현미경으로 관찰
　　ⓛ Toluidine blue, Dienes, confocal laser microscopy의 조직 염색에 의한 광학현미경 기법 → 입자 검정
　　ⓒ DAPI, aniline blue, acridine orange, bisbenzimide, berberine sulfate 등의 형광색소를 사용한 형광현미경 기법 → 감염 여부 확인
　　ⓔ DNA probes, RELP probes, 16s rRNA 유전자 분석법 → 병원균 검출과 동정, 병원체 분류

(2) 파이토플라스마의 분류

① 원핵생물계 몰리큐트강

② 형태적으로 마이코플라스마속에 해당하지만, 유전적으로는 아콜레플라스마와 가까움

③ 파이토플라스마는 스피로플라스마를 포함하지 않음

(3) 파이토플라스마의 생태

① 주로 식물의 체관 즙액 속에 존재

② 대부분 매미충류에 의해 전염

③ 전신적 병이며 성충보다는 약충에 효과적으로 들어가고 경란전염은 하지 않음

④ 감염된 기주 흡즙 시 감염 → 체내 잠복 → 새로운 기주 흡즙 시 전염

⑤ 보독충이 되려면 반드시 병든 식물을 흡즙해야 함

⑥ 10~45일간 잠복기를 거친 후 구침을 통해 전염

⑦ 파이토플라스마는 분근묘 등 영양체를 통하거나 매개충에 의해 전염되며 종자·즙액·토양으로는 전염되지 않음

(4) 파이토플라스마에 의한 주요 수목병

① 오동나무 빗자루병 : 1960년대에 오동나무 빗자루병 극심

매개충	담배장님노린재, 썩덩나무노린재, 오동나무애매미충
기주	오동나무, 일일초, 나팔꽃, 금잔화
병징 및 병환	• 연약한 가지가 총생하고 작은 잎이 밀생하여 빗자루 모양, 엽화증상, 조기낙엽, 나무 고사 • 매개충에 의해 전염되며 분근묘를 통해서도 전염
방제	• 건전한 분근묘를 생산하거나 실생 유묘 사용 • 병든 나무 벌채 소각 • 옥시테트라사이클린 수간 주입 • 비피유제나 메프수화제 1,000배액 2주 간격 살포하여 매개충 구제

② 대추나무 빗자루병 : 1950년경부터 크게 발생하여 보은, 옥천, 봉화 등 대추 명산지를 황폐화

매개충	마름무늬매미충(*Hishimonus sellatus*)
기주	대추나무, 뽕나무, 쥐똥나무, 일일초
병징 및 병환	• 빗자루, 엽화, 황화, 수년 내 고사 • 마름무늬매미충, 병든 나무의 분주, 새삼에 의해 전염
방제	• 병든 나무 벌채 소각 • 옥시테트라사이클린 수간 주입 • 매개충 구제(비피유제나 메프 수화제 1,000배액 2주 간격)

③ 뽕나무 오갈병

㉠ 1973년 상주 지방에서 병이 크게 만연

㉡ 저항성 품종이 개발되지 않고 있음

매개충	마름무늬매미충(*Hishimonus sellatus*)
기주	뽕나무, 일일초, 클로버, 자운영
병징 및 병환	• 위황증상, 오갈증상, 담황색을 띠고 결각이 없어져 둥글게 되고 표면은 쭈글함 • 마름무늬매미충, 접목 전염 있음, 종자·즙액·토양 전염 없음
방제	• 병든 나무 제거, 저항성 품종 보식, 접수·삽수 무병주 채취 • OTC 처리 시 뿌리에 주입(뽕나무는 원줄기가 없기 때문) • 매개충 구제를 위해 7~10월에 저독성 유기인제 농약 살포

④ 붉나무 빗자루병

매개충	마름무늬매미충(*Hishimonus sellatus*)
기주	붉나무, 대추나무, 일일초, 새삼
병징 및 병환	• 총생, 엽화, 수년 내 고사 • 마름무늬매미충, 새삼, 접목 전염, 종자·즙액·토양 전염 없음
방제	병든 나무 소각, 매개충 구제, 새삼 기생 방제, OTC항생제

⑤ 쥐똥나무 빗자루병 : 1980년대 초 왕쥐똥나무에서 처음 발견, 좀쥐똥나무에서도 발견

매개충	마름무늬매미충(*Hishimonus sellatus*)
기주	쥐똥나무, 왕쥐똥나무, 좀쥐똥나무, 광나무
병징 및 병환	• 총생, 빗자루 증상, 줄기가 짧아지는 위축증상, 황화증상, 수년 내 고사 • 마름무늬매미충, 접목에 의하여 전염
방제	• 병든 지역의 분주 피하기 • OTC항생제 • 매개충 구제

(5) 파이토플라스마병의 방제

① **외부병징** : 위황, 잎의 왜소화, 절간 생장 감소 및 위축, 가지의 과도한 이상생장, 빗자루 증상, 엽화현상, 불임

② **조직 내** : 형성층의 괴저현상

③ 테트라사이클린계 항생제 수간 주입, 엽면살포나 토양살포는 하지 않음

④ 항생제 처리를 멈출 경우 바로 병징 재발

⑤ 병든 식물 및 영양번식 기관은 열처리

⑥ 살충제를 이용한 매개충 구제 등 복합 방제

(6) 스피로플라스마

① 나선형, 비나선형, 구형, 달걀형

② 인공배지상에서 배양 가능

③ 분열법으로 증식하고 균총은 달걀 프라이 모양

④ 페니실린에 저항성이고 테트라사이클린에는 감수성

7. 바이러스 병해

(1) 바이러스와 바이로이드의 발견

① **바이러스** : 살아 있는 세포 내에서만 증식하고 감염성을 지닌 핵단백질 입자

② 증식을 하므로 생물, 물질대사를 하지 않으므로 비생물

③ 기본단위는 세포가 아닌 바이러스입자 또는 비리온이라고 함

④ 식물바이러스는 세포가 없고 이중막이 없음

⑤ 전신적 병원체, 절대활물기생체, 기주특이성, 핵산의 변이에 의해 돌연변이 계속 발생

⑥ 광학현미경으로 볼 수 없지만 전자현미경으로는 관찰 가능

⑦ 기주세포나 조직에서 양분을 취하지 않고 증식(복제)만 함

⑧ 세포 내로 침입한 바이러스의 단백질 외피가 벗겨지면 기주세포가 동일한 바이러스를 만듦

⑨ **바이러스의 형태** : 막대 모양, 실 모양, 공 모양, 바실루스 모양

⑩ **외피단백질** : 나선형(막대 모양, 실 모양), 정20면체로 배열하는 방식(공 모양)

⑪ 핵산과 단백질을 각각 다른 시기와 장소에서 합성한 후 바이러스 입자로 조립

⑫ 최초로 발견된 바이러스는 담배모자이크바이러스

⑬ 바이로이드 : 1967년 Diner와 Raymer, 감자걀쭉병의 병원체가 단백질외피가 없는 나출된 고리 모양의 외가닥 RNA분자임을 발견, 크기는 바이러스의 1/50 **예** 야자나무카당카당병

(2) 바이러스의 구조와 형태

① **바이러스 입자의 기본 구조** : 바이러스 게놈 핵산과 단백질 외피(뉴클레오갭시드)

② 바이러스는 외가닥, 겹가닥으로 된 RNA, DNA를 가지고(대부분 외가닥 RNA)

③ 단립자성 바이러스와 다립자성 바이러스

④ 공 모양 바이러스(*CuCumovirus, Ilavirus, Nepovirus*)

⑤ 단백질 소단위 → 캡소미어 → 캡시드(핵산은 캡시드에 내포)

⑥ 단백질은 구성단백질(바이러스 입자를 구성)과 비구성단백질(복제할 때만 발현)

⑦ **식물 바이러스 단백질의 역할** : 게놈의 보호, 복제 및 전사, 병징 발현, 기주 내에서의 바이러스 이동, 매개충의 바이러스 매개 보조

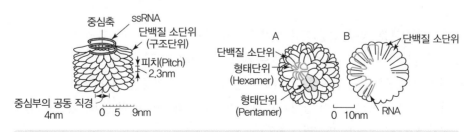

순무황반모자이크바이러스 입자의 구조

(3) 식물 바이러스병의 병징

① 개요

ㄱ 바이러스에 감염된 식물에서 표징은 나타나지 않고 병징만 관찰 가능

ㄴ 잠복바이러스 : 감염을 해도 병징 유발하지 않음

ㄷ 병징 은폐 : 바이러스 병징이 일시적으로 소실, 특히 고온이나 저온에서 잘 일어남

ㄹ 기주가 바뀌면 같은 바이러스라도 전혀 다른 병징을 유발함

② 외부 병징

ㄱ 엽록소가 결핍되어 나타나는 색깔의 변화 : 모자이크, 잎맥투명, 꽃얼룩무늬, 퇴록, 둥근 무늬, 황화 등

ㄴ 생육 이상 : 위축, 왜화

ㄷ 조직의 변형 : 잎의 기형화

ㄹ 조직의 괴사 : 괴저병반

잎에 나타나는 병징	• 모자이크 : 포플러, 오동나무, 아까시나무, 느릅나무 • 잎맥 투명 : 장미, 사과, 사철나무 • 번개무늬 : 벚나무, 장미 • 퇴록둥근무늬 : 식나무둥근무늬병
꽃에 나타나는 병징	얼룩무늬(동백나무 바이러스병)
줄기에 나타나는 병징	목부 천공(사과고접병, 감귤 tristeza바이러스병)

③ 내부 병징 : 바이러스에 감염된 기주세포 내에서는 봉입체라는 이상구조물 발견

결정상 봉입체	• 광학현미경으로 관찰되는 다각체 또는 바르 모양의 결정 • 주로 세포질 내에서 관찰되지만 핵 내에서도 관찰
과립상 봉입체(X체, X-body)	구형 또는 타원형의 부정형 봉입체
이상미세구조	• 광학현미경으로 관찰되지 않았던 이상미세구조가 전자현미경에 의해 발견 • 감자 Y바이러스와 같은 Potyvirus에 속하는 풍차 모양 봉입체, 다발 모양 봉입체, 층판상 봉입체 등 다양한 모양 • 본래의 판상 봉입체가 절단 방향에 따라 다양한 모양을 나타내기 때문

(4) 식물바이러스 전염

① 개요

ㄱ 매개생물(곤충, 응애, 선충)이나 상처를 통해 전염

ㄴ 방제 방법이나 약제가 없어 전염경로 제어가 최선의 방제

ㄷ 세포 간 이동통로인 원형질연락사로 이동하며 원거리 이동은 체관부임

ㄹ 한 종의 바이러스가 먼저 감염되면 다른 바이러스의 증식이 억제되는 것을 간섭효과 또는 교차보호라고 함(약독바이러스 접종)

② 즙액 전염 : 즙액 접촉, 기계적 전염

③ 접목 및 영양번식에 의한 전염 : 꺾꽂이, 접목(불가능 시 새삼), 뿌리접목 전염

④ 매개생물에 의한 전염

    ㉠ 매개생물(곤충, 응애, 선충, 곰팡이 등)에 의해 전반

    ㉡ 진딧물, 매미충, 멸구, 가루이 등 흡수구를 가진 곤충과 응애가 중요한 역할

    ㉢ 비영속형 전반(구침에 묻은 바이러스가 수 초~수 분 내에 전반, 대부분 진딧물)

    ㉣ 영속형 전반(잠복기간이 지난 후에 전반) → 순환형 바이러스(증식은 하지 않고 단지 순환만 함, 진딧물)

    ㉤ 증식형 바이러스(보독충에 의해 일생동안 지속적으로 전반, 매미충·멸구류, 경란전염되는 것도 있음)

⑤ 종자 및 꽃가루에 의한 전염

종자전염	• 배 안의 바이러스 전염이 대부분, 종피나 배유 바이러스에 의해서도 일어남 • 어미식물이 전신감염되었다고하여 종자가 모두 바이러스에 감염되는 것은 아님 • 농작물, 콩과, 가지과, 박과 작물에 많음
꽃가루 및 종자전염	자두 PNRSV, 장미 PNRSV, 느릅나무 녹반바이러스(*Elm mottle virus*)
균류에 의한 전염	*Tobacco Necrosis Virus*(TNV)는 토양균류인 *Olpidium brassicar*에 의해 매개
선충에 의한 감염	*Necrovirus* 속 바이러스가 선충 *Xiphinema*에 의해 감염

※ 파이토플라스마와 비교하여 바이러스는 균류, 즙액, 종자에 의해서도 전염

(5) 수목바이러스의 진단

① **외부병징에 의한 진단** : ELISA(효소결합항체법), PCR(중합효소연쇄반응법)

② **전자현미경에 의한 진단** : DN법(Direct Negative 염색법)은 1~2% 인산텅스텐 산용액 염색, 바이러스입자의 존재 여부를 검사함

③ **내부병징에 의한 진단** : 봉입체 존재 확인(간편한 보조 수단)

④ **검정식물에 의한 진단**

    ㉠ 오이, 호박, *Nicotiana glutinosa,* 천일홍, 명아주, 동부콩

    ㉡ 병징이 나타날 때까지 보통 수개월~1년이 소요되지만 검정식물에 즙액 접종하면 5~10일 만에 진단 가능

⑤ **면역학적 진단법** : ELISA 널리 사용

⑥ **중합효소연쇄반응법에 의한 진단** : 각 바이러스에 특이적 Primer 사용

    ※ RELP → 비PCR기반분자표지

(6) 식물바이러스의 명명과 분류

① 바이러스의 명명 분류 작업 : 국제바이러스분류위원회(ICTV)가 진행

② 식물바이러스 분류 기준

    ㉠ 바이러스 핵산의 종류

    ㉡ 핵산의 가닥 수

ⓒ 핵산의 극성

ⓔ 바이러스 입자의 형태와 크기

ⓜ 바이러스 입자의 단백질 외피를 둘러싼 외막의 유무

ⓗ 바이러스 게놈의 분포 양식

ⓢ 바이러스 게놈의 염기서열

ⓞ 생물적 성질

ⓩ 혈청학적 성질

③ ICTV 규약

　　ⓐ 바이러스 종명은 라틴명명법을 사용하는 방향으로 노력, 현재는 영명을 종명으로 사용하고 있음

　　ⓑ 바이러스의 목, 과, 속, 종명은 이탤릭체, 종명의 두문자어는 로마글자체로 표기

　　ⓒ 종명 : Poplar mosaic virus

　　ⓓ 두문자어 : PopMV

(7) 수목바이러스병의 방제

① 무병묘목 생산, 윤작을 피함, 감염 묘목 제거, 공통기주 잡초 제거, 매개충 구제

② 열처리로(35~40℃, 7~12주간) 바이러스 불활성화

③ 감염식물의 생장점 배양을 통해 무독식물

④ 항바이러스제는 아직 개발되지 않고 있음

(8) 수목 바이러스병

① 포플러류 모자이크병 : 건전나무에 비해 40~50%의 재적 감소, 모든 종류의 포플러에 발생, 특히 deltoides 계통의 포플러에서 많이 발생

병원체	*Poplar mosaic virus*(PopMV), *Carlavirus*속, 실 모양의 외가닥 RNA바이러스
병징	잎에 퇴록반점 → 모자이크 증상, 잎맥이 붉게 변하거나 괴저반점
전염	삽수전염, 종자전염 안 됨
진단	*Nicotiana megalosiphon*, 동부, ELISA법
방제	무감염 어미나무에서 삽수 채취, 바이러스 감염주 없도록 관리, 도구 소독(제2인산소다 10%액)

② 장미모자이크병

병원체	ApMV, PNRSV, ArMV, TSV
병징	황백색퇴록병반 → 모자이크 병징
전염	접목전염, PNRSV(꽃가루와 종자), *Arabis mosaic virus*(Nepovirus 선충 전반)
진단	ELISA 진단키트
방제	무감염 대목과 접수 사용, 무병묘목, 병든 나무 제거, 열처리(38℃에서 약 4주간)

③ 벚나무번개무늬병

병원체	*American plum lin pattern virus, Ilarvirus*속, 다립자성 외가닥 RNA바이러스
기주	벚나무, 매실나무, 자두나무, 복숭아나무, 살구나무
병징	잎에 번개무늬, 봄에 자라나온 잎에서만 나타나고 매년 되풀이 됨
전염	접목
진단	*Nicotiana megalosiphon*, 동부, ELISA
방제	무감염 대목과 접수 사용

8. 종자식물, 조류 등에 의한 수목의 피해

(1) 종자식물에 의한 수목의 피해

① 기생성 종자식물

㉠ 개요
- 수목에 기생하면서 양분을 흡수하여 직접적인 피해를 주는 병해
- 기생성 종자식물은 세계적으로 2,500여 종이 있음
- 흡기라는 특이한 구조를 기주에 집어넣어 수분과 양분을 흡수함
- 겨우살이는 광합성을 할 수 있으나, 새삼은 기주식물에 전적으로 의존함
- 기생성 종자식물은 거의 모두 쌍떡잎식물에 속함

㉡ 겨우살이

병원체	• 전 세계적으로 분포하는 상록관목임 • 기주식물의 가지에 침입하여 기생근을 형성하며 양분 흡수, 물리적 강도 저하 • 기주식물은 참나무, 팽나무, 물오리나무, 자작나무, 밤나무 등의 활엽수와 소나무, 전나무, 가문비나무 등의 침엽수에서도 기생함 • 뿌리가 없으며 기생체의 흡기를 통해 물과 양분 흡수 • 전반은 새의 주둥이에 달라붙거나 배설물에 섞여서 다른 나무로 옮겨 감
병징	• 가지에 기생하며 흡기를 만들어 국부적으로 이상 비대를 일으킴 • 병든 부위로부터 바깥쪽의 가지 끝이 위축되고 말라 죽음
방제	• 가지의 아래쪽으로 50cm 이상을 잘라냄 • 잘라낸 부위에 목재부후균의 침입을 막기 위해 도포성 살균제 처리

㉢ 새삼

병원체	• 기생식물로 전 세계적으로 분포함 • 엽록체가 없어 기주식물에 전적으로 의존
기주	• 아까시나무, 싸리나무, 버드나무, 오동나무
병징 및 병환	• 뚜렷한 병징은 없으나 심할 경우 생육이 저하됨 • 오동나무에 기생하면 혹이 생기기도 함 • 월동한 종자가 발아하여 기주식물에 달라붙으면 줄기에서 흡기를 내어 양분과 수분 탈취 • 종자가 휴면 상태에서 동물, 농기구, 물 등으로 전반
방제	삼을 물리적으로 제거함, 농기구 관리

PART 01

PART 02

PART 03

PART 04

PART 05

PART 06

② 비기생성 종자식물

    ㉠ 얹혀 사는 식물 : 칡(광합성 저해)

    ㉡ 감고 사는 식물 : 다른 나무를 감고 올라감(압박효과, 기형적인 생장으로 수분과 양분의 이
      동이 불량)

(2) 동물에 의한 수목의 피해

① **대형동물** : 고라니, 청설모, 염소 등이 수목에 상처를 냄

② **소형동물** : 번식력이 뛰어나 임업에 가장 많은 피해 입힘

③ **조류**

    ㉠ 딱따구리 : 구멍

    ㉡ 물까치, 동박새 : 과실 가해

    ㉢ 산까치, 박새 : 어린순 가해

    ㉣ 참새, 할미새 : 종자 가해

④ **배설물 피해** : 개의 소변, 백조류 및 왜가리 배설물

(3) 조류에 의한 수목의 피해

① 광합성을 하며 질소원을 이용하여 급격히 생장함

② **조류는 여러 생물체의 병원체로 작용** : 인간의 피부병, 열대식물의 점무늬병 등

③ 습한 환경에서 발생하며 잔디에도 피해를 줌

④ **피해 특성**

    ㉠ 녹조류 피해는 차나무, 커피나무, 후추나무, 귤나무 등

    ㉡ 동백나무, 후박나무는 *Cephaleuros virescens*에 의해 흰말병이 발생함

    ㉢ *Cephaleuros* 속은 엽상체로 각피와 표피세포 사이 발생

    ㉣ 유주포자는 바람·빗물에 의해 전반되어 식물체의 새잎, 어린 가지, 과실 등을 감염

    ㉤ 과습을 피하고 질소질비료를 줄이도록 함, 필요 시 살균제 살포

(4) 지의류에 의한 수목의 피해

① 지의류는 균류와 조류의 공생체, 균류와는 다르게 엽상체 형성

② 15,000종 이상, 지구상 거의 모든 환경에서 발견

③ 대기오염, 특히 아황산가스나 불소에 민감하므로 대도시 주변 지역에는 서식하지 않음

④ 고착형, 엽형, 수지형이 있음

⑤ 남조류와 공생, 질소를 고정하여 질소공급원

⑥ 미관을 해치지만 수목에서 양분을 취하거나 피해를 입히지 않음

9. 복합병해(마름병과 쇠락)

(1) 정의

수목 또는 산림의 쇠락이란 비교적 넓은 지역에서 자라는 하나 또는 여러 수종에서, 특별한 원인이 알려지지 않은 채 활력이 점진적 또는 급격히 감퇴하거나 집단으로 고사하는 현상을 의미함

(2) 원인

① 발병소인(소인) : 토양, 입지, 기후 등 장기간에 걸쳐 서서히 바뀌는 인자
② 유기인자(유인) : 식엽성 해충, 서리, 가뭄 등 증상을 일으키는 유기인자
③ 기여인자(동인) : 쇠락의 후반기에 나타나 수목을 고사로 몰고 가는 환경인자와 암종병균, 부후균, 천공성 해충 등 생물적 요인

(3) 쇠락의 생태와 방제

① 생태 : 광범위하게 복합적으로 나타나며 무생물적 스트레스(1차 요인)에 의하여 쇠락이 시작된 후 생물적 요인(2차 요인)에 의해 피해를 입고 수목이 고사에 이름
② 방제
　㉠ 가지치기, 질소성분이 적고 인산성분이 많은 비료를 시비, 정기적인 관수, 두꺼운 멀칭 등으로 뿌리와 줄기의 비율을 맞추어 줌
　㉡ 스트레스의 조기 발견 및 활력의 개선 또는 유지, 조기 진단할 수 있는 단서의 확인이 특히 중요함

(4) 수목의 주요 쇠락증상

① 단풍나무 쇠락 : 1913년 북아메리카에서 처음 발견. 1950~1960년대에 미국 동북지역과 캐나다 동부지역에 심각한 문제로 대두

발병소인	도로변, 토양의 치밀도, 배수불량, 토양 통기불량
유기인자	심하게 발생한 가뭄, 과다한 강우, 갑작스런 벌채, 혹한, 높은 겨울 기온, 식엽성 해충 피해, 중장비 사용으로 뿌리 상처
기여인자	• 아밀라리아 뿌리썩음병, *Verticillium spp. Ceratocystis coerulescens*가 관련 • 천공성 해충, 병원균, 부후균 등도 작용
병징	봄에 싹이 늦게 틈, 조기단풍, 나이테 두께의 지속적 감소
방제법	• 나무에 가해지는 스트레스 제거 • 뿌리와 주기의 균형을 맞추어 주고 뿌리의 발달 촉진 처리

② 참나무 쇠락
　㉠ 매미나방 관련성 제기로 관심을 끌었던 병
　㉡ 대부분의 참나무는 산성토양, 잎이 쌓여 산성화된 토양에서 잘 자라고, 염기성 토양이나 석회질이 많은 토양에서는 잘 자라지 못함. 습기가 많고 비옥한 토양을 좋아함

PART 01
PART 02
PART 03
PART 04
PART 05
PART 06

ⓒ 도시 근교에서는 참나무가 좋아하는 조건을 갖추지 못함

발병소인	토양의 배수불량, 산등성이의 토심 얕고 돌이 많은 토양
유기인자	가뭄과 서리, 동북지역에서는 매미나방과 같은 식엽성 해충이, 남부지방에서는 목재부후균이 유기인자로 알려짐
기여인자	아밀라리아뿌리썩음병균과 천공성 해충 등
병징	조기단풍이나 싹이 늦게 틈, 가지와 줄기 생장의 저하 등
방제법	토양수분을 적당히 유지, 토양산도 약산성, 주변 환경 개선, 뿌리와 줄기의 비율 맞춰주기

③ 물푸레나무 마름병

ⓖ 1930년대 후반 처음 관찰

ⓛ 1950년대 미국 동북지역에서 심각한 문제로 대두

ⓒ 물푸레나무는 수분스트레스와 오존에 민감

발병소인	• 울타리 쪽으로 노출된 나무에 주로 발생 • 바이러스 및 파이토플라스마 관련
유기인자	가뭄과의 관련성 주장, 추가적인 분석 필요
기여인자	• *Cytophoma pruinosa*와 *Fusicoccum sp.* 두 가지 곰팡이가 분리 • 건전한 물푸레나무에 접종하면 쇠약한 나무에서만 종양이 형성됨
병징	• 싹이 늦게 틈, 조기단풍, 가지나 줄기생장의 저하, 스트레스가 계속되면 잎은 연두색으로 바뀌고 가지가 말라 죽음 • 가지의 마디에서 눈이 싹터 황화, 총생 • 수관은 성기고 종자가 많이 매달림 • 스트레스가 지속적으로 가해지면 수목의 윗부분이 말라 죽고 커다란 줄기에 부정가지 형성

④ **자작나무 마름병** : 1930년~1950년 미국 동북 지역, 캐나다 남동 지역에서 발생

발병소인	습한 부분에 피해 심함
유기인자	• 토양온도의 상승과 벌목에 따른 노출이 기온을 상승시킴 • 여름에 잔뿌리의 고사율이 토양온도 2℃ 상승에 따라 6%에서 60%로 증가함 • 늦봄과 초가을의 서리와 식엽성 해충들이 병을 촉진시킴
기여인자	• 천공성 해충이 쇠약한 자작나무에 치명적인 손상 • *Amillaria sp.*는 병을 심화시킴

CHAPTER 07 비생물적 요인에 의한 수목병해

1. 온도스트레스

(1) 개요

① 나무는 가을이 되면 전분을 당분과 유지분으로 전환시켜 월동 준비

② 유지수가 당분으로 전환되는 전분수보다 내한력이 강함

③ **유지수** : 체내의 전분을 유지분으로 전환하는 수종(침엽수, 버드나무, 자작나무, 밤나무류)

④ **전분수** : 전분을 당분으로 전환(서어나무류, 느릅나무, 단풍나무류, 포플러류)

(2) 고온

① 단풍나무, 배롱나무, 벚나무, 오동나무, 버즘나무 등 수피가 얇은 나무에 피해

② **고온피해기작** : 단백질의 응집과 변성, 세포막 파괴, 세포질식, 세포막 침투성 변화

③ **열장해** : 잎마름현상

④ **여름볕뎀** : 조직 사이의 온도차로 인한 증상(변색, 수침증상, 물집, 궤양, 부후균 침입)

⑤ **겨울볕뎀** : 남서쪽, 나무껍질이 길이 방향으로 갈라지는 상처

⑥ **볕뎀방제** : 크라프트 종이, 진흙, 새끼줄, 백색수성페인트

(3) 저온

① 생육기에 비정상적으로 기온이 떨어져 입는 피해

② **저온피해기작** : 세포 내부 또는 세포 간극에 얼음을 만듦, 원형질 분리, 원형질 파괴

③ **방제** : 저항성 수종식재, 질소비료 추비 금지, 짚 등으로 싸주기

④ **내한성 수종** : 자작나무, 오리나무, 사시나무, 버드나무, 소나무, 잣나무, 전나무

⑤ **비내한성 수종** : 삼나무, 편백, 곰솔, 히말라야시다, 배롱나무, 벽오동, 오동나무, 자목련, 사철나무

2. 수분스트레스

(1) 토양수분 부족

① 수분 부족 시 잎끝에서 시작해서 안쪽으로 잎마름, 수간 상부, 가지 끝에서 시작

② 탄저병은 아래 가지에서 윗가지로 옮겨감, 잎맥을 포함하여 마름

③ 보습제 : 비이온계 계면활성제

④ 증산억제제 : 기공이 열리지 않도록 대사를 저해하는 제재, ABA, 아스피린 등

⑤ 증발억제제 : 왁스 등의 박막형성제, 수목이식 작업 전에 살포

(2) 토양수분 과다

① 침수 : 산소 농도가 10%보다 낮아지면 나무뿌리는 호흡 곤란, 3% 이하로 떨어지면 질식사

② 대책 : 배수시설, 지형변경, 토질개량, 내성이 큰 천근성 수종 재배

③ 호습성 수종 : 버드나무, 포플러

3. 토양스트레스

(1) 개요

① 대부분의 나무는 pH 5.5~6.5에서 잘 자람

② 토양 진단 : 토양 분석을 통해 구성 입자의 종류, 산도, 영양물질의 종류 및 함량 조사

③ 서너 군데의 위치를 지정하고 지표면을 가볍게 걷어낸 후 10~20cm 깊이의 흙을 채취하여 토양 분석

(2) 화학적 토양스트레스

① 산성 토양을 교정하려면 흙에 소석회를 처리

② 강염기성이면 이탄, 황화알루미늄, 또는 황처리로 교정

③ 결핍

   ㉠ 질소 : 황화

   ㉡ 인 : 열매 부실

   ㉢ 칼륨 : 생육 부진

④ 저글란 독성 : 타감작용(allelopathy), 시들음, 황화, 물관부 변색

(3) 물리적 토양스트레스

① 답압

정의	사람이나 중장비의 압력으로 인해 토양이 다져지는 것
피해	• 공기와 수분의 교환이 불량하게 되어 뿌리의 생육 부진 • 잎 왜소, 상층부부터 가지 고사, 나무 전체 고사 • 토양의 산소가 10% 이하로 떨어지면 뿌리가 피해를 받기 시작하며, 여름철 온도가 25℃에서 10℃ 이상 올라가면 호흡량은 2배 이상 증가 • 답압의 정도는 토양경도계를 이용하여 측정하며 나무가 지장 없이 자랄 수 있는 토양경도는 1.5kg/cm²이고 3.6kg/cm²이면 나무가 고사할 수 있음
대책	보호책, 경운작업, 유기물 퇴비, 숨틀, 멀칭

 **TIP** **토양의 견밀도 구분**

구분	기준			
	측정값		지압법	토양입자의 결합력
	mm	kg/cm²		
심송	4 이하	0.4 이하	누르면 거의 저항을 거의 느끼지 못함	토양입자의 결합력이 거의 없음
송	5~8	0.5~1.0	누르면 약간의 저항을 느끼거나 잘 들어감	매우 연하여 약간의 외력에도 잘 부서짐
연	9~12	1.1~2.0	힘을 가하면 저항이 있어 지흔이 생김	비교적 단단해 손으로 눌러야 부서짐
견	13~16	2.1~3.0	지흔이 겨우 생김	단단하여 힘을 가해야 부서짐
강견	17 이상	3.6 이상	힘을 가해도 지흔이 거의 생기지 않음	매우 단단, 상당한 힘을 가해야 부서짐

② **복토** : 뿌리호흡은 나무 전체 호흡량의 8% 정도이며 복토되었을 때 가장 우려되는 것은 토양 내 산소부족으로 인한 뿌리의 호흡불량임

정의	나무가 자라고 있는 동안에 흙을 덧쌓는 것
피해	• 산소공급 부진, 온도가 낮아져 뿌리 호흡작용에 지장 • 물과 무기양료 흡수에 지장 • 지제부가 흙으로 덮일 시 수피의 부후현상이 일어나 당의 이동현상을 방해
증상	• 급성 : 뿌리가 질식사되어 잎이 괴사, 조기낙엽 • 만성 : 산소공급이 원활하지 못해 잎의 크기가 작아지고 수세가 쇠약해짐
진단	• 지제부 경계선이 뚜렷한지, 뿌리가 노출되어 있는지 등을 관찰하고 복토된 수간 상태 조사 • 민감 수종 : 단풍나무, 튤립나무, 참나무류, 소나무 • 둔감 수종 : 버즘나무, 느릅나무, 포플러, 아까시나무
대책	• 복토된 흙을 제거(뿌리 손상되지 않도록 상황별 대처) • 뿌리가 고사되었을 경우에는 절단하여 새로운 뿌리 발근 유도 • 뿌리의 피해 정도에 따라 수관 조절 • 불가피한 경우 유공관 설치 • 수세 유지를 위하여 무기양료의 엽면시비, 토양관주, 수간주사 실시

4. 대기오염

① **정의** : 대기 중에 있는 물질이 정상적인 농도 이상으로 존재할 때를 일컫는 말

② **피해**

  ㉠ 온도역전, 고온다습 시 피해 심함

  ㉡ 맑고 더운 날 피해 심하고 시원하고 흐린 날 피해 덜함

  ㉢ 오염물질은 주로 기공을 통해 침입하여 광합성 능력 저하

  ㉣ 만성 피해 : 황화, 수확량 감소, 쇠락

  ㉤ 급성 피해 : 황화 또는 괴저

③ 진단 : 육안 관찰, 현미경 검정, 엽분석, 정밀한 화학분석, 지표생물 이용

④ 대기오염 지표종의 요건

    ㉠ 그 식물이 대기오염에 대한 감수성이 클 것

    ㉡ 특징적인 증상을 보일 것

    ㉢ 지속적이면서 쉽게 알 수 있는 증상을 보일 것

    ㉣ 구하기 쉽고 재배하기 쉬울 것

    ㉤ 병·해충, 생리장해에 저항성일 것

    ㉥ 크기가 크지 않고 작을 것

⑤ 방제

    ㉠ 균형 있는 양분 공급으로 수세 증진

    ㉡ 저항성 수종 식재

      • 아황산가스 저항성 수종 : 라일락, 광나무, 가죽나무, 박태기

      • 아황산가스 감수성 수종 : 미선나무, 목련, 모과나무, 마가목, 벽오동, 배롱나무, 산사나무

5. 제초제 피해

(1) 제초제의 종류와 피해

① 발아 전 처리제

    ㉠ 잡초가 발아하기 전 토양에 처리

    ㉡ 시마진, 티클로베닐 등 잎 가장자리에 연한 녹색 내지 누런색의 좁은 띠 형성

② 경엽처리형 제초제

호르몬 계열	• 2,4-D, dicamba, MCPA 등 • 흡수이행성이 강함 • 잎말림, 잎자루비틀림, 가지와 줄기변형 유도
비호르몬 계열	• 글리포세이트, 메코프로프, flazasulfron • 식물의 대사과정 단계 교란(아미노산 합성 방해) • 식물체 내에서 쉽게 이동하므로 침투이행성이 좋아 다년생 잡초에 효과적임
접촉 제초제	식물체 내에서 거의 이행하지 않고 접촉에 의해 단기간에 죽음

- 2,4-D : 호르몬 계열, 경엽처리형, 옥신과 비슷함, 이행성 제초제
- 2,4-D는 잔류기간이 짧은 반면 디캄바는 매우 길어 흙 속으로 스며들고, 나무뿌리로 흡수될 수 있음
- 글리포세이트 : 비호르몬 계열, 경엽처리형, 유기인계, 아미노산 합성 억제, 체관을 통해 이동

(2) 제초제 피해의 진단

① 비틀림과 기형, 황화 및 낙엽, 잎말림, 백화, 가지마름, 생장 위축 등

② 수목 증상의 관찰과 영농, 영림기록 조사

③ 접촉성 제초제 피해가 아닐 경우 비기생성 피해와 같은 양상을 띰

(3) 제초제 피해의 예방

① 사용설명서, 사용량, 시용 시기 준수

② 바람의 세기와 방향, 대기온도 고려

③ 제초제를 사용한 기구로는 비료, 살충제, 살균제를 처리하지 않기

(4) 제초제 치료

① 활성탄으로 제독

② 인산질 비료를 주어 뿌리의 생육을 도와줌

6. 염에 의한 피해

① 정의

㉠ 토양에 염류(소금기)가 많아져 식물이 입는 피해

㉡ 바닷가의 해풍, 매립지의 염분상승, 제설제의 토양집적 및 비산

② 피해

직접적 피해	• 토양에 집적된 칼슘과 염소 이온을 뿌리가 흡수하여 체내 이온 농도가 증가하여 피해 • 염화칼슘 녹은 물이 바람에 날려 잎에 접촉되어 피해
간접적 피해	• 염류 집적으로 인한 토양의 물리성 화학성 변화 • 토양공극 감소로 공기 유통과 수분 이동 불량, 수분포텐셜 감소로 물과 무기양분 흡수 저해 • 토양삼투압과 pH 증가로 생리적 수분스트레스 유발

③ 증상

활엽수	• 새싹이 한참 자란 후에 나타남 • 잎의 가장자리가 타 들어가고 심하면 낙엽이 지며 눈이 더 이상 자라지 않고 가지가 죽음
침엽수	봄이 오기 전에 나타남, 겨울철 잎의 끝부분부터 괴사 현상 나타남
특징	• 일반적인 증상은 잎과 줄기의 끝과 가장자리에 나타나는 괴저이며 쇠락으로 이어지기도 함 • 피해는 초기보다는 6~8월 토양 습도가 낮을 때 농도 증가로 피해가 나타나는 경우가 많음 • 초기 증상은 생장 감소와 조기낙엽 현상이기 때문에 다른 생리적 피해와 쉽게 구별이 안 됨 • 수목 식재를 위한 염분 한계 농도 : 0.05%, pH : 5.0~7.0, EC : 0.5ds/m

④ 대책

㉠ 토양의 염류 집적 방지를 위해 배수체계 및 구배 개선 필요

㉡ 염화칼슘을 뿌리기 전에 차단막 설치

㉢ 피해 즉시 물로 씻어줌

㉣ 토양 내 염류를 충분한 관수로 제거

ⓜ 증산억제제를 뿌려 주거나 활성탄으로 소금 흡착

ⓗ 석고, 황, 유기질퇴비 등을 토양에 혼합처리

ⓢ 수세 회복을 위한 무기양료 공급

⑤ **제설제 효능** : 소금＞소금+염화칼슘＞염화칼슘용액＞모래+염화칼슘＞염화칼슘＞염화칼슘+염용액

PART 02

수목해충학

CHAPTER 01 곤충의 이해

CHAPTER 02 곤충의 구조와 기능

CHAPTER 03 곤충의 생식과 성장

CHAPTER 04 수목해충의 분류

CHAPTER 05 수목해충의 예찰 및 진단

CHAPTER 06 수목해충의 방제

CHAPTER 07 가해 형태에 따른 해충

CHAPTER 01 곤충의 이해

1. 곤충의 중요성

(1) 곤충의 종수

① 린네(Carl von Linne, 1707~1778) : 모든 동식물에 대하여 현대적인 명명체계(이명법)를 만든 이후, 곤충학자들이 100만 종 이상의 곤충을 명명하고 기재

② 곤충강은 27개 목으로 분류하며 세계적으로 약 100만 종, 우리나라에서는 약 1만 6,000종 이 기록된 거대한 동물군

③ 곤충은 적어도 전체 동물종의 80%를 차지하고 있으며, 밝혀지지 않은 곤충의 종류를 합치면 약 800만 종으로 추산하기도 함

(2) 곤충의 개체수

곤충을 지구상의 현재 인구로 똑같이 나눈다면 1×10^{18}마리, 즉 100경 마리

(3) 곤충의 분포

① 곤충은 지구상의 거의 모든 육상 및 담수 환경에서 볼 수 있음

② 사실상 곤충이 풍부하지 않은 지구상의 유일한 곳은 심해뿐으로, 해양환경 대부분은 갑각류 가 번성하고 있음

(4) 곤충의 특징

① 곤충의 몸(머리, 가슴, 배)

    ㉠ 머리 : 1쌍의 촉각과 구기

    ㉡ 가슴 : 2쌍의 날개와 3쌍의 다리

    ㉢ 배 : 복부는 대부분 10~11절로 구성. 8~10마디는 외부생식기나 산란관으로 변형

    ㉣ 다리 : 앞가슴, 가운데 가슴, 뒷가슴에 한 쌍씩

    ㉤ 날개 : 가운데 가슴과 뒷가슴에 한 쌍씩

② 몸은 대칭성(예외 : 총채벌레)

③ 외골격 형성

④ 개방혈관계

⑤ 소화기관 : 전장, 중장, 후장(말피기소관)

⑥ **호흡계** : 아가미, 기관(기문)으로 구성

⑦ 대부분 암수가 분리(진딧물은 예외)

2. 곤충의 번성과 진화

(1) 곤충의 번성

① 외골격

  ㉠ 척추동물과 달리 곤충을 지지하는 골격은 몸의 외부에 있음

  ㉡ 몸조직의 모양을 지탱

  ㉢ 건조 및 담수 환경 모두에서 체액의 손실 최소화

  ㉣ 이동 시 근육에 힘과 민첩성을 주는 기계적 편리성을 보장하는 구조

  ㉤ 물리적인 공격과 화학적인 공격에 대항

  ㉥ 건조를 방지하는 왁스층으로 덮여 있음

  ㉦ 고무처럼 유연하고 탄성이 있거나 금속처럼 강하고 단단한 체벽을 형성할 수 있도록 여러 단백질 분자들과 결합한 다당류인 키틴으로 만들어져 있음

  ㉧ 외골격의 막과 관절이 있어 자유로운 운동이 가능

  ㉨ 체벽에 부착된 근육을 지렛대처럼 이용하여 체중의 50배까지 들어올림

② 작은 몸집

  ㉠ 곤충의 크기는 다양하지만 대부분의 종은 2~20mm임

  ㉡ 생존과 생식에 필요한 최소한의 자원으로 유지됨

  ㉢ 작은 크기는 포식자로부터 벗어나야 하는 곤충에게 큰 이점

③ 비행 능력

  ㉠ 곤충은 날 수 있는 유일한 무척추동물. 비행하는 파충류가 출현하기 전인 약 3억 년 전에 비행 능력 습득

  ㉡ 천적으로부터의 탈출, 새로운 서식지 및 먹이 발견 용이

  ㉢ 비행의 신진대사 비용은 새나 박쥐의 비용과 비슷하지만, 곤충의 비행 근육계는 근육량 당 2배의 힘을 생산

  ㉣ 고효율은 가슴의 탄성력에 기인하는 것으로, 외골격의 굴근에 의해 흡수된 위치에너지가 날개를 아래로 내리는 동안 운동에너지로 전환됨

④ 번식 능력

  ㉠ 많은 알을 낳고 대부분이 부화하며 생활사가 상대적으로 짧음

  ㉡ 대부분의 암컷은 저장낭 속에 수 개월간 정자를 보관

  ㉢ 암컷의 수가 수컷의 수보다 많은 불균형적 성비는 번식 능력을 극대화

  ㉣ 수컷 없이도 단위생식을 할 수 있는 종(진딧물, 깍지벌레, 총채벌레, 각다귀 등)도 많으며 단기간에 기하급수적으로 증가

PART 01

PART 02

PART 03

PART 04

PART 05

PART 06

⑤ 변태

    ㉠ 불완전변태는 대체로 유사한 서식처에서 살며 비슷한 종류의 먹이를 먹음

    ㉡ 완전변태의 유형은 유충과 성충이 서로 다른 유형의 먹이 섭식

    ㉢ 서로 다른 환경의 자원을 이용, 다른 서식지를 점유

    ㉣ 알과 번데기는 신진대사를 최대한 정지시키는 시기로서 기후변화 혹은 기타 물리·화학적
        으로 불리한 환경을 극복하는 데 유리

    ㉤ 여러 색깔과 형태로 변형되어 최대한의 종족 보전과 개체군 형성

    ㉥ 완전변태는 곤충강 27개 목 중 9개 목이지만 곤충의 약 86% 차지

⑥ 환경 적응 능력

    ㉠ 다양한 개체군, 높은 생식 능력, 짧은 생활사로 유전자 변이를 발생

    ㉡ 20세기에 곤충이 적응한 가장 놀라운 사례 : 광범위한 화학살충제에 저항성 발달(DDT 해
        독 효소 생성, 저항성 형질을 복제하여 자손에게 넘겨 줌)

⑦ **변온성 동물** : 혹한 속에서도 세포 안에 동결 방지 물질을 생산해 얼지 않고 살아남음

(2) 곤충의 진화

① **곤충의 기원**

    ㉠ 최초 화석 곤충 : 톡토기류 일종인 Rhyniella paracursor로, 3억 8천만 년 전 데본기 전
        후기 지층에서 발견

    ㉡ 최초 출현 시기는 3억 5천만 년~4억 년 전

    ㉢ 고생대 데본기 : 무시곤충류의 출현

    ㉣ 고생대 석탄기 : 유시곤충류의 출현

    ㉤ 3억 년 전 : 거대 곤충 출현

    ㉥ 페름기 : 30목 수준의 다양한 곤충군 출현

    ㉦ 삼첩기 : 곤충의 다양성 확보된 시기

② **분류의 단위**

    ㉠ 강, 아강, 목, 아목, 과, 아과, 속, 아속, 종, 아종, 변종의 순

    ㉡ 목의 분류는 일반적으로 입과 날개의 진화 정도, 날개의 모양, 변태의 방식 및 진화 정도

③ **곤충의 진화계통**

    ㉠ 곤충류는 무척추동물인 절지동물문의 곤충강에 속하는 동물의 총칭

    ㉡ 곤충 : 절지동물문 – 육각아문 – 곤충강

    ㉢ 선충 : 선형동물문 – 선충강

    ㉣ 응애 : 절지동물문 – 거미강 – 진드기목

④ **절지동물문의 특징**

    ㉠ 키틴성 외골격(키틴으로 된 큐티클 층)

   Ⓚ 관절화(마디화)된 부속지

   Ⓜ 잘 발달된 머리와 입틀

   Ⓞ 가로무늬근

   Ⓟ 등 쪽에 심장이 있는 개방 순환계를 가진 무척추 동물

   Ⓠ 상기와 같은 점에서 환형동물의 조상과 다름

 ⑤ **산림해충으로 곤충강, 거미강**

   ㉠ 거미강 : 전체부(두흉부), 후체부

   ㉡ 곤충강 : 머리(겹눈과 1쌍 더듬이), 가슴(보행다리), 배(부속지 없음)

 ⑥ **절지동물** : 삼엽충류, 다지류, 협각류, 범갑각류로 분지

   ㉠ 삼엽충류 : 페름기 후기 멸종

   ㉡ 다지류

    • 노래기강, 지네강

    • 모든 다지류는 무변태발육

    • 탈피를 하면서 자라지만 탈피 시에 증절변태를 함

   ㉢ 협각류

    • 더듬이가 없지만 송곳니 모양의 협각(입틀 역할)이 있으며, 협각에는 독선이 있음

    • 퇴구강 : 마굽 모양의 몸과 북부에 책아가미가 있는 해양의 포식자

    • 바다거미강 : 작은 몸과 길고 가는 다리를 지닌 해양의 포식자

    • 거미강 : 거미, 진드기, 응애, 전갈 등으로 전체부와 후체부로 나뉘는 육상 포식자이며, 진득류와 응애류에서는 전체부와 후체부가 융합됨

   ㉣ 범갑각류

    • 갑각류 : 해양 서식처에서 발견되며 다양한 생태적 지위를 차지함. 몸이 두흉부와 복부로 구성되고 머리에 2쌍의 더듬이가 있음. 두 갈래로 나뉜 부속지가 있어 절지동물과 구별됨

    • 육발이류 : 몸은 머리·가슴·배. 머리는 겹눈과 1쌍의 더듬이, 가슴에는 다리 6개, 배는 외부생식기를 제외하고 마디에 부속지 없음. 육발이류 화석은 데본기 후기의 암석에서 발견됨

3. 곤충의 분류

(1) 속입틀류

 ① 머리덮개 안에서 입틀이 안쪽으로 열린 공동으로 에워싸여 있음

 ② **낫발이목** : 원시적 그룹, 눈과 더듬이 없음, 증절변태

 ③ **좀붙이목** : 배 뒤에 큰 꼬리돌기 있음. 겹눈 없고 더듬이가 있음

 ④ **톡토기목** : 제1배마디 아랫면에 끈끈이관, 제4마디에 도약기가 있음

(2) 겉입틀류(곤충강)

① 날개의 유무에 따라 무시아강, 유시아강

② 날개를 접을 수 없는 고시류(하루살이목, 잠자리목)와 날개를 접을 수 있는 신시류

③ 외시류(불완전변태)와 내시류(완전변태)로 구분

④ 곤충강은 약 27개의 목으로 분류하며 세계적으로 약 100만 종, 우리나라에서는 약 1만 6,000종이 기록된 거대한 동물군

⑤ 5개 목(딱정벌레목, 나비목, 파리목, 벌목, 노린재목)이 전체 곤충류의 약 90%를 차지함

⑥ 곤충강의 그룹별 구분

무시아강	유시아강			
	고시류	외시류(불완전변태)		내시류(완전변태)
		메뚜기계열	노린재계열	
돌좀목 좀목	하루살이목 잠자리목	강도래목 흰개미붙이목 바퀴목 사마귀목 메뚜기목 대벌레목 집게벌레목 귀뚜라미붙이목 대벌레붙이목 민벌레목	다듬이벌레목 이목 총채벌레목 노린재목	풀잠자리목 딱정벌레목 부채벌레목 밑들이목 날도래목 나비목 파리목 벼룩목 벌목

(3) 무시아강

① 날개가 전혀 없고 무변태로 발육

② 겉입틀, 하구식, 이마방패 진화(곤충이 다른 육발이류부터 진화했음을 추측), 전구강이 확대되어 먹이 흡입

③ 초기의 화석곤충은 데본기 지층에서 발견

　㉠ 돌좀목

　　• 큰턱이 머리덮개와 한 곳에서만 연결(단관절)되어 있음

　　• 11번째 배마디는 중앙미모가 있고 꼬리돌기는 중앙미모보다 짧게 나타남

　　• 성충 이후에도 탈피를 계속함

　　• 성은 구별되지만 교미는 일어나지 않음. 일부 종은 정자주머니를 찾을 수 있도록 구애 의식을 치름

　㉡ 좀목

　　• 좀의 배에 긴 연모가 있음

　　• 복관절

　　• 꼬리돌기는 중앙미모와 거의 같은 길이임

　　• 좀류는 정자를 잘 전달하기 위해 정교한 구애의식을 치름

ⓒ 모누라목 : 현존하지 않음

(4) 유시아강

① 곤충의 진화에서 가장 획기적인 사건은 날개의 발달
② 날개는 포식자로부터 탈출, 분산, 짝을 찾는 방법
③ 쥐라기에 파충류가 나타날 때까지 하늘의 절대적 지배자
④ 석탄기에 날개를 가진 종이 화석에 기록됨

(5) 고시군

① 특징
   ㉠ 가장 원시적인 날개를 가진 불완전변태
   ㉡ 날개를 배 위로 편평하게 접을 수 없음
② 하루살이목(Ephemeroptera : Mayflies)
   ㉠ ephemera는 짧게 산다는 것을, ptera는 날개를 의미
   ㉡ 미성숙충은 오염되지 않은 흐르는 물속에서 살아가며, 대부분은 식식성
   ㉢ 미성숙충은 발육을 완료하면 수서환경을 떠남
   ㉣ 아성충은 과도기적 상태로 몇 시간 내에 성적으로 성숙한 성충으로 다시 탈피
   ㉤ 아성충은 날개가 흐릿하고 성충은 날개가 투명함
   ㉥ 성충은 수명이 대부분 짧고 먹지 않음
   ㉦ 하루살이는 날개가 생긴 후 다시 탈피하는 유일한 곤충
③ 잠자리목(Odonata : Dragonflies)
   ㉠ odonto~는 치아를 의미, 성충의 큰 턱에서 보이는 강한 이빨을 말함
   ㉡ 미성숙충과 성충 모두 포식
   ㉢ 잠자리의 아가미는 직장 내부에 위치
   ㉣ 잠자리아목(불균시아목) : 성충의 뒷날개가 앞날개보다 기부 가까이에서 더 넓음
   ㉤ 물잠자리아목(균시아목) : 성충의 앞, 뒷날개가 모양이 비슷함

(6) 신시군 - 외시류 - 메뚜기목

① **신시군(불완전변태)** : 알 → 약충 → 성충, 날개가 외부적으로 약충의 체벽 밖에서 성장하여 발달

메뚜기형	강도래목, 흰개미붙이목, 바퀴목, 흰개미목(일흰개미, 병정흰개미), 사마귀목, 메뚜기목(메뚜기, 여치, 귀뚜라미), 대벌레목, 집게벌레목, 귀뚜라미붙이목(과거 갈루아벌레목), 대벌레붙이목, 민벌레목
노린재형	다듬이벌레목, 이목(털이목, 이목), 총채벌레목, 노린재목(노린재아목, 매미아목)

② 강도래목(Plecoptera : Stoneflies)
   ㉠ pleco(접힌), ptera(날개), 휴식 시 앞날개 밑에 접은 뒷날개를 놓음
   ㉡ 신시류의 초기 그룹

ⓒ 약충은 수질오염의 지표, 성충은 수명 짧고 기능적인 입틀이 없음

ⓓ 대부분은 조류 및 다른 수중식물을 먹지만 2개 과(Perlidae, Chloroperlidae)는 하루살이 약충과 다른 작은 수서곤충들의 포식자임

③ 흰개미붙이목(Embioptera)

ⓐ embio(활발하다), ptera(날개), 수컷 날개의 펄럭거리는 운동을 가리킴

ⓑ 국내 미발생. 부식물 이끼를 먹고, 다리 실샘에서 실크를 뽑아냄

④ 바퀴목(Blattodea)

ⓐ 바퀴를 뜻하는 blatta에서 유래, 미성숙충은 구조적으로 성충과 유사

ⓑ 분해자이거나 잡식성. 열대·아열대에서 풍부, 온대·아한대도 서식

ⓒ 죽은 나무를 먹고 셀롤로스 분해. 장내 공생균에 의하여 소화

ⓓ 알주머니(난협)의 생산은 바퀴류와 포식하는 사마귀류에서만 발견

⑤ 흰개미목(Isoptera) : 목재의 해충

ⓐ 계급별 형태가 다른 다형종, 사회생활(생식군, 병정개미, 일개미), 흰개미는 진정한 사회적 행동을 보이는 유일한 불완전변태 곤충

ⓑ 개미와 비슷하게 생겼으나 분류학상으로는 바퀴에 더 가까움

ⓒ 촉각은 염주 모양, 씹는 형인 큰턱, 생식군은 막질의 날개를 가지고 눈도 잘 발달. 암컷은 교배 후 탈피할 때마다 난소가 늘어나고 배도 확장. 병정개미는 머리가 크고 단단하게 경화

ⓓ 이마샘이 있어 고약한 분비물로 적 퇴치

ⓔ 장내 공생균이 나무의 셀룰로오스 분해

ⓕ 일개미는 색이 연하고 경화 안 됨

ⓖ 집은 주로 흙, 진흙, 타액 등을 이용하여 지하 또는 죽거나 살아있는 나무에 지음. 고 문화재 해충

⑥ 사마귀목(Mantodea)

ⓐ 사마귀를 뜻하는 mantis에서 유래, 앞가슴이 길고 앞다리가 포획지로 변형

ⓑ 다리를 떼고 도망가는 자기절단을 보이기도 함

ⓒ 입틀은 씹는 형으로 하구식, 육식성

ⓓ 바퀴는 야행성 분해자이며, 사마귀는 주행성 포식자

⑦ 메뚜기목(Orthoptera)

ⓐ Ortho(직선적), ptera(날개), 앞날개의 평행한 구조

ⓑ 2대 아목으로 분류 → 메뚜기아목, 여치아목

ⓒ 농림해충으로 30종, 식식성 곤충 중 가장 크고 중요한 그룹

ⓓ 입틀은 씹는 형으로 하구식, 실 모양 안테나, 앞날개는 혁질, 뒷날개는 막질

ⓔ 땅 위, 풀, 나무 위에서 생활하며 목초 경작지에서 큰 피해

⑧ 대벌레목(Phasmida)

    ㉠ phasm(유령), 의태적인 모습과 행동을 가리킴

    ㉡ 식식성이고 독립생활을 하지만 대발생하기도 함

    ㉢ 앞가슴에서 방어 물질, 산란관이 없어 알을 지면에 떨어뜨림

    ㉣ 약충은 위기 상황에 다리가 떨어지는 자동 절단이 가능, 재생 가능

    ㉤ 연 1회 발생, 녹음수에 경제적인 손실을 줌

⑨ 집게벌레목(Dermaptera)

    ㉠ derma(피부), ptera(날개), 뒷날개를 덮어 보호하는 두꺼운 앞날개를 가리킴

    ㉡ 입틀은 씹는 형으로 전구식

    ㉢ 집게는 몸치장, 방어, 구애, 뒷날개를 접는 데 이용함

⑩ 귀뚜라미붙이목(Grylloblattodea)

    ㉠ gryll(귀뚜라미), blatta(바퀴), 귀뚜라미와 바퀴의 형질이 혼합

    ㉡ 추운 날씨에서만 활동, 입틀은 씹는 형으로 하구식

    ㉢ 경제적 중요성이 없고 인간이 거주하지 않는 곳에 삶

⑪ 대벌레붙이목(Mantophasmatodea)

    ㉠ mantodea(사마귀목), phasmatodea(대벌레목)을 결합한 이름

    ㉡ 입틀은 씹는 형으로 하구식, 야행성 포식자

    ㉢ 경제적 중요성이 없고 우리나라에는 알려지지 않음

⑫ 민벌레목(Zoraptera)

    ㉠ zor(불순물이 없음), aptera(날개가 없음), 날개를 가진 형이 발견되기 전에 붙여진 이름

    ㉡ 입틀은 씹는 형으로 하구식. 곰팡이, 균사체, 작은 절지동물을 먹음

    ㉢ 경제적 중요성이 없고 드물게 채집, 우리나라에는 알려지지 않음

(7) 신시군-외시류-노린재형

※ 다듬이벌레목, 이목(털이목, 이목), 총채벌레목, 노린재목(노린재아목)

① 다듬이벌레목(Psocoptera)

    ㉠ psokos(갉는 것), ptera(날개), 갉아먹는 날개를 지닌 곤충

    ㉡ 가장 원시적인 노린재형

    ㉢ Booklice : 머리 돌출, 더듬이 있음, 날개 없음, Barklice보다 작음(2mm 미만), 주거지나 창고에 흔함(저장곡물, 직물 풀질 부위)

    ㉣ Barklice : 머리 돌출, 더듬이 있음, 대부분 2쌍의 날개(일부는 날개 없음), 습한 육상 환경(예 낙엽, 돌 아래, 식물체 위, 나무껍질 밑)에 서식

② 이목(Phthiraptera)

    ㉠ phthir(이), aptera(날개가 없음), 날개 없는 이

    ㉡ 모두 날개가 없고 조류와 포유류 외부에 기생

ⓒ 숙주 몸에서 떨어져 오래 살 수 없음

ⓡ Sucking lice(이목, Anoplura) : 머리가 원추형으로 빠는 입틀이며 사람과 가축에 질병을 전파

ⓜ Biting lice(털이목, Mallophaga)

- 머리가 넓고 입틀은 씹는 형
- 보통 병원균을 전파하지 않지만 가금류에서는 심각한 피부염, 체중 감소, 알 생산 감소를 유발
- 털이류는 대개 조류에 외부 기생하나 일부는 포유류에도 기생

③ 총채벌레목(Thysanoptera)

ⓐ thysanos(깃), ptera(날개), 깃을 이룬 긴 털이 난 가느다란 날개를 가리킴

ⓑ 미소곤충(0.6~12mm), 몸통이 가늘고 길며 돌출된 겹눈을 가짐. 두 쌍의 날개는 매우 좁으며 긴 털이 많아 총채처럼 보임. 날개가 없는 종도 있음(날개맥이 퇴화)

ⓒ 꽃이나 줄기의 즙을 빨거나 균류, 혹은 다른 절지동물을 잡아먹음(포식성), 일부 식물성 바이러스 매개, 일부 종은 응애의 포식자

ⓓ 전용 시기가 특징, 미성숙충은 성충과 비슷하나 날개가 없음

ⓔ 작물의 즙을 빠는 해충(줄쓸어 빠는 입 : 왼쪽의 큰턱만 잘 발달)

④ 노린재목(Hemiptera, 반, 날개)

ⓐ 매우 전문화된 주둥이를 가짐, 찌르거나 빠는 입틀

ⓑ 종류

노린재아목 (Heteroptera, 다름, 날개)	• 육서군 : 노린재과, 방패벌레과, 빈대붙이과 • 반수서군 : 소금쟁이과, 갯노린재과 • 진수서군 : 송장헤엄치게과, 물벌레과 • 전구식과 하구식의 찔러 빠는 입틀 • 앞날개가 반초시(반은 혁질, 끝부분은 막질), 뒷날개는 얇은 막질 • 삼각형의 소순판은 앞가슴등판 아래에 있음 • 냄새샘(취향)은 유충에서는 배의 등쪽, 성충에서는 뒷가슴의 등쪽 혹은 양쪽면에 위치 • 식물체를 섭식하는 노린재류는 많은 작물의 중요한 해충 • 일부 종은 땅속이나 동굴, 개미집 지하에서 분해자로 살아감 • 나머지 종은 다양한 작은 절지동물의 포식자 • 포식성 노린재아목은 일반적으로 유용곤충으로 간주 • 침노린재과의 Triatoma속 노린재는 인간의 병을 매개함(샤가스병)
매미아목 (Homoptera, 균일한 앞날개)	• 매미아목 : 멸구과, 매미과, 뿔매미과, 매미충과, 거품벌레과 • 진딧물아목 : 나무이과, 가루이과, 진딧물과, 깍지벌레과 • 농림·산림해충 중 가장 많으며 전세계 44,000여 종 • 몸의 크기는 0.3~80mm로 다양 • 매미충, 매매, 진딧물 등의 입틀은 후구식 • 매미아목의 모든 종은 찌르고 빠는 입틀 • 식물의 즙액을 빨아 먹는 해충으로서, 종류에 따라 꽃, 종자, 잎, 줄기, 뿌리 등의 모든 부분을 해침 • 대부분 소화계 부분은 여과실로 변형되어 있고 즙액을 소화하고 처리하는 기능을 함 • 배설물인 감로로 그을음병 유발 • 진딧물과 매미충류는 식물병을 옮기는 중요한 매개체

(8) 신시군 – 내시류

① 완전변태류(내시류)

   ㉠ 알 → 유충 → 번데기 → 성충

   ㉡ 날개싹이 번데기 단계에서만 나타나며, 배자의 조직으로부터 내부적으로 발생

   ㉢ 풀잠자리목(풀잠자리아목, 뱀잠자리아목, 약대벌레아목), 딱정벌레목(딱정벌레, 바구미), 부채벌레목, 밑들이목, 파리목(모기, 파리, 각다귀, 등에), 벼룩목, 날도래목, 나비목(나비, 나방), 벌목(벌, 말벌, 잎벌, 개미)

② 풀잠자리목(Neuroptera)

   ㉠ neuron은 힘줄, ptera는 날개를 의미, 신경망 날개로 해석할 수 있음

   ㉡ 앞날개와 뒷날개는 막질이며 크기가 비슷하고 시맥이 발달

   ㉢ 유충은 홑눈, 더듬이, 씹거나 죄는 입틀을 가진 머리가 잘 발달

   ㉣ 풀잠자리아목과 약대벌레아목은 육상생활, 뱀잠자리아목은 수서생활

   ㉤ 종류

풀잠자리아목 (Planipennial)	• 풀잠자리 유충은 진딧물, 응애, 깍지벌레를 포식 • 명주잠자리 유충(개미귀신)은 함정을 만들어 먹이를 잡음 • 씹는 구기, 큰 낫 모양의 큰 턱과 핀셋 기능을 하는 작은 턱 • 사마귀붙이과는 사마귀와 비슷한 앞다리 • 풀잠자리류 유충은 농업해충(진딧물, 가루이, 깍지벌레)의 포식자 • 일부 종은 사육되고 생물적 방제원으로서 상업적으로 판매되기도 함
뱀잠자리아목 (Megaloptera)	• 대형 곤충으로 유충은 물속에서, 성충과 번데기는 육지에서 생활 • 유충은 연못이나 시냇물에서 수생동물을 잡아먹음 • 구기는 저작형, 머리는 편평하며 촉각은 가늘고 김 • 배의 각마디에 쌍으로 된 기관 아가미 • 성충의 날개는 매우 크고 넓으며 가두리무늬. 위로 접을 수 없으며 주로 배의 등 쪽에 지붕처럼 겹쳐 놓음
약대벌레아목 (Raphidiodea)	• 앞다리는 포획형 아님(풀잠자리목, 사마귀붙이 : 포획형) • 몸은 얇고 길며, 투명하고 큰 2쌍의 날개에는 맥이 많음 • 씹는 구기, 촉각은 실 모양으로 가늘고 길음 • 앞가슴과 머리 뒷부분이 길게 연장되어 긴 목을 가진 것처럼 생김 • 육식성, 유충은 나무 껍질 속에서, 성충은 나무 줄기나 잎 위에서 다른 곤충을 포식함 • 풀잠자리목 및 약대벌레아목의 모든 종은 육상생활을 함

③ 딱정벌레목(Coleoptera, Beetles)

   ㉠ koleos는 덮개를, ptera는 날개를 의미하며, 덮개 역할로 변형된 앞날개를 가리킴

   ㉡ 딱지날개(초시, elytron)라고 함

   ㉢ 전세계 약 28만 종으로 전체 곤충강의 40%를 차지, 곤충강 33목 중 가장 큰 목임(딱정벌레>나비>파리>벌>노린재목의 순서)

   ㉣ 원딱정벌레아목, 식균아목, 식육아목(딱정벌레상과, 물방개상과), 다식아목(반날개계열, 알꽃벼룩계열, 풍뎅이계열, 방아벌레계열, 개나무좀계열) 등이 있음

ⓜ 유충 : 홑눈, 씹는 형 입틀, 3쌍의 가슴다리, 배다리는 없음

좀붙이형	호리호리하고 활동적으로 기어 다님
굼벵이형	뚱뚱하고 C자 모양
방아벌레형	기다란 원통형, 강한 외골격, 작은 다리를 지님

ⓗ 성충 : 씹는 형 입틀, 전구식(딱정벌레과), 앞날개는 단단하고 뒷날개의 덮개 역할을 하며 등 중앙에서 일직선으로 만남. 얇은 막질의 뒷날개로 비행

ⓢ 유충과 성충은 모두 강한 씹는 형 입틀을 가지고 있음

ⓞ 딱정벌레류 중 다수가 농작물 및 저장산물의 주요 해충으로 간주되며, 살아있는 식물체, 가공된 섬유, 곡물, 목제품까지 가해

ⓩ 무당벌레 등은 진딧물 및 깍지벌레의 중요한 생물적 방제원

ⓒ 가뢰과, 왕꽃벼룩과는 과변태를 함

④ **부채벌레목(Strepsiptera)**

㉠ 거꾸로 된 날개. 쉴 때 수컷 뒷날개의 위치를 가리킴

㉡ 미성숙충은 첫 영기 때 다리와 고도의 운동성, 이후로는 다리가 없음

㉢ 암컷 성충은 다리와 날개가 없고, 수컷 성충은 큰 부채 모양의 뒷날개와 곤봉 모양의 앞날개(가평균곤, 앞날개 퇴화)

㉣ 대부분의 부채벌레목은 벌, 말벌, 메뚜기, 노린재목 등의 내부에 기생

㉤ 부채벌레목은 딱정벌레류와 많은 형질을 공유함

㉥ 숙주 내부에 침투한 후 탈피한 유충은 구더기 형태로 변해 운동성이 떨어지는 과변태 (Hypermetamorphosis) 단계를 거침

㉦ 과변태 : 부채벌레목, 기생성 딱정벌레류(가뢰과, 왕꽃벼룩과), 매미기생나방, 사마귀붙이류 등

⑤ **벼룩목(Siphonaptera)**

㉠ siphon은 관이나 파이프를, aptera는 날개가 없음을 의미함

㉡ 미성숙충은 구더기형, 눈이 없으며 드문드문 털 있고 씹는 형 입틀, 유충은 숙주의 몸에서 거의 살지 않음

㉢ 성숙충은 몸이 납작, 빠는형 입틀, 큰 가시털 있음, 넓적마디가 확대, 성충만 숙주의 몸에 서식하여 흡혈

㉣ 모든 벼룩은 흡혈하는 외부기생자로 대부분은 포유류에서 흡혈하며 몇몇 종(10% 미만)만 조류에 기생

㉤ 벼룩류는 사람과 다른 동물에 질병을 일으키는 병원균을 옮김(개조충의 중간숙주, 점액종증 바이러스, 흑사병 매개자)

⑥ **파리목(Diptera)**

㉠ di는 둘을, ptera는 날개를 의미하며, 성충의 날개가 한 쌍임을 가리킴

㉡ 파리, 모기, 각다귀, 등에 등

ⓒ 모기형 유충은 씹는 형 입틀이고 다리가 없음. 구더기형은 다리나 머리덮개가 없고 입틀이 축소되어 입갈고리로만 존재

ⓔ 번데기는 위용, 성충의 입틀은 빠는형(스며들기, 핥기에 적응), 가운데 가슴이 크고 한쌍의 날개가 있으며 뒷날개는 축소되어 평균곤

ⓜ 흡혈성(암컷)인 모기 등은 학질, 뇌염, 이질 등을 매개하는 위생곤충

ⓗ 일부 파리류는 농작물의 해충이며, 일부는 인축에 질병을 매개함

ⓢ 현화식물의 수분 매개, 유기물 분해를 돕고 해충의 생물적 방제원 역할

⑦ 밑들이목(Mecoptera)

ⓖ meco는 긴 것을, ptera는 날개를 의미하며 잎날개와 뒷날개의 모양을 가리킴

ⓛ 미성숙충은 나방유충형이거나 굼벵이형, 입틀은 씹는 형, 복부는 8쌍의 배다리가 있음

ⓒ 성충은 머리가 길고 입틀은 가는 씹는 형, 앞날개와 뒷날개는 좁고 길며 크기가 비슷하고 가로맥이 많음

ⓔ 수컷 외부생식기는 전갈의 꼬리처럼 생김. 모양과 달리 전갈 모양의 꼬리는 해롭지 않음

ⓜ 습한 산림서식지에 사는 육상곤충, 유충과 성충 모두 잡식성, 대부분 썩어가는 식물체와 죽어가는 곤충을 먹음

ⓗ 해충으로 간주되지 않으며 풍부하지 않음

⑧ 날도래목(Trichoptera)

ⓖ trichos는 털, ptera는 날개. 대부분의 몸과 날개가 길고 부드러운 털로 덮여 있음

ⓛ 미성숙충은 나방유충형, 입틀은 씹는 형, 실 같은 복부아가미, 복부 끝에 1쌍의 갈고리로 된 배다리가 있음

ⓒ 유충은 물속에 살고 실을 토해 굴뚝 모양의 집을 설치. 유충의 성장 및 발육은 집 내에서 이루어짐. 물고기와 다른 수서 척추 동물의 먹이가 되기도 함

ⓔ 성충은 야행성으로 빛에 잘 유인되며 비행력이 약함. 더듬이는 긴 실 모양, 입틀은 축소되거나 흔적적. 작은턱수염과 아랫입술수염이 잘 발달. 환경의 오염지표로 경제적 중요성은 거의 없음

⑨ 나비목(Lepidoptera)

ⓖ lepido는 인편, ptera는 날개, 대부분 성충의 몸과 날개를 덮는 납작한 털(인편)을 가리킴

ⓛ 나비목은 단문아목(생식구와 산란구가 동일)과 이문아목으로 분류

ⓒ 유충은 나방유충형, 머리덮개가 발달하고 입틀은 씹는 형, 홑눈 6개

ⓔ 번데기는 피용

ⓜ 성충은 전체적으로 털이 변형된 비늘(인편)로 덮여 있으며 머리는 작고 하구식. 큰 겹눈과 두 개의 홑눈, 비행 중 가시털 또는 날개자락(날개걸이)으로 연결 두 날개가 동시에 움직임

ⓗ 작은 턱의 일부에서 파생된 주둥이는 유압에 의해 풀리고 물관으로 작용

ⓢ 암컷은 페로몬을 분비하고 대부분이 양성생식을 하며 난생임

ⓞ 침샘이 변형된 Silk gland에서 실을 분비하여 고치나 그물을 만듦

ⓩ 미적 가치가 있고 상업적으로 유용하지만 농업 및 산림해충에 가장 많음

⑩ 벌목(Hymenoptera)

  ㉠ hymen은 막질, ptera는 날개를 의미함. 또한 hymeno는 결혼의 신을 의미함. 날개가 막질이라는 것뿐만 아니라, 날개걸쇠에 의해 하나로 결합한다는 방식에서 이름이 붙여짐

  ㉡ 개미, 말벌, 꿀벌, 잎벌, 송곳벌, 기생벌 등

  ㉢ 유충의 형태

잎벌류	나방유충형, 발달된 머리덮개, 씹는 형 입틀, 육질성 배다리
꿀벌류 및 말벌류	굼벵이형, 발달된 머리, 씹는 형 입틀, 다리와 눈이 없음
기생벌류	원각형, 머리나 눈, 부속지가 모두 없음

  ㉣ 번데기 : 나용

  ㉤ 성충의 형태

    • 입틀 : 잎벌/기생벌은 씹는 형, 꿀벌은 씹고 핥는입(저작, 흡수구형)

    • 겹눈이 잘 발달하였고, 잎벌류를 제외하고는 개미허리를 가짐. 대부분 성충은 2쌍의 날개를 가지며 날개걸쇠로 앞날개와 뒷날개를 연결함

  ㉥ 특징

    • 노동 분업을 통한 진화된 사회체계를 가진 유일한 목(흰개미목 이외)

    • 잎벌아목은 숙주식물에 산란하고 잎을 먹거나 나무에 구멍을 뚫는 등 단순한 생활사

    • 원시적인 벌아목은 유충들이 숙주의 조직을 먹어 죽게 하므로, 암컷은 산란에 적합한 숙주를 찾는 능력으로 진화

    • 진화된 독립성 벌류는 암컷이 방을 만들고 산란을 하며, 유충이 자랄 때까지 먹이를 공급. 먹이를 죽이지 않고 산란할 수 있는 산란관 발달

    • 사회성 벌은 유충이 다른 성충 또는 부모에 의해 제공되는 먹이를 먹음. 계급사회를 형성

    • 일부는 해충으로 분류되지만, 대부분은 해충의 천적 혹은 화분매개자로 유익함

Tree Doctor

CHAPTER 02 곤충의 구조와 기능

PART 01
PART 02
PART 03
PART 04
PART 05
PART 06

1. 외부구조와 기능

(1) 외골격(체벽)

① 외골격은 외부 충격 및 병원균으로부터 내부조직을 보호하고 탈수를 방지하며 근육의 부착면 역할, 외부 자극을 내부로 전달(환경에 대한 감각 영역 제공), 견고함과 함께 유연성을 제공함

② 외표피(시멘트층, 왁스층), 원표피, 진피, 기저막인 4개의 다층구조로 되어 있음

  ㉠ 체벽의 구조 Ⅰ

  ㉡ 체벽의 구조 Ⅱ

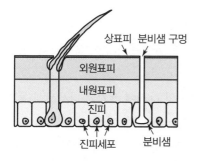

③ 외표피(상표피)

  ㉠ 표피층의 가장 바깥쪽 부분

  ㉡ 수분 손실을 줄이고 이물질의 침입을 차단하는 기능

  ㉢ 표피소층 : 외표피의 가장 안쪽 층으로 리포단백질과 지방산 사슬로 구성됨

  ② 왁스층 : 표피소층 바로 위에 놓이며 방향성을 가져 곤충의 몸 안과 밖으로 물이 이동하지 못하게 하는 장벽으로 작용함

  ⑩ 시멘트층 : 왁스층을 덮어 마모로부터 왁스층을 보호함

④ **원표피**

  ㉠ 외원표피+내원표피, 경화반응, 레실린(탄성단백질), 엘라스틴(고무와 같은 탄성)

  ㉡ 키틴의 구조는 큐티클의 주 화학성분으로서, N-아세틸글루코사민이라는 단당류가 β-1,4결합구조로 긴 사슬처럼 연결된 일종의 다당류

  ㉢ 경화 및 흑화 : 외원표피의 분화는 탈피 직후에 경화반응으로 이어지며 경화반응 동안 퀴논화합물과 결합(검게 굳히기)

  ㉣ 외골격의 주요 구성성분은 키틴이지만 생리적으로 중요한 성분이 있음(레실린, 아스로포딘, 스클러로틴)

  ㉤ 레실린(탄성단백질)은 척추동물의 경단백질인 엘라스틴과 비슷하여 고무와 같은 탄성을 갖고 있음(탄성이 요구되는 날개의 관절부나 가운데가슴에 국부적으로 있음)

  ㉥ 아스로포딘(수용성 단백질, 내원표피에 분포, 유연성 부여)이 퀴논과 결합하여 스클러로틴(비수용성 단백질, 외원표피에 분포, 표피를 단단하게 하고 색깔을 띠게 함)이 만들어짐

⑤ **진피**

  ㉠ 상피세포의 단일층으로 형성된 분비조직

  ㉡ 탈피액 분비 및 분해된 내원표피물질 흡수

  ㉢ 상처 재생

  ㉣ 진피세포 중 일부가 외분비샘으로 특화되어 있음. 이러한 큰 분비세포는 화합물(페로몬, 기피제 등)을 생성함

⑥ **기저막**

  ㉠ 부정형의 뮤코다당류 및 콜라겐 섬유의 협력적인 이중층

  ㉡ 물질의 투과에 관여하지는 않음

  ㉢ 표피세포의 내벽 역할, 외골격과 혈체강을 구분하여 줌

⑦ **외골격의 부속기관** : 센틸과 가동가시는 막질부가 체벽과 관절을 이루어 움직일 수 있음

  ㉠ 센틸 : 피모, 인편, 분비센틸, 감각센틸

  ㉡ 가동가시 : 움직일 수 있는 가시털 모양의 돌기, 곤충의 다리에 생기는 다세포성 돌기

  ㉢ 체표돌기 : 기부 주위에 관절막이 없어 움직이지 못함. 가는 털, 가시

  ㉣ 도랑, 속돌기, 봉합선 : 외골격의 함입은 함과 강도를 더하며 근육을 부착하기 위한 표면적을 넓힘. 외부에는 도랑이 나타나며 안으로는 손가락 같은 속돌기가 나타나기도 함. 경판을 구분하여 주는 경계구조는 봉합선이라고 함

  ㉤ 골격근육 : 외골격은 내골격보다 근육을 부착할 수 있는 표면적이 넓어 척추동물보다 근육이 훨씬 많음

⑧ 외골격의 색상

    ㉠ 색상은 표피층에 위치한 색소 분자 또는 빛의 산란이나 간섭, 회절을 일으키는 외골격의 물리적 특성에 의해 나타남

    ㉡ 색소 : 프테린, 멜라닌, 카로티노이드, 메소빌리버딘 등

(2) 머리

① 머리덮개

    ㉠ 뇌, 입 개구부, 입틀, 주요 감각기관(더듬이, 겹눈, 홑눈 포함) 등이 있는 튼튼한 부분

    ㉡ 전구식(딱정벌레과), 하구식(메뚜기), 후구식(매미)

    ㉢ 탈피선 : 머리 윗부분에 거꾸로 된 Y자 모양의 선으로 진정한 도량이 아니고 탈피 시 가장 먼저 터지는 곳이며, 외원표피가 경화되지 않은 부분임

    ㉣ 이마 : 식도확장근이 부착하는 곳

    ㉤ 이마방패 : 구강확장근이 부착하는 곳

    ㉥ 윗입술 : 움직일 수 있는 경판, 이마방패에 붙어 있음

    ㉦ 윗머리 : 뺨면의 등쪽 목에 이르는 부분

    ㉧ 뺨 : 눈 밑의 이마 뒤쪽

② 더듬이(촉각)

    ㉠ 기능 : 후각수용체, 습도 센서, 소리 감지(모기, 존스턴기관), 비행 속도 측정(파리), 기타(털모기 : 먹이를 잡는 데 이용, 가뢰류 : 암컷을 붙잡는 데 이용, 벌아목과 파리목의 일부에서는 유충의 더듬이가 퇴화하여 작은 혹 모양이거나 없어진 경우도 있음)

    ㉡ 구조 : 밑마디(기절, 기부 첫 번째 마디), 흔들마디(병절, 두 번째 마디, 소리를 감지하는 존스턴기관), 채찍마디(편절, 나머지 마디 전체)

    ㉢ 형태

실 모양(사상)	바퀴류, 실베짱이, 하늘소, 딱정벌레과(A)
짧은 털 모양(강모상)	잠자리류, 매미류(B)
방울 모양(구간상)	나비류(C)
구슬 모양(염주상)	흰개미(D)
톱니 모양(거치상)	방아벌레류(E)
방망이 모양(곤봉상)	송장벌레, 무당벌레(F)
아가미 모양(새상)	풍뎅이(G)
빗살 모양(즐치상)	홍날개, 잎벌, 뱀잠자리(H)
팔굽 모양(슬상)	개미, 바구미(I)
깃털 모양(우모상)	일부 수컷의 나방류(매미나방), 모기(J)
가시털 모양(자모상)	집파리(K)

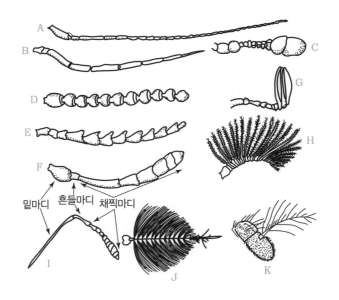

밑마디 흔들마디 채찍마디

③ 눈

    ㉠ 곤충시 시각기관 : 감광표피, 등홑눈, 옆홑눈, 겹눈 등

    ㉡ 복안(겹눈) : 낱눈이 모여서 이루어짐

    ㉢ 단안(홑눈) : 복안 보조

④ **입틀**

    ㉠ 입틀을 형성하는 5가지 구성요소

      • 윗입술 : 먹이를 담을 수 있도록 앞쪽 입술 역할

      • 큰턱 한쌍 : 먹이 분쇄, 좌우로 작동

      • 작은턱 한쌍 : 밑마디, 자루마디, 바깥조각 및 안조각

      • 하인두 : 먹이와 타액을 섞을 수 있는 혀와 같은 돌기

      • 아랫입술 : 융합된 1쌍의 부속지에서 파생된 뒤쪽 입술로 후기절과 전기절로 세분됨

    ㉡ 입틀의 종류

      • 씹는 형 입틀 : 메뚜기류, 바퀴벌레류, 딱정벌레목·나비목의 유충

      • 뚫어(찔러) 빠는 입 : 노린재, 매미, 벼룩, 모기, 깍지벌레

      • 쓸어 빠는 입(비대칭) : 총채벌레

      • 흡관형 입(빨대주둥이) : 나비목의 성충

      • 흡취형 : 파리

      • 씹고 핥는 입 : 벌

    ※ 입 퇴화 : 하루살이

(3) 가슴

① 앞가슴(앞다리), 가운데가슴(가운데다리, 앞날개), 뒷가슴(뒷다리, 뒷날개)

② 가슴경판

　　㉠ 등판, 옆판, 배판으로 구성

　　㉡ 앞가슴 짧음(대벌레), 가운데가슴 발달(파리·벌). 앞가슴 등판 발달(메뚜기, 바퀴벌레, 딱정
벌레, 노린재)

③ 다리

　　㉠ 3쌍의 다리, 5마디(거미강은 6마디)

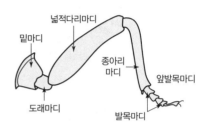

　　㉡ 마디의 구조 : 밑마디(기절) – 도래마디(전절) – 넓적
마디(퇴절) – 종아리다리(경절)–발목마디(부절)

　　㉢ 다리의 다양성 : 경주지(A), 헤엄지(B), 꿀벌 뒷다리
(C), 도약지(D), 굴착지(E), 포획지(F)

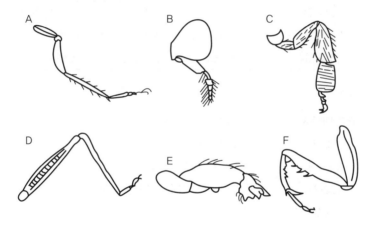

④ 날개

　　㉠ 날개맥

　　　• 곤충의 날개는 외골격이 늘어난 것. 시맥으로 모양 유지. 상하 2개의 막, 굵은 시맥에는
가는 신경과 기관이 있고, 우화 직후에는 혈구 있음

　　　• 기본적 날개맥 : 전연맥, 아전연맥, 경맥, 중맥, 주맥, 둔맥

전연맥(C)	날개의 앞가장자리를 따라 나오는 세로맥
아전연맥(Sc)	전연맥 뒤의 두 번째 세로맥(일반적 분지하지 않음)
경맥(R)	세 번째 세로맥으로 1~5개의 분맥이 날개 가장자리에 도달
중맥(M)	네 번째 세로맥으로 1~4개의 분맥이 날개 가장자리에 도달
주맥(Cu)	다섯 번째 세로맥으로 1~3개의 분맥이 가장자리에 도달
둔맥(A1, A2, A3)	주맥 뒤의 분지하지 않은 시맥

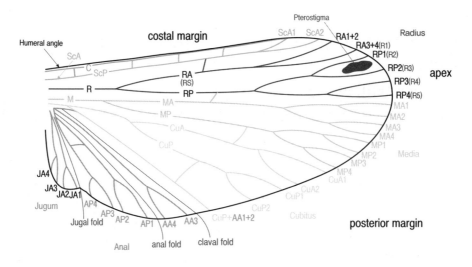

ⓛ 앞·뒷날개의 연결방식

날개가시형	뒷날개 쪽에서 앞날개 쪽으로 날개가시가 연결, 나비목
날개걸이형	앞날개 쪽에서 뒤로 날개걸이가 연결, 나비목
날개갈고리형	뒷날개에 날개걸쇠가 있어 앞날개와 연결, 벌목

ⓒ 날개의 변형

딱지날개(초시)	딱정벌레, 집게벌레
반초시	노린재아목
가죽날개	메뚜기목, 바퀴목, 사마귀목
평균곤	안정기 역할, 작은 곤봉 모양의 뒷날개, 파리목
술 장식을 단 날개	총채벌레
털로 덮인 날개	센털로 덮인 앞·뒷날개, 날도래목
인편으로 덮인 날개	납작한 센털(인편)으로 덮임, 나비목

(4) 복부(배)

① 등판과 배판은 가슴과는 달리 1개, 마디는 보통 10~11마디로 구성

② 하늘소과, 혹파리과, 과실파리과, 집파리과 곤충의 복부 끝마디는 산란관으로 쓰임

③ 집게(집게벌레), 중앙미모(좀목, 하루살이), 뿔관(진딧물 복부 등쪽), 배다리(나비목, 밑들이목, 일부 벌목의 유충), 침(산란관, 벌목), 복부아가미(하루살이목, 잠자리목), 도약기(톡토기목, 배마디), 끈끈이관(톡토기목, 첫 번째 배마디)

2. 내부구조와 기능

(1) 감각계

① 감각기관 : 빛에너지, 화학에너지, 기계에너지를 감각세포에서 신경자극의 전기에너지로 전환시키는 변환기 역할

② 기계감각기

    ㉠ 털감각기 : 가장 단순한 기계감각기

    ㉡ 종상감각기 : 외골격에서 굴곡수용체 역할을 하는 편평한 타원형의 판

    ㉢ 신장수용기(Stretch Receptor) : 근육 또는 결합조직에 있는 다극성 신경

    ㉣ 압력수용기 : 수서곤충의 수심에 대한 감각정보를 제공

    ㉤ 현음기관 : 외골격의 두 내부 표면 사이의 간극을 잇는 하나 이상의 양극성 신경

무릎아래기관	많은 곤충의 다리에 위치. 감대감각기의 수가 적지만 매질의 진동에 매우 민감하게 반응
고막기관	가슴(노린재목), 복부(메뚜기류, 매미류, 일부 나방류), 앞다리 종아리마디(귀뚜라미류, 여치류)에 있음
존스턴기관	각 더듬이의 흔들마디 안에 있음(모기, 깔따구)

③ 화학감각기

    ㉠ 화학물질을 감지할 수 있는 능력

    ㉡ 곤충은 모든 화학감각기가 덮여 있거나 파괴된 경우에도 화합물을 감지할 수 있으며, 이는 다른 유형의 감각신경이 화합물에 대한 반응을 촉발하기 때문임

미각수용체	• 두꺼운 벽으로 된 털이나 못, 홈 모양을 하고 있음 • 입틀에 가장 많으나 더듬이, 발목마디, 생식기에도 있음
후각수용체	• 얇은 벽으로 되어 있으며 쐐기나 원뿔, 판 모양 • 매우 낮은 농도의 화합물(성페로몬)에도 반응 • 더듬이에 가장 많으나 입틀, 외부생식기에도 있음

④ 광감각기

겹눈	• 시각의 구조적, 기능적 단위인 낱눈으로 채워져 있음 • 렌즈계, 망막세포, 부속세포로 구성 • 낱눈에 빛을 감지하는 부분은 감간체(광수용색소인 로돕신분자들이 결합되어 있는 미세융모집단인 감간소체의 집합) • 곤충의 시력은 초점을 맞춘 상을 형성할 수 없어 척추동물에 비해 열등하나, 낱눈에서 낱눈으로 물체를 추적함으로써 움직임을 감지하는 능력은 우수함 • 곤충은 자외선 빛을 볼 수 있으나(사람 ×), 적색 끝 파장을 감지할 수 없음(사람○)

홑눈	• 등홑눈
	  – 겹눈과 같이 있고 독립적인 시각기관이 아님
	  – 성충과 불완전변태류의 약충 단계
	• 옆홑눈
	  – 머리의 측면에 있고 빛의 강도와 물체의 윤곽을 감지, 포식자나 먹이의 움직임 감지
	  – 완전변태류 유충과 일부 성충(톡토기목, 좀목, 부채벌레목, 벼룩)의 유일한 시각기관

(2) 소화계

① 소화기관은 외배엽이 함입하여 생기는 전장과 후장, 이 둘을 연결하는 중장으로 구성됨. 전장과 후장은 큐티클로 싸여 있고 탈피 시에 전장과 후장의 내막도 탈피함

② 전장

　㉠ 횡단면 : 내막, 진피층, 기저막, 종주근, 환상근, 체강막

내막	큐티클 층으로 장의 내벽을 이루고 있음
진피층	내막물질을 분비하여 체외벽의 진피층과 접해 있음
기저막	진피층을 밖에서 싸고 있는 얇은 막
종주근, 환상근	내용물의 이동과 관계됨
체강막	구조가 없는 결합조직으로 전장의 바깥 부분을 싸고 있음

　㉡ 구성 : 인두, 식도, 모이주머니, 전위

　㉢ 기능 : 음식물의 섭취, 보관, 제분, 이동

　㉣ 모이주머니(소낭) : 먹은 것을 일시적으로 저장하는 장소. 침과 섞일 때 소화가 일어남. 전위는 큐티클 층이 잘 발달하여 이빨돌기를 이루며 제분 기능을 함. 전위분문판막이 중장으로부터의 먹이 역류 방지

③ 중장

　㉠ 위라고도 함. 구조적 분화 없이 단순한 관 모양

　㉡ 기능 : 소화, 흡수 역할(맹낭을 포함한 중장 전단부에서 흡수)

　㉢ 원주세포는 소화효소를 분비하고 소화물질을 흡수하는 세포, 융모 있음

　㉣ 잔모양세포는 융모가 불규칙하고 원형질막이 안으로 함입

　㉤ 재생세포는 원주세포에 밀착하여 있고 대체하는 일

　㉥ 위맹낭 : 중장에 여러 개의 주머니가 있어 위 면적을 넓혀줌

　㉦ 여과실 : 곤충이 흡즙한 수분을 흡수하는 장치(삼투압 조절)

　㉧ 위식막 : 미세융모를 보호하는 일종의 보호층. 섭취한 먹이가 중장세포와 직접적으로 접촉하는 것을 막는 물리적 보호막

④ 후장

　㉠ 전장과 비슷하나 환상근이 종주근의 안쪽과 바깥쪽에 발달

　㉡ 구성 : 말피기관, 유문판, 후장(회장, 결장, 직장)

　㉢ 기능 : 중장에서 보내온 찌꺼기들에서 양분을 재흡수

　㉣ 후장의 흡수작용은 직장의 유두돌기나 복잡한 은신계에서 함

(3) 배설계

① 체내 조직의 내부환경을 비교적 균일하게 유지하는 작용. 질소화합물의 최종 분해생성물 제거와 체액 내의 이온류 조성 조절

② 말피기관

  ㉠ 수는 곤충의 종에 따라 2~250개로 다양

  ㉡ 진딧물을 제외하고 거의 곤충에서 볼 수 있음

  ㉢ 가늘고 긴 맹관으로 끝은 체강 내에 유리된 상태로 있는 것이 보통이나 어떤 곤충은 후장에 밀착되어 있음. 밀착되어 있는 때에는 후장이 소화 배설물에서 수분을 재흡수할 수 있음

  ㉣ 말피기관이 분비작용을 하는 과정에서 칼륨 이온이 유입되고 뒤따라 다른 염류와 수분이 이동. 관내에 들어온 액체가 후장을 통과하는 동안에 수분과 이온류의 재흡수가 일어남 (말피기관 : 후장의 연동활동 촉진, 배설과 삼투압 / 수분의 재흡수 : 말피기관 ×, 후장 ○)

  ㉤ 함질소 노폐물 제거, 삼투압 조절, 체강 또는 혈액으로부터 물과 함께 요산 등을 흡수하여 회장으로 보냄

  ㉥ 근육이 부착되어 곤충 체강 내에서 비틀림 운동하여 배설작용을 도움

  ㉦ 질소의 배설 형태(육상곤충 – 요산, 수서곤충·진딧물·금파리속 – 암모니아, 나비목과 노린재목 – 알란토인과 알란토산)

③ 비뇨세포

  ㉠ 말피기관이 처리할 수 없는 혈림프 내 염색물질이나 콜로이드 입자들을 흡수하여 분해

  ㉡ 지방체, 식도 양쪽, 침샘 사이에 존재

④ 지방체

  ㉠ 저장태 배설기관이며 식균작용을 하기도 함. 사람의 간과 같은 역할(면역기능과 해독, 혈당 조절 등), 대사 및 저장기능을 하는 영양세포, 요산을 임시 보관하는 요세포, 공생성 미생물을 보관하는 균세포 등이 있음

  ㉡ 지방체 감소 요인

   • 굶거나 활발한 활동을 할 때

   • 알이나 번데기가 성숙할 때

   • 탈피할 때

   • 휴면기간 중

(4) 호흡계

① 개요

  ㉠ 곤충은 보통 기관으로 호흡, 산소는 기문을 통해 출입

  ㉡ 능동적 호흡 불가능, 공기전달(확산과 통풍), 가스교환(농도차 구배), 외부 이물질 차단

  ㉢ 기관 → 기관지 → 기관소지

  ㉣ 기관계는 체표가 내부로 함입하여 생기고 기관아가미는 체벽이 늘어나서 생김

  ㉤ 기관의 내벽은 큐티클 층으로 체벽과 연해 있고, 진피층과 기저막이 둘러싸고 있음

② 기문

    ㉠ 가슴과 복부의 옆판에 있는 것이 보통이나 위치에는 변이가 많음

    ㉡ 앞가슴과 가운데가슴 사이, 가운데가슴과 뒷가슴 사이에 각각 1쌍씩, 복부의 앞 8개 마디에 각각 1쌍씩 모두 10쌍이 있음

③ 기관

    ㉠ 내막의 바깥쪽이 진피층이고 그 밖을 기저막이 싸고 있음

    ㉡ 기관소지는 탈피할 때 떨어져 나가지 않으며, 기관지 원세포에서 생김

    ㉢ 기관지 원세포는 외배엽에서 생기나 기관의 진피층과는 무관하며, 기관소지는 조직 내부에서 분지하여 세포 내까지 들어감

    ㉣ 나선사 : 형태유지. 기낭(벌) : 공기순환, 부력 증가

    ㉤ 개방기관계(기문이 공기 중에 노출) : 쌍기문식(파리목 유충), 전기문식(파리목 번데기), 후기문식(모기 유충)

    ㉥ 폐쇄기관계(아가미, 피부호흡) : 물방개, 실잠자리, 기생벌의 일부

    ㉦ 기문밸브 : 수분 증발 조절, 확산에 의한 산소전달 한계(곤충 크기의 제한 요인)

(5) 순환계 : 개방혈관계(혈림프, 산소운반은 주로 기관)

① 혈액 : 체적의 15~75%, 혈장과 혈구세포로 구성

② 혈장 : 85%가 수분, 약산성, 무기이온, 아미노산, 단백질, 지방, 당류, 유기산 등 함유. 외시류(Na, Cl), 내시류(유기산)

③ 혈장의 기능 : 수분의 보존, 양분의 저장, 영양물질과 호르몬의 운반

④ 혈구의 기능 : 식균작용, 작은 혹 형성, 피낭 형성, 혈림프 응고와 상처 치유, 해독작용(원시혈구, 포낭세포, 편도혈구), 물질 분비와 중간대사

⑤ 순환계 구성 : 곤충의 심실은 보통 9개, 각 심실 양쪽에 1쌍의 심문

⑥ 기저막 : 혈액과의 물질교환을 도움

⑦ 혈액순환 : 머리, 더듬이, 다리, 날개, 체강 순

(6) 생식계

① 수컷 생식기관

    ㉠ 정소, 정소소관, 저정낭, 사정관, 수정관 : 정자 생성, 보관, 교미 시 정자 이동

    ㉡ 정소 · 정소소관 : 정자 생성

    ㉢ 부속샘(부수샘) : 정액과 정자주머니(정협)를 만들어 정자 이동 도움, 정자에 양분 공급, 암컷의 행동 변화 유도

② 암컷의 생식기관

    ㉠ 난소, 난소소관, 저정낭, 저정낭샘, 수란관 : 정자 보관, 수정, 산란

    ㉡ 저정낭 : 정자 보관

ⓒ 저정낭샘 : 정자에 영양 공급

ⓓ 부속샘(부수샘) : 보호막·점착액 추가. 난협(난낭). 독샘(벌), 젖샘(체체파리)으로 발달

(7) 신경계

① 신경세포(뉴런), 감각뉴런(신경절 내에서 정보전달), 운동뉴런(반응정보를 근육·조직으로 전달)

② **중앙신경계(중추신경계)**

ㄱ 신경절(뇌, 식도하신경절)과 신경선으로 머리에서 배 끝까지 이어짐

ㄴ 전대뇌(겹눈과 홑눈의 시신경), 중대뇌(더듬이), 후대뇌(윗입술과 전위), 식도하신경절(윗입술을 제외한 입), 3개의 가슴신경절과 복부신경절

③ **내장신경계(교감신경계)**

ㄱ 전위신경계(위장신경계), 복면내장신경계, 미부내장신경계로 구분

ㄴ 담당기관은 장, 내분비기관, 생식기관, 호흡계 등

④ **주변신경계(말초신경계)** : 중앙신경계와 내장신경계의 신경절에서 좌우로 뻗어 나온 모든 신경. 운동신경, 감각신경

⑤ **신경세포의 전기적인 활성** : 곤충들은 감각신경세포를 통해 환경변화 감지 및 광, 냄새, 맛, 접촉 등에 따라 다른 종류의 감각기 작용

ㄱ 휴지전위
- 모든 동물세포에서 측정됨
- 세포 내 또는 돌기 내 : $-40 \sim -70mV$
- 세포 내외 이온농도 측정 : 세포 밖(Na^+, Cl^-), 세포 내(K^+)
- 세 종류의 무기이온이 세포막 내외 전압차에 관여

ㄴ 활동전위
- 신경세포가 몸 한 부위에서 다른 부위로 정보를 전달하는 방법
- 시간과 거리에 상관없이 일정한 크기의 전압차가 일정한 속도로 전달
- 활동전위가 지나갈 때 막전위는 양전하를 띰
- 휴지전위 수준 감소(탈분극, Depolarization), 음이온이 세포막 밖으로 탈출, 양이온이 세포 속으로 유입(Na^+)
- 막전위 탈분극은 Na^+이온이 세포막 내로 이동했기 때문에 발생
- Na 이온 통로 : 막전위가 임계막전위까지 탈분극되면 열림(Na 활성화)
- Na에 의해 막전위가 많이 탈분극되면 K통로가 열림(K 활성화)

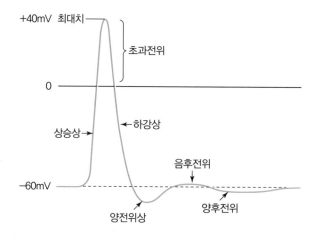

ⓒ 신경연접에서의 신경전달

- 신경세포들은 각각 독립된 구조이기 때문에 신경세포 간 또는 신경세포와 근육이나 분비샘과 같은 작용기관의 세포 간에는 신경돌기와 같은 방법으로 신경충격 전달이 어려움
- 화학적 신경연접
  - 대부분의 신경연접은 화학물을 이용하는 화학적 신경연접 방법을 이용
  - 신경전달물질을 이용하는 경우 화학적 신경연접 방법을 이용
  - 곤충의 중추신경계, 신경과 근육, 신경과 분비샘 등의 연접에서 화학적 신경연접 이용
  - 연접후세포막이 연접전세포막과 평행
  - 탈분극되면 Ca^{++}이온통로 개방
  - Ca^{++}이온 + Synaptotagmin → 신경전달물질 연접간극으로 방출
  - 흥분성 연접후전위 : Na^+ 유입
  - 억제성 연접후전위 : Cl^- 유입
  - 신경전달물질 : Ach, GABA, Glutamate, nitric oxide, 옥토파민, 티라민, 도파민

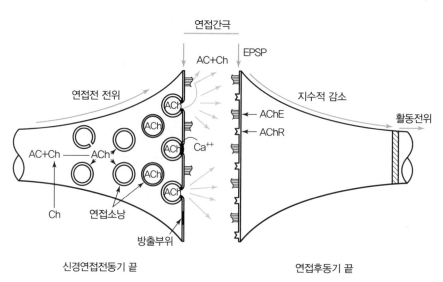

(8) 내분비계

① 체내 호르몬 체계, 혈액을 따라 이동, 적은 양 생산

② 신경호르몬은 곤충의 성장, 항상성 유지, 대사 생식 등을 조절함(자극성 또는 억제성, 행동조정, 생리적 활동 조정)

③ 신경분비세포(주로 전대뇌)

    ㉠ 저분자량의 단백질이며 신경펩타이드라고 함

    ㉡ 뇌호르몬, 경화호르몬, 이뇨호르몬, 알라타체자극호르몬, 심장 또는 소화계의 근육운동자극 호르몬, 당과 지질의 이용 촉진 호르몬

④ 카디아카체(앞가슴샘자극호르몬, PTTH) : 신호증폭기

⑤ 엑디스테로이드(전흉선, 전흉샘, 앞가슴샘) : 탈피호르몬, 섭식에 의해 공급, 엑디손, 20-하이드록시엑디손, 성충되면 퇴화

⑥ 알라타체(유약호르몬, JH, 외배엽성 내분비기관)

    ㉠ 카디아카체 바로 뒤에 놓여 있음

    ㉡ 역할 : 변태조절(유충의 형태 유지), 생식적 성장조절, 알에 난황 축적, 부속샘 활동 조절, 페로몬 생성, 유충·약충일 때 생산 자극, 성충 억제 자극

⑦ 곤충의 탈피 과정에 관여하는 호르몬의 농도 변화 : 뇌호르몬 → 앞가슴샘자극호르몬 → 엑디스테로이드 → 허물벗기호르몬 → 경화호르몬

(9) 외분비계(외배엽에서 생성)

① 페로몬 : 종내 신호물질

    ㉠ 성페로몬 : 이성유인, 교미페로몬, 성유인페로몬, 종 특이성

    ㉡ 집합호르몬 : 암수특이성 없음, 적 방어, 기주식물 공략, 사회성 유지

    ㉢ 분산페로몬 : 산란 시 간격호르몬

    ㉣ 길잡이페로몬 : 효과가 오래 지속

    ㉤ 경보페로몬 : 도피, 방어, 사회성곤충(뿔매미, 진딧물)

② 타감물질 : 이종 간 신호물질

    ㉠ 카이로몬 : 송신자에 손해, 수신자에 이득

    ㉡ 알로몬 : 송신자에 이득, 수신자에 주로 손해

    ㉢ 시노몬 : 분비자, 감지자에 모두 이익

③ 기타 외분비샘

    ㉠ 왁스샘

밀납	진딧물아목, 깍지벌레상
백납	쥐똥나무밀깍지벌레

    ㉡ 랙샘 : 몸을 보호하기 위해 생산, 물질은 대부분 수지이고 색소, 납, 단백질, 기타 물질

ⓒ 머리샘

큰턱샘	나비목 유충 중에서 침샘이 실샘으로 변하면 큰턱에서 침을 냄, 여왕벌 물질 분비
작은턱샘	톡토기목, 낫발이목, 풀잠자리목과 날도래목
아랫입술샘	보통 침샘이라고 불림. 소화작용, 유독성 물질 항응고제(파리), 바퀴(수분저장)

ⓓ 실샘 : 누에나방 → 아랫입술샘, 풀잠자리목 → 말피기관

ⓔ 방어샘 : 악취샘 → 노린재목

ⓕ 유인샘 : 나비목은 주로 암컷이 성유인물질 분비

ⓖ 독샘 : 벌류 → 산란관과 생식샘의 부속샘이 변형, 나비목 일부

CHAPTER 03 곤충의 생식과 성장

1. 곤충의 생태적 특징

(1) 알

① 단 하나의 살아 있는 세포, 즉 난자로 구성

② **난황막** : 알의 세포막, 알의 인지질 이중층, 난황은 배자의 먹이

③ **세포질** : 난황막의 바로 안쪽에는 얇은 띠로, 난황 전역에는 확산성 가닥으로 분포

④ **알세포의 핵(반수체)** : 알의 한쪽 끝 가까이 난황 내에 위치

⑤ **난절(높은 광학밀도 영역)** : 반대쪽 끝 가까이에 있고 반투명해서 난황 내에서 어두운 영역으로 보임

⑥ 알은 암컷 생식계의 부속샘에서 산란 전에 분비된 보호용 단백질인 껍데기로 덮여 있음

⑦ 난각에는 미세한 굴국이 있고, 수분 손실이 거의 없으며, 산소화 이산화탄소의 가스교환 통로인 미세한 구멍(기공)이 뚫려 있음

⑧ 난각의 앞쪽 끝 가까이에 있는 정공은 수정 시 정자의 입구 역할을 함

⑨ 암컷은 암컷 생식계의 특정한 부분인 저장낭에 정자를 오랫동안 저장할 수 있음

⑩ 발육 중인 알이 저장낭의 개구부를 지나갈 때 정자가 방출되고 정자가 자신의 핵을 알 속에 주입하며 정자의 핵은 알의 핵과 융합하여 접합자를 형성하는데, 이러한 과정을 수정이라 함

⑪ 알이 수정된 후에 배자의 시작인 배자발생이 일어나 발육의 과정을 겪음

TIP

- 산란 시 고려사항 : 보호와 섭식
- 알주머니(난낭, 난협) : 사마귀, 바퀴
- 부화 : 알이 깨는 것(부화 후 알껍질을 먹어 치우는 것은 영양분 섭취와 자신의 흔적을 없애는 방편
- 우화 : 번데기에서 성충이 되는 것
- 다배발생 : 알 하나에서 여러 마리의 애벌레가 나오는 것, 기생봉 숙주의 몸에 재빨리 낳아야 하므로 다배발생은 효율적임

(2) 배자발생

① 배자발생(수정 후에 일어나는 발육 과정) → 세포증식(유사분열) → 조직과 기관으로 성장, 이동, 분화

② 표할 : 세포가 나뉘지 않고 핵만 분열(유사분열)

③ 배반엽 : 분할의 최종 결과로 난황을 둘러싸는 하나의 세포층

④ 생식세포 : 첫 번째 분할 핵은 주변 세포질로 이동하지 않고 배반엽의 일부를 형성하지도 않으며 미래의 생식 목적을 위해 보존됨

⑤ 난모(정모)세포 : 암컷(수컷)의 감수분열 생식세포

⑥ 다른 면에 있는 배반엽 → 배대형성 → 외배엽 → 중배엽 → 내배엽

⑦ 곤충의 배자 층별 발육 운명

구분	해당 기관
외배엽	표피, 외분비샘, 뇌 및 신경계, 감각기관, 전장 및 후장, 호흡계, 외부생식기
중배엽	심장, 혈액, 순환계, 근육, 내분비샘, 지방체, 생식선(난소 및 정소)
내배엽	중장

(3) 형태 형성

① 개요

㉠ 성장, 탈피, 성숙과 관련된 모든 변화

㉡ 배자 : 세포가 수정해서 새끼가 태어날 때까지의 상태

㉢ 후배자 : 유충, 약충

㉣ 곤충은 생존하려면 외골격을 교체(탈피)해야 함

㉤ 곤충의 생리적 변화 : 날개의 성장, 외부생식기의 발달

② 탈피

㉠ 표피층 분리 → 진피세포에서 불활성 탈피액 분비 → 표피소층 생산 → 탈피액의 활성화 → 옛 내원표피의 소화 및 흡수 → 진피세포가 새로운 원표피 분비 → 탈피 → 새로운 외골격의 팽창 → 경화

㉡ 진피세포는 갈라진 틈을 불활성 탈피액으로 채운 다음 탈피액을 소화작용으로부터 차단하고 보호하는 지질단백질(표피소층)을 분비

㉢ 표피소층이 형성된 후에 탈피액이 활성화됨

③ 변태

㉠ 개요

• 곤충의 형태가 바뀌는 것

• 1령 유충, 2령 유충 : 탈피하지만 변태는 아님

• 변태 과정은 진화적 체계와 관련됨

㉡ 물리적 외형에 따라 구분한 유충

• 나비유충형

– 나비목 유충, 짧은 가슴다리, 육질형 배다리 가짐(2~10)

– 나비류, 나방류, 잎벌류, 날도래

- 좀붙이형
  - 기는 유충, 길고 납작, 돌출된 더듬이와 꼬리돌기를 지님, 가슴다리
  - 무당벌레류, 풀잠자리류
- 굼벵이형
  - 풍뎅이 유충, C자, 배다리 없음, 가슴다리는 짧음
  - 풍데일류, 소똥구리류, 꿀벌, 말벌
- 방아벌레유충형
  - 방아벌레 유충. 몸은 길고 매끈한 원통형, 외골격이 단단하고 가슴다리 매우 짧음
  - 거저리, 방아벌레
- 구더기형
  - 파리류 유충, 몸은 살찐 지렁이형, 머리덮개나 보행지가 없음
  - 집파리, 쉬파리, 벼룩목, 등에
- 기타
  - 딱정벌레유충형 : 딱정벌레목 딱정벌레과
  - 판형 : 딱정벌레목 물삿갓벌레과

ⓒ 물리적 외형에 따라 구분한 번데기
- 피용 : 부속지는 몸과 한데 붙어 있음

수용	복부 끝의 갈고리 발톱을 이용하여 머리를 아래로 하여 매달린 번데기(네발나비과)
대용	갈고리 발톱으로 몸을 고정하고 띠실로 몸을 지탱하는 띠를 두른 번데기(호랑나비과, 흰나비과, 부전나비과)

- 나용 : 부속지가 몸과 따로 움직일 수 있음
- 위용 : 유각 안에 있는 파리의 번데기
- 전용 : 다 자란 유충이 고치를 만들고 나서 유충과 번데기의 중간 형태

ⓔ 무변태
- 크기가 커지는 탈피는 계속되나 약충과 성충의 형태적 차이가 없는 경우, 좀목 등 원시적인 목에서 나타남
- 미성숙충은 크기와 성적 성숙을 제외한 모든 면에서 성충과 물리적으로 비슷하며 새끼(Young)라 부름

ⓜ 불완전변태
- 형태 형성 동안 몸의 형태에 있어 점진적인 변화를 보임
- 미성숙충은 약충(Nymph) 또는 수서에 산다면 유생(Naiad)이라고 부름
- 날개는 첫 번째 영기 동안 전혀 없고 두 번째 또는 세 번째 영기부터 날개싹을 볼 수 있으며 성충 시기에 완전하게 발달하여 기능을 발휘할 때까지 탈피와 함께 자람
- 점진적인 발육 변화는 외부적으로 볼 수 있지만 성충은 약충과 동일한 기관과 부속지(눈, 다리, 입틀 등)을 보유함

PART 01
PART 02
PART 03
PART 04
PART 05
PART 06

ⓑ 완전변태
  • 미성숙한 형태(유충, Larvae)는 성충과 매우 다름
  • 유충은 섭식기계, 매번 탈피로 커지지만 성충과 같은 어떠한 형질도 갖고 있지 않음
  • 다 자란 유충은 움직이지 않고 번데기 단계로 탈피하여 완전한 변형을 겪음. 유충의 기관과 부속지는 분해되고(내부적으로 소화), 배자발생 동안 형성되었지만 유충 영기를 통해 휴면 상태로 남아 있던 미분화된 배자조직인 성충원기로부터 성충구조들로 대체됨
  • 날개를 가진 성충 시기는 분산과 생산에 적응되어 있음
ⓢ 변태의 종류

변태의 종류		경과	예시
완전변태		알–유충–번데기–성충	나비목, 딱정벌레목 파리목, 벌목 등
불완전변태	반변태	알–유충–성충 (유충과 성충의 모양이 다름)	잠자리목, 하루살이목 등
	점변태	알–유충(약충)–성충 (유충과 성충의 모양이 비슷)	메뚜기목, 총채벌레목, 노린재목 등
	증절변태	알–약충 (탈피를 거듭할수록 복부의 배마디가 증가, 전약충–제2약충–제3약충)	낫발이목
	무변태	부화 당시부터 성충과 같은 모양	톡토기목
과변태		알–유충–의용–용–성충 (유충과 번데기 사이에 의용의 시기)	딱정벌레목의 가뢰과

2. 곤충의 생장과 행동

(1) 행동

① 타고난 행동
  ㉠ 특성 : 유전성, 내인성, 상동성, 경직성
  ㉡ 범주 : 반사, 정위행동, 무정위행동, 주성
② 학습된 행동
  ㉠ 특성 : 비유전성, 외인성, 치환성, 적응성, 진보성
  ㉡ 범주 : 관습화, 고전적 조건화, 도구적 학습, 잠재학습, 각인
③ 복합적 행동
  ㉠ 동물의 행동은 100% 타고난 행동도 아니고, 100% 학습된 행동도 아님
  ㉡ 때때로 타고난 행동은 연습과 경험을 통해 수정될 수 있음
④ 주기적 행동
  ㉠ 주행성, 야행성, 박명박모성(곤충은 새벽과 황혼에 활동적임)
  ㉡ 월주리듬(달), 연주리듬(계절)

ⓒ 외인성 동조(환경적 신호에 직접 반응), 내인성 동조(내부적인 생체시계가 작동 : 속아서 울지 않고 불이 항상 켜져 있어도 황혼 무렵이 되면 움)

(2) 곤충의 의사소통

① 곤충에 있어서 의사소통 신호의 적응적인 가치

ⓐ 혈족이나 둥지의 짝을 인지

ⓑ 이성을 찾거나 확인

ⓒ 구애 및 짝짓기 원활화

ⓓ 먹이나 다른 자원을 찾기 위한 방향을 제시

ⓔ 개체의 공간 분포를 조절(집합 또는 분산)함

ⓕ 세력권을 구축하고 유지

ⓖ 위험 경고 및 경보 발령

ⓗ 자신의 존재나 위치 알리기

ⓘ 위협 또는 굴복을 표현

ⓙ 속임수 및 의태로 작용

② 촉감 의사소통

ⓐ 장점

• 즉각적인 되먹임이 가능

• 한정된 지역에 효과

• 개체별 수신자가 존재

• 어둠 속에서 효과적(동굴, 목재갱도)

ⓑ 단점

• 먼 거리에서 효과 없음

• 생명체는 직접 접촉해야만 함

• 메시지가 각 수신자에게 반복되어야 함

• 진동신호를 포식자가 감지할 수 있음

※ 가뢰류의 구애(더듬이로 두드림)

③ 소리 의사소통

ⓐ 장점

• 환경적인 장벽에 한정되지 않음

• 먼 거리에서 효과적임

• 다양하고 빠른 변화로 정보의 양이 많음

ⓑ 단점

• 발신자의 위치가 잠재적인 포식자에게 노출

• 떠들썩한 환경에서(예 해변) 효과가 떨어짐

- 생성하는 데 대사적으로 고가임
- 발신자로부터 멀어짐에 따라 감쇠 현상

※ 정보의 양이 많으나, 포식자에게 노출될 수 있음

④ 화학 의사소통
  ㉠ 장점
    - 환경적인 장벽에 한정되지 않음
    - 먼 거리에 효과적임
    - 낮이나 밤이나 효과적
    - 시각이나 청각신호보다 오래 지속
    - 적은 양만 필요하기 때문에 대사적으로 저렴
  ㉡ 단점
    - 정보의 양이 적음(+/−)
    - 위쪽 방향으로는 효과가 없음

⑤ 시각 의사소통
  ㉠ 장점
    - 먼 거리에도 효과적
    - 움직일 때도 이용할 수 있음
    - 빛의 속도로 빠름
    - 모든 방향에서 효과적(바람과 무관)
    - 수동적인 신호는 에너지의 소비를 필요로 하지 않음
  ㉡ 단점
    - 시야가 트여야 함
    - 시각신호를 포식자가 가로챌 수 있음
    - 대낮에만 효과적(반딧불이는 밤에만 효과적)
    - 능동적인 신호를 생성하는 데 대사적으로 고가임

※ 수동적인 신호는 에너지의 소비가 없으나(고유색) 능동적인 신호를 생성하는 데는 대사적으로 고가임(반딧불)

(3) 사회성 곤충
① 진정한 사회성의 특성
  ㉠ 공동의 둥지를 공유함
  ㉡ 같은 종의 개체들이 새끼를 돌보는 데 협력함
  ㉢ 노동의 생식적 구분 : 불임 개체들이 소수의 생식 개체들을 위해 일함
  ㉣ 세대중첩 : 어미가 살아있는 동안 자식이 군집의 노동에 기여
② 전사회성
  ㉠ 사회성의 특성 중 하나 이상이 부족한 종은 전사회성으로 분류됨

ⓒ 전사회성에는 아사회성(어미가 그의 자식을 돌보는)과 반사회성(공동의 둥지를 갖고 있지만 다른 진사회성 특성 중 하나 이상의 특성이 부족함)이 있음

ⓒ 전사회성 및 진사회성 곤충의 분류체계

구분		일반적인 둥지	협력적인 새끼돌봄	생식계급	세대중복
전사회성	고독성	아니오	아니오	아니오	아니오
	공동사회성/아사회성	예	아니오	아니오	아니오
	준사회성	예	예	아니오	아니오
	반사회성	예	예	예	아니오
진사회성		예	예	예	예

(4) 곤충의 영양단계

① 초식성 곤충

ⓐ 단식성 곤충 : 단일 기주 종으로 제한. 필수적인 먹이를 얻기 위해서 장내 공생균에 의존

ⓑ 협식성 곤충 : 몇몇 속이나 단일 과의 식물체를 선택

ⓒ 광식성 곤충 : 광범위한 식물체의 방어물을 극복할 수 있는 해독효소를 갖고 있음

ⓓ 이러한 섭식전략은 각각 생태적 지위를 나타냄. 먹이섭취 방식이 비슷한 군집 내에서는 강력한 선택압이 작동함

② 육식성 곤충

ⓐ 대부분 포식기생자는 파리목과 벌목에 속함

ⓑ 먹이찾기 : 앉아서 기다리기, 은폐(파리매), 위장, 함정 이용하기(명주잠자리 유충인 개미귀신, 개미지옥), 화학 미끼 방출

③ 기생의 다양성

ⓐ 내부포식기생 : 기주 체내에서 영양 섭취

ⓑ 외부포식기생 : 기주 체외에서 영양 섭취

ⓒ 단포식기생 : 내부기생과 외부기생 모두 단 1마리의 기생충이 생육

ⓓ 다포식기생 : 2마리 이상의 동종 개체가 1마리의 기주에 기생

ⓔ 제1차 포식기생 : 독립생활을 하는 기주에 기생하는 것. 난기생, 난과 유충기생, 유충기생, 용기생으로 구분

ⓕ 과기생 : 1마리 기주체내에 정상으로 생육할 수 있는 범위를 초월하여 다수의 동종개체체가 기생. 종내경쟁 결과 1마리의 우세한 개체만이 생존

ⓖ 중기생 : 고차기생이라고도 하며, 일정 포식기생충이 다른 포식기생충에 기생하는 것으로 2차 기생자, 3차 기생자가 존재

ⓗ 공기생 : 1마리 기주에 2종 이상의 포식기생충이 동시에 기생. 대부분 종간경쟁 결과 1마리만이 생육 완료

④ 곤충분해자

    ㉠ 죽은 식물체를 먹는 곤충 : 토양을 덮는 부식질층을 만드는 데 기여

    ㉡ 썩은 고기를 먹는 곤충 : 딱정벌레, 구더기, 말벌, 개미, 진드기 등

    ㉢ 동물상 천이 : 사체가 부패할 때 시간이 지남에 따라 예측 가능한 순서로 다른 종들이 뒤따름(법의 곤충학)

    ㉣ 다른 동물의 배설물을 먹는 곤충 : 파리류, 똥풍뎅이류(소똥구리)

⑤ **곤충의 생존전략** : 추운 겨울이나 건조기 등 부적합한 환경에 부딪혔을 때 극복할 수 있는 방법은 환경이 좋은 곳으로 이주하거나 휴면하는 것

    ㉠ 이주

- 서식지를 떠나 먼 거리를 이동하는 것
- 이주의 생존전략(이점)
    - 천적 회피
    - 보다 유리한 양육 조건을 찾음
    - 경쟁 및 과밀 억제
    - 새로운 서식지 발견
    - 대체 기주식물로의 분산
    - 근친교배를 최소화, 유전자급원의 재조합
- 이동곤충의 특징
    - 운동기능 강화, 영양적 기능은 억압되어 먹이나 배우자 자극에 반응 않고 계속 움직임
    - 암컷은 항상 이동에 참가하나 수컷은 그렇지 않음
    - 이동 중인 암컷은 성적 미숙 상태가 많고, 이동하는 종은 번식력이 큼
    - 이동의 원인 : 불리한 환경조건에 처하면 호르몬의 변화로 이동

    ㉡ 휴면

- 휴면은 발육 정지, 휴지는 활동 정지
- 생활사를 조절하여 발육이나 생식이 유리한 환경에서 재개될 수 있도록 하는 적극적인 적응 전략
- 다른 환경적 신호에 의해 깨질 때까지 확실히 양호한 조건하에서도 휴면이 지속됨
- 휴면의 유기와 종료 요인은 일장이고 휴면의 단계와 가장 밀접한 관련이 있는 요인은 서식환경임. 즉, 휴면은 불리한 환경을 타파하기 위함이고 시기결정지침은 일장에 의해서 이루어짐

    ㉢ 내한성

- 곤충은 변온동물(냉혈동물)이기 때문에 주변 온도와 비슷함
- 매우 추울 때 무기력이나 휴지 상태에 도달
- 혈림프와 체조직에 부동액 화합물 생산(글리세롤, 솔비톨, 트레할로스)

ⓔ 단위생식
- 개요
  - 양성생식은 암컷의 알(n)과 수컷의 정자(n)가 결합하여 배수체 접합체(2n)를 형성
  - 양성생식이 대부분 곤충에서 우세하지만, 단위생식 종도 많음
- 수컷단위생식
  - 벌목, 총채벌레류 및 깍지벌레류의 일부
  - 모든 암컷은 배수체(2n)이고, 모든 수컷은 반수체(n)
  - 수정된 알(암컷) 또는 수정되지 않은 알(수컷)을 낳을 수 있음
- 암컷단위생식
  - 진딧물류, 깍지벌레류, 일부 바퀴류와 대벌레류, 몇몇 바구미류
  - 암컷은 같은 유전적 구성을 가진 암컷자손 배수체(2n)의 알을 생산
  - 단기간에 많은 수의 자손을 생산하는 이점, 유전적 다양성의 결여
  - 무성생식 끝에 적어도 1세대의 양성생식을 하는 계절환으로 진화
- 생식의 종류

양성생식	암수가 교미하는 것으로 대부분의 곤충이 이에 속함. 유전적 다양성
단위생식	수정되지 않은 난자가 발육하여 성체가 되는 것으로 암컷만으로 생식하며 처녀생식(=단성생식 : 밤나무순혹벌, 민다듬이벌레, 버물바구미, 수벌, 무화과 깍지벌레, 여름철의 진딧물류 등), 유전적 다양성이 부족
다배생식	• 1개의 알에서 두 개 이상의 곤충이 발생하는 것 • 난핵이 분열하여 다수의 개체가 됨 → 벼룩좀벌과, 고치벌과
유생생식	유충은 성숙한 난자를 갖고 있으며 난자는 단위생식에 의해 발생 → 일부 혹 파리과
자웅동체	생식기의 외부에서 난자가 생기고 안쪽에서 정자가 생김 → 이세리아깍지벌레

ⓜ 다형현상
- 뚜렷한 색이나 표식
- 크기 차이
- 유형의 전문화(벌, 개미의 계급)
- 유시충, 무시충
- 장시형, 단시형
- 유충, 번데기, 성충

(5) 곤충의 방어
① 화학적 방어
ⓒ 기피
- 악취, 맛없음
- 노린재류의 외분비샘, 호랑나비 유충의 취각

    ⓛ 청소 유도
- 자극성 화합물은 포식자에게 청소 행동을 유발하여 피식자에게 탈출할 시간을 줌
- 일부 가뢰류는 자극제인 칸타리딘을 생산, 폭탄먼지벌레는 위협을 받으면 벤조퀴논과 수증기를 강하게 방출

    ⓒ 접착
- 공격자를 무력화시키는 끈적한 화합물
- 몇몇 바퀴 종은 일개미들을 마비시키는 끈적끈적한 항문분비물로 후방을 지킴

    ⓔ 고통이나 불쾌감 유발
- 독나방이나 쐐기나방 등 일부 나비목 유충은 자극을 주는 속이 빈 털이 있음
- 개미, 꿀벌, 말벌 등 많은 침벌류는 강력한 독침(변형된 산란관)을 이용해 독을 전달

    ⓛ 보호색
- 은폐
  - 주변 환경과 색이 유사한 곤충
  - 풀잠자리 유충
- 모방
  - 주변 환경의 다른 물체와 닮아서 눈에 띄지 않음
  - 자나방 유충
- 경고색
  - 능동적인 방어 수단, 밝은색을 띠거나 주의를 끌기 쉬운 대조되는 패턴
  - 몇몇 개체들은 희생양으로 죽겠지만, 종 전체를 위한 광고비를 지불하는 것과 비슷한 개념
- 의태
  - 거짓 광고의 개념, 시각적인 외형이 맛없는 곤충 연상
  - 복숭아유리나방의 벌 모습

CHAPTER 04 수목해충의 분류

PART 01
PART 02
PART 03
PART 04
PART 05
PART 06

1. 수목해충의 정의 및 특징

(1) 수목해충의 정의

① 인간의 생활에 직접 또는 간접적으로 해를 주는 벌레를 통틀어 이르는 것

② 외국에서 침입한 해충

ㄱ 북아메리카 : 미국흰불나방, 버즘나무방패벌레, 소나무재선충

ㄴ 중국 : 주홍날개꽃매미

ㄷ 일본(추정) : 밤나무혹벌, 솔잎혹파리

ㄹ 외래해충 : 갈색날개매미충 미국선녀벌레

ㅁ 동북아시아, 북아메리카 : 유리알락하늘소, 서울호리비단벌레

(2) 우리나라 수목해충의 발생 연혁

① 토착해충

ㄱ 1929년 : 창경궁과 목포에서 솔잎혹파리 발견

ㄴ 1963년 : 고흥에서 솔껍질깍지벌레 곰솔 가해

ㄷ 1980년대 중반 : 잣나무별납작잎벌

ㄹ 1962년부터 이태리포플러에서 버들재주나방, 줄하늘소

ㅁ 1970년대 오리나무잎벌레

② 외래해충

ㄱ 1958년 : 미국흰불나방(수목해충의 인식을 활엽수로 전환하는 계기)

ㄴ 1995년 : 버즘나무방패벌레

ㄷ 2000년대 이후 : 주홍날개꽃매미, 미국선녀벌레, 갈색날개매미충

ㄹ 기후변화 : 노린재목(진딧물, 깍지벌레, 나무이, 매미충), 응애류 등 증가 추세

2. 수목해충의 구분

(1) 개요

① 국내 16,000종의 곤충 중 수목해충은 1,600종이고 그중 주요 수목해충은 300종, 조경수에 심각한 해충은 100종 미만임

② 3대 해충목 : 노린재목, 나비목, 딱정벌레목

③ 수목해충 구분

　　㉠ 불완전변태류 : 바퀴목, 메뚜기목, 대벌레목, 총채벌레목, 노린재목

　　㉡ 완전변태류 : 나비목, 파리목, 딱정벌레목, 벌목

　　㉢ 거미강 응애목

④ 응애류

　　㉠ 절지동물문 : 키틴성 외골격, 관절화된 부속지, 잘 발달된 머리와 입틀, 가로무늬근, 개방
　　　순환계(즉 곤충과 공통점)

　　㉡ 곤충과 차이점 : 두흉부와 몸통부, 다리 4쌍, 더듬이, 겹눈, 날개 없음

(2) 경제적 · 생태적 측면에서 수목해충의 구분

① 경제적 피해수준(EIL) : 해충에 의한 피해액과 방제비가 같은 수준의 밀도

② 경제적 피해허용수준(ET)

　　㉠ 해충의 밀도가 경제적 피해수준에 도달하는 것을 억제하기 위하여 방제 수단을 써야 하는
　　　밀도수준

　　㉡ 방제비용보다 이익이 많은 수준으로 방제가 필요한 시기

③ 일반평형밀도(GEP)

　　㉠ 외부간섭을 받지 않고 장기간에 걸쳐 형성된 해충개체군의 평균밀도(자연상태의 밀도)

　　㉡ 솔잎혹파리의 경우 충영형성율이 50%일 때 경제적 피해수준, 20%일 때 경제적 피해허용
　　　수준이라 함

　　㉢ 일반평형밀도를 낮추는 방법 : 천적을 이용하여 낮춤

　　㉣ 경제적 피해허용수준을 높이는 방법 : 내충성 품종, 밀도가 높아도 견딤

④ 주요해충(관건해충)

　　㉠ 매년 지속적으로 심한 피해를 주는 해충으로 1차 해충이라고도 함

　　㉡ 일반평형밀도가 경제적 피해허용수준 이상이나 비슷한 정도를 나타내는 해충

　　㉢ 효과적인 천적이 없어 인위적인 방제 미실행 시 심각한 손실

　　㉣ 솔잎혹파리, 솔껍질깍지벌레와 같이 피해가 매년 지속적이고 심한 해충

⑤ 돌발해충

　　㉠ 환경 조건의 변화 등으로 대발생하여 경제적 피해 수준을 넘는 경우

　　㉡ 매미나방, 잎벌류, 대벌레, 주홍날개꽃매미, 미국선녀벌레, 갈색날개매미충 등

⑥ 2차해충

　　㉠ 해충의 방제로 인해 생태계의 평형이 파괴되어 문제가 되지 않던 해충이 밀도가 급격히 증
　　　가하여 해충화하는 경우

　　㉡ 응애류, 진딧물류

⑦ 비경제해충

    ㉠ 방제 필요성이 없는 해충

    ㉡ 잠재해충 : 비경제해충 중에서도 환경조건이 바뀌어 돌발해충이 될 수 있거나 주요해충으로 될 가능성이 있는 그룹

(3) 가해 형태에 따른 구분

① 식엽성 해충

    ㉠ 수목의 잎을 갉아 먹는 해충으로 씹는형 입틀을 가짐

    ㉡ 수목해충의 50% 정도를 차지할 만큼 많은 종류가 포함

    ㉢ 나비목 · 잎벌(유충기), 풍뎅이(성충기), 잎벌레 · 대벌레(성충유충)

② 흡즙성 해충

    ㉠ 즙액을 빨아 먹는 해충으로 빠는형 입틀을 수목의 조직 내에 찔러 넣고 흡즙, 그을음병 유발

    ㉡ 노린재목이 대부분이며, 거미강 응애류도 급격히 증가

③ 종실 · 구과해충 : 경제적으로 중요한 밤나무, 잣나무 등을 가해

④ 충영형성 해충

    ㉠ 가해를 받은 식물체 조직이 이상비대를 일으켜 벌레혹(충영)이 생기면 그 안에서 머물며 흡즙하는 해충

    ㉡ 벌레혹에 의해 충체가 노출되지 않아 방제가 어려운 해충군

⑤ 천공성 해충

    ㉠ 수목의 줄기나 가지에 산란된 알에서 부화한 유충이 수목의 목질부를 가해하거나 성충이 줄기나 가지에 구멍을 뚫고 들어가 가해하는 해충

    ㉡ 수세가 쇠약한 수목을 가해하면 나무를 고사시킬 수 있는 매우 위험한 해충군

    ㉢ 매개충 역할 : 소나무재선충병을 매개하는 솔수염하늘소와 북방수염하늘소, 참나무시들음병을 매개하는 광릉긴나무좀 등

    ㉣ 쇠약한 나무 가해 : 나무좀, 하늘소, 바구미, 비단벌레류

    ㉤ 건전한 나무 가해 : 유리나방류, 박쥐나방류, 일부 명나방류

⑥ 가해 형태에 따른 해충 정리

종류	해충명
식엽성 해충	대벌레류, 풍뎅이류, 잎벌레, 느티나무 벼룩바구미, 잎벌, 회양목명나방 매미나방, 흰불나방
흡즙성 해충	방패벌레, 진딧물, 나무이, 깍지벌레, 응애
종실 · 구과 해충	도토리거위벌레, 밤바구미, 복숭아명나방
충영형성 해충	진딧물류(외줄면충), 밤나무혹벌, 솔잎혹파리, 아까시잎혹파리, 혹응애(향나무, 회양목), 큰팽나무이
천공성 해충	하늘소(솔수염, 북방, 향나무, 알락), 나무좀, 노랑무늬 솔바구미, 박쥐나방, 복숭아유리나방

(4) 기주범위에 따른 구분

① 해충이 기주를 선택할 때에는 주화성이 관여함. 양의 주화성은 수목 내 당 성분, 음의 주화성은 아미노산에서 기인하는 물질

② 단식성 해충

㉠ 한 종의 수목만 가해하거나 같은 속의 일부 종만 기주로 함

㉡ 피해 수종의 피해 흔적만으로도 가해 해충을 추정하기 용이함

㉢ 한 종 가해 : 느티나무벼룩바구미, 팽나무벼룩바구미, 줄마디가지나방, 회양목명나방, 개나리잎벌, 밤나무혹벌, 붉나무혹응애, 회양목혹응애

㉣ 같은 속 가해 : 자귀뭉뚝날개나방(자귀나무, 주엽나무), 솔껍질깍지벌레, 소나무가루깍지벌레, 소나무왕진딧물(소나무, 곰솔), 감나무주머니깍지벌레, 뽕나무이, 향나무잎응애, 솔잎혹파리, 아까시잎혹파리, 검은배네줄면충, 소나무혹응애 등

③ 협식성 해충

㉠ 기주 수목이 1~2개 과로 한정

㉡ 솔나방(소나무속, 개잎갈나무, 전나무 등)

㉢ 천공성 해충(대체로 특이한 물질에 유인) : 광릉긴나무좀(참나무류 서어나무), 소나무좀, 애소나무좀, 노랑애소나무좀

㉣ 방패벌레, 깍지벌레류(왕공깍지벌레, 쥐똥밀깍지벌레, 소나무굴깍지벌레, 벚나무깍지벌레)

④ 광식성 해충

㉠ 미국흰불나방(200여 종 식물 가해)

㉡ 독나방(매미나방, 천막벌레나방, 애모무늬잎말이나방 등)

㉢ 진딧물류(목화, 조팝나무, 복숭아혹, 붉나무소리 등)

㉣ 깍지벌레(뽕나무, 식나무, 이세리아, 가루, 뿔밀, 거북밀, 샌호제)

㉤ 응애(점박이응애, 차응애, 전나무잎응애)

㉥ 천공성 해충(오리나무좀, 알락하늘소, 왕바구미, 가문비왕나무좀, 붉은목나무좀)

3. 수목해충의 주요 분류군

(1) 메뚜기류 및 귀뚜라미류

① 갈색여치가 산림과 과수류에 피해. 청솔귀뚜라미가 나무 위에 서식

② 메뚜기는 건조지대나 나지가 대발생과 관계됨

(2) 대벌레류

① 대발생

② 활엽수의 잎을 갉아 먹음

③ 몸이 가늘고 긺

(3) 흰개미류

① 불완전변태

② 사회생활을 하는 바퀴목의 작은 곤충으로 왕과 여왕을 중심으로 집단생활

③ 흰개미가 땅속에서 갱도를 연장하여 건축물이나 목재를 가해

(4) 총채벌레류

① 꽃이나 잎, 어린 줄기, 어린 과일에 피해

② 식해흔, 변색, 반점, 바이러스 매개

③ 주로 시설재배 농가에서 피해. 지구온난화로 증가 추세

(5) 노린재류

① 빠는형 입틀로 가늘고 긴 주둥이

② 반초시

③ 냄새샘 : 약충은 등판샘, 성충은 뒷가슴샘

④ 장님노린재는 혁질부의 끝과 막질부 사이에 설상부가 있음

(6) 매미, 매미충류

① 주둥이가 머리 밑부분에서 발생

② 더듬이가 매우 짧고 끝에 가는 털이 있음

③ 대부분의 수컷은 복부 기부에 발음기를 가짐

④ 암컷은 나뭇가지 속에 알을 낳고, 부화한 약충은 땅속에서 식물의 즙액을 먹고 삶

⑤ 매미충과는 흡즙·산란으로 피해

⑥ 감로를 배설하여 그을음병 유발

⑦ 바이러스 매개

⑧ 주홍날개꽃매미, 미국선녀벌레, 갈색날개매미충 등

(7) 나무이, 가루이, 진딧물, 깍지벌레류

① 주둥이는 앞다리의 밑마디 사이에서 발생

② 대개 긴 실 모양의 더듬이가 있으나 일부 깍지벌레는 없음

③ 나무이류 성충은 잘 뛰어오르며 대개 기주특이성이 있음

④ 가루이류 성충은 가루 모양의 밀랍질. 회양목가루이, 귤가루이

⑤ 솜벌레는 흰색의 솜 모양·가루 모양의 밀랍질, 특히 줄기에 기생

⑥ 뿌리혹벌레과에서는 밤송이진딧물, 포도뿌리혹벌레가 해충

⑦ 진딧물은 많은 식물에 기생하여 흡즙, 바이러스 매개, 그을음병 유발

⑧ 이주형과 비이주형, 단위생식(태생)과 양성생식(난생)을 함

PART 01
PART 02
PART 03
PART 04
PART 05
PART 06

⑨ 면충류는 주기주에서 혹 형성, 2차 기주에서는 혹을 형성하지 않음

⑩ 깍지벌레 중 도롱이깍지벌레과, 짚신깍지벌레과, 가루깍지벌레과, 밀깍지벌레과, 주머니깍지벌레과는 평생 다리가 있어 이동 자유로움

⑪ 주머니깍지벌레는 다리가 있으나 평생 보행을 거의 하지 않음

⑫ 배롱나무·석류나무 가해 주요 해충이고 대발생하면 수세쇠약

⑬ 밀깍지벌레과는 가루깍지벌레에 비해 고착성이 한층 강하며 일정 시기를 제외하고는 거의 이동하지 않는 것이 많음. 대표 해충으로는 뿔밀깍지벌레, 거북밀깍지벌레, 쥐똥밀깍지벌레, 루비깍지벌레, 줄솜깍지벌레, 공깍지벌레 등이 있고 연 1회 발생함

⑭ 짚신깍지벌레과(이세리아깍지벌레)와 가루깍지벌레과는 3령 유충을 거쳐 성충이 되며 깍지벌레과는 2령 유충을 거쳐 성충이 됨

⑮ 깍지벌레과의 대표 수목해충은 벚나무깍지벌레, 뽕나무깍지벌레, 식나무깍지벌레, 소나무굴깍지벌레, 장미흰깍지벌레, 사철깍지벌레 등

⑯ 벼뿌리가루깍지벌레는 과실이나 엽면 외에 뿌리에 기생하는 종으로 알려져 있고, 테두리깍지벌레는 나뭇가지에 구멍을 만들거나 벌레혹을 형성

(8) 나비·나방류

① 성충은 대부분 흡관형 입틀로 수목에 피해를 주지 않으나 유충은 씹는형 입틀로 수목에 피해를 줌

② 대부분은 식엽성 해충이며 구과 종실 해충(백송애기잎말이나방, 솔알락명나방, 복숭아명나방), 천공성 해충(복숭아유리나방, 박쥐나방) 등도 존재

③ 박쥐나방은 지표에 매우 많은 알을 낳아 뿌려 놓으며, 어린 유충은 초본의 줄기를 먹고, 유충은 수목의 줄기에 터널을 만듦

④ 잎말이나방은 주둥이에 인편털이 없고 수컷은 날개주름이 있음. 잎을 말거나 철하고 줄기, 열매, 과실에 잠입하는 종도 있음. 대표 수목해충으로 매실애기잎말이나방, 대추애기잎말이나방, 소나무순나방, 차잎말이나방 등이 있음

⑤ 주머니나방의 유충은 도롱이를 만들며, 암컷 성충은 날개가 없거나 퇴화된 종이 많고 침엽수와 활엽수 모두에서 발생

⑥ 솔나방과 : 천막벌레나방, 솔나방 등

⑦ 독나방아과 : 매미나방, 붉은매미나방, 독나방, 차독나방 등

⑧ 알락나방과 : 대나무쐐기알락나방, 노랑털알락나방, 벚나무알락나방 등

(9) 풍뎅이, 하늘소, 잎벌레, 바구미, 나무좀류

① 딱정벌레목은 곤충강 내에서 가장 큰 분류군으로 딱딱한 앞날개를 가짐

② 잎 가해 : 잎벌레류, 풍뎅이, 느티나무벼룩바구미, 왕거위벌레 등

③ 나무줄기나 종실 가해 : 나무좀, 바구미, 하늘소, 도토리거위벌레 등

④ 매개충 역할 : 소나무재선충병 매개(솔수염하늘소, 북방수염하늘소), 참나무시들음병 매개(광릉긴나무좀)

⑤ 하늘소는 더듬이가 길고 대부분 쇠약목을 가해하지만, 때때로 살아있는 수목을 가해하기도 함

⑥ 잎벌레는 소형이 많으며 더듬이는 가늚. 유충과 성충 모두 식엽성인 것과 성충이 식엽성이고 유충은 식근성인 것 등이 있음

⑦ 바구미과 유충은 다리가 없고 식물체 조직 속으로 먹어 들어감

⑧ 바구미과인 나무좀아과, 긴나무좀아과는 쇠약한 나무, 손상된 나무를 가해

(10) 잎벌류 및 벌류

① 개미나 꿀벌과 같이 인류에게 유익한 곤충이 포함된 분류군으로, 수목에 피해를 주는 경우는 많지 않음. 천적으로 중요한 기생벌류도 포함

② 납작잎벌과의 암컷성충은 기주의 잎 표면에 나출된 알을 부착시킴. 유충도 배다리가 없는 특이한 형태를 함

③ 송곳벌과 암컷 대부분은 산란칼집 기부 위쪽에 균실이 있어 산란할 때 알과 함께 목부후균의 포자를 접종하며 부화유충은 연약해진 목재를 먹으며 자람

④ 등에잎벌 성충의 더듬이 채찍마디가 1마디로 되는 특징을 지님

⑤ 밤의 주요 해충인 밤나무혹벌은 암컷만으로 번식함

⑥ 복숭아씨살이좀벌의 피해가 매실나무 등에서 발생

(11) 파리류

① 집파리, 모기, 등에 등 다수가 위생 해충

② 포식성 천적과 기생성 천적을 포함한 천적자원이 포함된 분류군

③ 피해 해충 : 솔잎혹파리, 아까시잎혹파리, 향나무혹파리, 사철나무혹파리 등

(12) 응애류

① 곤충강에 속하지 않고 거미강 응애목에 속하는 절지동물로, 입틀을 식물체에 찔러 넣고 흡즙 가해

② 응애류는 몸길이가 1~2mm로 작아 밀도가 작을 경우 문제가 되지 않지만, 세대기간이 짧은 다화성으로 급속도로 증가하여 피해 확산

③ 대부분 잎응애류 피해가 큰 편이나 최근에는 혹응애류 피해도 증가

④ 잎응애과

   ㉠ 유충기에 다리가 3쌍에서 4쌍으로 발육함[알 → 유충(다리3쌍) → 제1정지기 → 제1약충(다리4쌍) → 제2정지기 → 성충]

   ㉡ 일반적으로 낮은 습도를 좋아함

   ㉢ 피해 초기에는 반점 모양이나 진전되면 잎 전체가 황화, 갈변, 조기낙엽

⑤ 혹응애과

  ㉠ 성충의 몸길이는 0.2mm 내외로 매우 작아 육안 관찰 불가. 몸은 구더기 모양, 다수의 고리마디가 있고 다리는 2쌍

  ㉡ 알·제1약충·제2약충·성충이 되며 유충기는 없음

  ㉢ 밤나무혹응애(벌레혹), 녹응애류(갈변), 포도혹응애(양탄자 모양 돌기)

CHAPTER **05** 수목해충의 예찰 및 진단

1. 수목해충의 예찰

(1) 개요

① 수목해충의 예찰이란 해충이 수목을 가해하는 시기보다 이전 발육단계의 발생상황, 생리상태, 기후 조건 등을 조사하여 해충의 분포 상황, 발생 시기, 발생량을 사전에 예측하는 것으로 경제적 피해를 최소화하기 위함.

② **주요산림해충** : 소나무재선충병의 매개충, 광릉긴나무좀, 솔잎혹파리, 솔껍질깍지벌레, 미국흰불나방 등

(2) 수목해충의 예찰 이론

① 해충은 전 생육기간 동안 수목에 피해를 주는 것이 아니라, 특정한 발육단계에서 수목에 피해를 줌

② 특정한 발육단계에 도달하는 시기와 발생량을 추정하기 위해서는 온도, 습도, 광 등의 환경조건과 기주범위 등의 조사 필요

③ 곤충은 변온동물로 온도에 따라 발육기간이 달라지므로, 온도가 증가하면 발육 속도가 증가하지만 생존 한계 온도를 벗어날 경우 치사하기도 함

④ 온·습도에 대한 반응

온도	• 대부분의 곤충은 그늘진 곳을 좋아하고 체온 조절 기능을 갖고 있음 • 주간에 행동하는 곤충은 서늘한 날씨조건에서는 정오에 가장 활발히 활동 • 더운 날씨 조건에서는 아침, 저녁에 활동이 활발 • 생존 가능 허용 범위(온도 0~50℃), 최적온도(22~38℃)
습도	습도 선호 행동은 몸의 부피에 비해 표면적이 큰 곤충의 함수량 조절 기능도 중요
환경 4대 요소	• 기상, 먹이, 서식 장소, 곤충의 상호관계 • 주요 기상요인 : 온도, 습도, 광 등

⑤ 곤충의 상호관계

　㉠ 종 내 상호작용(개체군의 밀도와 관련), 종 간 상호작용

종 내 상호작용	• 밀도가 높을 때는 배우자 발견 용이, 천적 공격 회피가 용이 • 밀도가 낮을 때는 배우자 발견 기회가 낮아 수정률이 떨어짐 • 일정 지역 내 최고 밀도는 그 지역 내 공급 가능 자원의 크기에 좌우되며 자원에 제한이 있을 경우 종 내 경쟁이 발생 • 종 내 경쟁 정도는 밀도 증가에 의해 커지고 최대 밀도가 크면 죽거나 전출 • 고밀도일 때는 체형, 체색에 변화가 보이고 행동이 극히 활발함
종 간 상호작용	2종 이상이 먹이와 은신처 등 생활 요구 자원이 같을 때 종 간 경쟁이 일어나며 경쟁 결과 지는 쪽은 그 서식처에서 제거됨

　㉡ 유리한 작용, 불리한 작용

유리한 작용	• 상리공생 : 서로 이득을 보는 개미와 진딧물, 꿀벌과 작물 수정의 관계 • 편리공생 : 일방적 이득 관계(한쪽 유리, 상대방은 손익 없음) • 원시협동 : 둘 다 이득(의무적 관계 아님, 헤어지면 그만)
불리한 작용	• 편해공생 : 한쪽 손해 • 경쟁 : 둘 다 손해 • 기생(포식) : 한쪽에만 유리하고 상대방이 피해를 받음

 TIP 기생생물

• 곤충, 응애, 선충, 미생물(박테리아, 바이러스) 등
• 곤충을 침해하는 미생물로 해충방제(생물적 방제원)
• 나비목 유충이 기주
　– 박테리아 → BT균
　– Virus → 곤충감염세포 내의 핵, 세포질에서 다각체인 생산바이러스 등이 발견

⑥ 선형모형의 이용

선형모델	• 온도와 발육율이 선형적인 관계에 있다는 가정하에 적온영역에 속한 자료만으로 모형식(직선회귀식)을 추정하는 것 • 쉽고 간단하게 이용 가능하여 가장 많이 활용됨 • $r(T)=aT+b$ • 발육률=기울기×온도+0℃에서의 발육률
발육영점온도	• 곤충의 발육에 필요한 최저온도로 직선회귀식으로부터 발육률이 0이 되는 온도를 추정함 　($TL=-b/a$) • 종에 따라 달라지며, 같은 종에서도 발육단계나 기주에 따라 달라짐
유효적산온도	• 발육단계별 발육 완료에 필요한 총온열량 • $K=(T-TL)D$ • 유효적산온도=(발육기간 중 평균온도–발육 영점온도)발육 필요일수

TIP 곤충의 발육속도와 온도와의 관계

최저온도 부근과 고온 부근에서는 현저하게 발육 속도가 억제되어 비선형적(S자 형태)으로 나타나므로 선형적인 직선회귀식을 적용하면 오차가 발생 → 다양한 비선형모형 개발

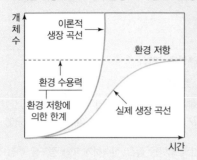

• 이론적 생장 곡선 : 지수적 증가
• 실제 생장 곡선 : 로지스틱 증가
• 환경 수용력 : 환경 저항에 의한 한계

⑦ **다른 생물현상과의 관계 이용** : 식물의 개화기 또는 어떤 곤충의 발생 시기를 대상 해충과 연관하여 예찰하는 방법 **예** 솔잎혹파리의 우화최성기는 아까시나무 꽃의 만개 시기와 비슷함

⑧ **생명표 이용**

    ㉠ 단기간 내 출생한 동시 출생 집단의 경과를 추적하여 연령생명표와 어떤 시점의 시간생명표로부터 각 연령간격의 사망률을 추정 제작함

    ㉡ 곤충 개체군에서는 보통 암컷 1마리당 산란수를 시점에서 알에서 성충까지 각 발육단계를 연령등급으로 취급하여 사망요인으로 감소한 개체수를 산출하는 연령생명표를 사용하고 있음

    ㉢ 생명표는 종 사망요인의 변동과 법칙을 찾아내어 해충 발생량의 예찰에 이론적 근거를 제공할 수 있음

    ㉣ 개체군
       • 생태계에서 동일한 시공간을 점유하는 동일 종의 집단
       • 일정한 유전자를 유지하고 분포권을 가짐
       • 단위면적당 개체수 또는 개체군 밀도가 지속적으로 변동하는 특성

    ㉤ 생존곡선의 유형

제1형	연령이 어린 개체들의 사망률이 낮은 경우
제2형	사망률이 연령에 관계없이 일장
제3형	어린 연령의 개체들이 사망률이 높은 경우

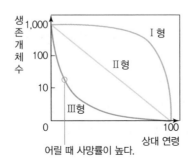

어릴 때 사망률이 높다.

⑨ 기타 방법 : 통계적인 예찰방법은 온도, 강우량, 일조시간 등 장기간에 축적된 기상적 자료를 바탕으로 발생량과 발생시기를 예찰하는 방법

(3) 수목해충의 발생조사

① 직접조사

전수조사	서식하는 해충이나 해충의 흔적을 전부 조사하는 방법
표본조사	집단의 일부를 조사하여 전체 집단에 대한 정보를 유추
축차조사	• 밀도 조사를 순차적으로 누적하면서 방제 여부를 결정하는 방법 • 표본조사와 달리 표본 크기가 정해져 있지 않고 관측치의 합계가 미리 구분된 계급에 속할 때까지 표본추출을 계속하는 방법 • 해충의 밀도에 따라 표본수를 조정, 시간과 노력을 절감, 신속하게 피해 정도를 추정, 방제 여부의 결정 및 방제대상자의 선정에 유용하게 활용
원격탐사	• 위성영상이나 유무인항공기로 촬영한 항공사진 등을 이용하여 해충의 발생과 피해를 평가하는 방법 • 단시간 내에 넓은 면적을 조사할 수 있어 인력과 시간 절감 • 소나무재선충병과 참나무시들음병의 피해목 조사에 주로 활용

② 간접조사 : 해충의 행동 습성이나 먹이 등을 이용하여 해충상을 조사하는 방법

유아등	• 주광성이 있고 활동성이 높은 성충을 대상으로 함 • 광선 자외선 근처 스펙트럼은 320~400nm • 특정한 종의 개체군 변동 비교나 성충의 우화 시기 추정에 유용 • 종간의 밀도 비교는 어려움
페로몬트랩	• 나방류나 솔껍질깍지벌레의 수컷 성충을 유인하는 성페로몬트랩 개발 • 딱정벌레류(하늘소, 나무좀)나 노린재류 : 집합페로몬이 주로 이용 • 종 특이성 대상 해충만 포획. 미량으로 효과 우수. 발생 시기 및 밀도 예측
우화상	해충이 약충이나 번데기에서 탈피하여 성충으로 우화하는 것을 조사하기 위한 장치
말레이즈트랩	• 곤충이 날아다니다 벽에 부딪히면 위로 올라가는 습성을 이용 • 벌, 파리 등
에탄올	나무좀류를 유인
기타	황색수반트랩(계면활성제, 진딧물), 먹이트랩, 흡충기, 쓸어잡기, 털어잡기

(4) 주요 수목해충의 예찰조사 현황

① 소나무재선충 매개충
   ㉠ 11월 말까지 우화조사목을 우화상에 적치완료, 4~8월까지 우화상 내의 기온 및 우화 상황을 매일 조사
   ㉡ 50% 우화일은 대개 솔수염하늘소의 경우 6월 중하순, 북방수염하늘소는 5월 중하순에서 6월 상순

② 솔잎혹파리
   ㉠ 4월 10일까지 우화상 설치, 7월까지 우화 상황 조사
   ㉡ 충영형성률 조사는 9~10월에 전국 고정조사지에서 5본 택, 4방위, 중간부위 신초 2개씩을 채취하여 조사

③ 솔껍질깍지벌레 : 4월경에 선단지 전방의 곰솔림에서 알덩어리 발생 여부 조사

④ 솔나방

　㉠ 전국의 고정조사지 내에서 임의로 20본을 선정

　㉡ 수관 상부와 하부에서 직경×길이100㎠ 정도 가지를 택하여 가지 위에 있는 유충 수 조사

　㉢ 미발생지는 50본 이상의 소나무를 대상으로 육안조사

　㉣ 소나무, 곰솔, 리기다소나무

⑤ 오리나무잎벌레 : 5월과 7월에 전국의 고정조사지 30본 조사목 선정, 상부 100개의 잎, 하부 200개의 잎에서 알덩어리와 성충 밀도 조사. 2016년부터 제외

⑥ 참나무시들음병 : 4월 15일까지 조사지에 유인목 설치, 끈끈이롤트랩을 부착한 후 4월~8월까지 유인된 상황 조사

⑦ 잣나무별납작잎벌 : 5월경 고정조사지 0.5×0.5m의 조사구 10개소씩 선정 설치, 30cm 깊이 토중 유충수 조사. 2016년부터 제외

⑧ 미국흰불나방

　㉠ 6~8월 전국 29개소 고정조사지에서 각 50본의 조사목을 대상으로 피해율과 본당 충소 수를 조사

　㉡ 발생시기조사는 5~9월에 전국 9개 지역에서 유아등 또는 페로몬트랩에 채집된 성충수를 조사

⑨ 버즘나무방패벌레 : 8월경, 전국 9개 지역 가로수 1km 구간에서 조사목 30본 선정하여 피해도 판정기준에 의거 피해도를 조사(경 : 20% 미만, 중 : 20~50%, 심 : 50% 이상). 2016년부터 제외

⑩ 밤나무해충(복숭아명나방, 밤바구미, 밤나무혹벌)

　㉠ 7~9월에 도별 3개군 조사구를 설치하여 복숭아명나방[(피해 송이 수/그루당 전체 밤송이 수) ×100, 페로몬트랩을 설치하여 조사]과 밤바구미는 피해율과 우화 시기를 조사(밤바구미는 현재 조사하지 않음)

　㉡ 밤나무혹벌은 피해율 조사(피해혹 수/가지) × 20가지

⑪ 돌발해충

　㉠ 나비목>딱정벌레목>노린재목>벌목 순으로 발생

　㉡ 나비목 중 특히 독나방아과 해충의 발생 빈도가 가장 높음(30년에 9번 발생)

⑫ 농림지 동시발생 해충 : 주홍날개꽃매미, 미국선녀벌레, 갈색날개매미충

2. 수목해충의 진단

(1) 수관부 조사

① 해충 피해를 진단하기 위하여 가해 부위를 직접 조사하거나 벌레똥, 피해흔 등을 조사하여 간접적으로 밀도를 추정하는 방법

② 응애류 : 육안 관찰이 어려우나 피해가 진전되면 잎이 회갈색으로 변하고 잎에서 미세한 거미줄을 관찰할 수 있으며 확대경을 이용하면 진단이 용이

③ 흡즙성 해충

    ㉠ 충체를 직접 조사하는 방법 또는 감로나 그을음병과 같은 흔적을 통한 간접적인 조사 방법

    ㉡ 방패벌레류는 피해 흔적이 진딧물류나 응애류의 피해와 유사하나 잎 뒷면에 벌레똥과 탈피각이 붙어 있음

④ 식엽성 해충

    ㉠ 나비목 해충은 주로 유충기에 가해를 하고 피해가 흔한 종은 쉽게 진단할 수 있으나 피해가 흔하지 않은 종은 진단이 어려운 편이므로 우화시키면 동정이 비교적 용이해짐

    ㉡ 대부분은 단순히 잎을 갉아 먹음

    ㉢ 거미줄을 내어 잎을 철함 : 잣나무별납작잎벌, 회양목명나방, 자귀뭉뚝날개나방

    ㉣ 거미줄을 내어 집을 지음 : 천막벌레나방, 미국흰불나방

    ㉤ 잎살 속에서 굴을 뚫음 : 느티나무벼룩바구미

(2) 수간부 조사

① 수목의 수간 표면, 인피부, 목질부 등을 가해하는 해충 조사

    ※ 인피부 : 체관, 반세포, 사부유조직, 체부섬유로 된 복합조직

② 수간 표면 조사 : 흡즙성 해충(깍지벌레, 진딧물 등)과 식엽성 해충의 알

③ 인피부 및 목질부 조사 : 나무좀류, 비단벌레류, 하늘소류, 유리나방, 박쥐나방류, 송곳벌류 등

④ 흔적 관찰 : 특히 천공성 해충은 줄기나 가지에 구멍을 뚫고 들어가므로 톱밥, 목설, 벌레똥, 수액, 송진 등의 흔적 관찰을 통해 진단

⑤ 광릉긴나무좀의 목설 : 수컷 성충(5·6월, 원통형), 암컷 성충(6·7월, 구형), 유충(8·9월, 분말형)

(3) 토양 조사

① 뿌리가해 해충과 세대의 일부분을 토양에서 사는 해충 조사

② 피해 흔적을 통한 해충의 구분

피해 흔적	해충의 종류
〈수관부〉 잎을 갉아 먹음	나비류·나방류·잎벌의 유충, 잎벌레류 유충과 성충, 풍뎅이류, 메뚜기류, 대벌레류, 달팽이류 등

피해 흔적	해충의 종류
잎의 변색(백색, 은색, 회색), 반점	진딧물류, 잎응애류, 방패벌레류, 매미충류, 총채벌레류, 노린재류, 나무이류 등 흡즙성 해충
잎에 굴이 파짐	굴나방류, 벼룩바구미
조직 비틀어짐, 부풀고 혹 발생	혹진딧물류, 혹응애류, 총채벌레류, 나무이류, 혹파리류, 혹벌류
종자, 구과에 벌레똥이나 가해 흔적	잎말이나방류, 명나방류, 바구미류
감로 및 이로 인한 그을음병	진딧물류, 깍지벌레류, 매미충류, 나무이류, 가루이류, 선녀벌레류
잎에 똥조각 및 탈피각	방패벌레류
잎이 철해지거나 겹쳐짐	잎말이나방류, 거위벌레류, 잣나무별납작잎벌
거미줄이 있음	미국흰불나방, 천막벌레나방, 잎응애류, 잎말이나방류, 명나방류
주머니 형태의 벌레집	주머니나방류
거품이 있음	거품벌레류
솜이나 밀랍 형태의 물질	진딧물류, 나무이류, 선녀벌레류
줄기나 새순에 구멍 뚫림	순나방류, 나무좀류(2차 피해)
〈수간부〉 가지, 줄기, 새순 및 수목전체 고사-피해부위 구멍, 톱밥, 벌레똥, 나무진, 송진, 수액 배출	하늘소류, 바구미류, 나무좀, 유리나방류
솜이나 밀랍 형태의 물질	깍지벌레류, 솜벌레류, 진딧물류
〈지하부〉 뿌리를 갉아 먹음	풍뎅이류 유충, 땅강아지
월동 개체(직접 피해 없음)	잣나무별납작잎벌 유충·번데기, 잎벌레류, 솔잎혹파리 유충

PART 01

PART 02

PART 03

PART 04

PART 05

PART 06

CHAPTER 06 수목해충의 방제

1. 개요

① **해충방제** : 인간에게 경제적 손실을 유발하거나 유발할 가능성이 있는 해충을 예방·구제하는 일

② 방제를 위해서는 단순히 해충에만 초점을 맞추지 말고 해충을 둘러싼 주변 환경을 반드시 고려해야 함

③ 수목은 해충의 피해를 이겨내기 위한 진화를 거듭해 왔음. 솔잎혹파리 피해를 입은 소나무는 새잎에 생리적 변화가 일어나면서 잎이 가늘어지고 잎간 전개도 빨라져 솔잎혹파리 부화유충의 정위행동에 혼란을 일으키며, 결과적으로 솔잎혹파리는 벌레혹 형성에 실패하고 유충의 사망률도 높아짐

④ 방어작용이 잘 이루어지려면 수목 자체의 활력도가 매우 중요. 소나무는 솔잎혹파리 충영형성률이 50%를 넘어야 생육이 저해되기 시작하므로 피해에 대한 완충능력이 뛰어난 편이나, 피해가 지속되어 활력도가 떨어지면 문제가 발생함

⑤ 생활권 도시림은 실생활에서 쉽게 접근·활용할 수 있는 공간이므로, 단순한 해충의 방제보다는 인간과 환경을 동시에 고려한 방제법 필요

2. 법적 방제

① 외래 침입 해충(천적 없고, 수목의 방어능력 없음)

해충명	가해수종	유입국가	발견년도
이세리아깍지벌레	귤	미국, 타이완	1910
솔잎혹파리	소나무	일본	1929
미국흰불나방	활엽수류	미국, 일본	1958
밤나무혹벌	밤나무	일본	1958
솔껍질깍지벌레	곰솔	불명	1963
버즘나무방패벌레	버즘나무	미국	1995
아까시잎혹파리	아까시나무	미국추정	2002
주홍날개꽃매미	활엽수류	중국	2006
미국선녀벌레	활엽수류	미국, 유럽	2009
갈색날개매미충	활엽수류	중국	2010

② 식물방역법, 소나무재선충병 방제특별법과 같은 법령에 의한 방제

③ 소나무재선충병의 경우 소나무재선충병 방제특별법에 따라 발생 지역으로부터 2km의 행정 동·리 단위로 소나무류 반출금지 구역을 지정하고 소나무류의 이동을 제한하여 국내에서의 확산을 방지

3. 물리적 방제

① 온도, 습도, 이온화에너지, 음파, 전기, 압력, 색깔 등을 이용하여 해충을 직접적으로 없애거나 유인, 기피하여 방제하는 방법

② **온도** : 소나무재선충병 피해목 목재 활용을 위해 온도를 56℃에서 30분 유지, 전자파를 60℃에서 1분 이상 유지, 수확한 밤은 30℃ 온탕에서 7시간 침지처리로 밤바구미 100% 방제

③ **습도** : 곤충의 몸은 수분이 차지하는 비율이 50~90%이고, 체구가 작아 보유 가능 수분량에 비해 체표면적이 크므로 수분 손실을 최소화해야 함. 솔잎혹파리는 건조되면 폐사율↑, 수입 원목을 물속 저장하여 천공성 해충 방제, 소나무재선충병은 함수율 19%↓처리로 방제

④ **색깔의 이용** : 진딧물류나 멸구류는 황색계에 유인(황색수반트랩 이용 조사), 백색이나 은색의 멀칭을 기피

⑤ **이온화에너지**

    ㉠ 감마선, X-선, 전자빔과 같은 이온화에너지를 일정량 이상 조사하면 해충을 죽이거나 불임화시킬 수 있고, 조사 후 잔류가 전혀 남지 않아 해충방제에 적용

    ㉡ 처리시간이 짧은 것이 장점이나 초기 시설비용이 많이 드는 단점이 있음

    ㉢ 점박이응애가 발육억제를 위한 최소조사선량이 가장 높고(400Gy) 세대가 경과하면 해충을 방제할 수 있음

    ㉣ 최근에는 감마선이나 X-선과 같은 원자력에너지보다는 전자빔을 연구

⑥ **기타 방제법** : 특정 음파, 감압법, 전기충격(광릉긴나무좀)

4. 기계적 방제

① **개요**

    ㉠ 손이나 기구 이용, 인력·비용 많이 소요, 산림청 적극 권장

    ㉡ 포살, 유살, 소각, 매몰, 박피, 파쇄·제재, 진동, 차단법

② **포살법**

    ㉠ 손이나 간단한 기구를 이용해 해충의 알, 유충, 번데기, 성충을 직접 잡아 죽이는 방법

    ㉡ 솔 이용 : 깍지벌레류

    ㉢ 철사 : 복숭아유리나방 유충

　　　　㉣ 전정 : 분산하기 전에 가해부위 전정(미국흰불나방, 천막벌레나방, 독나방, 매미나방)

　　　　㉤ 알덩이 제거 : 주홍날개꽃매미, 매미나방, 밤나무 왕진딧물, 천막벌레나방

　　③ 유살법

잠복장소 유살법	• 나방류 유충이 월동을 위해 나무줄기를 타고 땅으로 내려올 때 잠복소를 설치하고 봄 월동이 끝나기 전에 제거 소각 • 해충보다 천적을 더 많이 죽일 수 있어 설치하지 말 것을 권고하고 있음
번식장소 유살법	• 소나무좀, 노랑애나무좀, 하늘소류, 바구미류 등 천공성 해충이 목질부에 산란하는 습성을 이용하여 유인목 설치 후 우화 전 제거 소각 • 소나무재선충의 매개충 방제를 위해 하늘소류가 산란한 고사목을 제거한 뒤 파쇄, 매몰, 소각
등화유살법	• 주광성 해충 중에서 나방류와 같이 이동성 있는 성충을 유인하여 죽이는 방법(습성 및 주성 이용) • 일반적인 곤충까지 유인되어 죽는 단점
페로몬유살법	• 페로몬을 이용하여 해충을 유인하여 방제하는 방법 • 대상해충만 페로몬에 반응하기 때문에 친환경적인 방제법 • 미국흰불나방, 회양목명나방, 복숭아유리나방, 솔껍질깍지벌레 이용 • 소나무재선충병 매개충인 하늘소의 페로몬 방제에서는 단독으로 사용하기보다 알코올과 α−피넨을 같이 사용 • 향후 발전 가능성이 크지만 방제효과가 떨어지고 유충시기에 사용이 불가능한 단점 있음

　　④ **소각법** : 해충 자체나 해충이 들어가 있는 수목조직을 소각하여 방제

　　⑤ **매몰법** : 소나무재선충병의 매개충 방제를 위하여 절단된 피해목을 넣고 50cm 이상 흙을 덮는 방법

　　⑥ **박피법** : 나무좀류나 바구미류 등 수피 아래에 서식하는 해충 방제, 벌채된 목재에서만 활용 가능한 방법

　　⑦ **파쇄 · 제재법** : 소나무재선충병 매개충 피해목을 1.5cm 이하로 파쇄 · 제재하여 매개충이 살지 못하도록 하는 방법

　　⑧ **진동법** : 나무에 진동을 가하면 해충이 나무에서 떨어지는 습성 이용

　　⑨ **차단법** : 이동해충 포살 및 차단효과. 끈끈이롤트랩, 백도제(산란 방지)

5. 생태적 방제(내충성 품종, 생육환경 개선, 숲가꾸기)

(1) 개요

　　① 생태계의 균형을 해치지 않으면서 해충의 생존에 필요한 조건을 변화, 교란, 개선하여 해충의 밀도를 감소시키는 방법

　　② 해충의 구제보다는 예방 및 피해 경감이 주목적

　　③ 산림에서는 임업적 방제, 농업에서는 경종적 · 재배적 방제라고 함

　　④ 효과가 즉각적으로 나타나지 않으나 환경 및 인축에 영향이 적은 친환경적 방제법

　　⑤ 혼효림은 다양한 해충 서식, 천적자원도 풍부하여 생태계의 균형이 이루어지기 때문에 해충 피해가 단순림에 비해 적은 편임

(2) 내충성 품종

① 수목이 해충에 대한 방어능력을 유전적으로 지닌 것

② 내충성 요인 : 항객성, 항생성, 내성

항객성	• 수목이 곤충의 행동에 영향을 미침. 해충이 초기에 정착을 선호하지 않게 하여 해충의 밀도가 낮아지므로 비선호성이라고도 함 • 수목이 센털·털·경피조직과 같은 형태적 특징이나 기피물질을 발산하여 해충의 접근을 저지하는 것으로 해충의 정착, 섭식, 산란 등의 행위를 방해함
항생성	• 수목이 곤충의 생리에 영향을 미침 • 수목의 과민반응·털 등의 형태적 특성이나 수목의 2차 대사산물에 의한 독소·화학적 특성에 기인(테르펜) • 해충이 정착한 후 직접적인 사망에 이르거나 성장 속도가 지연되어 피해가 경감됨 • 리기다소나무는 부화유충이 정착하면 잎의 표피층에서 괴저 현상, 수지성 물질이 충전되면서 방어층을 형성하여 유충이 벌레혹을 형성하지 못하고 정착 1개월 이내에 죽음
내성	• 해충의 가해에 대하여 수목의 생육이 영향을 적게 받거나 피해에 대한 회복능력이 우수한 형질 • 항객성과 항생성은 수목에 대한 곤충의 반응인 반면, 내성은 곤충에 대한 수목의 반응임 • 내성은 해충의 수를 줄이지 않기 때문에 항객성이나 항생성에 비해 소극적 의미의 내충성 요인임 • 내충성 방제법은 비용이 적게 들며 다른 방제법과 같이 적용 가능함 • 내충성은 특정한 해충만 가능하므로 별도의 방제 수단 필요 • 밤바구미는 우화최성기가 9월 상중순이므로 조생종에는 피해 적고 복숭아명나방 피해율은 높음(밤을 가해하는 2화기 발생시기가 7월 하순~8월 상순이기 때문임) • 밤나무혹벌은 내충성 품종에서도 벌레혹 관찰(단위생식 하는 우연한 기회에 내충성 밤나무를 가해할 수 있는 능력을 획득한 것으로 추정)

(3) 생육환경의 개선

① 이식 초기 집중적인 수목관리, 생육공간 협소한 조경수는 생육환경 개선 및 적정한 양분 공급, 수세 강화는 해충피해 내성을 증가시킴

② 박쥐나방(제초 실시), 녹병과 진딧물의 일부는 중간기주 제거. 소나무좀(쇠약목이나 고사목 사전 제거)

(4) 숲가꾸기

① 숲바닥의 햇빛 양을 증가시켜 생태적으로 건강

② 중간기주가 있는 수목 가해 주요 진딧물류

해충명	중간기주	중간기주 체류 기간	주요 가해수종(산란장소)
목화진딧물	오이, 고추 등	5~10월	무궁화, 석류나무(눈, 가지)
복숭아혹진딧물	무, 배추 등	5~10월	복숭아나무, 매실나무(겨울눈)
때죽납작진딧물	나도바랭이새	7월~가을	때죽나무(가지)
사사키잎혹진딧물	쑥	5~10월	벚나무류(가지)
외줄면충	대나무	5~10월	느티나무(수피 틈)
조팝나무진딧물	명자나무, 귤나무	5~10월	사과나무(도장지), 조팝나무(눈)
일본납작진딧물	조릿대, 이대	여름철	때죽나무
검은배네줄면충	벼과식물	7~9월	참느릅나무, 느릅나무(수피 틈)

해충명	중간기주	중간기주 체류 기간	주요 가해수종(산란장소)
복숭아가루진딧물	억새, 갈대 등	6월~가을	벚나무류
벚잎혹진딧물	쑥	6월~가을	벚나무류
붉은테두리진딧물	벼과식물 뿌리	5~9월	매실나무, 벚나무속(겨울눈, 가지)

6. 생물적 방제

(1) 개요

천적이나 곤충병원성 미생물을 이용함으로써 자연계의 평형을 유지시키는 방제법

(2) 천적

① 기생성 천적

㉠ 해충의 몸에 산란하고 성장하여 결국에는 기주인 해충을 죽이는 곤충

㉡ 기생벌류 : 맵시벌상과, 먹좀벌상과, 좀벌상과

㉢ 기생파리류 : 쉬파리과, 기생파리과

㉣ 내부기생성 천적(긴 산란관) : 먹좀벌류와 진디벌류

㉤ 외부기생성 천적 : 개미침벌, 가시고치벌(솔수염하늘소의 천적)

㉥ 솔잎혹파리의 천적 : 솔잎혹파리먹좀벌, 혹파리살이먹좀벌, 혹파리등뿔먹좀벌, 혹파리반뿔먹좀벌

② 포식성 천적

㉠ 포식성 천적은 해충을 먹이로 하는 생물종

㉡ 무당벌레, 사마귀, 풀잠자리, 말벌 등의 씹는 형 입틀을 가진 곤충류

㉢ 꽃등에 유충(응애류 포식), 침노린재, 애꽃노린재 등 빠는 형 입틀을 가진 곤충류

㉣ 포식성 거미류, 응애류, 조류(박새, 진박새 등), 양서류, 파충류, 포유류(잣나무별납작잎벌의 토중유충을 포식하는 두더지)

③ 천적유지식물 : 천적유지식물을 이용하여 천적의 밀도를 유지하거나 천적을 불러오는 환경을 만듦

(3) 곤충병원성미생물

① 개요

㉠ 해충에 병을 일으켜서 해충을 폐사시키는 미생물

㉡ 바이러스, 세균, 곰팡이, 원생동물, 선충 등

② 바이러스

㉠ 기주의 세포핵 안에서 복제하는 베큘로바이러스과에 속함

㉡ 핵다각체병 바이러스 : 경구감염, 나비목 유충, 일부 잎벌류, 파리목

ⓒ 감염 유충은 3~12일 정도에 죽으며 미라 형태로 거꾸로 매달려 있음

ⓔ 과립병 바이러스 : 경구·경란감염, 나비목 유충

ⓜ 감염 후 4~25일 정도에 죽으며, 유충의 색이 연해지는 경향 있음

ⓑ 곤충병원성 바이러스의 활력은 자외선에 의해 낮아짐

ⓢ 인공배지 증식이 어렵고, 치사 소요기간이 길어 현장 적용이 어려움

ⓞ 복합적 방제에 유리, 인간 감염위험이나 독성 등에 안정

③ 세균

ⓖ 해충방제에 상용화된 세균은 내생포자를 형성하는 포자형성 세균류

ⓛ 종류 : B.T(*Bacillus thuringiensis* 아속 2종)

ⓒ 나비목 유충 방제, 곤충 체내에 증식하여 패혈증을 일으키거나 독소를 생산하여 병원성

ⓔ 소화중독에만 효과, 살포 후 수일이 지나야 해충의 활력이 떨어짐

ⓜ 환경변화에 저항성 강, 혼용 가능, 속효적(바이러스에 비해), 선택성

④ 곰팡이

ⓖ 일부 곰팡이가 독성물질을 만들어 살충효과를 나타냄

ⓛ 종류 : 백강균, 녹강균

ⓒ 포자의 체벽을 뚫고 체내에 침입. 흡즙성 해충 방제에도 적용

ⓔ 분생포자의 발아를 위해서는 90% 이상의 높은 습도를 요구하므로, 습도 조절이 용이한 농업용 재배시설에서 주로 적용

ⓜ 다양한 생육단계 적용, 기주 선택성 크지 않으며, 인공배지 증식 용이

⑤ 선충

ⓖ 곤충에 기생하여 해충을 죽이거나 불임 유발, 생식력 감소 작용

ⓛ 장단점

장점	• 뛰어난 살충력 • 대량 증식과 보관 가능 • 인축에 대한 안정성 • 기존 농약 살포용 기구 사용 가능 • 화학농약이나 곤충병원성세균과 혼용 가능
단점	햇빛이나 자외선에 매우 약함, 습도가 낮아지면 쉽게 죽음

7. 화학적 방제

(1) 농약관리법

① 농작물(수목, 농산물, 임산물을 포함함)을 해치는 균, 곤충, 응애, 선충, 바이러스, 잡초 그 밖에 농림축산식품부령으로 정하는 동식물인 달팽이, 조류 또는 야생동물, 이끼류 또는 잡목과 같은 식물(이하 '병해충'이라 함)을 방제하는 데에 사용하는 살균제, 살충제, 제초제

② 농작물의 생리기능을 증진하거나 억제하는 데에 사용하는 약제, 기피제, 유인제, 전착제

③ 천연식물보호제

    ㉠ 곰팡이, 세균, 바이러스, 원생동물 등 살아있는 미생물을 유효성분으로 하여 제조한 농약
(천연식물보호제)

    ㉡ 자연계에서 생성된 유기화합물 또는 무기화합물을 유효성분으로 하여 제조한 농약(천연식물보호제)

(2) 농약의 범위

① 토양소독, 종자소독, 재배 및 저장에 사용되는 모든 약제

② 약효를 증진시키기 위해 사용되는 전착제

③ 제재화에 사용되는 보조제

④ 천적, 해충 병원균, 불임화제, 유인제

 TIP 농약의 범주

- 고추착색촉진제
- Bacillus thuringiensis 배양균
- 가루깍지벌레의 천적 기생벌
- 복숭아명나방 합성 성페로몬

(3) 농약의 명칭

① **시험명(코드명)** : 농약 개발을 위한 시험단계에서의 명칭

② **화학명** : IUPAC 또는 CA의 명명법에 따른 명칭(길고 어려움)

③ **일반명** : 농약을 구성하는 유효성분이나 구조 등을 단순화한 것으로 ISO에서 정함(Fenit-rothion)

④ **품목명** : 농약을 등록할 때 필요한 분류명, 일반명을 한글로 표시하고 뒤에 제형을 붙임(페니트로티온 유제)

⑤ **상표명** : 농약을 제조한 회사에 의해 붙여진 이름(스미치온)

⑥ **학명** : 생물농약이 개발되면서 생물체의 학명을 사용한 이름

(4) 화학성분에 따른 살충제의 분류

① 무기살충제

    ㉠ 수은, 불소, 비소 등을 주성분으로 하는 살충제

    ㉡ 독성이 문제화되어 사용 금지

② 유기살충제

    ㉠ 천연유기살충제

      • 제충국의 피레스린, 담배의 니코틴, 데리스의 로테논, 님의 아자디락틴 등

      • 사용 가능 물질 : 제충국, 데리스, 쿠아시아, 라이아니아, 님 추출물

ⓛ 유기합성살충제

유기염소계 살충제	• 염소를 중심으로 결합된 분자구조 • 강력한 살충력과 넓은 적용 범위, 저렴한 가격 • 잔류성과 생물농축 문제가 제기된 후 사용금지
유기인계 살충제 (작용기작, 1b)	• 인을 중심으로 각종 원자(산소, 황) 또는 원자단 결합 구조 • 아세틸콜린에스테라제의 활성 저해, 소화중독, 접촉독, 호흡독 작용 • 속효성, 넓은 적용 범위, 강한 살충력, 낮은 잔류성 • 페니트로티온, 다이아지논, 아세페이트, 클로르피리포스 등
카바메이트계 살충제 (1a)	• 카르밤산(카르복실산과 아민의 반응물)을 기본구조로 하는 화합물 • AChE를 저해하여 Ach을 축적시켜 살충효과, 주로 접촉독 작용 • 유기인계에 비하여 빨리 분해되어 인체 독성 낮음 • 속효성, 침투이행성이 좋아 식엽성뿐만 아니라 흡즙성에도 효과적 • 일부 제초제로도 개발 • 카바릴, 카보퓨란, 카보설판 등
합성피레스로이드계 (3a)	• 국화과의 제충국에서 추출한 피레스린을 인공합성하여 개발 • 축삭에 작용하여 반복흥분을 유발하는 녹다운 효과를 나타냄(Na 통로 조절) • 파리나 모기 등의 위생 해충과 농업해충에서 높은 살충활성, 속효성, 인축에 대한 독성 낮음, 고온보다 저온에서 약효 발현 • 델타메트린, 펜발레이트, 펜프로파틴, 비펜트린 등
네오니코티노이드계 (4a)	• 담배에서 추출된 니코틴 등의 화합물을 새롭게 합성한 농약 • 신경전달물질 수용체 차단(Ach R와 결합하여 신경전달 저해), 접촉 및 소화중독 작용 • 침투이행성 강하여 노린재목의 흡즙성 해충 방제에 사용되었으나 선충과 응애에는 효과 없음 • 이미다클로프리드, 아세타미프리드, 클로티아니딘, 디노테퓨란, 티아클로프리드, 티아메톡삼 등 • 꿀벌의 집단붕괴현상의 원인으로 이미다클로프리드, 클로티아니딘, 티아메톡삼 3종 신규등록 및 적용확대 금지
벤조일페닐우레아계 살충제(15, 16)	• 요소를 기본으로 한 화합물 • 키틴의 생합성을 저해하고 탈피를 교란시켜 살충을 일으키는 곤충생장조절제(IGR) • 곤충과 포유류 선택독성 높고 인축독성 낮음. 환경오염 적음 • 약효 발현 속도 느림, 나비목 유충에 효과적이나 성충에는 효과 없음 • 클로르플루아주론(잣나무별납작잎벌의 항공방제에 사용), 뷰프로페진(솔껍·깍지벌레의 항공방제에 사용) • 벤조일요소계(O형 키틴합성 저해) : 15 • 비스트리플루론, 클로르플루아주론, 노발루론, 프리플루무론 • 뷰프로페진(I형 키틴합성 저해) : 16
네레이스톡신계 살충제 (14)	• 바다 갯지렁이에서 추출한 천연 살충물질인 네레이스톡신의 구조를 변화시켜 개발한 살충제(네레이스톡신 유사체) • 시냅스 후막으로의 Ach전달을 차단하여 살충작용(신경전달물질 수용체 통로 차단) • 해충이 치사하기까지 시간이 걸림 • 카탑, 벤설탑
마크로라이드계 살충제 (6)	• 아바멕틴은 방선균(Streptomyces avermitilis)에서 분리한 물질로 살비·살충·살선충제 • 인간의 상피병이나 기생충병 치료제로도 사용 • 아바멕틴, 에마멕틴벤조에이트 • 밀베멕틴은 Streptomyces hygroscopicus subsp. Aureolacrimosus의 대사성 혼합물로 살비제와 살선충제로 사용 • 염소통로 활성화 • 소나무재선충의 예방약제로 많이 사용됨

디아마이드계 살충제 (28)	• 2010 이후에 개발된 약제 • 아미드의 기본구조 • 라이아노딘 수용체 조절하여 해충의 근육을 과도하게 수축시켜 치사시킴 • 근육 수축 시에 Ca^{2+}의 방출 촉진 • 클로란트라닐리프롤, 시안트라닐리프롤, 시클라니릴리프롤

(5) 체내 침입경로에 따른 살충제의 분류

① 소화중독제(식독제)

ⓐ 입을 통해 소화관 내로 들어가 살충작용을 일으키는 약제

ⓑ 잔효성이 김

ⓒ 유기인계, Bt제

ⓓ 씹는형 입틀을 가진 딱정벌레목, 메뚜기목의 유충이나 성충, 나비목 유충에 효과적

② 접촉제

ⓐ 해충에 약제를 접촉시켜 기공이나 체표면으로 침투되어 살충력을 발휘하거나 기문이나 기관을 막히게 하여 살충작용을 일으키는 약제

ⓑ 니코틴제는 접촉제, 네오니코티노이드계는 접촉독과 소화중독

ⓒ 유기염소계, 유기인계, 카바메이트계, 합성 피레스로이드계 등

③ 훈증제

ⓐ 가스상태의 약제가 해충의 기문을 통하여 체내메 침투하여 살충작용을 일으키는 약제

ⓑ 토양소독이나 농산물의 저장, 수출입 시의 방역에 주로 이용

ⓒ 메탐소듐, 디메티디설파이드 등은 참나무시들음병과 소나무재선충병 방제에 사용되고 있음

ⓓ 검역용 약제 : 포스핀, EDN, 메틸브로마이드(독성이 강하고 오존층 파괴물질로 문제가 되고 있음)

④ 침투성 살충제

ⓐ 수목의 뿌리, 잎, 가지, 줄기 등에 약제를 침투시킨 후 수목 전체로 이행시킴으로써 살충작용을 일으키는 약제

ⓑ 흡즙성 해충에 효과적, 천적에 직접적인 영향 없음

ⓒ 굴파리류나 혹파리류처럼 식물체 조직 내부에서 가해하는 해충에도 효과

ⓓ 침투성 살충제를 이용한 나무주사 방법도 다양하게 이용됨

ⓔ 카바메이트계(카보퓨란 등), 네오니코티노이드계(이미다클로프리드 등)

⑤ 유인제

ⓐ 해충을 일정한 장소로 유인하여 방제

ⓑ 에탄올, 테르펜, 메틸유게놀 등의 휘발성 물질이나 성페로몬, 집합페로몬 등의 페로몬을 사용

ⓒ 페로몬 유인제에 보조제를 혼합 사용하기도 함

광릉긴나무좀	에탄올과 시트랄 95 : 5로 혼합
솔수염하늘소	모노카몰+에탄올과 알파피넨
북방수염하늘소	모노카몰+에탄올과 알파피넨 및 입세놀

※ 모노카몰(솔수염하늘소와 북방수염하늘소의 집합페로몬)
　에탄올(나무좀류를 유인하는 물질)

⑥ 기피제

ⓐ 해충의 접근 방지 약제

ⓑ 나프탈렌 : 의류 해충 기피

ⓒ 시트로넬라 : 모기, 이, 진드기 기피

⑦ 화학불임제

ⓐ 해충을 불임시켜 번식을 막는 약제

ⓑ 인측에 위험하며 암과 돌연변이를 일으킬 수 있음

ⓒ 아메토프테린, 아지리딘, 테파, 아포레이트

(6) 작용기작에 따른 살충제의 분류

① 작용기작 : 살충제의 접촉으로부터 독성이 발현되는 일련의 체계적인 과정

② 살충제에 대한 해충의 방어기작은 피부저항, 체내저항, 작용점 저항 순으로 일어남

③ 해충 종 간의 약제 감수성 차이 : 해독분해효소의 활성 차이와 작용점의 감수성 차이

④ 신경계에 관여하는 살충

ⓐ 아세틸콜린(Ach) : 흥분성 신경전달물질

ⓑ GABA(감마γ-aminobutyric acid) : 억제성 신경전달물질

ⓒ 아세틸콜린에스테라제 활성 저해

　• 카바메이트계(1a)와 유기인계(1b)

　• 아세틸콜린은 신경전달이 이루어진 후 아세틸콜린 수용체에서 아세틸콜린에스테라제와 결합하여 콜린과 초산으로 분해되어야 다시 신경전달이 진행되나, 유기인계와 카바메이트계 살충제가 아세틸콜린과 결합하여 아세틸콜린이 분해되지 못하고 과다 축적되어 경련과 마비를 일으킴

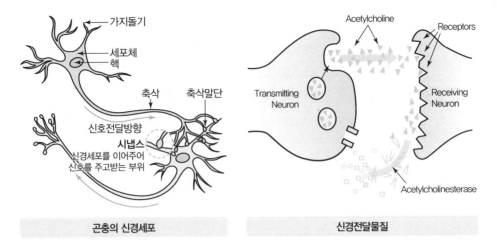

곤충의 신경세포	신경전달물질

ⓔ 축삭 전달 저해
- 피레스로이드계(3a)와 DDT(3b) : Na^+ 통로 조절
- 인독사카브(22a) : 전위 의존 Na^+ 통로 폐쇄
- 축삭에서의 신경전달은 활동전위라는 전기적인 충격신호로 전달되는데 피레스로이드계와 DDT는 Na^+이온 통로 조절로 휴지전위로의 회복이 늦어져 과다한 신경 자극이 전달되어 경련과 마비가 일어남
- 활동전위와 휴지전위 : 나트륨이온채널이 열려 세포 내에 Na^+ 유입되어 활동전위가 되고, 그 후 신속히 Na^+ 채널이 불활성화되며 K^+ 채널이 열려 K^+ 유출됨으로써 다시 원래의 휴지전위로 회복됨
- 분극(휴지전위) → 탈분극(활동전위) → 재분극

ⓜ 시냅스 후막의 신경전달물질 수용체 저해

네오니코티노이드계(4a), 니코틴(4b), 설포시민계(4c)	신경전달물질 수용체 차단(아세틸콜린수용체와 친화력이 높아 자극을 과도 전달하여 경련과 마비 일으킴)
네레이스톡신 유사체(14)	신경전달물질 수용체 통로 차단(아세틸콜린수용체에 결합하여 자극의 전달을 차단하여 살충력 일으킴)
유기염소 시클로알칸계 엔도설판(2a), 페닐피라졸계(2b)	GABA 의존 Cl-통로 억제(GABA수용체와 결합하여 Cl-의 유입이 차단되어 과도하게 신경자극 전달)
아바멕틴, 에마멕틴벤조에이트, 밀베멕틴(6)	• Cl-통로 활성화(글루타메이트수용체에 결합하여 글루타메이트의 작용을 강화하고 Cl-이온이 다량 유입되어 신경자극전달을 과다 억제함으로써 이동성 상실로 살충활성) • 소나무재선충병 예방나무주사 약제, 응애류, 총채벌레류, 굴파리류 등의 해충에도 적용되는 약제

⑤ 에너지 대사에 관여하는 살충작용
ⓐ 전자전달복합체를 저해하는 것

METI 살비제 및 살충제(21a), 데리스의 로테논(21b)	전자전달계 복합체Ⅰ 저해
베타 케토니트릴 유도체(23)	전자전달계 복합체Ⅱ 저해

하이드라메틸논(20a), 아세퀴노실(20b), 플루아크리피림 (20c), 비페나제이트(20d)	전자전달계 복합체 Ⅲ 저해
인화물계, 시안화물	전자전달계 복합체 Ⅳ 저해

ⓒ 미토콘드리아 ATP합성효소를 저해하는 것 : 디아펜티우론(12a), 유기주석 살선충제(12b), 프로파자이트(12c), 테트라디폰(12d) 등의 살비제

⑥ 성장 조절에 관여하는 살충작용

　　㉠ 키틴합성 저해제와 곤충 호르몬 기능 교란 물질

　　㉡ 곤충의 성장 과정을 방해하여 곤충을 살충에 이르게 함(IGR)

　　㉢ 포유류에 대한 독성 낮고 선택성 높아 약제 저항성을 갖지 않음

　　㉣ 키틴합성 저해제

벤조일페닐우레아계의 디플루벤주론, 클로르플루아주론(15)	O형 키틴합성 저해, 잣나무별납작잎벌의 방제에 적용
뷰프로페진(16)	I형 키틴합성 저해, 솔껍질깍지벌레 항공방제에 사용
클로펜테진, 핵시티아족스 살비제(10a)	응애류 생장 저해, 강한 살란 효과와 탈피 억제 효과
에톡사졸 살비제(10b)	

　　㉤ 곤충 호르몬 기능 교란 물질

　　　• 유약호르몬 유사체(7a), 메토프렌, 모기 · 파리 등의 방역

　　　• 페녹시카브(7b), 피리프록시펜(7c) 등은 가루이류 방제

　　　• 유약호르몬 작용

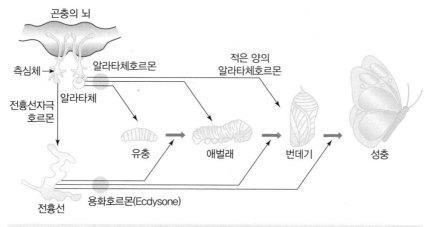

곤충의 성장과 호르몬

　　　• 앞가슴샘자극호르몬은 앞가슴샘을 자극하여 탈피호르몬을 분비함과 동시에 알라타체에서 유약호르몬을 분비하여 유충의 탈피가 일어나면서 성장함

⑦ **살충제 작용기작별 분류기준** : 살충제 저항성을 관리하기 위해 같은 그룹의 약제를 중복하여 사용하지 않도록 하기 위한 약제 작용기작 표시제도

(7) 제형과 살포방법에 따른 살충제의 분류

① 제형 : 희석살포제, 직접살포제, 특수형태

② 살포방법

분무법	약제를 물에 희석하여 분무기로 약액을 100~200㎛의 크기로 살포하는 방법
분제살포법	• 분제는 유효성분을 증량제와 혼합분쇄하여 250~300mesh의 가는 입자로 만든 약제로, 물에 타지 않고 사용함 • 환경문제 및 수목 오염 등 단점으로 많이 사용되지 않으나, 밤바구미 산란기에 토양처리용으로 사용
입제살포법	• 입제는 8~60mesh 범위의 입자로 제조된 약제. 분제와 달리 침투이행성이 좋아야 함 • 미립제는 분제와 입제의 중간 크기로서 75~200mesh의 입경으로 입제 및 분제의 문제점을 개선
미스트법	• 약제를 고농도로 희석하여 살포입자의 크기를 35~100㎛의 미립자로 살포하는 방법 • 살포량을 분무의 1/5~1/3로 줄일 수 있어 노동력 절감, 약제 부착력의 장점 있음
연무법	• 살포액의 입자 크기를 10~20㎛ 이하의 연무질(Aerosol) 형태로 살포하는 방법으로 부착력 우수 • 소나무재선충병의 매개충 방제를 위해 기류가 없는 새벽부터 오전까지 약제를 살포하는 방법 사용
훈증법	• 휘발성이 강한 약제를 밀폐된 공간이나 토양 속에 처리하여 기체화된 약제로 해충을 죽이는 방법 • 소나무재선충병의 매개충, 참나무시들음병의 매개충 방제를 위해 피해목을 쌓은 후 메탐소듐 액제 25%, 메탐소듐 액제 45%, 디메틸다파이드 직접살포 액제 99.55%, 마그네슘포스파이드 판상훈증제 56% 등의 약제 사용
관주법	• 약액을 토양에 주입하여 토양 속에 있는 병해충을 구제하거나, 뿌리를 통해 침투이행성이 강한 약제를 수목으로 흡수·이동시켜 흡즙성 해충을 방제하는 방법 • 소나무재선충병 예방을 위해 포스티아제이트 액제 토양 관주
도포법	약제를 나무줄기에 발라서 해충을 잡는 방법

나무주사법	• 나무줄기에 구멍을 뚫고 침투이행성이 있는 살충제를 주입하여 해충을 방제하는 방법
	• 장점 : 천적 영향이 적고 환경오염 문제도 적음. 수고 높은 나무에도 적용 가능
	• 사용 : 솔잎혹파리, 솔껍질깍지벌레 방제 등 산림이나 조경수에 사용
	• 종류
	  – 유입식 : 10mm내외의 천공날을 이용하여 구멍 뚫고 약제 주입
	  – 압력식 : 모젯사 개발, 약액에 압력을 가하여 주입하는 방법
	  – 삽입식 : 수간부에 구멍을 뚫고 캡슐형태로 제작된 약제를 형성층까지 밀어 넣어 약제를 주입하는 방법

항공살포법	• 항공기에 많은 양의 희석용수를 탑재할 수 없으므로 고농도로 희석하거나 원액을 그대로 사용 • 초미량인 ULV(Ultra Low Volume) 살포 • 잣나무별납작잎벌, 솔나방, 솔잎혹파리, 솔알락명나방, 돌발해충, 솔수염하늘소(티아클로프리드 액상수화제, 아세타미프리드 미탁제), 북방수염하늘소, 밤나무 해충(복숭아명나방) 방제

(8) 합리적 살충제 사용

① 살충제 사용의 문제점

㉠ 저항성 해충의 출현

저항성 요인	살충제의 해충 체벽투과율 감소, 해독효소와 대사작용에 의해 약제의 배설 촉진, 작용점의 감수성 저하
저항성 유형	• 교차저항성(2종 이상의 살충제에 대하여 저항성이 나타날 때) : 저항성 유전자가 1종의 살충제에 기인 • 복합저항성 : 저항성 유전자가 2종 이상의 살충제에 기인 • 역상관교차성 : 어떤 살충제에 대한 저항성이 발달하면서 반대로 다른 살충제에 대한 감수성이 높아지는 것

    ⓛ 살충제에 의한 환경오염 : 잔류나 비산을 통해 꿀벌과 같은 방화곤충 피해와 인간과 동식물에 대한 생물농축 피해

    ⓒ 격발현상 : 살충제가 천적과 경쟁자까지 제거함으로써 해충의 밀도 회복속도가 빨라지고, 처리 전보다 밀도가 높아지거나 2차 해충의 피해가 발생하여 피해가 증대되는 격발현상 유발

    ⓡ 약해 피해 : 살충제 처리가 수목의 생리작용에 이상을 일으키는 현상

급성약해	약제 살포 후 수일 내에 발아억제, 반점, 위조, 낙과 등의 증상이 나타남
만성약해	약제 살포 후 상당한 기간이 경과한 뒤 기형, 황화, 위축, 생육지연, 불임 등의 증상이 나타남

② 살충제의 구비조건

    ㉠ 적은 양으로 확실한 방제효과

    ㉡ 대상수목과 인축에 안전

    ㉢ 물리성이 양호하고 품질이 균일

    ㉣ 다른 약제와 혼용 가능

    ㉤ 저렴하고 사용이 간편함

    ㉥ 장기간 보관이 가능

    ㉦ 대량 생산 가능

(9) 살비제

① 응애 : 절지동물목 거미강 응애목

② 과거에는 월동기에 기계유 유제, 봄철에 유황합제 사용

③ 응애류는 생리·생태적으로 약제 저항성이 발달하기 쉬움

④ 살비제 조건

    ㉠ 성충·유충·약충 뿐만 아니라 알까지 죽이는 효과가 있어야 함

    ㉡ 약제에 대한 저항성 유발이 적어야 함

    ㉢ 천적 및 유용생물에는 안전해야 함

    ㉣ 다양한 종류의 응애에 효과가 있어야 함

    ㉤ 격발현상이 없어야 함

8. 해충의 종합관리(Integrated Pest Management ; IPM)

① 1962년 레이첼 카슨의 「침묵의 봄」, 농약 환경문제 인식

② 1972년 2월 미국의 닉슨 대통령이 처음 언급, 11월 미국환경위원회에서 「Integrated Pest Management」 출판

③ 일반평형밀도는 해충은 낮추고, 천적은 높이는 것이 해충밀도 억제에 효과적임

④ 경제적 피해(가해)수준에 도달하는 것을 막기 위하여 경제적 피해허용수준에서 방제함

⑤ 해충의 방제를 위해서는 단순한 방제방법을 적용하기보다는 다양한 방제 수단을 조화롭게 사용하며 해충의 밀도를 경제적 피해 수준 이하로 억제하는 방제전략을 수립하는 해충종합관리가 필요

IPM			
화학적 방제 (선택성 농약)	생물적 방제 (천적)	기계·물리적 방제	경종적 방제
해충 천적 식별·발생 예찰		생활사·상태 이해	
경제적 피해수준	농작물 재배관리	사회적 경제적 요인	

CHAPTER 07 가해 형태에 따른 해충

1. 잎을 갉아먹는 해충

(1) 대벌레

① 분류 : 대벌레목 대벌레과

② 학명 : *Ramulus Mikado*

③ 기주 : 복숭아나무, 감나무 등 과수와 참나무, 아까시나무 등 활엽수

④ 피해

    ㉠ 산림이나 과수에 피해가 자주 나타나며 대발생 시 성충과 약충이 집단으로 대이동하면서 잎 전체를 갉아 먹음

    ㉡ 피해 수목은 죽지는 않으나 미관 해치고 수세쇠약

⑤ 형태

    ㉠ 성충과 약충의 형태가 대나무처럼 생겨서 대벌레라는 이름이 붙여짐

    ㉡ 성충은 날개가 없고, 수컷 성충은 가늘고 담녹색, 암컷 성충은 머리 꼭대기에 1쌍의 가시가 있음

    ㉢ 담갈색, 흑갈색, 녹색, 황록색 등 여러 색깔을 보임

⑥ 생활사

    ㉠ 연 1회 발생하며 알로 월동

    ㉡ 약충은 3월 하순부터 나타나 수컷 5회, 암컷 6회 탈피하여 6월 중하순에 성충이 됨

    ㉢ 우화 10일 후부터 산란을 시작하며 보통 3개월 동안 1마리당 600~700개 산란하는 단위 생식

⑦ 방제 : 천적 보호, 끈끈이트랩, 성충이 되기 전에 적용약제 살포

(2) 주둥무늬차색풍뎅이

① 분류 : 딱정벌레목 풍뎅이과

② 학명 : *Adoretus tenuimaculatus Waterhouse*

③ 기주 : 밤나무, 사과나무, 배나무, 감나무, 포도나무, 참나무류, 호두나무, 대추나무, 오리나무 등 대부분의 활엽수

④ 피해

  ㉠ 주위에 잔디 또는 풀이 많으면 피해가 자주 발생

  ㉡ 성충이 잎맥만 남기고 식해

  ㉢ 유충은 땅속에서 뿌리 식해, 특히 잔디에 피해 발생

⑤ 형태

  ㉠ 성충의 몸길이가 약 10mm, 몸은 타원형이며 갈색, 앞날개에 백색의 짧은 털로 된 점무늬

  ㉡ 유충은 유백색 굼벵이 모양

⑥ 생태

  ㉠ 연 1회 발생하고 성충 월동

  ㉡ 이듬해 5~6월에 출현, 성충은 야행성이며 흙속에 산란, 유충은 6월 상순부터 발생, 번데기는 8월경 우화

⑦ 방제 : 유아등 설치, 천적 보호, 사이퍼메트린 유제 등의 적용약제, 유충 부화기에 페니트로티온 유제 토양관주, 에토프로소스 입제 토양 처리

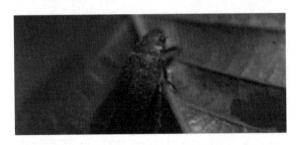

(3) 호두나무잎벌레

① 분류 : 딱정벌레목 잎벌레과

② 학명 : *Gastrolina depressa Baly*

③ 기주 : 호두나무, 가래나무

④ 피해

  ㉠ 갓 부화한 유충은 분산하지 않고 집단으로 잎을 갉아먹으며 2령부터 분산 가해

  ㉡ 유충이 잎살을 갉아먹어 그물 모양의 식흔을 남기며 새순은 주맥만 남음

⑤ 형태 : 성충의 앞가슴등판과 앞날개는 자청색, 가슴 양편은 등황색, 교미 전 암컷 성충은 먹이를 많이 먹어 몸이 크게 부풀어 오르는 형태

⑥ 생태

 ⊙ 연 1회 발생하고 5월 중순에 출현한 신성충은 이듬해 4월까지 낙엽 밑이나 수피 틈에서 성충으로 월동

 ⓒ 번데기는 잎 뒷면 또는 엽맥에 매달려 있음

⑦ 방제 : 유충과 번데기 포살, 피해 잎 채취 소각, 천적 보호, 유충 가해시기에 적용 약제 살포

  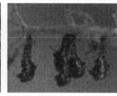 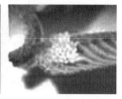

(4) 버들잎벌레

① 분류 : 딱정벌레목 잎벌레과

② 학명 : Chrysomela vigintipunctata(Scopoli)

③ 기주 : 황철나무, 사시나무, 오리나무, 버드나무류

④ 피해 : 성충과 유충이 잎을 갉아 먹어 묘목이나 어린나무 피해 심함

⑤ 형태 : 딱지날개는 황갈색으로 20개의 청록색 무늬이며 남색형 성충도 있음

⑥ 생태

 ⊙ 연 1회 발생하고 성충으로 흙 속에서 월동

 ⓒ 성충은 4월경에 출현, 잎 뒷면에 수십 개의 알을 덩어리로 산란

 ⓒ 어린 유충은 군서

 ⓔ 성장하면 분산하여 잎맥만 남기고 식해

 ⓜ 5월경에 노숙 유충은 잎 뒷면에 꼬리를 붙이고 번데기가 됨

⑦ 방제 : 집단 가해 중인 어린잎 채취 소각, 나무 밑에 비닐 깔고 흔들어 떨어지는 성충 포살, 성충과 유충 동시 방제 적용 약제 살포

(5) 참긴더듬이잎벌레

① 분류 : 딱정벌레목 잎벌레과

② 학명 : *Pyrrhalta humeralis(Chen)*

③ 기주 : 아왜나무, 가막살나무, 백당나무, 딱총나무 등

④ 피해

    ㉠ 유충이 새잎을 잎맥만 남기고 식해

    ㉡ 성충의 피해는 7월 상순~8월 상순이며 유충과 동시에 가해

    ㉢ 피해 부위가 갈변하여 미관을 해침

⑤ 형태 : 띠띤수염잎벌레와 형태적으로 유사하나 참긴더듬이잎벌레는 더듬이 기부 사이에 검은 점이 없음

⑥ 생활사 : 연 1회 발생하며 동아나 가지에서 알로 월동

⑦ 방제 : 천적인 무당벌레류, 풀잠자리류, 거미류, 조류 등 보호, 월동 중인 알 문질러 죽이고, 피해 초기 가해 잎을 채취 소각, 피해 초기인 4월경에 적용 약제 살포

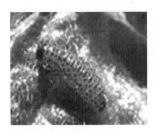 

(6) 오리나무잎벌레

① 분류 : 딱정벌레목 잎벌레과

② 학명 : *Agelastica doerulea Baly*

③ 기주 : 오리나무류, 박달나무류, 개암나무류 등

④ 피해

    ㉠ 성충과 유충이 동시에 잎을 갉아 먹음

    ㉡ 수관 아래 잎부터 가해

    ㉢ 주로 잎살만 먹기 때문에 갈변

    ㉣ 2~3년간 피해를 입으면 고사하기도 함

⑤ 형태 : 성충은 진한 남색. 알은 타원형으로 노란색. 노숙 유충은 광택이 있는 검은색을 띠고 검은 잔털이 나 있음. 번데기는 노란색

⑥ 생활사

    ㉠ 연 1회 발생

    ㉡ 지피물 밑 또는 토양 속에서 성충으로 월동

    ㉢ 월동성충은 4월 하순 출현 → 5~6월 잎 뒷면에 산란(약 300개) → 유충은 2회 탈피하며 6~7월 땅속으로 들어가 흙집을 짓고 번데기(3주) → 우화한 신성충이 가해하고 8월 하순부터 지면으로 내려와 월동

⑦ 방제

    ㉠ 알덩어리나 유충이 집단으로 가해하는 잎 채취 소각

    ㉡ 지피물 밑으로 들어가는 성충 포살

    ㉢ 천적 보호

    ㉣ 유충 발생 초기 적용약제 살포(트리플루뮤론수화제, 페니트로티온 등)

(7) 느티나무벼룩바구미

① 분류 : 딱정벌레목 바구미과

② 학명 : *Rhynchaenus sanguinipes Roelofs*

③ 기주 : 느티나무, 비술나무

④ 피해

    ㉠ 성충과 유충이 잎살 가해

    ㉡ 성충은 주둥이로 잎 표면에 구멍을 뚫고 흡즙, 유충은 잎의 가장자리를 갉아 먹음

    ㉢ 5~6월에 피해받은 잎이 갈변하여 미관을 해침

⑤ 형태

    ㉠ 성충 : 몸길이는 2~3mm. 갈색, 흑갈색. 뒷다리 넓적마디 발달

    ㉡ 유충 : 머리는 진한 갈색, 몸은 유백색으로 마디가 뚜렷

⑥ 생활사

    ㉠ 연 1회 발생

    ㉡ 지피물, 토양 속, 수피 틈에서 성충으로 월동

    ㉢ 월동성충은 개엽 초기에 가해

    ㉣ 잎에 1~2개 산란

    ㉤ 5월 초~하순에 잎 속으로 잠입하여 성장

    ㉥ 2회 탈피하여 번데기가 되고 신성충은 가을에 월동처로 이동

⑦ 방제 : 끈끈이트랩, 천적(기생벌류, 포식성 노린재류), 곤충병원성 미생물(백강균), 월동성충 활동 초기에 이미다클로프리드 분산성 액제를 나무주사하거나 신성충 발생기에 적용 약제 살포

(8) 잣나무별납작잎벌

① 분류 : 벌목 납작잎벌과

② 학명 : *Acantholyda parki*

③ 기주 : 유충이 20년 이상 된 잣나무림 가해. 대발생

④ 피해

- ㉠ 1953년 광릉 최초 발견
- ㉡ 한 마리당 약 9,500mm 가해
- ㉢ 4~5령기에 집중 가해
- ㉣ 잎을 묶어 집을 짓고 잎을 절단하여 끌어당기면서 가해(20일)
- ㉤ 잣나무 생장·잣 생산량 감소. 포식성 천적인 두더지 증가

⑤ 형태 : 성충의 머리와 가슴은 검은색 바탕에 노란 무늬. 알은 초승달과 반달의 중간 형태. 유충은 담황색. 번데기는 위용

⑥ 생활사

- ㉠ 연 1회 발생, 일부는 2년에 1회
- ㉡ 지표로부터 5~25cm의 흙 속에서 유충으로 월동
- ㉢ 5월 하순~7월 중순에 번데기, 6월 중순~8월 상순에 성충으로 우화하고 우화 최성기는 7월
- ㉣ 성충은 잣나무의 가지 또는 잎에서 교미
- ㉤ 새로 나온 침엽의 위쪽에 1~2개씩 산란

⑦ 방제

- ㉠ 흙속의 유충을 굴취하여 소각
- ㉡ 임내지표에 폴리에틸렌필름 피복
- ㉢ Bt균이나 핵다각체병바이러스 살포
- ㉣ 기생성 천적 보호 : 알 → 알좀벌류,
  유충 → 벼룩좀벌류
- ㉤ 유충기에 적용약제 살포(클로르플루아주론 유제)

(9) 장미등에잎벌

① 분류 : 벌목 등에잎벌과

② 학명 : *Arge pagana Panzer*

③ 기주 : 장미, 찔레꽃, 해당화 등

④ 피해

- ㉠ 유충이 군서하면서 잎 가장자리부터 가해하여 주맥만 남김
- ㉡ 조경수로서의 기능 저해, 생장에 지장을 초래
- ㉢ 애벌레가 처음에는 가위로 오려낸 듯 둥근 모양으로 먹는 습성

⑤ 형태

  ㉠ 성충의 머리와 가슴은 흑색, 배는 황색

  ㉡ 유충의 머리는 검은색 또는 노란색, 몸은 황록색 바탕에 검은 무늬

⑥ 생활사 : 연 3회 발생하며 토양 속에서 유충 월동. 톱 같은 산란관

⑦ 방제

  ㉠ 피해 초기에 잎을 따서 소각

  ㉡ 유충 발생 초기에 적용 약제 살포(페니트로티온 유제 50% 등)

  ㉢ 풀잠자리, 무당벌레, 거미 등 포식성 천적과 좀벌, 맵시벌, 기생파리 등 기생성 천적이 있
    으므로 보호

(10) 극동등에잎벌

① **분류** : 벌목 등에잎벌과

② **학명** : *Arge similis*

③ **기주** : 진달래, 철쭉, 장미류

④ **피해**

  ㉠ 유충은 5~9월에 진달래, 철쭉류, 영산홍의 잎을 가해하고 잎 뒷면에 군서

  ㉡ 잎의 가장자리에서 주맥을 향해 먹으면서 주맥만 남김

  ㉢ 성숙하면 잎 전체와 새 가지의 부드러운 수피도 갉아 먹음

  ㉣ 미관 저해하고 심하면 고사

⑤ **형태**

  ㉠ 암컷 성충은 광택이 있는 검푸른 몸

  ㉡ 어린 유충은 머리가 검은색, 몸은 담녹색, 검은 반점

  ㉢ 노숙 유충은 머리 황갈색, 몸 노란색. 가슴다리 3쌍, 배다리 5쌍, 꼬리다리 1쌍

⑥ **생활사**

  ㉠ 연 3~4회 발생

  ㉡ 낙엽 밑 또는 흙 속에 고치를 짓고 유충으로 월동

  ㉢ 톱 같은 산란관, 일렬로 산란, 산란한 곳은 갈변

  ㉣ 암컷 성충은 단위생식

⑦ **방제** : 집단 가해 잎 따서 소각, 유충 발생 초기 적용약제 살포

(11) 솔잎벌

① **분류** : 벌목 솔잎벌과

② **학명** : *Nesodiprion japonicas*

③ **기주** : 소나무, 곰솔, 잣나무 등

④ 피해

　　㉠ 산림보다는 묘포장이나 생활권 수목에서 많이 발생, 밀도가 높으면 수목 고사

　　㉡ 항상 침엽의 끝을 향해 머리를 두고 잎을 가해

⑤ 형태

　　㉠ 성충의 몸색깔은 검은색, 더듬이는 두 가닥 톱니 모양, 날개는 투명, 다리는 검은색

　　㉡ 노숙 유충은 광택이 있는 녹색으로 양 끝은 노란색, 머리는 원형으로 황갈색, 머리 가운데
　　　에 크고 검은 반점

　　㉢ 알은 바나나 모양이며 점차 등황색으로 변함

⑥ 생활사

　　㉠ 연 2~3회 발생하며 번데기로 월동하지만, 환경조건에 따라 다름

　　㉡ 침엽 중간 부분에 한 잎당 한 개 산란(약 70개)

　　㉢ 1세대 유충은 묵은 잎을, 2세대 이후는 새잎을 먹고 자람

　　㉣ 유충은 5~8월, 9~11월에 나타나서 잎을 갉아먹다가 잎 사이(1세대)와 지피물(2세대)에서
　　　고치를 짓고 번데기가 됨

⑦ 방제

　　㉠ 집단 가해 잎 채취 소각

　　㉡ 흔들어 떨어뜨린 후 포살

　　㉢ 포식성 조류와 좀벌류 등 천적 보호

　　㉣ 유충 발생 초기에 적용 약제(에토펜프록스 수화제 1,000배액 등) 살포

(12) 누런솔잎벌

① 분류 : 벌목 솔잎벌과

② 학명 : *Neodiprion sertifer*

③ 기주 : 소나무, 곰솔

④ 피해

　　㉠ 유충이 모여 살면서 묵은 솔잎을 식해

　　㉡ 어린 소나무림과 소개된 임분 및 임연부에 많이 발생, 울폐된 임분에는 거의 없음

　　㉢ 나무가 죽는 경우는 적으나 피해가 계속되면 고사

⑤ 형태

  ㉠ 암컷은 황갈색, 더듬이는 흑색이며 21마디, 기부의 두 마디는 황갈색

  ㉡ 수컷의 몸은 흑색이고 다리는 황갈색

⑥ 생활사

  ㉠ 연 1회, 알로 월동

  ㉡ 알은 4월 중순~5월 상순에 부화

  ㉢ 유충은 2년생 잎 식해

  ㉣ 수컷은 4회, 암컷은 5회 탈피하여 종령 유충

  ㉤ 노숙 유충은 5월 하순부터 땅으로 내려와 낙엽, 지피물 밑 또는 2~3cm 깊이의 흙 속에 고치를 짓고 약 150일 경과 후 10월에 성충 출현

⑦ 방제

  ㉠ 집단 가해 잎 채취 소각

  ㉡ 흔들어 떨어뜨린 후 포살

  ㉢ 포식성 조류 보호

  ㉣ 좀벌류, 맵시벌류, 기생파리 등 천적 보호

  ㉤ 유충 발생 초기에 적용 약제(에토펜프록스 수화제 1,000배액 등) 살포

(13) 개나리잎벌

① 분류 : 벌목 잎벌과

② 학명 : *Apareophora forsythiae* Sato

③ 기주 : 개나리, 산개나리

④ 피해

  ㉠ 유충이 무리를 지어 잎의 가장자리부터 갉아 먹으며 피해가 심하면 줄기만 남음(가해 기간 1개월)

  ㉡ 도로변, 공원 등 개나리 식재 면적이 증가됨에 따라 피해가 커지는 경향

  ㉢ 경관 해침

⑤ 형태

  ㉠ 성충은 몸길이가 약 10mm로 검은색을 띠고 다리는 노란색

  ㉡ 노숙 유충은 약 16mm로 검은색이고 몸 표면에 황갈색 짧은 털 있음

⑥ 생활사

    ㉠ 연 1회 발생, 노숙 유충으로 월동(땅속 1cm 깊이 흙집)

    ㉡ 성충은 4월에 부화, 잎 조직 속에 1~2열로 산란, 수명은 1주일 정도

⑦ 방제

    ㉠ 집단가해하는 부화 유충기에 피해 잎 채취 소각, 유충 포살

    ㉡ 밀화부리, 찌르레기 등 포식성 조류 보호

    ㉢ 유충 발생 초기에 적용 약제를 살포

(14) 남포잎벌

① 분류 : 벌목 잎벌과

② 학명 : *Caliroa carinata Zombori*

③ 기주 : 신갈나무, 떡갈나무 등

④ 피해

    ㉠ 1996년부터 경북 상주 지방의 신갈나무림 발생

    ㉡ 유충이 엽육만 식해

    ㉢ 피해 잎은 갈색으로 변색

    ㉣ 기주선호성은 신갈나무와 떡갈나무가 가장 높고, 밤나무는 낮은 편이며, 굴참나무는 가해하지 않음

⑤ 형태

    ㉠ 암컷 성충은 몸길이가 약 4.5mm이며 몸색깔은 검은색

    ㉡ 노숙 유충은 몸색깔은 내장이 보일 정도로 투명, 등뼈 같은 줄이 한 개 있음

⑥ 생활사

    ㉠ 연 1회 발생, 노숙 유충으로 토양 내에서 월동, 우화 최성기는 6월 중순~하순

    ㉡ 잎 뒷면에 잎맥을 따라 일렬로 산란

⑦ 방제

    ㉠ 산란한 잎 채취 소각, 집단 가해 유충 포살

    ㉡ 포식성 천적 및 기생성 천적 보호

    ㉢ 유충 발생 초기인 6월 하순~7월 상순에 페니트로티온 유제(50%) 1~2회 살포

(15) 낙엽송잎벌

① 분류 : 벌목 잎벌과

② 학명 : *Pachynematus itoi Okutani*

③ 기주 : 낙엽송, 만주잎갈나무

④ 피해

    ㉠ 어린 유충이 군서하며 가해

ⓛ 국지적으로 대발생, 뭉쳐서 잎을 갉아 먹어 가지만 앙상해짐, 임분 전체가 잿빛으로 변함

ⓒ 5령부터는 분산가해

ⓔ 신엽보다는 기존 가지에서 나오는 짧은 잎 식해

ⓜ 한 번 발생한 지역에서는 재발생하지 않는 전형적인 돌발해충

⑤ 형태 : 성충은 채색이 갈색~황갈색, 가슴 등 쪽에 3개의 검은 반점

⑥ 생활사

　ⓐ 연 3회 발생

　ⓑ 전용상태 월동

　ⓒ 1화기 성충 5월, 2화기 6~7월, 3화기 8월에 발생

　ⓓ 1화기 성비 암수 1 : 9 정도로 수컷이 절대적으로 많지만 2화기는 오히려 암컷이 약 60%로 수컷보다 비율이 높음

　ⓔ 산란은 주로 1단지엽>2단지엽 >3단지엽 순

⑦ 방제

　ⓐ 발생 초기에 곤충생장조절제 또는 미생물농약을 수관에 살포

　ⓑ 천적으로 낙엽송잎벌살이뾰족맵시벌, 북방청벌붙이 기생봉 및 기생파리류를 보호

(16) 자귀뭉뚝날개나방

① 분류 : 나비목 뭉뚝날개나방과

② 학명 : *Homadaula anisocentra Meyrick*

③ 기주 : 자귀나무, 주엽나무 등

④ 피해

　ⓐ 유충이 실을 토하여 잎끼리 겹치게 그물망을 만들고 집단으로 갉아 먹음

　ⓑ 피해 잎은 갈색으로 변함

　ⓒ 배설물이 그물망 안에 남아 있어 지저분하게 보임

⑤ 형태

　ⓐ 성충은 앞날개 길이가 11~15mm, 앞날개 다소 광택, 암갈회색에 검은색 점 산재

　ⓑ 노숙 유충은 몸에 5줄의 하얀색 무늬가 세로로 뻗어 있음

　ⓒ 알은 진주색 또는 분홍색을 띰

⑥ 생활사

　ⓐ 연 2회 발생, 번데기로 월동(수피 틈이나 나무 밑의 지피물)

　ⓑ 암컷 성충은 6월 상순부터 나타나 잎에 산란, 부화한 유충은 움직임이 활발하여 건드리면 실을 내며 아래로 떨어지는 습성

⑦ 방제

  ㉠ 주엽나무는 감수성 계통과 중간감수성 계통이 있음

  ㉡ 피해가 일정치 않으므로 예찰 실시 후 적용약제 살포

(17) 회양목명나방

① 분류 : 나비목 포충나방과

② 학명 : *Glyphodes perspectalis(Walker)*

③ 기주 : 회양목

④ 피해

  ㉠ 유충이 실을 토하여 잎을 묶고 그 속에서 잎을 식해

  ㉡ 피해가 심한 나무는 거미줄 관찰

  ㉢ 대발생하여 잎을 모조리 식해

  ㉣ 피해 지속되면 나무 전체 고사

⑤ 형태

  ㉠ 성충은 앞날개 길이가 20~24mm, 날개는 은백색으로 외연부는 넓게 회흑색

  ㉡ 앞날개 중심 끝에 은백색의 초승달 무늬

  ㉢ 노숙 유충은 머리는 검고 광택, 몸은 황록색, 갈색 점무늬가 배 윗면에 줄지어 있음

⑥ 생활사 : 연 2~3회 발생, 유충 월동, 유충은 6령기를 거침

⑦ 방제

  ㉠ 유충의 밀도가 낮을 때는 포살, 피해 심한 가지는 제거 소각

  ㉡ Bt균, 다각체 바이러스 살포. 페로몬 트랩 유살

  ㉢ 포식성 천적 무당벌레류, 풀잠자리류, 거미류 등 보호

  ㉣ 기생성 천적인 좀벌류 등 보호. 유충을 쪼아 먹는 조류 보호

  ㉤ 유충 발생 초기(4월, 8월)에 적용약제 살포(페니트로티온 유제 등)

(18) 목화명나방

① 분류 : 나비목 포충나방과

② 학명 : *Haritalodes derogata(Fabvicius)*

③ 기주 : 무궁화, 벽오동, 참오동나무, 아왜나무 등

④ 피해

  ㉠ 무궁화를 가해하는 최대 해충

  ㉡ 유충이 잎을 둥글게 말고 그 속에서 거미줄을 치고 가해

  ㉢ 어린 유충은 잎맥을 따라 가해하지만 자라면서 잎맥도 남기지 않고 잎 전체를 가해

  ㉣ 경관 해침, 수세쇠약, 심할 경우 고사 위험

⑤ 형태 : 성충의 앞날개 바탕색은 황백색이고 횡선과 무늬는 갈색, 뒷날개의 색깔 및 횡선의 배열은 앞날개와 비슷

⑥ 생활사

  ㉠ 연 2~3회 발생, 유충 월동

  ㉡ 성충이 8~9월에 우화하고 1개 산란

⑦ 방제

  ㉠ 밀도가 낮을 때는 포살, 피해 잎 채취 소각

  ㉡ 천적 보호(애꽃노린재, 주둥이노린재, 흑선두리먼지벌레 등)

  ㉢ 월동유충이 가해 시작하는 4~5월과 유충 발생 초기에 적용 약제 살포

(19) 벚나무모시나방

① 분류 : 나비목 알락나방과

② 학명 : *Elcysma westwoodi*

③ 기주 : 벚나무류, 매실나무, 복숭아나무, 사과나무 등 장미과 식물

④ 피해

  ㉠ 장미과 식물의 잎을 가해. 돌발적으로 대발생

  ㉡ 어린 유충은 잎 뒷면의 잎살만 가해, 중령 유충은 잎에 작은 구멍을 만들면서 가해, 노숙하면 모조리 식해

  ㉢ 피해목은 잎이 거의 없음

  ㉣ 경관 해침, 수세쇠약

⑤ 형태

  ㉠ 성충은 검은색 몸, 수컷의 더듬이는 빗살 모양. 날개는 회백색으로 반투명, 검은색 시맥이 뚜렷

  ㉡ 앞날개 기부는 등황색, 검은 띠로 싸여 있고, 뒷날개 4맥과 7맥 사이는 꼬리 모양으로 돌출

  ㉢ 유충은 담황색, 등줄·옆줄·기문줄에 검은색 세로줄, 검은색의 가는 털 엉성하게 있음

⑥ 생활사

  ㉠ 연 1회 발생

  ㉡ 유충으로 지피물이나 낙엽 밑에서 집단 월동

  ㉢ 잎을 뒷면으로 말고 고치, 전용, 번데기(100~120일), 성충은 낮에 활동, 밤에 불빛에도 모이며 교미 전인 이른 아침에 수십 마리가 군비하는 것이 특징

  ㉣ 성충은 9~10월에 발생

⑦ 방제

    ㉠ 집단 월동 유충을 소각·매몰

    ㉡ 피해 초기 잎을 채취 소각

    ㉢ 유충 발생 초기에 적용 약제 살포

(20) 차주머니나방

① **분류** : 나비목 주머니나방과

② **학명** : *Eumeta minuscula*

③ **기주** : 소나무류, 편백나무류, 벚나무류, 콩과, 동백나무류 등 80여 종의 수목 가해

④ **피해** : 산지에서는 밀도가 낮으나 정원수, 가로수, 과수재배지 등에 밀도가 높음, 가해 나무의 잎을 식해하나 크게 피해를 주지는 않음

⑤ **형태**

    ㉠ 암컷 성충은 몸길이가 약 20mm로, 날개와 다리가 퇴화되고 몸은 갈색을 띤 황백색

    ㉡ 유충은 머리에 황백색과 흑갈색 무늬가 있고, 몸은 황백색

    ㉢ 주머니는 방추형이며, 길이는 23~40mm로 다양

⑥ **생활사**

    ㉠ 연 1회 발생

    ㉡ 주머니 안에서 주머니 상단을 가지에 고정시키고 유충으로 월동

    ㉢ 성충은 5월 하순~8월에 우화

    ㉣ 수컷 성충은 저녁에 활발히 날아다니며 주머니 속에 있는 암컷과 교미

    ㉤ 암컷 성충은 주머니 속에서 산란

    ㉥ 6월 하순~8월 상순에 부화하여 주머니에서 탈출하여 바람을 이용하여 분산

    ㉦ 유충은 가을까지 잎을 식해한 후 월동

⑦ **방제**

    ㉠ 암컷이 들어있는 주머니 제거

    ㉡ 기생파리류 천적 보호

    ㉢ 7월 하순에서 8월 중순경에 클로르플루아주론 유제 5% 1,500배액 살포

(21) 솔나방

① **분류** : 나비목 솔나방과

② **학명** : *Dendrolimus spectabilis*

③ **기주** : 소나무, 곰솔, 잣나무, 리기다소나무, 일본잎갈나무, 전나무, 가문비나무, 방크스소나무, 솔송나무 등(협식성)

④ 피해
  ㉠ 70년대 대발생
  ㉡ 한 세대 가해 솔잎의 길이는 평균 64m 정도(암 78m, 수 40m)
  ㉢ 잎의 95% 이상을 월동 후 유충기에 갉아 먹음
  ㉣ 보통 묵은 잎을 가해하나, 밀도가 높으면 새잎도 가해

⑤ 형태
  ㉠ 성충은 날개 편 길이 50~68mm, 몸길이가 30~40mm로 암컷이 수컷보다 큼
  ㉡ 유충은 담회황색이며 마디 등면에 등홍색 또는 회백색의 불규칙한 무늬가 있고 털이 많음

⑥ 생활사
  ㉠ 연 1회 발생, 5령 유충으로 월동(수피 틈이나 지피물 밑)
  ㉡ 4월경에 월동처에서 나와 솔잎을 먹고 자라 8령충이 됨
  ㉢ 유충기간은 약 320일, 주로 밤에 활동
  ㉣ 솔잎 사이에 실을 토하여 고치를 만들고 번데기가 됨
  ㉤ 성충은 8월경 오후 6~7시에 우화
  ㉥ 산란수 약 500개(알 기간 7일)
  ㉦ 유충 초기에는 모여서 식해하나 자라면서 실을 토하여 낙하하여 분산
  ㉧ 5령유충으로 11월경에 월동처로 들어감
  ㉨ 솔나방이 한 세대를 거치면서 사망률이 가장 높은 시기는 부화 유충기이며, 8월경에 비가
     많이 내리면 다음 해 발생량이 줄어듦

⑦ 방제
  ㉠ 잠복장소 유살법
  ㉡ Bt균 살포
  ㉢ 기생성 천적과 포식성 천적 보호, 박새 등 조류 보호
  ㉣ 월동유충 가해 초기(4~5월)와 부화 유충기인 8월 하순에 페니트로티온 유제 등을 살포
  ㉤ 월동유충기에 아바멕틴 유제 등을 나무주사

(22) 밤나무산누에나방

① 분류 : 나비목 산누에나방과

② 학명 : *Dictyoploca japonica Moore*

③ 기주 : 밤나무, 호두나무, 대추나무, 감나무, 배나무, 사과나무, 참나무류, 배롱나무, 단풍나무류, 뽕나무 등 57종 이상의 활엽수(광식성)

④ 피해

    ㉠ 밤나무에서 많이 발생하며 국소적으로 대발생

    ㉡ 피해를 입은 나무는 줄기만 남음

    ㉢ 피해가 심한 밤나무는 수세쇠약, 밤 수확 감소

⑤ 형태

    ㉠ 성충은 암컷이 38mm, 수컷이 30mm 내외로 대형나방

    ㉡ 뒷날개는 중앙에 검은색을 띠는 원형무늬가 있고 알은 회갈색이고 단단함

    ㉢ 유충은 어릴 때 검은색, 자랄수록 황록색이고 돌기에 하얀색·검은색 털 있음

    ㉣ 번데기는 암갈색의 그물 모양 고치 속에 들어 있음

⑥ 생활사

    ㉠ 연 1회 발생, 줄기의 수피 위에서 알로 월동

    ㉡ 4월 하순경부터 어린 유충은 잎 뒷면 집단 가해, 성장하면서 분산 가해

    ㉢ 성충은 줄기에 300개 내외의 알을 무더기로 산란

⑦ 방제

    ㉠ 4월 이전에 알덩어리 제거

    ㉡ 피해 초기(집단가해기)에 가지 또는 잎 제거

    ㉢ 7~8월경 고치 제거

    ㉣ 천적 보호

    ㉤ 5~6월에 적용 약제 살포

(23) 황다리독나방

① 분류 : 나비목 독나방과

② 학명 : *Ivela auripes(Butler)*

③ 기주 : 층층나무(단식성)

④ 피해

    ㉠ 부화 유충이 난각을 섭취하지 않고 줄기를 타고 올라가 새순을 갉아 먹으며 어린 유충기에 피해가 적으나 3령 이후 식엽량이 급격히 증가

    ㉡ 유충 한 마리의 섭식량은 많으나 대발생하지는 않음. 주맥을 남기고 모조리 섭식

⑤ 형태

  ㉠ 성충의 몸은 흑갈색, 하얀 인모로 덮여 있음

  ㉡ 앞다리는 회백색으로 종아리마디와 발목마디만 노란색

  ㉢ 날개는 반투명한 하얀색

  ㉣ 부화 유충은 짙은 갈색. 2령 유충은 담갈색, 강모

  ㉤ 노숙 유충은 머리와 몸은 검고 몸등면에 노란색 무늬, 흑갈색 털

  ㉥ 번데기는 노란색, 검은 무늬

⑥ 생활사 : 연 1회 발생, 줄기에서 알덩어리로 월동

⑦ 방제

  ㉠ 줄기에서 월동 중인 알덩어리를 채취 제거

  ㉡ 황다리독나방기생고치벌 등 천적 보호

  ㉢ 피해 초기에 적용 약제 살포

(24) 매미나방

① 분류 : 나비목 독나방과

② 학명 : *Lymantria dispar(Linnaeus)*

③ 기주 : 활엽수와 침엽수(광식성)

④ 피해

  ㉠ 유충 1마리가 1세대 동안 수컷은 700~1,100cm^2, 암컷은 1,100~1,800cm^{2}의 잎을 먹어 치움

  ㉡ 돌발적 대발생

⑤ 형태

  ㉠ 성충은 크기와 색깔에 있어서 암수가 전혀 다름

  ㉡ 수컷 성충은 암갈색, 날개에 물결 모양의 검은 무늬, 더듬이는 깃털 모양

  ㉢ 암컷 성충은 회백색, 4개의 담흑색 가로띠, 더듬이는 실 모양

  ㉣ 유충은 머리 양쪽에 검고 긴 八자형 무늬

  ㉤ 노숙 유충의 돌기는 앞쪽은 파란색, 뒤쪽은 붉은색, 연노랑색의 긴 털

⑥ 생활사

　㉠ 연 1회 발생

　㉡ 알로 줄기나 가지에서 월동

　㉢ 4월 중순경 부화한 유충이 거미줄에 매달려 바람에 날려 분산

　㉣ 유충기간은 45~66일로 기주식물에 따라 차이가 있음

　㉤ 6월 중순~7월 상순 잎을 말고 고치를 만들어 번데기, 7~8월 우화

　㉥ 성충 수명 7~8일

　㉦ 평균 500개 산란

　㉧ 알은 암컷 성충의 연한 노란색 털로 덮여 있음

　㉨ 집시나방이라고도 함

⑦ 방제

　㉠ 4월 이전에 알덩어리 채취 소각

　㉡ 7월에 유아등 유살

　㉢ Bt균, 핵다각체병바이러스 살포

　㉣ 천적 보호 : 나방살이납작맵시벌 송충알벌 등

　㉤ 어린 유충기에 적용약제 살포 : 에마멕틴벤조에이트 유제 등

(25) 붉은매미나방

① 분류 : 나비목 독나방과

② 학명 : *Lymantria Mathura Moore*

③ 기주 : 잡식성으로 참나무류, 배나무 등 장미과 식물, 기타 활엽수

④ 피해

　㉠ 2009~2011년 경남 하동 지역, 충남 부여, 청양 지역에 대발생

　㉡ 주로 참나무림과 밤나무림에 돌발적으로 대발생하여 잎을 모조리 가해

⑤ 형태

　㉠ 수컷은 앞날개는 검은색에 흰무늬가 있고 뒷날개는 등황색

　㉡ 암컷은 흰색 거치상의 검은 무늬, 뒷날개는 붉은색으로 외연부에 흑갈색 띠

　㉢ 알은 둥근형으로 성충의 체모로 덮여 있고 난괴당 수백 개

  ㉣ 노숙 유충은 머리는 다갈색, 몸은 흑갈색 바탕에 흰 점 산재, 긴 털 다수

  ㉤ 번데기는 갈색, 표면에 유충의 센털이 군데군데 박혀 있음

 ⑥ 생활사

  ㉠ 연 1회 발생

  ㉡ 알로 줄기나 가지에서 월동

  ㉢ 알 기간 약 9개월

  ㉣ 부화한 유충은 바람에 날려 분산

  ㉤ 7월 하순까지 가해하다가 용화

  ㉥ 7월 하순~8월 중순에 우화하여 나무줄기에서 교미 후 산란

  ㉦ 암컷 성충은 나무 줄기에 정지하여 있으나 수컷은 나무 그늘에서 활발히 비행

 ⑦ 방제

  ㉠ 4월 이전에 알덩어리 채취 소각

  ㉡ 어린 유충기에 곤충생장조절제

  ㉢ 미생물 농약 살포

(26) 미국흰불나방

 ① 분류 : 나비목 불나방아과

 ② 학명 : *Hyphantria cunea(Drury)*

 ③ 기주 : 버즘나무 등 활엽수 160여 종(광식성)

 ④ 피해

  ㉠ 북미 원산, 아시아 지역에 침입(1958년 한국)

  ㉡ 유충 1마리가 100~150cm^{2}의 잎을 섭식

  ㉢ 1화기보다 2화기의 피해가 심함

  ㉣ 산림 내 피해는 경미한 편, 도시 주변의 가로수, 조경수, 정원수에 피해 심함

 ⑤ 형태

  ㉠ 성충은 몸과 날개가 하얀색, 제1화기 성충에만 날개에 검은 점

  ㉡ 노숙 유충은 각 마디의 등에는 검은색 돌기가, 양옆에는 황갈색 돌기가 있고 검은색, 하얀
   색 털이 빽빽하게 남

  ㉢ 알 덩어리는 하얀 털로 덮임

⑥ 생활사

　ㄱ 연 2회(2~3회), 수피 사이나 지피물 밑 등에서 고치를 짓고 그 속에서 번데기로 월동

　ㄴ 1화기 성충 5~6월에 잎 뒷면에 600~700개 산란

　ㄷ 성충수명은 4~5일

　ㄹ 주로 밤에 활동(주광성)

　ㅁ 5월 하순부터 부화한 유충은 4령기까지 집단으로 실을 토하여 잎을 싸고 잎살만 가해

　ㅂ 5령기부터 분산

　ㅅ 2화기 유충은 8~10월 상순까지 가해

　ㅇ 9월 하순경에 3화기 성충이 출현하여 늦가을까지 가해하기도 함

⑦ 방제

　ㄱ 월동하는 번데기 채취 제거

　ㄴ 5월 상순~8월 중순에 알덩어리가 있는 잎 제거 소각

　ㄷ 피해 초기에 유충 집단 가해 잎 제거 및 유충 포살

　ㄹ 성충 활동기에 유아등이나 포충기를 이용하여 유살

　ㅁ 잠복장소유살법

　ㅂ Bt균이나 핵다각체병바이러스를 살포

　ㅅ 천적 보호 : 흑선두리면지벌레 등

　ㅇ 발생 초기에 나무주사 : 에마멕틴벤조에이트 유제, 아바멕틴 미탁제 등

　ㅈ 발생 초기에 적용약제 살포 : 디플루벤주론 입상수화제 등

(27) 천막벌레나방(텐트나방)

① 분류 : 나비목 솔나방과

② 학명 : *Malacosoma neustria Linne*

③ 기주 : 벚나무, 사과나무, 버드나무, 밤나무 등 광식성

④ 피해

　ㄱ 유충은 이른 봄 실을 토해 만든 거미줄 집 안에서 군집생활

　ㄴ 정원수와 가로수의 잎을 갉아 먹음

　ㄷ 해에 따라 이상발생 패턴

　ㄹ 대발생하면 한 나무를 다 가해한 후 다른 기주로 이동하여 같은 피해

⑤ 형태

    ㉠ 수컷 성충은 황갈색, 암컷 성충은 다갈색. 유충은 옆면은 푸른색, 그 위는 검은색 또는 고동색을 띠며 등쪽은 흰색에 가까움

    ㉡ 알은 가는 나뭇가지에 반지형 알 덩어리로 산란

⑥ 생활사

    ㉠ 연 1회 발생

    ㉡ 알(반지 모양의 난괴 상태)로 월동

    ㉢ 4월 중·하순에 부화

    ㉣ 부화 유충은 실을 토하여 천막 모양의 집을 만들고 낮에는 그 속에서 쉬고 밤에만 나와 식해

    ㉤ 6월 중순경 노숙 유충은 나뭇가지나 잎에 황색의 고치를 만들고 번데기가 됨

    ㉥ 2주 후 우화

⑦ 방제

    ㉠ 알덩어리 제거 소각

    ㉡ 집단 가해 시 애벌레 포살 소각

    ㉢ 기생벌과 왕침노린재 등 천적 보호

    ㉣ 발생 초기에 적용 약제 살포(클로르플루아주론 유제 5% 등)

(28) 식엽성 해충 : 월동충태

분류	일반	알	유충	번데기
대벌레목	알			
딱정벌레목 풍뎅이과 무당벌레과 잎벌레과 바구미과	성충 성충 성충 성충	참긴더듬이잎벌레		
벌목 잎벌류	유충	누런솔잎벌	개나리잎벌 남포잎벌 잣나무별납작잎벌	낙엽송잎벌 솔잎벌

분류	일반	알	유충	번데기
나비목	유충	노랑털알락나방 밤나무산누에나방(난괴) 차독나방 황다리독나방(난괴) 매미나방(난괴) 천막벌레나방(난괴) 매실애기잎말이나방	버들재주나방 독나방	재주나방 참나무재주나방 꼬마버들재주나방 자귀뭉뚝날개나방 줄마디가지나방 미국흰불나방 큰붉은잎밤나방 백송애기잎말이나방 대나무쐐기알락나방 (전용)

(29) 식엽성 해충 : 세대수

분류	일반	연 1회 연1~2회	연 2회 연 2~3회	연 3회 연 3~4회, 4회
대벌레목	연 1회	대벌레		
딱정벌레목 풍뎅이과	연 1회 연 1회			
무당벌레과 잎벌레과 바구미과	연 1회 연 1회	두점알벼룩잎벌레(1~2)		큰이십팔점박이무당벌레(3)
벌목/잎벌류	연 1회	누런솔잎벌	솔잎벌(2~3)	장미등에잎벌(3) 낙엽송잎벌(3) 극동등에잎벌(3~4)
나비목	연 1회	솔나방 참나무재주나방 독나방	자귀뭉뚝날개나방 줄마디가지나방 대나무쐐기알락나방 재주나방, 차독나방 사과독나방, 흰독나방 큰붉은잎밤나방(2) 꼬마버들재주나방 회양목명나방 목화명나방 미국흰불나방(2~3)	매실애기잎말이나방 (3~5) 버들재주나방(3~4) 뽕나무명나방(4)

2. 즙액을 빨아먹는 해충

(1) 응애

① 분류 : 절지동물문 거미강 응애목

② 형태 : 몸길이가 1~2mm 이하로 작음

③ 생화사

  ㉠ 진딧물과 같이 군서생활

  ㉡ 거미 특징인 실을 배설

  ㉢ 고온건조기에 심하게 발생

④ 피해

  ㉠ 입틀을 식물체에 찔러 넣고 흡즙하면서 피해, 엽록소 파괴, 피해 초기에 잎이 녹색을 잃게 되어 회백색으로 퇴색, 피해가 진전됨에 따라 갈변

  ㉡ 마치 먼지가 묻은 것 같은 모양 : 탈색 → 조기낙엽 → 수세 쇠약

  ㉢ 연 수회 발생하며 세대기간이 짧은 다화성으로 환경조건이 맞을 경우 밀도가 급속도로 증가하여 피해가 커짐

  ㉣ 대부분 식물체의 잎에 기생하는 잎응애류 피해가 큰 편이나 최근에는 식물체 혹을 형성하면서 가해하는 혹응애류 피해도 증가하고 있음

⑤ 방제 : 응애 전용 약제인 살비제를 사용(잎 뒷면에 충분히 묻도록 살포, 동일계통의 약제 연용 금지)

⑥ 점박이응애

  ㉠ **분류** : 거미강 응애목 잎응애과

  ㉡ **학명** : *Tetranychus urticae Koch*

  ㉢ **기주** : 밤나무, 복사나무, 배나무, 사과나무, 뽕나무류, 산딸기, 장미, 찔레나무, 해당화, 벚나무류, 조록싸리 등 대부분의 활엽수

  ㉣ 피해

   • 잎 뒷면 흡즙 가해

   • 잎 표면이 퇴색, 갈변

   • 종종 대발생

  ㉤ 형태

   • 암컷 성충의 몸길이는 0.4~0.5mm

   • 등쪽 좌우에 검은색 반점(여름형은 황록색, 반점 뚜렷. 겨울형은 연한 주황색, 반점 없음)

  ㉥ 생활사

   • 연 8~10회 발생

   • 암컷 성충으로 월동(나무껍질, 잡초, 낙엽)

   • 7~8월에 밀도 높음

   • 고온건조기에 발육기간 짧아지고 산란 수 증가

◇ 방제
- 긴털이리응애, 칠레이리응애, 꽃노린재, 검정명주딱정벌레, 흑선두리먼지벌레, 납작선두리먼지벌레 등의 천적 보호
- 월동시기에 기계유 유제 살포
- 발생 초기에 나무주사(에마멕틴벤조에이트 유제 등)
- 발생 초기에 전용 약제 살포(잎 뒷면에 충분히 묻도록 살포. 동일계통의 약제 연용 금지)

⑦ 전나무잎응애
- ㉠ 분류 : 거미강 응애목 잎응애과
- ㉡ 학명 : *Oligonychus ununguis(Jacobi)*
- ㉢ 기주 : 전나무, 잣나무, 소나무 등 침엽수와 밤나무 등의 활엽수
- ㉣ 피해
  - 잎 앞면의 잎맥에 집단으로 모여 가해
  - 잎맥 중심으로 황변하여 조기낙엽, 수세쇠약
  - 침엽수의 경우는 고사할 수 있음
  - 산림보다는 가로수, 정원수에 많이 발생
- ㉤ 형태
  - 암컷 성충은 0.3~0.5mm이며 앞몸과 다리는 주황색, 뒷몸은 어두운 붉은색, 등면에는 하얀색 센털이 김
  - 수컷 성충은 0.35mm
- ㉥ 생활사
  - 연 5~6회 발생
  - 알로 기주에서 월동
  - 5~6월에 밀도 높으나 기후조건에 따라 다르며 10월 하순까지 성충, 약충, 알 형태 혼재
- ◇ 방제
  - 포식성 응애류 등의 천적 보호
  - 발생 초기에 클로르페나피르 액상수화제 등의 적용 약제 살포(동일계통의 약제 연용 금지)

⑧ 응애류의 특징

종류	발생횟수	월동태	가해장소	높은 밀도
점박이응애	연 8~10회	암컷 성충	잎 뒷면	7~8월
차응애	연 수회	암컷 성충	잎 뒷면	4~6월
벚나무응애	연 5~6회	암컷 성충	잎 뒷면	6~7월
전나무잎응애	연 5~6회	알	잎 앞면	5~6월

(2) 진딧물

① 분류
  ㉠ 노린재목 진딧물아목 진딧물과(Aphididae)
  ㉡ 진딧물아과, 왕진딧물아과, 참알락진딧물아과 등 24아과로 구성

② 형태
  ㉠ 식물의 체관부에 구침을 찔러 영양분을 섭취하는 흡즙성 해충
  ㉡ 크기는 대부분 0.5~8mm로 작고, 외부 형태가 단순해서 종 판별이 쉽지 않음
  ㉢ 진딧물의 효율적인 종 판별을 위해서는 높은 기주 선택성을 활용하여 기주식물을 정확히 파악, 그 후에 세부 형질을 비교하여 최종적으로 종 판별을 해야 함

③ 피해
  ㉠ 기주식물의 영양분을 수탈하여 직접적인 피해
  ㉡ 섭식 과정에서 바이러스 매개
  ㉢ 배설물(감로)을 배출하여 광합성 저해, 그을음병 초래
  ㉣ 계절에 따라 1차 기주에서 2차 기주로 이동하고, 환경에 따라 유시형과 무시형이 나타나며, 단위생식과 양성생식을 거치는 과정에서 외부형태가 다양한 다형현상을 나타냄(연 수회 발생, 알로 월동)

④ 중간기주가 있는 수목 가해 주요 진딧물류

해충명	중간기주	중간기주 체류기간	주요가해수종(산란장소)
목화진딧물	오이, 고추 등	5~10월	무궁화, 석류나무(눈, 가지)
복숭아혹진딧물	무, 배추 등	5~10월	복숭아나무, 매실나무(겨울눈)
때죽납작진딧물	나도바랭이새	7월~가을	때죽나무(가지)
사사키잎혹진딧물	쑥	5~10월	벚나무류(가지)
외줄면충	대나무	5~10월	느티나무(수피 틈)
조팝나무진딧물	명자나무, 귤나무	5~10월	사과나무(도장지), 조팝나무(눈)
일본납작진딧물	조릿대, 이대	여름철	때죽나무
검은배네줄면충	벼과식물	7~9월	참느릅나무, 느릅나무(수피 틈)
복숭아가루진딧물	억새, 갈대 등	6월~가을	벚나무류
벚잎혹진딧물	쑥	6월~가을	벚나무류
붉은테두리진딧물	벼과식물 뿌리	5~9월	매실나무, 벚나무속(겨울눈, 가지)

⑤ 기주전환 진딧물의 생활사

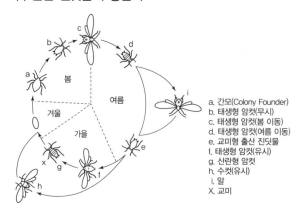

a. 간모(Colony Founder)
b. 태생형 암컷(무시)
c. 태생형 암컷(봄 이동)
d. 태생형 암컷(여름 이동)
e. 교미형 출산 진딧물
f. 태생형 암컷(유시)
g. 산란형 암컷
h. 수컷(유시)
i. 알
X. 교미

⑥ 처녀생식=단성생식

ㄱ 수컷과의 수정이 아닌 암컷 스스로가 개체를 증식시키는 것

ㄴ 암컷 단위생식은 많은 진딧물류와 깍지벌레류, 일부 바퀴류와 대벌레류에서 발견

ㄷ 암컷 단위생식에서 암컷은 어미와 같은 유전자를 가진 배수체 2n의 알을 생산

ㄹ 수컷생산 단위생식은 벌목의 모든 종과 총채벌레류 및 깍지벌레류의 몇몇 종에서 나타남

ㅁ 수컷생산 단위생식의 모든 암컷은 배수체가 2n이고 모든 수컷은 n

ㅂ 수컷생산 단위생식은 사회성 개미류, 꿀벌류, 말벌류의 집단구조 진화에서 중요한 요소

⑦ 복숭아혹진딧물

ㄱ 분류 : 노린재목 진딧물과

ㄴ 학명 : *Myzus persicae(Sulzer)*

ㄷ 기주 : 복숭아나무, 매실나무, 벚나무류 등 많은 수목

ㄹ 피해

- 성충과 약충이 가해수목의 잎 뒷면에서 집단으로 흡즙 가해

- 피해 입은 잎은 시들면서 세로 방향으로 말리면서 갈변

- 생장 저해, 부생성 그을음병 발생, 바이러스 매개

- 배추, 양배추, 고추, 감자 등 각종 농작물의 주요 해충

ㅁ 형태

- 무시충의 몸길이는 약 1.5mm. 보통 담황록색 또는 담녹색이지만 적갈색을 띠기도 함

- 유시충은 머리, 가슴은 검은색, 배는 담황색, 배의 등면에는 검은색 무늬, 뿔관은 원기둥 모양으로 황갈색·흑갈색

ㅂ 생활사 : 알 → 간모 → 단위생식 → 5월부터 유시충이 나타나 무, 배추 등의 여름기주로 이동 → 단위생식 → 10월부터 유시충이 나타나 복숭아나무 등의 겨울기주로 이동 → 교미(유시형 수컷과 무시형 산란성 암컷) → 산란(겨울눈 부근)

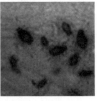

Ⓢ 방제
- 피해가지나 잎을 채취 소각
- 무당벌레류, 풀잠자리류 등 천적 보호
- 발생 초기에 적용 약제 살포(아세타미프리드 수
  화제 등)하며 동일계통 약제 연용 금지

⑧ 소나무왕진딧물
  ㉠ 분류 : 노린재목 진딧물과 왕진딧물아과
  ㉡ 학명 : *Cinara pinidensiflorae(Essia et Kuwana)*
  ㉢ 기주 : 소나무, 곰솔 등
  ㉣ 피해
  - 성충과 약충이 5~6월경 기주식물의 가지에 집단으로 흡즙하여 신초 생장 저해, 수세약
    화, 가지 고사
  - 그을음병 유발
  ㉤ 형태
  - 유시충은 몸길이 4mm이고 검은색 또는 흑갈색이며 센털로 덮여 있음, 배는 적갈색이며
    검은 무늬
  - 잎틀은 매우 길어 배의 중앙까지 닿음
  - 무시충은 몸길이 약 4mm이고 타원형으로 갈색 또는 흑갈색이며 배마디의 등면 중앙에
    검은색의 무늬가 2줄로 배열됨
  ㉥ 생활사
  - 연 3~4회 발생
  - 알로 월동
  - 약충은 이른 봄부터 나타나 2년생 가지나 어린나무의 줄기 가해하며 6월경에 밀도가 가
    장 높음
  - 무시충으로 번식을 계속하지만, 유시충도 나타나서 주위의 소나무류에 분산 이동
  ㉦ 방제

  - 가지가 빽빽하면 발생할 경우가 많으므로 주기적으로 가지치기
  - 밀도가 낮을 때 성충과 약충을 문질러 죽임
  - 천적 보호(무당벌레 등)
  - 발생 초기 적용 약제 살포(뷰프로페진·설폭사플로르 액상수화제 등)

⑨ 물푸레면충
  ㉠ 분류 : 노린재목 진딧물과
  ㉡ 학명 : *Prociphilus oriens Mordviko*
  ㉢ 기주 : 여름기주는 전나무, 겨울기주는 물푸레나무, 들메나무 등

② 피해
　　　・성충과 약충이 이른 봄에 잎과 어린 가지에서 수액을 빨아먹어 가해 부위가 오그라드는 증상이 나타남
　　　・주로 성충과 약충이 집단으로 모여 가해하기 때문에 하얀 눈이 쌓여 있는 듯한 모습
　　⑩ 형태
　　　・유시충은 머리와 눈은 검고 가운데가슴은 흑갈색, 배는 등쪽에 여러 개의 검은 띠무늬와 양쪽에 검은 점무늬
　　　・간모는 황갈색으로 등쪽에 검은색의 띠가 여러 개 있고 하얀 밀랍으로 덮여 있음
　　⑭ 생활사
　　　・연 수회 발생
　　　・알로 물푸레나무의 수피 틈에서 월동
　　　・4월경 월동란에서 부화한 약충은 겨울기주인 물푸레나무의 줄기와 가지에서 흡즙 가해
　　　・6월부터 유시충이 여름기주인 전나무의 줄기밑동 부근으로 이동하여 뿌리에서 7~8세대 경과, 이때 개미와 공생
　　⊗ 방제
　　　・집단 가해하므로 밀도 낮을 때에는 피해 가지와 잎을 제거 소각

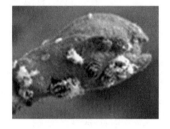

　　　・매년 피해가 발생하는 지역은 겨울기주 또는 여름기주를 이식
　　　・발생 초기에 적용 약제 살포

(3) 솔거품벌레
　　① 분류 : 노린재목 거품벌레과
　　② 학명 : *Aphrophora Flavipes(Uhler)*
　　③ 기주 : 소나무, 곰솔, 잣나무, 리기다소나무, 구상나무 등
　　④ 피해
　　　㉠ 5~6월경 새 가지에 기생, 흡즙하며 체표에 거품 모양의 물질 분비
　　　㉡ 약충은 이 거품 안에서 수액을 흡즙
　　　㉢ 외피 조직이 갈색으로 변해 죽게 됨
　　　㉣ 대발생하면 새 가지 1개에 5~6마리가 기생
　　　㉤ 거품 덩어리 때문에 미관을 해침
　　⑤ 형태
　　　㉠ 성충은 갈색을 띠는 납작한 작은 매미의 모양
　　　㉡ 약충은 머리와 가슴은 갈색, 배 부분은 등황색

⑥ 생활사

    ㉠ 연 1회 발생

    ㉡ 나무의 조직 속에서 알로 월동

    ㉢ 성충은 7~8월경 출현하며 약충과 같이 수액을 흡즙하지만 거품을 분비하지는 않음

    ㉣ 약충의 동작은 느리지만, 성충은 매우 민첩하고 잘 낢

⑦ 방제

    ㉠ 거품발견 시 가해하고 있는 약충 포살

    ㉡ 발생량이 많으며 메프유제 또는 파프유제를 500~1,000배로 희석 살포

(4) 소나무솜벌레

① 분류 : 노린재목 솜벌레과

② 학명 : *Pineus orientalis(Dreyfus)*

③ 기주 : 소나무, 곰솔, 가문비나무, 섬잣나무, 스트로브잣나무 등

④ 피해

    ㉠ 성충과 약충이 가지나 줄기 껍질 틈에서 수액을 빨아 먹고 하얀 솜같은 밀랍을 분비해 기
       생된 부위가 하얗게 보임

    ㉡ 피해를 입으면 새 눈의 생장 저해, 수세 쇠약, 심하면 고사

    ㉢ 조경수의 반송, 밀식 혹은 통풍이 불량하고 햇빛이 부족한 환경에서 자주 발생

⑤ 형태

    ㉠ 성충은 암갈색 또는 흑갈색 몸에 하얀색의 밀랍가루로 덮임

    ㉡ 약충은 겹눈이 3개, 더듬이는 컵 모양으로 퇴화, 몸 전체 밀
       랍가루

⑥ 생활사 : 연 수회 발생하고 약충으로 기주의 가지, 줄기의 수피
    틈에서 월동

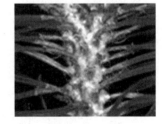

⑦ 방제

    ㉠ 통풍과 채광조건이 양호하도록 가지치기

    ㉡ 부화 약충시기인 5~6월에 적용약제를 살포

(5) 깍지벌레

① **분류** : 노린재목 깍지벌레상과(Coccoidea)

② 짚신깍지벌레과, 가루깍지벌레과, 주머니깍지벌레과, 밀깍지벌레과, 테두리깍지벌레과, 깍지벌레과 등 20여 개의 과가 있음

③ **깍지벌레의 일반적인 형태**

    ㉠ 기주식물에 고착하여 가해하기 때문에 몸이 매우 단순화되어 있어 형태적으로 종을 구분하기 힘듦

    ㉡ 몸길이가 암컷은 3~5mm이고 수컷은 이보다 작음

    ㉢ 보호깍지로 싸여 있고 대부분 왁스물질에 덮여 있지만, 왁스분비물이 없는 종도 있음

    ㉣ 깍지벌레의 입틀은 찔러서 먹기에 적합

    ㉤ 타 곤충과 다른 특징은 성충에서 보이는 자웅이형 현상(모든 암컷은 날개가 없고 머리, 가슴, 배의 경계가 뚜렷하지 않음)

④ **생활사**

    ㉠ 온대에 사는 대부분의 깍지벌레는 연 1~2회 발생, 열대지방이나 온실은 여러 세대가 발생

    ㉡ 대부분 양성생식을 하지만 드물게는 수컷 없이 단성생식을 함

    ㉢ 산란 방법으로는 난생과 난태생이 있음
    ※ 난태생 : 수정란이 모체 안에서 부화하여 나오는 것

    ㉣ 부화한 약충은 다리와 더듬이가 발달되어 있으며 이 기간에는 암수의 형태적 차이가 없음

    ㉤ 2령 약충 이후에는 암수 간에 형태적으로 많은 차이가 있음. 암컷은 불완전변태, 수컷은 완전변태

    ㉥ 이세리아깍지벌레, 가루깍지벌레, 주머니깍지벌레, 밀깍지벌레 등은 암컷은 일생 동안 다리를 가지고 성충과 약충의 형태에 큰 변화 없음

⑤ **왁스물질의 역할**

    ㉠ 천적으로부터 보호하는 역할과 포식자로부터의 공격을 피하게 함

    ㉡ 건조한 조건에서 견디게 하며 몸이 물에 젖지 않게 함

    ㉢ 살충제 등에 대한 방어 역할도 함

⑥ **피해양상**

    ㉠ 기주식물의 즙액을 흡즙하여 직접적인 피해를 줌

    ㉡ 식물체의 수세를 약화시키며, 심할 경우는 가지를 마르게 하거나 나무 전체를 죽이기도 함

    ㉢ 다량의 감로배출로 부생성 그을음병을 유발하여 식물의 광합성을 저해하고 미관을 해치기도 하며, 다른 식물 병해로 더 큰 피해를 초래하기도 함

⑦ **방제방법**

    ㉠ 깍지벌레는 몸이 왁스물질로 덮여 있는 경우가 많으므로 농약으로 방제가 어려움

    ㉡ 깍지벌레가 부화를 시작하여 왁스물질이 완성되기 이전에 방제를 하여야 함(2령 이전)

    ㉢ 천적에 영향이 적은 농약을 사용하여 천적의 밀도가 유지되도록 하는 것이 필요

⑧ 솔껍질깍지벌레
  ㉠ 분류 : 노린재목(Hemiptera) Matsucoccidae
  ㉡ 학명 : *Matsucoccus thunbergiane Miller et Park*
  ㉢ 기주 : 곰솔, 소나무
  ㉣ 피해
    • 11월~3월 후약충이 가지 인피부를 가해하여 양분이동 차단
    • 피해를 받은 나무는 적갈색으로 고사하고 3~5월에 가장 심함
    • 수관하부 가지의 잎부터 갈변하고 전체 수관으로 번져 5~7년 사이 고사
  ㉤ 형태
    • 흰 솜 덩어리 모양의 알주머니 속에 알이 있음
    • 부화약충은 타원형이고 연한 황갈색
    • 정착약충은 타원형이고 다갈색 몸 주위에 하얀색의 왁스물질 분비
    • 후약충은 둥근 모양에 다갈색, 표피경화, 다리 및 더듬이는 완전 퇴화
    • 수컷의 전성충은 장타원형, 암갈색, 다리 발달되어 암컷 성충과 비슷
    • 수컷의 번데기는 장타원형, 하얀색 고치 속에서 번데기가 됨
    • 수컷 성충은 가슴에 한 쌍의 날개, 배 끝에 하얀색 긴 꼬리
    • 암컷 성충은 더듬이와 날개가 없고 다리가 발달
  ㉥ 생활사
    • 연 1회 발생. 후약충으로 월동
    • 암컷은 불완전변태, 수컷은 완전변태
    • 알 → 부화약충 → 정착약충 → 후약충 → 전성충 → 번데기 → 성충
    • 흰 솜덩어리 모양의 알주머니에 평균 280개의 알을 낳음
    • 부화약충은 5월 상순~6월 중순에 인편 밑 또는 수피 틈에서 정착
    • 정착약충기부터 가해, 6월부터 약 4개월간 하계휴면
    • 2령 약충인 후약충은 11월~3월까지 흡즙과 발육 왕성
    • 수컷은 3~4월에 전성충이 출현
    • 2~3일 후 타원형의 고치를 짓고 그 속에서 번데기가 됨
    • 수컷 성충은 3월 하순경에 우화. 암컷의 후약충은 수컷보다 후약충 시기가 길며 번데기 시기를 거치지 않고 우화하여 우화시기(3월~5월) 일치
    • 우화최성기는 4월 중순

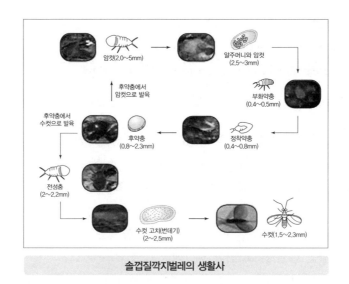

솔껍질깍지벌레의 생활사

    ⓢ 방제

- 피해지 또는 선단지 위주로 강도의 솎아베기
- 피해도 '심' 이상이고 수종 갱신이 필요한 지역은 모두베기
- 포식성 천적 보호(무당벌레류, 침노린재류, 거미류)
- 페로몬트랩 이용하여 수컷 성충 유인
- 피해도 '중' 이상은 후약충시기인 11~2월에 나무주사 실시(아마멕틴벤조에이트 유제 등)
- 3월에 지상방제, 항공방제 실시(뷰프로페진 액상수화제 등)

⑨ 이세리아깍지벌레

    ㉠ 분류 : 노린재목 짚신깍지벌레과

    ㉡ 학명 : *Icerya purchasi Maskell*

    ㉢ 기주 : 귤나무 등의 과수, 주목, 은행나무 등의 침엽수, 활엽수 등

    ㉣ 피해

- 성충과 약충이 기주의 가지와 잎에서 집단 흡즙, 수세쇠약
- 감로로 인하여 그을음병 유발, 광합성 저해. 심하면 줄기 집단 가해

    ㉤ 형태

- 노숙약충은 등면에 노란색 왁스물질 형성
- 암컷 성충은 적갈색 타원형으로 몸 주변에 유리섬유상의 분비물 분포
- 알을 낳기 전의 암컷 성충은 편평한 배면이 기주식물에 붙어 있음
- 알을 낳기 시작하면서 자루 모양의 알주머니를 만들어 배끝이 위쪽으로 휜 모양이 됨
- 알은 타원형이며 자루 모양의 알주머니 속에 들어 있음

    ㉥ 생활사

- 연 2~3회 발생
- 3령 약충 또는 성충으로 월동

- 약충은 어린 가지에서 굵은 가지로 이동
- 암컷 성충은 자웅동체로 자가수정하여 암컷만 생성
- 수컷 성충과 교미한 암컷 성충은 암컷과 수컷을 생성

ⓐ 방제
- 가지나 줄기에 붙어있는 알덩어리 제거
- 배달리아무당벌레 증식 방사
- 동절기에 기계유유제를 살포
- 발생 초기, 특히 부화 약충기에 적용 약제를 살포(디노테퓨란 약제 등을 10~15일 간격으로 2회 이상 살포)

⑩ 소나무가루깍지벌레
  ㉠ 분류 : 노린재목 가루깍지벌레과
  ㉡ 학명 : *Crisicoccus pini(Kuwana)*
  ㉢ 기주 : 소나무, 곰솔, 잣나무
  ㉣ 피해
- 성충과 약충이 신초나 전년도 가지의 잎 사이에서 집단흡즙, 생장 저해
- 감로로 인해 그을음병과 피목가지마름병 유발
- 신초가 나오는 시기에 수분 스트레스가 심하면 피해가 큼
  ㉤ 형태
- 암컷 성충은 타원형, 연한 적갈색, 몸 전체가 하얀 밀랍가루로 덮여 있음
- 몸 주위의 밀랍돌기는 짧아 몇 쌍만 보임
- 약충은 타원형, 연한 적갈색
  ㉥ 생활사
- 연 2회 발생
- 약충으로 잎과 가지의 수피 틈에서 월동
- 성충은 알주머니를 만들지 않고 160여 개의 알을 낳음
- 약충은 부화해 잎의 기부에 모여 흡즙
  ⓐ 방제
- 밀도가 낮을 때 문질러 제거
- 포식성 천적 보호(무당벌레 등)
- 약충시기에 적용 약제 살포(뷰프로페진 유제 등 10일 간격 2~3회)

⑪ 밀깍지벌레과

   ㉠ 거북밀깍지벌레

     • 1960년대 이후부터 대발생

     • 충체가 밀랍으로 덮여 방제에 어려움을 겪고 있는 해충

     • 34종의 활엽수 가해

     • 그을음병 유발

     • 연 1회 발생

     • 수정한 암컷 성충으로 월동

   ㉡ 뿔밀깍지벌레

     • 중국이 원산지, 일본을 거쳐 1930년에 과수해충으로 기록

     • 66종 이상 가해(광식성)

     • 명아주, 망초 등의 초본류에도 기생

     • 그을음병 유발하고 미관 해침

     • 나무 고사, 뿔과 같은 밀랍 돌출

     • 연 1회 발생

     • 수정한 암컷 성충으로 월동

   ㉢ 쥐똥밀깍지벌레

     • 쥐똥나무를 주요기주, 광나무, 물푸레나무, 이팝나무, 수수꽃다리 등도 가해

     • 가지 이동 및 기주 간 수평적 이동 능력 있음

     • 밀도가 높을 경우 조기낙엽, 결국 고사

     • 연 1회 발생

     • 수정한 암컷 성충으로 월동

   ㉣ 루비깍지벌레

     • 동양의 열대 지방이 원산지

     • 상록활엽수와 낙엽활엽수를 가해하는 광식성 해충

     • 전남, 경남, 제주 등 남부 지방에서 피해

     • 수세약화, 그을음병 유발

     • 어두운 붉은색의 두꺼운 밀랍 분비물

     • 연 1회 발생

     • 수정한 암컷 성충으로 월동

   ㉤ 줄솜깍지벌레

     • 오리나무, 벚나무, 단풍나무 감나무, 팽나무, 귤나무류 등을 가해

     • 성충과 약충이 잎과 가지에서 흡즙

     • 밀도가 높을 경우 가지 고사

- 암컷 성충은 고리 모양의 알주머니(3,000개의 알)
- 연 1회 발생
- 3령충으로 기주수목의 가지에서 월동

ⓗ 공깍지벌레
- 매실나무에서 밀도가 높은 편이고 살구나무, 자두나무, 벚나무, 사철나무, 밤나무, 감나무, 사과나무, 가시나무 등을 가해
- 종종 대발생해 수세약화, 나무를 고사시킴
- 연 1회 발생
- 종령약충으로 기주수목의 가지에서 월동

(6) 방패벌레

① **분류** : 노린재목 방패벌레과(Tingidae)

② 버즘나무방패벌레, 물푸레방패벌레, 후박나무방패벌레, 배나무방패벌레, 진달래방패벌레 등이 있음

③ 성충은 대부분 2~5mm 이내, 앞날개는 막질(반투명한 막의 재질)로 되어 있고, 그물 모양을 나타내고 있어 방패와 유사한 데서 이름이 붙여짐

④ 모두가 식물식성으로 성충과 약충이 잎 뒷면에서 수액을 빨아먹고, 잎은 회백색으로 변색

⑤ 잎 뒷면에 검은 배설물과 탈피각이 있어 쉽게 관찰

⑥ 응애류에 의한 피해와 유사, 가해 부위에 부착되어 있는 배설물과 탈피각으로 구분이 가능

⑦ 알은 대부분 식물체의 조직 속에 낳지만, 일부는 잎 위에 알무더기로 낳음(버즘나무방패벌레)

⑧ 진달래방패벌레는 동북아시아에서 세계 각국으로 침입하여 정착하였음

⑨ 버즘나무방패벌레

　ㄱ 분류 : 노린재목 방패벌레과

　ㄴ 학명 : *Corythucha ciliata(Say)*

　ㄷ 기주 : 버즘나무류, 물푸레나무류, 닥나무

　ㄹ 피해
- 미국이 원산지로 국내에는 1995년 피해가 처음 확인, 전국적 피해 확산. 주로 양버즘나무에서 피해가 크게 발생
- 성충과 약충이 동시에 기주의 잎 뒷면에서 집단 흡즙하여 피해 잎은 황백색으로 변함
- 잎 전체가 누렇게 변하여 경관을 해치고 수세 쇠약
- 응애류 피해와 비슷하나 비설물과 탈피각이 붙어 있음

　ㅁ 형태
- 성충은 몸길이가 3.0~3.2mm이며, 검은색 몸에 날개는 그물망 모양의 유백색을 띰
- 약충은 검은색이며 납작한 모양임

　ㅂ 생활사
- 연 3회 발생, 성충으로 수피 틈에서 월동
- 성충은 주맥과 부맥이 만나는 곳에 무더기로 산란
- 약충은 발육기간이 짧아 2~3세대 혼재하여 가해
- 기온이 낮아지는 9월부터 월동

　ㅅ 방제
- 가해 초기에 피해 잎을 채취 소각
- 거미류 등 포식성 천적 보호
- 발생 초기에 적용약제를 잎 뒷면에 충분히 묻도록 살포(에토펜프록스 유제 등)
- 발생 초기에 적용약제 나무주사(이미다클로프리드 분산성액제 등)

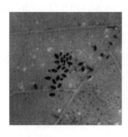  

⑩ 기타 방패벌레

　ㄱ 진달래방패벌레
- 원산지는 한국, 일본, 중국을 포함한 동북아시아로 1910년대 일본에서 미국으로 수출되던 철쭉을 통해 서구로 전파
- 밤나무, 사과나무, 진달래, 산철쭉, 철쭉, 영산홍 등 가해

- 띠띤애매미충류에 의한 피해와 비슷하나 잎 뒷면의 배설물과 탈피각으로 구분. 특히 고온건조 시에 피해 심함
- 연 4~5회 발생
- 성충으로 낙엽 사이나 지피물 밑에서 월동
ⓒ 물푸레방패벌레
  - 물푸레나무, 들메나무에 가해
  - 성충은 흑갈색, 앞가슴 등판에 3개의 융기선
  - 연 4회 발생
ⓒ 배나무방패벌레
  - 벚나무, 사과나무 등 장미과 과수의 잎을 가해
  - 성충 앞날개에 ×자 모양 검은색 무늬 선명
  - 연 3~4회 발생
  - 성충 월동
ⓔ 후박나무방패벌레
  - 후박나무 가해
  - 몸과 날개가 반투명한 유백색

(7) 갈색날개매미충

① 분류 : 노린재목 큰날개매미충과

② 학명 : *Pochazia shantungensis Chou et Lu*

③ 기주 : 단풍나무, 밤나무 등 53과 114종 활엽수. 광범위하여 활엽수뿐만 아니라 침엽수인 주목에서도 피해 확인

④ 피해

  ㉠ 2010년 중국에서 유입되어 증가 추세임

  ㉡ 성충이 1년생 가지 속에 2열로 산란해 가지가 말라죽음

  ㉢ 성충과 약충이 집단으로 흡즙하여 수세 쇠약, 부생성 그을음병 유발

⑤ 형태

  ㉠ 성충은 암갈색, 수컷은 복부 선단부가 뾰족한 반면, 암컷은 둥글어 쉽게 구분

  ㉡ 톱밥과 하얀색 밀랍을 섞어서 알 위에 덮음

  ㉢ 약충은 항문을 중심으로 노란색 밀랍물질을 부채살 모양으로 형성

PART 01
PART 02
PART 03
PART 04
PART 05
PART 06

⑥ 생활사

    ㉠ 연 1회 발생

    ㉡ 가지에서 알로 월동

    ㉢ 5~6월에 약충이 부화

    ㉣ 성충은 7~11월 중순까지 출현

    ㉤ 8월부터 가지에 알을 낳음

⑦ 방제

    ㉠ 농림지 동시발생 해충으로 공동 방제

    ㉡ 알이 포함된 가지 제거 : 알덩어리는 왁스물질로 덮여 방제가 어렵기 때문

    ㉢ 끈끈이롤트랩 설치 : 이동하는 성충을 막고 예찰과 함께 방제효과도 기대

    ㉣ 거미류 등의 천적 보호

    ㉤ 발생 초기에 등록된 적용 약제를 살포(아세타미프리드 수화제 등)

(8) 미국선녀벌레

① 분류 : 노린재목 선녀벌레과

② 학명 : *Metcalfa pruinosa(Say)*

③ 기주 : 활엽수, 농작물과 초본류를 포함한 145여 종 가해. 최근에는 침엽수 리기다소나무도 피해 확인

④ 피해

    ㉠ 2009년 북미에서 유입되어 증가하는 추세임

    ㉡ 흰색 밀랍물질이 혐오감을 유발하고, 미관을 해침

    ㉢ 성충과 약충이 집단으로 흡즙하여 수세 쇠약, 부생성 그을음병 유발

⑤ 형태

    ㉠ 성충은 앞날개가 회갈색, 앞쪽으로 검은점, 뒤쪽으로 하얀 점 산재

    ㉡ 약충은 하얀색 밀랍물질이 온몸을 덮음

⑥ 생활사

    ㉠ 연 1회 발생

    ㉡ 알로 월동하고 4월 하순경 약충이 부화

    ㉢ 성충은 7~10월 중순까지 출현

    ㉣ 9~10월경 알을 낳음

⑦ 방제

    ㉠ 농림지 동시발생 해충으로 공동 방제

    ㉡ 어린 약충시기와 성충 발생기에 적용약제를 충분히 묻도록 살포(아세타미프리드 수화제 등)

⑧ 갈색날개매미충과 미국선녀벌레의 공통점과 차이점

구분	갈색날개매미충 (Pochazia shantungensis) 노린재목 큰날개매미충과	미국선녀벌레 (Metcalfa pruinosa) 노린재목 선녀벌레과
공통점	• 외래, 돌발 해충 • 고온건조 많이 발생	
생활사	• 활엽수, 침엽수인 주목 • 연 1회 발생, 알로 월동 • 5~6월 약충 부화, 7월~11월 성충 출현 • 집단흡즙, 그을음병 유발 • 1년생 가지 속 2줄로 비스듬히 산란, 알을 흰색 밀납물질로 보호 • 수컷 복부 선단부 뾰족한 반면 암컷은 둥글어 쉽게 구분 • 약충은 항문 중심 노란 밀랍물질 부채살 모양 형성 • 4령부터 등 부위에 3쌍의 검은색 반점	• 활엽수, 농작물과 초본류, 침엽수인 리기다 • 연 1회 발생, 알로 월동 • 4월 약충 발생해 성충은 7~10월까지 출현 • 집단흡즙, 그을음병 유발, 감로분비로 생육부진과 상품성을 떨어뜨리는 피해를 입히는 해충 • 약충은 유백색 V자. 등쪽이 강하게 압착 • 성충은 넓은 앞날개가 몸에 수직으로 달라붙어 있음
방제 및 특이사항	• 끈끈이롤트랩 설치, 월동하는 알 제거 • 거미류 등의 천적 보호 • 발생 초기 적용 약제 살포(아세타미프리드 수화제 등)	• 기주식물의 범위가 넓어 농림지 동시방제 • 어린 약충시기와 성충 발생기인 7월에 적용 약제 살포(아세타미프리드 수화제 등), 잎과 줄기에 충분히 묻도록 수회 살포 • 미국선녀벌레는 외래해충, 선녀벌레는 토착해충
사진		

1령 2령 3령 4령 5령

알 5령 약충 성충

(9) 꽃매미(주홍날개꽃매미)

① 분류 : 노린재목 꽃매과

② 학명 : *Lycorma delicatula(White)*

③ 기주 : 수목과 과수를 가해(특히 가죽나무, 포도나무 피해 심함)

④ 피해

　㉠ 2006년 중국에서 유입되어 증가추세임

　㉡ 성충과 약충이 집단으로 흡즙하여 수세 쇠약

　㉢ 부생성 그을음병을 유발하여 과실의 품질을 떨어뜨림

⑤ 형태

　㉠ 성충 앞날개는 기부에서 2/3는 분홍색, 옅은 갈색을 띠며 검은색 반점 분포. 1/3은 갈색 바탕에 검은 반점 산재

　㉡ 뒷날개 1/2는 붉은색 바탕에 검은 반점, 나머지 1/2은 흑갈색

ⓒ 알이 평행으로 배열되어 40~50개 무더기로 모여 있음

ⓔ 3령 약충까지 검은색 바탕에 흰점 산재. 4령부터 빨간색 바탕에 흰점

⑥ 생활사

ㄱ 연 1회 발생

ㄴ 줄기나 가지에서 알로 월동

ㄷ 4월 하순부터 약충이 부화

ㄹ 성충은 7~10월 중순까지 출현

ㅁ 9월부터 가지에 알을 낳음

⑦ 방제

ㄱ 알이 부화되기 이전에 줄기에 붙어 있는 알덩어리를 제거

ㄴ 약충시기에 끈끈이롤트랩 설치

ㄷ 가죽나무 등의 주요 기주수목을 제거

ㄹ 발생 초기에 적용 약제를 살포(이미다클로프리드 수화제 등)

ㅁ 어린 약충시기에 나무주사(이미다클로프리드 분산성액제)

(10) 나무이

① 나무이과(노린재목)

ㄱ 나무이류 성충은 잘 뛰어오르고 약충 및 성충 시기에 나무의 잎, 싹, 가지 위에서 자유로이 살거나 벌레혹 형성(큰팽나무이)

ㄴ 대개 기주 특이성이 있어서 자귀나무이는 자귀나무, 뽕나무이는 뽕나무, 돈나무이는 돈나무에서 기생

ㄷ 회화나무이, 오갈피나무이, 뽕나무이 등 성충은 매미 모양, 크기는 5mm 이내, 약충은 대부분 하얀 밀납을 뒤집어쓰고 있음

ㄹ 잎의 뒷면이나 어린 가지에 성충과 약충이 집단적으로 가해(돈나무이는 잎의 앞면 가해), 잎 변형 및 변색

ㅁ 진딧물과 마찬가지로 감로가 심해 하층 식생대에 그을음병 유발

ㅂ 연 1회 발생(큰팽나무이 2회, 돈나무이 2~3회)

ㅅ 성충 월동(큰팽나무이는 알로 월동)

② 가루이과(노린재목)
  ㉠ 성충은 가루 모양의 밀랍질로 덮여 있음(다리 없는 유충은 주변부만)
  ㉡ 회양목가루이(회양목), 귤가루이(귤나무, 광나무)
③ 나무이의 종류
  ㉠ 자귀나무이 : 자귀나무에 피해, 집단 흡즙으로 변색, 그을음병 유발
  ㉡ 회화나무이
    • 회화나무에 피해, 집단 흡즙으로 변색, 그을음병 유발
    • 연 1회 발생하고 성충 월동
  ㉢ 뽕나무이
    • 뽕나무 가해
    • 약충이 잎, 줄기, 열매 등에 집단 흡즙, 실과 같은 하얀색 밀랍물질 분비
    • 잎 오그라들고 오디 상품성 저하
    • 그을음병 유발
    • 연 1회 발생
    • 성충 월동
  ㉣ 돈나무이
    • 돈나무 가해
    • 약충이 새순이나 새잎의 앞면에 집단 흡즙, 하얀색 밀랍물질 분비
    • 그을음병 유발
    • 연 2회 발생
    • 성충 월동(약충 있음)
  ㉤ 큰팽나무이
    • 팽나무만 가해하는 단식성 해충
    • 잎 표면에 고깔 모양의 벌레혹을 만들고 뒷면에 하얀색 분비물로 깍지를 만들어 덮음
    • 연 2회 발생
    • 알로 수피 틈이나 지피물에서 월동

   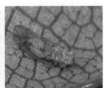 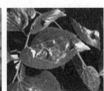

(11) 흡즙성 해충 : 월동충태

분류	일반	알	유충	번데기	성충	기타
총채벌레	성충					
방패벌레	성충					
노린재	성충					
〈외래해충〉 주홍날개꽃매미 미국선녀벌레 갈색날개매미충	알 알 알					
말매미 나무이 가루이	성충	큰팽나무이				알과 약충 귤가루이 (3령유충, 번데기)
진딧물	알		소나무솜벌레		가슴진딧물	
깍지벌레	성충	주머니깍지벌레 (알/약충)	솔껍질깍지벌레(후약충) 소나무가루깍지벌레 줄솜깍지벌레 공깍지벌레		밀깍지벌레과 ※ 밀밀밀 루비 (거북밀깍지벌레, 뿔밀 깍지벌레, 쥐똥밀깍지 벌레, 루비깍지벌레)	이세리아깍지벌레 (3령약충, 성충)
응애	성충	전나무잎응애				

(12) 흡즙성 해충 : 세대수

분류	일반	연 1회 연 1~2회	연 2회 연 2~3회	연 3회 연 3~4회, 연 4회	수회	기타
총재벌레	수회				7세대	
방패벌레				버즘나무방패벌레(3) 배나무방패벌레(3~4) 물푸레방패벌레(4) 진달래방패벌레(4~5)		
노린재			갈색날개노린재(2)			
※ 주미갈 말매미 나무이 가루이 진딧물 깍지벌레 응애	연 1회 연 1회 연 1회 수회 연 2회 수회	솔껍질(1) 후박나무(1) 밀깍지벌레과 ※밀밀밀루비줄공 (1)	돈나무이(2~3) 귤가루이(2) 주머니, 장미흰 식나무, 사철 소나무굴(2) 소나무가루 이세리아, 갈색 뽕나무, 벚나무(2~3)	소나무왕진딧물(3~4) 전나무잎말이진딧물(3)	전나무잎 (5~6) 벚나무(5~6) 점박이 (8~10) 차응애(수회)	6년 1세대

※ 주미갈(주홍날개꽃매미, 미국선녀벌레, 갈색날개매미충)
　밀깍지벌레과(밀밀밀루비줄공 : 거북밀깍지벌레, 뿔밀깍지벌레, 쥐똥밀깍지벌레, 루비깍지벌레, 줄솜깍지벌레, 공깍지벌레)

3. 종실 및 구과에 피해를 주는 해충

(1) 도토리거위벌레

① 분류 : 딱정벌레목 거위벌레과

② 학명 : *Mecorhis ursulus(Roelofs)*

③ 기주 : 상수리나무, 신갈나무 등 참나무류의 종실인 도토리에 피해

④ 피해

  ㉠ 암컷 성충이 7~8월에 도토리에 구멍을 뚫고 산란 후, 도토리가 달린 가지를 주둥이로 잘라 땅으로 떨어뜨림

  ㉡ 알에서 부화한 유충이 과육을 식해

  ㉢ 가지를 떨어뜨려 경관을 해침

⑤ 형태

  ㉠ 몸길이는 8.5~10.5mm, 몸은 검은색 혹은 흑갈색. 주둥이는 가늘고 길며 검은색. 또한 검은색의 긴 털이 수직으로 서 있음

  ㉡ 더듬이는 11마디이고 앞 끝 3마디가 팽대

  ㉢ 유충은 유백색

⑥ 생활사

  ㉠ 연 1회 발생, 노숙 유충으로 땅속 3~9cm 깊이에 흙집을 짓고 월동

  ㉡ 우화최성기는 8월 상순

⑦ 방제

  ㉠ 떨어진 가지 모아서 소각

  ㉡ 우화최성기에 유아등 설치

  ㉢ 성충 우화시기인 8월 상순에 적용 약제 2~3회 살포

(2) 밤바구미

① 분류 : 딱정벌레목 바구미과

② 학명 : *Curculio sikkimensis(Heller)*

③ 기주 : 밤나무, 종가시나무, 참나무류의 종실 가해

④ 피해

  ㉠ 종피와 과육 사이에 낳은 알에서 부화한 유충이 과육을 먹고 자람

  ㉡ 배설물을 밖으로 내보내지 않음

  ㉢ 밤의 종실해충, 복숭아명나방과 함께 가장 피해를 많이 주는 해충

  ㉣ 조생종보다 중·만생종에 피해가 많음

⑤ 형태

　　㉠ 성충은 주둥이가 매우 길고 암컷이 수컷보다 길음, 날개는 담갈색 무늬, 중앙에 회황색 가
　　　로띠

　　㉡ 노숙 유충은 머리는 갈색, 가슴과 배는 유백색

⑥ 생활사

　　㉠ 연 1회 발생

　　㉡ 노숙 유충으로 토양 속 18~36cm 깊이에 흙집을 짓고 월동

　　㉢ 우화최성기는 9월 상중순

⑦ 방제

　　㉠ 산란기에 적용약제를 수관 전면에 처리.
　　　성충우화기에 적용

　　㉡ 약제 살포. 수확한 밤을 포스핀 훈증제
　　　등으로 훈증. 유아등 유살

(3) 복숭아명나방

① 분류 : 나비목 명나방과

② 학명 : *Dichocrocis punctiferalis(Guenee)*

③ 기주

　　㉠ 한국, 일본, 중국, 대만, 인도, 자바, 호주 등에 분포

　　㉡ 잣나무 등 침엽수를 가해하는 침엽수형과 밤나무 등 활엽수 종실을 가해하는 활엽수형

④ 피해

활엽수형	• 밤나무, 참나무류, 복숭아나무 등의 활엽수 종실을 가해 • 밤나무에서 피해가 심하고 주로 조생종에서 피해가 나타남 • 유충은 과육을 먹고 자라며 배설물과 찌꺼기를 구과에 붙여 놓음
침엽수형	• 소나무, 잣나무, 리기다소나무 등의 침엽수를 가해 • 잣나무 구과에서 피해 심함 • 유충은 신초에서 거미줄로 집을 짓고 잎을 식해 • 배설물을 가해 부위에 붙여 놓음 • 5월에 피해 심하고 2세대 유충에 의한 피해는 적음

⑤ 형태

　　㉠ 성충은 등황색 바탕에 검은색 반점이 산재

　　㉡ 알은 납작한 타원형

　　㉢ 유충은 머리는 흑갈색, 몸은 연분홍색으로 갈색점이 산재

⑥ 생활사

활엽수형	• 연 2~3회 발생. 유충으로 월동(수피 틈의 고치 속) • 월동유충이 4월 하순부터 활동 • 5월 하순경 번데기가 됨 • 제1세대 성충은 6월에 나타나 주로 복숭아나무 등의 과실에 산란 • 제2세대 성충은 7~8월에 나타나며 밤나무의 종실에 산란 • 10월경에 유충은 과육에서 나와 월동처인 줄기로 이동
침엽수형	• 연 2~3회 발생. 유충으로 월동(벌레주머니 속) • 월동유충이 5월부터 활동 시작, 1세대 성충은 6~7월, 2세대 성충은 8~9월에 나타남

⑦ 방제

　㉠ 피해 종실·구과를 모아 소각 매립

　㉡ 성페로몬 트랩 설치(ha당 5~6개씩 일정 간격으로 통풍이 좋은 곳에 1.5m 높이로 설치)

　㉢ 성충 우화시기에 적용 약제 살포(에마멕틴벤조에이트 유제 등)

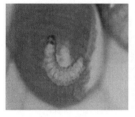   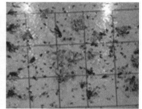

> 📋 **TIP** 종실·구과 해충(발생횟수 및 월동태)
>
> • 도토리거위벌레(유충, 연 1회)
> • 밤바구미(유충, 연 1회)
> • 나방류(유충, 연 1회)
> 　– 솔알락명나방, 큰솔알락명나방(유충, 연 1회)
> 　– 복숭아명나방(유충, 연 2~3회)
> 　– 대추애기잎말이나방(번데기/성충, 연 3회)
> 　– 백송애기잎말이나방(번데기, 연 1회)
> 　– 소나무순나방(번데기, 연 1회)

4. 벌레혹을 만드는 해충

(1) 큰팽나무이

① 분류 : 노린재목 알락나무이과

② 학명 : *Celtisapis japonica(Miyatake)*

③ 기주 : 팽나무만 가해하는 단식성

④ 피해

  ㉠ 약충이 잎 표면에 고깔 모양의 벌레혹 형성

  ㉡ 잎 뒷면은 백색의 깍지를 만들어 덮음

  ㉢ 벌레혹은 노란색 → 흑갈색

  ㉣ 미관을 해치고 조기낙엽

⑤ 형태 : 성충 몸길이 2.2~3.5mm 정도, 몸은 황갈색, 흑갈색 무늬

⑥ 생활사

  ㉠ 연 2회 발생

  ㉡ 수피 틈이나 지피물에서 알로 월동

  ㉢ 1세대 성충은 6월 출현, 8월 산란

  ㉣ 2세대는 10월 출현, 1월 산란

⑦ 방제

  ㉠ 피해 잎 제거하여 소각

  ㉡ 적용약제 살포(이미다클로프리드 액상수화제 등)

  ㉢ 포식성 천적인 풀잠자리류, 홍점박이무당벌레 보호

(2) 사사키잎혹진딧물

① 분류 : 노린재목 진딧물과

② 학명 : *Tuberocephalus sasakii(Matsumura)*

③ 기주 : 벚나무류 가해

④ 피해

  ㉠ 성충과 약충이 벚나무의 새 눈에 기생하는 진딧물로 잎 뒷면에서 흡즙

  ㉡ 잎 앞면에는 주머니 모양의 벌레혹 형성

  ㉢ 색은 황백색 → 황록색 또는 홍색 → 갈색. 벌레혹의 길이는 20mm, 폭은 8mm로 경화

  ㉣ 미관을 해침

⑤ 형태

  ㉠ 간모는 달걀모양, 담녹색

  ㉡ 유시충은 담황색(머리는 검은색, 가슴은 흑록색, 배는 노란색)

⑥ 생활사

  ㉠ 연 수회 발생

  ㉡ 벚나무 가지에서 알로 월동

  ㉢ 4월 상순 부화, 새 눈의 뒷면에 기생

  ㉣ 잎 앞면에 벌레혹 형성

  ㉤ 5~6월 유시형 암컷 출현, 중간기주인 쑥에 이동

  ㉥ 쑥에서 여름을 나고 10월 하순경 유시형 암컷과 유시 수컷이 출현, 벚나무로 돌아가 알을 낳음

⑦ 방제
  ㉠ 4월 상순에 적용약제 살포, 나무주사
  ㉡ 무당벌레류, 풀잠자리류, 거미류 등 포식성 천적 보호
  ㉢ 6~10월에 중간기주인 쑥에 적용약제 살포

(3) 때죽납작진딧물

① 분류 : 노린재목 진딧물과
② 학명 : *Ceratovacuna nekoashi(Sasaki)*
③ 기주 : 때죽나무
④ 피해
  ㉠ 간모가 잎의 측아 속에서 흡즙, 바나나 송이 모양의 벌레혹 형성
  ㉡ 색은 황록색 → 암갈색
  ㉢ 미관을 해침
⑤ 형태
  ㉠ 간모 : 담황색, 밀랍물질
  ㉡ 유시충 : 머리는 검은색, 가슴은 흑갈색, 배는 홍적색
⑥ 생활사
  ㉠ 연 수회 발생
  ㉡ 때죽나무 가지에서 알로 월동
  ㉢ 간모는 4월에 월동란에 부화, 측아에서 벌레혹 형성, 6월에 쉽게 눈에 띔
  ㉣ 7월에 중간기주인 나도바랭이새로 이주한 후 가을에 다시 돌아옴
⑦ 방제
  ㉠ 성충이 탈출하기 전에 벌레혹을 채취 소각
  ㉡ 4월 상순에 적용약제 살포, 나무주사
  ㉢ 포식성 천적인 무당벌레류, 풀잠자리류,
    거미류 등을 보호
  ㉣ 8~10월에 중간기주인 나도바랭이새에
    적용약제 살포

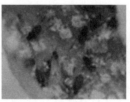 

(4) 조록나무혹진딧물

① 분류 : 노린재목 진딧물과
② 학명 : *Dinipponaphis autumna(Mozen)*
③ 기주 : 조록나무, 특히 제주도에서 피해 심함
④ 피해
  ㉠ 잎에 혹을 형성하고 그 안에서 성충과 약충이 흡즙 피해

ⓛ 가지 신장 저해로 수세약화

  ⓒ 잎 하나에 다수의 벌레혹 형성

  ⓔ 잎 앞면은 원추형, 뒷면은 원통형

  ⓜ 유사한 조록나무잎진딧물은 앞면이 반구형, 뒷면이 원추형인 녹황색 또는 자홍색 벌레혹 형성

⑤ 형태

  ㉠ 간모 : 암황색

  ⓛ 유시충 : 몸길이 약 1.5mm로 머리와 가슴은 흑갈색, 배는 암녹색

  ⓒ 무시충 : 암황색

  ⓔ 약충 : 담황색

⑥ 생활사

  ㉠ 연 4회 발생

  ⓛ 성충 월동

  ⓒ 1년 내내 조록나무에서만 생활

  ⓔ 월동성충은 3월에 산란, 4월에 부화하여 간모가 되며 벌레혹 형성

  ⓜ 유시충은 12월에 벌레혹이 벌어지면 탈출하여 월동

⑦ 방제

  ㉠ 12월 이전에 벌레혹 제거 소각

  ⓛ 4월 상순에 적용약제를 살포

(5) 외줄면충(느티나무 외줄진딧물)

① 분류 : 노린재목 진딧물과

② 학명 : *Paracolopha morrisoni(Baker)*

③ 기주 : 느티나무

④ 피해

  ㉠ 느티나무 잎 뒷면에서 흡즙, 잎 표면에 표주박 모양의 벌레혹 형성

  ⓛ 색은 담녹색 → 갈색

  ⓒ 잎은 기형이 되고 대발생하면 미관 해침

⑤ 형태

  ㉠ 유시충은 타원형으로 머리와 가슴은 검은색, 배는 암갈색

  ⓛ 무시충은 암녹색이고 하얀 밀랍으로 덮여 있음

⑥ 생활사

  ㉠ 연 수회 발생

  ⓛ 수피 틈에서 알로 월동

ⓒ 4월 중순 부화 → 간모 약충이 벌레혹 형성 → 간모(3회 탈피) → 약충 → 5~6월 유시성충(대나무 이동) → 10월 유시충(느티나무 이동) → 교미(알을 가진 채 수피 틈에서 죽음) → 이듬해 봄에 알 노출

⑦ 방제

   ⓐ 5월 하순 전에 피해 잎을 채취 제거

   ⓑ 4월 중순 약충 시기에 적용약제를 약액이 충분히 묻도록 살포

   ⓒ 여름 기주인 대나무 제거

   ⓓ 포식성 천적인 무당벌레류, 풀잠자리류, 거미류 등을 보호

(6) 검은배네줄면충

① 분류 : 노린재목 진딧물과

② 학명 : *Tetraneura nigriabdoninalis(Sasaki)*

③ 기주 : 느릅나무

④ 피해

   ⓐ 느릅나무 잎 표면에 모양이 불규칙한 긴 타원형의 적갈색 벌레혹을 만들고 흡즙 가해

   ⓑ 조기낙엽

⑤ 형태 : 성충은 몸길이 2~3mm이며 센털이 있음

⑥ 생활사

   ⓐ 연 수회 발생

   ⓑ 수피 틈에서 알로 월동

   ⓒ 4월 부화, 잎 뒷면을 흡즙 가해하여 벌레혹 형성

   ⓓ 5월에 유시형이 나타나 벼과 식물의 뿌리로 이동

   ⓔ 10월 느릅나무로 돌아와 수피 틈에 산란

⑦ 방제

   ⓐ 피해 잎 제거 소각

   ⓑ 포식성 천적인 무당벌레류, 풀잠자리류, 거미류 등을 보호

   ⓒ 적용약제 살포

(7) 밤나무혹벌

① 분류 : 벌목 혹벌과

② 학명 : *Dryocosmus kuriphilus Yasumatsu*

③ 기주 : 밤나무

④ 피해

    ㉠ 유충이 밤나무 눈에 기생, 직경 10~15mm의 붉은색 벌레혹 형성

    ㉡ 잎이 밀생

    ㉢ 개화·결실이 되지 않음

    ㉣ 벌레혹은 성충 탈출 후 7월 하순부터 마르며 피해가 심하면 나무 전체가 고사

    ㉤ 일부 내충성 품종에서도 피해가 발견되고 있음

⑤ 형태

    ㉠ 성충은 몸길이 3mm 내외, 흑갈색

    ㉡ 유충은 유백색, 다리 없음

⑥ 생활사

    ㉠ 연 1회 발생

    ㉡ 겨울눈 조직 속에서 유충으로 월동

    ㉢ 월동유충은 3~5월에 급속히 성장

    ㉣ 벌레혹도 팽대하고 가지생장 정지

    ㉤ 노숙 유충은 6~7월 번데기가 되고 7~9일 후 우화

    ㉥ 우화한 성충은 1주일 후 6~7월 하순에 외부로 탈출

    ㉦ 새 눈에 산란(암컷 성충만 있어 교미 없이 단위생식)

    ㉧ 부화 유충은 거의 성장하지 않은 채 월동하여 4월까지는 육안으로 피해를 식별할 수 없음

⑦ 방제

    ㉠ 경종적 방제로 내충성 품종 갱신(산목율, 순역, 옥광율, 상림 등)

    ㉡ 중국긴꼬리좀벌을 4월 하순~5월 상순에 ha당 5,000마리씩 방사

    ㉢ 남색긴꼬리좀벌, 노란꼬리좀벌, 큰다리남색좀벌 등 천적 보호

    ㉣ 피해 심하지 않은 밤나무는 봄에 벌레혹 채취 소각

    ㉤ 성충 발생기인 6월 하순부터 10일 간격으로 티아클로프리드 액상수화제 등의 적용약제를 2~3회 살포

(8) 솔잎혹파리

① 분류 : 파리목 혹파리과

② 학명 : *Thecodiplosis japonensis*

③ 기주 : 소나무, 곰솔

④ 피해

　　㉠ 1929년 창덕궁과 목포에서 피해 확인

　　㉡ 유충이 솔잎 기부에 충영을 형성하고 흡즙

　　㉢ 건전한 잎 길이의 1/2로 감소, 갈변, 조기낙엽, 생장저하

　　㉣ 충영은 수관 상부에 많이 형성되며 심할 때는 정단부 신초가 대부분 고사

　　㉤ 5~7년차가 피해극심기

　　㉥ 피해임목 고사 많음(지피식생 많은 임지, 북향 임지, 산록부, 수관폭 좁은 임목)

⑤ 형태

　　㉠ 성충은 몸길이가 1~2.5mm 이내의 작은 파리, 몸은 노란색

　　㉡ 알은 긴 타원형이며 노란색

　　㉢ 유충은 다리가 없음

⑥ 생활사

　　㉠ 연 1회 발생

　　㉡ 지피물 밑이나 1~2cm 깊이의 흙 속에서 유충으로 월동

　　㉢ 5월 중순~7월 중순에 우화하고 우화최성기는 6월 상중순

　　㉣ 수컷은 교미 후 수 시간 내 죽고 암컷은 솔잎 사이에 알을 낳고 1~2일 생존

　　㉤ 부화 유충은 솔잎 기부로 내려가 충영 형성

　　㉥ 벌레혹에서 탈출, 낙하하여 흙속으로 들어가 월동

　　㉦ 낙하 최성기는 11월 중순

⑦ 방제

　　㉠ 피해지 또는 선단지 등을 대면적으로 선정하여 간벌

　　㉡ 봄에 지피물을 제거하여 토양을 건조시켜 유충 폐사 유도

　　㉢ 지표면에 비닐 피복하여 월동처 이동 차단, 우화 성충의 이동을 막음

　　㉣ 천적 방사(솔잎혹파리먹좀벌, 혹파리살이먹좀벌, 혹파리등뽈먹좀벌, 혹파리반뽈먹좀벌)

　　㉤ 박새, 쇠박새 등 포식성 조류 보호

　　㉥ 5~6월 적용약제 나무주사(티아메톡삼 분산성액제 등)

　　㉦ 11~12월, 4~5월 적용약제 토양처리(이미다클로프리드 입제 등)

(9) 아까시잎혹파리

① **분류** : 파리목 혹파리과

② **학명** : *Obolodiplosis robiniae(Haldeman)*

③ **기주** : 아까시나무만 가해하는 단식성 해충

④ 피해

　　㉠ 미국 원산

　　㉡ 2002년 국내 피해

　　㉢ 유충이 잎 뒷면의 가장자리에서 흡즙, 잎이 뒤로 말림

　　㉣ 말린 잎 속에는 평균 10마리 내외의 유충이 가해

　　㉤ 흰가루병과 그을음병이 발생하기도 함

⑤ 형태

　　㉠ 성충은 몸길이가 2.3~3.3mm로 머리와 날개는 검은색, 배는 노란색 또는 붉은색

　　㉡ 더듬이는 암컷은 2개의 결절, 수컷은 3개의 결절

　　㉢ 알은 노란색 → 붉은색, 유충은 유백색, 번데기는 유백색 → 붉은 갈색

⑥ 생활사

　　㉠ 연 2~3회 발생

　　㉡ 땅에서 번데기로 월동

　　㉢ 5월 상순 땅속(2화기부터 벌레혹)에서 우화하며 특히 2화기 피해 심함

⑦ 방제

　　㉠ 천적 보호(아까시민날개납작먹좀벌, 무당벌레, 풀잠자리 등)

　　㉡ 피해 초기에 적용약제 살포(이미다클로프리드 10% 수화제 등)

(10) 사철나무혹파리

① 분류 : 파리목 혹파리과

② 학명 : *Masakimyia pustulae*

③ 기주 : 사철나무, 줄사철나무 등

④ 피해 : 유충이 사철나무 잎 뒷면에 울퉁불퉁하게 부풀어 오르는 벌레혹을 형성하고 그 속에서 흡즙하여 조기낙엽

⑤ 형태

　　㉠ 성충 : 몸길이 2mm, 노란색

　　㉡ 유충 : 몸길이 1.9mm, 노란색 또는 유백색

　　㉢ 알 : 장타원형

⑥ 생활사

　　㉠ 연 1회 발생

　　㉡ 벌레혹 속에서 3령 유충으로 월동

　　㉢ 성충은 우화 당일 새로 자라고 있는 잎 뒷면에 산란

　　㉣ 부화 유충은 잎 표면을 파고 들어가 벌레혹 형성

　　㉤ 벌레혹은 6월부터 쉽게 눈에 띄며, 3령충으로 성장하여 월동에 들어감

⑦ 방제

　　㉠ 피해잎 채취 소각 매립

　　㉡ 기생봉류와 기생파리류 등의 천적 보호

　　㉢ 3월 중순과 5월 상순에 적용약제를 토양과 혼합처리

(11) 향나무혹파리

① 분류 : 파리목 혹파리과

② 학명 : *Aschitonyx eppoi Inouye*

③ 기주 : 향나무

④ 피해

　　㉠ 유충이 향나무의 가는 가지 끝에 벌레혹 형성

　　㉡ 유충 탈출 후에 벌레혹은 고사하여 떨어지며 가지의 성장이 중지

　　㉢ 피해가 2~3년 계속되면 가는 가지까지 고사

⑤ 형태 : 성충의 몸길이는 1.7mm, 모기와 유사, 배는 황적색

⑥ 생활사

　　㉠ 연 1회 발생

　　㉡ 부화 유충이 가지 끝에 파고 들어가 월동

　　㉢ 성충이 5~6월 상순에 우화, 산란, 하나의 벌레혹 속에 1~2마리의 유충이 있음

　　㉣ 봄에 벌레혹이 비대해지고 5월 상순경 탈출, 지표에서 번데기

　　㉤ 흙 속 기간은 20~25일

⑦ 방제

　　㉠ 피해가 심한 가지 제거 소각

　　㉡ 포식성 천적인 풀잠자리류, 무당벌레류, 거미류 등을 보호

　　㉢ 적용약제 살포

(12) 혹응애

① 분류 : 거미강 응애목 혹응애과

② 한 나무 안에서는 스스로 이동

③ 다른 기주로 이동할 경우는 바람 · 빗물 · 흐르는 물 등을 타고 이동

④ 곤충 · 사람 · 가축의 몸에 붙어서 이동

⑤ 혹응애의 월동은 대부분 기주식물의 벌레혹 안에서 주로 성충으로 월동

⑥ 버드나무혹응애는 이듬해 자라는 겨울눈의 잎과 잎 사이에서 월동

⑦ **종류** : 밤나무혹응애, 회양목혹응애, 붉나무혹응애, 버들혹응애, 구기자혹응애, 배혹응애, 최근 이팝나무와 광나무에서도 혹응애가 발견

(13) 오갈피나무이

① 분류 : 노린재목 창나무이과

② 학명 : *Heterotrioza ukogi(Shinji)*

③ 기주 : 오갈피나무류

④ 피해

  ㉠ 재배지가 확대되면서 피해 점차 확대

  ㉡ 가시오갈피나무는 피해가 거의 없으며 오갈피나무에 심함

  ㉢ 잎, 줄기, 열매 등 지상부의 모든 부분에 혹을 형성하고, 흡즙 가해하기 때문에 이용이 불가능하고 심하면 나무가 고사

  ㉣ 좁은 면적에 많은 개체가 충영을 형성하는 경우는, 충영이 상호 연결되어 모양이 불규칙하고 흉함

  ㉤ 특히 1세대 부화 유충이 종실과 가지에 혹을 형성하여 피해

⑤ 형태

  ㉠ 성충은 황갈색

  ㉡ 알은 유백색 → 흑갈색

  ㉢ 약충은 소량의 왁스물질로 덮여 있음

⑥ 생활사

  ㉠ 연 2회 발생

  ㉡ 성충으로 월동(주변의 이끼 등에서 이듬해 3월까지 월동)

  ㉢ 4월 하순에 가장 많은 개체수 발생

⑦ 방제

  ㉠ 피해 잎, 가지를 문질러 죽이거나 채취 소각

  ㉡ 기생봉 보호, 포식성 천적 보호

  ㉢ 4월 이전에 접촉독제를 살포

> **TIP** 충영형성 해충(발생횟수 및 월동태)
>
> - 나무이 : 연 1회, 성충
> - 큰팽나무이 : 연 2회, 알
> - 오갈피나무이 : 연 2회, 성충
> - 진딧물 : 연 수회, 알
> - 조록나무혹진딧물 : 연 4회, 성충
> - 혹벌 : 연 1회, 유충(밤나무혹벌)
> - 혹파리 : 연 1회, 유충(솔잎혹파리)
> - 아까시잎혹파리 : 연 2~3회, 5~6회 번데기
> - 혹응애 : 연 수회, 성충

5. 줄기나 가지에 구멍을 뚫는 해충

(1) 벚나무사향하늘소

① 분류 : 딱정벌레목 하늘소과

② 학명 : *Aromia bungii*

③ 기주 : 벚나무류, 매실나무, 복숭아나무, 버드나무류 등, 벚나무류에서 피해 많음

④ 피해
- ㉠ 유충이 목질부를 갉아먹고 목설을 배출하며 수액이 배출되기도 함
- ㉡ 목설은 길이가 짧고 넓은 특징이 있음
- ㉢ 복숭아유리나방은 목설이 수액과 함께 배출되고 목설은 섬유질 형태를 띰
- ㉣ 정확한 동정은 목질부 내 유충을 확인하면 확실

⑤ 형태
- ㉠ 성충은 몸길이가 25~35mm이고, 몸 색깔은 광택 있는 검은색, 앞가슴 등판 일부가 선홍색이고 양옆에 돌기가 있음
- ㉡ 생식 및 방어 목적으로 사향 냄새를 분비
- ㉢ 노숙 유충은 머리는 갈색이며 몸은 유백색

⑥ 생활사
- ㉠ 2년에 1회 발생하고 줄기나 가지에서 유충으로 월동
- ㉡ 유충은 4월에 섭식이 가장 활발
- ㉢ 성충은 7월 하순에 출현, 8월 상순에 산란
- ㉣ 부화한 유충은 목질부를 갉아먹으며 갱도 형성

⑦ 방제
- ㉠ 피해가 심각하면 피해목 제거 소각
- ㉡ 피해가 심각하지 않으면 피해 부위 박피, 철사를 이용하여 유충 포살
- ㉢ 끈끈이롤트랩으로 성충 포획
- ㉣ 페로몬트랩으로 성충 유인 포살
- ㉤ 산란기피제 도포
- ㉥ 천공성 해충을 쪼아 먹는 각종 조류 보호
- ㉦ 성충 우화기에 등록된 약제 사용

PART 01
PART 02
PART 03
PART 04
PART 05
PART 06

(2) 향나무하늘소(측백나무하늘소)

① 분류 : 딱정벌레목 하늘소과

② 학명 : *Semanotus bifasciatus(Motschulsky)*

③ 기주 : 향나무류, 측백나무류, 편백, 나한백, 화백, 삼나무 등

④ 피해

　㉠ 유충은 수피를 뚫고 침입해 형성층을 갉아 먹음

　㉡ 주로 쇠약한 나무에 피해, 대발생할 경우 건전한 나무에도 피해

　㉢ 유충이 형성층을 가해할 때 목설을 밖으로 배출하지 않음

⑤ 형태 : 성충의 딱지날개는 황갈색, 중앙과 끝에 넓은 검은색 띠 있음

⑥ 생활사

　㉠ 연 1회 발생

　㉡ 줄기나 가지의 가해부위에서 성충으로 월동

　㉢ 월동한 성충은 3~4월에 탈출, 수피를 물어뜯고 그 속에 산란

　㉣ 유충은 형성층을 불규칙하고 편평하게 먹어 들어가면서 갱도에 목설을 채워 놓음

　㉤ 9월에 노숙 유충이 되면 목질부 속으로 뚫고 들어가 번데기 집을 만들고 번데기가 됨

⑦ 방제

　㉠ 피해목 반출 소각(10월~이듬해 2월)

　㉡ 딱따구리 등 각종 조류 보호

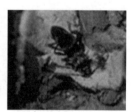

(3) 솔수염하늘소

① 분류 : 딱정벌레목 하늘소과

② 학명 : *Monochamus alternatus Hope*

③ 기주 : 소나무, 곰솔, 리기다소나무, 잣나무, 전나무, 개잎갈나무 등

④ 피해

　㉠ 유충이 소나무류의 수피 밑에서 형성층과 목질부를 식해

　㉡ 주로 쇠약목, 고사목에서 발견되며 건전한 나무에는 산란을 하지 않음

　㉢ 소나무재선충병을 매개하여 큰 문제가 되는 해충

⑤ 형태

　㉠ 성충은 몸길이가 18~28mm, 적갈색

　㉡ 딱지날개는 흰색, 황갈색, 암갈색의 작은 무늬

　㉢ 더듬이는 수컷은 몸길이의 2~2.5배, 암컷은 1.5배 정도(암수 구별 어려움)

　㉣ 암컷은 더듬이의 모든 편절마디 기부 쪽 절반이 회백색 미모, 수컷은 전체가 흑갈색 미모로 덮여 있음(암수 구분)

　㉤ 알은 방추형

　㉥ 노숙 유충은 약 40mm로 원통형이며 머리는 갈색, 몸은 유백색

⑥ 생활사

    ㉠ 연 1회 발생(추운 지방은 2년 1회). 유충으로 피해목에서 월동

    ㉡ 입으로 수피를 물어뜯고 산란

    ㉢ 부화 유충은 내수피를 갉아먹으며 가는 목설을 배출

    ㉣ 2령기 후반부터 목질부도 가해

    ㉤ 4령 유충은 10월까지 목질부에 번데기 집을 짓고 그 속에서 월동

    ㉥ 월동유충은 4~6월에 번데기가 되고 우화(소나무재선충이 기문에 올라탐)

    ㉦ 우화한 성충은 1주일 정도 번데기 집에서 머물다가 탈출

    ㉧ 성충은 5월~8월 우화, 우화최성기는 6월 중하순

    ㉨ 수피에 약 6mm 크기의 원형 탈출공을 뚫고 탈출

    ㉩ 신초 후식 시 소나무재선충병 매개

⑦ 방제

    ㉠ 성충 우화시기에 항공·지상 방제(티아클로프리드 10% 액상수화제)

    ㉡ 성충 우화 전(3월 15일~4월 15일) 나무주사(티아메톡삼 분산성액제)

    ㉢ 페로몬 트랩 설치

    ㉣ 4월 하순까지 고사목을 벌채하여 훈증, 소각, 파쇄, 매몰, 그물망 피복(목질부 유충방제. 잔가지 2cm 이상 수거, 파쇄 1.5cm 이하)

    ㉤ 열처리 : 온도 56℃ 이상인 상태로 30분 이상 유지, 전자파 60℃ 이상인 상태로 1분 이상

    ㉥ 건조처리 : 함수율 19% 이하

(4) 북방수염하늘소

① 분류 : 딱정벌레목 하늘소과

② 학명 : *Monochamus saltuarius(Gebler)*

③ 기주 : 잣나무, 섬잣나무, 스트로브잣나무, 소나무, 곰솔, 낙엽송 등

④ 피해

    ㉠ 제주도와 남부 일부 지역을 제외한 지역에 분포

    ㉡ 소나무재선충병을 매개하기 때문에 문제해충

    ㉢ 유충이 형성층과 목질부를 식해, 주로 쇠약목, 고사목에서 발견

    ㉣ 건전한 나무에는 산란을 하지 않음

⑤ 형태

    ㉠ 성충은 몸길이 11~20mm, 적갈색

    ㉡ 딱지날개는 앞쪽 1/5에 돌기물 발달, 중앙과 끝부분에 비스듬하게 넓은 띠 형성

    ㉢ 더듬이는 검은색과 회백색의 띠, 수컷은 몸길이의 2~2.5배, 암컷은 1~1.5배

    ㉣ 알은 타원형, 유백색

ⓜ 노숙 유충은 몸길이 30mm, 유백색. 윗입술 등면에 강모는 드물고 큰턱의 말단 이빨과 안쪽 이빨이 유사한 크기로 발달(솔수염하늘소 : 윗입술 등면 짧은 강모 밀집, 큰턱 말단 이빨이 길고 크게 발달)

⑥ 생활사

   ㉠ 연 1회 발생(2년 1회 발생)

   ㉡ 유충으로 월동

   ㉢ 월동유충은 4월경에 수피와 가까운 곳에 번데기 집을 만들고 번데기가 됨

   ㉣ 성충은 4월~5월에 약 5mm 정도의 원형 구멍을 뚫고 탈출(우화최성기 5월 상순)

   ㉤ 신초후식 시 소나무재선충 전파

   ㉥ 수피를 3mm가량 뜯어내고 산란

   ㉦ 알에서 부화한 유충은 내수피를 갉아 먹으며 가는 목설 배출. 2령기 후반부터 목질부도 가해

⑦ 방제

   ㉠ 성충 우화시기에 항공·지상 방제(티아클로프리드 10% 액상수화제)

   ㉡ 성충 우화 전(3월 15일~4월 15일) 나무주사(티아메톡삼 분산성액제)

   ㉢ 페로몬 트랩 설치

   ㉣ 4월 하순까지 고사목을 벌채하여 훈증, 소각, 파쇄, 매몰, 그물망 피복(목질부 유충방제, 잔가지 2cm 이상 수거, 파쇄 1.5cm 이하)

   ㉤ 열처리 : 온도 56℃ 이상 30분 이상 유지, 전자파 60℃ 이상 1분 이상

   ㉥ 건조처리 : 함수율 19% 이하

(5) 소나무시들음병(소나무재선충병)

① 개요

   ㉠ 소나무재선충병은 솔수염하늘소와 북방수염하늘소가 매개하는 소나무재선충에 의해 소나무, 곰솔, 잣나무 등에 발생하는 시들음병

   ㉡ 1988년 부산에서 최초 발생 이후 전국에 걸쳐 많은 피해

② 병원균

   ㉠ *Bursaphelenchus xylophilus*

   ㉡ 북미대륙 원산, 0.6~1mm 길이의 실 모양

   ㉢ 25℃ 조건에서 1세대 기간은 약 5일, 1쌍의 소나무재선충이 20일 후 20여만 마리 이상 증식

③ 매개충

   ㉠ 솔수염하늘소(*Monochamus alternatus*)

   ㉡ 북방수염하늘소(*Monochamus saltuarius*)

④ 기주

   ㉠ 감수성 : 소나무, 곰솔, 잣나무

   ㉡ 저항성 수종 : 리기다소나무, 테다소나무

⑤ 피해

    ㉠ 외형특징 : 나무 전체가 동시에 붉게 변하며 수관 상부부터 고사

    ㉡ 잎의 모양 : 우산살처럼 아래로 처짐

    ㉢ 송지 : 수간천공 시 미유출

    ㉣ 피해 발생 소요 기간 : 1년 내 고사(감염 후 3주 정도 되면 나무가 쇠락 증상)

    ㉤ 피해 발생 시기 : 주로 9~11월

⑥ 형태

    ㉠ 소나무재선충 : 1.0mm 내외의 실 모양

    ㉡ 솔수염하늘소 : 날개에 흰색, 황갈색, 암갈색 무늬 산재

    ㉢ 북방수염하늘소 : 날개에 비스듬하게 검은색 띠가 있음

⑦ 생활사

    ㉠ 산란

      • 매개충이 고사목에 산란

      • 매개충이 유충상태로 월동

    ㉡ 우화

      • 노숙 유충이 번데기방을 만들고 재선충 모여듦(분산 3기)

      • 성충 우화 시 재선충이 매개충 기문에 올라탐(분산 4기)

    ㉢ 후식

      • 매개충이 고사목 탈출 후 신초 후식

      • 소나무재선충 전파, 소나무 고사

⑧ 방제

    ㉠ 방제시기

      • 12월~이듬해 2월 : 나무주사

      • 5~8월 : 항공 및 지상방제

      • 9월 ~이듬해 4월 : 훈증, 소각, 파쇄

    ㉡ 방제방법

임업적 방제	• 피해목 제거(재선충 구제와 매개충 서식지 제거) • 위생간벌(피해확산 우려지역의 매개충 서식지 제거)
법적·행정적 방제	소나무재선충병특별법에 따라 소나무류 입목 및 원목의 이동 제한
물리적 방제	열처리(온도 56℃에서 30분 이상), 전자파 이용(60℃에서 1분 이상), 함수율 19% 이하
기계적 방제	소각, 파쇄, 제재(두께 1.5cm 이하), 매몰(50cm 이상), 산란유인목 설치(우화 전 소각)
생물적 방제	천적 이용(개미침벌, 가시고치벌), 딱따구리 등 조류 보호
화학적 방제	• 항공 및 지상방제 : 매개충 우화시기에 티아클로프리드 10% 액상수화제 • 벌채훈증 : 메탐소듐 25% 액제 1m³당 1L 처리, 2cm 이상 잔가지 수거 철저 • 나무주사 : 감염 우려 지역의 소나무재선충병 예방 • 에마멕틴 벤조에이트 2.15% 유제, 아바멕틴 1.8% 유제(흉고직경 1cm당 1ml 주입), 밀베멕틴

(6) 소나무재선충병의 발생원인과 처방

① 발생원인

　　㉠ 기주, 매개충, 병원체 등 3가지 요인 간의 밀접한 상호작용

　　　• 기주(소나무류)의 매우 높은 감수성 : 단일 수종 대면적 식재, 관리되지 않은 천연림

　　　• 토착 매개충의 자연분포

　　　• 소나무재선충의 매우 강한 병원성

　　㉡ 소나무재선충병 확산 경로

　　　• 인위적 확산(소나무류 무단이동 및 사용 등) : 64%

　　　• 매개충에 의한 자연확산 : 36%

　　　• 고사목 이동 단속이 필요

② 방제

　　㉠ 예방방제 : 나무주사(소나무재선충)

　　㉡ 항공 및 지상방제(매개충)

　　㉢ 피해고사목 벌채 및 벌채산물의 처리

　　㉣ 단목벌채, 모두베기 : 수집 및 훈증, 소각, 파쇄

(7) 알락하늘소

① 분류 : 딱정벌레목 하늘소과

② 학명 : *Anoplophora malasiaca(Thomson)*

③ 기주

　　㉠ 단풍나무 등 활엽수와 침엽수인 삼나무 가해

　　㉡ 특히 단풍나무류(은단풍나무)에서 피해가 심함

④ 피해

　　㉠ 유충이 줄기 아래쪽에서 목질부 속으로 파먹어 들어가며, 목설 배출(쉽게 발견)

　　㉡ 노숙 유충 시기에 지제부로 이동하여 형성층을 갉아 먹어 수세 쇠약, 바람에 줄기가 부러지기도 함

　　㉢ 최근 조경수, 정원수에서 피해가 심함

⑤ 형태

　　㉠ 성충은 몸길이 30~35mm, 검은색 바탕에 흰색 점(15~16개)

　　㉡ 알락하늘소는 소순판 양쪽 주변에 돌기 있음(유리알락하늘소는 없음)

　　※ 소순판 : 곤충의 등판의 뒷부분

⑥ 생활사

    ㉠ 연 1회 발생

    ㉡ 노숙 유충으로 줄기에서 월동

    ㉢ 5월 상순 번데기

    ㉣ 6~7월 우화

    ㉤ 산란은 땅에 맞닿은 줄기 아래쪽에 수피를 물어뜯고 함

⑦ 방제

    ㉠ 피해목이나 가지 제거 반출 소각. 철사로 유충 포살

    ㉡ 천적 보호(알락하늘소살이고치벌 등)

    ㉢ 성충 우화 시기(6월 중순~7월 중순)에 등록 약제 수간 살포(아세타미프리드 유제 등)

(8) 광릉긴나무좀

① 분류 : 딱정벌레목 바구미과 긴나무좀아과

② 학명 : *Platypus koryoensis(Murayama)*

③ 기주

    ㉠ 한국, 타이완, 러시아 등에 분포

    ㉡ 신갈나무, 졸참나무, 갈참나무, 상수리나무, 서어나무 등. 주로 신갈나무에 피해가 큼

④ 피해

    ㉠ 성충과 유충이 쇠약한 나무나 대경목(30cm)의 목질부를 가해

    ㉡ 목설을 배출하고 심재부도 파먹어 목재의 질 저하

    ㉢ 참나무시들음병인 *Raffaelea sp.*을 매개(2004년 8월, 경기 성남 최초 발생)

⑤ 형태

    ㉠ 성충은 몸길이 4~5mm, 적갈색 몸에 원통형

    ㉡ 암컷 : 등판에 5~11개의 균낭(Mycangia)에 배양균을 지니고 다님

    ㉢ 알 : 타원형

    ㉣ 노숙 유충 : 유백색, 큰턱 잘 발달

    ㉤ 번데기 : 연노란색

⑥ 생활사

    ㉠ 연 1회 발생

    ㉡ 노숙 유충 월동, 일부는 성충과 번데기로도 월동

    ㉢ 성충은 5월 중순부터 피해목에서 우화 탈출, 최성기는 6월 중순

    ㉣ 신성충은 초기에는 심재부를 향하여 갱도 형성

    ㉤ 이후 수피와 수평 방향으로 형성

    ㉥ 유충은 분지공을 형성하고 암브로시아균을 먹으며 성장

⑦ 방제

    ㉠ 소구역 선택 베기

    ㉡ 피해목, 고사목 등 벌채훈증(메탐소듐 액제 25% 약량 1L/m³)

    ㉢ 끈끈이롤트랩 설치 : 탈출방지, 신규 침입 방지

    ㉣ 대량 포획 장치 : 피해목에 플라스틱 포획병을 연결하고 검은 비닐을 덮어 우화 성충을 포획

    ㉤ 유인목 설치 : ha당 10개소 내외로 설치

    ㉥ 약제 줄기 분사법 실시 : 페니트로티온 유제 등

    ㉦ 탈출방지망

    ㉧ 딱따구리 등 조류 보호

 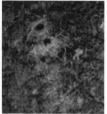  

⑧ 참나무시들음병 방제방법

구분	대상	시기	처리방법 및 기준
소구역 선택베기	피해지	11월~이듬해 3월	5ha 미만, 참나무류 위주 벌채
벌채훈증	고사목	7월~이듬해 4월	벌채훈증(메탐소듐), 그루터기도 훈증처리
끈끈이롤트랩	전년도 피해목	4월	중점관리지역 및 고사목을 중심으로 20m 내 집중 설치
	신규 피해목	5월~6월	
대량포획장치	전년도 피해목	4월	줄기에 설치
유인목 설치	피해지	4월	20cm 원목 이용, 10개소/ha
지상 약제살포	피해지	6월	줄기에 살충제(페니트로티온 유제) 살포

(9) 앞털뭉뚝나무좀

① 분류 : 딱정벌레목 바구미과 나무좀아과

② 학명 : *Scolytus frontails Blandford*

③ 기주 : 느티나무

④ 피해

    ㉠ 주로 느티나무를 가해하며 쇠약목, 이식목에 피해 많이 발생

    ㉡ 성충과 유충이 인피부와 목질부를 갉아 먹음

    ㉢ 수고 12m 이상의 수간 상부와 직경 8mm 내외의 작은 가지도 침입하여 피해목 대부분을 고사시킴

    ㉣ 줄기에서 5~8월에 우윳빛이나 연갈색 액체 흘러나옴(나오지 않는 경우 있음)

     ⑩ 모갱은 지면과 직각, 유충갱은 모갱의 양쪽으로 뻗은 방사 형태로 목설로 채워짐

     ⑭ 탈출공은 침입공을 중심으로 다수 관찰

  ⑤ **형태** : 성충은 몸길이 4~5mm, 머리 앞의 이마에 짧은 털이 많이 있음

  ⑥ **생활사**

     ㉠ 연 1회 발생

     ㉡ 번데기로 피해목 내부에서 월동

     ㉢ 성충은 6~7월 우화 추정

  ⑦ **방제** : 직경 8mm 내외의 작은 가지도 가해하여
방제가 어려우므로 성충 탈출 전에 피해목 제거 소각

(10) 오리나무좀

  ① **분류** : 딱정벌레목 바구미과 나무좀아과

  ② **학명** : *Xylosandrus gernanus(Blandford)*

  ③ **기주** : 활엽수와 침엽수 150여 종 이상 잡식성 해충

  ④ **피해**

     ㉠ 밤나무에서 대발생한 경우가 있으며 쇠약목, 고사목, 표고 골목 등을 주로 가해

     ㉡ 때로는 건강한 나무를 집단 공격하여 고사시킴

  ⑤ **형태**

     ㉠ 암컷 성충은 짧은 원통형, 광택 있는 흑갈색 또는 검은색

     ㉡ 수컷 성충은 납작한 장타원형, 광택 있는 황갈색

  ⑥ **생활사**

     ㉠ 연 2~3회 발생

     ㉡ 성충으로 월동

     ㉢ 성충은 4~5월에 출현하여 줄기에 구멍을 뚫고 침입

     ㉣ 갱도 끝부분에 무더기로 산란

     ㉤ 부화한 유충은 암브로시아균을 먹고 자람

     ㉥ 목설배출

  ⑦ **방제**

     ㉠ 피해목, 고사목 제거 소각

     ㉡ 천공성 해충을 쪼아 먹는 각종 조류 보호

     ㉢ 4월 이전에 끈끈이롤트랩을 감아서 예방

     ㉣ 철사 이용 포살

     ㉤ 발생 초기에 적용약제를 줄기에 살포(디노테퓨란 수화제 등)

(11) 소나무좀

① 분류 : 딱정벌레목 바구미과 나무좀아과

② 학명 : *Tomicus piniperda(Linnaeus)*

③ 기주 : 소나무, 곰솔, 잣나무 등 소나무속의 침엽수

④ 피해
- ㉠ 성충과 유충이 형성층과 목질부 가해
- ㉡ 수세가 쇠약한 이식목, 벌채목, 고사목 등에서 피해가 발생되나 건전목 가해 고사 경우도 있음
- ㉢ 피해 부위는 수피가 잘 벗겨져 모갱과 유충갱 관찰 용이

⑤ 형태
- ㉠ 성충은 몸길이 3.5~5.8mm, 긴 타원형
- ㉡ 광택이 있는 암갈색 또는 흑갈색
- ㉢ 짧은 회색 털이 있고 등판에 점각
- ㉣ 유충은 종 동정하기 어려워 성충과 유충의 식흔 모양으로 구분

⑥ 생활사
- ㉠ 연 1회 발생
- ㉡ 성충으로 지제부 부근에서 월동
- ㉢ 1차 피해 : 월동한 성충은 3~4월에 쇠약목, 벌채목 등의 수피에 구멍을 뚫고 산란
- ㉣ 부화한 유충은 내수피를 먹으며 유충갱도를 형성하여 목질부를 가해
- ㉤ 2차 피해 : 신성충은 6월 상순부터 당년생 가지에 구멍을 뚫고 들어가 후식 피해 후 상부로 탈출(상부, 정아지 피해도 높음)
- ㉥ 신초가 구부러지거나 부러져 적갈색으로 변해 고사한 상태로 나무에 매달려 있음

⑦ 방제
- ㉠ 쇠약목을 가해하기 때문에 수세강화가 가장 좋은 예방법
- ㉡ 쇠약목, 고사목 미리 제거
- ㉢ 번식장소 유살법 실시 : 1~2월에 벌채된 소나무 원목을 2월 하순에 유인목 설치 후 5월 하순에 수피를 벗겨 유충 구제
- ㉣ 후식 피해가지 제거
- ㉤ 봄철 수목이식 시 수간에 살충제를 뿌리고 부직포로 싸매어 성충의 산란을 막거나 훈증
- ㉥ 발생 초기(3월 중하순~4월 중순)에 수간에 적용약제 살포(메프, 다수진 유제 등 3~4회)

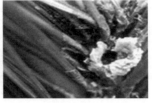

(12) 박쥐나방

① 분류 : 나비목 박쥐나방과

② 학명 : *Endoclyta excrescens (Butler)*

③ 기주 : 활엽수, 침엽수, 초본 가해

④ 피해

　㉠ 어린 유충은 잡초의 지제부나 초본류 줄기 속을 가해

　㉡ 성장 후에는 수피와 목질부 표면을 환상 식해 후 목질부 속으로 들어가 위아래로 가해

　㉢ 가해 부위에 목설을 거미줄과 같은 실로 묶어 놓아 혹같이 보임

　㉣ 강풍에 피해목 가지나 줄기가 부러지는 경우도 있음

⑤ 형태

　㉠ 성충 : 34~45mm이고 몸과 앞날개는 갈색, 앞날개에 황백색 무늬

　㉡ 더듬이는 짧고 입은 퇴화되었으며 몸은 가늘고 길음

　㉢ 알 : 둥글고 검은색

　㉣ 유충 : 몸길이 60mm, 머리와 앞가슴은 갈색(흑갈색), 몸은 유백색

⑥ 생활사

　㉠ 1~2년에 1회 발생

　㉡ 따뜻한 지역에서는 1년에 1회 발생

　㉢ 지표면에서 알로 월동

　㉣ 2년에 1회 발생 시 갱도 내에서 유충 월동

　㉤ 월동한 알은 5월에 부화하여 지피물 밑에서 서식하면서 잡초의 지제부나 초목류 가해

　㉥ 3~4령기 이후에 줄기나 가지의 목질부 속 가해하고 번데기가 됨

　㉦ 번데기를 반 정도 밖으로 내놓은 다음 우화

　㉧ 성충은 8월 하순~10월 상순에 우화

　㉨ 어두운 저녁에 활발히 활동

　㉩ 5,000개 내외의 알을 지표면에 산란

⑦ 방제

　㉠ 5월 이전에 임내 잡초 제거

　㉡ 피해목, 고사목을 제거

　㉢ 침입 구멍에 철사를 이용하여 유충을 찔러 죽임

　㉣ 끈끈이롤트랩으로 유충 침입 방지

　㉤ 천공성 해충을
　　쪼아 먹는 각종
　　조류를 보호

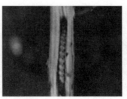

PART 01
PART 02
PART 03
PART 04
PART 05
PART 06

(13) 복숭아유리나방

① 분류 : 나비목 유리나방과

② 학명 : *Synanthedon hector(Butler)*

③ 기주 : 복숭아나무류, 벚나무류 등

④ 피해

　㉠ 유충이 줄기나 가지의 수피 밑 형성층 부위를 식해하여 수세 쇠약

　㉡ 가해부에 가지마름병균이나 목재부후균이 침입하여 심하면 나무 전체가 고사

　㉢ 가해부는 적갈색의 굵은 배설물과 함께 수액이 흘러나옴

　㉣ 어린 유충은 수액 분비가 적고 가는 벌레똥이 배출되어 잎말이나방류로 오인하기 쉬움

⑤ 형태

　㉠ 성충 : 몸길이가 15mm, 흑자색, 배에는 노란색 띠가 2개, 배 끝에는 털 무더기 있음

　㉡ 날개는 투명하나 날개맥과 날개끝은 검은색

　㉢ 유충 : 몸길이가 23mm, 머리는 황갈색이고 몸은 담황색, 각 마디는 노란색

　㉣ 번데기 : 황갈색이고 배 끝에 돌기가 있음

⑥ 생활사

　㉠ 연 1회 발생, 유충 월동

　㉡ 월동태가 노숙 유충일 경우 6월에, 어린 유충일 경우 8월 하순에 우화하여 연 2회 발생하는 것처럼 보이며 우화 최성기는 8월 상순

　㉢ 유충은 4~7월까지 가해하다가 번데기가 됨

　㉣ 번데기는 꼬리 끝의 가시를 이용해 몸을 반 정도 밖으로 내놓고 우화

　㉤ 성충은 주행성이며 암컷은 강한 성페로몬을 발산하여 수컷을 유인

　㉥ 교미는 오후 5~6시경에 가장 많이 하고 수피의 갈라진 틈에 산란

⑦ 방제

　㉠ 수피 밑에서 잠복하여 가해함으로 방제가 어려운 해충

　㉡ 피해목, 고사목 제거 소각

　㉢ 철사 이용 포살

　㉣ 페로몬트랩 성충 유살

　㉤ 성충이 산란하지 못하도록 백도제 도포

　㉥ 유충 쪼아먹는 조류 보호

　㉦ 6~8월 성충 발생 초기에 적용약제를 줄기에 살포(플루벤디아마이드 액상수화제 등)

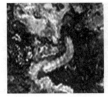

TIP 천공성 해충(발생횟수, 월동태)

- 하늘소 : 연 1회, 유충(솔수염하늘소, 북방수염하늘소, 알락하늘소)
- 벚나무사향하늘소, 미끈이하늘소 : 2년 1회, 유충
- 뽕나무하늘소 : 2~3년 1회, 유충
- 향나무하늘소, 털두꺼비하늘소 : 연 1회, 성충
- 소나무좀 : 연 1회, 성충
- 광릉긴나무좀 : 연 1회, 유충(성충이나 번데기)
- 앞털뭉뚝나무좀 : 연 1회, 번데기

- 오리나무좀 : 연 2~3회, 성충
- 소나무좀 : 연 1회, 성충
- 노랑애나무좀 : 연 2~4회, 성충
- 붉은목나무좀 : 연 2회, 성충
- 나방류 : 연 1회, 유충
- 복숭아유리나방 : 연 1회, 유충
- 박쥐나방 : 1~2년 1회, 알

PART 01

PART 02

PART 03

PART 04

PART 05

PART 06

PART 03

수목생리학

CHAPTER 01 수목생리학 정의

CHAPTER 02 수목의 구조

CHAPTER 03 수목의 생장

CHAPTER 04 햇빛과 광합성

CHAPTER 05 호흡

CHAPTER 06 탄수화물 대사와 운반

CHAPTER 07 단백질과 질소대사

CHAPTER 08 지질대사

CHAPTER 09 무기영양

CHAPTER 10 수분생리와 증산작용

CHAPTER 11 유성생식과 개화 생리

CHAPTER 12 종자생리

CHAPTER 13 식물호르몬

CHAPTER 14 조림과 무육생리

CHAPTER 15 스트레스 생리

CHAPTER 01 수목생리학 정의

1. 수목의 정의

① **식물학적 정의** : 형성층에 의해서 2차 목부와 2차 사부를 생산함으로써 2차 생장을 하는 식물

② **생태학적 정의** : 겨울철에 지상부(종자를 제외)가 살아남는 식물

③ 대나무류, 야자류, 소철류, 청미래덩굴, 인동덩굴은 나이테가 없지만 줄기 혹은 덩굴줄기가 겨울에 살아남아 목본식물로 분류됨

④ 박테리아가 산소를 소모하면서 당분을 에너지로 바꾸는 생화학적 호흡방법은 인간뿐만 아니라 거대한 나무에도 그대로 적용됨

⑤ 식물과 동물의 차이점은 식물세포는 세포벽으로 둘러싸여 있고 동물은 세포벽이 없다는 것임

2. 수목의 특징

① 유관속 형성층에 의해서 직경이 굵어지며 몸체가 큼

② 다년생 식물로서 수명이 긺

③ 수목은 긴 세월을 살아가기 위해 생식생장(개화와 결실)에 많은 에너지를 소비하지 않음

④ 죽은 세포를 많이 가지고 있음(동물은 대부분의 세포가 살아있음)

⑤ 수목은 긴 세월을 살아가기 위해 여러 가지 저항성을 가지고 있음

3. 수목 분류에 관한 용어 정리

(1) 나자식물과 피자식물

식물학적 분류		잎의 모양에 의한 분류	목재의 성질에 의한 분류	낙엽성
나자식물	은행목 주목목 구과목	침엽수	침엽수재	상록수 낙엽수
피자식물	쌍자엽식물 단자엽식물	활엽수	활엽수재	

(2) 국내 소나무속의 분류와 아속의 특징

분류(아속)	엽속 내의 잎의 숫자	잎의 유관 속의 숫자	목재의 성질	수종 예
소나무류	2개 혹은 3개	2개	춘재에서 추재의 전이가 급함	소나무, 곰솔, 리기다소나무, 테다소 나무, 방크스소나무
잣나무류	3개 혹은 5개	1개	춘재에서 추재의 전이가 점진적	잣나무, 섬잣나무, 스트로브잣나무, 백송

(3) 국내 참나무속의 분류와 아속의 특징

분류(아속)	종자 성숙 특성	낙엽성	상록성
갈참나무류 White oak	개화 당년에 익음	갈참나무, 졸참나무, 신갈나무, 떡갈나무	종가시나무, 가시나무, 개가시나무
상수리나무류 Red oak(Black oak)	개화 이듬해에 익음	상수리나무, 굴참나무, 정릉참나무	붉가시나무, 참가시나무

4. 세포의 생사

(1) 식물 구조의 개요

① 식물세포는 견고한 세포벽으로 둘러싸여 있음

② 새로운 세포는 분열조직에 의해 생성됨

ㄱ 1차 생장 : 정단분열조직 활동의 결과로 이루어짐

ㄴ 2차 생장 : 유관속 형성층과 코르크 형성층이 참여

③ 세 가지 주요 조직계가 식물체를 구성함

ㄱ 표피조직 : 표피세포, 각피, 기공, 수공, 모용

ㄴ 기본조직 : 유조직과 기계조직(유세포, 후각세포, 후벽세포)

ㄷ 유관속조직 : 물관부와 체관부

(2) 식물의 세포 소기관

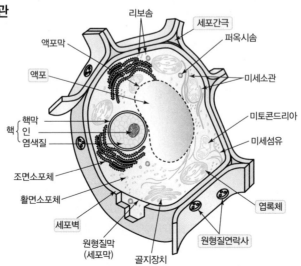

(3) 식물세포의 구성 요소

구분	구성성분
외피구조	세포벽(1), 원형질막(1)
소기관(복막구조)	핵(1), 엽록체(20), 미토콘드리아(200)
소기관(단막구조)	소포체(1), 골지장치(100), 액포(1), 퍼옥시솜(100)
골격구조	미세소관(1,000), 미세섬유(1,000)
세포기질	물, 당, 전분, 단백질, 지질, 핵산, 탄닌 등

① 내막계

ㄱ 핵, 소포체, 골지장치, 액포, 엔도솜, 원형질막

ㄴ 분비과정, 막의 재순환, 세포주기에서 중심적 역할 수행

ㄷ 원형질막은 세포 내외의 수송을 조절, 엔도솜은 원형질막에서 유래한 소포에서 생성되며 소포 내용물을 가공하거나 재순환시킴

※ 엔도솜(세포 내 도입 후 형성되는 세포소기관) : 세포 내 섭취를 통해서 세포질에 형성된 생체막으로 둘러싸인 소낭. 원형질막과 골지체 사이를 이동하며 융합하고 분리되는 막으로 싸인 낭을 총칭함

② 내막계 유래의 독립적으로 분열하는 세포소기관

ㄱ 유지체(Oil body), 미소체(퍼옥시솜, 글리옥시솜)

ㄴ 지질 저장 및 탄소 대사의 기능

③ 독립적으로 분열하는 반자율적인 세포소기관

ㄱ 색소체와 미토콘드리아

ㄴ 에너지 대사와 저장의 기능

④ 식물 세포골격

ㄱ 미세소관, 미세섬유

ㄴ 미세소관과 미세섬유는 조립되고 해체될 수 있음

ㄷ 미세소관은 세포 둘레를 움직일 수 있음

⑤ 원형질 연락사

ㄱ 원형질막이 관으로 연장된 것으로 세포벽을 가로질러 인접한 세포 간에 세포질을 연결함

ㄴ 상호연결되어 세포질들이 연속체를 이루는 것을 심플라스트라고 함

ㄷ 원형질 연락사를 통한 세포 사이의 용질 수송을 심플라스트 수송이라고 함

⑥ 세포주기의 조절

ㄱ 세포주기는 세포가 스스로를 복제하고 유전물질인 핵 DNA를 복제하는 과정

ㄴ 세포주기는 G_1, S, G_2, M기의 4단계로 이루어짐

간기 (정지기)	G_1	• 세포가 주로 성장하며 물질을 생합성하고 소기관을 형성하는 기간 • 유사분열기 이후에서 합성기 전까지의 단계
	S	DNA의 합성과 복제가 이루어지는 기간

	G_2	• DNA 합성 후 유사분열을 준비하는 성숙 • 합성기 이후에서 유사분열 전까지의 단계
유사분열기 (M)	전기	염색사가 압축·포장되어 염색체 구조로 되며, 인과 핵막이 소실됨
	중기	방추사가 염색체의 동원체에 부착하고, 각 염색체는 적도판에 이동 배열
	후기	자매염색분체(상동염색체 ×)가 분리되어 각각 반대극으로 이동
	말기	• 핵막과 인이 다시 형성되고 세포질분열이 일어나 2개의 딸세포가 형성 • 세포판이 형성되면서 세포질이 분열됨

ⓒ Cyclin : 세포주기는 각 시기에 주기적으로 출현하고 소실되는 사이클린에 의해 조절됨 (사이클린 의존성 단백질 키나아제에 의해 조절)

ⓔ 세포분열과 증식
- 세포는 분열하여 똑같은 딸세포를 만들어 증식함
- 세포분열은 체세포분열과 감수분열로 구분
- 생식기관인 꽃의 약과 배낭에서는 감수분열을 거쳐 핵상이 반수체(n)인 배우자세포(생식세포, 화분과 배낭)를 만듦
- 식물세포는 체세포분열로 증식하면서 조직과 기관을 형성함
- 세포덩어리(캘러스) → 세포 분열은 일정한 방향으로 일어남(수층분열과 병층분열)

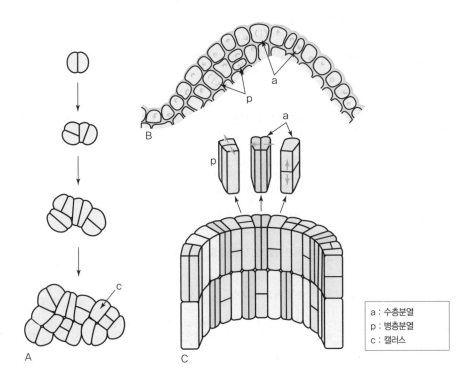

a : 수층분열
p : 병층분열
c : 캘러스

Tree Doctor

CHAPTER 02 수목의 구조

1. 수목의 기본구조 : 세포, 조직, 기관

(1) 세포

① 모든 생물은 세포로 구성되어 있음

② 세포는 생물의 가장 작은 구성단위로 모든 생물의 구조적·기능적·생물학적 기본단위에 해당

③ 세포는 생물체라는 건축물을 구성하는 벽돌 조각이라고 할 수 있음

(2) 조직

① 세포가 모여 조직을 이룸

② 조직은 독특한 기능을 수행하는 유사한 세포들의 모임

③ 목본식물 기본 조직의 형태별 분류

형태별 조직 분류	영어명	기능	관련 조직 또는 세포
표피조직	Epidermis	어린 식물의 표면 보호, 수분 증발 억제	표피층, 털, 기공, 각피층, 뿌리털
코르크조직	Periderm	표피조직을 대신하여 표면 보호, 수분 증발 억제, 내화	코르크층, 코르크형성층, 코르크피층, 수피, 피목
유조직	Parenchyma	원형질을 가지고 살아 있으면서 신장, 세포분열, 광합성, 호흡, 양분저장, 저수, 통기, 상처 치유, 부정아나 부정근 생성 등 왕성한 대사작용 담당	생장점, 분열조직, 형성층, 수선, 동화조직, 저장조직, 저수조직, 통기조직 등의 유세포
후각조직	Collenchyma	어린 목본식물의 표면 가까이에서 지탱역할을 하는 특수형태 유세포	엽병, 엽맥, 줄기
후벽조직	Sclerenchyma	목본식물의 지탱 역할, 두꺼운 세포벽, 원형질 없음	섬유세포, 참나무류 종피, 호두껍질
목부조직	Xylem	수분 통도 및 지탱	도관, 가도관, 수선, 목부섬유, 춘재, 추재
사부조직	Phloem	탄수화물의 이동 및 지탱, 코르크형성층의 기원, 사부섬유를 제외하고 살아 있는 세포로 구성	사관세포, 사세포, 반세포, 알부민세포, 사부섬유
분비조직	Secretory tissue	점액, 유액, 수지 등을 분비	수지도, 선모, 밀선

 TIP 후각세포와 후벽세포

• 후각세포 : 원형질을 가진 1차 벽이 두꺼운 세포

• 후벽세포 : 종피나 과실에서 많이 볼 수 있는 세포, 식물의 강화·지지 역할, 죽은 세포이며 리그닌이 함유된 2차 벽이 있음

④ 목본식물 기본 조직의 기능별 분류

기능별 조직 분류	기능	세포의 예	조직의 예
분열조직	세포분열을 통해서 세포의 수를 증가시킴	유세포	배, 눈, 생장점, 뿌리정단분열조직, 형성층, 수선, 유조직
보호조직	건조, 물리적 상처, 병해충의 침입을 방지함	유세포, 후각세포, 후벽세포	표피, 하피, 각피, 종피, 수피, 코르크조직, 근관
지지조직	딱딱한 세포벽을 가져 몸을 지탱함	섬유세포, 후각세포, 후벽세포	2차 목부, 피층, 엽맥, 엽병, 후각조직, 후벽조직, 수피
통도조직	수분, 무기양분, 탄수화물의 장거리 이동	도관, 가도관, 사관세포, 사세포	1차 목부, 1차 사부, 유관속, 유관속초, 2차 목부, 2차 사부
동화조직	탄소동화작용(광합성)	유세포	책상조직, 해면조직, 엽육조직, 피층, 코르크피층
저장조직	전분, 지방, 단백질 등 저장	유세포	유조직, 피층, 수선조직, 배유
통기조직	외부와의 가스교환	유세포, 공변세포, 부세포	기공, 피목
분비조직	수지, 검, 수액, 유액 등을 분비함	표피세포, 상피세포, 섬모	수지도, 표피, 밀선, 배수조직, 유액분비조직

(3) 기관

① 조직이 모여 기관을 이룸

② 비슷한 기능을 수행하는 조직들의 모임 **예** 잎

③ 기관이 모여 개체를 이룸

2. 영양구조와 생식구조

① **영양기관** : 잎, 줄기, 뿌리

② **생식기관** : 꽃, 종자, 열매

③ **수목의 기본구조** : 6개 기관과 관련된 조직 명칭

	기본구조	기관명	고유조직	특수조직	공통조직
수목 (종자식물)	영양구조	잎	표피, 기공, 엽육조직, 책상조직, 해면조직, 엽맥, 엽병, 탁엽	후각조직	표피조직, 유관속(초), (1차)목부, (1차)사부, 분비조직
		줄기	눈, 피목, 가시	형성층, 코르크조직, 코르크형성층, 수피, 2차 목부, 2차 사부	
		뿌리	근관, 내피, 내초		
	생식구조	꽃	암술, 수술, 씨방, 꽃잎, 꽃받침, 화분, 배주, 씨방	후각조직, 후벽조직	
		종자	종피, 배, 배유, 유근, 유아, 유경, 주공, 배병		
		열매	과피, 과육, 실편		

3. 통도조직

(1) 개요

① 물의 통도기능을 하는 목부와 광합성 물질의 수송기능을 하는 사부로 구성

② 뿌리-줄기-잎에 이르는 전 부분에 걸쳐 연결되어 있으며, 통도기능 외에 기계적 지지기능도 가짐

구분	물관(Xylem)	체관(Phloem)
세포의 생사 여부	죽은 세포	살아있는 세포
세포벽 두께	두꺼움	얇음
세포벽 주요물질	Lignin	Cellulose
세포질	없음	살아있음
수송물질	물·무기양분	동화물질
수송되는 장소	잎	성장하는 부분·저장조직
전류 방향	위로	위·아래로
주변 조직	Fibres(목부섬유)	Companion cells(반세포)

(2) 물관부(목부, 도관, Xylem)

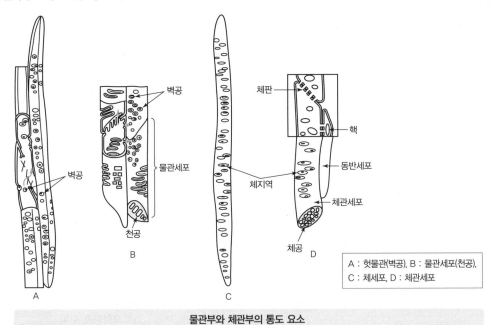

A : 헛물관(벽공), B : 물관세포(천공),
C : 체세포, D : 체관세포

물관부와 체관부의 통도 요소

종류	물관부		체관부	
	헛물관	물관(피자식물)	체세포	체관세포(피자식물)
격벽(격막)	X or ○	○	-	○(체판)
격벽의 천공	X	○	-	○(체공)
측벽(측막)	○	○	○	○
측벽의 벽공(막공)	○	○	○	○

① **의미** : 서로 다른 세포로 구성된 복합조직으로 물과 무기물질의 이동통로
② **형성**
　㉠ 정단분열조직에서 분화, 전형성층에서 발달한 1기 물관부, 형성층에서 발달한 2기 물관부
　㉡ 2기 물관부는 누적되면서 목재를 만들기 때문에 목부라 함
③ **구성요소**
　㉠ 가도관, 도관, 섬유, 유조직(유세포)
　㉡ 도관과 가도관은 수분과 무기양분을 통과시키는데, 도관은 천공을 통하여 위로 이동시키고, 가도관은 위로도 옆으로도 통과시킴
　㉢ 가도관(헛물관)
　　• 모든 유관속식물에 있지만 도관이 없는 나자식물·양치식물에서는 물을 수송하는 유일한 요소
　　• 원시적, 특수화가 덜 된 물관요소로 속이 빈 1개의 죽은 세포
　　• 가도관은 도관보다 가늘고 길며 끝이 다소 뾰족하며 끝부분 위아래에 있는 다른 헛물관과 중첩되어 있음
　　• 물은 오직 측벽에 생기는 벽공을 통해서만 통과할 수 있음
　㉣ 도관(물관)
　　• 모든 피자식물은 물관과 헛물관을 모두 가지며(일부 제외) 개개의 물관세포가 연결된 것
　　• 헛물관보다 짧고 넓으며, 끝이 중첩되지 않고 서로 맞닿아 연결됨
　　• 천공(격벽이 분해되어 생긴 구멍)과 천공판(천공을 갖고 있는 격벽)이 있고 물은 천공을 통해 이동, 도관의 측벽에는 벽공이 있어 물의 횡방향 이동이 가능(물의 종횡방향 이동 가능)
　㉤ 목부섬유 : 지지기능을 담당, 가늘고 길며 양끝이 뾰족한 세포로 세포벽이 두껍고 천공이 없음
　㉥ 목부유조직 : 저장기능을 담당하며, 짧은 기둥모양으로 원형질을 포함하는 살아 있는 세포

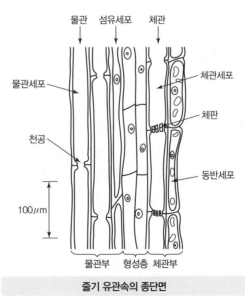

줄기 유관속의 종단면

(2) 체관부(사부, Phloem)

① 의미

ㄱ 세포벽에 체처럼 구멍이 뚫려 있어 체관부라고 함

ㄴ 체관부는 물에 녹은 당과 같은 유기물질을 수송하는 통로, 물관부는 물을 주로 위쪽으로 수송하는데 체관부의 용질은 모든 방향으로 이동됨

ㄷ 전형성층에서 발달하는 1기 체관부와 형성층에서 발달하는 2기 체관부로 구분

② 체관부의 구성

ㄱ 구분 : 체요소(체세포, 체관세포), 반세포, 체관부유조직, 체관부섬유, 보강세포, 방사세포 등

ㄴ 체요소(체관세포, 체세포)

- 식물체 안에서 당과 다른 유기물질을 통도하는 체관부세포
- 체요소는 성숙해도 살아있으며, 1차 세포벽만을 가지고, 핵을 갖고 있지 않은 세포임
- 체요소의 얇은 세포벽에는 체공이 있으며 체공이 모여 있는 부분을 체지역이라 함
- 체요소의 세포벽에는 체지역 내에 체공이 있고 체관세포의 격벽에는 체공과 체판이 있어 물질의 종횡 방향으로의 수송이 가능함

체세포	• 원시적인 통도세포로 양치·나자식물에서 발견 • 헛물관처럼 긴 방추형이며, 끝이 뾰족하고 서로 중첩됨 • 체지역은 세포벽의 전 표면에 분포됨 • 나자식물의 체세포에는 알부민세포라는 유세포가 붙어있어 체세포의 활성을 조절함
체관세포	• 체관세포는 오직 피자식물에서만 발견됨 • 위아래 격벽이 서로 연결되어 체관을 형성하고, 체판에는 격벽에 넓은 체지역과 직경이 큰 체공으로 이루어짐 • 측벽에는 체세포에 비해 좁은 체지역을 가짐 • 체관세포는 체관부단백질을 합성하거나 칼로오스(Callos)를 갖고 있음 • 이 물질은 체관부에 상처가 났을 때, 또는 휴면기에 체판의 체공을 막아 물질의 이동을 차단함

ㄷ 동반세포

- 모든 체관세포에는 동반세포가 붙어 있으며 체관세포의 탄수화물 수송을 조절함
- 체관세포와 동반세포는 동일한 모세포에서 발생하여 상호 의존적이며 원형질연락사로 연결되어 있음

ㄹ 체관부유조직

- 저장기능과 체내당 합성이나 전류에 작은 역할을 담당. 엽록체를 함유하며 양분은 체관요소로부터 반세포로, 유조직세포를 통해서 Sink(분열조직이나 저장부위)로 이동
- 유조직세포 : 양분을 Source(공급부)에서 Sink(수용부)로 보낼 때 에너지 공급
- 반세포와 체관유조직세포는 세포벽이 얇고 원형질을 함유하며 체관의 압력구배의 유지에 중요한 역할을 담당

ㅁ 체판

- 서로 닿은 체관세포는 체판에 의해 연결되고 체판은 작은 구멍이 많으며 동화물질 이동을 쉽게 함

ⓑ 체관섬유 : 방추형의 가느다란 후벽세포로 기계적 지지 역할

ⓢ P-protein(사부단백질)

- 체판이 손상되면 일시적으로 P-단백질로, 장기적으로 칼로스(Callose)로 메워짐
- P-protein은 사관요소가 수송기능을 수행하는 동안에는 사판의 사공을 막지 않지만, 사관요소가 상처를 입게 되면 곧바로 젤(Gel)화되면서 사판 구멍(체판공)을 막아 수액의 외부방출을 방지하거나 미생물 감염을 방지함

ⓞ 칼로스(Callose)

- 포도당 중합체(베타-1, 3결합)
- 정상인 사관요소에서는 사판의 표면에 소량 발견
- 상처를 받거나 기능을 상실한 사관요소에서는 유합조직(Callus) 형성과 함께 급격히 합성
- 사판구멍을 봉합, 수송을 차단 하여 전류시스템을 유지함

4. 분열조직

(1) 개요
① 분열조직에는 정단분열조직(생장점)과 측생분열조직(유관속형성층과 코르크형성층)이 있음
② 정단분열조직 → 1차 분열조직, 측생분열조직 → 2차 분열조직

(2) 정단분열조직(1차 분열조직, 생장점)
① 줄기·뿌리의 선단에는 세포분열이 일어나는 생장점이 있음
② 생장점의 형태는 원추상으로 줄기는 어린 잎으로 싸여 있고 뿌리는 근관조직으로 둘러싸여 보호를 받음
③ 특징
  ㉠ 정단분열조직에서 만들어진 새로운 세포는 1차 조직으로 분화
  ㉡ 생장점은 구정적(줄기는 위로, 뿌리는 아래로)으로 나아가기 때문에 줄기와 뿌리의 신장생장이 나타남

(3) 측생분열조직(2차 분열조직, 형성층)
① 유관속형성층
  ㉠ 형성층은 세포분열 능력을 그대로 간직하며 목부와 사부 사이에 위치하여 2차 유관속을 만듦
  ㉡ 형성층의 안쪽으로 2차 목부, 바깥쪽으로 2차 사부가 발달하여 줄기나 뿌리는 비대생장을 하게 됨. 대부분의 초본식물은 이 분열조직이 없거나 활동이 미미하여 비대생장이 이루어지지 않음
  ㉢ 형성층 구성 세포 : 도관, 섬유, 유조직 등 종렬 방향에 있는 요소들은 방추형시원세포에서 발달하고, 방사조직 유세포와 같은 수평 방향에 있는 것은 방사조직시원세포에서 발달

② 코르크형성층

　　㉠ 2차 생장으로 굵어지는 줄기나 뿌리의 피층에서 분화되는 분열조직. 측방으로 병층분열하기 때문에 측방분열조직이라 함

　　㉡ 피층의 바깥층 세포가 형성층으로 분화함. 코르크형성층은 세포분열하여 외측에 코르크 조직을, 내측에 코르크피층을 발달시켜 주피를 만듦

　　㉢ 이 주피는 2차 생장으로 찢어지고 파괴되는 표피를 대신하여 식물체를 보호함

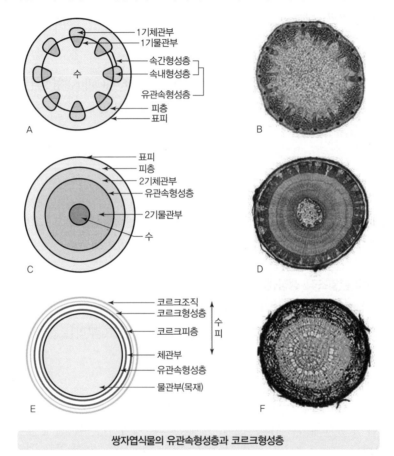

쌍자엽식물의 유관속형성층과 코르크형성층

5. 잎과 눈

(1) 잎

① 개요

　　㉠ 주로 유세포로 구성, 광합성작용을 통해 탄수화물을 제조하는 중요한 기관

　　㉡ 산소와 이산화탄소를 교환하는 장소, 부수적으로 증산작용

② 피자식물의 잎

　　㉠ 햇빛을 많이 받도록 넓게 발달한 엽신과 엽병으로 구성

　　㉡ 유관속은 상표피 쪽에 1차 목부, 하표피 쪽에 1차 사부가 있음

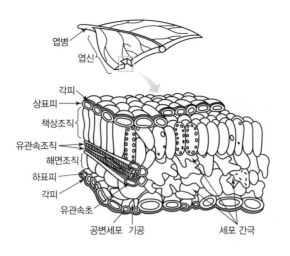

③ 나자식물의 잎

　　㉠ 엽육조직 분화(책상조직, 해면조직) : 은행나무, 주목, 전나무, 미송

　　㉡ 소나무류는 미분화

　　㉢ 유관속

　　　　• 잣나무류 : 한 개, 소나무류 : 두 개

　　　　• 내피와 이입조직이 유관속을 싸고 있음

　　㉣ 소나무속 잎의 횡단면

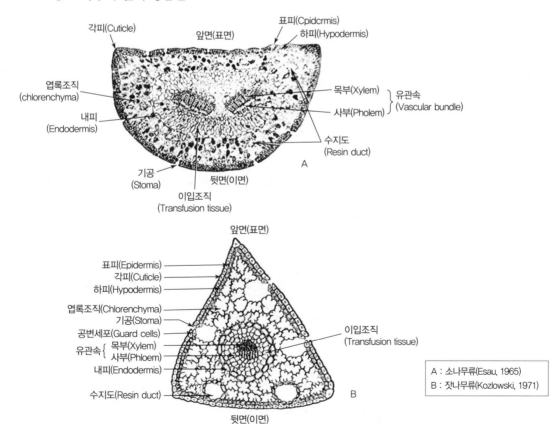

A : 소나무류(Esau, 1965)
B : 잣나무류(Kozlowski, 1971)

④ 기공

　㉠ 2개의 공변세포에 의해 만들어진 구멍

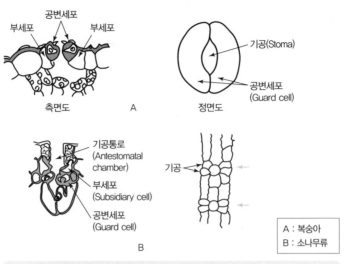

피자식물(A)과 나자식물(B)의 기공비교(Kramerm와 Kozlowski, 1979)

　㉡ 공변세포의 세포벽은 안쪽과 바깥쪽 두께가 달라 팽창할 때 구멍 생기고 부세포(반족세포)는 협력하여 공변세포의 삼투압을 조절하여 기공의 개폐에 관여

　㉢ 대기와 직접 가스교환을 하는 곳으로서, 광합성을 위해 CO_2 흡수, 증산작용의 장소

　　• 주로 잎의 뒷면에 있음(예외 : 포플러)

피자식물	공변세포가 부세포(반족세포)의 위쪽에 위치
나자식물	공변세포가 부세포(반족세포)보다 안쪽(아래)에 위치

　　• 소나무류는 표피 자체도 두꺼운 세포벽과 두꺼운 왁스층을 형성, 가라앉은 기공과 입구 부분을 왁스층이 에워싸고 있어서 증산작용을 효율적으로 억제함

　㉣ 기공의 분포와 빈도

　　• 기공의 분포빈도가 많은 수종은 기공의 크기가 작고 빈도가 적은 수종은 기공의 크기 때문에 서로 보완적인 상태

　　• 예외적으로 아까시나무는 기공의 크기도 작고 빈도도 적은 편임

　㉤ 목본식물의 기공크기와 분포밀도(Davies 등, 1974)

수종	기공길이(μm)	분포밀도(개/mm²)
붉나무속	19.4	634
은행나무	56.3	103
아까시나무	17.6	282

(2) 눈

① 아직 자라지 않은 어린 가지이며 줄기의 한 구성 성분

② 정단분열조직에 해당

③ 위치와 함유 조직, 활동 상태, 형성 시기에 따라 분류

④ 수목의 눈 분류

분류 기준	눈의 명칭	특징
함유된 조직	엽아	잎과 대의 원기를 가진 눈
	화아	꽃의 원기를 가진 눈
	혼합아	잎, 대, 꽃의 원기를 함께 가진 눈
가지에서 눈의 위치	정아	• 가지 끝의 중앙에 있는 눈 • 자라서 주지가 됨
	측아	• 가지의 정아 아래쪽 측면에 있는 눈 • 측지가 됨
	액아	• 대와 잎 사이의 엽액에서 생긴 눈 • 가을에 동아로 되거나 후에 잠아로 남아 있음
눈의 형성 시기	잠아	• 액아가 수피 밑에 처음부터 숨어 있는 눈 • 아흔을 남김 • 맹아지 · 도장지 유래
	부정아	• 일반적으로 눈이 생기지 않는 곳에서 유상조직으로 형성되는 눈 • 근맹아 유래
	동아	여름 · 가을에 만들어져 월동 후 싹이 나는 눈
	하아	가지가 봄 생장을 마치고 여름에 만드는 눈
수목 전체에서의 위치	줄기맹아	지상부와 그루터기에 잠아로 있다가 나오는 눈
	근맹아	• 지하부 뿌리와 뿌리 삽목 시 형성 • 부정아의 일종

6. 수간(가지)

(1) 개요

① 수간은 교목의 경우 하나로 만들어지거나 관목의 경우 여러 개로 갈라지며 목재로 이용하는 부분

② 수관을 지탱하고 뿌리에서 흡수한 수분과 무기양분을 위쪽으로 이동시키며, 탄수화물을 주로 아래 방향으로 운반하거나 저장하는 역할

(2) 형성층

① 형태

㉠ 나무의 줄기와 뿌리의 지름을 굵게 만들어 주는 조직으로, 수피 바로 안쪽에 원통형으로 모든 가지와 굵은 뿌리를 둘러싸고 있으며, 몇 개의 세포층으로만 이루어져 있어 그 두께가 아주 얇음

㉡ 내수피는 안쪽의 사부와 바깥쪽의 코르크 조직으로 구성되어 있음

㉢ 형성층은 바깥으로는 2차 사부를 만들고 안쪽으로는 2차 목부를 만듦

㉣ 직경이 굵어지더라도 형성층의 위치는 항상 마지막 생산된 목부와 사부 사이에 남게 됨

ⓜ 수간의 기본구조

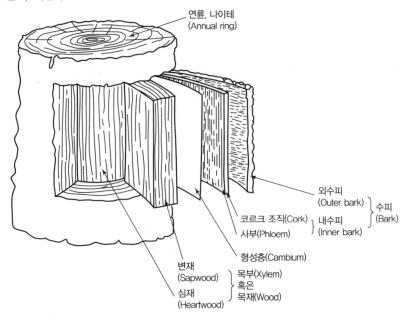

② 유관속 형성층의 완성

　ⓐ 전형성층 → 속내형성층 → 속간형성층 → 유관속 형성층

　ⓑ 피나무의 경우 속내형성층이 크게 자리 잡고 있어 속간 형성층의 발달 없이 원형의 형성층을 갖추게 됨

(3) 연륜

① 봄에 형성된 목부(춘재)와 여름에 형성된 목부(추재) 간에 해부학적 구조가 다르기 때문에 나타남

춘재	세포의 지름이 크고 세포벽이 얇음
추재	세포의 지름이 작고 세포벽이 두꺼움

② 피자식물의 목부조직

　ⓐ 환공재 : 지름이 큰 도관이 춘재에만 집중적으로 배열 **예** 물푸레나무, 참나무, 음나무, 회화나무

　ⓑ 산공재 : 같은 크기의 도관이 연륜 전체에 골고루 산재 **예** 단풍나무, 피나무, 회양목, 포플러

　ⓒ 반환공재 : 환공재와 산공재의 중간 형태 **예** 호두나무, 가래나무

(4) 목재의 구조

① 개요

　ⓐ 형성층에 의해 안쪽으로 만들어진 2차 목부

　ⓑ 형성층을 제외한 수피 안쪽에 있는 모든 조직

　ⓒ 수, 심재, 변재

ㄹ 목재의 구성성분

피자식물(활엽수)		나자식물(침엽수)	
종축 방향	수평 방향	종축 방향	수평 방향
도관, 가도관, 목부섬유, 종축유세포	수선유세포	가도관, 종축유세포 수지구세포	수선가도관 수선유세포 수지구세포

② 도관 : 피자식물의 도관은 긴 파이프와 같이 격막이 없이 뚫려서 수분 이동이 원활함

③ 가도관

　ㄱ 나자식물의 종축 방향 세포 중 90% 이상이 가도관

　ㄴ 연결 부위에 두 세포의 세포벽이 그대로 남아 있고 수분 이동은 막공격막을 통해서만 가능하므로 수분 이동이 비효율적임

　ㄷ 심재의 막공격막은 한쪽으로 치우쳐 막공 폐쇄, 수분 이동 거의 불가

④ 수선유세포

　ㄱ 변재와 심재를 연결하는 살아 있는 조직

　ㄴ 유세포로 구성되고 방사 방향으로 뻗어 있음

　ㄷ 심재로 화학물질을 이동시킴

　ㄹ 탄수화물 저장, 세포분열 재개능력을 가짐

　ㅁ 부후균 침입 시 방어벽 구축

⑤ **상피세포** : 수지도를 형성하는 살아 있는 세포

7. 뿌리

(1) 기능

식물 고정, 수분과 무기양분 흡수, 탄수화물 저장

(2) 근계의 분류

① 직근

　ㄱ 밑으로 깊숙이 빠른 속도로 자라 내려감

　ㄴ 배수가 잘되고 건조한 토양에서 발달(심근성)

② 측근

　ㄱ 옆방향으로 넓게 퍼짐

　ㄴ 습기가 많고 배수가 잘 안 되는 토양(천근성)

③ 장근

　ㄱ 빨리 뻗어 나가면서 새로운 근계 개척

　ㄴ 개척근 : 새로운 근계 개척, 지름 굵어짐

　ㄷ 모근 : 가지를 많이 쳐서 넓은 면적 확보

④ 단근

ㄱ 장근에서 기원하여 천천히 자람

ㄴ 형성층이 없어 직경생장을 하지 않음

ㄷ 1~2년을 살다 죽음

ㄹ 기능 : 수분과 영양분 흡수, 토양곰팡이와 균근을 형성하는 세근이 됨

ㅁ 소나무류는 장근과 단근의 구별이 뚜렷함

ㅂ 수목 근계의 명칭

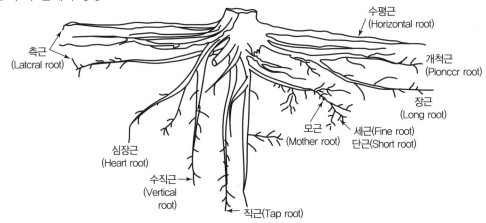

(3) 어린 뿌리의 분열조직

① 근관, 세포분열구역, 세포신장구역, 세포분화구역, 뿌리털구역

② 근관의 역할 : 분열조직 보호, 중력방향 감지, 굴지성 유도, 무시겔을 분비하여 윤활제 역할

③ 종단면에서 본 어린뿌리의 분열조직(Salisbury와 Ross, 1992)

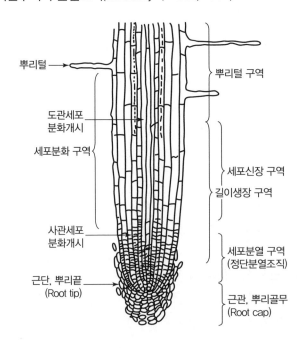

④ 성숙한 세근의 모양

　　㉠ 뿌리는 형성층에 의해 2차 생장을 하기 전에 뿌리털과 표피, 피층, 내피, 유관속 조직 등을
　　　모두 갖춤

　　㉡ 뿌리털은 세포분화가 완성된 곳임

　　㉢ 뿌리털 : 표피가 기원

　　㉣ 측근 : 내초가 기원

　　㉤ 내피는 자유로운 수분의 이동을 효율적으로 차단할 수 있는 카스페리안대라고 하는 수베
　　　린을 함유한 물질이 들어 있음

　　㉥ 성숙한 세근의 횡단면상에서의 형태

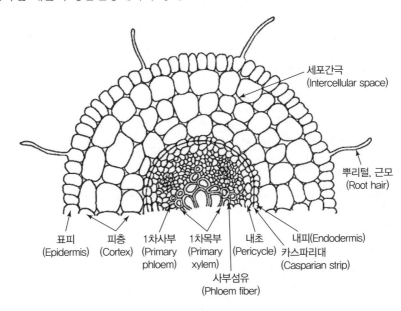

세포간극
(Intercellular space)

뿌리털, 근모
(Root hair)

표피　　　피층　　　1차사부　　1차목부　　내초　　　　내피(Endodermis)
(Epidermis)　(Cortex)　(Primary　(Primary　(Pericycle)　카스파리대
　　　　　　　　　phloem)　xylem)　　　　　　　(Casparian strip)
　　　　　　　　　　　　사부섬유
　　　　　　　　　　　　(Phloem fiber)

8. 특수구조

(1) 꽃

① 개요 : 현화식물에서 생식생장을 하는 구조

② 피자식물

　　㉠ 배주(밑씨)가 자방 안에 감추어져 있는 식물

　　㉡ 완전화/불완전화(꽃받침, 꽃잎, 수술, 암술이 있는가?) : 벚나무, 자귀나무/버드나무류, 자
　　　작나무류

　　㉢ 양성화/단성화/잡성화(암술과 수술이 한 꽃에 있는가?) : 벚나무, 자귀나무/버드나무, 자작
　　　나무/물푸레나무, 단풍나무

　　㉣ 일가화=자웅동주/이가화=자웅이주(암꽃과 수꽃이 한 나무에 있는가?) : 참나무류, 오리나
　　　무류/버드나무류, 포플러류

ⓜ 피자식물 꽃의 분류

명칭	특징	수종 예
완전화	꽃받침, 꽃잎, 암술, 수술을 모두 가짐	벚나무, 자귀나무
불완전화	위의 네 가지 중 한 가지 이상 결여	버드나무류, 자작나무류
양성화	암술과 수술을 한 꽃에 가짐	벚나무, 자귀나무
단성화	암술과 수술 중 한 가지만 가짐	버드나무류, 자작나무류
잡성화	양성화와 단성화가 한 그루에 달림	물푸레나무, 단풍나무
1가화	암꽃과 수꽃이 한 그루에 달림	참나무류, 오리나무류
2가화	암꽃과 수꽃이 각각 다른 그루에 달림	버드나무류, 포플러류

③ 나자식물

ㄱ 배주가 노출되어 대포자엽 혹은 실편의 표면에 부착되어 있는 식물

ㄴ 꽃의 기본구조인 꽃잎, 꽃받침, 수술, 암술 등의 기관이 없음

ㄷ 나자식물은 양성화가 없고 일가화 혹은 이가화임

ㄹ 이가화 : 소철류, 은행나무

ㅁ 일가화 혹은 이가화 : 주목, 향나무

ㅂ 일가화 : 소나무과, 낙우송과

ㅅ 주공 : 꽃가루가 들어가는 곳, 종자 발아 시 뿌리가 나오는 곳

 TIP 소나무

- 암꽃 : 개화 다음해에 솔방울로 익음
- 수꽃 : 개화 1~2개월 정도 후에 없어짐
- 암꽃과 수꽃 : 서로 다른 가지에 달림, 암꽃은 가지끝에 달리고 수꽃은 가지 아래쪽에 달림

(2) 유세포

① 살아 있는 세포로 왕성한 대사의 중심체

② 원형질 있음, 세포분열, 광합성, 호흡, 물질이동, 생합성, 무기염 흡수, 증산작용 등의 대사작용 담당

③ **모여 있는 곳** : 잎, 눈, 꽃, 열매, 형성층, 세근, 뿌리끝

④ **유조직** : 표피조직, 주피(코르크)조직, 사부조직, 방사조직, 분비조직

 TIP 심플라스트체계와 아포플라스트체계

- Symplast 체계 : 원형질 연락사를 통한 전달체계(원형질 이동)
- Apoplast 체계 : 세포의 공간 및 세포벽에 의하여 연결된 전달체계(세포벽 이동)

CHAPTER 03 수목의 생장

1. 생장의 종류

(1) 생장

① 생장 : 생물의 크기가 커지거나 무거워지는 것

② 세포 분열 : 세포의 수 증가

③ 세포 신장 : 세포의 크기 증가

④ 세포 분화 : 세포의 전문화 및 성숙

⑤ 생장 장소 : 유세포에서만 분열조직이 이루어짐

(2) 생장의 종류

① 영양생장 : 줄기, 형성층, 뿌리가 자라 개체의 크기가 커지는 생장

② 생식생장 : 꽃이 피어 종자를 맺거나 무성번식으로 다음 세대를 만들기 위한 생장

2. 수목의 분열조직

(1) 분열조직

① 수목에서 키나 지름이 커지는 것은 분열조직에 의해 이루어짐

② 위치 : 줄기와 뿌리의 끝부분과 형성층에 있음(생장점)

(2) 분열조직의 종류

① 정단분열조직(수직 방향)

   ㉠ 가지 끝부분 : 새로운 잎과 가지를 만드는 분열조직(눈)

   ㉡ 뿌리 끝부분 : 새로운 뿌리를 만드는 분열조직(근단)

② 측생분열조직(수평 방향 혹은 횡축 방향)

   ㉠ 형성층과 같이 직경을 증가시키는 분열조직(옆 부분)

   ㉡ 형성층은 측방분열조직으로 안쪽으로는 목부를 만들며 바깥쪽으로는 사부를 만들고 위치는 마지막 생산된 목부와 사부 사이에 존재함

3. 수고생장

(1) 개요

줄기 끝에 있는 눈이 자라서 나무의 키가 커지는 현상

(2) 잎의 생장

① **자엽(떡잎)** : 수목이 처음 갖게 되는 잎, 밤나무·참나무는 자엽에 탄수화물 저장(무배유종자)

② **인편** : 눈이 형성될 때 제일 먼저 만들어짐, 눈을 보호하고 양분을 저장하기도 함. 유관속조직과 책상조직의 발달이 미약하고 기공의 빈도도 낮음

③ **잎의 성장 과정**

  ㉠ 잎은 줄기 끝의 정단분열조직에서 만들어짐

  ㉡ 잎의 아랫부분이 먼저 만들어짐 → 엽신 분화 → 엽병이 생김 → 잎의 신장은 처음에는 끝부분에서 이루어지고, 곧 잎의 가장자리와 중간에 위치한 분열조직에서 신장하여 고유의 모양을 갖추게 됨

④ 침엽수 잎이 자라는 기간은 활엽수보다 더 긴 것이 특징

⑤ 잣나무는 줄기생장은 2개월 이내에 끝내지만 잎의 신장은 3개월 이상 걸림

 잎과 줄기의 생장 (기출 문제)

- 전형성층은 정단분열조직에서 발생한다.
- 눈 속에 잎과 가지의 원기가 있다.
- 잎이 직접 달린 가지는 잎과 나이가 같다.
- 소나무 당년지 줄기는 목질화되면 길이 생장이 정지된다.

(3) 줄기(수고)생장형

① 유한생장과 무한생장

유한생장	정아가 주지의 생장을 조절, 제한하는 경우 예 소나무류, 가문비나무류, 참나무류
무한생장	가지 끝이 죽고 측아가 대신 자라는 경우 예 정아가 꽃인 경우, 자작나무, 버드나무, 아까시나무, 피나무, 느릅나무

② 고정생장과 자유생장

고정생장	동아 속에 1년간 자랄 원기가 모두 들어 있음 예 소나무, 잣나무, 가문비나무, 참나무, 솔송나무
자유생장	춘엽과 하엽을 가지며 이엽지라고 부름 예 테다소나무, 대왕소나무, 주목, 은행나무, 포플러, 낙엽송, 자작나무, 일본잎갈나무, 메타세쿼이아, 느티나무, 자작나무, 벚나무 등

(4) 장지와 단지

① 장지 : 잎과 잎 사이의 마디가 길어 잎이 서로 떨어져 있음

② 단지 : 잎과 잎 사이의 절간이 거의 없어 잎이 서로 총생함

③ 수종 : 은행나무, 잎갈나무, 벚나무, 자작나무, 단풍나무, 백합나무, 풍향수, 너도밤나무

④ 자유생장 수종이 노령기에 생장이 줄어드는 이유 : 고정생장으로 바뀌면서 단지가 되기 때문

(5) 비정상지

① 도장지 : 활엽수에서 잠아가 튀어 나와서 만든 가지. 임분 내에서는 피압목이 우세목보다 도장지를 더 많이 만듦

② 맹아지 : 침엽수의 경우 잠아가 자라 나와 만든 가지

③ 라마지 : 다음 해에 자랄 정아가 8월 중 비가 온 후 자라서 나옴 예 참나무, 소나무, 오리나무

④ 측아도장지 : 8월 중 측아가 자라 나옴

4. 직경생장

(1) 형성층의 세포분열

① 원칙적으로, 얇고 한 층의 두께밖에 안 되는 분열세포군을 의미하나 분열세포군을 찾아내기가 거의 불가능하여 여러 층의 시원세포까지 포함하여 형성층으로 부름

② 병층분열

    ㉠ 목부와 사부 생산 목적

    ㉡ 접선 방향으로 세포벽을 만들어 새로운 목부와 사부를 추가함

③ 수층분열

    ㉠ 형성층 세포 숫자의 증가 목적

    ㉡ 방사 방향으로 세포벽을 만듦

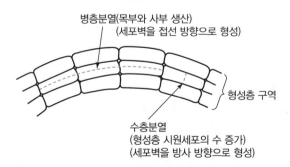

형성층의 두 가지 세포분열 방식(병층분열, 수층분열)

(2) 목부와 사부의 생산

① 형성층은 바깥쪽으로 사부를 추가하고 안쪽으로 목부를 추가하며 자신은 계속 분열조직으로 남음

② 생리적으로 체내 식물호르몬 중 옥신의 함량이 높고 지베렐린의 농도가 낮으면 목부를 생산하고, 그 반대일 때에는 사부를 생산

③ 목부의 생산량>사부의 생산량

④ 목부 생산량은 사부 생산보다 환경변화에 더 예민한 반응

⑤ 봄철 사부가 목부보다 먼저 만들어짐

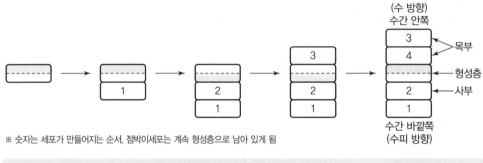

※ 숫자는 세포가 만들어지는 순서. 점박이세포는 계속 형성층으로 남아 있게 됨

병층분열에 의한 형성층의 목부와 사부 생산 방식

(3) 세포분화

① 형성층에서 안쪽으로 추가된 세포는 목부조직이 되어 도관, 가도관, (목부)섬유, 유세포 중 하나로 분화됨

② 도관, 가도관, (목부)섬유는 2차 멱을 가지게 되며 원형질을 잃어버린 죽은 세포로 됨

③ 수선조직을 만드는 유세포는 분화 과정에서 모양이 별로 변하지 않으며 유세포로 남음

④ 활엽수의 섬유는 종축방향으로 최고 500%가량 확장, 침엽수의 가도관은 20%가량 확장됨

⑤ 침엽수의 가도관은 본래 길이가 길기 때문에 성숙한 후에도 활엽수의 섬유보다 더 길게 2~4mm 정도로 됨. 침엽수의 섬유장이 길어 더 질긴 침엽수 펄프가 됨

(4) 형성층의 계절적 활동

① 형성층의 활동은 환경의 영향을 많이 받음

② 형성층의 계절적 활동은 상록수가 낙엽수보다 더 오래 지속됨

③ 임분 내에서 우세목이 피압목보다 더 오래 일어남

④ 형성층 활동은 줄기생장이 시작될 때 함께 시작, 줄기생장이 정지한 다음에도 더 지속됨

⑤ 옥신에 의해 조절되며, 정단부의 줄기부터 형성 세포분열이 시작됨

⑥ 추재생산은 옥신의 생산량이 줄어드는 시기와 일치하며, 나무 밑동에서부터 시작됨

(5) 변재와 심재

① 변재

　　㉠ 줄기의 횡단면상에서 형성층 안쪽에 인접해있으면서 비교적 옅은 색을 가진 부분

　　㉡ 형성층이 비교적 최근에 생산한 목부조직으로 수분이 많고 살아 있는 유세포가 있는 부분

　　㉢ 뿌리로부터 수분을 위쪽으로 이동시키는 중요한 역할, 탄수화물 저장

　　㉣ 두께(아까시나무는 2~3년, 벚나무는 10년 전에 생산된 목부만이 변재, 버드나무·포플러·피나무는 구별이 어려움)

② 심재

　　㉠ 줄기의 횡단면상에서 변재의 안쪽 한복판에 위치하면서 깊게 착색된 부분

　　㉡ 형성층이 오래전에 생산한 목부조직

　　㉢ 나무를 기계적으로 지탱해 주는 역할

　　㉣ 화학물질(착색물질, 기름, 검, 송진, 타닌, 폴리페놀, 우기산의 염 등)이 축적됨

5. 수관형

(1) 원추형

① 대부분의 나자식물은 정아지 혹은 주지가 측지보다 빨리 자라 원추형 수관 유지

② 정아가 옥신계통의 식물호르몬을 생산하여 측아 생장을 억제하기 때문(정아우세 현상)

③ 목본식물뿐만 아니라 초본식물에서도 흔히 관찰됨

(2) 구형

① 대부분의 피자식물은 어릴 때는 원추형이지만 곧 정아우세 현상이 없어지고 측지 발달이 왕성해져 넓은 수관을 가짐

② 대표적인 예는 참나무와 느릅나무

(3) 원주형

① 구형의 수관형을 가진 수종도 임분 내에서 밀식되어 자랄 때에는 원주형을 보임

② 양버들은 전형적인 원주형

(4) 기타

① **포복형** : 땅바닥에서 옆으로 자람

② **수양형** : 수양버들

6. 수피

(1) 수피

① 줄기의 형성층 바깥쪽에 있는 모든 조직

② 내수피(사부와 코르크조직)+외수피(조피)

③ **사부** : 탄수화물을 이동시키는 역할

④ **코르크와 조피** : 수분의 손실을 막고 외부로부터의 충격이나 병원균의 침입을 막음

⑤ 2차 사부 구성 세포

　　㉠ 피자식물 : 사관세포, 반세포, 사부유세포, 사부섬유

　　㉡ 나자식물 : 사세포, 알부민세포

(2) 주피(코르크조직)

① 코르크층을 만들어 표피 대신 보호 기능 담당

② 코르크형성층을 가지고 있어 바깥쪽으로 코르크층을 만들고 안쪽으로는 코르크피층을 만듦

③ 코르크형성층도 측방분열조직의 하나로서 직경생장에 기여함

④ **1년생 가지** : 코르크조직이 녹색을 띠며, 탄수화물을 저장하여 야생동물의 먹이가 됨

(3) 수간 횡단면상에서의 조직 배열

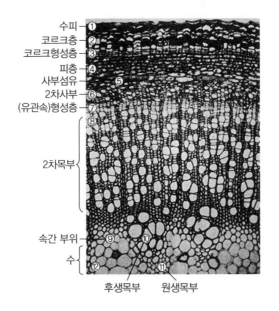

횡단면상 위치	조직 명칭	통합 명칭		두께	특징과 기능
한복판	수	목부		1cm 내외	• 종자에서 발아 직후와 줄기 형성 초기에 만들어진 조직 • 더 이상 만들어지지 않고 기능이 정지됨
중간 부위	심재	목부		직경에 따라 증가	• 죽은 조직으로서 여러 가지 물질이 축적되어 짙은 색을 띰 • 나이테를 형성하며 지탱 역할을 함
	변재			직경에 따라 증가	• 일부가 살아 있으며 옅은 색을 띰 • 뿌리로부터 위쪽 수관으로 물을 운반함 • 나이테를 형성함
	형성층	형성층		0.1mm 내외	수목의 일생 동안 쉼 없이 목부와 사부를 생산하는 분열조직
맨 바깥쪽	사부	내 수 피	수 피	0.2mm 내외	• 잎에서 만든 설탕을 밑으로 뿌리까지 운반 • 1년 동안만 제 기능을 수행
	코르크조직			나이에 따라 증가	코르크형성층을 가지고 있어 자체적으로 코르크를 만듦으로써 수피를 두껍게 함
	외수피			1cm 내외	죽어 있는 딱딱한 조직

7. 뿌리 생장

(1) 뿌리의 생장 순서

유근발아 → 직근 → 측근 → 세근

(2) 측근의 생성

① 내초세포가 분열하여 만들어짐

② 병층분열 → 수층분열 → 측근

③ 상처가 생겨 무기염 집단유동, 병원균이나 박테리아 서식

(3) 뿌리의 계절적 활동 – 봄부터 가을까지 자람

① 봄 : 겨울눈이 트기 2~3주 전부터 시작, 식목일 결정의 요인이 됨

② 가을 : 낙엽이 질 때까지 자람

(4) 뿌리의 수명

① 세근 : 1년 정도

② 뿌리털 : 수 시간 혹은 수 주일

(5) 뿌리의 형성층

① 뿌리에도 형성층이 생기며 코르크조직이 뿌리 보호

② 1차 목부와 1차 사부 사이에 ㄱ자 모양 형성층 형성

③ 2차 목부가 채워지면서 직선으로 펴짐

④ 차츰 형성층은 원형으로 연결됨

⑤ 바깥쪽에 2차 사부, 안쪽에 2차 목부를 추가하여 직경이 굵어짐

⑥ 내초의 세포가 분열을 시작하여 코르크 형성층을 만듦

⑦ 뿌리형성층은 전달 속도가 느리고 토양 근처 뿌리에서 뿌리 생산량이 많으며, 위연륜과 복연 륜이 자주 나타남

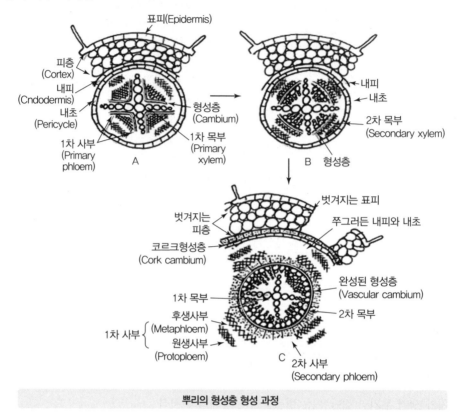

뿌리의 형성층 형성 과정

(6) 뿌리의 분포

① **수평 방향** : 호흡을 위해 수평 방향으로 더 많이 뻗음(수관폭의 2~3배 거리)

② **수직 방향**

   ㉠ 굵은 뿌리 : 보통 1~2m 정도 내려감

   ㉡ 통기성이 좋은 사질토 : 10m까지 가능함

   ㉢ 표토 20cm 내에 가는 뿌리의 90%가 존재할 만큼 세근은 표토에 집중되어 있음

   ㉣ 복토, 심식하면 뿌리가 죽음(복토는 뿌리의 생장 억제, 사부조직의 붕괴로 수목을 고사시킴)

(7) 뿌리의 생장 방향

① 주근(원뿌리)은 중력에 예민한 반응을 보이며 굴지성

② 측근도 차이는 있지만 굴지성

③ 주근이 측근의 신장 방향에 영향을 미침

④ 나무가 자라면서 주근이 계속 갈라지면 중력에 대한 반응이 둔화되고, 토양의 수분 함량과 온도에 따라서 뿌리의 신장 방향이 달라짐

⑤ 장애물이 있으면 주근·측근 모두 진행 방향을 바꾸어 자람

8. 균근

① 뜻 : 식물뿌리와 토양 곰팡이 사이의 공생 형태

② 종류

외생균근	• 균사가 뿌리 속으로 들어와 세포간극 사이에만 존재함 • 균투와 하티그망을 형성함 • 외생균근이 형성된 수목들은 뿌리털이 생기지 않음 • 기주 : 소나무과, 피나무류, 버드나무류, 참나무과, 자작나무과 • 주로 담자균과 자낭균 : 그물버섯류, 젖버섯류, 무당버섯류, 광대버섯류, 송이버섯, Cenococcum Tuber
내생균근	• 뿌리 속 세포 안에 들어가 균사를 뻗음 • 균사의 생장은 피층세포에 국한되고 내피 안쪽으로 들어가지 않음 • 외생균근과 내생균근 공통적으로 뿌리 한복판의 통도조직을 침범하지 않는 것이 일반적인 병원균과 다름 • 균투를 형성하지 않으며 뿌리털이 정상적으로 발달 • 소낭과 가지모양 균사를 만듦 • 기주식물 : 대부분의 식물과 외생균근을 형성하는 목본식물을 제외한 모든 목본식물(단, 십자화과와 명아주과 식물은 균근을 형성하지 않음) • 접합자균이 대부분임, Glomus, Scutellospora • 후막포자는 직경이 커서(40~700μm) 바람에 전파되지 못함 • 진달래균근(자낭균)은 척박한 산성토양에서 자람 • 난초는 일부 기간 동안 반드시 난초균근을 형성해야 자랄 수 있음
내외생균근	• 외생균근의 변칙적인 형태로, 외생균근 곰팡이 균사가 세포 안으로 침투하여 자라는 형태 • 소나무류의 어린 묘목에서 주로 발견 • 자낭균문

③ 역할

㉠ 무기염의 흡수 촉진

㉡ 뿌리의 수분 흡수 효율 높임

㉢ 토양환경에 대한 저항성 증진(건조, pH, 온도, 독극물)

㉣ 항생제 생산으로 병원균 저항성 증진

㉤ 산림토양에서 암모늄태 질소의 흡수

㉥ 한계토양에서 산림의 생산성을 높임

④ 균근의 발달을 촉진할 수 있는 조건

㉠ 균근은 종속생활을 하기 때문에 기주식물이 탄수화물을 제공할 수 있어야 함

㉡ 균근의 형성률은 토양의 비옥도가 높을수록 낮으며 인산의 함량에 반비례하므로, 비옥도가 낮고 인산의 함량이 낮을수록 균근의 발달이 촉진됨

㉢ 어둡고 습기가 많은 곳, 최적 온도는 20~30℃

9. 생장측정과 생장분석

(1) 상대생장률(InW_2-InW_1/t_2-t_1)

① 수목의 단위 무게·단위 시간당 건중량의 증가량

② 즉, 초기에 수목의 크기(혹은 무게)에 따라서 단위 시간당 생장량을 계산하는 것

(2) 대비성장량

① log(지상부 무게)$=\alpha+\beta log$(지하부 무게)

② 수목 두 부위 간의 상대적인 건중량 증가를 비교할 수 있음

③ 식물이 뿌리를 얼마나 성장시켜야 줄기가 증가하는지 보여주는 수식

(3) 순동화율

① 상대생장률(g/g/d)/엽면적률(m²/g)

② 순동화율×엽면적률

③ 생장이 빠르거나 느린 수목의 생장 특성 분석

10. 낙엽과 잎의 수명

① 수목은 가을 낙엽이 질 것을 미리 대비하기 위하여 어린 잎에서부터 엽병 밑부분에 이층을 사전에 형성

② 이층세포는 세포가 작고 세포벽이 얇아서 쉽게 이탈

③ 가을이 되면 분리층이 떨어져 나가 낙엽이 지고 남아 있는 가지 끝에 Suberin, Gum 등이 분비되어 보호층을 형성하면서 탈리현상을 마무리

④ 탈리가 일어나기 전 목전질이 축적되며 보호층이 형성됨

⑤ 옥신은 탈리를 지연시키고 에틸렌은 탈리를 촉진함

⑥ 참나무류와 단풍나무류는 이층이 제대로 발달되지 않아 낙엽이 지연

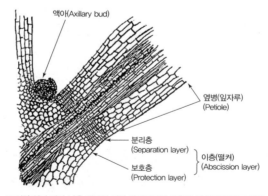

※ 어린 잎이 자라 나올 때부터 엽병 아랫부분에 이층이 이미 자리 잡고 있음

낙엽 전 이층의 형태

CHAPTER 04 햇빛과 광합성

1. 햇빛의 중요성과 생리적 효과

(1) 햇빛(광합성)의 중요성

① 햇빛 : 수목의 형태에 영향을 줌

② 광합성량 : 수목의 건강과 직결됨

③ 광합성으로 에너지를 얻은 만큼 자람

④ 내병성 증진 : 항균 물질 축적

⑤ 내충성 증진 : 송진, 페놀, 타닌 축적

⑥ 내한성 증진 : 설탕 축적

⑦ 내공해성 증진 : 항산화물질 축적

⑧ 상처 치료 능력 증진 : 새살을 만드는 속도

(2) 태양광선의 생리적 효과

① 광질 : 빛의 파장

  ㉠ 가시광선 : 340~760nm

  ㉡ 적색광선 : 660~730nm, 식물의 형태와 생리에 작용

  ㉢ 적외선 : 760nm 이상, 자외선 : 340nm 이하

  ㉣ 고에너지 광효과 : 1,000lx 이상에서 나타나 광합성 수행

  ㉤ 저에너지 광효과 : 100lx 이하에서도 생리적 효과(광주기나 굴광성 등)

  ㉥ 산림의 경우 광질이 변화(활엽수림 임상은 파장이 긴 적색광이 주종을 이루고 침엽수림 임상은 스펙트럼이 골고루 분포)

② 광도 : 밝기

  ㉠ 햇빛에 항상 노출되어 있는 양엽과 항상 그늘 속에 있는 음엽의 형태가 다르게 분화

  ㉡ 그늘에서도 자랄 수 있는 음수와 그늘에서는 살 수 없는 양수로 진화

③ 광주기 - 일장

  ㉠ 초본식물의 개화에 중요한 영향을 끼침

  ㉡ 수목에는 눈의 생장 개시 및 휴면에 더 중요한 영향

2. 광주기(낮과 밤의 상대적 길이)

① 개요
  ㉠ 온대지방의 목본식물은 낮의 길이가 바뀌는 것을 통하여 계절의 변화를 감지
  ㉡ 광주기에 따라 줄기생장, 직경생장, 낙엽시기, 휴면진입 및 타파, 내한성, 종자 발아 등이 결정됨

② 줄기생장
  ㉠ 단일조건 : 줄기생장 정지, 동아 형성
  ㉡ 장일조건 : 휴면을 지연 혹은 억제

③ 휴면타파 : 눈의 휴면 제거 효과는 수종, 휴면의 정도에 따라 다름

④ 낙엽
  ㉠ 광주기나 온도에 반응
  ㉡ 단일 상태에서 단풍 들고 낙엽 촉진(백합나무)
  ㉢ 온도가 내려가지 않으면 잎이 붙어 있음(자작나무)

⑤ 직경생장
  ㉠ 광주기는 줄기생장과 직경생장에 함께 영향을 줌
  ㉡ 많은 수목의 경우 직경생장은 줄기가 자라고 있는 동안에 이루어지고 줄기생장이 정지하면 곧 직경생장이 중단
  ㉢ 고정생장의 경우 줄기생장은 여름에 일찍 정지하지만 직경생장은 더 늦게까지 지속되는 경향이 있음

⑥ 지역품종
  ㉠ 일장에 의해 결정됨
  ㉡ 북쪽 산지를 남쪽에 심을 경우 : 일찍 생장을 정지(생장 불량)
  ㉢ 남쪽 산지를 북쪽에 심을 경우 : 늦게까지 자라다가 첫서리 피해(조상)

3. 굴광성

① 식물이 햇빛이 있는 방향을 향하여 자라는 현상
② 1923년 Went가 귀리의 자엽초 실험에서 규명
③ 햇빛을 한쪽에서 쬐어주면 옥신이 햇빛의 반대 방향으로 이동하여 세포의 신장을 촉진시킴으로써 햇빛 쪽으로 구부러짐
④ 청색과 보라색을 띠는 450nm 부근과 자외선 중 370nm 부근
⑤ 굴광성에 관련하는 색소 : 포토트로핀(플라보프로테인의 일종)

4. 굴지성

① 중력이 작용하는 방향으로 식물이 자라는 것

② 옥신이 뿌리 아래쪽으로 이동하여 세포의 신장을 억제함으로써 위쪽 세포가 더 빨리 신장

5. 광수용체

① 개요

  ㉠ 식물체 내에서 햇빛을 감지하는 역할을 담당하는 화합물, 세포 혹은 기관을 광수용체라고 함

  ㉡ 색소단백질 : 피토크롬, 포토트로핀, 크립토크롬

  ㉢ 햇빛을 흡수하는 발색단과 촉매역할을 하는 아포단백질로 구성

② 피토크롬

  ㉠ 광질에 반응을 나타내는 광수용체 중의 하나

  ㉡ 종자 발아에서부터 개화까지 식물 생장의 전 과정에 관여

  ㉢ 분자량이 각 120,000Da 정도 되는 2개의 폴리펩티드로 구성

  ㉣ 피롤이 4개 모여서 이루어진 발색단을 가지고 있음

  ㉤ 생장점 근처에 많이 있고 세포 내에서는 세포질과 핵 속에 존재

  ㉥ 적색광을 비추면 P_r 형태에서 P_{fr} 형태로 바뀌고, 원적색광을 비추면 다시 P_r 형태로 바뀜 (피롤 분자배열이 변화하기 때문)

  ㉦ 적색광을 비추면 전체 광색소의 80%가 P_{fr} 형태로 존재하고 원적색광을 비추면 99%가 P_r 형태로 존재

  ㉧ P_{fr}과 P_r의 상대적 비례로 밤의 길이를 측정

(Cis형)   (Trans형)

P_r P_{fr}

피토크롬 발색단의 분자구조와 빛에 의한 변화

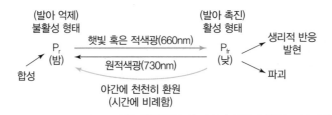

피토크롬 색소의 햇빛(적색광에 해당)과 원적색광에 대한 반응과 야간에 나타나는 반응

③ 포토트로핀

    ㉠ 식물의 청색광에 반응을 보이는 광수용체

    ㉡ 청색광(450~450nm)과 자외선 A(320~400nm)를 흡수하는 플라보프로테인의 일종

    ㉢ 햇빛을 감지하여 줄기의 굴광성과 뿌리의 굴지성을 조절

    ㉣ 잎에 많이 존재하며 피토크롬, 크립토크롬과 함께 생장의 변화를 가져오는 중요한 역할

④ 크립토크롬

    ㉠ 포토트로핀과 함께 청색광과 자외선을 흡수하여 굴광성에 관여하는 광수용체

    ㉡ 식물과 동물에 모두 존재하며, 플라보프로테인의 일종인 것은 포토트로핀과 흡사함

    ㉢ 피토크롬과 포토트로핀은 인산화효소이나, 크립토크롬은 인산화효소 아님

    ㉣ 주요기능은 일주기 현상 혹은 생체리듬을 조절(Cry1), 청색광에 의한 자엽과 잎의 신장을 조절함(Cry2)

6. 광색소와 광합성

(1) 광합성 색소

① 엽록소

    ㉠ 엽록체 안에 들어 있는 색소로 녹색 파장을 반사하여 녹색으로 보임

    ㉡ 지름이 약 5μm, 두께가 2~3μm, 투과성 막

    ㉢ 그라눔과 스트로마로 구분(명반응/암반응)

    ㉣ 엽록소 a(청록색)와 엽록소 b(황록색)가 주종

    ㉤ 피롤이 4개, 한복판에 Mg 분자, 네 번째 피롤 분자에 긴 꼬리 모양의 피톨이 부착

    ㉥ 물에는 잘 녹지 않으며 에테르에 잘 녹는 지질화합물

② 흡수 스펙트럼과 작용 스펙트럼

흡수 스펙트럼	엽록소 a와 b가 흡수하는 파장(400~500nm, 600~700nm)
작용 스펙트럼	광합성이 수행되는 파장(400~700nm), 카로테노이드의 도움을 받아 500~600nm에서도 왕성하게 광합성 작용이 일어남

③ 카로테노이드

    ㉠ 이소프레노이드 화합물의 한 종류로 식물에서 노란색, 오렌지색, 적색 등을 나타내는 색소

   ⓛ 광합성 보조색소 : 엽록소를 보조하여 햇빛을 흡수

   ⓒ 광산화 작용에 의한 엽록소의 파괴 방지

(2) 광합성 기작

 ① 개요

   ㉠ 엽록체가 햇빛에너지를 모아 이산화탄소와 물을 원료로 탄수화물을 만드는 것

   ⓛ 광합성 기구 : 명반응, 전자전달계, 암반응

 ② 명반응

   ㉠ 엽록소가 그라눔에서 햇빛을 이용해 물분자를 분해하여 산소를 발생하고, NADP를 환원하여 NADPH를 만들고 ATP를 생산

   ⓛ ATP와 NADPH는 많은 에너지를 가지고 있는 조효소로, 다른 화학반응을 일으킬 수 있는 원동력이 됨

   ⓒ 광인산화 반응 : ADP에 무기인산이 결합하여 ATP를 생성하면서 광에너지의 일부를 ATP로 저장하는 화학반응

 ③ 전자전달계

   ㉠ 전자가 물분자에서 출발하여 NADP까지 전달되는 과정

   ⓛ 엽록체 내막 안쪽의 틸라코이드 막에서 일어남

   ⓒ 광계 Ⅱ(P 680) : 엽록소 P680에서 물이 광분해되어 산소(O_2) 발생, 전자(e^-)가 Plasto-quinone을 거쳐 Cytochrome b6f에서 ATP를 생산

   ⓔ 광계 Ⅰ(P 700) : Plastocyanin과 엽록소 P700에서 Ferredoxin을 거쳐 NADP까지 전자가 전달되어 NADPH를 생산하는 과정

   ⓜ 비순환전자전달계(실선) : 전체 사용, ATP와 NADPH 생성

   ⓗ 순환전자전달계(점선) : 광계 Ⅰ만 사용, ATP만 생성

   ⓢ 두 광계 반응중심색소 : 엽록소 a

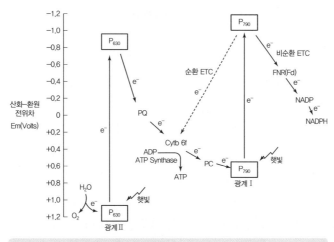

광합성 명반응 전자전달계 약도(Pallardy, 2008)

④ 암반응

  ㉠ 엽록소가 없는 스트로마에서 햇빛 없이 이산화탄소를 탄수화물로 합성하는 과정

  ㉡ 명반응에서 생산한 ATP와 NADPH를 에너지원으로 사용

(3) 암반응에 따른 분류

① 구분

  ㉠ C-3 식물 : C_5 화합물+CO_2 → 2분자의 C_3 화합물(5+1=2×3)

  ㉡ C-4, CAM 식물 : C_3 화합물+CO_2 → C_4 화합물(3+1=4)

② C-3 식물군

  ㉠ CO_2를 5탄당(RuBP/Ribulose bisphosphate)이 붙잡아 곧 3탄당인 3-PGA(3-Phospho Glyceric Acid)를 2분자 생산, 일련의 순환적인 화학반응을 거쳐 탄소를 재분배하면서 RuBP를 재생산함

  ㉡ 녹색식물의 대부분 : 벼, 사과나무, 소나무, 참나무

  ㉢ 담당 효소 : Rubisco(Ribulose bisphosphate carboxylase) → 지구상에서 가장 흔한 단백질

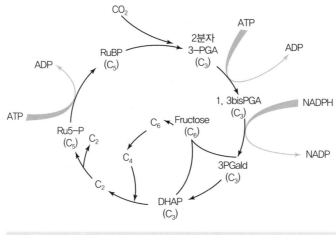

C-3식물군의 CO_2 고정과정(캘빈 회로)

③ C-4 식물군

  ㉠ 3탄당인 PEP(Phosphoenol pyruvate)가 CO_2 고정, 4탄당인 OAA를 엽육세포에서 만들고 이는 말산으로 바뀜(C-4 경로)

  ㉡ 생산된 말산은 유관속초 세포로 이동, CO_2가 다시 방출되고 RuBP가 CO_2를 고정하여 3PGA, 캘빈경로(C-3경로)

  ㉢ PEP 카르복실화 효소가 담당

  ㉣ 열대성 초본류 : 옥수수, 수수, 사탕수수

  ㉤ 광합성 효율이 높음, 광포화점이 높고 광호흡을 적게 함

ⓗ 높은 온도에서 광합성을 함 : 30~35℃

ⓢ CO_2 보상점이 낮음 : 낮은 CO_2 농도에서도 광합성 가능

④ C-3 식물과 C-4 식물의 특징 비교

구분	C-3 식물	C-4 식물
광합성 최초 생산 물질	3탄당	4탄당
담당 효소명	Rubisco(Ribulose bisphosphate carboxylase)	PEP carboxylase
유관속초 존재	있거나 없다	반드시 있다
광합성 최적 온도	20~25℃	30~35℃
광포화점	낮다	높다
CO_2 보상점	높다	낮다
광호흡량	많다(광합성량의 25~40%)	적다(광합성량의 5~10%)
순광합성량	적다	많다
생장 속도	보통이다	빠르다
식물 예	대부분의 식물	옥수수, 사탕수수
분포 지역	온대, 열대, 한대	열대

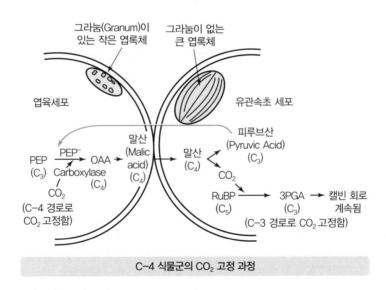

C-4 식물군의 CO_2 고정 과정

⑤ CAM식물군

㉠ 사막지방의 다육식물, 염분지대 식물, 선인장의 생존전략

㉡ 야간에 기공을 열고 이산화탄소를 흡수함(C-4 식물과 같은 방법을 씀)

㉢ 주간에 기공을 닫고, 이산화탄소를 포도당으로 바꿈(C-3 식물과 같은 방법을 씀)

㉣ 기본적으로 C-4 식물과 같은 방법이지만 시간적으로 차이를 보임

야간 (기공 열림) 전분 →(해당작용) PEP (C_3) →(CO_2) OAA (C_4) → Malate (C_4) → 액포에 저장

주간 (기공 닫힘) 말산 (Malic acid) (C_4) → OAA (C_4) → PEP (C_3) 혹은 Pyruvate (C_3)

CO_2

RuBP (C_5) → 3PGA (C_3) → 켈빈 회로

CAM 식물군의 CO_2 고정 과정

(4) ^{13}C 탄소동위원소 선호도

C-3 식물은 $^{12}CO_2$를 더 많이 고정, $^{12}CO_2/^{13}CO_2$의 비율이 높고 C-4 식물은 그 비율이 낮으므로 C-3 식물과 C-4 식물 식별 가능(꿀벌 진위 여부 분석 가능)

(5) 광호흡

① 주간에 산소를 소모하면서 이산화탄소를 밖으로 내보냄

② C-3 식물 : 광합성으로 고정한 탄소의 1/3을 잃어버림

③ C-4 식물 : 극히 적은 탄소량만 잃어버리며, 결국 광합성을 많이 하여 생장이 빠름

④ 광호흡에 관련된 3개 소기관 : 엽록체, 퍼옥시좀, 미토콘드리아

7. 광합성에 영향을 미치는 요인

(1) 광도

① 광보상점과 광포화점

광보상점	•호흡으로 방출하는 CO_2의 양과 광합성으로 흡수하는 CO_2의 양이 일치할 때의 광도 •광도가 광보상점 이상이 되어야 식물이 살아갈 수 있음 •양수인 소나무류는 음수인 단풍나무류보다 약 9배 높은 광도에서 광보상점에 도달함
광포화점	•광도를 증가시켜도 광합성량이 더 이상 증가하지 않는 상태의 광도 •일반적으로 개개의 잎이나 작은 묘목은 25~50% 정도에서 광포화점에 도달

② 양엽과 음엽 – 발생학적 관점

양엽	•태어날 때 햇빛을 보고 태어나면 양엽 •높은 광도에서 광합성을 효율적으로 하도록 적응한 잎으로 광포화점 높음 •책상조직 빽빽하게 배열, 각피층과 잎의 두께가 두꺼움
음엽	•태어날 때 그늘에서 태어나면 음엽 •낮은 광도에서도 광합성을 효율적으로 하며 광포화점이 낮음 •잎이 양엽보다 더 넓고 엽록소 함량이 대체적으로 더 많음(예외가 많음) •책상조직이 엉성하게 발달하고 각피층과 잎의 두께가 얇음

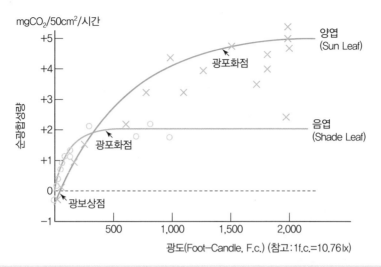

광량에 따른 유럽너도밤나무 양엽과 음엽의 광합성 반응, 광보상점, 광포화점 비교(Lichtenthaler 등, 1981)

③ 양수와 음수 – 진화론적 관점, 내음성의 정도로 구분

양수	• 그늘에서 자라지 못하는 수종 • 음수보다 광포화점이 높음 • 광도가 높은 환경에서는 양수가 효율적인 광합성을 함
음수	• 그늘에서도 자랄 수 있는 수종 • 어릴 때에만 그늘을 선호하며, 유묘시기를 지나면 햇빛에서 더 잘 자람(즉 모든 수목은 성목이 되면 햇빛을 좋아함) • 음수는 광포화점이 낮기 때문에 낮은 광도에서는 광합성을 효율적으로 함 • 광보상점이 낮고 호흡량도 적기 때문에 그늘에서 경쟁력이 양수보다 높음

④ 여러 수종의 내음성

분류	기준	수종
극음수	전광의 1~3%	대비자나무, 굴거리나무, 금송, 나한백, 백량금, 사철나무, 식나무, 자금우, 주목, 호랑가시나무, 황칠나무, 회양목
음수	전광의 3~10%	가문비나무, 너도밤나무, 녹나무, 단풍나무, 비자나무, 서어나무, 솔송나무, 솔악, 전나무, 칠엽수, 함박꽃나무
중성수	전광의 10~30%	개나리, 느릅나무, 동백나무, 때죽나무, 마가목, 목련, 물푸레나무, 산사나무, 산딸나무, 산초나무, 생강나무, 수국, 잣나무, 은단풍, 참나무류, 철쭉, 편백, 탱자나무, 피나무, 화백, 희화나무
양수	전광의 30~60%	가죽나무, 개잎갈나무, 과수류, 낙우송, 느티나무, 등나무, 메타세쿼이아, 모감주나무, 무궁화, 라일락, 밤나무, 배롱나무, 백합나무, 버즘나무, 벚나무, 삼나무, 산수유, 소나무, 아까시나무, 오동나무, 오리나무, 은행나무, 이팝나무, 자귀나무, 주엽나무, 쥐똥나무, 측백나무, 층층나무, 향나무
극양수	전광의 60% 이상	대왕소나무, 두릅나무, 버드나무, 방크스소나무, 붉나무, 연필향나무, 예덕나무, 잎갈나무, 자작나무, 포플러

⑤ 광반 : 숲 틈 사이로 잠깐 들어오는 햇빛(하층식생에 영향)

(2) 기후요인

① 온도

⊙ 광반응은 온도의 영향을 적게 받고 암반응은 온도의 영향을 받음

ⓛ 온대지방은 15~25℃ 사이에서 목본식물이 최대의 광합성 수행

ⓒ 기온이 높아질 때 광합성 효율 떨어짐

② 수분

⊙ 수분이 과다하거나 부족하면 광합성 저해

ⓛ 성목이 되면 수고가 커질수록 수분퍼텐셜이 낮아지는 경향이 있음

③ 일일 혹은 계절적 요인

⊙ 일변화 : 아침에 광합성 적고 정오 전후에 광합성량이 가장 많으며, 오후에 일중침체현상이 나타나 오후 늦게 회복

ⓛ 계절적 변화 : 수종에 따라 차이가 큼

활엽수	고정생장형은 초여름이 광합성 최대, 자유생장형은 늦은 여름이 최대
침엽수	연중 광합성 수행

(3) 이산화탄소

① 이산화탄소 증가 → 광합성량 증가

② 광량과 온도가 적합할 때 CO_2가 광합성의 제한요소(CO_2 농도가 낮고 흡수 과정에서의 물리적 저항이 있음)

(4) 기타

① **무기영양** : 부족하거나 양분 간 불균형시 광합성 감소(질소)

② **잎의 나이** : 나이에 따라서 광합성량 변화(성숙한 시점에 최고의 광합성, 노쇠과정에서 광합성 줄어듦)

③ **수종과 품종**

⊙ 수목은 광합성률 변이가 크고 외적 요인과 자체 요인의 영향을 받음

ⓛ 광합성 능력이 큰 수종

피자식물	포플러와 유칼리
나자식물	미송, 낙엽송, 메타세콰이어

ⓒ 수목의 광합성 능력은 품종 간, 산지 간에도 큰 차이

ⓔ 여러 요인의 영향으로 광합성률과 생장률의 상관관계는 적음

CHAPTER 05 호흡

1. 호흡의 중요성

(1) 에너지의 역할

① 식물은 에너지가 계속 공급되어야 생명현상을 유지할 수 있음

② 세포의 분열, 신장, 분화

③ 무기양분 흡수

④ 탄수화물의 이동과 저장

⑤ 대사물질의 합성, 분해 및 분비

⑥ 주기적 운동과 기공의 개폐

⑦ 세포질 유동

(2) 호흡과 에너지 생산

① **호흡의 정의** : 에너지를 가지고 있는 물질인 기질을 산화시키면서 에너지를 발생시키는 과정

② **부위(호흡기관)** : 미토콘드리아

③ **에너지 생산**

㉠ 미토콘드리아에서 기질을 산화시키며 발생한 에너지는 농축된 화학에너지 형태(ATP)로 변형되어 잠시 저장되었다가 대사과정에 이용됨

㉡ 이때 생긴 ATP는 광합성의 광반응에서 생기는 ATP와 같은 형태의 조효소로서 높은 에너지를 가진 화합물임

㉢ 6탄당인 포도당은 완전히 산화되면 6개의 이산화탄소로 분해됨

㉣ 포도당에서 유래한 전자와 수소는 산소를 환원시켜 6분자의 물을 만듦

$$C_6H_{12}O_6 + 6O_2 \rightarrow 6CO_2 + 6H_2O + \boxed{686kcal} \rightarrow \boxed{ATP \text{ 생산}}$$

산화 대상 물질 / 환원 대상 물질 / 산화된 물질 / 환원된 물질 / (에너지 방출)

2. 호흡기작

(1) 호흡기작

① 호흡작용의 기작은 생화학적 산화환원반응임

② 기질이 되는 물질은 산화되어 CO_2가 되며, 흡수된 산소는 환원되어 물이 됨

(2) 호흡작용 3단계

① 해당작용 : 세포질(기질수준 인산화)

    ㉠ 포도당이 C_3 화합물인 피루브산으로 분해되는 과정

    ㉡ 산소를 요구하지 않으며 에너지 생산효율은 비교적 낮음

    ㉢ 2ATP, 2NADH가 만들어짐

    ㉣ 해당과정에서 탄소는 생성되거나 없어지는 것이 아님

② Krebs 회로 : 미토콘드리아기질(기질수준인산화)

    ㉠ TCA회로, CAC(Citric Acid Cycle)라고도 함

    ㉡ 피루브산 산화 → 아세틸CoA 형성(1분자의 CO_2와 1분자의 NADH 생산) → OAA(4C)와 반응하여 시트르산(6C) 생성 → 탈탄산, 탈수소, 가수화 작용으로 OAA가 재생되는 일련의 과정

    ㉢ 2분자의 CO_2 방출, 3분자의 NADH, 1분자의 FADH2, 1분자의 ATP 생산

    ㉣ 크랩스 회로에서 산소는 이용되지 않지만 산화적 인산화와 맞물려 있어서 산소가 없으면 이 과정은 진행되지 않음

③ 말단전자전달경로 : 미토콘드리아 내막(산화적 인산화)

    ㉠ NADH로 전달된 전자와 수소가 최종적으로 산소에 전달되어 물로 환원시키면서 ATP를 생산하는 과정

    ㉡ 산소가 소모되어 호기성 호흡이라고도 함

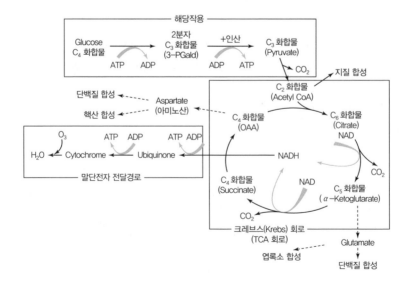

(3) 탄소의 재배열

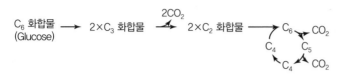

 TIP 인산화

- 광인산화
  - 명반응 : 광합성에서 빛에너지를 사용하여 ADP와 무기인산으로부터 ATP를 합성하는 반응
- 기질수준 인산화(세포질, 미토콘드리아 기질)
  - 해당작용, 크랩스회로
  - 광인산화와 달리 산소나 빛을 필요로 하지 않고 효소반응을 통해 인산기를 ADP에 직접 전달하여 ATP를 합성
- 산화적 인산화(미토콘드리아 내막)
  - 전자전달계, 말단전자전달경로
  - 유기물이 산화되면서 발생하는 에너지가 전자전달계를 거치면서 화학적 농도기울기를 형성하고 농도기울기에 의한 위치에너지를 이용해 ADP에 인산기를 결합하여 ATP를 합성하는 반응

3. 수목의 호흡량에 영향을 주는 관여인자

① **호흡** : 저장되어 있는 탄수화물을 소모하고 대사작용에 필요한 에너지를 발생시키는 과정

② **산림의 종류**

  ㉠ 열대 우림 : 광합성량의 65~70%가량이 호흡작용으로 없어짐

  ㉡ 고산지대 : 생육최적온도가 낮음

③ **임분의 밀도** : 밀식된 임분은 표면적이 많아 호흡량이 많아지고 수목이 자라는 속도가 느려짐

④ **수목의 나이**

  ㉠ 나이가 증가할수록 비광합성조직이 증가하여 호흡량의 비율이 늘어남

  ㉡ 어린 임분은 단위 건중량당 호흡량이 성숙림보다 높고 광합성량에 대한 호흡의 비율은 성숙림보다 낮음

⑤ **수목 부위**

  ㉠ 살아 있는 유세포에서만 일어남(눈, 잎, 형성층, 사부조직, 뿌리 끝, 2차 목부의 수선유세포)

  ㉡ 지상부 중 잎이 가장 왕성

  ㉢ 지하부 중 가는 뿌리가 호흡이 많음

  ㉣ 과실의 호흡은 결실 직후에 가장 높고, 자람에 따라 급격히 저하, 익으면서 최소치, 완전히 성숙하기 직전에 다시 호흡량 일시적 증가(Climacteric)

  ㉤ 종자의 호흡은 종자가 성숙하고 있는 기간에는 높지만, 일단 성숙하면 감소

⑥ 온도

    ⊙ 온도 변화에 따른 호흡량의 변화는 Q10으로 나타냄

    ⊙ Q10 : 온도가 10℃ 상승하면 호흡이 2~2.5배 증가함

    ⊙ 서늘한 지역에 적응한 수종은 서늘한 온도에서 더 효율적 : 온도 상승에 따른 광합성 증가율과 호흡 증가율이 달라 온도가 상승할수록 순광합성량이 급속히 감소하기 때문

        예 한라산과 지리산의 구상나무 쇠퇴 이유 → 호흡 작용의 증가

    ⊙ 온도주기 : 야간온도가 주간보다 낮아야 정상적 생장(5~10℃)

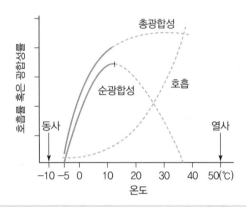

고산성 스위스잣나무의 온도변화에 따른 광합성과 호흡량 변화(Kramer, 1957)

⑦ 특수환경에서의 호흡

    ⊙ 공기유통이 저조한 토양

      • 답압, 복토, 높은 지하수위, 불투수층, 도로포장, 침수상태

      • 가스교환이 되지 않아 뿌리가 호흡을 하지 못함

    ⊙ 대기오염과 호흡

      • 오존은 강한 산화력으로 조직을 파괴, 호흡을 증가시킴

      • 아황산가스도 호흡을 증가시킴

      • 불소는 낮은 농도에 노출된 수목은 호흡 작용이 증가, 높은 농도에서는 호흡이 감소

    ⊙ 기계적 손상과 물리적 자극

      • 잎을 만지거나 구부리면 호흡량 증가

      • 열매 절개, 가지 절단 시 호흡량 증가

      • 세포소기관 파괴 및 더 많은 산소 공급 → 복구대사 시작

CHAPTER 06 탄수화물 대사와 운반

1. 탄수화물의 기능

① **목본식물** : 건중량의 75% 이상 차지함

② **동물** : 대부분 단백질로 구성됨

③ **기능**

- ㉠ 세포벽 구성 성분
- ㉡ 에너지 저장 수단
- ㉢ 다른 물질 합성의 출발점
- ㉣ 광합성의 최초 산물
- ㉤ 호흡 시 에너지원

2. 탄수화물의 종류

(1) 단당류

① 당의 기본 단위 1개로 구성된 것

② 알데히드기나 케톤기를 가짐

③ 환원당(다른 물질을 환원시킴)

④ 종류

- ㉠ 3탄당~7탄당(탄소가 3~7개)
- ㉡ 5탄당과 6탄당이 가장 흔함

5탄당	Ribose, Xylose, Arabinose, Ribulose
6탄당	Glucose(포도당), Fructose(과당), Galactose(유당/알데히드가 하나), Mannose

(2) 소당류(올리고당류)

① 당의 기본 단위 : 2~5개 혹은 그 이상

② 종류

2당류	설탕(Sucrose), 유당(Lactose/글루코스 1몰과 갈락토스 1몰), 맥아당(Maltose), Cellobiose
3당류	Raffinose, 사부조직 내
4당류	Stachyose, 사부조직 내
5당류	Verbascose, 사부조직 내

③ 설탕

　ⓐ 올리고당류 중 가장 중요한 것

　ⓑ 포도당과 과당으로 구성

　ⓒ 물에 잘 녹음

　ⓓ 안정된 당류(비환원당) : 다른 화합물과 결합하지 않음

　ⓔ 광합성으로 만든 탄수화물의 이동 수단임

　ⓕ 내한성을 높임(빙점을 낮춤)

(3) 다당류

① 당의 기본단위(단당류)가 수백 개씩 연결된 것

② 종류

　ⓐ 섬유소(Cellulose)

　ⓑ 전분(녹말, Starch)

　ⓒ 반섬유소(Hemicellulose)

　ⓓ 펙틴(Pectin)

　ⓔ 검(Gum)

　ⓕ 무실레지(Mucilage)

③ 세포벽의 구조

　ⓐ 1차 벽 : 어린세포에서 관찰됨

　ⓑ 2차 벽

　　• 세포 신장이 끝난 후 생김

　　• 2차 세포벽은 리그닌과 큐틴으로 구성되어 단단하며 세포를 보호하고 모양을 유지함

　ⓒ 중간은 펙틴

④ 세포벽의 엉성한 구조와 누수현상

　ⓐ 미세섬유가 엉성하게 세포벽에 붙어 있고 사이를 리그닌이 채워줌

　ⓑ 미네랄(질소, 인, 칼륨 분자)의 분자는 매우 작아서 섬유소 사이로 마음대로 침투함

⑤ 섬유소와 전분

섬유소	• 세포벽의 구성성분 • 포도당이 베타 1–4탄소로 연결된 것(직선) • 세포벽의 주성분임(1차 벽의 9~25%, 2차 벽의 41~45%) • 한 번 만들어 세포벽에 붙이면 다시 분해되지 않음 • 병원균만이 섬유소를 분해하여 침투함
전분	• 탄수화물의 일시저장 형태임 • 알파 1–4탄소로 연결됨(직선 : 아밀로스, 가지 침 : 아밀로펙틴) • 다시 분해하여 포도당으로 만들어 호흡에서 사용함 • 저장장소 : 잎, 2차 사부(줄기와 뿌리), 2차 목부(방사조직) • 설탕의 형태로 다른 장소로 이동시킴

⑥ 반섬유소

    ㉠ 세포벽(1차 벽)의 주성분(20~25%)

    ㉡ 2차 벽에는 섬유소 다음으로 많음

    ㉢ 5탄당과 6탄당의 중합체

⑦ 펙틴

    ㉠ 갈락투론산의 중합체이자 세포벽의 구성성분

    ㉡ 중엽층에서 이웃 세포를 결합시키는 접착제 역할

    ㉢ 1차 벽에서는 10~35% 정도를 차지하고, 2차 벽에는 거의 존재하지 않음

⑧ 검과 점액질

    ㉠ 다당류의 일종이며, 갈락투론산의 중합체로 단백질도 함유하고 있음

    ㉡ 검 : 수피와 종자껍질에 주로 존재. 열대지방 아카시아와 콩과식물에서 발견. 특히 벚나무 속의 줄기가 병원균과 곤충의 피해를 받을 때 분비됨

    ㉢ 점액질 : 콩꼬투리와 느릅나무 내수피, 잔뿌리 끝(뿌리골무) 주변에 분비되는 물질

3. 탄수화물의 합성과 전환

    ① 탄수화물의 합성은 광합성의 암반응으로부터 시작되고, 엽록체 속에서 Calvin cycle을 통하여 단당류가 합성되고 전환됨

    ② 잎의 세포 내에는 단당류보다 2당류인 설탕의 농도가 훨씬 높고, 설탕의 합성은 엽록체에서 이루어지지 않고 세포질에서 이루어짐

    ③ 설탕의 합성은 세포질에서, 조효소 UTP가 에너지 공급

    ④ 전분의 합성은 엽록체에서, 조효소 ATP가 에너지 공급

    ⑤ 전분은 잎에서는 엽록체에 축적, 저장조직에서는 전분체에 축적됨

    ⑥ 종자에서는 설탕이 전분으로 전환, 성숙해가는 과일에서는 전분이 설탕으로 전환됨

    ⑦ 전분에서 설탕, 설탕에서 전분으로 전환은 쉽게 됨

    ⑧ 셀룰로오스, 펙틴 등 세포벽 구성 요소는 전환 안 됨

4. 탄수화물의 축적과 분포

① 광합성으로 생산된 양이 호흡이나 새로운 조직에 소모하는 양보다 많을 때 축적됨

② 탄수화물을 저장하는 세포는 유세포이며, 유세포가 죽으면 저장되어 있던 탄수화물도 회수

③ 축적을 농도로 표시하면 지하부가 지상부보다 높음

④ 나이가 들수록 지상부의 총량이 지하부보다 높음

⑤ 잎에는 일시적으로 축적되어 농도가 높은 편임

⑥ 줄기·가지·뿌리의 경우 종축 방향 유세포, 방사조직 유세포, 한복판의 수조직에 저장됨

⑦ 변재는 유세포에 저장되고 수피의 경우 사부조직에 저장됨

5. 탄수화물의 이용

① 새 조직 형성 : 가지 끝의 눈, 뿌리 끝의 분열조직, 형성층, 어린 열매 등

② 호흡작용

③ 전분과 같이 저장물질로 전환

④ 질소고정박테리아나 균근곰팡이에게 제공

⑤ 설탕으로 축적되어 빙점을 낮춤으로써 내한성 증진

6. 탄수화물의 계절적 변화

(1) 온대지방 낙엽수

① 탄수화물의 농도는 늦은 봄에 최저치에 달하고, 늦가을에 최고치에 도달함

② 낙엽수는 계절에 따른 탄수화물 함량 변화폭이 상록수보다 큼

③ 가을에 낙엽이 질 때 줄기의 탄수화물 농도가 최고치에 도달함

④ 겨울철에 전분의 함량은 감소하고 환원당의 함량은 증가함(전분이 설탕과 환원당으로 바뀌어 내한성을 증가시키는 역할)

⑤ 초여름에 밑동을 제거하면 탄수화물 저장량이 적어 맹아지 발생을 줄일 수 있음

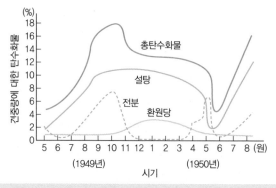

아까시나무 내수피 탄수화물의 계절적 변화(Siminovitch 등, 1953)

(2) 상록수

① 탄수화물의 계절적 변화는 낙엽수에 비하여 훨씬 적은 편임

② 탄수화물이 연중 가장 낮은 시기는 4월부터 7월까지 줄기생장이 이루어지는 시기, 연중 최고 치는 1월

③ 상록수는 새순이 나올 때 전년도 줄기의 탄수화물 농도는 감소하고 새 줄기의 탄수화물 농도는 증가함

(3) 탄수화물의 최고치와 최저치 차이

활엽수인 아까시나무는 4배 이상, 침엽수인 무고소나무는 2배 미만

7. 탄수화물과 가을 단풍

① 단풍 관련 색소

노란색	Carotenes, Xanthophyll
붉은색	Anthocyanin
오렌지색	Carotenes, Anthocyanin
황갈색	Carotenes, Tannin

② 단풍을 만드는 환경조건

㉠ 광합성을 최대한 유지하면서 호흡을 억제하는 기상조건

㉡ 맑고 건조하며 영상을 유지하는 서늘한 기후 지속

③ 단풍이 드는 이유

㉠ 수목이 필요에 의한 생리적 대사작용

㉡ 가을에 광합성 장치가 해체되는 과정에서 안토시아닌이 광산화 방지 및 질소의 회수를 돕는 것이라는 학설

8. 탄수화물의 운반

① 개요 : 사부조직을 통하여 주로 설탕의 형태로 운반

② 관련 조직

㉠ 피자식물의 사부조직 : 사관세포가 사판으로 연결, 사판의 사공을 통해 탄수화물 이동

㉡ 나자식물의 사부조직 : 사세포로의 탄수화물 운반은 사역(미세한 구멍이 모여 있는 구역)을 통해 비효율적으로 이루어짐

구분	기본세포	보조세포	유세포	지지세포	물질이동수단
피자식물	사관세포	반세포	사부유세포	사부섬유	사공, 사역
나자식물	사세포	알부민세포	사부유세포	사부섬유	사역

③ 운반물질의 성분

    ㉠ 운반되는 탄수화물의 성분은 비환원당만으로 구성

    ㉡ 비환원당은 화학반응을 잘 일으키지 않기 때문에 수송 가능

    ㉢ 설탕, Raffinose, Stachyose, Verbascose 등

    ㉣ 사부수액에는 20% 정도의 당류, 아미노산, K, Mg, Ca, Fe 등이 함유되어 과실이나 눈에 무기양분을 공급하는 수단이 됨

④ 설탕운반체

    ㉠ 심플라스트 사부 적재 : 세포질만을 통해 설탕이 적재

    ㉡ 아포플라스트 사부 적재 : 세포벽을 통과해 설탕이 사부조직으로 적재

⑤ 운반 속도와 방향

    ㉠ 운반 속도 : 20% 농도의 설탕물 확산 속도는 55cm/h

    ㉡ 운반 방향

       • 공급원(잎의 엽육조직) → 수용부(비엽록조직)

       • 수용부로서의 상대적 강도

       • 열매, 종자 → 어린 잎, 줄기 끝의 눈 → 성숙한 잎 → 형성층 → 뿌리 → 저장조직

⑥ 운반 원리 – 압류설(압력유동설)

    ㉠ 개요

       • 사부에서 탄수화물이 운반되는 원리

       • 1930년 독일 뮌히(Munch)가 제창

       • 설탕이 잎의 공급원(Source, 높은 농도)에서 뿌리의 수용부(Sink, 낮은 농도)로 이동

       • 잎에서 설탕의 높은 삼투압으로 물이 들어와서 팽압이 생김

       • 두 장소 간의 삼투압 차이에서 생기는 압력(팽압)에 의해 수동적으로 밀려 감

       • 운반 자체에는 에너지를 소모하지 않고 단지 적재와 하적 과정에서만 에너지를 소모함

    ㉡ 식물 응용을 위한 사부조직의 조건

       • 반투과성 막(선택적 투과성 막)이 있어야 함

       • 종축 방향으로의 이동수단이 있어야 하며, 저항이 적어야 함

       • 두 장소 간에 삼투압의 차이가 존재해야 하며, 압력이 있어야 함

       • 공급원에는 적재 기작, 수용부에는 하적 기작이 있어야 함

    ㉢ 이론을 뒷받침하는 세 가지 현상

       • 사부 내에 압력이 있음(진딧물 주둥이를 자르면 밖으로 수액 배출)

       • 수용부로 가면서 설탕 농도가 점진적으로 감소함

       • 설탕은 단순히 확산에 의해 이동하지 않음[햇빛(○)과 그늘(×)의 물질 이동 차이]

㉣ 압류설의 문제점
- 집단유동에서는 모든 물질이 같은 속도로 움직여야 하는데 실제로 설탕, 물, 미네랄의 이동속도가 다름(아마도 이동 과정에서 일부가 소모되기 때문일 것)
- 탄수화물의 운반은 양방향성을 띠고 있는데, 압류설에서는 한 방향으로만 이동할 수 있음
- 부인 근거의 한계 : 한 개의 사관세포 내에서는 한 방향으로만 탄수화물이 운반되지만, 다른 부위에서는 반대 방향으로 운반될 수 있음

CHAPTER 07 단백질과 질소대사

1. 주요 질소화합물과 기능

(1) 아미노산과 단백질 그룹

① 아미노산은 단백질의 구성성분으로 아미노기($-NH_2$)와 카르복실기($-COOH$)기가 같은 탄소에 부착되어 있는 유기물

② 단백질은 여러 개의 아미노산이 펩티드결합을 하고 있는 화합물

③ 단백질의 기능

㉠ 원형질의 구성성분 : 세포막, 엽록소에 단백질이 부착되어 있음

㉡ 모든 효소는 단백질로 구성됨

㉢ 광합성 효소(Rubisco) : 지구상에서 가장 흔한 단백질임

㉣ 저장물질 : 종자 내(콩과식물)

㉤ 전자전달 매개체 단백질 : Cytochrome, Ferredoxin

(2) 핵산 관련 그룹

① 핵산은 질소를 함유하고 있는 피리미딘과 퓨린, 5탄당과 인산으로 구성

② RNA, DNA(유전정보를 가지고 있는 염색체의 화합물)

③ 뉴클레오티드 : 핵산 관련 화합물로 핵산의 기본 단위, 조효소의 역할도 함(AMP, ADP, ATP, NAD, NADP 등)

(3) 대사 중개 물질 그룹

① 대사에 관여하는 물질 중에서 질소를 함유하고 있는 물질

② 가장 흔한 것은 피롤로서 4개가 모여 포르피린을 형성(엽록소, 피토크롬 색소, 레그헤모글로빈)

③ IAA도 아미노산인 트립토판으로부터 형성되므로 질소 함유

(4) 대사의 2차 산물 그룹 – 알칼로이드

① 질소를 함유하고 있는 환상 화합물

② 4,000여 종의 식물에서 3,000종가량 알려짐

③ 나자식물(침엽수)에서는 거의 발견되지 않음

초본식물	모르핀(마약), 아트로핀(강심장제), 퀴닌(의약품, 말라리아 치료제)
목본식물	카페인(커피)
담배	니코틴

2. 수목의 질소 대사

① 식물이 아미노산을 합성하기 위해서는 토양으로부터 무기질소를 흡수해야 함

② **뿌리에서 흡수되는 형태**

    ㉠ 작물과 대부분의 식물은 질산태(NO_3^-) 형태로 흡수

    ㉡ 산림토양은 균근의 도움을 받아 NH_4^+ 형태로 흡수

③ **질산 환원** : 토양에서 뿌리로 흡수된 NO_3^- 는 NH_4^+로 환원

    ㉠ 질산 환원 장소

      • Lupine형 : 뿌리에서 질산환원작용(나자식물, 진달래류)

      • 도꼬마리형 : 잎에서 질산환원 작용(나머지 수목)

      • 루핀형 수종의 줄기 수액을 조사해보면 NO_3^-는 거의 없고, 대신 아미노산과 질소가 농축되어 있는 우레이드가 검출됨

      • 소나무 수액 내 유기태질소의 73~88%가 시트룰린과 글루타민으로 되어 있어 루핀형에 속한다는 것을 알 수 있음

    ㉡ 질산 환원 과정

      • 1단계 : 질산태가 세포질 내에서 질산환원효소에 의해 아질산태로 되는 과정(NADH 전자전달, FAD·Mo역할)

      • 2단계 : 아질산태가 엽록체 혹은 전색소체에서 아질산환원효소에 의해 암모늄태로 되는 과정(루핀형은 잎으로부터 탄수화물 공급이 필요, 도꼬마리형은 Ferredoxin으로부터 전자를 받음)

$$NO_3^- \xrightarrow[\substack{\text{세포질 내} \\ \text{Nitrate Reductase}}]{} NO_2^- \xrightarrow[\substack{\text{엽록체 혹은 전색소체} \\ \text{Nitrite Reductase}}]{} NH_4^+$$

④ **암모늄의 유기물화** : 모든 NH_4^+는 체내에 축적되면 독성을 띠기 때문에 축적되지 않고 아미노산의 형태로 유기물화해서 이용됨

환원적 아미노반응	α-케토글루타르산에 NH_4^+가 부착되어 글루탐산을 만듦
아미노기 전달반응	글루탐산은 옥살아세트산과 만나서 아미노기(-NH)를 넘겨주고 자신은 α-ketoglutaric acid가 되며 OAA는 아스파르트산(아미노산의 일종)이 됨
광호흡 질소순환	• 세포 내에 광호흡으로 생기는 NH_4^+가 축적되어 독성이 나타나는 것을 방지할 수 있고 아미노산 합성에 기여 • 엽록체, 퍼옥시좀, 미토콘드리아 3자 간에 광호흡 과정에서 생기는 NH_4^+를 방출하고 다시 고정하는 과정

3. 질소의 수목 내 분포

① 질소는 살아 있는 조직과 살아 있는 세포 내에만 존재(잎, 눈, 형성층, 2차 사부, 목부 중 수선 조직, 뿌리 끝)

② 오래된 조직에서 새로운 조직으로 재분배함

③ 10월 중 총 질소량의 75%가 지상부에 있고 20%는 잎 속에 존재

④ 수피를 제외한 수간의 질소 함량은 낮음

4. 질소의 계절적 변화

① 조직 내 질소 함량은 가을과 겨울에 가장 높음

② **이른 봄 새싹 돋을 때** : 목부와 사부의 저장 질소를 이용함

③ **늦은 봄** : 가장 낮음(새싹 생장에 소진됨)

④ **내수피** : 사부(줄기와 뿌리)에 가을에 대량으로 저장함

⑤ 목부보다는 사부의 질소 함량 변화가 더 심함

⑥ 질소저장과 이동에는 아르기닌이 휴면기간 동안 중요화합물이고, 여름철에는 아스파라진과 아스파르트산이 주요 아미노산임

5. 낙엽 전의 질소 이동

① 낙엽 전에 질소를 회수하여 뿌리와 줄기의 유조직에 저장

② 낙엽 직전의 잎에는 N, P, K가 줄어들고 대신 Ca, Mg이 증가

③ 잎에서 회수된 N, P, K는 줄기로 이동해 저장되기 때문에 줄기의 N, P, K 함량이 가을에 증가함

④ 잎에서 회수된 질소는 줄기와 뿌리의 목부와 사부의 방사 유조직에 저장되며, 질소 이동은 사부를 통해 이루어짐

⑤ 봄철에는 저장단백질이 분해되어 아미노산, 아미드류, 우레이드류 등의 형태로 목부를 통해 새로운 잎으로 이동함

6. 질소고정

(1) 개요

① **질소고정** : 질소는 극히 불활성이어서 동식물이 이용할 수 없으므로 이를 이용할 수 있는 형태의 질소로 바꾸는 과정

② **질소고정의 3종류**

     ③ 생물학적 질소고정 : 질소고정 박테리아

     ④ 광화학적 질소고정 : 번개

     ⑤ 산업적 질소고정 : 비료 공장

(2) 질소고정 기작

① 생물학적 질소고정은 미생물에 의해 N_2가스가 NH_3 형태로 환원되는 과정이며, 전핵생물만이 가지는 독특한 과정임

② **생물학적 질소고정 단계** : 질소고정효소는 ATP로부터 에너지를 공급받음

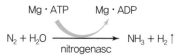

③ **질소고정 과정에서의 전자전달체계(Hopkins와 Huner, 2009)** : Fe− 단백질과 Mo·Fe− 단백질이 질소고정효소에 해당

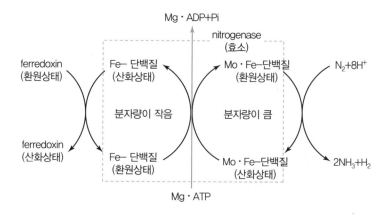

④ 질소고정효소는 Fe과 Mo을 가지고 있는 독특한 단백질

⑤ 질소고정세포가 호흡을 하기 위해서는 산소가 필요하지만 $N_2 \rightarrow NH_3$ 과정은 환원 과정이기 때문에 산소가 있으면 안 됨

⑥ 산소의 적절한 공급과 차단이 어려운 문제이며 레그헤모글로빈이 산소의 공급을 알맞게 조절함

⑦ 환원된 NH_3는 NH_4^+의 형태로 세포질에서 다른 화합물과 결합하여 아미노산이나 우레이드류가 됨

(3) 관련 미생물

① 생물학적 질소고정을 할 수 있는 능력은 지구상에서 원핵 미생물에만 있음

② 질소고정 미생물의 종류

구분	미생물 종류	생활 형태	기주
자유생활	*Azotobacter*	호기성	–
	Costridium	혐기성	–
공생	*Cyanobacteria*	외생공생	지의류
	Cyanobacteria	외생공생	소철
	Rhizobium	내생공생	콩과식물
	Bradyrhizobium	내생공생	콩과식물(콩)
	Frankia	내생공생	오리나무류
	Frankia	내생공생	보리수나무류

(4) 산림 내 질소고정 식물

① 콩과식물

  ㉠ 500속 15,000종 정도

  ㉡ 싸리류, 칡, 아까시나무의 질소고정이 산림에서 중요

② 비콩과식물

  ㉠ Frankia에 의해 질소고정

  ㉡ 오리나무, 보리수나무, 담자리꽃나무, 소귀나무 등

(5) 산림 내 질소고정량

① 산림토양의 질소고정량은 일반적으로 경작토양보다 적음

② 자유생활 박테리아 : 클로스트리듐 → 아조토박터

③ 불리조건(조부식)

  ㉠ 산성토양 : 박테리아가 싫어함

  ㉡ 호기성 토양 : 질소고정에 불리

  ㉢ 높은 C/N율(25:1) 유리조건(정부식)

  ㉣ 정부식 때문에 Clostridium 활동 왕성

7. 산림 내 질소순환

① 유기질 질소의 분해

  ㉠ 질소순환 : 공기 중의 질소 기체가 물리적 혹은 생물학적 과정을 거쳐 형태가 변화하면서 대기, 식물, 토양을 거쳐 순환하는 과정

② 토양 내 단백질이 분해되어 질소가스로 대기권으로 돌아가는 과정

낙엽 속의 유기질 질소 $\xrightarrow[\text{암모늄화작용(박테리아, 곰팡이)}]{}$ NH_4^+ $\xrightarrow[\text{Nitrosomonas}]{}$ NO_2^-
(단백질, 아미노산)

$\xrightarrow[\text{Nitrosomonas}]{}$ NO_3^- $\xrightarrow[\text{Pseudomonas}]{}$ $N_2, NO_x \uparrow$

※ 질산환원 → 아미노산 합성(뿌리로 흡수된 NO_3^-는 아미노산 합성에 이용되기 위해 NH_4^+로 바뀌어야 함)

 TIP **산림토양 내 질산화작용이 억제되는 이유**

- 낙엽 분해 시 부식산으로 박테리아 활동 억제
- 식생천이가 가까울수록 타감물질이 축적되어 박테리아 활동 억제
- 산림토양에서 질산화 작용이 억제되어도 수목의 뿌리는 균근의 도움으로 질소를 직접 흡수할 수 있음

③ 산림의 질소요구량 : 산림수목은 생장이 농작물보다 느린 만큼 적은 양의 질소를 요구하며 실제로 산림토양에 시비하는 것은 쉽지 않음

④ 아까시나무의 질소고정과 황화현상

  ㉠ 왕성한 생장력, 질소고정능력으로 토양을 비옥화

  ㉡ 황화현상 : 아까시잎혹파리 서식에 의한 광합성 부족 → 탄수화물 부족으로 근류균 죽음
    → 질소고정 × → 질소 부족 → 황화

CHAPTER **08** **지질대사**

1. 지질의 기능과 종류

(1) 지질의 정의
① 극성을 갖지 않는 물질
② 물에 녹지 않고 대신 유기용매에 녹음
③ 탄소(C)와 수소(H)로 구성됨
④ 극성을 띤 산소(O)를 거의 가지고 있지 않음

(2) 지질의 기능
① 세포의 구성성분
② 저장물질
③ 보호층 조성
④ 저항성 증진
⑤ 2차 산물의 역할

(3) 지질의 종류

종류	예
지방산 및 지방산 유도체	팔미트산, 단순지질(지방, 기름), 복합지질(인지질, 당지질), 납, 큐틴, 수베린
이소프레노이드 화합물	정유, 테르펜, 카로티노이드, 고무, 수지(Rensin), 스테롤
페놀화합물	리그닌, 타닌, 플라보노이드

2. 지방산과 지방산 유도체

(1) 지방산과 단순지질
① **지방** : 상온에서 고체(포화지방산, 동물성, 인간에게 나쁨)
② **기름** : 상온에서 액체(불포화지방산, 식물성, 올리브유, 인간에게 좋음)
③ **단순지질** : 글리세린에 3개의 지방산이 결합한 것(세 분자의 지방산이 글리세롤과 3중으로 에스테르화하여 만들어짐)
④ **지방산** : 탄소 개수가 12~18개이면서 카르복실기(COOH)를 한 개 가지고 있음

⑤ 포화지방산 : 라우르산, 미리스트산, 팔미트산, 스테아르산

⑥ 불포화지방산 : 올레산, 리놀레산, 리놀렌산

(2) 복합지질

① 인지질 : 인산을 함유한 지질, 세포막(원형질막)의 주성분

② 극성을 띤 머리 부분과 비극성을 띤 꼬리 부분으로 나누어진 성질 때문에 원형질막이 반투과성 기능을 가짐

③ 당지질 : 인산 대신 당류로 대체된 지질, 엽록체에서 주로 발견

(3) 납, 각피질, 목전질

① 방수성 각피층에 존재

② 각피층은 증산작용 억제, 보호층 역할(병원균, 물리적 손상)

③ 납(Wax)은 지방산·에스테르 화합물로 친수성이 거의 없으며, 각피층 표면에 형성하여 증산작용 억제

④ 각피질(Cutin)은 지방산의 중합체에 페놀 화합물이 약간 첨가된 상태로, 각피층에 주로 축적되나 세포 표면에도 축적

⑤ 목전질(Suberin)은 큐틴과 비슷하나 페놀화합물이 많음

 TIP 수베린의 기능

- 수피의 코르크 세포를 둘러싸고 있어 수분 증발 억제
- 이층에 축적되어 상처를 보호
- 수피가 상처를 받을 때 합성되어 상처 치유에 기여
- 지하부 조직을 탈수와 병원균으로부터 보호
- 수베린화된 뿌리에 축적
- 어린 뿌리의 내피에 있는 카스파리대는 무기양분의 자유로운 이동을 억제

3. 이소프레노이드 화합물

(1) 개요

① 이소프레노이드, 테르페노이드, 테르펜은 비슷한 말임

② 정유, 고무, 수지, 카로테노이드, 스테롤 등이 포함됨

이소프렌 수	명칭	분자식	예
2	모노테르펜	$C_{10}H_{16}$	정유, α-피넨, 솔향, 장미향, 피톤치드
3	세스키테르펜	$C_{15}H_{24}$	정유, 아브시스산, 수지
4	디테르펜	$C_{20}H_{32}$	정유, 수지, 지베렐린, 피톨

이소프렌 수	명칭	분자식	예
6	트리테르펜	$C_{30}H_{16}$	수지, 라텍스, 피토스테롤, 브라시노스테로이드, 사포닌
8	테트라테르펜	$C_{40}H_{16}$	카로티노이드
n	폴리테르펜	$(C_5H_8)n$	고무

수목에서 발견되는 이소프레노이드 화합물의 종류

(2) 정유

① 정의 및 특징

ㄱ 탄소수가 10~20개인 사슬 모양 또는 고리 모양의 테르펜

ㄴ 식물의 모든 부위에 존재하며 초본이나 수목의 잎, 꽃, 열매에서 독특한 냄새(향기)를 유발하는 휘발성 물질

ㄷ 소나무과, 녹나무과, 운향과(초피나무, 귤)의 목본식물과 꿀풀과와 국화과의 초본식물에서 기공을 통해 밖으로 나감

ㄹ 피톤치드는 휘발성 정유로서 편백, 삼나무, 소나무 숲에서 발산하여 산림욕의 효과를 높여줌

ㅁ 향료의 원료로 쓰이며 소나무과의 잎, 목재 혹은 뿌리에서 정제한 정유는 터펜틴이라 하여 경제적 가치가 큼

ㅂ 온대지방보다는 열대지방 산림에서 더 많이 휘발됨

② 정유의 생리적 기능

ㄱ 타감작용을 일으켜 경쟁이 되는 다른 식물의 생장을 억제

ㄴ 꽃가루받이 매개충을 유인

ㄷ 포식자의 공격을 억제 : 폰데로사 소나무는 리모넨 함량이 많고 알파피넨이 낮은 개체는 나무좀의 공격을 거의 받지 않음

※ 소나무좀은 알파피넨(집합페로몬)이 많은 개체를 공격함

(3) 카로테노이드

① 이소프렌 단위가 8개 모여 이루어진 화합물

② 식물체의 다양한 색깔 형성(노랑, 빨강, 주황, 갈색)

③ 색소체(미소기관)에 존재함

④ 베타카로틴은 노란 색소이고 비타민 A의 전구물질임

⑤ 크산토필은 산소 분자를 함유하여 노란색 내지 갈색을 띠며 가을철 노란 단풍의 주요 색깔

⑥ 루테인은 베타카로틴과 더불어 엽록체에 가장 많이 존재

⑦ 광합성의 보조 색소 역할과 엽록소의 광산화 방지 역할을 함

(4) 수지

① 탄소 10~30개를 가짐

② 수지산, 지방산, 왁스, 테르펜 등의 혼합체

③ 수목에서 저장에너지의 역할을 하지 않음

④ **기능** : 목재의 부패 방지, 나무좀의 공격에 대한 저항성 증진(건강한 소나무에 산란하지 않음)

⑤ 나무좀의 공격을 받으면 목부의 유세포가 추가로 수지구를 만듦

⑥ 곰팡이 공격을 받거나 상처를 입으면 소나무류는 다량의 수지를 분비하는 수지병을 보임

⑦ 수지구의 주변을 둘러싸고 있는 피막세포가 수지구 속으로 올레오레진을 분비

⑧ 수지 중에서 상업적으로 가장 중요

(5) 고무

① 500~6,000개의 Isoprene 단위로 구성됨

② 2,000여 종의 쌍자엽식물에서 발견

③ 라텍스(유액)에 함유되어 있음

④ 브라질의 고무나무가 가장 경제성이 있음

⑤ 인도고무나무, 벤자민에서 고무를 생산하지만 탄력이 적음

(6) 스테롤

① 6개의 Isoprene 단위로 구성됨(탄소 30개)

② **식물스테롤** : 동물의 먹이로 중요함

③ 세포막의 기능에 관여함

④ 타감물질로 알려짐

⑤ Brassin(스테로이드 유도체) : 줄기의 생장을 촉진함

4. 페놀화합물

① 개요

㉠ 방향족(벤젠 핵) 고리를 가짐

㉡ 목본식물 : 페놀 함량이 초본보다 훨씬 많음

㉢ 테다소나무 어린 가지 : 건중량의 43%가 페놀(리그닌 포함)

㉣ 초식동물이 소화시키지 못함

② 리그닌

㉠ 분자량이 큰 방향족 알코올의 중합체로 대부분의 용매에 불용성임

㉡ 목본식물 : 건중량의 15~25%를 점유함

㉢ 세포벽의 구성성분 : 섬유소의 압축강도를 보강함

㉣ 초식동물이 소화를 못 시킴(기피 물질)

③ 타닌(복합 페놀의 중합체)
  ㉠ 미생물의 침입 억제
  ㉡ 떫은 맛 : 초식동물의 기피제
  ㉢ 감의 탈삽 : 수용성 타닌을 불용성 타닌으로 만드는 과정
  ㉣ 타감물질 : 낙엽 속에 남아 있음
  ㉤ 생가죽의 무두질의 원료
④ 플라보노이드
  ㉠ 15개 탄소를 가진 방향족(벤젠 핵) 고리에 당류가 부착됨
  ㉡ 수용성이고 꽃잎의 화려한 색깔을 만듦
  ㉢ 2,000여 종이 알려지고(예 안토시아닌), 액포에 존재함(미소기구인 색소체가 아님)

5. 수목 내 지질의 분포
① 리그닌과 페놀은 추출되지 않기 때문에 지방산에 대해서만 언급
② 지질은 세포막과 원형질의 구성성분으로 살아있는 세포에서 중요한 역할
③ 영양조직의 함량은 아주 낮아 보통 건중량의 1% 미만임
④ 인지질로 저장하여 내한성을 증가시키는 중요한 역할 담당
⑤ 열매와 종자 : 작은 종자에서 에너지 효율이 높아 많이 축적
⑥ 잣은 약 60% 함유, 밤은 약 3% 함유

6. 지방의 분해와 전환
① 지방은 필요할 때 설탕으로 전환되어 필요한 곳으로 이동
② Oleosome에서 Lipase효소에 의해 Glycerol과 지방산으로 분해됨
③ Glyoxysome에서 베타산화를 통해 NADH를 생산
④ Mitocondria에서 O_2를 소모하여 ATP 생산
⑤ **지방분해소기관** : Oleosome, Glyoxysome, Mitochondria
⑥ 지방은 분해된 후 말산염 형태로 세포기질로 이동되어 역해당작용에 의해 설탕으로 합성된 다음 에너지가 필요한 곳으로 이동

CHAPTER 09 무기영양

1. 무기양분의 역할

① 식물 조직의 구성 성분(C, H, O, N, S, P, Ca, Mg)

② 효소의 활성제(Ca, K, Mg, Mn, Zn)

③ 삼투압 조절제(Na, K)

④ 완충제(P), 유기산 완충제(Ca, Mg, K)

⑤ 막의 투과성 조절제 : Ca

2. 무기양분의 종류

① 정의 : 식물의 생활사를 완성하는 데 꼭 필요한 원소

② 요건 : 그 원소 없이는 식물이 생활사를 완성할 수 없어야 하며, 그 원소가 조직의 필수적인 구성성분이어야 함

③ 필수 여부 판별 : 수경재배법 사용

④ 필수원소

대량원소	• 체내 0.1% 이상(건중량 기준) 함유 • 9가지 : C, H, O, N, P, K, Ca, Mg, S
미량원소	• 체내 0.1% 이하 함유 • 8가지 : Fe, B, Mn, Zn, Cu, Mo, Cl, Ni

⑤ 필수원소가 아닌 원소

  ㉠ 규소 : 화본과 식물, 내병성과 내건성을 높임

  ㉡ 나트륨 : 삼투압 유지

  ㉢ 코발트 : 질소고정

  ㉣ 셀레늄 : 인간에게 필수, 인산의 해독을 막아 작물생육을 촉진

  ㉤ 요오드 : 인간에게 필수, 해조류에 많음

⑥ C, H, O는 CO_2와 H_2O를 통하여 얻기 때문에 무기양분에 불포함

⑦ 비료 3요소 : N, P, K는 종작물과 수목에서 가장 많이 요구하는 원소

3. 필수원소의 기능과 결핍

(1) 일반적인 결핍 증상

① 17가지 필수 원소 중에서 어느 하나라도 모자라면 식물은 결핍 증상을 나타냄

② 산림에서 미량원소의 결핍은 철분을 제외하고는 흔히 관찰되지 않음(알칼리성 토양에서 주로 철 결핍)

③ 증상

  ㉠ 왜성화
  - 무기영양소의 결핍 현상 중 가장 중요
  - 잎의 크기 감소, 노란색을 띠고 괴사하기도 함

  ㉡ 황화현상
  - 엽록소 합성에 이상이 생겨 발생
  - 질소와 마그네슘, 칼륨, 철, 망간의 부족(알칼리토양에서 주로 철 결핍)
  - 수분 부족, 이상기온, 독극물, 무기염류 과다 등으로도 황화

  ㉢ 조직 괴사, 조기낙엽 등

(2) 이동성

① 개요 : 세포 내에서의 용해도와 사부조직으로 들어갈 수 있는 용이성

② 이동성 원소

  ㉠ N, P, K, Mg
  ㉡ 첫 결핍 증상이 성숙 잎에서 나타남

③ 부동성 원소

  ㉠ Ca, Fe, B
  ㉡ 첫 결핍 증상이 어린 잎에서 나타남

④ 중간 정도 원소

  ㉠ S, Mn, Cu, Zn, Mo
  ㉡ 부동성 원소로 분류하기도 함

(3) 각 원소의 기능과 결핍증

구분	생리적인 기능	결핍현상
N	• 아미노산과 단백질, 엽록소의 주요 구성성분 • 대사에서 핵심 역할	황화현상, T/R율 적어짐
P	• 핵산과 원형질막의 구성성분 • 광합성과 호흡작용에서 대사 주도	왜성화, 소나무잎 자주색
K	• 조직의 구성성분 아님 • 효소 활성화, 기공 개폐, 세포의 삼투압 조절	잎에 검은 반점, 뿌리썩음병

구분	생리적인 기능	결핍현상
Ca	• 세포벽 구성 물질 • 세포막의 기능에 기여 • Amylase 효소 등의 활성제 역할	어린 조직에서 결핍현상, 기형으로 변함
Mg	• 엽록소의 구성성분 • ATP 활성화, 효소의 활성제 역할	성숙 잎에서 엽맥간 황화
S	• 아미노산의 구성성분 • 호흡작용 조효소의 구성성분	어린 잎에 잎 전체 황화
Fe	• 광합성과 호흡의 전자 전달 단백질과 효소 구성성분 • 엽록체에 많이 존재	어린 잎에서 엽맥간 황화

 **TIP** 칼슘 (기출문제)

- 산성토양에서 쉽게 결핍
- 심하게 결핍되면 어린순이 고사
- 펙틴과 결합하여 세포 사이의 중엽층을 구성
- 세포 외부와의 상호작용에서 신호전달에 필수적임

① 붕소
  ㉠ 화분관의 생장 및 핵산의 합성과 반섬유소의 합성에 기여
  ㉡ 산성·알칼리성 토양 결핍증, 정단분열조직 죽고 수분 흡수력 저하
② 망간
  ㉠ 엽록소의 합성에 필수적이며, 효소의 활성제, 광분해 촉진
  ㉡ 알칼리성 토양에서 잎에 반점(결핍증 자주 볼 수 없음)
③ 아연
  ㉠ 아미노산의 일종인 트립토판의 생산에 관여
  ㉡ 부수적으로 옥신생산에 관여하며, 결핍 시 절간 생장이 억제되고 잎이 작아짐
  ㉢ 산림 결핍증 보고 없음
④ 구리
  ㉠ 산화 환원 반응에 관여하는 효소의 구성성분이며, 엽록체 단백질인 플라스토시아닌의 구성성분
  ㉡ 결핍 증상이 극히 드물고 소나무의 어린 줄기와 잎이 꼬이는 증상
⑤ 몰리브덴
  ㉠ 질소고정효소와 질산환원효소의 구성성분
  ㉡ 퓨린계 해체와 아브시스산 합성에 관여
  ㉢ 매우 드문 결핍 증상으로 황화, 괴사 현상

⑥ 염소

    ㉠ 광분해 촉진, 옥신 계통의 화합물 구성성분, 삼투압 기여

    ㉡ 수목에서 결핍증 없음

⑦ 니켈

    ㉠ 질소대사에서 요소를 CO_2와 NH_4^+로 분해하는 유레아제 효소의 구성성분

    ㉡ 목본식물 결핍증 없음

4. 토양 산도에 따른 무기양분의 유용성 변화

① 토양의 pH는 무기양분의 유용성에 영향을 끼침

② 산성토양인 산림토양에서 결핍 원소 : Ca, P, B, Mg

    ㉠ P는 pH4 이하에서, Fe은 pH5~6에서, Al은 pH7 이상에서 Ca과 결합하여 불용성 인산이 됨

    ㉡ Fe은 알칼리 토양에서 결핍

    ㉢ 산성비로 pH가 낮아지면 치환성 Al 농도가 높아져 Ca과 Mg 흡수를 방해하여 결핍 현상 유발

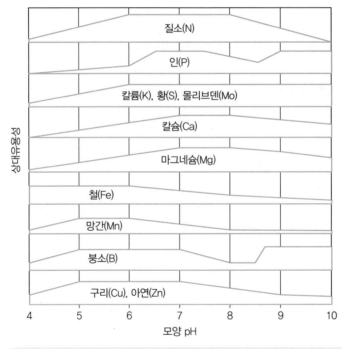

토양 pH 변화에 따른 무기양분의 유용성 변화(Truog, 1947)

5. 무기양분의 체내 분포와 변화

(1) 수목의 부위별 분포
① 무기양분은 살아 있는 조직에서 함량이 많음
② 잎은 대사활동이 왕성한 기관에 집중적으로 축적됨
③ 생장 불량 지역에서는 질소와 인의 함량이 적게 나타남

(2) 계절적 변화
① 질소, 인, 칼륨 : 늦은 봄 이후부터 잎에서 지속적으로 감소함
② 칼슘 : 계속 증가함, 노폐물과 더불어 배출시키기 위한 방법
③ 마그네슘 : 변화하지 않고 비슷한 수준

6. 무기염의 흡수기작

(1) 개요
① 뿌리의 발달 : 지표면 가까이에서 뿌리의 표면적을 넓혀 흡수 면적을 확장
② 표피로부터 뿌리털을 만들어 철저하게 무기염을 찾아냄(무기염의 채광)
③ 토양용액의 수분퍼텐셜은 높고 뿌리의 수분퍼텐셜은 낮아서 수분퍼텐셜의 구배를 만들어주기 때문에 토양용액은 뿌리까지 쉽게 도달함

(2) 자유공간의 개념(세포벽이동, 세포질이동)
① 자유공간은 무기염이나 용질이 확산과 집단유동에 의해 자유로이 들어올 수 있는 부분
② 자유공간의 개념은 세포벽 이동 개념과 같으며, 세포질 이동에 대립되는 말임
③ 세포벽 이동 : 세포벽에 의하여 연결된 체계를 통하여 이동, 무기염의 자유로운 침투
④ 세포질 이동 : 세포질 및 원형질 연락사를 통하여 이동
⑤ 무기염은 내피까지 자유공간을 이용하여 세포벽 이동으로 도착하거나, 또는 표피나 피층에서 원형질막을 통과하여 세포질 이동으로 도착 가능

(3) 카스파리대의 역할
① 내피에서 자유공간을 없앰으로써 무기염의 자유로운 이동 차단
② 무기염이 원형질막을 반드시 통과하도록 하여 무기염을 선택적으로 흡수할 수 있게 함

(4) 선택적 흡수와 능동운반
① 수동적 이동(자유공간 이용) : 비선택적, 가역적, 에너지 소모 없음
② 능동적 이동 : 선택적, 비가역적, 에너지 소모 있음
③ 능동운반 : 원형질막의 운반체에 의하여 농도가 낮은 곳에서 높은 곳으로 농도 기울기에 역행하여 운반되며 선택적으로 이루어지는 무기염의 이동

(5) 원형질막과 운반단백질(운반체)

① 원형질막에는 물질별로 고유한 운반단백질이 있어 빠른 속도로 운반함

② 운반체 : 세포막(운형질막, 액포막)에 분포하는 H^+–ATPase는 ATP를 가수분해시키면서 H^+를 펌핑

③ 통로단백질 : 운반체보다 더 빠른 속도로 이온통로를 열어줌

　　㉠ 1차 능동수송 : H^+–ATPase는 ATP를 가수분해시키면서 H^+를 펌핑

　　㉡ 2차 능동수송 : 1차 양성자펌프에 의해 생긴 전기화학적 H^+ 기울기에 의해 여러 이온들이 농도기울기에 역행하여 수송되는 것(추진 에너지 : ATP ×, 양성자기동력)

(6) 내피 통과 후 무기염 이동과 증산작용

① 내피 통과 시 반드시 원형질막 통과, 선택적 흡수

② 내피 통과 후 내초 → 통도조직(도관, 가도관) → 줄기 → 세포벽 이동, 증산류를 따라 수동적 이동

7. 수종에 따른 무기양분요구도

① 생장이 빠른 식물, 수종, 장소일수록 더 많은 양분을 요구함

② 농작물>활엽수>침엽수>소나무류

8. 무기영양 상태 진단

① 가시적 결핍증 관찰

② 시비실험 : 의심스러운 원소를 엽면시비한 후 결핍증상이 없어지는지 확인

③ 토양분석 : 지표면 20cm 깊이에서 토양을 채취하여 유효 양료 함량 측정

④ 엽분석

　　㉠ 가장 신빙성 있는 방법

　　㉡ 채취 시기 : 7~8월

　　㉢ 채취 위치 : 가지의 중간

　　㉣ 성숙한 잎을 채취하여 함량을 비교

9. 엽면시비와 수간주사

(1) 엽면시비

① 잎을 통해 무기영양소를 공급하는 것

② 조경수목, 특히 이식한 나무의 건강이 급속히 나빠졌거나 빠른 시비 효과를 얻고자 할 때 사용

③ 수용성 비료인 요소, 황산, 철, 일인산칼륨 같은 비료를 고압분무기를 사용하여 살포

④ 잎과 가지 표면에 뿌려진 무기양분은 잎의 큐티클층, 기공, 털, 가지의 피목을 통해 흡수

⑤ 수종에 따라서 잎과 기공의 구조와 큐티클층의 두께가 다르기 때문에 흡수 효율에서 큰 차이가 있음

⑥ 영양액 농도는 0.5%, 전착제 농도는 0.1% 정도

⑦ 양분의 조성은 호클랜드 용액을 참고

(2) 수간주사

① 수목뿌리가 제구실을 하지 못하고 나무가 쇠약해져 있을 때 무기양분을 체내에 직접 투여하는 방법

② 환경오염이 염려될 때 수간주사로 주입할 수 있으며, 그 효과가 즉시 나타남

③ 영양액은 호클랜드 용액을 그대로 사용하되 수목에 맞게 약간 변형

④ 조경수의 경우 웃자라는 것을 방지하기 위해 제1인산 암모늄을 제1인산 칼륨으로 대체

⑤ 용액의 농도는 엽면시비보다 낮은 0.25% 정도로 함

수분생리와 증산작용

1. 물의 특성

① 높은 비열(1cal/g)

② 높은 기화열(586cal/g)

③ 높은 융해열(80cal/g)

④ 극성

ⓐ 많은 물질의 훌륭한 용매

ⓑ 양전기와 음전기를 동시에 띰, 공유결합

ⓒ 전자를 잡아당기는 힘이 산소 쪽이 수소보다 더 커서 산소는 음전기를 띠고 양전기를 띠어 극성을 나타냄

⑤ **자외선과 적외선 흡수** : 생물에 대해 자외선의 피해를 막아주며, 적외선을 흡수하여 지표면의 온도 상승을 완화함

2. 물의 기능

① **원형질의 구성성분** : 살아 있는 세포 생중량의 80~90%가 물로 구성

② **반응물질** : 광합성과 생화학적 가수분해의 반응물질

③ **용매** : 기체, 무기염, 기타 여러 물질의 용매 역할

④ **운반체** : 대사물질의 운반 수단

⑤ **팽압** : 식물세포의 팽압 유지

3. 수분퍼텐셜

(1) 물의 자유에너지

수분퍼텐셜은 물이 이동하는 데 사용할 수 있는 에너지의 양을 말함

(2) 삼투현상과 물의 세포 내 이동

① **삼투압** : 어떤 용질이 녹아 있는 용액(설탕물)이 순수한 물(용매)을 흡수하는 힘을 압력으로 표시한 것

② 용질이 많이 녹아 있을수록 삼투압 증가, 수분퍼텐셜 감소

(3) 구성성분

① 수분퍼텐셜=삼투퍼텐셜+압력퍼텐셜+중력퍼텐셜+기질퍼텐셜

② **삼투퍼텐셜(φS)** : 삼투압에 의한 것으로 그 값은 항상 0보다 작은 음수

③ **압력퍼텐셜(φp)** : 세포가 수분을 흡수함으로써 원형질막이 세포벽을 향해 밀어내서 나타내는 압력

④ **중력퍼텐셜(φg)** : 중력에 역행하여 물을 위로 끌어올리는 힘

⑤ **기질퍼텐셜(φm)**

    ㉠ 세포 내 전분과 단백질 분자의 표면에 물 분자가 흡착되는 힘

    ㉡ 세포에는 이미 물(세포질 내)이 충분히 있어 무시해도 됨

    ㉢ 건조한 토양, 건조한 종자의 경우는 기여도가 크며 −값

(4) 삼투퍼텐셜

① 삼투압에 비례하여 낮아지므로 삼투압 상승 시 삼투퍼텐셜은 하락

② 삼투퍼텐셜은 세포액의 빙점을 측정하거나 원형질 분리 혹은 압력통을 사용하여 측정할 수 있음

③ 식물 대부분의 삼투퍼텐셜 : −0.4~−2.0MPa

(5) 압력퍼텐셜

① 세포가 수분을 흡수함으로써 부피가 커져 원형질막이 세포벽을 향하여 밀어내는 압력(팽압)

② 팽압 : 물이 세포 안쪽으로 들어오지 못하게 하는 힘

③ 삼투압 : 세포 안으로 수분이 들어오도록 하는 힘

④ 삼투압(−값)과 팽압(+값)은 서로 반대 방향으로 작용

※ 수분퍼텐셜=삼투퍼텐셜+압력퍼텐셜(초본의 경우 중력퍼텐셜과 기질퍼텐셜은 0에 가까우므로 무시)

⑤ 팽윤세포 : 0=−1.8+1.8(수분퍼텐셜 0)

⑥ 보통세포 : −1.0=−1.9+0.9(수분이 빠져나가면 용액 농도가 진해져 삼투퍼텐셜 약간 하락, 압력퍼텐셜 하락)

⑦ 늘어진 세포 : −2.0=−2.0+0(압력퍼텐셜 0)

(6) 도관의 장력과 수분퍼텐셜

① 압력퍼텐셜은 일반세포에서는 +값으로 작용

② 팽윤세포는 수분퍼텐셜이 0이 됨

③ 증산작용을 하고 있는 도관은 압력퍼텐셜이 −값으로 작용(증산작용을 할 때 안쪽으로 찌그러져 장력하에 놓이게 됨)

(7) 수분퍼텐셜의 분포와 수분의 이동

① 물의 이동은 연속적인 체계 형성으로 가능(토양–식물–대기 연속체)

② 수분퍼텐셜의 구배로 에너지 소모 없이 이동

③ 물분자의 응집력에 의해 물기둥 연결

④ 엽육세포가 수분을 잃어버릴 때 주변 도관에서 엽육세포로 수분이 이동하는 이유

    ㉠ 대기의 낮은 수분퍼텐셜

    ㉡ 엽육세포의 삼투압

    ㉢ 세포벽의 수화작용

    ※ 위 세 가지 요소가 물기둥을 잡아당기는 가장 중요한 추진력을 만들어 줌

⑤ 내염성 기작

    ㉠ 뿌리에서 염분 침투 차단

    ㉡ 잎의 염류샘으로 염분 배출

    ㉢ 액포 내 염분 저장

 TIP 망그로브의 수분퍼텐셜

- 바닷물 삼투압 : –2.4MPa
- 뿌리의 수분퍼텐셜 : –2.5MPa
- 잎의 수분퍼텐셜 : –2.7MPa
- 수분퍼텐셜은 높은 곳에서 낮은 곳으로 전달

4. 수분의 흡수와 물의 이동

(1) 뿌리 구조와 수분 흡수

① 어린 뿌리

    ㉠ 표피와 피층은 수분 이동 용이

    ㉡ 내피의 카스파리대 : 물의 자유로운 출입 차단

    ㉢ 내피의 원형질막을 통과해야 함

② 성숙뿌리

    ㉠ 코르크형성층이 생기면서 표피, 뿌리털, 피층 파괴

    ㉡ 내초에서 형성층이 생기면 내피도 없어지고 목부, 사부 목전질층(수베린층)이 생김

    ㉢ 수베린화된 뿌리는 친수성은 적지만 수분흡수능력은 유지됨

(2) 수분흡수기작

① 수동흡수

    ㉠ 증산작용에 의한 수분 흡수

    ㉡ 수분 흡수의 대부분을 차지함

② 능동흡수

　　㉠ 증산하지 않는 상태에서 흡수

　　㉡ 초본에서 야간에 뿌리의 삼투압에 의한 흡수, 낙엽수에서 겨울철에 관찰됨

　　㉢ 근압과 수간압의 원인이 됨

③ 근압과 수간압

　　㉠ 근압

　　　• 뿌리의 삼투압에 의한 수분 흡수로 생기고 일액현상을 일으킴

　　　• 근압은 일반적으로 0.1MPa가량으로 약한 편이며, 근압에 의한 수분의 이동은 상당히 느리게 진행됨

　　　　예 자작나무, 포도나무

　　㉡ 수간압

　　　• 목본식물에서 관찰되는 수간은 낮에 기온상승으로 세포간극의 CO_2가 팽창하여 압력이 증가하므로 수액이 나옴

　　　• 야간에는 압력이 감소하면 수분을 흡수함

　　　　예 고로쇠나무, 사탕단풍나무, 야자나무, 아가배

(3) 수분 흡수를 위한 토양 조건

① 토양수분과 모세관 현상

　　㉠ 수분 흡수 조건 : 토양 수분퍼텐셜>뿌리 수분퍼텐셜

　　㉡ 비가 오면 포화 상태 → 중력수 배출 → 모세관수

　　　• 중력수(자유수) : 중력의 작용에 의하여 배수되는 물(-0.01MPa ↑)

　　　• 모세관수 : 중력에 저항하여 토양입자와 물분자 간 부착력에 의해 모세관에 남아있는 물

　　　• 유효수분(식물 이용 수분)=포장용수량과 영구위조점 사이의 물(-1.5MPa~-0.033MPa)

　　㉢ 모세관수의 함량 : 사토는 식토보다 보수력이 적지만 식물이 토양수분이 3%에 달할 때까지 구분을 흡수할 수 있는 반면 식토는 보수력은 모래보다 높지만 식물이 19%까지 밖에 이용할 수 없음

사토	양토	식토
3~13%	10~23%	19~42%

② 토양용액의 농도

　　㉠ 토양 수분퍼텐셜=삼투퍼텐셜+기질퍼텐셜

　　㉡ 삼투퍼텐셜이 -0.3MPa보다 낮아지면(무기염이 고농도) 토양 중에 수분이 많아도 식물은 수분 흡수 불가

　　㉢ 관개수 과수원, 비닐하우스, 매립지, 건조지역, 염화칼슘

③ 토양온도 : 토양온도 하락 시 뿌리의 흡수력 저하(투과성 감소, 수분 점성 증가)

(4) 원형질막을 통한 수분 이동

① 세포벽 이동 : 토양수분이 뿌리 밖에서 뿌리 안으로 들어옴

② 세포질 이동 : 수분이 세포질 속으로 들어오기 위해서는 원형질막을 통과해야 함

③ 아쿠아포린 단백질

    ㉠ 원형질막은 물이 통과하도록 수분이동 조절 기능을 함(원형질막은 비극성을 띠고 있는 인지질의 이중막으로 되어 있어 극성을 띠고 있는 물이 쉽게 통과하지 못함)

    ㉡ 액포막에도 존재하며 수분이동을 빠르게 하여 삼투조절 기능을 발휘하게 함

5. 증산의 기능과 증산억제

(1) 증산

식물 표면에서 물이 수증기의 형태로 방출되는 현상

(2) 증산작용의 기능

① 증산작용은 주로 기공을 통하여 이루어짐

② 기공은 광합성을 위해 공기 중에 적은 농도로 있는 CO_2 가스를 흡수하기 위해 열리며 이때 부수적으로 수분을 잃게 됨

③ 무기염 흡수와 이동 촉진, 잎의 온도를 낮춤

(3) 증산억제(소나무의 내건성 기작)

① 목적 : 증산작용 억제(지상부)와 토양 수분 확보(뿌리)

② 잎

    ㉠ 두꺼운 내표피로 탈수 방지

    ㉡ 기공 : 깊숙이 숨어 있음

    ㉢ 기공 입구 : 왁스로 막혀 있음

③ 눈과 가지 : 송진 포함(탈수 방지)

④ 수피 : 두꺼운 외수피

⑤ 뿌리

    ㉠ 광근성

    ㉡ 심근성 : 땅속 6m까지

    ㉢ 많은 뿌리 생중량(biomass)

    ㉣ 균근 형성 : 뿌리 건조 방지, 균사가 넓게 뻗어 토양 수분 흡수 촉진

(4) 기공의 개폐

① 기공 개폐 기작

㉠ 말산염과 K^+로 인해 삼투퍼텐셜이 낮아져 수분을 흡수할 수 있게 되어 기공이 열림

㉡ 햇빛을 받으면 공변세포막에 있는 H^+-ATPase효소 활성화로 H^+를 방출, 전하 불균형을 해소하기 위해 K^+-채널을 통해 K^+이 대량 유입, 공변세포 내 K^+ 농도가 급속 증가

㉢ 동시에 전분 → PEPcarboxylase 효소에 의해 분해 → PEP → CO_2를 흡수해 OAA → 말산 → 말산염(malate$^-$)

※ 칼륨펌프 : 칼륨이 대량으로 공변세포로 모여들어 기공 열림

㉣ 기공이 닫히는 과정은 역반응

- 삼투퍼텐셜이 높아져 수분이 빠져나가고 기공이 닫힘
- 식물호르몬인 ABA가 중간 역할
- 수분 부족이 계속되면 엽육조직에서 ABA가 만들어지거나 뿌리에서 ABA가 만들어져 공변세포로 이동해 K^+을 방출

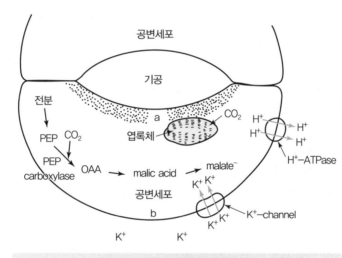

공변세포의 기공이 열릴 때 생화학적 변화

② 환경변화와 기공개폐

㉠ 햇빛 : 기공이 열리는 데 필요한 광도는 전광의 1/1000~1/30로 순광합성이 가능한 정도

㉡ CO_2 : CO_2의 농도가 낮으면 기공이 열리고, CO_2의 농도가 높으면 기공이 닫힘

㉢ 수분퍼텐셜 : 잎의 수분퍼텐셜이 낮아지면 수분스트레스가 커지며 기공이 닫힘

㉣ 온도 : 온도가 높아지면(30~35℃) 기공이 닫힘

(5) 잎의 영향

① **엽면적** : 총 엽면적이 클수록 증산량이 많아짐

⮞ 예 소나무류 : 단위 엽면적당 증산량은 적지만, 총 엽면적이 많기 때문에 소나무류 한 개체의 증산량은 큰 차이가 없음

② **잎의 형태와 배열**

㉠ 효율적인 증산작용을 위한 잎의 형태 변화

- 단엽보다는 복엽, 큰 잎보다는 작은 잎
- 소나무의 가느다란 잎은 증산을 적게 함
- 열편현상(결각)이 심하면 유리
- 각피층이 두껍거나 털이 많으면 증산량 줄어듦
- 잎 표면 반사 증가, 잎 온도가 올라가지 않아 증산작용 저하

㉡ 배열 상태 : 여러 개의 잎이 모여 있는 침엽은 서로 그늘을 만들어 증산량 감소

③ **잎의 해부학적 특성**

㉠ 건생형 잎 : 잎과 각피층이 두껍고 엽육세포가 치밀 → 증산량 적음

㉡ 중생형 잎 : 잎과 각피층이 얇고 엽육세포가 엉성 → 증산량 많음

㉢ 소나무 : 두꺼운 표피와 각피층, 깊이 가라앉은 기공, 기공 통로의 왁스 피복 → 증산량 극히 적음

㉣ 기공의 분포 밀도 증가, 증산량 증가

(6) 증산율과 수분 이용 효율

① 물과 강우량은 식물 생장에 많은 영향을 미침

② 수분 이용 효율=순 CO_2 흡수량/증산량(식물생리학자)

(7) 증산량 측정 방법

① **중량법** : 토양의 무게 변화로 증산량 추정

② **용적법** : 증산작용으로 줄어드는 물의 부피를 측정

③ **가스교환법(큐베트법, 텐트법)** : 공기 중 수증기량의 변화를 측정하는 방법

④ **열파동법(열전달법)과 열손실법** : 열을 이용한 증산량 측정(열파동 전달 측정/열손실량을 측정)

(8) 수종 간 차이(수종 간에 증산작용 큰 차이)

① **미송** : 증산량이 적으나, 엽량이 많아 총증산량은 많음

② **자작나무** : 증산량이 많으나 엽량이 적어 총증산량 적음

(9) 일일 변화와 계절적 변화

① **일일 변화** : 증산작용은 주로 낮에 진행

② 계절적 변화

　　㉠ 증산작용은 더운 여름에 높고 추운 겨울에는 낮음

　　㉡ 낙엽수는 한겨울에도 증산작용, 겨울철에도 관수 필요

6. 수분스트레스

(1) 정의

① 수목이 토양에서 흡수하는 양보다 더 많은 수분을 증산작용으로 잃어버림으로써 체내수분의 함량이 줄고 생장량이 감소하는 현상

② 잎의 수분퍼텐셜이 $-0.3 \sim -0.2$MPa일 때부터 시작

③ 아침에 증산작용이 시작되면 잎과 나무 위쪽에서 먼저 수분이 없어지고 아래쪽으로 수분부족이 확장됨→ 수간직경이 위에서부터 줄어듦

(2) 생리적 변화

① 기공폐쇄, 광합성 감소, 잎의 형성과(수고 및 직경) 생장 지연, 조기낙엽 등

② 수분스트레스 감지 → 뿌리, 잎 아브시스산 생산 → 기공폐쇄 → 생장 둔화 → 가뭄 대처

③ 활성화 효소인 아밀라아제와 리보뉴클라아제 활동 증가, 전분과 다른 물질 분해 → 삼투퍼텐셜 저하, 건조에 저항

④ 효소활동 둔화 → 프롤린 축적 이용되지 않음 → 삼투퍼텐셜 저하, 건조 저항

⑤ **심한 수분 부족** : 원형질 손상, 막과 단백질 훼손, 막의 선택적 기능 상실, 세포 내 전해질 농도 증가

⑥ 세포신장, 세포벽 합성, 단백질 합성에 영향

⑦ -0.5MPa가량에서 abscisic acid 생산

(3) 줄기 및 수고생장

① 고정생장 수종

　　㉠ 봄철 가뭄에 반응, 전년도 늦은 여름 수분스트레스는 동아 형성에 영향을 주어 당년 수고 생장에 나타남

　　㉡ 직경생장과는 반대로 예민하게 키가 줄지는 않음

② **자유생장 수종** : 여름생장과 가을생장이 추가로 진행되므로 연중 수분 부족에 반응을 보임

(4) 직경생장

① 수분 부족에 매우 예민하게 반응을 보임

② 목포세포의 수 감소

③ 직경생장의 지속 기간 감소

④ 목부와 사부의 비율 감소(나이테 폭 감소로 나타남)

⑤ 춘재에서 추재로의 이행 시기가 앞당겨짐

(5) 뿌리생장

① 잎과 줄기에서 수분퍼텐셜이 낮아지면 수분부족 현상은 뿌리까지 전달, 늦게 나타남

② 뿌리는 토양 속에 자리 잡고 있어 수분 스트레스에서 제일 먼저 회복

③ 뿌리는 수목 전체에서 수분 스트레스를 가장 늦게 받고 가장 먼저 회복하는 곳

④ 수분 스트레스로 뿌리생장이 둔화·정지되면 그 영향은 즉시 지상부로 전달

⑤ 물과 무기양분 흡수의 둔화

⑥ 뿌리에서 시토키닌 합성량이 감소하면서 아브시스산이 증가

⑦ 아브시스산은 기공의 폐쇄와 줄기생장 정지에 큰 영향

7. 내건성

(1) 개요

① 내건성 : 식물이 한발에 견디는 능력

② 생태학적으로 생존경쟁의 기본

(2) 수종 간 차이

① 내건성이 적은 수종 : 계곡 부위 선호

② 내건성이 큰 수종 : 남향 경사지와 산 정상 부위를 차지함

③ 소나무, 신갈나무 : 대표적인 내건성 수종(경쟁에서 뒤처져 척박지로 밀려남)

(3) 내건성의 근원

① 심근성

　㉠ 수목이 한발을 견딜 수 있는 가장 중요한 전략

　㉡ 깊고 넓게 근계를 개척해서 한발에 대항

　㉢ 소나무, 신갈나무 : 심근성

　㉣ 피나무, 낙우송, 자작나무 : 천근성

② 건조저항성 : 저수조직, 경엽으로 증산작용 억제

　㉠ 경엽 생산 : 각피층이 두꺼움(올리브나무, 월계수)

　㉡ 양엽과 음엽의 분화 : 일사량이 증가하면 잎의 왁스 생산량이 늘어남(후천적으로 생기는 내건성을 포함)

　㉢ 건조 경험 : 수분 부족을 자주 경험함으로써 생기는 능력으로, 정원수에 너무 자주 관수하면 타성이 생김

③ 건조인내성

  ㉠ 마른 상태에서 피해를 입지 않고 견딜 수 있는 능력

  ㉡ 이끼, 지의류, 고사리류

  ㉢ 건조 과정에서 삼투퍼텐셜이 낮아짐, 흡착수의 역할, 세포벽의 신축성(수분퍼텐셜 낮춰줌, 도관 장력 발생)

④ 건조회피성

  ㉠ 건조기를 회피해서 생육하는 식물, 사막에서 자라는 초본식물

  ㉡ 열대지방, 지중해성 지역의 여름철에 낙엽이 지는 수목

8. 수액 상승

(1) 관련 조직

① 나자식물 : 가도관(30μm, 직경이 작고 끝이 막혀 있음), 수액 상승 속도가 늦음

② 피자식물

  ㉠ 도관(20~800μm, 직경이 크고 끝이 뚫려 있음), 수액 상승 속도가 빠름

  ㉡ 도관폐쇄현상(기포, tylose) 때문에 비효율적

③ 수액상승 조직(목부조직 중 변재 이용)

환공재	마지막 나이테 1~2개를 사용 예 참나무, 음나무, 물푸레나무, 느릅나무, 밤나무
산공재	마지막 나이테 1~3개를 사용 예 단풍나무, 피나무, 회양목
침엽수	마지막 나이테 1~5개를 사용 예 소나무, 전나무, 향나무, 낙우송 등

(2) 목부수액의 성분

① 목부수액

  ㉠ 일반적으로 목부수액을 수액이라고 함

  ㉡ 무기염, 질소화합물, 탄수화물, 효소, 식물호르몬 등이 용해되어 있는 비교적 묽은 용액

  ㉢ 질소화합물

   • 암모늄태나 질산태질소는 거의 존재하지 않고 아미노산과 우레이드가 검출

   • 느릅나무 : 21가지의 아미노산 발견 예 시트룰린과 글루타민

  ㉣ 탄수화물

   • 설탕, 포도당, 과당

   • 설탕단풍 : 설탕 함량 2~3%

   • 고로쇠나무 : 설탕 1.5%

   • 자작나무 : 과당, 포도당 2%

  ㉤ 식물호르몬 : 시토키닌과 지베렐린, 수분스트레스를 받으면 아브시스산이 발견

  ㉥ 산성(pH4.5~5.0)

② 사부수액

　　㉠ 사부를 통한 탄수화물 이동액

　　㉡ 알칼리성(pH7.5)

(3) 수액의 상승 속도

① 열파동법으로 측정

② 속도 비교 : 가도관<산공재<반환공재<환공재

　　㉠ 가도관 : 1시간당 0.5m

　　㉡ 산공재 : 1시간당 2~4m

　　㉢ 환공재 : 1시간당 10~40m

(4) 수액 상승 각도

① **침엽수** : 뒤틀리면서 올라감

② **활엽수** : 뒤틀리는 정도가 약함

③ 나선목리는 수분을 수관에 골고루 배분하는 역할을 하여 수간에 살충제나 영양제를 투입할 때 약제를 골고루 분재시킴

(5) 수액의 상승 원리

① **개요** : 잎이 증산작용으로 수분을 잃어버려 수분퍼텐셜이 낮아지면 수분퍼텐셜이 높은 뿌리에서 잎까지 수분퍼텐셜의 기울기가 이루어져서 수분이 수동적으로 이동하는 것

② **응집력설**

　　㉠ 도관 내의 수분이 장력하에 있더라도 물기둥이 끊어지지 않고 연속적으로 연결될 수 있는 것은 응집력 때문

　　㉡ 응집력 : 같은 성분의 분자끼리 서로 잡아당기는 성질

　　㉢ 수목 : 물기둥이 연속되도록 환경을 조성함

　　㉣ 증산작용 : 물기둥을 끌어 올리는 계기를 만듦

　　㉤ 대기의 낮은 습도 : 물기둥을 끌어 올리는 원동력이 됨

③ **수액 상승 과정**

　　㉠ 기공에서 증산작용을 개시

　　㉡ 잎의 엽육세포가 수분을 잃어버림

　　㉢ 엽육세포의 삼투압과 세포벽의 부착력에 의한 수화작용에 의해 인근 도관에서 수분이 엽육세포로 이동

　　㉣ 도관이 탈수되어 밑에 있는 수분을 잡아당겨 물기둥이 장력하에 놓임

　　㉤ 물분자 간의 응집력에 의해 도관 내 수분이 딸려 올라옴

　　㉥ 응집력이 뿌리까지 전달되어 토양으로부터 뿌리 속으로 수분이 이동

④ 응집력의 시사점

    ㉠ 수분(수액)상승의 궁극적인 힘은 태양에너지에 의한 증산작용에서 시작

    ㉡ 식물은 도관을 통하여 연속적인 환경을 조성(토양−식물−대기)

    ㉢ 물은 수분퍼텐셜의 기울기를 따라 이동

    ㉣ 식물은 수동적인 역할을 하며 에너지를 소모하지 않음

    ㉤ 식물은 기공의 개폐를 통하여 증산작용을 조절할 뿐

⑤ 도관 내 기포 발생

    ㉠ 겨울철 수간이 얼었다 녹을 때 기포가 발생함

    ㉡ 지름이 큰 환공재에서 더 큰 문제

    ㉢ 환공재 : 월동 후 얼었던 수간이 녹으면 기포가 발생하면 제거가 어려움

    ㉣ 참나무의 전략 : 봄 일찍 새로운 도관을 만들고 옛 도관을 폐기 처분함, 가을에 만든 도관은 직경이 작아서 계속 쓸 수 있음

    ㉤ 침엽수 : 가도관 내의 기포는 작아서 흡수 가능함

    ㉥ 산공재 : 침엽수와 비슷한 전략을 가짐

    ㉦ 수분을 끌어 올리는 데에는 가도관이 더 효율적이라고 할 수 있음

⑥ 수액상승과 수고생장의 한계 : 지구상에서 나무가 자랄 수 있는 한계는 122~130m(Koch의 회귀곡선)

CHAPTER 11 유성생식과 개화 생리

1. 유성생식 기간과 특징

(1) 정의

① 유시성 : 수목이 영양생장을 하면서 개화하지 않는 상태

② 성숙 : 수목이 성장하여 개화하는 상태

(2) 유생기간

① 리기다소나무 : 3년

② 소나무, 자작나무 : 5년

③ 배나무 : 10년

④ 단풍나무, 물푸레나무 : 15년

⑤ 가문비나무, 전나무, 참나무 : 20~30년

⑥ 너도밤나무 : 30~40년

(3) 유시성의 특징

① 잎의 모양 : 갈라진 모양(담쟁이 덩굴), 향나무(침엽)

② 가시의 발달 : 유형기에 가시 발달(귤나무, 아까시나무)

③ 엽서 : 잎이 배열하는 순서와 각도가 성숙하면서 변화

④ 삽목의 용이성 : 유형기에 용이

⑤ 곧추선 가지 : 유형기에 가지가 곧추 자람(낙엽송)

⑥ 낙엽의 지연성 : 가을에 낙엽이 늦게 짐(참나무)

⑦ 수간의 해부학적 특징 : 춘재와 추재의 점진적 전이, 적은 추재 비중, 환공재의 특성이 어릴 때는 잘 나타나지 않음

⑧ 밋밋한 수피와 덩굴성 특징(포복형)

(4) 유시성의 생리적 원인

정단분열조직의 세포분열 횟수가 적으면 유생기간으로 남음

2. 생식생장과 영양생장과의 관계
① 서로 상반되는 경우가 많음
② 생식생장이 영양생장을 억제함(양분 경쟁 때문)

3. 유성생식

(1) 화아원기 형성
① 피자식물의 원기형성

㉠ 봄에 개화하는 수종 : 전년도 여름에 꽃눈(화아)의 원기가 생김

포도	5월	배나무/목련	6월
사과	7월	복숭아	8월
개나리	9월	조팝나무	10월

㉡ 여름에 개화하는 수종 : 같은 해 봄이나 여름에 꽃눈이 만들어짐

찔레꽃	화아 4월, 개화 5월	무궁화	화아 5월, 개화 7월
배롱나무	화아 6월, 개화 8월	싸리	화아 7월, 개화 8월
금목서	화아 8월, 개화 9월	참나무류	수꽃 → 5월 말, 암꽃 → 7월 말

② 나자식물의 원기형성

㉠ 대개 봄철에 개화, 화아원기가 전년도에 형성
㉡ 수꽃의 형성이 암꽃보다 먼저 형성
㉢ 소나무류
  • 수꽃은 7월 초, 암꽃은 8월 말
  • 암꽃의 정단조직이 수꽃보다 크고 넓고 둥근 형태임

 **배우자의 형성**

• 피자식물(배주가 심피 속에 싸여 있음)

웅성기관	• 화분모세포는 감수분열하여 4개의 소포자가 있는 화분 4분자를 만듦 • 칼로오스에 의해 개개 소포자로 분리 • 소포자는 1차 핵분열로 영양핵(화분관핵)과 생식핵(정핵)을 갖는 화분이 됨 • 생식핵은 다시 핵분열하여 두 개의 생식핵이 됨
자성기관	• 난모세포의 1차 감수분열로 네 개의 낭세포 형성 • 세 개는 퇴화하고 한 개의 대포자 남음 • 3회의 핵분열을 거쳐 7세포 8핵의 배낭 형성

PART 01
PART 02
PART 03
PART 04
PART 05
PART 06

• 나자식물(배주가 노출)

웅성기관	• 중심부에 주심이 크게 발달함 • 한 겹으로 된 주피가 주심을 둘러쌈 • 밖으로 더 자라서 두 개의 팔과 같이 되어 주공을 형성하여 화분을 들어올 수 있게 함
자성기관	• 주심 안에 있는 한 개의 세포가 커져서 난모세포 형성 • 대부분의 나자식물의 암꽃은 이 상태에서 개화와 수분이 이루어짐. 즉, 나자식물은 난모세포를 형성한 단계에 머물러 있기 때문에 암꽃의 수정 준비가 안 되어 있음 • 4개의 세포 중 한 개의 대포자가 살아남아 연속적 핵분열 실시. 이때 세포벽을 만들지 않기 때문에 한 세포내에 수백 개의 핵이 있는 상태가 됨 • 한 개의 배주 안에 100개까지 장란기가 형성되며, 장란기마다 난자가 생기기 때문에 다배현상의 근원이 됨 • 장란기 주변의 세포들은 난모세포에서 유래하여 만들어진 것으로서 자성배우체라 함 • 자성배우체는 후에 영양소를 저장하여 배가 필요로 하는 영양소를 공급해 줌 • 배유는 중복수정으로 3n의 염색체를 가지지만, 자성배우체는 1n의 상태로 남아 있기 때문에 나자식물에는 배유가 없으며, 대신 자성배우체가 그 기능을 대신하고 있음

(2) 개화

① 수종별 개화시기

    ㉠ 3월 개화 : 오리나무, 개암나무, 포플러, 잎갈나무

    ㉡ 5월 개화 : 소나무(초순), 잣나무(중순)

② 지구온난화 현상으로 개화기가 빨라지고 있음

③ 소나무의 암꽃은 수관 상단, 왕성한 활력지에 달려 충실한 종자 생산 도모

④ 소나무의 수꽃은 수관 아래쪽 활력이 약한 가지에 달리고 수꽃 수만큼 엽량이 줄어들기 때문에 가지의 활력이 약해짐

(3) 화분 생산

① 화분 생산량은 수종에 따라 다르고 충매화는 생산량이 적은 편

② 충매화 : 과수류, 단풍나무, 피나무, 버드나무

③ 풍매화 : 침엽수, 참나무류, 포플러, 호두나무, 자작나무

(4) 화분 비산

① 화분 비산은 기상조건의 영향을 많이 받음

② 온도가 낮고 건조한 낮에 집중적으로 이루어짐

③ 비산 거리는 일반적으로 화분입자가 작을수록 더 멀어짐

④ 화분 비산 기간은 10일 전후가 되고 비산량은 정규분포를 보이며 개화기 중간에 최고치를 나타냄

⑤ 타가수분 유도 : 암꽃이 수관 상단부, 수꽃은 수관 하단부에 모여 있는 것은 타가수분 도모 수단

(5) 수분

① 피자식물

㉠ 화분이 수술에서 암술머리로 이동하는 현상

㉡ 주두에 화합성이 있는 화분 도착 → 발아 → 화분관 형성 → 중엽층의 펙틴 물질을 녹이면서 자방을 향해 자라 내려감

② 나자식물

㉠ 암꽃이 감수성을 보이면 배주입구의 주공에서 수분액 분비

㉡ 화분이 부착되면 주공 안으로 수분액과 함께 화분이 들어감

㉢ 수분액
  • 소나무속, 가문비나무속, 편백속, 측백나무속에서 관찰
  • 전나무, 잎갈나무, 솔송나무는 수분액 없음
  • 주성분은 당류

③ **최소한의 수분량** : 조기낙과를 방지할 수 있는 최소한의 화분 수는 수종에 따라 차이가 있으나 최소한도 2~3개 이상의 화분을 받아들이면 생존함

(6) 수정

① **피자식물** : 중복수정

㉠ 화분립은 발아하여 2개의 정핵을 만듦

㉡ 정핵(n)+난자(n) → 배(2n) 형성

㉢ 정핵(n)+2개의 극핵(n+n) → 배유(3n) 형성

② **나자식물** : 단일수정

㉠ 화분립은 발아하여 2개의 정핵을 만듦

㉡ 단일수정 : 정핵(n)+난자(n) → 배(2n)

㉢ 자성배우체(n)는 수정되지 않고 독자적으로 자라 양분저장조직 역할을 대신함

㉣ 난세포의 세포소기관이 소멸되어 웅성배우체의 세포질 유전이 이루어짐

> **TIP 나자식물의 부계세포질 유전 과정**
> • 정핵이 난자를 수정시키면 난세포 내의 세포소기관은 소멸
> • 웅성배우체 내 세포소기관이 분열하여 대체
> • 소나무속, 잎갈나무속, 미송 등에서 관찰

③ 수정 소요 기간

㉠ 배나무, 사과나무 : 1~2일

※ 배나무의 경우 온도 15℃에서 2일가량 걸리나, 온도 5℃에서는 12일이 걸려 감수기간 11일 이내에 수정이 이루어지지 않음

㉡ 개암나무 : 3~4개월

ⓒ 참나무류 중 상수리, 굴참나무 : 13개월 소요(익년 성숙)

ⓔ 갈참나무, 졸참나무, 떡갈나무, 신갈나무 : 5주(당년 성숙)

ⓜ 소나무류 : 13개월

(7) 배의 발달

① 개요

㉠ 배 : 난자와 정자가 수정된 접합자

㉡ 수정된 이후부터 자람

㉢ 자라서 새로운 식물로 자람

㉣ 배유로 둘러싸여 있고 배유로부터 영양분을 공급받음

㉤ 소나무 : 익년 6월 말 솔방울이 다 자라지만 배가 없음

㉥ 배의 발달 과정에서 나자식물과 피자식물의 차이점은 나자식물은 분열다배현상이 흔하게 관찰된다는 것임

㉦ 나자식물은 세포벽이 없는 다핵 상태, 피자식물은 세포벽 형성

㉧ 나자식물의 배병은 피자식물보다 길음

② 나자식물

㉠ 전배단계 : 배가 핵분열을 시작하여 세포벽을 형성하지 않고 다핵 상태로 되는 단계

㉡ 초기배 : 한 층의 세포가 길게 자라면서 배병으로 되고 배세포 층이 분열하여 4개의 배로 발달

㉢ 후기배 : 배가 더 발달하여 자엽을 만드는 단계

③ 다배현상

㉠ 피자식물 : 한 개의 배낭에 두 개 이상의 배가 형성되는 것

㉡ 나자식물(소나무과에서 흔히 관찰)

단순다배현상	장란기의 난자가 수정되어 여러 개의 배로 발달
분열다배현상	접합자가 생장과정에서 여러 개의 배세포로 분열하면서 여러 개의 배가 되는 현상

㉢ 배의 초기 발달 과정에서 흔히 관찰되지만 결국에는 단일배로 되기 때문에 종자 하나에는 한 개의 배가 들어 있게 됨

④ 단위결과

㉠ 단위결과는 종자가 없이 열매가 성숙하는 경우를 말함

㉡ 피자식물 중에서 흔히 관찰

㉢ 나자식물에서도 관찰되나 소나무속에서는 거의 관찰되지 않음

(8) 종자와 열매의 성숙

① White oak(갈참나무, 졸참나무, 신갈나무, 떡갈나무) : 개화 당년에 종자 성숙(5개월)

② Black oak(상수리나무, 굴참나무) : 2년에 걸쳐 종자 성숙(17개월)

③ 소나무속 : 2년에 걸쳐 종자 성숙, 익년 6월 말경 수정이 이루어지고 이때 솔방울은 거의 완성된 크기를 가지지만 배가 아직 없음

④ 소나무과 그 밖의 속(전나무류, 가문비나무류, 솔송나무류, 잎갈나무류) : 종자가 당년에 성숙

(9) 유성생식 소요기간에 따른 수목 분류

① 온대지방 수목에서 화아 원기가 형성되는 시기부터 종자가 성숙할 때까지의 소요기간은 1~4년까지 다양

② 소나무류 : 17개월(개화~수정)

③ 상수리나무류, 굴참나무류 : 17개월(개화~수정)

4. 개화 생리

① 주기성 : 수목은 유생기간 이후 개화해도 불규칙적인 결실

② 유전적 개화능력 : 개화능력에도 유전적 차이가 있음

③ 성결정 : 암꽃이 큰 가지에 달리고 영양 상태가 좋지 않으면 수꽃이 생김

④ 영양 상태

　㉠ 영양 결핍 시 수꽃이 생김

　㉡ 질소 시비 시 암꽃으로 바뀜

　㉢ 옥신의 함량이 높을 때 암꽃이 생김

⑤ 기후 : 개화가 많이 이루어지는 조건

　㉠ 전년도 생육기간에 태양복사량이 많을 것

　㉡ 봄부터 이른 여름까지 강우량이 풍부할 것

　㉢ 한여름에는 온도가 높으면서 강우량이 적을 것

⑥ 광주기

　㉠ 초본식물은 광주기에 반응을 나타내지만, 목본식물은 반응을 나타내지 않음

　㉡ 예외 : 테다소나무, 무궁화, 진달래, 측백나무과

⑦ 식물호르몬

　㉠ 옥신 : 가지의 활력과 성결정에 중요한 역할

　㉡ 지베렐린 : 나자식물 개화에 긍정적 작용

　㉢ 시토키닌 : 목본식물 개화에 적은 역할

⑧ 스트레스

   ㉠ 개화생리는 정상 상태에서의 생물학적 리듬

   ㉡ 생리적 스트레스를 초래하면 개화 촉진

   ㉢ 생리적인 균형이 파괴될 때 영양학적인 균형이 교란되면서 생존하기 위한 전략으로 꽃과 종자를 생산

⑨ **무궁화의 개화 촉진** : 장일성 식물인 무궁화를 11월 춘화 처리 후 12월경에 온도를 높이고 일장처리를 하면 약 70일 후에 꽃을 볼 수 있음

CHAPTER 12 종자생리

1. 종자의 구조

(1) 종자

① 배주가 수정된 후 성숙한 것

② 고등식물에서 새로운 세대를 탄생시키는 매개체 역할

③ 중요한 식량자원

④ 배, 저장물질, 종피로 구성

(2) 배

자엽, 유아, 하배축, 유근

(3) 저장물질

① 배유종자 : 에너지를 배유에서 저장한 종자 예 두릅나무, 소나무, 솔송나무

② 무배유종자 : 에너지를 자엽에 저장한 종자 예 콩과식물, 아까시나무, 참나무류

③ 저장물질의 종류

ㄱ 탄수화물 : 밤나무, 참나무류

ㄴ 지방 : 소나무, 잣나무

ㄷ 단백질 : 콩과식물, 잣나무

(4) 종피

종자가 건조와 물리적인 손상, 그리고 미생물이나 곤충으로부터의 피해를 막아주는 보호벽 역할

2. 종자의 휴면

(1) 휴면의 원인

① 배휴면 : 미숙배 상태 예 물푸레나무, 덜꿩나무, 은행나무

② 종피휴면 : 종피가 발아를 억제 예 아까시나무, 잣나무

③ 생리적 휴면

ㄱ 종자에 생장 억제 물질 예 단풍나무, 물푸레나무, 소나무

ㄴ 종자에 생장촉진제 부족 예 개암나무, 단풍나무

④ 중복 휴면 : 둘 이상의 휴면 원인이 중복 **예** 향나무, 주목, 소나무류, 피나무, 층층나무

⑤ 2차 휴면

　㉠ 종자 저장을 잘못하여 생긴 휴면

　㉡ 2차 휴면을 제거하기가 더 어려움

(2) 휴면을 타파하는 방법

① **후숙** : 시간이 경과하면 익음

② **저온처리** : 종자를 젖은 상태로 겨울철 땅속의 낮은 온도에서 보관하는 방법(노천매장, 층적)

③ **열탕처리** : 끓는 물에 잠깐 담금 **예** 아까시나무의 경우 3초간 순간 침적

④ **약품처리** : 지베렐린 혹은 과산화수소 용액

⑤ **상처 유도** : 진한 황산, 줄칼, 사포, 콘크리트 믹서

⑥ **추파법** : 가을에 파종하는 방법 **예** 잣나무 : 얼었다 녹았다 하면서 종피휴면을 없앰

3. 종자의 발아

(1) 발아 방식

① **지상자엽형 발아**

　㉠ 배의 하배축이 길게 자라면서 자엽을 지상 밖으로 밀어내는 방식

　㉡ 수종 : 단풍나무, 물푸레나무, 아까시나무, 대부분의 나자식물

② **지하자엽형 발아**

　㉠ 자엽은 지하에 남고 상배축이 지상으로 자라나와 본엽 형성

　㉡ 수종 : 참나무류, 밤나무, 호두나무, 개암나무류

(2) 발아 생리

① **순서** : 수분 흡수 → 호르몬 생산 → 효소 생산 → 저장물질의 분해와 이동 → 세포분열과 확장 → 기관 분화

② **수분 흡수** : 종자 발아의 첫 단계로 종자내 소기관이 수분을 흡수하고 여러 가지 대사가 시작됨

③ **호흡** : 종자가 수분을 흡수하면 산소 호흡량이 증가하여 ATP를 생산하고 효소 생산

④ **효소와 핵산**

　㉠ 지베렐린은 아밀라아제, 리파아제 효소의 생산을 촉진하고 배에서 핵산을 생산하도록 유도

　㉡ 나자식물에서는 시토키닌이 지방의 분해 촉진

⑤ **저장 양분의 이용**

　㉠ 탄수화물, 지질, 단백질을 분해, 분해된 물질은 배의 분열조직으로 이동

　㉡ 저장물질 함유 조직(배유, 자엽)의 무게는 급속히 감소

(3) 환경 요인

① 광선

ㄱ 광도와 광주기 : 크게 중요하지 않음

ㄴ 파장 : 크게 영향을 주는 경우가 많음

ㄷ 파이토크롬 색소

- 활성 혹은 불활성 형태로 존재하는 단백질
- 햇빛이나 적색광(660nm)에서 활성이 있는 P_{fr}로 바뀌어 발아 촉진
- 종자가 원적색광(730nm)을 마지막으로 받으면 발아가 억제됨

② 산소

ㄱ 발아할 때 호흡작용이 활발해지기 때문에 필요

ㄴ 산소가 전자를 받아들이는 전자수용체 역할을 하기 때문

③ 수분

ㄱ 종자의 발아는 수분을 흡수함으로 시작

ㄴ 수분요구량 : 종자 중량의 2~3배

ㄷ 장기간의 침적은 산소 부족 유발

④ 온도

ㄱ 종자의 휴면을 타파하기 위해서는 저온처리가 필요하지만 발아 시에는 온도가 적절히 높아야 함

ㄴ 최적 온도

- 대부분의 수종 : 25℃(대부분의 수종)
- 고산성 수종 : 낮은 온도에서 발아 **예** 전나무 : 1℃

ㄷ 온도 주기 : 주야간 온도의 변화를 줄 때 높은 발아율을 보임

(4) 숲속에서의 발아 환경

① 산불

ㄱ 폐쇄성 구과 : 산불이 지나간 후 솔방울이 열려 발아 **예** 리기다소나무, 방크스소나무

ㄴ 산불의 효과 : 경쟁식물 감소, 광량 증가, 낙엽층 제거, 광물질 토양 노출, 무기염의 증가, 병균 제거, 발아억제물질(타감물질)의 제거

② 물리적 발아 촉진

ㄱ 주간과 야간의 온도 차이 : 종피의 물리적 장벽을 순화함 **예** 잣나무의 추파

ㄴ 야생동물 : 장거리 종자 전파와 소화기관 통과 후 종피 순화

ㄷ 토양미생물 : 종피에서 서식함

③ 타감작용(allelopathy)

ㄱ 정의 : 한 생물이 다른 생물에게 생장을 억제하는 물질을 생산하여 생장을 억제하는 것을 말하며, 이때 생산된 물질이 타감물질임

ⓒ 종류
　　　　• 곰팡이의 항생제 생산(페니실린)
　　　　• 산림 : 페놀화합물이 축적
　　　　• 호두나무(juglone), 소나무(타닌, p-coumaric acid), 참나무(salicylic acid)
　　④ 임상의 광질 효과
　　　　㉠ 상층 임관의 잎 : 대부분의 적색광과 청색광을 차단
　　　　㉡ 임상 : 종자 발아를 억제하는 원적색광이 많고 적색광은 적음
　　　　㉢ 임상의 종자 : 햇빛(적색광 효과)이 들어와야 발아함
　　　　㉣ 매토종자 : 토양 밖으로 노출될 때 발아함
　　　　㉤ 양수 : 햇빛이 들어올 때 발아함
　　　　㉥ 음수 : 영향을 적게 받음

4. 종자의 수명과 저장

(1) 종자의 수명
　　① 천연적인 수명 : 수종에 따라서 다양함
　　② 포플러, 버드나무, 은단풍 : 일주일
　　③ 참나무류, 자작나무류, 주목류 : 수개월
　　④ 소나무류 : 1~2년
　　⑤ 폐쇄성 구과 : 수년간
　　⑥ 콩과식물(자귀나무) : 10년
　　⑦ 아까시나무 : 땅속에서 10~20년(헝가리), 한국에서는 1년 내 모두 부패함(장마철)

(2) 종자의 저장
　　① 살아 있는 종자 : 항생제를 생산하여 자기방어함
　　② 적절한 환경을 만들어 주면 수명을 10배 이상 연장 가능
　　③ 저장 조건
　　　　㉠ 종자의 낮은 수분 함량 : 5~12%
　　　　㉡ 낮은 온도 : 영하 15℃
　　　　㉢ 낮은 산소압 : 공기 차단(질소가스로 채움)

5. 종자시험

① **발아시험** : 종자를 직접 발아시켜 발아능력을 조사하는 시험

② **종자활력 시험**

    ㉠ 테트라졸리움 시험

- 살아 있는지의 여부를 시약의 발색반응으로 검사하는 방법
- 살아 있는 조직은 핑크색으로 염색
- 단기간 내에 실시할 수 있고 휴면 상태이거나 기존방법으로 발아 시험할 수 없을 때 유용한 방법

    ㉡ 배추출시험

- 종자에서 배를 추출하여 배양하면서 변화를 관찰하는 시험
- 살아 있는 배는 흰색이나 녹색, 죽은 배는 어두운 색, 곰팡이가 관찰됨

    ㉢ X선 사진법

- 충실종자, 비립종자, 손상종자 감별
- 살아 있는 종자는 검게 보이고 비립종자는 투명하게 보임

CHAPTER 13 식물호르몬

1. 식물호르몬의 정의와 특징

① **정의** : 유기물로서 한 곳에서 생산되어 다른 곳으로 이동한 후 이동한 곳에서 생리적 반응을 나타내며, 아주 낮은 농도에서 작용하는 화학적 신호물질

② **특징**

    ㉠ 식물의 생장, 분화 및 생리적 현상에 영향을 끼치는 물질로서 동물호르몬과 달리 생산하는 장소가 분화되어 있지 않음

    ㉡ 작용농도는 $1\mu M$ 단위이고 비타민보다 더 낮은 농도로 존재

    ㉢ 생산된 자리에서 작용하지 않음(예외 : 에틸렌)

2. 식물호르몬의 역할

① **식물**

    ㉠ 생장하기 위하여 외부로부터 에너지와 물질을 흡수해야 함

    ㉡ 동물과 같은 신경조직이 없음

    ㉢ 외부 자극(광선, 온도, 바람 등)을 감지하여 각 부위에 전달하는 수단이 없음

② **식물호르몬**

    ㉠ 외부 자극을 감지하는 수단

    ㉡ 식물 각 부위 간의 내적 연락 수단 즉, 전령(매개체)의 역할을 함

3. 식물호르몬의 작용

① **외부 자극** : 단일 처리(밤의 길이가 길어짐)

② 호르몬 생산

③ 호르몬이 수용단백질과 결합 → 외부 자극을 감지함

④ 수용단백질의 활성화

⑤ 시그널의 증폭과 전달 → 한 개 잎에만 단일처리를 해도 식물 전체가 반응(꽃눈)을 보임

⑥ 유전인자의 활동 유도(꽃눈 형성)

4. 식물호르몬의 종류와 기능

(1) 종류

① 생장 촉진제 : 옥신, 지베렐린, 사이토키닌
② 생장 억제제 : 아브시스산, 에틸렌

(2) 옥신

① 발견 : 1926년 went가 귀리의 자엽초에서 발견
② 종류
  ㉠ 천연옥신 : IAA(천연옥신 중 가장 흔함), IBA, 4-chloro IAA, PAA
  ㉡ 인공합성 옥신
    • 2-4-D, 2-4-5-T, NAA, MCPA
    • 식물생장조절제라 부르며 파괴되지 않음
③ 생합성
  ㉠ 줄기 끝의 분열조직, 자라고 있는 잎과 열매에서 생산
  ㉡ IAA는 트립토판을 출발물질로 하여 인돌아세트알데하이드로 전환된 후 산화과정을 거쳐 생합성됨
④ 운반
  ㉠ 유세포를 통해 이동
  ㉡ 극성을 띠며, 아래 방향으로만 이동함(잎 → 줄기 → 뿌리)
  ㉢ 줄기에서는 구기적 운반, 뿌리에서는 구정적 운반
  ㉣ 속도는 대단히 느리게 진행됨(1시간에 1cm)
  ㉤ 에너지를 소모하는 과정
⑤ 생리적 효과
  ㉠ 개요
    • 옥신은 아주 소량이라도 높은 활성을 나타냄
    • 세포 생장, 신장 촉진, 부정근 형성, 기관 탈리 억제 등
  ㉡ 뿌리생장 : 매우 낮은 농도로 뿌리의 신장 촉진
  ㉢ 정아우세 : 정아가 생산한 옥신아 측아의 생장을 억제
  ㉣ 제초제 효과 : 높은 농도로 처리하면 대사작용을 혼란시켜 잎이 뒤틀리거나 종양을 형성시키며, 더 높은 농도에서는 식물을 죽게 함
  ㉤ 굴광성과 굴지성

굴광성(줄기)	옥신 농도가 햇빛의 반대 방향에서 높아져 세포 신장
굴지성(뿌리)	옥신 농도가 햇빛의 반대 방향에서 높아져 신장을 억제

(3) 지베렐린(gibberellin)

① 개요
- ㉠ 1930년대 일본에서 벼의 키다리병을 일으키는 곰팡이에서 처음 추출
- ㉡ 고등식물, 이끼류, 녹조류, 곰팡이, 박테리아에서도 추출

② 종류
- ㉠ gibbane의 구조를 가진 화합물을 총칭
- ㉡ 지베렐린산(GA)이라 부르지만 주로 GA3을 의미

③ 생합성과 운반
- ㉠ 종자와 열매, 어린 잎, 뿌리 끝에서 많이 생산
- ㉡ 목부와 사부를 통해서 위아래 양방향으로 운반

④ 생리적 효과
- ㉠ 줄기의 신장 생장
- ㉡ 개화 및 결실 촉진 : 나자식물과 동백나무에 개화 효과(목본 쌍자엽식물에는 효과 없음)
- ㉢ 휴면과 종자
  - 봄철 뿌리에서 생산되어 형성층의 생장이 시작되도록 자극
  - 종자 발아 : 곡류에 효과 있음(쌍자엽식물이나 나자식물에는 효과 없음)
  - 상업적 이용 : 착과 촉진(귤), 과실 크기와 품질 향상(포도나무와 사과나무), 노쇠와 과실 성숙 지연(바나나와 귤)

(4) 시토키닌(cytokinin)

① 개요
- ㉠ 1950년대 담배의 유상조직에서 밝혀짐
- ㉡ 주로 식물의 세포분열 촉진, 잎의 노쇠를 지연

② 종류 : 세포분열을 촉진하는 아데닌의 치환제를 총칭

천연 시토키닌	제아틴, 디하이드로제아틴, 제아틴 리보시드
합성 시토키닌	벤질아데닌, 키네틴(담배 수조직 배양에 사용되었던 물질로 제일 먼저 알려짐)

③ 생합성과 운반
- ㉠ 어린 기관과 뿌리 끝에서 생산
- ㉡ 목부조직을 통해 줄기로 운반, 제한적으로 사부

④ 생리적 효과
- ㉠ 세포 분열과 기관 형성
  - 세포분열을 조절 혹은 촉진
  - 유상조직 분화 시 시토키닌 함량이 높으면 줄기로 분화하여 눈, 대, 잎 형성, 옥신 함량이 높으면 뿌리 형성

- 옥신과 시토키닌의 비율을 조절하면 완전한 식물체를 만들 수 있는데 이 과정을 기관발생이라 함
  - ㉡ 노쇠 지연
    - 잎의 노쇠 지연 : 시토키닌이 주변으로부터 영양분을 모으는 능력 있음(어린 잎이 성숙 잎보다 시토키닌 함량 높음)
    - 녹병곰팡이는 잎을 감염시켜 시토키닌을 생산함으로써 엽록소를 유지(green islands)
    - 액포막의 기능을 활성화하여 액포 내의 protease 효소가 세포질로 스며들어 오는 것을 억제함
  - ㉢ 기타 효과
    - 정아우세가 소멸(옥신과 시토키닌의 길항작용)하고 측지가 발달
    - 지상자엽형 쌍떡잎초본식물에 처리하면 떡잎 발달 촉진
    - 피자식물의 종자를 암흑에서 발아할 때 처리하면 엽록체의 발달과 엽록소의 합성 촉진

(5) 아브시스산(abscissic acid)

① 개요
  - ㉠ sesquiterpene의 일종, 카로티노이드가 갈라져서 만들어짐
  - ㉡ 목본식물의 휴면과 목화 열매의 낙과현상을 연구하면서 발견

② 생합성과 운반
  - ㉠ 잎, 눈, 열매, 종자의 색소체에서 합성(잎의 엽록체, 열매의 유색체, 뿌리와 종자의 배에서는 백색체와 전색소체)
  - ㉡ 목부와 사부를 통해 운반

③ 생리적 효과
  - ㉠ 휴면 유도
  - ㉡ 탈리 촉진
  - ㉢ 스트레스 감지
  - ㉣ 모체 내의 종자 발아 억제

(6) 에틸렌(ethylene)

① 개요
  - ㉠ 20세기에 과실의 성숙과 저장에 영향을 주는 기체가 에틸렌이라는 것이 밝혀짐
  - ㉡ 상편생장과 탈리 현상을 유발하여 식물 호르몬으로 인정 받음

② 생합성과 운반
  - ㉠ 생합성
    - 메티오닌 → SAM → ACC → 에틸렌
    - 에틸렌의 생합성과정에는 ATP가 소모되고 O_2가 필수이며, 이산화탄소는 에틸렌 작용을 경쟁적으로 억제함

ⓛ 운반 : 살아 있는 모든 조직에서 생산하고 세포 간극이나 빈 공간을 통하여 확산됨

③ 생리적 효과

    ㉠ 과실의 성숙 촉진

    ㉡ 침수 시 잎의 황화, 줄기 신장 억제와 줄기 비대 촉진

    ㉢ 잎의 상편생장, 탈리 현상, 뿌리 신장 억제

    ㉣ 줄기와 뿌리의 생장 억제

    ㉤ 대부분 식물에 개화 억제(망고, 바나나, 파인애플은 개화 촉진)

    ㉥ 식물에 옥신을 과다 처리하면 에틸렌 생산 촉진

    ㉦ 탈리현상은 옥신, 에틸렌, 시토키닌, 아브시스산이 상호작용을 하여 나타남

(7) 기타 식물호르몬

① 브라시노스테로이드(BR)

    ㉠ 스테로이드 락톤에 해당하는 브라시놀라이드의 유도체

    ㉡ 합성장소는 어린 조직으로서 잎, 새순, 종자, 열매, 꽃눈 등

    ㉢ 옥신과 함께 작용하여 세포 신장, 통도조직 분화를 촉진

② 폴리아민

    ㉠ 아미노기($-NH_2$)를 2개 이상 가지고 있는 화합물

    ㉡ 작용기작은 양전기를 띤 작은 화합물로서 음전기를 띠는 큰 화합물(효소, 단백질, 인지질)
       과 정전기적 상호작용을 하여 막의 안정성을 높여줌

    ㉢ 세포분열 촉진, 절간 생장, 뿌리 형성, 배 형성 등 생리적 기능

③ 살리실산

    ㉠ 페놀산의 일종이며 아스피린과 흡사한 구조

    ㉡ 히포크라테스 시대부터 버드나무 껍질을 진통제와 해열제로 사용

    ㉢ 개화 촉진과 꽃잎 노화 방지, PR 단백질의 생산을 촉진하여 면역력 증가

④ 스트리고락톤

    ㉠ 3환 락톤의 일종으로 식물 뿌리가 생산하는 호르몬

    ㉡ 베타카로틴과 칼락톤을 거쳐 만들어짐

    ㉢ 기주와 공생 곰팡이 간 서로를 인식하는 정보교환 수단(토양 중에 인산이 부족하면 기주가
       스트리고락톤을 더 분비하여 포자 발아 촉진)

    ㉣ 액아 발달을 억제하여 곁가지 발생을 방지

    ㉤ 기생식물(Striga lutea, 벼, 옥수수, 수수의 뿌리에 기생)의 발아를 촉진

⑤ 재스몬산(리놀렌산에서 생합성)

    ㉠ 잎의 노쇠를 촉진(낙엽촉진), 아브시스산과 흡사

    ㉡ 곤충과 병원균에 대한 저항성을 높임, 살리실산의 기능과 흡사

5. 호르몬과 수목 생장

(1) 줄기생장

① 옥신

ㄱ 봄철 새 가지 생장과 함께 옥신이 증가함

ㄴ 옥신이 많을수록 새 가지 생장 속도가 빠름

ㄷ 은행나무 : 장지 발달 시 옥신 함량 증가

② 지베렐린

ㄱ 잎에서 생산되어 새 가지의 생장 촉진

ㄴ 소나무 : 동아가 자랄 때 증가함

(2) 직경생장

① 호르몬이 형성층의 생장을 결정 : 호르몬의 상호작용에 의해 직경 생장이 결정됨

② 직경 생장을 결정하는 세 가지 호르몬 : 옥신, 지베렐린, 사이토키닌

눈	옥신을 만들어 봄철 형성층의 잠을 깨움
어린 잎	지베렐린을 생산하여 형성층 세포 분열을 촉진
뿌리	지베렐린, 사이토키닌 생산

(3) 뿌리생장

① 옥신 : 수간에서 뿌리로 이동하여 뿌리의 형성층 분열 촉진

② 지상부 조직의 손상으로 식물호르몬 공급이 감소되면 뿌리의 생장은 정지됨

③ 뿌리는 지상부로부터 호르몬과 탄수화물의 공급이 동시에 이루어져야 생장함

CHAPTER 14 조림과 무육생리

1. 경쟁

① 개요

⑦ 경쟁 → 간벌 → 시비 → 가지치기 → 자연낙지 → 단근과 이식

ⓒ 지상에서는 광선을, 지하부에서는 수분과 무기염을 대상으로 동종 간의 경쟁이 이루어짐

ⓒ 임분 내 수목은 경쟁으로 인하여 수고생장보다 직경생장이 더 크고 민감한 반응을 나타냄

② 밀식 조림지

⑦ 열세목은 광합성이 낮아 뿌리의 발달 둔화

ⓒ 양분과 수분 흡수가 저조해 경쟁에서 짐

③ 수고생장 : 경쟁에서 큰 영향을 받지 않으며, 열세목도 키가 제법 큼

④ 직경생장

⑦ 경쟁에서 예민한 반응을 보이며, 열세목은 거의 굵어 지지 않음

ⓒ 수목생장에서 수고생장이 직경생장보다 우선권이 있음(빨리 자라서 햇빛을 많이 받으려는 전략)

ⓒ 우세목의 직경생장은 잎이 모여 있는 수관 부위에서 가장 크며 수간 밑으로 내려갈수록 감소, 자상부 가까이에서 다시 증가함

⑤ 피토크롬의 역할

⑦ 피토크롬 색소 : 경쟁 과정에서 이웃 식물의 존재 감지 수단

ⓒ 임관을 통과하면서 적색광이 흡수되고 밑에는 원적색광이 많기 때문에 임관 아래 식물에는 피토크롬이 P_r(불활성) 상태로 남아 있어 수고생장이 촉진되고 측지 발달이 억제됨

2. 간벌(솎아베기)

① 간벌

⑦ 최종 수확 이전에 서로 경쟁하고 있는 주목의 일부를 제거하여 잔존목에 생육공간을 제공하기 위한 무육 방법

ⓒ 잔존목이 광선, 토양수분, 무기양분을 더 많이 이용 가능

ⓒ 잎의 수분퍼텐셜이 높게 유지되어 생장이 양호해짐

② 광합성량 증가

ⓜ 직경생장 촉진, 재적생장 증가, 재질 우수

ⓗ 수고생장에는 영향을 주지 않음

ⓢ 초살도를 증가

② 임업에서 밀식조림의 목적

㉠ 단위면적당 목재생산량 증진

㉡ 초기 수목간 경쟁을 유도하여 수고생장 촉진, 곧은 목재 생산

㉢ 옹이 없는 목재 생산

㉣ 초살도를 줄여 목재 이용률 높임

㉤ 후에 간벌하여 직경생장 촉진

③ 간벌쇼크 : 황화현상, 피소, 풍도, 생장감소, 병해충증가, 도장지 발생 혹은 고사현상

3. 시비

① 광합성 효율 증가, 엽면적 증가, 수분 이용 효율 증가

② 시비로 영양 상태가 양호해지면 개화가 촉진되며 특히 암꽃의 생산이 증가함

4. 가지치기

(1) 가지치기 작업 요령(휴면기에 실시)

① 살아 있는 가지를 제거할 때에는 수피가 찢어지지 않도록 세 단계로 자름(precut)

② 최종 절단은 지피융기선에서 지륭을 따라 바깥쪽으로 절단(NTP 방법)

③ 수목 상처 전용 도포제 도포

㉠ 지륭이 없을 때 : 지피융기선에서 수직선을 가상하여 융기선의 각도만큼 바깥쪽으로 각도를 주어 자름

㉡ 굵은 수간 절단 시 : 위와 비슷한 요령으로 하되, 융기선의 각도만큼 안쪽으로 자름

(2) 간벌과 가지치기를 통한 임분의 변화

① 간벌 후 임분의 변화 : 간벌 후에는 직경생장이 촉진되고 초살도 증가

② 가지치기 후 임분의 변화

㉠ 초살도를 감소시키고 수고생장에는 영향을 주지 않음

㉡ 하층식생의 발달 유도함

5. 자연낙지

① **정의** : 측지가 생리적인 탈리현상에 의해 자연적으로 고사하여 이층이 형성되지 않은 상태에서 탈락하는 것

② **수종**

㉠ 침엽수 : 삼나무, 낙우송, 측백나무, 소나무류(대왕송은 낙지가 잘되고, 버지니아 소나무는 잘 안 됨)

㉡ 활엽수 : 포플러, 버드나무, 느릅나무, 벚나무류, 참나무

③ **과정** : 하부에서 위쪽으로 올라가면서 단계적으로 고사 → 부후균과 곤충에 의해 부러짐 → 죽은 가지 차단(침엽수 → 송진축적, 활엽수 → gum, 전충체)

6. 단근

① 근계의 일부를 절단하는 것으로 이식에 대비하여 잔뿌리의 발달을 촉진하고 이식쇼크에 대한 저항성을 높이는 것이 목적

② 초기 증산작용과 광합성량의 감소 → 줄기 생장 감소

③ 점차 지하부 비율 증가, 광합성 물질 증가, 한발 저항성 증가

④ 봄철 형성층이 발달하기 전에 실시

7. 이식

① 봄철 겨울눈이 트기 2~3주 전에 이식

② 가을 이식은 건조나 동해 피해로 피해야 함

③ 이식 예상 시 뿌리 돌림을 2~3년 간격으로 실시

Tree Doctor

CHAPTER 15 스트레스 생리

1. 스트레스의 뜻과 요인

(1) 개요

① **정의** : 식물 생장에 불리하게 작용하는 환경 변화

② **식물이 생장하기에 적절한 환경** : 수종에 따라서 다르기 때문에 스트레스는 상대적 개념(30℃는 고산식물에게는 고온이지만, 열대식물에게는 적정 온도)

③ **최소의 법칙** : 모든 환경 요인들이 좋더라도 식물 생장에 부적합한 한 가지 요인에 의해 생장이 결정되는 현상

(2) 스트레스 요인(혹은 인자)

요인 분류	내용
기후적 요인	고온, 저온, 바람, 한발, 홍수, 폭설, 낙뢰, 화산폭발, 산불
생물적 요인	병원균, 해충, 야생동물, 기생식물, 착생식물
인위적 요인	오염, 약제, 답압, 기계, 복토, 절토, 산불, 잘못된 전정
토양적 요인	불리한 토양의 물리적(배수 불량) 및 화학적(영양 결핍, 극단적인 산도) 성질
조림적 요인	밀식(경쟁), 지나친 간벌, 수확, 과도한 시비

2. 수분 스트레스

① 수목이 토양에서 흡수하는 양보다 더 많은 수분을 증산작용으로 잃어버림으로써 체내수분의 함량이 줄고 생장량이 감소하는 현상

② 잎의 수분퍼텐셜이 $-0.3 \sim -0.2$MPa일 때부터 시작

③ 아침에 증산작용이 시작되면 잎과 나무 위쪽에서 먼저 수분이 없어지고 아래쪽으로 수분부족이 확장됨 → 수간직경이 위에서부터 줄어듦

※ CHAPTER 10에서 설명

Side tabs: PART 01, PART 02, PART 03, PART 04, PART 05, PART 06

Footer: CHAPTER 15 스트레스 생리 337

3. 온도 스트레스

(1) 고온 스트레스

① 임계온도 : 식물이 생리적으로 활동할 수 있는 최대온도와 최소온도 사이의 범위 **예** 온대지방은 0~35℃ 정도

② 일반적인 고온의 피해

  ㉠ 세포막의 손상으로 세포막 물질 누출

  ㉡ 엽록체 틸라코이드막의 기능 상실로 광합성을 수행하지 못함

  ㉢ 과도한 증산에 의한 탈수현상

  ㉣ 고온에 대한 식물의 인내 : 열쇼크단백질 합성

③ 피소

  ㉠ 정의 : 햇빛에 의해 건조해지면서 수피조직이 떨어져 나가고 목재부후균이 침입하여 2차 피해 유발

  ㉡ 병징 : 햇빛이 강한 조건에서 남서쪽 수간에 줄기의 수피가 고사

  ㉢ 피해 수종

   • 오동나무, 호두나무, 가문비나무(코르크층 발달 ×)

   • 벚나무, 단풍나무, 목련(수피가 얇은 수종)

  ㉣ 방제

   • 울폐된 숲이 개방되지 않게 하여 직사광선을 피함

   • 수간을 녹화마대로 싸주거나 백색 페인트를 바름

④ 엽소

  ㉠ 정의 : 엽록체를 구성하는 막이 기능을 상실하여 광합성을 수행하지 못함

  ㉡ 병징 : 햇빛이 강한 조건에서 심한 증산작용으로 탈수현상이 일어나 잎의 가장자리부터 잎이 타들어감

  ㉢ 피해 수종 : 칠엽수, 메타세쿼이아, 전나무에서 많이 발생

  ㉣ 방제 : 보수력과 보비력이 많은 입단구조 토양으로 개량

⑤ 열해

  ㉠ 정의 : 햇빛이 강한 조건에서 토양의 온도가 고온이 되어 뿌리의 세근·뿌리털 활동이 정지 또는 고사

  ㉡ 병징 : 전나무, 편백나무 등 내음성 수종에서 뿌리의 형성층이 손상을 받아 말라 죽음

  ㉢ 방제 : 차광막을 설치, 건조한 지역은 지피식물을 심거나 멀칭

(2) 저온 스트레스

① 생육과 최저 온도

  ㉠ 수목 : 한계가 없음

    ○ 왕성하게 자라는 수목 : 빙점 근처에서도 치명적 피해를 입음

    ○ 자연적으로 순화된 수목 : 영하 40도에서 생존 가능
- 버드나무, 침엽수류 : 생존 최저 온도의 한계가 없음
- 서양측백나무 : 서서히 온도를 낮추면 영하 85℃에서도 죽지 않음

② 저온 순화

    ○ 정의 : 가을에 서서히 온도가 내려가면서 수목이 적응하는 것

    ○ 얼음 결정 : 세포와 세포 사이의 간극에서 생겨 세포는 탈수상태가 됨

    ○ 탈수된 세포 : 영하 40도까지 견딤(과냉각 상태에서 견딤)

    ○ 내한성이 큰 수목 : 자작나무, 오리나무, 사시나무, 버드나무

    ○ 저온 순화 과정에서 저온 순화 단백질 합성

③ 냉해

    ○ 정의 : 생육기간 동안에 빙점 이상의 온도에서 나타나는 저온 피해

    ○ 증상
- 뿌리의 흡수기능 저하와 잎의 광합성 작용에 영향을 주어 수세가 약해지고 심하면 고사
- 잎의 황화현상으로 피해가 심하면 잎의 가장자리 조직들이 검게 변하면서 죽음
- 봄철 개화기에 꽃가루 수분이 제대로 이루어지지 않음

    ○ 발생 기작
- 원형질막과 소기관의 막 구조 변화
- 막의 지질이 고체 겔화되면서 막에 틈새가 생기면서 투과성이 증가되어 막이 제구실을 못 함

    ○ 피해 예방
- 늦여름에 질소 함량이 많은 비료 사용 금지
- 열선을 깔아 주어 온도를 올림

④ 동해

    ○ 정의 : 빙점 이하의 온도에서 나타나는 식물의 피해

    ○ 특징 : 순화되지 않은 상태에서 빙점 이하의 온도에 노출되거나 순화된 식물이라도 빠른 속도로 빙점 이하의 온도에 노출되면 동해를 입음

    ○ 증상
- 엽육조직의 붕괴와 세포질의 응고 현상
- 침엽수 : 녹색이 어두워지면서 붉은색을 띠다가 회복
- 상록활엽수 : 잎의 끝과 가장자리가 괴사되어 갈색을 띰
- 낙엽활엽수 : 어린 가지가 얼어 새싹이 나오지 않게 되는데 나중에 잠아가 발달하여 잎으로 자랄 수 있음

ㄹ 발생 기작
- 세포질 내에 발생한 얼음 결정이 세포막 파괴
- 얼음 결정이 세포 밖에 생기더라도 원형질 탈수

ㅁ 피해 예방
- 나무가 내한성을 갖도록 건강한 나무로 키움 : 광합성을 충분히 하면 설탕, 지방, 수용성 단백질을 축적하여 세포의 빙점을 낮추어 내한성을 갖게 됨
- 내한성을 고려하여 수종을 선택(저항성 수종 식재)
- 방풍림, 방풍책을 설치하여 북풍을 막아 줌
- 짚으로 밑동과 수간을 싸 줌
- 토양에 유기물로 멀칭을 실시
- 영양공급을 하여 수세 강화

ㅂ 동해의 분류

만상	• 봄에 늦게 오는 서리에 의해 내한성이 감소한 새순(눈과 줄기)에 피해를 받는 현상 • 활엽수는 잎이 검은색으로 변색, 침엽수는 붉은색으로 변색하고 말라 죽음 • 봄철 기상 변화를 주의 깊게 관찰하여 대처
조상	• 가을에 서리에 의해 나타나는 피해로 내한성을 갖지 못할 때 나타남 • 나무의 모양을 손상시키거나 죽게 함 • 늦여름 시비 자제
동계피소	• 한겨울에 수간 남쪽 부위가 햇빛에 의해 가열되면 조직 해빙 현상이 나타나고 일몰 후에는 조직이 동결되어 나타나는 피해 • 형성층 조직이 피해를 받아 지저분하게 갈라짐 • 수간에 흰 페인트를 바르거나 흰 테이프로 감싸 방지
상렬	• 변재부와 심재부의 온도 차이에 따른 수축과 팽창으로 줄기의 지표면 가까운 곳에서부터 세로로 갈라지는 것 • 직경생장이 큰 수목의 남서쪽 방향에서 잘 나타남 • 목재부후균이 침입하여 부후를 일으킴 • 배수 관리 및 방풍 처리로 방지
상주	• 지중 수분이 모세관수 현상으로 지표면으로 올라올 때 토양과 뿌리가 함께 올라옴 • 토양이 녹은 후 뿌리가 아래로 내려가지 못하고 말라 죽음 • 봄에 뿌리를 밟아줌, 배수관리, 낙엽을 깔거나 볏짚으로 멀칭
상륜	서리로 인하여 형성층의 시원세포에서 유래한 일시적 피해

(3) 내한성

① 정의 : 온대지방에서 자라는 수목은 겨울철 빙점 이하의 낮은 온도에서 견딜 수 있는 내한성을 가짐

② 내한성 수종

ㄱ 버드나무, 자작나무, 사시나무, 잎갈나무, 가문비나무, 전나무 등

ㄴ 기후품종 : 북부 산지가 남부 산지보다 내한성 큼

ㄷ 해안산지는 온도변화에 민감하지 않아 서리 올 때까지 내한성 생기지 않고 피해를 받음

③ 내한성의 발달

　ㅇ 내한성의 발달 과정

　　• 가을에 일장이 짧아지면 수목은 생장을 정지하고 탄수화물과 지질함량 증가

　　• 단백질과 막지질의 합성이 이루어지면서 구조적인 변화 생김

　　ㅇ 생화학적 변화

　　• 당류 뚜렷하게 증가, 수용성 단백질과 지질함량 증가

　　• 수분 함량 감소, 원형질의 빙점이 낮아짐

4. 바람 스트레스

(1) 바람 스트레스의 장단점

① 긍정적인 면

　ㅇ 화분과 종자 비산

　ㅇ 여름에 잎 온도 상승 방지

　ㅇ CO_2 확산에 의한 공급 촉진

② 부정적인 면

　ㅇ 증산작용의 촉진

　ㅇ 풍도

　ㅇ 줄기의 기형 유도

　ㅇ 기공폐쇄

　ㅇ 잎의 손상

　ㅇ 토양 침식

(2) 풍해

① 정의 : 바람에 의해 나타나는 물리적 및 생리적 피해

② 풍해의 유형

주풍	• 수관이 한쪽으로 몰리는 기형 • 연간 풍속이 24km/hr(초속 6.6m) • 바닷가와 수목한계선에서 관찰
풍도	• 바람에 의해 수간이 부러지거나 뿌리채 뽑히는 것 • 침엽수가 활엽수보다 피해가 더 큼 • 바람이 불어오는 쪽의 수간은 장력하에 놓이고 바람이 불어가는 쪽의 수간은 압축하에 놓임 • 건강한 혼효림의 경우 키가 큰 우세목이 풍도에 약함

(3) 생장

① 바람은 수목의 수고생장을 감소시킴

② 직경생장을 촉진하고 초살도 증가, 나무가 쓰러지지 않으려고 밑동직경과 뿌리발달을 도모

③ 붙잡아 둔 나무는 수고생장이 더 촉진됨(근계발달 저조, 2년 후 지주 제거 권장)

④ 형성층의 세포분열은 바람이 불어가는 쪽에서 주로 일어나므로 횡단면상에서 본 직경생장은 불균형을 이루어 편심생장

(4) 이상재

① 정의 : 바람이 수간을 구부리려는 힘에 저항하여 똑바로 서기 위하여 나타내는 반응

② 압축이상재

 ㉠ 정의 : 침엽수에서 수간이 기울어질 때 바람이 불어가는 쪽에 이상재가 생기는 것

 ㉡ 기작 : 수간 아래쪽에 옥신의 농도가 증가하여 형성층의 세포분열이 촉진되고 위쪽 형성층의 세포분열이 억제되어 상방 편심으로 생장

③ 신장이상재

 ㉠ 정의 : 활엽수에서 수간이 기울어질 때 바람이 불어오는 쪽에 이상재가 생기는 것

 ㉡ 기작

 • 수간 위쪽에 옥신의 농도가 감소하여 교질섬유가 다량으로 생기며 도관의 크기와 숫자가 감소

 • 두꺼운 세포벽을 가진 섬유가 증가하여 하방편심 생장

5. 대기오염 스트레스

(1) 개요

① 만성적으로 오염의 정도가 증가하면 광합성과 무기영양소 흡수를 방해하고 2차 병해충을 유발

② 더 심하거나 급성적인 대기오염은 수목을 고사시킴

(2) 대기오염물질

① 대기오염 : 대기 중에 어떤 물질이 정상적인 농도 이상으로 존재할 때 일컫는 말

② 대기오염물질

 ㉠ 1차 오염물질 : 오염원에서 직접적으로 발생

 ㉡ 2차 오염물질 : 방출된 물질로부터 새롭게 형성된 물질

 ㉢ 4대 대기오염 물질 : 아황산가스, 오존가스, 질소산화물, 분진

 ㉣ 수목에 영향을 주는 대기오염물질

형태	종류
황화합물	$SO_x(SO_2, SO_3^{2-}, SO_4^{3-})$, H_2S(황화수소)
질소화합물	NH_3(암모니아), $NO_x(NO, NO_2, N_2O)$
탄화수소 및 산소화물	CH_4(메탄), C_2H_4(아세틸렌), 알코올, 에테르, 페놀, 알데히드
할로겐 화합물	HF, HBr, Br_2, CF_4, NH_4F
광화학 산화물	O_3, NO_3^-, PAN(peroxy acetyl nitrate)
미립자	검댕, 먼지, 중금속(Pb, As, Cd, Cu, Ti 등)

(3) 병징

① 잎의 황화 현상 : 대기오염물질이 잎속으로 들어가서 엽조직에 피해를 주기 때문에 가장 먼저 나타나는 병징

만성피해	• 대기오염이 치명 농도 이하에서 장기간 계속될 때 나타남 • 기공 주변의 엽육조직에서 먼저 피해가 나타나고 일부는 조직 괴사가 동반
급성피해	• 치명적인 농도에서 급속히 노출될 때 나타남 • 하표피와 엽육조직 붕괴 • 엽록체가 뒤틀리면서 책상조직도 파괴

② 대기오염 물질에 의해 마모가 촉진되어 왁스층 두께 얇아짐

③ 대기오염물질에 의한 수목의 병징

구분	활엽수	침엽수
SO_2	• 잎의 끝부분과 엽맥간 괴사 • 물에 젖은 듯한 모양(엽육조직 피해)	물에 젖은 듯한 모양 적갈색 변색
NO_x	• 초기 흩어진 회녹색 반점 • 잎 가장자리 괴사, 엽맥 간 괴사(엽육조직 피해)	• 초기 : 잎 끝이 자홍색~적갈색으로 변색되고 잎의 기부까지 확대 • 고사 부위와 건강 부위의 경계선이 뚜렷
O_3	• 잎 표면에 주근깨 같은 반점 형성 • 책상조직이 먼저 붕괴 • 반점이 합쳐져서 표면이 백색화	잎끝의 괴사, 황화현상의 반점, 왜성화된 잎
PAN	• 잎 뒷면에 광택, 후에 청동색으로 변색 • 고농도에서 잎 표면도 피해(엽육조직 피해)	잘 알려져 있지 않음
HF	• 초기 : 잎 끝의 황화 • 잎 가장자리로 확대. 중륵을 따라 안으로 확대 황화조직의 고사	• 잎끝의 고사 • 고사 부위와 건강 부위의 경계선 뚜렷
중금속	• 엽맥간 황화, 잎끝과 잎 가장자리의 고사 조기낙엽, 잎의 왜성화 • 유엽에서 먼저 발병	잎의 신장 억제, 유엽 끝의 황화현상, 잎 기부로 고사 확대

(4) 독성기작

① 아황산가스(SO_2)

    ㉠ 석탄 연소에서 주로 나옴, 후진국형 대기오염 물질

    ㉡ 산성비의 주범 : 아황산가스가 물에 녹으면 황산으로 변함

    ㉢ 독성기작 : 기공으로 흡수되어 엽육 조직의 수분에 용해되어 광합성 작용이 방해되면서 효소기능과 대사 반응이 손상

② 질소산화물(NO_X)

    ㉠ 주로 자동차 배기가스와 각종 공장, 화력발전소의 연료연소에 의하여 배출

    ㉡ 광화학적 스모그 현상 및 산성비의 원인

    ㉢ 독성기작 : 기공으로 들어가 탈아미노 반응을 일으키며 자유라디칼을 생산하여 광합성을 억제하고 초산 대사를 방해

③ 오존(O_3)

    ㉠ 선진국형 대기오염, 대도시(자동차)로 인해 발생, 여름철 30℃ 이상 맑은 날 오후 시간(자외선)

    ㉡ 광화학 스모그의 구성성분인 옥시던트의 90% 이상이 오존

    ㉢ NO_X가 대기권에서 자외선에 의해 산화될 때 발생

$$NO_X^+ \text{탄화수소} \xrightarrow{\text{자외선, } O_2} O_3^+PAN$$

    (NOX와 탄화수소가 자외선에 의해 광화학 산화반응으로 형성되는 2차 오염물질)

    ㉣ 독성 기작 : 기공을 통해 들어가 자유라디칼로 전환되어 물질을 산화시키고 세포막과 소기관의 막을 파괴하고 광합성을 방해

④ PAN

    ㉠ NO_X와 탄화수소가 자외선에 의해 광화학 산화 반응으로 형성되는 2차 오염물질

    ㉡ 광화학산화물 중에서 가장 독성이 크다, 옥시던트 중에 미량(2~10%) 존재

    ㉢ 독성 기작 : 기공을 통해 들어가 세포막과 소기관의 막 기능을 마비시키고 −SH(sulf-hydryl)기를 가진 효소와 반응하여 탄수화물, 호르몬 대사를 방해하고 광합성을 교란

⑤ 불소(F)

    ㉠ 기체 상태 오염물질 중 가장 독성이 크며 체내에 흡수되면 누적됨

    ㉡ 독성 기작 : 기공과 각피층을 통해 흡수되어 무기영양 상태를 교란하고 세포벽 형성, 산소 흡수, 전분 합성 등을 방해

⑥ 중금속

    ㉠ 중금속 : 비중이 5.0g/mL 이상 되는 금속

    ㉡ 중금속 독성은 Cd, Cu, Pb, Hg, Ni, V(바나듐), Zn, Cr, Co, Tl(탈륨) 등에 의해 생김

    ㉢ 독성기작 : 효소작용의 방해, 항대사제 역할, 주요 대사물질의 침전 혹은 분해, 세포막 투과성 변경, 주요 원소를 대치함으로써 생리적 기능의 장애 초래

TIP 대기오염이 산림에 미치는 구체적인 징후

- 잎의 황화현상, 엽량의 감소, 세근량의 감소, 생장량의 저하
- 조기낙엽
- 부정아의 이상 발생
- 잎의 형태 변화
- 식물체의 수분 평형 변화 및 쇠퇴목의 조기고사 등

(5) 수목생장

① 영양생장

㉠ 산성비 : pH5.6 이하에서 대기오염물질인 아황산가스와 질소산화물이 햇빛에 산화되어 황산기(SO_4^{2-})와 질산기(NO_3^-)의 형태로 존재

㉡ 수목의 영양생장 감소

수고생장 감소	산성비와 오존
잎 생장 감소	오존에 노출되면 잎 생장 감소
직경생장 감소	SO_2에 노출되면 직경생장 감소
뿌리 생장 둔화	뿌리의 호흡량 감소와 균근 형성 저하, 내건성 감소로 산림 쇠퇴의 한 원인이 됨

② 생식생장

㉠ 생식생장에 영향을 끼치거나 생식기관에 직접적 피해를 줌

㉡ 대기오염에 의해 수목의 생식생장이 영향을 받는 단계(* 표시된 부분) : 화아원기 형성* → 개화(화분생산*) → 수분 → 화분관 발아* → 수정 → 과실(종자) 성숙* → 종자 발아* → 영양생장*

㉢ 산림의 수종 구성도 변천 : 불소 오염으로 침엽수의 종자생산이 저조하여 활엽수로 대체되는 것이 관찰됨

(6) 조직용탈

① 정의 : 강우, 이슬, 연무, 안개 등의 수용액에 의해 물질 용탈

② 무기염 중 K, Ca, Mg, Mn 등이 용탈

③ 잎 표면의 각피층의 왁스를 침식

④ 산화물질(SO_2, O_3)이 산성비와 함께 작용하면 용탈 가속화

(7) 수목의 저항성과 방어기작

① 수목의 대기오염 저항성

㉠ 속성수가 대기오염에 약한 편임

㉡ 어린 잎과 새순이 성숙 잎보다 대기오염에 더 강함

ⓒ 광합성을 많이 하는 개체가 항산화물질을 더 많이 만듦

　　　ⓔ 생장을 억제하면 저항성이 증가함

　　　ⓜ 관수를 자주 하면 공해 물질을 더 많이 흡수하여 피해가 커질 수 있음

　　　ⓗ 질소비료는 생장을 촉진하여 저항성이 낮아지고 칼륨비료는 대기오염 저항성이 높아짐

　② 방어기작

　　　ⓐ 황산화 효소 생산(페록시다아제, 카탈라아제)

　　　ⓑ 황산화 물질 생산(카로테노이드)

　　　ⓒ 활성산소를 제거하는 비타민 C 생산

6. 기타 스트레스

(1) 염분 스트레스

　① 사막 지역, 바닷가, 염분을 사용한 관개수 사용 시 발생

　② 식물은 염분으로 수분퍼텐셜이 낮아진 토양에서 수분을 흡수해야 하고 토양 중의 나트륨과 염소이온의 독성으로부터 뿌리를 보호해야 함

　③ **방어** : 염분 축적(갯능쟁이), 염분 조절(망그로브는 삼투압을 낮춤), 방어용 단백질 합성

(2) 생물적 스트레스

　① 병균이나 곤충의 공격을 받을 때 나타남

　② 방어

　　　ⓐ 파이토알렉신 : 미생물 공격에 대한 방어용으로 합성되는 저분자물질 **예** 테르페노이드, 글리코시드, 알갈로이드

　　　ⓒ 이소플라보노이드

　　　ⓔ 리그닌을 세포벽에 추가해 병원균 전파를 차단

　　　ⓜ 살리실산을 생산하여 병원성 관련 단백질(PR 단백질) 합성 유도 : PR 단백질은 박테리아와 곰팡이의 세포벽을 녹임

(3) 복토와 심식

　① 정의

　　　ⓐ 복토 : 나무가 자라고 있는 곳에 흙을 부어 땅의 높이가 높아지는 것

　　　ⓒ 심식 : 나무를 옮겨 심을 때 쓰러질 것을 염려하여 전보다 깊게 심는 행위

　② 영향

　　　ⓐ 나무뿌리도 호흡을 하는데, 땅속 깊이 들어갈수록 산소 농도가 희박하여 질식사

　　　ⓒ 어떤 종류의 흙이건 20~30cm 이상 복토하면 뿌리 생장 지장

③ 증상

  ㉠ 잎의 황화와 왜소화, 가지 생장 위축, 조기낙엽

  ㉡ 수관축소, 뿌리 죽어 들어옴, 지제부 수피 부후로 당 이동 방해

7. 산림쇠퇴

(1) 개요

① 정의 : 넓은 지역에서 수목의 활력이 전진적으로 감퇴하는 현상

② 주로 유럽과 북미에서 발생

③ 최근의 산림쇠퇴 현상

  ㉠ 분포가 불규칙하고 성숙림에서 관찰

  ㉡ 무생물적 요인에 의해 발병한 후 생물적 요인에 의한 고사

(2) 산림쇠퇴의 증상

① 생장 감소 : 줄기, 절간, 직경생장 감소

② 잎의 병징 : 잎의 크기 감소, 황화, 조기 낙엽

③ 가지와 수관의 쇠퇴

④ 부정아 발생(줄기와 가지)

⑤ 세근과 균근의 파괴

⑥ 뿌리썩음병균에 의한 뿌리의 감염

⑦ 침엽수는 2~3년생 침엽 황화현상, 수관 아래쪽에서부터 탈락

(3) 원인과 기작

① 복합스트레스설

  ㉠ 1차적 원인 : 대기오염

  ㉡ 2차적 원인 : 한발, 저온, 바람, 병해충

② 복합스트레스설의 진전 과정

  ㉠ 오염가스의 피해 : 엽육조직은 파괴되고 광합성 기능이 마비

  ㉡ 무기영양소의 용탈 : 잎의 왁스층 붕괴와 K, Mg, Ca 등의 용탈

  ㉢ 알루미늄 독성 : 세근 발달 억제, Ca과 Mg의 흡수 방해

  ㉣ 영양의 불균형 : 강하물로 질소는 과다 공급, Ca과 Mg은 용탈 및 흡수장애로 결핍

  ㉤ 기후에 대한 저항성 약화 : 세근 발달이 억제됨으로써 한발에 대한 저항성과 내한성이 약
    해짐

  ㉥ 병해충의 피해 : 활력이 약한 수목은 병해충 피해 증가

8. 기후변화와 지구온난화

(1) 광합성과 증산작용

① 지구온난화는 대기 중의 CO_2 농도가 증가하여 생기는 현상으로 기후변화를 초래

② 온도 상승은 광합성에 영향을 미치지만 원활한 수분 공급이 필요

③ 지구 온도가 2℃ 상승하더라도 광합성 속도가 크게 증가하지는 않음(온도 상승 → 대기 건조 → 증산작용 촉진 → 기공 적게 열림)

(2) 식생 변화와의 관계

① 기후변화가 식생에 미치는 영향은 CO_2와 온도의 상승 정도, 토양의 무기 양분, 수분 이용과의 복잡한 상호작용에 의해서 결정됨

② 따라서 식생 변화와 식생 천이는 지역적으로 그리고 대륙별로 다르게 나타남

(3) 지구온난화와 수목 관리

① 2005년 기준 지구 평균기온 0.74℃ 상승(한반도 기온 1.6℃ 상승)

② 여름 폭염, 겨울 한파 혹은 이상 난동 등의 잦은 기상 이변이 위험

③ 가장 심각한 문제는 수분 부족화 현상

④ 지구온난화 피해

ㄱ 강우가 동반되지 않은 건조한 이상 난동일 때 상록수인 소나무, 잣나무, 향나무는 증산작용을 하기 때문에 심한 수분스트레스를 겪고, 해토가 된 후 봄철에 황화, 고사

ㄴ 이식목(특히 상록수와 자지 많은 낙엽수)은 이상 난동과 가뭄이 동반할 때에 겨울철에도 관수 필요

 **TIP** 동계건조

늦은 겨울 북향 땅이 얼어 있을 때 훈풍으로 과다한 증산작용에 의한 상록수의 피해 → 흡사하지만 동계건조와 지구온난화는 정반대의 피해임

(4) 수목 관리 환경의 문제점

① 대기오염 : 생장감소와 광합성 조직 파괴

② 산성비 : 무기영양소 용탈(K, Mg, Ca)

③ 토양 산성화 : 알루미늄 용해도 증가, 세근 발달 억제

④ 지구온난화와 불규칙한 기후조건

ㄱ 수분부족화 현상

ㄴ 저항성 약화와 2차 피해로 병충해 증가

9. 수목의 노화와 수명

① 수목은 매년 새싹을 내보내 어린 조직을 만들어 냄으로써 잘 노화하지 않음

② 수목은 자라는 과정에서 갖가지 스트레스를 받으면서 조금씩 노화함

③ **노화 원인**

  ㉠ 생식생장과 영양생장 간의 경쟁

  ㉡ 동화작용과 이화작용 간의 불균형

  ㉢ 물질의 장거리 이동이 어려워짐

  ㉣ 병해충과 부패에 대한 저항성이 낮아짐

④ **장수하는 수종** : 목재 부패에 대한 저항성이 있으며, 상처를 치유하여 잘 마무리하는 특징이 있음

PART 04

산림토양학

CHAPTER 01   산림토양의 개념

CHAPTER 02   토양분류 및 토양조사

CHAPTER 03   토양의 물리적 성질

CHAPTER 04   토양의 화학적 성질

CHAPTER 05   토양생물과 유기물

CHAPTER 06   식물영양과 비배관리

CHAPTER 07   특수지 토양 개량 및 관리

CHAPTER 08   토양의 침식 및 오염

CHAPTER 01 산림토양의 개념

1. 산림토양의 정의와 특성

(1) 토양의 정의

① 모암이 여러 가지 자연작용에 의하여 제자리에서 또는 옮겨서 쌓인 뒤, 표면에 유기물질들이 혼합되면서 여러 가지 토양생성인자의 영향을 받아 생긴 지표면의 얇고 부드러운 층

② 토양생성인자인 환경과 평형을 이루기 위해 끊임없이 변화되고 있는 자연체

③ 땅의 일부(흙)로 식물이 자라고 있으면 토양이라 볼 수 있음

④ **산림토양** : 산림 식생에 의해 일시적으로 점유되었던 적이 있거나 산림 생태계의 영향으로 발달한 토양

(2) 산림토양의 특성

① 산림토양은 유기물층 존재

② 석력 함량이 높고 전용적밀도가 낮음

③ 다년간 생육하는 임목뿌리 등에 의해 토양 특성의 시공간적 변이가 큼

④ 낙엽층은 토양의 이화학적 및 생물학적 성질에 큰 영향을 끼침

⑤ 임관의 피음효과에 의하여 경작지 토양의 온도보다 낮음

⑥ 경작지 토양보다 토양 동물의 다양화 및 활성화를 초래함

⑦ **토양의 물리성**

구분	산림토양	경작토양
토성	경사지에 위치하고 점토유실이 심해 모래와 자갈 함량이 높음	• 미사와 점토 함량이 높음 • 양토와 사양토 비율이 높음
토양공극	유기물 함량과 수목 뿌리의 발달로 공극이 많음	기계 작업 등으로 다져지기 때문에 공극이 적음
통기성과 배수성	토성이 거칠고 공극이 많아 통기성과 배수성이 좋음	토성이 상대적으로 곱고 공극이 적어 통기성과 배수성이 보통임
용적밀도	유기물 함량이 높고 공극이 많아 용적밀도가 작음	유기물 함량이 낮고 공극이 적어 용적밀도가 큼
보수력	모래 함량이 높아 보수력이 낮음	점토 함량이 높아 보수력이 높음
토양온도 및 변화	임관의 그늘 때문에 온도가 낮고 낙엽층 피복으로 변화폭이 작음	그늘 효과 없어 온도가 높고 표토가 토출됨에 따라 변화폭이 큼

⑧ 토양의 화학성

구분	산림토양	경작토양
유기물 함량	낙엽, 낙지 등 유기물이 지속적으로 공급되어 높음	경운과 경작으로 유기물이 축적되지 않아 낮음
탄질율(C/N)	탄소비율이 높은 유기물이 공급되어 높음	질소비료의 투입으로 탄질율이 낮음
타감물질	페놀, 탄닌 등 축적	거의 축적되지 않음
토양 pH	낙엽분해 휴믹산으로 pH가 낮음	석회비료의 사용 등으로 pH가 높음
CEC	모래 함량이 높아 CEC가 낮음	점토 함량 높아 CEC가 높음
토양비옥도	낮은 보비력으로 비옥도가 낮음	토양개량과 비료사용으로 비옥도가 높음
무기태 질소의 형태	암모늄태 질소 형태로 존재	질산태 질소 형태로 존재

⑨ 토양의 생물학성

구분	산림토양	경작토양
주요 미생물	낮은 pH에 적응성이 큰 곰팡이가 많고 세균이 적음	세균과 곰팡이
질산화 작용	낮은 pH로 질산화 작용이 억제됨	질산화 작용이 활발

2. 토양의 생성

(1) 토양의 모재가 되는 암석

① 지표를 구성하는 암석은 크게 화성암, 변성암, 퇴적암으로 구분함

② 화성암

ㄱ 모든 암석의 근원

ㄴ 마그마가 분출되거나 지중에서 천천히 냉각되어 만들어짐

ㄷ 6대 조암광물 : 감람석, 휘석, 각섬석, 운모, 장석, 석영

ㄹ 장석과 운모는 쉽게 풍화되어 점토를 형성, 석영은 풍화에 강하여 모래 입자로 남음

ㅁ 주요 화성암의 구분(구성 광물, 규산 함량, 생성 깊이에 따라 구분됨)

구분	산성암 ($SiO_2 > 66\%$)	산성암 ($SiO_2 : 66{\sim}52\%$)	염기성암 ($SiO_2 < 52\%$)
심성암	화강암	섬록암	반려암
반심성암	석영반암	섬록반암	휘록암
화산암	유문암	안산암	현무암

ㅂ 산성암은 규산 함량이 많아 밝은 색을 띰

ㅅ 중부지방의 암석 중에 석영이 많아 산악지와 곡간지에 사질토가 널리 분포함

ⓞ 화강암과 화강편마암은 우리나라 중부지방에서 가장 흔히 볼 수 있는 암석임

ⓩ 염기성암은 철과 마그네슘 함량이 많아 무겁고, 어두운 색을 띠며 쉽게 풍화됨

ⓒ 현무암은 제주도와 철원평야 일대에서 흔한 다공성 암석

③ **퇴적암**

㉠ 무게로는 암석권의 5%에 불과하지만 지표면의 약 75%를 덮고 있음

㉡ 우리나라에서는 경상분지에 넓게 분포함

㉢ 물에 의해 퇴적된 것이 대부분이므로 수성암이라고 하였으나, 화산재 등이 바람에 날아가 퇴적된 것도 포함하여 퇴적암이라고 부름

㉣ 퇴적 흔적인 층리가 있음

㉤ 사암, 역암, 혈암, 석회암, 응회암

④ **변성암**

㉠ 기존의 화성암과 퇴적암이 고압과 고열에 의한 변성작용을 받아 생성

㉡ 조직이 치밀해지고 비중이 무거워짐에 따라 풍화에 잘 견딤

㉢ 편마암(화강암 변성), 편암(혈암, 점판암, 염기성 화성암 변성), 점판암(혈암, 이암 변성), 천매암(점판암 변성), 규암(사암 변성), 대리석(석회암 변성) 등

(2) 풍화작용

① **개요**

㉠ 물리적·화학적·생물적 풍화작용이 있으며 각각 독립적으로 일어나는 것이 아니라 동시에 병행으로 일어남

㉡ 최종 풍화 광물 : 규산염 점토광물, 안정된 철과 알루미늄 산화물, 석영

② **풍화내성 정도**

㉠ 1차 광물 : 석영＞백운모＞미사장석(K)＞정장석(K)＞흑운모＞조장석(Na)＞각섬석＞휘석＞회장석＞감람석

㉡ 2차 광물 : 침철광＞적철광＞깁사이트＞점토광물＞백운석＞방해석＞석고

③ **물리적(기계적) 풍화작용**

㉠ 암석의 물리적 붕괴 : 팽창과 수축, 암석 내부와 외부의 온도 차이, 결빙 등

입상붕괴	결정형 광물들의 팽창, 수축 계수의 차이 등에 의해 입자상으로 분리
박리	암석 내부와 외부의 온도차이로 인해 양파와 같이 벗겨지는 현상(화강암)
절리면 분리	기반암에 생긴 평행 절리에 따라 분리되는 현상
파쇄	불규칙한 암편으로 부서지는 현상

㉡ 주요 인자 : 온도, 물과 얼음 및 바람, 식물과 동물

④ 화학적 풍화작용

    ㉠ 기계적 붕괴과정이 일어나 암석의 표면적이 증가하면 활발해짐

    ㉡ 용해, 가수분해, 수화, 산성화, 산화 등

    ㉢ 고온다습, 유기물 분해 환경에서 촉진

물과 용액	• 가수분해, 수화, 용해를 통해 광물을 분해, 변형, 재결정화 • $KAlSi_3O_8$(정장석) + H_2O → $HAlSi_3O_8$(규반산) + K^+ + OH^-(가수분해) • $2Fe_2O_3$(적철광) + $3H_2O$ → $2Fe2O3$(갈철광) • $3H_2O$(수화)
산성용액	• 탄산에 의하여 공급되는 H^+에 의하여 가속화 • 질산 및 황산과 같은 강산성 물질과 유기산들로 배출되는 H^+은 풍화작용에 기여 • 정장석이 탄산에 의하여 화학적으로 용해되는 과정 • CO_2 + H_2O ↔ H_2CO_3 • H_2CO_3 ↔ H^+ + HCO_3^- • HCO_3 ↔ H^+ + CO_3^{2-} • $K_2Al_2Si_6O_{16}$(정장석) + $2H_2O$ + CO_2 → $H_4Al_2Si_2O_9$(kaolinite) + $4SiO_2$ + K_2CO_3 • $CaCO_3$ + H_2O + CO_2 ↔ Ca^{2+} + $2HCO_3^-$
산화작용	• 2가철이 3가철로 산화되면 광물의 안정성이 감소하여 붕괴와 분해가 일어남 • $Fe(OH)_2$(수산화철) + $2H_2O$ + O_2 ↔ $4Fe(OH)_3$(옥시수산화철) • $MgFeSiO_4$(감람석) + $2H_2O$ → $H_4Mg_3Si_2O_9$(사문석) + SiO_2 + $3FeO$ • FeO(ferrous oxide 산화제일철) + O_2 + $2H_2O$ → $4FeOOH$(geothite 침철광) • 광물로부터 Fe^{2+}와 같은 이온이 녹아서 방출되거나 광물 내에서 산화되면 기계적 붕괴 발생

⑤ 생물적 풍화작용

    ㉠ 동물, 식물, 미생물 등 여러 가지 생물들이 풍화과정에 관여

    ㉡ 식물 뿌리나 미생물의 호흡작용을 통하여 생성된 이산화탄소는 물과 반응하여 H^+을 생성하여 분해를 촉진하거나 직접 유기산을 분비하여 암석을 분해

⑥ 풍화에 영향을 끼치는 인자

기후	• 성격과 속도를 지배하는 가장 중요한 인자 • 건조 조건 : 화학적 풍화가 적고 온도변화와 바람에 의한 물리적 풍화작용이 중심. 따라서 건조지대 토양은 모재와 거의 유사한 조성을 가짐 • 습윤지대 : 기계적 반응+화학적 반응. 규산염 점토광물 및 철과 알루미늄산화물들이 다양하게 생성. 연중 고온 다습한 열대기후는 풍화의 최적조건이 됨
조암광물의 물리적 성질	• 굵은 입자광물은 쉽게 풍화됨(온도의 변화에 따른 내외부 팽창 정도가 다르기 때문) • 기계적 붕괴가 일어난 후에는 단위 무게당 표면적이 크고 이자가 고운 광물들이 더 쉽게 분해됨(화산재나 석회암 등 다공질 암석은 표면적이 크기 때문에 물리 또는 화학적으로 쉽게 분해)
조암광물의 화학적 및 결정학적 특성	• 석고나 방해석과 같은 광물은 CO_2에 포화된 물에 잘 녹아서 모재로부터 쉽게 용해됨 • 쉽게 산화될 수 있는 Fe^{2+}를 함유한 감람석이나 흑운모 등이 쉽게 풍화됨 • 광물의 풍화내성 : 침철광>적철광>깁사이트>석영>규산염점토>백운모 · 정장석>사장석>흑운모 · 각섬석 · 휘석>감람석>백운석 · 방해석>석고

⑦ 풍화산물의 이동과 퇴적

    ㉠ POLYNOV의 가동률(Cl^-의 가동률 100) : 암석풍화산물의 가동률

    ㉡ 제1상 : Cl^-, SO_4^{2-} 등은 풍화에 가동되어 양이온과 용탈

    ㉢ 제2상 : Ca^{2+}, Na^+, Mg^{2+}, K^+ 등의 알칼리금속 및 알칼리토류(kaoline)

ⓔ 제3상 : 반토규산염의 규산이 용탈

ⓜ 제4상 : 철과 알루미늄의 산화물의 축적

(3) 토양모재

① 잔적모재

ㄱ 암석이 풍화 장소에 잔존해서 생성

잔적무기모재	경사가 완만한 지형에서 식생이 없이 침식됨
퇴적유기모재	이탄층 존재

ⓛ 호수나 습지와 같이 유기물 분해가 느린 곳

ⓒ 온도가 낮아 미생물 활동이 약한 고위도 지역

② 운적모재

ㄱ 물에 의한 운반과 퇴적

선상지 퇴적물	• 산 계곡물이 평야지로 나오는 계곡 입구에 부채 모양으로 생겨남 • 산악지가 많은 우리나라에 선상지 잘 발달함 • 선정(계곡 입구), 선앙(밭), 선단(논)
범람원	• 강 하류에 물이 범람하여 생겨남 • 요함지, 배후습지
하해혼성퇴적지	• 강물이 바다에 이르러 만조 시 정체되는 강하구에서 퇴적작용 • 삼각주 생성, 이탄 형성 및 특이산성토가 됨
해안 퇴적물	• 바다로 유입된 토사가 파도에 의해 다시 해안으로 밀려와 사주를 만들면 석호가 됨 • 동해안 경포호, 향호, 매호, 화진포 등
기타 (호수물, 빙하)	• 호수에 퇴적된 물질들은 크기가 다양하며 층을 형성(빙호점토) • 빙하가 흐른 지역은 토층이 단단한 평지로 됨(빙력토평원) • 빙하가 녹으면 빙하의 머리 부분에 반원형의 종퇴석을 남김

ⓛ 바람에 의한 퇴적

• 모래 공급원 가까이에 사구를 형성

• 황사는 바람에 의하여 더 멀리 이동

• 황사는 건조지역에서 발생하므로 석회 함량이 높고 비옥함

ⓒ 붕적 퇴적

• 풍화 물질이 경사면을 따라 중력에 의하여 이동되어 산록에 퇴적된 것(물리적 풍화)

• 퇴적과정 : 포행(사면을 따라 토사가 서서히 이동), 산사태, 동활(결빙되어 있는 심층 위를 소성태의 표토가 서서히 흐름), 토석류(earth flow : 습윤한 기후의 산지 하부에서 점토광물이 풍부한 풍화층으로 이동) 등

• 충적붕적모재 : 물의 작용이 가세한 경우를 말함

(4) 토양 생성 인자

① 모재

    ㉠ 산성 화성암 : 석영과 더불어 1가 양이온의 함량이 많음. 포드졸 특성을 지닌 토양 생성

    ㉡ 염기성 화성암 : 칼슘과 마그네슘 등의 2가 양이온의 함량이 많음. 갈색토양이 생성

    ㉢ 우리나라 모암 : 화강암 및 화강편마암(2/3 이상), 반암, 혈암, 사암, 역암, 석회암, 현무암

② 기후

    ㉠ 강수량과 온도의 직접적인 영향

- 강수량이 많을수록 토양 생성 속도가 빨라지고 토심도 깊어지며(토양유기물 함량 증가), 강수량의 세기는 유거수, 토양침식, 토양입자 파괴 등에 영향을 끼침
- 온도가 높을수록 풍화속도 빨라짐(10℃↑, 화학반응 2~3배). 온도가 증발산량을 결정함
- $P-E지수 = \sum_{n=1}^{n=12} (\frac{월강수량}{월증발량})n$
- P-E지수는 1년 동안의 월별 P-E율을 더한 값으로 강수효율을 나타냄(P-E율은 월강수량을 월증발량으로 나눈 값)
- $T-E지수 = \sum_{n=1}^{n=12} (\frac{월강수량}{월평균기온})n$
- T-E지수는 1년 동안의 월별 T-E를 더한 값으로 온도효율을 나타냄(T-E율은 월강수량을 월평균기온으로 나눈 값)
- 강수량이 많은 습윤지역 : 양이온 용탈로 미포화 산성교질
- 건조 또는 반건조지역 : Ca, Mg, Na 집적층 형성을 형성하여 염류토나 알칼리토 생성

    ㉡ 기후의 간접적인 영향

- 온도가 식물생산을 제한하는 요인이 되지 않는 한 강수량이 많을수록 토양유기물의 함량이 증가하고, 온도가 높을수록 유기물의 분해가 빨라짐
- 한랭하고 강수량이 많은 기후조건에서는 토양유기물의 함량이 많고 고온기후에서는 강수량과 관계없이 유기물 함량이 적은 토양이 생성됨
- 온도조건은 Fe의 산화도에 관여하여 열대지방은 철의 산화도가 높고 유기물 축적량이 적음

    ㉢ 성대성 토양

- 기후나 식생과 같이 넓은 지역에 공통적으로 영향을 끼치는 요인에 의해 생성된 토양
- 습윤 토양 : 라테라이트토, 적색토, 갈색토, 회갈색토, 포드졸토, 툰트라토, 갈색산림토
- 중간토양 : 프레리토, 체르노젬 등
- 건조토양 : 율색토, 사막토 등

※ 갈색산림토 : 성태성 토양으로 우리나라의 대부분을 차지, 온대 습윤 기후 지역의 낙엽 활엽수림에서 전형적으로 발달하는 토양으로 농사에 적당함

ⓔ 간대성 토양
- 기후와 식생의 영향을 받으면서 다른 토양생성인자(지형 및 모재)의 영향을 받아 국지적으로 형성된 토양
- 소지토, 습초지토, 이탄토, 화산회토, 테라로사 등

③ **지형** : 지표면의 형상과 기복
- ㉠ 경사도가 급할수록 토양 생산량보다 침식량이 많아 암쇄토(lithosol) 형성
- ㉡ 평탄지 : 표토 안정, 투수량이 많아져 토심이 깊고 B층의 구조가 발달, 표층은 용탈로 인해 pH와 점토의 함량이 적어지며 유기물 분해량이 많아짐(총질소량 감소)
- ㉢ 볼록지형 : 건조연쇄, 모세관 상승량이 많아져 알칼리화 촉진
- ㉣ 오목지형 : 습윤연쇄

④ **생물**
- ㉠ 식생은 기후의 영향을 가장 많이 받는 종속변수로 지형, 모재의 영향을 받음
- ㉡ 토양유기물의 주 공급원, 초지 A층 발달, 산림 O층 발달
- ㉢ 식물뿌리 : 토양구조 발달, 광물의 풍화 촉진
- ㉣ Plaggen 표층 : 초지 농업 지대

⑤ **시간**
- ㉠ 경사가 완만한 안정지면에서는 오래될수록 발달한 토양단면을 볼 수 있음(누적 효과)
- ㉡ 시간인자의 누적효과는 토양 발달도로 나타냄(층위 수나 두께 및 질적 차이 등)
- ㉢ 동일 모재라도 기후조건에 따라 풍화 속도가 달라짐(석회암은 습윤지대에서 빨리 풍화되지만, 건조지대에서 풍화 속도는 매우 느림)

(5) 토양생성작용

① 토양 무기 성분의 변화를 주로 하는 생성작용
- ㉠ 초기생성작용 : 자급영양미생물(조류) → 타급영양세균(점균류, 사상균, 방선균) → 지의류 형성(유기산 분비) → montmorillonite, illite
- ㉡ 점토생성작용 : 1차 광물이 분해되어 결정형, 비결정형의 2차 규산염광물 생성
- ㉢ 갈색화작용
  - 유리된 철이온이 산소와 물 등과 결합하여 가수산화철이 되어 토양을 갈색으로 착색시키는 과정
  - pH가 7.0 이하인 경우 : 가수산화철 → 침철광(goethite) → 적철광(hematite)
- ㉣ 철·알루미늄 집적작용
  - 고온다습(열대습윤) 기후조건에서 수산화물들은 불용성되어 침전됨(적토)
  - 표층은 철 함량이 60~70%에 달하고, 산화알루미늄 함량도 15~20%에 달함

- 비옥도가 낮은 산성토양이고, 점토도 분해되거나 활성이 낮은 광물이므로 CEC가 낮아 영농에 매우 불리한 토양
- 지하 수위가 높은 곳에서는 철결괴 생성(plinthite) → 라테라이트라 함
- 라테라이트 토양 : 표층은 B1층에 해당하고, B2층이 Fe과 Al의 집적이 가장 큼. 규반비 (SiO_2/Al_2O_3)가 2.0 이하로 낮음. 신토양분류법에서 oxisol로 통일하고 일부 Al, Fe 집적 토양은 과숙토(ultisol)로 분류함

② 유기물의 변화를 주로 하는 생성 작용

부식집적작용	• 부식은 비교적 안정한 물질로 토양에 집적되는 것 • 유기물은 조부식(mor), 중간(moder), 입상부식(mull)의 형태로 집적됨 • 분해가 양호한 mull(mild humus)은 pH4.5~6.5로 입상구조를 가진 A층을 이룸
이탄집적작용	지하수위가 낮은 곳에 혐기 상태에서 불완전하게 분해된 유기물이 쌓이거나 번성한 습지 식물이 지표에 쌓이는 현상

③ 토양생물의 작용과 물질의 이동에 의한 생성 작용

회색화작용	• 토양이 과습하여 공극의 대부분이 포화상태가 되면 호기성 미생물이 산소를 소비하여 토양이 환원 상태가 됨 • Fe^{3+} → Fe^{2+}, Mn^{4+}/Mn^{3+} → Mn^{2+} → 암회색으로 변하는 것을 회색화작용이라 함 • 수직배수가 잘 안 되는 투수불량지나 지하수위가 높은 곳에서 발생
염기용탈작용	강수량이 증발량보다 많으면 염기세탈형 수분상태가 되므로 빗물이 지하로 흘러가면서 물에 녹기 쉬운 K, Na, Ca, Mg이 토양이동과 함께 흘러가버리는 현상
점토의 기계적 이동작용	• 점토와 철의 산화물이나 수산화물, 세립의 규산염 1차 광물 등은 물의 하방 이동과 더불어 하부층에 집적 • A층보다 B층에 점토함량 많아짐 • 토양발달(미숙토 → 반숙토 → 완숙토 → 과숙토)
포드졸화작용 (포드졸 또는 스포도졸 토양)	• 습윤, 한대지방의 침엽수림은 온도가 낮아 미생물 활동이 느리고 유기물이 집적됨. 토양용액은 풀브산과 같은 저분자 부식물질을 함유하게 되고, 조립질토에서는 하방 이동도 많음 • 토양표층의 철과 알루미늄 등이 용탈된 표백층(E층, 회백색), 집적층(B층, 흑갈색의 부식층, 적갈색의 철집적층)이 생성됨
염류화작용과 탈염류화작용	• 증발산>강수량 경우, 염류가 토양 단면 상부의 표토 밑에 집적 • 증발산<강수량 경우, 집적되었던 가용성 염류가 제거됨
알칼리화작용	• 토양에 흡착된 치환성 Na은 수용성의 탄산이나 탄산염 등과 치환반응을 하게 됨 • 생성된 탄산나트륨, 탄산수소나트륨의 가수분해로 강알칼리성 반응(pH10~11)을 띔 • 부식이 용해되어 암색화됨
석회화작용	건조, 반건조지대 → 용해도가 낮은 $CaCO_3$나 $MgCO_3$의 토양축적 현상
수성표백작용 (지하수포드졸화, 수성표백층)	토양의 표층이 물로 포화되어 혐기상태가 되면 철과 망간의 화합물이 가용성인 Fe^{2+}, Mn^{2+}로 변하고 용탈되어 표층이 회백색으로 됨

3. 산림토양의 구성

(1) 산림토양의 단면

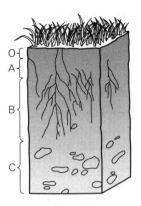

O층 유기물층	• 주로 식물의 유체 등 유기물이 많이 축적되어 있는 토층 • Oi : 미부숙 • Oe : 중간 정도 부숙 • Oa : 잘부숙
A층 무기물 표층	• 성토층의 가장 윗부분 • 기후, 식생 등의 영향을 직접 받아 가용성염기류가 용탈, 경우에 따라 점토, 부식등과 같은 물질도 아래층으로 이동, 용탈(무기물 토층)
E층 최대 용탈층	• 점토와 철·알루미늄 등의 산화물 또는 염기 등이 아래층으로 용탈되어 담색을 나타냄. A층의 용탈이 이곳에서 이루어짐 • 과용탈토(spodosol)의 표백층이 대표적인 E층 • 부식산이 많이 생성될 수 있고 강수량이 많은 지역일수록 발달함
B층 집적층	• 점토, 철, 알루미늄, 부식 등이 집적되고 구조가 어느 정도 뚜렷하게 발달, 빛깔이 다른 층위보다 진함 • 집적층 상부 토층에서 용탈된 철과 알루미늄의 산화물 및 점토 등이 집적 • 점토피막이 형성되어 구조의 발달을 볼 수 있음
C층 모재층	• 무기물층으로 아직 토양생성작용을 받지 않은 모재층 • 아직 토양생성작용을 받지 않은 모재층
R층 모암층	R층은 C층 또는 C층이 없을 경우 B층 아래에 있는 모암층

• A층, E층, B층을 합하여 진토층(solum)이라 하고, A층, E층, B층, C층 모두를 합하여 전토층(regolith)이라고 함
• 전이층(또는 혼합층) : 두 가지 토층의 특성을 동시에 지닌 토층, 우세한 토층을 먼저 씀(예 BC층 : C층에서 B층으로 전환되고 있는 토층으로서 B층의 특징을 더 많이 지니고 있을 때 붙임)

(2) 기본 토층의 명칭과 특징

토층 명칭	특 징
H	물로 포화된 유기물층
Oi	미부숙 유기물층
Oe	중간 정도 부숙된 유기물층
Oa	잘 부숙된 유기물층
A	무기물 토층(부식 혼합), 어두운 색
E	용탈 흔적이 가장 명료한 층
AB·EB	전이층(A → B, E → B), 단 특성 A>B, E>B
BA·BE	전이층(A → B, E → B), 단 특성 A<B, E<B
E/B	혼합층(단 E층의 분포비가 우세), 우세층 먼저 표기
B	무기물집적층
BA·BC	전이층(B → A, B → C), 단 특성 A, E<B(B층 우세)
B/E	혼합층(B층분포비가 우세)
BC·CB	전이층(우세 토층 먼저 표기)
C	모재층(잔적토 : 풍화층, 운적토 : 원퇴적 사력층)
R	모암층(수직적으로 연속 분포, 수작업 굴취 불가)

(3) 종속토층(보조토층)

① 종속토층: 토양생성과정을 통하여 생성된 특징적 토층을 표시하기 위하여 사용함. 영문 소문
자를 기본토층 이름 다음에 붙임 (예 Oi, 미부숙유기물)

② 종속토층의 종류별 기호와 특성

종속토층 기호	토층의 특성
a	유기물층(잘 부숙된 것)
b	매몰 토층
c	결핵(concretion) 또는 결괴(nodule)
d	미풍화 치밀물질층
e	유기물층 중간 정도의 부숙
f	동결토층(frozen layer)
g	강 환원(gleiing)토층
h	이동 집적된 유기물층(B층 중)
i	유기물층(미부숙된 것)
k	탄산염집적층
m	경화토층(cementation, induration)
n	Na(sodium)집적층
o	Fe·Al 등의 산화물(oxides) 집적층
p	경운(경작 : plowing) 토층 또는 인위교란층
q	규산(silica) 집적층

종속토층 기호	토층의 특성
r	잘 풍화된 연한 풍화모재층
s	이동 집적된 OM + Fe·Al산화물
t	규산염점토의 집적층
v	철결괴층(plinthite)층
w	약한 B층(토양의 색깔이나 구조상으로만 구별됨)
x	이쇄반(fragipan), 용적밀도가 높음
y	석고집적층
z	염류집적층

CHAPTER 02 토양분류 및 토양조사

1. 토양분류체계

(1) 개요

① 신토양분류법은 현재 전 세계적으로 사용되고 있고 우리나라도 이 기준에 따라 토양을 분류하고 있음

② 목과 아목–대군–아군–속–통으로 분류하고 있음

(2) 분류 기준

① **토양목** : 가장 상위 단위 12개. 토양 특성 및 생성 과정

② **토양 아목** : 토양 온도상과 수분상 등을 기준으로 분류

③ **토양 아군** : 토색, 토심, 토성, 유기물 함량 등

④ **속** : 토지 이용과 관련된 특성으로 분류되며, 토성이 가장 중요함

⑤ **통** : 토양분류의 기본단위이며, 표토를 제외한 심토의 특성(동일한 모재에서 유래, 토층의 순서 및 발달 정도, 배수 상태, 단면의 토성과 토색)이 유사한 토양 표본(페돈)의 집합체. 발견된 지역의 지명 또는 주변의 지형적 특성을 따서 명명(관악통, 낙동통 등)

⑥ **페돈** : 각개 토양의 특성을 확정할 수 있는 최소 단위의 토양 표본. 페돈의 수평 면적은 토양 단면의 불균일성 정도에 따라 보통 $1m^2$에서 $10m^2$ 이상으로 다양하며, 깊이는 토양생성작용에 의하여 형성된 토층(soil horizon)까지를 말함. 우리나라에서는 토양상을 토양개체로 보고 신토양분류법(미국)에서는 토양통을 하위단위로 정하고 있음

(3) 신토양분류법

① 토양목은 토양생성과정의 진행 정도를 위주로 분류하는 것이며 토양층위의 발달 정도로 판단함. 감식층위의 존재 여부와 종류에 의해 동정됨

② 한국의 토양목 : 엔티졸, 인셉티졸, 알피졸, 몰리졸, 울티졸, 안디졸, 히스토졸(7개목, 14개 아목, 27개 대군)

③ 세계의 토양목

Entisol(미숙토)	토양 생성 발달이 미약하여 층위의 분화가 없는 새로운 토양
Inceptisol(반숙토)	• 토층의 분화가 중간 정도인 토양이며, 온대 또는 열대의 습윤한 기후조건에서 발달 • argillic토층 형성(×)
Mollisol(암연토)	• 초원지역의 매우 암색이고 유기물과 염기가 풍부한 무기질토양 • 표층에 유기물이 많이 축적되고 Ca 풍부 • 암갈색의 mollic표층
Alfisol(완숙토)	점토집적층이 있으며, 염기포화도가 35% 이상. ochric표층
Ultisol(과숙토)	• 온난 습윤한 열대 또는 아열대 기후지역에서 발달 • 감식토층은 argillic, 염기포화도 30% 이하
Histosol(유기토)	• 유기물의 퇴적으로 생성된 유기질 토양 • Histosol로 분류되려면 유기물 함량이 20~30% 이상, 유기물토양층이 40cm 이상 되어야 함
Andisol(화산회토)	• 화산회토로 우리나라 제주도와 울릉도에 발달 • 주요 점토광물은 allophane
Aridisol(과건토)	건조지대의 염류 토양으로 토양발달이 미약
Gelisol(결빙토)	영구동결층을 가지고 있는 토양
Oxisol(과분해토)	• Al·Fe 산화물이 풍부한 적색의 열대토양 • 풍화가 가장 많이 진척된 토양 • 광물조성은 주로 kaolinite, 석영 및 철과 알루미늄산화물
Spodosol(과용탈토)	• 사질모재 조건과 냉온대의 습윤한 토양 • 심하게 용탈된 회백색의 용탈층을 가지고 있는 토양
Vertisol(과팽창토)	• 팽창성 점토광물 함량이 높아 팽창과 수축이 심하게 일어나는 토양 • 표층은 주로 ochric 또는 umbric

④ 신토양분류법의 감식 표층

층위명	어원	특징
anthropic	anthropos, 사람(Gk)	인산 풍부, 인위적 암색 표층
folistic	folia, 잎(L)	건조 유기물 표층
histic	histos, 조직(생물, Gk)	과습 부식질 표층
melanic	melas, 흑색(G)	화산회와 식생에 의한 OM 혼합집적
mollic	mollis, 부드러운(L)	염기 풍부(염기포화도(BS)>50%), 암색 표층
ochric	ochros, 담색(Gk)	담색 표층(위 6종 외의 것)
plaggen	plaggen, 잔디(Ger)	구비 연용으로 퇴적된 암색 표층
umbric	umbra, 그늘(L)	염기 결핍(BS<50%), 암색 표층

⑤ 신토양분류법의 감식 차표층

층위명	어원	특징
agric	ager, 들(L)	경작으로 미사·점토·부식 등이 집적
albic	albus, 흰색(L)	철산화물 등의 용달로 탈색된 토층
argillic	argilla, 흰 점토(L)	A층과 E층에서 이동한 점토 집적(성숙토 결정)
calcic	calcium, 석회(L)	Ca·Mg 등의 탄산염 집적(>15%), B층 또는 C층
cambic	cambiare(L)	변화 발달 초기의 약한 B층(약간 농색 및 구조)
duripan	durus, 경화(L)	경반(난쇄반), 1N 염산이나 물에 풀리지 않음
fragipan	fragilis, 파쇄(L)	경반(이쇄반), 물에 장시간 담그면 풀림
gypsic		석고집적층(위나 아래 층보다 25%, 두께>15cm)
kandic		불활성 점토(CEC<16cmol/kg clay), 두께>30cm
natric	natrium(L)	Na 집적(SAR>13), 단면 40~200cm 내에 출현
ortstein	Ort : 장소, Stein, 돌(Ger)	Spodosol에서 볼 수 있는 철경반(두께>25mm)
oxic	oxide, 산화물(F)	과분해층(CEC<12cmol/kg clay), 두께>30cm
petrocalcic	petr, 돌(L)	경화된 석회층
petrogypsic		경화된 석고층
placic	plax, 평석(Gk)	박철반층(Fe·Mn·OM 복합체), 두께<25mm
salic	sal, 소금(L)	석고보다 수용성 염>2%, 두께>15cm(곱한 값>60)
sombric	somber, 어두운(Fr)	냉대의 암색층(Al과 미결합, Na에 난분산)
spodic	spodos, 나뭇재(Gk)	냉대의 Fe·A1 복합체 집적층, 사(양)질

⑥ 토양온도 상태의 구분

구분	연평균기온(℃)	구분	연평균기온(℃)
pergelic	<0	mesic	8~15
cryic	0~8	thermic	15~22
frigid	<8	hyper thermic	>22

⑦ 토양수분 상태의 구분

구분	토양수분 조건
aquic	연중 일정 기간 포화상태 유지, 환원상태 주로 유지
udic	연중 대부분 습윤한 상태
ustic	Udic과 ardic의 중간 정도의 수분상태
aridic	연중 대부분 건조한 상태
xeric	지중해성 수분조건, 즉 겨울에 습하고 여름에는 건조함

(4) 우리나라 토양

① 인셉티졸(69.2%), 엔티졸(13.7%) 등이 80%가 넘으며, 이외 알피졸, 몰리졸, 울티졸, 히스토졸 등이 있음. 제주도에는 안디졸로 주로 화산회토가 있음

② 젤리졸, 아리디졸, 옥시졸, 스포도졸, 버티졸은 우리나라에는 없음

③ 논토양은 공기가 잘 통하지 않아 회색화된 토양이 만들어짐

④ 토양목은 미숙토, 반숙토, 성숙토, 과숙토, 기타로 구분됨

미숙토	• 하상지와 같이 퇴적 후 경과시간이 짧거나 산악지와 같은 급경사지 • 층위의 분화 발달 정도가 극히 미약 • 낙동통(하상지), 관악통(산악지)
반숙토	• 우리나라에 가장 흔한 토양, 침식이 심하지 않은 대부분의 산악지와 농경지, 충적토와 붕적토 등이 이에 속함 • 지산통(답), 백산통(밭), 삼각통(산림지)
성숙토	• 용탈작용을 받아 집적층이 명료하게 발달한 토양 • 저구릉지, 홍적단구, 오래된 충적토 등 • 평창통(석회암 지대), 덕평통(홍적단구에 분포해 있는 식질토로 논 이용) • 홍적단구 : 홍적시대에 퇴적된 토층이 빙하와 물의 영향으로 형성된 대지
과숙토	• 성숙토가 더욱 용탈작용을 받아 심토까지 염기가 유실된 토양 • 서남해안부 분포, 현재의 기후에서는 생성되지 않는 일종의 화석토양 • 봉계통(남부 지방 중성암 지대의 구릉지, 토심이 깊은 적색토, 김해 진영 단감밭) • 천곡통(남부 해안지대의 염기성암지대의 잔적식질토)
기타	• 제3기층 유래 융기해성토 : 심층이 잠재특이산성 토층 • 신불통 : 고산악지에 분포, 표토에 유기물 많이 축적 • 고랭지 채소 지대

(5) 우리나라의 산림토양분류

① **분류 방식** : 자연적인 계통분류 방식, 고차에서 저차 카테고리로의 하강식 분류 방식을 채용

② **분류 기준** : 토양군-토양아군-토양형의 3단계를 설정, 토양군의 고차 카테고리인 토양목과 저차 카테고리인 토양아형은 설정하지 않음

  ㉠ 토양군 : 토양생성작용이 같고 토양층위의 배열이 유사한 토양의 집합

  ㉡ 토양아군 : 토양군의 전형적인 성질을 갖고 있는 토양아군과, 다른 토양아군으로 이행해 가는 중간적인 성질을 갖는 토양아군으로 구분

  ㉢ 토양형 : 낙엽층의 발달 정도, 토양단면 형태의 차이, 층위의 발달 정도, 층위의 구조, 토색 등의 차이로 구분함

③ **산림토양의 명명**

  ㉠ 토양군 : 용이한 식별이 가능한 토색을 주된 기준으로 삼음

  ㉡ 토양아군 : 전형적인 토양아군과 다른 토양군으로 이행적인 토양아군의 특징을 포함할 수 있도록 명명

  ㉢ 토양형 : 수분 조건과 토양 단면의 형태 차이 및 토양 성숙도의 차이에 의해 명명

④ 한국 산림토양의 분류

　　㉠ 8토양군 11토양아군 28토양형

　　㉡ 갈색산림토양(B), 적·황색산림토양(R·Y), 암적색산림토양(DR), 회갈색산림토양(GrB),
　　　화산회산림토양(VA), 침식토양(Er), 미숙토양(Im), 암쇄토양(Li)

(6) 산림토양의 세부 분류

토양군	기호	토양아군	기호	토양형	기호
갈색산림토양 (Brown forest soils)	B	갈색산림토양	B	갈색건조산림토양 갈색약건산림토양 갈색적윤산림토양 갈색약습산림토양	B1 B2 B3 B4
		적색산림토양	rB	적색계갈색건조산림토양 적색계갈색약건산림토양	rB1 rB2
적황색산림토양 (Red & Yellow forest soils)	R·Y	적색산림토양	R	적색건조산림토양 적색약건산림토양	R1 R2
		황색산림토양	Y	황색건조산림토양	Y
암적색산림토양 (Dark Red forest soils)	DR	암적색산림토양	DR	암적색건조산림토양 암적색약건산림토양 암적색적윤산림토양	DR1 DR2 DR3
		암적갈색산림토양	DRb	암적갈색건조산림토양 암적갈색약건산림토양	DRb_1 DRb_2
회갈색산림토양 (Gray Brown forest soils)	GrB	회갈색산림토양	GrB	회갈색건조산림토양 회갈색약건산림토양	GrB1 GrB2
화산회산림토양 (Volcanic ash forest soils)	Va	화산회산림토양	Va	화산회건조산림토양 화산회약건산림토양 화산회적윤산림토양 화산회습윤산림토양 화산회자갈많은산림토양 화산회성적색건조산림토양 화산회성적색약건산림토양	Va1 Va2 Va3 Va4 Va-gr Va-R1 Va-R2
침식토양 (Eroded soils)	Er	침색토양	Er	약침식토양 강침식토양 사방지토양	Er1 Er2 Er-c
미숙토양 (Immature soils)	Im	미색토양	Im	미숙토양	Im
암쇄토양 (Lithosols)	Li	암쇄토양	Li	암쇄토양	Li

① 갈색산림토양군(Brown forest soils ; B)

　　㉠ 적윤한 온대 및 난대기후하에 분포하는 토양으로 A–B–C 층위가 발달하며 암갈색~흑갈
　　　색으로 부식을 다량 함유

　　㉡ B층은 갈색~암갈색의 광물질층인 산성토양으로 전국 산지에 대부분 출현하는 토양

　　㉢ 형태적 특징은 A층이 대부분 흑갈색으로 토심은 비교적 깊고 적윤한 상태를 보임

ㄹ 단립, 입상구조가 많이 나타나고 B층은 갈색으로 적윤하며 괴상구조가 발달, 임목의 생육 상태는 양호

② **적황색 산림토양군**(Red & Yellow forest soils ; R·V) : 해안 인접지의 홍적대지에 분포하며 퇴적상태가 견밀하고 물리적 성질이 불량한 토양

③ **암적색 산림토양군**(Dark Red forest soils ; DR)

ㄱ 석회암 등을 모재로 하는 토양에 주로 출현하는 약산성토양으로 모재층에 가까워질수록 암적색이 강하게 나타남

ㄴ 염기성암에서 유래하여 Ca^{2+}, Ma^{2+} 함량이 높고 점질이 많아 견밀하며 통기성이 불량한 토양으로 물리적 성질이 불량한 토양

④ **회갈색산림토양군**(Gray Brown forest soils ; GrB)

ㄱ 퇴적암 지역의 혈암, 이암, 회백질 사암을 모재로 생성된 토양. 과거 심한 침식을 받아 건조하고 점착성이 강한 회갈색 토양

ㄴ 투수성이 불량하나 치환성염기가 많아 풍화가 진행되면 비옥한 토양으로 변화 가능

⑤ **화산회산림토양군**(Volcamic ash soils ; Va)

ㄱ 화산활동작용에 의해 생성된 토양으로 암적갈색~흑색으로 가비중이 매우 낮은 다공질 토양으로 토립의 결합력이 약함

ㄴ 유기물 함량이 높으며 인산고정력이 강하고 염기용탈이 쉽게 일어나는 토양

⑥ **침식토양군**(Eroded soils ; Er) : 산정 및 볼록형의 산복지형에 주로 출현하는 토층의 일부가 유실된 토양

⑦ **미숙토양군**(Immatre soils ; Im) : 주로 산록하부 및 저산지에 출현하며 성숙토양과 달리 토양 생성시간이 짧아 층위의 분화 및 발달이 불완전한 토양

⑧ **암쇄토양군**(Lithosols ; Li)

ㄱ 산정 및 경사가 급한 산복사면에 주로 분포하며 A~C층의 단면 형태로 암쇄 퇴적물이 섞여 있는 토양으로 A층이 얇거나 결여된 토양

ㄴ 토양입자는 비교적 조립질이며 큰 자갈이 많음. 임목의 생육상태는 매우 불량

2. 토양조사 일반

(1) 조경수목 식재지 토양의 특징

① 생육공간이 좁고 토양경화 지역이 많음

② 신축 건물 주변 토양은 알칼리성 토양이 많이 나타나서 수목의 활력 저하

③ 가로수 식재지 제설제 피해 증가

④ 조성매립지의 경우 토양의 물리화학성이 적합하지 않거나 수분 증발에 의한 모세관 상승으로 염류집적

⑤ 양분순환과정(낙엽부숙)이 거의 불가하여 양분 부족 현상

(2) 수목식재지 토양조사 및 분석의 필요성

① 조경수목 식재 시 사전 토양조사 및 분석을 실시하지 않으면 토양정보가 부족한 상태에서 식재함으로써 수목의 생육불량과 고사로 이어짐

② 수목 식재 전에 반드시 토양조사를 실시하여 입지환경의 특성, 토양단면의 형태, 토양의 화학적 특성을 파악해야 함

③ 식재 적합 여부 판정 토양객토, 명암거 배수 설치 여부 및 방법, 토양개량 방법, 토양개량재의 선택, 수종 선정 및 시비량 결정 등을 사전에 검토해야 함

3. 토양조사의 종류 및 방법

(1) 토양조사의 종류

① 개략토양조사 : 1965~1967년에 걸쳐 완료, 기본도는 1:40,000, 토양도의 축척은 1:50,000, 각 도별로 제본

② 정밀토양조사

㉠ 군 단위나 그 이하의 소지역에 대하여 최종 분류 단위까지 정밀히 조사

㉡ 조사 기본도 축척 1:10,000~1:20,000의 항공사진이 주로 쓰임

③ 흙토람(http://soil.rda.go.kr)

㉠ 개략토양조사와 정밀토양조사를 거쳐서 토양비옥도 데이터베이스를 구축

㉡ 지리정보시스템과 연계하여 만들어진 토양환경정보시스템

(2) 토양조사의 방법

① 현장조사

㉠ 토양조사원이 기본적으로 휴대하는 도구와 장비 : 기본도(또는 항공사진), 토양굴착기, 토색장, 간이수평기, 조사수첩

㉡ 지역 내에 분포하는 토양의 종류 또는 성질을 조사하기 위하여 토양굴착기로 토양 깊이 100cm까지 뚫어 토양 성질의 수직적 변이양상을 조사

㉢ 촉감에 의한 토성 판별, 토색과 반문의 색과 양 결정, 배수 정도, 자갈 함량, 감식층위의 존재 유무, 유효토심, 모암, 모재의 종류 등을 조사하여 어떤 토양인가를 확정

㉣ 토양의 수평적 변이이동 양상을 조사하고 각 토양 간의 토양경계선을 기본도 위에 표시

② 토양단면 만들기

㉠ 토양단면은 너비 1~2m, 길이 2~3m, 깊이 1.5m 정도의 장방형 구덩이를 파서 앞면은 수직으로, 뒷면은 몇 개의 계단을 만듦

ⓛ 단면을 가급적 그늘지지 않게 일사 방향을 참작하여 만들고, 경사지에서는 경사 방향과 직각인 쪽을 관찰하도록 함

③ 토양단면기술

구분	세부 기록 사항
조사지점의 개황	단면번호, 토양명, 고차분류단위, 조사일자, 조사자, 조사지점, 해발고도, 지형, 경사도, 식생 또는 토지이용, 강우량 및 분포, 월별 평균기온 등
조사토양의 개황	모재, 배수등급, 토양수분 정도, 지하수위, 표토의 석력과 암반노출 정도, 침식 정도, 염류집적 또는 알칼리토 흔적, 인위적 영향도 등
단면의 개략적 기술	지형, 토양의 특징(구조발달도, 유기물집적도, 자갈함량 등), 모재의 종류 등
개별 층위의 기술	토층기호, 층위의 두께, 주 토색, 반문, 토성, 구조, 견고도, 점토 피막, 치밀도나 응고도, 공극, 돌·자갈·암편 등의 모양과 양, 무기물 결괴, 경반, 탄산염 및 가용성 염류의 양과 종류, 식물 뿌리의 분포 등

④ 토양도편집 및 토양조사보고서

ㄱ 토양도 부분 : 작성자는 현장조사와 최종 검토에서 얻은 토양분포실태와 작도단위별로 포함된 토양실태 등을 종합하여 토양도를 편집

ㄴ 보고서 부분 : 현장에서 수집한 토양별 생산성, 토양관리실태와 주요 관리기술, 해당 지역에서 얻은 시험성적 등을 종합하여 작성

ㄷ 토양해설 : 토양조사보고서 이용자가 토양별 특성과 이용 및 관리 방법 등을 알기 쉽게 설명한 부분

⑤ 산림토양조사 현장 조사(예시)

적색건조산림토양

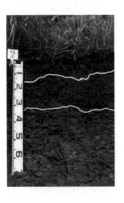

• 입지 특성
 – 모암 : 서산층군(변성암)
 – 표고 : 32m
 – 지형 : 凸형 완사면
 – 방위 : 남서(SW)
 – 경사 : 13~20°
 – 조사지 : 충남 태안군 근흥면 정죽리

• 임상
 소나무림

• 토양단면 특성
 – A층 : 0~14cm, 적갈색(2.5YR4/4), 유기물 적다. 양토, 입상구조, 건조, 세근 있다. 견, 층계 : 판연
 – B층 : 15~32cm, 적갈색(2.5YR4/6), 유기물 적다. 식양토, 견과상구조, 건조, 식물 뿌리 없다. 견~강견, 층계 : 불명
 – C층 : 33cm+, 풍화 중인 모재

⑥ 산림입지조사 야장 양식

산림입지조사 야장

표준지번호 :		도입명 :		GPS좌표	X :	E
					Y :	N
행정구역명 :		도	군(시)	면(읍)	리	
소유구분	① 국유림 ㉮ 경영계획 편성지(경영구 임반) ㉯ 경영계획 미편성지					
	② 사유림					
조사년월일 :	년 월 일		날씨 :		조사자 :	

입 지 환 경

모암	① 화성암 : 화강암, 설록암, 반려암, 현무암, 안산암, 조면암 등				
	② 퇴적암 : 사암, 역암, 이암, 혈암, 석회암, 용희암 등				
	③ 변성암 : 편마암, 편암, 천매암 등				
표고	m		경사	방위	
기후대	① 온북 ② 온중 ③ 온남 ④ 난대		능선대계곡비	부 능선	
지형	① 평탄지 ② 완구릉지 ③ 산록 ④ 산북 ⑤ 산정				
경사형태	① 상승 ② 평형 ③ 하강 ④ 복합		풍화정도	① 상 ② 중 ③ 하	
퇴적양식	① 잔적토 ② 포행토 ③ 붕적토		풍노출도	① 노출 ② 보통 ③ 보호	
토양배수	① 불량 ② 보통 ③ 양호 ④ 매우 양호		침식상태	① 없다 ② 있다 ③ 많다	
암석노출도	① 10% 이하 ② 10~30% ③ 30~50% ④ 50~75%				

토 양 단 면

항목	1	2	3	4	5	층위		토양형 :
	6	7	8	9	10	A	B	
총계(cm)	명확	관연	점변	불명	///			
	<2	2~5	5~12	12<				
토심(cm)	//////////							
유효토심			cm	토색		XR	XR	
						/	/	
토성	SL	L	SiL	SiCL	SCL			
	SiC	CL	C	LS	S			
토양구조	입상	입단	세립	견과	관상			
	원주	괴상	벽상	단립	무구조			
견습도	적윤	약건	약습	습	건조			
견밀도	심송	송	연	견	강견			
	<0.5	0.5~1.0	1.0~1.5	1.5~2.5	2.5<			
유기물	약간 있다	있다	많다	아주 많다	///			

cm
10
0
10
20
30
40
50
60
70
80
90
100

지 위 지 수

수종		임령		수고		지위지수	
특기사항 :							

⑦ 입지환경
　　㉠ 모암 : 1/50,000 수치지질도로 모암분포 파악

화성암	화강암, 섬록암, 반려암, 현무암, 안산암, 조면암 등
퇴적암	사암, 역암, 이암, 혈암, 석회암, 응회암 등
변성암	편마암, 편암, 천매암, 점판암 등

　　㉡ 표고 : 고도계 또는 GPS 장비로 실측 또는 GIS 프로그램으로 분석
　　㉢ 경사 : 표준지를 대표할 수 있는 평균경사 측정(상향+하향/2)

완경사지	15° 미만
경사지	15~20°
급경사지	20~25°
험준지	25~30°
절험지	31° 이상

　　㉣ 방위 : 동, 서, 남, 북, 북동, 북서, 남동, 남서 8방위 구분
　　㉤ 경사 형태 : 사면 형태 상승사면(凸), 평형사면(一), 하강사면(凹), 복합사면(≈)
　　㉥ 기후대 : 연평균 기온으로 구분

기후대	연평균 기온
온대북부	5~9℃
온대중부	9~12℃
온대 남부	12~14℃
난대	15℃ 이상

　　㉦ 지형

평탄지	경사 5° 미만의 평탄한 지역
완구통지	저해발지로서 산록 하부가 전답에 연접한 파상형의 야산지역으로 경사 길이가 300m 이하인 지역
산록	하부가 경작지 및 계곡에 연접한 구릉지 및 산악지의 3부 능선 이하 지역
산복	구릉지 및 산악지의 3~7부 능선
산정	구릉지 및 산악지의 8부 능선 이상 지역

　　㉧ 퇴적양식

잔적토	풍화된 토양이 이동하지 않고 그 자리에 잔존된 토양으로 산정 또는 능선부에 주로 출현
포행토	사면 상부에서 내려온 토양과 하부로 내려간 토양이 거의 같은 조건에서 형성된 토양으로 산복에서 주로 출현
붕적토	퇴적에 의해 형성된 토양으로 산록, 평탄지에서 주로 출현

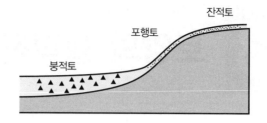

ⓩ 침식 상태 : 지표 상태와 토양단면 특성으로 판단

없다	A층이 침식을 받지 않은 상태
있다	A층 일부가 침식을 받은 상태
많다	A층의 대부분과 B층의 일부가 유실된 상태

ⓒ 암석노출도 : 지면을 덮고 있는 암석 및 석력의 비율(%)

적다	10% 미만
있다	10~30%
많다	31~50%
매우 많다	51~75%

ⓚ 토양배수

불량	장기간 습한 상태를 유지하고 지하수위가 지표 가까이에 있음(식물종 단순)
보통	오랫동안 습한 상태를 유지하고 지하수위는 비교적 높음
양호	사양토~양토인 토양으로 배수가 양호함
매우 양호	양질사토~사토인 토양으로 공극이 많으며 물이 빨리 빠짐(수분 부족)

ⓣ 풍노출도

노출	바람의 영향을 직접 받는 산정부(풍절목, 편향목 등이 발생)
보통	바람의 영향을 간접적으로 받는 산복부
양호	바람의 영향을 적게 받는 산록부

CHAPTER 03 토양의 물리적 성질

1. 토양의 입경 구분과 조성

(1) 토양의 입경 구분

① 입경 구분 : 입자의 크기가 2mm 이하인 경우만을 토양으로 취급

② 모래(2.0~0.05mm)

　㉠ 극조사, 조사, 중간사, 세사, 극세사로 세분됨

　㉡ 대공극 형성으로 토양의 통기성과 투수성 높음(가뭄에 견디기 어려움)

　㉢ 전체 공극량은 비교적 낮으며 입자들의 내표면적도 작음

　㉣ 산화작용이 잘 되고 유기물 분해가 쉽게 이루어져 유기물 함량이 낮음

　㉤ 점착성이 없어 경운하기 쉬움

　㉥ 양분 보유와 같은 화학성과는 무관

③ 미사(0.05~0.002mm)

　㉠ 크기가 모래와 점토의 중간임

　㉡ 모래에 비해 작은 공극 형성, 보수성 증가, 투수성 감소

　㉢ 가소성과 점착성이 없음

④ 점토(0.002mm 이하)

　㉠ 모래, 미사는 1차 광물(석영, 장석, 운모)로 되어 있지만 점토는 2차 광물로 구성

　㉡ 수분과 양분을 흡착 보유 → 점토의 종류와 함량은 토양의 화학적 특성에 결정적임

　㉢ 모래와 미사에 비해 작은 공극 형성 → 보수성 증가, 투수성 및 통기성 감소

　㉣ 건조하면 균열이 생기고 적당량의 물이 존재하면 점성 또는 가소성을 나타냄

　㉤ 입자가 작아지면 비표면적이 증가하므로 양분 저장 능력이 증가하고 오염물질을 흡착하는 능력도 증가함

토양 분리물	입경(mm)				상대적 크기
	미농무부법(USDA)		국제토양학회법(IUSS)		
모래	매우 거친 모래	2.0~1.0	거친 모래	2~0.2	동전의 두께
	거친 모래	1.0~0.5			고운 설탕과 소금의 크기
	중간 모래	0.5~0.25			
	고운 모래	0.25~0.10	고운 모래	0.2~0.02	일반 책 종이의 두께
	매우 고운 모래	0.10~0.05			
미사	0.05~0.002		0.02~0.002		얇은 금박지 두께
점토	0.002 미만		0.002 미만		박테리아보다 작은 크기

(2) 입경 분석

① 입경 분석 : 토양입자를 크기별로 그 함량을 정밀하게 분석하는 방법

② 체를 이용한 모래입자 분석법

  ㉠ 지름 0.05mm 이상의 모래를 분석

  ㉡ 미국 ASTM 표준체(체 번호 10번부터 325번까지)를 사용

  ㉢ 체 번호와 입자의 크기

체 번호	입자의 크기(mm)	모래의 분류(USDA법)
10	2	극조사, 매우 거친 모래
60	0.25	중간 모래
70 140	0.21 0.10	고운 모래
270 325	0.05 0.045	매우 고운 모래

③ 침강법을 이용하는 미세입자 분석법

  ㉠ 피펫법과 비중계법이 있음

  ㉡ 모래를 제외한 미사와 점토를 분석하는 방법으로 Stokes 법칙을 이용

Stockes 법칙	• 구형의 입자가 액체 내에서 **침강할 때** 침강 속도는 입자의 비중에 비례, 반지름의 제곱에 비례, 액체의 점성계수에 반비례 • 입자 크기에 따라 침강 속도가 다르기 때문에 특정 크기의 입자가 일정 깊이까지 침강하는 데 걸리는 시간을 계산할 수 있음 • 주의해야 할 가정 : 입자들은 동일한 비중을 가진 단단한 구체, 침강하는 입자끼리의 마찰 무시, 입자들은 액체 분자의 브라운 운동에 영향을 받지 않을 만큼 충분히 큼. 액체의 점성이 일정하게 작용
피펫법	토양현탁액을 피펫으로 채취하여 토양 함량을 측정하여 토성을 결정하는 방법
비중계법	액체비중계를 이용한 토성분석법으로 비중계의 눈금을 읽어 환산함

- 10번 체(2mm)를 통과한 토양시료를 전처리하여 완전히 분산시킨 후, 270번 체(0.053mm)로 모래입자를 분리하고 건조시켜 모래 함량 측정
- 나머지 현탁액은 1L로 정량, 온도는 20℃ 유지. 비중이 2.6g/cm³인 지름 0.05mm의 입자(미사)는 10cm 깊이를 침강하는 데 약 46초 소요됨
- 마찬가지로 8시간이 경과하면 지름 0.002mm 이하의 작은 점토입자만 존재
- 피펫으로 10cm 깊이에서 5초 동안 10ml를 채취하여 건조 후 무게를 측정
- 분산제 보정 후 모래, 미사, 점토중량 비율 계산

2. 토성 및 토양의 3상

(1) 토성(soil texture)

① 정의 : 토양입자를 크기별로 모래, 미사, 점토로 구분하고 그 구성 비율에 따라 토양을 분류한 것
② 특성 : 토양의 가장 기본적인 성질. 투수성, 보수성, 통기성, 양분 보유 용량, 경운성 등과 밀접한 관계

(2) 토양의 3상

① 토양의 구성 : 고상, 액상, 기상의 3상으로 구성됨
  ㉠ 고상 : 토양입자와 유기물
  ㉡ 액상 : 토양수분, 토양용액이라고도 함
  ㉢ 기상 : 토양공기, 대기에 비하여 산소의 농도가 낮고 이산화탄소의 농도가 높음
② 일반적인 구성 비율
  ㉠ 고상 50%, 액상+기상 50%
  ㉡ 토양의 수분 상태에 따라 액상과 기상 비율 변화

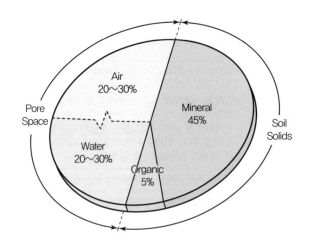

③ 3상의 구성 비율에 따른 토양의 특성

  ㉠ 고상의 비율이 낮아지면 액상과 기상의 비율이 증가, 공극률 증가, 용적밀도 감소

  ㉡ 고상의 비율이 높아지면 액상과 기상의 비율이 감소, 공극률 감소, 용적밀도 증가

  ㉢ 사질 토양에서는 소공극이 적고 보수력이 낮아 액상율은 낮음

  ㉣ 미사나 점토가 많은 토양에서는 소공극이 많아서 고상율·액상율이 높고 기상율은 낮음

  ㉤ 유기물이 풍부한 표토의 경우 대공극과 소공극의 조화로 삼상의 비율이 적당함

  ㉥ 고상이 높은 토양은 뿌리 신장이 불량해지고 반면에 고상이 낮으면 뿌리 자람이 쉽고 물
    과 공기가 들어갈 공간이 커지지만 식물을 지지하는 힘은 약해짐

④ 토성의 분류

  ㉠ 식토 : 점토의 함량이 많은 것

  ㉡ 사토 : 모래의 함량이 많은 것

  ㉢ 양토 : 어느 입자군의 성질도 뚜렷하지 않은 중간 성질의 것(사양토, 식양토 등)

  ㉣ 토성구분 3각도를 이용하여 토성을 결정

  ㉤ 토성삼각도(미국의 농무성법과 국제토양학회법이 있음)

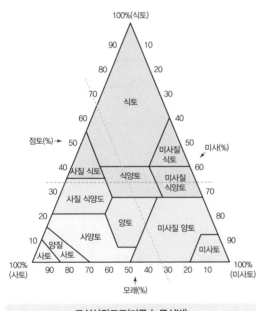

토성삼각도표(미국 농무성법)

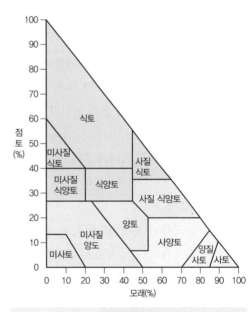

개량토성삼각도

⑤ 토성의 결정(촉감법)

  ㉠ 현장에서 이용하는 간이토성 분석법. 숙달된 경험 필요

  ㉡ 토양을 손가락으로 비볐을 때의 촉감과 만들어지는 띠의 길이, 뭉쳐짐 등으로 판단

  ㉢ 입자별 주된 촉감 : 모래는 까칠까칠, 미사는 미끈미끈, 점토는 끈적끈적

PART 01
PART 02
PART 03
PART 04
PART 05
PART 06

ⓔ 토성 판별 예시

사토	양토	식양토	식토
•손바닥 안에서 뭉쳐지 지 않고 부서짐 •거친 촉감	•손 안에서 뭉쳐짐 •띠길이 : 2.5cm 이하	•손 안에서 뭉쳐짐 •띠길이 : 5cm 이하 •다소 까칠까칠한 느낌이 있음	•손 안에서 뭉쳐짐 •띠길이 : 5cm 이상 •매끄러운 촉감

3. 토양의 밀도와 공극

(1) 토양의 밀도

① 밀도=무게/부피

② 입자밀도

　ⓐ 고형 입자의 무게를 고형 입자의 용적으로 나눈 것

　ⓑ 입자밀도=고형 입자의 무게/고형 입자의 용적=Ws/Vs(단위 : g/cm^3 또는 Mg/m^3)

　ⓒ 토양의 고유한 값으로 인위적 요인에 의하여 변하지 않음

　ⓓ 석영과 장석이 주된 광물인 일반 토양 : $2.6{\sim}2.7g/cm^3$

　ⓔ 철, 망간 등 중금속을 함유할 경우 커지고, 유기물이 많은 토양은 작아짐

③ 용적밀도

　ⓐ 토양의 고형 입자의 무게를 전체 용적으로 나눈 것

　ⓑ 용적밀도=고형입자의 무게/전체 용적=Ws/V(단위 : g/cm^3 또는 Mg/m^3), V=Va+Vw+Vs

　ⓒ 토양 관리 방법 등의 인위적 이유로 변함

　ⓓ 일반 토양 : $1.2{\sim}1.35g/cm^3$

　ⓔ 다져질수록 커지며 뿌리 생장, 투수성, 배수성 악화

　ⓕ 고운 토성과 유기물이 많은 토양은 공극이 발달하기 때문에 용적밀도가 낮음

④ 공극률(%)

　ⓐ 공극률과 용적밀도와의 관계(반비례 관계)

　ⓑ 공극률=[1-(용적밀도/입자밀도)]×100

⑤ 공극비=토양공극부피/고상부피

⑥ 공기충전공극률=기상부피/전체부피

⑦ 중량수분함량(%)

　ⓐ 토양수분함량을 무게기준으로 나타내는 것

　ⓑ 중량수분함량=(수분무게/건토무게)×100

　ⓒ 일반적 토양의 중량수분함량 25~60%

⑧ 용적수분함량(%)

　ⓐ 토양수분함량을 용적기준으로 나타내는 것

ⓛ 용적수분함량=(수분부피/전체부피)×100

ⓒ 용적수분함량=중량수분함량×용적밀도

⑨ 수분포화도=(수분부피/공극부피)×100

(2) 토양공극(토양입자들 사이에 형성된 공간)

① 공극의 역할

  ㄱ 토양 중의 대공극은 공기의 통로가 되고 소공극은 물을 보유하는 기능을 지님

  ㄴ 모래·미사·점토가 골고루 혼합되고 입단이 잘 형성된 토양은 대공극과 소공극을 형성

  ㄷ 인위적으로 용적밀도를 조절한 토양에서 공극이 크게 감소되어 뿌리자람에 좋지 못함

② 공극의 특성

  ㄱ 입자는 정렬 또는 사열로 배열될 수 있음

  ㄴ 정렬배열은 사열배열에 비하여 공극의 양이 많아지고 각 공극의 크기도 커짐

  ㄷ 실제 토양의 배열상태는 복합적으로 나타나며 정렬배열, 교호배열, 조밀입단배열, 조립정렬배열 등이 있음

③ 공극의 분류

  ㄱ 생성 원인별 분류

토성공극	토양입자 사이의 공극
구조공극	토양입단 사이의 공극
특수공극	뿌리, 소동물의 활동, 가스 발생 등으로 형성된 공극(생물공극)

  ㄴ 크기에 따른 분류

대공극(0.08~5mm 이상)	•토괴 사이의 큰 공극으로 물이 빠지는 통로, 뿌리가 뻗는 공간 •작은 토양생물의 이동통로인 공간, 통기성을 좋게 함
중공극(0.03~0.08mm)	모세관 현상에 의해 수분 보유, 곰팡이와 뿌리털이 자라는 공간
소공극(0.05~0.03mm)	토양입단 내부의 공극, 유효수분 보유, 세균이 자라는 공간
미세공극(0.05~0.03mm)	점토입자 사이의 공간, 식물이 이용하지 못하는 물 보유
극소공극(0.0001mm 이하)	미생물도 자랄 수 없는 아주 극소의 공극

  ㄷ 공극의 발달에 영향을 끼치는 요인

    •모래가 많은 토양은 소공극과 미세공극이 적기 때문에 고운 토성에 비해 공극률이 낮음

    •입단이 잘 형성된 토양은 대공극과 미세공극이 골고루 분포되어 전체적 공극률이 커짐

    •심토의 공극률은 흙의 무게에 의하여 다져지기 때문에 대체적으로 낮음

    •사양토는 보수력이 적지만 통기성은 크고, 입단이 잘 발달한 미사질 양토는 작물에 필요한 수분과 공기를 모두 보유할 수 있는 능력이 있음

4. 토양의 구조와 입단 생성

(1) 토양구조

① 정의

  ㉠ 토양을 구성하는 입자들의 배열 상태

  ㉡ 투수성, 보수성, 통기성, 지온, 수식성, 역학적 강도, 경운의 난이 등의 물리성과 매우 관계가 깊음

② 분류 : 입단의 모양·크기·발달 정도에 따라 분류

구상구조 (입상구조)	• 구형으로 유기물이 많은 표층토(깊이 30cm 이내)에 발달 • 입단의 결합이 약해 쉽게 부서짐
판상구조	• 접시 모양 또는 수평배열 구조 • 가로축의 길이가 세로축의 길이보다 길며 E층과 점토반층에서 나타남 • 구상 구조와 같이 표층토(깊이 30cm 이내)에 발달 • 토양 생성 과정 또는 인위적인 요인으로 형성 • 논토양에서 많이 발견, 용적밀도가 크고, 공극률이 급격히 낮아지며 대공극이 없어짐 • 수분의 하향이동이 불가능, 뿌리가 밑으로 자랄 수 없어 벼 생육을 나쁘게 함(경반층)
괴상구조	• 불규칙한 6면체 구조 • 배수와 통기성이 양호한 심층토에서 발달 • 입단 간 거리 : 5~50mm • 각괴상 : 구조 단위의 가로·세로축의 길이가 비슷하고 규산염점토의 집적층(Bt)에 나타남 • 아각괴 : 각괴상과 비슷하나 모가 없어진 것이며 Bt층에 나타남
주상구조	• 지표면과 수직한 방향으로 lm 이하 깊이에서 발달 • 각주상 구조 : 건조 또는 반건조 심층토에서 발달 • 원주상 구조 : Na 이온이 많은 토양 B층에서 나타남
무형구조	• 낱알구조(단립구조)나 덩어리 구조(집괴구조) • 주로 모재가 풍화과정 중에 있는 C층에서 발견됨

TIP 토양의 분류

구분	수분침투	배수성	통기성
주상	양호	양호	양호
괴상	양호	중간	중간
입상	양호	최상	최상
판상	불량	불량	불량

③ 토양구조의 관리

  ㉠ 입단 생성에 유리한 작용 : 미생물의 활동, 작물뿌리의 작용 및 지렁이와 같은 토양동물의 활동

  ㉡ 입단 파괴 : 건조와 습윤의 반복, 급한 동결, 융해의 반복, 잦은 경운 작업

  ㉢ 토양구조 형성에 칼슘이온은 유리, 나트륨이온은 입자 분산을 초래하여 물리성이 극히 불량해짐

(2) 입단의 생성

① 입단 : 작은 토양입자들이 서로 응집하여 뭉쳐진 덩어리 형태의 토양(떼알 구조)

② 입단 형성 기작

    ㉠ 점토 사이의 다가양이온에 의한 응집 현상

    ㉡ 점토 표면의 양전하와 점토에 의한 응집 현상

    ㉢ 점토 표면의 양전화 유기물에 의한 입단화

    ㉣ 점토 표면의 음전하와 양이온과 유기물에 의한 입단화

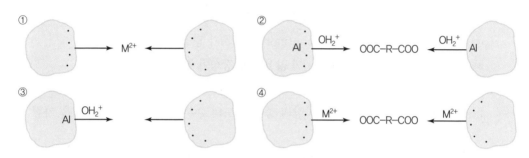

③ 입단 형성 요인

양이온의 작용	• 토양용액의 양이온은 음전하를 띤 점토와 점토를 정전기적으로 응집하게 함 • 대표적인 양이온 : Ca^{2+}, Mg^{2+}, Fe^{2+}, Al^{3+} • Na^+이온은 수화반지름이 커서 점토입자를 분산시킴
유기물의 작용	• 유기물은 토양입단을 생성하고 안정화시키는 데 중요한 역할 • 미생물이 분비하는 점액성 물질, 뿌리의 분비액, 유기물의 작용기 • 폴리사카라이드는 큰 입단의 형성에 중요
미생물의 작용	• 곰팡이의 균사, 균근균의 균사 및 글로멀린 • 살균제 처리의 입단생성정도 : 무처리 → 살균제 처리 → 멸균처리
기후의 작용	• 동결–해동, 건조–습윤이 반복되면 토양의 팽창–수축이 반복되어 입단형성이 촉진 • Vertisol · Molisol · Alfisol 등 팽창형 점토광물이 많은 토양에서 잘 일어남
토양개량제의 작용	• 토양개량제 : 토양무게의 약 0.1%의 처리량으로 입단개량 효과를 나타내는 합성물질 • 합성폴리머에 의한 응집

④ 입단의 크기와 공극의 특성

    ㉠ 입단이 커지면 공기와 수분의 통로가 되는 비모세관 공극량이 많아지기 때문에 통기성과 배수성이 좋아짐

    ㉡ 모세관공극은 일정한 수준을 유지하기 때문에 큰 입단으로 조성된 토양이 식물의 생육에 좋은 토양임

5. 토양견밀도(토양경도)와 토양공기

(1) 토양의 견지성

① 외부 요인에 의하여 토양 구조가 변형되거나 파괴되는 것에 대한 저항성 또는 토양입자 간의 응집성

② 토성과 함수량에 따라 토양의 역학적 성질이 매우 달라짐

③ 강성(견결성)

  ㉠ 토양이 건조하여 딱딱하게 굳어지는 성질

  ㉡ 건조 상태 토양입자는 van der Waals 힘에 의해 결합되어 딱딱함

  ㉢ 판상의 점토입자(kaolinite, montmorillonite)가 많을수록 커짐

  ㉣ 구상의 무정형광물(allophane)이 많을수록 강성이 작아짐

④ 이쇄성

  ㉠ 강성과 소성을 가지는 수분 함량의 중간 정도의 수분을 함유한 토양에 힘을 가할 때 쉽게 부서지는 성질

  ㉡ 적은 힘으로 경운할 수 있고 경운한 후에도 입단구조가 잘 형성됨

⑤ 소성(Plastic Index ; PI) : 힘을 가했을 때 파괴되지 않고 모양만 변화되고 힘을 제거하면 원래 상태로 돌아가지 않는 성질

(2) 수분 함량에 따른 토양의 견지성 변화

① 소성하한(소성한계) : 토양이 소성을 가질 수 있는 최소 수분 함량

② 소성상한(액성한계) : 토양이 소성을 가질 수 있는 최대 수분 함량

③ 소성지수(소성상한-소성하한) : 소성한계와 액성한계의 차이

  ㉠ 점토 함량이 증가할수록 증가

  ㉡ 점토 종류에 따른 소성지수의 크기 : montmorillonite>illite>halloysite>kaolinite> 가수 halloysite

④ Atterberg 한계 : 소성과 액성의 한계 수분 함량 범위

(3) 토양색

① 토양색의 표시 방법(Munsell 토색첩 사용)

색상 (Hue ; H)	• 색깔의 속성 • 빨강(R)·노랑(Y)·초록(G)·파랑(B)·보라(P)의 5개 색상과 5개의 중간 색상을 포함한 10개 색상으로 구분 • 각 색상은 2.5, 5, 7.5, 10의 4단계로 구분
명도 (Value ; V)	• 색깔의 밝기 정도 • Munsell 체계에서는 흰색을 10, 검은색을 0으로 하여 11단계로 구분 • 토양의 명도는 2(또는 2.5)에서 8까지 7단계로 구분
채도 (Chroma ; C)	• 색깔의 선명도 • 회색에 가까울수록 낮은 값 • 1, 2, 3, 4, 6, 8의 6단계

② 측정 방법

　　㉠ 토양 덩어리 채취 : 수분 상태 기록, 건조할 경우 분무기로 습윤하게 적심

　　㉡ 토양 덩어리 2등분하고 안쪽 면을 토색첩과 대조

　　㉢ 직사광선에 직접 비춰 토양의 색과 토색첩의 색을 비교하여 찾음

　　㉣ 색이 1개 이상일 때, 모든 색을 기록하고 지배적인 색을 표시함

③ 표기 방법 : 색상 명도/채도(각 쪽의 오른쪽 상단 Y축/X축)

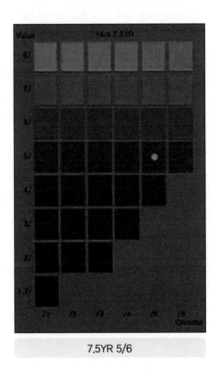

7.5YR 5/6

④ 토양색에 영향을 끼치는 요인

　　㉠ 유기물 : 토양색을 어둡게 함. 유기물이 많은 표토가 심토에 비해 어두운 색

　　㉡ 조암광물 : 석영과 장석의 구성 비중이 클수록 색깔 연함

　　㉢ 철과 망간의 존재 형태 : 배수 양호 또는 불량의 판별에 도움

산화 상태	산소 공급이 원활하고 붉은 색을 띰(Fe^{3+}, Mn^{4+})
환원 상태	산소 부족하고 회색을 띰(Fe^{2+}, Mn^{2+}, Mn^{3+})

　　㉣ 수분함량 : 습윤 토양이 건조 토양보다 짙은 색을 띰

(4) 토양공기

① 토양공기의 조성

ㄱ 산소, 이산화탄소

산소	• 표토에서 심토로 내려갈수록 감소 • 식물의 뿌리와 미생물의 호흡으로 적어짐
이산화탄소	• 호흡으로 산소가 줄어드는 양과 비례하여 이산화탄소 증가 • 석회질 비료를 사용했을 때에도 발생 • 토양 pH를 낮추고, 광물을 녹이거나 침전물을 형성

ㄴ 대기와 비교한 토양공기 조성의 특성(%)

구분	대기	표층토	심층토
질소	79	75~80	75~80
산소	20.9	14~20.6	3~10
이산화탄소	0.035	0.5~6	7~18
수증기	20~90	95~100	98~100

ㄷ 대기와 토양공기의 조성 비교 : 토양에서 질소 농도는 비슷하고, 산소 농도는 적고 이산화탄소와 수증기 함량은 높음. 즉 이산화탄소는 대기와 조성 비율 차이가 큰 기체임

② 토양의 통기성

ㄱ 산소는 대기에서 토양으로 이동, 이산화탄소는 토양에서 대기로 이동

ㄴ 토양의 통기성을 결정하는 가장 중요한 인자는 토성, 구조, 수분 함량

ㄷ 토양의 수분 함량이 증가하면 산소의 함량이 적어지는 반면, 이산화탄소의 함량은 오히려 증가함

ㄹ 산소가 풍부한 환경을 산화상태, 부족한 환경을 환원상태라 함

ㅁ 토양의 산화·환원상태에 따른 토양 이온 및 기체 분자의 존재 형태

산화	CO_2	NO_3	SO_4^{2-}	Fe^{3+}	Mn^{4+}
환원	CH_4	$N_2 \cdot NH_3$	$S \cdot H_2S$	Fe^{2+}	Mn^{2+}, Mn^{3+}

ㅂ 환원상태에서 발생하는 메탄, 암모니아, 황화수소 등은 식물에 유해

ㅅ 환원상태의 철과 망간은 용해도가 증가하기 때문에 식물에 피해

ㅇ 황이 함유된 유안비료[황산암모늄$(NH_4)2SO_4$] 사용 시 벼의 추락현상 유발

③ 토양공기와 식물의 생육

ㄱ 밭작물의 경우 산소 함량이 10% 이상으로 유지되면 생육 원활

ㄴ 토양공기 중의 산소 함량이 5% 이하로 낮아지면 생육 현저히 저해

ㄷ 토양 산소가 부족해도 통기조직을 통해 뿌리로 산소를 공급 가능한 식물은 정상 생육

ㄹ 점질토에 미부숙 유기물을 과다하게 사용하면 산소의 소모가 빨라 토양이 쉽게 환원

(5) 토양온도

① 토양온도는 식물의 생육, 미생물의 활동, 토양 생성과 발달, 물리·화학·생물학적 현상에 영향을 끼치는 요소임

② 냉온대지역에서는 토양온도가 낮아 유기물의 분해 속도가 지연되어 유기물 집적

③ 아열대와 열대지역에서는 토양온도가 높아 유기물 분해 속도가 빨라져 부식 집적이 안 됨

④ **토양의 비열**

    ㉠ 토양 1g의 온도를 1℃ 올리는 데 필요한 열량(cal)

    ㉡ 물=1, 무기광물(모래·미사·점토)=0.2, 유기물=0.4, 공기=0.000306(cal)

⑤ **토양의 용적열 용량**

    ㉠ 단위부피의 토양온도를 1℃ 높이는 데 필요한 열량

    ㉡ 비열에 밀도를 곱하여 계산(비열×입자밀도)

    ㉢ 물=1, 유기물=0.6, 무기광물=0.48, 공기=0.003

    ㉣ 모래의 함량이 많을수록 용적열 용량이 작아지고 점토가 많을수록 용적열 용량이 커짐

    ㉤ 수분 함량이 많은 토양은 용적열 용량이 높아 온도 변화가 작음

⑥ **토양 중에서의 열전달**

    ㉠ 열전도도 : 두께가 1cm인 어떤 물질의 양면에 1℃의 온도차를 두었을 때 $1cm^2$의 넓이를 통하여 1초 동안에 통과하는 열량

    ㉡ 무기입자>물>부식>공기(열전 무수부공)

    ㉢ 사토>양토>식토>이탄토

    ㉣ 습윤토양>건조토양

    ㉤ 토양 덩어리>입단 또는 괴상 구조 토양

    ㉥ 지표면의 색깔이 짙을수록 토양온도가 높아짐

    ㉦ 우리나라와 같은 북반구에서는 남향 경사면에서 단위토양 면적당 수광량이 많음

    ㉧ 여름철 수광량은 남북 방향의 이랑에서 많고 겨울철 수광량은 동서 방향 이랑에서 더 많음

⑦ **토양온도의 조절**

    ㉠ 지표면에 흡수된 열이 신속히 토양 내로 전도될 수 있게 느슨한 표층토양을 다져줌

    ㉡ 완숙유기물을 시용하여 지표면에서 흡수하는 열량을 많게 하고 방출량을 감소시킴

    ㉢ 흰색 또는 투명 멀칭은 태양복사열을 반사하여 토양 온도가 낮아지는 효과를 줌

    ㉣ 비닐 피복은 토양에서 방출되는 복사열을 차단하고 물의 증발을 줄여 열손실을 감소시킴

6. 토양수

(1) 물의 물리적 특성

① 물의 분자 구조

    ㉠ 물 분자는 2개의 수소 원자와 1개의 산소 원자로 구성

    ㉡ 105°의 각으로 V자 모양의 비대칭 공유결합을 이룸

    ㉢ 물 분자 자체는 전기적으로 중성이지만 분자 내 전자 분포는 불균일함

    ㉣ 산소 원자 쪽은 부분적 음전하, 수소 원자 쪽은 부분적 양전하

    ㉤ 물 분자는 외형적으로 비극성이지만 실제로는 극성을 띰

    ㉥ 물 분자 간은 수소결합으로 연결. 높은 비열과 증발열을 가짐

② 물의 부착과 응집

응집	• 물 분자끼리 서로 끌리는 현상 • 입자 표면에서 멀리 있는 경우 크게 작용
부착	• 토양입자와 물 분자 사이의 인력 • 토양의 고체입자 표면에서 크게 작용
표면 장력	• 액체와 기체의 경계면에서 일어나는 현상 • 액체 분자끼리의 결합력이 액체 분자와 기체 분자의 결합력보다 클 때 생기며 액체의 표면적을 최소화하려는 힘 • 물 분자끼리의 응집력이 물 분자와 공기 분자와의 부착력보다 크기 때문에 물방울이 형성됨

③ 모세관현상

    ㉠ 모세관의 표면에 대한 물의 부착력과 물 분자들 간의 응집력 때문에 생기는 현상

    ㉡ 불포화대의 토양이 수분을 보유하게 하는 현상

    ㉢ 토양은 구불구불한 공극의 모양과 크기의 다양성으로 모세관 수분의 상승이 다소 불규칙함

    ㉣ H=2Tcosα/rdg(H : 모세관 높이, T : 표면장력, cosα : 흡착 각도, r : 모세관 반지름, d : 액체의 밀도, g : 중력가속도)

    ㉤ 간단 식 : H(cm)=0.15/r

(2) 토양수분 함량

① 토양시료의 건조 전후의 무게 차이로 직접 수분 함량을 구하는 직접법과 토양시료를 채취하지 않는 간접법이 있음

② 전기저항법

    ㉠ 전기저항값이 토양의 수분 함량에 따라 변하는 원리 이용

    ㉡ 전극이 내장된 전기저항괴를 토양에 묻고 저항값을 측정

    ㉢ 미리 구해 둔 전기저항과 토양수분함량 관계식을 통해 환산

③ 중성자법

    ㉠ 중성자가 물 분자의 수소원자와 충돌하면 속력이 느려지고 반사되는 원리 이용

ⓒ 중성자수분측정기로 느린 중성자의 수를 측정(수분 함량이 높을수록 느린 중성자 수 증가)

ⓒ 장점 : 동일 지점의 수분 함량을 깊이별로 수시로 측정 가능

ⓔ 단점 : 고가이며, 방사성 물질을 사용, 토양마다 관계식이 있어야 함

④ TDR(Time Domain Reflectometry)법

ⓐ 토양의 유전상수(dielectric constant)가 토양의 수분 함량에 비례함을 이용

ⓑ 전자기파가 한 쌍의 평행한 금속막대를 왕복하는 데 걸리는 시간으로 유전상수를 구함

ⓒ 미리 구해 둔 유전상수와 토양수분함량 관계식을 통해 환산

(3) 토양수분퍼텐셜

① 개요

ⓐ 수분 함량이 많고 적음으로 물의 상태와 이동을 설명할 수 없음

ⓑ 물은 높은 곳(에너지 상태)에서 낮은 곳(에너지 상태)으로 흐름

ⓒ 물이 가지는 에너지=수분퍼텐셜

② 총수분퍼텐셜

ⓐ 수분퍼텐셜은 중력, 매트릭, 압력, 삼투퍼텐셜의 합

ⓑ 4개의 퍼텐셜이 동시에 작용하는 경우는 없음

ⓒ 매트릭퍼텐셜은 불포화수분상태에서만 작용, 압력퍼텐셜은 포화수분상태에서만 작용

ⓔ 수분퍼텐셜의 값은 절댓값이 아니고 퍼텐셜이 0이 되는 기준상태와 비교하여 표시하는 상대적인 값

ⓜ 물의 수분퍼텐셜은 +, -, 0의 값을 가지게 됨

ⓗ 물의 이동은 토양 깊이별로 총수분퍼텐셜의 분포가 동일해질 때까지 계속됨

③ 중력퍼텐셜

ⓐ 중력의 작용으로 인하여 물이 가질 수 있는 에너지

ⓑ 기준면높이(0), 높아지면 (+)값, 낮아지면 (−)값

④ 매트릭퍼텐셜

ⓐ 토양 표면에 흡착되는 부착력과 모세관력에 의해 생성되는 물의 에너지

ⓑ 자유수가 매트릭퍼텐셜의 기준상태가 되며 퍼텐셜은 0

ⓒ 매트릭퍼텐셜은 항상 (−)값

ⓔ 매트릭스의 표면 부착력이 클수록, 모세관이 작을수록 낮아짐

ⓜ 불포화상태(밭토양)에서 일어나는 수분 이동의 주된 원인

ⓗ 수분 함량이 가장 적은 지표면에서 가장 작은 값을 가지며, 깊이에 따라 수분 함량이 증가하므로 매트릭퍼텐셜도 증가함

ⓧ 식물의 물 흡수는 뿌리 부근의 매트릭퍼텐셜을 주변보다 낮추게 되며 이로 인해 상대적으로 매트릭퍼텐셜이 높은 주변의 수분이 뿌리 부근으로 이동함

⑤ 압력퍼텐셜

　　㉠ 물의 무게에 의하여 생성되는 에너지

　　㉡ 대기와 접촉하고 있는 수면이 기준상태이며 그 값을 0으로 함

　　㉢ 포화상태(논토양)에서 수면 이하의 물은 항상 (+)값을 가짐

　　㉣ 불포화상태에서는 대기압과 평형상태이기 때문에 항상 0

⑥ 삼투퍼텐셜

　　㉠ 토양용액 중에 존재하는 이온이나 용질 때문에 생기는 에너지

　　㉡ 순수한 물의 삼투퍼텐셜을 0으로 하며, 용질을 함유하는 토양수분은 항상 (−)값을 가짐

　　㉢ 반투막이 존재하지 않는 토양에서는 크게 작용하지 않으나, 토양으로부터 식물이 물을 흡수하는 경우에는 삼투퍼텐셜이 중요하게 작용함

⑦ 토양수분퍼텐셜의 측정 방법 : 대부분의 토양은 불포화상태로 존재하므로 총수분퍼텐셜은 주로 매트릭퍼텐셜에 의하여 결정됨

텐시오미터 (tensiometer, 장력계)법	• 장력계가 측정하는 것은 토양수분의 매트릭퍼텐셜이며, 포장에서 많이 사용 • 다공성 세라믹컵, 진공압력계, 연결관으로 구성 • 유효수분의 함량을 평가할 수 있으며 관개 시기와 관개 수량 결정에 활용
싸이크로미터 (psychrometer)법	• 토양공극 내 상대습도로 토양수분퍼텐셜을 측정 • 평형상태에서 토양수분퍼텐셜은 토양공기 중의 수증기퍼텐셜과 동일 • 측정된 토양수분퍼텐셜은 매트릭퍼텐셜과 삼투퍼텐셜의 합에 해당함

(4) 토양수분함량과 퍼텐셜의 관계

① 토양수분특성곡선(토양수분보유곡선)

　　㉠ 일반적으로 수분의 함량이 감소할수록 토양수분퍼텐셜도 감소됨

　　㉡ 수분 함량과 퍼텐셜의 관계를 나타내는 곡선을 토양수분특성곡선이라 함

　　㉢ 토양의 구조와 토성에 따라 토양수분특성곡선이 달라짐

　　㉣ 물 보유능이나 배수 특성을 평가할 수 있는 유용한 자료가 됨

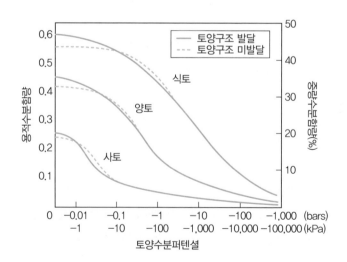

ⓜ 토양수분함량이 같다면 수분퍼텐셜은 사토>양토>식토 순

ⓗ 토양수분퍼텐셜이 같다면 토양수분함량은 식토>양토>사토 순

ⓐ 단순히 수분 함량을 비교하여 토양의 수분 상태를 평가할 수 없음

② 수분이력현상

ⓐ 마른 토양이 수분을 흡수하면서 얻어지는 수분특성곡선과 포화토양이 수분을 잃어버리면서(건조되면서) 얻어지는 수분특성곡선이 다르게 나타나는 현상

ⓑ 공극의 모양이나 크기가 일정하지 않고 팽윤과 수축에 따른 토양구조의 변화 때문임

ⓒ 주로 건조되면서 얻어지는 수분특성곡선을 사용함

ⓓ 매트릭퍼텐셜이 동일하더라도 건조 과정에서 측정된 수분 함량이 더 높음

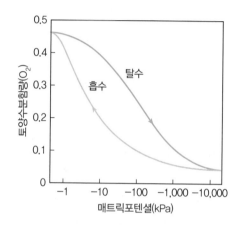

(5) 토양수분의 분류

① 개요 : 수분 함량이 많을수록 토양수분의 퍼텐셜이 높아지고, 수분 함량이 적을수록 토양수분의 퍼텐셜이 낮아짐(사토, 양토, 식토에서 모두 같으며 절댓값만 다르게 나타날 뿐임)

② 식물의 흡수 측면

포장용수량	• −0.033MPa(1/3bar)의 퍼텐셜로 토양에 유지되는 수분 함량 • 과잉의 중력수가 빠져나간 상태(대공극의 물은 빠지고 소공극의 물이 남아있는 상태) • 일반적으로 식물의 생육에 가장 적합한 수분조건		
위조점	• 영구위조점 : 식물의 잎이 시들어져 팽압이 회복되지 않을 때의 수분함량으로, −1.5MPa 또는 −15bar 퍼텐셜의 토양수분함량 • 일시적위조점 : 낮에 시들었다 밤에 다시 회복하는 −1.0MPa 정도의 토양수분함량 • 위조점에 해당하는 토양수분의 함량은 점토 함량이 많은 고운 토성의 토양일수록 많아짐 • 식질 토양은 물을 많이 보유할 수 있지만, 식물이 이용할 수 없는 물이 많기 때문임 • 토성별 포장용수량과 위조점 및 유효수분의 함량		

(단위 : %)

구분	포장용수량	위조점 수분 함량	유효수분 함량
사양토	11.3	3.4	7.9
양토	18.1	6.8	11.3
미사질 양토	19.8	7.9	11.9
식양토	21.5	10.2	11.3
식토	22.3	14.1	8.2

유효수분	• 포장용수량과 위조점 사이의 수분으로 식물이 이용할 수 있는 수분 • 유효수분함량은 중간토성(양토, 미사질 양토, 식양토 등)에서 많음 • 점토 함량이 많아질수록 포장용수량은 곡선적으로 증가(공극량이 일정한 점토 함량 이상에서는 감소하기 때문)하고, 위조점은 직선적으로 증가함 • 유기물함량이 많은 토양에서는 유효수분 증가 • 염류가 집적되면 수분퍼텐셜이 낮아져 유효수분 함량 감소 • 토성에 따른 유효수분의 함량 변화 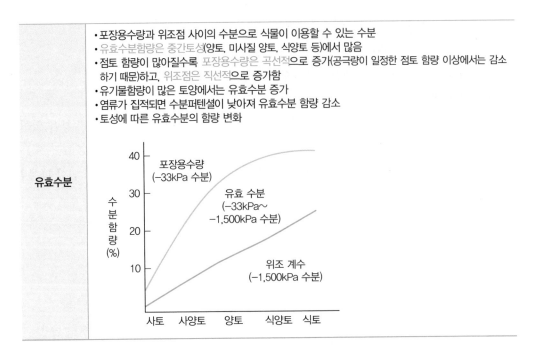

③ 물리적 측면

오븐건조 수분	• 105℃의 오븐에서 토양을 건조시켰을 때 잔류하는 수분 • −1,000MPa 이하의 퍼텐셜을 가지며 식물이 이용할 수 없는 물
풍건수분	• 토양을 건조한 대기 중에서 건조시켰을 때 잔류하는 수분 • −100MPa 이하의 퍼텐셜을 가지며 식물이 이용할 수 없는 물
흡습수	• 습도가 높은 대기로부터 토양에 흡착되는 수분 • −3.1MPa 이하의 퍼텐셜로 식물이 흡수에 이용할 수 없음 • 105℃ 이상의 온도에서 8~10시간 건조시키면 제거됨
모세관수	• 토양공극 중에서 모세관공극에 존재하는 물 • −3.1~−0.033MPa 사이의 퍼텐셜 • 토양 표면에 가까이 있는 모세관수를 제외하면 대부분이 식물이 이용할 수 있는 물
중력수	• 중력에 의해 쉽게 제거되는 수분 • 자유수라고 하며 대공극에 존재 • −0.033MPa보다 큰 퍼텐셜을 가지는 수분 • 포화상태에서 일시적으로 존재하는 물이므로 지속적으로 이용될 수 없는 수분 • 양질 사토와 점토 함량이 적은 토양에서는 비 온 후 1일, 점토함량이 많은 토양에서는 비 온 후 4일 정도 지나야만 포장용수량에 도달함 • 토양수분의 분류

- 토양의 수분 함량과 수분 장력을 작물의 생육과 연관시켜 정의한 상수
- 건조토양 100g 기준의 수분 함량으로 나타내며 토양 종류에 따라 달라짐
- 포장용수량, 위조점, 유효수분, 흡습계수

(6) 토양수분의 이동

① 개요
　㉠ 토양수분은 강수와 관개를 통하여 유입되며, 일부가 지하수로부터 공급되기도 함
　㉡ 강수+관개=침투+유거
　㉢ 침투된 수분은 증산, 증발, 내부 유출, 투수 등의 과정을 통해 유실되고 나머지는 저장

② 토양 내에서의 수분 이동
　㉠ 수분퍼텐셜의 차이에 의하여 일어나며, 수분퍼텐셜이 높은 곳에서 낮은 곳으로 이동
　㉡ 포화 이동 : 공극이 물로 채워진 상태의 이동
　㉢ 불포화 이동 : 대공극은 공기로 채워져 있고 소공극을 통해서만 물이 이동

③ 포화상태에서의 물의 흐름
　㉠ 물의 이동은 주로 아래쪽으로의 수직 이동이 일어나며 일부 수평 방향의 이동
　㉡ 매트릭퍼텐셜은 토양 전체에서 작용(흡착력이나 모세관력은 물의 이동에 영향 없음)
　㉢ 중력퍼텐셜과 압력퍼텐셜이 작용

Darcy의 법칙	유량은 토주의 단면적과 토주의 수두차에 비례, 토주의 길이에 반비례
포화수리전도도	• 물의 이동 속도와 수두구배 사이의 비례상수 • 토양의 투수성 또는 배수능의 척도가 되는 중요한 지표 • 토성, 용적밀도, 공극의 형태에 따라 달라짐 • 점토 함량이 많은 토양은 포화수리전도도가 낮고, 토성이 거칠고 대공극이 많을수록 커짐 • 토양의 포화도가 증가하면(토양공극포화도↑) 이동통로가 확대되어 수리전도도가 커짐 • 물의 이동량은 공극 반지름의 4제곱에 비례함 • 공극의 실제 크기가 토양의 수리전도도에 매우 큰 영향을 끼침 • 토양구조의 발달 정도에 따라 수리전도도가 달라짐(판상구조는 수리전도도가 작음)

④ 불포화상태에서의 물의 흐름
　㉠ 불포화상태에서의 물의 이동은 매우 느림
　㉡ 모세관공극이나 토양 표면의 수분층을 따라 이동
　㉢ 불포화수리전도도는 매트릭퍼텐셜 또는 수분 함량에 따라 달라짐
　㉣ 상하 또는 좌우 방향으로 물의 이동이 가능

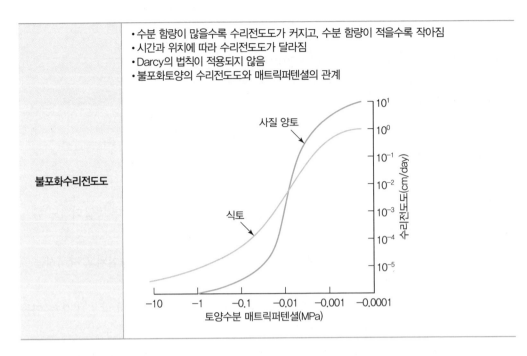

불포화수리전도도	•수분 함량이 많을수록 수리전도도가 커지고, 수분 함량이 적을수록 작아짐 •시간과 위치에 따라 수리전도도가 달라짐 •Darcy의 법칙이 적용되지 않음 •불포화토양의 수리전도도와 매트릭퍼텐셜의 관계

⑤ 수증기에 의한 이동

  ㉠ 지표면에서 일어나는 증발이 대표적이며, 불포화상태 토양에서 나타나는 공극 간의 수증기 이동

  ㉡ 전체 토양수분 중에서 수증기가 차지하는 비율은 매우 낮아 수증기의 영향 미약

  ㉢ 건조토양에서 증기압 차에 의해 생겨나는 이동(온도가 높을수록 수증기압 증가)

  ㉣ 습윤한 토양이 건조한 대기와 접촉하고 있을 때 수증기의 증발 활발

⑥ 침투

  ㉠ 물이 토양 표면으로부터 토양층위 내로 유입되는 현상

  ㉡ 침투율 : 단위시간당 단위면적을 통과하여 침투하는 수분의 양

  ㉢ 침투율 영향 요인 : 토성과 구조, 식생, 표면봉합과 덮개, 토양의 소수성과 동결

⑦ 투수

  ㉠ 토양으로 침투한 물이 토양단면을 따라 아래 방향으로 이동하는 것을 말함

  ㉡ 포화, 불포화 이동 모두 포함됨

⑧ 유거

  ㉠ 침투하지 못한 물이 지표면을 따라 다른 지역으로 흘러가는 현상

  ㉡ 침투율이 강수량보다 작을 때 발생, 비가 멈추더라도 한동안 유거 지속

  ㉢ 토양 표면에 굴곡이 많고 경사가 완만할수록 유거량 감소

  ㉣ 유거현상은 토양침식을 유발하며, 하천의 부영양화의 원인이 되기도 함

(7) 토양수분과 작물의 생육

① 증산율이 낮은 경우 능동적인 흡수, 증산작용이 활발한 경우 수동적 흡수가 일어남

② 식물이 이용하는 물의 90% 이상이 수동적 흡수

③ 대기가 고온건조하고 바람이 부는 경우에 증발산량 증가

④ 토양의 수분 함량이 포장용수량 수준에 가까울수록 증발산량 증가

⑤ **물이용효율의 지표** : 증산율과 소비용수량(기상조건의 영향을 많이 받음)

CHAPTER 04 토양의 화학적 성질

1. 토양교질물

(1) 점토광물

① 개요

⊙ 토양을 구성하는 무기광물의 성분은 크기에 따라 모래, 미사, 점토로 구분되며 점토광물의 물리·화학적 특성이 토양의 기본적인 특성을 결정함

ⓛ 점토 : 지름(입경)이 2㎛ 이하인 토양무기광물의 입자

ⓒ 광물 : 일정한 물리성·화학성·결정성을 지닌 천연 무기화합물

ⓔ 광물의 구성 원소 : 산소>규소>알루미늄>철>칼슘>나트륨>칼륨>마그네슘

ⓜ 점토광물 : 토양 내에서 발견되는 점토 크기의 특정 광물들

② 1차 광물

⊙ 화학적 변화를 전혀 받지 않은 광물

ⓛ 석영, 장석, 휘석, 운모, 각섬석, 감람석 등

ⓒ 토양 중에서 주로 모래, 미사의 크기로 존재하고 일부는 점토 크기로 존재함

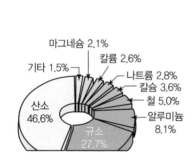

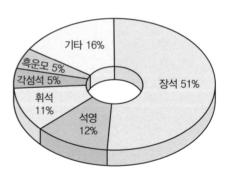

ⓔ 광물의 종류

1차 광물명		화학식
석영(quartz)		SiO_2
장석류(feldepars)	정장석(orthoclase)	$KAlSi_3O_8$
	조장석(albite)	$NaAlSi_3O_8$
	회장석(anorthite)	$CaAl_2Si_2O_8$
백운모(miscovite)		$KAl_2(AlSi_3O_{10})(OH)_2$

1차 광물명	화학식
흑운모(biotite)	$K(Mg, Fe)_3(AlSi_3O_{10})(OH)_2$
각섬석류(amphiboles)	$Ca_2Mg_5Si_8O_{22}(OH)_2$
휘석류(pyroxenes)	$MgSiO_3$
감람석(olivine)	$(Mg, Fe)_2SiO_4$

③ 2차 광물

    ㉠ 1차 광물이 여러 반응을 통하여 새롭게 재결정화된 광물

    ㉡ 규산염광물 : kaolinite, montmorillonite, vermiculite, illite, chlorite 등

    ㉢ 금속 산화물 또는 금속 수산화물 : gibbsite, goethite 등

    ㉣ 비결정형 광물 : allophane, imogolite 등

    ㉤ 황산염 또는 탄산염광물 등

(2) 점토광물의 기본 구조

① 규소사면체(SiO_4)

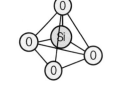

    ㉠ 4개의 산소가 각 꼭짓점에 배열하고 중앙의 공간에 규소가 위치함

    ㉡ 하나의 규소(+4)에 4개의 산소($-2×4=-8$)가 결합하므로 규소사면체
는 -4의 순음전하를 가지게 됨

    ㉢ 음전하를 중화시키기 위해 Fe^{2+}, Mg^{2+} 등의 2가 양이온이 사면체를
연결시켜 줌

감람석	양이온이 규소사면체를 연결함
휘석, 각섬석, 운모, 장석, 석영	산소를 공유하여 음전하를 줄이고 안정화를 이룸

② 알루미늄팔면체

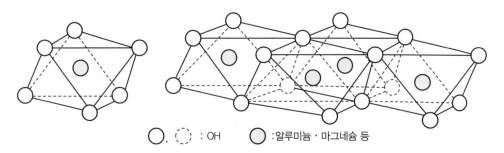

◯, ◌ : OH   ◍ :알루미늄 · 마그네슘 등

    ㉠ 알루미늄을 중심 양이온으로 하고 6개의 산소가 결합하여 8면체를 이룸

    ㉡ 꼭지점의 산소에 H+가 결합하여 -1가의 OH$-$가 되면 음전하를 줄일 수 있음

    ㉢ 모서리를 공유하는 방식으로 2개의 산소를 공유하고 전기적 안정화

② 팔면체층 2개가 위아래로 결합하는 방식

이팔면체층	Al^{3+}이 중심 양이온, gibbsite
삼팔면체층	Mg^{2+}이 중심 양이온, brucite

③ 동형치환

　㉠ 광물의 구조에 변화 없이 원래 양이온 대신 크기가 비슷한 다른 양이온이 치환되어 들어가는 현상

규소사면체	주로 Si^{4+} 대신 Al^{3+}로 치환
알루미늄팔면체	주로 Al^{3+} 대신 Mg^{2+}, Fe^{2+}, Fe^{3+}로 치환

　㉡ 치환 과정에서 광물은 순음전하를 가지게 됨

(3) 규산염 점토광물

① 규산염 1차 광물

구분	감람석	휘석	각섬석	운모	장석·석영
Si:O	1:4	1:3	4:11	2:5	1:2
구조	독립상	단일사슬	이중사슬	판(층상)	3차 구조(망상)

　㉠ 감람석(Mg, Fe)SiO_4 : 가장 풍화되기 쉽고 미량원소의 공급원

　㉡ 휘석류Ca(Mg, Fe)Si_2O_6 : 토양 중에서 흔히 발견, 필수무기영양원소들을 함유

　㉢ 석영과 장석(Si-O)

석영	•전기적으로 중성이므로 부가적인 양이온의 결합 불필요 •풍화 느림
장석	•4개의 규소사면체마다 1개꼴로 Si^{4+} 대신 Al^{3+}의 치환이 일어남 •부가적인 양이온이 필요하여 안정하지 못하고 풍화되기도 쉬움

　㉣ 운모류

운모류	•2개의 규소사면체층과 1개의 알루미늄팔면체층이 결합된 2:1형 층상 구조 •2:1층 사이에 K^+가 위치하면서 서로 연결되기 때문에 연결 강도가 낮고 판상구조임
백운모	중심 양이온이 모두 Al^{3+}
흑운모	•중심 양이온이 Al^{3+} 대신 Fe^{2+}, Mg^{2+}로 치환 •사면체층에서는 4개의 규소사면체마다 1개꼴로 동형치환이 일어나고, 여분의 음전하가 생성됨

② 규산염 2차 광물

　㉠ 토양의 점토는 주로 2차 광물

　㉡ 한랭 또는 건조 지역 : 층상의 규산염광물들이 중요한 점토(kaolinite, smectite, vermiculite, illite 및 chlorite)

　㉢ 팽창형 2:1형 광물은 결정단위 사이에 작용하는 힘이 van der waals 힘으로 약함

　㉣ 알루미나 8면체의 Al^{3+}이 Mg^{2+}, Fe^{2+}로 동형치환된 것이 montmorillonite임

ⓜ 고온 다습 지역 : 철이나 알루미늄 산화물 또는 수산화물이 주된 점토

구분	Kaolin (고령토)	smectite (녹점토)	vermiculite (질석)	Illite (가수운모)	chlorite (녹니석)
구조	1:1	2:1	2:1	2:1	2:1:1
팽창성	비팽창형	팽창형	팽창형	비팽창형	비팽창형
해당 광물	kaolinite(판상), halloysite(튜브 모양, 층 간 물분자 층 있음)	montmorillonite, nontrite, saponite, hectorite, sauconite	vermiculite	illite	Chlorite (대표적인 혼층형)
기저면(nm)	0.71	0.91~1.8	1.0~1.5	1.0	1.4
음전하 (cmolc/kg)	2~15	80~150	100~200	20~40	10~40
비표면적 (m²/g)	7~30	600~800	600~800	–	70~150
특성	층과 층 사이가 수소결합으로 강한 결합	2:1층 사이 수화된 양이온(결합이 약해 물 분자의 출입 자유로움)	2:1층 사이에 Mg²⁺ 등 수화된 양이온	• 2:1층 사이 K⁺ 강한 결합 • 습윤 상태에서도 팽창 불가	2:1층 사이에 brucite팔면체층 강한 결합
	용액의 결정화	용액의 결정화	운모의 풍화	가수운모	brucite 생성 및 팽창형 광물 축적
	• 동형치환 거의 없음 • 주로 변두리전하	동형치환	동형치환 (음이온 더 많이 가짐)	동형치환	동형치환
	고온다습한 열대지방	강수량 적은 조건	수분 함량이 많은 토양	저온조건 변성작용	퇴적암에서 흔히 발견
	• 우리나라 대표 점토광물 • 도자기 제조	수분 함량에 따라 팽창과 수축이 심함 (팽창 1등)	Montmorillonite에 비해 팽창성 작음	층 사이 물분자 출입 불가	

 TIP vermiculite가 montmorillonite에 비하여 팽창 정도가 작은 이유

알루미늄팔면체층과 규소사면체층에서 음이온이 치환되어 많은 음전하를 생성하지만 양이온에 의한 2:1층 사이 연결이 강하기 때문임

(4) 기타 점토광물

① 금속산화물(가수산화물)

ㄱ 심하게 풍화작용을 받은 토양에는 철, 알루미늄, 망간 등의 (수)산화물이 널리 분포

ㄴ 매우 안정한 광물로 결정형과 비결정형이 동시에 존재

ㄷ 규산염 광물과 달리 동형치환이 일어나지 않음. 영구음전하는 거의 없고 토양은 산성임

ㄹ 결정의 외부 표면에서 일어나는 수소이온의 해리(탈양성자화)와 결합(양성자화)을 통해 전하를 가짐. 토양의 pH에 따라 크게 달라짐(pH 의존전하)

ⓜ 식물의 영양성분인 Ca, Mg, K 등의 양이온을 보유하는 기능이 없음

ⓑ 이들 점토의 함량이 30~40%가 되는 경우에도 사토 정도의 수분밖에 흡수하지 못함

ⓢ 인산고정력 높음

ⓞ 대표적 광물 및 특징

구분	gibbsite	goethite	hematite
화학식	$Al(OH)_3$	$FeO(OH)$	Fe_2O_3
중심금속	알루미늄 수산화물	철 산화물(침철광)	철 화물(적철광)
특징	• 동형치환이 없어 음전하량 매우 적음 • 토양이 pH에 따라 순양전하를 가질 수 있음	가장 흔하고 안정한 철 산화물	goethite 다음으로 많이 존재

② 비결정형 점토광물

㉠ 전체적인 구조는 불규칙하지만 매우 짧은 범위에서는 일정한 결정구조가 있음

㉡ X선 회절분석에서 결정구조를 확인할 수 없는 것들로 무정형 광물이라고도 함

㉢ 대표적 광물 : immogolite, allophane 등

구분	immogolite	allophane
화학식	$Si_2Al_4O_{10} \cdot 5H_2O$	$Si_3Al_4O_{12} \cdot nH_2O$
Al_2O_3/SiO_2의 비율	• 1 • gibbsite의 알루미늄층과 규소사면체층이 1:1 결합	• 0.84~2 • 알루미늄팔면체층과 규소사면체층의 결합
구조 및 특징	• 비결정형광물 중 결정화 정도가 가장 큼 • 바깥지름이 2nm 정도인 긴 튜브 모양의 기본구조 • 동형치환에 의한 음전화 없음 • pH 의존전하가 생성되어 다량의 1가 양이온 흡착	• 30~50nm인 구형의 입자 • 화산회로부터 생성된 토양에 존재하는 점토광물임 • 인산고정력이 강하여 토양에 인산을 사용하지 않을 경우 인산결핍증 • pH 의존음전하량은 중성·알칼리성 조건에서 150cmolc/kg으로 매우 큼

 TIP kaolinite와 immogolite의 차이

• 알루미늄층과 규소사면체층의 1:1 결합은 공통이나 두 층의 결합이 아래위로 뒤바뀜

• kaolinite는 Si가 gibbsite 층의 산소 하나와 결합, immogolite는 산소 세 개와 결합함

③ zeolite 광물

㉠ 3차원의 망상구조를 가진 결정형 광물

㉡ 저온, 저압조건에서 안정한 광물, 신생대 제3기 지층에서 산출

㉢ 경북 영일과 감포 지역에 주로 매장

㉣ 규소사면체에서 Si 대신 Al의 동형치환이 이루어져 200~300cmolc/kg의 매우 큰 CEC

㉤ 물리적 흡착력과 큰 CEC 특성으로 토양 개량, 수질 정화, 항균용 필터 등으로 활용

(5) 점토광물의 표면적과 전하의 특성

① 비표면적 : 비표면적이 클수록 물리화학적 반응이 활발

② 표면전하

  ㉠ 점토광물이나 유기물은 양전하에 비하여 음전하를 많이 가지므로 순음전하를 띰

  ㉡ 비결정형 광물 또는 금속산화물 비중이 높을 때 낮은 pH에서 순양전하를 띠기도 함

영구전하	• 토양 pH의 영향을 받지 않는 전하 • 동형치환과 변두리 전하 • 변두리 전하 : 광물질의 변두리에 존재하는 결합에 관여하지 않는 여분의 음전하 • 동형치환이 많을수록 영구전하량 증가(CEC 증가) • 2:1형 광물, 2:1:1형 광물들은 많은 영구전하를 가지지만 1:1형 광물(kaolinite)의 경우에는 순전하가 0이 됨 • 점토를 분쇄하면 변두리 전하가 증가함
가변전하 **(일시적 전하,** pH 의존전하**)**	• pH가 낮은 조건에서는 양전하가 생성되고 pH가 높은 조건에서는 음전하가 생성됨 • pH에 따라 점토광물의 표면에서 발생하는 수소이온의 해리(탈양성자화)와 결합(양성자화)에 기인 • 금속산화물(철이나 알루미늄산화물)과 비결정형 점토광물(allophane)은 영구전하가 없는 대신 가변전하를 가짐 • 표면적이 큰 비결정형 점토광물은 수산화물보다 더 pH 의존적임 • pH의 변화에 따른 토양의 양전하와 음전하의 변화 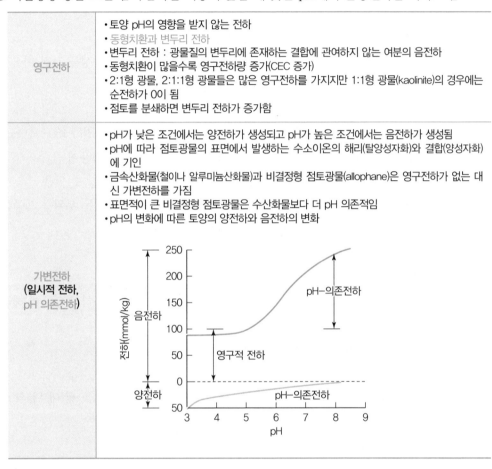

(6) 점토광물의 생성과 변화

① 점토광물의 일반적인 풍화 순서 : 2:1형 광물 → 1:1형 → 광물금속산화물

② 점토광물의 풍화와 기후의 관계

고온다습한 열대 지역	금속산화물 점토 비중이 높음
한랭건조한 지역	2:1형의 광물이 많음
온난다습한 지역	kaolinite 또는 금속산화물 점토광물이 많음(우리나라가 해당)

(7) 점토광물의 분석과 동정

① 분석법 : 현미경 이용법, X선 회절분석법, 시차열분석법, 적외선분광법, 화학분석 등

② X선 회절분석을 통해 점토광물들을 동정하거나 결정구조를 확인

(8) 토양유기교질물

① 개요

㉠ 살아있는 미생물, 동·식물의 유체, 부식

㉡ 부식(좁은 의미의 토양유기물) : 토양유기물 중 교질(colloid)의 특성을 가진 비결정질의 암
갈색 물질. 보통 점토입자에 결합된 상태로 존재

② 부식의 교질특성

㉠ 점토광물보다 비표면적과 흡착능이 큼(비표면적 800~900m^2/g, 음전하 150~300cmolc/kg)

㉡ 모두 pH 의존적 전하를 가지며, humic acid와 fulvic acid의 작용이 큼

㉢ 토양에 존재하는 부식은 주로 리그닌과 단백질의 결합물질이라 할 수 있음

㉣ 유기구조 단위는 양이온이나 음이온과 결합할 수 있는 전하를 띠는 부위를 제공함

㉤ 부식의 등전점(순전하가 0일 때의 pH) : 대개 3 정도

㉥ pH3 이상이면 부식은 순음전하를 가짐

㉦ pH가 높을수록 순음전하가 증가하고 양이온 교환용량이 증가

㉧ 유기콜로이드는 카복실기(COOH), 페놀기, 아민기($-NH_2$)를 보유하고 있으며 해리하여 양
또는 음전하를 생성함

㉨ 음전하의 약 55%가 carboxyl기의 해리에 의한 것임

㉩ $R-COOH = R-COO^- + H^+$

㉪ 유기물은 토양의 pH 완충력을 높이는 데 있어서도 중요한 역할을 함(대부분의 carboxyl
기는 pH6 이하에서 해리되며 제1영역에서 완충작용)

(9) 교질의 전기이중층

① 전기이중층

㉠ 음전하를 띤 토양교질입자에 양전하를 띤 이온들이 전기적 인력으로 끌리면서 형성된 음
전하층과 양전하층의 이중층

㉡ 양이온교환과 교질입자의 응집과 분산현상에 관여

② 이중층모델

㉠ Helmholtz 이중층모델

이중층 형성	건조한 토양에서 교질의 음전하와 흡착된 양이온들 사이에 전기적 평형이 이루어지는 것
한계	• 토양용액에서의 이온 분포를 정확히 나타내지 못함 • 양이온의 분포는 교질표면에서 가장 높고 거리가 멀어질수록 그 농도가 낮아짐

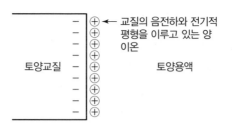

ⓛ Gouy-Chapman 확산전기이중층모델

확산전기이중층모델	• 음전하를 띤 교질 표면에 가까울수록 양이온 농도는 늘어나고 멀어질수록 음이온 농도는 증가하는 확산층이 형성됨 • 교질의 전하가 영향을 끼치지 못하는 전위값 0을 제타퍼텐셜이라 함
한계	이온의 수화 정도에 따라 달라지는 흡착과 반발 특성을 반영하지 못함

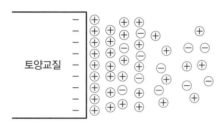

ⓒ Stern의 전기이중층모델

전기이중층모델	전기적 이중층을 특이적 흡착층인 Stern층과 정전기적 이온들의 층인 확산층으로 구분
Stem층과 확산층의 경계면	Outer Helmholtz Plane(OHP)

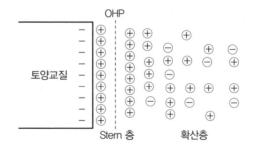

③ 전하와 양이온의 종류 및 농도별 확산층의 두께

ⓐ 두께 증가·감소 조건

증가 조건	• 교질 표면의 음전하가 많고 밀도가 클수록 • 용액 중의 양이온의 농도가 낮을수록 • 이온의 크기와 수화도가 클수록 • 이온의 전하가 작을수록
감소 조건	• 교질 표면의 음전하가 적고 밀도가 작을수록 • 용액 중의 양이온의 농도가 높을수록

ⓒ Ca^{2+}, Mg^{2+}, Al^{3+} : 교질에 강하게 흡착되기 때문에 이온 농도가 낮아도 확산층 압착

ⓒ Na^+, K^+, NH_4^+ : 교질에 약하게 흡착되기 때문에 이온 농도가 아주 높아야 압착됨

④ 전기이중층과 교질물질의 응집과 분산

ㄱ Ca^{2+}, Mg^{2+}, Al^{3+} : 확산층이 얇아 응집을 촉진

ㄴ Na^+, K^+, NH_4^+ : 확산층을 확장시켜 분산이 잘 일어남

2. 토양의 이온교환

(1) 양이온교환

① 토양에서의 양이온교환 : 토양콜로이드 표면에 흡착되어 있던 양이온이 용액 중의 양이온과 교환되는 현상

② 양이온교환작용과 기본 원리

ㄱ 화학량론적이며 가역적인 반응

$$\boxed{\text{Micelle}}\ Ca^{2+}\ +\ 2H^+ \rightleftharpoons \boxed{\text{Micelle}}\ \begin{matrix} H^+ \\ H^+ \end{matrix}\ +\ Ca^{2+}$$
(Soil Colloid)   (Soil Solution)   (Soil Colloid)(Soil Solution)

ㄴ 주요 교환성 양이온 : H^+, Ca^{2+}, Mg^{2+}, K^+, Na^+

ㄷ 기타 교환성 양이온 : Al^{3+}, NH_4^+, Fe^{3+}

ㄹ 흡착 세기 : 전하(chage)가 크고 양이온의 수화반경이 작을수록 강하게 흡착함

ㅁ $Na^+ < K^{2+} = NH_4^+ < Mg^{2+} = Ca^{2+} < Al(OH)_2 < H^+$

③ 양이온교환의 중요성

ㄱ K^+, Ca^{2+}, Mg^{2+} 식물영양소의 주된 공급원

ㄴ 산성토양의 pH를 높이기 위한 석회요구량은 CEC가 클수록 많아짐

ㄷ 흡착된 Ca^{2+}, Mg^{2+}, K^+, NH_4^+ 등의 이온들은 쉽게 용탈되지 않음

ㄹ 토양에 비료로 사용한 K^+, NH_4^+ 등은 토양에서 이동성이 급격하게 감소됨

ㅁ 중금속 오염물질(Cd^{2+}, Zn^{2+}, Pb^{2+}, Ni^{2+} 등)의 오염 확산 방지

④ 양이온교환용량(Cation Exchange Capacity ; CEC)

ㄱ 건조한 토양 1kg을 교환할 수 있는 양이온의 총량

ㄴ 단위 : cmolc/kg(현재)=meq/100g(과거)

ㄷ 1M CH_3COONH_4를 사용하여 NH_4^+를 포화시킨 후 알코올로 이들을 세척한 뒤 침출 정량하여 CEC를 구함

ㄹ 점토 함량, 점토광물의 종류, 유기물 함량에 따라 달라짐

ㅁ 점토 함량과 유기물 함량이 많을수록 커짐

ㅂ 부식>2:1형(vermiculite>smectite>illite)>1:1형(kaolinite)>금속산화물

토양콜로이드	CEC(cmolc/kg)
부식(humus)	100~300
vermiculite	80~150
smectites(montmorillonite)	60~100
함수 운모(hydrous mica)	25~40
kaolinite	3~15
sesquioxides	0~3

Ⓐ 우리나라 토양 : 유기물 함량이 낮고 주요 점토는 kaolinite로 10cmolc/kg 정도로 낮음

Ⓞ 점토광물, 부식, 유기산의 다양한 작용기는 H^+를 해리시켜 음전하를 띠며 pH 증가

Ⓩ pH가 증가할수록 pH 의존성 음전하가 증가 → CEC 증가

⑤ 염기포화도

   ㉠ 교환성 양이온의 총량 또는 양이온의 교환용량에 대한 교환성 염기의 양

$$염기포화도(\%) = \frac{교환성\ 염기의\ 총량(cmolc/kg)}{양이온교환용량(cmolc/kg)} \times 100$$

   ㉡ 교환성 염기 : Ca, Mg, K, Na 등의 이온은 토양을 알칼리성으로 만드는 양이온

   ㉢ 토양을 산성화시키는 양이온 : H와 Al 이온

   ㉣ 우리나라 토양은 보통 50% 내외

   ㉤ 산성 토양에서 낮고 중성 및 알칼리 토양에서 높음

   ㉥ 산성화된다는 것은 수소와 알루미늄이온의 농도가 증가한다는 것을 의미

(2) 음이온교환(Anion Exchange Capacity ; AEC)

① 음이온흡착의 원리

   ㉠ 양이온교환과 원리적으로 유사하며, 화학량론적임

   ㉡ 토양콜로이드의 전하가 양전하이고 음이온 사이의 교환임

   ㉢ 주요 음이온 : SO_4^{2-}, Cl^-, NO_3^-, HPO_4^{2-}, $H_2PO_4^-$

   ㉣ 흡착순위 : 질산<염소<황산<몰리브덴산<규산<인산

② 음이온교환용량

   ㉠ 건조한 토양 1kg이 교환할 수 있는 음이온의 총량(cmolc/kg)

   ㉡ 2:1형 점토광물에서는 AEC는 무시될 정도로 작으나 열대지방의 적황색 토양, 1:1형 점토광물, allophan, Fe 또는 Al 수산화물은 음이온교환기를 가짐

   ㉢ pH가 낮을수록 pH 의존성 양전하 증가 → AEC 증가

   ㉣ 일반적으로 CEC의 1~5%에 불과함

③ 음이온의 토양흡착

   ⊙ 철과 알루미늄 산화물 및 수산화물 등은 양전하를 많이 가질 수 있는 광물이므로 음이온의 흡착이 일어나며, 특히 Al−OH기와 Fe−OH기가 많은 토양일수록 음이온의 흡착이 잘 일어남

   ⓛ 배위자교환(ligand exchange)

$$X-O-H \quad X-O-H \quad +HPO_4^- \rightleftarrows \quad X-O \diagdown P \diagup OH \quad X-O \diagup \diagdown O \quad +2OH^-$$

※ X는 Si, Ti, Al, Fe 등의 양이온

배위결합	어떤 원자 사이의 결합에 관여하고 있는 전자쌍이 한쪽 원자로부터의 공여로만 되어 있다고 해석되는 공유결합
배위자교환	Al, Fe 등의 금속 원자에 배위되어 있는 OH기와 배위자 사이의 교환으로 반응 후 pH는 OH기 때문에 증가함
특이적 흡착	• F^- · $H_2PO_4^-$ · HPO_4^{2-} 등 반응성이 강한 음이온과 비가역적 배위결합 • 다른 음이온과 쉽게 교환되거나 방출되지 않음 • 음이온특이흡착은 유효인산을 무효화시키는 과정으로 매우 중요함
비특이적 흡착	• Cl^-, NO^{3-}, ClO_4^- 등이 정전기적 인력에 의하여 흡착된 것 • 다른 음이온과 교환됨

   ⓒ 표면복합체 형성 : 낮은 pH에서 금속원자와 결합한 OH에 H^+가 붙어 양전하가 되면 음이온 흡착이 일어남

$$X-O-H+H^+ \rightleftarrows \quad X-O \diagup \overset{H^+}{\diagdown H} \quad +A^- \rightleftarrows \quad X-O \diagup \overset{H^+A^-}{\diagdown H}$$

(3) 토양의 이온흡착

① 토양콜로이드의 negative(−) 또는 positive(+) 표면은 양이온과 음이온을 흡착함

② 온대 지역의 토양은 일반적으로 2:1형 규산염점토광물이 주종이므로 표면의 음전하로 인한 양이온 흡착이 주로 일어남

③ 열대 지역의 토양은 매우 산성이며 1:1형 점토광물 또는 철, 알루미늄 산화물이 주종이므로 음전하가 적고 양전하가 발달하여 주로 음이온흡착이 일어남

④ 이온흡착

특징	양이온교환현상과 달리 흡착력이 훨씬 강함
종류	• 부식작용기에서 일어나는 착화합물의 형성 • 산화물과 부정형 점토광물 표면에서의 내부계면 복합체 형성 • 리간드교환 • 공유결합 및 수소결합

3. 토양산도와 토양반응

(1) 토양반응의 중요성

① 토양반응이란 토양이 나타내는 산성 또는 알칼리성의 정도를 말함

② 토양특성, 영양물질(또는 유해원소) 흡수 및 이동, 미생물 활동, 식물 생육 등에 영향

③ 토양 콜로이드 표면의 산성이온과 비산성이온의 균형 및 토양 용액 중의 H^+와 OH^-이온의 균형임. 토양콜로이드 표면 전하, 교환성 양이온 등에 의해 주로 조절됨

④ pH4~5 강산성 토양 : Al, Mn 용해도 증가로 식물에 독성 야기

⑤ 산성토양에서 콩과식물 공생균인 뿌리혹박테리아 활성 저하

⑥ 질산화세균 활성 저하(산림토양에서 무기태 질소 중 NH_4^+ 비중이 높은 이유임)

⑦ 작물의 생육에 적절한 토양의 pH는 무기질 토양에서 6.5 정도이고 유기질 토양에서는 5.5 정도임

⑧ pH가 6 이하로 되면 대부분 영양원소들의 유효도가 낮아지고, 미량원소인 B, Zn, Fe, Cu 등은 pH가 높아짐에 따라 유효성이 낮아짐. Mo은 낮은 pH에서 유효성 낮아짐

⑨ 대부분의 광물질은 산성 토양에서 용해도가 커서 수용성의 농도가 높음

⑩ **무기성분의 용해도에 영향** : 토양반응에 따른 양분 유효도

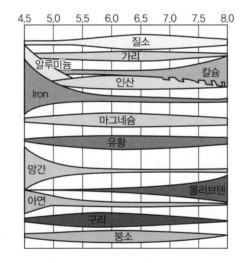

(2) 토양반응의 요소

① 토양반응의 정도는 토양용액 중의 H^+ 또는 OH^-의 농도로 계산되는 pH값 사용

$$pH = \log \frac{1}{[H^+]} = -\log[H^+]$$

② 수소이온 농도가 높아지면 pH 감소, 낮아지면 pH 증가

PART 01

PART 02

PART 03

PART 04

PART 05

PART 06

③ pH에 의한 토양반응의 구분

pH(H₂O)	토양반응의 구분	pH(H₂O)	토양반응의 구분
>8.0	강알칼리성	5.5~5.9	약산성
7.6~7.9	약알칼리성	5.0~5.4	명산성
7.3~7.5	미알칼리성	4.5~4.9	강산성
6.6~7.2	중성	<4.4	극강산성
6.0~7.6	미산성		

④ 토양산성에 가장 큰 영향을 끼치는 양이온은 토양에 흡착되어 있는 H와 Al임

⑤ 교환성 Al이온은 pH5에서 비로소 토양용액에 나타남

(3) 토양의 완충능력

① 완충용량 : 외부로부터 어떤 물질이 토양에 가해졌을 때 영향을 최소화할 수 있는 능력

② 토양이 pH에 대한 완충능력을 가질 수 있는 이유

　㉠ 탄산염, 중탄산염 및 인산염과 같은 약산계 보유

　㉡ 점토와 교질복합체에 산성기를 보유

　㉢ 토양교질물은 해리된 H^+과 평형을 이루고 있음

③ 토양의 pH 완충 기작

　㉠ H^+이 제거될 때, 제거된 만큼 교질물로부터 보충

　㉡ H^+이 첨가되면, 교질물의 염기가 H^+과 치환되어 H^-교질이 됨. 결국 토양용액의 pH는 거의 변하지 않음

④ 양이온교환용량이 클수록 완충용량은 커짐

⑤ 점토나 부식물이 많아 양이온교환용량이 큰 토양일수록 pH를 개량하려면 더 많은 개량제(예 석회)가 필요함

⑥ 토양의 완충능력이 작아 pH가 크게 변동한다면 양분의 유효도가 크게 변화하게 되는 등 식물과 미생물의 생육에 지장을 주게 됨

(4) 토양 산도

① 활산도 : 토양용액에 해리되어 있는 H와 Al이온에 의한 산도

② 잠산도

교환성 산도 (염교환산도)	• 토양입자에 흡착되어 있는 교환성 수소·알루미늄에 의한 산도 • 비완충염류용액(KCl, NaCl)에 의하여 용출되는 산도
잔류산도 (가수산도)	• 유기물이나 규산염 점토에 비교환성 형태로 결합된 Al이온, Al수산기이온, H^+에 의한 산도 • 석회물질 또는 완충용액[Ca(OH)₂]으로 중화되는 산도

※ 산도의 정도 : 가수산도 > 교환성산도

(5) 토양 산성화의 원인

① 뿌리나 미생물의 호흡으로 이산화탄소가 물에 녹아 탄산이 되고, 용해된 탄산의 해리로 수소이온 생성

② 질소질비료의 NH_4^+이 질산화작용에 의해 수소이온 생성

③ 질소, 황, 철화합물의 산화

④ 식물의 양이온 흡수

⑤ 농경지 토양에서 작물의 수확(Ca, Mg, K 제거)

⑥ 양이온의 침전

⑦ pH 의존전하의 탈양성자화

⑧ Al 복합체의 형성

 ⊙ $Al^{3+}+H_2O \leftrightarrow Al(OH)^{2+}+H^+$

 ⓛ $Al(OH)^{2+}+ H_2O \leftrightarrow Al(OH)^{2+}+H^+$

 ⓒ $Al(OH)^{2+}+H_2O \leftrightarrow Al(OH)_3^0+H^+$

 ⓔ $Al(OH)_3^0+H_2O \leftrightarrow Al(OH)_4^-+H^+$

(6) 석회요구량

① 정의 : 토양의 pH를 일정 수준으로 올리는 데 필요한 석회물질의 양을 $CaCO_3$로 환산하여 나타낸 값

② 석회물질의 종류

석회물질	화학식	Ca%	중화 시 $CaCO_3$ 100kg에 상당하는 양
생석회	CaO	70	56
소석회	$Ca(OH)_2$	50	74
탄산석회	$CaCO_3$	36	100
산화마그네슘(고토)	MGO	17	40

③ 특징

 ⊙ CaO와 $Ca(OH)_2$는 속효성이고 $CaCO_3$는 지효성임

 ⓛ 석회물질이 이산화탄소와 물과 반응 → 중탄산염[$Ca(HCO_3)_2$, $Mg(HCO_3)_2$] 형성 → OH^- 방출

 ⓒ 산성토양에서는 석회물질이 토양교질에 결합되어 있는 H 또는 Al과 직접 반응 → $Al(OH)_3$는 난용성 물질로 침전, CO_2는 대기 중 방출 → 염기포화도 상승으로 pH 상승

④ 석회요구량에 영향을 주는 요인

 ⊙ 요구되는 pH 변화폭(목표 pH), 토양의 풍화 정도, 모재, 점토 함량, 유기물 함량, 산의 존재형태 등

 ⓛ 시용하는 석회물질의 화학적 조성 및 분말도에 따라서도 달라짐

⑤ 석회요구량 산출 방법

　㉠ 교환산도에 의한 방법

　　• 토양 일정량(100g)의 교환산도를 측정하여 전산도를 알아내고, 중화에 필요한 석회물질의 당량을 한 후 실제 토양에 투입할 양을 계산

　　• (전체토양량/토양시료량)×전산도(meq)×50(mg/meq)=$CaCO_3$ 요구량($CaCO_3$, 1meq=50mg)

　㉡ 완충곡선에 의한 방법

　　• 토양 시료에 직접 석회물질을 첨가하면서 pH 변화를 기록한 완충곡선으로부터 소요되는 석회의 양을 구함

　　• (전체토양량/토양시료)×곡선에서 얻은 석회요구량=$CaCO_3$ 요구량

(7) 특이산성토양 〔8회 기출〕

① 강의 하구나 해안지대의 배수가 불량한 곳에서 늪지 퇴적물을 모재로 하여 발달한 토양

② 황철석(pyrite, FeS_2)과 같은 황화물을 많이 함유함.

③ 인위적인 배수를 통하여 통기성이 좋아지면 pH가 4.0 이하인 산성을 띔(토양의 pH가 3.5 이하인 산성토층을 가짐).

④ 황화수소(H_2S)의 발생으로 작물의 피해가 발생함

⑤ 담수상태에서 환원상태인 황화합물에 의해 중성을 나타냄

⑥ 우리나라에서는 김해평야와 평택평야 등지에서 발견됨

⑦ 개량 방법은 석회를 사용하는 것이나 경제성이 낮아 적용하기 어려움

4. 토양의 산화환원 반응

① 개요

　㉠ 전자의 이동을 수반하는 반응으로 산화와 환원이 동시에 일어나는 반응

　㉡ 토양 중 식물양분의 유효도, 미생물 활동, 중금속의 용해도에 영향을 미침

　㉢ 산화 : 화합물이 전자를 잃어 산화수가 증가하는 반응

　㉣ 환원 : 전자를 얻어 산화수가 감소하는 반응

② 산화환원전위(oxidation reduction potential, redox potential, Eh)

　㉠ 전극의 표면과 용액 사이에 생기는 전위차

　㉡ 산화·환원되는 경향의 강도를 나타내는 것으로 용량을 나타내는 것은 아님

　㉢ 토양 중 화학반응의 내용을 예측하는 데 중요한 단서

　㉣ 산화형 물질의 비율이 높으면 Eh값이 높고, 환원형 물질의 비율이 높으면 Eh값이 낮음

　㉤ Eh값 측정 목적은 산화형 및 환원형 물질의 상대적인 양을 알기 위함

　㉥ 산화층과 환원층으로 분화되는 경계면에서의 Eh는 +200~300mV로 알려져 있음(논토양의 산화상태 Eh : +600mV 정도, 환원상태 Eh : −300mV)

③ pE(전자농도)
  ㉠ Eh 계산의 복잡성으로 pE를 사용
  ㉡ Eh(산화환원전위)=0.0592×pE

④ 토양의 산화환원전위
  ㉠ 식물양분의 유효도, 토양 중 화학성분의 이온형태와 용해도, 이동성, 독성 등에 영향을 주기 때문에 화학적 지표로 사용됨
  ㉡ 논토양의 표토층(산화층)은 황적색의 산화층으로 됨
  ㉢ 논토양의 담수층(환원층)에서는 산소가 쉽게 고갈
  ㉣ 산소가 고갈되면 토양 중의 다른 화합물 중의 산소를 전자수용체로 이용하는 미생물이 활동하게 되어 환원은 더욱 진행
  ㉤ 담수상태의 논토양은 환원상태가 발달하면 건조상태에서 측정된 pH와 상관없이 pH가 중성 근처로 유지됨
  ㉥ 논토양에서 철이 가장 많이 존재하는 전자수용체이며 산성토양이라도 환원상태에서 철의 환원은 pH 증가를 유발함
    • $2NO_3^- + 12H^+ = 10e^- \Leftrightarrow N_2 + 6H_2O$
    • $MnO_2 + 4H^+ + 2e^- \Leftrightarrow Mn^{2+} + 2H_2O$
    • $Fe(OH)_3 + e^- \Leftrightarrow Fe(OH)_2 + OH^-$
    • $SO_4^{2-} + H_2O + e^- \Leftrightarrow SO_3^{2-} + 2OH^-$
    • $SO_3^{2-} + 3H_2O + 6e^- \Leftrightarrow S^{2-} + 6OH^-$

⑤ Eh와 pH의 관계
  ㉠ 산화환원전위는 pH에 따라 달라짐
  ㉡ 산화환원반응을 Eh/pH로 나타내기도 함(산화환원전위↑, pH↓)
  ㉢ 가장 환원된 조건은 pE+pH=0
  ㉣ 가장 산화된 조건은 pE+pH=20.78

⑥ 산화와 환원 vs 산성과 염기성

산화와 환원	산성과 염기성

• 산화의 산은 산소를 뜻함
• 전기음성도에 따른 전자의 이동이 중요
• 산화 : 산소를 얻거나 수소 또는 전자를 잃는 것
• 환원 : 산소를 잃거나 수소 또는 전자를 얻는 것
• 경반층 아래 토층에서는 배수가 불량한 조건에서는 환원상태
• 통기가 양호한 조건에서는 산화상태
	• 산성의 산은 "시다"를 뜻함
	• H^+를 내놓는 분자를 산, OH^-를 내놓는 분자를 염기라 함
	• pH란 용액의 수소이온(H^+)의 농도를 간편하게 나타내는 값
	• pH가 7보다 작을 때는 산성, pH7을 중성, 7보다 클 때는 알칼리성(또는 염기성)이라 함
	• pH가 낮을 때
	  — 염기결핍에 의한 생육장해
	  — 철·알루미늄 수산화물의 용해가 높아 인산과 결합으로 인산 불용화
	  — 알루미늄과 망간 화합물의 용해도가 높아져 알루미늄에 의한 뿌리의 기능장애

CHAPTER 05 토양생물과 유기물

1. 토양생물의 종류 및 기능

(1) 토양생물의 구성

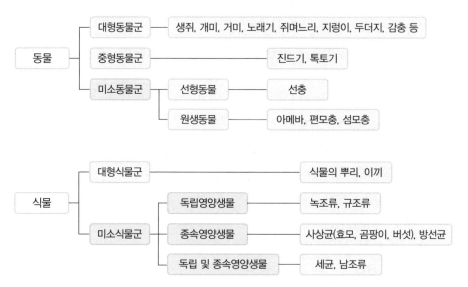

① 우리 눈으로 직접 볼 수 없는 미생물은 미소식물군에 속함

② 미생물 중에서 핵막이 있고 핵분열을 하는 것을 진핵생물이라 하며 진균, 대부분의 조류, 그리고 원생동물(아메바, 편모충, 섬모충)이 포함됨

③ 핵막이 없는 것을 원핵생물이라 하며 세균, 방선균, 남조류 등이 포함됨

④ **먹이사슬** : 1차 생산자, 1차 소비자, 2차 소비자, 3차 소비자로 구분

(2) 토양생물의 수·생체량 및 활성

① 미생물의 수와 양 및 대사 활성은 다른 어느 토양생물보다도 큼

② 토양생물의 활성은 개체수(집락형성수, Colony Forming Unit ; CFU), 생체량, 호흡량 등과 같은 대사작용에 의하여 측정

③ **개체수** : 세균>방선균>사상균>조류

(3) 토양생물의 종류–동물

① 대형동물군

　　㉠ 개미, 흰개미, 거미, 두더지, 노래기, 지렁이, 달팽이 등

　　㉡ 잘게 부수어 표면적을 넓게 함(직접 분해하지는 않음), 입단화

　　㉢ 지렁이 : Lumbricidae과, 토양구조 개선, 입단화, 분변토

② 중형동물군 : 진드기, 톡토기

③ 미소동물군

　　㉠ 선충 : pH 중성, 유기물 풍부(식물 뿌리 근처), 식균성, 초식성, 포식성 및 잡식성

　　㉡ 원생동물 : 세균과 조류의 포식자, 토양에는 편모충류가 가장 많음, pH6~8 잘 자람

(4) 토양생물의 종류–미생물

① 조류

　　㉠ 이산화탄소를 이용하여 광합성을 하고 산소를 방출하는 생물

　　㉡ 탄산칼슘 또는 이산화탄소를 이용하여 유기물을 생성함

　　㉢ 스스로 탄수화물을 합성하므로 부영양화하여 녹조나 적조현상을 일으킴

　　㉣ 종류 : 녹조류, 규조류, 갈조류 등

② 세균

　　㉠ 개요

특징	• 원핵생물. 크기는 0.15~4.0 μm, 토양미생물 중에 수로 보아 가장 많음 • 거의 모든 지역에 분포하면서 물질순환작용에서 핵심적인 역할을 하고 매우 다양한 대사작용에 관여 • 논토양과 같이 산소가 부족한 상태의 토양에서 일어나는 생화학 반응과 물질의 변환은 주로 세균에 의해 일어나는 것이 많음
역할	유기물 분해, 무기물 산화, 질소 고정, 탈질작용, 인산 가용화, 식물이 병에 걸리지 않도록 길항작용. 기생자로서 식물에 병을 일으키기도 함

분류	

• 탄소원과 에너지원에 따른 세균의 분류

구분	탄소원	에너지원	미생물
화학종속영양생물	유기물	유기물	부생성 세균, 대부분의 공생세균
광합성자급영양생물	CO_2	빛	녹조류, 남조류, 자조류
화학자급영양생물	CO_2	무기물	질산화세균, 황산화세균, 수소산화세균

• 생육적온에 따른 분류 : 고온성균, 중온성균, 저온성균
• 산소 요구성에 따른 분류 : 편성호기성균, 편성혐기성균, 미호기성균, 통성혐기성균
• 기타 : 호산성균, 호알칼리성균, 호염성균, 호한발성균

ⓛ 다양한 균

질소순환에
관여하는 균
	• 암모니아생성균 : 유기물로부터 암모니아를 생성(세균, 방선균, 사상균)
	• 질산화균 : 암모니아산화균(*Nitrosomonas* 등), 아질산산화균(*Nitrocystis* 등)
	• 탈질균
	  – NO_3^-를 기체질소로 환원시키는 균(*Pseudomonas, Bacillus, Micrococcus* 등)
	  – 과정 : $2NO_3^- \rightarrow 2NO_2^- \rightarrow 2NO \uparrow \rightarrow N_2O \uparrow \rightarrow N_2 \uparrow$
	  – 탈질조건 : 유기물과 질산이 풍부하고 온도가 25~30℃이며, pH가 중성, 그리고 토양에 산소가 부족할 때(10% 미만)
	• 질소고정균 : 단생질소고정균(*Azotobacter, Clostridium Beijerinckia* 등), 공생질소고정균(*Rhyzobium, Bradyrhizobium* 등)

인산가용화균	• 유기산을 분비하여 인산을 용해하여 가용화하는 세균 • *Pseudomonas, Bacillus, Mycobacter, Erwinia* 등
금속산화환원균	• 금속의 산화 : 산화 에너지를 이용하여 ATP 합성(*Thiobacillus ferroxidans*) • 금속의 환원 : 산소 부족 시 최종 전자수용체로 이용(*Geobacter metallireducena*) • 수은의 무독화 : 메틸기 전이, 물고기나 새 등의 지방에 축적, 수은 중독, 미나마타병
근권미생물	• 근권 : 뿌리의 영향을 받는 주변 토양(2mm 범위), mucillage(점액성 물질) • 질소고정력 증가(*Rhizobium, Azotobacter* 등) • 식물생장촉진호르몬 생성(*Bacillus*) • 병원성 미생물 발육 억제(*Pseudomonas*속, siderophore) ※ 철을 결합시키는 siderophore를 생성하여 철분을 결핍시켜 미생물의 세포성장이나 발육 억제

③ 방선균

ⓐ 세포핵이 없는 원핵생물로서 균사상태로 자라면서 포자를 형성함

ⓑ 균사의 폭은 사상균에 비해 매우 작음

ⓒ 토양미생물의 10~50%를 구성하고 있음

ⓓ 유기물 분해 초기에는 세균과 진균이 많으나 후기에는 주로 방선균이 분해함

ⓔ 물에 녹지 않는 점착 물질을 분비하여 내수성 입단 형성에 기여

ⓕ 대부분 호기성 균으로 과습한 곳에서는 잘 자라지 않음. 미숙 유기물이 많고 통기가 잘 되는 토양에서 잘 자람

ⓖ 토양 pH6.5~7.5 사이가 알맞으며 pH5 이하인 토양에서는 활동이 거의 중지됨

ⓗ 흙에서 나는 냄새는 방선균의 일종인 *Actinomyces oderifer*가 분비하는 geosmin과 같은 물질에 의한 것임

ⓘ *Frankia*속에 속하는 방선균은 관목류와 공생하여 질소를 고정하고, *Streptomyces*속에 속하는 방선균은 항생물질을 생성하는 균으로 유명함

④ 사상균

ⓐ 효모, 곰팡이 및 버섯의 3개 그룹(일반적으로 곰팡이를 사상균이라 함)

ⓑ 종속영양생물(타급영양균), 산성토에서도 생육가능, 호기성, 분해자

ⓒ 수적으로는 세균보다 적지만 무게로는 토양 미생물 중 가장 큰 비율을 차지함

ⓓ 이산화탄소와 암모니아의 동화율이 높아서 유기물로부터 부식생성률이 높음(분해자로서 중요한 역할)

ⓜ 토양입단화 형성과 안정화에 크게 기여함

ⓗ 사상균 중 페니실륨은 항생물질을 생산하기도 함

2. 균근

(1) 정의

① 균근은 '사상균 뿌리'라는 뜻으로 사상균과 식물 뿌리와의 공생관계를 의미함

② 식물은 5~10%의 광합성 산물을 균근균에 제공하고 균근균으로부터 여러 이득을 얻음

③ 근권 확장으로 약 10배 이상의 양분과 수분을 식물에게 전달

(2) 균근균의 기능

① 양분과 수분 흡수 촉진

② 인산의 흡수 촉진

③ 과도한 염류와 중금속 이온의 흡수 억제

④ 항생물질 생성 및 뿌리의 표피 변환

⑤ 병원균이나 선충으로부터 식물 보호

⑥ 토양의 입단화 촉진

※ 글로말린(glomalin) : 당단백질(glycoprotein)을 생성하여 토양 입단 형성에 기여

(3) 균근균의 종류

① 외생균근

ㄱ 피층세포 주변 공간에서 증식

ㄴ 균투 형성, 하티그망 형성

ㄷ 바람에 의하여 쉽게 이동

ㄹ 기주 : 거의 수목에 한정. 소나무, 피나무, 버드나무, 참나무, 자작나무, 가문비나무, 전나무, 너도밤나무 등

ㅁ 관련 종 : 자낭균, 담자균

ㅂ *Pisolithus tinctorus*는 나무의 유묘에 널리 사용됨

② 내생균근

ㄱ 세포의 내부조직까지 침투

ㄴ 낭상체(vesicles)와 수지상체(arbuscules)를 형성

ㄷ 지구상의 80% 이상의 식물이 내생균과 공생(symbiosis)

ㄹ 내생균을 형성하지 않는 식물 : 양배추, 시금치, 근대, 겨자, 브로콜리, 사탕무

ㅁ 살아있는 식물의 뿌리를 통해서만 배양 가능

ⓗ 기주 : 초본류, 대부분의 수목

　　　ⓢ 관련 종 : 접합균문(*Glomus, Scutelospora* 등)

　③ 내외생균근

　　　㉠ 외생균근의 변칙적인 상태로 외생균근 균사가 세포 안으로 침투하여 자라는 형태

　　　㉡ 소나무류의 어린 묘목

3. 토양유기물

(1) 개요

　① 토양유기물에 포함되어 있는 탄소의 양은 식물, 동물, 미생물 등 살아 있는 생물에 포함되어
　　있는 양보다 2~3배 많음

　② 유기물은 경작의 토양에 약 2% 함유되어 있으며, 토양의 화학적, 물리적 및 생물학적 특성에
　　큰 영양을 끼침(CEC 증가, 토양의 입단화 향상, 미생물이나 식물에 필요한 영양분 공급)

(2) 탄소순환

　① 지구의 탄소순환

　　　㉠ 이산화탄소의 고정 : 광합성에 의한 고정, 바다와 호수에 용해, 토양유기물로 저장, 화석
　　　　연료로 저장, 암석에 저장

　　　㉡ 이산화탄소의 방출 : 호흡, 바이오매스의 분해, 바다와 호소로부터 방출, 화석연료의 연소

　　　㉢ 지구상의 탄소균형이 깨지는 이유 : 화석연료의 사용과 무분별한 토양관리 때문임

　② 토양환경과 온실효과

　　　㉠ 토양유기물의 함량이 줄어들면 대기 중의 이산화탄소의 농도가 증가

　　　㉡ 증가한 CO_2가 비닐하우스의 비닐처럼 대기 중에 차단층을 형성

　　　㉢ 온실기체 : CO_2, CH_4, O_3, N_2O, 염화불화탄소(CFC)

(3) 식물체의 구성성분

　① 식물체는 물이 60~90%로 평균 75%를 차지

　② 물을 제거한 건물량의 약 92%가 C·H·O로 구성됨

　③ C·H·O는 식물체를 구성하는 단백질, 셀룰로오스, 헤미셀룰로오스, 리그닌, 전분 등의 중
　　요한 구성성분임

　④ 건물 25% 중에는 셀룰로오스 45%, 헤미셀룰로오스 18%, 리그닌 20%, 단백질 8%로 구성

　⑤ 리그닌은 미생물에 의하여 분해되지 않고 다른 화합물들과 결합하여 토양부식을 형성하고,
　　식물이 성장함에 따라 증가함

　⑥ 질소는 미생물의 세포벽을 구성하는 데 필수적이며 식물체에 이용됨

　⑦ **식물체 구성물질의 분해 정도** : 당류·전분＞단백질＞헤미셀룰로스·펙틴＞셀룰로스＞리그닌

(4) 유기물의 분해

① 개요

    ㉠ 토양에 신선한 유기물이 계속 가해지지 않으면 토양 중의 유기물함량이 적어질 뿐만 아니라, 잔존하는 유기물도 분해 저항성 매우 커짐

    ㉡ 새로운 유기물이 가해지면 발효형 미생물의 개체수가 기하급수적으로 증가

    ㉢ 정점에 이른 미생물은 토양에 본래 있는 부식을 분해하기도 하나, 결국 부식함량 증가

    ㉣ 토양에 가해진 유기물의 변환 : 이산화탄소 방출(60~80%), 토양미생물 생체구성물질(3~8%), 비부식물질(3~8%), 부식물질(10~30%)

② 유기물분해에 미치는 요인

    ㉠ 환경요인 : pH(중성), 산소와 수분(호기성, 토양공극의 60%가 물), 온도(25~35℃)

    ㉡ 유기물의 구성요소

      • 리그닌 함량, 페놀 등

      • 유기물의 분해 속도는 리그닌의 함량에 따라 달라짐

      • 페놀 함량이 건물 무게의 3~4%가 포함되어 있으면 분해속도 대단해 느려짐

    ㉢ 탄질률

낮은 C/N율(<20:1)	무기화작용 예 음식물 퇴비, 앨펄퍼
중간 C/N율(20~30)	작용하지 않음 예 호밀
높은 C/N율(>30:1)	고정화작용 예 나무 톱밥, 밀짚, 제지공장 슬러지

(5) 토양유기물의 분획

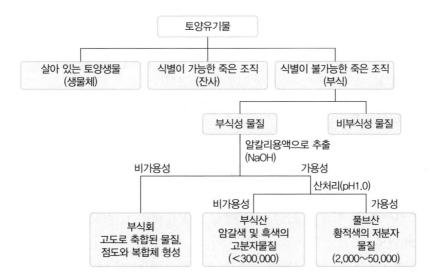

① 부식

ㄱ 토양유기물로 미생물의 분해에 저항성을 갖는 암색 부정형의 고분자 화합물

ㄴ 탄소:질소:인산:황의 비율은 대략 100:10:1:1

ㄷ 부식은 탄질률이 약 10이고, 탄소가 약 58%, 질소가 약 5.8%가 함유되어 있음

ㄹ 비부식물질은 토양유기물의 12~24%를 차지하고 저항성이 작음

ㅁ 부식물질은 토양유기물의 60~80%, 리그닌과 단백질의 중합·축합 반응에 의해 생성

ㅂ 무정형, 분자량 다양, 갈색~검은색, 분해 저항성 강함

② 부식물질의 구분

ㄱ 부식산(humic acid) : 알칼리(NaOH)에는 용해, 산에는 침전. 1가의 양이온과는 수용성 염을 만들지만 칼슘, 알루미늄, 철 등 다가 양이온과의 염은 물에 난용성임

ㄴ 풀브산(fulvic acid) : 알칼리용액으로 추출한 후 산에 침전되지 않고 용액에 남아 있는 물질. 즉, 알칼리와 산에 모두 용해되는 것

ㄷ 부식회(humin) : 알칼리용액으로 추출되지 않고 남아 있는 물질

(6) 토양–식물–대기 중의 탄소의 균형

① 토양이 유기물을 많이 보유하면 토양의 질과 생산성 향상, 온실기체의 방출량 감소

② 탄소 손실이 계속되면 대기 중의 CO_2 농도가 증가함에 따라 온실효과에 의해 지구 온도 상승

(7) 부식의 효과

① 생물학적 효과 : 미생물 활성 증가, 생육제한인자 또는 식물성장촉진제 공급

② 화학적 효과 : 토양의 양이온교환용량 증가, 토양 pH 변화 완충작용, 양분의 가용화, 오염물질 흡착

③ 물리적 효과 : 다당류에 의한 입단화 촉진, 용적밀도 감소, 토양공극 증가, 토양의 통기성과 배수성 향상, 보수력 증가, 지온 상승(부식의 검은색)

(8) 퇴비 및 퇴비화 과정

① 퇴비화

ㄱ 유기물을 토양에 바로 섞지 않고 일정한 곳에서 일정 기간 동안 쌓아 두어 부식과 비슷한 물질로 만드는 과정

ㄴ 생성된 퇴비는 원예용 상토, 토양개량제, 완효성 비료, 토양피복재료 등으로 사용

② 퇴비화 과정

ㄱ 1단계(중온단계) : 쉽게 분해될 수 있는 화합물이 미생물에 의하여 분해. 40℃를 넘지 않음

ㄴ 2단계(고온단계) : 1~2주간 지속. 퇴비더미 온도가 50~75℃까지 올라감. 주로 셀룰로오스와 리그닌 분해

ㄷ 3단계(제2의 중온단계) : 분해가 거의 끝나감에 따라 분해열도 급격히 감소. 중온성 균

③ 퇴비의 유익한 점

ㄱ 탄소 이외의 양분 용탈 없이 좁은 공간에서 안전하게 보관

ㄴ 유기물이 분해되는 동안에 30~50%의 CO_2가 방출됨으로써 부피 감소

ㄷ 탄질률이 낮아져 토양에 투입 시 질소 기아가 일어나지 않음

ㄹ 잡초의 씨앗 및 병원성 미생물을 사멸

ㅁ 퇴비화 과정 중에 독성 화합물 분해

ㅂ 퇴비화 과정 중에 활성화된 *Pseudomonas*, *Bacillus*, *Actinomycetes* 등과 같은 미생물은 토양병원균의 활성 억제

(9) 유기질 토양과 환경

① 유기물 함량이 20~30% 이상인 토양을 유기질 토양이라고 함(히스토졸)

② 유기질 토양의 대부분은 이탄과 흑이토

③ 매우 낮은 가비중(0.2~0.4Mg/m^3), 높은 수분 흡수력(단위 무게의 2~3배)

④ 히스토졸은 지구표면적의 약 1%를 차지하나, 유기물의 약 20%를 보유함

⑤ 히스토졸의 무분별한 사용이나 파괴는 탄소균형을 파괴시켜 온실효과 가중

PART 01

PART 02

PART 03

PART 04

PART 05

PART 06

CHAPTER 06 식물영양과 비배관리

1. 영양소의 종류와 기능

(1) 필수식물영양소

① **정의** : 식물이 정상적으로 성장하고 생명현상을 유지하는 데 꼭 필요한 원소

② **특징** : 식물이 필요로 하는 영양소는 전적으로 무기물 형태 → 수경, 사경재배

③ **필수식물영양소의 자격 요건**

    ㉠ 해당 원소가 결핍되었을 때 식물체가 생명현상을 유지할 수 없음

    ㉡ 그 원소만이 가지는 특이적인 기능이 있어야 하며 그 기능이 대체될 수 없음

    ㉢ 해당 원소는 식물의 대사과정에 직접적으로 관여하여야 함

    ㉣ 모든 식물에게 공통적으로 적용되어야 함

④ **종류(17원소)** : C, H, O, N, P, K, Ca, Mg, S, Fe, Zn, B, Cu, Mn, Mo, Cl, Ni

⑤ **필수식물영양소 판정하는 방법** : 수경재배와 사경재배

⑥ **주의** : 토양, 식물체, 비료에 존재하는 형태가 아니며, 편의상 화학원소기호로 표기한 것임

(2) 필수식물영양소의 분류

구분	분류		원소	주요 흡수 형태	주요 기능
비무기성	비무기성		C	HCO_3^-, CO_3^{2-}, CO_2	무기형태 흡수 후 유기물지 생성
			H	H_2O	
			O	O_2, H_2O	
무기성	다량 영양소	1차 영양소	N	NO_3^-, NH_4^+	아미노산·단백질·핵산·효소 등의 구성요소
			P	$H_2PO_4^-$, HPO_4^{2-}	에너지 저장과 공급(ATP반응의 핵심)
			K	K^+	효소의 형태 유지 및 기공의 개폐 조절
		2차 영양소	Ca	Ca^{2+}	세포벽 중엽층의 구성요소
			Mg	Mg^{2+}	엽록소 분자구성
			S	SO_4^{2-}, SO_2	황함유 아미노산 구성요소
	미량영양소		Fe	Fe^{2+}, Fe^{3+}·chelate	시토크롬의 구성요소, 광합성작용의 전자전달
			Cu	Cu^{2+}·chelate	산화효소의 구성요소
			Zn	Zn^{2+}·chelate	알코올탈수소효소 구성요소
			Mn	Mn^{2+}	탈수소효소 및 카르보닐효소 구성요소
			Mo	$M_oO_4^{2-}$·chelate	질소환원효소 구성요소
			B	H_3BO_3	탄수화물대사에 관여
			Cl	Cl^-	광합성반응에서 산소방출

① 비무기성 영양소는 무기형태로 흡수되지만 흡수된 후 전적으로 유기물질을 동화함

② 1차 영양소는 식물이 많이 필요로 하기 때문에 상대적으로 토양에서 결핍되기 쉬운 그룹

③ 2차 영양소는 식물이 다량 요구하지만 토양에서 결핍될 우려가 낮은 그룹

④ 미량영양소는 식물의 요구량이 적고 소량으로 충분함

⑤ **식물체 구조 형성 원소** : C, H, O, N, S, P

⑥ **효소의 활성화** : K, Ca, Mg, Mn, Zn

⑦ **산화환원반응 원소** : Fe, Cu, Mo

⑧ **기타 기능 원소** : B, Cl, Si, Na

(3) 영양소의 흡수형태

① 토양에 식물영양소의 함량이 아무리 많다고 하더라도 그 형태가 흡수될 수 있는 형태가 아니면 뿌리에 의하여 흡수될 수 없음

② 양이온 형태로 흡수되는 영양소 : N, Ca, Mg, K, Fe, Mn, Zn, Cu, Ni

③ 음이온 형태로 흡수되는 영양소 : N, P, S, Cl, B, Mo

④ 잎을 통하여 흡수될 수 있는 영양소 : $C(CO_2)$, $H(H_2O)$, $O(O_2)$, $S(SO_2)$

⑤ 뿌리를 통하여 흡수될 수 있는 영양소 : N, P, K, Ca, Mg, S, Zn, Cu, Fe, Mo, B, Cl 등

(4) 식물의 필수영양소 함량

① 물>유기물>이온형태의 무기물

② 유효영양소 : 토양용액에 존재하는 영양소와 토양교질에 흡착된 교환성 영양소를 포함

③ 어린 식물체나 조직일수록 N, P, K 함량이 비교적 많지만, 식물이 성숙하면서 점차 Ca, Mn, Fe, B의 함량이 상대적으로 많아짐

④ 식물체 중 영양소의 농도는 주로 %, ppm, mg/kg으로 표기함

⑤ 1%=1/100=10,000ppm=10,000mg/kg, ppm=mg/kg=mg/L

(5) 양분상호작용

① 길항작용

  ㉠ 상대이온의 흡수를 억제하는 직용

  ㉡ 이온 반경이 비슷한 것 사이(K^+, NH_4^+)에 강하게 일어남

  ㉢ 칼리비료를 많이 사용하면 Mg 결핍(K와 Mg)

  ㉣ K^+, NH_4^+ 등에 의한 Ca의 길항작용(K^+, NH_4^+, Ca)

② 상조작용

  ㉠ 한 성분이 다른 성분의 흡수를 촉진하는 작용

  ㉡ 질소와 인산, 인산과 질소 및 Mg 간의 상조 작용

ⓒ 질소를 추비하면 인산의 흡수가 증가, 반대로 인산이 결핍되면 질소와 마그네슘의 흡수가 억제됨

(6) 식물영양소의 유효도

① 유효태 영양소

    ㉠ 토양의 총영양소 중 식물이 흡수할 수 있는 형태의 영양소

    ㉡ $10-12cm^2/S$ 이상의 속도로 뿌리로 이동

    ㉢ 토양-토양용액-식물 연속체 관계

② 영양소의 유효도에 관계되는 요인 : 토양용액, 영양소 공급기작, 영양소 완충용량

③ 토양용액

    ㉠ 토양 중에 있는 수용성 이온은 토양의 교환성 이온들과 평형을 유지

    ㉡ 주요 양이온 : $Ca^{2+}>Mg^{2+}>K^+>Na^+$

    ㉢ 주요 음이온 : NO_3^-, SO_4^{2-}, Cl^-, $H_2PO_4^-$, HPO_4^{2-}

④ 영양소 공급기작

뿌리차단	• 뿌리가 영양소 쪽으로 자라 나가서 흡수 • 접촉교환학설 : 뿌리에서 H^+를 배출하고 교환성 양이온이 뿌리에 흡수된다는 것 • 유효태 영양소의 1% 미만
집단류	• 물의 대류현상으로 확산과 대비되는 개념 • 식물의 증산작용으로 수분퍼텐셜의 기울기가 형성되며 토양 중의 물이 뿌리 쪽으로 집단류 형태로 이동하여 흡수 • 식물이 흡수하는 물의 양과 영양소 농도에 의해 흡수량 영향 • 토양용액 중 농도가 높은 Ca, Mg, NO_3, Cl, SO_4 영양소는 대부분 집단류에 의해 공급 • 온도가 높으면 증산량이 높아 집단류가 많이 일어남
확산	• 불규칙적인 열운동에 의해 이온이 높은 농도에서 낮은 농도 쪽으로 이동하는 현상 • 뿌리 근처의 이온 농도는 주변 토양에 비해 낮아 농도 기울기 발생 • 영양소 확산율은 농도기울기에 비례, 영양소 농도 차이가 증가할 때 영양소 확산율 증가 • 토양용액 중의 농도가 낮은 인산이나 칼륨은 확산을 통해 주로 공급 • 영향 : 토양수분함량과 토성에 따른 공극의 구조 • 영양소의 확산 속도 : NO_3^-, Cl^-, $SO_4^{2-}>K^+>H_2PO_4^-$ ※ 인산과 칼륨은 확산에 의하여 주로 공급되고, 나머지 대부분의 영양소는 집단류에 의하여 주로 공급됨. 한편, 뿌리차단에 의한 공급량은 매우 적음

⑤ 영양소 완충용량

    ㉠ 토양이 영양소를 지속적으로 공급하여 토양용액 중 농도를 일정하게 유지시키려는 능력

    ㉡ 강도요인(Intensity ; I) : 토양용액에 녹아 있는 영양소의 농도

    ㉢ 양적요인(Quantity ; Q) : 흡착태 또는 가용화나 무기화될 수 있는 형태의 영양소

    ㉣ 영양소 완충용량 : 토양용액의 이온 농도와 흡착된 이온의 농도 변화 비율($\triangle Q/\triangle I$)

2. 영양소의 순환과 생리작용

(1) 질소

① 질소의 순환

 ㉠ 질소 성분은 토양, 식물체 대기권에서 여러가지 화학적 형태로 순환 과정을 반복함

 ㉡ 토양 중 질소의 80~97%가 유기물에 존재, 무기태질소는 2~3%에 불과함

 ㉢ 식물체 건물 중 질소의 함량은 약 1.3%~3%, 단백질, 효소, 엽록소 등의 필수 구성원소

② 무기화와 고정화(부동화)작용

 ㉠ 유기태 질소가 미생물의 작용으로 무기태인 암모늄태 질소로 변하는 생물학적 과정

 ㉡ 세균, 사상균, 원생동물이 생산하는 가수분해 효소에 의하여 암모늄태 질소로 변함

 ㉢ 무기화 작용 : 유기태 질소가 무기태 질소로 변환되는 작용(유기물이 분해)

 ㉣ 고정화 작용 : 무기태 질소가 유기태 질소로 변환되는 작용(유기물로 동화)

 ㉤ C/N율의 영향

C/N율이 30 이상	고정화 반응, 질소기아현상
C/N율이 20~30 사이	고정화 반응=무기화 작용
C/N율이 20 이하	무기화 우세, 무기태 질소 증가

 ㉥ 질소기아현상 : 고정화 반응>무기화 반응 시 미생물이 식물이 이용할 무기태 질소를 흡수해서 식물에서는 일시적으로 질소 부족 현상을 겪는 것. C/N율이 높은 유기물을 토양에 투입할 경우 발생

③ 질산화작용

 ㉠ 암모니아태 질소가 미생물 작용에 의하여 아질산태와 질산태 질소로 산화되는 과정

 ㉡ 암모니아산화균(*Nitrosomonas, Nitrosococcus, Nitrosospira*)

 ㉢ 아질산산화균(*Nitrobacter, Nitrocystis*)

 ㉣ 토양 pH4.5~7.5, 포장용수량 정도의 수분, 온도 25~30℃, 산성 토양 질산화작용 저해(Ca, Mg 부족이나 Al 독성), 알칼리 토양 질산화균의 작용 저해(NH_2 축적)

 Step1

$$NH_4^+ + 1\tfrac{1}{2}O_2 \xrightarrow[\text{Bacteria}]{\text{Nitrosomonas}} NO_2^- + 2H^+ + H_2O + 275kJ \text{ energy}$$
 Ammonium   Nitrite

 Step2

$$NO_2^- + \tfrac{1}{2}O_2 \xrightarrow[\text{Bacteria}]{\text{Nitrosomonas}} NO_3^- + 76kJ \text{ energy}$$
 Nitrite   Nitrate

④ 탈질작용

 ㉠ 토양 내 탈질균에 의하여 NO_3^-가 N_2까지 전환되는 반응

 ㉡ 산소 부족 조건에서 통성혐기성균이 산소 대신 NO_3^-를 전자수용체로 이용

 ㉢ N_2O 형태로 가장 많이 손실되며 NO형 형태의 손실은 적음

$$2NO_3^- \xrightarrow{-2[O]} 2NO_2^- \xrightarrow{-2[O]} 2NO\uparrow \xrightarrow{-[O]} N_2O\uparrow \xrightarrow{-[O]} N_2\uparrow$$

| Nitrate ions (+5) | Nitrate ions (+3) | Nitrate oxide gas (+2) | Nitrate oxide gas (+1) | Dinitrogen gas (0) ← Valence state of nitrogen |

  ㉣ 촉진 조건 : 배수 불량, 산소 부족 토양, 주로 산성·중성토양, 유기물의 함량 많은 토양

  ㉤ 저해 조건 : pH5 이하의 산성토양, 온도 10℃ 이하

⑤ 질소고정(질소분자를 암모니아로 전환시켜 유기질소화합물을 합성하는 것)

  ㉠ 생물학적 질소고정

   • 미생물이 분자상태의 질소 → 암모니아

   • 질소고정효소 nitrogenase에 의해 N_2가 NH_3로 환원되는 반응

   • $N_2 + 6e^- + 6H^+ \rightarrow 2NH_3$

   • 에너지 효율성 : 공생적>비공생적

   • 필수영양소 : 코발트, 몰리브덴, 인, 칼륨

   • 질소의 이용 효율 향상 조건 : 질소비료 적게 주기, 코발트·몰리브덴의 적절한 관리

   • 인과 칼륨 도움

구분	공생적 질소고정	비공생적 질소고정
특징	뿌리에 감염, 근류 형성, 특이성(동일 교호접종), 대부분 콩 과식물과 공생(식물은 미생물에 탄수화물을 제공하고 미생물은 NH_3 제공)	식물과의 공생 없이 단독으로 서식
종류	*Rhizobium*속, *meliloti, trifolii, leguminosarum, japonicum, phaseoli, lupini* 등	*Azotobacter, Beijerinchia, Clostridium, Achromobacter, Pseudomonas, blue-green algae(Anabaeba, Nostoic)* 등

  ㉡ 산업적 질소고정 : Haber−Bosch 공정, $3H_2 + N_2 \rightarrow 2NH_3$

  ㉢ 광학적 질소고정 : 번개, $N_2 \rightarrow NO_3^-$, 빗물을 통해 토양에 유입

⑥ 휘산

  ㉠ 토양 표면에서 질소가 기체상태인 암모니아로 대기 중으로 손실되는 현상

  ㉡ 요소 , 암모늄형태의 질소질 비료 사용 시 발생

  ㉢ 습한 토양조건에서 요소 비료 사용은 pH 증가로 휘산 촉진

$$(NH_2)_2CO + 2H_2O \rightarrow (NH_4)_2CO_3 \rightleftarrows NH_4^+ + NH_3 + CO_2 + OH^-$$
$$NH_4^+ + OH^- \rightarrow NH_3 + H_2O$$

  ㉣ 촉진 조건 : pH7.0 이상, 고온 건조, $CaCO_3$가 많이 존재하는 석회질토양

⑦ 용탈

  ㉠ 대부분의 토양질소는 이동성이 낮지만 NO_3^-은 음이온으로 쉽게 용탈

  ㉡ 사질 토양은 식질 토양에 비하여 훨씬 심함

⑧ 흡착과 고정

  ㉠ 흡착 : 암모늄이온이 점토나 유기물에 정전기적으로 붙는 현상(교환성)

ⓛ 암모늄이온은 2:1형 점토광물에 의하여 고정(팽창 시 들어가 수축 시 고정)

ⓒ K^+도 동일하게 고정(비교환성), 이온 보존 기작

⑨ 질소의 기능

　ⓐ 흡수형태 : NO_3^-, NH_4^+

　ⓛ 토양에서 미생물에 의해서 NH_4^+이 NO_3^-로 산화되기 때문에 주로 NO_3^-로 흡수됨

　ⓒ 산림토양에서는 낮은 pH로 인해 질산화세균이 억제됨에 따라 암모늄태로 존재

　ⓓ 질산태 질소는 대부분 줄기와 잎으로 이동한 후 환원 동화됨

　ⓔ 흡수된 NH_4^+는 뿌리에서 아미노산, 아마이드, 아민 등으로 동화되어 각 부분으로 재분배

　ⓗ NH_4^+는 중성에서 잘 흡수되고 NO_3^-는 낮은 pH에서 잘 흡수됨. 높은 pH에서는 OH^-가 NO_3^-의 흡수를 경쟁적으로 저해함

　ⓢ 결핍증상 : 생장 지연, 황화(노엽), 분얼수 감소로 수확량 감소

⑩ 질소질 비료

　ⓐ 화학적으로 합성된 암모니아가 질소질비료의 기본 물질

　ⓛ 요소는 속효성이며 유실량이 많아 비효 낮고 수질오염의 원인이 됨

　ⓒ 요소($(NH_2)_2CO$(45))>질산암모늄(32), 염화암모늄(25)>유안/황산암모늄(20)

　　　※ (　　　)은 함유되어야 할 최소 질소량 %

　ⓓ 완효성 비료 : CDU(crotonylidene diurea), IBDU(isobutylidene diurea)

(2) 인

① 토양 중의 인

　ⓐ 토양 중 인의 함량은 0.005~0.15% 정도

　ⓛ 유래 : 인회석(tricalcium phosphate이 주성분임)

　ⓒ 토양용액 중의 인 : pH7.22 이하(2~7) → $H_2PO_4^-$, pH7.22 : 두 형태 동일, pH7.22 이상(7~13) → HPO_4^{2-}

　ⓓ 유기태 인 : 이노시톨, 핵산, 인지질 등 유기화합물에 포함된 인

　ⓔ 무기태 인 : Ca, Fe, Al 또는 점토광물에 흡착된 인

　ⓗ 불용화 : pH7.0 이상 → $Ca(H_2PO_4)_2$, 산성 → Fe-OH, Al-OH

　ⓢ 흡수 형태 : $H_2PO_4^-$나 HPO_4^{2-}와 같은 무기인산

　ⓞ HPO_4^{2-}흡수는 $H_2PO_4^-$의 흡수보다 매우 느림

　ⓩ 흡착 : 음이온교환 가능, 주로 배위자 교환에 의한 특이적 흡착

② 인의 순환

　ⓐ 흡착과 고정이 쉽게 일어나 인산이온의 농도가 낮고, 이동성이 낮음

　ⓛ 기체형태의 인산화합물 존재하지 않고 인산의 유실은 토사유출로 발생됨

③ 토양 중 인의 유효도

　　㉠ pH4 이하는 Fe, pH5~6은 Al, pH7 이상은 Ca에 의하여 고정

　　㉡ pH6.5~7.0 범위에서 가장 유효도 높음

④ 인의 기능

　　㉠ 에너지의 저장 및 이동

　　㉡ 호흡 광합성 과정에 참여

　　㉢ 핵산, 핵단백질, 막의 단백질 등 형성

　　㉣ 세포 분열에 관여

　　㉤ 초기 뿌리 형성 및 생장

　　㉥ 결핍 : 오래된 잎(암록색), 1년생 줄기(자주색), 곡류(분얼수 감소, 결실 지연)

⑤ 인산질 비료

　　㉠ 종류 : 과인산석회(인광석+황산, 속효성), 중과린산석회(인광석+인산), 용성인비(인광석 용융), 용과린(과인산+용성인비), 토마스인비(인산 함유된 선철의 광재)

　　㉡ 속효성(가용성+수용성) : 과린산석회, 중과린산석회

　　㉢ 지효성(구용성) : 용성인비, 용과린, 토마스인비

　　　※ 구용성 : 물에 녹지 않고 구연산에 용해됨

(3) 칼륨

① 토양 중의 칼륨

　　㉠ 운모나 장석류(1차 광물)와 같은 암석의 풍화로부터 생긴 것이 대부분

　　㉡ illite를 포함한 2:1형 점토광물은 칼륨 공급력 높음

　　㉢ 교환성 칼륨 함량은 용액 중 칼륨에 비해 10배 이상 높음. 고정현상과 유실 방지 역할

② 칼륨과 식물영양

　　㉠ K^+ 형태로 흡수

　　㉡ 체내 이동성이 강하여 어린 조직에 축적

　　㉢ 성장이 진행될수록 종자나 과실로 이동

　　㉣ 이온 균형 유지(NO_3^-나 SO_4^{2-}와 대응하여 균형 유지 역할)

　　㉤ 공변세포의 팽압 조절

　　㉥ 효소 작용의 활성화

　　㉦ 수량과 품질에 영향

　　㉧ 결핍 증상 : 노엽에 먼저 나타남. 잎의 주변과 끝 부분에 황화현상 또는 괴사현상

③ 칼리질 비료

　　㉠ 속효성을 지니며 유효도가 높음

　　㉡ 염소와 황산이 칼슘이나 마그네슘과 염을 형성, 이들 원소의 유실과 함께 산성화 초래

　　㉢ 황산칼리(K_2SO_4, 수용성 48%), 염화칼리(KCl, 수용성 60%)

(4) 칼슘

① 토양 중의 칼슘

　㉠ 회장석, 사장석, 각섬석, 녹섬석 등과 같은 1차 광물에 주로 존재

　㉡ dolomite(백운석), calcite(방해석), gypsum(석고) 등 2차 광물에도 존재

　㉢ 지각의 평균 칼슘 함량은 약 3.6%로 다른 식물영양원소보다 비교적 많음

　㉣ 풍화가 진행되고 산성화될수록 칼슘 함량 감소, 알칼리성 토양에는 칼슘 함량이 높음

　㉤ 강한 산성토양을 제외하면 칼슘은 작물의 요구도를 만족시킬 수 있도록 토양에 존재

　㉥ 석회의 시용은 칼슘의 공급보다는 토양의 구조개선과 산도의 교정이 주목적임

② 칼슘과 식물 영양

　㉠ Ca^{2+} 형태로 흡수, 세포벽에 다량 존재, 펙틴과 결합하여 세포벽 구조 안정화

　㉡ 체내이동성 낮음, 재분배되지 않음, 지속적 공급이 되어야 함

　㉢ ATPase, calmodulin 등의 효소 작용 및 활성화

　㉣ 결핍 : 생장점 조직 파괴되어 새 잎이 기형화. 토마토 배꼽썩음병. 사과 고두병

③ 칼슘비료(석회질비료) : 생석회(가열, 80%), 소석회(생석회+물, 60%), 석회고토(광물, 53%), 석회석(광물, 45%)

(5) 마그네슘

① 토양 중의 마그네슘

　㉠ dolomite(백운석), biotite(사문석), serpentite(사문석) 등에 주로 함유

　㉡ 식질토양이 사질토양에 비하여 약 10배 이상 높음 → 흑운모를 비롯한 마그네슘 함유 광물이 식토에 많이 존재하기 때문

　㉢ 수용성, 교환성 및 비교환성으로 분류하고 주로 비교환성 광물 형태로 존재

　㉣ 교환성 및 수용성 마그네슘 사이에는 동적 평형관계, 교환성 흡착은 함량 조절 역할

② 마그네슘과 식물영양

　㉠ Mg^{2+} 형태로 흡수, 칼슘과 칼륨에 비해 낮음

　㉡ K^+와 NH_4^+ 같은 양이온들과의 경쟁은 마그네슘 흡수 저해 현상을 초래함

　㉢ 광합성에 관여하는 엽록소 분자의 구성원소

　㉣ 인산화 작용을 활성화시키는 효소들의 보조인자

　㉤ 결핍 : 엽록소 합성 저해로 엽맥 간 황화, 체관부를 통한 이동성이 있어 노엽 먼저 발생

③ 마그네슘 비료

　㉠ 황산마그네슘은 수용성, 양분유효도 높음. 구용성인 수산화마그네슘은 지효성, 유실 적음

　㉡ 황산고토(수용성, 14), 수산화고토(구용성, 60), 석회고토(산성토양 개량 효과)

(6) 황

① 토양 중의 황

  ㉠ 대표적 황화광물 : Pyrite(FeS, FeS_2)

  ㉡ 대기 중의 SO_2 또는 황산화물 : 빗물에 녹아 토양으로 유입

  ㉢ 가용성 또는 이동성 큼, 풍화와 용탈이 진행된 토양에서는 유기태 황이 대부분을 차지

  ㉣ 건조한 조건에서는 SO_4^{2-}염이 축적, 담수상태에서는 황화수소(H_2S)로 환원됨

  ㉤ 풍화과정에서 자가영양세균(Thiobacillus)의 작용으로 SO_4^{2-} 형태로 토양 중으로 유리

  ㉥ 무기태 황(황산염) : SO_4^{2-}의 이온 형태 또는 석고($CaSO_4 2H_2O$)와 같은 황산염

  ㉦ 황화물 : 혐기조건의 토양에서 발생한 황화수소가 철이온과 결합하여 철황화물 생성

  ㉧ 유기태 황 : 유기물의 탄소에 직접 결합한 SO_4^{2-}으로 존재, 직접 이용될 수 없으나 무기화 과정에서 가용성의 SO_4^{2-} 형태로 토양 중으로 유리되어 식물에 이용

  ㉨ 토양에 유리되는 황은 식물의 화요구량을 거의 충족시킬 수 있는 정도임

② 황의 순환 : 황의 순환 과정은 질소의 순환 과정과 매우 유사

③ 황과 식물영양

  ㉠ 황의 흡수 형태 : 뿌리 SO_4^{2-}, 기공 SO_2

  ㉡ 아미노산(cysteine, methionine)의 구성성분

  ㉢ 식물체 황의 90% 이상이 단백질에 존재

  ㉣ coenzyme-A, 비타민(biotine, thiamine)의 구성성분

  ㉤ 식물체 중에는 0.1~0.5%의 황 함유, 배추과 작물은 요구량이 많아 1% 이상 축적

  ㉥ 결핍 증상 : 질소결핍 증상과 유사, 생육 억제, 어린 잎에서 황화현상, 근류 형성 저해

④ 황비료

  ㉠ 우리나라 비료 공정 규격에는 황비료가 따로 설정되어 있지 않음

  ㉡ SO_4^{2-}는 황산암모늄, 황산칼륨, 황산고토 등

  ㉢ 원소형태인 S는 물에 용해되지 않아 Thiobacillus에 의해 SO_4^{2-}로 산화되어야 이용 가능

(7) 미량영양원소

① 토양 중 미량영양원소의 형태

  ㉠ 대부분 모암에서 유래

  ㉡ Fe, Cu, Zn, Mn, Cl, B, Mo, Ni

  ㉢ 존재 형태 : pH, 산화환원조건, 무기 또는 유기 배위자의 존재 여부 등에 따라 결정

  ㉣ 흡착 : 이온교환기작, 특이적 흡착

② 토양 중 미량원소의 유효도

  ㉠ pH에 따른 유효도

낮을수록 유효도 증가	Fe, Mn, Cu, Zn, B
높을수록 유효도 증가	Mo

ⓛ 산화환원에 따른 유효도 : Fe과 Mn의 존재 형태에 영향

산화상태에서 유효도 감소	Fe^{3+}, Mn^{4+}
환원상태에서 유효도 증가	Fe^{2+}, Mn^{2+}

ⓒ 미량원소의 기능

미량원소	기능	결핍증상
철	• haemoprotein이나 Fe-S protein과 결합하여 산화환원과정에 관여 • haemoprotein으로는 leghaemoglobin, cytochrome, catalase 효소 등 • Fe-S 단백질은 ferredoxin(전자공여체) • 엽록소의 생합성 과정에 직접 관여	• Mg결핍증상과 유사하지만 어린 잎에서 주로 나타남 • 엽맥 사이 황화현상 • 어린 잎 백화현상
망간	• TCA회로에 관여된 효소의 활성화 • SOD(활성산소무해화효소)의 보조인자	• 표피조직의 오그라짐 • 엽맥 간 황백화(노엽 먼저 발생)
아연	• RNA polymerase, RNase 활성 • 리보솜 구조 안정화 • carbonic anhydrase(탄소무수화 효소) 등 효소활성화 • 인산과 경쟁관계, 단백질대사 작용 관여	• 로제트현상 • little leaf 현상 • 오래된 잎부터 황화 현상
구리	• 광합성과 산화환원효소 • 아연과 경쟁	• 백화현상 • 잎이 좁아지고 뒤틀리는 현상 • 생장점 고사 현상
붕소	• 새로운 세포의 발달과 생장에 필수 • 생체물질의 이동	• 로제트 현상 • 잎자루 비대 • 낙화 또는 낙과
몰리브덴	• 식물의 요구도가 가장 낮음 • 산화환원반응에 관여($Mo^{6+} \rightarrow Mo^{5+} \rightarrow Mo^{4+}$) • 질소고정효소와 질산환원효소의 구성요소(nitrogenase, nitrate reductase) • 질소원이 NO_3^- 식물은 필수적이나 NH_4^+ 식물은 결핍증 없음	• 질소결피증상과 유사 • 오래된 잎에서 먼저 발생 • 황화 현상 및 잎 가장자리 오그라짐
염소	• 광합성 반응 • 칼륨과 함께 기공의 개폐 관여 • 액포막의 ATPase 활성화	햇빛이 강할 때 위조, 황화 현상
니켈	• urease의 구성원소 • 질소 수송과정의 질소대사에 관여	뿌리혹에서 고정된 질소가 지상부로 수송될 때 관여
코발트	근류균의 질소고정에 필요	• 담수상태 토양과 산성 토양에서 흡수가 빨라짐 • 석회 시용은 유효도 감소시킴

ⓔ 유익원소의 기능

유익원소	기능	결핍 증상
규소	잎과 줄기의 피층세포에 축적되어 물리적 강도를 높임	규질화된 잎세포는 균의 침입 방지, 침입한 균의 생장과 증식 억제

3. 토양비옥도

(1) 유효태 함량

① **토양의 생산성** : 식물의 생육에 관여하는 토양의 총채적 능력(기후·토양·작물인자)

② **토양의 비옥도** : 화학적 측면을 강조한 토양의 잠재적인 양분 공급능력

③ 비옥한 토양이 꼭 생산성이 높은 토양은 아님

④ **유효태** : 식물이 실제로 흡수할 수 있는 형태의 영양소

⑤ 영양원소의 함량은 총함량보다 유효태 함량이 중요 → 영양소의 일부만이 유효태로 존재

(2) 최소양분율의 법칙

① 1862년 리비히(Liebig)가 최초로 주장

②「최소양분율」 "작물의 수량은 가장 부족한 양분(제한인자)에 의해서 결정된다."는 법칙

③ 나무 물통에 비유하면 물통에 담긴 물의 양은 높이가 가장 낮은 나무판자에 좌우되듯 작물 생산성도 가장 적은 양분에 지배됨

(3) 보수점감의 법칙

① 양분의 공급량을 늘리면 초기에는 생산량이 증가하지만 공급량이 늘어날수록 생산량의 증가 는 점차 줄어든다는 법칙

② 시비량과 생산량과의 관계에서 경제성을 평가하는데 적용

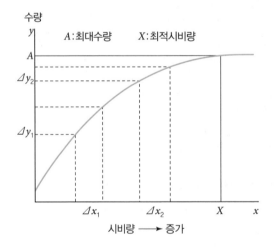

4. 식물의 영양진단 및 평가

(1) 토양검정을 통한 영양소의 유효도 평가

① 토양의 양분공급능력을 화학적으로 평가하는 방법

② 토양검정방법은 간편, 신속해야 하며 작물재배 전 토양 영양원소 유효도 판정 가능

③ 생산성에 영향을 주는 특정 영양원소 파악, 필요한 시비량 결정 기준 마련

④ 영양소의 추출방법에 따라 측정된 농도와 식물의 흡수량 또는 생육 사이에 밀접한 상관관계가 있어야 함

⑤ 영양소별 유효도 검정을 위한 측정 및 추출 방법

질소	• 유효도 검증을 위해 NH_4^+, NO_3^- 형태의 무기태 질소의 측정 • 총질소함량과 유기태질소 함량을 함께 측정하여 공급능력 추정
인(유효인산)	• Olsen법 : pH8.5의 0.5M $NaHCO_3$ 용액 사용 • Bray법 : NH_4F와 HCl 혼합용액 사용 • Lancaster법 : CH_3COOH, NH_4F, NaOH 혼합용액 사용
칼슘, 마그네슘, 칼륨	물을 사용한 수용성과 $NH_4COOCH_3CH_3$(암모늄아세테이트) 교환태 추출
망간	3N $NH_4H_2PO_4$ 용액 사용
몰리브덴	NH_4-oxalate 용액 사용
붕소	물 사용
기타 미량영양소	묽은 HCl 사용

(2) 식물검정을 통한 영양소의 유효도 평가

① 식물체분석

㉠ 영양소 함량을 화학적으로 분석하여 영양소의 결핍 여부를 판정하는 방법

㉡ 시간과 비용이 많이 들지만 가장 정확한 방법

② 수액분석

㉠ 식물의 액을 짜서 간이분석기기로 측정하는 방법

㉡ 정확성은 떨어지지만 간단한 장점

③ 육안관찰

㉠ 결핍증상 관찰

㉡ 영양소별 결핍증상이 뚜렷하게 구분되지 않는 경우가 많음

㉢ 독성 또는 병충해에 의한 피해 증상과 구분하는 데 어려움이 있음

㉣ 관찰자가 경험을 축적하게 되면 매우 유용함

④ 재배시험

㉠ 포트나 포장을 이용하여 재배시험을 함

㉡ 비료의 시용량, 종류, 시용 시기, 시용 방법 등을 결과로부터 얻어야 함

5. 비료의 종류와 특성

(1) 비료

① **정의** : 식물에 영양을 주거나 식물의 재배를 돕기 위하여 흙에서 화학적 변화를 가져오게 하며, 토지에 베풀어지는 물질과 영양분의 공급으로 식물에 베풀어지는 물질

② **보통비료** : 우리나라 비료공정규격에서 정한 비료의 구분 및 종류

구분		비료의 종류	종수
보통비료	질소질비료	황산암모늄(유안), 요소, 염화암모늄, 질산암모늄, 석회질소, 암모니아수, 칠레초석, 피복요소, CDU, IBDU 등	17
	인산질비료	과린산석회(과석), 중과린산석회(중과석), 용성인비, 용과린 등	6
	칼리질비료	황산칼륨, 염화칼륨, 황산칼륨고토	3
	복합비료	제1종복합, 제2종복합, 제3종복합, 제4종복합, 피복요소복합 등	12
	석회질비료	소석회, 석회석, 석회고토, 생석회, 패화석 등	10
	규산질비료	규산질, 규회석, 광제규산질 등	6
	고토비료	황상고토, 가공황산고토, 고토붕소, 수산화고토 등	6
	미량요소비료	붕산, 붕사, 황산아연, 미량요소복합	4
	그 밖의 비료	제오라이트, 벤토나이트, 아미노산발효부산액 등	9
부산물 비료	부숙유기질비료	가축분퇴비, 퇴비, 부엽토, 가축분뇨발효액, 부숙톱밥 등	9
	유기질비료	어박, 골분, 대두박, 채종유박, 미강유박, 혼합유박, 가공계분, 혼합유기질, 유기복합, 혈분 등	18
	미생물비료	토양이생물제제	1
	그 밖의 비료	건계분, 지렁이분	2

(2) 비료성분 함량의 표시

① 공정규격에서 규정한 최소함유량 이상의 주성분이 포함되어야 함

② 주성분을 표시할 때 산화물의 함량으로 표시

③ 나머지 성분은 원소의 함량으로 표시

> **예** 어느 작물의 질소 표준시비 수준이 $100kg\ ha^{-1}$이다. 이에 해당하는 요소비료($(NH_2)_2CO$)의 시비량은 얼마인가? $100/0.467=214kg\ ha^{-1}$

 **질소, 인산, 칼리**

$N=0.467 \times (NH_2)_2CO$, $P=0.436 \times P_2O_5$, $K=0.830 \times K_2O$

(3) 비료의 반응

① 화학적 반응 : 비료 자체가 가지는 반응이며 물에 녹여 pH를 측정하여 판정

산성비료	과인산석회, 중과인산석회, 황산암모늄
중성비료	• 중성염류 : 질산암모늄, 황산칼륨, 염화칼리, 질산칼륨 • 유기화합물 : 요소
염기성비료	• 알칼리성 물질 : 생석회, 소석회, 암모니아수 • 강염기성 물질 : 탄산칼륨, 탄산암모니아 • 석회과잉 함유 : 석회질소, 용성인비, 규산질비료, 규회석비료

② 생리적 반응 : 염의 상태인 비료가 토양에서 양이온과 음이온으로 용해되고, 용해된 이온 중 어떤 이온이 식물에 얼마나 흡수되느냐에 따라 토양에 미치는 pH를 다르게 하는 반응

생리적 산성비료	• 양이온 주로 흡수 • 황산암모늄, 염화암모늄, 황산칼륨
생리적 중성비료	• 양이온과 음이온 거의 동일 흡수 • 질산암모늄, 질산칼륨, 요소
생리적 염기성비료	• 음이온 주로 흡수 • 질산나트륨, 질산칼슘, 탄산칼륨

(4) 미량원소비료

① 식물에 필요한 것이지만, 요구도가 낮아서 많이 시용하면 오히려 해가 될 수 있음
② 우리나라 비료공정규격에는 붕산비료, 붕사비료, 황산아연비료, 미량요소 복합비료 등이 설정되어 있음
③ 미량원소는 한 가지 원소만의 결핍보다는 여러 가지 원소에 의한 복합적인 결핍현상으로 나타나는 경우가 많으므로 대개 제4종 복합비료를 사용하는 것이 편리하고 안전함
④ 제4종 복합비료 : 질소, 인산, 칼리와 미량요소를 포함한 각종 비료 성분을 물에 녹여 엽면살포 또는 관주 방식으로 작물에 공급하기 위한 비료

(5) 복합비료

① 제1종 복합비료 : 질소, 인산, 칼리 3요소 가운데 2성분 이상 함유되도록 화학공정을 거쳐 단일물질 조성된 화성비료
② 제2종 복합비료 : 질소질, 칼리질비료, 제1종 복합비료 중 두 가지 이상의 비료를 물리적으로 배합한 것
③ 제3종 복합비료 : 제2종 복합비료에 유기물을 배합한 것
④ 제4종 복합비료 : 3요소와 미량요소를 포함한 각종 비료 성분을 물에 녹여 엽면살포 또는 관주 방식으로 작물에 공급하기 위한 비료

(6) 조경수목에 대한 비료시비

① 산림용 고형복합비료, 수목용 완효성복합비료 등 수목생장에 맞는 전용비료 사용

② 농업용 비료는 성분비가 농작물에 맞도록 만들어져 토양에 집적되어 결국 나쁜 영향을 미칠 수 있음

③ **시비방법** : 고형복합비료의 경우 측공시비나 환상시비 방법 사용

④ 측공시비나 환상시비와 함께 지표면에 손쉽게 뿌리는 표면시비도 할 수 있음

⑤ 시비시기는 늦가을 낙엽 후 10월 하순부터 11월 하순 토양이 얼기 전, 또는 2월 하순부터 3월 하순의 잎이 피기 전

⑥ 추비는 수목생장기인 4월 하순부터 6월 하순까지 실시, 여름철 시비는 동해를 입을 수 있어 피해야 함

⑦ 특히 철, 망간, 아연, 붕소, 구리 등과 같은 미량요소의 경우 소량이 요구되므로 엽면시비를 권장

Tree Doctor

CHAPTER 07 특수지 토양 개량 및 관리

1. 해안매립지

(1) 정의

① 해안에 공유수면법에 의해 제방을 쌓고 땅을 메워 올려 토지를 조성한 지역으로서 넓은 의미의 해안 간척지에 포함됨

② 간척지와 다른 점은 해안매립지는 바다에 제방을 설치하고 바닥을 매립하여 섬이나 육지처럼 지반이 높아진 것임

(2) 매립 이후의 환경 변화

① 매립재료는 해저의 모래나 산비탈을 깎은 흙, 각종 건설공사 잔토 및 도시의 쓰레기 등이므로 식물생육에 매우 불리함

② 바람이나 모래의 피해를 받을 우려가 있음

③ 지하에서 염분이 상승하여 식물의 생장에 피해를 줌

④ 토양수분의 부족이 우려됨

⑤ 해안매립지에서 조경식재는 훼손되었거나 파괴된 자연경관과 생태계의 회복을 위하여 대단위 규모로 조성되고 있음

2. 쓰레기매립지

(1) 정의

① 각종 쓰레기를 처리하는 시설

② 생활쓰레기, 산업폐기물, 기타 더 이상 사용할 수 없는 것들을 모아서 처리하는 곳

(2) 매립 이후의 환경 변화

① 메탄가스에 의한 폭발의 위험

② 침출수에 의한 수질오염

③ 악취 및 먼지공해

④ 매립지는 시간이 경과함에 따라 토양이 가라앉고, 염분이 올라오거나 유독가스 분출

⑤ 식재를 위하여 침출수의 상승 혹은 가스 확산 방지를 위한 조치를 하여야 함

⑥ 최종 매립 후 3년 경과되고 식재 기반을 조성

3. 염분이 많은 토양

(1) 개요

해안지대나 건조 및 반건조지대의 내륙지방에서는 염류의 집적으로 토양반응이 중성 내지 알칼리성으로 됨

(2) 토양알칼리도

① Alkalinity : 토양산도가 H^+이온의 농도와 관련된 것이라면 이는 OH^-농도와 관련된 용어로 토양 pH7 이상을 말함

② 탄산칼슘 또는 탄산나트륨에서 유래하는 CO_3^{2-} 또는 HCO_3^-가 물과 반응하여 OH^-이온을 생성함

(3) 염류농도

① 토양 중 가용성 염 양의 척도

② 토양 포화침출액의 전기전도도로 표시함

 염과 염류

- 염 : 산과 염기가 반응을 일으킬 때 물과 함께 생성되는 물질
- 염류 : 소금, 산의 수소이온을 금속 이온 또는 금속성 이온으로 치환한 화합물

③ 전기전도도(Electrical Conductivity ; EC)

㉠ 용액 중 전해질 이온의 세기를 나타내는 척도

㉡ 전해질 이온이 많을수록 전기전도도 증가

㉢ 토양의 전기전도도는 포화침출액전기전도도를 표준으로 함

㉣ 단위는 ds/m를 사용, 1ds/m=0.064%

④ 포화침출전기전도도에 따른 토양분류

ECe(ds/m)	분류	내용
0~2	비염류토양	작물생육에 염류 영향 무시
2~4	약한 염류토양	• 염에 민감한 작물의 경우 수량 저감 • 4정도가 작물생육에 영향을 미치는 임계값으로 봄
4~8	중염류토양	대부분의 작물 수량이 현저히 줄어듦
8~16	강한 염류토양	염류에 내성이 있는 작물만 생육 기대
16이상	매우 강한 염류토양	염류에 내성이 있는 지극히 제한된 작물만이 생육

(4) 나트륨 흡착비

① 토양과 평형을 이루는 용액 중의 Ca^{2+}, Mg^{2+}, Na^+의 농도비를 기준으로 토양에 흡착되어 있는 Na^+의 양이온교환용량 점유율을 추정하기 위한 값

② $SAR = \dfrac{[Na^+]}{\sqrt{\dfrac{[Ca^{2+}]+[Mg^{2+}]}{2}}}$

(5) 교환성나트륨 퍼센트

① 토양에 흡착된 양이온 중 Na^+이온이 차지하는 비율

② $ESP(\%) = \dfrac{\text{exchangeable } Na^+}{CEC} \times 100$

(6) 염류집적토양의 종류

구분	ECe(ds/m)	ESP	SAR	pH
정상토양	<4.0	<15	<13	<8.5
염류토양	>4.0	<15	<13	<8.5
나트륨성 토양	<4.0	>15	>13	>8.5
염류나트륨성 토양	>4.0	>15	>13	<8.5

① 염류토양
  ⊙ 대부분 작물 생육에 악영향
  ⓛ 표면에 백색층
  ⓒ 치환 site에 주로 Ca, Mg가 흡착되어 있음
  ⓔ Na이 낮으므로 식물 생육제한 요소가 토양물리성은 아님

② 나트륨성 토양
  ⊙ 알칼리토양이라고 함
  ⓛ 교질이 분산되어 식물이 거의 살 수 없음
  ⓒ 분산된 유기물(흑색)이 모세관 현상으로 표면으로 이동 후 수분증발로 집적
  ⓔ 토양의 Ca이나 Mg의 탄산염 또는 중탄산염의 수용액은 강알칼리성을 나타내지 않지만 Na이나 K의 탄산염 또는 중탄산염의 수용액은 pH가 8.5~10이 많음
  ⓜ pH가 높은 이유는 $NaHCO_3$의 가수분해 때문임
  ⓑ $2Na + CO_3^{2-} + H_2O \leftrightarrow 2Na^+ + HCO_3^- + OH^-$

③ 염류 나트륨성 토양
  ⊙ 염류토양과 알칼리토양의 중간 특성
  ⓛ 높은 염과 Na 농도로 식물피해

ⓒ 염이 녹으면 특히 물에 Na^+ 많아져 SAR이 높아짐 → 입단파괴, 배수불량

ⓔ 염류나트륨성 토양의 물리, 화학적 조건은 염류토양과 유사함

4. 알칼리 토양·염류 토양의 개량

① **배수체계 확립** : 과잉의 교환성 Na이나 가용성 염류들을 효과적으로 용탈

② 염류나트륨성 토양은 과잉의 가용성 염류나 교환성 Na을 뿌리로부터 제거하기 위하여 Ca염을 첨가, 충분한 배수용탈

③ 석고($CaSO_4 \cdot 2H_2O$)나 석회석의 분말을 첨가하여 교환성 Na를 침출, 침출된 Na는 중성의 황산염이나 탄산염으로 전환

④ 황산의 분말을 사용하면 용액의 Na과 결합(Na_2SO_4)하거나 $CaCO_3$을 용해시켜 교환성 Na과 치환되어 토양의 pH와 물리적 상태를 개선

CHAPTER 08 토양의 침식 및 오염

1. 토양침식

(1) 토양침식 방지의 중요성

① 토양의 여러 가지 현상 중에서 바람과 물에 의한 침식보다 더 파괴적인 것은 없음

② 침식된 토양입자들은 유거에 의하여 운반되어 퇴적, 각종 환경문제 유발, 경제적·사회적 비용 소요

(2) 지질침식과 가속침식

① 지질침식

ㄱ 굴곡이 심한 자연지형을 고르고 평평하게 하는 과정

ㄴ 매우 느린 침식으로 새로운 토양의 생성이 가능

ㄷ 식물이 자랄 수 있는 기반이 조성되고 식물은 토양 침식을 방지하는 역할

② 가속침식

ㄱ 지질침식보다 10~1,000배의 파괴력

ㄴ 강우가 많은 경사지역에서 심함

ㄷ 토양층이 얕아져 식물이 잘 자라지 못함

(3) 물에 의한 침식

① 수식 단계 : 토양입자의 분산탈리, 이동, 퇴적

② 강우의 역할

ㄱ 빗방울의 타격 : 토양의 분산탈리, 입단 파괴, 입자 비산

ㄴ 분산이동한 입자들은 토양 표면의 공극 속으로 들어가 공극을 막고 건조 후에는 토양 표면이 딱딱하게 굳어짐

ㄷ 다시 비가 내리면 막힌 공극 때문에 토양 침투가 이루어지지 않아 유거량 증가

③ 수식의 종류

ㄱ 면상침식, 세류침식, 협곡침식

ㄴ 토양유실은 대부분 면상침식이나 세류침식에 의하여 일어남

면상침식	세류침식	협곡침식
• 강우에 의해 비산된 토양이 토양 표면을 따라 얇고 일정하게 침식되는 것 • 자갈이나 굵은 모래가 있는 곳은 강우의 타격력을 흡수하여 작은 기둥모양으로 남아 있기도 함	• 유출수가 침식이 약한 부분에 모여 작은 수로를 형성하며 흐르면서 일어나는 침식 • 새로 식재된 곳이나 휴한지에서 일어남 • 농기계를 이용하여 평평하게 할 수 있는 정도의 규모	• 세류침식의 규모가 커지면서 수로의 바닥과 양 옆이 심하게 침식되는 것 • 트랙터 등 농기계가 들어갈 수 없음

(4) 바람에 의한 침식

① 개요

ㄱ 주로 건조지대나 반건조지대에서 일어남

ㄴ 우리나라의 황사는 풍식에 의한 것이며 점차 피해 증가

ㄷ 과도한 방목으로 식생 제거나 척박한 경작지를 잘못 이용하면 토양생산성 저하시킴

② 풍식의 기작

ㄱ 풍식 단계 : 분산탈리, 이동, 퇴적

ㄴ 약동 : 0.1~0.5mm 입자가 짧은 거리를 구르거나 튀어서 이동하는 것, 50~90% 차지

ㄷ 포행 : 1mm 이상의 큰 입자가 토양 표면을 구르거나 미끄러져 이동, 5~25% 차지

ㄹ 부유 : 가는 모래 정도 크기의 토양입자나 그보다 작은 입자가 공중에 떠서 토양 표면과 평행하게 멀리 이동하는 것, 15~40% 차지

③ 풍식의 조절

ㄱ 토양수분은 토양의 응집력 및 점착성을 증가시켜 풍식에 대한 저항력을 증가시킴

ㄴ 식생이 피복되어 있으면 풍식 저항력 증가

ㄷ 방풍림과 방풍벽 이용하여 바람의 속도 감소

(5) 토양침식에 영향을 끼치는 인자

지형, 기상조건, 토양의 성질, 식물의 생육

(6) 토양침식 예측모델 및 주요 인자

① 토양유실예측공식(USLE) A=R*K*LS*C*P

A	연간 토양유실량
R	강우인자 → 강우강도
K	토양침식성인자(0.025~0.04) → 침투율과 안정성
LS	경사도 경사장인자(22.1m, 9%)
C	작부인자작물 피복
P	토양관리인자 → 상, 하경(1)~등고선재배, 초생대

② 주요 인자

　　㉠ 강우인자

　　　• 면상침식 및 세류침식에 미치는 강우의 역할

　　　• 강우강도의 영향이 상대적으로 큼

　　㉡ 토양침식성인자

　　　• 침투율과 토양구조의 안정성이 K값에 영향을 미치는 중요한 요소임

　　　• K값의 범위는 0~0.1 사이, 침투율이 높은 토양 0.025, 침투율이 낮은 토양 0.04 정도

　　㉢ 경사도와 경사장인자

　　　• LS값은 표준포장(길이 22.1m, 경사도 9%)

　　　• 길이가 길어질수록 침식량이 많아지고 경사도가 커질수록 유거의 속도 증가

　　㉣ 관리인자

　　　• 거의 피복되지 않은 곳은 1.0, 식생이 조밀한 곳 0.1 이하

　　　• 나지>옥수수, 보리>고추>참깨>목초

　　㉤ 토양보전인자

　　　• 토양관리활동이 없을 경우 P값은 1, 토양관리가 이루어지면 그 값은 작아짐

　　　• 상·하경>등고선 재배>혼층고>심토파쇄>초생대>부초

　　㉥ 풍식예측공식 $E=I*K*C*L*V$

E	풍식에 의한 토양유실량
I	토양풍식성인자
K	토양면의 조도
C	기후인자
L	포장의 나비
V	식생인자

(7) 토양보전 및 관리 – 침식 방지

① **지표면의 피복** : 식물의 지상부(유속감소), 뿌리(토양 구조 발달), 목초(토양 유실 방지 효과 탁월)

② **토양개량**

　　㉠ 물의 침투력 : 심토경운, 수직부초설치

　　㉡ 유거의 속도조절 및 경작법 : 등고선재배, 등고선대상재배, 계단재배, 승수로설치재배

③ **토양관리 기술**

　　㉠ 정밀농업 : GPS(위치), GIS(토양특성 측정센서), 농업투입자재 조절

　　㉡ 지속농업 : 보전농업, 보속농업, 영속농업, 환경친화형농업, 유기농업

2. 토양오염

(1) 토양오염의 특성

① 정의 : 오염물질이 외부로부터 토양 내로 유입됨으로써 그 농도가 자연 함유량보다 많아지고 이로 인하여 토양에 나쁜 영향을 주어 그 기능과 질이 저하되는 현상

② 토양오염의 특성

구분	공간적 균일성	시간적 균일성
토양	매우 작음	매우 큼
물	중간	중간
대기	매우 큼	매우 작음

③ 토양오염원

구분	점오염원	비점오염원
배출원	공장, 가정하수, 분뇨처리장, 축산농가, 운영 중인 광산 등	농약 및 화학비료의 장기간 연용, 휴·폐광산의 광미나 폐석으로부터 유출되는 중금속, 산성비, 방사성 물질, 대기 중의 오염물질 등
특징	• 인위적 • 배출 지점이 특정, 명확 • 관거를 통해 한 지점으로 처리장으로 집중적 배출 • 자연적 요인에 영향이 적음 • 모으기 용이, 처리 효율이 높음	• 인위적 및 자연적 • 배출 지점이 불특정, 불명확 • 희석 → 확산 넓은 지역으로 배출 • 강우 등 자연적 요인에 따른 배출량의 변화가 심하여 예측이 곤란 • 모으기 어렵고, 처리 효율이 일정치 않음

(2) 토양환경보전법상의 관리체계

① 토양오염의 확인단계 : 토양오염측정망, 토양오염실태조사, 토양오염검사, 토양오염신고

② 토양오염 정밀조사 : 기초조사, 개황조사, 상세조사

③ 토양정화 : 조치명령, 토양정화계획서 제출, 토양정화공사, 토양정화검증, 토양정화완료

(3) 토양오염물질의 종류와 특징

① 질소와 인

ㄱ 비료의 과다 사용, 축산활동, 유기성 폐기물 등으로부터 발생

ㄴ 청색증, 고창증 등의 피해 발생

ㄷ 수계의 부영양화로 녹조, 적조 발생

ㄹ 질산태 질소는 물에 녹아 수계 유입, 용해도가 낮은 인산은 토양입자와 함께 수계 유입

② 농약

ㄱ 살충제, 살균제, 제초제 등이 토양에 잔류하여 수질환경에 영향

ㄴ 먹이사슬에서 잔류농약의 농도가 높아져 생물농축

③ 유독성 유기물질

  ㉠ 석유계 탄화수소(PHC)는 사용량 증가로 토양 및 지하수오염

  ㉡ 다환고리방향성 탄화수소(PAHs) : 비극성, 소수성, 화학적으로 안정한 환경오염물질

  ㉢ 난분해성 유기오염물 : 유기염소계 화합물(COCs), 방향족 화합물(NACs)

  ㉣ 생물학적 처리가 어려운 맹독성 물질로 물 속에 장기간 잔류

④ 무기성 오염물질

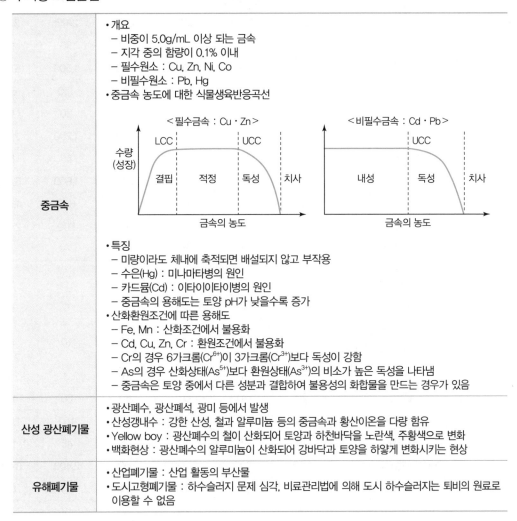

중금속	•개요 – 비중이 5.0g/mL 이상 되는 금속 – 지각 중의 함량이 0.1% 이내 – 필수원소 : Cu, Zn, Ni, Co – 비필수원소 : Pb, Hg •중금속 농도에 대한 식물생육반응곡선 <필수금속 : Cu · Zn> <비필수금속 : Cd · Pb> •특징 – 미량이라도 체내에 축적되면 배설되지 않고 부작용 – 수은(Hg) : 미나마타병의 원인 – 카드뮴(Cd) : 이타이이타이병의 원인 – 중금속의 용해도는 토양 pH가 낮을수록 증가 •산화환원조건에 따른 용해도 – Fe, Mn : 산화조건에서 불용화 – Cd, Cu, Zn, Cr : 환원조건에서 불용화 – Cr의 경우 6가크롬(Cr^{6+})이 3가크롬(Cr^{3+})보다 독성이 강함 – As의 경우 산화상태(As^{5+})보다 환원상태(As^{3+})의 비소가 높은 독성을 나타냄 – 중금속은 토양 중에서 다른 성분과 결합하여 불용성의 화합물을 만드는 경우가 있음
산성 광산폐기물	•광산폐수, 광산폐석, 광미 등에서 발생 •산성갱내수 : 강한 산성, 철과 알루미늄 등의 중금속과 황산이온을 다량 함유 •Yellow boy : 광산폐수의 철이 산화되어 토양과 하천바닥을 노란색, 주황색으로 변화 •백화현상 : 광산폐수의 알루미늄이 산화되어 강바닥과 토양을 하얗게 변화시키는 현상
유해폐기물	•산업폐기물 : 산업 활동의 부산물 •도시고형폐기물 : 하수슬러지 문제 심각, 비료관리법에 의해 도시 하수슬러지는 퇴비의 원료로 이용할 수 없음

(4) 오염토양 복원 기술

① 토양오염기준

| 우려기준 | •토양오염 여부 판단기준
•사람의 건강·재산, 동·식물의 생육에 지장을 줄 우려가 있는 기준 |
| 대책기준 | •우려기준을 초과
•사람의 건강·재산과 동·식물의 생육에 지장을 주어서 대책이 필요한 오염 기준 |

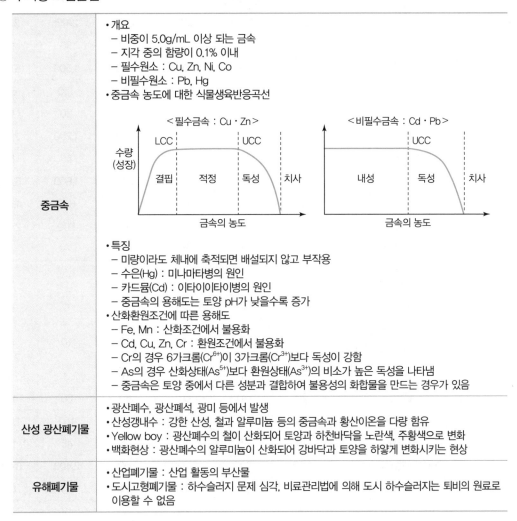 안의 중금속 농도에 대한 식물생육반응곡선 :
- 필수금속(Cu·Zn) : 수량(성장) / 금속의 농도 — LCC, UCC, 결핍·적정·독성·치사
- 비필수금속(Cd·Pb) : 수량(성장) / 금속의 농도 — UCC, 내성·독성·치사

② 토양오염기준 적용지역

    ㉠ 1지역 : 전, 답, 대지(주거용), 학교, 공원, 어린이놀이시설부지 등

    ㉡ 2지역 : 임야, 대지(주거용 외), 창고, 하천, 수도, 종교, 체육용지, 유원지 등

    ㉢ 3지역 : 공장, 주유소, 주차장, 도로, 철도용지, 국방, 군사시설 부지 등

③ 토양오염 우려기준 및 대책기준

항목		우려기준			대책기준		
		1지역	2지역	3지역	1지역	2지역	3지역
카드뮴		4	10	60	12	30	180
구리		150	500	2,000	450	1,500	6,000
비소		25	50	200	75	150	600
수은		4	10	20	12	30	60
납		200	400	700	600	1,200	2,100
6가크롬		5	15	40	15	45	120
아연		300	600	2,000	900	1,800	5,000
니켈		100	200	500	300	600	1,500
불소		400	400	800	800	800	2,000
유기인화합물		10	10	30	-	-	-
PCBs (폴리클로리네이티드비페닐)		1	4	12	3	12	36
시안		2	2	120	5	5	300
페놀류	페놀	4	4	20	10	10	50
	펜타클로로페놀						
벤젠		1	1	3	3	3	9
톨루엔		20	20	60	60	60	180
에틸벤젠		50	50	340	150	150	1,020
크실렌		15	15	45	45	45	135
TPH(석유계총탄화수소)		500	800	2,000	2,000	2,400	6,000
TCE(트리클로로에틸렌)		8	8	40	24	24	120
PCE(테트라클로로에틸렌)		4	4	25	12	12	75
벤조(a)피렌		0.7	2	7	2	6	21

    ㉠ 유기인화합물은 유기인계 농약에 의한 오염지표로 보고 있음 → 대책기준 없음

    ㉡ TPH>불소>아연>납>구리>니켈

    ㉢ 다이옥신, 1,2-티클로로에탄, 크롬 등 3종 확대 지정 기출

④ 토양오염 정화기술

처리 방법에 따른 분류	• 토양 중의 오염물질을 분해, 무해화시키는 기술 • 토양으로부터 오염물질을 분리, 추출하는 처리기술 • 오염물질을 고정화하는 처리기술
처리 위치에 따른 분류	• in-situ : 현장의 토양을 있는 그대로의 상태에서 기술이 적용되는 경우 • ex-situ : 현장 상태를 유지하지 않고 옮겨서 기술을 적용하는 경우 • on-site 기술 : 현장과 가까운 곳에서 처리한 후 다시 토양을 복원시키는 경우 • off-site 기술 : 멀리 떨어진 곳에서 기술을 적용한 후 다시 토양을 복원시키는 경우

⑤ 오염토양 복원기술의 종류

㉠ 생물학적 처리 기술

• 기술의 종류

생물학적 분해법 (Biodegradation)	• 토착미생물 활성을 촉진하여 유기물 분해능을 증대시키는 방법 • 저농도로 광범위하게 오염된 토양의 정화에 효과적
생물학적 통풍법 (Bioventing)	오염된 토양에 대하여 강제적으로 공기를 주입하여 산소농도를 증대시킴으로써, 미생물의 생분해능을 증진시키는 방법
토양경작법 (Landfarming)	• 오염토양을 굴착하여 지표면에 깔아 놓고 정기적으로 뒤집어줌으로써 공기 중의 산소를 공급해 주는 호기성 생분해 공정법 • 유류 산업에서 발생하는 슬러지에 적용
바이오 파일법 (Biopile)	오염토양을 굴착하여 영양분 및 수분 등을 혼합한 파일을 만들고, 공기를 공급하여 오염물질에 대한 미생물의 생분해능을 증진시키는 방법
식물재배 정화법 (Phytoremediation)	• 식물체의 성장에 따라 토양 내 오염물질을 분해·흡착·침전 등을 통하여 오염 토양을 정화하는 방법 • enhanced rhizosphere biodegradation(근권미생물이 유해물질 분해) • phytoextraction(식물뿌리가 토양오염물질을 흡수하여 제거) • phytodegradation(효소를 이용해 분해) • phytostabilization(식물을 재배함으로써 독성 금속 불활성화)
퇴비화법 (Composting)	오염토양을 굴착하여 팽화제(bulking agent)로 나무조각, 동식물 폐기물과 같은 유기성 물질을 혼합하여 공극과 유기물 함량을 증대시킨 후 공기를 주입하여 오염물질을 분해시키는 방법
자연저감법 (Natural Attenuation)	토양 또는 지중에서 자연적으로 일어나는 희석, 휘발, 생분해, 흡착 그리고 지중 물질과의 화학반응 등에 의해 오염물질 농도가 허용가능한 수준으로 저감되도록 유도하는 방법

• 식물재배정화법의 장단점

장점	단점
• 난분해성 유기물질을 분해할 수 있음 • 경제적 • 오염된 토양의 양분이 부족한 경우 비료성분을 첨가할 수 있음 • 친환경적인 접근기술 • 운전경비가 거의 소요되지 않음	• 고농도의 TNT나 독성 유기화합물의 분해 어려움 • 독성 물질에 의하여 처리효율이 떨어질 수 있음 • 화학적으로 강하게 흡착된 화합물은 분해되기 어려움 • 처리하는 데 장기간 소요 • 너무 높은 농도의 오염물질에는 적용하기 어려움

ⓒ 물리·화학적 처리 기술

토양세정법 (Soil flushing)	• 오염토양에 첨가제가 함유되어 있는 물(용제 X)을 주입하여 오염물질을 침출 처리 • 중금속오염토양 처리에 효과
토양증기추출법 (Soil vapor extraction)	• 공기압(추출정을 굴착하여 진공상태로 만들어 줌)에 의해 휘발성 유기오염물질을 휘발 추출하는 방법 • 휘발성 및 반휘발성 유기오염물질 처리에 이용
토양세척법 (Soil Washing)	오염토양을 굴착하여 오염물질을 세척액으로 분리시켜 처리하는 방법
용제추출법 (Solvent Extraction)	오염토양을 추출기 내에서 solvent와 혼합시켜 용해시킨 후 분리기에서 분리하여 처리하는 방법
Chemical reduction /oxidation (화학적 산화·환원)	• 오염된 토양에 오존, 과산화수소 등을 첨가하여 산화환원반응을 통해 오염물질을 무독성화 또는 저독성화시키는 방법 • 시안으로 오염된 토양에 이용 • 휘발성, 반휘발성, 유류계의 탄화수소에 대해서는 효과가 낮음
고형화 및 안정화법 (Silididfication/ Stabilization)	• 오염 토양에 첨가제(시멘트, 석회, 슬래그)를 혼합하여 오염성분의 이동 방지, 용해도 저하, 무해한 형태로 처리하는 방법 • 방사능 오염물질 처리에 적용
동전기법 (Electrocinetic Separation)	투수계수가 낮은 포화토양에서 전기장에 의하여 이동속도를 촉진시켜 포화오염토양을 처리하는 방법

ⓒ 열적 처리 기술

• 열적 처리는 정화효율이 가장 높지만 에너지처리비용이 많이 듦
• 소각(물질의 직접 연소에 의한 열처리)과 열분해(산소가 없는 열처리)로 구분

소각법 (Incineration)	산소가 존재하는 상태에서 800~1,200℃의 고온으로 유기오염물질을 소각·분해시키는 방법
열분해법 (Pyrolysis)	• 산소가 없는 염기성 상태에서 열을 가하여 오염토양중의 유기물을 분해시키는 방법 • 유류 오염 토양에 적용
유리화법 (Vitrification)	• 굴착된 오염토양 및 슬러지를 전기적으로 용융시킴으로써 용출특성이 매우 적은 결정구조로 만드는 방법 • 휘발성 유기물질, 준휘발성 유기물질, 디옥신, PCBs 등의 처리에 적용
열탈착법 (Thermal Derorption)	• 오염토양 내의 유기오염물질을 휘발·탈착시키는 기법 • 배기가스는 가스처리 시스템으로 이송하여 처리하는 방법

PART 05

수목관리학

CHAPTER 01 　수목관리학

CHAPTER 02 　비생물적 피해

CHAPTER 03 　농약학

CHAPTER 04 　「산림보호법」 등 관계법령

Tree Doctor

CHAPTER 01 수목관리학

1. 수목관리학 서론

(1) 수목관리 개요

① 수목관리학의 정의 : 비산림환경에서 개별 교목, 관목, 덩굴식물 등 다년생 목본식물을 육성하고 관리하는 분야

② 수목관리 목표 : 대상 식물을 활력적으로 건강하고, 구조적으로 튼튼하게 유지

③ 수목관리원칙

　㉠ 경제원칙 적용 : 최소의 비용으로 최대의 효과를 얻는 것

　㉡ 최소 비용의 원칙 : 최소의 비용으로 수목을 건강하고 튼튼하게 조성·관리

　㉢ 최대 편익의 원칙 : 식재된 수목으로부터 기대하는 편익을 최대로 확보

(2) 수목관리 지도원리

① 적지적수

　㉠ 부지 환경을 분석하여 환경에 적합한 수종을 선정

　㉡ 제약 요인 : 식재지의 물리적 환경, 수목의 특성 모두 변경이 거의 불가능함

② 예방이 중요함

　㉠ 상처 등 문제가 발생하고 나면 바로잡기 어려움

　㉡ 수목의 쇠락이 진행되면 중단시키기 어려움

③ 양질의 어린 수목으로부터 출발

　㉠ 수목의 구조는 농장 재배 단계에서 결정됨

　㉡ 구조적 결함을 교정하는 것은 어려움

④ 수목은 생장하기 때문에 관리가 필요함

　㉠ 어릴 때 : 양호한 구조 구축

　㉡ 성목 : 안정적인 구조 유지

⑤ 관리작업은 장기간 낮은 강도로 수행하도록 함

　㉠ 관리행위=변화=스트레스

　㉡ 낮은 수준으로 장기간 수행 : 변화/스트레스 최소화

⑥ 개별 수종별 적합한 관리 업무 수행

    ㉠ 수종별로 재배적, 환경적 요구조건이 다름

    ㉡ 수종별 관리 작업요령을 축적해 나가야 함

(3) 수목관리 방향

① 수목 가해 주체별 수목 피해 비중

    ㉠ 인간이 자연에 대한 최악의 적

    ㉡ 병해충 : 기주특이성, 수목을 죽이는 병해충은 제한적

② 사전관리 강화

    ㉠ 수목의 건강증진 : 병해충/환경변화에 대한 내성 제고

    ㉡ 사전관리 분야 교육 강화

2. 식재 수목 선정

(1) 개요

① 수종 선정 : 식재목적을 달성하기 위해 부지의 환경과 수목의 특성을 고려하여 적합한 수종을 선택하는 과정(적지적수)

② 중요성

수목관리의 출발점	• 식재 이후 관리 활동을 결정 • 장기적이고 광범위하게 영향을 미침
적지적수	• 관리 비용 최소화 • 부적합한 수목 식재 시 지속적인 관리가 필요함
한계	• 완벽한 부지·수종은 없음 • 식재부지 환경, 수목의 유전적 특성 고려하여 비용 최소화/편익 극대화를 위한 현실적인 대안을 탐색하는 타협과정

(2) 식재목적과 수목의 편익/비용

① 수목의 식재는 나무의 공익적 가치, 미적 가치, 그리고 경제적 가치를 창출하게 됨

② 지역사회 고려

    ㉠ 공공수목으로서의 가치가 큼

    ㉡ 개인수목은 수목이 없는 부동산 대비 부동산 가치 향상 및 주택 거래 촉진 효과

    ㉢ 대중은 편익이 큰 대교목을 선호하나 현실은 지상 지하 구조물로 중/소교목 적합

    ㉣ 도시숲은 도시민의 중요한 휴식공간이므로 구형의 대교목 및 다양한 색상의 관상수

    ㉤ 야생동물 생태계의 다양성과 안정성 제고를 위한 관목, 소교목, 열매 있는 나무

③ 환경적인 활용

　　㉠ 식물의 기능 : 주변지역의 중기후/미기후에 영향을 미침

　　㉡ 인간의 안락함 : 태양복사차단, 대기온도 조절

　　㉢ 공기의 흐름 차단/전환 : 풍속 감축 효과

　　㉣ 습도와 강수 조절 : 토양침식, 유거수 감소

　　㉤ 건물 에너지 절감 : 냉난방 비용 절감 가능 → 동·서(구형의 녹음수), 북쪽(찬바람 차단용 상록수), 남쪽(비워 놓거나, 소관목 정도)

　　㉥ 도시 중기후 완화 : 도시 열섬 감소 → 대형 녹음수

④ 기능적인 활용

　　㉠ 공해 감축 : 대기오염 물질 흡수, 차단, 흡착

　　㉡ CO(흡수 효과 미미), 황화수소/유기화합물(효과 보고 없음), 오존·PAN(잎이 손상)

　　㉢ 아황산가스 저항성 수종 : 은행나무, 은사시나무, 은단풍, 이태리포플러, 편백, 화백, 향나무, 버즘나무, 왕벚나무, 서양측백, 서양산사나무, 대왕참나무, 루브라참나무, 풍겐스가문비

　　㉣ 오존 저항성 수종 : 자작나무, 서양산딸나무, 너도밤나무, 독일가문비, 풍겐스가문비, 루브라참나무, 아까시나무, 서양측백

　　㉤ 이산화탄소 흡수, 저장 : 광합성으로 이산화탄소 감축, 탄소저장(수목 건중량의 50% 내외)

　　㉥ 소음차단 : 소음원 가까이에 다육질의 가지가 조밀한 상록수를 25~35m 폭으로 조성

　　㉦ 통행조절 : 생울타리, 지피식물 조성

⑤ 정신적/심리적 효과

　　㉠ 자연의 회복력 : 식물을 조망하는 환자는 입원 기간이 8.5% 단축

　　㉡ 숲과 인간의 행동 : 스트레스 해소와 생산성 향상 → 밝은 녹지공간 조성

⑥ 문화적/역사적 요소 : 문묘의 은행나무, 측백나무

⑦ 식재목적에 따른 구비조건과 수종

구분	종류	구비조건	수종
녹음수	가로수	• 직립성, 지하고가 높고, 대기오염에 강할 것 • 상처, 가지치기 후 부패하지 않은 것, 보행자에 위험하거나 거부되지 않을 것	느릅나무, 느티나무, 은행나무, 칠엽수, 회화나무
	정원수	꽃, 열매, 잎, 수피, 단풍, 수형 등이 아름다움	낙상홍, 단풍나무, 목련, 벚나무, 불두화, 소나무, 주목, 층층나무
녹음수	공원수	그늘을 만들고, 수형이 아름다울 것	느티나무, 단풍나무, 이팝나무, 백합나무
차폐용	차폐림 방풍림 소음방지림	혐오시설을 가리거나 바람을 막고, 소음을 차단시킬 만큼 엽량이 많고, 상록성일 것	가시나무류, 독일가문비나무, 사철나무, 삼나무, 서양측백나무, 스트로브잣나무, 편백, 측백나무, 향나무, 화백
공간구획	생울타리 도로분리대	• 공간을 나눌 수 있을 만큼 치밀한 가지와 엽량을 가질 것 • 반복적인 전정에 측지 발생	개나리, 사철나무, 주목, 쥐똥나무, 측백나무, 탱자나무, 향나무, 회양목

구분	종류	구비조건	수종
열매수확	유실수	열매가 경제적 가치를 가짐	감나무, 대추나무, 매실나무, 모과나무, 복사나무

(3) 식재 부지의 기후와 환경

① 개요

　　㉠ 수목생장에 미치는 영향 : 기후＞토양

　　㉡ 도시의 기후환경 : 매우 복잡하고 기후 변이가 큼

② 기온

내한성	• 2~30년 만에 찾아오는 혹한(최저 기온)에 의해 결정 • 지구온난화로 인한 평균 기온을 기준으로 수종 식재 삼가 • 내한성 약함 : 배롱나무, 남천, 대나무, 호랑가시나무, 사철나무, 벽오동, 오동나무, 곰솔 등 • 내한성 강함 : 소나무, 잣나무, 전나무, 자작나무류
상렬	• 맑은 날 데워진 수간에 기온이 급격히 하락할 때 발생 • 직경 : 15~45cm 크기 • 뿌리 : 지상부보다 내한성이 약함(Planter, 분재가 저온 피해를 받지 않도록 대비) • 느릅나무, 칠엽수, 피나무, 참나무, 벚나무, 사과나무, 꽃사과 등에서 발생
고온	• 증산＞수분 흡수 : 잎의 일부 또는 전부가 타들어감 • 감수성 수종 : 칠엽수, 단풍나무, 철쭉, 산수유 등
지구온난화	• 이산화탄소의 농도가 390ppm까지 증가하여 지구온난화 현상이 계속 • 고산성 수종의 생장 불량(잣나무, 구상나무, 전나무, 가문비나무는 잘 자라지 않음) → 대신 독일가문비나무, 스트로브잣나무 식재

③ 햇빛

　　㉠ 식물에게 필수 : 광합성 에너지

　　㉡ 그늘에 대한 내성의 차이

　　　• 양수 : 그늘에서 살지 못함(산림천이의 초기 수종)

　　　• 음수 : 그늘에서 견딜 수 있음(산림천이의 후기, 하층식생)

구분	기준 (전광 대비)	수종	
		침엽수	활엽수
극양수	60% 이상	연필향나무, 낙엽송, 방크스소나무, 대왕송	두릅나무, 붉나무, 포플러류, 자작나무, 예덕나무, 버드나무
극음수	1~3%	나한백, 주목, 금송, 개비자나무	황칠나무, 회양목, 호랑가시나무, 자금우, 사철나무, 식나무, 백량금, 굴거리나무

④ 강우

　　㉠ 봄·가을 : 가뭄, 여름에 강우 집중, 최근에는 이상기후의 영향으로 불규칙

　　㉡ 가뭄 대책 : 3주 이상 가뭄이 지속되면 인공 관수가 필요함. 내건성이 강한 수종 식재

　　㉢ 침수 대책 : 배수 시설 설치, 내습성 수종(낙우송, 버드나무류 등) 식재

⑤ 바람

  ㉠ 도움이 되는 바람 : 가벼운 바람(시속 20km, 초속 5.5m)은 광합성 증대에 도움

  ㉡ 피해를 주는 바람 : 태풍 등 강한 바람, 주풍, 여름철 더운 바람, 겨울철 찬바람

  ㉢ 식재 수종

    • 태풍이 잦은 지역 : 심근성, 가지 부착이 강한 수종, 목재 강도가 강한 수종

    • 여름철 더운 바람 피해 지역 : 침엽수, 잎이 단단한 수목

    • 겨울철 찬바람 피해 지역 : 냉각피해 저항성 수종

⑥ 대기오염

  ㉠ 가로수의 구비요건으로 대기오염에 대한 내공해성이 포함

  ㉡ 활엽수는 피해가 적고, 침엽수는 피해를 많이 받음

  ㉢ 내공해성 강함 : 은행나무, 플라타너스, 향나무, 가죽나무, 회화나무, 버드나무류, 아까시나무, 현사시나무

  ㉣ 내공해성 약함 : 이태리포플러, 느티나무, 소나무

(4) 식재부지의 수분환경

① 개요

  ㉠ 토양과 수분의 관계 : 물은 토양을 통해 이동

  ㉡ 토양 : 수목에게 수분과 양분을 공급하고 뿌리의 고착력을 제공해 줌

  ㉢ 수분 : 유독한 이온이나 과도한 염을 함유하고 있는 물이 문제

② 토양과 수분 확인 목적

  ㉠ 식재에 앞서 해당 부지에 대한 수목의 적합성을 확인

  ㉡ 식재 전에 개량작업의 필요성을 확인

  ㉢ 수목관리 활동에 미치는 영향을 평가

  ㉣ 토양과 수분 관련된 수폭 피해를 동정

③ 도시토양의 특징

  ㉠ 수직적, 공간적 다양성이 매우 큼 : 통기, 배수, 비옥도의 급격한 차이

  ㉡ 답압으로 인한 토양 구조 변형 : 투수성 감수

  ㉢ 변형된 토양반응(pH) : 해빙염 사용, 시멘트 등 건축자재 포함, 산성비

  ㉣ 통기와 배수의 제약 : 토양 답압, 포장, 옹벽, 지하구조물 등

  ㉤ 낙엽 제거 : 양분 순환 차단, 토양미생물 활동 변형

④ 토심

  ㉠ 유효 토심 : 지표면~기반암, 지하수위, 점토층 간 깊이

  ㉡ 식물별 필요 토심

    • 교목 : 1.5m 이상

- 소교목 : 0.9m~1.2m
- 지피식물 : 30cm 이상
© 불투수층(배수 불량)
- 수목 생장 부진
- 뿌리가 지표면을 따라 자라면서 보도와 포장 파손
- 비가 많이 오면 침수 피해 발생
② 불투수층 발생 원인
- 과도한 절토로 점토층 노출
- 논이나 간척지를 매립하여 도시 조성
- 주차장 지하화
⑩ 불투수층 위에 식재하는 방법 : 지피식물, 관목, 소교목 등을 식재
⑪ 아파트 지하 주차장 위 식재 문제점
- 지하 주차장의 지붕에 의해 지반과 분리 : 지하수 차단, 배수 불량
- 성토 토양이 마사토 등 입자가 큰 토양 : 고착력이 약해 태풍에 쉽게 쓰러질 수 있음
⑤ **토성**
㉠ 모래 : 배수성과 통기성 양호, 수분과 양분 보유능력 불량
㉡ 점토 : 수분과 양분 보유능력 양호, 배수성과 통기성 불량
㉢ 수복 식재에 적합한 토양 : 모래 토양>점토 토양
㉣ 식재 수종
- 사질 토양 : 내건성 수종
- 점질 토양 : 내습성 수종
⑥ **염분**
㉠ 염분 문제 원인 : 해빙염, 염분이 높은 준설토로 성토, 간척지에서 상승하는 염분
㉡ 해빙염 피해 : 염화나트륨>염화칼슘, 상록수>낙엽수
㉢ 임해지역 : 겨울 찬바람에 의한 피해 가능성도 있음
㉣ 국내 조경수의 내염성 정도

내염성	교목	관목
높음	위성류, 꾸지뽕나무, 곰솔, 자귀나무, 회화나무	낙상홍, 난장이조릿대, 쥐똥나무, 해당화
중간	느티나무, 팥배나무, 메타세쿼이아, 상수리나무, 참느릅나무, 아까시나무	무궁화, 보리수나무, 개나리
낮음	히말라야시다, 은행나무, 이팝나무, 향나무, 마가목, 음나무, 팽나무, 대왕참나무, 측백나무, 튤립나무, 자작나무, 주목, 동백나무, 왕벚나무, 모감주나무, 단풍나무, 목련, 소나무, 스트로브잣나무	조팝나무, 수수꽃다리, 덜꿩나무, 사철나무, 피라칸타, 국수나무, 생강나무

⑦ 토양 pH

　　㉠ 산성토양 : 습도가 높고 강우량이 많고(연간 500mm 이상) 배수가 잘 되는 토양

　　㉡ 알칼리 토양 : 배수가 불량하고, 배수가 잘 되더라도 건조한 지역(연간 500mm 미만)

　　㉢ 우리나라 토양

　　　• 산림토양 평균 : pH5.5

　　　• 침엽수 생육범위 : pH4.8~5.5

　　　• 활엽수 생육범위 : pH5.5~6.5

⑧ 토양비옥도

　　㉠ 비옥도가 완벽한 토양은 없음

　　㉡ 도시 토양 : 교란으로 영양 부족 불가피

　　㉢ 토양비옥도는 수종 선정에 제약요인이 아님

⑨ 수질 문제 : 재활용수 사용시 염·영양 과다 유의

⑩ 기타

　　㉠ 건물 옆 : 원추형, 원주형 등 수관폭이 좁은 수목

　　㉡ 전선 주변 : 바로 아래(소교목, 대관목), 주변(원추형 수목)

(5) 수목의 특성

① 오래 생존한다

　　㉠ 브리슬콘소나무 : 5,062년(2012년 측정)

　　㉡ 용문산 은행나무 : 1,000년

② 수종마다 고유의 유전적 특성을 가지고 있다

　　㉠ 크기 : 교목, 소교목, 관목

　　㉡ 수형 : 구형, 원추형, 원주형

　　㉢ 낙엽 여부 : 낙엽수, 상록수

③ 주어진 환경에 적응한다 : 기후(기온, 강수량 등), 토양, 생육 공간의 크기 등 생육환경에 맞추어 생장

④ 훼손된 구조는 회복되지 않는다 : 수목은 최적화된 구조로 잉여 조직이 없음

⑤ 제거된 조직의 재생은 불가능하거나 오랜 시간이 걸린다

(6) 수목의 생존전략

① 초기에는 영양생장에 주력한다 : 유형기에는 경쟁우위를 점하기 위해 영양생장에 주력(너도밤나무 : 30~40년)

② 상처가 발생하면 구획화한다

　　㉠ 상처부위를 4개의 Wall로 상하·전후·좌우를 완전히 격리시킴(CODIT)

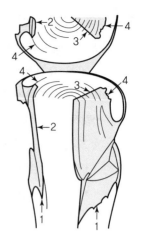

      ⓛ Wall 1(상하 구획) : 도관을 통한 확산을 막기 위해 검, 전충체
         등 형성

      ⓒ Wall 2(방사 방향 구획) : 나이테

      ⓔ Wall 3(접선 방향 구획) : 방사조직

      ⓜ Wall 4(환상 구획) : 상처 발생 당시의 형성층이 구축

      ⓗ 부후가 새로운 조직으로 확산 방지

      ⓢ 강도 : Wall 1 → Wall 4

③ 철저한 독립채산제로 운영한다

      ㉠ 가지와 가지의 위쪽 줄기는 단절되어 있음(잉여 에너지가 다른
         가지로 이동하지 못함)

      ⓛ 개별 가지 : 필요한 에너지를 자급자족해야 하고 그늘진 가지는 고사함

④ 생장환경이 불리하면 휴면한다

      ㉠ 온대지방 : 겨울

      ⓛ 열대지방 : 건기

⑤ 부하에 따라 스스로 최적화한다

      ㉠ 수목은 각 조직이 하나로 통합된 구조물

      ⓛ 조직별 부하가 변하면 필요한 지지 조직을 추가로 발달시킴

      ⓒ 활엽수 : 인장이상재, 침엽수 : 압축이상재

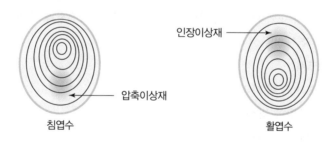

침엽수   활엽수

⑥ 미생물과 공생관계를 형성한다

      ㉠ 곰팡이 : 균근(내생균근, 외생균근, 내외생균근)

      ⓛ 박테리아 : 뿌리혹

      ⓒ 방선균 : 프랑키아

⑦ 경쟁 식물을 배척한다

      ㉠ 자원의 유한성과 경쟁(지상부 : 광합성, 지하부 : 물과 무기양분)

      ⓛ 타감작용(고등식물 간 경쟁) : 한 식물이 다른 식물에 미치는 화학적인 영향

⑧ 스스로 방어한다

      ㉠ 피톤치드 : 향미생물성 타감작용을 하는 휘발성 유기 화합물

      ⓛ 5,000종 이상의 휘발성 물질 : 소나무(알파 피넨), 마늘(알리신) 등

(7) 수목의 유전적 특성

① 생장 특성의 중요성

    ㉠ 강한 유전적인 통제하에 있으므로 인위적인 관리에 의해 조절될 수 없음

    ㉡ 식재부지 환경과 수목의 특성이 부합하지 않으면 다른 종을 선택하는 것이 현명함

② 바람직한 수목과 한계

    ㉠ 도시 수목의 구비조건

- 탁월한 심미적 특성
- 튼튼한 수관구조(가지와 줄기 부착)
- 이식과 활착 용이
- 병해충, 환경 조건에 대한 폭넓은 내성
- 쓰레기, 알레르기 유발 최소화
- 장수와 강한 상처 유합 능력
- 기존 생태계에 대한 비침입성

    ㉡ 식재 대상 수목의 한계 : 구비조건을 모두 충족시키는 완벽한 수목은 없음(개별 수목의 장점과 단점 고려)

    ㉢ 수종 선정의 현실

- 식재 부지에서의 장점이 극대화되고 단점이 최소화될 수 있는 수종을 탐색
- 특별한 기능이 요구될 때에는 일부 문제를 감수하고 이에 대비할 필요가 있음
- 관심 분야 차이에 따라 수종 선정 차이(발전회사 : 송전선과 충돌 방지, 생물학자 : 야생식물의 서식과 복원)

③ 생장습성과 크기

    ㉠ 생육장소보다 크게 자라는 수목 식재 시

- 바람직한 조망에 방해
- 경계석, 배수구, 보도, 포장을 파손
- 하층 식물에 과도한 그늘
- 성숙했을 때 관리에 어려움
- 제거할 때 비용 소요

    ㉡ 소교목에 대한 관심 증대 계기

- 느릅나무시들음병이 대발생
- 주택조경이 더욱 일반화
- 도심 도로변의 교목이 상점의 간판을 가림
- 가공 송전선에 닿는 수목으로 인한 비용 증가

    ㉢ 수형

- 수목의 기능을 결정

구형	넓고 짙은 그늘을 만듦
원추형	포인트 식재로 적합
원주형	차폐 등으로 활용

- 수목의 구조적 강도를 결정 : 튼튼한 수목은 단일 수간을 따라가는 가지가 부착(원추형)
- 수형의 다양화 : 품종 개발로 동일한 수종에서 다양한 수형 선택 가능(배롱나무 : 60종 이상)

ⓒ 생장 속도

- 속성수 선호

장점	수목의 편익을 빨리 확보, 열악한 환경에서도 잘 자람, 출하 주기 단축
단점	수명이 짧고 목질이 약하여 잘 부러짐

- 생장속도가 중간인 수종을 선정하여 올바르게 식재, 적절한 관수, 시비 등으로 생장 촉진

ⓜ 목재 강도

- 바람, 얼음폭풍, 인간의 수목 훼손행위에 견디는 선천적인 능력
- 일반적인 목재 강도 차이 : 속성수<저속 성장 수목, 침엽수<활엽수
- 수형과 가지구조에 의해 일부 차이 : 원추형의 침엽수는 강풍에 잘 견딤

ⓗ 뿌리 뻗음

깊고 넓은 뿌리 발달	강한 고착력 제공(참나무류, 배나무류, 소나무류 등)
얕은 뿌리 발달	약한 고착력(일부 물푸레나무류, 뽕나무류, 느릅나무류 등)
침투성 뿌리 발달	배관, 하수관 막힘 피해 유발(버드나무류, 포플러류, 은단풍 등)
판근 발달	인접한 보도, 포장 파괴(메타세쿼이아)

ⓢ 병해충 저항성

- 병해충에 대한 유전적 저항성이 강력한 무기
- 이식한 수목은 병해충에 대한 저항성이 낮음
- 재배한 역사가 짧은 수종일수록 병해충에 대한 저항성이 큼
- 수목은 대부분 병해충에 감수성
- 대부분의 병해충은 미관을 해치는 정도
- 치명적인 병해충은 제한적 : 소나무재선충병, 참나무 시들음병, 느릅나무 시들음병 등
- 저항성 품종 식재(흰가루병에 저항성 있는 배롱나무 품종 등)

ⓞ 수명

- 속성수/관목 : 장점(경관을 빨리 조성), 단점(수명이 짧음)
- 생장 속도가 다른 수목을 혼합 식재

ⓩ 화재 : 주택 주위에서 피해야 하는 경관은 덤불 형태, 침엽수(마른 침엽과 다량의 수지 함유)

ⓒ 유지·관리 기술, 비용 고려 : 각종 스트레스에 저항성이 높은 수종 선정

ⓚ 침입성 : 기존 생태계에 피해를 주는 수종 식재 금지

④ 기관별 특징

　　㉠ 꽃 : 개화 시기 연중 배분하여 식재

2/3월	풍년화, 산수유, 생강나무, 개나리 등
4월	벚나무, 목련, 매화, 꽃사과, 명자나무, 박태기나무, 철쭉, 진달래, 황매, 수수꽃다리, 쪽동백, 이팝나무 등
5월	일본목련, 귀룽나무, 모과, 마가목, 팥배나무, 칠엽수, 모란 등
6월	채진목, 자귀나무, 산사나무, 모감주나무, 피나무, 노각나무, 산딸나무, 피카칸타, 쉬땅나무, 장미, 병꽃나무 등
7월	배롱나무, 무궁화, 작살나무 등
8월	회화나무, 목수국, 배롱나무, 무궁화 등

※ 꽃가루 알레르기 : 일부 수나무 식재 삼가, 삼나무 등

　　㉡ 잎 : 잎은 색상(단풍), 형태, 크기 등의 변이

잎의 기능	광합성, 내건성, 녹음정도(잎이 큰 활엽수>잎이 작은 활엽수)
상록과 낙엽	겨울철 방풍용, 여름철 그늘
관리 비용	낙엽 제거 필요성, 배수구 막힘 문제, 화재, 양생동물 서식
가시와 가시 잎	조경용으로 부적합, 울타리 용(탱자나무)

　　㉢ 열매

경관 요소	색상, 질감, 크기, 가용한 계절, 야생동물 유인 등
열매가 쓰레기, 악취 유발	은행나무
열매가 위험	코코넛 야자수

> **TIP 외형과 사계절 변화**
>
> • 종에 따라 독특한 수형, 잎, 꽃, 열매, 가시, 단풍, 수피의 모양과 색깔 등 다양한 형태
> • 봄에 개화 : 동백나무, 생강나무, 산수유
> • 여름에 개화 : 배롱나무, 모감주나무, 자귀나무, 회화나무, 능소화
> • 가을에 단풍 : 화살나무, 단풍나무, 풍나무
> • 겨울철 열매 : 피라칸다, 낙상홍, 마가목
> • 겨울철 수피 색깔 : 자작나무, 노각나무

(8) 식재 수목 확보

① 개요

　　㉠ 수목의 결함은 교정하기 어려움

　　㉡ 우량수목 : 올바르게 식재하고 관리하면 장기적으로 자산

　　㉢ 불량수목 : 시간이 경과되면 문제가 발생하여 유지·관리 비용이 소요됨

② 새로운 수종 개발

　　㉠ 외래 수종 도입

장점	자생종이 갖지 못한 적응능력
단점	토착종을 몰아내는 침입종이 될 가능성
현황	양버즘나무, 메타세쿼이아, 히말라야시다, 스트로브잣나무, 칠엽수 등 활용

　　㉡ 새로운 품종 개발
　　　• 병, 해충, 비생물적 피해에 저항성을 가진 식물 선발
　　　• 같은 종 중에서 다른 것보다 특징이 다른 개체 육종
　　　• 현황 : 꽃사과, 배롱나무, 수수꽃다리, 마로니에, 단풍나무, 콩배나무, 가문비나무, 목련
　　　　등 다양한 품종이 개발되어 활용

③ 기능별 수목의 선정

차폐용 수목	• 적당한 수고를 가진 수종 • 하지가 고사하지 않는 수종 • 지엽이 밀생한 상록수 • 맹아력이 강한 수종 • 건조와 공해에 대한 저항력이 큰 수종 • 보호·관리가 용이한 수종 예 주목, 서양측백, 사철나무 등
산울타리용 수목	• 밀생하는 수종 • 병해충이 적은 수종 • 사람에게 해가 되지 않는 수종 • 맹아력이 강한 수종 • 다듬기 좋은 수종 예 쥐똥나무, 무궁화, 싸리, 사철나무 등
녹음식재용 수목	• 적당한 지하고를 가진 수종 • 수관이 큰 수종 • 잎이 밀생하는 수종 • 병해충과 답압의 피해가 적은 수종 • 악취가 없고 가시가 없는 수종 예 느티나무, 팽나무, 칠엽수 등
방음식재용 수목	• 지하고가 낮고 잎이 수직 방향으로 치밀하게 부착된 상록교목이 적당 • 지하고가 높을 경우에는 교목과 관목을 혼식 • 차량 소음인 경우 배기가스에 내성이 강한 내공해성 수종 예 녹나무, 플라타너스, 회화나무 등
방화식재용 수목	• 잎이 두텁고 함수량이 많은 수종 • 잎이 넓으며 밀생하는 수종 • 상록수인 수종 • 수관의 중심이 추녀보다 낮은 위치일 것 • 내화수 : 화재에 의해 연소되어도 다시 맹아하여 수세가 회복되는 수목 예 가시나무, 아왜나무, 상수리나무, 은행나무, 층층나무 등
방풍식재용 수목	• 심근성이면서 가지가 강한 수종 • 지엽이 치밀한 수종 • 낙엽수보다는 상록수가 바람직함 • 파종하여 자란 자생수종으로 직근을 가진 수종 예 소나무, 곰솔, 향나무, 가시나무, 아왜나무, 동백나무 등

도로 중앙분리대용 수목	•지엽이 밀생하고 다듬기 작업에 견딜 수 있는 수종 •전정이 가능한 수종 •가능한 상록수를 사용 **예** 광나무, 사철나무, 섬쥐똥나무, 꽝꽝나무, 철쭉 등

④ 수종 선정 사례

가로수 선정 기준	•식재 지역의 기후와 토양에 적합한 수종 •식재 지역의 역사와 문화에 적합하고 향토성을 지닌 수종 •식재지역의 주변경관과 어울리는 수종 •국민의 보건에 나쁜 영향을 끼치지 아니하는 수종 •환경오염 저감, 기후 조절 등에 적합한 수종
가로수 구비조건	내염성, 맹아력, 내공해성, 건강·불쾌감 유발 여부, 이식력, 척박한 토양 적응력, 내손상력 등

3. 어린 수목 식재

(1) 서론

① 수목은 녹지에 씨앗을 직접 뿌리거나 실생묘, 삽목, 어린 나무 등으로부터 시작됨

② **식재 및 사후관리의 중요성** : 올바른 식재와 식재 후 지속적인 사후관리가 수목의 생사와 향후 생장을 좌우함

(2) 종자, 유묘, 삽목

① 직접 파종된 수목은 일반적으로 주변 환경과 조화롭게 발달되고 조성된 후에는 유지·관리가 거의 필요 없음

② **파종**

ㄱ 파종된 수목은 해당 부지에서 발생하는 환경적인 여건하에서 발아·성장·생존해야 함

ㄴ 녹지가 요구하는 특정한 기능과 부지에 대한 적응성을 위해 활력이 좋고 내한성이 있는 수종의 종자를 선정해야 함

ㄷ 종자는 여건이 발아와 발아 후 실생묘의 생장에 모두 유리할 때 파종되어야 함

ㄹ 파종의 성과에 영향을 끼치는 인자

•수분조건, 타감작용, 종자의 품질

•동물의 해 : 대립종은 토끼, 들쥐, 등, 소립종은 새들의 피해

•기상의 해 : 열해, 상주 등

•발아한 어린 묘목은 빗방울로 흙을 덮어씀, 이로 인해 묘목이 죽고, 강우로 표토 유실되어 뿌리 노출로 건조의 해와 열해 피해

ⓜ 파종방법

산파	조림지 전면에 종자를 고루 뿌리는 것으로 작업이 너무 집약적이고 다량의 종자 필요
상파	일정한 묘목 간 거리와 열간 거리를 정하여 파종지점을 정하고 그곳에 지름 30cm 정도의 원형 파종상을 만들어 파종
조파	조림지에 일정한 열간 거리(1~1.5m)를 정하고 약 20cm 폭으로 파종할 대조를 만든 후 일정한 묘목 간 거리를 생각해서 파종
점파	상파처럼 상을 만들지 않고 대립종자를 산점적으로 뿌리는 방법

③ 유묘 식재

  ㉠ 유묘는 생육기가 너무 짧아 발아와 첫 여름에 충분한 생장이 어려운 곳에서 어린 나무를 심을 수 있게 해줌

  ㉡ 어린 나무는 겨울철 추위를 피하고 생육기 초기에 좀 더 유리한 수분 환경을 확보해야 여름철 더위와 가뭄에 잘 견딜 수 있음

  ㉢ 유묘 식재는 파종하는 것과 거의 같은 방법으로 하되 식재 깊이는 유묘의 근분 깊이를 고려해야 함

  ㉣ 잡초 방제, 멀칭, 동물로부터의 보호 조치는 파종과 마찬가지로 해주어야 함

  ㉤ 나근묘, 용기묘, 근분묘 식재

나근묘	• 뿌리 노출상태로 이식 • 근원경 5cm 미만 활엽수 : 봄에 이식 가능 • 펼쳐진 뿌리의 폭이 근원경의 10배 이상일 때 적합 • 직근이 발달하는 수종—직근을 자르고 측근 촉진
용기묘	꼬인 뿌리를 가위나 삽으로 절단 후 식재
근분묘	• 흙이 붙어 있는 상태로 이식 • 근원경 5cm 이상 또는 상록수 • 근분이 크기가 클수록 유리 • 경제적 관점 : 지표면에서 15~30cm 높이에서 직경의 약 10배(혹은 근원경의 7배)

④ 삽목

  ㉠ 정의 : 가지, 잎, 뿌리 등 식물체의 일부를 잘라내어 상토에 꽂아 결핍된 뿌리나 눈을 나오게 해서 독립된 식물을 만드는 것. 꺾꽂이라고도 함

  ㉡ 삽목의 종류

잎 꺾꽂이	• 잎자루꽂이 또는 잎조직 꺾꽂이 • 선인장 또는 다육식물류
줄기 꺾꽂이	• 줄기나 가지를 잘라 식물을 번식 • 대부분의 관엽식물이 가능
근삽	• 뿌리꽂이 • 국화, 능소화, 대나무
휘묻이	• 길게 자란 식물의 줄기나 가지를 휘어서 일부가 땅에 묻히게 한 후 뿌리가 발생하면 분리 • 수국, 아이비, 등, 마삭줄 등
인경꽂이	백합, 히아신스, 수선화, 아마릴리스 등 인경을 세로로 4~8등분 한 후 조각들을 삽목

ⓒ 삽목 번식의 장점, 단점

장점	• 방법이 간단하고 특별한 기술을 필요로 하지 않음 • 한꺼번에 많은 묘목을 얻을 수 있음 • 유전적으로 어미나무와 동일한 묘목을 얻을 수 있음 • 실생묘에 비해 묘목의 생육이 잘되고 개화 전까지 기간이 단축 • 뿌리가 비교적 옆으로 뻗으므로 얕은 분에 가꾸거나 돌붙임 분재에 적합 • 접목묘처럼 접목부의 상처가 없어 수피가 아름다움
단점	• 식물의 종류에 따라 삽목으로 발근되지 않는 것이 있음 • 실생묘에 비해 뿌리가 얕아 약간 단명하는 경향

② 삽목 후 관리 : 직사광선이 비치지 않는 밝은 곳, 물이 마르지 않게 관리

⑤ 식재

식재 적기	• 겨울이 해당수종의 어린 수목에게 너무 춥지 않으면 가을에 식재 가능 • 겨울에 건조하거나 기온이 낮을 경우 봄에 식재가 유리
수목 준비	• 식재 부지가 수목이 자란 곳보다 더 춥거나 햇빛에 더 많이 노출되면 식재 전에 순화하는 등 적응을 시켜야 함 • 나근묘는 인수한 다음 즉시 식재하는 것이 최선이지만 뿌리나 눈이 자라지 않게 서늘하게 보관하면 2~3주 정도는 유지
식재 구덩이 준비	• 지하송전선과 배관을 피할 수 있게 위치 확인 • 구조가 좋은 토양에서 식재 구덩이는 수목의 근분이 들어갈 수 있는 정도면 충분 • 각 구덩이의 직경은 적어도 용기나 근분 직경의 두 배 정도가 적당 • 나근묘의 경우 뿌리가 뭉치지 않고 수용할 정도의 크기면 충분
뿌리 전정	• 나근묘의 죽거나 병들고, 손상되고, 뒤틀린 뿌리는 건강한 조직에서 제거 • 용기에서 자란 묘의 엉킨 뿌리나 근분 주위를 맴도는 뿌리는 절단
수목 앉히기	• 가장 자주 보이는 곳 : 수목이 가장 아름답게 보이게 방향 • 접목된 부분 바로 위의 구부러진 부분이 피소피해를 받지 않도록 접수를 오후의 태양 방향으로 향하게 함 • 수간이 노출되는 경우 : 흰 외장 라텍스 페인트로 칠함(피소 우려) • 바람과 피소, 외관이 수목의 방향을 결정하는 요소가 아닌 경우에는 대부분의 가지가 위치한 쪽을 오후의 태양으로부터 멀리 위치 • 대부분의 가지가 있는 쪽이 강한 주풍을 향하도록 함
되메우기	• 대부분의 경우 식재 구덩이에서 파낸 흙은 뿌리나 근분을 되메우는 데 적합 • 유기물을 되메우기에 사용할 경우 토양 부피의 20~30% 정도를 완전혼합하여 사용
식재 마무리	• 토양을 다진 다음 토양을 추가로 침전시키고 물을 공급하기 위해 웅덩이에 물을 채움 • 너무 깊게 심은 나근묘는 토양이 축축할 때 들어 올려 높일 수 있음(삽을 이용)

⑥ 식재 후 관리

㉠ 지주설치 : 3년간 유지

㉡ 초살도 향상을 위해 밑가지를 남겨 놓음

㉢ 주기적인 관수

㉣ 수간의 보호를 위해 수피를 감싸기

㉤ 수분증발 억제를 위해 멀칭 : 잡초 억제 효과

4. 대경목 이식

(1) 개요

① 한 자리에서 계속 자라던 수목을 다른 장소로 옮길 때 많은 뿌리가 잘려나가기 때문에 수목은 엄청난 생리적 스트레스를 받게 됨
② 가능한 한 어릴 때 이식하는 것이 바람직함
③ 큰 나무를 이식하면 비용도 많이 들고 성공하여도 원래의 모습을 유지하기 어려움
④ 이식할 때의 뿌리 상태에 따라 나근법, 근분법, 동토법, 기계법 등으로 나뉨
⑤ 수목이식공정 : 수목선정 – 뿌리돌림 – 굴취 및 분 제작 – 전지 및 전정 – 운반 – 식재

(2) 수목선정

① 건강상태
ㄱ 성숙잎의 색깔은 짙은 녹색이어야 함
ㄴ 잎은 크고 촘촘히 달려 있어야 함
ㄷ 줄기의 생장량은 1년에 최소 30cm가량 되어야 함
ㄹ 수피는 밝은 색을 띠면서 금이나 상처가 없어야 함
ㅁ 동아가 가지마다 뚜렷하고 크게 자리 잡고 있어야 함
ㅂ 수목의 생장을 지원할 수 있는 건강한 뿌리를 가진 수목
ㅅ 수형이 해당 수종의 고유한 수형을 형성

② 수간과 수관의 모양
ㄱ 수간은 한 개의 줄기로 이루어져야 함
ㄴ 가로수일 경우 지하고가 2m 이상 되어야 함
ㄷ 수관의 모양에서는 골격지가 적정한 간격을 두고 네 방향으로 균형 있게 뻗어야 함
ㄹ 수관의 높이는 수고의 2/3가량이 적당

③ 수종에 따른 이식성공률
ㄱ 낙엽수는 상록수보다 일반적으로 이식이 잘 되며, 관목은 교목보다 쉬움
ㄴ 치밀하게 가는 뿌리가 많은 수종은 직근이 주로 발달한 수종보다 이식이 쉬움
ㄷ 맹아가 잘 나오는 수종은 이식 후 성공률이 높음
ㄹ 이식이 가능한 수종

성공률	침엽수	활엽수
높음	은행나무, 야자	가죽나무, 개오동나무, 구실잣밤나무, 낙상홍, 느릅나무, 느티나무, 단풍나무, 매화나무, 명자꽃, 무궁화, 물푸레나무, 박태기나무, 배나무, 배롱나무, 버드나무, 벽오동, 뽕나무, 사철나무, 수수꽃다리 등
중간	가문비나무, 낙엽송, 낙우송, 잣나무, 전나무, 주목, 측백나무, 향나무, 화백 등	계수나무, 마가목, 벚나무, 칠엽수

성공률	침엽수	활엽수
낮음	백송, 소나무, 섬잣나무, 삼나무	가시나무류, 감나무, 굴거리나무, 만병초, 목련, 산사나무, 산수유, 서어나무, 이팝나무, 자작나무, 참나무류, 층층나무, 튤립나무 등

(3) 부지 특성

① 부지에 따른 이식 성공률

  ㉠ 잘 발달한 근계를 가진 수목 : 뿌리 구조와 발달이 불량한 수목

  ㉡ 비옥하고 통기성이 높은 토양에서 자란 수목 : 영양분 부족, 건조한 토양, 배수불량지

  ㉢ 돌멩이나 다른 장애물이 없는 부지에서 자란 수목 : 장애물이 있는 부지

② 가파른 경사지에 있는 수목을 이식하여 수직으로 재정립하는 것은 특히 어려움

③ 구조물이나 포장된 지역, 송전선과 배관이 있는 부지는 이동장비 사용에 제약이 따름

④ 특수한 토양환경에서의 수목

  ㉠ 공간이 제한된 토양 : 플라타너스 생장 좋음

  ㉡ 중금속에 오염된 토양 : 아까시나무, 포플러가 내성 좋음

  ㉢ 배수가 잘 안 되는 토양 : 네군도단풍, 플라타너스, 버드나무류, 낙우송이 좋음

(4) 이식 적기

① 이식이 가장 좋은 시기 : 초봄에 동아가 트기 2~3주 전에 실시

② 이식이 가능한 시기

  ㉠ 늦가을부터 이른 봄까지 휴면기에 실시

  ㉡ 동해의 위험성이 있는 수종은 겨울이 지나고 이른 봄에 실시

  ㉢ 낙엽활엽수는 봄 이식이 가장 바람직함

  ㉣ 침엽수는 가을이식의 경우 활엽수보다 먼저 시작할 수 있고, 봄 이식의 경우 활엽수보다 좀 늦게 이식해도 됨

③ 이식이 곤란한 시기

  ㉠ 7월과 8월로 기온이 높아 증산작용이 많아지는 여름

  ㉡ 토양호흡 및 생장저하의 원인인 6월 말부터 7월 말까지의 장마 기간

(5) 뿌리분 제작

① 뿌리분의 종류 및 특성

나근	• 5cm 미만의 나근 식재에 적합한 수종으로 늦겨울, 초봄에 이식할 경우 사용 • 측근이 4개 이상, 뿌리폭이 근원경의 10배 이상일 경우에 적합 • 가을에 굴취·보관하여 뿌리가 건조하지 않게 보관 • 보습 불가능 시에는 굴취 후 12~24시간 내 식재 • 전처리(Sweating) : 식재 후 눈이 늦게 트는 것을 막기 위해 따뜻하고 습한 곳에서 눈이 부풀기 시작한 다음 식재

용기묘	• 일정한 규격의 수목을 생산하는데 적합 • 뿌리의 꼬인 현상이 발생할 경우 생장 장애를 가져올 수 있음 • 절단기로 꼬인 부분을 절단한 후 식재
근분묘	• 다양한 규격의 수목을 산지에서 굴취할 경우 사용 • 뿌리분의 깨짐을 방지하기 위한 조치가 필요 • 근분의 크기는 클수록 유리하지만, 실무에서는 근원경×4~5

② 뿌리분의 제작

　㉠ 뿌리돌림

실시방법	• 이식 2~3년 전부터 실시 • 뿌리돌림 위치는 최종 근분보다 안쪽으로 정함 • 매년 1/2~1/3씩 절단하여 세근 유도 • 굵은 뿌리는 환상박피 실시(5cm 미만은 절단, 그 이상은 환상박피) • 셋째 해에 세근을 포함한 근분 제작
실시목적	• 이식이 곤란한 수종 또는 안전한 활착을 요할 경우 • 이식 부적기에 이식 및 거목을 이식하고자 할 경우

　㉡ 근원노출 : 충분한 뿌리 확보, 심식 예방

　㉢ 전정

뿌리	• 맴돌거나 옥죄는 뿌리 교정 • 꺾이기 전 위치에서 절단
지상부 전정	최소화, 활착된 후에 실시해도 늦지 않음

　㉣ 근분의 제작

　　• 굴취작업 2~3일 전에 충분한 관수 실시

　　• 굴취작업이나 운반 시 상처가 날 염려가 있으므로 수간이나 가지에 보호재를 감아줌

　　• 녹화마대와 녹화끈으로 허리감기 실시

　　• 허리감기가 끝나면 각 지점을 삼각뜨기 또는 사각뜨기로 감아줌

　　• 고무바와 철선을 결속해 줌(뿌리분의 깨짐 방지)

　㉤ 근분의 크기 : 수간의 직경은 근원경으로 표시

직경 5cm 미만	수간 직경의 12배
직경 8~15cm	수간 직경의 10배
직경 30cm이상	수간 직경의 6~8배

※ 조경시방서에는 뿌리분의 크기는 근원 직경의 4배 이상으로 되어 있음

　㉥ 박스 처리

　　• 뿌리 주변을 목재로 만든 박스로 마감

　　• 널판지로 4면을 고정하여 밀착시키고 근분이 움직이지 않도록 결속

　　• 근분의 밑 부분도 널판지로 막고 각목으로 고정

　　• 장점 : 굴취 후 장기간 보관 가능하고 숙련도가 낮은 작업자 활용 가능함

③ 동토작업

ㄱ 겨울철 깊이 30cm 이상 땅이 어는 지방에서 근분의 표면을 약 15cm가량 얼려서 이동

ㄴ 낮 기온이 영하 7℃ 이하일 때 실시 후 즉시 이동해야 함

ㄷ 식재지는 얼지 않아야 함

ㄹ 스토로브잣나무는 동토근분으로 이식할 때 위험성이 비교적 낮음

④ 기계작업

ㄱ Tree spade, Tree-porter 이용

ㄴ 유압장치에 의해 움직이는 칼날을 이용하여 흙과 함께 뿌리를 굴취한 후 이동

ㄷ 근분이 깨질 염려가 적고 마대로 쌀 필요가 없어 인건비 절약

ㄹ 한계 : 이식목의 크기가 제한적, 원거리 이식이나 돌이 많은 곳에 적용 곤란

(6) 식재 및 사후관리

① 식재

ㄱ 운반

- 근분과 지상부가 따로 움직이지 않도록 고정한 다음 근분을 들어 올림
- 운반 도중 접촉에 의하여 수피가 손상되지 않도록 트럭에 고정
- 장거리 이동 시 나무 전체를 덮어 줌(이동 시 바람에 노출되면 심한 탈수 현상 발생)
- 도로표면이 불규칙할 경우 뿌리분이 깨지지 않도록 서행
- 식재할 때까지 근분이 마르지 않도록 관리

ㄴ 구덩이 파기

깊이	• 터파기의 깊이가 뿌리분의 깊이보다 깊게 되면 호흡 곤란 • 뿌리분의 깊이와 거의 같게 작업 실시 • 바닥 교란 금지 • 모래 토양(다소 깊게, 2.5~5cm), 점토질(지반보다 5~7.5cm 높게 식재), 답압 토양(경운)
넓이	• 터파기 시 직경은 뿌리분의 2~3배 • 대경목의 경우 사람이 마무리작업을 해야 하므로 빈 공간이 60cm 이상 되어야 함

ㄷ 식재 작업

수목 앉히기	• 기존 방위를 고려(지상부와 뿌리의 균형적 발달 및 피소 피해 방지) • 올바른 높이에 수목 위치(부지 지반과 같은 높이 또는 다소 높게)

되메우기	• 구덩이의 흙 채우기는 구덩이에서 나온 흙을 보관했다가 다시 사용 • 토양 개량 　– 불필요 : 근분과 식재지 토양 사이에 토성이 다른 토양층 형성되어 뿌리의 발달 방해 　– 필요한 경우 : 발효된 유기물을 부피 기준으로 10% 미만 혼합 • 공기 주머니가 발생하지 않도록 단단히 되메우기 • 되메우기 중 관수를 통해 공기 주머니 제거 • 식재 시 시비 금지
근분 포장재 제거	• 난분해성 자재 : 철사, 고무바 등은 완전히 제거 • 분해성 자재 : 노출된 부분은 1년 후 제거
물매턱 설치	관수하는 물이 흘러가지 않도록 근분 가장자리에 설치(높이 7.5cm, 폭 7.5cm 이상)
관수	저압으로 근분과 주변 토양이 포장용수량에 이르도록 함

ⓔ 야자수 식재

개요	• 주로 열대와 아열대지방에서 자람, 단자엽식물 • 수고생장 : 정단분열조직 • 직경생장 : 형성층이 없어 목질화되면 직경이 굵어지지 않음 • 뿌리 발생 : 수간 기부의 발근구역에서 발생 • 단근 후 반응 : 코코넛(절반이 생존), 사발야자(죽음) • 칼륨이 부족하면 녹색의 잎이 감소하고 기존 잎이 조기 노화 • 내한성 약함, 내염성 강함, 배수 잘 되는 토양 선호(모래토양)
이식 준비	• 근분 폭 　– 수고 5m 미만 : 수간으로부터 20cm 이상 확보 　– 절단 후 뿌리가 재생되는 수종(코코넛) : 수간으로부터 60cm 이상 • 근분 깊이 : 근분폭×1.5 • 단근 　– 이식 6~8주 전 단근 : 뿌리 발생 자극 　– 새로운 뿌리 포함 근분 제작(생존율 제고) • 전정 　– 일반적 : 잎사귀의 1/3~1/2 정도 제거 　– 뿌리 절단 후 재생이 안 되는 수종 : 잎을 전부 제거 • 정아보호 : 잎사귀를 모아 묶어줌 • 운반 　– 트럭에 쌓아 운반 가능 　– 눈이 부러지지 않도록 진동 최소화
식재	• 다른 교목과 비슷함 • 되메우기 토양 개량 삼가 • 깊게 식재 시 : 망간, 철분 결핍 발생 • 얕게 식재 시 : 뿌리 내림 불량(지표면에서 부러짐) • 관수 : 식재 후 흠뻑 • 지주/당김줄 : 완충판을 부착하고 설치
식재 후 관리	• 관수 　– 첫 생육기 : 매주 1~2회(건조·강풍·혹서기 : 잎과 수간에 분무) 　– 이후 : 날씨에 따라 월 1회 정도 　– 두상 관수 : 일부 수종에서 줄기썩음병 유발 • 시비 : 미량원소 살포액+요소(250g/100리터)+전착제 • 발근구역 보호 : 예초기에 의한 피해 방지

② 사후관리

　㉠ 관수 및 병해충 방제

　　• 관수가 자장 큰 고사 원인

　　• 식재 후 최소 3년간 관수 필요

- • 가뭄이 지속되고 당분간 강우 예보가 없으면 근분이 마르지 않도록 관수
- • 병해충 방제 조치
- ⓒ 증산 억제제
  - • 수분 손실 감축
  - • 침엽수 동계 건조 예방
  - • 겨울철 비산 해빙염 피해 방지
  - • 이산화탄소 흡수 감조(광합성 위축)
- ⓒ 멀칭
  - • 효과 : 보습, 토양 온도 변화 완화, 잡초 발생 억제
  - • 피복하는 면적은 근분 직경의 3배 정도 되게 원형으로 실시
  - • 재료 : 유기물(낙엽, 수피, 목재 칩, 피트 모스 등), 화학자재(검정 비닐, 폐직물, 폐 고무 등)
  - • 높이 : 5~10cm(자재 밀도에 따라)
  - • 주의 : 수간 주위 10~20cm에는 멀칭 금지(근원 노출), 이식목의 지표면과 그 주변에 잔 디, 초화류, 화관목을 심는 것은 부적당(양료 탈취)
- ⓔ 수간보호
  - • 이식목의 수간은 기계적 손상을 막기 위하여 굴취 전에 새끼줄이나 마대로 감아 보호
  - • 이식용 종이는 밑에서 위로 감아올리는 것이 바람직. 폭의 반 정도가 겹치게 감음
  - • 햇빛(피소, 엽소), 동물, 기타 손상으로부터 보호
- ⓕ 지주 설치(필요한 경우)
  - • 지주는 불가피한 경우가 많음
  - • 지주는 초살도가 작아져서 바람에 대한 저항성이 약해짐
  - • 지주는 바람뿐만 아니라 사람, 자동차, 기계에 의한 피해도 막아 줌
  - • 종류 : 단각형, 이각형, 삼각형, 사각형
  - • 수간 직경 8cm 정도까지 지주로 버팀
  - • 중경목(8cm 이상)이나 대경목은 지주 대신 당김줄 사용
  - • 당김줄은 철사를 사용, 45° 각도로 세 개 혹은 네 개 줄을 땅에 고정

(7) 성공에 대한 평가

① **이식성공 조건** : 이식 전 수형의 미적인 질을 유지하면서 생존해야 함
② **국내 판정 기준**
   ⓐ 공동주택 하자의 조사, 보수비용 산정방법 및 하자 판정기준(국토부 고시 제2013-930)
   ⓑ 하자 : 수관 부분 가지가 2/3 이상 고사된 조경수
③ **조경설계기준**
   ⓐ 설계 일반 : 식물의 생육토심 〈부표 5-3〉

종류	생존 최소 토심(cm)	생육 최소 토심(cm)
잔디, 초화류	15	30
소관목	30	45
대관목	45	60
천근성 교목	60	90
심근성 교목	90	150

ⓛ 인공지반 위의 식재

식재기반 구성	방수·방근층, 배수층, 여과층, 식재지반층, 피복층
방수시설	내구성이 우수하고 녹화에 적합한 방수재를 선정
방근시설	균열 또는 뿌리 침투에 대비하여 방근용 시트를 깔아야 함
배수시설	경사는 1.5~2%, 가장 효율적인 배수 방법 채택
여과층	식재지반 토양이 배수층으로 흘러 들어가지 않도록 함
관수시설	• 관수 간격 : 여름 3일에 1회, 춘추계 7일에 1회, 겨울 15일에 1회 • 양 : 보수 가능한 수분의 약 1/3~1/5
식재 지반층	• 토심이 얕은 경우 : 인공토양 위주 • 토심이 깊은 경우 : 자연토양 위주
표토 피복	• 지표 식재 및 멀칭 • 식물에 의해 피보되지 않는 경우 피목층 설계

ⓒ 특수지반 식재기반(임해매립지)

- 관수시설 : 최저 3mm/일 급수량 기준 설계
- 준설토 : 제염(염소 농도 0.01% 이하, 전기전도도 0.2ds/m 이하, pH 7.8 이하)
- 식재지반 깊이 : 교목 1.5m 이상, 관목 1.0m 이상, 초본/잔디 0.6m 이상

ⓔ 수목식재

수목의 측정지표	흉고직경	• 지면으로부터 1.2m 높이 • 다수간인 경우 　– 흉고직경 합의 70%>최대 흉고직경 : 흉고직경 합의 70% 　– 흉고직경 합의 70%<최대 흉고직경 : 최대 흉고직경
	근원직경	수목 굴취 전 경작지 지표면과 접하는 줄기 직경
설계일반	뿌리돌림	• 대상 : 노거수, 잔뿌리 발생이 어려운 수목, 이식이 곤란한 수목 • 뿌리분 크기 : 근원직경의 5~6배 • 뿌리분 깊이 : 측근의 발생 밀도가 현저하게 줄어든 부위까지 • 시기 : 이식하기 전 1~2년
	통기	근원직경 20cm 이상인 교목은 뿌리분 산소공급을 위해 통기관 설치
	수목 규격환산	• 실측을 통해 근원직경을 측정하여 적용 • 추정 근원직경 : 흉고직경×1.2
	수목 식재 보조공정	대형목 식재나 기존 수목 이식 시 하자 예방을 위해 펄라이트계 또는 세라믹계 인공토양 등 토양개량제 혼합 사용 가능(사용 방법·포설량은 설계서에 따름)

⑩ 식생 유지·관리

전정	• 종류 : 다듬기, 솎아내기
	• 도심부 전깃줄 등으로 맹아력이 강한 수목의 수고를 낮추어야 할 경우
	  – 사슴뿔 모양으로 강전정하여 조형미를 살림
	  – 절단부의 가지는 1~3년마다 정리하여 끝부분에 혹이 형성되도록 함
	• 조형 소나무 : 순지르기(적심)
	• 횟수
	  – 관목류 : 연간 1회 기준
	  – 교목류 : 연간 1회 기준, 추가하거나 2~3년마다 1회 시행할 수 있음
	• 시기
	  – 상록침엽수 : 동절기를 피하여 10~11월에 시행
	  – 상록활엽수 : 생장 정지 시기인 5~6월, 9~10월에 시행
	  – 낙엽활엽수 : 발아한 잎이 굳어지는 시기 및 낙엽기인 7~8월 및 11~3월에 시행
	  – 당년지에서 꽃이 피는 수목 : 가을부터 이듬해 봄 발아 전 시행(협죽도, 배롱나무, 싸리 등)

수목류의 관수	• 기상조건, 토양조건, 식재지의 특성, 관리요구도 등을 고려하여 결정함 • 고온건조로 가물어 증발산량이 많아지면 관수의 빈도 및 양을 증가시킴 • 수목류의 관수는 가물 때 실시하되 5회/연 이상, 3~10월경의 생육기간 중에 관수함 • 기온이 5℃ 이상이며, 토양의 온도가 10℃ 이상인 날이 10일 이상 지속될 때 실행 • 관수량은 적어도 토양이 10cm 이상 젖도록 함(관목 10cm 이상, 교목 30cm 이상)

뿌리 치료	• 대상 : 복토, 심식, 포장, 답압으로 인해 수세가 쇠약한 수목
	• 고사된 뿌리
	  – 제거하여 부패 진전을 막음
	  – 새 뿌리 발달을 위해 박피, 단근 처리
	  – 박피, 단근 처리 부위 : 연고처리, 생리증진제, 발근제는 상처 부위가 빠르게 치유되도록
	    실시

상처치료	• 대상수간 및 줄기에 부패 부위가 발생하여 점차 확산되고 공동이 발생되어 가지를 고사시킬
	  우려가 있을 경우 실시
	• 방법 : 부패 부위가 더이상 확대되지 않도록 조치, 공동을 충전하여 수간의 물리적 지지력을
	  높이며 미관상 자연스러운 외형을 가지도록 함
	• 시공순서 : 부패부 제거 → 살균처리 → 살충처리 → 방부처리 → 방수처리 → 공동충전 →
	  매트처리 → 인공수피 → 인공수피 → 산화방지처리
	• 공동충전, 매트처리 : 필요시 적용

안전대책	• 지주 설치 : 주요가지, 도복 우려가 있는 수목 또는 가지
	• 쇠조임 설치
	  – 수형과 반대쪽으로 치우쳐 생장하는 가지
	  – 고사되어 낙하 우려가 있는 가지
	  – 벌어지거나 갈라질 우려가 있는 가지
	• 병행설치 : 수종, 규격, 주변 여건에 따라 쇠조임(브레싱), 당김줄, 철재지주를 선택 또는 병행
	  설치
	• 재해 우려 수목 : 가지와 줄기 제거

5. 특수환경관리

(1) 포장지역의 수목

① 포장지역은 뿌리 뻗을 공간이 제한적, 양분 부족, 통기성과 배수성이 불량하여 수목생장에 불리

② 대책

   ㉠ 구덩이 공간 확보 : 식재 구덩이의 공간을 가능한 넓게 확보, 토양의 깊이는 60cm 이상,
     가능하면 1m 이상 확보

ⓛ 객토

　　　　　•수목생장에 부적합한 흙을 객토하고 유기물이 20~30%가량 함유하도록 퇴비를 섞음

　　　　　•배수를 위해 모래와 유기물이 부피의 50%가량 되도록 함

　　　ⓒ 깔판 사용

　　　　　•보행자에 의하여 답압현상이 일어날 때 사용

　　　　　•내구성이 있는 재료인 철판, 플라스틱, 콘크리트 등을 사용(공기 구멍이 있어야 함)

　　　ⓔ 숨틀 설치 : 답압, 통기와 배수불량, 관수와 시비의 어려움을 일시에 해결

　　　ⓜ 멀칭과 포장

　　　　　•표면에 공극성 재료로 멀칭하면 답압을 방지, 뿌리호흡에 도움(부순 자갈, 화산회석)

　　　　　•보도의 경우 작은 보도블록, 투수성 포장재 등을 사용

(2) 뿌리/포장 간 충돌

① 가로수나 주차장 주변 수목의 뿌리가 도로포장으로 인해 아스팔트와 콘크리트 물질 자체에 피해를 주지만 뿌리가 수분과 산소부족을 경험함

② 문제점

　　　㉠ 가로수에 대한 주된 불만(보행 불편)

　　　ⓛ 다양한 비용 발생

　　　　　•예방/수선 비용

　　　　　•보행자 상해로 인한 소송 비용

　　　　　•수목 제거와 대체 비용

③ 발생 원인

　　　㉠ 수목에 기인한 경우 : 천근성 대교목 식재, 빨리 자라는 대교목 식재

　　　ⓛ 토양에 기인한 경우 : 얕은 유효 토심

　　　ⓒ 식재 부지에 기인한 경우 : 좁은 녹지 폭, 지하시설물

　　　ⓔ 관리 관행에 기인한 경우 : 얕은 관수

④ 증상

　　　㉠ 답압과 복토의 증상과 유사

　　　ⓛ 초기의 지상부 병징은 잎이 황화현상을 보이고 작아짐

　　　ⓒ 가지 끝부터 서서히 밑으로 죽어 내려오면서 수관 축소

　　　ⓔ 초기증상이 영양결핍 증상처럼 보임

⑤ 대책

　　　㉠ 적지적수 : 수목 제거 후 소교목 식재

　　　ⓛ 뿌리 절단은 안정성을 고려하여 삼가

　　　ⓒ 생육공간 확보 : 연속적인 녹지대 조성, 곡선 보도 시공, 뿌리 발달 유도(차단, 통로 제공, 방근 설치)

② 기반 조성
- 모래 부설 : 저답압지역
- 석력토양 부설(자갈) : 중/저답압 지역
- 돌멩이 부설(직경 10~20cm) : 고답압 지역
⑩ 상자 시스템 설치
- 재생 플라스틱을 이용하여 기둥과 상/하판을 제작하여 지지력을 확보하여 답압 방지
- 뿌리 발달 공간 확보
- 빗물 저장 공간 확보
⑪ 포장을 걷어내거나 구멍을 뚫어 통기성을 확보하고 토양환경을 개선

(3) 하수구 내 수목뿌리

① 피해 : 가로수 뿌리의 침투 후 빠른 생장으로 하수관 막힘
② 원인
㉠ 속성의 호습성 수종 : 메타세쿼이아, 버드나무류 등
㉡ 상하수도 파손/누수 : 뿌리 침입 공간 제공
③ 뿌리 침투 실험
㉠ 균열 0.04mm에서는 침투 뿌리 최저
㉡ 0.04mm 균열에 침투한 뿌리는 생장이 제한
㉢ 균열의 크기가 0.5mm를 초과하면 모든 수종의 뿌리가 침투
㉣ 침수 내성인 수종의 침투 피해가 큼
④ 해결 방안
㉠ 하수구 설계/자재 변경
- 점토 배관 : 플라스틱/유리섬유/콘크리트 배관 사용
- 배관 도포 : 구리 그물망, 만효성 접촉성 제초제를 도포한 직물
㉡ 가로수 식재 : 속성수 식재 금지, 공익시설 주변에 가로수 식재 금지
㉢ 하수구 내 뿌리 : 라우터(홈 파는 기구)로 절단, 제초제와 생장 조절제 적용

(4) 폐목재 재활용

① 가지치기한 나무나 태풍 등으로 쓰러진 나무들을 수거하여 재활용하는 것
② 재활용 방법
㉠ 침엽수를 위주로 선별한 나무를 파쇄하여 고온으로 압축·가공하여 청정연료인 목재팰릿을 생산
㉡ 폐목재를 우드칩으로 가공하여 조경의 멀칭 소재로 활용
㉢ 톱밥은 질소성분인 분뇨, 음식물찌꺼기와 탄소질인 톱밥을 잘 섞어 발효시켜 유기질비료로 사용

ⓔ 폐목재를 활용하여 합성목재인 MDF, PB를 생산, 생활용품인 책상, 의자 벤치 등 제작

ⓜ 폐목재의 퇴비화

- 호기성 미생물에 의한 유기물 분해
- 호기성 미생물 활동 조건 조성

산소 공급	한 달에 2~3회 뒤집어 줌
수분 공급	비가 오지 않으면 관수
탄질비 감축	질소 첨가

- 저장소 조성 : 유기물 15~30cm, 토양 2.5cm를 번갈아 쌓음
- 퇴비화 과정 : 열(50~70℃)·수증기·이산화탄소 발생, 잡초 종자, 병원체 소멸, 독소·농약 해독 등

(5) 내화성 경관 관리

① 대상지

ⓐ 대형산불 피해지의 복구 구역

ⓑ 대형산불의 피해가 있었거나 발생의 위험이 있는 침엽수림의 벌채 후 조림 또는 갱신 지역

ⓒ 대형산불의 피해가 있었거나 발생의 위험이 있는 침엽수림의 숲가꾸기 지역

② 작업방법

ⓐ 내화수림대의 폭은 30m 내외로 함

ⓑ 조림작업을 할 경우에는 마을, 도로, 농경지의 인접 산림에 참나무류 등 활엽수종을 중심으로 내화수림대를 조성

ⓒ 숲가구기 작업을 할 경우에는 마을 도로, 농경지의 인접 산림에 솎아베기를 통해 침·활엽수 혼효림을 내화수림대로 전환

(6) 뿌리와 건물

① 토양과 구조물 안전 : 점토질 토양에서 문제(건조하면 수축, 포화되면 팽창)

② 수목과 구조물 안전 : 수목은 증산작용으로 토양 건조에 기여

③ 해결 방안

ⓐ 토양 수분 관리 : 관수, 배수, 멀칭 등

ⓑ 수목 식재

- 구조물로부터 멀리 식재(건물 가까이에 나무를 식재하면 뿌리 생육공간의 부족으로 뿌리의 생장을 방해하여 뿌리조임과 뿌리꼬임 유발)
- 토양 환경 개선(2~3cm의 쇄석과 흙, 퇴비를 혼합하여 토양을 개량)
- 도심지에 식재할 때 뿌리의 생육공간을 넓게 하고 지표면 포장이나 장애물을 제거
- 방근 설치

- 수분요구량 적은 수목 식재 등
- ⓒ 수목의 영향을 고려한 설계 실시

(7) 기타 특수 환경 관리

① 경사지와 절개지 식재

    ㉠ 대개 토심이 얕아서 무기양료와 수분이 부족(특히 서향)

    ⓒ 토양유실을 막기 위한 사방공사차원에서 사면 안정이 주목적

② 성토지와 매립지 식재 : 성토지와 매립지의 공통점은 시간이 경과함에 따라 토양 침하, 매립지의 경우 염분이 올라오거나 유독가스 분출

성토지	• 토목공사과정에서 남은 흙을 쌓아 놓아 생김 • 토양이 불량한 경우가 많음 • 토양수분 부족, 유기물 부족 • 대책 : 퇴비 같은 유기물을 최소한 부피의 20% 이상 추가하여 토양의 물리적, 화학적 성질을 개선한 후 식재
해안매립지	• 지하수위가 높고 염분이 표토로 올라옴 • 대책 : 방풍림 설치, 배수, 관수, 유기물첨가, 석고시비, 멀칭, 고농도 비료 사용으로 염분을 제거

쓰레기매립지	• 메탄가스와 탄산가스를 분출하고 토양이 가라앉으며 방열현상도 있음
	• 20년 이상 지나면 수목의 식재 가능
	• 대책
	  – 메탄가스를 배출하는 배기파이프를 설치하는 것이 필수
	  – 천근성이며 배수불량에도 잘 견디는 수종(아까시나무, 포플러)식재
	  – 매립지는 토양을 60cm 정도 성토 후 마무리

③ 공업단지 주변 식재

    ㉠ 대기오염과 소음이 다른 지역보다 심함

    ⓒ 바닷가인 경우 내공해성뿐만 아니라 내염성이 있는 수종 식재

④ 플랜터 식재(식수분, 植樹盆)

    ㉠ 플랜터는 수종 고정 및 배수를 제공하는 배합토를 담을 수 있을 정도로 충분히 깊어야 함

    ⓒ 배수가 확실하게 이루어지는 구조

배합토의 조제	• 모래(50~75%):유기물(50~25%)=1~3:1 • 배수성이 제일 중요하여 점토나 미사는 사용하지 않음
배수시설	• 최소한 1시간당 50mm의 물을 배수할 수 있어야 함 • 숨틀(유공관) 사용

    ⓒ 문제점 : 동해, 양분 부족, 과습·건조 등의 피해 발생

    ⓔ 해결방안 : 충분한 공간 확보, 소교목 식재, 철저한 관수 관리, 겨울철 보온

6. 공사 중 수목보호

(1) 수목보전의 필요성

① 경제적 가치 : 부동산의 가치 제고, 매도 용이

② 미적 가치 : 살아 있는 나무와 숲은 그 자체가 자연의 상징이며, 계절에 따라서 모양과 색깔이 바뀌어 색다른 분위기를 만들어 주고, 새와 야생동물을 불러들여 아름다움을 더해주는 자연적인 조각품

③ 삶의 질 : 건강과 삶의 질 향상을 통해 개인적, 사회적 편익을 제공

④ 환경적인 편익 : 냉난방 비용 저감, 탄소 격리, 물 보전, 야생동물 서식처 제공, 대기 정화 등

⑤ 법적인 규제 : 정부가 법률로 교목 보존 규정(천연기념물, 보호수 등)

(2) 수목보전 목표와 원칙

① 수목보전의 목표 : 수목의 장기적 생존과 안전성 유지

② 수목보전의 원칙

㉠ 수목보전 프로그램은 수목의 생장과 발달양식을 존중해야 함

㉡ 수목보전은 수목에 대한 손상을 예방하는 데 초점

㉢ 수목보전을 위해서는 공간이 필요

(3) 토지개발 과정과 수목보전 과정

① 수목조사

㉠ 수종, 크기(수간 직경, 수고, 수관폭), 건강, 수형과 구조, 병해충 등

㉡ 보전 적합성 고려사항

•수목의 건강, 구조적인 안전성, 예상 수명

•부지 변화에 대한 수종 내성, 새로운 용도에 대한 적합성

•앞으로 요구되는 유지·관리 수준

② 수목보호구역 설정

㉠ 수목의 건강과 안전성을 유지하기에 충분한 뿌리와 수관면적을 보유할 수 있도록 설정

㉡ 수목보호구역 크기와 형태를 결정짓는 요소

•충격에 대한 수종의 민감성

•건강과 나이

•뿌리와 수간의 입체적 형태

•개발에 대한 제약 등

(4) 공사 충격완화설계

① **목표** : 대부분의 경우 수목에 대한 공사 충격을 완전히 피할 수 없기 때문에 목표는 견딜 수 있는 수준으로 최소화하는 것

② **지표 높이 낮추기, 성토와 구조물을 위한 지반 준비** : 수목으로부터 가능하면 먼 거리까지 자연적인 지표면을 유지한 다음 옹벽을 설치

③ **장비에 의한 손상** : 수목주위에 울타리 설치

④ **건물, 통행 등을 위한 수직적 공간 확보** : 공사에 앞서 필요한 높이만큼 전정

⑤ **교목 보존 계획**

　㉠ 범위 : 개발 전·중·후의 모든 작업 포함

　㉡ 포함 내용

　　• 포괄적인 교목 보호 계획

　　• 보존될 교목의 목록과 위치

　　• 이식될 교목

　　• 교목보호구역 울타리 시방서

⑥ **필수뿌리 구역(CRZ ; Critical Root Zone)**

　㉠ 정의 : 교목의 건강과 안정을 위해 필수적인 뿌리가 존재하는 수간에 근접한 지역

　㉡ 크기

　　• 수치화된 규격은 없음(이식 시 적용하는 근분 폭 정도)

　　• 반경 : 흉고직경×4~6

⑦ **교목보호구역(TPZ ; Tree Protection Zone)**

　㉠ 필수뿌리구역 내외의 뿌리와 토양을 보호하고 향후 교목의 건강과 안정을 보장하기 위해 수간 둘레에 수목관리자가 정하는 지역

　㉡ 설정 방법

　　• 수관의 낙수선 기준(구형 수목) : 낙수선 안쪽

　　• 수간 직경법

대상	원추형 수종, 비대칭 수관 수종 등
크기(반지름)	흉고직경×6~18

　㉢ 최소 크기≥필수뿌리구역(CRZ)

　　※ 교목보호구역은 최소한 필수뿌리구역보다 같거나 커야 함

(5) 공사 전 조치

① **개요**

　㉠ 수목의 활력을 높이고 이를 통해 공사 충격에 대한 내성 향상

　㉡ 건강 증진을 위한 수목관리적 조치 : 관수, 시비, 병해충관리, 멀칭 등

ⓒ 공사 활동을 위해 통과높이를 확보

ⓐ 건설활동을 위한 통행공간 제공 : 수관전정, 단근 등

ⓜ 공사 중 부주의에 의한 피해로부터 수목을 보호

ⓗ 손상으로부터 수목보호 : 울타리 설치, 토양 및 뿌리 보호 등

ⓢ 원하지 않은 식생을 제거

② TPZ 표시

   ⊙ TPZ 울타리 설치 : 공사 시작 전에 TPZ 둘레에 높이 1.2~1.8m의 울타리 설치

   ⓛ TPZ 표시 : 해당지역이 TPZ임을 명시하는 표지판 설치

③ 수간 보호 조치

   ⊙ 필요성 : 공사활동으로 인해 수간과 근원에 상처 발생 가능

   ⓛ 보호 시설 설치

     • 공사로부터 수간을 보호할 수 있도록 설치

     • 수간에 상처나 직경생장이 발생하지 않도록 설치

④ 단근

   ⊙ 교목의 뿌리 시스템에 대해 피해를 최소화하기 위해 기계적인 굴착에 앞서 뿌리를 깨끗하게 절단하는 과정

   ⓛ 절단위치

낙수선 바깥에서 절단	피해 가능성 미미(수간에서 멀수록 좋음)
수간 직경 3배 거리에서 절단	안정성에 문제 발생 가능
흉고 직경 1~1.5배 거리에서 절단	• 안정성과 장기 건강에 심각한 악영향 • 보존보다 제거 고려

   ⓒ 도랑에 대한 대안 : 터널 뚫기

     • 뿌리를 절단하지 않고 뿌리의 아래로 터널을 뚫고 배관·전선 설치

     • 터널 길이≥흉고직경×12

⑤ 지표면 변경

   ⊙ 지표면 변경

     • 유형 : 절토, 성토

     • 영향 : 수년에 걸쳐 서서히 나타남

   ⓛ 절토

수간과의 거리	• 한쪽 절토 : CRZ보다 멀리 • 원형 절토 : TPZ 이상
절토 방법	• 절토 지점까지 기존 지표면 유지 • 지점에서 석축 조성

© 성토

기본	• 거리 : 가능하면 수간으로부터 멀리 • 두께 : 가능하면 얕게 • 토성 : 가능하면 거친 토성의 토양
TPZ 내 성토	통기 시스템 설치
성토 전 모래, 자갈, 토목섬유 부설	• 부작용 발생 우려 : 기존 토양과 성토 토양과의 연결 차단, 주수위 형성 • 대책 : 직접 접촉토록 성토
수간 가까이 성토 시	수간 직경의 3배 반경의 교목우물 조성

⑥ 관수

    ㉠ 필요한 경우, TPZ 내에 제공

    ㉡ 지하 15~45cm 토양에 침투되도록 관수함

    ㉢ 관수량 : 온대지방에서 강우가 없는 경우 최소 25cm의 물 제공

    ㉣ 방법 : 스프링클러, 버블러, 토양관주, 물매틱 조성 등

⑦ 수목건강관리

멀칭	• 효과 : 토양 수분 보전, 토양 온도 완화, 잡초 조절, 토양 미생물 조장 • 방법 : TPZ 내에 근원이 노출된 상태를 유지하고 입자 굵기에 따라 5~10cm 두께로 부설
시비	필요시 영양 결핍을 확인 후 실시
병해충 예방	공사 후 병해충 감수성이 높아지는 수종에 대해 공사 전 공사 관련 스트레스로부터 회복될 때까지 예방적인 농약 적용 검토

⑧ 전정

    ㉠ 수관청소 : 죽은 가지, 병든 가지, 죽어가는 가지 제거

    ㉡ 수관 높이기/축소 : 장비의 진입, 운전을 위해 필요한 경우

    ㉢ 사전 보상 전정 삼가 : 교목에 공사로 인한 피해가 나타나며 죽어가는 가지 제거

(6) 공사 중 수목보호

① 목표 : 수목에 대한 공사 충격을 완전히 피할 수 없으므로 목표는 견딜 수 있는 수준으로 최소화

② 부지 모니터링

부지 방문	• 교목 보존계획 준수 여부 확인 • 교목 건강·피해 점검 • 토양수분·관수 점검 • 부러진 가지 제거/상처 치료
모니터링 주기	• 공사 규모, 가용 예산에 따라 가변적 • 소규모 공사 : 1회/주 정도
공사 변경 평가	• 계획변경으로 인한 수목 피해 평가/대안 제시 • 점검 결과 서면 작성·유지

③ 조경 공사 점검

　　㉠ 조경 공사

　　　• 교목에 피해가 발생할 가능성이 높은 단계

　　　• 점검 항목 : 최종 정지, 관수용·조명 설치용 도랑 굴착 등

　　㉡ 수목관리자 역할

　　　• TPZ 내 작업으로 인한 답압 점검

　　　• 식재될 수목, TPZ 내 관수용 자재 등에 관한 의견 제시

(7) 공사 후 단계

① 공사 후 작업

　　㉠ TPZ 울타리 제거

　　㉡ 보존 교목에 대한 모니터링 지속

　　㉢ 보존 교목의 건강과 구조에 대한 평가(필요하면 조치)

　　㉣ 전정

　　　• 부러지거나 죽은 가지 제거 정도

　　　• 안정성에 문제가 있으면 축소 절단, 보강설비 설치

② 공사 후 회복 조치(제한적) : 필요하면 시비 정도

③ 교목에 대한 중·장기 관리 방안 제시

(8) 공사 충격에 대한 내성

내성이 강한 수종 (ISA, 2016)	네군도단풍, 가죽나무, 채진목, 뽀뽀나무, 히말라야시다, 편백류, 산딸나무류, 산사나무류, 은행나무, 주엽나무류, 감탕나무류, 소귀나무류, 참오동나무, 사시나무류, 노각나무류, 낙우송, 서양측백나무
내성이 약한 수종 (ISA, 2016)	너도밤나무류, 가래나무류, 포플러, 은단풍나무, 설탕단풍, 꽃산딸나무, 세로티나벚나무, 피나무류, 솔송나무류, 미송

7. 수분관리

(1) 개요

① 식물과 물 : 필수적이지만, 과소·과다하면 죽음의 원인

② 물의 순환

　　㉠ 공급 : 대기로부터 지표면으로 눈, 비, 안개, 이슬, 서리 등

　　㉡ 손실 : 증발산=증발+증산

　　㉢ 이상 기후와 자연강우 변화 : 수분 관리 중요성 증대

　　㉣ 도시 토양과 수분의 특성

　　　• 지표면 포장 : 자연 강우 공급 제한

- 지하 구조물 : 배수 차단, 지하수와 괴리
- 각종 오염물질로 인한 수질 오염

(2) 토양수분

① 토양수분은 결합수, 모세관수, 자유수로 분류
② **결합수** : 토양입자표면에 흡착되거나 화학적으로 결합한 수분, 식물이 이용 못함
③ **모세관수** : 토양입자와 물분자 간의 부착력에 의하여 모세관 사이에 존재하는 물, 식물이용 가능(중력수 제외)
④ 자유수=중력수+범람수
⑤ **포장용수량** : 중력수가 빠져나가고 모세관수가 꽉 차 있을 때

(3) 수목의 수분 이용

① 수분 수요에 영향을 미치는 요소
  ㉠ 증산을 증대시키는 요소 : 강한 일사, 낮은 습도, 일정 수준의 풍속
  ㉡ 수종 차이(낙엽성 교목) : 일일 수분 사용량 40% 많음(활엽 상록 교목 대비)
  ㉢ 부지 여건

양지	• 음지보다 높은 수분 손실 • 그늘 아래 관목 : 전광 노출 수목보다 47~73% 낮음
고온·저습 지대	• 저온·다습 지대보다 높은 수분 손실 • 공원, 도심 협곡 수목 : 포장된 부지 수목보다 50% 낮음

  ㉣ 토성
  - 진흙은 보수력이 좋고 양료의 함량이 많은 대신 배수성과 통기성 불량
  - 모래는 배수가 잘되고 통기성이 좋은 대신 보수력 나쁘고 양료의 함량이 적음
  - 토양공극이 많을수록 보수력이 큼
  ㉤ 수목 요소

엽면적	넓은 엽면적>좁은 엽면적, 수분 손실 억제(낙엽)
기공	기공 개폐 조절을 통한 수분 손실 억제
잎표면	각피의 형태(왁스, 잔털, 색깔 등)
뿌리	뿌리의 수, 크기, 생장 속도, 길이, 나이, 새로운 뿌리 발생 속도 등

② 토양 수분 저수지
  ㉠ 수목에 수분을 공급하는 뿌리가 차지하고 있는 토양의 부피
  ㉡ 결정 요소
  - 토성 : 점토질 토양>사질 토양
  - 뿌리 시스템의 크기
  ㉢ 영향 : 수목의 생장에 직접 영향을 미침

(4) 자연적인 수분공급에 대한 수목의 적응

① 서식지에 따른 진화

ⓐ 수생식물 : 물속 또는 포화된 토양

ⓑ 지하수성식물 : 영속적으로 지하수가 공급되는 서식지

ⓒ 중생식물 : 강우와 지하수에 의해 균형된 수분 공급 상태

ⓓ 건생식물 : 건조한 환경에 적응

② 가뭄에 대한 적응

ⓐ 초본 : 가뭄 회피, 물이 가용한 기간 동안 생활사 완성

ⓑ 다년생 식물 : 가뭄 내성

건조 회피	• 조직 내 수분 저장 : 선인장 • 뿌리의 밀도 제고 • 낙엽, 두꺼운 각피 등
건조 내성	• 낮은 수분퍼텐셜에서 견딜 수 있는 성질 • 세포 내 삼투압 조절 • 세포막과 세포 소기관 구조의 변형 등

(5) 추가적인 수분공급에 대한 수목의 적응

① 관수시기 결정 방법

ⓐ 수목관찰 : 잎이 늘어지거나 시들기 시작하면 관수가 필요

ⓑ 토양뭉치기

• 해당 부지를 대표할 수 있는 몇 곳에서 샘플 채취

• 삽으로 흙을 20cm 깊이에서 채취하여 손 위에 놓고 뭉쳐보거나 꽉 쥐어봄

적정	뭉쳐지고, 문질러 부서짐
과습	뭉쳐지고, 문지를 때 부서지지 않음
건조	뭉쳐지지 않음

ⓒ 토양수분 측정기를 사용

• 장력계(Tensiometer) : 매트릭퍼텐셜 측정

• 전기저항법 : 토양에 매설된 두 전극 간의 전기저항을 측정하여 토양수분함량 측정

ⓓ 증발산량 예측 : 기준 증발산량 : 높이 10~18cm의 한지형 잔디로 덮인 적절한 수분을 가진 대면적의 증발산량

② 관수 방법

스프링클러법	• 나무와 잔디를 함께 관수할 때 사용 • 적기 　– 이른 아침 　– 수압이 높고 바람이 거의 없고 관수가 다른 활동을 방해하지 않는 시간(대개 새벽) 　– 잎이 하루 종일 건조하여 병 감염을 회피할 수 있을 때 • 장점 : 자동관수가 가능하고, 노동력을 절약하고, 균일하게 관수 • 문제점 　– 시설투자비가 비쌈 　– 나지의 지표를 굳게 하여 수분 침투 악화 　– 꽃을 손상시키거나 쓰러뜨림
점적관수법	• 노출된 가느다란 호스에서 물을 조금씩 흘려보내는 장치 • 낙수선 안쪽의 좁은 면적의 토양을 천천히 가습 • 주로 용기에 심어진 나무, 어린 나무, 낮게 자란 나무에 사용
버블러	• 짧은 시간에 지표면을 침수 • 평평한 지표면에 적용 • 물매턱이 필요

③ 관수빈도

　㉠ 나무를 새로 이식한 후 관수할 때는 웅덩이에 일주일에 한 번씩 관수

　㉡ 20~30mm가량의 물을 충분히 주어서 토양 60cm 깊이까지 젖도록 관수

　㉢ 점적관수의 경우 2~3일 간격으로 관수(70~85kpa)

④ 관수시기

　㉠ 관수가 가장 필요한 계절은 봄(4~5월)

　㉡ 겨울은 따뜻하면서 건조해지기 쉬우므로 토양점검 및 관수

　㉢ 이식 후 5년까지는 가뭄이 올 때마다 관수가 필요

(6) 물 보전

① 수분보전의 필요성

　㉠ 물 수요 증가

　㉡ 물 처리 비용 증가

　㉢ 물이 부족한 지역(급수 제한, 잔디 관수 금지)

② 건조기 경관 관리

　㉠ 가장 중요한 수목을 결정하여 수분관리 계획 수립·실행

　㉡ 잡초제거·멀칭

　㉢ 증산억제제 사용 고려

　㉣ 시듦이 처음 발견될 때까지 기다렸다가 스트레스를 보이는 수목부터 관수(낙수선 안쪽 면적 절반에 대해 50mm 적용)

　㉤ 생활하수 활용

　㉥ 전정(최후 수단)

③ 재활용수 활용

    ㉠ 재활용수 : 주로 하수처리장 방류수

    ㉡ 주의점 : 유입하수가 다양하므로 주기적 모니터링

    ㉢ 문제점

        • 수목에 유해한 수준의 화학적 성지

        • 함유된 염과 기타 화합물의 농도(관개수 염분 농도는 0.5ds/m 이하)

        • 관수 장비에 미치는 영향

        • 관수량, 주기 결정의 가변성

(7) 기타 물보전 방법

① 멀칭 : 토양 수분 보전, 토양 온도 완화, 잡초 조절, 토양 미생물 조장

② 증산억제제

용도	• 이식 전후에 수목의 수분 손실 감축 • 가뭄이 지속되는 경우, 수분 요구를 줄이기 위해 • 겨울철 침엽수의 잎이 타들어가지 않도록 하기 위해 • 절엽된 잎의 선도 유지 • 겨울철 비산 해빙염에 의한 침엽수 피해 감축
유형	• 복사에너지 반사 • 잎 표면의 수증기 탈출 방해 • 공변세포에 영향을 주어 기공 개방 억제
효과	• 수종, 생장 단계, 대기조건에 따라 차이 다양 • 재료의 지속성, 적용의 정밀성, 살포 후 새잎 발생 정도에 따라 차이 • 초기 수분 손실을 40% 정도 감축
부작용	• 잎의 온도 상승 • 광합성 감소로 생장 위축

(8) 침수·배수관리

① 배수불량 : 산소 부족으로 인하여 뿌리의 호흡작용을 방해하여 치명적인 피해

② 땅고르기와 명거배수

    ㉠ 배수 불량으로 물웅덩이가 생길 때는 우선 땅고르기를 실시하여 경사를 따라 흘러가게 유도

    ㉡ 땅고르기로 해결되지 않으면 배수도랑을 만드는 명거배수 실시(폭 10cm가량, 경사도 1~3% 유지, 도랑을 판 후 왕모래나 자갈을 메움)

    ㉢ 배수공과 숨틀(유공관) 설치

        • 표토 아래에 경질지층이 있어서 물이 스며들지 못할 때 경질지층을 깨뜨림

        • 동력오거를 이용하여 직경 10~15cm의 구멍을 파서 배수공을 만듦(배수공의 간격은 토심이 낮거나 점질토일수록 가깝게 3~4m, 왕모래나 자갈을 채움)

        • 주변토양이 점질토양일 경우 숨틀(유공관) 매설(직경 7~30cm의 플라스틱 파이프, 부직포나 토목섬유로 감싼 후 수직으로 설치)

③ 암거배수

    ㉠ 토양이 극도로 딱딱하거나 경질지층이 있어 배수가 극히 불량할 경우 사용

    ㉡ 경비가 많이 들지만 깊게 묻으면 가장 효과가 큼

    ㉢ 흙, 콘크리트, 플라스틱으로 배수관을 만듦

    ㉣ 도랑을 파고 자갈을 먼저 깔고, 배수관을 연결한 다음 자갈로 덮고, 토목섬유를 깜

    ㉤ 배수관 사이의 간격은 점질토의 경우 10m 내외, 사질토양의 경우 30m 정도

    ㉥ 집수구역은 더 깊은 도랑을 만들어서 자연배수시키거나 양수기로 퍼냄

8. 전정(가지치기)

(1) 서론

① 정의 : 특정한 목적을 달성하기 위해 수목의 일부를 선택적으로 제거하는 수목 관리 작업

② 대상 수목과 목표

    ㉠ 공공 수목 : 최소의 비용으로 최대의 편익 확보

    ㉡ 정원 수목 : 아름다운 수형 유지

    ㉢ 분재 수목 : 수형과 크기 유지

    ㉣ 과수 : 비용 절감 · 수익 제고

③ 전정의 목적

    ㉠ 튼튼한 구조 구축

    ㉡ 아름다움 제고

    ㉢ 그늘 확보와 바람의 저항 감축(자르고 나면 균형수가 되어 그늘 확보)

    ㉣ 통행 공간 · 시계 확보

    ㉤ 개화와 결실 조절 등

④ 전정의 기본원칙과 전략

기본원칙	전정으로 인한 피해를 최소화하면서 수목을 튼튼하고 건강하게 육성
전략	• 적지적수 : 식재부지에 적합한 수종을 선정, 식재하여 전정 수요의 원천적 제거 • 전정요구가 낮은 수종 선정 • 수형이 좋은 수목 식재

(2) 전정 기초이론

① CODIT

    ㉠ 수목의 생존전략(상처부위 격리)

    ㉡ 상하/앞뒤/좌우를 에워싸는 벽

② 가지와 줄기의 연결

    ㉠ 연결 부위 형성과정

- 생장초기 : 가지 조직이 먼저 발달하여 줄기를 덮음(가지 깃 형성)
- 늦봄 : 줄기조직이 발달하여 가지 깃을 덮음(수간 깃 형성)
ⓒ 가지/수간 깃 형성의 조건 : 각도가 90°에 가깝고, 가지와 줄기의 직경비율이 1/2 이하
ⓒ 연결 형태의 중요성
- 연결 부위의 강도를 결정(동일세력줄기) : 가지와 줄기의 깃이 중첩되어 있지 않음
- 연결 부위의 부후저항력을 결정

③ **자연표적 가지치기**(Natural target pruning)
ㄱ 지피융기선과 지륭을 표적으로 줄기를 절단하는 가지치기를 말하며 지피융기선과 지륭은 중요한 길잡이 역할
ㄴ 지피융기선과 지륭이 잘려나가지 않도록, 지피융기선의 상단부의 바로 바깥쪽에서 시작해서 지륭이 끝나는 지점을 향해 가지를 절단
ㄷ 수목은 대부분 지륭 안에 가지보호대라고 부르는 독특한 화학적 보호대를 가짐
ㄹ 부후균의 침입, 확산을 억제함. 활엽수-페놀화합물, 침엽수-테르펜

④ **호기성 목재부후균**
ㄱ 유합과 부후
- 상처 유합 → 공기 차단 → 부후 중단
- 상처 노출 → 공기 접촉 → 부후 진행
ㄴ 시사점 : 전정 상처 크기<해당 수목의 유합 능력

(3) 전정의 영향, 시기, 도구

① 전정의 영향

긍정적 영향	전정의 목적 참조
부정적 영향	•잎과 가지/줄기 제거 – 잎 : 에너지 생산 조직 – 줄기/가지 : 에너지 저장 조직 •상처 발생 : 부후균의 침입 통로를 제공

② 전정 시기
ㄱ 전정 적기

수목의 일생 기준	어릴 때부터 시작(전정하기에 너무 이른 경우는 없음)
연중 시기	•생육기 초기(초봄)가 적기 – 형성층의 활발한 활동으로 유합 촉진 – 주의 : 수피에 수분이 많아 벗겨질 수 있음 •죽은 가지, 부러진 가지, 병든 가지의 제거와 가벼운 가지치기는 연중 가능 •피해야 하는 시기 – 초여름 : 수목 에너지가 최저에 달함 – 스트레스(가뭄/침수)가 심할 때 – 병해충 피해가 우려되는 시기(소나무좀, 부후균 등) – 늦여름/초가을 : 신초생장을 자극(동해 우려)

| 꽃이 피는 수목 | • 이른 봄에 개화 수목
  − 꽃눈이 전년도에 분화(꽃이 지고 난 후~꽃눈 분화 전)
  − 늦으면, 꽃눈 상실되어 이듬해에 꽃을 볼 수 없음
  − 포도, 목련, 배, 사과, 복숭아, 개나리, 조팝나무
• 늦봄 이후(5월) 개화 수목
  − 꽃눈이 새순에서 분화하므로 새순 발생 시기 이전(4월)에 전정
  − 감나무, 찔레, 무궁화, 배롱나무, 싸리, 금목서 |

ⓛ 전정 시 주의해야 할 수종

전정 시 주의할 사항	수종	특징
부후하기 쉬운 수종	벚나무, 오동나무, 목련 등	
수액유출이 심한 수종	단풍나무류, 자작나무 등	전정 시 2~4월은 피함
가지가 마르는 수종	단풍나무류	
맹아가 발생하지 않는 수종	소나무, 전나무 등	
수형을 잃기 쉬운 수종	전나무, 가문비나무, 자작나무, 느티나무, 칠엽수, 후박나무 등	
적심을 하는 수종	소나무, 편백, 주목 등	적심은 5월경에 실시

ⓒ 생장 속도 조절

최대 생장	• 전정하지 않음 • 녹음수/반상록성 수목(휴면기 동안 전정) : 열대와 아열대에서는 계속 생장 • 반적(온대지방) : 이른 봄 생장 분출기 직전에 전정
생장 억제	• 생장 분출기 직후에 전정 • 광합성 능력 감수, 에너지 저장 목재 감소 • 건강하고, 활력이 좋고, 중년목 이하 수목에 적용

ⓔ 이식 시 전정

근분 크기에 따라 차이 (근원경×3~5배)	뿌리 손실을 보상 전정
지상부 제거의 부작용	눈/잎 제거 → 뿌리 생장을 촉진하는 호르몬 분비 감소 → 뿌리 생장 위축 → 회복지연

ⓜ 전정 주기

어린 농장 수목	• 자주 전정 • 목적 : 생장 조장, 맹아발생 최소화 • 온대지방 : 첫해에는 1회, 2~3년차는 2회, 4~5년차는 1회
성목	• 수종에 따라 차이가 많음 • 5년 주기를 권장하기도 함

ⓗ 전정 강도

• 전정하지 않은 것처럼 약하게 실시

• 한 번에 잎의 30% 이상을 제거하면 타격 입음. 30% 이상 제거해야 하는 경우, 2년 이상 나누어서 실시

• 수목의 활력에 따라 차이(어린 나무가 더 잘 견딤)

③ 전정 도구 : 직선 모루형 전정가위, 바이패스 전정가위, 양손 가위, 고지가위, 생울타리용 가위, 손톱, 체인톱, 고지톱, 왕복톱

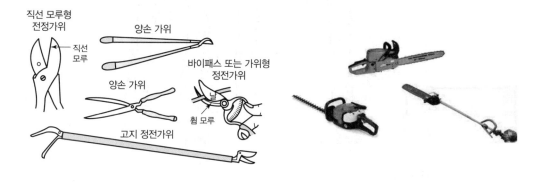

(4) 전정 절단

① **가지치기의 기본요령** : 제거할 가지를 매끈하게 바짝 자르고, 나무로 하여금 상처를 빨리 감싸서 치유하도록 유도하는 것

② **가는 가지**

    ㉠ 가늘고 작은 가지는 전정가위를 이용

    ㉡ 원가지를 남겨놓고 옆가지를 자르고 자 할 때에는 바짝 자름

    ㉢ 옆가지를 남겨 놓고 원가지를 자르고 자 할 때에는 옆가지의 각도와 같게 비스듬히 자르되, 가지터기를 약간 남겨 옆가지가 찢어지지 않게 함

    ㉣ 길게 자란 가지를 중간에서 절단할 때는 옆 눈이 있는 곳의 위에서 비스듬히 자름

    ㉤ 가지 끝을 약간 남겨야 끝이 마르더라도 옆 눈에서 싹이 나옴

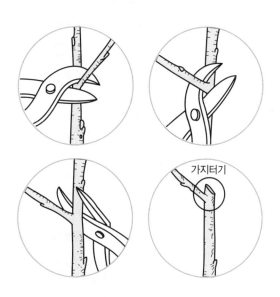

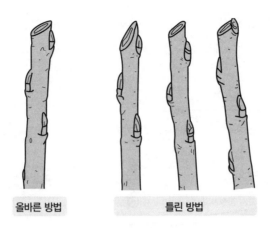

올바른 방법　　　　틀린 방법

③ 절단 유형과 방법

㉠ 절단 유형

제거절단	・불필요한 가지를 제거 ・직경>가지 직경
축소절단	・길이를 줄이기 위해 상대적으로 더 굵은 가지・줄기 제거 ・제거되는 줄기 직경>남겨지는 가지 직경
두절・단간	눈 또는 마디 사이 절단(그릇된 절단) 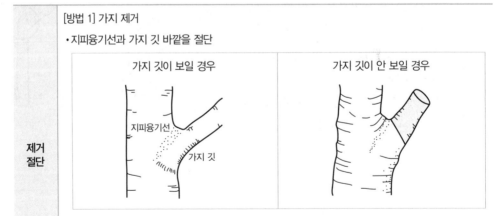 제거절단　　　　축소절단　　　　두절

㉡ 절단 방법

제거 절단	[방법 1] 가지 제거 ・지피융기선과 가지 깃 바깥을 절단 가지 깃이 보일 경우　　　가지 깃이 안 보일 경우 지피융기선 가지 깃 ・5cm 이하일 경우 한 번에 잘라도 되지만, 5cm 이상일 경우 3단계로 나누어 절단

1단계	최종 자르려는 곳에서 20cm가량 위쪽의 가지 밑에서 위를 향해 30~40%를 자름
2단계	첫 번째 절단 위치에서 2~3cm가량 윗부분을 완전히 자름
3단계	지피융기선을 기준으로 지릉을 보호하는 각도에서 바짝 자름

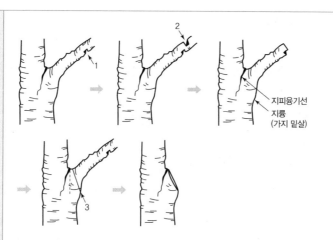

지피융기선
지륭
(가지 밑살)

제거
절단
	[방법 2] 동일세력 줄기 제거
	
	• 동일세력 줄기를 가진 수목은 연결 부위의 강도와 부후저항력이 약함(불량한 수목)
	• 절단 방법
	  – 절단 각도 : 간피융기선과 제거 줄기에 대한 가상 수직선이 만드는 각도를 이등분함
	  – 어린 묘목은 일시에 절단함
	  – 직경 5cm 이상은 제거 대상 줄기를 억제하여 가지화 한 다음에 제거함

	가상선
	절단 1
	절단 2
	절단 3
	남겨진 측지

축소
절단
	• 원가지가 바람에 부러지거나, 나무의 키를 작게 하고자 할 경우 실시함
	• 줄기 제거
	  – 절단 위치 : 가지가 있는 곳에서 줄기를 제거함
	  – 가지/줄기 비율(최소 1:3) : 기존 줄기의 정단 역할을 이어받을 수 있는
	    크기의 가지가 있는 지점
	  – 절단 각도 : 지피융기선과 제거 줄기에 대한 가상 수평선이 만드는 각도
	    를 이등분함
	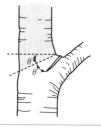

두절	• 마디 사이 절단 • 원하는 위치에서 줄기·가지 절단 • 1, 2년생 줄기/가지는 구조 전정, 수형 유지를 위해 활용 가능 • 3년생 이상 줄기·가지 : 수목을 훼손하는 범죄 행위

④ 상처보호

   ㉠ 노출된 부위는 상처도포제 처리(병원균 침입 방지 및 유합조직 형성 촉진)

   ㉡ 락발삼, 톱신페이스트 등

(5) 농장에서의 어린 수목구조 전정

① **서론**

　㉠ 농장에서 대교목 전정의 목적 : 영구농장수관 안에 하나의 우세한 주지를 육성하는 것

　　※ 영구농장수관 : 수목이 출하될 때 여기에 붙어 있는 모든 가지를 의미

　㉡ 우세한 주지(중앙 주지, 단일 주지) : 수관의 중심에 위치하고 다른 가지들보다 훨씬 굵게 자라는 1~2년생 줄기

　㉢ 우세한 수관의 조건 : 가지 직경의 2배 이상

　㉣ 우량 유묘의 조건 : 아래 가지가 많이 부착되어 있고 키가 작고 뿌리 결함이 없는 수목

② **전정 유형과 목적**

　㉠ 제거절단 : 불필요한 가지 제거

　㉡ 축소절단

　　• 우세한 주지 육성을 위해 주지와 경쟁하는 동일세력의 줄기 억제

　　• 수평으로 자라는 아래 가지에서 억제

　㉢ 두절

　　• 묘목의 수고 조절 : 적심

　　• 곧은 신초 유도 : 1~2년생 묘목을 지면에서 절단

③ **구조 전정**

　㉠ 특정 부위의 생장을 촉진시키기 위해 다른 부위에서 살아 있는 가지를 제거하는 것

　㉡ 바람직한 구조

　　• 하나의 튼튼하고 곧은 중앙 수간에 적절한 간격을 확보한 골격지가 나선형으로 부착되어 있는 수목

　　• 골격지 간 간격 : 수목의 최종 수고의 약 3%(수고 15m인 경우 50cm 간격)

　㉢ 구조전정 요령

1단계	주지로 정지하기에 가장 적합한 줄기를 결정
2단계	이 주지와 경쟁하고 있는 줄기와 가지를 결정
3단계	주지가 우세하도록 경쟁하는 줄기와 가지를 제거하거나 억제

④ **우세한 주지 육성(유묘)**

　㉠ 2년 차 초봄에 지면에서 수간 절단·두절

　㉡ 새로 나온 맹아지 중 가장 활력이 좋은 것을 제외하고 나머지 제거

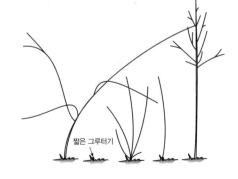

짧은 그루터기

⑤ 가지 창출

　　㉠ 어린수목의 두절

　　　•가지가 필요한 지점 약간 위에서 두절하여 가장 위 가지를 주지로 육성

　　　•아래 가지를 측지로 유도함

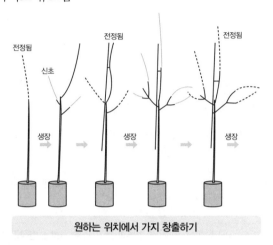

원하는 위치에서 가지 창출하기

　　㉡ 어린 수목의 잠아 자극

　　　•가지가 필요한 위치에 있는 눈 위에서 목부가 나타날 정도로 수피를 따냄

　　　•옥신의 흐름 차단으로 잠아가 움직여 가지 발생

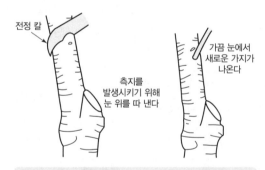

어린 수목에서 쌍간을 제거한 다음 새로운 가지 발생시키기

(6) 중년목 전정

① **중년목** : 아직 성숙하지 않은 잘 자란 수목으로 수종에 따라 20~50년 사이의 수목을 말함

② **중년목 전정의 목적**

　　㉠ 하나의 수간을 가진 양호한 구조

　　㉡ 가는 직경의 낮은 가지 → 부정적 영향 없이 공간 확보를 위해 쉽게 제거됨

③ **경관 수목에 대한 구조 전정 전략**

　　㉠ 경쟁하는 직립줄기를 제거하거나 전정하여 우세한 주지를 육성 및 유지·관리

　　㉡ 영구수관 아래의 가지가 너무 굵어지는 것을 예방

ⓒ 우세한 수간을 따라 주된 가지의 간격을 확보

ⓔ 전정으로 가지의 생장을 억제함으로서 가지를 수간 직경의 절반 이하로 유지

ⓜ 매몰된 수피를 가진 가지는 억제하거나 제거

ⓗ 살아 있는 수관비율을 0.6 이상으로 유지

(7) 성숙목 전정

① 성목 전정의 목적과 방법

ㄱ 성목 전정 목적 : 위험 감소, 수목의 건강 보건, 심미적 기능, 통행 공간 제공

ㄴ 성목 전정 : 수관 청소, 수관 솎기, 수관 축소, 수관 높이기

② **성목 전정 방법** : 성숙목은 골격지에 의하여 이미 수형이 어느 정도 결정되어 있어 과도하게 수형을 바꾸면 안 됨

수관 청소	• 죽은 가지, 죽어가는 가지, 병든 가지, 약하게 부착된 가지, 쇠약지 • 언제든지 실시 가능 • 효과 : 햇빛이 잘 들게 되고 병충해가 적어짐
수관 솎기	• 구조 향상, 햇빛/공기 투과 제고 등을 위한 선별적인 가지 제거 • 방법 　– 수관 청소 후에도 가지가 너무 많으면 실시 　– 5cm 미만 가지를 제거, 수관밀도의 1/3가량을 제거하는 것이 보통 　– 수관 꼭대기부터 시작하여 밑으로 내려오면서 실시 • 주의 　– 효과가 5년 미만이므로 지속적 반복 필요 　– 수관의 바깥에서 솎아 주어야 함(사자꼬리는 전정되지 않도록 주의)
수관 축소	• 수관의 높이나 폭을 줄이기 위해 정단 역할을 이어받을 수 있는 굵기의 2차 가지에서 굵은 가지를 제거하는 것 • 주의 : 두절 금지
수관 높이기	• 통행, 조망을 위해 아래 가지를 제거하는 것 • 주의 : 너무 굵은 가지는 축소 후 제거, 너무 일찍 높여주면 수간의 초살도가 적어져서 바람에 약함

③ 전정 영향 : 가지 굵기와 제거 영향

가지 굵기	제거 영향	권장되는 활동
수간 직경의 1/3 미만	영향이 거의 없음	필요하면 제거
수간 직경의 1/3~1/2	일부 수가 기능장애 발생 가능	어린 수목에서는 제거, 나이든 수목은 축소 고려
수간 직경의 1/2 초과	큰 절단에서 기능장애와 결함이 발생할 가능성	어린 수목에서는 제거, 나이든 수목에서는 제거 대신 축소
심재가 있을 정도로 굵은 가지	기능장애와 결함이 발생할 가능성	제거 대신 축소

④ 제거 가능 가지 굵기

구획화 능력이 강한 수종	• 최대 직경 10cm • 수종 : 느티나무, 소나무, 참나무, 버즘나무 등
구획화 능력이 약한 수종	• 최대 직경 5cm • 수종 : 단풍나무, 버드나무, 벚나무, 꽃사과, 오동나무 등

⑤ 죽은 가지 자르기

    ⊙ 가지가 죽으면 가지보호지대가 다소 바깥쪽으로 보호목재가 형성

    ⓒ 죽은 가지터기는 상처 유합에 물리적인 장애물

    ⓒ 죽은 가지가 부러지면 가지터기를 남기고 인명과 재산에도 피해를 줌

    ⓔ 제거방법 : 자라난 지륭 끝에서 바로 자름

(8) 특수전정

① 침엽수 전정

침엽수와 활엽수의 차이	• 활엽수는 어린 나무든 성숙목이든 가지치기에 의하여 비교적 수형 조절이 가능함 • 침엽수는 윗가지를 제거하더라도 맹아지가 나오지 않아 전정을 함부로 하면 안 됨 • 침엽수는 주지를 제거해도 측지가 자라 원추형을 유지하려 함
침엽수 전정 방법	• 원추형과 대칭형의 수관을 그대로 유지하려면 가장 중요한 것은 중앙의 원대를 계속해서 외대로 유지하는 것 • 병충해 혹은 사고로 인하여 중앙의 원대가 두 개로 갈라져 쌍대가 될 경우 즉시 외대로 수정 • 활엽수와 달리 침엽수는 2~3년마다 수형을 가다듬어야 하며, 전정으로 과격한 수형 변화를 시도하면 안 됨(3년 이상 된 묵은 가지를 자르면 안 됨)
적심	• 침엽수의 마디와 마디 간의 길이가 너무 길어서 수관이 엉성하게 보이는 것을 극복하기 위해 마디 간의 길이를 줄여서 수관이 치밀하게 되도록 교정하는 작업 • 1년에 한마디씩 자라는 고정생장을 하는 소나무, 잣나무, 전나무, 가문비나무 등 • 봄에 동아가 트면 5월 중순까지 잎은 자라지 않은 채 가지만 올라와 촛대처럼 보임 • 이때 가지의 중간 혹은 그 아랫부분을 잘라버리면 길이가 짧아짐 • 소나무류는 5월 초순~중순경에 실시 • 한 개의 어린 가지를 자를 경우 가지 끝에서 두 개 이상의 새로운 눈이 생겨나 수관이 한층 더 치밀해지고 빈 공간을 채우게 됨

② 과수

    ⊙ 특징 : 낮고 넓은 수관으로 유도

    ⓒ 전정 방법 : 수평으로 향한 측지에서 축소, 살아 있는 가지 10% 미만 제거

    ⓒ 격자시렁(대개 과수를 상대로 실시)

        • 조경수를 수직면상의 벽이나 시렁에 올려서 기르는 것을 의미

        • 남향의 벽을 이용하여 나무를 벽에 바짝 심어서 벽을 따라서만 자라도록 전정

        • 목재나 철사로 수직면상의 시렁에 올려서 기름

        • 수직면상에 가지가 배치되도록 튀어나오는 가지를 모두 제거

        • 묵은 가지에서 꽃이 피는 사과, 배, 복숭아 등의 과수와 피라칸다가 적당한 수종

        • 남향의 벽을 이용할 경우 꽃이 일찍 피고 겨울에 추위를 막아 줌

③ 당년지 개화 수종 : 배롱나무의 관리유형별 반응

구분	가지치기 안함	매년 두절
맹아 발생	거의 없음	많음
꽃의 수량	많음	적음
꽃송이 크기	작음	매우 큼
수형 미	매우 좋음	매우 나쁨

④ 두목작업
　㉠ 유럽에서 땔감, 자구니 자재 등을 확보하기 위해 시작됨
　㉡ 크게 자란 나무를 작게 유지하기 위하여 동일한 위치에서 새로 자란 가지를 1~3년 간격으로 모두 잘라 버리는 반복전정
　㉢ 요령 : 수목이 어릴 때 시작하여 매년 같은 자리에서 발생하는 맹아지의 가지터기를 남기지 않고 두목 머리가 훼손되지 않도록 제거
　㉣ 생장이 빠르고 맹아의 발생이 왕성한 버드나무, 포플러, 플라타너스, 아까시나무 같은 수종의 가로수에 적용
　㉤ 두목작업으로 생기는 맹아지는 직립성이라 모든 가지가 곧추서서 자라 수형이 자연스럽지 않음
　㉥ 두절과의 비교
　　• 비슷한 점 : 대교목을 작은 크기로 유지
　　• 차이 : 주적적으로 수목의 방어력을 존중하는 절단
⑤ 송전선로 수목관리
　㉠ 수목관리 방향
　　• 송전선과 접촉하는 가지/줄기를 제거
　　• 소교목 식재
　㉡ 전정 요령

| 절단방법 | • 제거 절단(발생부위에서 제거)
• 두절이나 가지터기를 남기면 과도한 맹아 발생 |
| 방향유도 | 상부 제거, 측면 제거, 통과 제거 |

⑥ 야자수
　㉠ 가용한 칼륨량에 의해 잎사귀 수가 결정되므로 영양결핍이 문제인 경우가 많음
　㉡ 전정 요령
　　• 건강한 잎은 통행공간을 제공할 경우가 아니면 제거하지 않음
　　• 죽거나, 훼손되거나, 탈색된 잎은 위험하거나 미관을 해치는 경우 제거
　　• 열매/꽃은 위험 또는 불쾌감을 주는 경우 제거
　　• 송전선로로 자라는 야자수는 전정, 생장조절제 처리 이식, 제거
　　• 황화된 잎사귀는 병들거나 미관상 나쁘지 않으면 유지
　　• 강풍으로 잎사귀가 피해를 입은 경우 위험하지 않으면 새 잎사귀 나올 때까지 유지
　　• 잎사귀 제거 시 옆병의 기부 가까이에서 절단, 수간을 손상하지 않도록 할 것
　　• 죽은 잎사귀 더미 제거 시 위에서 아래로 실시
　　• 적절한 전정 : 수평선 아래 잎사귀 제거(Gilman), 살아 있는 잎 제거 삼가(ANSI A300)
　　• 등반용 박차 사용 삼가(수간에 상처 유발)

⑦ 대나무 전정 : 대와 가지의 마디 바로 위에서 터기를 남기지 않고 절단
⑧ 덩굴시렁 : 조경수를 덩굴 형태로 기르되 아치형으로 유지하는 것
  ㉠ 1그루 이상의 나무를 줄지어 심고, 3~5m 높이까지 똑바로 기른 다음 수평 방향으로 가지를 뻗게 하여 옆 나무의 가지와 서로 얽혀서 무게를 지탱하는 시렁 위에서 자라도록 유도
  ㉡ 수간에서 직접 나오는 가지와 시렁 위에서 곧추선 가지를 우선적으로 제거하여 아치형 유지
  ㉢ 유연한 가지를 얽어 맬 수 있는 수종(사과나무, 배나무, 복숭아나무, 장미, 등나무, 플라타너스, 소사나무 등)

(9) 뿌리전정(뿌리 외과수술)

① 건강한 뿌리 : 방사상으로 고루 뻗고 실뿌리가 많은 뿌리
② 문제가 많은 뿌리와 교정
  ㉠ 맴도는 뿌리 : 용기묘에서 많이 발생(꺾이기 전에 절단). 맴도는 뿌리를 방치하면 수간을 옥죄는 부위에서 부러지므로 제거해 주어야 함
  ㉡ 한쪽으로 편중된 뿌리
  ㉢ 노출된 뿌리 : 장기간에 걸쳐 노출된 뿌리는 문제 없으므로 그대로 둘 것. 상처 발생 예방이 필요하다면 멀칭

(10) 관목전정

① 관목의 특징
  ㉠ 교목에 비하여 키가 작으며 지상부에서 여러 개의 줄기로 갈라짐
  ㉡ 생장은 교목보다 느리나 전정하지 않으면 너무 커져 다시 작게 관리할 수 없음
  ㉢ 힘을 많이 받는 골격지를 양성할 필요가 없음
  ㉣ 지상부 가까운 곳에 잠아를 많이 가지고 있고 가지 중간에도 많아 맹아지가 잘 나옴
② 생장이 빠른 수종(개나리)
  ㉠ 정기적으로 전정을 실시하여 수형 조절(수관솎기, 수관축소)
  ㉡ 비슷한 크기의 가지가 수관 전체에 배열(땅에 닿은 가지, 병든 가지, 약한 가지 등 제거)
  ㉢ 매년 오래된 가지의 30%가량을 제거하고 튀어나온 도장지를 자름
  ㉣ 어린 가지는 서로 다른 길이로 잘라서 자연스러운 외형을 유지
  ㉤ 너무 크게 자란 관목의 키를 낮추고자 할 경우 3~4년에 나누어서 조금씩 진행
③ 생장이 느린 수종(회양목)
  ㉠ 대개 가지 끝에 있는 눈에서 새로운 가지가 나오며 치밀한 수관을 만듦
  ㉡ 햇빛을 받는 수관의 바깥쪽에만 잎이 빽빽하게 살아 있고 안쪽은 잎이 죽어 있음
  ㉢ 수관 밖으로 튀어나온 도장지를 기존의 높이에서 제거하는 정도만 실시
  ㉣ 이른 봄 가지 끝의 눈이 잘리도록 가볍게 전정
  ㉤ 강전정을 실시하면 잎이 다시 나오지 않음

④ 솎기와 갱신

    ㉠ 솎기 : 일부 줄기를 지면에서 제거

    ㉡ 갱신 : 모든 가지를 일정 기간 또는 일시에 제거

⑤ 생울타리의 조성 및 관리

    ㉠ 울타리 상단보다 바닥이 넓게 유지되도록 전정함

    ㉡ 바닥까지 햇빛이 도달할 수 있도록 할 것

    ㉢ 신초가 단단해지기 전, 직전 깎기 지점에서 2.5cm 이내에서 깎기

    ㉣ 화목류는 꽃이 피고 난 다음 꽃눈이 형성되기 전에 전정

    ㉤ 꽃이 중요하지 않으면 연중 언제든지 가능함

(11) 그릇된 전정과 대책

① 두절

두절	가지터기를 남기고 가지를 무차별적으로 절단하거나, 정단의 역할을 이어받을 수 없는 가는 측지에서 굵은 가지를 절단하는 것
피해	• 수목에 스트레스를 줌 • 두절은 부후로 이어짐(상처가 너무 커서 부후균의 침입 경로, 방어 물질이 없는 마디 사이 상처는 부후하기 쉬움) • 위해를 초래함(두절 후 맹아는 약하게 부착되어 쉽게 부러짐) • 두절은 피소로 이어짐 • 두절은 수목을 추하게 만듦 • 두절은 비용 비효율적(생존하면 교정 전정 필요, 죽으면 제거 비용 발생)
대안 (수관 축소)	• 가는 가지는 해당 가지의 기부에서 제거 절단 • 굵은 가지는 정단 역할을 이어받을 수 있는 측지(굵은 가지 직경의 1/3 이상)에서 축소 절단 • 굵은 가지 절단이 불가피할 경우에는 최후 수단으로 수목 전체 제거를 고려
두절의 근본적인 해결책	• 적지 적수 : 성목이 되었을 때의 크기가 부지에 적합한 수목식재 • 식재 후 계획적인 관리

② 과도한 전정

    ㉠ 유형

굵은 가지 절단	유합할 수 없는 굵기의 가지 절단 : 구획화 능력이 강한 수종(직경 10cm), 구획화 능력이 약한 수종(직경 5cm)
수관의 25% 이상 제거	두절로 이어짐

    ㉡ 피해 : 절단 부위 부후, 공동 발생

    ㉢ 예방

주기적인 전정 관리	절단 대상 가지가 굵어지기 전에 절단
굵은 가지	• 억제 후 절단 • 굵어지지 않도록 억제 : 축소 절단 • 가지·직경비율을 낮추어 절단
장기적인 전정 계획	• 어릴 때부터 구조전정 실시 • 식재 후 30년 동안 전정 계획 수립

③ 평절(과거 표준)
  ㉠ 수간과 평행하게 지피융기선과 가지 깃 안쪽 절단
  ㉡ 피해
    • 가지보호대 제거로 목재가 쉽게 부후되고 수목은 저항하기 위해 에너지 사용
    • 절단 부위에 천공성 해충 침입
    • 갑작스러운 추위에 수피 분리, 고사
    • 맹아 발생
  ㉢ 대책 : 작업자 교육
④ 가지터기 남기기
  ㉠ 제거 절단에서 일부를 남기고 절단
  ㉡ 피해 : 가지터기 때문에 아물지 못하여 수간 내부로 부후/변색이 확산됨
  ㉢ 대책
    • 기존 가지터기는 죽은 부위 제거와 같은 방법으로 제거
    • 예방을 위한 작업자 교육 훈련
⑤ 사자꼬리 만들기
  ㉠ 줄기나 가지의 수관을 솎으면서 안쪽에서 발생한 가지를 제거한 결과로 만들어짐
  ㉡ 문제점 : 무게의 중심 끝에 집중됨
  ㉢ 피해
    • 줄기 : 강풍에 꺾이거나 넘어짐
    • 가지 : 처지고 바람/눈에 부러짐
  ㉣ 예방
    • 살아 있는 수관비율이 낮은 수목의 식재 금지 및 해당 수목 제거
    • 아래쪽 가지 유지

9. 수목 위험평가와 관리

(1) 개요
① 기초 이론
  ㉠ 수목은 부하에 따라 스스로 최적화 : 조직별 부하가 변하면 필요한 지지 조직을 추가로 발달시킴(압축이상재, 신장이상재)
  ㉡ 상처가 발생하면 구획화(CODIT)
  ㉢ 가지와 줄기의 연결
    • 가지 깃과 수간 깃을 형성
    • 조건 : 각도가 90°에 가깝고 가지와 줄기의 직경비율이 1/2 이하
    • 중요성 : 연결 부위의 강도와 부위저항력을 결정

ⓔ 호기성 목재부후균

　•상처 유합되면 공기 차단으로 부후가 중단됨

　•상처 개방 시에는 공기 접촉으로 부후 진행

② 위험목 평가

ⓖ 의미 : 위험목의 검사, 자료분석, 평가하는 일련의 과정

ⓛ 위험목 평가 목적 : 허용 가능한 위험수준을 초과하는 수목을 찾아내어 도복 이전에 피해를 예방

ⓒ 위험목 평가 과정 : 위험목 검사 → 자료분석 → 위험도 평가

(2) 기상악화

① 강한 바람, 비, 눈, 진눈깨비를 동반한 예외적인 태풍 발생

② 이러한 여건하에서는 결함이 없던 수목도 파손

③ **구조적인 결함+가혹한 기상** : 피해 극대화

④ 이상 기후 빈발

⑤ 태풍 피해 증가

(3) 수목의 결함

① 동일세력 줄기 존재

문제점	•연결 부위에 수피 매몰 : 연결이 취약함 •연결 부위에 방어 물질 부재
예상 피해	•연결 부위가 쉽게 찢어짐 •연결 부위 절단 쉽게 부후

② 밀생한 가지

문제점	•가지가 굵어지면서 수간과의 연결 부위 취약 •주지가 질식
예상 피해	•가지의 직경 생장 제약 •발생 부위가 찢어짐 •주지가 고사하여 수고 생장 제한

③ 불량한 초살도

ⓖ 측정 : 수고를 직경으로 나눈 배수

　　예 수고 10m, 흉고직경 20cm인 경우 초살도는 50

ⓛ 판단 기준 : 낮을수록 양호

ⓒ 파손 시작 : 소나무 40, 은행나무 50, 느티나무 60 이상

ⓔ 문제점 : 수관을 지탱할 힘이 없음

ⓜ 예상 피해 : 쉽게 휘거나 부러짐

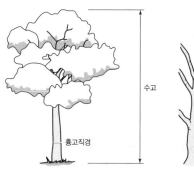
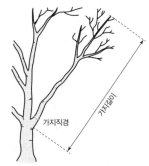

④ 낮은 살아 있는 수관비율

　　㉠ 살아 있는 수관비율 : 총 수고(가지길이) 중에서 잎이 달린 부위의 높이(길이)

　　　• 높을수록 좋음(0.6 이상)

　　　• 파손 시작 : 0.4 이하면 위험

　　㉡ 문제점 및 피해 : 수관을 지탱할 힘이 없음(수간, 가지)

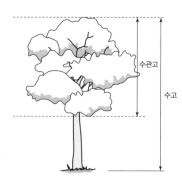

⑤ 수간/가지의 상처/부후

　　㉠ 문제점 : 수간/가지의 강도 약화

　　㉡ 예상 피해 : 쉽게 부러지고 넘어짐

　　㉢ 검토 기준 : 배관의 내부공간 변화에 따른 강도 변화

　　㉣ 안정성 판단

안전한 수준	• 내부 공간(부후) 비율 70%인 경우 • 강도 70% 유지 : 안전하다고 판단
파손 가능 수준	수간 직경의 70% 이상이 부후된 경우

⑥ 죽은 수목과 가지

　　㉠ 문제점

　　　• 넘어지거나 떨어질 경우 직접적인 피해 유발

　　　• 부후가 수간으로 이어져 수간 약화

　　　• 수간이 약화되면 작은 충격에도 넘어지고 가지는 강풍 시 탄환으로 돌변

　　㉡ 예상 피해 : 인명, 재산상 피해 발생 가능

⑦ 기울어진 수목

  ㉠ 증상 : 수목의 무게 중심이 수직선으로부터 이탈되어 뿌리판은 솟고 땅이 꺼짐

  ㉡ 예상 피해 : 작은 힘에도 넘어짐

  ㉢ 평가

기울기 각도	• 15도 이상 : 위험 • 25도 초과 : 즉시 제거
기울기 거리	• Z>X : 중력에 의해 넘어짐 • Z : 수직선 : 수목의 중력 중심 간 거리(수고×0.3) • X : 뿌리 판의 가장자리(수고×0.09) 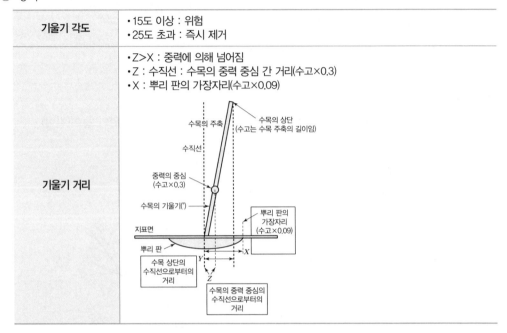

⑧ 뿌리발달에 필요한 공간 부족

  ㉠ 문제점 : 뿌리의 고착력 약화

  ㉡ 예상 피해 : 쉽게 넘어짐

⑨ 공사로 인한 뿌리 손실

  ㉠ 문제점 : 뿌리의 고착력 약화

  ㉡ 예상 피해 : 교목 전체가 쉽게 넘어짐

⑩ 뿌리 부후

  ㉠ 증상 : 근원/뿌리에서 자실체(버섯) 발생

  ㉡ 문제점 : 뿌리의 고착력 약화, 근원의 지지력 상실

  ㉢ 예상 피해 : 교목 전체가 쉽게 넘어짐

⑪ 옥죄는 뿌리

  ㉠ 문제점 : 옥죄고 있는 뿌리와 줄기가 동시에 생장하면서 수간의 기부를 약화시킴

  ㉡ 예상 피해 : 수간의 기부가 약해져 부러짐

(4) 수목 파손에 영향을 주는 요소

① 수목에 위해를 구성하는 3요소

    ㉠ 파손 가능성 있는 수목의 결함

    ㉡ 파손으로 피해를 입을 대상(사람, 물체)

    ㉢ 파손을 부추길 수 있는 환경

② 수목 파손에 영향을 주는 요소

    ㉠ 결함의 유형, 크기, 위치 : 느슨해지거나 절단된 뿌리, 수간의 심각한 부후 등(갈색부후, 백색부후, 연부후)

    ㉡ 수목의 종, 크기, 나이

        • 크고 오래된 수목은 같은 수종의 작거나 어린 수목보다 파손될 가능성이 더 높음

        • 활력이 좋은 교목은 가지 부착이 약할 가능성 있음

    ㉢ 부지 특성 : 점토, 얕은 토심, 배수가 불량한 토양, 도시수목

    ㉣ 바람의 패턴

        • 대부분의 파손은 태풍이 불 때 발생

        • 주풍과 구조물의 반대 방향에서 부는 바람도 주요 요소

    ㉤ 유지·관리 작업

        • 유지·관리 이력은 수목의 결함 진전에 중요

        • 농장에서 자란 수목의 뿌리와 수간의 형성과 전정, 관수 등이 중요한 이력

(5) 수목의 결함 점검

① 점검 주기와 시기

점검 주기	• 부지 특성과 수목에 따라 차이가 있음 • 1~2년 주기(평균적) • 특성 고려 : 수종별로 점검 주기의 조정이 필요함 • 추가점검 : 이상 기후(태풍, 폭설, 호우 등) 발생 전후
시기	• 낙엽수 : 전체 구조를 잘 확인할 수 있는 초봄 • 자실체 형성 부후 미생물 피해 우려 : 자실체 생산 시기와 일치

② 점검 절차

    ㉠ 육안조사

목적	• 수목의 활력과 구조 평가, 결함 유무 확인 • 결함의 상세 조사 필요성 결정
조사 대상	• 수목 전체 생육 상태 • 수간, 가지, 뿌리의 결함과 결함 징후 • 주변 지형, 피해 대상물 등

조사항목	• 수목 전체 　– 수목의 전반적인 건강 　– 수관의 배치와 기욺 • 수간 　– 초살도 　– 상처 및 균열 　– 후로 인한 공동 및 곰팡이 자실체 • 동일 세력 줄기의 분기 균열, 수피 매몰 • 가지 　– 가지의 배치외 초살도 　– 가지/줄기 직경 비율과 수피 매몰, 균열과 부후 • 뿌리 　– 근원부후와 곰팡이 자실체 　– 뿌리판 솟음과 토양 균열 　– 지표면 변화 : 절토 또는 성토·공사로 인한 뿌리 절단

ⓒ 정밀조사

목적	• 수목 결함의 정도 확인 • 파손 시 피해 정도 확인 • 피해 예방을 위한 대책 수립
조사 대상 및 방법	• 수목의 결함 부위 및 인접 부위 • 파손 시 피해 대상 • 다양한 도구, 장비, 전문가 활용 • 조사 결과를 평가할 수 있는 지표 활용
조사항목	• 수목 전체 　– 살아 있는 수관 비율 : 수관 높이/총 수고 　– 수목 기욺 • 수간 　– 수간 초살도, 균열의 크기, 공동 및 부후 크기 및 정도 　– 필요 시 내부부후에 대한 정밀 조사 • 가지 　– 가지 초살도, 살아 있는 지관 비율, 균열과 부후의 대략적인 크기 　– 내부 부후에 대한 정밀 조사 • 뿌리 　– 절단된 뿌리 비율 　– 부후된 뿌리의 대략적인 비율 　– 뿌리 내부 부후에 대한 정밀 조사

③ 조사방법

㉠ 수간 부후 탐지법

나무망치로 수피를 때리는 방법	• 공동 : 빈 통이나 북소리 • 느슨한 수피 : 둔탁한 수리
탐침	눈금이 새겨진 강철 봉으로 공동의 깊이, 근원 부후 여부, 지하 공간 유무 확인
생장추	목재 샘플을 추출하여 부후 확인
천공법	3.2mm 비트가 장착된 배터리 천공기를 이용하여 비트의 저항력 기준으로 부후 평가
저항기록 드릴	• 드릴의 회전 저항이 그래프 용지에 기록됨 • 갈색부후/연부후 부위 : 저항 격감 • 백색부후 부위 : 점진적으로 감소 • 습재 : 정상재보다 증가

정밀 기기 이용	• 전기저항 이용(샤이고미터)
	  − 목재에 작은 구멍을 뚫어 목재에 대한 전기 저항으로 부후 추정
	  − 부후된 부위 : 수분/이온 집적으로 전기가 더 잘 통함
	• 음파측정장치
	  − 음파가 목재를 통과하는 데 걸리는 시간 측정
	  − 음파통과 속도 : 부후된 목재<건전한 목재
	  − 종류 : 피쿠스, Arborsonic Decay Detector 등

기타	• X−ray, 열화상 이미지, 핵자기공명, 단층촬영기 • 고가 장비, 현장 사용 불편

　ⓛ 뿌리 조사

뿌리 굴착	• Air Spade, Air Knife • 뿌리 확인, 뿌리 절단, 뿌리 아래 배관 설치용 도랑 굴착
레이더	• ImpulseRadar • 레이더 파의 반사, 흡수, 통과, 굴절 현상 활용 • 뿌리 손상 없이 뿌리 위치 확인 가능(직경 2cm 이상의 뿌리) • 부후 정도 확인 곤란
근원 천공	• 근원에서 자실체 발생 시 • 자실체가 나타나는 판근 사이의 만처럼 들어간 부위
부후 탐지 실패	• 수간을 침범하지 않고 뿌리만 부후시키는 부후균으로 인해 뿌리부위에 버섯 발생 • 해결 방안 : 수간으로부터 1~2m에서 굴착
정적 당김 테스트	소프트웨어로 해당 교목에 가하는 풍압과 풍압에 대해 해당 교목이 견디는 능력을 평가함
동적 풍하중 분석	진단 대상 교목에 경사계, 변형계, 가속도계 등을 설치하고 일정기간 동안 바람의 방향/강도, 뿌리판/수간의 움직임에 관한 자료를 확보하고 소프트웨어로 분석

④ 자실체의 언어

　㉠ 자실체 생장량 : 다년생 자실체 생장

　　• 목재 잔량이 많으면 최근 생장량 증가

　　• 목재 잔량이 부족하면 최근 생장량 감소

　　• 최근 생장량이 감소하면 위험

　㉡ 자실체의 주변 조직(부후 곰팡이의 전략) : 자신의 부착부위 강화하여 부착 부위는 분해하지 않거나 가장 나중에 분해

　㉢ 자실체의 생장 특성(굴지적 생장 방향) : 항상 포자가 아래로 향하도록 자람. 자실체 방향을 보면 발생시기를 알 수 있음

(6) 수목의 결함과 평가

① 수목 위험 평가

　㉠ 수간 : 부러짐, 넘어짐

　　• 파손 요인 : 목재 강도 손실, 불량한 초살도, 낮은 살아 있는 수관비율

　　• 추가 고려 요인 : 동일세력줄기(균열/수피매몰), 수간 균열 등

　　• 수목 위험 평가

수목 위험 평가

파손 가능성		낮음(1점)	가능(2점)	우려(3점)	임박(4점)
2. 수간 파손(부러짐, 넘어짐)					
수간 목재 강도 손실		~10%	~20%	~30%	30%<
수간 초살도(수고/직경비율)		<30	~40	~50	50<
살아 있는 수관비율		>0.6	0.6~0.4	0.4~0.2	0.2>
수목상태/환경 요인별 가감	동일세력줄기 -균열	+3	동일세력줄기 -수피매몰 +1	수간균열	+2~3
	주거지 내 소재	+1	바람-보호됨 -1	바람-집중	+1
항목별 잠수 및 대응 수준		□ 관망(~2) □ 예방 조치(3) □ 보호 조치(4 이상)			

ⓛ 수간 기욺 : 넘어짐

　•파손 요인 : 과도한 기욺

　•추가 고려 요인 : 뿌리 판 솟음, 땅 꺼짐, 지표면 균열, 기운 형태 등

　•수목 위험 평가

수목 위험 평가

파손 가능성		낮음(1점)	가능(2점)	우려(3점)	임박(4점)
3. 수간 기욺(넘어짐)					
기울기 각도(도)		<10	10~15	15~20	20<
수목상태/환경 요인별 가감	뿌리판 솟음, 땅 꺼짐, 지표면 균열			+4	경사 30° 초과 +1
	주거지 내 소재	+1	바람-보호됨 -1	바람-집중	+1
	중점토	+1	직선형 기욺 +2	활 모양 기욺	+1
항목별 잠수 및 대응 수준		□ 관망(~2) □ 예방 조치(3~4) □ 보호 조치(5 이상)			

ⓒ 가지 : 부러짐, 찢어짐

　•파손 요인 : 목재 강도 손실, 불량한 초살도, 낮은 살아 있는 지관비율

　•추가 고려 요인 : 파손 이력, 균열 등

　•수목 위험 평가

수목 위험 평가

파손 가능성		낮음(1점)	가능(2점)	우려(3점)	임박(4점)
1. 가지 파손(부러짐, 찢어짐)					
가지 목재 강도 손실		<10%	~20%	~30%	30%<
가지 초살도(길이/직경비율)		<30	~40	~50	50<
살아 있는 지관비율		>0.6	0.6~0.4	0.4~0.2	0.2>
수목상태/환경 요인별 가감	파손이력	+2	균열(가지, 분기) +2~3	직경비율>0.7	+1
	주거지 내 소재	+1	바람-보호됨 -1	바람-집중	+1
	분기 각도 >45°	+1			
항목별 잠수 및 대응 수준		□ 관망(~2) □ 예방 조치(3) □ 보호 조치(4 이상)			

  ㉣ 뿌리 : 넘어짐

   • 파손 요인 : 뿌리 부후, 절단

   • 추가 고려 요인 : 뿌리 판 솟음, 땅 꺼짐, 지표면 균열, 버섯 발생 등

   • 수목 위험 평가

수목 위험 평가

파손 가능성		낮음(1점)	가능(2점)	우려(3점)	임박(4점)
4. 뿌리 손실(넘어짐)					
부후된 뿌리 비율		<10%	~20%	~30%	30%<
절단된 뿌리 비율		<10%	~20%	~30%	40%<
수목상태 /환경 요인별 가감	뿌리판 솟음, 땅 꺼짐, 지표면 균열		+4	수관 불균형	+1
	복토(30cm 이상) +1	버섯 발생	+2	경사 30° 초과	+1
	주거지 내 소재 +1~2	바람-보호됨	-1	바람-집중	+1
	중점토 +1				
항목별 점수 및 대응 수준		☐ 관망(~2) ☐ 예방 조치(3~4) ☐ 보호 조치(5 이상)			

② **피해 대상 평가**

 ㉠ 피해 대상물 : 인명, 재산

 ㉡ 평가 요소

  • 용도 : 주차장, 건물, 휴양용 산림 등

  • 해당 장소의 이용 빈도와 점유시간

 ㉢ 평가 기준

  • 사람이 이용>구조물만 존재

  • 점유 시간 : 길수록 높은 등급

  • 고정성, 장기적 점유>이동성, 단기적 점유

③ **대상물 관리**

 ㉠ 이동성 : 피해권 밖으로 이동

 ㉡ 이동성 대상을 가진 장소 : 주차장, 보도

  • 통로 배치, 폐쇄하여 사용 제한

  • 울타리를 쳐서 이용 배제

 ㉢ 피해 보상 책임 경감 : 수목 피해 배상 보험 부보

  • 공공기관 : 한국지방재정공제회(수목배상보험)

  • 민간 보험회사(수목배상보험)

(7) 피해 경감 방안

① 피해 경감

중/장기	• 적지 적수 : 기후와 부지 여건에 적합한 수종을 식재하라 • 질이 좋은 식재 수목을 선정하라 : 좋은 구조, 맴돌거나 꺾이지 않은 뿌리를 가진 수목 식재 • 올바르게 식재하고 적절한 초기 관리를 하라 : 불리한 토양 개량, 어릴 때부터 전정 • 올바른 유지·관리 방법을 사용하라 : 상처관리, 올바른 전정, 과도한 관수 금지, 과도한 뿌리 제거 금지
단기	• 대상물의 이동 • 단기 예방 조치 : 축소 절단, 솎기 전정 • 단기 보호 조치 : 줄당김, 쇠조임, 지지대, 당김줄 설치 등 보강 시스템 설치 • 구역폐쇄 및 접근금지 • 위험목 제거

② 예방 조치

  ㉠ 축소 절단 : 가지 길이나 수고 축소를 통해 수목에 대한 구조적인 결함을 바로잡는 데 활용됨

  ㉡ 솎기 전정 : 수관이나 지관의 밀도 감축으로 광합성을 촉진하고 풍해 및 병해 예방

③ 수목 보강 시스템

  ㉠ 줄당김

  • 정적 시스템(고정식, 관통볼트식)

정의	가지나 수간에 철선이나 합성섬유를 부설하여 팽팽하게 당겨줌

설치 방법	• 위치 : 지지될 가지나 줄기 길이의 2/3 지점에 고정 장치 설치
	• 연결 선의 각도
	  – 줄기와 가지가 이루는 각도를 이등분하는 선과 직각으로 교차
	  – 가지와 철선과의 각도는 45° 이상이 되어야 안전
	• 수간이 여러 개로 갈라져 있는 교목이 바깥쪽으로 수간이 기울어지려고 할 때의 줄당김 방법(대각선 연결법, 삼각연결법, 중앙고리 연결법)
	• 모든 고리볼트는 반대편에서 수간을 관통시켜 설치해야 함(철선을 가지 둘레에 단순하게 돌려 매는 것은 세월이 지나면서 가지의 직경이 굵어지므로 절대 금물)
	• 고정식(관통볼트식)은 가장 힘을 많이 받을 수 있는 방법
	• 조임틀(Turnbuckle), 천공기, 볼트, 연결고리를 사용

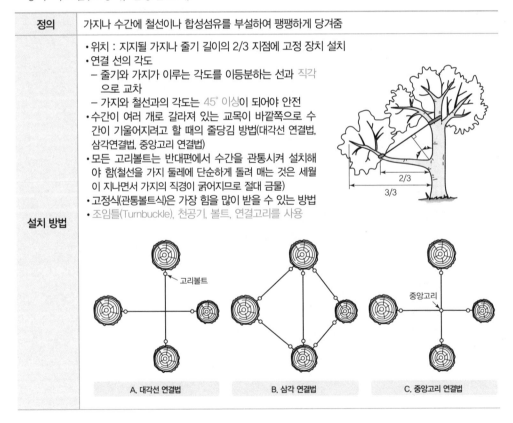

A. 대각선 연결법   B. 삼각 연결법   C. 중앙고리 연결법

작업 시 유의점	• 고정 장치의 각도 : 당기는 줄과 평행하게 할 것 • 구멍 간 거리 : 대상 줄기 직경과 30cm 중 낮은 수치 이상 이격 • 구멍의 직경 : 설치 지점 줄기 직경의 1/6 미만 • 배열 : 상하로 수직적으로 놓이지 않도록 할 것 • 시스템 설치가 가능한 건전 목재 비율 : 30% • 줄기 강도는 70% 유지

• 동적 시스템(이동식, 원형밴드식)

방법	폭 20cm가량의 철판을 원통형으로 제작하고 고무판을 부착한 후 한쪽 끝에 고리를 부착하여 철 선을 연결, 가지의 움직임을 허용
장점	가지나 줄기에 상처를 입히지 않고 약한 부위를 지지함
단점	화학섬유로서 내용연수가 8년 내외로 짧음

ⓛ 쇠조임(Bracing)

정의	쇠막대기를 이용하여 수간이나 가지를 관통시켜서 약한 분지점을 보완하거나 찢어진 곳을 봉합하 는 것
설치 방법	• 줄기에 구멍을 뚫고 쇠막대기형의 볼트와 너트로 고정하는 방법이 가장 튼튼함 • 설치 위치 　– 〈위〉 굵은 줄기직경의 1~2배 범위 내 　– 〈아래〉 균열이 끝나는 지점 바로 아래 • 줄기가 좁은 각도로 분지되어 있는 경우 갈라진 곳 바로 아래부분에 수평으로 설치 • 구멍은 쇠막대기가 꼭 맞게 하고 워셔를 이중으로 사용, 형성층 안쪽의 목질부까지 넣음(형성층이 자라 너트를 완전히 감싸도록 함) • 가지가 굵거나 이미 찢어진 가지를 봉합하는 경우 한 개의 조임쇠로는 부족하므로 윗부분에 2개 를 추가로 설치(위, 아래의 조임쇠 간격은 가지 직경의 2배) • 중앙에 공동이 있을 시에는 공동을 가로질러서 조임쇠를 2개 이상 설치 • 보강 : 위쪽에 정적 줄당김 설치 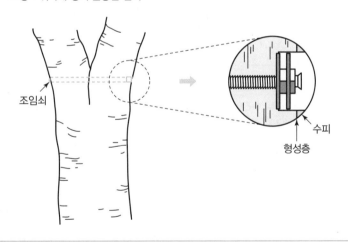
설치 유형	• 단일 쇠조임 : 지지력이 가장 약하기 때문에 연결 부위에 찢어짐이 없는 직경 20cm 이하의 소교 목에 적합한 유형 • 평행 쇠조임 : 연결 부위가 찢어져 있거나 대규모 수피 매목이 있는 중교목(직경 20~50cm)인 경 우엔 조임 강봉을 연결 부위 아래쪽 수직으로 평행하게 추가로 설치 • 교호 쇠조임 : 단일 연결 부위, 연결 부위 아래가 크게 찢어진 대교목에 활용 • 교차 쇠조임 : 둘 이상의 연결 부위가 있는 대교목에 활용, 적어도 하나의 막대는 각주된 연결 부 위를 지지해야 함

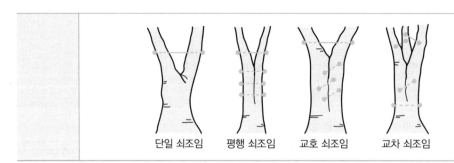

| | 단일 쇠조임 | 평행 쇠조임 | 교호 쇠조임 | 교차 쇠조임 |

ⓒ 당김줄

정의	• 수간을 지면이나 다른 수목에 연결시켜 고정하여 지지를 보강함 • 직경이 큰 나무를 옮겨 심으면서 나무를 견고하게 세우고자 할 때 • 바람에 기울어진 나무를 다시 곧게 세우고자 할 때 • 보행자가 많은 번화한 상가에서 고정장치를 땅속에 설치하고자 할 때
설치 방법	• 당김줄 고정 장치 방향은 지상의 고정 장치 방향으로 설치 • 고정 장치의 높이는 수고의 1/2 이상을 기준으로 하되, 주변 여건과 설치 대상 수간의 강도를 고려하여 조정 • 철선을 가지나 줄기에 고정시킬 때에 철선은 땅과 45˚의 각도를 유지하고 높이는 수고의 2/3 정도 되어야 함 • 당김케이블은 수목 고정 장치를 기준으로 90˚ 이내에 둘 이상을 설치할 수 있음

ⓓ 지지대 설치

정의	• 가지나 수간이 넘어지지 않도록 고정시키기 위해 설치하는 단단한 장치 • 과도한 지지는 수목의 최적화 노력을 약화시킴

설치 방법
(I, Y, X, A,
H형 등)
	• I자형
	  – 수목의 가지가 낮게 수평 방향으로 뻗고 있을 때 간단히 설치
	  – 수직에서 벗어나면 지지력 상실
	• Y자형
	  – 일자형 파이프의 끝부분에 접시 모양 강판을 수평 방향으로 용접하여 고정
	  – 접시 폭은 줄기 직경의 2배가량으로 줄기가 바람에 움직일 수 있게 함(고무판 설치)
	• X자형
	  – 비교적 낮은 가지의 경우 두 개의 파이프를 X자로 교차되게 세우고 위에 가지를 얹어서 받쳐 주는 형
	  – 더이상 움직이지 않도록 확실하게 고정하는 수평 바를 하나 설치
	• A자형
	  – 파이프를 일정한 각도로 맞붙여 사용
	  – 가지가 좌우로 많이 흔들려서 한 개의 다리로 고정이 안 될 경우 사용

	• H자형
	– 가지의 움직임을 허용하면서도 파손을 방지하는 지지력을 제공할 수 있도록 가지와 지지대 사이 좌우 그리고 아래쪽에 공간을 확보
	– 여유공간 : 가지 직경×0.5
	– 가지 스스로의 지지력 발달을 훼손하지 않음
	– 결속으로 인한 가지 패해 없음
지지시스템의 한계	위해 가능성을 줄여줄 뿐 구조적인 약점을 영구적으로 치유할 수 없고 파손 방지를 보장할 수 없음
지지시스템의 효과 제고 방안	• 설치 전 – 구조적 결함 교정 – 가지의 무게 감축을 위한 가지 솎기 – 수관의 균형 회복 조치 • 뿌리, 근원의 결함 확인 – 지지시스템은 뿌리와 근원에 스트레스 증대 – 뿌리/근원에 결함 제거 • 지지대는 고정된 시설물이 아니므로 수시로 점검하여 이상이 발견되면 보수하거나 위치 조정 • 내용연수 : 효과적인 서비스 기간이 7~10년

④ 여름 낙지 원인과 대책

특징	덥고 조용한 여름 오후 동안, 또는 이러한 날씨가 있은 이후 외관상으로 튼튼한 직경 1m에 이르는 가지, 또는 직경 1.3m 정도의 수간이 갑자기 부러지는 것
피해	• 치명적, 사람과 건물에 심각한 손상
떨어지는 가지의 특징	• 수평에 가까운 각도, 수관의 바깥까지 뻗어 있음 • 가지가 튼튼해 보일 수도, 결함이 있을 수도, 태풍의 피해를 입었을 수도 있음 • 부착된 지점에서 다소 떨어진 지점에서 파손
대책	• 수평의 긴 가지 제거, 축소, 솎기 • 가지의 초살도를 높이도록 전정 • 수목의 활력 제고, 결함을 가진 가지 제거 • 활력이 낮은 과성숙목 제거 또는 이들 주변에서의 활동 자제

(8) 피뢰 시스템

① 번개

㉠ 수목피해

- 고립된 수목

- 집단에서 가장 키가 큰 수목

- 가장자리에 있는 키 큰 수목

- 습한 토양이나 저수지, 호수에 인접한 수목

- 건물에 인접한 수목

㉡ 감수성 차이

- 심근성 교목/부후가 진행 중인 수목>천근성, 건강한 수목

- 전분이 많은 수목>기름이 많은 수목

- 감수성이 높은 수종 : 단풍나무, 물푸레나무, 백합나무, 야자수, 사시나무, 참나무, 아까시나무, 느릅나무 등

- 감수성이 낮은 수종 : 마로니에, 너도밤나무, 자작나무 등
② 피뢰시스템 설치
  ㉠ 설치기준
    - 피뢰침은 반드시 꼬아서 만든 동선(직경 1cm가량)을 사용
    - 나무의 가장 높은 곳보다 더 높게 설치(돌침)
    - 수간을 따라 지하 30cm까지 내린 후 다시 수관 가장자리보다 더 밖으로 뽑아 묻음(7m 이상)
    - 3m가량 땅속에 수직으로 묻힌 구리막대기에 연결
    - 흉고직경 1m 이상의 거목일 경우에는 2개 이상의 피뢰침을 나무꼭대기에서부터 독립된 동선에 연결하여 각각 땅속에 묻음
  ㉡ 유지·관리
    - 매년 휴면기에 손상 여부와 돌침의 높이 적정 여부 점검
    - 돌침은 수목의 생장을 고려하여 2~3년마다 높일 필요가 있음
    - 구리전선은 90° 이하로 급격하게 휘지 않도록 관리

10. 수목 상처와 공동관리

(1) 개요

① 상처 발생은 불가피 : 자연적 요인, 인위적 요인, 병해충 등
② 기초 원리
  ㉠ CODIT
  ㉡ 부후균의 호기성
③ 상처관리의 한계
  ㉠ 상처 발생 후 : 인위적인 치료에 한계. 해당 수목의 활력 제고 정도
  ㉡ 대책 : 예방이 중요함
    - 상처 발생 최소화
    - 수목이 유합할 수 있는 크기의 상처 이내 : 수목의 상처를 줄이는 방법 중의 하나는 나무가 어릴 때 골격전정을 실시하여 나중에 굵은 가지를 자르지 않는 것

(2) 수목상처관리

① 상처 발생 직후(골든 타임)
  ㉠ 노출된 목부/형성층 : 건조하지 않도록 도포제 적용, 젖은 자재로 감싸줌
  ㉡ 들뜬 수피 : 건조되기 전에 가볍게 압착. 마르지 않도록 젖은 피트모스로 감싸줌

ⓒ 환상 박피 피해

다리 접	• 1년생 가지를 이용 • 형성층이 연결되도록 부착 • 작은 못으로 고정 • 마르지 않도록 주위를 감싸줌
수피이식	• 환상으로 수피가 벗겨진 경우 수피이식을 통해 살릴 수 있음 • 찢어진 수피, 이물질 제거 • 상처 아래와 위쪽에 환상으로 2cm 수피 제거 • 다른 수목으로부터 상처와 같은 길이, 폭 5cm의 수피 확보, 습한 상태 유지 • 노출된 목재에 부착하고 작은 못으로 단단히 고정 • 젖은 자재로 덮어주고 밀봉하고 그늘지게 유지(이식 부위 상하 1.5cm 이상 넓게) • 늦은 봄에 실시하면 성공률이 높음

② 상처 부위 건조 후

　　㉠ 관리 방안 : 없음, 노출된 목재에 도포제 적용 정도

　　㉡ 목부 손상 동반 상처

　　　　• 상처 발생 직후 : 병해충 감염 방지, 다리접/수피 이식 가능성 확인

　　　　• 이후 : 부후 진행 상황 모니터링. 강도 손실 확인 시에는 보강 시스템 설치·제거 고려

　　㉢ 상처 도포제 : 상처를 통한 병해충 침투 예방, 미용적인 목적(예 티오파네이트메틸 도포제, 라놀린, 락발삼 등)

(3) 공동관리

① 외과수술의 목적

　　㉠ 공동이 더이상 부패하지 않도록 조치를 함

　　㉡ 수간의 물리적 지지력을 높여줌

　　㉢ 미관상 자연스러운 외형을 가지도록 함

② CODIT(Compartmentalization Of Decay In Tree)

　　㉠ 수목이 상처에 대한 자기방어기능을 가지고 있음

　　㉡ 수목은 자기방어기작에 의해 부후외측의 변색재와 건전재의 경계에 방어벽(화학적, 물리적)을 형성하여 부후균의 침입에 저항(이것이 파괴되면 부후균이 방어벽을 돌파)

　　㉢ 수목의 방어체계

방어벽 1	부후가 상처의 위아래인 세로축(섬유 방향)으로 진전되는 것을 막기 위해 물관이나 헛물관을 폐쇄하여 만든 벽
방어벽 2	부후가 나무의 중심부로 향해 방사 방향으로 진전되는 것을 막기 위해 나이테를 따라 만든 벽
방어벽 3	부후가 나이테를 따라 둘레 방향인 접선 방향으로 진전되는 것을 저지하기 위해 방사단면에 만든 벽
방어벽 4	노출된 상처를 밖에서 에워싸기 위해 상처가 난 후에 형성층이 세포분열을 통해 만든 신성세포로 된 방어벽

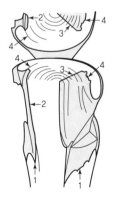

③ 부후균의 호기성

    ㉠ 대부분의 목재부후균은 호기성이므로 공기를 완전히 차단할 수 있어야 효과가 있음

    ㉡ 부후균 차단에 도움이 되는 공동충전 : 수간에 한정된 공동의 충전

    ㉢ 지면과 수간 상단까지 연결된 공동은 효과 없음

④ 수간 외과수술

부패부 제거	• 부패한 조직을 끌, 망치 등을 이용하여 말끔히 긁어냄 • 손이 닿지 않는 부분은 공기 압축기로 분사 및 청소 • 수목이 방어대를 형성한 목질부의 갈색 부분을 제거해서는 안 됨(새로운 상처 금지)
살균, 살충 및 방부, 방수 처리	• 살균제는 70% 이상 에틸알코올 처리 • 살충제는 페니트로티온 유제 1,000배와 다이아지논 유제 800배를 혼합하여 분무기로 살포
공동 충전	• 충전물 정리가 용이하도록 종이나 비닐로 수간을 감쌈 • 투입된 충전물이 동동 내 압착되도록 단단히 동여맴 • 충전물 투입 : 15~30배 팽창
표면 정리	• 충전물이 완전히 굳을 때까지 대기 • 충전물이 굳은 후 비닐 제거 • 2~3cm까지 충전재 제거(표면 처리재 부착 가능 깊이) • 인공 수피 처리(실리콘과 코르크 가루를 반죽하여 형성층 아래 5mm 낮게 처리)

⑤ 뿌리 외과수술

    ㉠ 목적

      • 살아 있는 뿌리를 찾아서 박피를 실시함으로써 새로운 뿌리 발달을 촉진함

      • 토양을 개량하여 양분 흡수를 용이하게 함

      • 수술 적기는 봄이지만 9월까지 가능

    ㉡ 뿌리 부패의 증상

      • 잎의 색깔이 변하고 수세가 쇠퇴하여 가지의 발생과 생장이 저조한 경우

      • 잎과 꽃의 숫자가 줄고 크기가 작아지는 경우

      • 가지의 끝부분이 고사하는 경우

      • 지제부에서 버섯이 발생하는 경우 등은 뿌리를 우선적으로 확인

과습 시	• 수관에서 부분적으로 잎이 마르고 신초(어린 가지)가 고사 • 엽병이 누렇게 변하면서 잎이 고사
복토 시	• 20cm 이상으로 복토가 되면 잎의 왜소현상과 어린 가지의 고사현상 • 점토로 복토되면 당년에 피해, 사토로 복토되면 2~3년 후에 증세
답압 시	복토와 유사한 증상

    ㉢ 진단

      • 삽이나 오거(뿌리 검토장)를 이용하여 지표 20cm 이내에 잔뿌리 있는지 확인

      • 수관 바깥쪽에서 안으로 들어오면서 몇 군데 뿌리를 파보고 굵은 뿌리에서 수피의 색을 벗겨 살아 있는 뿌리를 확인(힘없이 벗겨지고 검은색 착색)

      • 수관 폭 외곽과 내부에서 대부분의 뿌리가 죽어 있다면 심각한 장애

ⓔ 뿌리수술

흙파기	• 잔뿌리가 없거나 굵은 뿌리가 모두 죽은 경우 살아 있는 뿌리가 나타날 때까지 실시 • 복토된 흙은 제거
뿌리절단과 박피	• 죽어 있는 부분을 절단하고 반드시 살아 있는 부분에서 예리하게 절단 • 살아 있는 뿌리는 3cm 폭으로 환상박피 또는 길이 7~10cm 띠 모양으로 발근촉진 제(IBA)를 뿌리고 도포제를 도포
토양소독과 토양개량	• 각종 병균과 해충을 구제하기 위하여 토양살균제와 살충제를 노출된 토양에 살포
기타 토양처리 및 되메우기	• 과습 지역에는 되메우기 전 암거배수나 명거배수를 설치 • 상습적인 답압 지역은 숨틀을 수직으로 묻고 추가적으로 울타리를 설치 • 되메우기는 최종적인 지표면의 높이를 예전의 높이와 똑같이 해야 함(복토 안 됨)
지상부 처리	• 쇠약지, 고사지, 도장지를 제거 • 엽면시비와 수간주사를 통해 무기양료를 추가로 공급

11. 수목 건강관리

(1) 개요

① 수목관리의 목적은 활력적으로 건강하고, 구조적으로 튼튼한 식생을 유지하는 것

② 환경 스트레스, 병해충, 비전염성 장애, 그릇된 관리 작업에 대한 높은 저항성

③ 최소의 비용으로 최대의 편익을 확보

(2) 수목건강관리의 정의와 기본정신

① 수목건강관리(PHC ; Plant Health Care) : 경관 내 식물의 건강, 구조, 외관을 관리하기 위한 전반적이고 포괄적인 프로그램

② 목적 : 수목의 건강을 유지하여 병해충 군집을 수용 가능한 수준으로 관리

③ 기본 정신

ⓖ 관리 대상 수목은 전체 경관 생태계의 일부

ⓛ 수목을 도시 생태계 전체를 고려하여 관리

ⓒ 수목은 진화를 통해 환경변화에 대한 적응능력과 자연방어능력을 갖추고 있음

ⓔ 우리는 이러한 수목의 자연적인 능력을 최대한 유지할 수 있도록 나무를 관리해야 함

(3) 건강한 수목

건강한 수목이란 환경변화에 대한 적응능력과 자연방어능력을 최대한 발휘하면서 건강을 유지하는 것

(4) 수목의 방어 기제

① 물리적 방어

ⓖ 가시, 털, 잎의 두꺼운 큐티클 층과 딱딱한 수피 등을 생산함으로써 병해충의 침입을 억제하는 수단

ⓛ 가지치기와 태풍으로 물리적 상처가 생기면 자연방어벽이 무너져 병해충이 침입하기 쉬움

② 화학적 방어

㉠ 타감물질을 생산하거나 분비함으로써 병해충을 억제하는 수단

ⓛ 타감물질은 한 생물이 자신을 방어하기 위한 목적으로 다른 생물에게 영향을 주기 위해 생산한 물질(리그닌, 타닌, 수베린, 페놀 등)

ⓒ 제충국(피레트린), 침엽수(테르펜), 주목(택솔, taxol), 초본식물(알칼로이드, alkaloid)

(5) 수목 건강관리 절차

① IPM(Integrated Pest Management, 종합적병해충관리)과 PHC(Plant Health Care, 식물건강관리)

㉠ PHC는 1980년대 조경수 관리 전문가들에 의한 조경수 관리 효율을 위한 시도

ⓛ 농작물의 생산과정에서 도입되었던 IPM 개념을 응용

ⓒ IPM은 다양한 방제법(기계적, 재배적, 생물적, 화학적, 법제적 방제)을 동원하여 경제적 피해를 최소화하는 것

ⓔ 정찰이란 병해충에 대한 관찰, 인지, 동정, 숫자파악, 문제를 기록하는 행위이고, 지속적인 정찰을 모니터링이라 함

ⓜ IPM의 개념을 조경수 관리에 적용하면 경제적 피해수준과 경제적 피해허용수준을 결정하기 어려움

② **적절한 반응과정** : 정보수집, 평가, 고객의 기대 확인(개입 여부 결정), 방안 수립, 행동 과정 결정

③ **모니터링**

㉠ 의의 : 부지, 수목, 장애에 관한 정보 수집

ⓛ 목적 : 관리자가 정확한 방제활동이 가능하도록 포식자, 포식 기생자, 병해충 등의 밀도에 대한 정보 제공

ⓒ 병해충 및 스트레스 수준 분류

• 수목의 생명을 위협하는 것

• 수목에 이차적인 피해를 입힐 가능성이 있는 것

• 수목의 외관에만 영향을 미치는 것

• 향후 심각한 문제가 될 수 있는 것

ⓔ 방법

• 시각적인 평가

• 표본 채취 : 채집, 끈끈이 표면, 성 유인물질 등 활용

• 발생 시기 추정

④ 핵심 병해충과 핵심 수목

　㉠ 핵심 수목

정의	병해충에 대한 감수성이 높거나 환경에 대한 적응력이 약한 수목
대상 확인 지침	• 가장 낮은 분류학적 수준에서 동정 : 재배종, 품종 등 • 지역 특이적 : 지역에 따라 수종별 저항성에 차이 • 영향을 미치는 병해충과 스트레스의 강도와 방제할 수 있는 능력

　㉡ 핵심 병해충

　　• 핵심 수목의 생명이나 미적인 가치를 위협하는 유기체

　　• 핵심스트레스 : 환경적/물리적 요인 포함

⑤ 행동 문턱값 설정

　㉠ 문턱값

　　• 수목관리자가 개입할 경관 손상이나 병해충 감염 수준

　　• IPM : 경제적인 손실 기준

　㉡ 경관에서의 결정 요소

　　• 병해충 개체수의 밀도

　　• 수목의 외관 : 배설물, 부분적인 낙엽, 흡즙성 해충의 감로 등

(6) 건강관리 전략

① 전략 대안

　㉠ 예방 : 예방적인 농약 적용

　㉡ 박멸 : 치명적인 외래 병해충에 제한적으로 적용

　㉢ 억제 : 비용효과적이고, 환경적으로 신뢰할 수 있는 방법으로 병해충 개체 수를 수용 가능한 수준으로 유지

② 원칙·예방

　㉠ 부지 여건 개선

　㉡ 병해충에 유리한 여건 억제

　㉢ 저항성 수종/품종 선정

　㉣ 고품질 수목 식재

　㉤ 수종 다양성 유지

(7) 건강관리 대안

① 법률적 방제

　㉠ 격리 : 검역과 검열

　㉡ 박멸 : 좁은 지역에서 특정 병해충 제거

　㉢ 대규모 협업 : 소나무재선충병 감염 소나무의 이동 금지/벌채 등

② 유전적 방제

　　㉠ 기주 저항성 활용 : 저항성 높은 수종 식재, 감수성 수종 제외

　　㉡ 해충의 자멸을 유도 : 해충이 자기 파괴적으로 되어 생존할 수 없도록 해충 집단의 유전적 구조를 변경

③ 생물적 방제

　　㉠ 천적 활용 방제의 이점 : 효과적이고, 장기간 지속되고, 경제적이고, 생태교란 최소화

　　㉡ 천적의 유형 : 포식자, 기생포식자, 병원체, 경쟁자

　　㉢ 방제 형태

　　　• 천적 보전 : 유익한 천적 육성

　　　• 천적 증대 : 천적의 수를 늘림

　　　• 천적 기생체 제품 사용 : BT균

　　　• 천적 도입 : 외래병해충 방제를 위해 자생지에서 천적 도입

④ 경종적 방제

　　㉠ 의의 : 병해충의 생식/이동/생존에 불리한 환경 조성

　　㉡ 방법(예방이 최선)

　　　• 수목의 활력 유지, 무병해충 수목 식재

　　　• 전정, 위생작업, 경운 등으로 병해충 서식처 제거

　　　• 멀칭 : 잡초를 효과적으로 배제 또는 감축

　　　• 수종 다양화 : 특정 병해충으로 인한 도시 숲 황폐화 방지

⑤ 화학적 방제

　　㉠ 저독성, 단기 분해 농약의 국소/표적 적용

　　㉡ 대체 농약 : 살충 비누, 원예용 오일, 미생물 농약 등

 기출문제

- 식물건강관리(PHC) 프로그램
- PHC의 기본은 수목 식별과 해당 수목의 생리에 대한 지식임
- 인공지반 위에 식재할 경우 균근을 활용
- 환경과 유전 특성을 반영하여 수목을 선정하고 식재함
- 병해충 모니터링과 수목 피해의 사전방지가 강조됨

12. 수목관리 작업안전

(1) 개요

① 작업안전관리

ㄱ 생산성의 향상과 손실의 최소화를 위해 행하는 것으로, 비능률적 요소인 사고가 발생하지 않은 상태를 유지하기 위한 활동

ㄴ 재해로부터 인간의 생명과 재산을 보호하기 위한 계획적이고 체계적인 제반 활동

② 안전 : 상해, 손실, 감손, 위해 또는 위험에 노출되는 것으로부터 자유를 말하며, 그와 같은 자유를 보호하고 안전장치와 안전작업방법 및 질병의 방지에 필요한 기술과 지식을 습득하는 것

③ 산림사업 재해율

ㄱ 전체 업종 산업재해율 평균보다 4.1배 높음

ㄴ 소나무재선충병 방제 등 벌목이 수반되는 사업이 늘어나면서 재해발생 위험성은 높음

④ 하인리히의 법칙(1:29:300의 법칙)

ㄱ 어떤 대형 사고가 발생하기 전에는 그와 관련된 수십 차례의 경미한 사고와 수백 번의 징후들이 반드시 나타난다는 것을 의미함

ㄴ 1번의 대형사고(중상), 29번의 작은 사고(경상), 300번의 사소한 징후(무상해 사고)

(2) 개인보호장구

① 안전모

ㄱ 물체가 떨어지거나 날아올 위험이 있는 작업 시 사용

ㄴ 높이가 2m 이상인 작업장에서 추락에 의한 위험이 있는 작업

ㄷ 벌목, 집재, 운반 작업 시 물체의 전도에 의한 위험이 있는 작업

ㄹ 귀마개와 눈가리개 부착된 안전모 사용

ㅁ 안전모 사용시간 : 3,000~3,500시간 보증. 내용연수는 3~3.5년

② 안전화

ㄱ 물체의 낙하, 충격, 물체의 끼임에 의한 위험이 있는 작업

ㄴ 발목 보호를 위해 최소한의 높이는 195mm

③ 안전대 : 높이가 2m 이상인 작업장에서 추락에 의한 위험이 있는 작업

④ 보안경 : 물체가 흩날릴 위험이 있는 작업

⑤ 귀마개

ㄱ 소리에 의한 고막의 손상 방지 및 소통이 필요한 작업에 사용

ㄴ 90db 이상의 소음 수준에서는 무조건 착용

⑥ 안전복 : 통풍이 잘 되고 몸을 안전하게 덮을 것

⑦ 구급상자 : 항상 쉽게 이용할 수 있도록 구급상자 휴대

(3) 안전일반

① 안전관리

  ㉠ 안전사고 발생 시 안전관리 참여자 역할

  ㉡ 사건발생 → 최초발견자 : 의식 확인, 구조요청 → 시공자 : 응급처치(기도확보, 호흡 확인, 심박동 확인)

  ㉢ 사망자, 부상 2인 이상 발생 시 감리자 및 발주자에게 보고

  ㉣ 중대재해(지체없이 노동관서장에게 보고) : 사망자가 1인 이상 발생한 재해, 3월 이상의 요양을 요하는 부상자가 동시에 2인 이상 발생한 재해, 부상자 또는 직업성 질병자가 동시에 10인 이상 발생한 재해

② 작업 안전 사항

벌목작업(간벌)	•항상 호각 등 경적신호기 휴대 •작업자 간 신호 방법을 충분히 숙지 •벌목대상 수목을 중심으로 2배 이상 안전거리 유지 •경사지에서 작업자들이 동일 사면 상하에 서서 동시 작업 금지 •기계톱을 무릎 높이 이상 올리지 말고 나무가 쪼개지는 위험 유의 •기계톱 작업 시 반경 5m 이내 접근 금지 •작업장 아래 도로가 있는 경우 경고판 설치 또는 교통 차단
풀베기	•예초각도(5~10°, 소경목 45°) 및 높이 10cm를 적정하게 유지 •올바른 작업자세로 전방향(상단 → 하단, 우측 → 좌측)으로 작업 실행 •킥백현상 주의 : 반시계방향으로 회전하는 칼날에서 킥백을 피하려면 반드시 우측에서 좌측으로 작업해야 함 •어깨 높이 이상 들고 작업하면 안 됨 •안전공간(작업반경 10m 이상) 확보하면서 작업 •경사 방향으로 작업 진행 및 급경사지 내 작업 금지 •예초기 들고 작업장 이동 시 상대방과 충분한 안전거리 확보 •작업자 간 도구 길이 5배 이상의 안전거리 유지
덩굴제거 작업	•우량목 초두부에 감긴 덩굴류는 잡아당기지 않아야 함(초두부 손상의 원인) •낫은 지면을 향하여 약 45°의 각을 유지하고 사용

(4) 체인톱 안전

① 체인톱 사용방법

  ㉠ 체인톱의 회전 방향은 바의 상단에서 하단으로 회전함

  ㉡ 바의 하단을 사용할 시에는 앞으로 나가려고 하는 성질이 있어 당기면서 작업을 함

  ㉢ 바의 상단을 사용할 시에는 끌어오려는 성질이 있어 밀면서 작업을 함

② 킥백 현상

  ㉠ 회전하는 톱 체인 끝의 상단 부분이 어떤 물체에 닿아서 체인톱이 작업자 쪽으로 튀는 현상을 말함

  ㉡ 킥백 현상은 접촉 속도나 접촉물의 강도 등에 따라 치명적인 재해를 유발함

  ㉢ 기계톱의 끝부분이 단단한 물체에 접촉하면 톱 체인의 반발력에 의하여 작업자가 위험함 (톱 체인이 끊어져 튀어오를 위험)

③ 체인톱 사용 안전수칙

    ㉠ 기계톱 연속운전은 10분을 넘기지 말아야 함

    ㉡ 기계톱 시동 시에는 체인브레이크를 작동시켜 둠

    ㉢ 작업자의 어깨 높이 위로는 기계톱을 사용하지 말아야 함

    ㉣ 절단작업 시 톱날을 빼낼 때에는 비틀지 않아야 함

    ㉤ 톱날 주위에 사람 또는 장애물이 없는 곳에서 시동을 걸어야 함

    ㉥ 가이드 바의 끝으로 작업하는 것은 피하여야 함

    ㉦ 항상 톱 체인의 장력에 주의하고 느슨해지면 바로 조정해야 함

    ㉧ 작업 면에서 작업자가 미끄러지지 않도록 평탄하게 보강한 후 작업 실시

    ㉨ 항상 안전한 복장을 하고 보안경, 안전모 및 귀마개 등 개인보호장구 착용

(5) 교목 벌도와 제거

① 벌도 및 제거

    ㉠ 방향 베기(수구)의 각도는 45° 이상 유지

    ㉡ 경첩부위(남겨지는 부분)는 직경의 10%, 최소 2cm 이상 남겨 수목을 절단

    ㉢ 수목의 절단 시 수목 중심부에서 뒤쪽 좌우측 45° 정도의 안전지역 확보

    ㉣ 따라 베기(주구)는 방향 베기의 수평면보다 약간 위를 절단

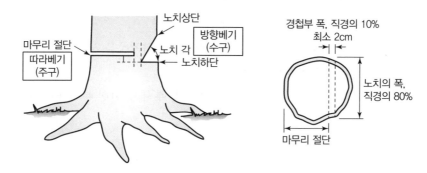

② 방향 베기에 따른 구분

위로 베기	• 평평하거나 약간 경사진 지형 • 가장 손쉬운 방법 • 방향 베기 각도는 45~57°로 유지 • 방향 베기의 하단 절단 각은 마무리 절단각과 일치 • 그루터기 높이를 낮게 할 수 있음 • 나무가 지면에 닿기 전 경첩부가 찢어질 우려가 있음	

크게 베기	• 평평하거나 경사진 지형 • 경첩부가 찢어지는 것을 방지 • 방향베기는 70° 이상 유지 • 방향베기의 하단 절단은 마무리 절단 위치에서 밑으로 각을 줌 • 그루터기가 높아짐	
밑으로 베기	• 가파른 경사의 직경이 큰 나무(경사지역의 나무에 적용) • 방향 베기의 각도는 최소 45° 이상 • 방향 베기의 하단 절단각은 마무리 절단각과 일치 • 잘 찢어지는 수종에 적합 • 그루터기 높이를 낮게 할 수 있음	

(6) 중장비 안전

① 중장비는 자격을 갖춘 지정된 운전자가 운전하여야 하며 작업 전반을 관리할 수 있는 감독자가 배치되어야 함

② 시야 간섭이 예상되는 지역에서는 통신장비를 휴대한 지정된 신호수 배치

③ 연약지반이나 협소한 공간에서의 작업 금지

④ 중량물의 이동은 허용 하중 및 붐의 안전각도를 유지

⑤ 차량 운반구 적상 또는 적하 시 운전자의 탑승을 금함

⑥ 장비의 부속 및 부품, 물체를 결속하는 보조달기구는 규정품을 사용

⑦ 중장비는 일상점검과 정기검사를 실시

⑧ 중장비 작업계획과 내용은 장비 투입 전 작업 주관 부서 및 관련 부서와 상의

(7) 안전조치

① 사업주는 사업을 할 때 다음의 위험을 예방하기 위하여 필요한 조치를 하여야 함

　㉠ 기계·기구, 그 밖의 설비에 의한 위험

　㉡ 폭발성, 발화성 및 인화성 물질 등에 의한 위험

　㉢ 전기, 열, 그 밖의 에너지에 의한 위험

② 사업주는 굴착, 채석, 하역, 벌목, 운송, 조작, 운반, 해체, 중량물 취급, 그 밖의 작업을 할 때 불량한 작업 방법 등으로 인하여 발생하는 위험을 방지하기 위하여 조치를 하여야 함

③ 사업주는 작업 중 근로자가 추락할 위험이 있는 장소, 토사·구축물 등이 붕괴할 우려가 있는 장소, 물체가 떨어지거나 날아올 위험이 있는 장소, 그 밖에 작업 시 천재지변으로 인한 위험이 발생할 우려가 있는 장소에는 그 위험을 방지하기 위하여 필요한 조치를 하여야 함

④ ①~③의 규정에 따라 사업주가 하여야 할 안전상의 조치 사항은 노동부령으로 정함

　※「산업안전보건법 제23조」필요한 조치라 함은 객관적으로 효과가 기대되는 구체적인 조치를 의미함

CHAPTER 02 비생물적 피해론

1. 비생물적 피해 서론

(1) 비생물적 피해의 정의

① 정의

　㉠ 비생물적 피해는 생물적 요인을 제외한 모든 요인에 의한 피해

　㉡ 기후, 토양, 인위적 원인에 의한 병을 모두 칭하며, '무생물적 장해'라고도 함

　㉢ 수목의 생리에 이상을 가져오기 때문에 '생리적 피해'라고도 함

　㉣ 전염되지 않는 병이기 때문에 '비전염성 병'이라고도 함

② 수목에 피해를 일으키는 요인

원인분류	내용
기상적 원인	고온, 저온, 바람, 한발, 홍수, 폭설, 낙뢰, 화산폭발, 조풍, 해일, 일조량 부족
토양적 원인	불리한 물리적 성질(배수, 투수와 통기 불량, 답압, 건조)과 화학적 성질(영양결핍, 극단적인 산도, 중금속, 유독가스 등)
인위적 원인	답압, 도로포장, 기계와 장비, 심식, 복토, 절토, 대기오염, 농약, 비료, 해빙염, 세척제, 유해가스, 불
생물적 원인	야생동물·착생식물(비전염성), 병균·기생식물(전염성), 곤충 및 응애(해충)

③ 조경수가 비생물적 병에 잘 걸리는 원인

　㉠ 극단적인 기상상태에 노출되거나 기후가 맞지 않는 곳에 식재

　㉡ 건축공사에 의해 변형된 토양 혹은 부적절한 토양에 심어짐

　㉢ 인간의 활동 범위 안에서 각종 간섭을 받음(인위적 요인)

(2) 비생물적 피해의 특성

① 비생물적 피해의 특징

　㉠ 피해장소에서 자라는 거의 모든 나무에서 동시에 나타남

　㉡ 동일한 그리고 균일한 병징으로 나타나며, 수관 전체에 나타나기도 함

　㉢ 방위, 위치, 높이에 따라서 발병 부위가 독특한 경우가 있음

　㉣ 어떤 특수한 환경과 같은 특별한 위치에서만 발병하는 경우도 있음

　㉤ 병징이 서서히 나타나거나(해빙염, 복토), 급속히(기상이변, 약품 피해) 나타나기도 함

② 생물적·비생물적 피해의 특징 비교

생물적 피해의 특징	비생물적 피해의 특징
• 해충이나 병해의 질병인 경우 증거 보임(유충·탈피각, 알, 난각, 배설물, 병징, 표징 등) • 한 개체 내에서도 피해가 수관 전체에 균일하게 나타나지 않음 • 동일한 수종(과, 속, 종)에서만 피해가 나타남 • 같은 수종에 대하여 전염성 • 피해 속도가 서서히 나타남	• 해충이나 병해의 증거가 보이지 않음 • 한 개체 내에서 피해가 수관 전체에 균일 • 피해 장소에 자라는 다른 수종에서도 동일한 피해 증상이 나타남 • 같은 수종에 대하여 전염성이 없음 • 피해가 비교적 급진적

③ 수목병 진단

　㉠ 피해목

　　• 수종명

　　• 수령, 크기, 접목 여부, 이식 여부

　　• 과거 3년간 가지의 생장량, 현재 잎의 크기

　　• 이웃 나무의 발병 상황

　　• 곤충, 응해 가해 흔적, 서식 여부, 가해 정도 확인

　㉡ 피해 패턴 : 발병 부위, 발병 시기, 병징(잎, 눈, 가지, 수간, 뿌리)

　㉢ 생육환경 조사 : 식재 위치, 식재 간격, 대기오염의 상태, 주변의 하수도 혹은 천연가스 배관, 통풍 정도

　㉣ 관리 역사 : 식재년도, 지난 1주간·1년간·3년간 특별한 작업 실시 여부

　㉤ 토양조사

　　• 토성, 투수성, 결밀도, 표토의 포장, 멀칭 여부, 배수 상태, 흙의 건습 상태, 색깔, 가스, 냄새 여부

　　• 복토나 절토 여부

　㉥ 기상조사 : 지난 겨울 추위의 정도, 최근 한발과 강우상태, 최근 비정상적 기상상태

　㉦ 엽분석 : 무기영양 함량 조사

　㉧ 토양분석

　　• 물리적 성질 : 토성, 용적비중, 답압, 토양수분

　　• 화학적 성질 : 유기물, 질소, 인, 칼륨 함량, 산도, 양이온치환용량

　　• 조경수 생장에 적합한 토양의 기준

항목	단위	함량
토성	–	사질양토~양토
산도	pH	5.5~6.5
유기물	%	2.0 이상
총 질소	%	0.1 이상
유효 인산	mg/kg	50~100
양이온치환용량	cmol/kg	10~20
전기전도도(EC)	dS/m	0.5 미만
염분 농도	%	0.05 미만

2. 기상적 피해 발생기작과 피해증상 및 대책

(1) 고온 피해

① 개요
- ㉠ 온대지방의 임계온도 : 0~35℃
- ㉡ 임계온도 : 식물이 생장할 수 있는 온도의 범위(최고온도와 최저온도 사이의 범위)
- ㉢ 기온이 35℃ 이상이면 온대식물은 피해 발생, 열대식물은 40℃ 이상에서 피해
- ㉣ 고온에 의한 피해는 세포막에 있는 지방질의 액화, 단백질의 변성으로 세포막이 제기능을 상실하여 물질이 새어 나옴(세포막의 파괴, 세포 질식, 세포막의 침투성 변화로 세포 고사) → 광합성 수행하지 못함

② 엽소

발생기작	• 여름철 고온이 지속되면서 일사량이 높을 경우 과다한 증산작용으로 탈수현상이 일어나 잎이 누렇게 타는 것 • 여름철 도시에서 포장된 도로와 건물 주변에서 50℃를 넘는 경우 • 도로 표면과 건물 벽, 에어컨 송풍기 근처에 있는 잎이 열에 의해서 타서 마름 • 오후 햇빛을 집중적으로 받는 수관의 남서향에 있는 잎
피해증상	• 잎의 가장자리부터 마르기 시작하여 갈색으로 변색 • 엽맥에서 가장 먼 부분부터 마르기 시작 • 장마기간 경화되지 않은 잎에서 자주 발생 • 예민한 수종 : 칠엽수, 단풍나무, 층층나무, 물푸레나무, 느릅나무 등 • 한대수종(주목, 잣나무, 전나무, 자작나무 등)에서도 자주 나타남
대책	• 여름철 더운 날 주변의 통풍을 도모하여 기온 상승을 막음 • 토양에 관수하여 수분 부족을 해소하거나 잎의 온도를 낮추어 줌 • 토양을 아스팔트 대신 잔디나 유기물로 멀칭하여 복사열을 줄임 • 토양을 보수력과 보비력이 많은 토양으로 개량

③ 피소

발생기작	• 수간의 남서쪽 수피가 더운 여름 오후에 열에 의해서 피해를 받는 현상 • 검은색을 띤 토양이 햇볕을 받아 표면온도가 60℃를 넘을 경우 • 전에 밀식 재배하던 수목을 이식하여 단독으로 심어 수피가 햇빛에 노출될 경우
피해증상	• 수분 부족이 함께 오면 온도를 낮추는 증산작용을 못 해 형성층·가지 파괴 • 남서쪽에 노출된 지표면에 가까운 수피가 여름철 햇빛과 열에 의해 형성층 파괴로 벗겨짐(변색, 수침 증상, 물집, 궤양, 2차 피해로 목재부후) • 대개 수직 방향으로 불규칙하게 수피가 갈라지면서 고사하여 수피가 지저분 • 수피가 얇은 수종 : 벚나무, 단풍나무, 목련, 매화나무, 물푸레나무, 배롱나무 등
대책	• 여름철 관수로 증산작용을 촉진하여 수간의 온도를 낮추어 줌 • 이식목의 경우 흰색 도포제(석회황합제), 수성페인트 또는 종이테이프로 감싸줌 • 아스팔트 대신 유기물로 토양 멀칭을 함

④ 열해

발생기작	• 여름철에 강한 햇빛으로 토양 온도가 고온(35℃ 이상)이 되어 나무에 피해를 주는 것 • 남사면에서 생육하고 있는 치수의 경우 근원부 형성층이 손상을 받아 묘목이 고사
피해증상	• 지온이 높으면 뿌리의 세근이나 뿌리털의 세포가 효소계의 기능 이상으로 뿌리 기능이 정지 또는 고사하게 되어 수세가 약해지고 천공성 해충의 피해를 받아 고사 • 묘포장, 도심지의 도로변, 건조한 지역, 암석지역, 자갈이 많은 지역 등

대책	• 묘포장은 관수나 해가림, 짚으로 토양피복 • 건조한 지역, 암석 지역, 자갈 지역은 지피식물을 심거나 낙엽 또는 우드칩으로 멀칭

(2) 저온 피해

① 개요

㉠ 가을이 되어 온도가 내려가면 나무는 월동준비를 함

㉡ 저온에 순화된 수목은 피해를 잘 입지 않지만 갑작스러운 저온 변화나 과도한 저온이 되면 피해 발생

② 냉해

발생기작	• 냉해는 생육기간 동안에 빙점 전후의 온도에서 나타나는 저온 피해 • 온대수목의 경우 개화기에 저온으로 수정이 제대로 이루어지지 않음
피해증상	• 열대성 관상수는 잎에서 엽록소가 파괴되어 백화현상이 나타나며 마름 • 조경수의 경우 생장이 둔화 • 생식생장에 영향을 주어 수정과 과실의 온전한 생장을 방해, 가을에 덜 익은 과일 생산
대책	• 찬공기에 노출되는 것을 방지하고, 찬물로 관수하지 않아야 함 • 북풍을 막고 토양을 유기물로 멀칭 • 봄과 가을에 온도가 내려가면 벌을 투입하거나 인공수분을 실시

③ 동해

발생기작	• 겨울철 기온이 빙점 이하로 내려갈 때 나타나는 식물의 피해 • 저온순화되지 않은 수목이 빙점 이하의 온도에 노출되는 경우 • 순화된 식물이라도 빠른 속도로 빙점 이하의 온도에 노출될 경우 • 세포 내에서 얼음결정이 형성되어 세포막을 파손(원형질 파괴) • 얼음이 세포 밖에서 생겨도 원형질이 탈수 상태에서 견디지 못함(원형질 탈수)
피해증상	• 엽육조직의 붕괴와 세포질의 응고 현상 • 상록활엽수의 경우 잎의 끝과 가장자리가 초기에 탈색되고 물먹은 것과 같이 투명하게 보이다가 괴사하여 갈색으로 변색 • 침엽수의 경우 잎의 끝에서부터 갈색으로 변색 • 회복 가능한 피해 : 녹색이 어두워지면서 붉은색을 띠는 현상(동백나무, 차나무, 삼나무, 회양목), 침엽수의 1~2년생 어린 묘목도 겨울철에는 잎이 적갈색 → 봄에 녹색
대책	• 내한성을 고려하여 식재수목을 선택 • 나무를 건강하게 기름 • 햇빛을 충분히 비춰줌 • 북풍이 불지 않는 곳에 식재하거나 막아 줌(방풍림, 방풍책) • 토양에 유기물로 멀칭 • 수간을 짚으로 감싸줌

㉠ 내한성

• 동절기 중 극히 낮은 온도에 견디는 능력

• 내한성 수종 : 자작나무, 오리나무, 사시나무, 버드나무류, 소나무, 잣나무, 전나무, 주목 등

• 내한성 약한 수종 : 삼나무, 편백, 금송, 히말라야시다, 배롱나무, 피라칸다, 곰솔, 사철나무, 오동나무 등

• 활엽수의 어린 가지가 동해를 받았을 경우 봄에 동아에서 새싹이 곧 나오지 않더라도 가지를 미리 자르면 안 됨. 활엽수는 잠아가 발달하여 잎으로 자랄 수 있음

- 여름철 두목작업 시 가을 내내 새순을 생산하면서 내한성이 생기지 않음

   ⓒ 내한성 생성 원리

- 단일조건과 저온에 노출되면 수목은 생장을 정지하고 월동준비
- 광합성을 수행한 만큼 설탕을 많이 축적하여 내한성이 생김
- 가을철 열매를 빨리 수확해야 내한성이 생김

④ 서리피해와 상렬

   ㉠ 서리피해 : 서리피해는 생육기간(4~10월)에 발생

     • 만상

발생기작	• 봄에 온도가 0℃ 이상 상승되어 나무가 활동을 시작한 후 야간온도가 0℃ 이하로 내려가 줄기나 새순, 잎 등이 피해를 받는 것 • 어린 묘목, 새로 심은 관목, 소교목에 피해가 큼 • 산 계곡이나 경사면 하부에 피해가 큼
피해증상	• 봄에 새로 나온 새순, 잎, 꽃이 하룻밤 사이에 시들어 마름 • 남쪽과 남서쪽 수관이 더 큰 피해 • 활엽수의 경우 잎이 검은색으로 변색, 침엽수의 경우 붉은색으로 변색 후 고사 • 만상피해는 주로 새순에만 주로 발생하기 때문에 나무에 치명적인 피해는 주지 않음 • 활엽수 중 큰 피해 : 목련, 백합나무, 모과나무, 단풍나무, 철쭉, 영산홍, 쥐똥나무 • 침엽수 중 큰 피해 : 주목, 전나무 등(주목은 1년 이상 된 잎은 경화되어 피해 ×)
대책	• 스프링클러 작동, 안개비 살포, 연기 발생, 송풍기 작동, 비닐피복 • 봄에 나무의 활동 시기를 늦추기 위해 보온덮개를 늦게 풂 • 줄기에 백토재를 칠하거나 불을 피워 아침온도 저하 방지 • 북부지방의 수종을 남부지방에 식재하지 않기(만상의 피해가 큼)

     • 조상

발생기작	늦가을에 나무가 생장하고 있어 내한성이 없는 상태에서 별안간 온도가 0℃ 이하로 내려가 새순이나 잎 등이 피해를 받는 것
피해증상	• 새순과 잎에서 나타나는데 소나무의 경우 잎의 기부가 피해를 보아 잎이 밑으로 처짐 • 모든 새순을 죽여 후유증이 1~2년간 지속되어 만상보다 더 피해 심각 • 나무가 왜성 혹은 관목형으로 변하기도 함
대책	• 늦여름 시비를 자제하여 가을에 생장을 일찍 정지시킴 • 일기예보에 따라 서리가 오기 전에 스프링클러로 안개비를 만들거나 연기를 발생시키거나 송풍기로 바람을 만들어 피해를 줄임

     • 상주

발생기작	• 초겨울 혹은 이른 봄에 습기가 많은 땅에 서리가 내리면서 표면의 흙이 기둥 모양으로 솟아오르는 현상 • 모세관수 현상으로 지중수분이 지표면으로 올라와 피해를 발생시킴 • 주로 묘포장에서 어린 묘목에 자주 발생 • 점질토양에서 자주 발생
피해증상	• 서릿발과 함께 위쪽으로 뿌리가 노출되어 말라 죽음 • 잎이 갈색으로 변색되면서 고사
대책	• 토양배수를 원활하게 하기 위해 토양개량이나 배수시설 설치 • 지표면을 유기물로 멀칭(5cm 이내)

• 상렬

발생기작	• 겨울철 수간이 동결되는 과정에서 발생 • 변재부와 심재부가 온도변화에 다른 수축, 팽창의 차이로 장력의 불균형이 발생 • 종축(수직) 방향으로 갈라짐 • 주로 온도변화가 큰 남서쪽 수간과 활엽수에서 자주 발생 • 직경 15~30cm가량 되는 나무에서 주로 발생
피해증상	• 줄기 표면에 세로로 길게 발생하며 길이는 1m에서 수 m에 이름 • 상렬이 몇 번 반복되면 상렬 부분이 부풀어 올라 상하조직이 융기되는데 이를 상종이라 함 (벚나무)
대책	• 수간을 마대로 감싸거나 흰색 페인트를 발라줌(수간의 온도변화 완화) • 토양을 유기물로 멀칭하여 낮과 밤의 온도차를 줄여 줌

⑤ 동계건조

원인	• 이른 봄 상록수가 과다한 증산작용으로 인해 말라 죽는 현상 • 기온은 상승하여 증산작용이 증가하지만, 토양은 얼어 있는 상태로 수분흡수가 원활하지 못하여 발생 • 가을에 이식한 상록수, 고산지대 북향에 있는 지역에서 자주 나타남
피해증상	• 잎이 누렇게 마르고, 가지가 부분적으로 죽거나 나무 전체가 동시에 마름 • 토양이 녹은 후 침엽수의 경우 수관 전체가 적갈색으로 변색 후 고사
대책	• 방풍림을 설치하여 증산작용을 최소화 • 증산억제제를 잎에 살포 • 지표면의 멀칭을 벗겨내어 해토를 촉진 • 토양의 배수상태를 양호하게 유지하여 기온 상승 시 해토를 촉진 • 겨울철 상록수를 대상으로 관수를 하고 가을 이식은 자제

⑥ 월동대책

㉠ 배수철저 : 배수가 잘되고 통기성이 좋은 토양에서는 토양동결이 적게 일어남

㉡ 토양멀칭 : 토양이 깊게 동결되지 않아 수분부족으로 인한 동계건조를 방지

㉢ 토양동결 전 관수 : 상록활엽수와 침엽수는 겨울철에도 증산작용을 하므로 토양이 동결되기 전 충분히 관수

㉣ 수간보호 : 내한성이 약한 수목의 지제부와 수간을 볏짚이나 새끼줄로 싸 준다

㉤ 방풍림 혹은 방풍벽 설치 : 상록수로 된 방풍림이나 인공 방풍벽을 북서향에 조성하여 한랭한 바람 차단

㉥ 증산억제제 살포 : 초겨울에 영산홍이나 회양목에 증산억제제를 뿌려 주면 잎이 갈색으로 변하는 것을 방지

㉦ 따뜻한 겨울철 관수 : 겨울철이 따뜻해지면 상록수는 증산작용을 계속하므로 따뜻한 날 낮에 가끔 관수

(3) 수분피해

① 개요

㉠ 나무는 개체 내에 수분을 60% 이상 함유하고 있으며 수분은 모든 생리활동에 관여

㉡ 이식목은 처음 2년 동안 수분이 절대적으로 부족하며 회복하는 데 5년이 걸림

② 건조피해

원인		• 낮의 증산작용으로 수분을 과다하게 잃고 수분의 부족으로 나타남 • 적은 강우량, 토성의 수분보유능력 부족, 하부구조에 의한 모세관수 단절, 식재면의 폭과 깊이에 따른 부족한 토심 등으로 수분부족 현상이 나타남 • 천근성 수종과 토심이 낮은 곳에서 자라는 수목이 더 피해가 큼 • 내건성 높은 수종 : 소나무, 곰솔, 향나무, 가죽나무, 회화나무, 사철나무, 사시나무, 아까시나무 물오리나무, 보리수나무 등 • 내건성 약한 수종 : 낙우송, 삼나무, 느릅나무, 칠엽수, 물푸레나무, 단풍나무, 층층나무, 버드나무, 포플러, 들메나무 등
피해증상	활엽수	• 활엽수의 경우 어린잎과 줄기의 시듦 • 시들은 잎이 가장자리부터 엽맥 사이 조직에서 갈색으로 고사하면서 말려 들어감 • 남서향의 가지와 바람에 노출된 부위가 먼저 피해가 진전되고 낙엽 • 잎의 크기 작아지고, 새가지 생장 위축, 엽면적 감소, 가지 끝부터 고사
	침엽수	• 침엽수는 건조피해가 초기에 잘 나타나지 않음 • 소나무의 경우 초기에 증상이 나타나지 않고 후기에 가시적으로 잎이 쪼그라들고 녹색이 퇴색하여 연녹색이 되면 나무는 죽기 직전임, 관수 하여도 회복이 안 됨
대책		• 관수는 1회를 실시하더라도 하층토까지 완전히 젖을 때까지 충분히 관수 • 이식 시 근분 주변에 물구덩이를 설치하여 주기적으로 충분히 관수 • 점적관수법이 바람직(개체당 2개 이상 설치 요망) • 가을에 이식한 상록수는 겨울철 날씨가 따뜻하면 관수 • 하층 식생을 식재하는 것은 수분경쟁을 유발하여 바람직하지 않음 • 이식목은 초기 2년 수분이 절대 부족하고 회복하는 데 5년 정도가 걸림 • 보수력이 좋은 양토, 식양토, 또는 입단구조의 토양으로 개량

③ 과습피해

원인	토양 중에 수분이 너무 많으면 과습해지고 배수불량한 토양이 되며 산소 부족으로 인해 뿌리가 제 기능을 하지 못함.
피해증상	• 초기증상은 엽병이 누렇게 변하면서 아래로 처지는 현상(에틸렌) • 잎이 작아지고 황화현상을 보이고 가지생장 둔화 • 잎이 마르고 어린 가지가 고사하며 동해에도 약함 • 주목에는 검은색 수종(Edema)이 발생(사마귀 모양), 뿌리썩음병, 부정근 발생, 뿌리가 검은색으로 변색되고 벗겨짐 • 가장 확실한 후기 병징은 수관 꼭대기부터 가지가 밑으로 죽어 내려오며 수관축소 • 과습에 높은 저항성 : 낙우송, 물푸레나무, 버짐나무류, 오리나무류, 포플러류, 버드나무류 • 과습에 낮은 저항성 : 가문비나무, 서양측백나무, 소나무, 전나무, 벚나무류, 아까시나무, 자작나무류, 층층나무
대책	• 침수된 물을 5일 이내에 배수하지 않으면 치명적 피해 • 비가 온 후 웅덩이(깊이 1m)의 물이 5일이 지나도 남은 경우는 과습으로 진단함 • 토양에 모래를 섞어 토양을 개량 • 명거배수 혹은 암거배수 시설을 통해 과습상태 제거 • 내습성 수종을 식재

(4) 기타 피해

① 염해

㉠ 염해의 종류

• 바닷가에서 토양에 염분이 많거나 소금을 함유한 바람(조풍)이 불어와서 수목에 피해를 주는 조풍 피해

• 도시에서 겨울철에 얼어 있는 노면에 소금을 뿌림으로써 수목에 피해를 주는 해빙염에 의한 피해

ⓛ 조풍에 의한 피해

원인	• 바닷가에서 소금을 함유한 태풍이 올 때 수목이 피해를 받음 • 바닷가에서 잘 자라는 수목은 내염성 있음
피해증상	• 바람이 불어오는 방향의 잎과 수관이 더 심하게 피해 • 활엽수의 경우 잎의 가장자리가 타들어 가고, 갈색 반점이 불규칙하게 나타나 수관 전체에 퍼짐 • 침엽수의 경우 잎의 끝부터 갈색으로 변하고 죽음 • 수목에 따라서 초기증상이 갈색, 자색, 홍색 등 다양하지만, 후반부에는 대개 갈색 반점으로 변하고 검게 괴사 • 심하면 조기단풍을 보이며 눈이 더이상 자라지 않고 가지가 고사
대책	• 태풍이 지나간 다음 물로 잎을 씻어줌 • 바닷가와 임해매립지에는 염해에 강한 수종을 식재

ⓒ 해빙염에 의한 피해

발생기작	• 도로에 쌓인 눈을 치우기 위해 제설용으로 염화칼슘($CaCl_2$), 염화나트륨($NaCl$)을 사용하여 이 염분이 눈과 함께 녹아 나뭇잎에 묻거나 토양에 침적되어 수목에 피해 • 토양에 침적된 염화칼슘·염화나트륨의 농도가 높아지면 수분흡수가 안 되거나, 칼슘·나트륨·염소가 흡수되어 피해(알칼리성 토양, 토양의 구조 분산) • 잎의 피해는 염화칼슘이나 염화나트륨이 가지나 잎에 묻어 나타남
피해증상	• 활엽수 : 겨울에는 잎이 없어 피해를 외관상으로는 알 수가 없으나 봄에 개엽이 늦거나 잎의 가장자리가 타들어 가고, 조기낙엽, 눈이 더이상 자라지 않고 가지 고사함 • 침엽수 : 겨울철에 잎의 끝부분부터 괴사 • 수종에 따라서 총생이 나타남 • 초기증상은 생장 감소와 조기낙엽 현상이기 때문에 다른 생리적 피해와 쉽게 구별이 안 됨

내염성이 강한 수종	내염성이 약한 수종
곰솔, 노간주나무, 리기다소나무, 주목, 측백나무, 향나무, 가죽나무, 감탕나무, 굴거리나무, 녹나무, 느티나무, 동백나무, 때죽나무, 모감주나무, 무궁화, 벽오동, 보리수, 사철나무, 아까시나무, 아왜나무, 자귀나무, 주엽나무, 참나무류, 칠엽수, 팽나무, 후박나무, 회양목	가문비나무, 낙엽송, 삼나무, 소나무, 스트로브잣나무, 은행나무, 전나무, 히말라야시다, 가시나무, 개나리, 단풍나무류, 목련류, 벚나무, 양버들, 피나무

| 대책 | • 피해 즉시 물로 잎을 씻어 줌
• 토양 내 염류를 충분한 관수로 제거함
• 도로변 토양을 비닐로 사전에 덮어주거나, 잎에 증산억제제를 뿌려 주거나 토양에 활성탄을 넣어서 소금을 흡착시킴
• 토양에 소석회나 석고($CaSO_4$)을 시비하여 흙과 섞고 무기양료를 엽면시비 |

 TIP 수목생장에 적합한 토양의 기준

• 염분농도 : 0.05% 미만
• 전기전도도(EC) : 0.5dS/m

② 풍해, 설해, 우박피해, 그늘 피해

　㉠ 풍해

원인	•평소 적절한 바람은 수목의 뿌리발달과 나무 밑동 생장을 촉진하여 초살도 증개(직경생장 촉진, 수고생장 감소) •강풍에 의한 피해는 활엽수보다 목재의 인장강도가 약한 침엽수에서 더 큼 •폭우를 동반한 강풍은 토양이 부드러워져 뿌리째 뽑히는 경우가 생김
피해증상	•나무가 뿌리째 뽑히거나, 줄기가 부러지고, 비스듬히 눕고, 잎이 갈기갈기 찢어지거나 잎이 해짐 •가지가 부러진 채 수관에 매달려 있으며 시간이 지나면서 부러진 잎과 가지 고사
대책	•평소에 주기적인 가지치기로 위험한 가지를 제거하고 수관의 크기를 작게 유지 •가로수의 경우 3~5년 주기로 가지치기 시행 •소경목과 중경목을 이식할 경우 밑가지를 그대로 두어 밑동의 직경생장 촉진 •이식 후 2년이 경과하면 지주목을 제거하여 스스로 버틸 힘을 기름 •바람이 강한 곳은 심근성 수종을 식재

　　• 풍해의 종류

주풍에 의한 피해	•주풍 : 풍속 10~15m/s 정도의 속도로 장기간 같은 방향으로 부는 바람 •수목은 주풍 방향으로 굽게 되며 수간 하부가 편심생장 •활엽수는 하방편심, 침엽수는 상방편심
폭풍에 의한 피해	•폭풍 : 풍속 29m/s 이상의 속도로 부는 바람 •침엽수의 피해가 활엽수보다 크며 천연림이 인공림보다 피해가 적음 •수간의 부러짐, 만곡, 경사 등의 피해 •소경목보다 대경목에서 피해가 큼 •편심생장은 외부환경으로 인해 세포분열이 한쪽으로 집중되는 결과로 발생 •침엽수는 경사지 아래쪽, 바람이 불어가는 쪽에 이상재가 발생함(압축이상재) •활엽수는 경사지 위쪽, 바람이 불어오는 쪽에 이상재가 발생함(신장이상재)
조풍에 의한 피해	•활엽수는 잎의 가장자리가 타들어 가는 현상 및 갈색 반점이 수관 전체에 생김 •생장감소와 조기낙엽현상이 생김 •물로 잎을 씻어주거나 토양이 마른 후에 활성탄으로 염분을 흡착

 풍해의 [기출]

•목재강도가 낮은 가문비나무와 소나무가 바람에 약함

•폭풍에 의한 수목의 도복은 점질토양보다 사질토양에서 발생하기 쉬움

•수목의 초살도가 높을수록 바람에 대한 저항성이 높음

•주풍에 의한 침엽수의 편심생장은 바람이 부는 방향으로 발달함

•방풍림의 효과를 충분히 발휘시키기 위해서는 주풍 방향에 직각으로 배치해야 함

•방풍림의 설치

　– 주풍, 폭풍, 조풍, 한풍의 피해를 방지 및 경감

　– 풍상측은 수고의 5배, 풍하측은 10~25배까지 영향을 미침

　– 수고는 높게, 임분대 폭은 넓게 하면 바람 영향의 감소 효과가 커짐

　– 주풍 방향에 직각으로 배치해야 함

　– 임분대의 폭은 대개 100~150m가 적당

　– 방풍림의 수종은 침엽수와 활엽수를 포함하는 혼효림이 적당

ⓛ 설해

원인	• 관설해(수관에 쌓인 눈)와 설압해(눈사태로 나무가 매몰) 피해 • 습설이 올 때 상록수의 수관에 쌓인 눈의 무게를 지탱하지 못해 생김 • 눈사태는 산이 높을수록, 사면이 길수록, 경사도가 심할수록 크게 나타남	
피해증상	관설해	• 눈이 수목의 가지나 잎에 부착한 것을 관설 또는 착설체라고 함 • 수간이 크게 휘어지거나 줄기가 부러지거나 뿌리가 뽑히는 피해 발생 • 낙엽수보다는 상록수가 더 큰 피해 • 가늘고 긴 수간, 수관이 너무 크거나 과밀할 경우 피해 심함
	설압해	수목의 일부 또는 전체가 눈에 묻혀 적설의 변형, 이동에 따라 수목이 무리한 자세가 되어 손상을 입음
대책	• 침엽수의 수관이 너무 크거나 잎이 무성할 때 전정으로 솎아주기 • 수관에 쌓인 눈(습설)을 즉시 치워 도복 방지 • 옆으로 휜 수간이나 가지를 제 위치로 빨리 회복시켜 놓아주기	

ⓒ 우박 피해

• 과수원과 채소농장에 큰 피해를 주지만 조경수의 경우에는 잎이 찢어지고 잔가지가 부러지고 수피에 상처를 만드는 가벼운 피해를 줌
• 우박은 위에서 떨어지면서 잔가지 수피의 위쪽에만 상처를 만들기 때문에 가지 전체에 퍼지는 동고병과 구별할 수 있음

ⓔ 그늘 피해

• 일조량이 부족하면 절간 생장이 촉진되어 키가 크지만 직경 생장이 저조하여 줄기가 가늘어 바람에 잘 넘어짐
• 엽량이 적고 수관이 엉성하며, 엽색이 옅음
• 그늘에서 자란 나무는 흰가루병에 잘 감염되고, 내한성, 내병성도 약해짐
• 높은 건물의 북향에 수목을 식재하면 건물 쪽으로 뻗은 가지는 죽어 수관 불균형

③ 낙뢰 피해

원인	홀로 자라거나, 모여 있는 나무 중에 가장 높거나, 가장자리에 있거나, 물가에 자라는 나무에 낙뢰 가능성 높음	
피해증상	• 전기가 수피를 타고 땅속으로 가면서 수피가 깊게 파이거나 갈라짐 • 낙뢰는 키가 큰 거목일수록 피해 확률이 높음 • 나무 꼭대기에서 밑동으로 내려가면서 갈라진 수피의 폭이 넓어짐 • 수피만 벗겨지는 경우와 목질부까지 검게 타는 경우가 있음 • 전분의 함량과 수피의 특징이 따라 낙뢰 확률이 다름 • 피해가 많은 수종 : 참나무, 느릅나무, 소나무, 백합나무, 포플러, 물푸레나무 • 피해가 적은 수종 : 자작나무, 마로니에	
대책	치료법	• 노출된 상처를 부직포나 비닐로 덮어 건조를 막아줌 • 3개월 이상 그대로 두면서 살아날 가능성 판단 • 낙뢰로 노출된 부위를 형성층을 노출시켜 유상조직이 자라도록 유도하고 상처도포제를 발라줌
	피뢰침 설치	• 피뢰침은 반드시 꼬아서 만든 동선(직경 1cm)을 사용하고 나무의 가장 높은 곳보다 높게 설치 • 수관을 따라 내린 후 땅속에 일단 묻은 후 다시 수관 가장자리보다 더 밖으로 뽑아 묻고 3m가량 수직으로 땅속에 묻힌 구리막대에 연결 • 수목이 흉고 직경 1m 이상인 경우 2개 이상의 피뢰침을 독립된 동선으로 연결해 각각 묻음

3. 인위적 피해 발생기작과 피해 증상 및 대책

(1) 물리적 상처

원인	• 인간과 기계에 의해서 생긴 물리적 상처를 뜻함 • 못과 철심 박기, 의도적 파괴, 자동차와 중장비에 의한 충돌사고, 잔디 깎는 기계, 예초기, 부적절하거나 옥죄이는 지주와 당김줄 설치, 휘감는 철선 방치, 수액과 수지 채취용 천공 등
피해증상	• 상처로 수피 전체가 벗겨지거나 형성층을 통과해 목부까지 깊이 생길 때 문제가 됨 • 수간의 기능을 방해하지 않을 정도의 구멍은 허용됨
대책	• 나무 밑동 근처에는 잔디를 심지 말고 대신 멀칭 진행 • 나무 밑동 주변에 플라스틱 파이프로 만든 수피보호대를 씌움 • 지주는 설치 후 직경이 굵어지면 옥죄이는 곳을 풀어줌 • 쇠조임과 줄당김의 경우는 빈 공간이 생기지 않게 철심을 목질부에 밀착시켜서 박아야 함

 TIP 상처로 인한 들뜬 수피의 고정과 수피이식 방법

방법	순서
들뜬 수피의 고정	① 상처를 받은 후 2~3일 내 즉시 조치하면 형성층을 살릴 수 있음 ② 목질부와 수피 사이에 이물질을 제거하고 들든 수피를 제자리에 밀착하고 못을 박거나 테이프로 고정 ③ 상처 부위에 젖은 천, 보습제 패드를 붙여 마르지 않게 함 ④ 상처 부위를 햇빛이 비치지 않게 녹화마대로 감쌈 ⑤ 3~4주 후 유상조직이 자라는지 확인하여 유상조직이 자라는 경우 비닐, 패드 제거 후 햇빛을 차단하고 유상조직이 생기지 않으면 상처를 노출
수피이식	① 환상으로 수피가 벗겨진 경우 수목은 결국 죽음 ② 이식 과정에 밧줄로 인한 손상, 딱따구리가 줄기에 상처를 만들어 환상으로 손상하는 경우 ③ 최근에 수피가 벗겨지고 그 간격이 좁다면 수피이식을 통해 살릴 수 있음 ④ 상처의 위아래에서 높이 2cm가량 수평으로 벗겨내고, 다른 나무에서 벗겨온 비슷한 수피를 이식하여 덮어줌 ⑤ 수피의 위 방향과 아래 방향이 바뀌지 않게 조심 ⑥ 수피 이식이 끝나면 젖은 천으로 패드를 만들어 덮고 비닐로 덮어 건조하지 않게 그늘을 만듦 ⑦ 수피 이식은 형성층의 세포분열이 왕성한 늦은 봄에 실시

(2) 산불

① 산불의 정의

　　㉠ 산림 내 가연물질이 산소 및 열과 화합하여 열에너지와 광에너지로 바뀌는 화학변화

　　㉡ 산불 발생의 3요소 : 연료, 열, 공기

② 산불의 원인

자연적인 요인	• 마른 나무에 벼락이 떨어져 불이 나는 경우 • 나무끼리 서로 마찰되어 불이 나는 경우
인위적인 경우	• 우연적인 것 : 공장 굴뚝에서 비화, 가옥화재로부터 열소 또는 비화 등 • 과실 또는 부주의 : 등산객, 야영객, 사냥꾼 등 • 고의적인 방화

③ 산불의 종류

지표화	• 낙엽과 지피물, 지상 관목층, 치수 등이 피해이며 가장 흔한 산불 • 낙엽층과 조부식층 상부가 타는 불 • 일반적으로 원형으로 퍼지지만 바람이 부는 방향으로 타원형으로 확산됨 • 지표화로부터 수관화로 이어지는 과정의 중간 지점에 있는 연료인 사다리연료를 제거하여 수관화로의 진행 억제 가능 • 대부분의 어린 묘목이 치사하고 성숙목은 수피에 불자국을 남길 정도임 • 지표화는 지표와 가까운 세근에 산불피해 발생 • 잎의 치상온도는 52℃이고, 형성층은 일반적으로 60℃ 내에서 고사함
수간화	• 나무의 줄기가 타는 불 • 지표화로부터 연소되는 경우가 많음 • 수간의 공동이 굴뚝과 같은 작용을 하여 불꽃을 공중에 흩뿌려 비화를 일으켜 수관화를 발생시키기도 함 • 바람의 반대편에서 수간의 피해가 발생 • 수간화는 흔히 발생하지 않으며 수간화와 수관화는 동시 다발적으로 발생함
수관화	• 나무의 수관에서 수관으로 번지는 불 • 진화하기가 힘들고 큰 손실을 가져오는 불 • 수지가 많은 침엽수에 주로 일어나나 마른 잎이 수관에 남아있는 활엽수림에서도 발생 • 지표화 다음으로 발생건수가 많음, 빠른 확산, 소화 곤란, 피해면적도 매우 큼 • 바람이 부는 방향으로 V자형으로 뻗어감 • 수관화 발생 시 중심부 화염의 온도가 1,175℃ 정도임 • 수관화로부터 발생한 대류현상에 의하여 비화가 발생하는 원인이 되기도 함
지중화	• 땅속에 있는 연료가 타는 것(낙엽층 밑의 조부식층의 하부와 부식층이 타는 불) • 산소의 공급이 막혀 연기도 적고 불꽃도 없이 서서히 강한 열로 오래 계속되어 균일한 피해 • 낙엽의 분해가 느린 고산지대, 깊은 이탄이 쌓인 저습지대 • 뿌리들이 열로 죽게 되어 지상부는 아무렇지 않은 채 수목이 고사 • 진화하기 매우 까다로운 산불 • 우리나라에서는 매우 보기 드문 산불 중의 하나임

④ 산불 영향의 3요소(연료, 지형, 기상)

　　㉠ 연료 : 연료 형태, 연료의 크기, 연료의 배열, 연료의 밀도, 연료의 상태

　　㉡ 지형

　　　　• 산불의 진행 방향과 불의 확산 속도에 중요한 영향

　　　　• 지표면의 물리적 특징(고도, 향, 경사, 형태, 장애물)

　　㉢ 기상

　　　　• 강우량 : 가연물의 연료 습도를 좌우하는 직접적 요인

　　　　• 바람 : 연소 속도와 연소 방향

　　　　• 습도 : 임내 가연물의 건조도 및 산불의 연소 진행 속도에 영향

　　　　• 온도 : 연료의 건조도 및 기류 형성에 원인

공중의 관계습도(%)	산불발생 위험도
>60	산불이 잘 발생하지 않음
50~60	산불이 발생하나 진행이 느림
40~50	산불이 발생하기 쉽고 빨리 연소됨
<30	산불이 대단히 발생하기 쉽고 소방이 곤란

⑤ 산불의 위험도를 좌우하는 요인

　㉠ 수종

　　• 침엽수는 수지로 인해 활엽수보다 피해가 심함

　　• 활엽수 중에서 일반적으로 상록수가 낙엽수보다 불에 강함

　　• 가문비나무, 분비나무, 전나무는 음수로 산불 위험이 낮음

　　• 코르크층이 두꺼운 수피는 내화성이 큼(참나무류, 은행나무, 버드나무)

　　• 맹아력이 강한 수종은 회복이 됨(사시나무, 참나무, 자작나무)

　　• 기타 내화성이 있는 수종 : 잎갈나무, 피나무, 고로쇠나무, 음나무, 가죽나무

　　• 수종별 내화력

구분	내화력이 강한 수종	내화력이 약한 수종
침엽수	은행나무, 잎갈나무, 분비나무, 가문비나무, 개비자나무, 대왕송 등	소나무, 곰솔, 삼나무, 편백 등
상록 활엽수	아왜나무, 굴거리나무, 후피향나무, 붓순, 합죽도, 황벽나무, 동백나무, 비쭈기나무, 사철나무, 가시나무, 회양목 등	녹나무, 구실잣밤나무, 유칼리 등
낙엽 활엽수	피나무, 고로쇠나무, 음나무, 가죽나무, 참나무, 버드나무, 사시나무, 자작나무, 마가목, 고광나무, 네군도단풍나무, 난티나무, 수수꽃다리 등	능수버들, 벽오동, 벚나무, 참죽나무, 조릿대, 아까시나무 등

　㉡ 수령

　　• 어리고 작은 숲일수록 피해의 위해도가 크고 큰 나무가 될수록 위해도가 작음

　　• 노령림은 지표화로 피해를 잘 받지 않고 수관화가 되기 어려움

　㉢ 기후와 계절

　　• 가물고 공중습도가 낮은 3~5월에 가장 많이 발생

　　• 공중의 관계습도가 50% 이하일 때 산불이 발생하기 쉽고 25% 이하에서는 수관화가 대부분 발생

　　• 풍속이 크면 클수록 산불이 일어나기 쉽고 빨리 퍼짐

⑥ 피해 증상

　㉠ 불꽃에 탄 부분은 마르면서 갈색으로 변함

　㉡ 가지가 서서히 말라 죽음

　㉢ 형성층이 죽어 있으면 목부조직이 노출되면서 부패하기 시작함

　㉣ 형성층이 살아 있으면 코르크층을 다시 만들어 수피가 재생됨

⑦ 산불의 소방

　㉠ 바람이 불어가는 선단에서 가장 빨리 불이 번지는데 이를 화두라고 함. 이 화두의 방향과 직통의 방향은 불이 번지는 속도가 느림. 이를 측면화라고 함

　㉡ 바람이 불어오는 쪽 경사면으로 내려가는 부분을 화미(가장 약함)라 함

　㉢ 화두가 여러 개로 갈라져 나갈 때 반드시 화두를 꺼야 함

ⓔ 화두부의 소화가 어려울 경우 측면화를 먼저 소화

⑧ 진화의 종류

　　㉠ 직접소화법

　　　• 물이 가장 효과적이나 없을 때는 생나무로 끄거나 토사를 끼얹어 산소공급 차단

　　　• ABC소화제 살포

　　　• 등짐펌프(개인용 진화장비)를 등에 지고 소독약 살포

　　㉡ 간접소화법

　　　• 불이 진행하는 전방에 방화선 등의 연소저지선을 설정해 놓는 것

　　　• 30m 내외의 내화수림대의 숲을 조성

⑨ 우리나라 산불의 특징

　　㉠ 지형변화가 심함(산지가 많고 경사 급함)

　　㉡ 계절적인 건조현상이 있음

　　㉢ 동해안 지역은 태백산맥을 넘어가는 공기층의 푄현상으로 건조한 바람 동반

　　㉣ 자연발화보다는 실화로 인한 화재가 대부분

⑩ 산불의 피해

　　㉠ 수목의 피해

　　　• 유령목과 수피가 얇은 어린 수종은 산불에 가장 약함

　　　• 산불 피해를 입은 성숙한 나무는 병해충의 피해를 막기 위해 벌채하여 제거

　　㉡ 토양의 피해

　　　• 지표유하수 증가, 투수성 감소, 토양의 이화학적 성질 악화, 지하의 저수능 감퇴, 홍수의 원인

　　　• 산불에 의하여 타고 남은 재에는 질소분이 이미 날아가 버리고 인산석회, 칼륨 등의 성분이 함유되어 있지만 빗물에 의하여 유실되므로 토양이 척박해짐

 TIP　산불로 인한 토양 특성 변화 [7회 기출]

• 양분유효도는 일시적으로 증가한다.

• 염기포화도는 유기물 연소에 따른 염기방출로 증가한다.

• 유기물 연소와 토양 내 광물질의 변화로 양이온교환용량이 감소한다.

• 유기인은 정인산염 형태로 무기화되며 유실에 의한 손실이 매우 크다. 정인산염은 PO_4^{3-}가 나트륨, 칼슘, 칼륨 등과 결합한 것이다.

• 토양 pH는 일반적으로 산불 발생 즉시 증가하고 수개월~수십 년의 기간을 거쳐 발생 이전 수준으로 돌아간다.

(3) 농약해 및 비료해

① 농약에 의한 피해

원인	• 피해를 주는 농약 : 제초제, 살충제, 생장조절제(살균제는 피해 적음) • 살균제와 살충제를 혼합할 경우 피해를 주는 경우가 있음 • 옥신 계통의 제초체에 의해 주로 발생하며 수목이 뿌리를 통해서 제초제를 흡수하거나 제초제가 잎에 묻으면 호르몬 대사가 균형을 잃으면서 피해 발생
피해증상	**제초제 피해** • 증상 : 잎의 말림, 뒤틀림, 기형, 왜소화, 변색, 황화, 백화, 반점, 괴사, 낙엽, 가지의 휨, 비대, 수목의 생장 위축 등으로 나타나며 심하면 고사될 수도 있음 • 잎에 접촉된 경우 : 약제 살포 후 수 시간 혹은 수 일 내로 나타남 • 토양에 살포한 경우 : 살포 직후, 몇 달 혹은 다음 해까지 나타나기도 함 • 선택성 제초제인 2,4-D는 잎이 타면서 말려 들어감 • 디캄바 유제는 활엽수의 잎을 기형·비대생장시키고, 소나무는 새 가지 끝이 굵어지면서 꼬부라지고, 은행나무는 잎 끝이 말려 들어가고, 주목은 황화현상을 보임 • 비선택성 제초제 : 활엽수 잎은 갈색으로 말라 죽고, 주목·향나무·측백나무는 어린 잎의 끝부분이 황화.
	살충제 피해 • 활엽수 : 잎의 가장자리가 타들어 가며 불규칙한 반점이 생김 • 침엽수 : 수나무의 잎끝이 적갈색으로 변색
대책	• 활성탄을 집어넣어 농약을 흡착시켜 농약의 농도를 낮춤(대신 부엽토나 완숙퇴비, 석회 사용) • 토양이 건조할 때 피해가 증가하므로 관수로 제초제를 씻어 냄 • 신선한 흙으로 표토 교체 • 응급처치를 위해 영양제 수간주사, 무기양료 엽면 시비 등의 영양 공급 • 농약 혼용 시 농약혼용적부표를 반드시 점검하여 약해 확인 • 권장 농도 준수, 안전 장비 착용, 농약 살포 시 비산 주의(바람 적고 갠 날 오전 혹은 늦은 오후), 다음 사용 시 용기와 호수 세척

② 비료에 의한 피해

원인	• 화학비료의 경우 규정 이상의 너무 높은 농도로 처리하여 염류 장해 • 유기질 비료일 경우 미숙성퇴비에 의해서 발생 • 미숙성퇴비의 경우 분해되는 과정에서 고온을 발생시켜 뿌리생장 저해
피해증상	• 진한 비료와 접촉한 잎은 엽육조직이 타는 등 피해를 받아 생육불량 • 미부숙 시 암모니아가스는 환원작용으로 잎을 상하게 하고(갈변) 아질산가스는 산화작용으로 잎을 상하게 함(백화) • 미부숙 시 분해 과정에서 열이 날 경우 식물이 누렇게 뜨거나 심하면 고사하기도 함
대책	• 화학합성 비료의 과다 투여 금지 • 충분히 부숙된 유기질 퇴비 사용

(4) 대기오염 피해

① 대기오염의 정의 : 대기 중에 있는 물질이 정상적인 농도 이상으로 존재할 때 일컫는 말

② 대기오염 물질의 종류

※ 국내 4대 대기오염 물질 : 아황산가스, 질소산화물, 분진, 오존

⊙ 아황산가스(SO_2)

• 1970년대에 석탄 사용으로 심각했음. 산성비의 주원인

• 0.1ppm 이상에서 수목에 피해를 줌

ⓛ 질소산화물

- 자동차 배기가스에서 발생, 고농도의 질소산화물은 도로 주변에 나타남
- 피해는 아황산가스보다 덜하지만, 다른 가스와 반응하면 시너지를 일으킴
- 수종의 피해 발현 농도는 1.6~2.6ppm에서 2일간, 20ppm에서 1시간

ⓒ 분진

- 미세먼지, 직경 0.002mm
- 검댕과 먼지는 도시에서 식물 생장에 영향을 끼칠 만큼 높은 수준으로 존재
- 상록수의 기공에 먼지가 2년 이상 누적되어 기공(평균 직경 0.02~0.05mm)을 막아 피해를 유발

ⓔ 오존(O₃)

- NOx+탄화수소 → O₃+PAN(NOx와 탄화수소가 자외선에 의해 광화학 산화반응으로 형성되는 2차 오염물질)
- 특징
  - 성층권에서는 태양의 자외선을 차단하는 역할, 대기권에서는 생물에게 유해한 가스
  - 대기권의 오존은 주로 자동차 매연가스에서 2차적으로 생성
  - 여름철(30℃ 이상) 맑은 날 질소산화물(NOx)과 탄화수소가 자외선에 산화반응을 일으켜서 만들어짐
- 피해
  - 활엽수 : 괴사(주근깨), 반점, 얼룩, 황화, 표백이 잎 윗면에 나타남. 잎, 꽃, 열매 빨리 떨어짐
  - 침엽수 : 침엽 끝에 괴저증상, 침엽이 다 자라기도 전에 낙엽, 길이가 짧으며 황화현상이 나타남
  - 대기 중 0.12ppm 이상이면 오존주의보를, 0.3ppm을 초과하면 오존경보를 발령함
  - 민감한 수종은 0.3~0.6ppm에서 약 3시간, 1.0~1.5ppm에서 5분 정도면 피해 발현
  - O₃에 대한 감수성의 수종 간 차이

구분	상록수	낙엽수
감수성(대)	산호수, 소나무, 히말라야시다, 돈나무, 협죽도, 사철나무, 꽃댕강나무	당느릅나무, 느티나무, 중국단풍나무, 왕벚나무, 수양버들, 단풍버즘나무, 자귀나무, 은행나무, 무궁화나무
감수성(소)	삼나무, 곰솔, 노송나무, 화백나무, 녹나무, 사스레피나무, 소귀나무, 가시나무	단풍나무, 산벚나무, 낙엽송

ⓜ PAN(Peroxy Acetyl Nitrate)

- 오존과 마찬가지로 자동차 매연물질로부터 여름철에 대기권에서 합성되어 만들어진 강력한 산화력을 가진 물질
- 0.2~0.8ppm에서 8시간을 노출하면 민감 수종에서 피해 발생

• 오존과 PAN 피해증상 비교

구분	오존	PAN
피해조직	책상조직(잎 조직)	해면조직(잎 뒷면)
피해부위	성숙잎	어린잎

ⓑ 수목생장에 영향을 주는 대기오염 물질의 분류

형태	종류
황화합물	황산화물(SOx), 황화수소(H_2S)
질소화합물	암모니아(NH_3), 질소산화물(NOx)
탄화수소화 산소화물	메탄(CH_4), 아세틸렌(C_2H_2), 알코올, 에테르, 페놀, 알데히드
할로겐 화합물	불화수소(HF), 브롬화수소(HBr),
광화학산화물	오존(O_3), PAN
미립자	검댕, 먼지, 미세먼지, 중금속(납, 비소, 티타늄)

③ 대기오염 피해의 양상

ⓐ 일반적으로 봄부터 여름까지 많이 발생

ⓑ 밤보다는 낮에 피해가 심각

ⓒ 대기 및 토양습도가 높을 때 피해가 늘어남(매우 높은 습도는 오히려 피해 감소)

ⓓ 바람이 없고 상대습도가 높은 날에 피해가 큼

ⓔ 기온역전현상이 발생할 경우 피해가 큼

ⓕ 오염물질의 발생원에서 바람 부는 쪽으로 피해가 나타남

④ 대기오염 물질의 피해증상

ⓐ 잎(유세포 많고 왕성한 대사작용 수행)에서 피해가 예민하게 나타남

ⓑ 만성피해

• 잎에 황화현상으로 먼저 나타남

• 다른 요인에 의한 생장불량의 증세와 구별이 잘되지 않아 가려내기가 힘듦

• 잎이 작아지고 활력이 감소하며, 연녹색을 띠고 조기낙엽

• 검댕이나 먼지는 기공을 막아 광합성을 방해하여 생장불량, 낙엽, 가지고사 등을 유발

ⓒ 급성피해

• 활엽수 : 엽맥 사이 조직, 잎 가장자리, 잎 끝의 황화와 괴사, 주근깨 같은 반점 형성, 백화현상, 그리고 조기낙엽

• 침엽수 : 황화현상, 잎 끝의 적갈색 변색과 괴사

ⓓ 지역의 대기오염물질 배출원에 대한 지식과 기상정보를 참조하여 피해양상을 분석한 후 최종적으로 판단해야 함

PART 01
PART 02
PART 03
PART 04
PART 05
PART 06

ⓜ 대기오염물질에 의한 수목의 병징, 독성기작

오염물질	병징	
	활엽수	침엽수
아황산가스	잎의 끝부분과 엽맥 사이 조직의 괴사, 물에 젖은 것 같은 모양(엽육조직 피해)	물에 젖은 것 같은 모양, 적갈색 변색
질소산화물	초기 : 흩어진 회녹색 반점, 잎의 가장자리 괴사, 엽맥 사이 조직 괴사(엽육조직 피해)	초기 : 잎 끝의 자홍색~적갈색 변색, 잎의 기부까지 확대, 고사 부위와 건강 부위의 경계선 뚜렷함
오존	잎 표면에 주근깨 같은 반점 형성, 책상조직이 붕괴, 반점이 합쳐져 표면이 백색화	잎 끝의 고사, 황색 반점, 왜성 및 황화된 잎, 조기낙엽
PAN	잎 뒷면에 광택이 나면서 후에 청동색으로 변색, 고농도에서 잎 표면도 피해(엽육조직 피해)	황화현상, 조기낙엽
불소	초기 : 잎 끝의 황화, 잎 가장자리로 확대, 중륵을 따라 안으로 확대, 황화조직의 고사	잎 끝의 고사, 고사 부위와 건강 부위의 경계선 뚜렷
중금속	엽맥 사이 조직의 황화현상, 잎 끝과 가장자리의 고사, 조기낙엽, 잎의 왜성화, 유엽에서 먼저 발생	잎의 신장 억제, 유엽 끝의 황화현상, 잎 기부로 고사 확대

⑤ 대기오염 피해와 비슷한 증상을 나타내는 다른 병

ㄱ 영양결핍 현상이 있음

ㄴ 곰팡이, 세균, 바이러스에 의한 병 중에서 잎에 점 모양의 무늬를 만드는 점무늬병

ㄷ 진딧물과 응애류의 피해 : 잎에 작은 점무늬가 만들어지기 때문에 혼동

⑥ 대기오염 저항성 생리

ㄱ 유엽이 성엽보다 저항성이 더 높음

ㄴ 광합성을 많이 하면 항산화물질을 많이 만들어 SO_2, O_3 독성을 제거하면서 대항

ㄷ 속성수가 장기수보다 저항성이 낮음(기공을 더 많이 열어 오염물질 흡수)

ㄹ 생장을 억제하면 저항성이 높아짐

ㅁ 질소비료는 저항성을 낮추고 칼륨비료는 저항성을 높임

⑦ 대기오염 대책

ㄱ 저항성 수종 식재

ㄴ 분진 세척(상록수의 잎)

ㄷ 관수 자제 : 기공이 열리면 더 예민해짐

ㄹ 관계습도를 낮게 유지(저항성 증진)

ㅁ 급성 대기오염 : 물로 씻어 줌

ㅂ 생장억제제 사용 : 빨리 자랄 때 예민해짐

ㅅ 적절한 시비 : 질소 대신 인, 칼륨, 석회비료 사용

⑧ 대기오염에 대한 조경수종의 저항성 비교

구분	침엽수	활엽수
강함	은행나무, 편백, 향나무류	가중나무, 감탕나무, 개나리, 굴거리나무, 녹나무, 대나무류, 돈나무, 동백나무, 매자나무, 먼나무, 물푸레나무, 버드나무류, 벽오동, 병꽃나무, 뽕나무, 사철나무, 산사나무, 송악, 아까시나무, 양버들, 은단풍, 자작나무, 쥐똥나무, 참느릅나무, 층층나무, 태산목, 피나무, 피라칸다, 호랑가시나무, 회양목, 후피향나무
약함	가문비나무, 반송, 소나무, 오엽송, 잣나무, 전나무, 삼나무, 측백, 히말라야시다	가시나무, 감나무, 느티나무, 단풍나무, 라일락, 매화나무, 명자나무, 목서류, 목련, 무화과나무, 박태기나무, 벚나무류, 수국, 자귀나무, 진달래, 백합나무, 화살나무

⑨ 산성비

| 원인 | • 산성비의 정의 : pH 5.6 이하의 빗물
• 주성분

| 황산이온(SO_4^{2-}) | 석탄에서 유래 |
질산이온(NO_3^-)	자동차 매연가스에서 유래	

원인	• 산성비의 정의 : pH 5.6 이하의 빗물 • 주성분	
	황산이온(SO_4^{2-})	석탄에서 유래
	질산이온(NO_3^-)	자동차 매연가스에서 유래
피해증상	• 강수의 산도가 pH 3.0 전후로 내려가면 활엽수에서, pH 2.0 이하로 내려가면 침엽수에서 가시적인 피해가 나타남 • 생장장해를 초래하여 발아나 개화 지연 • 병해충, 부적합한 생육환경에 대한 내성이 약화되어 피해 유발	
	잎 • 왁스층 부식(표면장력 낮아짐), 큐티클층 파괴(염류 용탈), 책상조직 파괴(광합성 저하) • 보통 식생의 산 중화능력은 침엽수림보다 활엽수림에서 큼 • 책상조직에 피해를 주어 세포질 손상, 광합성 저해 • 피해증상 : 잎에 백색 및 갈색의 괴사 반점, 꽃에 표백 반점 • 초본식물에서는 pH 3.5 이하, 목본식물에서는 pH 3.0 이하에서 나타남	
	토양 • 토양을 산성화(미생물군 변화, 유기물 분해 지연 및 방해) • 치환성 양이온 용탈(영양염류 부족) • 알루미늄 용출(호흡작용 저해 및 세포분열 억제, 길항작용으로 Ca과 P 흡수 방해)	
	수목	

수목	pH 3.0 이하	수목 가시적 피해	황색 반점 및 조직 파괴
	pH 3.1~4.5	수목 간접적 피해	엽록소 파괴, 엽내 양료 용탈
	pH 4.6~5.5	수목 간접적 피해	엽록소 감소, 광합성 저해, 종자 발아 및 개화 지연(pH 5.6 이상 정상)

토양의 산성화 치료법	석회질 비료로 토양을 중화

(5) 토양환경 변화 피해

① 토양 변경이 없는 상태의 보호

  ㉠ 땅고르기 금지 : 기존의 수목을 땅고르기 없이 그대로 보존하여야 함

  ㉡ 울타리 조성 : 최소한 수관 폭 내에 중장비와 차량이 접근할 수 없도록 설치

  ㉢ 중장비에 의한 답압 방지 : 우드칩, 철판(복공판) 혹은 판자 사용

  ㉣ 수간 감싸기, 페인트

② 도로포장 피해 경감법

    ㉠ 저항성 수종(플라타너스, 은행나무, 포플러류) 식재

    ㉡ 포장물질을 제거하거나 천공 실시

    ㉢ 가로수 : 식수대의 폭과 길이를 길게 연장하고 유공관을 매설

    ㉣ 보도 : 바닥에 모래를 깔고, 작은 벽돌 사용(큰 판석 자제)

③ 복토와 심식 피해

    ㉠ 세근의 특성과 분포

- 수목의 뿌리 중에서 세근이 주로 수분과 양분을 흡수함
- 전체 세근의 90%가 표토 20cm 이내에 존재
- 세근은 수명이 짧아 계속해서 새로 만들어지며, 왕성한 호흡작용
- 세근은 많은 양의 산소를 필요로 하며 산소공급이 양호한 표토에 집중적으로 존재함

    ㉡ 복토와 심식

- 복토 : 토양표면을 높이거나 흙을 공사 도중 임시로 쌓아 두는 것
- 심식 : 나무를 심을 때 깊이 심는 것을 말하며, 복토와 똑같은 결과를 가져옴

    ㉢ 진단법

- 지제부가 넓어지지 않고, 밋밋하게 평행한 경우 복토와 심식을 의심
- 검토장을 땅에 박은 다음 꺼내서 다른 색깔의 흙이 있으면 복토
- 20cm보다 두꺼운 복토나 심식은 수목에 피해를 줌

    ㉣ 피해 증상

- 세근이 질식하여 먼저 죽고 굵은 뿌리들도 서서히 죽음
- 뿌리가 영향을 받으면 지상부에서 수개월 후부터 수목의 쇠퇴현상이 진행됨

초기	잎의 왜소화, 황화현상, 조기낙엽
중기	윗 가지 고사, 수관 축소 현상, 수피 일부 고사
말기	지제부 수피 부패, 수피 이탈, 환상박피, 수목 고사

    ㉤ 복토 치료법

- 30cm 이상 복토 금지
- 석축과 흙을 제거
- 밑동이 습기로 인해 부패하는 것을 방지
- 마른 우물을 만들고 배수구를 설치

    ㉥ 부득이한 경우의 복토 요령

- 뿌리가 숨을 쉴 수 있게 조치
- 밑동이 썩지 않게 조치
- 뿌리로 물과 산소가 공급되도록 조치

ⓐ 밑동 주변에 마른 우물 설치
- 수관의 낙수지점까지 2~3%의 경사가 되도록 표면 처리
- 수간 주변에 벽돌이나 석재로 원형으로 마른 우물 설치, 돌담이 수간으로부터 0.6m 이상 떨어져야 함. 밑동은 노출시켜야 함
- 수직유공관과 수평유공관을 설치하여 물과 산소를 공급
- 유공관은 토양 표면 위로 5cm가량 튀어나오도록 설치하며 입구를 망으로 막음

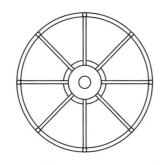
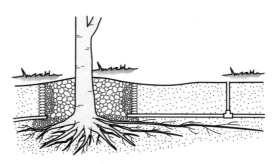

④ 절토

원인	• 뿌리가 있는 토양의 표면을 낮추는 것
	• 절토가 복토보다 더 치명적인 피해를 가져옴
	• 전면적으로 표토 30cm 이상 흙을 깎아 내는 작업은 세근이 모두 제거되어 수목이 죽게 됨
	• 한쪽 방향으로만 절토하는 것이 가능함
	• 절토 시 뿌리 손실량
	  – 수관의 한쪽 가장자리까지 절토 : 뿌리의 15%가 제거됨
	  – 수관폭 반경의 잘반까지 절토 : 뿌리의 30%가 제거됨

피해증상	• 지면을 들어내면 뿌리가 마르게 되고 심하면 지탱이 힘들어짐 • 활엽수는 뿌리가 잘린 쪽으로 수관이 피해를 봄 • 침엽수는 뿌리가 잘리지 않는 쪽에 피해 발생
대책	• 수관폭의 2/3만큼 원형으로 흙을 남겨 놓고 절토 • 석축을 쌓아 더이상 흙이 무너지지 않게 조치 • 반복적으로 관수하여 고사를 방지 • 인산질 비료를 주어 뿌리의 발달을 유도 • 질소비료 당분간 자제

⑤ 답압

원인	• 인간이나 장비에 의해서 표토가 다져져서 견밀화되는 토양경화 현상 • 답압이 진행되면, 용적비중이 높아지고, 배수 불량, 통기성 불량으로 뿌리가 뚫고 들어가지 못해 생장에 극히 불리함
피해증상	• 장기적으로 서서히 나타남 • 잎의 왜소화 및 황화, 가지 끝의 점진적 고사 • 토양의 과습 피해와 흡사함
대책	• 출입을 막고 울타리 설치 • 직경 5cm, 깊이 30cm의 구멍을 동력오거로 천공 • 다공성 물질 투입(모래, 유기물, 질석 등), 도랑 설치, 멀칭 • 경운을 통해 토양의 물리적 구조를 바꾸어 줌 • 공사장의 경우 PSP(복공판)을 깔아 중장비의 하중을 분산

4. 양분 불균형 발생기작과 피해증상 및 대책

(1) 양분 종류별 피해증상

① 무기양분의 이동성 : 식물체 내 이동에 따라 결핍현상이 먼저 나타나는 곳이 다름

    ㉠ 이동이 용이한 원소(N, P, K, Mg) : 부족 현상은 성숙잎에서 먼저 나타남

    ㉡ 이동이 어려운 원소(Ca, Fe, B) : 부족 현상은 어린잎, 생장점이 있는 어린 가지, 열매에서 먼저 나타남

    ㉢ 이동이 중간성 원소(S, Zn, Mn, Cu, Mo) : 어린잎과 성숙잎에서 초기에 동시에 결핍증세가 나타남

② 영양상태 진단법

    ㉠ 가시적 결핍증 관찰 : 잘못 판단할 가능성이 있음

    ㉡ 시비실험 : 의심되는 결핍원소를 엽면시비 후 결핍증상 관찰

    ㉢ 토양분석 : 지표면 20cm 깊이에서 토양을 채취하여 유효양료의 함량을 측정

    ㉣ 엽분석 : 가지의 중간부위에서 성숙한 잎(봄잎은 6월 중순, 여름잎은 8월 중순경)을 채취하여 무기양료 함량을 정확하게 분석하여 표준치와 비교

③ 영양결핍의 일반적 증상

    ㉠ 가장 예민한 곳 : 잎(왕성한 대사, 예민한 반응)

    ㉡ 가장 흔한 증상

      • 왜성화 : 잎의 크기 감소, 노란색을 띠며 괴사하기도 함

      • 황화현상 : N, Mg, Ca, K, Fe, Mn 부족으로 엽록소 합성에 이상이 생겨 발생

      • 조직의 괴사

    ㉢ 구체적인 증상

      • 잎이 전체적으로 황색 : 질소, 인 칼륨, 황

      • 잎의 가장자리가 변색 : 마그네슘

      • 엽맥 간 황화 : 칼륨, 철 망간

    ㉣ 영양결핍과 흡사한 증상

      • 햇빛 부족(여름잎의 장마철 일시적인 황화현상)

      • 응애와 방패벌레 피해

④ 무기양분 종류별 피해 증상과 대책

종류	기능 및 결핍증상
질소	• 아미노산과 단백질, 엽록소의 주요 구성성분, 대사에서 핵심 역할 • 황화현상, T/R율 적어짐
인	• 핵산과 원형질막의 구성성분 광합성과 호흡작용에서 대사 주도 • 왜성화, 소나무잎 자주색
칼륨	• 조직의 구성성분 아님. 효소 활성화, 기공개폐, 세포의 삼투 • 잎의 주변과 끝 부분에 황화 또는 괴사, 뿌리썩음병

종류	기능 및 결핍증상
칼슘	• 세포벽 구성 물질, 세포막의 기능에 기여 Amylase 효소 등의 활성제 역할 • 어린 조직에서 결핍현상, 기형으로 변함
황	• 아미노산의 구성성분 • 호흡작용 조효소의 구성성분, 어린잎에 잎 전체 황화
마그네슘	• 엽록소의 구성성분, ATP 활성화, 효소의 활성제 역할 • 성숙잎에서 엽맥간 황화
철	• 광합성과 호흡의 전자 전달 단백질과 효소 구성성분, 엽록체에 많이 존재, 착화합물을 형성($Fe-S$ Protein) • 어린잎에서 엽맥 간 황화
붕소	• 화분관의 생장 및 핵산의 합성과 반섬유소의 합성에 기여, 새로운 세포의 발달과 생장에 필수 원소 • 산성과 알칼리성 토양 결핍증, 정단분열조직 죽고 수분 흡수력 저하, 낙화 또는 낙과
망간	• 엽록소의 합성에 필수적이며 효소의 활성제, 광분해 촉진, 유해활성산소를 없애는 보조인자 • 표피 조직이 오그라짐, 엽맥간 황백화
아연	• 아미노산의 일종인 트립토판의 생산, 옥신생산에 관여, 리보솜의 구조의 안정화에 관여 • 절간생장이 억제되고 잎이 작아짐, 황화현상
구리	• 산화 환원 반응에 관여하는 효소의 구성성분이며 엽록체 단백질인 플라스토시아닌의 구성성분 • 잎이 좁아지고 뒤틀리는 현상, 잎의 백화 및 생장점 고사
몰리브덴	• 질소고정효소와 질산환원효소의 구성성분, 퓨린계 해체와 아브시스산 합성에 관여 • 매우 드문 결핍증상으로 황화, 괴사현상
염소	• 광분해 촉진, 옥신계통의 화합물 구성성분, 삼투압 기여 • 강할 때 위조현상, 황화현상 발생
니켈	• 질소대사에서 요소를 CO_2와 NH_4^+로 분해하는 유레아제 효소의 구성성분 • 목본식물 결핍증 없음

⑤ 무기양분 종류별 피해 대책

종류	대책
질소	요소, 황산암모늄, 질산나트륨 비료를 100m²당 1~2kg 시비
인	토양산도를 중화(석회, 과린산석회 100m²당 1~2kg 사용)
칼륨	황산칼륨이나 염화칼륨을 100m²당 2~8kg 시비
칼슘	석회나 과린산석회 사용
황	황산칼륨 사용
마그네슘	황산마그네슘이나 석회석 비료를 100m²당 12~25kg 시비

(2) 양분불균형 방제법

① 영양결핍의 빈도

ㄱ 토양이 산성화될수록 토양 내에서 불용성으로 존재하기 때문에 결핍현상이 나타남

ㄴ 알칼리성 토양에서 철의 결핍 자주 나타남(진단 : $FeCl_3$ 0.1% 용액 살포 2주 후 반응)

ㄷ 칼슘과 마그네슘 : 만성적인 산성비로 용탈되어 결핍현상이 나타남

ㄹ 붕소 : 산성과 알칼리성 토양에서 결핍현상 관찰, 유실수의 결과에 필요

ⓜ 아연, 구리, 몰리브덴 : 수목에서 거의 관찰되지 않음

ⓗ 대량원소(N, P, K, Ca, Mg, S)와 Fe, B를 포함한 8개 양료를 대상으로 영양결핍 진단

② 유기물과 퇴비의 차이점

유기물 특징	퇴비 특징
• 식물과 동물의 생체와 사체로서 식물이 이용할 수 없는 탄소화합물 • 완전히 썩기 전에는 비료가 아님 • 땅속에 넣으면 오히려 수목 생장을 방해함 • 유기물을 썩히는 미생물이 자라면서 주변 토양에 무기 양분을 빼앗아 감 • 탄질비가 1,000:1(톱밥)~100:1(풀) 정도임	• 완전히 썩은 유기물로서 식물이 비료로 이용할 수 있음 • 유기물을 퇴비로 썩히는 생물로 토양미생물 중 곰팡이와 세균, 토양소동물 중 뒤며느리, 톡톡이, 지렁이, 응애가 있음 • 완숙퇴비는 탄질비가 20:1 정도로 낮아짐

③ 양분 불균형 방제

㉠ 비료를 적절하게 사용함으로써 결핍증을 치료할 수 있음

㉡ 조경수 : 화학비료보다 퇴비를 사용

화학비료 특징	퇴비 특징
• 나무를 웃자라게 하여 바람에 약해지고 건강상태를 해침 • 토양의 산성화를 촉진시켜 바람직하지 않음	• 모든 원소가 함유되어 있음 • 유기물이기 때문에 토양의 물리적, 화학적 성질을 개량함

— Tree Doctor

1. 농약학 서론

(1) 농약의 정의 및 명칭

① 농약의 정의

　㉠ 농작물(수목, 농산물과 임산물을 포함)을 해치는 균, 곤충, 응애, 선충, 바이러스, 잡초 그 밖에 농림축산식품부령으로 정하는 동식물(동물 : 달팽이·조류 또는 식물 : 이끼류 또는 잡목)을 방제하는 데 사용하는 살균제, 살충제, 제초제

　㉡ 농작물의 생리기능을 증진하거나 억제하는 데 사용하는 약제

　㉢ 그밖에 농림축산식물부령으로 정하는 약제(기피제, 유인제, 전착제)

　㉣ 작물을 재배하기 위한 토양 및 종자소독, 재배기간 중 작물의 보호, 수확 후 농작물의 저장 및 품질 향상을 위한 모든 약제를 말함

② 농약의 명칭

　㉠ 화학명 : 유효성분의 화학적 구조에 따라 붙여지고, 약제 저항성과 관련이 깊음

　㉡ 일반명 : 농약의 특성을 나타내는 대표적인 이름으로, 잔류허용기준을 나타낼 때 사용 예 Imidacloprid

　㉢ 품목명 : 일반명을 한글로 표시하고 뒤에 제형을 붙임. 농약을 등록할 때 사용 예 이미다클로프리드 미탁제

　㉣ 상표명 : 농약을 제품화할 때 회사에서 붙이는 고유명으로 농민에게 익숙한 명칭 예 코니도

　㉤ 시험명 : 일반명이 주어지기 전 단계의 이름

(2) 농약의 기능 및 중요성

① 농약의 기능

　㉠ 농작물을 재배하기 위한 농경지의 토양 소독

　㉡ 종자 보호를 위한 종자 소독

　㉢ 작물/수목의 재배기간 중에 살포하여 병해충으로부터 보호, 잡초 제거

　㉣ 수확한 농산물/임산물의 저장 시 처리하여 병해충에 의한 손실을 방지

　㉤ 농작물의 생육 촉진·억제, 낙과 촉진 또는 방지, 착색 향상 등 생장 조절

　㉥ 농작물/임산물의 품질 향상

       ⓢ 쾌적한 생활을 위한 실내외 위생해충 방제

       ⓞ 가축 및 동물의 해충/기생충 방제

  ② 농약의 중요성

       ㉠ 전 세계 농산물의 약 1/3 이상이 해충·병·잡초 등 각종 유해 생물에 의해서 손실(재배, 수확, 저장 중)

       ㉡ 농약은 식물의 건강 보호를 통한 식량 증산, 노동력 절감, 품질 향상에 필수 불가결

       ㉢ 인간의 생활, 위생 향상, 가축/동물 건강 보호, 자연 보호/보존에 절대적으로 기여

(3) 농약의 구비 요건

  ① 살균, 살충력이 강하고 효과가 큰 것

  ② 작물 및 인축에 해가 없는 것

  ③ 물리적 성질이 양호한 것

  ④ 사용법이 간단한 것

  ⑤ 품질이 균일하고 저장 중 변질되지 않는 것

  ⑥ 값이 싸고 구입하기 쉬운 것

  ⑦ 다른 약제와 혼용할 수 있는 것

  ⑧ 농촌진흥청에 등록된 농약일 것

2. 농약의 분류

(1) 방제 대상(사용목적)에 따른 분류

  ① 살균제

       ㉠ 사용 목적 : 작물에 병원성이 있는 진균, 세균, 바이러스 등 미생물을 방제하는 약제

보호살균제	• 병이 침입하기 전 사용, 예방 목적 • 보르도혼합액, 결정석회황합제, 구리분제, 만코제브(탄저병 등 방제) • 정확한 발병 시점을 예측하기 어려우므로 약효 지속기간이 길어야 함 • 발달 중의 균사 등에 대한 살균력이 낮아, 일단 발병하면 약효가 떨어짐 • 보호살균제는 넓은 범위의 생화학적 작용점을 나타내어 저항성 유발이 적은 편임
직접살균제	• 병원균의 발아·침입 방지, 발병 후에도 방제 가능 • 많은 유기합성 살균제 및 항생물질(메탈락실, 벤지미다졸 등) • 강력한 살균력과 함께 작물체 내에 침투한 균사를 살멸시키기 위하여 대개 반침투성 이상의 침투성이 요구됨(벤지미다졸, 트리아졸 등) • 최근 개발된 직접살균제는 작용점이 명확하고 그 범위가 좁으므로 저항성 유발의 단점이 있음

       ㉡ 기타 : 종자소독제, 토양소독제, 과실방부제(저장병방제제)

  ② 살충제

       ㉠ 사용 목적

          • 경엽처리제 : 작물의 생육기에 줄기, 잎, 과실 등을 가해하는 해충을 방제

          • 토양처리제 : 토양 중의 해충을 방제

ⓛ 작용특성

식독제 (소화중독제)	• 해충이 먹이와 함께 섭취 • 저작구형에 적당 • 유기인계, 카바메이트계, Bt제 등
접촉독제	• 해충의 표피에 접촉되어 체내로 침입 • 깍지벌레, 진딧물, 멸구류에 적당 • 유기인계, 카바메이트계, 제충국, 니코틴제, 기계유 유제 등
침투성 살충제	• 약제가 식물체 내로 흡수·이행시켜 흡즙성 해충을 방제(침투성 살충제에만 국한된 특성은 아니며 살균제에도 동일하게 적용됨) • 수간주사, 엽면 살포, 근부처리 용도 • 카바메이트계, 합성피레스로이드계, 네오니코티노이드계 • 약제가 침투성을 나타내기 위해서는 물에 대한 용해도가 수 mg/L 이상이어야 함 • 이동 중 분해되지 않도록 화학적/생화학적 안정성이 요구됨 • 침투이행성의 경우 토양에 살포하여도 작물체의 수분 흡수에 따라 물관부를 통해 전체 부위로 이행되는 특성을 의미하며 토양에 살포하는 입제 제형이 가능함
유인제	• 해충을 일정한 장소로 유인하여 방제 • 페로몬, 오리자논 등
기피제	• 접근하지 못하게 하는 약제 • lauryl alcohol, N, N-dimethyl-m-toluamide 등
불임제	• 해충을 불임시켜 번식을 막는 약제 • amethopterin, tepa 등
기타	• 훈증제(메틸브로마이드) • 훈연제(아세타미프리드) • 점착제

③ 살비제(살응애제)
  ㉠ 응애는 거미강에 속하며 일반 살충제로 방제가 어려워 응애 방제 약제가 별도로 개발되어 있음
  ㉡ 합성피레스로이드계 : 비펜트린, 아크리나트린 등
  ㉢ 항생물질계 : 밀베멕틴, 아바멕틴 등
  ㉣ 유기주석계 : 싸이틴, 아씨틴, 펜뷰타티옥사이드 등
  ㉤ METI계 : 아세퀴노실, 페나자퀸, 피리다벤 등
  ㉥ 테트로닉산계 : 스피로디클로펜, 스피로메시펜, 스피로테트라맷 등
④ 살선충제
  ㉠ 선충 : 선형동물에 속함
  ㉡ 주로 유기인계 살충제인 이미시아포스, 카두사포스, 포스티아제이트 등에 의해 방제
⑤ 제초제
  ㉠ 잡초를 방제하기 위하여 사용되는 약제
  ㉡ 생리작용(살초기작)에 따른 분류

선택성 제초제	선택적으로 살초하는 제초제(대부분의 제초제)
비선택성 제초제	모든 식물을 제거하는 강한 독성의 제초제(글리포세이트, 글리포시네이트암모늄)

※ 선택성 제초제도 처리 농도를 높이면 모든 처리 식물에 피해를 주어 선택성을 상실하게 됨

ⓒ 작용특성에 따른 분류

접촉형 제초제	식물체의 접촉부위 세포에 직접 작용하여 살초 효과를 발휘하는 제초제 예 PCP, DNOC, DCPA
이행성 제초제	식물체 내의 작용점으로 이행되어 살초하는 제초제 예 2,4-D, MCPA, 시마진

ⓔ 처리 방법에 따른 분류

토양처리제	잡초가 발생하기 전에 토양에 처리하여 발아를 억제하는 것
토양 및 경엽처리제	잡초 발생의 억제 및 이미 발생된 잡초를 고사
경엽처리제	잡초의 생육이 진전된 상태에서 사용

ⓜ 처리 시기에 따른 분류

발아 전 처리제	토양처리제, 뷰타클로르 등
발아 후 처리제	경엽처리제, 2,4-D 등

⑥ 식물생장조절제

ⓐ 기능 : 생리기능의 증진 및 억제, 개화 촉진, 착색 촉진, 낙과 방지 등 예 에테폰, 옥신, 지베렐린 등

ⓑ 구분

식물호르몬계	옥신류, 지베렐린류, 시토키닌류, 에틸렌발생제(에테폰/숙기 촉진)
비호르몬계	에틸렌억제제, 생장촉진제, 생장억제제, 신장억제제, 부피방지제, 작물건조제

⑦ 생물농약

ⓐ 천적곤충, 천적 미생물, 길항 미생물 등을 이용하여 화학농약과 같은 형태로 살포 또는 방사하여 병해충 및 잡초를 방제하는 약제

ⓑ 천연식물보호제란 진균, 세균, 바이러스 또는 원생동물 등 살아 있는 미생물을 유효성분으로 하여 제조하거나 자연계에서 생성된 유기화합물 또는 무기화합물을 유효성분으로 하여 제조한 농약

ⓒ Bacillus thuringiensis는 대표적 생물농약으로서 미생물이 생성하는 단백질 독소가 해충의 중장을 파괴하여 살충효과를 나타냄

ⓔ 그 외 기생벌 등의 천적을 활용한 예도 있음

⑧ 보조제

ⓐ 정의 : 농약의 효력을 높이기 위해 첨가되는 보조물질

ⓑ 구분

전착제	• 농약의 주성분을 전착시키기 위한 약제 • 확전성, 현수성, 고착성 증가
증량제	주성분의 농도를 낮추어 일정한 농도를 유지하기 위한 약제 예 활석, 카올린, 설탕, 유안, 물

용제	유효성분을 용해하는 약제 **예** 자일렌, 벤젠,물, 메탄올 등
유화제	유제를 균일하게 분산시켜 유화성을 높이는 약제 **예** 계면활성제 등
협력제	유효성분 효력 증진제 **예** 피레스로이드화합물 등
약해경감제	약해를 일으키는 인자의 제거 **예** 펜클로림(fenclorim)

(2) 유효성분 조성에 따른 분류

① 무기농약과 유기농약

무기농약	무기화합물이 주성분인 농약 **예** 생석회, 소석회, 황산구리, 유황, 결정석회황합제 등
유기농약	천연유기농약과 유기합성농약으로 구분 **예** 유기인계, 카바메이트계, 유기염소계, 유기황계, 유기비소계, 유기불소계 농약

② 살충제

천연살충제	• 자연에서 얻어지는 식물성, 미생물성, 탄화수소류의 살충제 • 속효성이고 약해와 인축에 대한 독성이 없으나 유효성분의 분해가 빠르고 저장성이 없으며 생산비가 많이 소요되는 단점이 있음 **예** 식물성 살충제인 피레트린제, 니코틴제, 로테논제와 탄화수소가 주성분인 기계유 유제 등
유기인계	• 인을 중심으로 각종 원자 또는 원자단이 결합한 구조 • 현재 사용 중인 살충제 중 종류가 가장 많고 환경·생물에 대한 영향도 가장 큰 농약 • 살충력과 인축에 대한 독성이 높고 자연계에서 분해가 빠르며, 잔효성이 비교적 적음 **예** 페니트로티온, 다이아지논 아세페이트, 펜티온, 펜토에이트, 클로르피리포스 트리클로르폰 등
카바메이트계	• Carboxyl acid와 Amine과의 반응물인 카르밤산을 기본구조로 하는 화합물 • 살충작용이 선택적이고 체내에서 빨리 분해되어 인축에 대한 독성이 낮은 안정한 화합물로 AChE 활성 저해제 • 일부 제초제로도 개발 **예** 카바릴, 페노뷰카브, 아이소프로카브, 카보퓨란, 티오디카브, 메토밀 등
유기염소계	• 염소를 중심으로 결합된 분자구조 • 살충력이 강하고 적용 범위는 넓으며, 인축에 대한 급성독성은 낮으나 생태계에서의 잔류성과 생물농축성이 높음
피레트로이드계 살충제	• 제충국의 살충성분인 피레스린 화합물 • 낮은 농도에서 살충력이 크고 선택적이며 저독성 • 가정용 살충제나 온실 해충 방제에 주로 사용되고 있음 **예** 알레트린, 알파메트린, 펜발러레이트, 델타메트린, 비펜트린 등
벤조일우레아계	• 요소를 기본으로 한 화합물 • 키틴 생합성 저해 **예** 디플루벤주론, 테플루벤주론, 헥사플루무론, 뷰프로페진 등
네레이스톡신계	• 바다갯지렁이에서 추출한 네레이스톡신의 구조를 변화시켜 개발한 살충제 • 식독 및 접촉독제로 작용 **예** 카탑, 벤설탑 등

네오니코티노이드계	• 니코티노이드를 유기합성농약으로 개발한 것 • 꿀벌 집단 붕괴 현상의 원인으로 지목됨 • 이미다클로프리드, 클로티아니딘, 티아메톡삼 3종에 대하여 신규등록 및 적용 확대 금지
마크로라이드계	• 방선균에서 분리한 물질 • 소나무재선충의 예방 약제로 많이 사용됨 예 아바멕틴, 에마멕틴벤조에이트, 밀베멕틴 등

③ 살균제

㉠ 무기 또는 금속 함유 살균제

구리제	• 구리제는 SH기와의 반응성으로 살균효과를 나타냄
	• 무기구리제
	  – 보르도혼합액 : 황산구리와 생석회가 주성분, 광범위한 균에 유효함
	  – Copper hydroxide, Copper sulfate, Copper oxychloride
	• 유기구리제
	  – 구리 이온의 침투가 무기구리제보다 월등 : 1/10로 같은 효과
	  – 옥신코퍼

수은제	• 무기수은제 : 승홍(HgCl2)이 대표적 • 유기수은제 : PMA(Phenyl Mercury Acetate)가 종자처리 소독제로 사용되었으나 환경독성이 높아 전면 금지
비소제	• 비소화합물은 3가와 5가의 화합물이 살균력이 있음 • 네오아소진
유기유석제	• 주로 Triphenyl 화합물 구리처리량의 1/10으로도 사상균의 방제가 가능 • 보호살균제로 사용, 살응애 효과도 있음.
무기유황제	• 1821년부터 포도 흰가루병 방제용으로 개발 • 친유성이 강하여 유지 함량이 많은 병원균에 강한 선택성 • 적용범위가 좁으나 살균작용 외에 응애나 깍지벌레 등에 대한 살충작용도 있음 • 석회유황합제는 강한 알칼리성을 나타내고 작물에 약해를 유발하는 단점이 있어 과수원의 휴면기에 사용함(사과의 흰가루병) • 황분말, 결정석회황 합제, 수화성 황제 등

㉡ 비침투성 유기살균제

계통	디티오카바메이트계(카. 다점 저해)
역할	보르도액 등 초기 무기 살균제 이후 2세대 살균제 중에서 가장 중요한 역할.
장·단점	광범위한 효력과 비교적 저항성 유발이 없음 침투성 살균제와 함께 널리 사용되고 있음
특성	예방효과를 보이며 비선택성 살균작용을 보임
종류	• Dialkyl 디티오카바메이트 • Ethylene bis 디티오카바메이트 • Propylene bis 디티오카바메이트

㉢ 염소치환방향족계(Chlorine-substituted aromatic계)

특징	상이한 구조의 다수의 약제가 있음
종류	HCB, PCP, PCNB, dicloran, chloroneb, phthalide
용도	• HCB : 종자처리제 • PCP ; 목재방부제 • phthalide(프탈라이드) : 벼 도열병 전용방제제

② 디카르복시마이드계(Dicarboximide)

종류	Procymidone, Iprodione, Vinclozolin 등
용도	• Procymidone : 침투이행성의 치료 및 보호살균제, 병원균의 Triglyceride의 생합성 저해 • Iprodione : 보호 및 치료효과를 겸비한 접촉형 살균제, 포자의 발아 억제, 균사 생장 억제 • Vinclozolin : 비침투이행성의 보호 및 치료효과, 병원균의 포자 발아 방해

⑩ 프탈리마이드계(Phthalimide)

특징	효소나 단백질의 SH작용기와 반응하여 병원균의 호흡을 저해
종류 및 용도	• 캡탄 : 종자소독, 토양살균제, 중성 및 산성용액에서 신속하게 가수분해, 캡탄 자체는 금속 부식성이 없으나 분해산물은 부식성 • 폴펫 : 석회보르도액, 석회황합제 등의 알칼리 약제와 혼용 불가, 실온에서 습기에 의한 가수분해 • 캡타폴 : 침투 이행성의 접촉독 작용, 약효 빠르고 지속기간 비교적 긺, 1993년 이후 금지 • 디클로프루아니딘 : 이행성 약제, 분생포자 발아 억제, 예방 및 치료 효과 • 테클로프탈람 : 침투이행성 살균제

⑭ 디니트로페놀계(Dinitrophenol)

특징	산화적 인산화 과정의 탈공역제로 살균작용
종류 및 용도	디노캅 : 비침투성의 접촉형 살균제로 작용하나 30℃ 이상의 고온에 약함

④ 퀴논계

특징	• 퀴논은 천연산물에도 널리 분포하고 있는 화합물로 생체 내에서 중요한 역할 • SH기를 필수적으로 가지고 있는 효소를 공격하여 살균
종류 및 용도	• 디티아논 : 니트릴기(−CN)가 독성기로 작용하여 단백질의 SH기에 작용하여 대사작용을 저해함 • 클로라닐, 디클론은 종자소독제로 사용

⊙ 지방족 질소계(Aliphate nitrogen)

특징	사과, 배에 발생하는 병을 방제하는 데 효과적인 약제, 침투이행성
종류 및 용도	Dodine : 사과 및 배의 검은별무늬병, 점무늬낙엽병 방제에 사용

③ 아릴니트릴계(Arylinitrile)

특징	균체 내 SH 화합물과 반응하여 호흡을 저해
종류 및 용도	클로로타로닐 : 널리 사용되는 약제, 병원균의 발아 억제

⑥ 침투성 유기살균제

옥사틴계 (Oxathiin)	• 호흡계의 전자전달을 저해하는 살균제, 미토콘드리아에서 숙신산의 산화를 저해 • 카르복신 : 최초의 성공적인 침투이행성 농약, 강한 알칼리성 및 산성의 농약을 제외한 모든 약제와 혼용 가능 • 옥시카르복신 : 카르복신에 비해 살균력은 떨어지나 강력한 침투이행성의 살균제
페닐아마이드계 (Phenylamide)	• 메프로닐 : 호흡과정 중 숙신산의 산화를 저해 • 플루토라닐 : 침투이행성의 보호 및 치료 효과, 담자균에 살균활성 높음
벤지미다졸계 (Benzimidazol)	• 고활성이며 광범위한 병해에 효과 • 나1, 세포분열 저해 • 대부분 물관으로 이동하여 과실보다 잎과 생장점으로 이행, 효과를 나타냄 • 약제 저항성이 유발되므로 교호사용 • 베노밀 : 경엽발생 병해, 저장병해, 종자전염성 병해, 토양병해 등에 사용 • 카벤다짐 : 베노밀, 티오파네이트 메틸의 생체 내 대사 활성물질로 침투이행성 살균제 • 티오파네이트메틸 : 침투이행성 살균제, 적용병해는 베노밀과 같음.

트리아졸계 (Trizole)	• 분자구조 내에 3개의 질소원자를 가진 트리아졸 화합물 • 사1. 세포막 스테롤 생합성 저해 • 트리아디메폰, 디니코나졸, 디페노코나졸, 마이클로부타닐, 메트코나졸, 비테르탄올, 시프로코나졸, 이프코나졸 등
피리미딘계 (Pirimidine)	• 세포막 성분인 에르고스테롤의 생합성 저해 • 누아리몰, 페나리몰 • 흰가루병 방제
이미다졸계 (Imidazole)	• 프로클로라즈 : 세포막 성분인 에르고스테롤의 생합성 저해 • 시아조파미드 : 병원균의 발아 억제, 유주자낭 형성 및 유주자의 운동성을 저해 • 트리플루미졸 : 약효 지속기간이 길며 예방 및 치료 효과. 흰가루병, 탄저병, 녹병 등에 사용
모르폴린계 (Morpholine)	• 트리데모르핀 : 뿌리나 잎으로부터 식물 전체로 이동, 세포막 성분인 에르고스테롤 생합성 저해 • 디메토모르핀 : 항포자 생성 저해제 및 균의 세포막 성분이 에르고스테롤 생합성 저해
유기인계 (Organophosphates)	• 인을 중심으로 각종 원자 또는 원자단 결합 구조 • 바. 지질 생합성 및 막기능 저해 • 포세틸-AI : 식물체의 병 저항성을 증가 • 카타진 : 유기인계 살균제 중 최초로 개발, 병원균 세포막의 인지질 합성 저해. 벼도열병균이 생산하는 pyricularin 독소와 길항작용 • 이프로벤포스 에티펜포스 : 벼도열병 방제, 세포막의 인지질 합성 저해 • 피라조포스 : 흰가루병 방제 • 트리클로포스-메틸 : 리족토니아균에 방제 효과
티아졸계	트리시클라졸 : 병원체 내 멜라닌 생합성 저해
스트로빌루린계	• 미토콘드리아의 전자전달계를 저해 • 다3. 호흡 저해(에너지 생성 저해) • 아족시스트로빈, 오리사스트로빈, 트리플록시스트로빈, 피라클로스트로빈, 피콕시스트로빈
유기유황계	이소프로티오란 : 침투이행성, 인지질 생합성 저해, 벼도열병균 저해

㉠ 침투성 살균제의 특징
- 침투 이행성이 있어 예방 및 치료 효과를 나타내지만 보호살균제에 비해 적용 범위가 좁고 병원균의 저항성이 나타날 우려가 있음
- 메탈락실, 베노밀, 카벤다짐, 티오파네이트메틸, 티아벤다졸, 카복신, 메프로닐, 페나리몰
㉡ 보호살균제와 치료살균제의 특징

특징	보호살균제	치료살균제	
		Strobilurin계	Triazole계
침투성	침투성 없음	침달성	침투이행성
처리 시기	발병 전	발병 직전/직후	발병 후
처리 방법	주기적으로 처리	• 연속 사용 자제 • 작물과 병에 따라 사용 횟수 제한	• 연속 사용 자제 • 작물과 병에 따라 사용 횟수 제한
작용점	다작용점	특이적임	특이적임
저항성 발현	무	유	유
저항성 기작	무	점돌연변이	• 점돌연변이 • 작용점 다발현

④ 제초제

　㉠ 유기제초제와 무기제초제

유기제초제	분자 내에 하나 이상의 탄소를 함유하는 제초제 예 2,4-D, MCP, KNOC, PCP, TCA, DCPA
무기제초체	화학구조상 탄소를 포함하고 있지 않는 제초제 예 염소산소다, 시안산소다, H2SO4, H3PO4, HCL

　㉡ 계통별 분류

트리아진계	분자구조 내에 질소원자 3개를 가지는 트리아진기를 가진 화합물 예 아트라진, 시마진, 시아나진, 아메트린
아미드계	chloroacetanilide기, anilide기 또는 aryl alanine기를 가진 화합물 예 아세토클로르, 알라클로르, 뷰타클로르, 프로파닐 등
우레아계	요소골격을 가진 화합물 예 클로르브로뮤론, 디우론, 이소프로튜론, 리뉴론 등
톨루이딘계	Dinitroaniline계라고도 함 예 펜디메탈린, 트리플루란린 등
다이아지논계	diazine기를 가진 화합물 예 벤타존, 옥사다이아존, 메타졸, 피라졸레이트 등
디페닐에테르계	벤젠핵 2개가 산소로 연결된 에테르계 화합물 예 아시플루르펜, 아크로니펜, 디크로포프, 비페녹스 등
설포닐우레아계	분자구조 중간에 sulfonylurea기를 가교로 하는 화합물 예 벤설퓨론페메틸, 피라조설퓨론에틸, 클로르설퓨론 등
이미다졸리논계	imidazolinone기를 가진 화합물 예 이마자메타벤즈, 이마자피르, 이마자퀸, 이마제타피르 등
비피리딜리움계	pyridine 2분자가 결합한 화합물 예 파라콰, 디콰 등
아미노산 유도체	글리포세이트 등

⑤ 제초제의 화학적 특성에 따른 분류

경엽처리용	페녹시계	2,4-D, MCPP, MCPA	이행형	호르몬형	선택성
	벤조산계	디캄바, 2,3,6-TBA	이행형	호르몬형	선택성
	유기인계	글리포세이트, 비알라포스	이행형	비호르몬형	비선택성
	비피리딜리움계	파라콰	접촉형	비호르몬형	비선택성
	벤조티아디아졸계	벤타존	이행형	비호르몬형	선택성
경엽 및 토양처리형	트리아진계	시마진, 헥사지논	이행형	비호르몬형	선택성
	요소계	리뉴론, 타벤즈티아주론	이행형	비호르몬형	선택성
	설포닐우레아계	벤설퓨론메틸	이행형	비호르몬형	선택성
	디페닐에테르계	비페녹스, 옥시플루오르펜	접촉형	비호르몬형	선택성
	카바메이트계	티오벤카브, 클로르프로팜	이행형	비호르몬형	선택성

	아마이드계	알라클로르, 프로파닐	접촉형	비호르몬형	선택성
토양처리형	디니트로아닐린계	트리플루랄린	접촉형	비호르몬형	선택성
	티오카바메이트계	티오벤카브	이행형	비호르몬형	선택성

(3) 농약의 작용기작에 따른 분류

① 배경 : 저항성을 관리하기 위해 작용기작에 의한 분류를 통해 작용기작이 같은 그룹의 약제를 중복하여 사용하지 않도록 하는 가이드라인을 제시함

② 살균제

작용기작 구분	세부 작용기작 및 계통(품목명)	표시 기호
가. 핵산 합성 저해	RNA 중합 효소 I 저해 · 메탈락실,메탈락실엠, 옥사닥실	가1
	아데노신 디아미나제 효소 저해	가2
	핵산 합성 저해 · 하이멕사졸	가3
	DNA토포이소메라제 효소(type II) 저해 · 옥솔린산	가4
나. 세포분열 (유사분열) 저해	미세소관 생합성 저해(벤지미다졸계) · 베노밀, 카벤다짐, 티오파네이트메틸	나1
	미세소관 생합성 저해(페닐카바메이트계) · 디에토펜카브	나2
	미세소관 생합성 저해(플루아마이드계) · 에타복삼, 족사마이드	나3
	세포분열 저해(페닐우레아계) · 펜사이큐론	나4
	스펙트린 단백질 저해(벤자마이드계) · 플루오피콜라이드	나5
	엑틴/미오신/피브린 저해(시아노아크릴계) · 메트라페논, 피리오페논	나6
다. 호흡 저해 (에너지 생성 저해)	복합체I의 NADH 기능 저해	다1
	복합체II의 숙신산(호박산염) 탈수소효소 저해 · 카복신, 플루인다피르	다2
	복합체III : 퀴논 외측에서 시토크롬 bc1 기능 저해 · 아족시스트로빈	다3
	복합체III : 퀴논 내측에서 시토크롬 bc1 기능 저해 · 사이아조파미드	다4
	산화적 인산화 반응에서 인산화반응 저해 – 디노캅, 플루아지남	다5
	ATP 생성 효소 저해	다6
	ATP 생성 저해	다7
	복합체III : 시토크롬 bc1 기능 저해 · 아메톡트라딘	다8
라. 아미노산 및 단백질 합성 저해	메티오닌 생합성 저해 – 메파니피림, 사이프로디닐, 피리메타닐	라1
	단백질 합성 저해(신장기 및 종료기) · 블라시티시딘-에스	라2
	단백질 합성 저해(개시기)(핵소피라노실계) · 가스가마이신	라3
	단백질 합성 저해(개시기)(글루코피라노실계) · 스트렙토마이신	라4
	단백질 합성 저해(테트라사이클린계) · 옥시테트라사이클린	라5
마. 신호전달 저해	작용기구 불명(아자나프탈렌계)	마1
	삼투압 신호전달 효소 MAP 저해(플루디옥소닐)	마2
	삼투압 신호전달 효소 MAP저해(이프로디온, 프로사이미돈)– 빈클로졸린	마3
바. 지질생합성 및 막 기능 저해	인지질 생합성, 메틸 전이효소 저해 – 이프로벤포스, 에디펜포스	바2
	지질 과산화 저해 – 에트리디아졸, 톨클로포스메틸	바3
	세포막 투과성 저해(카바메이트계)	바4
	병원균의 세포막 투과막 기능을 교란하는 미생물	바6
	세포막 기능 저해	바7
	에르고스테롤 결합 저해	바8
	지질 항상성, 이동, 저장 저해 · 옥사티아피프롤린	바9
사. 막에서 스테롤 생합성 저해	탈메틸 효소 기능 저해(피리미딘계, 이미다졸계 등) – 뉴아리몰, 테부코나졸	사1
	이성질화 효소 기능 저해	사2
	케토환원효소 기능 저해 – 펜피라자민, 펜헥사미드	사3
	스쿠알렌 에폭시다제 효소 기능 저해	사4

작용기작 구분	세부 작용기작 및 계통(품목명)	표시 기호
아. 세포벽 생합성 저해	트레할라제(글루코스 생성)효소기능 저해	아3
	키틴 합성 저해 – 폴리옥신디, 폴리옥신디	아4
	셀룰로오스 합성 저해 – 이프로발리카브, 디메토모르프	아5
자. 세포막 내 멜라닌 합성 저해	환원효소 기능 저해(트리사이클라졸) – 트리사이클라졸, 프탈라이드	자1
	탈수효소 기능 저해(페녹사닐)·카프로파미드, 페녹사닐	자2
	폴리케티드 합성 저해(톨프로카브)	자3
차. 기주식물 방어기구 유도	살리실산 경로 저해(벤조티아디아졸계)	차1
	벤즈이소티아졸계·프로베나졸	차2
	티아디아졸카복사마이드계 – 아이소티아닐, 티아디닐	차3
	천연 화합물 계통	차4
	식물 추출물 계통	차5
	미생물 계통	차6
카. 다점 접촉작용	보호살균제 무기유황제, 무기구리제, 유기비소제 등	카
	파밤	카3
작용기구 불명	메트라페논, 사이목사닐, 사이플루페나미드 등	미분류
생. 생물학적 체계	식물추출물(세포벽, 이온막수송체에 다양한 작용, 포자 및 발아관에 영향, 식물저항성 유도 등)	생1
	미생물 및 미생물 추출물 또는 대사산물(경쟁, 균기생, 항균성, 세포막 저해, 용해 효소, 식물 저항성 유도 등)	생2

③ 살충제

작용기작 구분	세부 작용기작 및 계통(품목명)	표시 기호
1. 아세틸콜린에스테라제 기능 저해	카바메이트계–카바릴, 카보퓨란, 티오디카브, 메토밀 등	1a
	유기인계–페니트로티온, 다이아지논, 아세페이트, 펜티온 등	1b
2. GABA 의존 염소통로 억제	유기염소 시클로알칸계·엔도설판	2a
	페닐파라졸계– 피프로닐	2b
3. Na 통로 조절	합성피레스로이드계– 알레트린, 알파메트린, 펜발러레이트	3a
	DDT, 메톡시클로르	3b
4. 신경전달물질 수용체 차단	네오니코티노이드계–이미다클로프리드,클로티아니딘,티아메톡삼	4a
	니코틴	4b
	설폭시민계	4c
	부테놀라이드계	4d
	메소이온계	4e
5. 신경전달물 수용체 기능 활성화	스피노신계	5
6. 염소통로 활성화	아바멕틴계, 밀베마이신계– 아바멕틴, 에마멕틴벤조에이트, 밀베멕틴 등	6
7. 유약호르몬 작용	유약호르몬 유사체	7a
	페녹시카브	7b
	피리프록시펜	7c
8. 다점저해(훈증제)	할로제화알킬계·메틸브로마이드	8a
	클로르피크린	8b
	플루오르설푸릴	8c
	붕사	8d
	토주석	8e
	이소티오시안산메틸 발생기·메탐소듐	8f

작용기작 구분	세부 작용기작 및 계통(품목명)	표시 기호
9. 현음기관 TRPV 통로 조절	피리딘 아조메틴 유도체 · 피리플루퀴나존 피리피로펜 · 아피도피로펜	9b 9d
10. 응애류 생장저해	크로펜테진, 헥시티아족스 에톡사졸	10a 10b
11. 미생물에 의한 중장 세포막 파괴	B.t 독성단백질 B.t 아종의 독성단백질	11a 11b
12. 미토콘드리아 ATP합성 효소 저해	디아펜티우론 유기주석 살선충제 −아조사이클로틴, 사이헥사틴 프로파자이트 테트라디폰	12a 12b 12c 12d
13. 수소이온 구배형성 저해	피롤계, 디니트로페놀계, 설플루라미드−클로르페나피르	13
14. 신경전달물질 수용체 통로 차단	네레이스톡신 유사체− 카탑, 벤설탑	14
15. O형 키틴합성 저해	벤조일요소계 · 클로르플루아주론	15
16. I 형 키틴합성 저해	뷰프로페진	16
17. 파리목 곤충 탈피 저해	사이로마진	17
18. 탈피호르몬 수용체 기능 활성화	디아실하이드라진계 · 크로마페노자이드	18
19. 옥토파민 수용체 기능 활성화	아미트라즈	19
20. 전자전달계 복합체 Ⅲ저해	하이드라메틸논 아세퀴노실 플루아크림피림 비페나제이트	20a 20b 20c 20d
21. 전자전달계 복합체 I 저해	METI 살비제 및 살충제 − 피리다벤, 펜피록시메이트 로테논	21a 21b
22. 전위 의존 Na 통로 차단	옥시디아진계 · 인독사카브 세미카르바존계 · 메티프루미존	22a 22b
23. 지질생합성 저해	테트론산 및 테트람산 유도체 · 스피로디클로펜	23
24. 전자전달계 복합체Ⅳ 저해	인화물계 − 알루미늄포스파이드, 포스핀 시안화물 · 사이안화수소	24a 24b
25. 전자전달계 복합체Ⅱ 저해	베타 케토니트릴 유도체 · 사이플루메토펜 카복시닐라이드 · 피플루뷰마이드	25a 25b
28. 라이아노딘 수용체 조절	디아마이드계 · 클로란트라닐리프롤	28
29. 현음기관 조절 · 정의되지 않은 작용점	플로니카미드	29
30. GABA 의존 CL 통로 조절	메타−디아마이드계 · 브로플라닐라이드	30
작용기작 불명	아자디락틴, 디코폴 등	미분류

④ 제초제

작용기작 구분	세부 작용기작	표시 기호	품목명
지질(지방) 생합성 저해	아세틸 CoA 카르복실화 효소 저해 (carboxylase, ACCase)	A	플루아지포프-P-뷰틸, 세톡시딤, 사이할로포프-뷰틸
	그 밖의 지질 생합성 저해(ACCase를 저해하지 않음)	N	에스프로카브, 티오벤카브, 벤퓨라세이트
아미노산 생합성 저해	분지 아미노산 생합성 저해 (acetolactate synthase, ALS)	B	벤설퓨론메틸, 플라자설퓨론, 미스피라박소듐, 이마자퀸, 피리미설판
	방향족 아미노산(EPSP)생합성 저해	G	글리포세이트, 글리포세이트암모늄
	글루타민 합성효소 저해	H	루포시네이트암모늄
광합성 저해	광화학계 II 저해	C1	트리아진, 트리아지논, 트리아졸리논, 우라실, 피리다지논,페닐-카바메이트계
	광화학계 II 저해	C2	요소, 아미드계 - 리뉴론, 프로파닐
	광화학계 II 저해	C3	니트릴, 벤티아디아진, 페닐-피리다진계·벤타존
	광화학계 I 저해	D	비피리딜리움계·패러콰트디클로라이드
색소 생합성 저해	엽록소 생합성 저해	E	옥시플루오르펜,뷰타클로르, 비페녹스
	카로티노이드 생합성 저해(PDS)	F1	디플루페니칸
	카로티노이드 생합성 저해(HPPD)	F2	피라족시펜, 벤조비사이클론
	카로티노이드 생합성 저해(불명확)	F3	클로마존
엽산 생합성 저해	엽산 생합성 저해(아슐람)	I	아슐람소듐
세포분열 저해	미소관(microtubule) 조합 저해	K1	펜디메탈린, 베플루랄린, 오리잘린
	유사분열/미소관 형성 저해	K2	
	장쇄 지방산(C_{22} 이상) 합성 저해	K3	피페로포스, 알라클로르, 뷰타클로르
세포벽 합성 저해	세포벽(셀룰로오스) 합성 저해	L	아이속사벤, 디클로베닐, 메티오졸린
에너지 대사 저해	막 파괴	M	
옥신 작용 저해·교란	인돌아세트산 유사작용	O	엠시피비, 트리클로피르, 이사-디, 플루옥시피메틸
	옥신 이동 저해	P	
작용기작 불명	기타	미분류	

(4) 제형에 따른 분류

① 제형과 제제

ㄱ 제제 : 농약의 원제를 직접 사용할 수 없으므로 적당한 보조제를 첨가하여 살포하거나, 물에 타기 쉬운 형태의 완전제품을 만드는 것

ㄴ 제형 : 제제 작업 후 최종 상품의 형태

② 구분

희석살포제	유제, 액제, 수용제, 수화제, 유탁제, 미탁제, 캡슐현탁제, 분산성액제 등
직접살포제	분제, 미분제, 저비산분제, 입제, 미립제, 캡슐제
종자처리제	종자처리수화제, 종자처리액상수화제, 분의제
특수제형	훈연제, 연무제, 훈증제, 도포제, 비닐멀칭제, 판상줄제

3. 농약의 작용기작

(1) 살균제

① 작용점 및 작용점 도달

   ㉠ 왁스와 단백질로 구성된 병원균의 세포벽을 뚫어야 함

   ㉡ 살균제는 독성물질과 함께 왁스와 잘 결합하는 친유성기와 친수성을 동시에 가지고 있어야 함

   ㉢ 병원균 표면이 음전하를 띠기 때문에 금속이온이 세포 내로 침투하기 어려우나, 병원균의 아미노산이나 유기산과 결합하여 킬레이트를 형성해서 침투

② 살균제 주요 작용기작

핵산합성 저해	난균문 방제 살균제 메탈락실은 리보솜의 RNA 합성 저해(가1)
세포분열 저해	• β-튜블린에 부착하여 α-튜블린과 β-튜블린이 모여서 하나의 단위를 형성하는 것을 억제하기 때문에 미세소관이 만들어지지 않음 • 벤지미다졸계 : 베노밀, 카벤다짐, 티오파네이트-메틸(나1)
호흡 저해 (에너지 생성 저해)	• Complex I(효소 복합체 I)의 NADH 기능 저해(다1) • Complex II(효소 복합체 II)의 숙신산(호박산염) 탈수소효소 저해(다2) 　예 보스칼리드, 플루오피람 • Complex III(효소 복합체 III)의 퀴논 외측에서 시토크롬 bc1 기능 저해(다3) 　예 스트로빌루린계 : 아족시스트로빈, 피콕시스트로빈, 피라클로스트로빈, 크레속심메틸, 오리사스트로빈, 파목사돈, 페니미돈, 피리벤카브 등 • Complex III(효소 복합체 III)의 퀴논 내측에서 시토크롬 bc1 기능 저해(다4) 　예 사이아조파미드, 아미설브롬 • Complex VI(효소 복합체 VI)의 인산화반응 저해(다5) • Complex VI(효소 복합체 VI)의 ATP 생성효소 저해(다6) • Complex VI(효소 복합체 VI)의 ATP 생성 저해(다7) • Complex VI(효소 복합체 VI)의 ATP 생성 저해(다7) 　예 아메톡트라딘
막에서 스테롤 생합성 저해	• Lanosterol이 14번 탄소의 탈메틸화를 억제하기 때문에 전혀 다른 스테롤이 합성되어 막 기능을 저하시켜 병원균의 생장에 영향을 주게 됨 • 피리미딘계, 이미다졸계, 트리아졸계 (사) 　예 테부코나졸, 디페노코나졸, 헥사코나졸, 페나리몰, 프로그로라즈, 마이크로뷰타닐
세포벽 생합성 저해	• 유사균류인 난균문은 에르고스테롤이 존재하지 않음 • CAA(carboxylic acid amid) 살균제 : 지질 대사 억제, 세포벽 합성에 영향을 미침 　예 이프로발리카브, 디메토모르프, 벤티아발리카브, 발리페날레이트(아5)
다점 접촉 작용	• SH기 저해 작용 : 원형질 내 단백질, 효소 등의 SH기와 결합하여 비선택적으로 효소활성을 저해 • 보호살균제 무기유황제, 무기구리제(보르도액), 유기비소제 등 • 디티오카바메이트계(만코제브) (카)

(2) 살충제

① 작용점 : 살충제가 곤충의 체내에 들어가 살충작용을 일으키는 곤충조직

신경계	신경전달 저해
대사계	에너지대사 저해, 키틴 생합성 저해, 호르몬 균형 저해

원형질	단백질 응고
피부	피부 부식, 기계적 호흡 저해
호흡기관	질식

② 작용점 도달

식독제	• 소화기관으로 흡수되어 중독작용, 장액의 pH 중요 • 입을 통해 침입하며 소화기를 통하여 살충작용을 하므로 잔효성이 길음
접촉독제	• 곤충의 표피나 다리의 환절각막 등에 접촉 침투 • 구비조건 : 친유성기 함유, 지질 가수분해능, 지질 용해도 • 잔효성에 따라 지속적 접촉제(유기염소계, 일부 유기인계)와 비지속적 접촉제(피레스로이드계, 니코틴계, 일부 유기인계)로 구분
침투성 살충제	식물의 뿌리, 잎 등에 처리하면 식물 전체에 퍼져 흡즙성 해충에 선택적으로 작용
훈증제	살충제를 가스 상태로 만들어 해충의 호흡기관을 통해 침입하는 약제로 속효성이고 비선택성 흡입독제

③ 작용점 도달에 관여하는 인자

　㉠ 농약의 특성

　㉡ 농약의 사용방법

　㉢ 농약 살포 시 환경조건

　㉣ 곤충의 생태적 특성

④ 살충제 주요 작용기작

　㉠ 신경작용 저해제

카바메이트계, 유기인계 살충제 – 1a, 1b	• 아세틸콜린 에스테라아제(AChE) 저해 • 수용체 주변에 고농도의 ACh이 남아 시냅스 후막세포에 계속 자극을 주어 살충 활성이 발현됨
피레스로이드계 (카탑, 벤설탑) – 3a 유기염소계 (DDT, BHC) – 3b	• Na 통로 조절, 신경축색 전달 저해 • 피레스로이드는 곤충을 신속하게 마비시키거나 기절시키는 속효성과 선택성이 높은 살충 효과를 가짐
네오니코티노이드계 – 4a	• 신경전달물질 수용체 차단 • 수용체가 작용제에 계속 노출되면 수용체는 민감성을 소실하여 기능 상실 예 아세타미프리드, 클로티아니딘, 이미다클로프리드, 니텐피람, 티아메톡삼, 티아클로프리드 등
마크로라이드계 항생제 –6	• 염소통로 활성화 • 곤충 근육세포에서 신경전달물질이 탈분극이나 과분극의 저해 또는 입력저항의 감소를 일으킴 • 글루타메이트의 작용을 강화하고 염소이온이 유입되어 신경자극전달을 과다하게 억제하여 운동성 상실로 살충활성이 타나남 예 아바멕틴, 에마멕틴벤조에이트, 밀베멕틴 등

　㉡ 에너지대사 저해제

복합체 Ⅰ 저해제(21a)	ferredoxin과 유비퀴논 사이의 전자이동 차단, 스펙트럼이 넓고 속효성 예 펜피록시메이트, 페니자퀸, 피리다벤 등

복합체 II 저해제(25)	succinate dehydrogenase 기능 저해 예 시에노피라펜 등
복합체 III저해제(20)	CoQ-cytochrome c reductase인 복합체 III의 작용 저해 예 아세퀴노실 등

ⓒ 곤충성장조절제

곤충성장조절제	포유류에서 저독성, 선택성이 높은 해충방제제로 이용		
유약호르몬활성물질(7)	외부에서 유약호르몬(JH)을 처리하면 유충 탈피가 일어나거나 유충과 번데기의 중간형 또는 약충과 성충의 중간형이 일어나는 등 비정상적인 변태가 일어남 예 메소프렌, 페녹시카브, 피리프록시펜 등		
탈피호르몬 활성물질(18)	hydrocine 유도체에서 탈피호르몬 활성 발견 예 테부페노자이드, 크로마페노자이드, 하로페노자이드 등		
키틴합성 저해제 (15, 16)	곤충 표피의 키틴생합성을 저해하여 살충 효과를 나타냄		
	15. O형 키틴합성 저해	벤조일요소계 : 클로르플루아주론, 노발루론, 비스트리플루론 등	
	16. I 형 키틴합성 저해	뷰프로페진	

ⓔ 기타 작용기작

전위 의존 Na 통로 차단 (22b)	• 전위 의존 Na 통로 차단으로 살충작용 • 메타플루미존 • 미국흰불나방 방제제로 사용
지질합성 저해 (23)	• 세포막의 구성 성분인 인지질생합성을 저해 • 테트로닉과 테트라믹산계인 스피로디클로펜, 스피로메시펜
라이아노딘 수용체 조절제 (28)	• 라이아노딘 수용체와 결합하여 해충의 근육을 과도하게 수축시켜 치사시킴 • 근육 수축 시에 Ca^{++}의 방출 촉진 • 디아마이드계 클로란트라닐리프롤 • 나방이나 진딧물류에 효과

(3) 제초제

① 작용점

ⓐ 광합성 과정

ⓑ 호흡 과정

ⓒ 식물호르몬 작용 과정

ⓔ 지질 및 아미노산 생합성 과정

② 작용점 도달

ⓐ 부위별 작용점 도달

종자	종피에 부착된 제초제의 농도차에 의한 확산작용으로 발아 중에 흡수
뿌리	제초제의 농도차에 의해 수동적·능동적으로 흡수되며 세포간극·세포벽·세포질을 통해 물관부·체관부로 이행
잎	• 잎의 표면이나 기공으로 흡수되어 광합성 동화양분과 함께 이행 • 비극성 제초제는 쉽게 큐티클납질을 통과하지만 갈수록 통과가 어려워지고 극성 제초제는 처음 큐티클납질을 통과하기 어렵지만 갈수록 통과가 쉬워짐 • 습윤제는 큐티클납질을 용해하여 엽면흡수를 증가시킴

어린잎, 어린 줄기	발아 후 지표면을 뚫고 나올 때 어린잎이나 줄기에 의해 토양으로부터 흡수
줄기에 의한 흡수	목본식물은 줄기를 통해 제초제 흡수

ⓒ 제초제의 이행

아포플라스트 이행 제초제 (뿌리, 물관)	• 아포플라스트 : 세포간극, 세포벽 및 물관과 연결된 부위를 의미하며 죽은 세포로 구성 • 뿌리로부터 흡수한 제초제는 물과 동일한 통로를 통하여 이동하며 증산류를 따라 상승 • 제초제 이동의 원동력은 증산작용에 의하여 이루어짐
심플라스트 이행 제초제(잎, 체관)	• 잎을 통하여 흡수한 제초제는 광합성 산물과 함께 이행 • 체관을 통하여 뿌리, 눈, 발육 중인 과실 생장점 등과 같은 광합성 산물 수용기관으로 이행
아포플라스트와 심플라스트 양방향으로 이행하는 제초제	잎과 뿌리를 통해 흡수되어 생장점이 있는 신초와 뿌리까지 상하 이행성이 큼
이행되지 않는 제초제	처리된 부위에서 흡수되어 유아와 유근의 생육을 억제시키거나 경엽을 고사시키는 접촉성 약제

ⓒ 제초제의 이행 정도와 주된 이행 경로

구분		대상 제초제의 화합물 계통과 약제
이행성	아포플라스트	아마이드계(알라클로르), 트리아진계(시마진, 헥사지논), 우레아계 등
	심플라스트	글리신계(글리포세이트), 사이클로헥사네디온계(세톡시딤), 아릴옥시페녹시계(플루아지포프) 등
	양 계통 (아포+심플라스트)	페녹시계(2,4-D), 벤조산계(디캄바), 피리딘계(트리클로피르-TEA, 플루록시피르멥틸) 등
제한된 이행	아포플라스트	니트릴계(디클로베닐, 브로모시닐) 등
	심플라스트	옥사디아존(론스타), 글루포시네이트(바스타)
	양 계통	설포닐우레아계(플라자설퓨론), 아마이드계(프로파닐)
접촉성	이행되지 않음	디니트로아닐린계(펜디메탈린, 오리자린), 비피리딜리움계(파라콰), 디페닐에테르계(옥시플루오르펜) 등

③ 제초제의 대사

㉠ 제초제의 식물체 내 대사

• 식물체는 3단계의 대사과정을 통해 제초제를 더이상 분해 불가능한 물질로 변화시킴

제1단계	제초제의 산화, 환원 또는 가수분해를 통해 독성이 완화되는 과정
제2단계	제1단계에서 분해물질이 식물체 내의 포도당 등과 결합하는 과정
제3단계	제2단계의 결합물질이 식물체 내의 다른 물질과 결합하여 세포벽이나 액포 등에 집적하는 과정

• 제2단계에서 결합물질이 형성되면 제1단계 이후의 잔존 살초독성이 상실되므로 대부분의 제초제는 제1단계의 대사가 생리활성 발휘에 가장 중요

• 제3단계는 식물체에서만 발휘되는 반응으로 이 과정에서 만들어진 결합물질은 식물체 내에서 활성을 나타내지 않음

ⓛ 제초제의 분해반응

산화	산소의 첨가 또는 수소의 이탈로 생성되는 반응
환원	수소와 결합하거나 산소가 이탈하는 반응
가수분해	물(H_2O)의 H^+ 이온과 OH^- 이온이 치환되는 반응
결합반응	식물체 내의 다른 물질과 결합하는 반응

📋TIP **농약의 대사 [기출]**

① 생물의 입장에서 보면 체내에 침투된 농약은 외래성의 이물질로서 화학구조와 생물의 종류에 따라 대사 양상과 대사산물이 달라짐
② 생물체 내에 침투된 농약은 주로 산화, 환원, 가수분해 등의 phase I 반응과 콘쥬게이션 등의 phase II 반응을 받아 수용성으로 변환되어 해독, 배설됨
③ phase I 반응
  ㉠ 효소작용에 의하여 오래분자 내에 극성기인 OH, SH, COOH, NH_2 등이 도입되는 과정
  ㉡ 동물, 식물 및 미생물 등이 거의 비슷한 과정을 밟음
  ㉢ 산화, 환원, 가수분해 등이 있음

산화	Microsomal oxidases계 효소(대부분의 약물이 해당), 비microsome oxidases 효소계의 탈수소 반응, FMO에 의한 산화, 고리개열에 관여하는 산화 효소계
환원	• nitro, azo, hydroxylamine, N-oxide sulfoxide, epoxide, alkene, aldehyde, ketone 등의 화합물에서 일어남 • 할로겐 화합물도 환원적으로 탈할로겐화되며, 일부 염소계 농약도 환원적으로 탈염소화물이 생성됨
가수분해	카르복실에스테라제, 아릴에스테라제, 아세틸에스테라제, 아세틸콜린에스테라제, 콜린에스테라제, 스테롤에스테라제

④ phase II 반응(두 가지 경로가 알려져 있음)
  ㉠ 첫째, phase I 반응으로 생성된 중간물질이 당, 아미노산, peptide, 황산 등의 생물체 내 성분과 결합하는 콘쥬게이션 경로
  ㉡ 둘째, 극성화된 농약의 분자가 생체 내의 물질대사 경로에 들어가 최종적으로 물과 탄산가스에 이르는 무기화 과정
  ㉢ 중간 대사 산물 이후의 대사과정과 생성되는 화합물의 형태는 생물의 종류에 따라 다름
  ㉣ 동식물체 내에서 일어나는 것으로 미생물에서는 거의 일어나지 않음
  ㉤ -OH, -COOH, -NH_2, -SH 등의 작용기를 갖는 화합물(농약) 또는 이와 같은 작용기를 생성하는 1차대사산물은 포합이라 불리는 합성반응에 의해 일반적으로 더 저독성이며 배설되기 쉬운 화합물로 변환되는 것이 많음
  ㉥ 콘쥬케이션(결합화반응) : Glucuronic acid 콘쥬게이션, Glucose 콘쥬게이션, Amino acid 콘쥬게이션, Glutathione 콘쥬게이션, 황산 콘쥬게이션, Thiocyanate 형성, Methylation(메틸 전이효소), Acetylation(아세틸 전이효소) 등

④ 제초제의 상호작용

상승작용(시너지효과)	각각의 제초제를 단용으로 처리했을 때의 방제효과를 합친 것보다 두 제초제의 혼합처리 효과가 더 큰 경우
상가작용(Addition)	각각의 제초제를 단용으로 처리했을 때의 방제효과를 합친 것이 두 제초제의 혼합처리 효과와 같은 경우
길항작용(Antagonism)	제초제를 혼합하여 처리했을 때의 방제효과가 각각의 제초제를 단용으로 처리했을 때의 큰 쪽 효과보다 작은 경우
독립효과	각각의 제초제를 단독 처리했을 때의 반응이 큰 쪽과 같은 효과를 나타내는 것
증강효과	단독처리했을 때에는 효과가 없으나 제초제와 혼합처리 시 효과가 나타나는 것 예 증량제, 전착제

⑤ 제초제의 작용기작

㉠ 광합성 저해

<table>
<tr><td rowspan="7">C그룹</td><td colspan="2">• 제2광계 복합체 저해
• 광계II의 전자경로(A, B, C)에 작용하여 광합성 저해
• 토양처리형, 일년생 화본과 및 광엽 잡초 방제
• 뿌리나 잎을 통해 흡수, 체관부 경유하여 잎으로 이행, 잎의 가장자리에서 먼저 황화, 갈변 고사
• 경엽에 살포할 경우 이행성이 낮은 편임</td></tr>
<tr><td>C1그룹</td><td>• 트리아진계 : 시마진, 시메트린
• 트리아지논계 : 핵사지논</td></tr>
<tr><td>C2그룹</td><td>우레아계 : 리누론</td></tr>
<tr><td>C3그룹</td><td>벤조티아디아지논계 : 벤타존</td></tr>
<tr><td rowspan="5">D그룹</td><td colspan="2">• 제1광계 복합체 저해
• 제1광계의 철황단백질복합체로부터 전자를 탈취, 페레독신으로 전자전달 차단, NADPH 생성 저해
• 활성산소를 발생시키며 지질과 산화를 일으켜 틸라코이드막 등이 파괴
• 생육기 경엽 처리형으로 접촉형 비선택성 제초제로 처리된 부위가 빠르게(24시간 이내) 괴사
• 다년생에는 뿌리나 줄기로 이행하지 않으므로 재생됨

※ 비피리딜리움계 : 파라캇, 디캇</td></tr>
</table>

㉡ 생합성 저해제

<table>
<tr><td rowspan="4">E그룹</td><td colspan="2">• 엽록소(클로로필) 생합성 저해
• 발아 전후 처리형으로 식물체내 이행은 제한되며 접촉형으로 작용
• 약제 처리 후 빠르게 식물조직을 태워서 괴사(지질과산화에 의한 세포막 파괴)</td></tr>
<tr><td>다이페닐에테르계</td><td>옥시플루오르펜, 비페녹스, 사플루페나실 등</td></tr>
<tr><td>티아디아졸계</td><td>플루티-97-아셋-메틸 등</td></tr>
<tr><td>트리아졸리논계</td><td>카르펜트라존-에틸 등</td></tr>
<tr><td rowspan="3">F1그룹</td><td colspan="2">• 카로티노이드 생합성 저해
• 카로티노이드 생합성 과정 중 피토엔을 피토플루엔으로 생합성하는 효소인 PDS를 저해하여 백화 현상, 살초</td></tr>
<tr><td>피리다지논계</td><td>노르플루라존, 메트플루라존 등</td></tr>
<tr><td>피리디네카복사마이드계</td><td>디플루페니칸 등</td></tr>
<tr><td>F2그룹</td><td colspan="2">4-HPPD에서 플라스토퀴논 생합성 저해
예 피라졸리네이트, 벤조비사이클론, 메소트리온</td></tr>
<tr><td>F3그룹</td><td colspan="2">카로티노이트 생합성 과정 중 아직 밝혀지지 않은 경로 저해
예 클로마존</td></tr>
</table>

㉢ 지질(Lipid) 생합성에 관여하는 제초작용

<table>
<tr><td rowspan="3">A그룹</td><td colspan="2">• 아세틸 CoA 카르복실화 효소(ACCase) 작용 저해
• 생육기 경엽처리형으로 화본과에만 선택적으로 작용, 광엽에는 안전
• 이행형으로 화본과 생장점이 괴사하고 증상은 신엽에 먼저 나타남</td></tr>
<tr><td>아릴옥시페녹시계</td><td>플루아지포프-피-뷰틸</td></tr>
<tr><td>사이클로헥사네디온계</td><td>클레토딤, 세톡시딤</td></tr>
<tr><td>N그룹</td><td colspan="2">• 기타 지질 생합성 저해
• 발아 직후 유아의 전개 및 신장(지질과 왁스 형성)을 억제하는 발아 전 처리제
• 티오카바메이트계 : 티오벤카브, 에스프로카브, 벤퓨라세이트</td></tr>
</table>

② 아미노산 생합성 저해

B그룹	• 분지아미노산(Branched chain amino acid) 생합성을 저해하는 제초제 • 토양 및 경엽 처리형, 잎과 뿌리를 통하여 흡수 물관부와 체관부를 통하여 새로운 부위로 이동 • 광엽, 사초과 및 화본과의 일년생 및 다년생 잡초 초기 생장 억제	
	설포닐우레아계	벤설퓨론–메틸, 플라자설퓨론, 아짐설퓨론, 클로르설퓨론 등
	이미다졸리논계	이마자피르, 이마자퀸, 이마제타피르 등
	피리미디닐(티오)벤조에이트계	비스피리박–소듐 , 피리벤족심 등

G그룹	• 방향족 아미노산(Aromatic amino acid) 생합성을 저해하는 제초제 • 글리포세이트는 EPSP(5–enolpyruvyl shikimate 3–phosphate)를 합성하는 EPSP 합성 효소(EPSPS)를 저해하여 트립토판, 타이로신, 페닐알라닌이 결핍되어 제초효과 • 경엽을 통하여 흡수되어 체관부를 통하여 이동하는 이행형 비선택성 제초제로 신엽이 황변, 갈변되며 처리 후 14일 이내에 뿌리까지 고사 • 글리신계 : 글리포세이트

H그룹	• 글루타민(Glutamine) 생합성을 저해하는 제초제 • 광호흡이 저해되고 광합성의 탄산가스 고정이 저해를 받아 괴사, 살초 • 비선택성이며, 이행이 제한된 접촉형으로 접촉 부위가 황변, 갈변되다가 처리 후 10일경 고사 • 경엽 처리형으로서 일년생 및 다년생 잡초에 살초력 우수 • 포스핀산계 : 글루포시네이트, 비알라포스

⑩ 세포분열에 관여하는 제초작용

K1그룹	• 미세소관 조립 저해 • 미세소관이 생성되지 못하고 세포분열 시 방추사 형성이 저지되고 딸 염색체의 분열이 저해 • 체내에 흡수되지만 이행은 거의 되지 않고 단백질 합성이 저해되어 뿌리 선단이 팽창하고 측근이나 2 차근 발생 억제 작용 • 디니트로아닐린계 : 트리플루랄린, 오리잘린, 펜디메탈린

K3그룹	• 초장쇄지방산(C22 이상) 합성 저해 • 지질 합성과정에 작용하여 유아 발생 억제 • 알라클로르, 뷰타클로르

L그룹	• 세포벽(셀룰로오스) 생합성 저해 • 토양처리형으로 물관부를 통하여 이행하여 유아 생장을 억제	
	니트릴계	디클로베닐
	트리아진계	인다지플람
	벤자마이드계	아이속사벤

⑪ 식물 호르몬 작용에 관여하는 제초제(생장조절제)

O그룹	• 옥신 작용 교란 • 옥신과 유사한 작용을 과다하게 해서 살초작용 • 식물 체내의 옥신 작용을 저해하는 것이 아니라 교란시켜 고사 • 경엽 처리형으로 주로 잎에서 흡수 이행되지만 뿌리에서도 흡수됨 • 주로 광엽 잡초와 칡 방제	
	페녹시계	이사디, 엠시피에이, 엠시피비, 엠시피피, 클로메프로프
	벤조산계	디캄바
	피리딘계	트리클로피르, 플루르옥시피르, 피클로람
	• 엠시피비는 광엽잡초 식물체내에서 베타 산화에 의해서 엠시피에이로 되어 살초활성을 발휘하나, 콩과 식물 등은 베타 산화능력이 없으므로 약해를 받을 염려가 없어 안전		

P그룹	• 옥신 이동 저해 • 옥신의 흐름을 차단	
	프탈라메이트계	나프탈람
	세미카바존계	다이플루페노피르–소듐

4. 농약의 제제 형태 및 특성

(1) 농약 제형의 종류와 특성

① 희석살포용 제형

㉠ 수화제

- 물에 희석하여 분산시켜 사용하는 제형
- 원제가 액체인 경우 : White carbon, 증량제(점토, 규조토 등), 계면활성제 혼합, 분말도 $44\mu\text{m}$ 이하로 분쇄
- 원제가 고체인 경우 : White carbon 없이 조제
- 유제와 더불어 가장 흔히 사용되는 제형
- 유제에 비해 고농도 제제 가능(유제 30% 내외, 수화제 50% 내외)
- 계면활성제의 사용량 절감, 용제 불필요
- 살포액 조제 및 취급 시 호흡기로 흡입할 위험성이 크고 약흔이 발생될 우려가 있음

㉡ 유제

- 원제를 유기용매(용제)에 녹인 후 계면활성제를 유화제로 첨가하여 제조된 균질화된 제제
- 용제 : 석유계 용제(Xylene 등), Ketone류, Alcohol류
- 유화성 : 약액 조제 2시간 경과 후 안정성을 보이면 유화성 양호로 평가
- 약액의 조제가 편리하고 약효가 우수하나 유리병과 같은 액체용 용기를 사용
- 저온 조건에서 응고 현상과 원제의 석출에 주의
- 취급 중 용제의 인화성에 의한 화재 위험

㉢ 액상수화제

- 물과 유기용매에 난용성인 원제를 액상으로 조제
- 물에 희석하면 원제 입자는 현탁 상태로 됨
- 수화제의 비산과 같은 단점을 보완한 제형
- 입자 크기 $1\sim3\mu\text{m}$로 미세하여 약효가 우수하나 제조가 까다롭고 점성으로 달라붙음
- 가수분해에 안정한 유효성분만을 사용할 수 있음

㉣ 입상수화제

- 물에 희석하여 교반하면 수화제의 경우와 동일한 현탁액을 형성
- 수화제와 액상수화제의 단점을 보완한 과립형으로, 분진 발생으로 인한 독성이 경감됨
- 액상수화제에 비해 생산 및 포장이 용이

ⓜ 액제
- 원제가 극성을 띠는 경우에 적합한 제형
- 원제가 수용성이며 가수분해의 우려가 없는 것이어야 함
- 원제를 물 또는 메탄올에 녹이고 계면활성제나 동결방지제를 첨가한 액상 제제
- 물에 희석하여 사용하며 희석액은 투명
- 저온 조건에서 제제의 응고현상과 유효성분의 석출 여부 주의
- 동결에 의한 용기 파손 주의

ⓗ 수용제
- 수용성 고체 원제와 수용성 증량제를 혼합 분쇄한 분말제제
- 분말이 비산하고 평량(평량 75g : 가로 1m, 세로 1m의 무게가 75g)을 해야 하는 단점이 있음

ⓢ 유탁제
- 오일상으로 존재하는 원제가 물에 미립자로 유탁되어 있는 제형
- 소량의 소수성 용매에 농약원제를 용해하고 유화제로 물에 유화시킴

ⓞ 미탁제
- 오일 성분이 O/W(Oil in Water) 또는 W/O(Water in Oil)인 상태
- 농약 제제 분야에서는 순상 에멀전(Oil in Water)의 형태가 주를 이룸
- 점도가 낮은 액상의 원제에 적용

ⓩ 분산성 액제
- 수용성 원제와 수용성 보조제를 이용하여 입상화한 제제
- 물에 희석하였을 때 원제가 점차적으로 석출되면서 미립자로 분산되는 특성
- 액제와 유사하나 고농도 제제가 불가능
- 물에 대한 친화성이 강한 특수용매를 사용하여 물에 용해되기 어려운 농약 원제를 계면활성제와 함께 녹여 만든 제형

ⓣ 캡슐현탁제
- 원제를 미세한 캡슐 형태에 봉입한 후 캡슐을 물 등에 분산시킨 제형
- 약효의 지속기간 연장, 독성을 경감하기 위한 수단으로 이용
- 유효 성분의 방출이 조절되어 원제의 유용성 증진

② **직접살포용 제형**
ⓐ 입제(8~60mesh)
- 원제를 입상화하여 그대로 토양이나 수면에 처리하기 위한 제형
- 벼농사에서 수면 처리제 등으로 사용
- 입제는 $100\mu m$ 이하의 증량제를 이용하여 압출조립, 흡착, 피복으로 제조

• 제제 방법

압출조립법	• 증량제와 점결제를 넣고 계면활성제를 혼합하여 물로 반죽한 후 압출 • 가수분해나 열에 안정한 원제에 적용 가능
흡착법	점토광물 입자에 유기용매에 녹인 액상의 원제를 균일하게 흡착시켜 제제함
피복법	규사, 탄산석회, 모래 등의 표면에 액상의 원제를 피복시켜 제제함

ⓛ 분제(250~350mesh)

• 원제를 다량의 증량제와 물리성 개량제, 분해 방지제 등과 혼합, 분쇄한 제제

• 유효성분 함량은 1~5%에 불과, 대부분이 증량제

• 1970년대에 많이 사용되었으나 현재는 일부 사용(밤바구미 산란기에 토양처리용으로 사용)

• 비산 위험이 크고 고착성이 불량하여 잔효성이 요구되는 과수에 적합하지 않음

ⓒ 미분제 : 분제보다 입자를 더 작게 하여 비산성을 높여 밀폐된 공간의 방제에 적합하도록
한 제제

ⓔ 저비산분제 : 증량제를 최소화하고 응집제를 첨가하여 약제의 표류, 비산을 경감시킨 제제

ⓜ 미립제

• 입제와 분제의 문제점을 개선한 제형

• 약제의 표류, 비산에 의한 환경오염 방지

• 사용자 안전, 살포가 용이하고 능률적

• 벼의 하부에 서식하는 병해충 방제

ⓗ 수면부상성 입제

• 압출조립법과 흡착법을 응용 조합한 제제

• 담수된 논에 살포하면 가라앉았다가 비중이 큰 증량제가 녹으면서 부상하여 수면에 약
제층 형성

ⓢ 수면전개제

• 비수용성 용제에 원제를 녹이고 수면확산제를 첨가하여 조제한 액상형 제제

• 수면에 확산되어 균일한 처리층 형성

ⓞ 캡슐제

• 농약원제를 고분자 물질로 피복하여 고형으로 만들거나 캡슐 내에 농약을 주입한 제형

• 유효성분의 방출 제어 가능

ⓩ 오일제 : 기름에 녹여 유기용제로 희석하여 살포할 수 있는 제형

③ 종자처리제

㉠ 종자처리수화제

• 종자에 대한 부착성을 향상시킨 수화제

• 육묘용 종자, 직파용 벼에 사용, 마른 종자에 사용 시 소량의 물에 현탁하여 사용

㉡ 종자처리액상수화제 : 액상으로 마른 종자에 바로 사용할 수 있음

㉢ 분의제 : 분상 그대로 종자에 분의 처리하거나 물에 희석하여 사용

④ 특수 제형
  ㉠ 훈연제
    • 농약원제에 발연제와 보조제 및 증량제를 혼합하여 제조
    • 밀폐된 장소에서 사용이 가능
    • 물을 사용하지 않기 때문에 비닐하우스 내의 습도를 억제할 수 있어 병해충 발생을 줄일 수 있음
    • 훈연제 타입은 캔형, 정제형 또는 과립형이 있음

장점	적은 약량으로 효과
단점	열에 안정하고 휘발성을 가진 농약원제만 됨

  ㉡ 연무제
    • 농약을 압축가스로 용기 내에 충전한 후 분사
    • 고가이며, 가정원예용으로 주로 사용
  ㉢ 훈증제
    • 증기압이 높은 농약의 원제를 액상, 고상 또는 압축가스상으로 용기 내에 충진한 것
    • 용기를 열면 유효성분이 기화하여 약효가 나타남
    • 저장 곡물 소독용이나 토양 소독에 사용
  ㉣ 도포제
    • 점성이 큰 액상으로 제조하여 바를 수 있도록 함
    • 과수의 부란병 방제에 주로 사용
  ㉤ 미량살포액제
    • 농축된 상태의 액제 제형으로 항공 방제에 사용되는 특수 제형
    • 원제의 용해도에 따라 액체나 고체 상태의 원제를 소량의 기름이나 물에 녹인 형태의 제형
    • 균일한 살포를 위해 정제 살포법과 같은 기술 필요
  ㉥ 정제
    • 특수한 목적으로 소량 투입되는 농약을 대상으로 한 제형
    • 단단한 형태로 제조되나 물에 들어가면 쉽게 풀어짐
  ㉦ 농약함유비닐멀칭제
    • 비닐멀칭을 하는 작물에 적용하게 쉽게 개발된 제형
    • 비닐수지 원료에 약제를 혼합하여 비닐멀칭에 유효한 성분이 함유됨
  ㉧ 판상줄제
    • 침투성 농약원제를 고분자 합성수지 원료에 혼합하여 줄 형태로 사출하여 제조
    • 노동력 절감 효과가 큼

TIP 농약제제의 물리적 성질

농약 검사의 판정 기준은 유화성, 수용성, 수화성, 분말도, 표면장력, 발연성, 가비중, 분산성, 수중분산성 등임

유화성	• 유제 농약을 물에 희석하였을 때 유제 입자가 물속에 균일하게 분산되어 유탁액을 형성하는 성질 • 유탁액에는 물에 유분이 분산되어 있는 O–W형과 기름에 물이 분산되어 있는 W–O형이 있고, 농약에서는 O–W형을 사용함
습전성	• 약액이 표면을 잘 감싸고 퍼지는 형질 • 균일하게 적시는 습윤성과 피복면적을 넓히는 확전성을 뜻함 • 유제는 계면활성제가 습전제로 사용됨
표면장력	• 공기와 접하는 계면의 장력으로, 표면장력이 작아야 농약의 살포에 유리 • 계면활성제를 첨가하여 표면장력 감소 • 계면은 3상 중 인접한 2개의 상 사이에 존재하는 경계면
접촉각	액체의 자유면이 고체와 이루는 각으로 접촉각이 작아야 유리
수화성	수화제와 물과의 친화도를 뜻함. 수화제가 물에 혼합되는 성질
현수성	수화제에 물을 가했을 때 균일한 분산상태를 유지하는 성질, 현탁액
부착성	살포 또는 살분되 약제가 식물체에 잘 부착되는 성질
고착성	일단 부착된 약제가 오래도록 식물체에 붙어 있도록 하는 성질
침투성	강하면 약해 및 잔류독성에 주의

(2) 부제 및 보조제

① 농약부제

ㄱ 개요

- 농약의 특성을 개선시킬 목적으로 사용하는 물질들을 총칭
- 농약 유효성분 및 제형의 이화학적 특성을 향상·개선하기 위한 각종 첨가제
- 유효성분의 생물학적 약효를 상승시키기 위하여 사용하는 협력제
- 대개 그 자체는 직접적 효과가 없는 것이 일반적임

ㄴ 용제

- 액체농약을 제조할 때 주제를 녹여서 용액을 만드는 물질
- 구비조건 : 높은 용해도, 유효성분에 대한 안정성, 약해가 없어야 함, 유효성분의 효과 증진, 저휘발성과 저인화성, 경제성
- 종류 : 지방족 및 방향족 탄화수소류, 염화탄화수소류, 알코올류, 에테르류(물, 벤졸, 자이렌, 나푸사, 디메티, 푸타레인 등)

ㄷ 계면활성제

- 개요
  - 서로 섞이지 않는 유기물질층과 물층으로 이루어진 두 층계에 첨가하였을 경우 계면 활성을 나타내는 물질을 총칭
  - 농약제제에서는 유화제, 전착제, 분산제, 가용화제 등의 용도로 사용
  - 농약 제품의 물리적 특성을 좌우하는 중요한 역할
  - 계면활성제는 친유성 원자단 및 친수성 원자단을 동일 분자 내에 갖고 있는 구조

• 계면활성제의 종류

음이온 계면활성제	• 해리하여 모화합물이 음이온으로 되는 화합물 • 세제(비누)로 많이 이용됨
양이온 계면활성제	• 해리하여 모화합물이 양이온으로 되는 화합물 • 화장품, 섬유유연제 등으로 이용
비이온 계면활성제	• 해리하지 않으나 분자 내에 친유 및 친수기를 갖고 있는 화합물 • 비교적 친수성은 작으나 분자 내에 에스테르, 산아미드, 에테르 결합 등이 있음
양성 계면활성제	수용액 중에서 양이온 및 음이온으로 동시에 해리

• 계면활성제의 작용
  - 물에 잘 녹지 않는 농약 유효성분을 살포용수에 분산시켜 균일한 살포 작업을 가능하게 함
  - 수화제와 같은 고체제형의 경우는 현탁액, 유제와 같은 액체제형의 경우는 유화액 상태로 살포액 중에 균일하게 분산됨
  - 계면활성제는 표면장력을 감소시켜 농약살포액의 습윤성, 확전성, 부착성, 고착성을 높혀 약효를 증진시킴
  - 계면활성제는 농약의 주제를 변질시키지 않고 친화성이 있어야 하며 경수에서도 유화력과 분산력이 커야 함
• HLB(Hydrphile-Lipophile Balance)
  - 계면활성제가 가지고 있는 친수성과 친유성의 균형을 나타내는 지표
  - 비이온 계면활성제에 주로 이용하며 범위는 0~20
  - 친유성이 가장 큰 것을 1, 친수성이 가장 큰 것을 20으로 나타냄
  - HLB의 용도

ㄹ 증량제
• 고체상 제형에서 주성분의 농도를 저하시키고 부피를 증대시킴
  ※ 액상 제형에 사용하는 물질은 희석제

- 농약의 유효성분을 목적물에 균일하게 살포하여 농약의 부착질을 향상시키기 위하여 사용되는 재료
- 약제의 낭비와 약해를 감소시키기 위해 주제를 희석하여 살포
- 증량제 요건 : 낮은 수분 함량과 입자의 흡습성, 주제와 작용하여 분해되지 않을 것, pH는 가급적 중성, 적당한 비중
- 활석, 납석(고령토), 규조토, 탄산칼슘, 탈크 분말, 벤토나이트, 산성백토 등 광물질과 설탕, 유안 등 수용성 재료

② 보조제

  ㉠ 전착제
  - 농약 살포액 조제 시 첨가하여 살포약액의 습전성과 부착성을 향상시킬 목적으로 사용하는 보조제
  - 농약의 유효성분을 해충이나 식물체 표면에 잘 확전, 부착시키기 위해 사용
    예 비누(황산니코틴, 동비누액, 동제제, 송지합제 등과 혼용), Casein석회(독제 및 보호 살균제에 사용), 송지전착제 등
  ㉡ 협력제 : 단독으로는 살충, 살균력이 약하지만 다른 약제와 혼용 시 효능이 증강되는 약제
  ㉢ 약해방지제 : 제초제 사용 시 작물에 대하여 약해 발생을 경감시키는 약제 **예** 펜클로림, 옥사베트리닐, 베녹사코르 등
  ㉣ 기타 보조제

분해방지제	• 유효기간 내 유효성분의 분해를 방지, 억제하기 위한 첨가제 • 유기인계 농약의 분해방지제
활성제	• 유효성분의 이온화 정도를 조정하여 침투성을 향상하기 위한 첨가제 • 물리성 향상제 : 협력제와의 차이점 **예** Sodium bisulfite
고착제	• 약제의 부착성과 고착성을 향상시키기 위한 첨가제 • 카제인, 프로우르, oil, 젤라틴, gum, 레진, 합성물질
보습제	• 살포액적의 증발 속도를 억제하기 위한 첨가제 • 휘발성이 낮은 Polyethylene glycole 등
그 외	전착제, 증점제, 비산방지제 등

5. 농약의 사용법

(1) 처리제 조제

① 살포액 조제 시 고려사항

희석용수	중성의 용수가 적당
희석배수	병해충의 방제효과 및 약해와 직접적인 관계가 있으므로 정해진 희석배수 반드시 준수
혼화	• 액제화 수용제와 같이 물에 잘 녹는 약제는 문제가 되지 않음 • 유제, 수화제, 액상수화제 등과 같이 물에 녹지 않는 경우는 균일하게 섞이도록 충분히 혼화

혼용	• 특성이 서로 다른 약제를 혼용하여 살포액을 조제하는 경우 약제의 균일한 혼화에 특별히 주의 • 약제 혼용 시 혼화법 : 입상수화제 → 수화제 → 액상수화제 → 유제 → 액제 → 전착제 순 • 약제가 완전히 섞인 것을 확인하고 다음 약제를 넣어야 함

② 조제 방법

㉠ 조제의 원칙

– 약제의 중량으로 계산하여 조제

– 농약의 살포액은 배액조제법 혹은 농도조제법으로 희석, 일반적으로 배액조제법을 사용

㉡ 살포액 조제법 : 현장에서 사용하는 방법으로, 액체제형은 부피/부피 기준, 고체제형은 무게/부피 기준으로 조제하며 유효성분의 함량은 고려하지 않음

소요농약량(ml, g)	$\dfrac{\text{단위면적당 사용량}}{\text{희석배수}}$
희석배수	$\dfrac{\text{물의 양(ml)}}{\text{농약의 양(ml, g)}}$
조제 시 물의 양	농약량(ml, g) × 희석배수

※ 농약 희석

1000배액	물 1L에 유제 1mL, 수화제 1g
2000배액	물 1L에 유제 0.5mL, 수화제 0.5g

㉢ ppm 조제법

– 시험연구의 목적으로 사용하는 조제법이며, 제형을 구분하지 않고 무게/무게를 기준으로 희석

– 농약 제품 중 유효성분의 함량을 정확히 계산하여 조제

– 소요약량(ml,g) $= \dfrac{\text{추천농도(ppm)} \times \text{농약살포량(ml, g)}}{10^6 \times \text{비중} \times \text{농약의 주성분농도}}$

→ 실제 시험에서는 일반적으로 비중 1, 농약주성분 농도 100%(1)로 처리하므로 ppm 조제 시 소요농약량(ml, g) $= \dfrac{\text{추천농도(ppm)} \times \text{농약살포량(ml)}}{1,000,000}$

 농도환산표

• 1L=1,000ml=1,000g=1,000cc
• 1g=1,000mg=1,000,000μm
• 1g=1ml=1cc
• 1ppm=1mg/1L=1g/1,000,0000mg
• % 농도=백분율(1/100)
• ppm=1/1,000,000(mg/L)

※ 농약량 표기 : 유제, 액제는 ml 단위, 수화제는 g 단위로 표기

(2) 약제 혼용

① 농약의 혼용 관계

    ㉠ 대부분의 약제는 알칼리에 의해 분해되어 효력이 없어지거나 유독 물질 형성

    ㉡ 알칼리성 약제 : 보르도혼합액, 결정석회황합제, 농용비누, 석회 함유 약제(비산석회, 카세인석회, 소석회)

    ㉢ 알칼리성 약제와 혼합해야 할 경우에는 사용 직전에 조제하여 즉시 살포

    ㉣ 혼용해서 좋지 않은 약제 : 말라티온, DDVP, 파라티온에틸, EPN, 다이아지논 등 유기인계, 카바메이트계, 유기염소계, 유기유황살균제

② 농약 혼용의 장점

    ㉠ 농약의 살포 횟수를 줄여 방제 비용 및 노력을 절감

    ㉡ 서로 다른 병해충의 동시 방제

    ㉢ 약제의 연용에 의한 내성 또는 저항성 발달 억제 가능

    ㉣ 농약의 협력 작용 또는 상승 작용 가능

③ 농약 혼용의 주의사항

    ㉠ 농약 설명서 및 혼용가부표를 확인하고 적용대상 작물에만 사용

    ㉡ 표준희석배수를 준수하고 고농도로 희석하지 않으며 표준량 이상으로 살포 금지

    ㉢ 혼용가부표에 없는 농액을 혼용할 경우는 제조회사와 상담하거나 좁은 면적에 시험적으로 살포하여 약해 확인

    ㉣ 다종혼용을 피하고 2종혼용 실시(다종혼용 시 약해 발생 가능)

    ㉤ 혼용하여 조제할 때는 한 약제를 먼저 물에 완전히 섞은 후에 차례대로 하나씩 추가

    ㉥ 제4종 복합비료와 혼용 시 생리장해가 발생하므로 혼용 금지

    ㉦ 혼용 시 침전물이 생긴 농약은 사용하지 않음

    ㉧ 혼용하여 조제한 살포액은 당일에 살포

    ㉨ 제형이 다른 농약 혼용 순서

      • 유제와 수화제는 가급적 혼용하지 않기

      • 수화제 또는 액상수화제와 유제의 혼용 : 수화제의 희석액을 먼저 만든 후 액상수화제, 유제를 넣어 조제

(3) 약제 처리

① 개요

    ㉠ 살포기의 구비 요건 : 부착성, 균일성과 집중성, 도달성, 경제성 등이 좋아야 함

    ㉡ 살포기의 종류 : 광역방제기, 스피드 스프레이어, 연무기, 동력분무기, 인력식 분무기, 무인방제기

② 분무법

    ㉠ 농약의 사용 방법 중 가장 보편화된 방법

    ㉡ 유제, 수화제, 수용제 등의 약제를 규정 배수로 희석, 분무기로 살포하는 방법

    ㉢ 분무법에서 중요한 것은 분출되는 약액의 입자를 작게 하는 것

    ㉣ 입자가 크면 균일하게 부착하지 못하여 약효 저하 및 약해 발생의 원인이 됨

    ㉤ 액제 살포 시 비산이 적으며 작물에 부착성 및 고착성이 좋음

    ㉥ 살포 방법별 살포 약량(L/ha)

구분		중형기	소형기
지상 살포	동력 분무기	1,000~1,500	1,000~1,500
	미스트기	300	300
공중 살포 (항공 살포)	액제 살포	30~50	30~40
	미양 살포	–	0.8 ~5.0

③ 미스트법

    ㉠ 약제를 분무법보다 적은 물로 진하게 희석하여 소량 살포

    ㉡ 입경 0.035~0.1mm, 약제를 분무법보다 약 1/3~1/4로 줄여서 살포

    ㉢ 용수가 부족한 곳에 적합, 살포 시간·노력·자재 절감

    ㉣ 분무법에 비해 살포액의 농도가 높고 균일성과 부착성이 좋아 효율적

④ 공중살포법

    ㉠ 유인항공기, 무인항공기, 드론 등이 활용되고 있음

    ㉡ 항공기에 약액을 싣고 넓은 면적에 능률적으로 살포하는 것

    ㉢ 항공방제 시 주의

       • 인축, 누에, 꿀벌 등에 안전하고 임목 및 농작물에 약해가 없는 약제를 선정할 것

       • 꿀벌의 행동반경은 2km 정도이므로 인접해 있는 마을에 반드시 미리 통보

⑤ 미량살포법

    ㉠ 농약원액 또는 고농도 농약의 미량 살포 방법

    ㉡ 주로 항공 살포에 많이 이용, 식물이나 곤충 표면에 부착성이 우수

    ㉢ 농도가 진한 약제를 ha당 5L 이하의 약량으로 균일하게 살포

    ㉣ 가장 능률적이고 경제적인 방법

    ㉤ 분무입자의 직경은 평균 $100 \mu m$ 정도

    ㉥ 입자 표면으로부터 물의 증발이 적고, 입자의 비산도 적어 유효하게 이용

    ㉦ 잔효성이 길고 강우의 영향을 적게 받음

⑥ 나무주사법

    ㉠ 나무줄기에 구멍을 뚫고 침투이행성이 높은 약제를 주입하는 방법

    ㉡ 천적에 영양이 적고 환경오염을 유발하지 않는 처리법

© 특히 산림병해충 방제에 많이 이용

　🔲 예 솔잎혹파리, 소나무재선충, 솔껍질깍지벌레, 버즘나무방패벌레 등

⑦ 스프링클러법

　㉠ 과수원에서 노력을 절감시키기 위해 개발한 방법

　㉡ 관수, 시비 등을 포함한 다목적 스프링클러 시설도 널리 사용됨

⑧ 살분법(분제 살포법)

　㉠ 분제를 살분기로 살포

　㉡ 분제는 물이 부족한 산지나 과수원에서 이용

　㉢ 분무법에 비해 작업이 간편하고 신속하며 희석용수가 필요 없음

　㉣ 단위면적당 농약의 소요량이 많고 방제 효과가 떨어짐

　㉤ 갖추어야 할 물리적 성질 : 분상성, 비산성, 부착성, 고착성, 안정성

　㉥ 살포량 : 10a당 3~4kg 정도

⑨ 살립법

　㉠ 입제 농약의 살포법으로 토양살포법이라 함

　㉡ 비료 살포 작업과 유사

⑩ 연무법(Aerosol)

　㉠ 미스트보다 작은 Aerosol(연무질) 형태로 살포

　㉡ 고체나 액제의 미립자(입경 $20\mu m$ 이하)를 공기 중에 부유시킴

　㉢ 브라운운동 상태로 부유하며 대상 표면에 대한 부착성이 우수

　㉣ 비산성이 커서 주로 하우스 내에서 적합

　㉤ 비산성이 크므로 이른 아침 또는 저녁에 살포

⑪ 훈증법

　㉠ 밀폐된 공간이나 토양 속에 넣어 기체를 발생시켜 해충을 죽이는 방법

　㉡ 저장농산물 훈증소독 : 저장곡물이나 종자를 창고나 온실에 넣고 밀폐시킨 다음에 약제를 가스화하여 병해충을 방제하는 방법

　㉢ 토양훈증소독 : 토양소독제를 토양에 처리하고 비닐로 피복하여 밀폐한 후 훈증 처리

　㉣ 병해충 피해목 훈증 소독 : 소나무, 참나무, 잣나무 등 해충/선충 피해목 등은 밀폐 후 훈증처리 소독

⑫ 토양 관주법

　㉠ 토양병해충을 방제하기 위해 토양에 주입하는 방법

　㉡ 벼 육묘상에서 희석액을 육묘상자에 직접 주입하기도 함

⑬ 토양혼화법 : 입제 농약을 경작 전에 토양에 투입하고 경운하는 방법

⑭ 도포법

　㉠ 점착제나 페이스트제에 약제를 혼합하여 나무줄기에 바르는 방법

ⓛ 나무줄기에 이동하는 해충을 방제하는 방법

ⓒ 가지를 절단했을 때 상처 부위를 병균이 침입하지 못하도록 약제를 처리하는 방법

⑮ 기타

ⓐ 침지법 : 종자를 담가서 소독하는 방법

ⓛ 분의법 : 종자를 물에 담가 적신 다음 약제를 묻혀서 뿌리는 방법

ⓒ 도말법 : 분제나 수화제를 건조한 종자에 입혀 살균, 살충하는 방법으로, 조류기피제로도 사용됨

6. 농약의 독성 및 잔류성

(1) 농약 독성의 종류와 증상

① 독성 : 어떤 화학물질이 생물체에 손상을 끼칠 수 있는 능력

② 농약 독성의 종류

ⓐ 독성 발현 속도에 의한 분류

급성독성	• 일시에 다량의 농약에 노출되었을 때 나타나는 독성 • 반수 치사량 또는 중위치사량(LD_{50}) : 1회 투여로 시험동물의 50%가 죽는 농약의 양 • 단위 : mg/kg(농약투여량/동물 체중) • 급성 독성의 시험에는 주로 쥐, 생쥐 등 소동물로 시험하나 개, 토끼, 원숭이 등 대동물도 이용 • 동물에 따라 반응이 다르기 때문에 서로 다른 두 종류의 동물 시험을 의무화함 • 급성독성의 강도에 따른 농약의 구분				

	반수치사량LD_{50}(mg/kg)			
독성구분	경구독성		경피독성	
	고체	액체	고체	액체
I급(맹독성)	5 미만	20 미만	10 미만	40 미만
II급(고독성)	5~50 미만	20~200 미만	10~100 미만	40~400 미만
III급(보통독성)	50~500 미만	200~2,000 미만	100~1,000 미만	400~4,000 미만
IV급(저독성)	500 이상	2,000 이상	1,000 이상	4,000 이상

아급성독성	농약이 서서히 체내에 들어가 1개월 정도 경과한 뒤 중독증상이 나타나는 것
만성독성	• (농약에 오염된 음식을 매일 섭취했을 때와 같이) 소량의 농약이 장기간에 걸쳐 축척되어 나타나는 독성 • 만성독성도 생쥐나 쥐와 같은 소동물을 이용하여 시험 • 급성독성이 강한 약제가 만성독성도 강한 것은 아님 • 최대무작용량(NOAEL : No Observed Adverse Effect Level)으로 장기간 투여하여 실험동물에 영향을 미치지 않는 최대의 약량(mg/kg/day)

ⓛ 급성농약의 투여 방법에 따른 분류

경구독성	입으로 투여
경피독성	피부로 투여
흡입독성	호흡기로 투여

※ 투여 경로에 따른 급성독성의 강도 : 흡입독성>경구독성>경피독성

© 독성의 정도에 따른 분류

- 우리나라는 급성독성 시험성적에 의해 맹독성, 고독성, 보통독성 및 저독성으로 구분

저독성	우리나라에서 유통 중인 대부분의 농약
고독성	중독의 우려가 있어 취급제한 기준을 두고 관리하며 일반 농가의 사용이 제한됨

- 맹독성은 우리나라에서 유통되지 않음
- 현재 등록되어 유통되고 있는 농약은 저독성 농약 84%, 보통독성 농약 15%

② 어류에 대한 독성 정도에 따른 농약 등의 구분

- 어독성은 반수치사농도(TLm)로 표시
- 처리 48시간 후 잉어의 반수가 살아남는 화학물질의 농도로, ppm으로 표시
- 유제>수화제·수용제>분제·입제 순
- 어류는 알일 때 농약에 대하여 감수성이 가장 낮고 수온이 높으면 농약에 대한 저항성이 낮아짐
- 현재 등록되어 유통되는 농약은 어독성 Ⅲ급(66%), Ⅰ급(18%), Ⅱ급(16%)

구분	반수를 죽일 수 있는 농도(mg/L, 48시간)
Ⅰ급(맹독성)	0.5 미만
Ⅱ급(고독성)	0.5 이상 2 미만
Ⅲ급(보통독성)	2 이상

⑤ 잔류성에 의한 농약 등의 구분

작물잔류성 농약 등	농약 등의 성분이 수확물 중에 잔류하여 식품의약품안전처장이 농촌진흥청장과 협의하여 정하는 기준에 해당할 우려가 있는 농약 등
토양잔류성 농약 등	토양 중 농약 등의 반감기간이 180일 이상인 농약 등으로서 사용 결과 농약 등을 사용하는 토양에 그 성분이 잔류되어 후작물에 잔류되는 농약 등
수질오염성 농약 등	수서생물에 피해를 일으킬 우려가 있거나 수질 및 수생태계 보전에 관한 법률에 따른 공공수역의 수질을 오염시켜 그 물을 이용하는 사람과 가축 등에 피해를 줄 우려가 있는 농약 등

⑥ 발현대상에 따른 분류

- 포유동물 독성 : 사람이나 포유동물에 대한 독성
- 환경생물 독성 : 생태계 유용생물(물고기, 새, 꿀벌, 지렁이, 누에 등)에 대한 독성

 TIP 농약 독성의 용어 이해

반수치사약량 (LD50)	• 중위치사약량, 중앙치사약량이라고도 함 • 농약을 경구나 경피 등으로 투여할 경우 동물의 반수를 치사에 이르게 할 수 있는 화학물질의 양 • 단위 : mg/kg(체중), 숫자가 작을수록 독성이 강함
반수치사농도 (LC50)	• 농약을 흡입 등으로 투여할 경우 동물의 반수를 치사에 이르게 할 수 있는 화학물질의 농도 • 단위 : mg/m³ 또는 mg/L 공기, ppm으로 표시

③ 농약 독성의 증상

　ㄱ 농약의 약해

　　• 처리된 약제에 의해서 작물이 생리 상태에 이상을 일으켜 나타나는 약해작용

　　• 식물의 정상적인 생육을 저해

　　• 급성적인 약해와 만성적인 약해로 구분

　ㄴ 구분

급성약해	• 발현 시기 : 농약 살포 후 1~2일 또는 1주일 이내 • 약해 증상 : 잎·줄기(반점, 고사), 꽃·열매(개화 지연, 반점, 낙화, 낙과), 뿌리(갈변, 발근 저해) **예** 결정석회황합제, 보르도혼합액, 기계유 유제, 동제 등
만성약해	• 발현 시기 : 농약 살포 후 1주일 이후부터 수확 때까지 나타나는 약해 • 약해 증상 : 잎·줄기(기형 잎, 위축), 꽃·열매(비대 지연, 착색 불량, 기형 열매), 뿌리(고사, 부패, 기형 뿌리) • 대부분 유기합성 농약에 의해 발생
2차 약해	포장에 처리한 농약 성분이 토양, 농업용수 등 환경에 잔류하여 후작물이나 묘목을 재배하는 데 피해를 주는 것

　ㄷ 약해 발생 원인

식물의 특성	• 종류와 품종에 따른 감수성의 차이 • 식물체의 형태 : 모양과 표면 특성에 따른 농약의 부착 특성 • 재배조건 : 환경에 따른 생장 속도와 표피 구조의 차이 • 생장단계 : 생육단계별 감수성은 유묘기＞생식생장기＞영양생장기＞휴면기의 순 • 생리적 특성 : 농약의 투과성과 체내 이동의 차이 • 생화학적 특성 : 유해물질의 활성화 또는 불활성화 기작의 차이
농약의 이화학적 특성	• 농약의 물리성 : 제제 형태, 용해도, 휘발성 ※ 농약의 경시변화 : 시간이 경과함에 따라 농약 주성분의 효력이 저하되고 약해가 발생하는 등 농약이 물리·화학적으로 변화하는 것. 온도에 가장 민감함 • 부성분 : 불순물 혼입에 따른 약해 • 환경 중 농약의 확산 : 후용성, 표류비산, 휘산, 잔류, 2차 대사산물
환경조건	• 기상조건 : 광, 온도, 수분 • 토양환경 : 토양의 흡착 특성
농약의 사용 방법	• 고농도 살포 : 기준 약량이나 농도보다 많이 살포 • 부적합한 약제 사용 : 적용 수목 이외에 사용할 경우 약해 우려 • 불합리한 혼용 : 혼용이 불가능한 약제의 혼용으로 물리·화학적 성질이 변하여 약해 발생 • 사용 방법의 미숙 : 농약을 중복 또는 근접 살포할 경우 • 제초제를 살포한 후에 방제 기구를 세척하지 않고 다른 약제를 살포할 경우

(2) 농약의 잔류와 안전사용

① 잔류농약 : 살포된 농약이 자연환경 중에 존재하거나 식물 또는 식품의 원료 자체에 남아 있는 것

② 농약의 잔류

　ㄱ 작물잔류성 농약

　　• 농약의 잔류성 요인 : 농약의 제형, 농약의 물리·화학적 성질, 농약의 살포 방법, 대상 작물의 종류 및 재배 방법, 기상조건 등

- 작물 중 농약의 잔류성 요인

잔류 부위	• 작물 표면의 큐티클 내로 침투하거나 토양 또는 식물체에 처리한 침투이행성 • 농약은 뿌리, 줄기 및 잎으로 흡수되어 식물조직 내부에 잔류
안정성	농약의 구조적 안정성이 클수록 오래 잔류
작물체 표면의 형태	굴곡과 털이 많을수록 잔류량이 많음
작물체의 중량에 대한 표면적	표면적이 넓을수록 잔류성이 많고 중량이 무거울수록 잔류량이 적어짐
작물의 성장 속도	작물이 성장하면 중량 증가로 희석효과에 의한 농약 잔류량은 줄어듦
전착제 첨가	전착제는 농약의 작물체 부착량을 많게 하여 잔류량도 상대적으로 많아짐

ⓛ 토양잔류성 농약
- 토양잔류 : 농약의 반감기간이 180일 이상인 농약으로서 사용한 성분이 토양에 남아 후 작물에 잔류되는 것
- 반감기
  - 토양에 처리한 농약 중 절반이 분해되는 데 걸리는 시간
  - 우리나라에서 사용 중인 농약의 대부분은 반감기가 120일 미만으로 토양 중 농약잔 류의 우려가 없는 편임
ⓒ 난분해성 농약 사용 시 문제점
- 유기인계 농약이나 카바메이트계 농약은 수산이온에 의한 가수분해가 쉽게 일어나 유기 산과 페놀류 등으로 분해됨
- 토양 중 농약 잔류
- 후작물의 생육 장해
- 잔류농약에 의한 만성 독성
- 생물농축에 의한 생태계 파괴

③ 농약의 안전사용
ⓐ 농약의 잔류기준
- 세계식량농업기관(FAO)과 세계보건기구(WHO)에서 제시
- 식품 중 농약 및 동물용의약품의 잔류허용기준설정 지침은 「식품위생법」에 의하여 고시됨
- 잔류허용기준(MRL) : 식품 중에 잔류가 허용되는 농약 및 동물용의약품의 최대 농도 (mg/kg 또는 mg/L)

1일 섭취허용량(ADI)	• 농약의 최대약량(최대무작용약량, NOAEL)을 구한 후 이 값에 안전계수 (1/100)을 곱한 값 • $ADI = \dfrac{\text{최대무작용량(NOAEL)}}{\text{안전계수(SF)}}$ • 최대무작용량(NOAEL)은 농약의 1일 섭취허용량(ADI)의 설정 기준이 되고, 농약의 1일 섭취허용량은 식품 중 농약잔류허용기준 설정의 근거가 됨

잔류허용기준(MRL)과 식품계수	• 농약잔류수준은 사람이 일생을 통하여 농산물을 섭취하더라도 건강에 아무 런 영향이 없다는 것을 과학적·법적으로 인정한 것 • $MRL = \dfrac{ADI \times 체중}{식품계수(해당\ 1일\ 섭취량)}$

  ⓒ 농약허용물질목록관리제도(PLS=Positive List System) 도입

- 등록된 농약 이외에는 잔류농약 허용기준을 일률기준(0.01mg/kg)으로 관리하는 제도
- 2019년 1월 1일부터 시행, 해당 작물에 등록되지 않은 농약 판매 및 사용 금지
- 안전사용 기준 준수
  - 등록된 농약만 사용
  - 희석 배수와 살포 횟수 준수
  - 출하 전 마지막 살포일을 준수
  - 포장지 표기 사항을 반드시 확인하고 사용
- 이점 : 안전한 농산물 수입, 국내 농산물 보호 및 소비자 신뢰 등

  ⓒ 농약 안전사용기준

- 안전사용기준은 작물, 방제 대상, 살포 방법, 희석 배수 등을 표시함
- 농약별로 '사용대상 또는 사용제한 대상이 되는 농작물의 명칭', '사용 제형 및 방법', '사용 시기, 특히 수확 전 최대 임박살포일(PHI)', '사용 횟수'를 지정하며, 이 중 PHI가 최종 잔류수준에 가장 큰 영향을 미침
- 안전사용기준 설정은 병해충 발생 시기와 잔류허용기준을 동시에 고려해 설정
- 시기별 잔류량 조사를 통하여 그 소실 속도를 산출하고 살포 횟수와 수확 전 최종 살포일을 달리하여 실용적 안전사용기준을 설정하면 잔류량이 허용기준을 초과할 가능성은 거의 없음
- 농약 판매업자가 농약 안전사용기준을 다르게 추천하거나 추천하여 판매하는 경우 500만 원 이하의 과태료가 부과됨

  ⓔ 농약관리와 국제협력

- OECD(경제협력개발기구) : 농약평가, 시험법 개발 등의 국제적 조직화
- CODEX(국제식품규격위원회) : 식품 규격, 지침 및 실행 규범 및 잔류허용기준 설정
- UNEP(유엔 환경계획기구) : 잔류성 유기오염물질의 관리(스톡홀름 협약), 유해화학물질 국제 교역 시 사전 통보(로테르담 협약)

  ⓜ 안전사용을 위한 일반 수칙

- 안전사용기준과 취급제한기준 준수
- 방제복, 마스크 등을 착용, 바람을 등지고 살포
- 작업 후 비누로 깨끗이 세척
- 아침저녁 서늘할 때 살포

- 혼용살포 시 약해 우려
- 중독증상이 있을 경우 즉시 작업을 중단하고 안정을 취할 것
ⓗ 농약 중독 원인
- 사용자의 잘못 : 장시간 살포, 복장미비, 오남용 등
- 병해충의 약제저항성 증대로 다량·고농도 살포
- 살포 횟수 증가, 다종 혼용 살포
- 우량살포 기구 및 보급 미흡
ⓢ 농약 중독에 사용되는 해독제
- 황산 아트로핀 : 유기인계, 카바메이트계, 피레트로이드계 농약
- BAL : 비소, 수은 등 중금속
- PAM 주사제 및 정제 : 유기인계 농약, 칼탑·치오사이크람계
- Fuller's earth 또는 활성탄 : 파라코(그라목손)

(3) 농약저항성

① 저항성의 정의

ⓐ 생물체가 생명에 치명적인 영향을 받을 수 있는 농약의 약량에도 견딜 수 있는 능력이 발달되는 현상

ⓑ 약제에 대한 내성이 유전자에 의해 후대로 유전됨

ⓒ 저항성이 생기면 과거에는 살충제를 살포하면 잘 죽던 해충이 현재에는 같은 종류의 약을 같은 양으로 똑같이 살포하여도 죽지 않게 됨

예 사례 : 미국 센호제깍지벌레의 석회유황합제에 대한 저항성, 포도상규균의 페니실린에 대한 저항성, 집파리의 DDT, Malathion에 대한 저항성, 바퀴벌레의 Chlordane, Malathion, Diazinon에 대한 저항성

② 저항성의 구분

단순저항성	같은 농약을 동일한 개체군의 방제에 계속 사용하면 이전 농약의 약량으로는 방제가 불가능해짐
교차저항성	• 어떤 약제에 대한 저항성을 가진 병원균, 해충, 잡초가 한 번도 사용하지 않은 새로운 약제에 대하여 저항성을 나타내는 현상 • 단일 저항성 유전자가 2종 이상의 약제에 대하여 저항성을 보이는 현상 • 두 약제 간 작용기작이나 무해화 대사에 관여하는 효소계가 유사할 경우 나타남
복합저항성	복수 저항성 유전자가 2종 이상의 약제에 대하여 저항성을 보이는 현상
역상관교차저항성	• 어떤 약제에 대한 저항성이 발달하면서 다른 약제에 대한 감수성이 높아지는 것 • 교차저항성과 관계없는 새로운 농약 개발 필요

③ 살충제에 대한 저항성

　㉠ 저항성 발달 요인

행동적 요인	기피 현상을 나타냄
생리적 요인	• 표피 큐티클층의 지질 구성 변화, 체내지방에 저장하여 불활성화시킴 • 지질을 늘려 작용점 도달 농도를 낮추거나 배설
생화학적 요인	침투 약제의 무독화, 작용점 변형

　㉡ 저항성에 대한 대책

약제 저항성 문제 고려	살충제의 강도와 횟수를 줄이고, 천적류·내충성 작물 등과 같은 다른 방제 수단을 혼용하여 살충제 저항성 발달을 지연시키거나 회피
반전현상 방지	• 살충제의 사용으로 천적류가 감소하거나 기타의 원인으로 해충 밀도의 회복 속도가 빨라지는 현상 • 반전현상의 원인 　− 살충제에 의한 천적류의 파괴 　− 살충제가 경쟁자를 제거 　− 살충제가 해충에 유리한 영향을 줌 • 천적류에 해가 적고, 대상 해충만 죽이는 살충제 선택
종합적 방제	화학적 방제를 포함한 가능한 모든 수단을 동원, 유효적절히 사용, 해충수를 경제적 피해한계 이하로 유지·관리하는 방제법을 연구
살충제저항성기작위원회 (IRAC)의 관리기준 준수	• 관리기준 준수 • 작용기작이 다른 살충제의 교호 사용으로 저항성 발달을 억제하는 것이 중요

④ 살균제의 저항성

　㉠ 저항성 발달 요인

　　• 변이균주의 발생 : 생태환경의 변화에 의해서 우발적으로 생김

　　• 감수성 병원균이 도태되고 저항성 균주가 생존

　㉡ 살균제 저항성 기작

　　• 작용점의 변화

　　• 작용점의 과발현

　　• 작용점으로부터 살균제의 방출

　㉢ 살균제 저항성 관리 방법

　　• 동일한 계열과 동일한 작용기작을 갖는 살균제 연용 금지

　　• 서로 다른 기작의 살균제를 교호하여 살포

　　• 보호용 살균제 혹은 다른 기작의 살균제를 처리하기 직전에 혼합하여 처리

　　• 살균 효과를 유지할 수 있는 최소한의 약량 사용

　　• 일정 지역 방제 시 동일한 약제의 공동 사용을 회피

　　• 새로운 살균제의 개발

　　• 병원균체 내 약제의 대사, 분해계의 저항성 기구를 소거시키는 방법

　　• 주요 작물에 대한 살균제의 처리체계를 확립하여 사용

　　• 지역에서 살균제 저항성에 대한 모니터링을 지속적으로 실시하고, 살균제 처리체계에 반영

⑤ 제초제에 대한 저항성

  ㉠ 저항성 발현 기작

    • 작용점 자체의 약제에 대한 저항성 : 작용점 자체에 구조가 변화하여 제초제와의 결합력 감소

    • 무독화 대사반응 : 제초성분을 분해하는 생화학적 활성이 증가되어 치명적 성분이 제거됨

    • 작용점에 도달하는 제초제 성분의 감소 : 제초제의 흡수이행이 저해되거나 감소될 경우 저항성 발현

  ㉡ 약제 저항성과 대책

    • 계통이 다른 약제를 번갈아 사용하는 것

    • 대체 약제의 선발 사용

    • 저항성 발현기작을 역이용하는 방법

⑥ 저항성을 줄이기 위한 농약 사용법

  ㉠ 농약은 규정농도를 지켜서 사용

  ㉡ 동일 계통 약제 연용 금지 및 교호 살포

  ㉢ 매년 같은 시기에 정기적 살포 금지

  ㉣ 과거에 사용하지 않았던 약제와 유용천적에 영향이 적은 약제를 선택하여 살포

  ㉤ 농약 살포를 기록 관리(방제 및 살포 횟수, 농약의 종류, 농약 사용량 등)

CHAPTER 04 「산림보호법」 등 관계법령

1. 산림정책

(1) 최근 3년간 산림청 주요 업무 계획

① 2020년 산림청 주요 업무 추진 계획

㉠ 사람 중심의 산림정책 가속화

㉡ 슬로건

- 임업의 기본을 탄탄하게!
- 지속 가능한 임산업 체계 구축!
- 포용적 산림복지!

㉢ 비전 : 내 삶을 바꾸는 숲, 숲속의 대한민국

㉣ 목표 : 더불어 발전하는 임산업, 국민 삶을 지키고 포용하는 산림

㉤ 중점 과제

- 지역사회와 상생하는 산림관리체계 마련
- 좋은 일자리 창출 및 임산업의 활력 제고
- 산림 분야의 지속 가능한 발전
- 안전한 산림, 건강한 산림생태계 구축
- 누구나 체감하는 산림복지 포용성 강화

② 2021년 산림청 주요 업무 추진 계획

㉠ 슬로건

- 숲에서 찾는 새로운 일상
- 숲으로 나아지는 살림살이!
- 숲과 함께 쓰는 새로운 미래!

㉡ 2050 탄소 중립 산림부문 추진 전략의 차질 없는 이행

- 산림의 탄소흡수능력 강화
- 신규 산림탄소흡수원 확충
- 목재와 산림바이오매스의 이용 활성화
- 산림탄소흡수원 보전·복원

© K-포레스트 추진 계획 이행으로 한국판 뉴딜의 성공 뒷받침
- 디지털·비대면 기술의 산림분야 도입
- 저성장 시대, 산리산업 활력 촉진
- 임업인의 소득안전망 구축
② 한국형 산림재난 관리체계 구축으로 사계절 안전한 산림 조성
- K-산불방지대책 이행 확대로 체계적 산불 대응
- K-산사태방지대책으로 산사태 인명피해 제로화
- 선제적 산림병해충 대응으로 피해 예방
③ 2022년 산림청 주요 업무 추진 계획
㉠ 비전 : 숲과 사람이 함께하는 임업경영 시대로 전환
㉡ 목표
- 지속 가능한 숲 관리의 제도적 안착
- 임업경영의 포용성 향상
㉢ 중점 과제
- 본격적인 임업경영 시대 전환으로 탄소중립 실현 기여
- 국민의 삶을 보듬는 산림 창출
- 긴강하고 안전한 산림생태계 구현
- 포용적 산림협력 확대

(2) 올해부터 달라지는 주요 산림 정책

① 본격적인 임업경영 시대 전환으로 탄소중립 실현 기여
㉠ 지속 가능한 산림순환경영 활성화
- 유효토지 내 숲 신규 조성으로 탄소흡수원을 확대
- 미래수종 발굴과 조림권장 수종 개편
- 모두베기 면적 조정(50ha→ 30ha)
- 국유림 명품 숲 발굴 및 산림공원 추진
㉡ 국산 목재 이용 촉진으로 탄소저장고 확대 : 목재정보서비스 구축을 통한 국산 목재 접근성 확대 및 관리 체계화
② 국민의 삶을 보듬는 산림 창출
㉠ 산림복지 제공 기반 구축
- 국민수요가 높은 도시숲 확대, 국민체감형 생활권 정원 기반 조성, 학교녹화 다변화
- 증가한 산림휴양·치유 국민수요에 대응한 인프라 구축
㉡ 다양하고 풍성한 산림복지 콘텐츠 구축
- 산림문화 제도 정비 및 국민의 향유 지원

- 단계적 일상회복 촉진을 위한 산림치유 지원 확대
- 첨단기술을 접목하는 스마트 산림 헬스 케어 구축
  - 예 결제 통합시스템, 산림복지 통합 플랫폼 시범 운영
- ⓒ 산촌 활성화 및 임업인 지원 확대 : 임업인이 임업경영과 산림휴양, 체험, 숙박 등을 함께 제공하여 소득을 증진할 수 있도록 숲 경영 체험림 제도 도입
- ⓔ 국민의 꿈을 가꾸는 산림일자리 창출 : 사회적 경제기업의 경쟁력 제고를 통한 민간일자리 창출 확대

③ **건강하고 안전한 산림생태계 구현**
- ㉠ 산림 생물다양성 보전 및 훼손 산림 복원 강화 : 산림보호구역 지정에 따른 산주 손실 보상과, 보호활동에 대한 인센티브 제공을 위한 산림의 공익가치보전 지불제(가칭) 추진
- ㉡ 국민의 삶을 지켜주는 안전한 산림 구현
  - 산불 예방 강화 및 신속 대응을 통한 피해 최소화
  - 산사태 예방·대응 강화 및 인위적 재발생지 등의 산사태 예방 추진
  - 산림병해충 예찰·진단 고도화와 집중 방제를 통한 피해확산 예방

④ **포용적 산림협력 확대**
- ㉠ 국제산림협력 확대 및 국외 산림탄소 흡수원 증가
  - 제15차 세계산림총회(WFC)의 성공적 개최 및 성과 확산
  - 협력 확대 : 사업 다각화와 상호 협력관계 증진으로 내실화 촉진
- ㉡ 한반도 기후변화의 공동 대응을 위한 남북산림협력 추진
  - 남북 당국 간 기존 합의사항 이행 및 협력사업 확대
  - 산림병해충 협력에 특화된 철원 남북산림협력센터 건립

⑤ **2022년 바뀌는 국민의 삶(2021년 → 2022년 기준)**
- ㉠ 산림순환경영 활성화를 위한 기반 확대
  - 숲가꾸기 확대 : 194.5ha → 214.4ha
  - 임도 확충 : 827km → 955km
  - 국산 목재 랜드마크 조성 : 5개소 → 18개소
- ㉡ 국민과 임업인이 더 많은 숲의 혜택을 누림
  - 임업직불제 수혜 : 28천명, 167만원(대상임가)
  - 산림복지 수혜 인구 : (2021년 10월) 1,477만명 → (2022년) 1,952만명
  - 산림복지 바우처 발급 : 4만명 → 5만명
- ㉢ 기후변화로부터 안전하고 건강한 산림공간 구현
  - 대형산불 제로화 : 2건 → 0건(울진, 삼척 산불)
  - 산사태 인명 피해 제로화 : 0명 → 0명
  - 산림복원 면적 향상 : 84ha → 141ha

(3) 산림보호 정책

① 제1차 치산녹화 10개년 계획(1973~1978년)

 ㉠ 비전·목표 : 국토의 속성녹화 기반 구축

 ㉡ 성과

  • 당초 계획보다 4년 앞당겨 108만ha에 대한 녹화 완료

  • 화전정리사업 완료, 농촌임산연료 공급원 확보

  • 육림의 날 제정과 산주대회 개최에 따른 애림사상 고취

② 제2차 치산녹화 10개년 계획(1979~1987년)

 ㉠ 비전·목표 : 장기수 위주의 경제림 조성과 국토녹화 완성

 ㉡ 성과

  • 106만ha의 조림과 황폐산지 복구 완료

  • 대단위 경제림 단지 지정, 집중조림 실시

  • 산지이용실태조사, 보전·준보전임지 구분체계 도입

③ 제3차 산지자원화 계획(1988~1997년)

 ㉠ 비전·목표 : 녹화 성공 후 산지자원화 기반 조성

 ㉡ 성과

  • 32만ha의 경제림 조성과 303만ha의 육림사업 실행

  • 산촌개발의 추진과 산림휴양·문화시설 확충

  • 산지이용체계 재편, 기능과 목적에 의한 이용 질서 확립

④ 제4차 산림기본계획(1998~2007년)

 ㉠ 비전·목표 : 지속 가능한 산림경영 기반 구축 → 사람과 숲이 어우러진 풍요로운 녹색국가 실현

 ㉡ 성과

  • 지속 가능한 산림경영(SFM) 이행을 위한 위한 기준과 지표 설정

  • '심는 정책'에서 '가꾸는 정책'의 전환을 통해 산림의 가치 증진

  • 산림의 공익기능 증진과 산촌개발사업 본격 추진

  • 백두대간 등 한반도 산림생태계의 보전 관리체계 구축 및 산지관리법 제정을 통한 자연친화적 산지 관리 기반 마련

  • 산불 진화 역량 확충과 해외조림사업 확대

  • 국립수목원, 국립자연휴양림관리소 신설 및 산림지리정보 시스템(FGIS) 구축

⑤ 제5차 산림기본계획(2008~2017년)

 ㉠ 비전·목표 : 숲을 활력 있는 일터, 쉼터, 삶터로 재창조하기 위해 다양한 산림 혜택의 선순환 구조 확립

ⓛ 7대 전략(변경 : 2013년)
- 지속 가능한 기능별 산림자원 관리체계 확립
- 기후변화에 대응한 산림탄소 관리체계 구축
- 임업 시장기능 활성화를 위한 기반 구축
- 산림 생태계 및 산림생물자원의 통합적 보전·이용체계 구축
- 국토의 안정성 제고를 위한 산지 및 산지재해 관리
- 산림복지 서비스 확대·재생산을 위한 체계 구축
- 세계녹화 및 지구환경 보전에 선도적 기여

⑥ 제6차 산림기본계획(2018~2037년)
ⓐ 수립 근거 : 「산림기본법」 제11조 및 동법 시행령 제4조~제6조
ⓛ 산림청장은 20년마다 산림기본계획을 수립·시행(「산림기본법」 개정 : 2017년)
ⓒ 전략
- 산림자원 및 산지관리체계 고도화
- 산림산업 육성 및 일자리 창출
- 임업인 소득 안정 및 산촌 활성화
- 일상 속 산림복지체계 정착
- 산림생태계 건강성 유지·증진
- 산림재해 예방과 대응을 통한 국민의 안전 실현
- 국제산림협력 주도 및 한반도 산림녹화 완성
- 산림정책 기반 구축

2. 생활권 수목 건강관리 관련 법령

(1) 「산림보호법」

① 목적
ⓐ 산림보호구역 관리
ⓛ 산림병해충 예찰 및 방제
ⓒ 산불 예방 및 진화
ⓓ 산사태 예방 및 복구 등 산림을 건강하고 체계적으로 보호함으로써 국토의 보전 및 국민의 삶의 질 향상에 이바지함

② 적용 범위(산림청장 또는 시·도지사가 지정)
ⓐ 산림보호구역
- 생활환경보호구역
- 경관보호구역

- 수원함양보호구역
- 재해방지보호구역
- 산림유전자원보호구역
ⓛ 보호수(시·도지사 또는 지방산림청장이 지정)
- 역사적·학술적 가치 등이 있는 노목, 거목, 희귀목 등
- 지정 대상 나무의 소재지, 나무 종류, 나무 나이, 나무 높이, 가슴높이 지름, 수관폭 등을 소유자와 관할시장·군수·구청장에게 알려야 함
- 보호수를 이전하는 경우 나무의사 등 전문가의 의견을 들어야 함
- 보호수의 질병 및 훼손 여부 등을 매년 정기적으로 점검하여야 함
- 보호수의 일부를 자르거나 보호장비를 설치하는 등의 행위를 할 경우 나무의사 등 전문가의 의견을 들어야 함
ⓒ 산림청이 지정한 주요 보호수(많은 순으로 나열) : 느티나무>소나무>팽나무>은행나무>버드나무>회화나무>향나무>기타

 TIP 보호수 지정해제의 절차 및 방법(「산림보호법 시행령」제7조의3)

- 시·도지사 또는 지방산림청장은 법 제13조의4제1항에 따라 역사적·학술적 가치 등이 있는 노목(老木), 거목(巨木), 희귀목(稀貴木) 등으로서 특별히 보호할 필요가 있는 나무(이하 "보호수"라 한다)의 지정을 해제하려면 다음의 사항을 포함하여 공고해야 한다.
  – 지정해제 예정 보호수의 관리번호
  – 지정해제 예정 보호수의 수종
  – 지정해제 예정 보호수의 소재지
  – 지정해제 사유
  – 지정해제에 관한 이의신청 기간
- 보호수의 지정해제에 관하여 보호수의 소유자나 해당 보호수와 직접적인 이해관계가 있는 자는 제1항제5호에 따른 이의신청 기간에 농림축산식품부령으로 정하는 바에 따라 이의신청을 할 수 있다.
- 시·도지사 또는 지방산림청장은 제2항에 따른 이의신청을 받은 날부터 20일 이내에 그 이의신청에 대한 결과를 신청인에게 알려야 한다.
- 시·도지사 또는 지방산림청장은 제2항에 따른 이의신청이 없거나 이의신청이 이유가 없다고 인정되면 보호수의 지정을 해제해야 한다.

③ 수목진료에 관한 시책
ⓐ 개요
- 수목진료 : 수목에 의한 피해 진단·처방 및 피해 예방 또는 치료를 위한 모든 활동
- 수목진료에 관한 시책
  – 피해예방·진단·치유방법에 관한 사항
  – 수목진료 관련 전문인력 양성에 관한 사항
  – 그 밖의 수목진료에 관한 사항으로서 대통령령으로 정하는 사항

ⓛ 나무의사

• 정의 및 결격사유

정의	• 응시자격을 갖춘 자가 양성기관에서 교육을 이수한 후, 한국임업진흥원에서 시행하는 나무의사 시험에 합격하여 그 자격을 취득한 자 • 수목의 피해를 진단·처방하고 그 피해를 예방하거나 치료하기 위한 활동을 하는 사람으로서 「산림보호법」 제21조의6에 따른 나무의사 자격증을 받은 사람
자격취득의 결격사유	• 미성년자 • 피성년후견인 또는 피한정후견인 • 「산림보호법」, 「농약관리법」 또는 「소나무재선충병 방제특별법」을 위반하여 징역의 실형을 선고 받고 그 집행이 종료되거나 집행이 면제된 날부터 2년이 경과되지 아니한 사람

• 나무의사 자격 취소 및 정지처분 세부 기준(「산림보호법」 시행령)

　– 행정 처분 기준은 최근 3년 동안 같은 위반행위로 행정처분을 받은 경우에 적용

　– 위반 행위가 둘 이상인 경우 그 중 무거운 처분기준에 따르고, 자격 정지인 경우 합산 하되 3년을 초과할 수 없음

위반 행위	근거 법조문	행정 처분				벌금	과태료		
		1차	2차	3차	4차		1차	2차	3차
거짓이나 부정한 방법으로 자격 취득	제21조 6항의1호	자격 취소				1년 또는 1천만 원			
동시에 두 개 이상의 병원 취업	제21조 6항의2호	자격 정지 2년	자격 취소			500만원			
결격사유에 해당된 경우	제21조 6항3호	자격 취소							
자격증 대여	제21조 6항의4호	자격 정지 2년	자격 취소			1년 또는 1천만 원			
정지 기간에 수목진료	제21조 6항의5호	자격 취소				500만원			
고의로 수목진료를 사실과 다르게 행한 행위	제21조 6항의6호	자격 취소							
과실로 수목진료를 사실과 다르게 행한 행위	제21조 6항의7호	자격 정지 2개월	자격 정지 6개월	자격 정지 12개월	자격 취소				
거짓이나 부정한 방법으로 처방전 발급	제21조 6항의8호	자격 정지 2개월	자격 정지 6개월	자격 정지 12개월	자격 취소				
자격 취즉 없이 수목진료한 자						500만원			
나무의사 등의 명칭을 사용한 자						500만원			
진료부가 없거나 진료사항을 기록하지 않거나 거짓 진료를 기록							50	70	100
직접 진료 없이 처방전 발급							50	70	100
처방전 발급 거부자							50	70	100
보수 교육을 받지 않은 자							50	70	100

ⓒ 수목치료기술자

- 나무의사의 진단·처방에 따라 예방과 치료를 담당하는 사람
- 산림청장이 수목치료기술자 교육을 이수한 사람에게 수목치료기술자 자격증 발급

ⓔ 나무의사 등의 양성기관

- 산림청장은 수목의학 관련 교육기관·시설·단체를 나무의사 등의 양성기관으로 지정할 수 있음
- 지정의 취소 또는 시정 명령
  - 지정 취소 : 거짓이나 부정한 방법으로 지정을 받은 경우
  - 지정 취소 또는 시정명령 : 지정요건에 적합하지 아니하게 된 경우, 지정 당시 제출한 양성과정과 다르게 운영하는 경우 등 대통령령으로 정하는 경우
  - 지정이 취소된 자에 대하여는 취소된 날부터 1년 이내에 양성기관으로 지정하여서는 안 되며, 거짓이나 부정한 방법으로 지정을 받아 취소된 경우는 3년 이내에 지정하여서는 안 됨

ⓜ 나무병원

- 수목진료 사업을 하려는 자는 대통령령으로 정하는 등록기준을 갖추어 시·도지사에게 등록해야 함
- 등록 기준

구분	인력	자본금	시설
1종 나무병원 (수목진료)	나무의사 2명 이상 또는 나무의사 1명과 수목치료기술자 1명 이상	1억원 이상	사무실
2종 나무병원 (수목 진료 중 처방에 따른 약제 살포)	나무의사 또는 수목치료기술자 1명 이상 (2020. 6. 28~2023. 6. 27)	1억원 이상	사무실

- 나무병원을 등록하지 아니하고는 「산림자원의 조성 및 관리에 관한 법률」에 따른 산림에 서식하는 나무와 「농어업재해대책법」에 따른 농작물을 제외한 산림이 아닌 지역의 수목을 대상으로 수목진료를 할 수 없음

  ※ 예외 : 국가 또는 지방자치단체가 산림병해충 방제사업을 시행하는 경우, 국가 위반 행위지방자치단체 또는 수목의 소유자가 직접 수목진료를 하는 경우)

- 나무병원 등록의 취소 또는 영업 정지 기준(산림보호법 시행령)
  - 행정 처분 기준은 최근 5년 동안의 위반행위로 행정처분을 받은 경우에 적용
  - 위반 행위가 둘 이상인 경우 그중 무거운 처분기준에 따르고, 영업 정지인 경우 합산하되 1년을 초과할 수 없음

위반 행위	근거 법조문	행정 처분				벌금	과태료		
		1차	2차	3차	4차		1차	2차	3차
거짓이나 부정한 방법으로 등록	제21조의10 제1호	등록 취소				1년 또는 1천만원			
등록기준 미달	제21조의10 제2호	영업 정지 6개월	영업 정지 12개월	등록 취소					
위반하여 변경등록하지 않은 경우	제21조의10 제3호	영업 정지 3개월	영업 정지 6개월	영업 정지 12개월	등록 취소				
부정한 방법으로 등록	제21조의10 제3호	등록 취소							
등록증 대여	제21의10 제4호	영업 정지 12개월	등록 취소			500만원			
자료 제출, 조사, 검사 거부	제21조의10 제4호	영업 정지 1개월	영업 정지 3개월	영업 정지 6개월	영업 정지 12개월				
5년간 3회 이상 영업 정지된 경우	제21조의10 제5호	등록 취소							
폐업	제21조의10 제6호	등록 취소							
등록 없이 진료한 자						500만원			
처방전 없이 농약을 사용하거나 처방전과 다르게 농약을 사용한 경우							150	300	500

ⓑ 한국나무의사협회

- 나무의사는 나무의사의 복리증진과 수목진료기술의 발전을 위하여 산림청장의 인가를 받아 한국나무의사협회를 설립할 수 있음
- 법인으로 하며, 협회 회원의 자격과 임원에 관한 사항 및 협회의 업무 등을 정관으로 정함

④ 보칙 및 벌칙

㉠ 보칙

수수료	• 나무의사 자격시험에 응시하려는 사람 • 나무의사 등의 자격증을 발급 또는 재발급받으려는 사람
청문	• 산림청장 또는 시·도지사가 청문할 것 • 나무의사 등의 자격의 취소 또는 자격 정지 • 나무병원의 등록의 취소 또는 영업 정지

㉡ 벌칙

500만원 이하의 벌금	• 나무의사 등의 자격취득을 하지 아니하고 수목진료를 한 자 • 동시에 두 개 이상의 나무병원에 취업한 나무의사 등 • 나무의사 등의 명칭이나 이와 유사한 명칭을 사용한 자 • 자격 정지 기간에 수목진료를 한 나무의사 등 • 나무병원을 등록하지 아니하고 수목진료를 한 자 • 나무병원의 등록증을 다른 자에게 빌려준 자

1년 이하의 징역 또는 1천만원 이하의 벌금	• 거짓이나 부정한 방법으로 나무의사 등의 자격을 취득한 자 • 나무의사 등의 자격증을 빌리거나 빌려주거나 이를 알선한 자 • 거짓이나 부정한 방법으로 양성기관으로 지정을 받은 자 • 거짓이나 부정한 방법으로 나무병원을 등록한 자
양벌규정	• 위반행위를 한 행위자를 벌하는 외에 소속 법인 또는 개인에게도 벌금 또는 과료의 형을 과함 • 다만 위법행위 방지를 위해 주의 감독을 게을리하지 아니한 경우에는 예외로 함

© 과태료

500만원 이하의 과태료	나무의사의 처방전 없이 농약을 사용하거나 처방전과 다르게 농약을 사용한 나무병원
100만원 이하의 과태료	• 진료부를 갖추어 두지 아니하거나, 진료한 사항을 기록하지 아니하거나 또는 거짓으로 기록한 나무의사 • 수목을 직접 진료하지 아니하고 처방전 등을 발급한 나무의사 • 정당한 사유 없이 처방전 등의 발급을 거부한 나무의사 • 보수교육을 받지 아니한 나무의사

② 과태료의 부과기준(「산림보호법 시행령」 제36조 관련)

• 일반기준

1. 위반행위의 횟수에 따른 과태료 부과기준은 최근 1년간 같은 위반행위로 과태료 부과처분을 받은 경우에 적용한다. 이 경우 위반행위에 대하여 과태료를 부과처분한 날과 다시 같은 위반행위(처분 후의 위반행위만 해당한다)를 적발한 날을 각각 기준으로 하여 위반 횟수를 계산한다.
2. 부과권자는 다음의 어느 하나에 해당하는 경우에는 제2호에 따른 과태료 금액의 2분의 1의 범위에서 그 금액을 감경할 수 있다. 다만, 과태료를 체납하고 있는 위반행위자의 경우에는 그러하지 아니하다.
   ① 위반행위자가 「실서위반행위규세법 시행령」 제2조의2제1힝 긱 호의 어느 하나에 해당하는 경우
   ② 위반행위가 사소한 부주의나 오류로 인한 것으로 인정되는 경우
   ③ 법 위반상태를 시정하거나 해소하기 위한 위반행위자의 노력이 인정되는 경우
   ④ 그 밖에 위반행위의 정도, 위반행위의 동기와 그 결과 등을 고려하여 과태료 금액을 감경할 필요가 있다고 인정되는 경우
3. 부과권자는 다음의 어느 하나에 해당하는 경우에는 제2호에 따른 과태료 금액의 2분의 1의 범위에서 그 금액을 가중할 수 있다. 다만, 가중하는 경우에도 법 제57조에 따른 과태료 금액의 상한을 넘을 수 없다.
   ① 위반행위가 고의나 중대한 과실로 인한 것으로 인정되는 경우
   ② 법 위반상태의 기간이 6개월 이상인 경우
   ③ 그 밖에 위반행위의 정도, 위반행위의 동기와 그 결과 등을 고려하여 과태료 금액을 가중할 필요가 있다고 인정되는 경우

• 개별기준

(단위 : 만원)

위반행위	근거 법조문	과태료 금액		
		1차 위반	2차 위반	3차 이상 위반
가. 법 제9조제2항제2호에 따른 신고를 하지 않고 숲 가꾸기를 위한 벌채, 그 밖에 대통령령으로 정하는 입목·죽의 벌채, 임산물의 굴취·채취를 한 경우	법 제57조 제1항제1호	100	300	500
나. 법 제15조제3항에 따른 허가를 받지 않고 입산통제 구역에 들어간 경우(차량 통행을 한 경우를 포함한다)	법 제57조 제5항제1호	10	10	10
다. 법 제16조제1호를 위반하여 산림에 오물이나 쓰레기를 버린 경우 1) 사업장이나 가정 등에서 배출된 다량의 오물이나 쓰레기를 버린 경우 2) 그 밖의 오물이나 쓰레기를 버린 경우	법 제57조 제3항제1호	50 10	70 15	100 20

위반행위	근거 법조문	과태료 금액		
		1차 위반	2차 위반	3차 이상 위반
라. 법 제16조제2호를 위반하여 산림행정관서에서 설치한 표지를 임의대로 옮기거나 더럽히거나 망가뜨리는 행위를 한 경우	법 제57조 제5항제2호	10	10	10
마. 나무의사가 법 제21조의12제1항을 위반하여 진료부를 갖추어 두지 않거나, 진료한 사항을 기록하지 않거나 또는 거짓으로 기록한 경우	법 제57조 제3항제1호 의2	50	70	100
바. 나무의사가 법 제21조의12제2항을 위반하여 수목을 직접 진료하지 않고 처방전등을 발급한 경우	법 제57조 제3항제1호 의3	50	70	100
사. 나무의사가 법 제21조의12제3항을 위반하여 정당한 사유 없이 처방전등의 발급을 거부한 경우	법 제57조 제3항제1호 의4	50	70	100
아. 나무병원이 법 제21조의12제4항을 위반하여 나무의사의 처방전 없이 농약을 사용하거나 처방전과 다르게 농약을 사용한 경우	법 제57조 제1항제2호	150	300	500
자. 나무의사가 법 제21조의13제1항을 위반하여 보수교육을 받지 않은 경우	법 제57조 제3항제1호 의5	50	70	100
차. 법 제34조제1항제1호를 위반하여 허가를 받지 않고 산림이나 산림인접지역에서 불을 피운 경우(같은 조 제2항의 허가를 받은 경우는 제외한다)	법 제57조 제3항제2호	30	40	50
카. 법 제34조제1항제1호를 위반하여 허가를 받지 않고 산림이나 산림인접지역에 불을 가지고 들어간 경우(같은 조 제2항의 허가를 받은 경우는 제외한다)	법 제57조 제3항제2호	10	20	30
타. 법 제34조제1항제2호를 위반하여 산림에서 담배를 피우거나 담배꽁초를 버린 경우	법 제57조 제4항제1호	10	20	20
파. 법 제34조제1항제3호를 위반하여 산림이나 산림인접지역에서 농림축산식품부령으로 정하는 기간에 풍등 등 소형열기구를 날린 경우	법 제57조 제3항제3호	10	20	30
하. 법 제34조제3항을 위반하여 인접한 산림의 소유자·사용자 또는 관리자에게 알리지 않고 불을 놓은 경우	법 제57조 제4항제2호	10	20	20
거. 법 제34조제4항의 금지명령을 위반하여 화기, 인화 물질, 발화 물질을 지니고 산에 들어간 경우	법 제57조 제4항제3호	10	20	20
너. 법 제45조의8제10항을 위반하여 위험표지를 이전하거나 훼손한 경우	법 제57조 제2항	50	100	200

(2) 「소나무재선충병 방제특별법」

① 소나무재선충병으로 피해받고 있는 산림을 보호

② 산림자원으로서의 기능을 확보하기 위한 피해방지대책을 강구·추진함으로써 국토의 보전에 이바지함

(3) 「소나무재선충병 방제지침」

① 목적 :「소나무재선충병 방제특별법」에 따른 조치사항 규정

② 적용 범위

    ㉠ 산림소유자, 감염목 또는 감염우려목(감염목 등)의 소유자 및 그 대리인이 재선충병이 발생하였거나 발생할 우려가 있어 이를 방제하는 경우

    ㉡ 국가 및 지방자치단체의 장이 재선충을 예방하고 그 확산을 방지하기 위하여 재선충병 방제대책을 수립하여 시행하는 경우

    ㉢ 재선충병 방제와 관련하여 다른 법령의 특별한 규정이 있는 경우 제외

③ 용어의 정의

소나무류	소나무, 해송, 잣나무, 섬잣나무와 그 밖에 산림청장이 재선충병에 감염되는 것으로 인정하여 고시하는 수종
감염목	재선충병에 감염된 소나무류
감염우려목	반출금지구역의 소나무류 중 재선충병 감염 여부 확인을 받지 아니한 소나무류
감염의심목	재선충병에 감염된 것으로 의심되어 진단이 필요한 소나무류
피해고사목	반출금지구역에서 재선충병에 감염되거나 감염된 것으로 의심되어 고사되거나 고사가 진행 중인 소나무류
기타고사목	반출금지구역에서 재선충병이 아닌 다른 원인에 의해 고사되거나 고사가 진행 중인 소나무류로서 매개충의 서식이나 산란이 우려되어 방제대상이 되는 소나무류
비병징목	반출금지구역에서 잎의 변색이나 시들음, 고사 등 병징이 나타나지 않은 외관상 건전한 소나무류
비병징감염목	재선충병에 감염되었으나 잎의 변색이나 시들음, 고사 등 병징이 감염당년도에 나타나지 않고 이듬해부터 나타나는 소나무류
피해고사목	반출금지구역에서 재선충병 방제를 위해 벌채대상이 되는 피해고사목, 기타고사목 및 비병징목
선단지	재선충병 발생지역과 그 외곽의 확산우려지역을 말하며, 감염목의 분포에 따라 점형선단지, 선형선단지 및 광역선단지로 구분 • 점형선단지 : 감염목으로부터 반경 2km 이내에 다른 감염목이 없을 때 해당 감염목으로부터 반경 2km 이내의 지역 • 선형선단지 : 발생지역 외곽 재선충병이 확산되는 방향의 끝지점에 있는 감염목들을 연결한 선으로부터 2km 이내의 지역 • 광역선단지 : 2개 이상의 시·군 또는 자치구 또는 시·도에 걸쳐 재선충병이 발생한 경우 해당 시·군·구 또는 시·도의 감염목들을 선으로 연결하여 구획한 선형선단지
모두베기	재선충병 발생지역의 전부 또는 일부 구역 안에 있는 모든 소나무류를 베어내는 것
소구역골라베기	피해고사목 반경 20m 안의 고사된 고사목과 비병징감염목 등을 골라 벌채하는 것, 소구역골라베기 시 피해고사목으로부터 50m 내외 소나무류에 대해 예방나무주사를 실시
소군락모두베기	모두베기의 한 방법으로서 일정한 규모 이하로 군락을 이루고 있는 소나무류를 모두 베어내는 것

④ 시료 채취

    ㉠ 미발생지역 예찰에서 발견된 모든 감염의심목

    ㉡ 재선충병 발생지역 내의 선단지에서 발견된 모든 감염의심목

    ㉢ 그 밖에 중앙대책본부장이나 지역대책본부장이 진단이 필요하다고 인정하는 감염의심목

⑤ 진단

    ㉠ 진단 의뢰 : 시료는 채취 후 3일 이내에 1차 진단기관에 송부

    ㉡ 진단 : 시료가 도착한 날부터 5일 이내에 완료하여야 함. 부득이한 경우라도 7일을 초과하지 않아야 함

⑥ 매개충 발생 조사

    ㉠ 우화상 설치 : 국립산림과학원장은 매년 10월 말까지 우화상 설치 및 조사계획을 수립·시행하며 우화상 설치시기는 매년 12월 말까지로 함

    ㉡ 매개충 발생 예보(국립산림과학원장)

      • 발생주의보

        – 매개충의 애벌레가 번데기로 탈바꿈을 시작하는 시기

        – 반출금지구역에서의 소나무류 벌채 금지

        – 약제 약포(항공·지상) 착수

        – 매개충 유인트랩 설치 완료

      • 발생경보

        – 매개충의 성충이 최초 우화하는 시기

        – 반출금지구역 안에서 소나무류의 이동 제한 및 단속

⑦ 방제방법

    ㉠ 복합방제(피해고사목 벌채+예방나무주사)를 원칙으로 함

      • 극심·심 지역 : 외곽부터 피해목 제거에 집중, 피해극심지는 모두베기

      • 경·경미 지역 : 소구역고라베기와 예방나무주사, 피해목 주변 고사목 병행 제거

      • 선단지 : 소구역골라베기와 예방나무주사, 피해지 2km 내외 고사목 제거

    ㉡ 예방사업

      • 예방나무주사

      • 매개충나무주사

      • 합제나무주사

      • 토양약제주입

      • 약제살포(항고살포, 지상살포)

      • 매개충 유인트랩 설치

      • 재선충병 피해우려 소나무류 단순림 관리

    ㉢ 대상지 및 대상목 선정 8회 기출

      • 예방 및 합제 나무주사 대상지는 다음의 우선순위에 따름

> 1. 선단지 및 재선충병 확산이 우려되는 지역
> 2. 발생지역 중 잔존 소나무류에 대한 예방조치가 필요한 지역. 다만, 송이, 식용 잣 채취지역 등 약제 피해가 우려되는 지역은 제외
> 3. 문화재보호구역, 전통사찰, 자연공원, 천연기념물, 보호수, 경관보전구역 등 소나무류의 보존가치가 큰 산림지역
> 4. 국가 주요시설, 생활권 주변의 도시공원, 수목원, 자연휴양림 등 소나무류 관리가 필요한 지역
> 5. 3, 4의 지역에 대해 소나무림의 중요도에 따라 우선 시행지역을 선정[별표 제25호]하고, 피해발생지로부터 해당지역까지의 거리를 기준으로 다음과 같이 시행하되, 시행기관별 여건에 따라 물량 조정
>   ① 1, 2순위 대상지는 재선충병 발생지가 최단직선거리로 10km에 도달하였을 때
>   ② 3, 4순위 대상지는 재선충병 발생지가 최단직선거리로 5km에 도달하였을 때
>   ③ 5순위 대상지는 재선충병 발생지가 최단직선거리로 2km에 도달하였을 때

• 매개충 나무주사 대상지는 다음의 우선순위에 따름

> 1. 선단지 및 재선충병 확산이 우려되는 지역, 다만, 송이, 식용 잣 채취지역 등 약제 피해가 우려되는 지역은 제외
> 2. 발생지역 중 피해 외곽지역 단본 형태로 감염목이 발생하는 지역

• 대상목 선정
  – 예방 및 합제 나무주사 우선순위 이외 지역의 소나무류에 대하여는 피해고사목 주변 20m 내외 안쪽에 한해 예방나무주사 실시
  – 재선충병에 감염되지 않은 우량한 소나무류를 선정하고, 형질이 불량하거나 쇠약한 나무 가슴높이 지름이 10cm 미만인 나무 등은 제외
  – 전수조사 방법으로 조사하되, 나무주사 구역이 넓은 경우 등은 표준지조사를 실시하고 필요한 경우 대상목 선목 실시
  – 단목벌채, 소구역모두베기, 모두베기 등의 방제 효과를 높이기 위하여 잔존 소나무에 대하여는 벌채방법에 따른 나무주사를 시행
• 사업기간
  – 예방나무주사 : 11월부터 이듬해 3월 말로 하되, 미리 송진유출 여부 등을 확인하여 수액의 이동이 정지된 시기에 시행
  – 매개충나무주사 : 3월 15일부터 4월 15일(제주지역은 4월 10일부터 5월 10일)까지 실행하되, 지역별로 매개충 우화초일과 말일을 고려하여 실시
  – 합제나무주사 : 2월부터 3월까지 실행(솔수염하늘소, 북방수염하늘소 모두 해당)
ⓔ 재선충병 방제 약제소요량(「소나무재선충병 방제 지침」 별지 제32호 서식)

사업별	약제명	포장단위	사업계획량	약제소요량
예방나무주사	아바멕틴유제 1.8%	통(4ℓ)	본	통
	아바멕틴 분산성액제 1.8%	통(4ℓ)	본	통
	에마멕틴벤조에이트 유제 2.15%	통(4ℓ)	본	통
	밀베멕틴 유제 2%	병(60㎖)	본	병
매개충나무주사	티아메톡삼 분산성액제 15%	통(4ℓ)	본	통
합제나무주사	아바멕틴·설폭사플로르 분산성액제(1.8%+4.2%)	통(4ℓ)	본	통
토양약제주입	포스치아제이트 액제 30%	통(1ℓ)	본	

사업별	약제명	포장단위	사업계획량	약제소요량
약제살포(항공)	티아클로프리드 액상수화제 10&	통(10ℓ)	ha	통
	아세타미프리드 액제 10%	통(10ℓ)	ha	통
	아세타미프리드 미탁제 10%			통
약제살포(지상)	티아클로프리드 액상수화제 10%	통(10ℓ)	ha	통
	아세타미프리드 액제 10%	통(10ℓ)	ha	통
	아세타미프리드 미탁제 10%			
피해고사목 훈증	메탐소듐 액제 25%	통(1ℓ)	본	통
	메탐소듐 액제 42%	통(0.6ℓ)	본	통
	디메틸디설파이드 직접살포액	통(0.4ℓ)	본	통
대용량 훈증	디메틸디설파이드 직접살포액	통(0.4ℓ)	본	통
	마그네슘포스파이드	1장	본	장

- 약종은 약종선정회의 결과에 따라 달라질 수 있음
- 마그네슘포스파이드는 벌채산물을 목재자원으로 활용하기 위한 대용량 훈증에만 제한적으로 사용
- 예방나무주사(밀베멕틴 유제 2%) : 장기 5년
- 합제나무주사 : 아바멕틴·설폭사플로르분산성액제(1.8%+4.2%)

(4)「산림병해충 방제규정」

① 제7조 산림병해충 발생밀도(피해도) 조사요령

병해충명	구분방법	발생밀도(피해도) 구분			조사요령
		심	중	경	
솔잎혹파리	충영형성율에 의한 구분	50% 이상	20~50% 미만	20% 미만	• 조사대상지 내 피해 정도가 평균이 되는 조사목 5본을 전구역에서 고루 선정 • 조사목 1본당 4방위에서 중간부위의 가지 1년생 신초 2가지씩 채취(5본×4방×2가지=40가지 채취) • 채취된 가지 위에 붙어 있는 총 잎수와 충영이 형성된 잎수를 계산 • 충영형성율 $= \dfrac{\text{충영형성잎수}}{\text{총 잎수}} \times 100$
솔껍질깍지벌레	외견적 피해율에 의한 구분	30% 이상	10~30% 미만	10% 미만	• 조사대상지 내 피해 정도가 평균이 되는 조사목 30본을 전구역에서 고루 선정 • 조사목당 적갈색으로 변색된 잎의 가지나 고사된 가지수를 계산 • 피해율 $= \dfrac{\text{피해받은 가지수}}{\text{총 가지수}} \times 100$

병해충명	구분방법	발생밀도(피해도) 구분			조사요령
		심	중	경	
솔나방	유충의 서식수에 의한 구분	〈춘기〉 1가지당 1마리 이상	2가지당 1마리	2가지당 1마리 미만	• 조사대상지 내 발생 정도가 평균이 되는 조사대상목 20본을 전 구역 내에서 고루 선정 • 선정된 조사목의 수관상부와 하부에서 직경×길이가 100m² 정도 되는 가지 1개씩을 택하여 가지 위에 있는 유충수를 계산 • 전 조사본수의 유충수를 합계하여 평균한 수(총 마리수÷조사본수)로 그 임지에서의 발생밀도를 판정
		〈추기〉 1가지당 2마리 이상	1가지당 1마리	1가지당 1마리 미만	
미국흰불나방	유충의 군서개소(충소수)에 의한 구분	1나무당 5개 이상	1나무당 2~4개	1나무당 1개 이하	• 조사대상지 내 2본당 1본 간격으로 총 50본의 조사목을 선정 • 조사목의 유충 군서개소(충소수)를 조사
오리나무잎벌레	난괴밀도에 의한 구분	100엽당 5.2개 이상	100엽당 2.1~5.1개	100엽당 2.0개 이하	• 조사대상지 내에서 30본의 조사목 선정 • 조사목 상부에서 100엽, 하부에서 200엽을 채취하여 100엽당 난괴수를 조사
잣나무넓적잎벌	토중 유충수에 의한 구분	m²당 150마리 이상	m²당 91~149 마리	m²당 31~90 마리	• 조사대상지 내에서 1.0×1.0m의 조사구 5개소씩을 선정 • 지표면으로부터 30cm 깊이까지 땅을 파면서 토중 유충수 조사
솔알락명나방	피해구과 비율에 의한 구분	50% 이상	20~50% 미만	20% 미만	• 조사대상지 내에서 피해정도가 평균이 되는 조사목 5본 선정 • 전 조사본수의 구과수를 세고 그 중에 피해 구과수 계산 • 피해율 = $\dfrac{\text{피해받은 가지수}}{\text{총 구과수}} \times 100$
버즘나무방패벌레	수관부의 피해면적에 의한 구분	50% 이상	20~50% 미만	20% 미만	• 조사대상지 내 2본당 1본 간격으로 총 50본의 조사목을 선정 • 전 조사본수의 수관부 총 면적을 조사하고 그 중에 피해면적 계산 • 피해율 = $\dfrac{\text{수관부 피해면적}}{\text{수관부 총면적}} \times 100$
복숭아명나방	피해밤송이 비율에 의한 구분	50% 이상	20~50% 미만	20% 미만	• 조사대상지 내에서 피해정도가 평균이 되는 조사목 5본 선정 • 전 조사본수의 밤송이수를 세고 그 중에 피해 밤송이수 계산 • 피해율 = $\dfrac{\text{피해받은 밤송이수}}{\text{총 밤송이수}} \times 100$
꽃매미	약·성충수에 의한 구분	30마리 이상	10~30 마리 미만	10마리 미만	• 실 발생면적을 조사·확정하고 발생상황의 표준이 되는 지역을 선정 • 목본성, 초본성 기주식물을 중심으로 30본을 육안조사하여 약충과 성충의 평균 마리수를 계산
갈색날개매미충	약·성충수에 의한 구분	30마리 이상	10~30 마리 미만	10마리 미만	• 실 발생면적을 조사·확정하고 발생상황의 표준이 되는 지역을 선정 • 목본성, 초본성 기주식물을 중심으로 30본을 육안조사하여 약충과 성충의 평균 마리수를 계산
미국선녀벌레	약·성충수에 의한 구분	30마리 이상	10~30 마리 미만	10마리 미만	• 실 발생면적을 조사·확정하고 발생상황의 표준이 되는 지역을 선정 • 목본성, 초본성 기주식물을 중심으로 30본을 육안조사하여 약충과 성충의 평균 마리수를 계산

병해충명	구분방법	발생밀도(피해도) 구분			조사요령
		심	중	경	

참나무 시들음병	피해본수 및 천공수에 의한 구분	50% 이상	20~50% 미만	20% 미만	• 조사지 3개소(10×15m)에서 조사
					• 피해목별로 4방위에 대해 수고 1m 이하에서 투명판(크기 : 20×20cm, 면적 : 400) 내 천공수를 조사한 후 평균 천공수를 계산
					  – '가' : 35개 이상/400
					  – '나' : 5~35개 미만/400
					  – '다' : 5개 미만/400
					• 피해율=[{5×('가'의 본수)+3×('나'의 본수)+1×('다'의 본수)}/(총 조사본수×5)]×100

푸사리움 가지마름병	피해본수에 의한 구분	50% 이상	20~50% 미만	20% 미만	• 조사지 3개소(10×15m)에서 피해본수를 조사 • 피해율 = $\dfrac{\text{피해본수}}{\text{총 조사본수}} \times 100$

피목가지 마름병	피해본수 및 피해 가지수에 의한 구분	50% 이상	20~50% 미만	20% 미만	• 조사지 3개소(10×15m)에서 조사
					• 피해가지의 수로 피해목별 피해도를 조사
					  – '가' : 5개 이상
					  – '나' : 3~5개 미만
					  – '다' : 3개 미만
					• 피해율=[{5×('가'의 본수)+3×('나'의 본수)+1×('다'의 본수)}/(총 조사본수×5)]×100

벚나무 빗자루병	피해본수 및 피해 증상수에 의한 구분	50% 이상	20~50% 미만	20% 미만	• 조사지 3개소(10×15m)에서 조사
					• 총생 증상의 수로 피해목별 피해도를 조사
					  – '가' : 5개 이상
					  – '나' : 3~5개 미만
					  – '다' : 3개 미만
					• 피해율=[{5×('가'의 본수)+3×('나'의 본수)+1×('다'의 본수)}/(총 조사본수×5)]×100

아밀라리아 뿌리썩음병	피해본수에 의한 구분	50% 이상	20~50% 미만	20% 미만	• 조사지 3개소(10×15m)에서 피해본수를 조사 • 피해율 = $\dfrac{\text{피해본수}}{\text{총 조사본수}} \times 100$
리지나 뿌리썩음병	피해본수에 의한 구분	50% 이상	20~50% 미만	20% 미만	• 조사지 3개소(10×15m)에서 피해본수를 조사 • 피해율 = $\dfrac{\text{피해본수}}{\text{총 조사본수}} \times 100$

이팝나무 잎녹병	피해본수 및 피해 잎수에 의한 구분	50% 이상	20~50% 미만	20% 미만	• 조사지 3개소(10×15m)에서 조사
					• 육안 피해엽량으로 피해목별 피해도를 조사
					  – '가' : 50% 이상
					  – '나' : 20~50% 미만
					  – '다' : 20% 미만
					• 피해율=[{5×('가'의 본수)+3×('나'의 본수)+1×('다'의 본수)}/(총 조사본수×5)]×100

호두나무 갈색썩음병	피해본수 및 피해 잎수에 의한 구분	50% 이상	20~50% 미만	20% 미만	• 조사지 3개소(10×15m)에서 조사
					• 육안 피해엽량으로 피해목별 피해도를 조사
					  – '가' : 50% 이상
					  – '나' : 20~50% 미만
					  – '다' : 20% 미만
					• 피해율=[{5×('가'의 본수)+3×('나'의 본수)+1×('다'의 본수)}/(총 조사본수×5)]×100

② 「산림병해충 방제규정」방제용 약종의 선정 기준 [기출]

    ㉠ 예방 및 살충·살균 등 방제 효과가 뛰어날 것

    ㉡ 입목에 대한 약해가 적을 것

    ㉢ 사람 또는 동물 등에 독성이 적을 것

    ㉣ 경제성이 높을 것

    ㉤ 사용이 간편할 것

    ㉥ 대량구입이 가능할 것

    ㉦ 항공방제의 경우 전착제가 포함되지 않을 것

(5) 산림병해충 예찰·방제계획

① 소나무재선충병 방제 총력 대응

    ㉠ 기본방향

- 예찰체계(QR코드) 고도화 및 예방체계 강화를 통한 예찰사각 방제 및 누락 방지
- QR코드 활용 설계·방제·감리 현황을 실시간으로 공유하여 방제 투명성 확보
- 피해유형에 따라 면적·본수 감소를 위한 방제전략 수립 및 체계적인 방제 확립
- 우화기 이전 재선충병 피해목과 기타 피해목 전략방제
- 방제방법 다양화 및 현장점검 강화에 따른 방제품질 제고
- 유인헬기 약제살포는 최소화하고 드론 등을 활용하여 정밀 약제방제 실행

> **TIP**
>
> - NFC
>   - 10m 이내 근거리의 단말기 데이터를 전송하는 비접촉신 무선통신 모듈
>   - 전자예찰함 : 중요 지역의 재선충병을 조기 발견하기 위해 해당 산림을 폭넓게 조망할 수 있는 곳에 NFC 전자 예찰함을 설치하고 매월 1회 예찰
>   - 예찰 적지 분석·전자 예찰함 이동 설치
> - QR코드 활용 고사목 좌표, 검경 정보를 취득하여 고사목 체계적 관리
>   - 재선충병 예찰 중 고사목 발견 시 설계·방제사업에 필요한 정보(위치, 경급, 사진 등)를 취득하고 전산화하여 예찰부터 방제까지 전 과정 이력관리
>   - 방제경과를 실시간 확인하여 방제 누락목에 의한 재선충병 확산 방지
>   - 전국 발생된 피해목 조사를 위해 QR코드 단말기 배부

전자예찰함 설치

(조망점) 고사목 예찰

단말기 활용 예찰 결과 입력

ⓒ 세부추진 요령

• 예찰 기본체계

구분	광역예찰		지상예찰 (QR코드, NFC)
	헬기	무인항공기	
주요 목적	전체적인 피해 발생 현황 파악	• 고사목 조기 발현 • 기본설계	• 고사목 전수조사 • 실시설계
주요 대상	연접 시군을 포함	선단지, 중요지역	해당 시군
주체	담당 공무원	모니터링 센터	예찰·방제단
시기	연 2회(1월, 9월)	수시(촬영가능시기)	연중

• 예찰 강화

미발생지역 예찰	• 항공예찰은 연 2회(8~10월, 12~이듬해 1월), 지상예찰은 5~10월 실시 • NFC 전자예찰함을 활용하여 월 1회 이상 정기적 예찰 • 감염의심목은 QR코드 활용하여 반드시 검경 실시(미감염 시 1~2개월 후 추가 검경)
발생지역 예찰	• 항공예찰은 연 2회(8~10월, 12~이듬해 1월), 지상예찰은 방제기관 합동 정밀예찰(5~10월) 및 12월~이듬해 1월 실시 • 발생 지역에서 발견된 감염의심목에 대해 반드시 검경 실시 • 피해정도와 관계없이 전국적으로 QR코드를 이용하여 피해고사목의 검경을 원칙 • 검경목은 붉게 고사하는 소나무류(고사정도 70% 이상)

• 소나무재선충병 확산방지를 위한 합동 정밀예찰

조사개요	• 조사기간 : 5~10월(6개월) • 1차 : 5~7월(피해목 반경 2km 외곽 전 지역 고사목 및 시료채취목) • 2차 : 8~9월(항공예찰 시 발견된 소나무류 고사목 대상 시료채취) • 3차 : 9~10월(추가 발생 고사목 및 기 시료채취목 반복 채취 → 대장에 '재채취' 명시) • 조사지역 : 전국 소나무류 대상 • 대상목 : 4월 이후 붉게 고사(70% 이상)되는 소나무류(건전목, 2년 이상 고사목, 피합목 등은 제외) • 조사기관 : 지방산림청(관리소), 지자체, 산림연구기관, 한국임업진흥원 등 • 검경기관 : 지방산림청, 산림연구기관, 한국임업진흥원
조사방법	• 지상예찰 : 예찰지역 낸 소나무류 고사목 전수 시료채취(기채취목 포함) • 헬기예찰 : 예찰트랙(경로) 및 소나무류 고사목 조표 취득 • 무인기예찰 : 가시권 및 비가시권 분석을 통한 촬영 대상지 선정 제공(필요시) • 예찰 우선순위 • 1순위 : 선단지 내·외곽~10km(발생 및 미발생지 전 지역) • 2순위 : 선단지 10km 반경 외곽 미발생지 • 3순위 : 피해발생 전 지역 • QR코드를 활용하여 예찰을 실시하고 조사목, 감염 여부 등 실시간 공유
결과제출	• 제출기한 : 매월 25일 • 제출기관 : 각 도 담당부서, 한국임업진흥원 현장조사실 • 제출자료 : 좌표, 지번, 수종 등 공문 제출 • 조사기관 : 예찰(시료채취) 결과, 검경기관 : 검경결과 취합

ⓒ 시료채취 : 감염의심목 시료채취는 입목상태로 채취하는 것을 원칙으로 하되, 수피를 제거하고 목질부의 변재부위를 채취(동·서·남·북 4방위 4부위 채취), 1부위당 10~15g 채취, 총 50g 이상 채취

ⓐ 피해고사목 등 방제대상목

- 고사되거나 고사가 진행 중인 피해고사목
- 매개충의 산란으로 성충이 우화될 우려가 있는 기타 고사목
- 비병징목 또는 비병징감염목
- 다음에 해당하는 고사목은 방제대상목에서 제외
  - 경급·수피와 관계없이 잎이 완전히 떨어진 하층 피압고사목
  - 이미 고사되어 매개충의 탈충공이 관찰되는 경우
  - 심하게 부후되어 조직이 부서지는 경우
  - 단목벌채지에서는 비병징목(건전목)은 반드시 제외

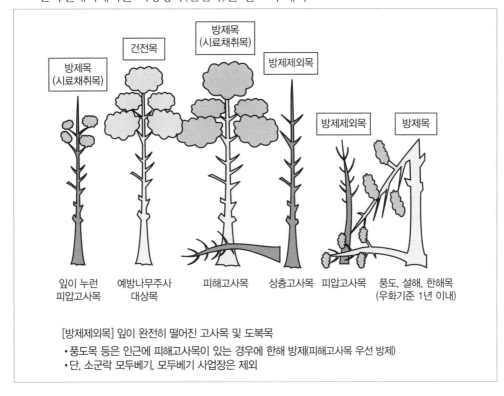

[방제제외목] 잎이 완전히 떨어진 고사목 및 도복목
- 풍도목 등은 인근에 피해고사목이 있는 경우에 한해 방제(피해고사목 우선 방제)
- 단, 소군락 모두베기, 모두베기 사업장은 제외

ⓑ 매개충 밀도 감소를 위한 약제 살포(유인헬기, 드론, 지상)

- 비의도적 확산, 산림생태계 교란 등 피해 축소를 위하여 헬기살포 점진적 축소
- 항공 살포 대상지의 우선순위를 두어 필요지역 위주로 방제
  - 항공 살포 시 작물재배지는 제외하고, 재배지로부터 최소 30m 이상 이격
  - 항공방제 및 드론을 이용한 산림병해충 방제사업 매뉴얼 준수
- 보호수, 생활권 등 민감한 지역은 정밀방제가 가능하고 제어가 용이한 드론(무인헬기, 무인멀티콥터) 방제 실행
- 드론 살포지역과 생활권 등은 완충지대를 설정, 예방나무주사로 대체

 **TIP** 드론 방제 계약

「산림보호법」, 「방제특별법」에 따라 산림병해충방제 사업을 할 수 있는 업체 중 「항공사업법」 제48조에 따라 초경량비행장치사용 등록 업체

※ 초경량비행장치를 등록하지 않은 경우, 등록된 업체와 공동계약 가능

- 매개충 우화, 활동 시기 및 분포 지역을 고려하여 실행 계획
- 북방수염하늘소(4월 중순~6월 하순)·매개충 혼생지역(4월 중순~8월 중순)
- 약제 살포가 필요한 지역 중 항공방제가 어려운 경우 지상약제 살포
- 지상약제 살포의 경우에도 항공방제 유의사항 등에 대한 사전조치 후 실행
- 약제 살포(항공·지상)는 반드시 농약 안전사용 기준을 준수하여 사용
- 연막방제기를 사용한 지상 방제 금지(「소나무재선충병 방제지침」에서 폐지, 2020. 9. 7.)
- 「농약관리법」에 위배되지 않도록 농약안전정보시스템에서 적용 작물·병해충 확인
- 양봉 농가, 살포예정지 및 외곽지역 등의 주민 및 이해관계인에게 사전 공지
- 약제살포 1주일 전 관계인에게 사전에 알리고 필요시 살포시기 조율 및 병해충예찰방제단 등을 활용하여 출입통제 등 조치 후 시행
- 마을 주변, 국립공원, 주요 등산로 지역 등은 반드시 사전 출입통제
- 약제 살포 지역은 양봉협회에 알림, 대상지 제출 시 상세 지번까지 입력하여 제출
- 연막방제기를 사용한 재선충병 지상 방제 금지

ⓑ 반출금지구역 내·외 소나무림 집중 관리
- 반출금지구역 내(피해지로부터 반경 2km)에서는 매개충의 산란처가 될 우려가 있으므로 기타 고사목·쇠약목을 제거하는 숲가꾸기 사업 적극 시행
- 피해지 반경 5km 이내 지역에서 숲가꾸기 및 벌채 허가 시 반드시 정밀예찰을 실시하고, 감염목이 없는 경우에도 직경 2cm 이상 산물은 수집·파쇄 처리
- 산지 전용 허가 시 재선충병 방제계획서 및 방제완료서의 승인을 위한 사전 검토 및 현지 확인 철저

ⓐ 나무주사 등 예방방제 실행
- 사전 예방을 통한 피해확산 방지를 위하여 예방나무주사 실행
- 산림 구분별 중요도에 따라 우선 지역을 선정(1순위~5순위)하여 시행
- 장기예방나무주사는 보호수, 천연기념물 등 보존가치가 높은 수목에 한하여 사용
- 우선순위 이외 지역의 소나무류에 대하여는 피해고사목 주변 20m 내외 지역에 한해 실시
- QR코드 활용 : 예방나무주사 실행지 체계적 이력 관리 실시
- 나무주사 시기(11월~3월) 및 실행요령을 반드시 준수, 적정한 물량을 추진하여 부실한 방제가 발생하지 않도록 추진
- 방제 성과 제고를 위하여 피해고사목 방제와 병행하여 복합적으로 실행
- 선단지 및 소규모 발생지에 대하여 피해고사목 방제 후 벌채지 외곽 30m 내외 건전목에 실행

- 선단지 등 확산우려 지역은 재선충병과 매개충 동시방제용 나무주사(합제) 활용
- 실행 시기 : 2~3월까지 실행(솔수염하늘소, 북방수염하늘소 분포지역 구분 없음)
- 식용 잣·송이 채취지역 등 약제 피해가 우려되는 지역은 제외

 TIP 소나무림 보호지역 별 예방나무주사 우선순위

※ 1, 2순위 대상지는 최단 직선거리로 10km, 3, 4순위 대상지는 5km, 5순위 대상지는 2km 이내에 재선충병이 발생되었을 때 예방나무주사 시행

구분	우선순위
보호수	1
천연기념물	
유네스코 생물권보전지역	
금강소나무림 등 특별수종육성권역	
종자공급원(채종원, 채종림 등)	
산림보호구역(산림유전자원보호구역)	
시험림	
수목원·정원	2
산림문화자산	
문화재보호구역	
백두대간보호지역	3
국립공원	
도시림·생활림·가로수	
생태숲	
역사·문화적 보존구역	4
도시공원	
산림보호구역(경관보호구역)	
군립공원	
기타	5

• 재선충+매개충 합제나무주사 : 매개충·재선충병 합동 방제로 확산 방지

1. 시행시기
  ① 매개충 나무주사는 3월 15일부터 4월 15일(제주지역은 4월 10일부터 5월 10일)까지 실시하되, 지역별 매개
     충 우화시기를 고려하여 실행
  ② 합제 나무주사 시기 : 2~3월 적기
2. 시행범위
  ① 선단지 등 확산우려 지역은 재선충병과 매개충 동시방제용 나무주사(합제) 활용
  ② 피해목 주변 소구역모두베기를 포함하여 1ha 내외 기준
  ③ 피해목 기준으로 소구역모두베기 후 벌채지로부터 외곽 30m 내외 안쪽 합제 나무주사
3. 합제 나무주사 약제 선발 등록

품목명	상표명	작물	병해충	약제주입량
아바멕틴·설폭사플로르분 산성액제 6%	푸른솔	소나무 잣나무	소나무재선충, 솔껍질깍지벌레, 솔수염하늘소, 북방수염하늘수, 솔잎혹파리, 솔나방	원액1ml/ 흉고직경(cm)
아세타미프리드·에바멕틴 벤조에이트 10+6%	솔키퍼	소나무	소나무재선충, 솔수염하늘소	원액1ml/ 흉고직경(cm)

◎ 주변산림관리 : 매개충의 밀도 관리, 서식처 제거, 인위적 확산 방지 등을 위한 예방적 조
   치로써 반출금지구역 내·외 소나무림 집중 관리
㉺ 재선충병 피해목의 산업적 이용 활성화
  • 벌채산물은 수집을 확대하여 자원으로 활용
  • 피해고사목 수집이 가능한 지역은 최대한 수집한 후 파쇄·건조·열처리 등을 통하여 자
    원으로 활용
  • 원목활용증대 : 재질이 우수한 경우 고부가가치를 지닌 원목으로 활용
  • 중심온도 56.6℃에서 30분 이상 열처리 시 재선충 및 매개충 구제 효과
  • 대량방제시설 : 피해극심지(포항, 밀양, 서귀포)에 설치된 대량방제시설 운영 활성화로 피
    해목 적기 처리 및 자원화 확대
  • 소나무재선충병 피해목 자원화 프로세스

구분	프로세스	주요내용
훈증	벌채 → 훈증처리 → 별도 수집, 이동	• 파쇄, 소각, 그물망 피복이 어려운 지역에서 활용 • 가시권 지역, 송이, 식용 잣 채취지역 등은 제외 • 별도 수집하여 펠릿공장 및 지역주민 공급
그물망	벌채 → 그물망 피복 → 별도 수집, 이동	• 파쇄, 소각, 훈증이 어려운 지역에서 활용 • 암석지 및 절험지, 약제사용 금지구역에서 활용 • 별도 수집하여 펠릿공장 및 지역주민 공급
파쇄	벌채 → 중토장 → 목재업체 처리	• 벌채 후 중간 수집처인 중토장으로 운반 • 목재이용 업체에서 수집·운반 후 파쇄·이용
	벌채 → 목재업체로 직접 운반·처리	• 벌채 후 직접 목재이용 업체로 운반 • 목재이용 업체에서 파쇄 후 자체 이용
	벌채 → 자체 파쇄장 → 파쇄 후 공급	• 벌채 후 지자체 자체 파쇄장으로 운반 후 파쇄 • MDF 공장 등에 판매 및 축산 농가 공급

ⓩ 재선충병 피해 방제목을 활용한 산주소득보전 방안 마련
- 피해고사목에 대한 가중치를 적용하기 위해 피해고사목 벌채 산물을 미이용 산림바이오매스의 범위에 포함 및 증명제도 도입
- 산주·지역주민 중 피해목의 활용을 희망하는 자 또는 협약(MOU)을 체결한 업체 등과 공급계약 체결을 통해 펠릿, 용재 등 산업용으로 이용을 활성화
㉠ 재선충병 인위적 확산 방지
- 확인증
  - 감염목 불법 유통 및 소나무류 미감염(생산) 확인증 위·변조 방지 등 단속의 실효성을 강화하여 국민불편 해소
  - 미감염(생산) 확인증에 고유 일련번호와 QR코드, 워터마크를 삽입하고, 어플리케이션 또는 각 지역별 산림환경연구소 홈페이지를 통해 문서진위여부 확인
- 단속강화 : 소나무류 취급업체 및 화목농가 등 수요처에 대한 단속을 강화하고 소나무류 불법 취급 및 이동 시 엄정 조치
- 소나무재선충 미감염 확인증 발급 대상 수종 목록 기출

과	속	아속	기주명			미감염 확인증	
			학명	일반명	향명	대상	비대상
Pinaceae (소나무과)	Pinus (소나무속)	Pinus (소나무아속)	*P. thunbergii*	곰솔	해송, 흑송	○	
			P. thunbergii f.multicaulis	곰반송	–	○	
			P. densiflora	소나무	적송, 청송	○	
			P. densiflora f. erecta	금강소나무	–	○	
			P. densiflora f. aggregata	남복송	–	○	
			P. densiflora f. multicaulis	반송	–	○	
			P. densiflora f. congesta	여복송	–	○	
			P. densiflora f. vittata	은송	–	○	
			P. densiflora f. pendula	처진소나무	–	○	
			P. rigida	리기다소나무	삼엽송, 세잎소나무		○
			P. bungeana	백송	백골송		○
			P. taeda L.	테에다소나무	테다소나무		○
		Strobus (잣나무아속)	*P. koraiensis*	잣나무	홍송	○	
			P. strobus	스트로브잣나무	–		○
			P. parviflora	섬잣나무	오엽송	○	
	Abies (전나무속)		*A. holophylla Maxim.*	전나무	젓나무		○
	Larix (잎갈나무속)		*L. leptolepsis*	일본잎갈나무	낙엽송		○

※ 수목의 명칭은 국가생물종지식정보시스템(www.nature.go.kr)에서 확인

ⓣ 훈증더미 제거 및 관리 철저
- 기존 훈증더미를 최대한 수집·파쇄하여 사전 위험요인을 제거
- 훈증 후 6개월이 경과한 훈증더미 대상 우선순위를 정하여 단계적 처리
- 훼손 및 이동 등으로 인위적 피해가 우려되는 지역 등
- 훼손된 훈증더미 중 산란위험이 있고 수집 처리가 어려운 더미는 재훈증 실시 등 조치
- 주택지·농경지 등 생활권, 문화재지역·공원 등 경관관리 지역, 도로변 등 가시권
- 훈증더미 이력관리 의무화에 따른 기록·관리 철저
- 훈증작업이 완료되면 QR코드 활용 관련 정보를 기록하여 체계적 관리
- 훈증더미 현황을 파악하고 인위적인 훼손 및 이동 등에 대해 단속 철저

② 솔잎혹파리 피해 저감
ⓐ 기본방향
- 솔잎혹파리 피해 발생지역에 대한 리·동별 특별관리체계 지속 관리 강화
- 소나무재선충병 발생지역은 재선충병 방제방법으로 처리하고, 미발생지역은 사전 임업적 방제(강도의 솎아베기)를 실행하여 소나무림의 생태적 건강성 확보
- 피해도 "중" 이상 지역 또는 중점관리지역, 주요지역 등 실행 시 임업적 방제 후 저독성 약제를 사용한 적기 나무주사 추진
- 피해도 "중"인 임지와 천적 기생율 10% 미만 임지는 천적방사 추진(경북)
ⓑ 세부추진계획
- 소나무재선충병 발생지역은 재선충병 방제방법에 준하여 처리하고, 미발생지역은 임업적 방제 실행으로 소나무림의 생태적 건강성 확보
- 지역별 적기 나무주사 실행으로 방제효과 제고 및 안전관리 강화
- 나무주사

대상지	• 피해도 "중" 이상인 지역으로서 숲가꾸기 등으로 ha당 평균경급에 의한 적정밀도가 유지된 개소를 우선 실행 • 「산림병해충 방제규정」 제7조에서 정한 특별방제구역, 중점관리지역 및 주요지역은 피해도 "경" 지역이라도 실행 가능함
실행시기	• 국립산림과학원에서 제공하는 "우화최성기 예측 정보"를 활용하여 적기방제 • 성충 우화최성기 직후 약제주입이 가장 효과적이며, 일반적으로 솔잎혹파리 우화 최초일로부터 2주일 후가 방제 적기임
사용약제	• 디노테퓨란 액제 10% 등(2022년 산림병해충 방제용 약종선정 내역 참조) • 약제별 기준량(디노테퓨란은 ha당 8.8ℓ)을 토대로 방제대상 본수 등 현지여건을 고려하여 기준량의 110%로 설계 및 약제 구입
실행방법	• 계획된 방제대상지가 누락되지 않도록 경계표시 및 적기방제를 추진 • 예정지조사, 사업설계, 인력 수급계획, 방제장비 등을 사전준비 • 관광사적지, 우량소나무림 지역은 약해가 없도록 실행하고, 송이생산지 등 민원 발생 우려 지역은 제외

| 실행요령 | • 천공수 : 대상나무의 가슴높이지름에 따라 결정
• 천공당 약제주입량(수피를 제외한 깊이)
   – 1개당 : 지름 1cm, 깊이 7~10cm(평균 7.5cm), 주입량 4㎖
   – 가슴높이지름이 10~12cm인 경우 깊이 6cm 이내는 구멍 1개당 약 4㎖(3.888㎖)
• 약제주입구 : 지면으로부터 50cm 아래 수피의 가장 얇은 부분
• 천공은 밑을 향해 중심부를 비켜서 45°되게 나무줄기 주위에 고루 분포
• 약제주입기를 구멍에 깊이 넣고 서서히 당기면서 주입(주입량 준수) : 1개 구멍에 1회 주입
  (급히 주입하면 약제가 넘쳐 나옴)
• 나무주사 천공 깊이와 약제주입량 : 천공 깊이는 평균 7.5cm로 하고, 최대주입량 5.498㎖
  의 75%(산지경사 등을 감안) 산정하여 4.123㎖(약 4m) |

 TIP 천공(구멍 뚫는) 요령

• 천공 방향

 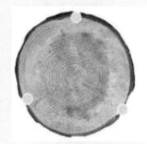 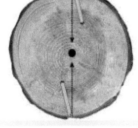

    밑을 향해 45°가 되도록 위치   나무줄기에 고루 분포시키고 중심부를 비켜서 뚫음

• 천공당 약제주입량

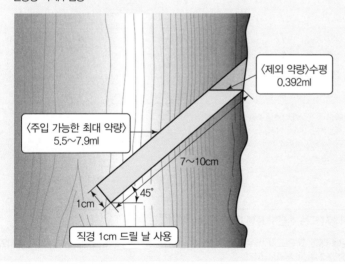

PART 01

PART 02

PART 03

PART 04

PART 05

PART 06

주입량 흉고 직경(cm)	원액주입량(0.2㎖ 기준)			원액주입량(0.3㎖ 기준)			원액주입량(1.0㎖ 기준)		
	천공수 (개)	천공당 주입량(㎖)	본당 주입량(㎖)	천공수 (개)	천공당 주입량(㎖)	본당 주입량(㎖)	천공수 (개)	천공당 주입량(㎖)	본당 주입량(㎖)
10~12	1	4	4	1	4	4	3	4	12
14~16	1	4	4	2	4	8	4	4	16
18~20	1	4	4	2	4	8	5	4	20
22~24	2	4	8	2	4	8	6	4	24
26~28	2	4	8	3	4	12	7	4	28
30~32	2	4	8	3	4	12	8	4	32
34~36	2	4	8	3	4	12	9	4	36
38~40	2	4	8	3	4	12	10	4	40
42~44	3	4	12	4	4	16	11	4	44
46~48	3	4	12	4	4	16	12	4	48
50~52	3	4	12	4	4	16	13	4	52
54~56	3	4	12	5	4	20	14	4	56
58~60	3	4	12	5	4	20	15	4	60
62~64	4	4	16	5	4	20	16	4	64
66~68	4	4	16	6	4	24	18	4	72
70~72	4	4	16	6	4	24	18	4	72
74~76	4	4	16	6	4	24	19	4	76
78~80	5	4	20	6	4	24	20	4	80
82~84	5	4	20	7	4	28	21	4	84
86~88	5	4	20	7	4	28	22	4	88
90~92	5	4	20	7	4	28	23	4	92
94~96	5	4	20	8	4	32	24	4	96
98~100	5	4	20	8	4	32	25	4	100

※ 10cm 미만은 제외하고, 100cm 이상은 가슴높이지름 5cm마다 천공수를 1개씩 추가
※ 가슴높이지름 30cm 이상 대경목은 주입병을 사용하는 것이 바람직
※ 소나무재선충병 혼재 지역에서는 재선충병 나무주사 사용기준에 따라 처리

ⓒ 임업적 방제

대상지	솔잎혹파리 피해지 또는 선단지 등에 대면적(20ha 이상)으로 선정
실행방법	• 소나무는 빛에 대한 요구도가 매우 큰 수종으로 양분·수분 경쟁완화를 위해 적정밀도 유지와 입목 간 적정간격 이상 거리를 이격 • 평균경급에 의한 생육본수를 조사, 강도의 솎아베기를 통하여 임내를 건조시킴으로써 솔잎혹파리 번식에 불리한 환경 조성하며, 생태적으로 건강한 소나무림으로 육성 • 솎아베기를 통해 적정 밀도가 유지된 개소에 나무주사 실행 • 소나무재선충병 발생구역은 재선충병 방제방법에 따라 추진

ㄹ 천적 방사

- 솔잎혹파리먹좀벌, 혹파리살이먹좀벌
- 솔잎혹파리 우화 시기인 5월 중순~6월 하순 사이에 방사
- 피해도 "중"인 임지와 천적 기생률 10% 미만의 임지에 방사(ha당 2만 마리)

③ 솔껍질깍지벌레 피해 최소화

㉠ 기본방향

- 피해 병징이 뚜렷한 4~5월 중 전국 실태조사 및 리·동별 특별관리체계 구축
- 소나무재선충병 발생지역은 재선충병 방제방법으로 처리하고, 미발생지역은 사전 임업적 방제(강도의 솎아베기)를 실행하여 소나무림의 생태적 건강성 확보
- 피해도 "중" 이상 지역 및 우량 곰솔림 등 주요지역은 임업적 방제 후 나무주사 실시
- 남·서해안 선단지를 중심으로 피해확산 방지를 위한 예찰·방제 집중 추진
- 해안가 우량 곰솔림에 대한 종합방제사업 지속 발굴·추진

㉡ 세부추진계획

- 리·동별 발생, 방제계획 수립 등 권역별 특별관리체계를 확립시키고 피해 유형별 맞춤형 방제전략 마련
- 소나무재선충병 발생지역은 재선충병 방제방법에 준하여 처리하고, 미발생지역은 임업적 방제 실행으로 소나무림의 생태적 건강성 확보
- "해안가 우량 곰솔림 종합방제사업" 지속 추진 및 대상 발굴
- 나무주사는 가급적 사전에 임업적 방제를 실행한 후 적기 방제 실행하여 방제 효율성 제고
- 사전 임업적 방제를 실행하여 적정 본수를 남긴 후에 나무주사 실행
- "나무주사"는 주요지역 등 우량 곰솔림에 적기 실행하여 방제효과 제고
- 실행시기 : 1~2월, 11~12월(후약충기)
- 추진일정

2022년 1~2월(전반기)	솔껍질깍지벌레 나무주사 실행
2022년 4~5월	2022년 솔껍질깍지벌레 발생 실태조사
2022년 11~12월(후반기)	솔껍질깍지벌레 나무주사 실행

- 주요사업별 세부추진 요령(임업적 방제)

| 소나무(곰솔)림 건강성 확보를 위한 숲 관리(솎아베기) | • 솔껍질깍지벌레 피해지 또는 선단지 위주로 일정 규모 이상 대면적에 집중하여 추진(소나무재선충병 발생구역은 재선충병 방제방법에 따라 처리)
– 사업규모 : 개소당 30ha 이상 규모로 집단화하여 집중 실행
– 산물수집 및 사업추진이 용이한 지역을 대상으로 추진
– 나무주사를 실시하기 이전에 강도의 솎아베기 실행
• 소나무림의 생태적 건강성 확보 차원에서 강도간벌 추진
– 소나무는 빛에 대한 요구도가 매우 큰 수종으로 양분·수분 경쟁완화를 위해 적정밀도 유지와 입목 간 적정간격(4m 내외) 이상 거리를 이격
– 간벌 후 기준본수 이상 강도간벌 실시(ha당 500본 기준)
– 본수비율 간벌율 : 40~50% 기준
– 재적비율 간벌율 : 30~40% 기준 |

소나무(곰솔)림 건강성 확보를 위한 숲 관리(솎아베기)	• 산물은 가급적 전량 수집하여 국산목재의 공급기반을 마련하고, 산주의 소득보전을 통해 소나무림 관리의 관심 유도 － ha당 수집량 기준 : 30㎥ 이상 － 산지집재는 현지실정에 맞는 기계·장비를 사용하여 집재비용 최소화 － 산물수집 비용은 경제성 분석을 통하여 산주부담으로 추진하되, 지역산림조합·산림법인 등 사업실행자와 사적계약에 따라 수익배분
피해목 벌채 (모두베기)	• 피해도 "심" 이상 지역으로서 고사된 소나무(곰솔)가 생립본수의 30% 내외로 수종갱신이 필요하다고 판단되는 피해지 • 벌채·위탁·대행사업으로 추진하고, 적지적수를 고려하여 산주가 원하는 수종으로 식재될 수 있도록 조림사업과 연계 추진 • 암석지, 석력지, 황폐우려지로서 갱신이 어려운 임지는 모두베기를 지양
단목 벌채 (밀도조절)	• 피해 고사목과 하층 열세목 등을 제거하여 병해충의 밀도조절과 잔존목의 생태적 건강성 확보차원에서 실행 • 피해도 "중" 이상 지역으로서 당해 연도 나무주사 대상지를 우선 선정하여 실행 • 예산이 부족한 경우 숲가꾸기 사업을 우선 실시 → 단목제거 → 나무주사 • 소나무재선충병 혼재 지역에서는 재선충병 방제방법에 따라 처리
임업적 방제 산물의 처리	• 계곡부위 및 임도 등 운반로 30m 이내의 산물은 전량 수집하여 홍수 발생 시 유실피해가 발생하지 않도록 조치 • 생산된 산물은 산림소유자가 이용토록 유도하고, 산주의 이용이 불가능한 경우 시·군·구 및 국유림관리소에서 적극 수집하여 산업용으로 활용

• 나무주사

대상지	• "간벌 후 입목 본수기준"보다 밀생된 임분에서는 가급적 사전에 임업적 방제를 실시하여 밀도 조절 후 나무주사 실행 • 피해도 "중" 이상 지역으로서 선단지, 특정지역 및 우량 임분에 중점실시 • 관광사적지, 도로변 등 경관보전지역과 보안림 등 법적으로 보존시킬 지역 및 우량 곰솔림, 동네주변 마을 숲 등
사용약제	• 에마멕틴벤조에이트유제 2.15% 등(2022년 산림병해충 방제용 선정 약종) • 약제량은 기준량의 110%로 설계 및 약제구입
사용기준	• 사용 약제별 기준량(1천공당 4㎖ 약제 주입) • 표준지 조사를 실시하여 약제량을 산출(사용 약종에 따른 기준약량) • 대상목의 가슴높이(1.2m) 직경을 측정, 천공기로 소정개수의 직경 1cm, 깊이 7~10cm 크기로 뚫고, 약제주입기로 약제를 주입 • 약제주입구 : 지면으로부터 50cm 아래 수피의 가장 얇은 부분 • 약제주입구는 지면으로부터 50cm 아래 수피가 가장 얇은 부분에 밑을 향해서 45°가 되도록 위치, 나무줄기 주위에 고루 분포시켜 중심부를 비켜서 천공 － 하층식생과 피압목 등 가치가 적은 나무는 나무주사 전에 제거하여 방제효과를 제고 － 소나무재선충병 혼재 지역에서는 재선충병 나무주사 사용기준에 따라 처리 • 실행시기 : 1~2월, 11~12월(후약충기) • 실행방법 － 지면으로부터 50cm 아래 수피의 가장 얇은 부분에 구멍(직경 1cm, 깊이 7~10cm 크기)을 뚫고 약제를 직접 주입(약제주입기 4㎖를 사용) － 대상지 내 하층식생과 피압목 등 존치할 가치가 없는 나무는 나무주사 실행전후에 제거 정리하여 방제효과를 제고
해안가 우량 곰솔림 종합방제	• 종합방제 세부 사업내용 － 병·해충 방제 : 솔껍질깍지벌레 나무주사, 재선충병 예방나무주사 등 － 토양 이화학성 개선 : 산도교정, 유기질비료시비, 무기질비료시비 등 － 생육환경개선 : 고사목 제거, 고사지 및 가지치기, 복토제거, 콘크리트제거, 지지대 설치, 식생정리 등 － 수세회복처리 : 엽면시비, 영양제수간주사, 외과수술 등 • 사업 추진 － 실시설계·감리 : 3월 이내 실시설계 추진 － 사업 실행

해안가 우량 곰솔림 종합방제	• 나무주사 : 1~2월, 11~12월(후약충기) • 임업적 방제 : 9~11월

④ 참나무 시들음병 확산 방지

　㉠ 기본방향

　　• 중점관리지역을 중심으로 권역별 방제전략 수립·방제

　　• 매개충의 생활사 및 현지 여건을 고려한 복합방제 방법으로 실행

　　• 방제효과 극대화 및 사각지대 해소를 위한 유관기관·부서 공동협력 방제 강화

　　• 친환경 예방·방제 추진으로 경관 및 건강한 자연생태계 유지

　　• 드론 정밀예찰 및 공동방제를 통해 수도권 피해극심지 집중방제 실시

　㉡ 세부추진계획

　　• 중점관리지역을 중심으로 권역별 방제전략 수립 추진

　　• 유관기관 협력을 통한 공동방제 확대로 방제효율 제고

　　• 매개충의 생활사 및 현지 여건에 맞는 복합방제 실행

　　• 매개충 잠복시기(11월~익년 4월) : 근원적 방제가 가능한 소구역골라베기를 우선 실행하고, 반출이 불가능한 지역의 고사목은 신속히 벌채·훈증 처리

　　• 매개충 우화시기(5~10월)

　　　– 매개충의 밀도를 낮추기 위한 끈끈이롤트랩, 고사목 벌채·훈증, 대량포획 장지법, 약제줄기 분사법, 유인목 설치 등의 방법을 현지에 맞게 복합적으로 적용

　　　– 고사목 벌채·훈증 시 "천막용 방수포"를 사용하고, 훈증더미는 계곡부 쌓기 금지

　　• 친환경방제 추진으로 경관 및 자연생태계 유지

　　　– 주변 경관과 조화가 필요한 지역은 경관과 조화되는 방제방법 활용

　　　– 야생 조류 및 익충의 서식 밀도가 높은 지역은 안쪽면 점착성 롤트랩 설치

　　　– 감염목 벌채 후 물리적 처리를 통한 매개충 방제방법 활용(물리적 방제법)

　　• 사전예방 사업 지속 및 신규 방제기술 개발을 통한 확산 저지

　　• 수도권 피해극심지는 과학적 정밀예찰을 통한 집중방제 추진

　㉢ 추진일정

　　• 2022년 참나무시들음병 복합방제 추진 : 2022년 1~12월

　　• 고사목 벌채 : 7월~이듬해 4월, 끈끈이롤트랩 : 4~6월 중순

　　• 2022년 참나무시들음병 발생조사 : 2022년 7~9월

　㉣ 주요사업별 세부추진 요령

　　• 소구역골라베기

대상지	• 참나무시들음병 피해지 중 벌채산물의 수집·반출이 가능한 지역 • 집단발생 지역으로 벌채를 통한 근원적 방제가 필요한 지역 • 대상지의 경계는 최소 피해지 외곽 20~30m까지 설정(고사목을 중심으로 20m 이내의 나무에 많이 침입함)

사업시기	벌채·집재·반출 : 11월~익년 3월(산물은 4월 말까지 완전처리)

벌채·반출	• 산림소유자가 관할 시·군·구에서 입목벌채허가를 받아 피해지역의 참나무류 입목을 "골라 베기"로 실시
	  – 피해지 1개 벌채구역은 5ha 이하를 원칙으로 하되, 벌구 사이에 피해가 발생되지 않았을 경우 폭 20m 이상의 수림대 존치
	  – 기주나무인 신갈나무는 벌채대상이며, 신갈나무 외 수종은 존치하여 친환경적 벌채로 유도하여야 하며, 벌채 산물은 전량 수집하여 반출하여야 함
	• 벌채산물의 활용
	  – 벌채 산물은 산림 밖으로 반출하여 숯·칩·톱밥 생산업체에 공급
	  – 산물은 4월 말까지 숯·칩·톱밥으로 처리, 원목상태의 방치 금지
	  – 담당공무원은 공급한 벌채 산물의 처리 상황을 확인하고 기록·유지

• 피해목 제거(벌채·훈증)

대상목	피해지역의 고사목에 한하여 실시
훈증처리 부위	• 매개충의 침입을 받은 피해부위의 줄기와 가지를 잘라 훈증 • 침입공이 최근 상단부로 이동 경향이 있어 세밀한 관찰이 필요함
실행방법	• 매개충이 침입한 나무의 줄기 및 가지를 1m 정도로 잘라 쌓은 후에 훈증약제를 골고루 살포하고 갈색 천막용 방수포(타포린)로 완전히 밀봉하여 훈증(비닐을 훈증포로 사용하는 것을 금지하며, 훈증포 훼손금지 경고문 부착) • 그루터기는 최대한 낮게 베고 적정량의 약제를 넣고 훈증 • 매개충이 침입하여 고사목이 발생하는 7월부터 익년 4월 말까지 훈증 완료 ※ 당해 연도 고사목은 매개충의 침입이 완료되고, 장마에 훈증더미 유실 방지를 고려하여 9월 이후에 실시하는 것이 효율적임 • 매개충의 우화 탈출시기(5~10월) 이전에 처리한 훈증더미의 해체는 다음 연도 11월부터 실시 • 집중호우 시 훈증더미가 유실되지 않도록 계곡부 적치 금지

• 끈끈이롤트랩 설치

설치지역을 고려한 제품 선정	• 일반 제품 : 중점관리지역으로 접근이 용이하며 경관유지를 위해 수거 필요 지역 • 생분해형 제품 : 산간오지 등 별도의 수거를 요하지 않는 지역 • 갈색 한면 점착성 제품 : 경관이 중요시되는 지역(사찰, 고궁, 생활권, 주요 숲길 등) • 통기성 개선 제품 : 습도가 높아 이끼류 발생이 예상되는 지역

설치 및 회수 시기	• 설치 : 전년도 피해목은 매개충의 우화 이전에 설치(4월부터), 신규 피해목은 우화 최성기 이전까지 설치(5~6월)
	  ※ 갈색 한면 점착성 제품은 우화한 매개충에 포획력이 없으므로 4월 설치
	• 회수 : 매개충 우화가 끝난 10월부터 회수(회수 필요성이 없는 지역은 존치)
	  ※ 회수 필요성이 없는 지역이라도 참나무류 생육에 나쁜 영향을 미치는 경우 회수

실행방법	• 매개충의 침입흔적이 있는 높이까지 감되 가급적 최대한 높이(2m 이상) 설치 • 매개충이 가장 많이 침입하는 지제부는 끈끈이롤트랩을 잘라서 사용 • 빗물이 스며들지 않도록 하단에서 상단으로 돌려가며 감아주는 것이 효과적임 • 고사목을 중심으로 20m 이내의 피해우려목에 집중 설치

• 대량포획 장치법

실행 방법	• 방제 대상목에 포획병을 연결하는 받침대를 4방위별로 상·중·하에 설치 • 지제부에서 약 2m 높이까지 검은 비닐로 씌움 • 받침대에 물이 담겨진 플라스틱 포획병을 연결 • 밑부분의 검은 비닐을 나무말뚝으로 고정한 후 흙으로 덮어 완전 밀폐
설치	• 지역별로 우화시기를 고려하여 1월 초부터 4월 말까지 전년도 피해목에 설치 • 수도권 지역의 매개충 다수 분포 지역에서 대량 포획할 수 있는 입목에 설치

• 유인목 설치

설치개소	방제구역 내 ha당 10개소 내외로 설치하되, 현지여건 및 지형조건을 감안하여 탄력적으로 설치(유인목 재료가 많은 지역, 매개충 밀도가 낮은 지역)
설치방법	• 피해목 중 매개충의 침입 흔적이 없는 부위를 1m 간격으로 절단하여 우물정(井)자 모양으로 1m 정도의 높이까지 쌓고 가급적 4월 말 이전 설치 • 유인목 설치 시 알코올(Ethyl alcohol) 원액 200㎖을 휘발 가능한 용기에 담아 유인목 가운데 설치(땅을 5cm 정도 파고 용기 고정) • 유인목은 매개충 침입 및 산란이 끝나는 10월경 소각, 훈증, 파쇄 등 완전 방제처리(훈증 시 산림병해충 방제용 선정 약제 사용) • 주의사항 : 유인목은 매개충 산란기 이후 훈증처리가 누락되지 않도록 좌표취득, 경고문 설치 등을 통해 철저히 관리

• 지상약제 살포

대상목	피해가 심하고 확산의 우려가 예상되는 지역의 참나무류
실행방법	• 매개충의 우화최성기인 6월 중순을 전후하여 산림청 선정 약종을 나무줄기에 흠뻑 살포(3회 : 6월 초순 1회, 6월 중순 1회, 6월 하순 1회) • 지상약제 살포는 약제 살포로 인한 환경피해 및 민원 발생 우려가 없는 지역에서 최소한의 면적으로 제한적 추진

• 약제(PET)줄기 분사법 8회 기출

약제줄기 분사법	• 식물추출물을 원료로 한 친환경 약제를 방제 대상목에 직접 뿌려 매개충에 대한 살충 효과와 침입저지 효과를 동시에 발휘 • 원료로 Paraffin, Ethanol, Turpentin 등의 혼합액을 사용
실행방법	• 원료 혼합액을 방제 대상목의 살포 가능한 높이까지 골고루 뿌림 • 살포시기 : 지역별로 우화시기를 고려하여 5월 말부터 6월 말까지 살포 • 방제실행 : 보존가치가 있는 지역에 제한적으로 실행

• 물리적 방제법

물리적 방제법	피해목을 절단 후 임내에 방치하여 자연건조를 촉진시키고 겨울의 낮은 온도를 거치게 함으로써 매개충의 밀도를 억제하는 친환경적인 방제방법
대상지	피해목의 임외 반출이 어려운 지역(급경사지, 밀식지, 고밀도 하층식생 발생지 등)
처리시기	매개충 우화최성기를 지나 활동이 거의 없거나 종료되는 시기(9~11월)
실행방법	피해목을 1m 이하의 길이로 절단하고, 각각의 절단목을 폭이 10cm 이하가 되도록 세로로 절단하여 임내에 방사형으로 고루 방치

 TIP 참나무 시들음병의 발생현황

참나무 시들음병은 서울시, 인천시, 경기도에서 집중 발생하였다(전국의 80%).

⑤ 기타(외래·돌발 등) 산림병해충 적기 대응

　㉠ 기본방향

　　• 예찰조사를 강화하여 조기발견·적기방제 등 협력체계 정착으로 피해 최소화

　　• 외래·돌발병해충이 발생되면 즉시 전면적 방제로 피해확산 조기 저지

　　• 대발생이 우려되는 외래·돌발해충 사전 적극 대응을 통한 국민생활 안전 확보

　　• 돌발해충 대발생 시 각 산림관리 주체별로 예찰·방제를 실시하고, 광범위한 복합피해지는

부처협력을 통한 공동 방제로 국민생활 불편 해소 및 국민 삶의 질 향상
- 지역별 방제여건에 따라 방제를 추진할 수 있도록 자율성과 책임성 부여
- 농림지 동시발생병해충, 과수화상병, 아시아매미나방(AGM), 붉은불개미 등 부처 협력을 통한 공동 예찰·방제
- 밤나무 해충 및 돌발해충 방제를 위한 항공방제 지원

ⓛ 세부추진계획
- 외래·돌발·일반병해충의 신속한 발견을 통한 피해확산 조기 차단
- 농림지 동시발생병해충 공동 협력방제 강화로 피해 최소화
- 붉은불개미 등 위해병해충 유입 차단을 위한 협력체계 구축
- 주요 항구주변 아시아매미나방(AGM) 예찰·방제 적극 협력
- 국민생활 안전을 위협하는 외래·돌발병해충 방제 지원
- 과수화상병 발생지 주변 적기 방제로 농·산촌 피해 최소화
- 밤나무 해충, 붉은매미나방 등 기타 산림병해충 적기 방제 추진
- 매미나방 월동난 부화상황 모니터링 전자예찰함 시범 운영
- 산림병해충 예측·예보 발령 체계 강화 및 예보상황 시스템 연계
- 산림병해충 방제를 위해 현안사항 해소 지속 추진
- 병해충방제 약제가 없거나 부족하여 시급하게 약제등록이 필요한 약제의 직권시험 지속 추진
- 경제적 피해, 국민생활 불편 해소, 민원, 언론 보도 등을 고려하여 우선 등록 검토(대벌레, 벚나무사향하늘소, 오리나무좀, 붉은매미나방, 솔알락명나방 등 다수)

ⓒ 추진일정
- 농림지 동시발생병해충 발생억제를 위한 알집제거 실시 : 당년 12월~이듬해 4월
- 매미나방 월동난 부화상황 전자예찰함 모니터링 : 2022년 1~4월
- 주요항구 주변 아시아매미나방(AGM) 협력 공동예찰·방제 : 2022년 4~8월
- 농림지 동시발생병해충 약·성충기 예찰 및 방제 추진 : 2022년 5~9월
- 벚나무 가로수 병해충의 예찰 및 방제 실시 : 2022년 6~10월

ⓔ 주요사업별 세부추진 요령
- 꽃매미

방제시기	1월~12월
사용약제	• 지상방제 : 페니트로티온 유제 50%, 델타메트린 유제1% 등 • 나무주사 : 이미다클로프리드 분산성액제 20%
방제방법	• 동절기 알 덩어리 제거작업 집중실시(4월까지 완료) • 농작물 재배지 주변 산림 등에 대하여 농업부서(농업기술센터 등)와 사전 협의를 통해 공동 예찰·방제 및 모니터링 지속 추진 • 가죽나무 등 보호할 가치가 있는 나무를 백색 테이프로 표시 • 끈끈이롤트랩은 약충 발생 초기에 실행하고, 나무주사와 지상방제는 약·성충기에 공원, 가로수, 주택가 주변 등 생활권지역의 산림에 집중방제 • 발생지역별(리·동)로 반드시 담당공무원을 지정하여 책임 예찰·방제

• 미국선녀벌레

방제시기	4월~10월
사용약제	디노테퓨란 입상수화제 10%, 티아메톡삼 입상수화제 10% 등
방제방법	•농작물 재배지 주변 산림 등에 대하여 농업부서(농업기술센터 등)와 사전 협의를 통해 공동 예찰·방제 및 모니터링 지속 추진 •약·성충기에 등록약제를 사용하여 농경지 주변 및 공원, 가로수, 주택가 주변 등 생활권지역의 산림에 1주일 간격으로 1~3회 지상방제 집중 추진 •발생지역별(리·동)로 반드시 담당공무원을 지정하여 책임 예찰·방제

• 갈색날개매미충

방제시기	1월~12월
사용약제	디노테퓨란 수화제 10%, 에토펜프록스 유제 20% 등
방제방법	•동절기 산란가지 제거 등 알 덩어리 방제 집중실시(4월까지 완료) •농작물 재배지 주변 산림 등에 대하여 농업부서(농업기술센터 등)와 사전 협의를 통해 공동 예찰·방제 및 모니터링 지속 추진 •약·성충기 방제 전용약제를 사용하여 농경지 주변 및 공원, 가로수, 주택가 주변 등 생활권지역의 산림에 1주일 간격으로 2~3회 지상방제 집중 추진 •발생지역별(리·동)로 반드시 담당공무원을 지정하여 책임 예찰·방제

• 솔나방

방제시기	월동유충 가해초기인 4월 중·하순, 어린유충기인 9월 상순
사용약제	트리플루뮤론 수화제 25% 등 약종 선정 약제
방제방법	•발생 전면적 방제를 원칙으로 하되, 특히 고속국도, 사적지, 공원, 주택가 주변 등 주요 지역에 대한 예찰을 강화하여 조기발견·적기방제 추진 •발생상황, 피해확산 우려 등을 감안하여 필요한 경우 탄력적으로 방제

• 미국흰불나방

방제시기	1세대 발생 초기인 5월 하순~6월 초순, 2세대 발생 초기인 7월 중·하순
사용약제	클로르플루아주론 유제 5% 등 약종 선정 약제
방제방법	•발생 전면적 방제를 원칙으로 하되, 특히 사적지, 공원, 주택가 주변 등 주요 지역에 대한 예찰을 강화하여 조기발견·적기방제 추진 •인가 및 생활권 주변은 민원 우려가 있으므로 사전 계도를 반드시 이행 •발생상황, 피해확산 우려 등을 감안하여 필요한 경우 연 2회 방제

• 매미나방

방제시기	유충기(4~6월), 성충·산란기(6~8월), 월동기(8월~익년 4월)
사용약제	스피네토람 액상수화제 5%, 메타플루미존 유제 20%, 티아클로프리드 액상수화제 10% 등 산림(수목)용 등록 약제
방제방법 (생활사별 맞춤형 방제)	•유충기 : 어린 유충시기부터 등록약제 등을 활용한 선제적 집중방제 •성충·산란기 : 유아등, 페로몬트랩, 방제(살수)차 등 활용한 물리적 방제 •산란·월동기 : 고지톱 끌개, 쇠솔 등 활용한 난괴·월동란 물리적 방제

• 잣나무넓적잎벌

방제시기	수상유충기인 7월 중순~8월 중순
사용약제	클로르플루아주론 유제 5% 등 약종 선정 약제
방제방법	• 지상방제는 초미립자동력분무기를 사용, 상승기류가 없는 새벽에 실시 • 양봉 · 친환경농업 지역에는 사전 안전조치 후 실행 • 피해 심하고 급격한 확산이 우려되는 경우에는 지역실정에 따라 연 2회 방제로 확산 저지 • 잣나무 조림지가 많은 경기도 · 강원도는 예찰조사를 강화하여 조기발견 · 적기방제에 특히 유의 • 항공방제 대상지는 현지 확인 후, 엄격히 심사하여 꼭 필요한 지역을 선정

• 오리나무잎벌레

방제시기	4월~6월 하순(성충과 유충을 동시방제)
사용약제	트리플루뮤론 수화제 25% 등 약종 선정 약제
방제방법	• 발생 초기단계에서 전면적 방제를 원칙으로 하고, 주요 도로변, 가시권 지역에 대한 예찰을 강화하여 조기발견 · 적기방제 추진 • 매년 반복 발생지는 수종갱신 등 근원적인 방제방법을 적극 추진 • 오리나무 분포지 내역을 작성하여 예찰을 강화하고, 발생초기에 방제하여 피해 최소화

• 밤나무 해충

방제시기	종실가해 해충(복숭아명나방) 발생시기
사용 권장약제 (12종)	감마사이할로트린 캡슐현탁제, 메톡시페노자이드 액상수화제, 클로르플루아주론 유제, 비펜트린 유제, 테플루벤주론 액상수화제, 에토펜프록스 · 메톡시페노자이드 유현탁제, 람다사이할로트린 유제, 펜토에이트 유제, 펜발러레이트유제, 델타메트린유제, 비펜트린유탁제티아클로프리드 액상수화제 등 약종 선정 약제 ※ 친환경 유기농업자재는 「산림병해충 방제규정」 제53조제2항의 기준에 따라 사용
방제방법	• 항공방제는 연 1회 지원(종실가해 해충 방제에 지원) • 밤 재배 농가에 대한 지역설명회를 개최하여 부작용 최소화 • 헬기지원은 지원기준을 엄격히 적용하고, 헬기 안전운항 최우선 고려 • 지역별 우화시기에 맞춘 적기 항공방제 실시 • 국립산림과학원과 각 시 · 도 산림연구기관에서는 종실가해 해충의 지역별 우화시기, 방제시기 등 관련정보를 밤나무 해충 항공방제가 계획된 해당 시 · 도에 제공

• 피목가지마름병

방제시기	4~6월
피해형태	• 초봄부터 가지의 분지점을 경계로 일부 가지가 적갈색으로 변하면서 죽고 경계부위에는 송진이 약간 흐름 • 초기에는 수피에 뚜렷한 증상이 나타나지 않기 때문에 칼로 수피를 얇게 벗겨보아야 피해를 확인할 수 있음 • 수피를 벗겨보면 병든 부위의 경계가 뚜렷하고 죽은 부위는 검은색의 점(병원균의 미숙한 자실체)이 다수 형성되어 있음
실행방법	• 고사한 나무와 병든 가지를 잘라 소각함 • 병이 발생하지 않은 지역은 솎아베기를 실시하고 죽은 가지는 제거함

• 푸사리움가지마름병

방제시기	병원균 활동시기(봄~가을)를 피하여 겨울에 실행
사용약제	• 테부코나졸 유탁제 25%(살균제) 등 약종 선정 약제 • 3월에 흉고직경 10cm당 원액 5㎖ 주사(고속도로·국도, 사적지·묘역, 주택가 등 주요지역)
피해형태	• 2~3년생의 어린나무에서부터 직경 30cm 이상의 큰 나무까지 말라죽음 • 밀식조림지에서 피해가 심하며, 병원균의 병원성은 대단히 높으며, 피해가 심한 임지에서는 많은 나무가 일시에 고사함
실행방법	• 병든 가지는 발견 즉시 잘라서 소각함 • 과밀 임분은 간벌을 실시하고 고사목이나 가지를 제거한 다음 임내정리 • 피해가 심하지 않은 지역은 간벌을 실시하여 산림을 건강하게 육성하고, 피해가 심한 임지는 수종갱신 • 간벌목의 줄기는 이용 가능하나, 병든 가지는 임외 반출 후 소각 또는 파쇄

• 잣나무털녹병

방제시기	4~8월(이병목 제거 4~6월, 중간기주 제거 : 6~8월)
피해형태	• 잣나무의 가지나 줄기에 담황색 주머니 형태의 돌기가 나오고, 주머니가 터지면서 노란가루(녹포자)가 비산함 • 병든 부위에는 가을에 노란 물집이 맺히고, 물집이 있는 주변의 수피는 거칠고 조잡하게 보임 • 주변에 중간기주인 '송이풀'이 분포하며, 여름철에 잎 뒷면에 노란가루가 있음
실행방법	• 병든 잣나무의 줄기와 가지에 발생한 녹포자가 터지지 않도록 비닐로 감은 다음 감염된 부위를 잘라 땅에 묻거나 소각(4~5월) • 발생 임지의 외곽 100m 이내에 분포하는 중간기주(송이풀)를 뿌리까지 제거하여 땅에 묻음(7~8월)

• 벚나무빗자루병

방제시기	6월~익년 2월
피해형태	• 빗자루 모양의 잔가지가 다수 발생(총생) • 총생 증상이 나타난 가지는 꽃이 피는 시기에 꽃 대신 잎이 생성
실행방법	• 가능한 범위 내에서 병이 발생한 가지 전체를 절단 • 전체를 절단하면 수형이 불량해질 우려가 있는 경우, 총생 증상 발생부위를 포함한 가지 일부를 수간방향으로 15cm 이상 절단하여 토양에 매립 • 가지를 제거하기 어려운 경우, 총생 증상 발생부위만을 제거하고 추가 증상이 발생하는지를 관찰하여 지속적으로 제거 • 감염목을 절단할 때 사용한 도구는 다른 나무에 사용하기 전에 반드시 알코올(70%)에 세척(도구에 의한 전염 예방) • 절단 부분은 도포제를 발라주어 유합을 촉진

• 벚나무사향하늘소

방제시기	유충기(4~11월), 성충·산란기(6~8월), 월동기(8월~익년 3월)
사용약제	페니트로티온 유제 50% 등 수목용 등록 약제
피해형태	• 피해가 1년이 경과한 나무의 지제부 근처에 다량의 목설이 배출되어 있음 • 피해가 누적된 나무는 수액이 여러 곳에서 분비된 흔적이 있으며, 피해 부위 수피는 목질부와 분리됨

방제방법 (생활사별 맞춤형 방제)	• 발생 전면적 방제를 원칙으로 하되, 특히 공원, 도로변 가로수 등 주요 지역에 대한 예찰을 강화하여 성충의 조기발견·적기방제 추진 • 유충기 : 피해 부위 박피를 통한 유충 포살·척살하고, 피해가 심한 나무는 성충 우화 방지용 고강도 섬유사 망 설치(6월 이전) 등 물리적 방제 • 성충·산란기 : 물리적 방제와 화학적 방제 혼용 　– 물리적 방제 : 낮 시간(11~18시) 동안 수간부와 지제부에서 활동하는 성충 포살 　– 화학적 방제 : 등록 약제를 활용한 성충 방제를 실시하되 인가 및 생활권 주변은 민원우려 　　가 있으므로 사전 계도를 반드시 이행 • 월동기 : 피해 부위 수피를 제거하여 월동 치사 및 기생을 유도하고 피해가 심하거나 고사한 나무는 벌채 후 파쇄·소각

• 대벌레

방제시기	약충기(3~6월), 성충·산란기(6~9월)
사용약제	약제 직권등록시험을 통한 조속한 약제 등록 추진 예정
방제방법	• 발생 초기단계부터 기발생지 예찰을 강화하여 조기발견·적기방제 추진 • 인력포살을 원칙으로 하고 약제 등록 이후 약충기부터 약제 살포

• 소나무허리노린재

방제시기	약충기(6~7월)
사용약제	디노테퓨란(5)·에토펜프록스(8) 미탁제 13%, 에토펜프록스(10)·인독사카브(1.5) 유탁제 11.5%
방제방법	어린약충 발생 초기단계에 예찰을 강화, 조기발견 및 등록약제 등을 활용하여 적기방제

• 붉은매미나방

방제시기	유충기(4~7월), 성충기(7~8월), 월동기(8~4월)
사용약제	약제 직권등록시험을 통한 조속한 약제 등록 추진 예정
방제방법 (생활사별 맞춤형 방제)	• 유충기 : 어린유충시기부터 등록약제 등을 활용한 선제적 집중방제 • 성충기 : 유아등, 유살등 등을 활용한 성충 유인·포살 • 월동기 : 고지톱 끌개, 쇠솔 등 활용한 난괴·월동란 물리적 방제

• 호두나무 갈색썩음병

방제시기	눈(定芽)트기 전(3~4월) 및 잎 피기 전(5월 말~6월 초)
사용약제	코퍼하이드록사이드 수화제 77%(500배액) 옥신코퍼 수화제 50%(500배액)
방제방법	• 전년에 병이 발생되었던 시·군·구 : 2~3회 방제 • 전년에 병이 발생되었던 연접 시·군·구 : 1~2회 방제
피해형태	• 잎과 열매에 갈색의 반점이 생기며, 가지에 검은색의 궤양 발생 • 감염되어 증식되면 가지와 잔가지에 궤양이 발생하고 수피 내 형성층이 검은색으로 변색되 며, 주지 또는 수간에 감염되면 고사됨
실행방법	• 완전방제를 위해서는 일정구역의 감염목과 기주식물을 완전히 제거 후 소각·매몰하거나, 부 득이한 경우 감염목만이라도 제거 후 소각·매몰 처리 • 완전방제가 어려울 경우 예방 위주의 약제 살포 실시

• 드론(무인헬리콥터, 무인멀티콥터) 시범방제

방제대상	농림지 동시발생병해충(꽃매미, 미국선녀벌레, 갈색날개매미충) 등
사업대상지 우선선정 조건	• 농경지 연접 산림으로 지상 및 산림항공방제가 어려운 방제 사각지역 • 주택 연접 산림 등 민원 발생 우려지로 정밀한 방제 추진 필요지역 • 기타 산림병해충 방제용 드론방제가 필요하다고 인정되는 지역 등 ※ 약제 비산·낙하피해 우려 시 작물재배지 경계로부터 최소 30m를 이격하여 방제
방제 불가지역	• 고압송전탑, 송수신탑, 삭도 등으로부터 100m 이내 지역 • 양봉·양잠·양어·수산물 생산지 및 유기농·친환경 농·임산물 등 작물재배지, 상수원보호 구역, 축사 등 약제 비산·낙하 피해(민원) 우려지(협의 또는 완충구역 설정된 경우 가능) • 산림병해충 방제용 드론 이·착륙 저해요인이 있는 지역 • 비행금지 구역 • 돌풍이 자주 발생하여 사고 발생이 높은 지역 • 급경사지, 기타 산림병해충 방제용 드론 운행에 장애가 우려되는 지역 등
행정사항	방제작업 전 해당지역 주민 등 이해당사자에게 사업계획을 사전 설명하고, 해당 지방항공청에 비행허가를 얻어야 함

ⓜ 병해충 발생예보 발령구분 세부기준

관심
(Blue)
	• 주요산림병해충 : 솔잎혹파리, 광릉긴나무좀, 미국흰불나방 등 발생 및 우화시기 예측이 가능
	  한 병해충의 사전
	  예 예측 시기를 기점으로 2개월 전 발령
	• 외래·돌발병해충 : 전년도 발생밀도 및 피해가 2개 이상의 시·군·구에서 10ha 이상의 피해
	  발생 또는 월동·부화·우화시기 예찰·모니터링 결과 병해충 대발생 우려
	• 지자체, 소속기관, 유관기관 및 민간신고 등 외래·돌발병해충 발생정보 입수
	• 과거에 외래·돌발병해충이 발생한 시기, 지역 및 수목(임산물 포함)의 이상 징후
	• 중국·일본 등 인접 국가에서 대규모 병해충 발생 및 국내 유입 징후

주의
(Yellow)
	• 당해 연도에 1개의 시·군·구에서 20ha 이상 뚜는 2개 이상의 시·군·구에서 10ha 이상의
	  외래·돌발병해충 피해 발생
	• 과거에 외래·돌발병해충이 발생한 시기, 지역 및 수목(임산물 포함)에서 지역적 규모의 동종 병
	  해충 발생
	• 중국·일본 등 인접국가에서 대규모로 발생한 병해충이 국내로 유입

경계 (Orange)	• 외래·돌발병해충이 타 지역으로 확산되거나(2개 이상의 시·군) 50ha 이상의 피해 발생 • 과거에 외래·돌발병해충이 발생한 시기, 지역 및 수목(임산물 포함)에서 지역적 규모로 발생한 동종 병해충이 타 지역으로 전파 • 중국·일본 등 인접국가에서 대규모로 발생한 병해충이 국내로 유입되어 타지역으로 전파

심각
(Red)
	• 외래·돌발병해충이 타 지역으로 전파되어 전국적 확산 징후 또는 100ha 이상의 피해 발생
	• 과거에 외래·돌발병해충이 발생한 시기, 지역 및 수목(임산물 포함)에서 지역적 규모로 발생한
	  동종 병해충이 타 지역으로 전파되어 전국적 확산 징후
	• 중국·일본 등 인접국가에서 대규모로 발생한 병해충이 국내로 유입, 타 지역으로 전파되어 전
	  국적 확산 징후
	• 병해충 발생 피해로 인하여 해당 수목(임산물 포함)의 수급, 가격안정 및 수출 등에 중대한 영
	  향을 미칠 징후

(6) 농약관리법

① 목적

ㄱ 농약의 제조·수입·판매 및 사용에 관한 사항을 규정

ㄴ 약의 품질 향상, 유통질서의 확립

ㄷ 약의 안전한 사용을 도모하고 농업생산과 생활환경 보전에 이바지함

② 농약의 등록(농촌진흥청장에게 등록)

　㉠ 국내 제조품목의 등록

　㉡ 원제의 등록

　　• 수입농약 등의 등록

　　• 농약활용기자재의 등록

③ 농약, 원제 및 농약활용기자재의 표시기준·농약 포장지 표시 사항

---

1. '농약' 문자 표기
2. 품목등록번호
3. 농약의 명칭 및 제제 형태
4. 유효성분의 일반명 및 함유량과 기타성분의 함유량
5. 포장단위
6. 농작물별 적용병해충(제초제·생장조정제나 약효를 증진시키는 농약의 경우에는 적용대상토지의 지목이나 해당 용도를 말한다) 및 사용량
7. 사용방법과 사용에 적합한 시기
8. 안전사용기준 및 취급제한기준(그 기준이 설정된 농약에 한한다)
9. 다음 각 목의 어느 하나에 해당하는 경우 해당 그림문자, 경고문구 및 주의사항
　① 맹독성·고독성·작물잔류성·토양잔류성·수질오염성 및 어독성 농약의 경우에는 그 문자와 경고 또는 주의사항
　② 사람 및 가축에 위해한 농약의 경우에는 그 요지 및 해독 방법
　③ 수서생물에 위해한 농약의 경우에는 그 요지
　④ 인화 또는 폭발 등의 위험성이 있는 농약의 경우에는 그 요지 및 특별 취급 방법
10. 저장·보관 및 사용상의 주의사항
11. 상호 및 소재지(수입농약의 경우에는 수입업자의 상호 및 소재지와 제조국가 및 제조자의 상호를 말한다)
12. 농약제조 시 제품의 균일성이 인정되도록 구성한 모집단의 일련번호
13. 약효보증기간
14. 작용기작그룹 〈신설 2014. 9. 1〉
15. 독성·행위금지 등 그림문자 및 설명 〈신설 2014. 9. 1, 개정 2020. 07. 13〉
16. 해독 및 응급처치 요령〈신설 2014. 9. 1〉
17. 상표명 〈신설 2020. 7. 13〉
18. 농약의 용도 구분 〈신설 2020. 7. 13〉
19. 바코드(전자태그를 포함) 〈신설 2020. 7. 13〉
20. 빈 농약용기 처리에 관한 설명 〈신설 2020. 7. 13〉

PART 06

2022년 기출문제

2022년 8회 기출문제

2022년 7회 기출문제

2022년 8회 기출문제 정답 및 해설

2022년 7회 기출문제 정답 및 해설

2022년 8회 기출문제

PART 01 수목병리학

001 20세기 초 대규모로 발생하여 수목병리학의 발전을 촉진시키는 계기가 된 병을 나열한 것은?

① 밤나무 줄기마름병, 느릅나무 시들음병, 잣나무 털녹병
② 참나무 시들음병, 느릅나무 시들음병, 배나무 불마름병(화상병)
③ 대추나무 빗자루병, 포플러 녹병, 소나무 시들음병(소나무재선충병)
④ 향나무 녹병, 밤나무 줄기마름병, 소나무 시들음병(소나무재선충병)
⑤ 소나무 시들음병(소나무재선충병), 잣나무털녹병, 소나무류(푸자리움) 가지마름병

002 생물적·비생물적 원인에 대한 수목의 반응으로 나타나는 것이 아닌 것은?

① 궤양   ② 암종
③ 위축   ④ 자좌
⑤ 더뎅이

003 수목병과 생물적 방제에 사용되는 미생물의 연결이 옳지 않은 것은?

① 모잘록병 – *Trichoderma spp.*
② 잣나무 털녹병 – *Tuberculina maxima*
③ 안노섬 뿌리썩음병 – *Peniophora gigantea*
④ 참나무 시들음병 – *Ophiostoma piliferum*
⑤ 밤나무 줄기마름병 – dsRNA 바이러스에 감염된 *Cryphonectria parasitica*

004 수목에 나타나는 빗자루 증상의 원인이 아닌 것은?

① 곰팡이   ② 제설제
③ 제초제   ④ 흡즙성 해충
⑤ 파이토플라스마

005 수목병과 진단에 사용할 수 있는 방법의 연결이 옳지 않은 것은?

① 근두암종 – ELISA 검정
② 뽕나무 오갈병 – DAPI 형광염색병
③ 흰가루병 – 자낭구의 광학현미경 검경
④ 벚나무 번개무늬병 – 병원체 ITS 부위의 염기서열 분석
⑤ 소나무 시들음병(소나무재선충병) – Baermann 깔대기법으로 분리 후, 현미경 검경

006 *Pestalotiopsis sp.*에 의해 발생하는 수목병은?

① 사철나무 탄저병
② 철쭉류 잎마름병
③ 회양목 잎마름병
④ 참나무 둥근별무늬병
⑤ 홍가시나무 점무늬병

007 병원균의 세포벽에 펩티도글리칸(peptidoglycan)이 포함된 수목병은?

① 감귤 궤양병
② 포플러 잎녹병
③ 참나무 시들음병
④ 느릅나무 더뎅이병
⑤ 느티나무 흰별무늬병

008 소나무의 외생균근(ectomycorrhizae)에 관한 설명으로 옳지 않은 것은?

① 균근균은 대부분 담자균문에 속한다.
② 뿌리와 균류가 공생관계를 형성한다.
③ 뿌리병원균의 침입으로부터 뿌리를 방어한다.
④ 뿌리표면적이 넓어지는 효과로 인(P) 등의 양분 흡수를 용이하게 한다.
⑤ 베시클(vesicle)과 나뭇가지 모양의 아뷰스큘(arbuscule)을 형성한다.

009 곤충이 병원체의 기주 수목 침입에 관여하지 않는 병은?

① 참나무 시들음병
② 대추나무 빗자루병
③ 사철나무 그을음병
④ 사과나무 불마름병(화상병)
⑤ 소나무 푸른무늬병(청변병)

010 수목병을 일으키는 유성포자가 아닌 것으로 나열된 것은?

ㄱ. 난포자	ㄴ. 담자포자	ㄷ. 분생포자
ㄹ. 유주포자	ㅁ. 자낭포자	ㅂ. 후벽포자

① ㄱ, ㄴ, ㄷ
② ㄴ, ㄷ, ㅂ
③ ㄷ, ㄹ, ㅁ
④ ㄷ, ㄹ, ㅂ
⑤ ㄹ, ㅁ, ㅂ

011 배수가 불량한 곳에서 피해가 특히 심한 수목병을 나열한 것은?

① 밤나무 잉크병, 장미 검은무늬병
② 라일락 흰가루병, 회양목 잎마름병
③ 향나무 녹병, 단풍나무 타르점무늬병
④ 소나무류(푸자리움) 가지마름병, 철쭉류 떡병
⑤ 밤나무 파이토프토라 뿌리썩음병, 전나무 모잘록병

012 병든 낙엽 제거로 예방 효과를 거둘 수 있는 수목병을 나열한 것은?

① 모과나무 점무늬병, 참나무 시들음병
② 칠엽수 얼룩무늬병, 소나무류 잎떨림병
③ 버즘나무 탄저병, 소나무류 피목가지마름병
④ 소나무류(푸지리움) 가지마름병, 사철나무 탄저병
⑤ 소나무 시들음병(소나무재선충병), 단풍나무 타르점무늬병

013 수목 뿌리에 발생하는 병에 관한 설명으로 옳지 않은 것은?

① 모잘록병은 병원균 우점병이다.
② 리지나 뿌리썩음병균은 파상땅해파리버섯을 형성한다.
③ 파이토프토라 뿌리썩음병균은 미끼법과 선택배지법으로 분리할 수 있다.
④ 아까시 흰구멍버섯에 의한 줄기밑둥썩음병은 변재가 먼저 썩고 심재가 나중에 썩는다.
⑤ 아밀라리아 뿌리썩음병은 기주 우점병으로 토양 내에서 뿌리꼴균사다발이 건전한 뿌리 쪽으로 자란다.

014 환경 개선에 의한 수목병 예방 및 방제법의 연결이 옳지 않은 것은?

① 철쭉류 떡병-통풍이 잘되게 해 준다.
② 리지나 뿌리썩음병-산성토양일 때에는 석회를 시비한다.
③ 자주날개무늬병-석회를 살포하여 토양산도를 조절한다.
④ 소나무류 잎떨림병-임지 내 풀 깎기 및 가지치기를 한다.
⑤ *Fusarium sp.*에 의한 모자록병-토양을 과습하지 않게 유지한다.

015 병원체가 같은 분류군(문)인 수목병으로 나열된 것은?

ㄱ. 소나무 혹병	ㄴ. 철쭉류 떡병
ㄷ. 뽕나무 오갈병	ㄹ. 벚나무 빗자루병
ㅁ. 밤나무 가지마름병	ㅂ. 대추나무 빗자루병
ㅅ. 호두나무 근두암종병	ㅇ. 사과나무 자주날개무늬병

① ㄱ, ㄴ, ㄷ   ② ㄱ, ㄴ, ㅇ
③ ㄴ, ㄷ, ㅅ   ④ ㄷ, ㄹ, ㅇ
⑤ ㄹ, ㅂ, ㅅ

016 *corynespore cassiicola*에 의한 무궁화점무늬병에 관한 설명으로 옳은 것은?

① 이른 봄철부터 발생한다.
② 건조한 지역에서 흔히 발생한다.
③ 어린잎의 엽병 및 어린줄기에서도 나타난다.
④ 수관 위쪽 잎부터 발병하기 시작하여 아래쪽 잎으로 진전한다.
⑤ 초기에는 작고 검은 점무늬가 나타나고 차츰 겹둥근무늬가 연하게 나타난다.

017 밤나무 잉크병의 병원체에 관한 설명으로 옳지 않은 것은?

① 격벽이 없는 다핵균사를 형성한다.

② 세포벽의 주성분은 글루칸과 섬유소이다.

③ 장정기(antheridium)의 표면이 울퉁불퉁하다.

④ 무성생식으로 편모를 가진 유주포자를 형성한다.

⑤ 참나무 급사병 병원체와 동일한 속(genus)이다.

018 다음 증상을 나타내는 수목병은?

• 죽은 가지는 세로로 주름이 잡히고 성숙하면 수피 내 분생포자반에서 포자가 다량 유출된다.

• 포자가 빗물에 씻겨 수피로 흘러내리면 마치 잉크를 뿌린 듯이 잘 보인다.

① 밤나무 잉크병   ② Nectria 궤양병

③ Hypoxylon 궤양병   ④ 밤나무 줄기마름병

⑤ 호두나무 검은(돌기) 가지마름병

019 〈보기〉 중 병원균이 자낭반을 형성하는 수목병을 나열한 것은?

〈보기〉

ㄱ. 버즘나무 탄저병   ㄷ. 낙엽송 가지끝마름병

ㅁ. 소나무류 피목가지마름병   ㄴ. 밤나무 줄기마름병

ㄹ. 단풍나무 타르점무늬병   ㅂ. 소나무류 리지나뿌리썩음병

① ㄱ, ㄴ, ㄷ   ② ㄴ, ㄷ, ㄹ

③ ㄴ, ㅁ, ㅂ   ④ ㄷ, ㄹ, ㅁ

⑤ ㄹ, ㅁ, ㅂ

020 녹병균의 핵상이 2n인 포자가 형성되는 기주와 병원균의 연결이 옳지 않은 것은?

① 향나무-향나무 녹병균   ② 신갈나무-소나무 혹병균

③ 산철쭉-산철쭉 잎녹병균   ④ 전나무-전나무 잎녹병균

⑤ 황벽나무-소나무 잎녹병균

021 수목병과 증상의 연결이 옳지 않은 것은?

① 소나무 잎마름병-봄에 침엽의 윗부분(선단부)에 누런 띠 모양이 생긴다.

② 소나무류(푸자리움) 가지마름병-신초와 줄기에서 수지가 흘러내려 흰색으로 굳어 있다.

③ 회양목 잎마름병-병반 주위에 짙은 갈색 띠가 형성되며, 건전 부위와의 경계가 뚜렷하다.

④ 버즘나무 탄저병-잎이 전개된 이후에 발생하면 잎맥을 중심으로 번개 모양의 갈색 병반이 형성된다.

⑤ 참나무 갈색둥근무늬병-잎의 앞면에 건전한 부분과 병든 부분의 경계가 뚜렷하게 적갈색으로 나타난다.

022 다음 중 병원균의 유성생식 자실체 크기가 가장 작은 수목병은?

① 자주날개무늬병   ② 안노섬 뿌리썩음병

③ 배롱나무 흰가루병   ④ 아밀라리아 뿌리썩음병

⑤ 소나무류 피목가지마름병

023 한국에서 선발 육종하여 내병성 품종 실용화에 성공한 사례는?

① 포플러 잎녹병
② 벚나무 빗자루병
③ 장미 모자이크병
④ 대추나무 빗자루병
⑤ 밤나무 줄기마름병

024 벚나무 빗자루병에 관한 설명으로 옳지 않은 것은?

① 병원균은 *Taphrina wiesneri*이다.
② 유성포자인 자낭포자는 자낭 내에 8개가 형성된다.
③ 벚나무류 중에서 왕벚나무에 피해가 가장 심하게 나타난다.
④ 감염된 가지에는 꽃이 피지 않고 작은 잎들이 빽빽하게 자라 나오며 몇 년 후에 고사한다.
⑤ 병원균의 균사는 감염 가지와 눈의 조직 내에서 월동하므로 감염 가지는 제거하여 태우고 잘라낸 부위에 상처 도포제를 바른다.

025 소나무 푸른무늬병(청변병)에 관한 설명으로 옳은 것은?

① 목재 구성성분인 셀룰로오스, 헤미셀룰로오스, 리그닌이 분해된다.
② 상처의 송진 분비량이 감소하고 침엽이 갈변하며 나무 전체가 시들기 시작한다.
③ 멜라닌 색소를 함유한 균사가 변재 부위의 방사유조직을 침입하고 생장하여 변색시킨다.
④ 감염목의 변재 부위는 병원균의 증식으로 갈변되고 물관부가 막혀서 수분 이동 장애가 발생한다.
⑤ 습하고 배수가 불량한 지역에서 뿌리가 감염되고 수피 제거 시 적갈색의 변색 부위를 관찰할 수 있다.

PART 02 수목해충학

026 곤충의 일반적인 특성에 관한 설명으로 옳지 않은 것은?

① 변태를 하여 변화하는 환경에 적응하기가 용이하다.
② 몸집이 작아 최소한의 자원으로 생존과 생식이 가능하다.
③ 지구상에서 가장 높은 종 다양성을 나타내고 있는 동물군이다.
④ 내골격을 가지고 있어 몸을 지탱하고 외부의 공격으로부터 방어할 수 있다.
⑤ 날개가 있어 적으로부터 도망가거나 새로운 서식처로 빠르게 이동할 수 있다.

027 곤충 분류체계에서 고시군(류)-외시류-내시류에 해당하는 목(order)을 순서대로 나열한 것은?

① 좀목-잠자리목-메뚜기목
② 하루살이목-노린재목-벌목
③ 돌좀목-하루살이목-잠자리목
④ 잠자리목 -딱정벌레목-파리목
⑤ 하루살이목-사마귀목 -노린재목

028 곤충 체벽에 관한 설명으로 옳은 것은?

① 표면에 있는 긴털은 주로 후각을 담당한다.
② 원표피에는 왁스층이 있어 탈수를 방지한다.
③ 원표피의 주요 화학적 구성성분은 키토산이다.
④ 허물벗기를 할 때는 유약호르몬의 분비량이 많아진다.
⑤ 단단한 부분과 부드러운 부분을 모두 가지고 있어 유연한 움직임이 가능하다.

029 딱정벌레목에 관한 설명으로 옳은 것은?

① 부식아목에는 길앞잡이, 물방개 등이 있다.
② 다리가 있는 유충은 대개 4쌍의 다리를 가지고 있다.
③ 대부분 초식성과 육식성이지만, 부식성과 균식성도 있다.
④ 딱지날개는 단단하여 앞날개를 보호하는 덮개 역할을 한다.
⑤ 대부분의 유충과 성충은 강한 입틀을 가지고 있고 후구식이다.

030 곤충의 눈(광감각기)에 관한 설명으로 옳지 않은 것은?

① 적외선을 식별할 수 있다.
② 겹눈은 낱눈이 모여 이루어진 것이다.
③ 완전변태를 하는 유충은 옆홑눈이 있다.
④ 낱눈에서 빛을 감지하는 부분을 감간체라 한다.
⑤ 대부분 편광을 구별하여 구름 낀 날에도 태양의 위치를 알 수 있다.

031 곤충 배설계에 관한 설명으로 옳지 않은 것은?

① 말피기관은 후장의 연동활동을 촉진한다.
② 배설과 삼투압은 주로 말피기관이 조절한다.
③ 육상곤충은 일반적으로 질소를 요산 형태로 배설한다.
④ 수서 곤충은 일반적으로 질소를 암모니아 형태로 배설한다.
⑤ 진딧물의 말피기관은 물을 재흡수하며 소관 수는 종에 따라 다르다.

032 곤충 내분비계 호르몬의 기능에 관한 설명으로 옳은 것은?

① 유시류는 성충에서도 탈피호르몬을 지속적으로 분비한다.
② 앞가슴샘은 탈피호르몬을 분비하여 유충의 특징을 유지한다.
③ 알라타체는 내배엽성 내분비기관으로 유약호르몬을 분비한다.
④ 탈피호르몬 유사체인 메토프렌(methoprene)은 해충방제제로 개발되었다.
⑤ 신경호르몬은 곤충의 성장, 항상성 유지, 대사, 생식 등을 조절한다.

033 곤충의 의사소통에 관한 설명으로 옳지 않은 것은?

① 꿀벌의 원형 춤은 밀원식물의 위치를 알려준다.
② 애반딧불이는 루시페인으로 빛을 내어 암·수가 만난다.
③ 일부 곤충에 존재하는 존스턴기관은 더듬이의 채찍마디(편절)에 있는 청각기관이다.
④ 복숭아혹진딧물은 공격을 받을 때 뿔관에서 경보페로몬을 분비하여 위험을 알려준다.
⑤ 매미는 복부 첫마디에 있는 얇은 진동막을 빠르게 흔들어 내는 소리로 의사소통한다.

034 곤충 카이로몬의 작용과 관계가 없는 것은?

① 누에나방은 뽕나무가 생산하는 휘발성 물질에 유인된다.
② 복숭아유리나방 수컷은 암컷이 발산하는 물질에 유인된다.
③ 포식성 딱정벌레는 나무좀의 집합페로몬에 유인된다.
④ 소나무좀은 소나무가 생산하는 테르펜(terpene)에 유인된다.
⑤ 꿀벌응애는 꿀벌 유충에 존재하는 지방산에스테르화합물에 유인된다.

035 월동태가 알, 번데기, 성충인 곤충을 순서대로 나열한 것은?

① 황다리독나방, 솔잎혹파리, 목화진딧물
② 외줄면충, 느티나무벼룩바구미, 호두나무잎벌레
③ 백송애기잎말이나방, 솔알락명나방, 복숭아명나방
④ 미국선녀벌레, 버즘나무방패벌레, 오리나무잎벌레
⑤ 소나무왕진딧물, 미국흰불나방, 버즘나무방패벌레

036 곤충의 형태에 관한 설명으로 옳지 않은 것은?

① 매미나방 유충은 씹는 입틀을 갖는다.
② 줄마디가지나방 유충은 배다리가 없다.
③ 아까시잎혹파리 성충은 날개가 1쌍이다.
④ 미국선녀벌레 성충은 찔러 빠는 입틀을 갖는다.
⑤ 뽕나무이 약충은 배 끝에서 밀랍을 분비한다.

037 풀잠자리목과 총채벌레목에 관한 설명으로 옳지 않은 것은?

① 총채벌레는 식물바이러스를 매개하기도 한다.
② 총채벌레는 줄쓸어 빠는 비대칭 입틀을 가지고 있다.
③ 볼록총채벌레는 복부에 미모가 있고 완전변태를 한다.
④ 명주잠자리는 풀잠자리목에 속하며 유충은 개미귀신이라 한다.
⑤ 풀잠자리목 중에 진딧물, 가루이, 깍지벌레 등을 포식하는 종은 생물적 방제에 활용되고 있다.

038 곤충 신경계에 관한 설명으로 옳지 않은 것은?

① 신경계를 구성하는 기본 단위는 뉴런이다.
② 신경절은 뉴런들이 모여 서로 연결되는 장소를 일컫는다.
③ 뉴런이 만나는 부분을 신경연접이라 하며, 전기적 신경연접과 화학적 신경연접이 있다.
④ 신경전달물질에는 아세틸콜린과 GABA(Gamma-AminoButyric Acid) 등이 있다.
⑤ 뉴런은 핵이 있는 세포 몸을 중심으로 정보를 받아들이는 축삭돌기와 내보내는 수상돌기로 구성되어 있다.

039 트랩을 이용한 해충 밀도 조사 방법과 대상 해충의 연결이 옳지 않은 것은?

① 유아등-매미나방　　　　　② 유인목-소나무좀
③ 황색수반-진딧물류　　　　④ 말레이즈-벚나무응애
⑤ 성페르몬-복숭아명나방

040 해충의 발생 예찰을 위한 고려사항이 아닌 것은?

① 발생량　　　　　　　　　② 발생 시기
③ 약제 종류　　　　　　　　④ 해충 종류
⑤ 경제적 피해

041 종합적 해충 관리에 관한 설명으로 옳지 않은 것은?

① 자연 사망요인을 최대한 이용한다.

② 잠재 해충은 미리 방제하면 손해다.

③ 일반평형밀도를 해충은 낮추고 천적은 높이는 것이 해충 밀도 억제에 효과적이다.

④ 경제적 피해 허용 수준에 도달하는 것을 막기 위하여 경제적 피해(가해) 수준에서 방제한다.

⑤ 여러 가지 방제 수단을 조화롭게 병용함으로써 피해를 경제적 피해 허용 수준 이하에서 유지하는 것이다.

042 벚나무 해충 방제에 관한 설명으로 옳지 않은 것은?

① 벚나무모시나방은 집단 월동 유충을 포살한다.

② 벚나무응애는 월동 시기에 기계유제로 방제한다.

③ 벚나무사향하늘소 유충은 성페르몬트랩으로 유인·포살한다.

④ 복숭아혹진딧물은 7월 이후에는 월동 기주에서 방제하지 않는다.

⑤ 벚나무깍지벌레는 발생 전에 이미다클로프리드 분산성 액제를 나무주사하여 방제한다.

043 해충과 천적의 연결로 옳은 것은?

① 밤나무혹벌–남색긴꼬리좀벌
② 미국흰불나방–주둥이노린재
③ 복숭아명나방–긴등기생파리
④ 솔잎혹파리–독나방살이고치벌
⑤ 오리나무잎벌레–혹파리살이먹좀벌

044 A 곤충의 온도(X)와 발육률(Y)의 희귀식이 Y=0.05X−0.50이다. 1년 중 7, 8월에는 일일 평균온도가 12℃이고, 그 외의 달은 10℃ 이하로 가정하면, A 곤충의 연간 발생세대수는? (단, 소수점 이하는 버린다.)

① 1회
② 2회
③ 4회
④ 6회
⑤ 8회

045 해충의 기계적 방제에 대한 설명으로 옳지 않은 것은?

① 일부 깍지벌레류는 솔로 문질러 제거한다.

② 해충이 들어 있는 가지를 땅속에 묻어 죽인다.

③ 소나무재선충병 피해목은 두께 1.5cm 이하로 파쇄한다.

④ 광릉긴나무좀 성충과 유충은 전기충격으로 제거한다.

⑤ 주홍날개꽃매미나 매미나방은 알 덩어리를 찾아 문질러 제거한다.

046 병원균 매개충과 충영을 형성하는 해충의 연결이 옳은 것은?

① 광릉긴나무좀–외줄면충
② 솔수염하늘소–목화진딧물
③ 장미등에잎벌–큰팽나무이
④ 알락하늘소–때죽납작진딧물
⑤ 벚나무사향하늘소–조팝나무진딧물

047 다음 중 종실을 가해하는 해충은?

① 도토리거위벌레, 전나무잎응애
② 복숭아명나방, 오리나무잎벌레
③ 솔알락명나방, 호두나무잎벌레
④ 대추애기잎말이나방, 버들바구미
⑤ 백송애기잎말이나방, 도토리거위벌레

048 곤충의 과명−목명의 연결이 옳은 것은?

① 솔잎혹파리−Cecidomyiidae−Diptera
② 솔나방−Lasiocampidae−Hymenoptera
③ 오리나무잎벌레−Diaspididae−Coleoptera
④ 갈색날개매미충−Ricaniidae−Lepidoptera
⑤ 벚나무깍지벌레−Chrysomelidae−Hemiptera

049 갈색날개매미충과 미국선녀벌레에 관한 설명 중 옳지 않은 것은?

① 미국선녀벌레 약충은 흰색 밀랍이 몸을 덮고 있다.
② 갈색날개매미충의 1년에 1회 발생하며, 알로 월동한다.
③ 갈색날개매미충은 잎과 어린 가지 등에서 수액을 빨아먹는다.
④ 갈색날개매미충의 수컷은 복부 선단부가 뾰족하고, 암컷은 둥글다.
⑤ 미국선녀벌레는 1년생 가지 표면을 파내고 2열로 알을 낳는다.

050 다음 〈보기〉의 설명에 해당하는 해충을 순서대로 나열한 것은?

〈보기〉

ㄱ. 수피와 목질부 표면을 환상으로 가해한다.
ㄴ. 지주전환을 하며 쑥으로 이동하여 여름을 난다.
ㄷ. 유충이 겨울눈 조직 속에서 충방을 형성하여 겨울을 난다.
ㄹ. 바나나 송이 모양의 황록색 벌레 혹을 만들고 그 속에서 가해한다.

	ㄱ	ㄴ	ㄷ	ㄹ
①	박쥐나방	복숭아혹진딧물	붉나무혹응애	밤나무혹벌
②	박쥐나방	사사키잎혹진딧물	밤나무혹벌	때죽납작진딧물
③	알락하늘소	목화진딧물	때죽납작진딧물	사철나무혹파리
④	복숭아유리나방	사사키잎혹진딧물	큰팽나무이	솔잎혹파리
⑤	복숭아유리나방	조팝나무진딧물	사사키잎혹진딧물	큰팽나무이

PART 03 수목생리학

051 개화한 다음 해에 종자가 성숙하는 수종은?

① 소나무, 신갈나무
② 소나무, 졸참나무
③ 잣나무, 굴참나무
④ 잣나무, 떡갈나무
⑤ 가문비나무, 갈참나무

052 잎의 구조와 기능에 관한 설명으로 옳지 않은 것은?

① 소나무 잎의 유관속 개수는 잣나무보다 많다.
② 1차 목부는 하표피 쪽에, 1차 사부는 상표피 쪽에 있다.
③ 대부분 피자식물은 기공의 수가 앞면보다 뒷면에 많다.
④ 나자식물에서는 내피와 이입조직이 유관속을 싸고 있다.
⑤ 소나무류는 왁스층이 기공의 입구를 싸고 있어 증산작용을 효율적으로 억제한다.

053 수목이 능동적으로 에너지를 사용하는 활동을 〈보기〉에서 모두 고른 것은?

〈보기〉
ㄱ. 잎의 기공 개폐   ㄴ. 수분의 세포벽 이동
ㄷ. 목부를 통한 수액 상승   ㄹ. 세포의 분열, 신장, 분화
ㅁ. 원형질막을 통한 무기영양소 흡수

① ㄱ, ㄹ, ㅁ   ② ㄴ, ㄷ, ㄹ
③ ㄷ, ㄹ, ㅁ   ④ ㄱ, ㄴ, ㄹ, ㅁ
⑤ ㄱ, ㄷ, ㄹ, ㅁ

054 수목의 뿌리생장에 관련된 설명으로 옳은 것은?

① 주근에서는 측근이 내피에서 발생한다.
② 외생균근이 형성된 수목들은 뿌리털의 발달이 왕성하다.
③ 온대지방에서 뿌리의 신장은 이른 봄에 줄기의 신장보다 늦게 시작한다.
④ 수목은 봄철 뿌리의 발달이 시작되기 전에 이식하는 것이 바람직하다.
⑤ 주근은 뿌리의 표면적을 확대시켜 무기염과 수분의 흡수에 크게 기여한다.

055 온대지방 수목이 수고생장에 관한 설명으로 옳은 것은?

① 느티나무와 단풍나무는 고정생장을 한다.
② 도장지는 침엽수보다 활엽수에 더 많이 나타난다.
③ 액아가 측지의 생장을 조절하는 것을 유한생장이라 한다.
④ 임분 내에서는 우세목이 피압목보다 도장지를 더 많이 만든다.
⑤ 정아우세 현상은 지베렐린이 측아의 생장을 억제하기 때문이다.

056 수목의 광합성에 관한 설명으로 옳은 것은?

① 회양목은 아까시나무보다 광보상점이 낮다.
② 포플러와 자작나무는 서어나무보다 광포화점이 낮다.
③ 광도가 낮은 환경에서는 주목이 포플러보다 광합성 효율이 좋다.
④ 광합성은 물의 산화과정이며, 호흡작용은 탄수화물의 환원과정이다.
⑤ 단풍나무류는 버드나무류보다 높은 광도에서 광보상점에 도달한다.

057 질소고정 미생물의 종류, 생활 형태와 기주식물을 바르게 나열한 것은?

① Cyanobacteria – 내생공생 – 소철   ② Frankia – 내생공생 – 오리나무류
③ Rhizobium – 내생공생 – 콩과식물   ④ Azotobacter – 외생공생 – 나자식물
⑤ Clostridium – 외생공생 – 나자식물

058 광색소와 광합성색소에 관한 설명으로 옳지 않은 것은?

① Pfa는 피토크롬의 생리적 활성형이다.
② 크립토크롬은 일주기현상에 관여한다.
③ 적색광이 원적색광보다 많을 때 줄기생장이 억제된다.
④ 카로티노이드는 광산화에 의한 엽록소 파괴를 방지한다.
⑤ 엽록소 외에도 녹색광을 흡수하며 광합성에 기여하는 색소가 존재한다.

059 수목의 형성층 활동에 대한 설명으로 옳지 않은 것은?

① 옥신에 의해 조절된다.
② 정단부의 줄기부터 형성층 세포분열이 시작된다.
③ 상록활엽수가 낙엽활엽수보다 더 늦은 계절까지 지속한다.
④ 임분 내에서 우세목이 피압목보다 더 늦게까지 지속된다.
⑤ 고정생장 수종은 수고생장과 함께 형성층 활동도 정지된다.

060 괄호 안에 들어갈 내용으로 바르게 나열된 것은?

> • 밀식된 숲은 밀도가 낮은 숲보다 호흡량이 (ㄱ).
> • 기온이나 토양 온도가 상승하면 호흡량이 (ㄴ)한다.
> • 노령이 될수록 총광합성량에 대한 호흡량의 비율이 (ㄷ)한다.
> • 잎 주위의 이산화탄소 농도가 높아지면 기공이 닫혀 호흡량이 (ㄹ)한다.

	ㄱ	ㄴ	ㄷ	ㄹ
①	많다	증가	증가	감소
②	많다	증가	증가	증가
③	많다	증가	감소	증가
④	적다	감소	감소	감소
⑤	적다	감소	증가	감소

061 탄소화물의 합성과 전환에 관한 설명으로 옳은 것은?

① 줄기와 가지에는 수와 심재부에 전분 형태로 축적된다.
② 전분은 잎에서는 엽록체, 저장조직에서는 전분체에 축적된다.
③ 잎에서 합성된 전분은 단당류로 전환되어 사부에 적재된다.
④ 엽육세포 원형질에는 포도당이 가장 높은 농도로 존재한다.
⑤ 열매 속에 발달 중인 종자 내에서는 전분이 설탕으로 전환된다.

062 수목 내 탄수화물 함량의 계절적 변화에 관한 설명으로 옳지 않은 것은?

① 겨울에 줄기의 전분 함량은 증가하고 환원당의 함량은 감소한다.
② 낙엽수는 계절에 따른 탄수화물 함량 변화폭이 상록수보다 크다.
③ 가을에 낙엽이 질 때 줄기의 탄수화물 농도가 최고치에 달한다.
④ 초여름에 밑동을 제거하면, 탄수화물 저장량이 적어 맹아지 발생을 줄일 수 있다.
⑤ 상록수는 새순이 나올 때 줄기의 탄수화물 농도는 감소하고 새 줄기의 탄수화물 농도는 증가한다.

063 식물에서 질소를 포함하지 않는 물질은?

① DNA, RNA
② 니코틴, 카페인
③ ABA, 지베렐린
④ 엽록소, 루비스코
⑤ 아미노산, 폴리펩타드

064 수목의 질소대사에 관한 설명으로 옳은 것은?

① 탄수화물 공급이 느려지면 질소환원도 둔화된다.
② 소나무류는 주로 잎에서 질산태 질소가 암모늄태로 환원된다.
③ 산성토양에서는 질산태 질소가 축적되고, 이를 균근이 흡수한다.
④ 흡수한 암모늄 이온은 고농도로 축적되며, 아미노산 생산에 이용된다.
⑤ 뿌리에 흡수된 질산은 질산염 산화효소에 의해 아질산태로 산화된다.

065 낙엽이 지는 과정에 관한 설명으로 옳지 않은 것은?

① 분리층의 세포는 작고 세포벽이 얇다.
② 신갈나무는 이층 발달이 저조한 수종이다.
③ 옥신은 탈리를 지연시키고, 에틸렌은 촉진한다.
④ 탈리가 일어나기 전 목전질이 축적되며 보호층이 형성된다.
⑤ 겨울철 잎의 색소변화와 함께 엽병 밑부분에 이층 형성이 시작된다.

066 〈보기〉의 수목에 함유된 성분 중 페놀화합물로 나열된 것은?

┌─〈보기〉─────────────────────────────────┐
│ ㄱ. 고무   ㄴ. 큐틴   ㄷ. 타닌   │
│ ㄹ. 리그닌   ㅁ. 스테롤   ㅂ. 플라보노이드   │
└──────────────────────────────────────┘

① ㄱ, ㄴ, ㄹ
② ㄱ, ㄷ, ㅂ
③ ㄴ, ㄷ, ㅂ
④ ㄷ, ㄹ, ㅁ
⑤ ㄷ, ㄹ, ㅂ

067 수목의 물질대사에 관한 설명으로 옳은 것은?

① 광주기를 감지하는 피토크롬은 마그네슘을 함유한다.
② 세포벽의 섬유소는 초식동물이 소화할 수 없는 화합물이다.
③ 지방은 설탕(자당)으로 재합성된 후 에너지가 필요한 곳으로 이동한다.
④ 겨울철 자작나무 수피의 지질함량은 낮아지고 설탕(함량)은 증가한다.
⑤ 콩꼬투리와 느릅나무 내수피 주변에서 분비되는 검과 점액질은 지질의 일종이다.

068 잎과 줄기의 발생과 초기 발달에 관한 설명으로 옳지 않은 것은?

① 잎차례는 눈이 싹트면서 결정된다.
② 눈 속에 잎과 가지의 원기가 있다.
③ 전형성층은 정단분열조직에서 발생한다.
④ 잎이 직접 달린 가지는 잎과 나이가 같다.
⑤ 소나무 당년지 줄기는 목질화되면 길이 생장이 정지된다.

069 방사(수선)조직에 관한 설명으로 옳지 않은 것은?

① 전분을 저장한다.
② 2차생장 조직이다.
③ 중심의 수에서 사부까지 연결된다.
④ 방추형 시원세포의 수층분열로 발생한다.
⑤ 침엽수 방사조직을 구성하는 세포에는 가도관세포가 포함된다.

070 무기영양소인 칼슘에 관한 설명으로 옳지 않은 것은?

① 산성 토양에서 쉽게 결핍된다.
② 심하게 결핍되면 어린 순이 고사한다.
③ 펙틴과 결합하여 세포 사이의 중엽층을 구성한다.
④ 세포 외부와의 상호작용에서 신호전달에 필수적이다.
⑤ 칼로스(Callose)를 형성하여 손상된 도관 폐쇄에 이용된다.

071 도관이 공기로 공동화되어 통수 기능이 손실되는 현상과 양(+)의 상관관계가 아닌 것은?

① 근압의 증가 　　　　　　　　② 벽공의 손상
③ 가뭄으로 인한 토양의 건조 　　④ 도관의 길이와 직경의 증가
⑤ 목부의 반복되는 동결과 해동

072 버섯을 만드는 외생균근을 형성하는 수종으로 나열된 것은?

① 상수리나무, 자작나무, 잣나무 　　② 다릅나무, 사철나무, 자귀나무
③ 대추나무, 이팝나무, 회화나무 　　④ 왕벚나무, 백합나무, 사과나무
⑤ 구상나무, 아까시나무, 쥐똥나무

073 토양의 건조에 관한 수목의 적응반응이 아닌 것은?

① 기공을 닫아 증산을 줄인다.
② 잎의 삼투퍼텐셜을 감소시킨다.
③ 조기낙엽으로 수분 손실을 줄인다.
④ 휴면을 앞당겨 생장기간을 줄인다.
⑤ 수평근을 발달시켜 흡수표면적을 증가시킨다.

074 수분 함량이 감소함에 따라 발생하는 잎의 시듦(위조)에 관한 설명으로 옳은 것은?

① 위조점에서 엽육세포의 팽압은 0이다.
② 위조점에서 엽육세포의 삼투압은 음(−)의 값이다.
③ 엽육세포의 팽압은 수분함량에 반비례하여 증가한다.
④ 위조점에서 엽육조직의 수분퍼텐셜은 삼투퍼텐셜보다 작다.
⑤ 영구적인 위조점에서 엽육세포의 수분퍼텐셜은 −1.5MPa이다.

075 지베렐린 생합성 저해물질인 파클로부트라졸을 처리했을 때 수목에 미치는 영향으로 옳은 것은?

① 조기낙엽을 유도한다.   ② 줄기조직이 연해진다.

③ 신초의 길이 생장이 감소한다.   ④ 잎의 엽록소 함량이 감소한다.

⑤ 꽃에 처리하면 단위결과가 유도된다.

PART 04 산림토양학

076 토양 입단화에 대한 설명으로 옳지 않은 것은?

① 유기물은 토양입단 형성 및 안정화에 중요한 역할을 한다.
② 나트륨이온은 점토입자들을 응집시켜 입단화를 촉진시킨다.
③ 다가 양이온은 점토입자 사이에서 다리 역할을 하여 입단 형성에 도움을 준다.
④ 뿌리의 수분흡수로 토양의 젖음−마름 상태가 반복되어 입단 형성이 가속화된다.
⑤ 사상균의 균사는 점토입자들 사이에 들어가 토양입자와 서로 엉키며 입단을 형성한다.

077 도시숲 토양에서 답압 피해를 관리하는 방법으로 옳지 않은 것은?

① 수목 하부의 낙엽과 낙지를 제거한다.
② 토양표면에 수피, 우드칩, 매트 등을 멀칭한다.
③ 토양 내에 유기질 재료를 처리하여 입단을 개선한다.
④ 토양에 구멍을 뚫고 모래, 펄라이트, 버미큘라이트 등을 넣는다.
⑤ 나지 상태가 되지 않도록 초본, 관목 등으로 토양 표면을 피복한다.

078 토양 수분퍼텐셜에 대한 설명으로 옳지 않은 것은?

① 매트릭(기질)퍼텐셜은 항상 음(−)의 값을 갖는다.
② 토양수는 퍼텐셜이 높은 곳에서 낮은 곳으로 이동한다.
③ 수분 불포화 상태에서 토양수의 이동은 압력퍼텐셜의 영향을 받지 않는다.
④ 중력퍼텐셜은 임의로 설정된 기준점보다 상대적 위치가 낮을수록 커진다.
⑤ 불포화 상태에서 토양수의 이동은 주로 매트릭(기질)퍼텐셜에 의하여 발생한다.

079 〈보기〉 중 부식에 대한 설명으로 옳은 것을 모두 고르면?

> 〈보기〉
>
> ㄱ. 토양 입단화를 증진시킨다.
> ㄴ. 양이온 교환 용량을 증가시킨다.
> ㄷ. pH의 급격한 변화를 촉진한다.
> ㄹ. 모래보다 g당 표면적이 작다.
> ㅁ. 미량원소와 킬레이트 화합물을 형성한다.

① ㄱ, ㄴ   ② ㄱ, ㄴ, ㄹ

③ ㄱ, ㄴ, ㅁ   ④ ㄱ, ㄴ, ㄹ, ㅁ

⑤ ㄴ, ㄷ, ㄹ, ㅁ

080 산림토양 내 미생물에 관한 설명 중 옳지 않은 것은?

① 공생질소고정균은 뿌리혹을 형성하여 공중질소를 기주식물에게 공급한다.
② 사상균은 종속영양생물이기 때문에 유기물이 풍부한 곳에서 활성이 높다.
③ 한국 산림토양에서 방선균은 유기물 분해와 양분 무기화에 중요한 역할을 한다.
④ 조류(Algae)는 독립영양생물로 광합성을 할 수 있기 때문에 임상에서 풍부하게 존재한다.
⑤ 세균 중 종속영양세균은 가장 수가 많으며 호기성, 혐기성 또는 양쪽 모두를 포함하기도 한다.

081 토양 산성화의 원인으로 옳지 않은 것은?

① 염기포화도 증가
② 유기물 분해 시 유기산 생성
③ 식물 뿌리와 토양 미생물의 호흡
④ 질소질 비료의 질산화작용에 의한 수소 이온 생성
⑤ 지속적인 강우에 의한 토양 내 교환성 염기 용탈

082 토양 공기 중 뿌리와 생물의 에너지를 생성하는 과정에서 발생하며, 대기와 조성비율 차이가 큰 기체는?

① 질소   ② 아르곤
③ 아산화황   ④ 이산화탄소
⑤ 일산화탄소

083 토양의 교환성 양이온이 다음과 같은 경우 염기성포화도는? (단, 양이온 교환 용량은 16cmolc/kg)

• H^+=3cmolc/kg	• K^+=3cmolc/kg	• Na^+=3cmolc/kg
• Ca^{2+}=3cmolc/kg	• Mg^{2+}=3cmolc/kg	• Al^{3+}=1cmolc/kg

① 19%   ② 25%
③ 50%   ④ 75%
⑤ 100%

084 온대 습윤 지방에서 주요 1차 광물의 풍화 내성이 강한 순으로 배열된 것은?

① 휘석>백운모>흑운모>석영>회장석
② 흑운모>백운모> 석영> 휘석>각섬석
③ 백운모>정장석>흑운모>감람석>휘석
④ 석영>백운모>흑운모>조장석>각섬석
⑤ 석영>백운모>흑운모>정장석>감람석

085 농경지토양과 비교하여 산림토양의 특성으로 볼 수 없는 것은?

① 미세기후의 변화는 농경지토양보다 적다.
② 낙엽과 고사근에 의해 유기물이 토양으로 환원된다.
③ 산림토양의 양분 순환은 농경지토양에 비해 빠르다.
④ 산림토양의 수분 침투 능력은 농경지토양보다 낮다.
⑤ 낙엽층은 산림토양의 수분과 온도의 급격한 변화를 완충시킨다.

086 토양조사를 위한 토양단면 작성 방법 중 옳지 않은 것은?

① 토양단면은 사면 방향과 직각이 되도록 판다.
② 깊이 1m 이내에 기암이 노출된 경우에는 기암까지만 판다.
③ 토양단면 내에 보이는 식물 뿌리는 원 상태로 남겨둔다.
④ 낙엽층은 전정가위로 단면 예정선을 따라 수직으로 자른다.
⑤ 임상이나 지표면의 상태가 정상적인 곳을 조사지점으로 정한다.

087 토양생성 작용에 의하여 발달한 토양층 중 진토층은?

① A층+B층
② A층+B층+C층
③ O층+A층+B층
④ O층+A층+B층+C층
⑤ O층+A층+B층+C층+R층

088 온난 습윤한 열대 또는 아열대 지역에서 풍화 및 용탈 작용이 일어나는 조건에서 발달하여, 염기포화도 35% 이하인 토양목은?

① Oxisol
② Ultisol
③ Entisol
④ Histosol
⑤ Inceptisol

089 기후 및 식생대의 영향을 받아 생성된 성대성 토양은?

① 소택토양
② 암쇄토양
③ 염류토양
④ 충적토양
⑤ 툰드라토양

090 한국 산림토양의 특성이 아닌 것은?

① 산림토양형은 8개이다.
② 토성은 주로 사양토와 양토이다.
③ 산림토양의 분류체계는 토양군, 토양아군, 토양형 순이다.
④ 토양단면의 발달이 미약하고 유기물 함량이 적은 편이다.
⑤ 화강암과 화강편마암으로부터 생성된 산성토양이 주로 분포한다.

091 수목이 쉽게 이용할 수 있는 인의 형태는?

① 무기인산 이온
② 철인산 화합물
③ 칼슘인산 화합물
④ 불용성 유기태 인
⑤ 인회석(Apatite) 광물

092 코어(200cm³)에 있는 300g의 토양시료를 건조하였더니 건조된 시료의 무게가 260g이었다. 이 토양의 액상, 기상의 비율은 얼마인가? (단, 토양의 입자 밀도는 2.6g/cm³, 물의 비중은 1.0g/cm³로 가정한다.)

① 20%, 20%
② 20%, 25%
③ 20%, 30%
④ 30%, 20%
⑤ 30%, 30%

093 토양 입자 크기에 따라 달라지는 토양의 성질이 아닌 것은?

① 교질물 구조
② 수분 보유력
③ 양분 저장성
④ 유기물 분해
⑤ 풍식 감수성

094 토양 산도(Acidity)에 대한 설명으로 옳지 않은 것은?

① 토양산도는 활산도, 교환성 산도 및 잔류 산도 등 세 가지로 구분한다.
② 산림에서 낙엽의 분해로 발생하는 유기산은 토양의 산도를 감소시킨다.
③ 산림토양에서 pH값은 가을에 가장 높고 활엽수림이 침엽수림보다 높다.
④ 산림에 있는 유기물층과 A층은 주로 산성을 띠고, 아래로 갈수록 산도가 감소한다.
⑤ 한국 산림토양은 모암의 영향도 있지만, 주로 강우 현상에 의한 염기용탈로 산성을 띤다.

095 토양 질소 순환 과정에서 대기와 관련된 것을 〈보기〉 중 고르면?

┌─〈보기〉───┐
│ ㄱ. 질산염 용탈 작용   ㄴ. 질산염 탈질 작용   │
│ ㄷ. 암모니아 휘산 작용   ㄹ. 미생물에 의한 부동화 작용 │
│ ㅁ. 콩과식물의 질소 고정 작용   │
└───┘

① ㄱ, ㄴ, ㄷ
② ㄱ, ㄴ, ㄹ
③ ㄱ, ㄷ, ㅁ
④ ㄴ, ㄷ, ㅁ
⑤ ㄴ, ㄹ, ㅁ

096 균근에 대한 설명으로 옳지 않은 것은?

① 근권 내 병원균 억제
② 식물생장호르몬 생성
③ 토양 입자의 입단화 촉진
④ 난용성 인산의 흡수 촉진
⑤ 수목의 한발 저항성 억제

097 괄호 안에 들어갈 용어를 순서대로 나열한 것은?

┌───┐
│ 요소(Urea) 비료는 생리적 (ㄱ) 비료이며, 화학적 (ㄴ) 비료이고, 효과 측면에서는 (ㄷ) 비료이다. │
└───┘

	ㄱ	ㄴ	ㄷ
①	산성	중성	속효성
②	중성	산성	완효성
③	중성	중성	속효성
④	산성	염기성	완효성
⑤	중성	염기성	완효성

098 특이산성토양의 특성에 대한 설명으로 옳지 않은 것은?

① 토양의 pH가 3.5 이하인 산성토층을 가진다.
② 황화수소(H_2S)의 발생으로 수목의 피해가 발생한다.
③ 한국에서는 김해평야와 평택평야 등지에서 발견된다.
④ 담수 상태에서 환원 상태인 황화합물에 의해 산성을 나타낸다.
⑤ 개량 방법은 석회를 사용하는 것이나 경제성이 낮아 적용하기가 어렵다.

099 토양의 특성 중 산불 발생으로 인해 상대적으로 변화가 적은 것은?

① pH
② 토성
③ 유기물
④ 용적밀도
⑤ 교환성 양이온

100 산림토양에서 미생물에 의한 낙엽 분해에 관한 설명으로 옳지 않은 것은?

① 낙엽에 의한 유기물축적은 열대림보다 온대림에서 많다.
② 낙엽의 분해율은 분해 초기에는 진행이 빠르지만 점차 느려진다.
③ 주로 탄질비(C/N)가 높은 낙엽이 분해 속도와 양분 방출 속도가 빠르다.
④ 양분 이온들은 미생물의 에너지 획득 과정의 부산물로서 토양수로 들어간다.
⑤ 낙엽의 양분 함량이 많고 적음에 따라 미생물에 의한 양분 방출 속도가 다르다.

PART 05 수목관리학

101 미상화서(꼬리꽃차례)인 수종은?

① 목련, 동백나무
② 벚나무, 조팝나무
③ 등나무, 때죽나무
④ 작살나무, 덜꿩나무
⑤ 버드나무, 굴참나무

102 도시숲의 편익에 대한 설명으로 옳지 않은 것은?

① 유거수와 토양침식을 감소시킨다.
② 잎은 미세먼지 흡착 기여도가 가장 큰 기관이다.
③ 건물의 냉·난방에 소요되는 에너지 비용을 절감한다.
④ 휘발성 유기화합물(VOC)을 발산하여 O_3 생성을 억제한다.
⑤ SO_2, NOx, O_3 등 대기오염물질을 흡수 또는 흡착하여 대기의 질을 개선한다.

103 식물건강관리(PHC) 프로그램에 관한 설명으로 옳지 않은 것은?

① 인공 지반 위에 식재한 경우 균근을 활용한다.
② 환경과 유전 특성을 반영하여 수목을 선정하고 식재한다.
③ 병해충 모니터링과 수목 피해의 사전 방지가 강조된다.
④ PHC의 기본은 수목 식별과 해당 수목의 생리에 대한 지식이다.
⑤ 교목 아래에 지피식물을 식재하는 것이 유기물로 멀칭하는 것보다 더 바람직하다.

104 수목 이식에 관한 설명 중 옳지 않은 것은?

① 일반적으로 7월과 8월은 적기가 아니다.
② 가시나무와 층층나무는 이식 성공률이 낮은 편이다.
③ 대형수목 이식 시 근분의 높이는 줄기의 직경에 따라 결정한다.
④ 근원 직경 5cm 미만의 활엽수는 가을이나 봄에 나근 상태로 이식할 수 있다.
⑤ 교목은 한 개의 수간에 골격지가 적절한 간격으로 균형 있게 발달한 것을 선정한다.

105 전정에 관한 설명으로 옳지 않은 것은?

① 자작나무, 단풍나무는 이른 봄이 적기이다.
② 구조전정, 수관솎기, 수관축소는 모두 바람의 피해를 줄인다.
③ 구획화(CODIT)의 두 번째 벽(Wall 2)은 종축유세포에 의해 형성된다.
④ 침엽수 생울타리는 밑부분의 폭을 윗부분보다 넓게 유지하는 것이 좋다.
⑤ 주간이 뚜렷하고 원추형 수형을 갖는 나무는 전정을 거의 하지 않아도 안정된 구조를 형성한다.

106 수목의 위험성을 저감하기 위한 처리 방법으로 옳지 않은 것은?

① 죽었거나 매달려 있는 가지 : 수관을 청소하는 전정을 실시한다.
② 매몰된 수피로 인한 약한 가지 부착 : 줄당김이나 쇠조임을 실시한다.
③ 부후된 가지 : 보통 이하의 부후는 길이를 축소하고, 심하면 쇠조임을 실시한다.
④ 부후된 수간 : 부후가 경미하면 수관을 축소 전정하고, 심하면 해당 수목을 제거한다.
⑤ 초살도가 낮고 끝이 무거운 수평 가지 : 가지의 무게와 길이를 줄이고 지지대를 설치한다.

107 수목관리자의 조치로 옳지 않은 것은?

① 토양경도가 3.6kg/cm^{2}인 식재부지를 심경하였다.
② 배수관로가 매설된 지역에 참느릅나무를 식재하였다.
③ 제초제 피해를 입은 수목의 토양에 활성탄을 혼화처리하였다.
④ 해안매립지에 염분차단층을 설치하고, 성토한 다음 모감주나무를 식재하였다.
⑤ 복토가 불가피하여 나무 주변에 마른 우물을 나들고, 우물 밖에 유공관을 설치한 다음 복토하였다.

108 조상(첫서리) 피해에 관한 설명으로 옳지 않은 것은?

① 벌채 시기에 따라 활엽수의 맹아지가 종종 피해를 입는다.
② 생장휴지기에 들어가기 전 내리는 서리에 의한 피해이다.
③ 남부지방 원산의 수종을 북쪽으로 옮겼을 경우 피해를 입기 쉽다.
④ 찬 공기가 지상 1~3m 높이에서 정체되는 분지에서 가끔 피해가 나타난다.
⑤ 잠아로부터 곧 새순이 나오기 때문에 수목에 치명적인 피해는 주지 않는다.

109 한해(건조 피해)에 관한 설명으로 옳지 않은 것은?

① 토양에서 수분 결핍이 시작되면 뿌리부터 마르기 시작한다.
② 인공림과 천연림 모두 수령이 적을수록 피해를 입기 쉽다.
③ 포플러류, 오리나무, 들메나무와 같은 습생식물은 한해에 취약하다.
④ 조림지의 경우에 수목을 깊게 심는 것도 한해를 예방하는 방법이다.
⑤ 침엽수의 경우 건조 피해가 초기에 잘 나타나지 않기 때문에 주의가 필요하다.

110 바람 피해에 관한 설명으로 옳은 것은?

① 천근성 수종인 가문비나무와 소나무가 바람에 약하다.
② 수목의 초살도가 높을수록 바람에 대한 저항성이 낮다.
③ 폭풍에 의한 수목의 도복은 사질토양보다 점질토양에서 발생하기 쉽다.
④ 주풍에 의한 침엽수의 편심생장은 바람이 부는 반대 방향으로 발달한다.
⑤ 방풍림의 효과를 충분히 발휘시키기 위해서는 주풍 방향에 직각으로 배치해야 한다.

111 제설염 피해에 관한 설명으로 옳지 않은 것은?

① 침엽수는 잎 끝부터 황화현상이 발생하고 심하면 낙엽이 진다.
② 일반적으로 수목 식재를 위한 토양 내 염분한계농도는 0.05% 정도이다.
③ 상대적으로 낙엽수보다 겨울에도 잎이 붙어 있는 상록수에서 피해가 더 크다.
④ 토양 수분퍼텐셜이 높아져서 식물이 물과 영양소를 흡수하기가 어려워진다.
⑤ 피해를 줄이기 위해 토양 배수를 개선하고, 석고를 사용하여 나트륨을 치환해준다.

112 수종별 내화성에 관한 설명으로 옳지 않은 것은?

① 소나무는 줄기와 잎에 수지가 많아 연소의 위험이 높다.
② 가문비나무는 음수로 임내에 습기가 많아 산불 위험도가 낮다.
③ 녹나무는 불에 강하며, 생엽이 결코 불꽃을 피우며 타지 않는다.
④ 은행나무는 생가지가 수분을 많이 함유하고 있어 잘 타지 않는다.
⑤ 리기다소나무는 맹아력이 강하여 산불 발생 후 소생하는 경우가 많다.

113 괄호 안에 들어갈 내용을 바르게 나열한 것은?

PAN의 피해는 주로 (ㄱ)에 나타나고, O^3에 의한 가시적 장해의 조직학적 특징은 (ㄴ)이 선택적으로 파괴되는 경우가 많으며, 느티나무는 O^3에 대한 감수성이 (ㄷ).

	ㄱ	ㄴ	ㄷ
①	어린잎	책상조직	작다
②	어린잎	책상조직	크다
③	어린잎	해면조직	작다
④	성숙 잎	해면조직	작다
⑤	성숙 잎	책상조직	크다

114 산성비의 생성 및 영향에 관한 설명으로 옳지 않은 것은?

① 활엽수림보다 침엽수림이 산 중화 능력이 더 크다.
② 황산화물과 질소산화물이 산성비 원인 물질이다.
③ 활성 알루미늄으로 인해 인산 결핍을 초래한다.
④ 토양 산성화로 미생물, 특히 세균의 활동이 억제된다.
⑤ 잎 표면의 왁스층을 심하게 부식시켜 내수성을 상실한다.

115 침투성 살충제에 관한 설명으로 옳지 않은 것은?

① 흡즙성 해충에 약효 우수하다.
② 유효성분 원제의 물에 대한 용해도가 수 mg/L 이상이어야 한다.
③ 네오니코티노이드계 농약인 아세타미프리드, 티아메톡삼이 있다.
④ 보통 경엽처리제로 제형화하며, 토양에 처리하는 입제로는 적합하지 않다.
⑤ 흡수된 농약이 이동 중 분해되지 않도록 화학적, 생화학적 안정성이 요구된다.

116 천연식물보호제가 아닌 것은?

① 비펜트린
② 지베렐린
③ 석회보르도액
④ 비티쿠르스타키
⑤ 코퍼하이드록사이드

117 보호살균제에 관한 설명으로 옳지 않은 것은?

① 정확한 발병 시점을 예측하기 어려우므로 약효 지속기간이 길어야 한다.
② 병 발생 전에 식물에 처리하여 병의 발생을 예방하기 위한 약제이다.
③ 식물의 표피조직과 결합하여, 발아한 포자의 식물체 침입을 막아준다.
④ 발달 중의 균사 등에 대한 살균력이 낮아, 일단 발병하면 약효가 떨어진다.
⑤ 석회보르도액과 각종 수목의 탄저병 등 방제에 쓰이는 만코제브는 이에 해당한다.

118 반감기가 긴 난분해성 농약을 사용하였을 때 발생할 수 있는 문제점으로 옳지 않은 것은?

① 토양의 알칼리화
② 토양 중 농약 잔류
③ 후작들의 생육 장해
④ 잔류농약에 의한 만성독성
⑤ 생물농축에 의한 생태계 파괴

119 농약의 제형 중 액제(SL)에 관한 설명으로 옳지 않은 것은?

① 원제가 극성을 띠는 경우에 적합한 제형이다.
② 원제가 수용성이며 가수분해의 우려가 없는 것이어야 한다.
③ 원제를 물이나 메탄올에 녹이고, 계면활성제를 첨가하여 제제한다.
④ 저장 중에 동결에 의해 용기가 파손될 우려가 있으므로 동결방지제를 첨가한다.
⑤ 살포액을 조제하면 계면활성제에 의해 유화성이 증가되어 우윳빛으로 변한다.

120 잔디용 제초제 벤타존이 벼과와 사초과 식물 사이에 보이는 선택성은 어떠한 차이에 의한 것인가?

① 약제와의 접촉
② 체내로의 흡수
③ 작용점으로의 이행
④ 대사에 의한 무독화
⑤ 작용점에서의 감수성

121 신경 및 근육에서의 자극 전달 작용을 저해하는 살충제에 해당하지 않는 것은?

① 비펜트린(3a)
② 아바멕틴(6)
③ 디플루벤주론(15)
④ 페니트로티온(1b)
⑤ 아세타미프리드(4a)

122 여러 가지 수목병에 사용되는 살균제인 마이클로뷰타닐과 테부코나졸의 작용기작은?

① 스테롤합성 저해, 스테롤합성 저해
② 단백질합성 저해, 단백질합성 저해
③ 지방산합성 저해, 지방산합성 저해
④ 스테롤합성 저해, 단백질합성 저해
⑤ 지방산합성 저해, 스테롤합성 저해

123 「소나무재선충병 방제지침」 소나무재선충병 예방사업 중 나무주사 대상지 및 대상목에 관한 설명으로 옳지 않은 것은?

① 집단발생지 및 재선충병 확산이 우려되는 지역
② 발생지역 중 잔존 소나무류에 대한 예방조치가 필요한 지역
③ 발생지역 중 피해 외곽지역 단본 형태로 감염목이 발생하는 지역
④ 국가 주요시설, 생활권 주변의 도시공원, 수목원, 자연휴양림 등 소나무류 관리가 필요한 지역
⑤ 나무주사 우선순위 이외 지역의 소나무류에 대해서는 피해 고사목 주변 20m 내외 안쪽에 한해 예방 나무주사 실시

124 「산림병해충 방제규정」 방제용 약종의 선정기준이 아닌 것은?

① 경제성이 높을 것
② 사용이 간편할 것
③ 대량구입이 가능할 것
④ 항공방제의 경우 전착제가 포함되지 않을 것
⑤ 약효시험 결과 50% 이상 방제효과가 인정될 것

125 「산림보호법」 과태료 부과기준의 개별 기준 중 다음의 과태료 금액에 해당하지 않는 위반행위는?

- 1차 위반 : 50만원
- 2차 위반 : 70만원
- 3차 위반 : 100만원

① 나무의사가 보수교육을 받지 않은 경우
② 나무의사가 진료부를 갖추어 두지 않은 경우
③ 나무병원이 나무의사의 처방전 없이 농약을 사용한 경우
④ 나무의사가 정당한 사유 없이 처방전 등 발급을 거부한 경우
⑤ 나무의사가 진료사항을 기록하지 않거나 또는 거짓으로 기록한 경우

2022년 7회 기출문제

PART 01 수목병리학

001 수목병에 관한 처방이 효과적이지 않은 경우는?

① 버즘나무 탄저병–감염된 낙엽과 가지 제거
② 철쭉 떡병–감염부위 제거, 통풍 환경개선
③ 잣나무 아밀라리아 뿌리썩음병–지상수 피해 침엽과 가지 제거
④ 소나무 시들음병(소나무 재선충병)–살선충제 나무주사, 매개충 방제
⑤ 대추나무 빗자루병–항생제(옥시테트라사이클린계) 나무주사, 매개충 방제

002 수목병을 정확하게 진단하기 위하여 감염시료와 채취의 병원체의 분리배양이 가능한 병은?

① 대추나무 빗자루병 ② 배롱나무 흰가루병
③ 벚나무 번개무늬병 ④ 포플러 모자이크병
⑤ 소나무 피목가지마름병

003 수목병 감염 시 나타나는 생리기능 장애증상이 바르게 연결되지 않은 것은?

① 회양목 그을음병–광합성 저해
② 조팝나무 흰가루병–양분의 저장 장애
③ 감나무 열매썩음병–양분의 저장, 증식 장애
④ 소나무 안노섬뿌리썩음병–물과 무기양분의 흡수 장애
⑤ 소나무 시들음병(소나무재선충병)–물과 무기양분의 이동 장애

004 병원체의 유전물질이 식물에 전이되는 형질전환 현상에 의한 이상비대나 이상증식이 나타나는 병은?

① 철쭉 떡병 ② 소나무 혹병
③ 밤나무 뿌리혹병 ④ 소나무 줄기녹병
⑤ 오동나무 뿌리혹선충병

005 전자현미경으로만 병원체의 형태를 관찰할 수 있는 수목병들을 바르게 나열한 것은?

ㄱ. 뽕나무 오갈병	ㄴ. 버즘나무 탄저병	ㄷ. 장미 모자이크병
ㄹ. 버드나무 잎녹병	ㅁ. 벚나무 빗자루병	ㅂ. 붉나무 빗자루병
ㅅ. 동백나무 겹둥근무늬병		

① ㄱ, ㄷ, ㅂ ② ㄱ, ㄹ, ㅅ
③ ㄴ, ㄷ, ㅁ ④ ㄴ, ㅂ, ㅅ
⑤ ㄷ, ㅂ, ㅅ

006 식물에 기생하는 바이러스의 일반적인 특성으로 옳지 않은 것은?

① 감염 후 새로운 바이러스 입자가 만들어지는 데 대략 10시간이 소요된다.
② 바이러스 입자는 인접세포와 체관에서 빠르게 이동한 후 물관에 존재한다.
③ 세포 내에 침입한 바이러스는 외피에서 핵산이 분리되어 상보 RNA 가닥을 만든다.
④ 바이러스의 종류와 기주에 따라서 얼룩, 줄무늬, 엽맥투명, 위축, 오갈, 황화 등의 병징이 나타난다.
⑤ 바이러스의 종류에 따라 영양·번식기관, 종자, 꽃가루, 새삼, 곤충, 응애, 선충, 균류 등에 의하여 전염될 수 있다.

007 향나무 녹병에 관한 설명으로 옳지 않은 것은?

① 감염된 장미과 식물의 잎과 열매에는 작은 반점이 다수 형성된다.
② 병원균은 향나무와 장미과 식물을 기주교대하는 이종(異種)기생균이다.
③ 향나무에는 겨울포자와 담자포자, 장미과에는 녹병정자, 녹포자, 여름포자가 형성된다.
④ 향나무와 노간주나무의 줄기와 가지가 말라 생장이 둔화되고 심하면 고사한다.
⑤ 방제방법에는 향나무와 장미과 식물을 2km 이상 거리를 두고 식재하는 방법과 적용 살균를 살포하는 방법이 있다.

008 수목병 진단 시 생물적 원인(기생성)과 비생물적 원인(비기생성)에 의한 병 발생의 일반적인 특성으로 옳지 않은 것은?

	항목	생물적	비생물적
①	발병면적	제한적	넓음
②	병원체	있음	없음
③	종 특이성	높음	낮음
④	병 진전도	다양	유사
⑤	발병 부위	수목 전체	수목 일부

009 수목에 기생하는 종자식물에 관한 설명으로 옳지 않은 것은?

① 기생성 종자식물에는 새삼, 마녀풀, 더부살이, 칡 등이 있다.
② 흡기라는 특이 구조체를 만들어 기주수목에서 수분과 양분을 흡수한다.
③ 진정겨우살이에 감염된 기주는 생장이 위축되고 가지 변형이 심하면 고사할 수 있다.
④ 소나무(난쟁이) 겨우살이는 암·수꽃이 화분수정하고 장과를 형성하여 증식한다.
⑤ 겨우살이에는 침엽수에 기생하는 소나무(난쟁이) 겨우살이와 활엽수에 기생하는 진정겨우살이가 있다.

010 장미 검은무늬병에 관한 설명으로 옳지 않은 것은?

① 감염된 잎은 조기낙엽되고 심한 경우 모두 떨어지기도 한다.
② 장마 후에 피해가 심하나 봄비가 잦으면 5~6월에도 피해가 발생한다.
③ 병원균은 감염된 잎에서 자낭구로 월동하고 봄에 자낭포자가 1차 전염원이 된다.
④ 병든 낙엽은 모아 태우거나 땅속에 묻고, 5월경부터 10일 간격으로 적용 살균제를 3~4회 살포한다.
⑤ 잎에 암갈색~흑갈색의 병반과 검은색의 분생포자층 및 분생포자를 형성하여 곤충이나 빗물에 의해 전반된다.

011 수목 기생체 중 세포벽이 없는 것으로 짝지어진 것은?

ㄱ. 겨우살이	ㄴ. 소나무재선충
ㄷ. 대추나무 빗자루병균	ㄹ. 쥐똥나무 흰가루병균
ㅁ. 밤나무혹병(근두암종병)균	ㅂ. 벚나무 번개무늬병 병원체

① ㄱ, ㄴ, ㅁ   ② ㄱ, ㄷ, ㅂ
③ ㄴ, ㄷ, ㅁ   ④ ㄴ, ㄷ, ㅂ
⑤ ㄷ, ㄹ, ㅂ

012 수목병원체의 동정 및 병 진단에 관한 설명으로 옳은 것은?
① 분리된 선충에 구침이 없으면 외부기생성 식물 기생선충이다.
② 세균은 세포막의 지방산 조성을 분석함으로써 동정할 수 있다.
③ 향나무 녹병균의 담자포자는 200배율의 광학현미경으로 관찰할 수 없다.
④ 파이토플라스마는 16S rRNA 유전자 염기서열 분석으로 동정할 수 없다.
⑤ 바이러스에 감염된 잎에서 DNA를 추출하여 면역확산법으로 진단한다.

013 수목병의 진단에 사용되는 재료나 방법의 설명으로 옳지 않은 것은?
① 표면살균에 치아염소산나트륨(NaOCl) 또는 알코올을 주로 사용한다.
② 광학현미경 관찰 시 일반적으로 저배율에서 고배율로 순차적으로 관찰한다.
③ 병원균 분리에 사용되는 물한천배지는 물과 한천(agar)으로 만든 배지이다.
④ 식물 내의 바이러스 입자를 관찰하기 위해서는 주사전자현미경을 사용한다.
⑤ 곰팡이 포자 형성이 잘 되지 않는 경우 근자외선이나 형광등을 사용하여 포자 형성을 유도한다.

014 수목의 흰가루병에 관한 설명으로 옳지 않은 것은?
① 단풍나무의 흰가루병이 발생하면 발병 초기에 집중방제한다.
② 쥐똥나무에 발생하면 잎이 떨어지고 관상가치가 크게 떨어진다.
③ 목련류 흰가루병균은 식물의 표피세포 속에 흡기를 뻗어 양분을 흡수한다.
④ 배롱나무 개화기에 발생하면 잎을 회백색으로 뒤덮는데 대부분 자낭포자와 균사이다.
⑤ 장미의 생육 후기에 날씨가 서늘해지면 자낭과를 형성하고 자낭에 8개의 자낭포자를 만든다.

015 병발생과 병원체 전반에 곤충이 관여하지 않은 수목병이 나열된 것은?

ㄱ. 목재청변	ㄴ. 라일락 그을음병
ㄷ. 밤나무 흰가루병	ㄹ. 참나무 시들음병
ㅁ. 명자나무 불마름병	ㅂ. 오동나무 빗자루병
ㅅ. 단풍나무 타르점무늬병	ㅇ. 소나무 리지나뿌리썩음병
ㅈ. 소나무 시들음병(소나무 재선충병)	

① ㄱ, ㄴ, ㄷ   ② ㄱ, ㅂ, ㅈ
③ ㄷ, ㅁ, ㅅ   ④ ㄷ, ㅅ, ㅇ
⑤ ㄹ, ㅁ, ㅈ

016 소나무 가지끝마름병의 설명으로 옳지 않은 것은?

① 피해를 입은 새 가지와 침엽은 수지에 젖어 있고 수지가 흐른다.

② 명나방류나 얼룩나방류의 유충에 의해 고사하는 증상과 비슷하다.

③ 말라죽은 침엽의 표피를 뚫고 나온 검은 자낭각이 중요한 표징이다.

④ 감염된 리기다소나무의 어린 침엽은 아래쪽 일부가 볏짚색으로 퇴색된다.

⑤ 새 가지의 침엽이 짧아지면서 갈색 혹은 회갈색으로 변하고 말라죽은 어린가지는 구부러지면서 밑으로 처진다.

017 수목병의 관리에 관한 설명으로 옳은 것은?

① 티오파네이트메틸은 상처도포제로 사용된다.

② 나무주사는 이미 발생한 병의 치료 목적으로만 사용된다.

③ 잣나무 털녹병 방제를 위해 매발톱나무를 제거한다.

④ 보르도액은 방제효과의 지속시간이 짧으나 침투이행성이 뛰어나다.

⑤ 공동 내의 부후부를 제거할 때는 변색부만 제거하되 건전부는 도려내면 안 된다.

018 수목의 뿌리에 발생하는 병에 관한 설명 중 옳은 것은?

① 어린 묘목에서는 뿌리혹병이 많이 발생한다.

② 뿌리썩음병을 일으키는 주요 병원균은 세균이다.

③ 리지나 뿌리썩음병균은 담자균문에 속하고 산성토양에서 피해가 심하다.

④ 유묘기 모잘록병의 주요 병원균은 *Pythium*속과 *Rhizoctonia solani* 등이 있다.

⑤ 아밀라리아 뿌리썩음병균은 자낭균문에 속하며 뿌리꼴균사다발을 형성한다.

019 한국에서 발생한 참나무 시들음병에 관한 설명으로 옳지 않은 것은?

① 매개충은 천공성 해충인 광릉긴나무좀이다.

② 주요 피해 수종은 물참나무와 졸참나무이다.

③ 병원균은 자낭균으로서 *Raffaelea quercus−mongolicae*이다.

④ 감염된 나무는 물관부의 수분흐름을 방해하여 나무 전체가 시든다.

⑤ 고사한 나무는 벌채 후 일정 크기로 잘라 쌓은 후 살충제로 훈증처리하여 매개충을 방제한다.

020 세계 3대 수목병 중 하나인 밤나무 줄기마름병에 관한 설명으로 옳지 않은 것은?

① 가지나 줄기에 황갈색~적갈색의 병반을 형성한다.

② 병원균의 자좌는 수피 밑에 플라스크 모양의 자낭각을 형성한다.

③ 저병원성 균주는 dsDNA 바이러스를 가지며 생물적 방제에 이용한다.

④ 병원균은 *Cryphonectria parasitica*로 북아메리카 지역에서 큰 피해를 주었다.

⑤ 일본 및 중국 밤나무 종은 상대적으로 저항성이고 미국과 유럽종은 상대적으로 감수성이다.

021 수목병과 병원체를 매개하는 곤충과의 연결이 옳은 것은?

① 뽕나무 오갈병−뽕나무하늘소

② 참나무 시들음병−붉은목나무좀

③ 느릅나무 시들음병−썩덩나무노린재

④ 붉나무 빗자루병−모무늬(마름무늬)매미충

⑤ 소나무 시들음병(소나무재선충병)−알락하늘소

022 칠엽수 얼룩무늬병에 관한 설명으로 옳지 않은 것은?

① 발생은 봄부터 장마철까지 지속되나, 8~9월에 병세가 가장 심하다.

② 진균병으로 병원균은 자낭균문에 속하며, 자낭포자와 분생포자를 형성한다.

③ 땅에 떨어진 병든 잎을 모아 태우거나 땅속에 묻어 월동 전염원을 제거한다.

④ 묘포는 통풍이 잘 되도록 밀식을 피하고 빗물 등의 물기를 빠르게 마르도록 한다.

⑤ 어린 잎에 물집 모양의 반점이 생기고 진전되면 병반의 모양과 크기가 일정하고 뚜렷해진다.

023 수목병을 일으키는 원인에 관한 설명으로 옳지 않은 것은?

① 수목병의 원인에는 전염성과 비전염성요인이 있다.

② 전염성 수목병의 원인은 균류, 세균, 바이러스, 선충, 기생성종자식물 등이 있다.

③ 벚나무 갈색무늬구멍병의 원인은 *Mycosphaerella* 속의 진균이다.

④ 호두나무 갈색썩음병의 원인은 *Psedomonas* 속의 세균이다.

⑤ 오동나무 탄저병의 원인은 *Colletotrichum* 속의 진균이다.

024 수목병리학의 역사에 관한 설명 중 옳지 않은 것은?

① 독일의 Robert Hatig는 수목병리학의 아버지라 불린다.

② 식물학의 원조로 불리는 Theophrastus가 올리브나무병을 기록하였다.

③ 실학자인 서유구가 배나무 적성병과 향나무의 기주교대현상을 기록하였다.

④ 미국의 Alex Shigo가 CODIT 모델을 개발하여 수목외과 수술 방법을 제시하였다.

⑤ 한국 발생 소나무 줄기녹병은 Takaki Goroku가 경기도 가평군에서 처음으로 발견하여 보고 하였다.

025 포플러 잎녹병에 관한 설명으로 옳은 것은?

① 병원균은 *Melampsore* 속으로 일본잎갈나무가 중간기주이다.

② 봄부터 여름까지 병원균이 침입이 이루어지며 나무를 빠르게 고사시킨다.

③ 한국에는 병원균이 2종 분포하며, 그중 *Melampsora magnusiama*에 의하여 해마다 대발생한다.

④ 포플러 잎에서 월동한 겨울포자가 발아하여 형성된 자낭포자가 중간기주를 침해하면 병환이 완성된다.

⑤ 4~5월에 감염된 잎 표면에 퇴색한 황색 병반이 나타나며, 잎 뒷면에는 겨울포자와 겨울포자가 형성된다.

PART 02 수목해충학

026 곤충의 특성에 관한 설명으로 옳지 않은 것은?

① 곤충의 몸은 머리, 가슴, 배로 구분된다.

② 절지동물강에 속하며 외골격을 가지고 있다.

③ 지구상의 거의 모든 육상 및 담수 생태계에서 관찰된다.

④ 린네가 이명법을 제창한 이후 곤충은 100만 종 이상이 기록되어 있다.

⑤ 곤충은 비행할 수 있는 유일한 무척추 동물로서 비행은 적으로부터의 방어 및 먹이 탐색에 활용할 수 있다.

027 곤충의 더듬이 모양과 해당 곤충을 바르게 연결한 것은?

① 실 모양(사상)-바퀴, 꽃등에

② 빗살 모양(즐치상)-잎벌, 무당벌레

③ 짧은 털 모양(강모상)-잠자리, 흰개미

④ 톱니 모양(거치상)-바구미, 장수풍뎅이

⑤ 깃털 모양(우모상)-모기, 매미나방 수컷

028 곤충 날개의 진화에 관한 설명으로 옳은 것은?

① 날개를 발달시킨 초기 곤충은 하루살이와 잠자리이다.

② 곤충은 고생대에서 신생대까지 비행 가능한 유일한 동물집단이다.

③ 돌좀이나 좀은 날개가 발달하지 못한 원시형질을 가진 유시류 곤충이다.

④ 날개를 접을 수 있는 신시류 곤충은 신생대부터 나타나 크게 번성하였다.

⑤ 10억 년 전 고생대 데본기에 뭍에 살던 곤충이 처음으로 날개를 발달시켰다.

029 다음 설명 중 옳은 것은?

① 장미 등에 잎벌의 번데기는 유충 탈피각을 가진 위용의 형태이다.

② 개미귀신은 뱀잠자리의 유충으로 낫 모양의 큰 턱을 이용하여 사냥한다.

③ 파리 유충은 구더기형으로 성장하면 1쌍의 앞날개를 가지며, 뒷날개는 평균곤으로 변형되어 있다.

④ 부채벌레는 벌, 말벌의 기생자로 암컷 성충의 앞날개는 평균곤으로 퇴화했고 뒷날개는 부채 모양이다.

⑤ 밑들이는 전갈의 꼬리처럼 복부 끝이 부풀어 오른 독샘이 발달하여 있고 뾰족한 입틀을 가진 강력한 포식자이다.

030 곤충의 외골격에 관한 설명으로 옳지 않은 것은?

① 몸의 보호, 근육부착점 기능을 한다.

② 외표피, 원표피, 진피, 기저막으로 이루어진다.

③ 외표피의 시멘트층과 왁스층은 방수 및 이물질 차단과 보호역할을 한다.

④ 진피는 상피세포층으로서 탈피액을 분비하여 내원표피 물질은 분해하고 흡수한다.

⑤ 원표피층은 다당류와 단백질이 얽힌 키틴질로 구성되며 칼슘 경화를 통해 강화된다.

031 곤충의 성충 입틀(구기)에 관한 설명으로 옳지 않은 것은?

① 나비 입틀은 긴 관으로 된 빨대주둥이를 형성하고 있다.

② 노린재 입틀은 전체적으로 빨대(구침) 구조를 하고 있다.

③ 총채벌레 입틀은 큰턱과 작은턱이 좌우 비대칭이다.

④ 파리 입틀은 주로 액체나 침으로 녹일 만한 먹이를 흡수한다.

⑤ 메뚜기 입틀은 큰턱이 먹이를 분쇄하기 위하여 위아래로 움직이며 작동한다.

032 곤충의 알과 배자 발생에 관한 설명으로 옳은 것은?

① 배자발생은 난황물질이 모두 소비되면 끝나고 알 발육이 시작된다.

② 순환계, 내분비계, 근육, 지방체, 난소와 정소, 생식기 등은 중배엽성 조직이다.

③ 표피, 뇌와 신경계, 호흡기관, 소화기관(전장, 중장, 후장) 등은 외배엽성 조직이다.

④ 곤충의 알은 정자 출입을 위한 정공은 있으나, 호흡을 위한 기공이 없어 수분 손실을 방지한다.

⑤ 대부분의 암컷 성충은 정자를 주머니에 보관하면서, 산란 시 필요에 따라 정자를 방출하여 수정시킨다.

033 소리를 통한 곤충의 의사소통에 관한 설명으로 옳은 것은?

① 곤충은 주파수, 진폭, 주기성으로 소리를 표현한다.
② 귀뚜라미와 매미는 몸의 일부를 비벼서 마찰음을 만들어 낸다.
③ 모기와 빗살수염벌레는 날개 진동을 통해 소리를 만들어 낸다.
④ 메뚜기와 여치는 앞다리 종아리마디의 고막기관을 통해 소리를 감지한다.
⑤ 꿀벌과 나방류는 다리의 기계감각기인 현음기관을 통해 소리의 진동을 감지한다.

034 곤충의 신경연접과 신경전달물질에 관한 설명으로 옳지 않은 것은?

① 신경세포와 신경세포가 만나는 부분을 신경연접이라 한다.
② Gamma-aminobutyric acid(GABA)는 억제성 신경전달물질이다.
③ 전기적 신경연접은 신경세포 사이에 간극 없이 활동전위를 빠르게 전달한다.
④ Acetylcholine은 흥분성 신경전달물질로 acetycholinesterase에 의하여 가수분해된다.
⑤ 화학적 신경연접은 신경세포 사이에 간극이 있어 신경전달물질을 이용하여 휴지막 전위를 전달한다.

035 노린재목 곤충에 관한 설명으로 옳은 것은?

① 노린재아목의 등판에는 사각형 소순판이 있으며 날개는 반초시이다.
② 육서종 노린재류는 식물을 흡즙하지만 포유동물은 흡즙하지 못한다.
③ 매미의 소화계에는 여러 개의 식도가 있어서 잉여의 물과 감로를 빠르게 배설한다.
④ 매미아목에는 매미, 잎벌레, 진딧물, 깍지벌레 등이 있으며, 찌르고 빠는 입틀을 가졌다.
⑤ 뿔밀깍지벌레는 자신이 분비한 밀랍으로 된 덮개 안에서 생활하고 부화 약충과 수컷성충이 이동태이다.

036 한국에 보고된 외래해충이 아닌 것은?

① 알락하늘소   ② 미국선녀벌레
③ 소나무재선충   ④ 갈색날개매미충
⑤ 버즘나무 방패벌레

037 버즘나무방패벌레의 목, 과, 학명이 바르게 연결된 것은?

① Diptera, Tingidae, *Hyphantria cunea*
② Hemiptera, Tingidae, *Corythucha ciliata*
③ Lepidoptera, Erebidae, *Lymantria dispar*
④ Hemiptera, Psedococcidae, *Corythucha ciliata*
⑤ Orthoptera, Coccidae, *Matucoccus matsumurae*

038 곰팡이, 바이러스, 선충을 매개하는 곤충을 순서대로 나열한 것은?

① 갈색날개매미충-오리나무좀-솔수염하늘소
② 광릉긴나무좀-솔수염하늘소-목화진딧물
③ 광릉긴나무좀-목화진딧물-북방수염하늘소
④ 북방수염하늘소-솔껍질깍지벌레-복숭아혹진딧물
⑤ 오리나무좀-복숭아혹진딧물-벚나무사향하늘소

039 곤충을 기주범위에 따라 구분할 때 단식성-협식성-광식성 해충의 순서대로 바르게 나열한 것은?

① 황다리독나방-솔나방-솔잎혹파리
② 붉나무혹응애-갈색날개매미충-밤바구미
③ 큰팽나무이-미국흰불나방-목화진딧물
④ 회양목명나방-광릉긴나무좀-미국선녀벌레
⑤ 아카시잎혹파리-오리나무좀-광릉긴나무좀

040 진딧물류의 생태와 피해에 관한 설명으로 옳지 않은 것은?

① 복숭아가루진딧물의 여름 기주는 대나무이다.
② 목화진딧물의 겨울 기주는 무궁화나무이고 알로 월동한다.
③ 조팝나무진딧물은 기주의 신초나 어린잎을 가해한다.
④ 소나무왕진딧물은 소나무 가지를 가해 하며 기주전환을 하지 않는다.
⑤ 복숭아혹진딧물의 겨울 기주는 복숭아나무 등이고 양성생식과 단위생식을 한다.

041 천공성 해충의 생태와 피해에 관한 설명으로 옳은 것은?

① 복숭아유리나방의 어린 유충은 암브로시아균을 먹고 자란다.
② 박쥐나방의 어린 유충은 초본류의 줄기속을 가해한다.
③ 광릉긴나무좀 암컷은 수피에 침입공을 형성한 후에 수컷을 유인한다.
④ 벚나무사향하늘소 유충은 수피를 고리 모양으로 파먹고 배설물 띠를 만든다.
⑤ 오리나무좀 유충은 외부로 목설을 배출하지 않기 때문에 피해를 발견하기 쉽지 않다.

042 종실 해충의 생태와 피해에 관한 설명으로 옳은 것은?

① 솔알락명나방은 잣 수확량을 감소시키는 주요 해충으로 연 1회 발생한다.
② 복숭아명나방은 밤의 주요 해충으로 알로 월동하며 밤송이를 가해한다.
③ 밤바구미는 성충으로 월동하며 유충은 과육을 가해하므로 피해 증상이 쉽게 발견된다.
④ 백송애기잎말이나방은 연 3회 발생하고 번데기로 월동하며 유충은 구과나 새 가지를 가해한다.
⑤ 도토리거위벌레는 성충으로 땅속에서 흙집을 짓고 월동하며 성충은 도토리에 주둥이로 구멍을 뚫고 산란한다.

043 식엽성 해충에 관한 설명으로 옳지 않은 것은?

① 솔나방은 5령 유충으로 월동하고 4월경부터 활동하면서 솔잎을 먹고 자란다.
② 오리나무잎벌레는 연 2~3회 발생하고 성충은 잎 하나당 한 개의 알을 낳는다.
③ 버들잎벌레는 연 1회 발생하며 성충으로 월동하고 잎 뒷면에 알덩이를 낳는다.
④ 회양목명나방은 연 2~3회 발생하며 유충이 실을 분비하여 잎을 묶고 잎을 섭식한다.
⑤ 주둥무늬차색풍뎅이는 연 1회 발생하며 주로 성충으로 월동하고 참나무 등의 잎을 갉아 먹는다.

044 천적의 특성에 관한 설명으로 옳지 않은 것은?

① 개미침벌은 솔수염하늘소의 내부기생성 천적이다.
② 애꽃노린재는 총채벌레를 포식하는 천적이다.
③ 기생성 천적은 알을 기주 몸체 내부 또는 외부에 낳는다.
④ 칠성풀잠자리는 유충과 성충이 진딧물의 포식성 천적이다.
⑤ 기생성 천적은 대체로 기주특이성이 강하고 기주보다 몸체가 작다.

045 해충의 약제 방제 시기와 방법에 관한 설명으로 옳지 않은 것은?

① 솔껍질깍지벌레는 12월에 등록약제를 나무주사한다.
② 외줄면충은 충영 형성 전에 등록약제를 나무주사한다.
③ 밤나무혹벌은 성충 발생 최성기에 등록약제를 살포한다.
④ 갈색날개매미충은 알 월동기에 등록 약제를 나무주사한다.
⑤ 미국선녀벌레는 어린 약충 발생 시기부터 등록약제를 살포한다.

046 해충의 개념적 범주와 방제 수준에 관한 설명으로 옳지 않은 것은?

① 돌발해충은 간헐적으로 대발생하여 밀도가 경제적 피해수준을 넘는 해충이다.
② 관건해충(상시해충)은 효과적인 천적이 없어서 인위적인 방제가 필수적이다.
③ 잠재해충은 유용천적이 다량 존재하여 자연적으로 발생이 억제되는 해충이다.
④ 응애와 진딧물과 같이 잎만 가해하는 해충은 과일을 가해하는 심식류 해충에 비하여 경제적 피해수준의 밀도보다 낮다.
⑤ 경제적 피해허용수준의 밀도는 방제수단을 사용할 수 있는 시간적 여유가 있어야 하므로 경제적 피해수준의 밀도보다 낮다.

047 수목해충의 방제에 관한 설명으로 옳지 않은 것은?

① 물리적 방제는 포살, 매몰, 차단 등의 방제 행위를 말한다.
② 생활권 도시림은 인간과 환경을 동시에 고려한 방제방법이 더욱 요구된다.
③ 법적방제는 식물방역법, 소나무재선충병 방제특별법과 같은 법령에 의한 방제를 의미한다.
④ 생물적 방제는 천적이나 곤충병원성 미생물을 이용하여 해충밀도를 조절하는 방법이다.
⑤ 행동적 방제는 곤충의 환경자극에 대한 반응과 이에 따른 행동반응을 응용하여 방제하는 방법이다.

048 ㄱ, ㄴ에 해당하는 방제법은?

> (ㄱ) 솔잎혹파리 피해 임지에서 간벌을 하고 (ㄴ) 솔수염하늘소 유충이 들어 있는 피해목을 두께 1.5cm 이하로 파쇄한다.

	(ㄱ)	(ㄴ)
①	기계적 방제	물리적 방제
②	기계적 방제	임업(생태)적 방제
③	물리적 방제	행동적 방제
④	물리적 방제	생물적 방제
⑤	임업(생태)적 방제	기계적 방제

049 수목 해충의 예찰 이론에 관한 설명으로 옳지 않은 것은?

① 예찰이란 해충의 분포상황, 발생 시기, 발생량을 사전에 예측하는 일을 말한다.
② 온도와 곤충 발육의 선형관계를 이용한 적산온도모형으로 발생 시기를 예측한다.
③ 축차조사법은 해충의 밀도를 순차적으로 조사·누적하면서 방제 여부를 판단하는 방법이다.
④ 연령생명표는 어떤 시점에 존재하는 개체군의 연령별 사망률을 추정한 것으로 취약 발육 단계를 구분하기는 어렵다.
⑤ 해충이 수목을 가해하는 특정 발육 단계에 도달하는 시기와 발생량을 추정하기 위하여 환경조건과 기주 범위 등에 대한 조사가 필요하다.

050 「산림보호법」에 의거 실시하는 산림해충 모니터링 방법으로 옳지 않은 것은?

① 소나무재선충 매개충은 우화목을 설치하여 우화시기를 조사한다.
② 광릉긴나무좀은 유인목에 끈끈이트랩을 설치하여 유인수를 조사한다.
③ 오리나무잎벌레는 오리나무 50주에서 성페르몬을 이용하여 암컷 포획수를 조사한다.
④ 솔나방은 고정조사지에서 가지를 선택하여 유충수를 조사하는 것을 기본으로 한다.
⑤ 솔잎혹파리는 고정조사지에서 우화상을 설치하여 우화시기를 조사하고 신초에서 충영형성률을 조사한다.

PART 03 수목생리학

051 수목의 조직에 관한 설명으로 옳은 것은?

① 원표피는 1차 분열조직이며, 수(pith)는 1차 조직이다.
② 뿌리 횡단면에서 내피는 내초보다 안쪽에 위치한다.
③ 줄기 횡단면에서 피층은 코르크층보다 바깥쪽에 위치한다.
④ 코르크형성층의 세포분열로 바깥쪽에 코르크피층을 만든다.
⑤ 관다발(유관속)형성층의 세포분열로 1차 물관부와 1차 체관부가 형성된다.

052 수목의 유세포에 관한 설명으로 옳은 것을 모두 고른 것은?

> ㄱ. 원형질이 있으며, 세포벽이 얇다.
> ㄴ. 잎, 눈, 꽃, 형성층 등에 집중적으로 모여 있다.
> ㄷ. 1차 세포벽 안쪽에 리그닌이 함유된 2차 세포벽이 있다.
> ㄹ. 세포분열, 광합성, 호흡, 증산작용 등의 기능을 담당한다.

① ㄱ, ㄴ
② ㄱ, ㄷ
③ ㄷ, ㄹ
④ ㄱ, ㄴ, ㄹ
⑤ ㄴ, ㄷ, ㄹ

053 수목의 직경생장에 관한 설명 중 ㄱ~ㄷ에 해당하는 것을 순서대로 나열한 것은?

> 형성층 세포는 분열할 때 접선 방향으로 새로운 세포벽을 만드는 (ㄱ)에 의하여 목부와 사부를 만든다. 생리적으로 체내 식물호르몬 중 (ㄴ)의 함량이 높고 (ㄷ)이 낮은 조건에서는 목부를 우선 생산하는 것으로 알려져 있다.

① 병층분열, 옥신, 지베렐린
② 병층분열, 지베렐린, 옥신
③ 수층분열, 옥신, 지베렐린
④ 수층분열, 지베렐린, 옥신
⑤ 수층분열, 지베렐린, 에틸렌

PART 01
PART 02
PART 03
PART 04
PART 05
PART 06

054 수고생장에 관한 설명으로 옳지 않은 것은?

① 도장지는 우세목보다 피압목에서, 성목보다 유목에서 더 많이 만든다.
② 느릅나무는 어릴 때의 정아우세 현상이 없어지면서 구형 수관이 된다.
③ 대부분의 나자식물은 정아지가 측지보다 빨리 자라서 원추형 수관이 된다.
④ 잣나무는 당년에 자랄 줄기의 원기가 전년도 가을에 동아 속에 미리 만들어진다.
⑤ 은행나무는 어릴 때 고정생장을 하는 가지가 대부분이지만, 노령기에는 거의 자유생장을 한다.

055 수목의 뿌리에 관한 설명으로 옳지 않은 것은?

① 측근은 내초세포가 분열하여 만들어진다.
② 건조한 지역에서 자라는 수목일수록 S/R율이 상대적으로 작다.
③ 소나무의 경우 토심 20cm 내에 전체 세근의 90% 정도가 존재한다.
④ 균근을 형성하는 소나무 뿌리에는 뿌리털이 거의 발달하지 않는다.
⑤ 온대지방에서는 봄에 줄기 생장이 시작된 후에 뿌리 생장이 시작된다.

056 태양광의 특성과 태양광의 생리적 효과에 관한 설명으로 옳지 않은 것은?

① 단풍나무 활엽수림 아래의 임상에는 적색광이 주종을 이루고 있다.
② 가시광선보다 파장이 더 긴 적외선은 CO_2와 수분에 흡수된다.
③ 효율적인 광합성 유효복사의 파장은 340~760nm이다.
④ 자유생장 수종은 단일조건에 의해 줄기생장이 정지되며 이는 저에너지 광효과 때문이다.
⑤ 뿌리가 굴지성에 의해 밑으로 구부러지는 것은 옥신이 뿌리 아래쪽으로 이동하여 세포의 신장을 촉진하고, 위쪽 세포의 신장을 억제하기 때문이다.

057 광수용체에 관한 설명으로 옳은 것은?

① 포토트로핀은 굴광성과 굴지성을 유도하고, 잎의 확장과 어린 식물의 생장을 조절한다.
② 크립토크롬은 식물에만 존재하는 광수용체로 야간에 잎이 접히는 일주기 현상을 조절한다.
③ 피토크롬은 암흑 조건에서 Pr이 Pfr 형태로 서서히 전환되면서 Pfr이 최대 80%까지 존재한다.
④ 피토크롬은 암흑 속에서 기른 식물체 내부에는 거의 존재하지 않으며, 햇빛을 받으면 합성이 촉진된다.
⑤ 피토크롬은 생장점 근처에 많이 분포하며, 세포 내에서는 세포질, 핵, 원형질막, 액포에 골고루 존재한다.

058 광합성 기작에 관한 설명으로 옳은 것은?

① 암반응은 엽록소가 없는 스트로마에서 야간에만 일어난다.
② 명반응에서 얻은 ATP는 캘빈회로에서 3-PGA에 인산기를 하나 더 붙여주는 과정에만 소모된다.
③ 암반응에서 RuBP는 루비스코에 의해 공기 중에 CO_2 한 분자를 흡수하여, 3-PGA 한 분자를 생산한다.
④ 물분자가 분해되면서 방출된 양성자(H^+)는 전자전달계를 거쳐 최종적으로 $NADP^+$로 전달되어 NADPH를 만든다.
⑤ CAM식물은 낮에 기공을 닫은 상태에서 OAA가 분해되어 CO_2가 방출되면 캘빈회로에 의해 탄수화물로 전환된다.

059 수목의 호흡에 관한 설명으로 옳지 않은 것은?

① 형성층은 수피와 가깝기 때문에 호기성 호흡만 일어난다.
② 수령이 증가할수록 광합성량에 대한 호흡량이 증가한다.
③ 음수는 양수에 비해 최대 광합성량이 적고, 호흡량도 낮은 수준을 유지한다.
④ 밀식된 임분은 개체 수가 많고 직경이 작아 임분 전체 호흡량이 많아진다.
⑤ 잎의 호흡량은 잎이 완전히 자란 직후 가장 왕성하며, 가을에 생장을 정지하거나, 낙엽 직전에 최소로 줄어든다.

060 탄수화물 대사에 관한 설명으로 옳지 않은 것은?

① 탄수화물은 뿌리에서 수(path), 종축 방향 유세포와 방사조직 유세포에 저장된다.
② 수목 내 탄수화물은 지방이나 단백질을 합성하기 위한 예비화합물로 쉽게 전환된다.
③ 잎에서는 단당류보다 자당(sucrose)의 농도가 높으며, 자당의 합성은 엽록체 내에서 이루어진다.
④ 낙엽수의 사부에는 겨울철 전분의 함량은 감소하고 자당과 환원당의 함량은 증가한다.
⑤ 자유생장 수종은 수고생장이 이루어질 때마다 탄수화물 함량이 감소한 후 회복된다.

061 수목의 꽃에 관한 설명으로 옳지 않은 것은?

① 벚나무 꽃은 완전화이다.
② 가래나무과 꽃은 2가화이다.
③ 잡성화는 물푸레나무에서 볼 수 있다.
④ 자귀나무는 암술과 수술을 한 꽃에 모두 가진다.
⑤ 버드나무류는 암꽃과 수꽃이 각각 다른 나무에 달린다.

062 다음 중 다당류에 관한 설명으로 옳은 것을 모두 고른 것은?

> ㄱ. 점액질(mucilage)은 뿌리가 토양을 뚫고 들어갈 때 윤활제 역할을 한다.
> ㄴ. 펙틴은 중엽층에서 이웃세포를 결합시키는 역할을 하지만, 2차 세포벽에는 거의 존재하지 않는다.
> ㄷ. 전분은 세포 간 이동이 안 되기 때문에 세포 내에 축적되는데, 잎의 경우 엽록체에 직접 축적된다.
> ㄹ. 헤미셀룰로오스는 2차 세포벽에서 가장 많은 비율을 차지하나, 1차 세포벽에서는 셀룰로오스 보다 적은 비율을 차지한다.

① ㄱ, ㄴ
② ㄷ, ㄹ
③ ㄱ, ㄴ, ㄷ
④ ㄴ, ㄷ, ㄹ
⑤ ㄱ, ㄴ, ㄷ, ㄹ

063 수목의 호흡기작에 관한 설명으로 옳은 것은?

① 포도당이 완전히 분해되면, 각각 2개의 CO_2 분자와 물분자를 생성시킨다.
② 해당작용은 포도당이 2분자의 피루브산으로 분해되는 과정으로 세포질에서 일어난다.
③ 크랩스 회로는 기질 수준의 인산화 과정으로 CO_2, ATP, NADPH, $FADH_2$가 생성된다.
④ 전자전달계를 통해 일어나는 호흡은 혐기성 호흡으로 효율적으로 ATP가 생산된다.
⑤ 호흡을 통해 만들어진 ATP는 광합성반응에서 생성되는 것과 같은 화합물이며, 높은 에너지를 가진 효소이다.

064 질산환원에 관한 설명으로 옳은 것은?

① 질산환원효소에 의한 반응은 색소체(plastid)에서 일어난다.
② 탄수화물의 공급 여부와는 관계없이 체내에서 쉽게 이루어지지 않는다.
③ 소나무류와 진달래류는 NH_4^+가 적은 토양에서 자라면서 질산환원 대사가 뿌리에서 일어난다.
④ 뿌리에서 흡수된 NO_3^-는 아미노산으로 합성되기 전 NH_4^+형태로 먼저 환원된다.
⑤ 질산환원효소는 햇빛에 의해 활력도가 낮아지기 때문에 효소의 활력이 밤에는 높고 낮에는 줄어든다.

065 수목의 지질에 관한 설명으로 옳은 것은?

① 카로티노이드는 휘발성으로 타감작용을 한다.
② 페놀화합물의 함량은 초본식물보다 목본식물이 더 많다.
③ 납(wax)과 수베린은 휘발성 화합물로 종자에 저장된다.
④ 리그닌은 토양 속에 존재하며, 식물 생장을 억제한다.
⑤ 팔미트산(palmitic acid)은 불포화지방산에 속하며, 목본식물에 많이 존재한다.

066 수목의 수분흡수에 관한 설명 중 옳지 않은 것은?

① 대부분 수동흡수를 통해 이루어진다.
② 낙엽수가 겨울철 뿌리의 삼투압에 의해 수분을 흡수하는 것은 능동흡수이다.
③ 수목은 뿌리 이외에 잎의 기공과 각피층, 가지의 엽흔, 수피의 피목에서도 수분을 흡수할 수 있다.
④ 측근은 주변 조직을 찢으며 자라기 때문에 열매가 열린 공간을 통해 수분이나 무기염이 이동할 수 있다.
⑤ 근압은 낮에 기온이 상승하여 수간의 세포간극과 섬유세포에 축적되어 있는 공기가 팽창하면서 압력이 증가하는 것을 의미한다.

067 수목의 뿌리에서 중력을 감지하는 조직 또는 기관은?

① 근관
② 피층
③ 신장대
④ 뿌리털
⑤ 정단분열조직

068 수목의 질소대사에 관한 설명으로 옳지 않은 것은?

① 잎에서 회수된 질소의 이동은 목부를 통하여 이루어진다.
② 잎에서 회수된 질소는 목부와 사부 내 방사 유조직에 저장된다.
③ 낙엽 직전의 질소함량은 잎에서는 감소하고 가지에서는 증가한다.
④ 수목의 질소함량은 변재보다 심재에서 더 적다.
⑤ 수목은 제한된 질소를 효율적으로 활용하기 위하여 오래된 조직에서 새로운 조직으로 재분배한다.

069 수목의 건조 스트레스에 관한 설명으로 옳지 않은 것은?

① 건조 스트레스를 받으면 체내에 프롤린(proline)이 축적된다.
② 건조 스트레스는 춘재에서 추재로 이행되는 것을 촉진한다.
③ 뿌리는 수목 전체 부위 중에서 건조 스트레스를 가장 늦게 받는다.
④ 건조 스트레스를 받으면 IAA를 생합성하며, 이는 기공의 크기에 영향을 미친다.
⑤ 강우량이 많은 해에는 건조한 해보다 춘재 구성 세포의 세포벽이 얇아진다.

070 수분 및 무기염의 흡수와 이동에 관한 설명으로 옳지 않은 것은?

① 카스페리안대는 무기염을 선택적으로 흡수할 수 있도록 한다.
② 수분 이동은 통수저항이 적은 목부 조직에서 이루어진다.
③ 수액의 이동 속도는 산공재>환공재>침엽수재 순이다.
④ 뿌리의 무기염 흡수는 원형질막의 운반체에 의해 선택적이며 비가역적으로 이루어진다.
⑤ 토양 비옥도와 인산 함량이 낮을 때에는 균근균을 통하여 무기염을 흡수할 수 있다.

071 옥신에 관한 설명으로 옳지 않은 것은?

① 뿌리에서 생산되어 목부조직을 따라 운반된다.
② IAA는 수목 내 천연호르몬이며, NAA는 합성호르몬이다.
③ 옥신의 운반은 수목의 ATP 생산을 억제하면 중단된다.
④ 줄기에서는 유세포를 통해 구기적(basipetal)으로 이동한다.
⑤ 부정근을 유발하며, 측아의 생장을 억제 또는 둔화시킨다.

072 수목의 개화생리에 관한 설명으로 옳지 않은 것은?

① 과습하고 추운 날씨는 개화를 촉진한다.
② 가지치기, 단근, 이식은 개화를 촉진한다.
③ 자연 상태에서 수목의 유생기간은 5년 이상이다.
④ 옥신은 수목의 개화에서 성을 결정하는 데 관여하는 호르몬이다.
⑤ 불규칙한 개화의 원인은 주로 화아원기 형성이 불량하기 때문이다.

073 수목의 스트레스 반응에 관한 설명으로 옳지 않은 것은?

① 고온은 과도한 증산작용과 탈수현상을 수반한다.
② 당 함량과 인지질 함량이 높으면 내한성이 증가된다.
③ 바람에 의해 기울어진 수간 압축이상재의 아래쪽에는 옥신 농도가 높다.
④ 세포간극의 결빙으로 인한 세포 내 탈수는 초저온에서 생존율을 높인다.
⑤ 한대 및 온대지방 수목은 일장에는 반응을 보이지 않고, 온도에만 반응을 보인다.

074 종자의 휴면과 발아에 관한 설명으로 옳지 않은 것은?

① 종자의 크기는 발아 속도에 영향을 준다.
② 휴면타파에는 저온처리, 발아율 향상에는 고온처리가 효율적이다.
③ 건조한 종자는 호흡이 거의 없지만, 수분 흡수 후에는 호흡이 증가한다.
④ 종자가 수분을 흡수하면 지베렐린 생합성은 증가되지만 핵산 합성은 억제된다.
⑤ 발아는 수분 흡수 → 식물호르몬 생산 → 세포분열과 확장 → 기관 분화 과정을 거친다.

075 수목의 유성생식에 관한 설명으로 옳은 것은?

① 소나무와 잣나무의 종자 성숙시기는 같다.
② 수정 후에는 항상 배유보다 배가 먼저 발달한다.
③ 호두나무는 단풍나무에 비해 화분의 생산량이 적다.
④ 화아원기 형성부터 종자 성숙까지는 최대 2년이 소요된다.
⑤ 나자 식물에서는 단일수정과 부계세포질 유전이 이루어진다.

PART 01 | PART 02 | PART 03 | PART 04 | PART 05 | PART 06

076 빈칸에 들어갈 내용으로 옳은 것은?

> 화성암은 ( )의 함량에 따라 산성암, 중성암, 염기성암으로 구분된다.

① FeO
② SiO_2
③ TiO_2
④ Al_2O_3
⑤ Fe_2O_3

077 식물영양소의 공급기작에 관한 설명으로 옳은 것은?

① 인산과 칼륨은 집단류에 의해 공급된다.
② 뿌리가 발달할수록 뿌리 차단에 의한 영양소 공급은 많아진다.
③ 확산에 의한 영양소의 공급은 온도가 높을 때 많이 일어난다.
④ 식물이 필요로 하는 영양소의 대부분은 뿌리 차단에 의해 공급된다.
⑤ 확산에 의하여 식물이 흡수할 수 있는 영양소의 양은 토양 중 유효태 영양소의 1% 미만이다.

078 토양 생성작용 중 무기성분의 변화에 의한 것이 아닌 것은?

① 갈색화작용
② 부식집적작용
③ 점토생성작용
④ 초기토양생성작용
⑤ 철·알루미늄집적작용

079 홍적대지에 생성된 토양으로 야산에 주로 분포하며 퇴적 상태가 치밀하고 토양의 물리적 성질이 불량한 토양은?

① 침식토양
② 갈색 산림토양
③ 암적색 산림토양
④ 적황색 산림토양
⑤ 회갈색 산림토양

080 기후와 식생의 영향을 받으면서 다른 생성인자의 영향을 받아 국지적으로 분포하는 간대성 토양은?

① 갈색 토양
② 테라로사
③ 툰드라 토양
④ 포드졸 토양
⑤ 체르노젬 토양

081 토양 단면 조사 항목이 아닌 것은?

① 토색
② 토심
③ 지위지수
④ 토양구조
⑤ 토양층위

082 부분적으로 또는 심하게 분해된 수생식물의 잔재가 연못이나 습지에 퇴적되어 형성된 토양목(soil order)은?

① 안디졸(Andisols) ② 알피졸(Alfisols)
③ 엔티졸(Entisols) ④ 옥시졸(Oxisols)
⑤ 히스토졸(Histosols)

083 토양입자가 비교적 소형(2~5mm)으로 둥글며 유기물 함량이 많은 표토에서 발달하는 토양구조는?

① 괴상구조(blocky structure) ② 벽상구조(massive structure)
③ 입상구조(granular structure) ④ 원주상구조(columnar structure)
⑤ 판상구조(platy structure)

084 수목의 뿌리에 영향을 주는 토양의 물리적 특성에 관한 설명으로 옳지 않은 것은?

① 대공극이 많으면 뿌리 생장에 좋다.
② 견밀도가 큰 토양에서 뿌리 생장은 저해된다.
③ 토심이 얕으면 뿌리가 깊게 발달하지 못해 건조 피해를 받기 쉽다.
④ 온대지방에서 뿌리의 생장은 토양온도가 높아지는 여름에 가장 왕성하다.
⑤ 소나무의 뿌리는 유기물이 적은 사질 토양이나 점토질 토양에서 생장이 나쁘다.

085 식물의 필수영양소와 식물체 내에서의 주요 기능을 바르게 짝지은 것은?

> ㄱ. S−산화효소의 구성요소
> ㄴ. Mn−광합성반응에서 산소 배출
> ㄷ. P−에너지저장과 공급(ATP 반응의 핵심)
> ㄹ. K−효소의 형태 유지 및 기공의 개폐 조절
> ㅁ. N−아미노산, 단백질, 핵산, 효소 등의 구성요소

① ㄱ, ㄴ, ㄷ ② ㄱ, ㄷ, ㄹ
③ ㄴ, ㄷ, ㄹ ④ ㄴ, ㄹ, ㅁ
⑤ ㄷ, ㄹ, ㅁ

086 토양 유기물에 관한 설명으로 옳지 않은 것은?

① 이온 교환 능력을 증진한다.
② 식물과 미생물에 양분을 공급한다.
③ 토양 pH, 산화−환원전위에 영향을 미친다.
④ 임목과 동물의 사체는 유기물의 공급원이다.
⑤ 토양 입단에 포함된 유기물은 입단화 없이 토양 중에 있는 유기물보다 분해가 훨씬 빠르게 진행된다.

087 토양 미생물에 관한 설명 중 옳지 않은 것은?

① 종속영양세균은 유기물을 탄소원과 에너지원으로 이용한다.
② 조류(algae)는 대기로부터 많은 양의 CO_2를 제거하고 O_2를 풍부하게 한다.
③ 세균의 수는 사상균보다 적지만 물질순환에 있어서 분해자로서 중요한 역할을 한다.
④ 균근균은 인산과 같이 유효도가 낮거나, 낮은 농도로 존재하는 양분을 식물이 쉽게 흡수할 수 있도록 도와준다.
⑤ 사상균은 유기물이 풍부한 곳에서 활성이 높고, 호기성생물이지만 이산화탄소의 농도가 높은 환경에서도 잘 견딘다.

088 토양에서 일어나는 양이온 교환반응에 관한 설명으로 옳은 것은?

① 양이온 교환용량은 30cmolc/kg은 3meq/100g에 해당한다.
② 양이온 교환반응은 주변 환경의 변화에 영향을 받지 않으며, 불가역적이다.
③ 흡착의 세기는 양이온의 전하가 증가할수록, 양이온의 수화반지름이 작을수록 감소한다.
④ 한국의 토양은 유기물 함량이 적고, 주요 점토광물이 kaolinite여서 양이온 교환용량이 매우 낮은 편이다.
⑤ 토양입자 주변에 Ca^{2+}이 많이 흡착되어 있으면 입자가 분산되어 토양의 물리성이 나빠지는데, Na^+을 시용하면 토양의 물리성이 개선된다.

089 한국 비료공정규격에 따라 비료를 보통비료와 부산물비료로 구분할 때 나머지 넷과 다른 하나는?

① 어박
② 지렁이분
③ 가축분퇴비
④ 벤토나이트
⑤ 토양미생물제제

090 토양입단에 관한 설명으로 옳은 것은?

① 입단의 크기가 작을수록 전체 공극량이 많아진다.
② 균근균은 큰 입단(macroagregate)을 생성하는 데 기여한다.
③ Ca^{2+}는 수화도가 커서 점토 사이의 음전하를 충분히 중화시킬 수 없다.
④ 입단이 커지면 모세관 공극량이 많아지기 때문에 통기성과 배수성이 좋아진다.
⑤ 동결−해동, 건조−습윤이 반복되면 토양의 팽창−수축이 반복되어 입단형성이 촉진되며, 이는 옥시졸에서 잘 일어난다.

091 한국 「토양환경보전법」에 따른 토양오염물질이 아닌 것은?

① 다이옥신
② 스트론튬
③ 벤조(a)피렌
④ 6가크롬화합물
⑤ 폴리클로리네이티드비페닐

092 점토광물에 관한 설명으로 옳지 않은 것은?

① Illite는 2:1층 사이의 공간에 K+이 비교적 많아 습윤 상태에서도 팽창이 불가능하다.
② Kaolinite는 다른 층상 규산염광물에 비하여 음전하가 상당히 적고 비표면적도 작다.
③ Vermiculite가 운모와 다른 점은 2:1 사이 공간에 K^+ 대신 Al^{3+}이 존재한다는 것이다.
④ Smectite 그룹에서는 다양한 동형치환현상이 일어나므로 화학적 조성이 매우 다양한 광물들이 생성된다.
⑤ Chlorite는 양전하를 가지는 brucite층이 위아래 음전하를 가지는 2 : 1층과의 수소결합을 통하여 강하게 결합하므로 비팽창성이다.

093 토양 pH를 높이는 데 필요한 석회요구량에 영향을 주지 않는 요인은?

① 모재
② 부식 함량
③ 수분 함량
④ 점토 함량
⑤ 목표 pH

094 산불로 인한 토양 특성 변화에 관한 설명으로 옳지 않은 것은?

① 양분유효도는 일시적으로 증가한다.
② 염기포화도는 유기물 연소에 따른 염기 방출로 증가한다.
③ 유기물 연소와 토양 내 광물질의 변화로 양이온 교환용량이 감소한다.
④ 유기인은 정인산염 형태로 무기화되며 휘산에 의한 손실이 매우 크다.
⑤ 토양 pH는 일반적으로 산불 발생 즉시 증가하고 수개월~수십 년의 기간을 거쳐 발생 이전 수준으로 돌아간다.

095 토양 공극에 관한 설명으로 옳지 않은 것은?

① 토양 공극량은 식토보다 사토에 더 많다.
② 토양 입단은 공극률에 큰 영향을 준다.
③ 자연 상태에서 공극은 공기 또는 물로 채워져 있다.
④ 토양 내 배수와 통기는 대부분 대공극에서 이루어진다.
⑤ 극소 공극은 미생물도 생육할 수 없는 매우 작은 공극을 말한다.

096 토양수에 관한 설명으로 옳지 않은 것은?

① 흡습수는 비유효수분이다.
② 점토 함량이 많을수록 포장용수량은 적어진다.
③ 토양이 미세공극에 존재하는 물을 모세관수라고 한다.
④ 중력수는 식물이 생육기간 동안 지속적으로 이용할 수 있는 물이 아니다.
⑤ 식물이 흡수할 수 있는 유효수분은 포장용수량과 영구위조점 사이의 토양수이다.

097 토양의 입단 형성을 저해하는 것은?

① Al^{3+}　　　　　　　　② Ca^{2+}
③ Fe^{2+}　　　　　　　　④ Na^+
⑤ 부식

098 토양 산도에 관한 설명으로 옳지 않은 것은?

① 토양 산도는 계절에 따라 달라진다.
② 같은 토양이라도 각 토양층 사이에서 산도는 상당한 차이가 있다.
③ 활산도는 토양미생물의 활동과 식물의 생장에 직접적인 영향을 준다.
④ 산림에서 낙엽의 분해로 발생하는 유기산은 토양의 산도를 증가시킨다.
⑤ 잔류산도는 토양콜로이드에 흡착되어 있는 H^+과 Al^{3+}에 의한 산도이다.

099 양이온 교환용량이 30cmolc/kg인 토양의 교환성 양이온농도가 다음과 같을 때 이 토양의 염기 포화도는?

교환성양이온	K^+	Na^+	Ca^{2+}	Cd^{2+}	Mg^{2+}	Al^{3+}
농도(cmolc/kg)	2	2	3	3	3	3

① 11%　　　　　　　　② 22%
③ 33%　　　　　　　　④ 66%
⑤ 99%

100 산림토양에서 낙엽분해에 관한 설명으로 옳지 않은 것은?

① 침엽에 비해 활엽의 분해가 느리다.
② 분해 초기에는 진행이 느리지만 점차 빨라진다.
③ 온대 지방에 비해 열대지방에서 느리게 진행된다.
④ C/N율이 높으면 미생물의 분해활동에 유리하다.
⑤ 토양 미소동물은 낙엽을 잘게 부수어 미생물의 분해 활동을 촉진한다.

PART 05 수목관리학

101 식재 수목을 선정할 때, 우선적으로 고려할 사항이 아닌 것은?

① 적지적수(適地適樹)를 고려한다.
② 관리작업이 용이하여야 한다.
③ 유전적인 특성을 이해하여야 한다.
④ 가지-줄기의 직경비가 높아야 한다.
⑤ 살아있는 수관비율(LCR)이 높아야 한다.

102 식재지 토양을 유기물로 멀칭할 때의 단점이 아닌 것은?

① 설치류의 은신처를 제공할 수 있다.
② 토양의 총 공극률이 감소할 수 있다.
③ 배수불량의 토양에서 과습이 발생할 수 있다.
④ 아밀라리아뿌리썩음병 등이 발생할 수 있다.
⑤ 우드칩 멀칭은 수목에 질소 결핍이 발생할 수 있다.

103 답압된 토양을 경운하기 위하여 사용하는 수목관리용 장비가 아닌 것은?

① 리퍼(Ripper)   ② 심경기(Subsoiler)
③ 쇄토기(Rototiller)   ④ 동력 오거(Power Auger)
⑤ 트리 스페이드(Tree Spade)

104 대형 수목 이식에 관한 설명을 옳게 나열한 것은?

> ㄱ. 수목의 크기와 수종, 인력, 예산 등을 모두 고려하여야 한다.
> ㄴ. 이식 성공은 이식 전 수준으로의 생장률 회복 여부로 판단한다.
> ㄷ. 스트로브잣나무는 동토 근분으로 이식할 때 위험성이 비교적 낮은 수종이다.
> ㄹ. 온대지방 수목 중 낙엽활엽수는 낙엽 이후 초겨울, 침엽수는 초가을이나 늦봄, 야자나무류는 이른 봄이 이식 적기이다.

① ㄱ, ㄴ   ② ㄱ, ㄷ
③ ㄴ, ㄹ   ④ ㄱ, ㄷ, ㄹ
⑤ ㄴ, ㄷ, ㄹ

105 균근균의 기주 정착에 관한 설명으로 옳지 않은 것은?

① 감염원의 밀도가 높아야 한다.
② 유전적 친화성이 높아야 한다.
③ 균근균이 침입할 수 있는 세포 간극이 충분하여야 한다.
④ 고산과 툰드라 지역에서 생육하는 수목에는 균근균이 정착하지 못한다.
⑤ 송이버섯은 소나무림의 나이가 20~80년 정도로 활력이 가장 왕성할 때 공생관계를 형성한다.

106 건설 현장의 수목보호구역에 관한 설명 중 옳지 않은 것은?

① 울타리를 설치한다.
② 활력이 좋고 넓은 수관을 갖는 나무는 낙수선(dripline)을 기준으로 설정한다.
③ 수간이 기울어져 수관이 한쪽으로 편향된 나무는 수고를 기준으로 설정한다.
④ 수목보호구역의 크기와 형태는 해당 수종의 충격 민감성, 뿌리와 수관의 입체적 형태 등을 고려한다.
⑤ 보호구역 안에서는 어떠한 공사활동, 자재 및 쓰레기의 야적 모니터링을 위한 통로 등도 허용되지 않는다.

107 이식 후 지주를 설치한 수목을 자연상태의 수목과 비교한 설명으로 옳지 않은 것은?

① 근계가 더 커지기 쉽다.
② 결속이 풀리면 똑바로 서지 못할 수도 있다.
③ 수간 초살도가 낮아지거나 역전되기도 한다.
④ 결속으로 인한 마찰과 환상의 상처를 입을 가능성이 높다.
⑤ 결속 지점에서 횡단면적당 스트레스를 더 많이 받기 쉽다.

108 지구온난화에 관한 설명으로 옳은 것은?

① 각종 프레온 가스는 산업혁명 이전부터 존재해 왔다.
② 온실효과가스로는 CO_2, CH_4, N_2O, CFCs 등이 있다.
③ 온실효과가스 중 이산화탄소의 대기 중 농도는 현재 약 300ppm 정도이다.
④ 한국의 아한대 수종들은 기온 상승에 따라 급속도로 생육 범위가 넓어질 것이다.
⑤ 지구온난화로 열대, 아열대의 해충이 유입될 수 있으나, 온대 지방에서는 월동이 어려워 발생하지 못한다.

109 나무뿌리에 의한 배수관로의 막힘 현상을 예방할 수 있는 방법으로 옳지 않은 것은?

① $CuSO_4$ 용액을 배수관로 표면에 도포한다.
② $MgSO_4$ 1,000배 희석액을 토양 표면에 관주한다.
③ 토목섬유에 비선택성 제초제를 도포한 방근막으로 배수관로를 감싼다.
④ 관로 주변에 버드나무류 등 침투성 뿌리를 갖는 수종의 식재를 피한다.
⑤ 배수관로의 연결 부위는 방수가 되고 탄력이 있는 이중관으로 설치한다.

110 수목의 위험평가에 관한 설명 중 옳지 않은 것은?

① 평가 방법은 정략적 평가와 정성적 평가가 있다.
② 정밀 평가 단계에서 정보 수집을 위해 망원경, 탐침 등을 사용한다.
③ 부지환경, 수목의 구조와 각 부분(수간, 수관, 가지, 뿌리)의 결함 유무를 종합적으로 판단한다.
④ 제한적 육안평가는 명백한 결함이나 특정한 상태를 확인하기 위해 신속하게 평가하는 것을 말한다.
⑤ 매몰된 수피, 좁은 가지 부착 각도, 상처와 공동(空洞) 등은 수목의 파손 가능성을 높이는 부정적 징후들이다.

111 〈보기〉 중 전정 시기에 대한 설명으로 옳은 것은?

〈보기〉
ㄱ. 수액 유출이 심한 나무는 잎이 완전히 전개된 이후 여름에 전정한다.
ㄴ. 전정 상처를 빠르게 유합시키기 위해서 휴면기 직전에 전정하는 것이 좋다.
ㄷ. 목련류, 철쭉류는 꽃이 진 직후 전정하면, 다음 해 꽃눈의 수가 감소한다.
ㄹ. 수간과 가지의 구조를 튼튼하게 발달시키기 위해서 어릴 때 전정을 시작한다.
ㅁ. 봄철 건조한 날에 전정하는 것이 비오는 날 전정하는 것보다 소나무 가지끝마름병으로부터 상처 부위의 감염을 억제할 수 있다.

① ㄱ, ㄴ, ㄹ
② ㄱ, ㄷ, ㄹ
③ ㄱ, ㄹ, ㅁ
④ ㄴ, ㄷ, ㄹ
⑤ ㄴ, ㄹ, ㅁ

112 같은 장소에서 발견된 두 가지 생물종 사이의 상호작용이 나머지 네 개와 다른 것은?

① 동백나무－동박새
② 소나무－모래밭버섯
③ 오리나무－Frankia sp.
④ 박태기나무－Rhizobium sp.
⑤ 오동나무－담배장님노린재

113 수피 상처의 치료방법으로 옳지 않은 것은?

① 수피이식을 시도할 수 있다.
② 목재부후균의 길항미생물을 접종한다.
③ 교접(橋接)으로 사부 물질의 이동통로를 확보한다.
④ 부후균 침입을 예방하기 위해 상처 부위를 햇빛에 노출시킨다.
⑤ 살아있는 들뜬 수피는 발생 즉시 작은 못으로 고정하고 보습재로 덮은 후 폴리에틸렌 필름을 감아준다.

114 벌목작업과 체인톱 취급에 관한 설명으로 옳지 않은 것은?

① 경사지에서의 벌도 방향은 경사방향과 평행하게 하는 것이 좋다.
② 체인톱은 시동 후 2~3분, 정지하기 전에는 저속 운전한다.
③ 벌도목 수고의 1.5배 반경 안에는 작업자 이외 사람의 접근을 막는다.
④ 체인톱을 사용할 때 톱니를 잘 세우지 않으면 거치효율이 저하되어 진동이 발생할 수 있다.
⑤ 근원직경 15cm 이하인 소경목은 수구와 추구 없이 가로자르기를 한다.

115 상렬(霜裂)의 피해에 대한 설명으로 옳은 것은?

① 추위가 심한 북서쪽 줄기 표면에 잘 일어난다.
② 피해는 흉고직경 15~30cm 정도의 수목에서 주로 발견된다.
③ 피해는 활엽수보다 수간이 곧은 침엽수에서 더 많이 관찰된다.
④ 초겨울 또는 초봄에 습기가 많은 묘포장에서 발생하기 쉽다.
⑤ 북쪽지방이 원산지인 수종을 남쪽지방으로 이식했을 경우 피해를 입는다.

116 풍해에 관한 설명으로 옳지 않은 것은?

① 가문비나무와 낙엽송은 풍해에 약하다.

② 주풍은 10~15m/s, 강풍은 29m/s 이상의 속도로 부는 바람을 말한다.

③ 주풍의 피해로 침엽수는 상방편심을, 활엽수는 하방편심을 하게 된다.

④ 방풍림의 효과는 주풍 방향에 직각으로 배치하기보다는 비스듬히 배치하는 것이 더 좋다.

⑤ 유령림에 나타나는 강풍의 피해는 수간이 부러지는 피해보다 만곡이나 도복의 피해가 많다.

117 내화수림대(耐火樹林帶)를 조성하는 수종으로 바르게 나열된 것은?

① 은행나무, 아왜나무, 벚나무   ② 가문비나무, 동백나무, 벚나무

③ 대왕송, 후피향나무, 고로쇠나무   ④ 분비나무, 구실잣밤나무, 피나무

⑤ 잎갈나무, 참나무류, 아까시나무

118 토양수분이 과다할 때 수목에 나타나는 영향으로 옳지 않은 것은?

① 과습 토양에 대한 저항성은 주목이 낮으며, 낙우송은 높은 편이다.

② 토양 내 산소 부족현상이 나타나서 세근의 생육을 방해할 수 있다.

③ 토양 과습의 초기 증상은 엽병이 누렇게 변하면서 아래로 처지는 현상을 나타낸다.

④ 지상부에 나타나는 후기 증상은 수관 아래부터 위로 가지가 고사되면서 수관이 축소된다.

⑤ 고산지 수종은 침수에 대한 내성이 거의 없어서 토양수분이 과다하게 되면 피해가 빠르게 나타난다.

119 2차 대기오염물질에 관한 설명으로 옳지 않은 것은?

① 오존과 PAN에 의한 피해는 햇빛이 강한 날에 잘 발생한다.

② 이산화질소와 불포화탄화수소의 광화학반응에 의하여 생성된 것은 PAN이다.

③ PAN에 의한 피해는 계속 성장하는 미성숙한 잎에서 심하게 발생한다.

④ 오존의 조직학적 가시장해의 특징은 기공에 가까운 해면조직이 피해를 받는다.

⑤ 느티나무, 중국단풍나무 등은 오존에 대한 감수성이 대체로 크며, 낙엽송은 이들 수목보다 내성이 있는 편이다.

120 강산성 토양에서 결핍되기 쉬운 무기양분으로 짝지어진 것은?

① 인, 망간   ② 인, 칼슘

③ 망간, 칼슘   ④ 마그네슘, 철

⑤ 마그네슘, 아연

121 염해에 관한 설명으로 옳지 않은 것은?

① 해빙염의 피해는 낙엽수보다 상록수의 피해가 더 크다.

② 곰솔, 느티나무, 후박나무 등은 염해에 내성이 있다고 알려져 있다.

③ 토양 내 염류 물질이 적을수록 전기전도도는 높아지며 식물 피해도 줄어든다.

④ 해빙염의 피해는 침엽수와 활엽수에서 서로 다른 수관 위치에서 나타날 수 있다.

⑤ 해빙염의 경우 상록수는 봄이 오기 전에 잎에 피해가 나타나고 낙엽수는 새싹이 생육한 후 나타난다.

122 농약 사용의 문제점과 관련된 내용으로 옳지 않은 것은?

① 농약 사용 증가로 인한 약제 저항성 증가
② 잔류 문제 해결을 위한 저(低) 잔류성 농약 개발
③ 생태계 파괴문제 해결을 위한 선택성 농약 개발
④ 인축독성 문제 해결을 위한 고독성농약 등록폐지
⑤ 농약 오용 문제 해결을 위한 Integranted Nutrient Management(INM) 실천

123 농약의 보조제에 관한 설명 중 옳지 않은 것은?

① 증량제에는 활석, 납석, 규조토, 탄산칼슘 등이 있다.
② 계면활성제는 음이온, 양이온, 비이온, 양성 계면활성제로 구분된다.
③ 협력제는 농약의 약효를 증진시킬 목적으로 사용하는 첨가제이다.
④ 계면활성제의 HLB 값은 20 이하로 나타나며, 낮을수록 친수성이 높다.
⑤ 유기용제는 원제를 녹이는 데 사용하는 용매로 농약의 인화성과 관련된다.

124 살충제의 유효성분과 작용기작의 연결로 옳지 않은 것은?

① Bt 엔도톡신–해충의 중장 파괴
② 페니트로티온–아세틸콜린 가수분해효소 저해
③ 디플루벤주론–전자전달계 복합체 II 저해
④ 밀베멕틴–신경세포의 염소이온 통로 교란
⑤ 카탑 하이드로클로라이드–아세틸콜린 수용체 통로 차단

125 디페노코나졸에 관한 설명으로 옳은 것은?

① 인지질 생합성을 저해한다.
② 광합성 명반응을 교란한다.
③ 곤충의 키틴생합성을 억제한다.
④ 세포막에서 스테롤 생합성을 교란한다.
⑤ 유기인계 농약으로 항균활성을 갖는다.

126 지방산 생합성 억제 작용기작을 갖는 제초제의 설명으로 옳지 않는 것은?

① Cyclohexanedione계 성분이 있다.
② Aryloxyphenoxy–propinate계 성분이 있다.
③ Glufosinate는 지방산 생합성 억제제이다.
④ Cyhalofop–butyl은 협엽(단자엽) 식물에 선택성이 높다.
⑤ 아세틸 CoA카르복실화효소(ACCase)의 저해작용을 갖는다.

127 농약의 품목에 관한 내용 중 옳은 것은?

① 유효성분명을 계통으로 분류한 것이다.
② '델타메트린 수화제'는 품목명이다.
③ 보조제 함량과 제제의 형태로 분류한 것이다.
④ 유효성분 계통과 보조제 성분이 동일한 농약이다.
⑤ 품목이 동일한 농약은 같은 상표명을 갖는다.

128 호흡과정 저해와 관련된 농약의 작용기작 설명으로 옳지 않은 것은?

① Alachlor은 대표적인 호흡과정 저해제이다.
② 살충제 작용기작 분류기호 '20a'와 관련된다.
③ 살균제 작용기작 분류기호 '다1'과 관련된다.
④ 전자전달을 교란하거나 ATP 생합성을 억제한다.
⑤ 미토콘드리아 막단백질 복합제의 기능을 교란한다.

129 농약 제형을 만드는 목적에 관한 설명으로 옳지 않은 것은?

① 농약 살포자의 편의성을 향상시킨다.
② 최적의 약효 발현과 약해를 최소화한다.
③ 유효성분의 물리화학적 안정성을 향상시킨다.
④ 소량의 유효성분을 넓은 지역에 균일하게 살포한다.
⑤ 유효성분 부착량 감소를 위한 다양한 보조제를 작용한다.

130 농약 제형에 관한 설명으로 옳지 않은 것은?

① 액상수화제−물과 유기용매에 난용성인 원제를 이용한 액상 형태
② 액제−원제가 수용성이며 가수분해의 우려가 없는 원제를 물 또는 메탄올에 녹인 제형
③ 유제−농약 원제를 유기용매에 녹이고 계면활성제를 참가한 액체 제형
④ 캡슐제−농약원제를 고분자 물질로 피복하여 고형으로 만들거나 캡슐 내에 농약을 주입한 제형
⑤ 훈증제−낮은 증기압을 가진 농약 원제를 액상, 고상, 또는 압축가스상으로 용기 내에 충진한 제형

131 농약의 안전사용기준에 관한 설명으로 옳지 않은 것은?

① 작물, 방제 대상, 살포 방법, 희석 배수 등이 표시되어 있다.
② 최종 살포시기와 살포 횟수를 명시하여 안전한 농산물을 생산할 수 있게 한다.
③ 안전사용기준 설정은 병해충 발생 시기와 잔류허용기준을 동시에 고려해 설정한다.
④ 농약 사용환경을 고려해야 하므로 농약 등록 후 경과 시간을 두고 취급 기준을 설정하는 것이 원칙이다.
⑤ 농약 판매업자가 농약 안전사용기준을 다르게 추천하거나 판매하는 경우에는 500만원 이하의 과태료가 부과된다.

132 소나무가 식재된 1ha의 임야에 살충제 이미다클로프리드 수화제(10%)를 500배 희석하여 10a당 100L의 양으로 살포하고자 할 때 소요 약량은?

① 0.2kg
② 0.5kg
③ 1kg
④ 2kg
⑤ 4kg

133 한국에서 시행 중인 농약의 독성관리제도에 관한 설명으로 옳지 않은 것은?

① 동일성분의 경우 고체 제품보다는 액체 제품의 독성이 더 높게 구분되어 있다.
② ADI(1일 섭취허용량)는 농약잔류허용기준 설정의 근거가 된다.
③ 농약살포자의 농약 위해성 평가에 대한 중요한 요소는 노출량이다.
④ 농약제품의 인축독성은 경구독성과 경피독성으로 구분하여 관리하고 있다.
⑤ 농약제품의 독성은 I(맹독성), II(고독성), III(보통독성), IV(저독성)급으로 구분하고 있다.

134 농축된 상태의 액제 제형으로 항공방제에 사용되는 특수 제형이며, 원제의 용해도에 따라 액체나 고체상태의 원제를 소량의 기름이나 물에 녹인 형태의 제형은?

① 분의제
② 분산성액제
③ 수면전개제
④ 캡슐현탁제
⑤ 미량살포액제

135 농약의 잔류허용기준 제도에 관한 설명 중 옳지 않은 것은?

① 농약 및 식물 별로 잔류허용기준은 다르다.
② 농약의 잔류허용기준은 「농약관리법」에 의하여 고시된다.
③ 일본과 유럽, 대만 등은 PLS 제도를 한국보다 앞서서 운영하고 있다.
④ 한국에서 잔류허용기준 미설정 농약은 불검출 수준(0.01mg/kg)으로 관리한다.
⑤ 적절한 사용법으로 병해충을 방제하는데 필요한 최소한의 양만 사용하도록 유도한다.

136 소나무재선충병 예방 나무주사 실행에 관한 설명으로 옳지 않은 것은?

① 약제 피해가 우려되는 식용 잣, 송이 채취지역은 제외한다.
② 장기 예방나무주사는 보호수 등 보존 가치가 높은 수목에 한하여 사용한다.
③ 선단지 등 확산우려 지역은 소나무재선충과 매개충 동시방제용 약제를 사용한다.
④ 예방 나무주사 1, 2순위 대상지는 최단 직선거리 5km 이내에 소나무재선충병이 발생하였을 때 시행한다.
⑤ 선단지 및 소규모 발생지에 대하여 피해고사목 방제 후 벌채지 외곽 30m 내외의 건전목에 실행한다.

137 「산림병해충 방제규정」 [별표 4] 제7조 관련 산림병해충 발생밀도(피해도)조사 요령 중 병해충명과 구분방법의 연결로 옳지 않은 것은?

① 갈색날개매미충−약, 성충 수
② 미국흰불나방−유충의 군서 개수
③ 미국선녀벌레−수관부의 피해 면적
④ 이팝나무 녹병−피해본 수 및 피해잎 수
⑤ 벚나무 빗자루병−피해본 수 및 피해 증상 수

138 「산림보호법」 시행령 제36조 과태료 부과기준에 관한 설명으로 옳지 않은 것은?

① 나무의사가 보수교육을 받지 않은 경우 1차 위반 시 과태료 금액은 50만원이다.
② 법 위반상태의 기간이 12개월 이상인 경우 과태료 금액의 1/2 범위에서 그 금액을 가중할 수 있다.
③ 위반행위가 고의나 중대한 과실에 의한 것으로 인정되는 경우 과태료 금액의 1/2 범위에서 그 금액을 가중할 수 있다.
④ 위반행위가 사소한 부주의나 오류에 의한 것으로 인정될 경우 과태료 금액의 1/2 범위에서 그 금액을 감경할 수 있다.
⑤ 나무의사가 정당한 사유없이 처방전 등 발급을 거부한 경우 2차 위반 시 과태료 금액은 70만원이다.

139 「산림보호법」 시행령 제7조의3에 따라 보호수 지정을 해제하려고 할 때 공고에 포함될 내용이 아닌 것은?

① 수종   ② 수령
③ 소재지   ④ 관리번호
⑤ 해제 사유

140 「2022년도 산림병해충 예찰·방제 계획」 내 외래, 돌발 산림병해충 적기 대응에 관한 설명으로 옳지 않은 것은?

① 지역별 적기 나무주사를 실행하여 방제효과 제고 및 안전관리를 강화한다.
② 붉은불개미 등 위해 병해충의 유입 차단을 위한 협력체계를 구축한다.
③ 농림지 동시발생 병해충에 대한 공동협력 방제 강화로 피해를 최소화한다.
④ 예찰조사를 강화하여 조기발견, 적기 방제 등 협력체계를 정착시켜 피해를 최소화한다.
⑤ 대발생이 우려되는 외래, 돌발병해충은 사전에 적극적으로 대응하여 국민생활의 안전을 확보한다.

PART 01

PART 02

PART 03

PART 04

PART 05

PART 06

2022년 8회 기출문제 정답 및 해설

001	002	003	004	005	006	007	008	009	010
①	④	④	②	④	②	①	⑤	③	④
011	012	013	014	015	016	017	018	019	020
⑤	②	④	모두 정답	②	⑤	③	⑤	⑤	④
021	022	023	024	025	026	027	028	029	030
③	③	①	②	③	④	②	⑤	③	①
031	032	033	034	035	036	037	038	039	040
⑤	⑤	③	②	⑤	②	③	⑤	④	③
041	042	043	044	045	046	047	048	049	050
④	③	①	④	④	①	⑤	①	⑤	②
051	052	053	054	055	056	057	058	059	060
③	②	①	④	②	①	②	③	⑤	①
061	062	063	064	065	066	067	068	069	070
②	①	③	①	⑤	⑤	③	①	④	⑤
071	072	073	074	075	076	077	078	079	080
①	①	⑤	①	③	②	①	④	③	③
081	082	083	084	085	086	087	088	089	090
①	④	④	④	④	③	①	②	⑤	①
091	092	093	094	095	096	097	098	099	100
①	③	①	②	④	⑤	③	④	②	③
101	102	103	104	105	106	107	108	109	110
⑤	④	⑤	③	①	③	②	⑤	①	⑤
111	112	113	114	115	116	117	118	119	120
④	③	②	①	④	①	③	①	⑤	④
121	122	123	124	125					
③	①	①	⑤	③					

PART 01 수목병리학

001

세계 3대 수병은 밤나무 줄기마름병, 느릅나무 시들음병, 잣나무 털녹병로 수목병리학의 발전을 촉진하였다.

002

궤양, 암종, 위축, 더뎅이는 병징, 자좌는 표징이다.

003

생물적 방제에 사용되는 미생물은 병원균의 생육을 억제하거나 저지시키는 능력을 갖는 길항미생물을 이용한다.
참나무 시들음병은 *Streptomyces blastmyceticus* 을 사용한다.

004

수목에 나타나는 빗자루 증상의 원인은 곰팡이, 제초제, 흡즙성 해충 파이토플라스마가 있다.

005

병원체의 ITS 부위는 rRNA에 존재한다. 그러나 바이러스에는 리보솜이 없으므로 ITS부위의 염기서열 분석은 불가능하다.

006

*Pestalotiopsis sp.*에 의해 은행나무 잎마름병, 동백나무 겹둥근무늬병 , 철쭉류 잎마름병, 삼나무 잎마름병이 발생한다.

007

병원균의 세포벽에 펩티도글리칸(peptidoglycan)이 포함된 수목병은 세균에 의한 병으로 혹병, 불마름병, 잎가마름병,
세균성구멍병, 감귤 궤양병 등이 있다.

008

균사는 외부 피층조직에 풍부하고, 세포간극에 그물망 모양의 하티그망을 형성한다.

009

그을음병의 특징은 부생성 외부착생균이므로 수목 침입에 관여하지 않는다. 즉, 기주식물을 직접 침해하는 것이 아니라 단지 표면에서 진딧물, 깍지벌레, 가루이 등 흡즙성 곤충의 분비물을 영양원으로 하여 번성하는 부생성 외부착생균이다.
① 참나무 시들음병 – 광릉긴나무좀
② 대추나무 빗자루병 – 마름무늬매미충
④ 사과나무 불마름병(화상병) – 파리, 개미, 진딧물, 벌, 딱정벌레 등
⑤ 소나무 푸른무늬병(청변병) – 나무좀

010

- 유성포자 : 난포자, 접합포자, 자낭포자, 담자포자
- 무성포자 : 유주포자, 분생포자, 후벽포자, 분열포자, 분아포자

011

난균류는 대부분 물 또는 습한 토양 서식하는 부생균이고 식물병원균(뿌리썩음병이나 모잘록병을 일으키는 *Pythium*, 역병을 일으키는 *phytophtoora* 등)도 포함된다.

012

소나무류 잎떨림병은 장마가 시작되기 전에, 칠엽수 얼룩무늬병은 1차 전염원인 병든 낙엽을 늦가을에 제거하는 것이 효과적이다.

013

아까시흰구멍버섯에 의한 줄기밑둥썩음병은 심재가 먼저 썩고 변재가 나중에 썩는다. 즉 죽어있는 조직으로 먼저 들어가서 산 조직으로 퍼져 간다.

014

015

- 담자균 : 소나무 혹병, 철쭉류 떡병, 사과나무 자주날개무늬병
- 자낭균 : 벚나무 빗자루병, 밤나무 가지마름병
- 세균 : 호두나무 근두암종병
- 파이토플라스마 : 뽕나무 오갈병, 대추나무 빗자루병

016

① 장마 이후부터 발생한다.
② 그늘지고 습한 곳에서 흔히 발생한다.
③ 어린잎만 앙상하게 남는다.
④ 수관 아래 잎부터 발병하기 시작하여 위쪽 잎으로 진전된다.

017

장란기(antheridium)의 표면이 울퉁불퉁하다.

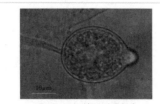

유주포자낭(꼭지 형성)

장란기(울퉁불퉁)

018

정답 ⑤

호두나무 검은(돌기) 가지마름병

병원균	*Melanconis juglandis*
기주	호두나무, 가래나무
병징 및 병환	• 분생포자반은 수피 밑에 형성, 분생포자는 암갈색 내지 올리브색의 타원형 단세포 • 병든 가지는 회갈색 내지 회백색으로 죽고 약간 함몰 • 죽은 가지는 세로로 주름이 잡히고 성숙하면 수피 내 분생포자반에서 포자가 다량 누출됨 • 포자가 빗물에 흘러내리면 잉크를 뿌린 듯이 눈에 잘 띔
방제	• 병든 가지 제거 소각, 자른 부분은 도포제 처리 • 비배 및 배수 관리, 이른 봄과 8~10월에 보르도액 살포

019

정답 ⑤

ㄱ. 버즘나무 탄저병 : 분생포자반
ㄴ. 밤나무 줄기마름병 : 분생포자각, 자낭각
ㄷ. 낙엽송 가지끝마름병 : 분생포자각, 자낭각

 TIP 유성세대의 자낭반 형성

• 잎 : 소나무류 잎떨림병, 포플러 잎마름병, 단풍나무 타르점무늬병
• 잎과 가지 : 측백나무 검은돌기 잎마름병, 편백나무 검은돌기 잎마름병
• 줄기 : 소나무류 피목가지마름병, Scleroderris 궤양병
• 뿌리 : 소나무류 리지나 뿌리썩음병

020

정답 ④

주요 수목의 이종기생성 녹병균

녹병균	병명	기주식물	
		녹병정자, 녹포자세대	여름포자, 겨울포자세대
Cronartium ribicola	잣나무 털녹병	잣나무	송이풀, 까치밥나무
C. quercuum	소나무 혹병	소나무, 곰솔	졸참나무, 신갈나무
C. flaccidum	소나무 줄기녹병	소나무	모란, 작약
Gymnosporan gium asiaticum	향나무 녹병	배나무	향나무 (겨울포자만 형성)
Melampsora larici-populina	포플러 잎녹병	낙엽송	포플러류
Uredinopsis komagatakensis	전나무 잎녹병	전나무	뱀고사리
Chrysomyxa rhododendri	철쭉류 잎녹병	가문비나무	산철쭉

소나무 잎녹병

병원균	기주(0, I)	중간기주(II, III)
Coleosporium asterum	소나무, 잣나무	참취, 개미취, 개쑥부쟁이, 까실쑥부쟁이
C. eupatorii	잣나무	골등골나물, 서양등골나물
C. campanulae	소나무	금강초롱꽃, 넓은잔대
C. phellodendri	소나무	넓은잎황벽나무, 황벽나무
C. zanthoxyli	곰솔	산초나무
C. plectranthi	–	소엽(차조기, 차즈기), 들깨, 들깨풀, 산박하

021

정답 ③

회양목 잎마름병

병원균	*Hyponectria buxi(Dothiorella candollei)*
병징 및 병환	• 병든 잎 마르고 조기낙엽, 회갈색 점무늬, 짙은 갈색 띠 형성, 건전부와의 경계는 뚜렷하지 않음, 결국 가지만 남은 앙상한 모습 • 잎 뒷면에 검은 돌기(분생포자각) 생김
방제	비배관리 철저로 수세 강화, 병든 낙엽소각 매립, 발병 초기에 살균제 살포

022

정답 ③

유성생식 자실체 크기

① 자주날개무늬병(자료사진 : F, 10 μm)

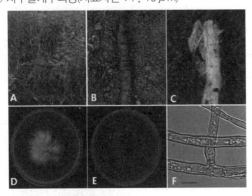

② 안노섬 뿌리썩음병(자료사진 : f~g=10 μm, h~j=5 μm)

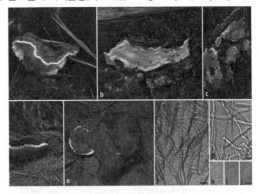

③ 배롱나무 흰가루병(자료사진 20 μm)

④ 아밀라리아 뿌리썩음병(자료사진 : 10 μm)

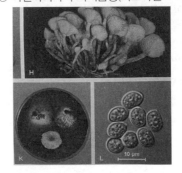

⑤ 소나무류 피목가지마름병(30 μm)

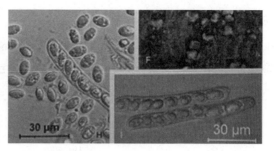

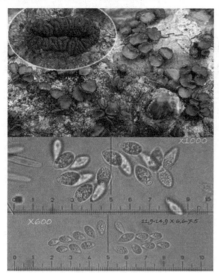

023

정답 ①

잎녹병 저항성 클론인 이태리포플러 1호(Eco 28)와 2호(Lux)를 개발하여 보급하였다.

024

정답 ②

벚나무 빗자루병의 병원균은 자낭과를 형성하지 않으므로 자낭은 병반 위에 나출된다.

025

정답 ③

① 목재 부후균(백색부후균)
② 소나무 시들음병(소나무재선충병)
④ 참나무 시들음병
⑤ 밤나무 잉크병

PART 02 수목해충학

026

정답 ④

외골격을 가지고 있어 몸을 지탱하고 외부의 공격으로부터 방어할 수 있다.

027

하루살이목(고시군) – 노린재목(외시류) – 벌목(내시류)

무시아강	유시아강				
	고시류	외시류(불완전변태)			내시류(완전변태)
		메뚜기계열	노린재계열		
돌좀목 좀목	하루살이목 잠자리목	강도래목 흰개미붙이목 바퀴목 사마귀목 메뚜기목 대벌레목 집게벌레목 귀뚜라미붙이목 대벌레붙이목 민벌레목	다듬이벌레목 이목 총채벌레목 노린재목		풀잠자리목 딱정벌레목 부채벌레목 밑들이목 날도래목 나비목 파리목 벼룩목 벌목

028

① 표면에 있는 긴털은 주로 촉각을 담당. 체벽의 진피세포 중 일부가 외분비샘으로 특화된 큰 분비세포는 화합물(페로몬, 기피제 등)을 생성한다.
② 외표피에는 왁스층이 있어 탈수를 방지한다.
③ 원표피의 주요 화학적 구성성분은 키틴이다.
④ 허물벗기를 할 때는 유약호르몬의 분비량이 적어진다(곤충의 탈피과정에 관여하는 호르몬의 농도 변화 : 뇌호르몬 → 앞가슴샘자극호르몬 → 엑디스테로이드 → 허물벗기호르몬 → 경화호르몬).

029

① 식육아목에는 길앞잡이, 물방개 등이 있다.
② 다리가 있는 유충은 대개 3쌍의 다리를 가지고 있다.
④ 딱지날개는 단단하여 뒷날개를 보호하는 덮개 역할을 한다.
⑤ 대부분의 유충과 성충은 강한 입틀을 가지고 있고 전구식(딱정벌레과)이다.

030

곤충의 눈은 자외선을 식별할 수 있다.

겹눈	• 시각의 구조적, 기능적 단위인 낱눈으로 채워져 있음 • 렌즈계, 망막세포, 부속세포로 구성 • 낱눈에 빛을 감지하는 부분은 감간체(광수용색소인 로돕신분자들이 결합되어 있는 미세융 모집단인 감간소체의 집합) • 곤충의 시력은 초점을 맞춘 상을 형성할 수 없어 척추동물에 비해 열등하나 낱눈에서 낱눈으로 물체를 추적함으로써 움직임을 감지하는 능력은 우수함 • 곤충은 자외선 빛을 볼 수 있으나(사람 ×), 적색 끝 파장을 감지할 수 없음(사람 O)

홑눈	• 등홑눈
	  – 겹눈과 같이 있고 독립적인 시각기관 아님
	  – 성충과 불완전변태류의 약충 단계
	• 옆홑눈
	  – 머리의 측면에 있고 빛의 강도와 물체의 윤곽을 감지, 포식자나 먹이의 움직임 감지
	  – 완전변태류 유충과 일부 성충(톡토기목, 좀목, 부채벌레목, 벼룩)의 유일한 시각기관

031

정답 ⑤

말피기관이 분비작용을 하는 과정에서 칼륨 이온이 유입되고 뒤따라 다른 염류와 수분이 이동한다. 관내에 들어온 액체가 후장을 통과하는 동안에 수분과 이온류의 재흡수가 일어난다(진딧물을 제외하고 대부분의 곤충에서 볼 수 있음).

032

정답 ⑤

① 돌좀목은 성충에서도 탈피호르몬을 지속적으로 분비한다.
② 앞가슴샘은 유약호르몬을 분비하여 유충의 특징을 유지한다.
③ 알라타체는 외배엽성 내분비기관으로 유약호르몬을 분비한다.
④ 메토프렌은 탈피억제호르몬으로서의 기능을 하고 프리코센은 유충억제호르몬으로서의 기능을 한다.

구분	해당기관
외배엽	표피, 외분비샘, 뇌 및 신경계, 감각기관, 전장 및 후장, 호흡계, 외부생식기
중배엽	심장, 혈액, 순환계, 근육, 내분비샘, 지방체, 생식선(난소 및 정소)
내배엽	중장

033

정답 ③

① 꿀벌의 원형춤은 새로운 거처의 위치를 알린다.
② 애반딧불이는 림피리데로 빛을 내어 암 · 수가 만난다(애반딧불이가 분비하는 루시페린은 독성물질로 천적을 죽임).
④ 일반적으로 진딧물은 공격을 받을 때 뿔관에서 경보페로몬을 분비하여 위험을 알려 주지만 복숭아혹진딧물과 완두수염진딧물은 경보반응을 억제하는 것으로 나타난다.
⑤ 매미는 복부 둘째 마디에 있는 얇은 진동막을 빠르게 흔들어 내는 소리로 의사소통한다.

034

정답 ②

복숭아유리나방 수컷은 암컷이 발산하는 물질에 유인되는 것은 페로몬이므로 카이로몬의 작용과 관계가 없다.

타감물질(이종 간 신호물질)
• 카이로몬 : 송신자에 손해, 수신자에 이득
• 알로몬 : 송신자에 이득. 수신자에 주로 손해
• 시노몬 : 분비자, 감지자에 모두 이익

035

정답 ⑤

소나무왕진딧물(알), 미국흰불나방(번데기), 버즘나무방패벌레(성충)이다.
① 황다리독나방(알), 솔잎혹파리(유충), 목화진딧물(알)
② 외줄면충(알), 느티나무벼룩바구미(성충), 호두나무잎벌레(성충)
③ 백송애기잎말이나방(번데기), 솔알락명나방(유충), 복숭아명나방(유충)
④ 미국선녀벌레(알), 버즘나무방패벌레(성충), 오리나무잎벌레(성충)

036
정답 ②

줄마디가지나방 유충은 배다리가 있다.

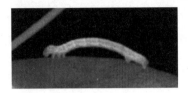

037
정답 ③

볼록총채벌레는 복부에 미모가 있고 불완전변태를 한다.

038
정답 ⑤

뉴런은 핵이 있는 세포 몸을 중심으로 정보를 받아들이는 수상돌기와 내보내는 축삭돌기로 구성되어 있다.

039
정답 ④

말레이즈-곤충이 위로 올라가는 습성을 이용하여 가장 높은 지점에 수집용기를 부착하여 곤충을 포획한다. 벌, 파리 등 날아다니는 화분매개곤충을 조사한다.

040
정답 ③

수목해충의 예찰이란 해충이 수목을 가해하는 시기보다 이전 발육단계의 발생상황, 생리상태, 기후조건 등을 조사하여 해충의 종류, 분포 상황, 발생 시기, 발생량을 사전에 예측하는 것으로 경제적 피해를 최소화하기 위함이다.

041
정답 ④

경제적 피해(가해) 수준에 도달하는 것을 막기 위하여 경제적 피해 허용 수준에서 방제한다.

042
정답 ③

벚나무사향하늘소 성충은 성페로몬 트랩으로 유인 · 포살한다.

043
정답 ①

② 미국흰불나방 – 꽃노린재류, 검정명주딱정벌레, 흑선두리먼지벌레
③ 긴등기생파리 – 미국흰불나방
④ 솔잎혹파리 – 솔잎혹파리먹좀벌, 혹파리살이먹좀벌, 혹파리등뽈먹좀벌, 혹파리반뽈먹좀벌레
⑤ 오리나무잎벌레 – 무당벌레, 포식성 노린재류, 거미류, 조류 등

044
정답 ④

- 회귀식 Y=0.05X−0.5
- 발육영점온도=−b/a=−(−0.5)/0.05=10
- 유효적산온도=1/a=1/0.05=20
60일(7, 8월)×20℃=120℃, 120/20=6회

045

정답 ④

광릉긴나무좀 성충과 유충은 전기충격으로 제거하며 이는 물리적 방제에 해당한다.

046

정답 ①

② 솔수염하늘소(매개충) – 목화진딧물(중간기주가 있는 진딧물)
③ 장미등에잎벌(식엽성) – 큰팽나무이(충영 형성)
④ 알락하늘소(천공성) – 때죽납작진딧물(충영 형성)
⑤ 벚나무사향하늘소(천공성) – 조팝나무 진딧물(중간기주가 있는 진딧물)

047

정답 ⑤

① 도토리거위벌레(종실), 전나무잎응애(흡즙성)
② 복숭아명나방(종실), 오리나무잎벌레(식엽성)
③ 솔알락명나방(종실), 호두나무잎벌레(식엽성)
④ 대추애기잎말이나방(종실), 버들바구미(천공성)

048

정답 ①

② 솔나방 – Lasiocampidae(솔나방과) – Lepidoptera(나비목)
③ 오리나무잎벌레 – Chrysomelidae(잎벌레과) – Coleoptera(딱정벌레목)
④ 갈색날개매미충 – Ricaniidae(큰날개매미충과) – Hemiptera(노린재목)
⑤ 벚나무깍지벌레 – Diaspididae(깍지벌레과) – Hemiptera(노린재목)

049

정답 ⑤

갈색날개매미충은 1년생 가지 표면을 파내고 2열로 알을 낳는다.

050

정답 ②

〈보기〉에 설명하는 해충을 순서대로 나열하면 ㄱ–박쥐나방 → ㄴ–사사키잎혹진딧물 → ㄷ–밤나무혹벌 → ㄹ–때죽납작진딧물이다.

PART 03 수목생리학

051

정답 ③

국내 참나무속의 분류와 아속의 특징

분류(아속)	종자 성숙 특성	낙엽성	상록성
갈참나무류 white oak	개화 당년에 익음	갈참나무, 졸참나무, 신갈나무, 떡갈나무	종가시나무, 가시나무, 개가시나무
상수리나무류 red oak(black oak)	개화 이듬해에 익음	상수리나무, 굴참나무, 정릉참나무	붉가시나무, 참가시나무

052

정답 ②

유관속은 상표피 쪽에 1차 목부, 하표피 쪽에 1차 사부가 있다.

053

정답 ①

수동적 역할
• 수분의 세포벽 이동
• 목부를 통한 수액 상승
• 세포의 분열, 신장, 분화

054

정답 ④

① 주근에서는 측근이 내초에서 발생한다.
② 외생균근이 형성된 수목들은 뿌리털이 생기지 않고, 대신 균사가 뿌리 표면으로부터 토양 속으로 뻗어 뿌리털 역할을 대신하여 더 효율적으로 무기염을 흡수한다.
③ 온대지방에서 뿌리의 신장은 이른 봄에 줄기의 신장보다 일찍 시작한다.
⑤ 뿌리털은 뿌리의 표면적을 확대시켜 무기염과 수분의 흡수에 크게 기여한다.

055

정답 ②

① 느티나무와 단풍나무는 자유생장을 한다.
③ 정아가 주지의 생장을 조절하는 것을 유한생장이라 한다.
④ 임분 내에서는 피압목이 우세목보다 도장지를 더 많이 만든다.
⑤ 정아우세 현상은 옥신이 측아의 생장을 억제하기 때문이다.

056

정답 ①

② 포플러와 자작나무는 서어나무보다 광포화점이 높다.
③ 광도가 낮은 환경에서는 주목이 포플러보다 광합성 효율이 높다.
④ 광합성은 물의 환원과정이며, 호흡작용은 탄수화물의 산화과정이다.
⑤ 단풍나무류는 버드나무류보다 낮은 광도에서 광보상점에 도달한다.

양수	• 그늘에서 자라지 못하는 수종 • 음수보다 광포화점이 높음 • 광도가 높은 환경에서는 양수가 효율적인 광합성을 함
음수	• 그늘에서도 자랄 수 있는 수종, 어릴 때에만 그늘을 선호하며, 유묘시기를 지나면 햇빛에서 더 잘 자람. 즉 모든 수목은 성목이 되면 햇빛을 좋아함 • 음수는 광포화점이 낮기 때문에 낮은 광도에서는 광합성을 효율적으로 함 • 광보상점이 낮고 호흡량도 적기 때문에 그늘에서 경쟁력이 양수보다 높음

여러 수종의 내음성

분류	극음수	음수	중성수	양수	극양수
기준	전광의 1~3%	전광의 3~10%	전광의 10~30%	전광의 30~60%	전광의 60% 이상
수종	개비자나무, 굴거리나무, 금송, 나한백, 백량금, 사철나무, 식나무, 자금우, 주목, 호랑가시나무, 황칠나무, 회양목	가문비나무, 너도밤나무, 녹나무, 단풍나무, 비자나무, 서어나무, 솔송나무, 송악, 전나무, 칠엽수, 함박 꽃나무	개나리, 느릅나무, 동백나무, 때죽나무, 마가목, 목련, 물푸레나무, 산사나무, 산딸나무, 산초나무, 생강나무, 수국, 잣나무, 은당풍, 참나무류, 철쭉, 편백, 탱자나무, 피나무, 화백, 회화나무	가죽나무, 개잎갈나무, 과수류, 낙우송, 느티나무, 메타세쿼이아, 모감주나무, 무궁화, 라이락, 밤나무, 배롱나무, 백합나무, 버즘나무, 벚나무, 삼나무, 산수유, 소나무, 아까시나무, 오동나무, 오리나무, 은행나무, 이팝나무, 자귀나무, 주엽나무, 쥐똥나무, 측백나무, 층층나무, 향나무	대왕소나무, 드릅나무, 버드나무, 방크스소나무, 붉나무, 연필향나무, 예덕나무, 잎갈나무, 자작나무, 포플러

※ 분류기준은 생존에 필요한 광도를 전광에 대한 %로 표시하며, 학자에 따라서 약간 차이가 있다. 전광(全光, Full sunlight)은 햇빛이 최대로 비출 때를 말한다.

057

구분	미생물 종류	생활 형태	기주
자유생활	*Azotobacter*	호기성	–
	Costridium	혐기성	–
공생	*Cyanobacteria*	외생공생	지의류
	Cyanobacteria	외생공생	소철
	Rhizobium	내생공생	콩과식물
	Bradyrhizobium	내생공생	콩과식물(콩)
	Frankia	내생공생	오리나무류
	Frankia	내생공생	보리수나무류

058

원적색광이 적색광보다 많을 때 줄기생장이 억제된다.

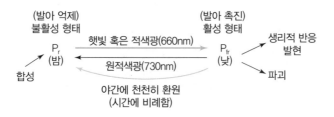

059

형성층 활동은 줄기생장이 시작될 때 함께 시작, 줄기 생장이 정지한 다음에도 더 지속된다.

060

정답 ①

- 밀식된 숲은 밀도가 낮은 숲보다 호흡량이 많다.
- 기온이나 토양 온도가 상승하면 호흡량이 증가한다.
- 노령이 될수록 총광성량에 대한 호흡량의 비율이 증가한다.
- 잎 주위의 이산화탄소 농도가 높아지면 기공이 닫혀 호흡량이 감소한다.

061

정답 ②

① 줄기 · 가지 · 뿌리의 경우 종축방향 유세포, 방사조직 유세포, 한복판의 수조직에 저장된다.
③ 잎에서 합성된 단당류는 이당류인 설탕으로 전환되어 사부에 적재된다.
④ 엽육세포 원형질에는 설탕이 가장 높은 농도로 존재한다.
⑤ 열매 속에 발달 중인 종자 내에서는 설탕이 전분으로 전환된다.

062

정답 ①

겨울철에 전분의 함량은 감소하고, 환원당의 함량은 증가한다(전분이 설탕과 환원당으로 바뀌어 내한성을 증가시키는 역할을 함).

063

정답 ③

ABA, 지베렐린은 이소프레노이드 화합물로서 지질에 속한다.

수목에서 발견되는 이소프레노이드 화합물의 종류

이소프렌 수	명칭	분자식	예
2	모노테르펜	$C_{10}H_{16}$	정유, α-피넨, 솔향, 장미향, 피톤치드
3	세스키테르펜	$C_{15}H_{24}$	정유, 아브시스산, 수지
4	디테르펜	$C_{20}H_{32}$	정유, 수지, 지베렐린, 피톨
6	트리테르펜	$C_{30}H_{16}$	수지, 라텍스, 피토스테롤, 브라시노스테로이드, 사포닌
8	테트라테르펜	$C_{40}H_{16}$	카로티노이드
n	폴리테르펜	$(C_5H_8)n$	고무

064

정답 ①

② 소나무류는 주로 뿌리에서 질산태 질소가 암모늄태로 환원된다.
③ 산성토양에서는 암모늄태 질소가 축적되고, 이를 균근이 흡수한다.
④ 모든 NH_4^+는 체내 축적되면 독성을 띠기 때문에 축적되지 않고 아미노산의 형태로 유기물화해서 이용한다.
⑤ 뿌리에서 흡수된 질산은 질산염 환원효소에 의해 아질산태로 환원된다.

065

정답 ⑤

이층은 어린잎이 자라나올 때부터 엽병 아랫부분에 이미 자리 잡고 있다.

066

지질의 종류

종류	예
지방산 및 지방산 유도체	팔미트산, 단순지질(지방, 기름), 복합지질(인지질, 당지질), 납, 큐틴, 수베린
이소프레노이드 화합물	정유, 테르펜, 카로티노이드, 고무, 수지(Rensin), 스테롤
페놀화합물	리그닌, 타닌, 플라보노이드

067

① 광주기를 감지하는 피토크롬은 마그네슘을 함유하지 않는다.
② 세포벽의 리그닌은 초식동물이 소화할 수 없는 화합물이다(기피물질).
④ 겨울철 자작나무 수피의 지질함량은 낮아지고, 과당과 포도당 함량은 증가한다(고로쇠나무와 설탕단풍이 설탕을 함유함).
⑤ 콩꼬투리와 느릅나무 내수피 주변에서 분비되는 검과 점액질은 다당류의 일종이다.

(cis형)   (trans형)

P_r P_{fr}

068

잎의 성장 과정

• 잎은 줄기 끝의 정단분열조직에서 만들어진다.
• 잎의 아랫부분이 먼저 만들어짐 → 엽신 분화 → 엽병이 생김 → 잎의 신장은 처음에는 끝부분에서 이루어지고, 곧 잎의 가장자리와 중간에 위치한 분열조직에서 신장하여 고유의 모양을 갖추게 된다.

069

방추시원세포의 병충분열로 발생한다.

070

칼로스(Callose)는 포도당 중합체(베타 – 1,3결합)이다.

071
정답 ①

근압은 식물이 증산작용을 하지 않을 때 뿌리의 삼투압에 의해 능동적으로 수분을 흡수함으로써 나타나는 뿌리내의 압력이므로 상관관계가 있는 것은 아니다.

072
정답 ①

외생균근을 형성하는 수종은 소나무과, 피나무과, 버드나무과, 참나무과, 자작나무이다.

073
정답 ⑤

깊고 넓게 근계를 개척해서 한발에 대항한다.

074
정답 ①

② 위조점에서 엽육세포의 삼투퍼텐셜은 음(−)의 값이다.
③ 엽육세포의 팽압은 수분함량에 비례하여 증가한다.
④ 위조점에서 엽육조직의 수분퍼텐셜은 삼투퍼텐셜과 같다.
⑤ 삼투퍼텐셜은 세포액의 빙점을 측정하거나, 원형질 분리 혹은 압력통을 사용하여 측정할 수 있다. 대부분 식물의 삼투퍼텐셜은 −0.4에서 −2.0Mpa의 값을 가진다.

075
정답 ③

지베렐린 효과의 반대 현상이므로 신초의 길이의 생장이 감소한다.

지베렐린의 생리적 효과
줄기의 신장 생장, 개화 및 결실 촉진, 휴면 타파 및 종자 발아, 착과 촉진, 과실 크기와 품질 향상

PART 04 산림토양학

076
정답 ②

나트륨이온은 점토입자들을 분산시켜 입단의 분산이 촉진된다.

077
정답 ①

수목 하부의 낙엽과 낙지를 남겨 둔다.

078
정답 ④

중력퍼텐셜은 기준점면으로부터 물의 위치가 높아질수록 커진다.

079
정답 ③

ㄷ. pH의 변화에 완충작용을 한다.
ㄹ. 모래보다 g당 표면적이 크다.

080
정답 ③

한국 산림토양에서 방선균은 유기물을 분해하고 생육하는 부생성 생물이다.

081
정답 ①

염기포화도 증가는 토양을 알칼리성으로 만든다.

082
정답 ④

대기와 비교한 토양공기조성의 특성

단위 : %

구분	대기	표층토	심층토
질소	79	75~80	75~80
산소	20.9	14~20.6	3~10
이산화탄소	0.035	0.5~6	7~18
수증기	20~90	95~100	98~100

083
정답 ④

염기포화도=(교환성양이온/양이온교환용량)×100=(3+3+3+3/16)×100=75%

084
정답 ④

풍화내성 정도
- 1차 광물 : 석영＞백운모＞미사장석(K)＞정장석(K)＞흑운모＞조장석(Na)＞각섬석＞휘석＞회장석＞감람석
- 2차 광물 : 침철광＞적철광＞깁사이트＞점토광물＞백운석＞방해석＞석고

085
정답 ④

산림토양의 수분 침투능력은 농경지토양보다 높다.

086
정답 ③

토양단면만들기
- 토양단면은 나비 1~2m, 길이 2~3m, 깊이 1.5m 정도의 장방형 구덩이를 파서 앞면은 수직으로, 뒷면은 몇 개의 계단을 만든다.
- 단면을 가급적 그늘지지 않게 일사방향을 참작하여 만들고, 경사지에서는 경사방향과 직각인 쪽을 관찰하도록 한다.

토양단면기술

구분	세부 기록 사항
조사지점의 개황	단면번호, 토양명, 고차분류단위, 조사일자, 조사자, 조사지점, 해발고도, 지형, 경사도, 식생 또는 토지이용, 강우량 및 분포, 월별 평균기온 등
조사토양의 개황	모재, 배수등급, 토양수분 정도, 지하수위, 표토의 석력과 암반노출 정도, 침식 정도, 염류집적 또는 알칼리토 흔적, 인위적 영향도 등
단면의 개략적 기술	지형, 토양의 특징(구조발달도, 유기물집적도, 자갈함량 등) 모재의 종류 등
개별 층위의 기술	토층기호, 층위의 두께, 주 토색, 반문, 토성, 구조, 견고도, 점토 피막, 치밀도나 응고도, 공극, 돌·자갈·암편 등의 모양과 양, 무기물 결괴, 경반, 탄산염 및 가용성 염류의 양과 종류, 식물 뿌리의 분포 등

087

A층, E층, B층을 합하여 진토층(Solum)이라 하고, A층, E층, B층, C층 모두를 합하여 전토층(Regolith)이라고 한다.

088

세계의 토양목

Entisol (미숙토)	토양생성발달이 미약하여 층위의 분화가 없는 새로운 토양
Inceptisol (반숙토)	• 토층의 분화가 중간 정도인 토양이며, 온대 또는 열대의 습윤한 기후조건에서 발달 • Argillic토층 형성(×)
Mollisol (암연토)	• 초원지역의 매우 암색이고 유기물과 염기가 풍부한 무기질토양 • 표층에 유기물이 많이 축적되고 Ca 풍부. 암갈색의 Mollic표층
Alfisol (완숙토)	• 점토집적층이 있으며, 염기포화도가 35% 이상 • Ochric표층
Ultisol (과숙토)	• 온난 습윤한 열대 또는 아열대기후지역에서 발달 • 감식토층은 Argillic, 염기포화도 30% 이하
Histosol (유기토)	• 유기물의 퇴적으로 생성된 유기질 토양. 유기물 함량 20~30% 이상 • 유기물토양층 40cm 이상
Andisol (화산회토)	• 우리나라 제주도와 울릉도의 주요 점토광물 Allophane • 유기물함량이 20~30%, 유기물토양층이 40cm 이상되어야 함
Aridisol (과건토)	건조지대의 염류 토양으로 토양발달이 미약
Gelisol (결빙토)	영구동결층을 가지고 있는 토양
Oxisol (과분해토)	• Al·Fe 산화물이 풍부한 적색의 열대토양 • 풍화가 가장 많이 진척된 토양 • 광물조성은 주로 Kaolinite, 석영 및 철과 알루미늄산화물
Spodosol (과용탈토)	• 사질모재조건과 냉온대의 습윤한 토양 • 심하게 용탈된 회백색의 용탈층을 가지고 있는 토양
Vertisol (과팽창토)	• 팽창성 점토광물 함량이 높아 팽창과 수축이 심하게 일어나는 토양 • 표층은 주로 Ochric 또는 Umbric

089

성대성 토양

- 기후나 식생과 같이 넓은 지역에 공통적으로 영양을 끼치는 요인에 의해 생성된 토양
- 습윤 토양으로 라테라이트토, 적색토, 갈색토, 회갈색토, 포드졸토, 툰드라토, 갈색 삼림토 등
- 중간토양으로 프레리토, 체르노젬 등
- 건조토양으로 율색토, 사막토 등

090

한국의 산림토양의 분류는 8 토양군, 11 토양아군, 28 토양형이다.

091
정답 ①

수목은 $H_2PO_4^-$나 HPO_4^{2-}와 같은 무기인산을 흡수한다.

092
정답 ③

① 용적밀도 : 건토무게/부피=260/200=1.3g/cm³
② 공극률 : 1-용적밀도/입자밀도={1-(1.3/2.6)}×100=50%
③ 액상 : 용적수분함량=수분부피/전체부피=40/200=20%
④ 기상 : 공극률-액상=50%-20%=30%

093
정답 ①

수분 보유력, 양분 저장성, 유기물 분해, 풍식 감수성은 토양 입자크기에 따라 달라진다.

094
정답 ②

산림에서 낙엽의 분해로 발생하는 유기산은 토양의 산도를 증가시킨다.

095
정답 ④

• 대기 관련 : 질산염 탈질작용, 암모니아 휘산 작용, 콩과식물의 질소 고정 작용
• 토양 관련 : 질산염 용탈작용, 미생물에 의한 부동화 작용

096
정답 ⑤

균근은 수목의 한발 저항성을 증대시킨다.

097
정답 ③

요소비료는 생리적 중성비료이며 화학적 중성비료이고, 효과 측면에서는 속효성 비료이다.

098
정답 ④

담수상태에서 환원상태인 황화합물에 의해 중성을 나타낸다.

099
정답 ②

토성은 모래, 미사, 점토를 말하므로 토양 자체가 바뀌는 변화는 적다.

100
정답 ③

주로 탄질비(C/N)가 높은 낙엽이 분해속도와 양분 방출 속도가 느리다.

101

정답 ⑤

미상화서는 수꽃의 꽃대가 연하여 밑으로 처지는 화서로서 꽃잎이 없고, 포로 싸인 단성화이며, 버드나무과 참나무과, 자작나무과에서 볼 수 있다.

102

정답 ④

도시숲은 미세먼지를 흡착하거나 정화하는 기능을 가진다. 온대지방보다는 더운 열대지방 산림에서 배출되는 휘발성 유기화합물(VOC)은 오존(O_3)을 발생시키고 대기를 오염시킨다.

103

정답 ⑤

교목 아래에 지피식물을 식재하는 것은 수분 경쟁이 일어나 수목 건강에 좋지 못하다.

104

정답 ③

대형수목 이식 시 근분의 높이는 근원경에 따라 결정한다.

105

정답 ①

자작나무, 단풍나무는 수액 흘러나오는 시기를 피해 늦가을이나 겨울, 아니면 잎이 완전히 나온 후에 가지치기를 한다.

106

정답 ③

부후된 가지는 병든 가지이므로 수관청소를 해야 한다. 즉, 병든 가지는 제거해야 한다.

수관청소
죽은 · 죽어가는 · 병든 · 약하게 부착된 · 활력이 약한 가지를 제거하는 것

107

정답 ②

배수관 침범 해결방안
- 하수구 설계/자재 변경
  - 점토 배관 → 플라스틱/유리섬유/콘크리트 배관 사용
  - 배관도포 - 구리 그물망, 만효성 접촉성 제초제 도포 직물
- 배수로시설 주변에 가로수 식재 금지, 특히 속성수 식재 금지
- 하수구 내 뿌리 : 라우터로 절단, 제초제와 생장조절제 적용

108

정답 ⑤

조상과 달리 만상은 잠아로부터 곧 새순이 나오기 때문에 수목에 치명적인 피해는 주지 않는다.

109

토양에서 수분결핍이 시작되면 가지 끝부터 마르기 시작한다.

110

① 목재강도가 낮은 가문비나무와 소나무가 바람에 약하다.
② 수목의 초살도가 높을수록 바람에 대한 저항성이 강하다.
③ 폭풍에 의한 수목의 도복은 점질토양보다 사질토양에서 발생하기 쉽다(폭우를 동반한 강풍은 토양이 부드러워져 뿌리째 뽑히는 경우가 생김).
④ 주풍에 의한 침엽수의 편심생장은 바람이 부는 방향으로 발달한다.

111

토양 수분퍼텐셜이 낮아져서 식물이 물과 영양소를 흡수하기가 어려워진다.

112

수목의 내화력

구분	내화력이 강한 수종	내화력이 약한 수종
침엽수	은행나무, 잎갈나무, 분비나무, 가문비나무, 개비자나무, 대왕송 등	소나무, 곰솔, 삼나무, 편백 등
상록 활엽수	아왜나무, 굴거리나무, 후피향나무, 붓순, 합죽도, 황벽나무, 동백나무, 비쭈기나무, 사철나무, 가시나무, 회양목 등	녹나무, 구실잣밤나무, 유칼리 등
낙엽 활엽수	피나무, 고로쇠나무, 음나무, 가죽나무, 참나무, 버드나무, 사시나무, 자작나무, 마가목, 고광나무, 네군도단풍나무, 난티나무, 수수꽃다리 등	아까시나무, 벚나무, 능수버들, 벽오동, 참죽나무, 조릿대 등

113

오존과 PAN 피해증상 비교

구분	오존	PAN
피해조직	책상조직(잎 표면)	해면조직(잎 뒷면)
피해부위	성숙 잎	어린 잎

O_3에 대한 감수성의 수종 간 차이

구분	상록수	낙엽수
감수성(대)	산호수, 소나무, 히말라야시다, 돈나무, 협죽도, 사철나무, 꽃댕강나무	당느릅나무, 느티나무, 중국단풍나무, 왕벚나무, 수양버들, 단풍버즘나무, 자귀나무, 은행나무, 무궁화나무
감수성(소)	삼나무, 곰솔, 노송나무, 화백나무, 녹나무, 사스레피나무, 소귀나무, 가시나무	단풍나무, 산벚나무, 낙엽송

114

활엽수림이 침엽수림보다 산 중화능력이 더 크다.

115

정답 ④

보통 경엽처리제로 제형화하며, 토양에 처리하는 입제 제형이 가능하다.

116

정답 ①

합성 피레스로이드계 살충제(비펜트린)는, 제충국에서 추출한 피레스린이 빨리 분해되기 때문에 인공적으로 합성하여 개발한 살충제이다.

117

정답 ③

직접살균제는 식물의 표피조직과 결합하여 발아한 포자의 식물체 침입을 막아 준다.

118

정답 ①

유기인계 농약이나 카바메이트계 농약은 수산이온에 의한 가수분해가 쉽게 일어나 유기산과 페놀류 등으로 분해된다.

119

정답 ⑤

물에 희석하여 사용하며, 희석액은 투명하다.

120

정답 ④

대사에 의한 무독화는 산화 · 환원 · 가수분해 등의 생화학반응에 의해 제초제의 독성이 불활성화되는 반응으로, 생화학적 선택성의 대부분을 차지한다.

121

정답 ③

디플루벤주론은 키틴생합성 저해제

작용기작 구분	세부 작용기작 및 계통(품목명)	표시기호
1. 아세틸콜린에스테라제 기능 저해	카바메이트계 – 카바릴, 카보퓨란, 티오디카브, 유기인계–페니트로티온, 다이아지논, 펜티온	1a 1b
2. GABA 의존 염소통로 억제	유기염소 시클로알칸계–엔도설판 페닐파라졸계–피프로닐	2a 2b
3. Na 통로 조절	합성피레스로이드계–비펜트린, 펜발러레이트 DDT, 메톡시클로르	3a 3b
4. 신경전달물질 수용체 차단	네오니코티노이드계–이미다클로프리드, 티아메톡삼 니코틴 설폭시민계 부테놀라이드계 메소이온계	4a 4b 4c 4d 4e
6. 염소통로 활성화	아바멕틴계, 밀베마이신계–아바멕틴, 밀베멕틴	6
7. 유약호르몬 작용	유약호르몬 유사체 페녹시카브 피리프록시펜	7a 7b 7c
10. 응애류 생장저해	크로펜테진, 헥시티아족스 에톡사졸	10a 10b

작용기작 구분	세부 작용기작 및 계통(품목명)	표시기호
14. 신경전달물질 수용체 통로 차단	네레이스톡신 유사체–카탑, 벤설탑	14
15. O형 키틴합성 저해	벤조일요소계–디플로벤주론	15
16. I형 키틴합성 저해	뷰프로페진	16

122

트리아졸계
- 기작 : 막에서 스테롤 생합성 저해(사1)
- 종류 : 테부코나졸, 마이클로뷰타닐, 트리아디메폰, 디니코나졸, 이페노코나졸, 메트코나졸 등

123
정답 ①

선단지 및 재선충병 확산이 우려되는 지역이다.

예방 및 합제 나무주사 대상지
- 선단지 및 재선충병 확산이 우려되는 지역
- 발생지역 중 잔존 소나무류에 대한 예방조치가 필요한 지역. 다만, 송이, 식용 잣 채취 지역 등 약제 피해가 우려되는 지역은 제외
- 문화재보호구역, 전통사찰, 자연공원, 천연기념물, 보호수, 경관보전구역 등 소나무류의 보존가치가 큰 산림지역
- 국가 주요시설, 생활권 주변의 도시공원, 수목원, 자연휴양림 등 소나무류 관리가 필요한 지역

매개충 나무주사 대상지
- 선단지 및 재선충병 확산이 우려되는 지역. 다만, 송이, 식용 잣 채취지역 등 약제 피해가 우려되는 지역은 제외
- 발생지역 중 피해 외곽지역 단본 형태로 감염목이 발생하는 지역

대상목 선정
- 예방 및 합제 나무주사 우선순위 이외 지역의 소나무류에 대하여는 피해고사목 주변 20m 내외 안쪽에 한해 예방 나무주사 실시
- 재선충병에 감염되지 않은 우량한 소나무류를 선정하고, 형질이 불량하거나 쇠약한 나무, 가슴높이 지름이 10cm 미만인 나무 등은 제외
- 전수조사 방법으로 조사하되, 나무주사 구역이 넓은 경우 등은 표준지조사를 실시하고 필요한 경우 대상목 선목 실시
- 단목벌채, 소구역모두베기, 모두베기 등의 방제 효과를 높이기 위하여 잔존 소나무에 대하여는 벌채방법에 따른 나무주사를 시행

124
정답 ⑤

「산림병해충 방제규정」 방제용 약종의 선정기준
- 예방 및 살충·살균 등 방제효과가 뛰어날 것
- 사람 또는 동물 등에 독성이 적을 것
- 사용이 간편할 것
- 항공방제의 경우 전착제가 포함되지 않을 것
- 입목에 대한 약해가 적을 것
- 경제성이 높을 것
- 대량구입이 가능할 것

나무의사 자격 취소 및 정지처분 세부기준(「산림보호법」 시행령)

위반 행위	근거 법조문	행정처분				벌금	과태료		
		1차	2차	3차	4차		1	2	3
거짓이나 부정한 방법으로 자격 취득	제21조6항의 1호	취소				1년 또는 1천만원			
동시에 두 개 이상의 병원 취업	제21조6항의 2호	2년 정지	취소			500만원			
결격사유에 해당된 경우	제21조6항의 3호	취소							
자격증 대여	제21조6항의 4호	2년 정지	취소			1년 또는 1천만원			
정지 기간에 수목 진료	제21조6항의 5호	취소				500만원			
고의로 수목진료를 사실과 다르게 행한 행위	제21조6항의 6호	취소							
과실로 수목진료를 사실과 다르게 행한 행위	제21조6항의 7호	2개월	6개월	12개월	취소				
거짓이나 부정한 방법으로 처방전 발급	제21조6항의 8호	2개월	6개월	12개월	취소				
자격 취득 없이 수목 진료한 자						500만원			
나무의사 등의 명칭을 사용한 자									
진료부 없거나 진료사항 기록하지 않거나 거짓 진료 기록						50	70	100	
직접 진료 없이 처방전 발급							50	70	100
처방전 발급 거부자							50	70	100
보수 교육을 받지 않은 자							50	70	100

001	002	003	004	005	006	007	008	009	010
③	⑤	②	③	①	②	③	⑤	①	③
011	012	013	014	015	016	017	018	019	020
④	②	④	④	④	③	①	④	②	③
021	022	023	024	025	026	027	028	029	030
④	⑤	④	⑤	①	②, ④	⑤	①	③	⑤
031	032	033	034	035	036	037	038	039	040
⑤	⑤	①	⑤	⑤	①	②	③	④	①
041	042	043	044	045	046	047	048	049	050
②	①	②	①	④	④	①	⑤	④	③
051	052	053	054	055	056	057	058	059	060
①	④	①	⑤	⑤	①, ⑤	①	⑤	①	③
061	062	063	064	065	066	067	068	069	070
②	③	②	④	②	⑤	①	①	④	③
071	072	073	074	075	076	077	078	079	080
①	①	⑤	④	⑤	②	②	②	④	②
081	082	083	084	085	086	087	088	089	090
③	⑤	③	④	⑤	⑤	③	④	④	②
091	092	093	094	095	096	097	098	099	100
②	③	③	④	①	②	④	⑤	③	모두 정답
101	102	103	104	105	106	107	108	109	110
④	②	⑤	②	④	⑤	①	②	②	②
111	112	113	114	115	116	117	118	119	120
③	⑤	④	①	모두 정답	④	③	④	④	②
121	122	123	124	125	126	127	128	129	130
③	⑤	④	③	④	③	②	①	⑤	⑤
131	132	133	134	135	136	137	138	139	140
④	④	①	⑤	②	④	③	②	②	①

001
정답 ③

잣나무 아밀라리아뿌리썩음병은 지하부 그루터기 제거가 적절한 처방이다.

002
정답 ⑤

흰가루병, 바이러스, 물관부국재성세균, 원생동물, 녹병균 중 일부는 병원체의 분리배양이 불가능하다. 배양이나 순화가 불가능하여 코흐의 원칙이 적용되기 어렵다. 여기에 속하지 않는 소나무 피목가지마름병은 병원체의 분리배양이 가능하다.

003
정답 ②

조팝나무 흰가루병은 광합성을 저해한다.

004
정답 ③

밤나무뿌리혹병(Agrobacterium tumefaciens)은 병원체의 유전물질이 식물에 전이되는 형질전환 현상에 의해 이상 비대나 이상증식을 일으킨다.

005
정답 ①

세균, 파이토플라스마, 바이러스는 전자현미경으로 관찰할 수 있다.
ㄱ. 뽕나무 오갈병(파이토플라스마)
ㄷ. 장미모자이크병(바이러스)
ㅂ. 붉나무 빗자루병(파이토플라스마)

006
정답 ②

바이러스 입자는 인접한 세포를 새로 감염시켜 기주 수목 전체로 퍼지는 전신적 병원체이다.

007
정답 ③

향나무에는 겨울포자와 담자포자, 장미과에는 녹병정자, 녹포자가 형성된다.

008
정답 ⑤

발병 부위는 생물적 원인의 경우 수목 일부에, 비생물적 원인의 경우 수목 전체에 병이 나타난다.

009
정답 ①

기생성 종자식물에는 새삼, 겨우살이, 오리나무더부살이 등이 있다.

010

정답 ③

장미 검은무늬병 병원균은 자낭반의 형태로 월동한다.

011

정답 ④

- 세포벽 있음 : 식물, 곰팡이, 세균
- 세포벽 없음 : 동물, 파이토플라스마, 바이러스(세포 없음)
- ㄴ. 소나무재선충(동물)
- ㄷ. 대추나무 빗자루병균(파이토플라스마)
- ㅂ. 벚나무 번개무늬병(바이러스)

012

정답 ②

① 식물 선충에게는 모두 구침이 있다.
③ 향나무 녹병균의 담자포자는 200배율의 광학현미경으로 관찰할 수 있다.
④ 파이토플라스마는 16S rRNA 유전자 염기서열 분석으로 동정할 수 있다.
⑤ 바이러스병의 진단으로 전자현미경, 검정식물, 면역학적 진단법(효소결합항체법, ELISA), PCR법이 많이 사용되고 있다.

013

정답 ④

식물 내의 바이러스 입자를 관찰하기 위해서는 투과전자현미경을 사용한다.

014

정답 ④

배롱나무 개화기에 발생하면 잎을 회백색으로 뒤덮는데 대부분 분생포자와 균사이다.

015

정답 ④

ㄱ. 목재청변 : 소나무좀
ㄴ. 라일락 그을음병 : 깍지벌레
ㄹ. 참나무 시들음병 : 광릉긴나무좀
ㅁ. 명자나무 불마름병 : 파리, 개미, 진딧물, 벌, 딱정벌레 등
ㅂ. 오동나무 빗자루병 : 오동나무애매미충, 담배장님노린재, 썩덩나무노린재
ㅈ. 소나무 시들음병(소나무재선충병) : 솔수염하늘소, 북방수염하늘소

016

정답 ③

소나무 가지끝마름병의 중요한 표징은 분생포자각이다.

017

정답 ①

② 나무주사는 예방과 치료 목적으로 사용한다.
③ 잣나무 털녹병 방제를 위해 중간기주(송이풀, 까치밥나무)를 제거한다.
④ 보르도액은 지속기간이 오래가고 살균력이 우수하나, 침투이행성이 없다.
⑤ 공동 내의 부후부를 제거할 때는 썩은 조직만 제거하고 변색부나 건전부는 도려내면 안 된다.

018

① 어린 묘목에서는 모잘록병이 많이 발생한다.
② 뿌리썩음병을 일으키는 주요 병원균은 곰팡이이다.
③ 리지나 뿌리썩음병균은 자낭균문에 속하고 산성토양에서 피해가 심하다.
⑤ 아밀라리아 뿌리썩음병균은 담자균문에 속하며 뿌리꼴균사다발을 형성한다.

019
정답 ②

참나무 시들음병에 의한 피해는 주로 신갈나무에서 나타난다. 일본에서 발생하는 병원균은 *Raffaelea quercivorus* 이고 피해수목은 주로 졸참나무 · 물참나무이다.

020
정답 ③

저병원성 균주는 dsRNA 바이러스를 가지며 생물적 방제에 이용한다.

021
정답 ④

① 뽕나무 오갈병, 대추나무 빗자루병, 붉나무 빗자루병 – 모무늬(마름무늬)매미충
② 참나무 시들음병 – 광릉긴나무좀
③ 느릅나무 시들음병 – 유럽느릅나무좀, 미국느릅나무좀
⑤ 소나무 시들음병(소나무재선충병) – 솔수염하늘소, 북방수염하늘소

022
정답 ⑤

칠엽수 얼룩무늬병의 병징은 어린 잎에 작고 희미한 점무늬가 생기고 전전되면 적갈색 얼룩무늬를 형성하는 것이다.

023
정답 ④

호두나무 갈색썩음병의 원인은 *Xamtomonas* 속의 세균이다.

024
정답 ⑤

잣나무 털녹병은 Takaki Goroku가 경기도 가평군에서 처음으로 발견하여 보고하였다.

025
정답 ①

② 여름부터 가을에 걸쳐 병원균의 침입을 받으면 정상적인 잎보다 1~2개월 일찍 낙엽이 되어 생장이 크게 감소한다.
③ 한국에는 병원균이 2종 분포하며, 대부분 피해는 *Melampsora larici-populina*에 의하여 발생한다.
④ 포플러 잎에서 월동한 겨울포자가 발아하여 형성된 담자포자가 중간기주를 침해하면 병환이 완성된다.
⑤ 4~5월에 감염된 잎 표면에 퇴색한 황색 병반이 나타나며, 잎 뒷면에는 녹포자기가 형성된다.

026
정답 ②, ④

② 곤충은 절지동물문에 속한다.
④ 린네가 이명법을 제창한 이후 100만 종 이상의 곤충이 명명·기재되었다. 곤충강은 27개 목으로 분류하며 세계적으로 약 100만 종, 우리나라에서는 약 1만 6,000종이 기록된 거대한 동물군이다.

027
정답 ⑤

① 실 모양(사상) – 바퀴, 하늘소
② 빗살 모양(즐치상) – 잎벌, 뱀잠자리
③ 짧은 털 모양(강모상) – 잠자리, 매미
④ 톱니 모양(거치상) – 방아벌레
- 실 모양(사상) : 바퀴류, 실베짱이, 하늘소, 딱정벌레과(A)
- 짧은털 모양(강모상) : 잠자리류, 매미류(B)
- 방울 모양(구간상) : 나비류(C)
- 구슬 모양(염주상) : 흰개미(D)
- 톱니 모양(거치상) : 방아벌레류(E)
- 방망이 모양(곤봉상) : 송장벌레, 무당벌레(F)
- 아가미 모양(새상) : 풍뎅이(G)
- 빗살 모양(즐치상) : 홍날개, 잎벌, 뱀잠자리(H)
- 팔굽 모양(슬상) : 개미, 바구미(I)
- 깃털 모양(우모상) : 일부 수컷의 나방류(매미나방), 모기(J)
- 가시털 모양(자모상) : 집파리(K)

028
정답 ①

② 곤충은 비행할 수 있는 유일한 무척추동물이다.
③ 돌좀이나 좀은 무시아강이다.
④ 날개를 접을 수 있는 신시류 곤충은 고생대 석탄기 전기에 출현하였다.
⑤ 고생대 데본기에는 날개가 없는 곤충이 출현하였다.

029
정답 ③

① 장미등에잎벌의 번데기는 유충 탈피각을 가진 나용의 형태이다.
② 개미귀신은 명주잠자리의 유충이다.
④ 부채벌레 수컷 성충의 앞날개는 평균곤으로 퇴화했고 뒷날개는 부채 모양이다.
⑤ 밑들이의 전갈모양 꼬리는 해롭지 않으며, 따라서 해충으로 간주되지 않는다.

030
정답 ⑤

원표피층은 단백질 경화를 통해 강화된다.

031
정답 ⑤

메뚜기 입틀은 큰턱이 먹이를 분쇄하기 위하여 좌우로 움직이며 작동한다.

032
정답 ⑤

① 배자 발생은 알이 수정되면서 일어나는 발육과정이다.
② 중배엽성 조직 : 순환계, 내분비계, 근육, 지방체, 난소와 정소, 생식선 등
③ 외배엽성 조직 : 표피, 뇌와 신경계, 호흡기관, 소화기관(전장, 후장) 등
④ 난각은 수분 손실이 거의 없고, 호흡을 통한 산소와 이산화탄소의 가스교환 통로인 미세한 구멍(기공)이 있다.

구분	해당 기관
외배엽	표피, 외분비샘, 뇌 및 신경계, 감각기관, 전장 및 후장, 호흡계, 외부생식기
중배엽	심장, 혈액, 순환계, 근육, 내분비샘, 지방체, 생식선(난소 및 정소)
내배엽	중장

033
정답 ①

② 귀뚜라미는 몸의 일부를 비벼서 마찰음을 만들고, 매미는 막의 진동으로 소리를 만들어 낸다.
③ 모기는 날개 진동을 통해 소리를 만들어 내고, 빗살수염벌레는 부딪히거나 두드리기로 소리를 만들어 낸다.
④ 여치는 앞다리 종아리마디, 메뚜기는 복부의 고막기관을 통해 소리를 감지한다.
⑤ 꿀벌은 다리의 기계감각기, 매미는 복부의 고막기관을 통해 소리를 감지한다.

034
정답 ⑤

화학적 신경연접은 연접간극으로 신경전달물질을 방출하여 전달한다.

035
정답 ⑤

① 노린재아목의 등판에는 삼각형 소순판이 있으며 날개는 반초시이다.
② 육서종 노린재류는 일부는 식물 흡즙, 일부는 분해자, 나머지 종은 작은 절지동물의 포식자이다. 포식성 노린재아목은 일반적으로 유용곤충으로 간주되지만 피를 빠는 종은 인간의 병을 매개하기도 한다(침노린재과의 *Triatoma* 속 노린재는 샤가스병을 인간에게 매개).
③ 매미의 소화계 부분은 여과실로 변형되어 다량의 식물체 즙액을 소화하고 처리한다.
④ 매미아목에는 매미, 멸구, 매미충, 진딧물아목에는 진딧물, 깍지벌레 등이 있다.

036
정답 ①

알락하늘소는 토착해충, 유리알락하늘소는 외래해충(중국)이다.

037
정답 ②

① Diptera, Tingiae, *Hyphantria cunea* : 미국흰불나방
③ Lepidoptera, Erebidae, *Lymantria dispar* : 매미나방
④ Hemiptera, Pseudococcidae, *Corythucha ciliata* : 노린재목, 가루깍지벌레과, 버즘나무방패벌레(과가 틀림)
⑤ Orthoptera, Coccidae, *Matsucoccus matsumurae* : 솔껍질깍지벌레

038
정답 ③

광릉긴나무좀(참나무시들음병 매개), 목화진딧물(바이러스 매개), 북방수염하늘소(소나무재선충병 매개)

039
정답 ④

- 단식성 : 황다리독나방, 붉나무혹응애, 큰팽나무이, 회양목명나방, 아까시잎혹파리, 솔잎혹파리, 밤바구미
- 협식성 : 솔나방, 광릉긴나무좀
- 광식성 : 갈색날개매미충, 미국흰불나방, 목화진딧물, 미국선녀벌레, 오리나무좀.

040
정답 ①

복숭아가루진딧물의 여름 기주는 억새, 갈대 등이다.

해충명	중간기주	체류기간	주요가해수종(산란장소)
목화진딧물	오이, 고추 등	5~10월	무궁화, 석류나무(눈, 가지)
복숭아혹진딧물	무, 배추 등	5~10월	복숭아나무, 매실나무(겨울눈)
때죽납작진딧물	나도바랭이새	7월~가을	때죽나무(가지)
사사키잎혹진딧물	쑥	5~10월	벚나무류(가지)
외줄면충	대나무	5~10월	느티나무(수피 틈)
조팝나무진딧물	명자나무, 귤나무	5~10월	사과나무(도장지), 조팝나무(눈)
일본납작진딧물	조릿대, 이대	여름철	때죽나무
검은배네줄면충	벼과식물	7~9월	참느릅나무, 느릅나무(수피 틈)
복숭아가루진딧물	억새, 갈대 등	6월~가을	벚나무류
벚잎혹진딧물	쑥	6월~가을	벚나무류
붉은테두리진딧물	벼과식물 뿌리	5~9월	매실나무, 벚나무속(겨울눈, 가지)

041
정답 ②

① 복숭아유리나방의 어린 유충은 형성층 부위를 갉아먹는다.
③ 광릉긴나무좀 수컷은 수피에 침입공을 형성한 후에 암컷을 유인한다.
④ 박쥐나방 유충은 수피를 고리모양으로 파먹고 배설물 띠를 만든다.
⑤ 오리나무좀 성충은 외부로 목설을 배출하기 때문에 쉽게 발견된다.

042
정답 ①

② 복숭아명나방은 유충으로 월동하며, 침엽수형(주로 잣나무 구과 피해)과 활엽수형(주로 밤나무 종실 피해)이 있다.
③ 밤바구미는 유충으로 월동하고, 배설물을 밖으로 내보내지 않아 피해 증상이 쉽게 발견되지 않는다.
④ 백송애기잎말이나방은 연 1회 발생하며, 번데기로 월동한다.
⑤ 도토리거위벌레는 유충으로 땅 쪽에서 흙집을 짓고 월동한다.

043
정답 ②

오리나무잎벌레는 연 1회 발생, 성충으로 월동, 잎 뒷면에 50~60개씩 무더기로 알을 낳는다.

044
정답 ①

솔수염하늘소의 천적
- 내부기생성: 먹좀벌류와 진디벌류
- 외부기생성 : 개미침벌, 가시고치벌

045
정답 ④

갈색날개매미충은 발생 초기에 적용 약제를 살포한다.

046
정답 ④

응애나 진딧물과 같이 잎만 가해하는 해충은 과일을 가해하는 심식류 해충에 비하여 경제적 피해 수준의 밀도가 높다.

047
정답 ①

포살, 매몰, 차단 등의 방제 행위는 기계적 방제이다.

048
정답 ⑤

수목해충의 방제
- 법적 방제 :「식물방역법」,「소나무재선충 방제특별법」과 같은 법령에 의한 방제
- 기계적 방제 : 포살, 유살, 소각, 매몰, 박피, 파쇄 · 제재, 진동, 차단법
- 물리적 방제 : 온도, 습도, 이온화에너지, 음파, 전기, 압력, 색깔 등을 이용하여 해충을 직접적으로 없애거나 유인, 기피하여 방제하는 방법
- 생태적 방제(임업적, 경종적) : 내충성 품종, 생육환경 개선, 숲가꾸기
- 생물적 방제 : 천적이나 곤충병원성 미생물을 이용하여 방제하는 방법
- 화학적 방제 : 화학물질을 사용하여 해충을 방제하는 방법

049
정답 ④

생명표 이용
- 단기간 내 출생한 동시 출생 집단의 경과를 추적하여 연령생명표와 어떤 시점의 시간생명표로부터 각 연령 간격의 사망률을 추정 제작함
- 곤충 개체군에서는 보통 암컷 1마리당 산란 수를 알에서 성충까지 각 발육단계인 연령등급으로 취급하여 사망요인으로 감소한 개체 수를 산출하는 연령생명표를 사용하고 있음
- 생명표는 종 사망요인의 변동과 법칙을 찾아내어 해충 발생량의 예찰에 이론적 근거를 제공할 수 있음

050
정답 ③

오리나무잎벌레 예찰
- 5월과 7월에 전국의 고정조사지 30본 조사목 선정, 상부 100개의 잎, 하부 200개의 잎에서 알덩어리와 성충 밀도 조사
- 2016년부터 제외됨

PART 03 수목생리학

051

② 뿌리 횡단면에서 내피는 내초보다 바깥쪽에 위치한다.
③ 줄기 횡단면에서 피층은 코르크층보다 안쪽에 위치한다.
④ 코르크형성층의 세포분열로 바깥쪽에 코르크층을 만든다.
⑤ 관다발(유관속)형성층의 세포분열로 2차 물관부와 2차 체관부가 형성된다.

수간횡단면에서의 조직 배열 순서

횡단면상 위치	조직 명칭	통합 명칭	두께	특징과 기능
한복판	수		1cm 내외	• 종자에서 발아 직후와 줄기 형성 초기에 만들어진 조직 • 더 이상 만들어지지 않고 기능이 정지됨
중간 부위	심재	목부	직경에 따라 증가	• 죽은 조직으로서 여러 가지 물질이 축적되어 짙은 색을 띰 • 나이테를 형성하며 지탱 역할을 함
	변재		직경에 따라 증가	• 일부가 살아 있으며 옅은 색을 띰 • 뿌리로부터 위쪽 수관으로 물을 운반함 • 나이테를 형성함
	형성층	형성층	0.1mm 내외	수목의 일생 동안 쉼 없이 목부와 사부를 생산하는 분열조직
맨 바깥쪽	사부	내수피	수피	0.2mm 내외	• 잎에서 만든 설탕을 밑으로 뿌리까지 운반 • 1년 동안만 제 기능을 수행
	코르크 조직		나이에 따라 증가	코르크형성층을 가지고 있어 자체적으로 코르크를 만들어 수피를 두껍게 함
	외수피		1cm 내외	죽어 있는 딱딱한 조직

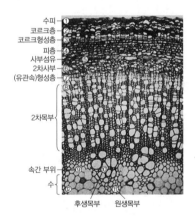

052

유세포가 모여 형성된 유조직에는 표피조직, 엽육조직, 사부조직, 방사조직, 분비조직 등이 있다. 리그닌이 함유된 2차 세포벽이 있는 조직은 죽은 조직이다.

053

수목의 직경생장
- 형성층의 세포분열
  - 원칙적으로 얇은 한 층의 두께밖에 안 되는 분열세포군을 의미하나 분열세포군을 찾아내기 거의 불가능하여 여러 층의 시원세포까지 포함하여 형성층으로 부름
  - 형성층은 바깥쪽으로 사부 추가, 안쪽으로 목부 추가, 형성층 자신은 계속 분열조직으로 남음
  - 생리적으로 체내 식물호르몬 중 옥신의 함량이 높고 지베렐린의 농도가 낮으면 목부를 생산하고, 그 반대일 때에는 사부를 생산
  - 목부의 생산량>사부의 생산량
  - 목부 생산량은 사부 생산보다 환경변화에 더 예민한 반응
  - 봄철 사부가 목부보다 먼저 만들어짐
- 병층분열
  - 목부와 사부 생산 목적
  - 접선 방향으로 세포벽을 만들어 새로운 목부와 사부를 추가함
- 수층분열
  - 형성층 세포 숫자의 증가 목적
  - 방사 방향으로 세포벽을 만듦

054

정답 ⑤

은행나무나 포플러류는 어릴 때 자유생장을 하는 가지가 대부분이지만, 노령기에는 거의 고정생장을 한다.

055

정답 ⑤

온대지방에서는 봄에 줄기 생장이 시작되기 전에 뿌리 생장이 시작, 여름에 생장 속도 감소, 가을에 다시 생장이 왕성, 겨울에 생장이 정지된다.

056

정답 ①, ⑤

- 단풍나무 활엽수림 아래의 임상에는 원적색광이 주종을 이루고 있다.
- 뿌리가 굴지성에 의해 밑으로 구부러지는 것은 옥신이 뿌리 아래쪽으로 이동하여 세포의 신장을 억제하고, 위쪽 세포의 신장을 촉진하기 때문이다.

057

정답 ①

② 크립토크롬은 식물과 동물에 모두 존재하는 광수용체이다.
③ 피토크롬은 적색광을 비추면 Pr이 Pfr형태로 서서히 전환, Pfr이 최대 80%까지 존재한다.
④ 피토크롬은 암흑 속에서 기른 식물체에서 가장 많은 양이 들어 있으며, 햇빛을 받으면 일부 금지되거나 파괴된다.
⑤ 피토크롬은 생장점 근처에 많이 분포하며, 세포 내에서는 세포질, 핵 속에 존재하지만, 세포소기관이나 원형질막, 액포 내에는 존재하지 않는다.

058

정답 ⑤

① 암반응은 엽록소가 없는 스트로마에서 햇빛 없이도 반응이 일어날 수 있다. 야간에만 일어나는 것은 아니다.
② 명반응에서 얻은 ATP는 캘빈회로에서 3-PGA에 인산기를 하나 더 붙여주는 과정과 RuBP 재생산에 소모된다.
③ 암반응에서 RuBP는 루비스코에 의해 공기 중의 CO_2 한 분자를 흡수하여, 3-PGA 두 분자를 생산한다.
④ 물분자가 분해되면서 방출된 전자는 전자전달계를 거쳐 최종적으로 $NADP^+$로 전달되어 NADPH를 만든다.

광반응에서 선형전자 흐름에 의한 ATP와 NADPH의 생성

- 전자는 전자전달계를 거쳐 $NADP^+$에 전달
- 양성자(H^+)는 틸라코이드막 공간으로 방출
- NADPH로 환원되기 위해서는 2개의 전자가 필요, 스트로마의 H^+ 또한 제거됨

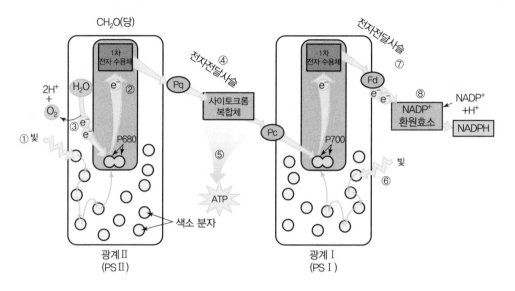

059
정답 ①

형성층은 외부와 접촉하지 않기 때문에 혐기성 호흡이 일어난다.

060
정답 ③

잎에서는 단당류보다 자당의 농도가 높으며, 자당의 합성은 세포질에서 이루어진다.

061
정답 ②

- 일가화 : 참나무과, 가래나무과 자작나무과
- 이가화 : 버드나무, 포플러류

062
정답 ③

헤미셀룰로오스는 1차 세포벽에서 가장 많은 비율을 차지하나, 2차 세포벽에서는 셀룰로오스보다 적은 비율을 차지한다.

063
정답 ②

① 포도당이 완전히 분해되면, 각각 6개의 CO_2 분자와 물분자를 생성한다.
③ 크랩스 회로는 기질 수준의 인산화 과정으로 CO_2, ATP, NADH, $FADH_2$가 생성된다.
④ 전자전달계를 통해 일어나는 호흡은 호기성 호흡으로 효율적으로 ATP를 생산한다.
⑤ 호흡을 통해 만들어진 ATP는 광합성 반응에서와 같은 화합물이며, 높은 에너지를 가진 조효소이다.

064
정답 ④

① 질산환원효소에 의한 반응은 1단계는 세포질 내에서 2단계는 엽록체 혹은 전색소체에서 일어난다.
② 루핀형은 잎으로부터 탄수화물의 공급이 필요하고, 도꼬마리형은 ferredoxin으로부터 전자를 받는다.
③ 소나무류와 진달래류는 NH_4^+가 많은 토양에서 자라면서 질산환원 대사가 뿌리에서 일어난다.
⑤ 질산환원효소는 햇빛에 의해 활력도가 낮아지기 때문에 효소의 활력이 밤에는 낮고 낮에는 줄어든다.

065
정답 ②

① 카로티노이드는 광산화 방지, 보조색소 역할을 한다.
③ 납과 수베린은 종자의 표면을 보호하는 각피층을 만든다.
④ 리그닌은 목부조직 속에 존재하며, 세포벽의 구성성분으로서 초식동물로부터 보호하는 역할을 한다.
⑤ 팔미트산은 포화지방산에 속하며, 목본식물에 많이 존재한다.

066
정답 ⑤

수간압은 낮에 기온이 상승함에 따라 수간의 세포간극과 섬유세포에 축적되어 있는 공기가 팽창하면서 압력이 증가하는 것을 말한다.

067
정답 ①

근관의 역할은 분열조직 보호, 중력 방향 감지, 굴지성 유도, 무시겔을 분비하여 윤활제 역할 등이다.

068
정답 ①

잎에서 회수된 질소는 사부를 통해 이동한다.

069
정답 ④

건조스트레스를 받으면 ABA를 생합성하며, 이는 기공의 개폐에 영향을 미친다.

070
정답 ③

수액의 이동 속도는 환공재>산공재>침엽수재 순이다.

071
정답 ①

어린 조직에서 주로 생산되어 유세포를 통해 이동한다.

옥신
• 1926년 went가 귀리의 자엽초에서 발견
• 종류

천연옥신	IAA(천연옥신 중 가장 흔함), IBA, 4-chloro IAA, PAA
인공합성 옥신	• 2-4-D, 2-4-5-T, NAA, MCPA • 식물생장조절제라 부르며 파괴되지 않음

• 생합성
  – 줄기 끝의 분열조직, 자라고 있는 잎과 열매에서 생산
  – IAA는 트립토판을 출발물질로 하여 인돌아세트알데하이드로 전환된 후 산화과정을 거쳐 생합성됨

- 운반
  - 유세포를 통해 이동
  - 극성을 띠며, 아래 방향으로만 이동함(잎 → 줄기 → 뿌리)
  - 줄기에서는 구기적 운반, 뿌리에서는 구정적 운반
  - 속도는 대단히 느리게 진행됨(1시간에 1cm)
  - 에너지를 소모하는 과정
- 생리적 효과
  - 뿌리생장 : 매우 낮은 농도로 뿌리의 신장 촉진
  - 정아우세 : 정아가 생산한 옥신아 측아의 생장을 억제

072 정답 ①

과습하지 않고 따뜻한 날씨가 개화를 촉진한다. 온도가 높고 건조한 낮에 화분비산이 집중적으로 이루어진다.

073 정답 ⑤

- 수목은 광주기와 온도에 모두 반응을 보임
- 광주기는 줄기의 생장과 직경생장에 함께 영향을 줌
- 단일조건이 되면 줄기생장을 정지하고 동아를 형성함
- 지역품종은 일장에 의해 결정됨(예 고위도 지역품종을 남쪽에 심으면 생장불량, 남쪽산지를 북쪽에 심으면 첫서리 피해)
- 온도 : 저온스트레스, 고온스트레스

074 정답 ④

종자가 수분을 흡수하면 지베렐린이 생산. 생산된 지베렐린은 배에서 핵산을 생산하도록 유도한다.

075 정답 ⑤

① 소나무와 전나무의 종자 성숙시기는 다르다. 소나무속의 종자는 2년에 걸쳐 성숙하며 소나무과의 그 밖의 속(전나무류, 가문비나무류, 솔송나무류, 잎갈나무류 등)의 수목은 종자가 당년에 익는다.
② 수정 후에는 항상 배유가 배보다 먼저 발달한다.
③ 호두나무는 단풍나무에 비해 화분의 생산량이 많다.

풍매화(화분생산량 많음)	참나무류, 포플러, 호두나무, 자작나무, 침엽수
충매화(화분생산량 적음)	단풍나무, 피나무, 버드나무, 과수류

④ 화아원기 형성부터 종자 성숙까지는 최대 4년이 소요된다. 종자가 성숙할 때까지 소요되는 기간은 1년부터 4년까지 다양하다.

 PART 04 산림토양학

076 정답 ②

화성암은 규산(SiO$_2$)의 함량에 따라 구분된다.

077
정답 ②

① 인산과 칼륨은 확산에 의해 공급된다.
③ 집단류에 의한 영양소의 공급은 온도가 높을 때 많이 일어난다.
④ 식물이 필요로 하는 영양소의 대부분은 집단류에 의해 공급된다.
⑤ 뿌리차단에 의하여 식물이 흡수할 수 있는 영양소의 양은 토양 중 유효태 영양소의 1% 미만이다.

078
정답 ②

부식집적작용은 동·식물의 유체가 토양미생물에 의하여 분해되면서 부식이 재합성되어 토양에 집적되는 것이다.

079
정답 ④

적황색 산림토양군(Red&Yellow forest soils ; R·V)은 해안 인접지의 홍적대지에 분포하며 퇴적상태가 견밀하고 물리적 성질이 불량한 토양이다.

080
정답 ②

성대성 토양	기후나 식생과 같이 넓은 지역에 고통적으로 영양을 끼치는 요인에 의해 생성된 토양 예 라테라이트토, 적색토, 갈색토, 회갈색토, 포드졸토, 툰드라토, 갈색 삼림토, 프레리토, 체르노젬, 율색토, 사막토 등
간대성 토양	기후와 식생의 영향을 받으면서 다른 토양생성인자(지형 및 모재)의 영향을 받아 국지적으로 형성된 토양 예 소지토, 습초지토, 이탄토, 화산회토, 테라로사 등

081
정답 ③

토양단면기술

구분	세부 기록 사항
조사지점의 개황	단면번호, 토양명, 고차분류단위, 조사일자, 조사자, 조사지점, 해발고도, 지형, 경사도, 식생 또는 토지이용, 강우량 및 분포, 월별 평균기온 등
조사토양의 개황	모재, 배수등급, 토양수분 정도, 지하수위, 표토의 석력과 암반노출 정도, 침식 정도, 염류집적 또는 알칼리토 흔적, 인위적 영향도 등
단면의 개략적 기술	지형, 토양의 특징(구조발달도, 유기물집적도, 자갈함량 등), 모재의 종류 등
개별 층위의 기술	토층기호, 층위의 두께, 주 토색, 반문, 토성, 구조, 견고도, 점토 피막, 치밀도나 응고도, 공극, 돌·자갈·암편 등의 모양과 양, 무기물 결괴, 경반, 탄산염 및 가용성 염류의 양과 종류, 식물 뿌리의 분포 등

082
정답 ⑤

세계의 토양목

Entisol (미숙토)	토양생성발달이 미약하여 층위의 분화가 없는 새로운 토양
Inceptisol (반숙토)	•토층의 분화가 중간 정도인 토양이며, 온대 또는 열대의 습윤한 기후조건에서 발달 •argillic토층 형성(X)
Mollisol (암연토)	•초원지역의 매우 암색이고 유기물과 염기가 풍부한 무기질토양 •표층에 유기물이 많이 축적되고 Ca 풍부 •암갈색의 mollic표층

Alfisol (완숙토)	• 점토집적층이 있으며, 염기포화도가 35% 이상인 토양 • ochric 표층이 특징
Ultisol (과숙토)	• 온난 습윤한 열대 또는 아열대기후지역에서 발달 • 감식토층(argillic) • 염기포화도 30% 이하
Histosol (유기토)	• 유기물의 퇴적으로 생성된 유기질 토양 • 유기물 함량 20~30% 이상 • 유기물토양층 40cm 이상
Andisol (화산회토)	• 우리나라 제주도와 울릉도 • 주요 점토광물 allophane • 유기물 함량이 20~30%, 유기물토양층이 40cm 이상 되어야 함
Aridisol (과건토)	건조지대의 염류 토양으로 토양발달이 미약
Gelisol (결빙토)	영구동결층을 가지고 있는 토양
Oxisol (과분해토)	• Al · Fe 산화물이 풍부한 적색의 열대토양. 풍화가 가장 많이 진척된 토양 • 광물조성은 주로 kaolinite, 석영 및 철과 알루미늄산화물
Spodosol (과용탈토)	• 사질모재조건과 냉온대의 습윤한 토양 • 심하게 용탈된 회백색의 용탈층을 가지고 있는 토양
Vertisol (과팽창토)	• 팽창성 점토광물 함량이 높아 팽창과 수축이 심하게 일어나는 토양 • 표층은 주로 ochric 또는 umbric

083
정답 ③

구상(입상) 구조
• 구형으로 유기물이 많은 표층토(깊이 30cm 이내)에 발달
• 입단의 결합이 약해 쉽게 부서짐

084
정답 ④

뿌리의 계절적 활동
• 겨울눈이 트기 2~3주 전부터 생장을 시작, 식목일 결정의 요인이 됨
• 뿌리는 봄에 줄기생장이 시작되기 전에 자라기 시작하여 왕성하게 생장, 여름에 생장속도가 감소, 가을에 다시 생장이 왕성해지며, 겨울에 토양온도가 낮아지면 생장을 정지함

085
정답 ⑤

ㄱ. Cu – 산화효소의 구성요소
ㄴ. Cl – 광합성반응에서 산소 방출

086
정답 ⑤

유기물은 입단화를 통해 용적밀도를 낮추어 토양공극을 증가시키고, 통기성과 배수성을 향상시킨다.

087
정답 ③

세균은 원핵생물로서 크기는 0.15~4.0 μ m이며, 토양 미생물 중에 수로 보아 가장 많다.

088

① 양이온교환용량 30cmolc/kg은 300meq/100g에 해당한다.
② 양이온교환반응은 주변 환경의 변화에 영향을 받으며 가역적이다.
③ 흡착의 세기는 양이온의 전하가 증가할수록, 양이온의 수화반지름이 작을수록 증가한다.
⑤ 토양입자 주변에 Na^+이 많이 흡착되어 있으면 입자가 분산되어 토양의 물리성이 나빠지는데, Ca^{2+}을 시용하면 토양의 물리성이 개선된다.

089

우리나라 비료공정규격에서 정한 비료의 구분 및 종류

구분		비료의 종류	종수
보통 비료	질소질비료	황산암모늄(유안), 요소, 염화암모늄, 질산암모늄, 석회질소, 암모니아수, 칠레초석, 피복요소, CDU, IBDU 등	17
	인산질비료	과린산석회(과석), 중과린산석회(중과석), 용성인비, 용과린 등	6
	칼리질비료	황산칼륨, 염화칼륨, 황산칼륨고토	3
	복합비료	제1종복합, 제2종복합, 제3종복합, 제4종복합, 피복요소복합 등	12
	석회질비료	소석회, 석회석, 석회고토, 생석회, 패화석 등	10
	규산질비료	규산질, 규회석, 광제규산질 등	6
	고토비료	황산고토, 가공황산고토, 고토붕소, 수산화고토 등	6
	미량요소비료	붕산, 붕사, 황산아연, 미량요소복합	4
	그 밖의 비료	제오라이트, 벤토나이트, 아미노산발효부산액 등	9
부산물 비료	부숙유기질비료	가축분퇴비, 퇴비, 부엽토, 가축분뇨발효액, 부숙톱밥 등	9
	유기질비료	어박, 골분, 대두박, 채종유박, 미강유박, 혼합유박, 가공계분, 혼합유기질, 유기복합, 혈분 등	18
	미생물비료	토양미생물제제	1
	그 밖의 비료	건계분, 지렁이분	2

090

① 입단의 크기가 클수록 전체 공극량이 많아진다.
③ Na^+은 수화도가 커서 점토 사이의 음전하를 충분히 중화시킬 수 없다.
④ 입단이 커지면 비모세관 공극량이 많아지기 때문에 통기성과 배수성이 좋아진다.
⑤ 동결-해동, 건조-습윤이 반복되면 토양의 팽창-수축이 반복되어 입단형성이 촉진되며, 이는 Vertisol · Molisol · Alfisol 등 팽창형 점토광물이 많은 토양에서 잘 일어난다.

091

토양오염우려기준 및 대책기준

항목	우려기준			대책기준		
	1지역	2지역	3지역	1지역	2지역	3지역
카드뮴	4	10	60	12	30	180
구리	150	500	2,000	450	1,500	6,000

항목		우려기준			대책기준		
		1지역	2지역	3지역	1지역	2지역	3지역
비소		25	50	200	75	150	600
수은		4	10	20	12	30	60
납		200	400	700	600	1,200	2,100
6가크롬		5	15	40	15	45	120
아연		300	600	2,000	900	1,800	5,000
니켈		100	200	500	300	600	1,500
불소		400	400	800	800	800	2,000
유기인화합물		10	10	30	–	–	–
PCBs		1	4	12	3	12	36
시안		2	2	120	5	5	300
페놀류	페놀	4	4	20	10	10	50
	펜타클로로페놀						
벤젠		1	1	3	3	3	9
톨루엔		20	20	60	60	60	180
에틸벤젠		50	50	340	150	150	1,020
크실렌		15	15	45	45	45	135
TPH		500	800	2,000	2,000	2,400	6,000
클리클로로에틸렌		8	8	40	24	24	120
테트라클로로에틸렌		4	4	25	12	12	75
벤조(a)피렌		0.7	2	7	2	6	21

- PCB : 폴리클로리네이티드비페닐
- 유기인화합물은 유기계 농약에 의한 오염지표로 보고 있음 → 대책 기준 없음
- TPH>불소>아연>납>구리>니켈
- 다이옥신, 1,2-티클로로에탄, 크롬 등 3종 확대 지정

092
정답 ③

Vermiculite가 운모와 다른 점은 2:1층 사이의 공간에 K^+ 대신 Mg^{2+} 등의 수화된 양이온이 존재한다는 것이다.

093
정답 ③

석회요구량에 영향을 주는 요인
- 요구되는 pH 변화폭(목표 pH), 토양의 풍화 정도, 모재, 점토 함량, 유기물 함량, 산의 존재 형태 등
- 시용하는 석회물질의 화학적 조성 및 분말도에 따라서도 달라짐

094
정답 ④

산불에 의하여 타고 남은 재는 질소분이 이미 날아가 버린 상태이며, 인산석회나 칼륨 등의 성분이 함유되어 있지만 빗물에 의하여 유실되므로 토양이 척박해진다.

095

정답 ①

토양공극량은 사토보다 식토에 더 많다. 모래가 많은 토양은 소공극과 미세공극이 적기 때문에 고운 토성에 비해 공극률이 낮다.

096

정답 ②

점토 함량이 많아질수록 포장용수량은 곡선적으로 증가하고, 위조점은 직선적으로 증가한다.

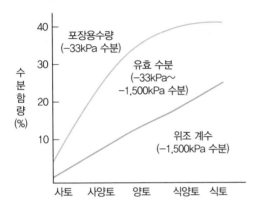

097

정답 ④

Na^+ 이온은 수화반지름이 커서 점토입자를 분산시킨다.

098

정답 ⑤

잠산도는 토양콜로이드에 흡착되어 있는 H^+과 Al^{3+}에 의한 산도이다.

099

정답 ③

- 염기포화도(%)=(교환성 염기의 총량/양이온교환용량)×100
- 교환성 염기 : Ca, Mg, K, Na 등의 이온은 토양을 알칼리성으로 만드는 양이온
- $(\dfrac{2+2+3+3}{30})\times100=33\%$

100

정답 모두 정답

모두 옳은 설명이다.

101

정답 ④

가지와 줄기의 직경비율이 1/2 이하(가지/수간 깃 형성의 조건)여야 한다.

102

정답 ②

토양의 총 공극률이 증가한다.

※ 유기물의 효과 : 보습, 토양 온도 변화 완화, 잡초 발생 억제 등

103

정답 ⑤

트리 스페이드는 교목이식기이다.

104

정답 ②

ㄴ. 이식 성공 조건 : 이식 전 수형의 미적인 질을 유지하면서 생존해야 한다.

ㄹ. 이식 적기 : 낙엽활엽수는 봄 이식이 가장 바람직하다. 침엽수는 가을 이식의 경우 활엽수보다 먼저 시작할 수 있고, 봄 이식의 경우 활엽수보다 좀 늦게 이식해도 된다. 동해의 위험성이 있는 수종은 겨울이 지나고 이른 봄에 실시한다.

105

정답 ④

고산과 툰드라 지역에서 생육하는 수목은 뿌리털과 균근을 발달시켜 지상부에 대한 지하부 비율을 높인다(논문 : 「정족산 무제치늪 식물의 무기이온, 질소 및 인의 양상」, 경북대학 자연과학대학 생물학과).

106

정답 ⑤

보호구역 안에서는 주기적으로 모니터링을 하여 수목 피해 평가 및 대안을 제시해야 한다.

107

정답 ①

지주를 설치한 수목은 밑동의 직경생장이 감소한다. 어린 나무의 경우 3년차부터 지주를 제거하면 밑동의 굵기가 굵어지고 뿌리의 발달이 촉진된다.

108

정답 ②

① 각종 프레온 가스는 산업혁명 이후 발생하고 있다.

③ 온실효과 가스 중 이산화탄소의 대기 중 농도는 현재 약 400ppm 정도이다.

④ 한국의 아한대 수종들은 기온 상승에 따라 급속도로 생육 범위가 좁아질 것이다.

⑤ 지구온난화로 열대·아열대의 해충이 유입될 수 있으며 온대 지방에서는 월동난 생존율이 높아지고 있다.

109

정답 ②

$MgSO_4$는 수분제거제이다.

수목뿌리 피해 해결 방안

- 하수구 설계/자재 변경
  - 점토 배관 : 플라스틱/유리섬유/콘크리트 배관 사용
  - 배관 도포 : 구리 그물망, 만효성 접촉성 제초제를 도포한 직물
- 가로수 식재
  - 속성수 식재 금지
  - 공익시설 주변에 가로수 식재 금지

- 하수구 내 뿌리
  - 라우터(홈 파는 기구)로 절단
  - 제초제와 생장 조절제 적용

110
정답 ②

정밀 평가 단계에서 정보 수집을 위해 정밀 기기를 이용한다(전기저항 이용, 음파 측정 장치, TreeRadar 등).

111
정답 ③

ㄴ. 전정 상처를 빠르게 유합시키기 위해서는 생장 분출기 직전에 전정하는 것이 좋다.
ㄷ. 목련류, 철쭉류는 꽃이 진 직후(꽃눈 분화 전) 전정하면 다음 해 꽃눈의 수가 증가한다.

112
정답 ⑤

①~④는 공생(win-win) 관계인 반면 ⑤는 기생(한쪽은 이익, 한쪽은 손해) 관계이다.

113
정답 ④

볕뎀을 예방하기 위해서는 상처 부위를 백색 수목테이프로 감거나 석회유를 발라주고 토양멀칭을 해서 지면으로부터의 복사열을 차단한다.

114
정답 ①

벌도 및 제거(밑으로 베기)
- 가파른 경사의 직경이 큰 나무
- 방향 베기의 각도는 최소 45° 이상
- 방향 베기의 하단 절단각은 마무리 절단각과 일치
- 잘 찢어지는 수종에 적합
- 그루터기 높이를 가장 낮게 할 수 있음

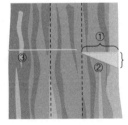

115
정답 모두 정답

모두 옳은 설명이다.

116
정답 ④

방풍림의 효과를 높이기 위해서는 주풍 방향에 직각으로 배치하여야 한다.

117
정답 ③

구분	내화력이 강한 수종	내화력이 약한 수종
침엽수	은행나무, 잎갈나무, 분비나무, 가문비나무, 개비자나무, 대왕송 등	소나무, 곰솔, 삼나무, 편백 등
상록활엽수	아왜나무, 굴거리나무, 후피향나무, 붓순, 합죽도, 황벽나무, 동백나무, 비쭈기나무, 사철나무, 가시나무, 회양목 등	녹나무, 구실잣밤나무, 유칼리 등
낙엽활엽수	피나무, 고로쇠나무, 음나무, 가죽나무, 참나무, 버드나무, 사시나무, 자작나무, 마가목, 고광나무, 네군도단풍나무, 난티나무, 수수꽃다리 등	아까시나무, 벚나무, 능수버들, 벽오동, 참죽나무, 조릿대 등

118
정답 ④

지상부에 나타나는 후기 증상은 수관 위부터 아래로 가지가 고사되면서 수관이 축소되는 것이다.

119
정답 ④

오존의 조직학적 가시장해 특징은 기공에 가까운 해면상조직은 피해를 입지 않는다는 것이다.

120
정답 ②

강산성 토양에서 결핍되기 쉬운 무기양분은 P, Ca, Mg, B 등이다.

121
정답 ③

토양 내 염류 물질이 적을수록 전기전도도는 낮아지며 식물 피해도 줄어든다.

122
정답 ⑤

농약 오용 문제 해결을 위한 Integrated Pest Management(IPM)을 실천해야 한다.

123
정답 ④

HLB(hydrphile−lipophile Balance)
• 계면활성제가 가지고 있는 친수성과 친유성의 균형을 나타내는 지표
• 비이온 계면활성제에 주로 이용하며 범위는 0~20
• 친유성이 가장 큰 것을 1, 친수성이 가장 큰 것을 20으로 나타냄
• HLB가 낮을수록 친유성이 높고, 높을수록 친수성이 높음

124
정답 ③

'디플로벤주론'의 작용기작은 'O형 키틴합성저해'이다.

125
정답 ④

① 인지질 생합성 저해 : 이프로벤포스(바2)
② 광합성 명반응 교란 : 파라쾃, 디쾃(D)
③ 곤충의 키틴합성 억제 : 디플로벤주론(15), 뷰프로페진(16)
⑤ 유기인계 농약으로 항균활성

포스포티올레이트	SH기를 가진 효소 기능을 저해하여 살균작용
이프로벤포스(IBP)	병원균의 세포벽 구성성분인 키틴의 생성을 저해하여 살균작용

디페노코나졸
• 막에서 스테롤 생합성 저해(사)
• 침투이행성 살균제로 붉은별무늬병 예방 및 치료목적으로 사용됨

PART 01 | PART 02 | PART 03 | PART 04 | PART 05 | PART 06

126 정답 ③

Glufosinate는 접촉성 비선택성 제초제로 글루타민 생합성을 저해하는 제초제(H)이다.

지질(Lipid) 생합성에 관여하는 제초작용 – A그룹

• 아세틸 CoA 카르복실화 효소(ACCase) 작용 저해
• 생육기 경엽처리형으로 화본과에만 선택적으로 작용, 광엽에는 안전
• 이행형으로 화본과 생장점이 괴사되고 증상은 신엽에 먼저 나타남
• 아릴옥시페녹시계 : 플루아지포프-피-뷰틸
• 사이클로헥사네디온계 : 클레토딤, 세톡시딤

127 정답 ②

농약의 명칭

• 화학명 : 유효성분의 화학적 구조에 따라 붙여지고 약제 저항성과 관련이 깊다.
  예 imidacloprid
• 일반명 : 농약의 특성을 나타내는 대표적인 이름으로 잔류허용기준을 나타낼 때 사용한다.
• 품목명 : 일반명을 한글 표시하고 뒤에 제형을 붙인다. 농약을 등록할 때 사용한다.
  예 이미다클로프리드 미탁제
• 상표명 : 농약을 제품화할 때 회사에서 붙이는 고유명으로 농민에게 익숙한 명칭이다.
  예 코니도
• 시험명 : 일반명이 주어지기 전 단계의 이름이다.

128 정답 ①

호흡을 저해하는 살균제로 아족시스트로빈, 크레속심메틸 등이 있다. Alachlor은 주로 화본과 잡초의 발아억제제로, 적은 양으로도 살초 활성을 나타낸다. 잡초의 유아 및 유근으로부터 흡수되어 체내 단백질의 생합성을 저해함으로써 세포분열을 억제한다.

129 정답 ⑤

유효성분 부착량 증가를 위해 다양한 보조제를 적용한다.

130 정답 ⑤

훈증제는 증기압이 높은 농약의 원제를 액상, 고상 또는 압축가스상으로 용기 내에 충진한 것이다.

131 정답 ④

시기별 잔류량 조사를 통하여 그 소실 속도를 산출하고 살포 횟수와 수확 전 최종 살포일을 달리하여 실용적 안전사용기준을 설정하면 잔류량이 허용기준을 초과할 가능성은 거의 없다.

132 정답 ④

• 소요약량=단위면적당사용량/소요희석배수=1,000/500=2kg
• 단위면적당 사용량 : 10a당 100L → 1ha당 1,000L → 1ha당 1,000kg

133

급성독성의 강도에 따른 농약의 구분

독성구분	반수치사량 LD$_{50}$(mg/kg)			
	경구독성		경피독성	
	고체	액체	고체	액체
I급(맹독성)	5 미만	20 미만	10 미만	40 미만
II급(고독성)	5~50 미만	20~200 미만	10~100 미만	40~400 미만
III급(보통독성)	50~500 미만	200~2,000 미만	100~1,000 미만	400~4,000 미만
IV급(저독성)	500 이상	2,000 이상	1,000 이상	4,000 이상

134

미량살포액제
- 농축된 상태의 액제제형으로 항공 방제에 사용되는 특수 제형
- 원제의 용해도에 따라 액체나 고체상태의 원제를 소량의 기름이나 물에 녹인 형태의 제형
- 균일한 살포를 위해 정제 살포법과 같은 기술 필요

135

농약잔류허용기준은 「식품위생법」에 의하여 고시된다.

136

예방나무주사 1, 2순위 대상지는 최단직선거리 2km 이내에 소나무재선충병이 발생하였을 때 시행한다.

137

미국선녀벌레(약·성충수에 의한 구분)
- 실발생 면적을 조사·확정하고 발생 상황의 표준이 되는 지역을 선정
- 목본성, 초본성 기주식물을 중심으로 30본을 육안조사하여 약충과 성충의 평균 마리수를 계산

138

법 위반 상태의 기간이 6개월 이상인 경우 과태료 금액의 1/2 범위에서 그 금액을 가중할 수 있다.

139

보호수 지정 해제 시 공고 사항은 관리번호, 수종, 소재지, 지정 해제 사유, 이의신청 기간 등이다.

140

외래·돌발병해충이 발생하면 즉시 전면적 방제로 피해 확산을 조기 저지해야 한다.

memo

memo

memo

memo

나무의사 필기 5주 합격 백서

———

초 판 발 행   2023년 05월 15일

저   자   정숙자
발 행 인   정용수
발 행 처   (주)예문아카이브
주   소   서울시 마포구 동교로 18길 10 2층
T E L   02) 2038-7597
F A X   031) 955-0660

등 록 번 호   제2016-000240호

정   가   35,000원

홈페이지 http://www.yeamoonedu.com

I S B N   979-11-6386-164-5   [13520]